HARD

Eine Arbeitsgemeinschaft der Verlage

Wilhelm Fink Verlag München
Gustav Fischer Verlag Jena und Stuttgart
Francke Verlag Tübingen und Basel
Paul Haupt Verlag Bern · Stuttgart · Wien
Hüthig Verlagsgemeinschaft
Decker & Müller GmbH Heidelberg
Leske Verlag + Budrich GmbH Opladen
J. C. B. Mohr (Paul Siebeck) Tübingen
Quelle & Meyer Heidelberg · Wiesbaden
Ernst Reinhardt Verlag München und Basel
Schäffer-Poeschel Verlag · Stuttgart
Ferdinand Schöningh Verlag Paderborn · München · Wien · Zürich
Eugen Ulmer Verlag Stuttgart
Vandenhoeck & Ruprecht in Göttingen und Zürich

Hartmut Dierschke

Pflanzensoziologie

Grundlagen und Methoden

343 Abbildungen
und 55 Tabellen

Verlag Eugen Ulmer Stuttgart

Professor Dr. Hartmut Dierschke
Systematisch-Geobotanisches Institut
der Universität Göttingen
Abteilung für Vegetationskunde
Untere Karspüle 2
37073 Göttingen

Die Deutsche Bibliothek – CIP-Einheitsaufnahme

Dierschke, Hartmut:
Pflanzensoziologie : Grundlagen und Methoden ; 55 Tabellen /
Hartmut Dierschke. – Stuttgart : Ulmer, 1994
  (UTB für Wissenschaft : Grosse Reihe)
  ISBN 3-8252-8078-0 (UTB) Pp.
  ISBN 3-8001-2662-1 (Ulmer) Pp.

Das Werk einschließlich aller seiner Teile ist urheberrechtlich geschützt. Jeder Verwertung außerhalb der engen Grenzen des Urheberrechtsgesetzes ist ohne Zustimmung des Verlages unzulässig und strafbar. Das gilt insbesondere für Vervielfältigungen, Übersetzungen, Mikroverfilmungen und die Einspeicherung und Verarbeitung in elektronischen Systemen.

© 1994 Eugen Ulmer GmbH & Co.
Wollgrasweg 41, 70599 Stuttgart (Hohenheim)
Printed in Germany
Lektorat: Dr. Steffen Volk, Andrea Schenk
Herstellung: Thomas Eisele
Einbandentwurf: A. Krugmann, Freiberg am Neckar
Satz: primustype Robert Hurler GmbH, Notzingen
Druck und Bindung: Friedr. Pustet, Regensburg

ISBN 3-8252-8078-0 (UTB-Bestellnummer)

Vorwort

Die Pflanzensoziologie im engeren Sinne ist ein noch recht junger Zweig der Botanik. Erst in den vergangenen 60–70 Jahren hat sie sich in ihren Grundlagen und Methoden entwickelt und erfolgreich ausgebreitet. Als vielfach anwendbarer Wissenschaft kommt ihr von jeher auch große Bedeutung für praktische Fragen zu, die sich mit den Pflanzen als Primärproduzenten, als wesentlichen aufbauenden und bestimmenden Teilen von Ökosystemen, aber auch mit ihrem Zeigerwert für schwer durchschaubare ökologische und andere Zusammenhänge beschäftigen.

Als 1964 die dritte Auflage der „Pflanzensoziologie" von BRAUN-BLANQUET vorlag, schien ein gewisser Abschluß in der Entwicklung der Pflanzensoziologie gegeben. Ein breites Fundament von Theorien und Ergebnissen war hier zusammengestellt. Mit der sehr umfassenden pflanzensoziologisch-ökologischen Übersicht der Vegetation Mitteleuropas von ELLENBERG (1963) deutete sich gleichzeitig eine gewisse Sättigung an Erkenntnissen über unsere Pflanzendecke an. In dieser Zeit begannen aber auch viele junge Botaniker der ersten Nachkriegsgeneration, sich für die Pflanzensoziologie zu interessieren. Zahlreiche neue Publikationen und zunehmender internationaler Gedankenaustausch erbrachten neue Vorstellungen und Arbeitsverfahren, teilweise ganz neue Teilgebiete der Pflanzensoziologie. In der heutigen Zeit drohender Umweltkrisen hat die Bedeutung eher noch zugenommen, wie z. B. das wachsende Interesse gerade bei jungen Leuten an Botanik und Nachbarwissenschaften zeigt.

Als ich Mitte der 70er Jahre erstmals eine Vorlesung über Grundlagen der Pflanzensoziologie vorbereitete, zeigte sich diese Situation bereits sehr deutlich. Vieles Neue mußte man sich aus Einzelpublikationen zusammensuchen, manche neuen Ansätze waren noch wenig klar erkennbar. Bis heute hat sich die Pflanzensoziologie rasch und teilweise fast stürmisch weiterentwickelt. Keineswegs ist sie eine auf ein enges Muster von Grundlagen und Methoden beziehbare Wissenschaft. Eher wünschte man sich gelegentlich einige festere Bezugspunkte zur Vereinheitlichung von Arbeitsansätzen. Manche früher selbstverständlichen Grundvorstellungen drohen verlorenzugehen, manche neueren Teilgebiete sind noch unzureichend bekannt.

Aus dieser Situation heraus entstand schon vor vielen Jahren bei mir die Vorstellung eines neuen Lehrbuches, das versuchen sollte, Altes und Neues zusammenfassend vorzustellen, gewissermaßen eine Zwischenbilanz des heutigen Standes unter Berücksichtigung historischer Elemente zu geben. Aus eigener Erfahrung bestand auch der Wunsch nach möglichst detaillierter Darstellung wichtiger pflanzensoziologischer Methoden, um eine selbständige Einarbeitung zu ermöglichen. Als Anfang 1986 mit dem Manuskript begonnen wurde, zeigte sich rasch, daß hierfür ein breites Feld an Literatur zu berücksichtigen war. Auch ist der Anspruch, alle wichtigen Ansätze der Pflanzensoziologie, vergleichend auch anderer Richtungen der Vegetationskunde, möglichst detailliert vorzustellen, nicht erfüllbar. So erscheint die Gewichtung der verschiedenen Teile sicher subjektiv; einige können nur angedeutet werden. Zumindest habe ich versucht, überall wesentliche Literatur in größerem Umfang zu zitieren, so daß eine Vertiefung und das Auffinden von Beispielen möglich sind. Hieraus erklärt sich auch das sehr umfangreiche Literaturverzeichnis, das neuere Arbeiten bis zu Beginn der 90er Jahre weitmöglichst berücksichtigt, aber auch viele schon mehr historische, für die Entwicklung der Pflanzensoziologie bedeutsame Publikationen enthält. Auch die Zusammenfassung in 12 Hauptteilen ist subjektiv, wenn auch früheren Beispielen folgend. Gerade für die Vegetation als Ausdruck eines multidimensionalen Wirkungsfeldes lassen sich Teilaspekte kaum voneinander lösen. Diese Verbindung wird durch zahlreiche Verweise auf andere Kapitel hergestellt, die ein Querlesen ermöglichen.

Der Inhalt des Buches konzentriert sich auf Mitteleuropa, von wo ja auch wesentliche Impulse für die Pflanzensoziologie ausgegangen sind. Dies gilt auch für die Literaturzitate. Gelegentliche Beispiele aus anderen Gebieten der Erde zeigen aber, daß diese Wissenschaft heute weltweit Anhänger gefunden hat und daß sie praktisch überall mit gewissen Modifikationen anwendbar ist. Bewußt werden verschiedene Denkansätze und konträre Meinungen wiedergegeben, wobei allerdings dem lange Bewährten („klassische Pflanzensoziologie") im Sinne einer konservativen Grundhaltung Vorrang gebührt. Die Pflanzensoziologie ist längst kein einheitliches Denk- und Lehrgebäude mehr, wie sie es vielleicht bei den Anhängern von BRAUN-BLANQUET früher gewesen sein mag. Dies birgt Gefahren des Auseinanderfallens, aber auch viele Möglichkeiten neuer Impulse, wie gerade die letzten Jahrzehnte gezeigt haben. So hoffe ich, daß dieses Buch eine gewisse Festigung des wissenschaftlichen Grundgerüstes schafft, gleichzeitig auf die Offenheit der Pflanzensoziologie für neue Richtungen hinweist.

Vieles, was in diesem Buch angesprochen wird, verdanke ich meinen wissenschaftlichen Lehrern. Die langjährige Verbindung zu REINHOLD TÜXEN hat wesentlich mein pflanzensoziologisches Denken im klassischen Sinne geprägt. HEINZ ELLENBERG hat mehr universelle Blickrichtungen, auch im Hinblick auf kausale Zusammenhänge gefördert. WILLY CZAJKA verdanke ich stärker landschaftsökologisch-geographisch geprägte Einsichten. Viele Kollegen im In- und Ausland haben in oft freundschaftlicher Verbundenheit durch Vorträge, Diskussionen und gemeinsame Exkursionen indirekt ihren Beitrag geleistet, ebenfalls meine Institutskollegen und engeren Mitarbeiter. Wesentliche Grundlagen konnte ich der pflanzensoziologisch sehr fundierten Bibliothek unseres Institutes sowie der Reinhold-Tüxen-Bibliothek in Hannover entnehmen. Außerdem danke ich allen, die mich seit langem im Schriftentausch mit ihren Publikationen versorgt haben.

Ohne die oft zeitraubende technische Hilfe wäre das Buch nicht zustande gekommen. Einige Zeichnungen verdanke ich BERND RAUFEISEN, zahlreiche Fotoreproduktionen SIBYLLE HOURTICOLON. Für die langwierige Vorbereitung des Literaturverzeichnisses ist STEPHAN PFLUME verantwortlich. Mein besonderer Dank gilt meinen technischen Mitarbeiterinnen, UTE WERGEN und KARIN BOECKH, die den langen Werdegang mit hohem Arbeitseinsatz begleitet haben. Der Abfassung einzelner Kapitel und schließlich der Fertigstellung des Manuskriptes bis zum Frühsommer 1992 mußten viele andere Dinge untergeordnet werden. Dies betraf vor allem die Mitarbeiter und Diplomanden meiner Arbeitsgruppe, nicht zuletzt aber auch meine Familie, die alle geduldig auf den Abschluß gewartet haben.

Schließlich danke ich Herrn ROLAND ULMER und seinen Mitarbeitern, die sich ohne Zögern des Buches angenommen haben und seine Fertigstellung gewährleisteten.

Göttingen, 1994   HARTMUT DIERSCHKE

Inhaltsverzeichnis

Vorwort		5
I	**Abgrenzung und Gliederung der Pflanzensoziologie**	13
	1 Vegetationseigene Teilgebiete der Pflanzensoziologie	14
	2 Teilgebiete in enger Wechselbeziehung zu Nachbarwissenschaften	14
	3 Methodisch begründete Teilgebiete	15
	4 Theoretische und Angewandte Pflanzensoziologie	15
II	**Geschichte der Pflanzensoziologie**	17
	1 Begründung der pflanzensoziologischen Lehre	17
	2 Entwicklung der Zürich-Montpellier-Schule	18
	3 Fortschritte pflanzensoziologischer Forschung der ersten Jahrzehnte	20
	4 Entwicklung des internationalen Zentrums Stolzenau-Rinteln	21
	5 Entwicklung der pflanzensoziologischen Forschung nach dem 2. Weltkrieg	26
	6 Heutige Situation und Ausblick	28
III	**Pflanzengesellschaften als Grundbausteine der Vegetation**	31
	1 Allgemeine Grundlagen und Begriffsdefinitionen	31
	2 Bedingende und erhaltende Faktoren von Pflanzengesellschaften	32
	2.1 Exogene Faktoren	33
	2.2 Endogene Faktoren	34
	2.2.1 Konkurrenz zwischen Pflanzen	34
	2.2.2 Allelopathie	42
	2.2.3 Positive Abhängigkeitsverbindungen	45
	2.2.4 Koexistenz, Neutralismus	50
	3 Ökologische Potenz und Existenz von Pflanzen	50
	4 Die ökologische Nische	52
	5 Typen des ökologischen Verhaltens von Pflanzen	53
	6 Floristisch gesättigte und ungesättigte Pflanzengesellschaften	56
	7 Bedeutung von Florenveränderungen für die Vegetation	57
	7.1 Allgemeine Tendenzen	57
	7.2 Einwanderung neuer Arten mit Hilfe des Menschen (Hemerochorie)	59
	7.3 Beispiele für die heutige Ausbreitung von Pflanzen	60
	7.4 Um- und Neubildung von Pflanzengesellschaften	65
	8 Natürlichkeitsgrade (Hemerobiegrade) von Pflanzengesellschaften	66
	8.1 Wirkungen des Menschen auf die Vegetation	67
	8.2 Einteilung der Pflanzengesellschaften nach dem Grad menschlicher Einwirkungen	67
	9 Grundregeln des Zusammenlebens von Pflanzen	73
IV	**Die räumliche Ordnung in Pflanzenbeständen (Symmorphologie)**	75
	1 Allgemeines	75
	2 Untersuchung und Darstellung symmorphologischer Merkmale	76
	2.1 Textur- und Strukturmerkmale	76
	2.2 Darstellung symmorphologischer Merkmale	77

	2.3	Beispiele für Texturuntersuchungen	77
	3	Wuchs- und Lebensformen	85
	3.1	Allgemeine Einführung	85
	3.2	Das Lebensformen-System von Raunkiaer	86
	3.3	Neuere Systeme von Wuchs- und Lebensformen	88
	3.4	Lebensformen-System für mitteleuropäische Land-Gefäßpflanzen	88
	3.5	Lebensformen-Systeme für Wasserpflanzen	94
	3.6	Lebensformen-Spektren	95
	4	Pflanzensippen	99
	5	Die Vertikalstruktur von Pflanzenbeständen	100
	5.1	Allgemeine Grundlagen	100
	5.2	Die Hauptschichten des Bestandes	101
	5.3	Untersuchung und Darstellung der oberirdischen Vertikalstruktur	102
	5.4	Beispiele für die Darstellung der oberirdischen Vertikalstruktur	103
	5.5	Untersuchung und Darstellung der unterirdischen Vertikalstruktur	113
	6	Die Horizontalstruktur von Pflanzenbeständen	120
	6.1	Allgemeine Grundlagen	120
	6.2	Untersuchung und Darstellung der Horizontalstruktur	121
	7	Synusien und Mikrogesellschaften	132
	7.1	Allgemeine Grundlagen und Definitionen	132
	7.2	Feinanalysen durch Synusien und Mikrogesellschaften	134
	7.3	Vor- und Nachteile der Synusialbetrachtung	138
	8	Homogenität und Diversität	138
	8.1	Homogenität von Pflanzenbeständen	138
	8.2	Diversität von Pflanzenbeständen	144
	9	Soziologische Progression	146
V	**Die Vegetationsaufnahme**		**148**
	1	Gebiets-Vorerkundung und Arbeitsplan	148
	2	Zeitpunkt und Anzahl der Vegetationsaufnahmen	149
	3	Auswahl und Abgrenzung von Aufnahmeflächen	150
	4	Allgemeine Datensammlung	152
	5	Pflanzensoziologische Datensammlung	153
	5.1	Qualitative Daten	153
	5.2	Quantitative Daten	155
	5.3	Erweiterte Datensammlung	168
	6	Beispiele einer Braun-Blanquet-Aufnahme	168
	7	Aufnahme von Kryptogamen-Beständen	172
	7.1	Moos- und Flechtenbestände	172
	7.2	Pilzbestände	172
	8	Ausblick: Vegetationsaufnahme in anderen Erdteilen	174
VI	**Tabellen-Auswertung pflanzensoziologischer Daten**		**175**
	1	Verschiedene Fragestellungen	175
	2	Vegetationstypen auf floristischer Grundlage	175
	3	Pflanzensoziologische Tabellenarbeit	176
	3.1	Vorsortierung des Datenmaterials	177
	3.2	Erstellung der Rohtabelle	178
	3.3	Arbeit mit Teiltabellen	182
	3.4	Geordnete Tabelle	186
	3.5	Differenzierte Tabelle	190
	3.6	Rückblick	191
	3.7	Übersichtstabellen	191
	3.8	Tabellenarbeit mit dem Computer	196

VII	Gliederung und Ordnung der Vegetation	202
1	Allgemeines	202
2	Ordination und Klassifikation als komplementäre Verfahren	202
3	Direkte Gradientenanalyse	203
4	Eindimensionale Ordination	205
5	Die Koinzidenz-Methode als praxisorientierte Gradientenanalyse	211
6	Synökologische Gruppen	214
6.1	Allgemeine Grundlagen	214
6.2	Beispiele ökologischer Gruppen	219
6.3	Ökologische Gruppen und Vegetationstypen	221
7	Ökologische Zeigerwerte	224
7.1	Grundlagen und Entwicklung	224
7.2	Die Ellenberg-Zahlen	226
8	Mehrdimensionale Ordination	246
8.1	Zweidimensionale Ordination	246
8.2	Dreidimensionale Ordination	250
9	Klassifikation und Systematik von Vegetationstypen	251
9.1	Kriterien für die Klassifikation	251
9.2	Vegetationsklassen und -systeme	252

VIII	Das Braun-Blanquet-System (Syntaxonomie)	270
1	Allgemeines	270
2	Synthetische Merkmale von Pflanzengesellschaften	271
2.1	Mittlere Artenzahl	271
2.2	Mittlerer Deckungsgrad, mittlere Menge	271
2.3	Stetigkeit, Konstanz, Frequenz	272
2.4	Differentialarten	273
2.5	Charakterarten und Gesellschaftstreue	275
2.6	Charakteristische Artenverbindung	280
2.7	Floristische Homotonität und Affinität	281
2.8	Evenness	288
2.9	Gruppenwerte und Gruppenspektren	288
3	Die Einheiten des Braun-Blanquet-Systems	293
3.1	Allgemeines	293
3.2	Die Hauptrangstufen des Systems	294
3.3	Zwischenrangstufen	295
3.4	Nomenklaturregeln	297
4	Die Assoziation und ihre Untereinheiten	300
4.1	Assoziationen	300
4.2	Untereinheiten der Assoziation	302
5	Pflanzengesellschaften ohne eigene Charakterarten	322
5.1	Allgemeines	322
5.2	Zentral- und Marginal-Assoziationen	324
5.3	Fragmentgesellschaften	325
5.4	Neophyten-Gesellschaften	326
6	Höherrangige Syntaxa	326
6.1	Verbände	327
6.2	Ordnungen und Klassen	327
6.3	Klassengruppen als ranghöchste Syntaxa	331
7	Syntaxonomische Bewertung abhängiger Pflanzengesellschaften	335
8	Auswege und Abwege	337
8.1	Allgemeines	337
8.2	System nach der Kombination soziologischer Artengruppen	338
8.3	Strukturmerkmale in der Syntaxonomie	339

8.4 Begrenzung des Gültigkeitsbereichs von Charakterarten 340
9 Syntaxonomische Übersicht der Gefäßpflanzen-Gesellschaften
  Mitteleuropas 345

IX Multivariate Verfahren in der Pflanzensoziologie 351
1 Allgemeines 351
2 Multivariate Ordination 353
2.1 Mehrdimensionale Korrelation von Arten 353
2.2 Indirekte Gradientenanalyse von Vegetationsaufnahmen 353
2.3 Hauptkomponenten-Analyse 355
3 Multivariate Klassifikation 357
4 Numerische Syntaxonomie? 358

X Veränderung von Pflanzenbeständen (Vegetationsdynamik) 361
1 Allgemeines 361
2 Jahreszeitliche Vegetationsrhythmik (Symphänologie) 362
2.1 Allgemeines 362
2.2 Entwicklung der Symphänologie 363
2.3 Begriffliche Grundlagen 365
2.4 Symphänologische Bestandesuntersuchungen 365
2.5 Auswertung symphänologischer Daten 370
3 Gerichtete Vegetationsveränderungen (Sukzession) 392
3.1 Allgemeines 392
3.2 Methoden der Sukzessionsforschung 393
3.3 Grunderscheinungen und Begriffe der Sukzession 416
3.4 Primärsukzessionen 422
3.5 Theorien und Modelle 435
3.5.1 Pflanzliche Strategien 436
3.5.2 Anfängliche Artenkombination oder Artenablösung 440
3.5.3 Stabilitätsfragen 441
3.5.4 Klimaxtheorien 443
3.5.5 Potentiell natürliche Vegetation 444
3.6 Regressive und sekundär progressive Sukzessionen 446
3.7 Diszessive Sukzessionen 463
3.8 Angewandte Sukzessionsforschung 467
3.8.1 Allgemeines 467
3.8.2 Biomonitoring 470
3.8.3 Erhaltung, Wiederherstellung oder Neuschaffung von Pflanzengesellschaften 471
3.8.4 Meliorationen in Land- und Forstwirtschaft 474
3.8.5 Pflanzen als lebendiger Baustoff 474
4 Vegetationsschwankungen (Fluktuation) 477
4.1 Allgemeines 477
4.2 Beispiele für Vegetationsschwankungen 478
5 Vegetationsgeschichte (Synchronologie) 484
5.1 Allgemeines 484
5.2 Floren und Lebensbilder zurückliegender geologischer Perioden 485
5.3 Vegetationsgeschichte Mitteleuropas nach der letzten Vereisung 486
5.3.1 Ergebnisse von Pollenanalysen 486
5.3.2 Dendrochronologie 495
5.3.3 Ergebnisse von Großrestanalysen 496
5.3.4 Datierungsmethoden 501
5.3.5 Vegetationsgeschichte in historischer Zeit 502

XI Räumliche Beziehungen zwischen Pflanzengesellschaften (Vegetationskomplexe) ... 506
- 1 Allgemeines ... 506
- 2 Typen von Vegetationskomplexen ... 507
- 2.1 Mosaikkomplexe ... 507
- 2.2 Gürtel- oder Zonationskomplexe ... 509
- 2.3 Überlagerungs- und Durchdringungskomplexe ... 512
- 2.4 Andere Komplextypen ... 514
- 3 Soziologische Erfassung und Auswertung von Vegetationskomplexen (Synsoziologie) ... 515
- 3.1 Entwicklung der Synsoziologie ... 515
- 3.2 Erfassung von Vegetationskomplexen ... 516
- 3.3 Auswertung der Ergebnisse ... 519
- 3.4 Anwendung synsoziologischer Ergebnisse ... 524
- 4 Größere vegetationsräumliche Einheiten ... 529
- 4.1 Horizontale Vegetationsgliederung ... 530
- 4.2 Vertikale Vegetationsgliederung ... 535
- 5 Vegetationskartierung und Vegetationskarten ... 547
- 5.1 Allgemeines ... 547
- 5.2 Typen von Vegetationskarten ... 548
- 5.3 Vegetationsgrenzen ... 550
- 5.4 Pflanzensoziologische Kartierungsmethoden ... 554
- 5.4.1 Großmaßstäbige Kartierung der realen Vegetation ... 555
- 5.4.2 Kartierung der potentiell natürlichen Vegetation ... 559
- 5.4.3 Auswertung von Luftbildern ... 561
- 5.4.4 Verwandte ökologische Karten und Vergleich ... 563
- 5.5 Kartographische Darstellung ... 565
- 5.6 Computerkarten ... 568
- 5.7 Verwendung von Vegetationskarten ... 570

XII Gesellschafts-Areale (Synchorologie) ... 577
- 1 Allgemeines ... 577
- 2 Synchorologische Kennzeichnung auf chorologischer Grundlage ... 578
- 2.1 Einige Grundlagen der Arealkunde ... 578
- 2.2 Arealdiagnosen ... 580
- 2.3 Arealtypen und Florenelemente ... 584
- 2.4 Arealtypenspektren von Pflanzengesellschaften ... 589
- 2.5 Synchorologische Auswertung floristischer Karten ... 595
- 3 Gesellschaftsareale ... 602
- 3.1 Allgemeines ... 602
- 3.2 Allgemeine arealgeographische Ordnung von Pflanzengesellschaften ... 602
- 3.3 Synchorologische Gesellschaftseinheiten (Vikarianten) ... 603
- 3.4 Synchorologische Karten ... 604
- 3.5 Räumliches Verhalten von Gesellschaften innerhalb ihres Areals ... 612

Literaturverzeichnis ... 617

Sachregister ... 678

I Abgrenzung und Gliederung der Pflanzensoziologie

Rund um den Begriff Pflanzensoziologie (Phytosoziologie, Phytozönologie) gibt es eine größere Zahl ähnlicher Begriffe mit fast gleicher oder abweichender Bedeutung. Am weitesten gefaßt ist **Vegetationskunde** als Wissenschaft der (vorwiegend spontanen) Vergesellschaftungen von Pflanzen, deren Summe in einem bestimmten Gebiet als dessen **Vegetation** bezeichnet wird. Unter **Flora** versteht man im Gegensatz hierzu die Summe der Pflanzensippen eines Gebietes.

Der Vegetationskunde entspricht die **Soziologische Geobotanik** als Teil der Geobotanik (Feldbotanik). Diese ist aus der alten Pflanzengeographie als botanischer Teil abgetrennt worden. Der Begriff wurde erstmals von GRISEBACH (1866) benutzt. Zur Geobotanik gehören weiter die Floristische, Ökologische und Historische Geobotanik (s. ELLENBERG 1968). Weit gefaßt ist auch der englische Begriff „plant ecology", was im Vergleich zu der enger ausgelegten Ökologie im deutschen Sprachgebrauch leicht zu Mißverständnissen führt. Umschließt er doch Ökologie *und* Vegetationskunde. Deshalb haben MUELLER-DOMBOIS & ELLENBERG (1974) für letztere neu den Begriff „vegetation ecology" eingeführt. Neuerdings verwendet man den noch klareren Begriff „vegetation science" (s. VAN DER MAAREL et al. 1980, S. 202).

Aus anderer Sicht unterscheidet BRAUN-BLANQUET (1964) die Ideobiologie als Wissenschaft einzelner Lebewesen von der **Biosoziologie** (Biozönologie) als Lehre der Lebensgemeinschaften (s. auch DU RIETZ 1921; neue Übersicht bei KRATOCHWIL 1987). Sie teilt sich nach ihren Hauptobjekten in die Pflanzensoziologie und Zoozönologie (Tiersoziologie beschäftigt sich mit tierischem Sozialverhalten vorwiegend einzelner Arten; s. auch FRIEDERICHS 1967).

Woher der Begriff **Pflanzensoziologie** stammt, ist wohl nicht endgültig geklärt. Der Name soll bereits bei KRYLOW (1898) vorkommen (zitiert nach BRAUN-BLANQUET 1959/1978, S. 127). Bedeutung hat er erst mit der Lehre von BRAUN-BLANQUET (Zürich-Montpellier-Schule) erhalten. Oft wird Pflanzensoziologie mit den Arbeitsrichtungen dieser und verwandter Schulen gleichgesetzt, was auch sinnvoll ist, um diese heute weit verbreitete, seit langem bewährte Forschungsrichtung von anderen Ansätzen abzugrenzen (s. auch IV 1). Auf dem Internationalen Botanikerkongreß in Paris (1954) wurde Pflanzensoziologie als Lehre der Pflanzengesellschaften auf floristischer, ökologischer, dynamischer, chorologischer und historischer Grundlage definiert (s. BRAUN-BLANQUET 1964, S. 22). So verstehen wir hier unter Pflanzensoziologie die Wissenschaft von den Pflanzengesellschaften (Phytozönosen), ihren Merkmalen, Eigenschaften, ihrem räumlichen und zeitlichen Verhalten sowie ihren historischen und ökologischen Ursachen. Als **Pflanzengesellschaften** werden im Sinne von BRAUN-BLANQUET regelhafte, typisierbare Vergesellschaftungen von Pflanzen verstanden, die sich jeweils durch bestimmte Arten (Kenn- und Trennarten) von anderen Vegetationstypen unterscheiden.

Durch ihr Untersuchungsobjekt, ein sehr vielseitiges, von mancherlei Faktoren abhängiges dynamisches Wirkungsgefüge von Pflanzen, ist die Pflanzensoziologie mit anderen biologischen Nachbarwissenschaften eng verknüpft. Manche Teilgebiete der Pflanzensoziologie können deshalb genauso als Teilgebiete anderer Disziplinen mit besonderer Berücksichtigung der Vegetation angesehen werden. Ihre Eigenständigkeit beweist die Pflanzensoziologie durch eine Reihe eigener Teilgebiete, die sich auf spezifische Eigenschaften der Vegetation gründen und mit eigenen Methoden bearbeitet werden. Die häufig gebrauchte Vorsilbe „Syn-, Sym-" soll verdeutlichen, daß es sich hier um Fragen der Pflanzengesellschaften handelt (syn: griechisch = zusammen; dagegen aut: von griechisch autos = selbst).

1 Vegetationseigene Teilgebiete der Pflanzensoziologie

a) **Symphysiologie**: Nur in Extremfällen kommen Pflanzenarten einzeln vor, und selbst dann gibt es oft Kontakte zwischen den Individuen einer Art. In der Regel sind eine bestimmte Zahl von Pflanzenarten in sich wiederholender Kombination miteinander vergesellschaftet. Die sich hieraus ergebenden Pflanzengesellschaften sind nicht nur durch auslesende oder fördernde äußere Einflüsse bestimmt, sondern erfahren vielmehr ihre wesentliche Ausprägung durch gegenseitige Beeinflussung der Individuen und Arten.

Die Untersuchung dieser endogenen Faktoren (besonders Konkurrenz, positive Wechselwirkungen) als Ursachen für höher integrierte Systeme ist Aufgabe der Symphysiologie (s. III). Dieser erst in jüngster Zeit häufiger benutzte Begriff findet sich bereits bei GAMS (1918).

b) **Symmorphologie**: Jeder Pflanzenbestand und entsprechend auch jede Pflanzengesellschaft als Typ floristisch ähnlicher Bestände hat ein unmittelbar erkennbares Aussehen, das durch seine Struktur bestimmt wird. Strukturelemente sind z. B. Artenzusammensetzung, Populationsverteilungen, Lebensformen, Schichtung, Synusien u. a. Sie werden von der Symmorphologie untersucht s. IV).

c) **Symphänologie**: Teilweise zur Symmorphologie werden auch sich wiederholende, meist rhythmische Wechsel der Erscheinungsformen im Jahresverlauf gerechnet. Sie stehen zwischen b) und d) und können einem eigenen Teilbereich, der Symphänologie zugeordnet werden (s. X 2).

d) **Syndynamik (Sukzessionslehre)**: Pflanzengesellschaften sind dynamische Erscheinungen. Ihre zeitliche Variabilität ist gering, solange die Außenfaktoren konstant bleiben. Sobald sich diese ändern, reagiert die Gesellschaft durch Veränderungen quantitativer und/oder qualitativer Art. Dieses oft sehr feine Reaktionsvermögen ist sowohl von wissenschaftlichem Interesse als auch von großer praktischer Bedeutung. Alle Vorgänge relativ kurzzeitiger Vegetationsveränderung (Fluktuation, Sukzession) sind Forschungsobjekt der Syndynamik (X 3–4; s. dagegen 2c).

e) **Syntaxonomie (Synsystematik)**: Jede Wissenschaft ist bestrebt, ihre Objekte in ein Ordnungsgefüge zu bringen, wozu die Auswahl geeigneter Ordnungskriterien notwendig ist. In der Pflanzensoziologie werden bevorzugt floristische Kriterien, d. h. Charakter- und Differentialarten benutzt. Die Syntaxonomie befaßt sich mit der Typisierung von Pflanzenbeständen und der Ordnung ihrer Typen in einem induktiv-hierarchisch aufgebauten System (s. VIII). Dieses System ist eine wichtige Arbeitsgrundlage für alle anderen Teilgebiete.

f) **Synsoziologie (Sigmasoziologie)**: Ein noch junger Zweig der Pflanzensoziologie ist die genauere Erforschung der Gesetzmäßigkeiten räumlicher Vergesellschaftungen von Pflanzengesellschaften. Obwohl Fragen von Vegetationskomplexen schon immer mit betrachtet wurden, fehlte zunächst ein klares Konzept für ihre Erforschung und Ordnung.

Die Synsoziologie erarbeitet höher integrierte Vegetationseinheiten, die das Bindeglied zu geographischen Raumeinheiten darstellen (s. XI).

2 Teilgebiete in enger Wechselbeziehung zu Nachbarwissenschaften

a) **Synchorologie**: Die Verbreitung von Pflanzengesellschaften im Sinne von Arealen ist Forschungsgegenstand der Synchorologie (s. XII). Sie hängt eng mit der arealkundlichen Betrachtung der Pflanzensippen zusammen und baut teilweise mangels ausreichender Kenntnisse der Gesellschaftsareale auf deren Ergebnissen auf. Im einzelnen ist die Synchorologie aber doch recht eigenständig und könnte auch unter 1 aufgeführt werden.

b) **Synökologie**: Von jeher hat die Frage nach den Ursachen der Existenz, Verbreitung und Entwicklung von Pflanzengesellschaften in der Pflanzensoziologie eine wichtige Rolle gespielt. Nachdem sich die Ökologie als interdisziplinäre Wissenschaft theoretisch und methodisch eigenständig entwickelt hat, ist die Synökologie mehr dorthin zu rechnen, wenn man überhaupt eine Zuordnung vornehmen will. Objekte der Synökologie sind aber die Pflanzengesellschaften bzw. repräsentative Einzelbestände von Gesellschaften.

c) **Synchronologie**: Die Erforschung der historischen, d. h. langzeitigen Vegetationsentwicklung ist in ihren Methoden schon immer so eigenständig gewesen, daß ein enger Bezug zur Pflanzensoziologie oft nicht gegeben war. Erst in jüngerer Zeit gibt es häufiger Versuche, die Vegetation bestimmter früherer Zeitabschnitte genauer zu rekonstruieren, wozu oft heutige Vegetationstypen zum Vergleich herangezogen werden (s. X 5). Hier anzuschließen sind auch Fragen der Entstehung von Pflanzengesellschaften im Rahmen evolutiver Vorgänge, die noch wenig bearbeitet wurden. WILMANNS (1989a) bezeichnet diesen Teilbereich als Synevolution (Symphylogenie).

3 Methodisch begründete Teilgebiete

In Überlagerung der beschriebenen Teilgebiete werden häufig auch Zusammenfassungen nach vorherrschenden methodischen Ansätzen gemacht.
a) **Experimentelle Pflanzensoziologie**: Zur Erklärung der in der Vegetation erkennbaren Phänomene reichen Betrachtungen und Messungen am Objekt oft nicht aus. Vielmehr muß man Teilfragen unter möglichst kontrollierten Bedingungen angehen, indem man z. B. Einzelelemente einer Gesellschaft (wenige Arten) in ihrer gegenseitigen Beeinflussung untersucht oder nach gezielten Eingriffen in den Bestand seine Reaktion verfolgt (s. III 2). Die Experimentelle Pflanzensoziologie hat vor allem enge Beziehungen zu 1 a, b, d und 2 b.
b) **Vegetationskartierung**: Die Möglichkeiten einer flächendeckenden kartographischen Darstellung von Vegetationskomplexen beruhen auf genauen syntaxonomischen Grundlagen. Die Vegetationskartierung hat eigene Arbeits- und Auswertungsmethoden und ist eng mit 1 e, f, 2 a, b und 4 verbunden (s. XI 5).
c) **Numerische Pflanzensoziologie**: Mit Hilfe der elektronischen Datenverarbeitung ist es nicht nur möglich, manche Arbeiten in den schon erwähnten Teilgebieten, z. B. in der Syntaxonomie zu erleichtern, sondern auch neue Aspekte der Vegetation zu untersuchen und auszuwerten. Ähnlichkeitsberechnungen, multivariate Ordinations- und Klassifikationsverfahren spielen hier eine große Rolle. Im Rahmen der klassischen Pflanzensoziologie sind sie jedoch nur von untergeordneter Bedeutung. Die Hauptimpulse kommen aus dem englischsprachigen Raum, wo sie sich parallel zur Pflanzensoziologie entwickelt haben. Früher wurden oft eher die Gegensätze als die Gemeinsamkeiten betont. Heute zeichnen sich engere Kontakte zwischen den verschiedenen Arbeitsrichtungen ab, ohne miteinander zu verschmelzen (s. IX). Relativ enge Beziehungen bestehen zu 1 a, b, d, e sowie zu 2 b.

4 Theoretische und Angewandte Pflanzensoziologie

Die Anwendbarkeit pflanzensoziologischer Erkenntnisse in Nachbarwissenschaften und in der Praxis beruht einmal auf dem integralen Zeigerwert der Pflanzengesellschaften für vielerlei mit der Pflanzendecke verbundene Außenfaktoren, aber auch auf der unmittelbaren Verwendung der Vegetation als Baustoff in der Landschaft. Sie haben wesentlich zur raschen Ausbreitung der Pflanzensoziologie beigetragen. Der hohe Anwendungsbezug zeichnet sie gegenüber anderen Richtungen der Vegetationskunde besonders aus. Als wichtige Bereiche der Praxis sind zu nennen: Land- und Forstwirtschaft, Natur- und Umweltschutz, Landschaftspflege und -planung, Wasserbau und Kulturtechnik. Angewandte Aspekte werden in verschiedenen Teilen des Buches behandelt (s. Sachregister: Angewandte Pflanzensoziologie).

Andererseits gibt es rein theoretische Ansätze und Betrachtungen, die auf allgemeinere Gesetzmäßigkeiten und Modelle gerichtet sind. Sie können unter Theoretischer Pflanzensoziologie zusammengefaßt werden. In der Regel bewegen sich die unter 1–3 angeführten Teilaspekte der Pflanzensoziologie zwischen Theorie und Praxis mit jeweils unterschiedlicher Gewichtung mehr grundlegender oder angewandter Fragen.

Die verschiedenen hier aufgeführten Teilgebiete zeigen, daß die Pflanzensoziologie im Sinne von BRAUN-BLANQUET keineswegs, wie oft fälschlich vermutet, mit Syntaxonomie gleichzusetzen ist, wenn auch dieser beschreibend-ordnende Bereich oft im Vordergrund gestanden hat. Von Mitteleuropa ausgehend hat sich die Pflanzensoziologie heute in verschiedensten Gebieten der Erde etabliert und ist weiter in Ausbreitung begriffen. Andere Ansätze und Schulen können in diesem Buch höchstens randlich Erwähnung finden, was keinerlei Wertung bedeutet.

Abb. 1. Teilgebiete der Pflanzensoziologie und ihre Beziehungen zu Nachbarwissenschaften.

In Abb. 1 sind noch einmal die Teilgebiete der Pflanzensoziologie, ihre Verknüpfung mit Nachbarwissenschaften sowie ihre Stellung innerhalb der Botanik skizziert. Die weiteren Kapitel dieses Buches folgen allerdings nicht überall dieser Gliederung. Zumindest bei den Hauptabschnitten bieten sich teilweise andere Zusammenfassungen an.

II Geschichte der Pflanzensoziologie

„Es ist kaum möglich, in der Geschichte der Biologie eine Persönlichkeit zu nennen, die die Entwicklung einer wissenschaftlichen Richtung derart bestimmen konnte wie BRAUN-BLANQUET für die Pflanzensoziologie" (E. & S. PIGNATTI 1981).

Ohne Zweifel ist die Pflanzensoziologie in ihrer Entwicklung besonders von BRAUN-BLANQUET und wenigen anderen Persönlichkeiten bestimmt worden. Eine zweite wichtige Grundlage ist die frühzeitig geförderte Wissenschafts-Organisation, d. h. die organisatorische Zusammenfassung von Forschern und Forschungen. Dies war gerade in der Pflanzensoziologie von Bedeutung, da Diskussionen über theoretische Grundlagen und Methoden an einem sehr vielgestaltigen Objekt zu führen waren.

Neben Tagungen im üblichen Sinne bildete von jeher die Exkursion ein wichtiges Moment zur Förderung der pflanzensoziologischen Lehre und Forschung. Dies bedeutete gleichzeitig viele persönliche Kontakte zwischen den ohnehin zunächst nicht sehr zahlreichen Vegetationskundlern dieser Richtung. Bis heute hat sich das Zusammenspiel von größeren Fachtagungen, Treffen kleinerer Arbeitsgruppen und Exkursionen als Möglichkeit vielseitiger wissenschaftlicher Diskussionen und persönlicher Kontakte sehr bewährt. Es gibt der internationalen Pflanzensoziologie eine wohl selten in einer Wissenschaft zu findende freundschaftliche, fast familiäre Atmosphäre.

Genauere historische Ein- und Rückblicke in die Pflanzensoziologie sind bisher im Zusammenhang wenig publiziert worden. Viele Einzeldaten finden sich verstreut, z. B. in Berichten von Tagungen, Arbeitstreffen, Exkursionen, in Beiträgen zu Jubiläen und Nachrufen bedeutender Persönlichkeiten. Es lassen sich mehrere Entwicklungsschwerpunkte sowohl sachlich als auch geographisch ausmachen, die in zeitlicher Überlappung einander ablösen.

Die Vorläufer der eigentlichen Pflanzensoziologie, meist unter dem Begriff der Pflanzengeographie vereinigt, sollen hier nicht erörtert werden (s. hierzu z. B. RÜBEL 1917, DU RIETZ 1921, SCHMITHÜSEN 1957, 1968, SCHUBERT 1979 und Beispiele in VII 9). Über die eigentliche Geschichte der Pflanzensoziologie unterrichten u. a. näher WHITTAKER (1962), BRAUN-BLANQUET (1964, 1968), FURRER & LANDOLT (1969), TÜXEN (1969), WESTHOFF & VAN DER MAAREL (1973), VAN DER MAAREL (1975, 1984), DIERSCHKE (1980), WILMANNS (1980), E. & S. PIGNATTI (1981), SUTTER (1981), ELLENBERG (1982a).

1 Begründung der pflanzensoziologischen Lehre

Nachdem vor allem im 18. und 19. Jahrhundert (besonders seit ALEXANDER VON HUMBOLDT) durch zunehmend vegetationskundlich ausgerichtete Naturerforschung mancherlei Übersicht und Detailkenntnisse über die Pflanzendecke vorhanden waren und die Zahl der Publikationen rasch anstieg, wuchs das Bedürfnis nach genaueren, möglichst einheitlichen Methoden zur Untersuchung und Darstellung der Vegetation. Nach zunächst mehr allgemeiner, physiognomisch ausgerichteter Betrachtung trat immer mehr die Artenzusammensetzung in den Vordergrund. Mit ihr begann vor allem in Mitteleuropa Ende des 19. bis Anfang des 20. Jahrhunderts in verschiedenen Gebieten etwa gleichzeitig die Entwicklung der Pflanzensoziologie. Als ihre Väter werden häufig H. BROCKMANN-JEROSCH, CH. FLAHAULT, R. GRADMANN, J. PAVILLARD, E. RÜBEL, C. SCHRÖTER, im weiteren Sinne auch A. K. CAJANDER, P. JACCARD, R. NORDHAGEN, CH. RAUNKIAER u. a. genannt.

Als Geburtsjahr der eigentlichen Pflanzensoziologie findet man öfters 1910 mit Hinweis auf den Internationalen Botanikerkongreß in Brüssel. Dort wurde nach Vorschlag von FLAHAULT und SCHRÖTER (1910) erstmals der Begriff der Assoziation festgelegt als „Pflanzengesellschaft bestimmter floristischer Zusammensetzung, einheitlicher Standortsbedingungen und einheitlicher Physiognomie".

Der entscheidende Durchbruch zu einer eigenen Wissenschaft gelang JOSIAS BRAUN-BLANQUET (1884–1980). Er verstand es, die verschiedenen bestehenden Ansätze mit eigenen Ideen zu einem einleuchtenden Lehr- und Methodengebäude zusammenzufassen, das trotz mancher Neuerungen in seinen Grundlagen bis heute Bestand hat. Nachdem der junge JOSIAS BRAUN neben kaufmännischer Tätigkeit seine botanischen Interessen zunächst mehr privat verfolgte, studierte er in Zürich (BROCKMANN-JEROSCH, RÜBEL, SCHRÖTER) und Montpellier (FLAHAULT), wo er 1914 mit einer vegetationskundlichen Arbeit über die Cevennen promovierte (s. BRAUN 1915). Schon vorher hatte er wichtige Grundgedanken in zwei anderen Arbeiten (BRAUN 1913, BRAUN & FURRER 1913) festgelegt. Nach Heirat seiner Studienkollegin GABRIELLE BLANQUET nannte er sich BRAUN-BLANQUET.

In seiner Arbeit über „Prinzipien einer Systematik der Pflanzengesellschaften auf floristischer Grundlage" (1921) präzisierte er die Grundgedanken seiner floristisch-statistischen Methode zur Aufnahme, Typisierung und Klassifikation der Vegetation. In einem „Vocabulaire de sociologie végétale" (BRAUN-BLANQUET & PAVILLARD 1922) wurden wichtige Begriffe definiert, was frühzeitig zu einer eindeutigen Begriffsbildung beitrug. Eine umfassende Darstellung der Pflanzensoziologie erfolgte dann in dem gleichnamigen Lehrbuch erstmals 1928. Sein Umfang dehnte sich von 330 Seiten bis zur dritten Auflage (1964) auf 865 Seiten aus. Mehrfache Übersetzungen in andere Sprachen trugen zur Ausbreitung seiner Lehre bei. Etwa parallel entwickelten sich in Skandinavien die Grundlagen einer etwas abweichenden Arbeitsrichtung (Uppsala-Schule; DU RIETZ 1921, 1930).

Die Lehre von BRAUN-BLANQUET beruht im wesentlichen auf der damals noch recht neuen Einsicht, daß Pflanzen in bestimmten, wiederkehrenden Artenverbindungen wachsen, die sich zu floristisch definierbaren Typen, den Pflanzengesellschaften, zusammenfassen lassen. Der Grundtyp wurde als Assoziation bezeichnet, die durch Charakter- und Differentialarten (Kenn- und Trennarten) sowie festgelegte Nomenklaturregeln einen einheitlichen Rahmen erhielt. Durch induktives Vorgehen lassen sich Assoziationen, wiederum durch Kenn- und Trennarten, zu höheren Einheiten zusammenfassen, woraus sich schließlich ein hierarchisch aufgebautes Klassifikationssystem ergibt (s. VIII).

Besonders Vegetationstypen niederen Ranges repräsentieren als integrale Zeiger das enge Wechselspiel der Standortsfaktoren und sind deshalb in vielerlei Richtung verwendbar. Sie sind gleichzeitig Ausgangspunkt aller weiteren Untersuchungen.

Die rasche Ausbreitung und Annahme der pflanzensoziologischen Lehre, zunächst in Europa, später auch in anderen Erdteilen, beruht auf den recht einfachen, klaren Grundgedanken von BRAUN-BLANQUET, leicht erlernbaren, qualitativ-quantitativen Untersuchungsmethoden und rasch erzielbaren und reproduzierbaren Ergebnissen, die nicht nur für die Wissenschaft, sondern auch für praktische Anwendungen von Bedeutung sind. Ein weiteres Moment ist das Hervortreten einiger hervorragender Persönlichkeiten, vorwiegend aus der ersten Generation der Schüler BRAUN-BLANQUETS, und eine gut funktionierende Wissenschafts-Organisation.

2 Entwicklung der Zürich-Montpellier-Schule

Neben der Braun-Blanquet-Lehre wird häufig fast synonym der Name „Zürich-Montpellier-Schule" für diese Arbeitsrichtung der Vegetationskunde verwendet. Beide Orte haben nämlich als erste Zentren pflanzensoziologischer Forschung und Organisation wesentliche Impulse vermittelt.

In Zürich gründete EDUARD RÜBEL (1876–1960) im Jahre 1918 zunächst in seinem eigenen Wohnhaus das „Geobotanische Forschungsinstitut Rübel" als Stiftung mit einer Bibliothek, einem umfassenden Herbar und einigen Meßgeräten. 1928 konnte das bis heute bestehende, mit privaten Mitteln erbaute Institutsgebäude in der Zürichbergstr. 38 bezogen und 1958 als Schenkung in die Eidgenossenschaftliche Technische Hochschule Zürich eingegliedert werden (s. auch LANDOLT et al. 1990). Institutsdirektoren waren H. BROCKMANN-JEROSCH (1929–31), W. LÜDI (1931–58), H.

Abb. 2. Teilnehmer der Sektion Pflanzengeographie auf dem siebten Internationalen Botanikerkongreß in Stockholm 1970 (Foto J. BARKMAN). Erste Reihe von links: W. Lüdi, J. Braun-Blanquet, R. Tüxen, W. Koch, C. Troll, E. Du Rietz. Dahinter u. a. J. Barkman, H. Gams, F. Firbas, H. Sjörs, H. Passarge, H. Wagner.

ELLENBERG (1958–66) und bis heute E. LANDOLT. Von 1915–1926 war BRAUN-BLANQUET als Assistent und Konservator am Institut tätig. Geländearbeiten in den Alpen mit ihren oft klar unterscheidbaren Vegetationstypen waren schon vorher wesentliche Kernpunkte seiner neuen Lehre.

Mit den „Berichten" (seit 1918) und den „Veröffentlichungen" (ab 1924) gab es zwei eigene Publikationsorgane, in denen bis heute viele wichtige Ergebnisse der Pflanzensoziologie veröffentlicht worden sind. Das Institut in Zürich wurde außerdem rasch das erste wichtige Begegnungs- und Organisationszentrum der Pflanzensoziologen. Schon 1923 wurde eine „Permanente Kommission" mit Sitz in Zürich gegründet. Ihre Aufgaben waren u. a. die Bewahrung der Kontinuität pflanzensoziologischer Forschung, die Ausarbeitung von Untersuchungsmethoden, Förderung einer Vegetationskarte Europas, Vorbereitung von Exkursionen und Lehrgängen sowie Auskünfte an Interessierte.

Zur Ausbreitung der Lehre, zur Vereinheitlichung der Methode, zum Kennenlernen neuer Gebiete und zum persönlichen Gedankenaustausch wurden die „Internationalen Pflanzengeographischen Exkursionen" (IPE) rasch eine wichtige Grundlage, beginnend 1911 in Großbritannien und Irland. Im Abstand weniger Jahre wurden mit einem ausgewählten Teilnehmerkreis viele Länder Europas, später auch solche in Übersee, unter fachkundiger örtlicher Führung besucht. Viele Berichte mit wertvollen wissenschaftlichen Beiträgen in den Veröffentlichungen des Rübel-Institutes zeugen von ihrer großen Bedeutung. Bis heute ist Zürich das Organisationszentrum der IPE geblieben.

Obwohl BRAUN-BLANQUET einer der geistigen Väter und schließlich der „Meister" der Pflanzensoziologie war, auch trotz seiner Habilitation 1923 an der ETH Zürich, ergaben sich für ihn dort keine weiterreichenden Möglichkeiten. So kehrte er 1926 nach Montpellier zurück und fand Aufnahme im dortigen Botanischen Institut bei J. PAVILLARD. Hier konnte er in Ruhe an seinem Lehrbuch (1928) arbeiten. 1929 gründete er eine eigene Geobotanische Arbeitsstelle in Colombière, am Stadtrand von Montpellier. Sie war die Initiale des bald als SIGMA (Station Internationale de Géobotanique Méditerranéenne et Alpine) berühmten Privatinstitutes. Ab 1937 konnte die SIGMA, unterstützt durch internationale Finanzmittel, ein eigenes Gebäude beziehen. Das in einem großen, parkartigen Garten gelegene Landhaus am Chemin de Pioch de Boutonnet in Montpellier wurde rasch zum überragenden Zentrum pflanzensoziologischer Forschung und internationaler Kontakte, trotz äußerst bescheidener Mittel und sehr einfacher Einrichtung. Fast alle älteren namhaften Pflanzensoziologen haben sich dort einige Zeit aufgehalten und gehören zum direkten Schülerkreis von Braun-Blanquet, z. B. E. Aichinger, H. Ellenberg, F. Firbas, I. Horvat, S. Horvatić, K. Hueck, J. Klika, W. Koch, J. Lebrun, W. C. de Leeuw, R. Molinier, E. Oberdorfer, B. Pawlowski, R. Soó, W. Szafer, R. Tüxen, O. H. Volk.

Wissenschaftliche Ergebnisse aus dieser Zeit wurden in den „Communications de la SIGMA" publiziert.

Ein 1929 gegründetes SIGMA-Komitee sollte sich um organisatorische Dinge kümmern, z. B. um die Förderung einer pflanzensoziologischen Übersicht (Prodromus) der Pflanzengesellschaften einschließlich einheitlicher Nomenklaturregeln sowie der Vegetationskartierung. Außerdem gab es bald in einzelnen Ländern nationale Komitees, z. B. auch in Deutschland unter Leitung von R. Tüxen.

1939 konstituierte sich die Internationale pflanzensoziologische Gesellschaft mit Sitz in Montpellier.

Während des 2. Weltkrieges trug die SIGMA wesentlich dazu bei, die vielen internationalen Verbindungen nicht ganz abbrechen zu lassen. Von hier aus konnten danach rasch wieder alte und neue Fäden geknüpft werden. Seit den 60er Jahren zog sich Braun-Blanquet mit zunehmendem Alter allmählich aus dem internationalen Geschehen zurück, wenn auch viele jüngere Pflanzensoziologen weiter zu ihm nach Montpellier pilgerten. Seine Leistungen wurden durch Verleihung mehrerer Ehrendoktortitel gewürdigt. Viele seiner ersten Schüler waren oder wurden namhafte Vertreter seiner Richtung in verschiedenen Ländern. Zum 70. Geburtstag wurde er 1964 mit einer umfangreichen Festschrift (Vegetatio Bd. 5/6) geehrt.

Mit dem Rückgang internationaler Aktivitäten in Montpellier erwuchs gleichzeitig ein neues pflanzensoziologisches Zentrum im Umkreis von R. Tüxen in Westdeutschland. Allerdings nahm die Bedeutung weniger zentraler Schwerpunkte mit der Entstehung neuer Forschungseinrichtungen in vielen Ländern der Erde allmählich ab.

Auch die zunächst von heftigen Diskussionen begleiteten Meinungsunterschiede verschiedener vegetationskundlicher Arbeitsrichtungen, insbesondere zwischen der Zürich-Montpellier- und der Uppsala-Schule wurden zunehmend ausgeglichen (s. auch VII 9.2.2.5).

3 Fortschritte pflanzensoziologischer Forschung der ersten Jahrzehnte

Die ersten Entwicklungsphasen der Pflanzensoziologie, etwa von 1910–1950, waren durch weitreichende Vegetationserfassung und -beschreibung in vielen Gebieten Europas gekennzeichnet. Ziel war eine möglichst rasche Übersicht der Pflanzengesellschaften und ihre Ordnung in einem System. Andere Teilaspekte blieben oft zunächst im Hintergrund, so daß Pflanzensoziologie noch heute manchmal fälschlicherweise mit Syntaxonomie gleichgesetzt wird. Schon in der ersten Auflage des Lehrbuches von Braun-Blanquet (1928) nimmt aber dieser Teil nur einen relativ kleinen Raum ein.

Die rasche Ausbreitung der Braun-Blanquet-Lehre bedingte erfreulich schnelle Fortschritte in der Kenntnis der Vegetation, aber auch weniger erfreuliche syntaxonomische Konsequenzen. In vielen Publikationen wurden neue Assoziationen und höhere Einheiten beschrieben, teilweise wegen noch fehlender Kontakte der Bearbeiter mehrfach fast parallel, teilweise zu früh, da größere Übersichten noch fehlten. An diesen „Sünden" der Frühzeit hat die Syntaxonomie noch heute zu leiden (s. auch VIII).

Ab Mitte der 30er Jahre war dann teilweise schon eine gewisse Konsolidierung des Gesellschafts-Systems erkennbar. Im Übergang von einer ersten analytischen zu einer folgenden mehr synthetischen Phase wurden erste größere Übersichten versucht. So erschien schon 1933 die erste Lieferung eines Prodromus der Pflanzengesellschaften von Braun-Blanquet (*Ammophiletalia, Salicornietalia*), der bis 1940 sechs weitere Teile folgten. Fast gleichzeitig begann die Herausgabe pflanzensoziologischer Gebiets-Bibliographien (Tüxen & Prügel 1935). Ein wichtiger Markstein war auch die Gesamtübersicht der Pflanzengesellschaften Nordwestdeutschlands (Tüxen 1937). Schon in Kriegszeiten erschien die erste Übersicht höherer Vegetationseinheiten Mitteleuropas (Braun-Blanquet & Tüxen 1943), gewissermaßen eine kurze Zusammenfassung der bisher vorliegenden Kenntnisse.

4 Entwicklung des internationalen Zentrums Stolzenau-Rinteln

Dieser Abschnitt seit den 50er Jahren ist eng mit dem Wirken von REINHOLD TÜXEN (1899–1980) verbunden. Ursprünglich studierter Chemiker, geriet er früh durch persönliche Kontakte zu BRAUN-BLANQUET in die pflanzensoziologische Richtung. Schon 1926 konnte er an einem längeren Lehrgang in Zürich teilnehmen, der die enge wissenschaftliche und persönliche Verbindung beider Forscherpersönlichkeiten begründete. TÜXEN erkannte rasch die Bedeutung und Möglichkeiten der Pflanzensoziologie. Er kann als einer der Begründer der Angewandten Pflanzensoziologie angesehen werden. Mit genialem Blick erfaßte er die der Vegetation innewohnende Ordnung und trug wesentlich zum Auf- und Ausbau des Systems der Pflanzengesellschaften bei. Als überzeugender Redner, begeisterungsfähiger Lehrer und guter Organisator hat er der Pflanzensoziologie auch außerhalb ihres engeren Umkreises weithin Geltung verschafft.

Nach dem Lehrgang in Zürich und einem Aufenthalt in der SIGMA in Montpellier war TÜXEN mit dem notwendigen Rüstzeug für eigene Arbeiten versehen. 1926 fand er eine Beschäftigung an der neuen Provinzialstelle für Naturdenkmalpflege im Landesmuseum Hannover, wo er ab 1930 mit der Vegetationskartierung als Grundlage zur Auffindung schutzwürdiger Gebiete begann. 1933 erhielt er den Auftrag zur planmäßigen Kartierung der Provinz Hannover im Maßstab 1:25 000.

Inzwischen hatte er 1931 mit der Arbeitsstelle für Theoretische und Angewandte Pflanzensoziologie an der Tierärztlichen Hochschule Hannover die erste rein pflanzensoziologische Institution in Deutschland gegründet. Aus ihr entstand 1939 die Zentralstelle für die Vegetationskartierung des Reiches (ZfV) in Hannover. Hier wurden die Methoden dieser Arbeitsrichtung erprobt und verfeinert. Es gelang TÜXEN auch, die Bedeutung der Karten und anderer pflanzensoziologischer Ergebnisse Außenstehenden klar zu machen. Ein wichtiger Schritt in die angewandte Richtung war z. B. die seit 1934 laufende pflanzensoziologische Kartierung der deutschen Autobahn-Trassen als Grundlage für naturgemäße Ansaaten und Bepflanzungen, damals eine echte Pioniertat.

Allgemein stand die enge Verbindung von Grundlagenforschung und praktischer Anwendung der Ergebnisse im Vordergrund, wobei durch beiderseitige Befruchtung wichtige Entwicklungen eingeleitet wurden. So konnten bald pflanzensoziologische Erkenntnisse für Land- und Forstwirtschaft, Landespflege und Naturschutz, im Wasser- und Straßenbau u. a. sinnvoll angewendet werden. Mit der Dissertation von ELLENBERG (1939) wurde auch schon frühzeitig eine richtungsweisende synökologische Arbeit auf der Grundlage klar abgrenzbarer Vegetationstypen vorgelegt.

Die vielfältigen Aufgaben der ZfV und ihrer Vorläufer ermöglichten es TÜXEN, zahlreiche junge Botaniker als Mitarbeiter einzusetzen. Hieraus entwickelte sich ein neuer Schülerkreis von Pflanzensoziologen, die teilweise auch direkt bei BRAUN-BLANQUET in die Lehre gingen. Hierzu gehören z. B. K. BUCHWALD, W. H. DIEMONT, H. ELLENBERG, R. KNAPP, W. LOHMEYER, E. PREISING, M. VON ROCHOW, O. H. VOLK, H. WAGNER, G. WENDELBERGER, H. ZEIDLER u. a. Als sich im Krieg die Mitarbeiter teilweise zerstreuten, wurde durch vervielfältigte Rundbriefe, teilweise mit interessanten wissenschaftlichen Beiträgen, der Kontakt aufrechterhalten.

1943 mußte die ZfV wegen zunehmender Kriegsbedrohung in das kleine Städtchen Stolzenau an der Weser ausgesiedelt werden. Hier konzentrierten sich nach Kriegsende rasch viele ehemalige Mitarbeiter, die dort eine neue wissenschaftliche Heimat und ersten Broterwerb fanden. So kam es rasch zu neuer, äußerst fruchtbarer Arbeit, wobei sowohl die wissenschaftlichen Grundlagen als auch Anwendungsmöglichkeiten weiter entwickelt wurden. Bezeichnenderweise hieß die neu gegründete eigene Zeitschrift „Angewandte Pflanzensoziologie".

Nachdem auch die internationalen Kontakte sich allmählich erneuerten und erweiterten, wurde Stolzenau bald ein neues Zentrum der Pflanzensoziologie. Aus der ehemaligen ZfV entstand die Bundesanstalt für Vegetationskartierung. Mit der Anziehungskraft ihres Leiters R. TÜXEN und dem notwendigen personellen Rückhalt für wissenschaftliche und organisatorische Aufgaben waren die wichtigsten Grundvoraussetzungen erfüllt. Allerdings waren auch in Stolzenau, gemessen an heutigen Forschungsanstalten, die Bedingungen sehr einfach.

So unbestritten wie die Verdienste TÜXENS um den Ausbau der Pflanzensoziologie als Wis-

Abb. 3. Prominente Vertreter der Pflanzensoziologie in Mitteleuropa: Oben: Josias Braun-Blanquet, Reinhold Tüxen. Unten: Erich Oberdorfer, Heinz Ellenberg.

senschaft sind auch seine organisatorischen Tätigkeiten. Schon sehr frühzeitig (1927) gründete er die Floristisch-soziologische Arbeitsgemeinschaft als Zusammenschluß geobotanisch Interessierter in der Provinz Hannover. Unter seiner Leitung (bis 1971) entwickelte sie sich zu einer der größten botanischen Gesellschaften im deutschsprachigen Raum. Tagungen, Lehrgänge und Exkursionen und eine eigene Zeitschrift (die „Mitteilungen" seit 1928, seit 1981 „Tuexenia") brachten der Vereinigung rasch Zulauf und Ansehen.

Auf internationaler Ebene erwuchs mit TÜXENS maßgeblicher Unterstützung aus der 1939 gegründeten Internationalen pflanzensoziologischen Gesellschaft die Internationale Vereinigung für Vegetationskunde (IVV). Auf dem Botanikerkongreß 1954 in Paris gab sie sich eine eigene Satzung. Ihre bisherigen Präsidenten waren W. SZAFER, W. C. DE LEEUW, J. LEBRUN, H. ELLENBERG und bis heute S. PIGNATTI. Der eigentliche Aufschwung dieser weltweiten Organisation beruhte aber auf dem unermüdlichen Einsatz ihres Sekretärs R. TÜXEN seit den 50er Jahren bis 1980. War Stolzenau schon durch seine Person und die international bekannte Bundesanstalt eine stark frequentierte Anlaufstelle für Pflanzensoziologen, machte TÜXEN es mit der Begründung der Symposien der IVV zum „Mekka der Pflanzensoziologen". Seit 1956, mit einem Vorläufer 1953, wurde fast in jedem Jahr eine internationale Fachtagung in Stolzenau veranstaltet. Die Symposien entwickelten sich rasch zum wichtigsten Diskussionsforum weltweiter Vegetationsforschung. Das beste Zeugnis hiervon, gleichfalls Dokumente lebhafter Diskussionen und der allgemeinen Entwicklung der Pflanzensoziologie, sind die Berichtbände der Tagungen, die bis heute fast geschlossen vorliegen (s. DIERSCHKE 1982a). Da die Themen der Symposien auch den weiten Bereich der Pflanzensoziologie einschließlich angewandter Richtungen aufzeigen, seien sie hier angefügt:

Pflanzensoziologie als Brücke zwischen Land- und Wasserwirtschaft (Stolzenau 1953)
Pflanzensoziologie und Bodenkunde (1956)
Vegetationskartierung (1959)
Biosoziologie (1960)
Anthropogene Vegetation (1961)
Pflanzensoziologie und Palynologie (1962)
Pflanzensoziologie und Landschaftsökologie (1963)
Pflanzensoziologische Systematik (1964)
Experimentelle Pflanzensoziologie (Rinteln 1965)
Gesellschaftsmorphologie (Strukturforschung) (1966)
Gesellschaftsentwicklung (Syndynamik) (1967)
Tatsachen und Probleme der Grenzen in der Vegetation (1968)
Vegetation und Substrat (1969)
Grundfragen und Methoden in der Pflanzensoziologie (1970)
Vegetation als anthropoökologischer Gegenstand (1971)
Gefährdete Vegetation und ihre Erhaltung (1972)
Sukzessionsforschung (1973)
Landschaftsgliederung mit Hilfe der Vegetation (1974)
Vegetation und Klima (1975)
Vegetation und Fauna (1976)
Assoziationskomplexe (Sigmeten) und ihre praktische Anwendung (1977)
Werden und Vergehen von Pflanzengesellschaften (1978)
Epharmonie (1979)
Syntaxonomie (1980)
Struktur und Dynamik von Wäldern (1981; letztmals in Rinteln)
Chorologische Erscheinungen von Pflanzengesellschaften (Prag 1982)
Natürliche und halbnatürliche Vegetation (Corrientes 1983)
Abhängige Pflanzengesellschaften (Wageningen 1984)
Vegetation und Geomorphologie (Bailleul 1985)
Erfassung und Bewertung anthropogener Vegetationsveränderungen (Halle 1986)
Spontane Vegetation in Siedlungen (Frascati 1988)
Forests of the World. Diversity and Dynamics (Uppsala 1989)
Vegetation Processes as Subject of Geobotanical Maps (Warschau 1990)
Mechanisms of Vegetation Dynamics (Eger 1991)
Applied Vegetation Ecology (Schanghai 1992)
Island and High Mountain Vegetation (Teneriffa 1993)

Als nach der Pensionierung von R. TÜXEN trotz zahlreicher Proteste die Bundesanstalt 1963 als Teil eines größeren Institutes (heute: Bundesforschungsanstalt für Naturschutz und Landschaftsökologie) nach Bonn-Bad Godesberg verlegt wurde, gründete TÜXEN in dem kleinen

Abb. 4. IVV-Exkursion 1974 in Japan mit Vertretern aus zahlreichen Ländern (Buchwald, Géhu, Schubert, Bálátová, Preising, Miyawaki, Tüxen, Schmithüsen, Richard, Westhoff, Falinski, Werger, Dierschke, Carbiener u. a.).

Dorf Todenmann oberhalb von Rinteln an der Weser eine private „Arbeitsstelle für Theoretische und Angewandte Pflanzensoziologie". Das kleine Privathaus mit einfachen Arbeitsräumen im Keller, einer großen Bibliothek und umfangreichem pflanzensoziologischem Archiv wurde rasch ein neuer Anziehungspunkt für Pflanzensoziologen von nah und fern. Ab 1965 wurden auch die Symposien in Rinteln fortgesetzt, fast noch erfolgreicher als vorher in Stolzenau. Viele junge Pflanzensoziologen haben hier erste Kontaktmöglichkeiten zur internationalen Wissenschaft und ihren namhaften Persönlichkeiten gefunden. Zugleich kam es zu weiteren Annäherungen zwischen verschiedenen Forschungsrichtungen der Vegetationskunde, durch mehrfache Beteiligung von R. H. WHITTAKER vor allem zu angloamerikanischen Forschungsansätzen.

Außer den Symposien wurden neben der IPE ab 1955 auch eigene internationale Exkursionen der IVV veranstaltet, die für alle Mitglieder offen sind. Sie führten zunächst in viele Länder Europas, später auch nach Übersee (USA, Japan, Argentinien, Australien, China). Neben wissenschaftlichen Ergebnissen und Möglichkeiten zur Erweiterung des vegetationskundlichen Horizontes waren es oft auch die hier am besten zu pflegenden persönlichen Kontakte, die den internationalen Zusammenhalt der Pflanzensoziologen gefestigt haben.

Am Rande der Symposien und anderenorts trafen sich Fachleute pflanzensoziologischer Teildisziplinen zu eigenen Arbeitsgruppen. In zwei Fällen kam es zu festerem Zusammenhalt mit eigenständigen Tagungen. Während die „Arbeitsgruppe für Sukzessionsforschung auf Dauerflächen" (seit 1973) sich eng an die klassische Pflanzensoziologie anlehnt (s. SCHMIDT 1974a), sucht die „Arbeitsgruppe für Datenverarbeitung" (seit 1969) neue Wege in engem Kontakt zu anderen Richtungen der Vegetationskunde (s. VAN DER MAAREL, ORLÓCI & PIGNATTI 1976). Als wichtige Aufgaben für letztere werden genannt: Aufbau pflanzensoziologischer (und ökologischer) Datenbanken, Methoden zur Erleichterung der Tabellenarbeit, Entwicklung neuer Klassifikations- und Ordinationsverfahren mit numerischen Methoden („numerische Syntaxonomie"), Diskussion theoretischer Aspekte der Pflanzensoziologie. Auf einem gemeinsamen Symposium beider Arbeitsgruppen in Montpellier 1980 (s. POISSONET et al. 1981) konnte die große Versammlung weltweiter Vegetationskundler ihren alten Meister BRAUN-BLANQUET kurz vor seinem Tode noch

Abb. 5. Die SIGMA in einer alten Villa war lange Zeit Zentrum der europäischen Pflanzensoziologie (aus Braun-Blanquet 1968).

einmal in seiner SIGMA besuchen, ein wahrhaftes Symbol eines sich schließenden Kreises von einfachen Anfängen vor 50 Jahren bis zu einem abgerundeten Lebenswerk mit neuen Tendenzen.

R. Tüxen war auch in anderen Bereichen für den Ausbau pflanzensoziologischer Forschung und Kontakte sehr aktiv. Lange Zeit war er Mitherausgeber der ersten internationalen vegetationskundlichen Zeitschrift „Vegetatio" (erster Band 1948). 1973 begründete er mit „Phytocoenologia" eine zweite Publikationsreihe. Beide stehen in enger Beziehung zur IVV. Seit 1959 wurden von ihm die schon in den 30er Jahren begonnenen Bibliographien pflanzensoziologischer Literatur als eigene Reihe „Excerpta Botanica B: Sociologica" wieder aufgenommen (Übersicht s. Brandes 1990 a). Hinzu kam ab 1971 die „Bibliographia phytosociologica syntaxonomica". In bisher 39 Bänden ist hier die kaum noch überschaubare Literatur, nach Gesellschaftseinheiten gegliedert, übersichtlich aufgearbeitet, eine heute unentbehrliche Grundlage für syntaxonomische Bearbeitungen.

1964 wurde durch eine internationale Arbeitsgruppe die Herausgabe eines Handbuches der Pflanzensoziologie beschlossen (Herausgeber R. Tüxen, später H. Lieth). Der erste Band (Nr. 5) erschien 1973 (Whittaker). Bis heute sind von den über 20 geplanten Bänden 12 erschienen. In lockerer Folge wurden pflanzensoziologische Gebietsbearbeitungen in den Reihen „Geobotanica selecta" und „Flora et vegetatio mundi" publiziert.

Seit 1968 förderte Tüxen die Vorarbeiten für einen neuen Anlauf zum Prodromus der europäischen Pflanzengesellschaften. Das erste Heft über die *Spartinetea maritimae* erschien 1973 (Beeftink & Géhu). Nachdem in kürzerer Folge drei weitere Klassen folgten (Dierssen 1975: *Littorelletea uniflorae*; Ernst 1976: *Violetea calaminariae*; Schwabe-Braun & Tüxen 1981: *Lemnetea minoris*), scheint auch dieser Anlauf zunächst nicht weiter zu führen, zumal bisher keine einzige Bearbeitung umfangreicherer Klassen erfolgte (s. auch 6).

Zur Unterstützung des Prodromus wurde 1969 eine Nomenklatur-Kommission gegründet, die nach mehrfachen Diskussionsrunden während der Rintelner Symposien und außerhalb derselben ein Regelwerk erarbeitete (Barkman, Moravec, Rauschert 1976).

Der wissenschaftliche Einfluß von R. Tüxen außerhalb Mitteleuropas hat sich besonders in Gebieten ausgewirkt, die vorher pflanzensoziologisch noch wenig untersucht waren. Zwei

Bereiche sind hier besonders zu erwähnen: West- und Südwesteuropa (z. T. mit BRAUN-BLANQUET) und Japan. Sehr eng war der Kontakt zu J. M. GÉHU in Frankreich, mit dem TÜXEN vor allem die europäische Küstenvegetation intensiv erforschte. GÉHU gründete eine eigene internationale Gesellschaft der westeuropäisch-westmediterranen Pflanzensoziologen als „Association Amicale francophone de Phytosociologie", deren erstes Symposium 1971 in Paris stattfand; spätere folgten meist in Lille oder Bailleul. Neben jährlichen Tagungen werden Exkursionen organisiert, beides wichtige Grundlagen für die rasche Ausweitung pflanzensoziologischer Forschung im westlichen Europa. Hiervon geben sowohl die umfangreichen Symposiumbände (Colloques Phytosociologiques, seit 1975) sowie eine eigene Zeitschrift (Documents Phytosociologiques, seit 1972) Auskunft. Die enge Verbindung der Amicale zu R. TÜXEN und zur IVV zeigte sich in einem gemeinsamen Symposium 1985 in Bailleul. In dem kleinen nordostfranzösischen Städtchen hat GÉHU in einem umgebauten Bauernhof ein neues pflanzensoziologisches Forschungszentrum begründet. Später wurde es mit staatlicher Hilfe erweitert und während des Symposiums 1985 als „Station Internationale de Phytosociologie J. Braun-Blanquet et R. Tüxen" feierlich eingeweiht.

Als letztes muß noch der große Einfluß von R. TÜXEN auf die Entwicklung der Pflanzensoziologie in Japan erwähnt werden, der sich auch allgemein für die weltweite Ausdehnung der Braun-Blanquet-Lehre als sehr bedeutsam erwies. Maßgeblich war ein erster zweijähriger Aufenthalt von A. MIYAWAKI in Stolzenau (1958–60). Durch ihn wurden in den 60er Jahren die Methoden in Japan rasch verbreitet und mit eigenen Ideen ausgebaut, vor allem auch die Angewandte Pflanzensoziologie. Später waren bei kürzeren oder längeren Studienaufenthalten über 100 Japaner Gäste in Stolzenau und Todenmann (s. MIYAWAKI in MIYAWAKI & OKUDA 1979).

Auch R. TÜXEN hat viele Ehrungen für sein wissenschaftliches und organisatorisches Wirken erfahren. Die große Zahl seiner Freunde, Kollegen und Schüler zeigt sich in umfangreichen Festschriften zum 70. (Vegetatio 17–20, Mitt. Flor.-soz. Arbeitsgem. N. F. 14, VENEMA, DOING & ZONNEVELD 1970) und 80. Geburtstag (Phytocoenologia 6–7, Documents Phytosociologiques N. S. 4, MIYAWAKI & OKUDA 1979).

5 Entwicklung der pflanzensoziologischen Forschung nach dem 2. Weltkrieg

Mit der Ära Stolzenau-Rinteln ging eine weltweite Ausbreitung der Pflanzensoziologie einher. Bis zum 2. Weltkrieg konzentrierte sich die Forschung auf das weitere Mitteleuropa und Teile des Mediterrangebietes. Nach 1945 gewann sie rasch neue Anhänger in fast allen europäischen Ländern und in Teilen aller Kontinente. Über die starke Bastion in Japan wurde bereits berichtet; sie strahlt heute in andere Gebiete Südostasiens aus. In Amerika gibt es verschiedene Ansätze zur Arbeit mit pflanzensoziologischen Methoden, wenn auch besonders im englischsprachigen Raum andere traditionelle Richtungen der Vegetationskunde vorherrschen. Manche Mißverständnisse konnten sicher durch das englischsprachige pflanzensoziologische Lehrbuch von MUELLER-DOMBOIS & ELLENBERG (1974) ausgeräumt werden. In anderen Erdteilen gab es vorwiegend einzelne pflanzensoziologische Arbeiten durch Europäer. Zu den weitreichenden russischen Untersuchungen bestehen durch sprachliche und politische Barrieren noch große Verständigungslücken. Erst in jüngster Zeit beginnt man dort nach der Braun-Blanquet-Methode zu arbeiten (s. MIRKIN et al. 1985, KLOTZ & KÖCK 1984, 1986).

In Europa kam es nach dem 2. Weltkrieg zu einem raschen Ausbau des Systems der Pflanzengesellschaften. Die vorher oft auf Mitteleuropa zentrierten syntaxonomischen Grundlagen wurden durch zunehmende Kenntnisse aus anderen Gebieten erweitert und mußten teilweise neu überdacht werden (s. DIERSCHKE 1986a). Vor allem der Überbau höherer Vegetationseinheiten wurde zunehmend gefestigt. Allerdings bestand manchmal auch die Gefahr zur „Inflation höherer Einheiten", vor der PIGNATTI (1968a) eindringlich gewarnt hat. Den Stand der pflanzensoziologischen Erforschung in Europa zu Beginn der 70er Jahre zeigt eine Karte bei DIERSCHKE (1971).

Auf der Basis der nun vorhandenen breiteren Kenntnisse kam es zu einer größeren Zahl von Gebietsmonographien mit weitreichenden pflanzensoziologischen Übersichten. Als klassische Marksteine seien die Arbeiten über Rätien (BRAUN-BLANQUET 1948–50), Südfrankreich (BRAUN-BLANQUET, ROUSSINE & NÈGRE 1952) und Süddeutschland (OBERDORFER 1957; 2. Auflage seit 1977) genannt. Später folgten weitere Übersichten, z. B. ELLENBERG (1963, 1982: Mitteleuropa), PASSARGE (1964: NO-Deutschland), WESTHOFF & DEN HELD (1969: Niederlande), HORVAT, GLAVAC & ELLENBERG (1974: Südosteuropa) u. a.

Außerhalb Europas ist vor allem die sehr umfangreiche Literatur aus Japan zu erwähnen, vor allem von MIYAWAKI und seinen Schülern. Als Einzelbeispiele anderer Gebiete seien kurz zusammengestellt (s. auch WESTHOFF & VAN DER MAAREL 1973, S. 674): LEBRUN (1947: Ostafrika), ADJANOHOUN (1964: Elfenbeinküste), QUÉZEL (1965: Sahara), WERGER (1973: Südafrika), JENIK & HALL (1976: Ghana), GILLI (1969ff.: Afghanistan), FREITAG (1971: Afghanistan), MIEHE (1990: Himalaya), VICHEREK (1972: Ukraine), AKSOY (1978: Türkei), DANIELS (1982: Grönland), LOOMAN (1969–1987: Westkanada), SCHROEDER (1974a: Südappalachen), THANNHEISER (1975: Nordwestkanada), DAMMAN & KERSHNER (1977: Connecticut), KOMÁRKOVÁ (1979; 1981: Nordamerika), COOPER (1986: Alaska), HADAČ & HADAČOVÁ (1971: Kuba), BORHIDI et al. (1979: Kuba), JANSSEN (1986: Amazonien), SCHMITHÜSEN (1954: Chile), OBERDORFER (1960: Chile), GUTTE (1978ff.: Peru), G. K. MÜLLER (1985: Peru), ESKUCHE (1968aff.: Patagonien), KOHLER (1970: Chile), RUTHSATZ (1977: Nordostargentinien), LANG (1970: Südostaustralien), REIF & ALLEN (1988: Neuseeland). Ein größerer Teil der Arbeiten ist mehr zufällig im Rahmen kürzerer oder längerer Studienaufenthalte von Europäern entstanden. Großräumige Übersichten sind bis heute fast nirgends vorhanden.

Neue pflanzensoziologische Kenntnisse brachten auch einige der IPE. So gibt es recht ausführliche Darstellungen der Vegetation Irlands (BRAUN-BLANQUET & TÜXEN 1952) und Nordspaniens (TÜXEN & OBERDORFER 1958).

Im Zusammenhang mit der genaueren Darstellung der Vegetation einzelner Gebiete gewann auch die weiträumige Synthese der vielen Daten zunehmende Bedeutung. Über neue Ansätze zu einem Prodromus der Pflanzengesellschaften Europas wurde schon im vorigen Kapitel kurz berichtet (s. auch DIERSCHKE 1972a, TÜXEN 1972b). Frühzeitig veröffentlichte TÜXEN (1950a) eine syntaxonomische Übersicht der nitrophilen Unkrautgesellschaften der eurosibirischen Region Europas, allerdings ohne Tabellen. Die Pflanzengesellschaften der Küstendünen Europas beschrieben TÜXEN & GÉHU (1976). Erdteilüberschreitende Betrachtungen enthalten z. B. die Arbeiten von MIYAWAKI & J. TÜXEN (1960: *Lemnetea*) und TÜXEN, MIYAWAKI & FUJIWARA (1972: *Oxycocco-Sphagnetea*), HOFF & BRISSE (1985: Anthropogene Vegetation tropischer Gebiete).

Neben der Tendenz zur weitreichenden Synthese begann ganz entgegengesetzt eine analytisch verfeinerte Betrachtung der Pflanzendecke. Neben rein floristischen Kriterien wurden auch Strukturmerkmale wichtiger (s. IV), teilweise sogar für syntaxonomische Fragen. Der geschärfte Blick für die Feinheiten der Verteilung von Vegetationstypen ergab häufig neue Pflanzengesellschaften, die man vorher nicht erkannt oder vernachlässigt hatte (s. z. B. TÜXEN & LOHMEYER 1962). Zwei bekannte Beispiele sind die von TÜXEN (1952) beschriebenen Gebüschmäntel und die von TH. MÜLLER (1962) erstmals im Zusammenhang dargestellten Saumgesellschaften der *Trifolio-Geranietea sanguinei*. Auch Kryptogamen wurden stärker in vegetationskundliche Betrachtungen einbezogen (z. B. APINIS 1970, BARKMAN 1958a, 1987, JAHN, NESPIAK & TÜXEN 1967).

Untersuchungen zur Feinstruktur innerhalb von Pflanzenbeständen waren ein wichtiges Forschungsobjekt besonders der Niederländer (s. BARKMAN 1979). Sie gaben der Symmorphologie Auftrieb und brachten vor allem zu angloamerikanischen Arbeitsrichtungen neue Verbindungen. Verknüpfungen mit populationsbiologischen Fragen wurden dadurch ebenfalls gefördert (s. WHITE 1985).

Starken Aufschwung nahm auch die Sukzessionsforschung. Nachdem lange mancherlei angreifbare, oft deduktive Theorien, z. B. zur Klimax-Frage, die Gemüter bewegten, entstand allmählich eine analytisch mit genaueren Methoden vorgehende Teildisziplin, gefördert durch die Arbeitsgruppe für Sukzessionsforschung auf Dauerflächen (s. SCHMIDT 1974a/b, 1983, BEEFTINK 1980, POISSONET et al. 1981 u. a.)

Ganz allgemein kamen viele neue Impulse für die Pflanzensoziologie aus der sich rasch entwickelnden Ökologie, wobei in der Synökologie eine gute Synthese möglich war (s. ELLENBERG 1963/82). Von hier aus ergaben sich neue Möglichkeiten für die Angewandte Pflanzensoziologie, die in einer sich rasch verändernden Umwelt weiter an Bedeutung gewann, insbesondere in Richtung einer verbesserten Bioindikation. Eine enge Verknüpfung soziologischer und ökologischer Erkenntnisse repräsentieren

z. B. die vielfach verwendeten Zeigerwerte der Pflanzen nach ELLENBERG (1974) (s. auch VII 7).

Ganz neue Arbeitsmöglichkeiten eröffneten sich schließlich durch die rasch zunehmende Entwicklung der EDV. Neben mehr technischer Hilfe bei der Tabellenarbeit durch Computerprogramme (zu den ersten gehören wohl die von MOORE 1971, ČESKA & RÖMER 1971, SPATZ 1972), wurden numerische Methoden zur Klassifikation von Pflanzengesellschaften erprobt, allerdings vorerst nur an artenarmen Gesellschaftsgruppen (KORTEKAAS, VAN DER MAAREL & BEEFTINK 1976: *Spartinetea maritimae*).

Für die Pflanzensoziologie war der schon von BRAUN-BLANQUET erkannte Grundsatz wichtig, daß alle an der Vegetation vorzunehmenden Untersuchungen sich auf möglichst klar floristisch abgrenzbare Pflanzengesellschaften beziehen sollen, da nur so reproduzierbare Ergebnisse möglich sind.

6 Heutige Situation und Ausblick

1980 war das Todesjahr von J. BRAUN-BLANQUET und R. TÜXEN. Damit ist ganz sicher ein entscheidender Einschnitt in der Entwicklung der Pflanzensoziologie gegeben. Auch viele weitere Persönlichkeiten der ersten und zweiten Generation von Pflanzensoziologen sind inzwischen verstorben. An die Stelle weniger Autoritäten, die lange Zeit das Geschehen bestimmten, ist eine Vielzahl jüngerer bis sehr junger Leute getreten, die oft nicht mehr den Kontakt zu den alten Lehrern gehabt haben. Das bedingt zwangsläufig eine gewisse Ausdünnung der „reinen Lehre", was man negativ, aber unter dem Aspekt neuer Impulse auch positiv sehen kann. Wie in vielen anderen Wissenschaften ist außerdem bei vielen eine stärkere Spezialisierung auf Teilgebiete zu beobachten. Die großen Persönlichkeiten mit Weit- und Überblick nehmen ab.

Die Pflanzensoziologie hat sich, wie die vorhergehenden Kapitel zeigen, weitgehend außerhalb der Hochschulen, teilweise sogar mehr in privat finanzierten Arbeitsstellen entwickelt (s. Zürich, Montpellier, Stolzenau, Todenmann, Bailleul). An den Hochschulen führte die gesamte Geobotanik lange nur ein Schattendasein und wurde oft kaum als eigene Wissenschaft akzeptiert. Dies hatte zur Folge, daß der Kreis der Pflanzensoziologen zunächst relativ begrenzt war, andererseits manche Vegetationskundler sich weitgehend frei von anderen Aufgaben voll ihrer wissenschaftlichen Arbeit widmen konnten.

Erst nach dem 2. Weltkrieg erlangte auch die Pflanzensoziologie etwas mehr Bedeutung an Hochschulen und staatlichen Forschungsinstituten, in östlichen Ländern z. B. auch in Akademie-Instituten. Dies gilt heute wohl für ganz Europa. So ist die Zahl junger Vegetationskundler fast exponentiell ansteigend. Kriegsbedingt ist teilweise eine Lücke im älteren Überbau festzustellen, die nur langsam von unten geschlossen werden kann.

Pflanzensoziologie läßt sich wissenschaftlich nur mit viel Erfahrung und größerem Zeitaufwand erfolgreich betreiben. Reine Pflanzensoziologen gibt es aber kaum noch; die meisten haben eine Vielzahl von Aufgaben zu erfüllen, so daß eine Konzentration auf die stark ausgeweiteten Teilgebiete der eigenen Wissenschaft schwerfällt. Da die methodischen Grundlagen relativ leicht erlernbar sind, was ja gerade mit zur Ausbreitung der Braun-Blanquet-Lehre beigetragen hat, wird mancher dazu verführt, sich auch an schwierige Probleme, z. B. Fragen der Syntaxonomie heranzuwagen, die eigentlich erfahrenen Pflanzensoziologen überlassen bleiben sollten. Die schon von PIGNATTI (1968a) befürchtete Inflation neuer Syntaxa ist heute eine eher verstärkte Gefahr. Ihr und anderen Verwässerungstendenzen gilt es, wissenschaftlich und organisatorisch entgegenzuwirken.

Mit dem 25. Symposium der IVV in Rinteln 1981, dem Gedenken an die kürzlich verstorbenen hervorragenden Mitglieder J. BRAUN-BLANQUET, R. H. WHITTAKER und R. TÜXEN gewidmet, begann eine organisatorische Neubesinnung. Einige befürchteten die Auflösung der IVV in divergierende Gruppen, andere sahen im Fortfall des einigenden Zentrums Stolzenau-Rinteln auch positive Aspekte für neue Formen. Bisher hat sich letzteres bewahrheitet. Der bestehende enge wissenschaftliche und persönliche Kontakt vieler wichtiger Vertreter aller Länder erwies sich glücklicherweise als stark genug, einen raschen Übergang zu finden. Schon 1981 wurde eine neue Satzung der IVV vorbereitet. Anstelle eines zentralen Tagungsortes sollten die Symposium-Veranstalter und das Land von Jahr zu Jahr wechseln.

Auf dem 26. Symposium in Prag 1982 traf sich ein sehr großer Kreis von Mitgliedern aus 18

Ländern von fünf Kontinenten (s. DIERSCHKE 1982b). Die neue Satzung wurde beschlossen, die Leitung der IVV in breitere Gremien eines Beirates (40 Mitglieder) und eines Präsidiums (neun Personen) verteilt. Neuer Präsident wurde H. ELLENBERG, Sekretär H. DIERSCHKE. Weitere Mitglieder des Präsidiums waren J. J. BARKMAN, E. HÜBL, J. M. GÉHU, A. MIYAWAKI, J. J. MOORE, S. PIGNATTI und T. WOJTERSKI.

Der Name der Gesellschaft wurde etwas verändert und lautet jetzt in drei offiziellen Sprachen: International Association for Vegetation Science (IAVS), Internationale Vereinigung für Vegetationskunde (IVV), Association Internationale pour l'Étude de la Végétation (AIEV), seit 1990 auch in Spanisch: Asociación Internacional para el Estudio de la Vegetación (AIEV). Wesentliche Aufgabe soll es sein, die Forschung in der Pflanzensoziologie und in anderen Teilgebieten der Vegetationskunde, die Publikation und Anwendung ihrer Ergebnisse zu fördern und die persönlichen Kontakte unter den Vegetationskundlern aller Länder zu verbessern.

Inzwischen haben weitere Symposien in verschiedenen Ländern stattgefunden (s. auch 4). Die Arbeitsgruppe für Datenverarbeitung veranstaltete mehrere Treffen zum Ausbau numerischer Methoden in der Vegetationskunde (s. z. B. VAN DER MAAREL, ORLÓCI & PIGNATTI 1980). Seit 1986 nennt sie sich Working Group for Theoretical Vegetation Science, was ihren Themenschwerpunkten besser gerecht wird. Die Arbeitsgruppe für Sukzessionsforschung auf Dauerflächen traf sich zuletzt in Hohenheim 1984 (s. SCHREIBER 1985) und Bern (1991). Internationale Exkursionen fanden in Argentinien (1983), Japan (1984), Norwegen (1986), Kalifornien (1988), Südwestaustralien (1990) und China (1992) statt. Die Nomenklatur-Kommission erarbeitete eine Neufassung der Regeln (BARKMAN et al. 1986). Seit 1990 gibt es eine gesellschaftseigene Zeitschrift: Journal of Vegetation Science (s. VAN DER MAAREL 1990a). Die Herausgabe von Handbuch-Bänden geht weiter.

Kürzlich wurde ein neuer Anlauf zu einer syntaxonomischen Übersicht der Pflanzengesellschaften Europas begonnen (s. DIERSCHKE (1992a), aufbauend auf in Arbeit befindlichen nationalen Übersichten (s. u.). Der allgemeine politische Umschwung läßt eine Ausbreitung der Pflanzensoziologie in Ländern Osteuropas und Asiens erwarten; erste Anzeichen sind bereits vorhanden (z. B. KOROTKOV et al. 1991; s.

auch Kritik von HILBIG 1990). Eine enge Zusammenarbeit mit Vegetationskundlern Großbritanniens zeichnet sich ebenfalls ab, wie das mehrbändige Werk von RODWELL (1991 ff.) zeigt. Aus deutscher Sicht sei noch die Etablierung der Reinhold-Tüxen-Gesellschaft als verbindende wissenschaftliche Vereinigung im deutschsprachigen Raum erwähnt (s. POTT & HÜPPE 1990). Sie betreut auch die sehr umfangreiche pflanzensoziologische Bibliothek von R. TÜXEN, die im Institut für Geobotanik in Hannover eine neue Heimat gefunden hat.

Insgesamt hat sich die Pflanzensoziologie in einem längeren Entwicklungsprozeß in vielfältiger Richtung ausgeweitet, ohne die Grundlagen von BRAUN-BLANQUET aus dem Auge zu verlieren. Sie war flexibel genug, neue Ideen zu integrieren und sich mit anderen Richtungen der Vegetationskunde zu verständigen. Ihr Forschungsobjekt hat an Aktualität eher zu- als abgenommen. Auch in den recht gut erforschten Gebieten sind weiter viele Teilfragen zu untersuchen, ganz zu schweigen von großen Bereichen der Erde, die noch weitgehend unbekannt sind. Für Europa lassen sich heute folgende Zukunftsaufgaben ausweisen (s. auch DIERSCHKE 1985a, BARKMAN 1990):

Syntaxonomie: Der schon oft geforderte und zweimal begonnene Prodromus der Pflanzengesellschaften bleibt ein sehr aktuelles Thema. Eine umfassende Übersicht, heute auf ein weitreichendes Datenmaterial gründbar, würde eine wichtige Stabilisierung der Syntaxonomie und der Pflanzensoziologie überhaupt bedeuten. Gerade die große Datenfülle ist aber auch ein entscheidender Hindernisgrund. Für den Einsatz der EDV bei arten- und gesellschaftsreichen Vegetationseinheiten gibt es bisher wenig ermutigende Beispiele. In den letzten Jahren haben Arbeitsgruppen in Deutschland, Österreich und den Niederlanden mit neuen Länderübersichten begonnen. Für Niedersachsen liegt seit kurzem der erste Teil einer umfangreichen Übersicht vor (PREISING et al. 1990ff.), die zweite Auflage der Süddeutschen Pflanzengesellschaften (OBERDORFER 1977ff.) ist fertiggestellt. Auf dem IVV-Symposium 1991 in Eger wurde eine neue Arbeitsgruppe für einen Prodromus gegründet: Working Group „European Vegetation Survey". Ein erstes vorbereitendes Arbeitstreffen fand 1992 in Rom statt (s. DIERSCHKE 1992a).

Sinnvoller erscheint es allerdings zur Zeit, sich überschaubaren Gesellschaftsgruppen in möglichst großer geographischer Breite zu widmen und diese mit ausführlichen Tabellen zu belegen. Einige Beispiele hierfür (neben den erwähnten Prodromi) sind bereits vorhanden (z. B. DIERSCHKE 1974, 1981a, 1984a, 1990a, DIERSSEN & REICHELT 1988, DÖRING-MEDERAKE 1991, JECKEL 1984, KORNECK 1975, MIYAWAKI 1981, NEUHÄUSL 1981, PEPPLER 1992, SCHWABE 1985a, SYKORA 1983). Ein so umfangreiches Gesamtwerk wie die vielbändige „Vegetation of Japan" (MIYAWAKI 1980 ff.) wird es aber für Europa wohl nie geben.

Reine Namenslisten der Syntaxa einzelner Länder ohne Tabellen, wie sie in letzter Zeit häufiger erschienen sind (z. B. RIVAS-MARTINEZ 1973: Iberische Halbinsel, GÉHU 1973: Nordfrankreich, MATUSZKIEWICZ 1980, 1981: Polen, WHITE & DOYLE 1982: Irland, MORAVEC et coll. 1983: CSFR, VEVLE 1983: Norwegen), können zwar den Stand der syntaxonomischen Kenntnisse widerspiegeln, sind aber nur ein schwacher Ausweg.

Synchorologie: Mit größeren syntaxonomischen Übersichten werden auch synchorologische Fragen verstärkt zu beantworten sein. Wie das Symposium 1982 in Prag (s. NEUHÄUSL et al. 1985) gezeigt hat, gibt es hier zahlreiche Ansatzpunkte, aber noch wenig gute Kenntnisse im Überblick (s. auch XII). In diesem Zusammenhang ist auch die Vegetationskartierung weiter auszubauen. Impulse gehen hier vor allem von einer internationalen Arbeitsgruppe für die Erstellung einer Europakarte auf pflanzensoziologischer Basis aus (s. NEUHÄUSL 1982a, 1987a). Für chorologische Fragen wären außerdem Rastererfassungen nach dem Muster der floristischen Kartierung wünschenswert, die Areale bestimmter Gesellschaften erkennen lassen (s. GÉHU 1975, HEGG et al. 1987). Im Handbuch für Vegetationskunde ist bereits ein Band über Vegetationskartierung erschienen (KÜCHLER & ZONNEVELD 1988).

Im weiteren Sinne sind hier auch Fragen der Vegetationskomplexe einzuordnen, die mit neuen Ansätzen das Arbeitsfeld der Synsoziologie begründen (TÜXEN 1978), das aber noch in den Anfängen steckt (s. XI 3).

Syndynamik: Unter dem Aspekt rascher Veränderungen in der Pflanzendecke bei zunehmendem oder abnehmendem Einfluß des Menschen haben exakte Sukzessionsuntersuchungen verstärkte Bedeutung. Direkte Arbeiten in der Vegetation, vor allem auf Dauerflächen, aber auch Experimente sollten hier neue Erkenntnisse für Theorie und Praxis bringen (s. X 3).

Symmorphologie: Detaillierte Strukturuntersuchungen in Pflanzenbeständen einschließlich genauerer Aufschlüsselung der Strukturmerkmale sind, obwohl von Anfang an in der Pflanzensoziologie von Bedeutung, noch relativ wenig vorhanden (s. IV). Insbesondere auch das Feingefüge der Pflanzen, Pflanzenpopulationen (s. WHITE 1985) und Synusien mit ihren Wechselwirkungen und Beziehungen zu ökologischen Faktoren innerhalb einer Gesellschaft oder im Grenzraum zu Nachbargesellschaften bedarf weiterer Aufklärung. Einbegriffen sind hier also Fragen der Symphysiologie (s. III), sowie die Anwendung anderer Verfahren, wie der Gradientenanalyse und Ordination (s. VII). Neben räumlichen Strukturen müssen auch zeitliche Rhythmen (Symphänologie; s. X 2) verstärkt untersucht werden.

Synökologie: Trotz des starken Aufschwunges der Ökologie gibt es noch einen großen Nachholbedarf bei der Lösung kausaler Fragestellungen. Neben unmittelbar vegetationsbezogenen Untersuchungen treten zunehmend ökosystemare Aspekte des vielfältigen Wechselspiels mit anderen Organismengruppen in den Vordergrund (s. ELLENBERG et al. 1986). Auch wenn sich die Ökologie sehr eigenständig entwickelt, bietet doch die Pflanzensoziologie in ihren floristisch begründeten Gesellschaften eine besonders geeignete Grundlage für Forschungsansätze. Dies gilt insbesondere auch für zoologische Untersuchungen im Rahmen der Biozönologie (WILMANNS 1987).

Angewandte Pflanzensoziologie: Die große Bedeutung der Pflanzensoziologie wird sich auch weiterhin in vielfältigen Anwendungsmöglichkeiten dokumentieren, die heute mehr denn je gefragt sind. Hier gilt es, bisherige Methoden und Möglichkeiten durch vertiefte Kenntnisse der Gesellschaften selbst zu verbessern und fortzuentwickeln.

Zusammenfassend läßt sich sagen, daß selbst im recht gut erforschten Europa kein Teilgebiet der Pflanzensoziologie seine Aktualität verloren hat, vielmehr überall weitere oder neue Forschungsansätze notwendig sind. Daß hierbei die Grundlagen von BRAUN-BLANQUET und seinen frühen Schülern bis heute Bestand haben, zeugt von Genialität und Weitblick der eigentlichen Väter der Pflanzensoziologie.

III Pflanzengesellschaften als Grundbausteine der Vegetation

1 Allgemeine Grundlagen und Begriffsdefinitionen

Der Begriff „Pflanzengesellschaft" wird in verschiedener Weise gebraucht, sowohl für konkrete, im Gelände unmittelbar erkennbare Vergesellschaftungen von Pflanzen (= Pflanzengemeinschaft, Phytozönose) als auch im Sinne abstrakter Vegetationstypen verschiedenen Ranges. Eine klarere begriffliche Festlegung ist als Verständigungsgrundlage notwendig.

Für floristisch definierte Vegetationstypen im Sinne von BRAUN-BLANQUET, d. h. Assoziationen und höherrangige Vegetationseinheiten bzw. deren Untereinheiten, sollte man einheitlich von **Syntaxon** (Plural: Syntaxa) sprechen. Konkrete Vergesellschaftungen im einzelnen werden als **Pflanzenbestand** bezeichnet. Dann bleibt **Pflanzengesellschaft** als allgemeiner Begriff für (vorzugsweise) niederrangige Syntaxa reserviert, d. h. für Assoziationen und ihre Untereinheiten (Subassoziationen, Varianten u. a.), deren Abstraktionsgrad noch den Realitäten einzelner Pflanzenbestände recht gut entspricht. Außerdem wird neutral von Gesellschaften i. e. S. gesprochen, wenn es sich um niederrangige, etwa einer Assoziation vergleichbare Vergesellschaftungen ohne Kennarten handelt (Näheres s. VIII 5.1).

Eine Pflanzengesellschaft ist also ein Vegetationstyp regelhaft wiederkehrender Artenverbindungen, der sich eng an konkrete Pflanzenbestände anlehnt. Sie besitzt einen Merkmalskern gemeinsamer Pflanzensippen, die „Charakteristische Artenkombination" (VIII 2.6), und bildet den Grundbaustein der Vegetation.

Pflanzengesellschaften sind eng mit bestimmten Umweltbedingungen, d. h. mit dem **Standort** als Summe aller Umweltfaktoren im Sinne von WALTER (1960; s. schon die Definition auf dem Internationalen Botanikerkongreß in Brüssel 1910: FLAHAULT & SCHRÖTER 1910) verbunden, ebenfalls mit anderen Lebewesen. Lebensgemeinschaften aus Pflanzen und anderen Organismen werden als **Biozönose** bezeichnet, wobei die ortsgebundenen autotrophen Pflanzenbestände als Primärproduzenten die Lebensgrundlage für die meist beweglichen Tiere (Konsumenten), aber auch für die Destruenten (Saprophyten, Mikroorganismen) bilden. „Standort" ist ein ökologischer Begriff. Die geographische Lokalität eines Pflanzenbestandes (bzw. auch der Einzelpflanze) ist ihr **Wuchsort** (Fundort). Standort und Wuchsort lassen sich als Lebensraum oder **Biotop** (Habitat) zusammenfassen. Für Tiere wird unter Biotop meist auch der Pflanzenbestand als Lebensgrundlage mit eingeschlossen.

Der **Vegetation** als Summe aller Pflanzengesellschaften eines Gebietes steht die **Flora** als Summe aller Pflanzensippen gegenüber. Die Phanerogamen-Flora Mitteleuropas besteht aus etwa 3500 Arten. Auf einem Meßtischblatt-Quadranten (ca. 30 km^2) können nach Auswertungen der Floristischen Kartierung (HAEUPLER 1974) bis über 900 Arten vorkommen.

Nur für wenige Pflanzen ist ihr potentieller und realer Lebensraum eng begrenzt, z. B. für Wasserpflanzen. Die meisten können nach ihren physiologischen Ansprüchen und Möglichkeiten, ihrer „physiologischen Konstitution", einen recht weiten Standortsbereich besiedeln. So ist theoretisch eine fast unendliche Zahl möglicher Artenverbindungen denkbar. Wenn auch kein konkreter Pflanzenbestand einem anderen völlig gleicht, gibt es aber doch nur eine sehr begrenzte Zahl von Vergesellschaftungstypen, also von Pflanzengesellschaften. Schon rein physiognomisch lassen sich Vegetationstypen („Formationen") erkennen, z. B. Wald, Gebüsch, Heide, Wiese, Acker u. a.

Pflanzen kommen, von extremen Sonderfällen abgesehen, nie alleine vor. Offenbar gibt es verschiedene Faktoren, welche im Zusammenwirken zu einer Auslese ganz bestimmter Arten an einem Wuchsort führen. In der Natur sind die meisten Pflanzen oder besser Pflanzenpopulationen an sich wiederholende Vergesellschaftungen mehr oder weniger stark gebunden.

Besonders in den Anfangsjahren der Pflanzensoziologie hat man stärker über das Wesen einer Pflanzengesellschaft diskutiert. Sie wurde z. B. von CLEMENTS (1916) u. a. als einem Organismus vergleichbare biologische Einheit angesehen, die entsteht, wächst, zur Reife gelangt, sich reproduziert und schließlich stirbt (s. Näheres bei ELLENBERG 1956, MUELLER-DOMBOIS & ELLENBERG 1974, BARKMAN 1990; s. auch VII 9.2.2.6). Die von GLEASON (1926) ausgehende Denkrichtung eines „individualistischen Konzeptes" verneinte die Möglichkeit zur Aufstellung von Vegetationstypen, da jeder Pflanzenbestand individuell von den jeweiligen floristischen und standörtlichen Gegebenheiten abhängt. Auch BRAUN-BLANQUET (1928) sprach zunächst vom „Assoziationsindividuum", das in gewissem Sinne einem Pflanzenindividuum der Sippensystematik vergleichbar sei. Seiner Meinung nach lassen sich floristische Einzelbestände aber zur Assoziation mit bestimmter Variationsbreite zusammenfassen.

Solche und ähnliche Diskussionen sind inzwischen längst abgeklungen. Die heutigen Ansichten lassen sich mit POORE (1964) als **Integrationskonzept** zusammenfassen. Demnach stellt jeder Pflanzenbestand eine funktionale Einheit mit wesenseigenen Merkmalen und Eigenschaften dar. Er ist nicht einfach die Summe seiner Teile, sondern bildet durch vielfache Wechselwirkungen eine höhere Integrationsstufe raum-zeitlicher Organisation von Organismen. Eine Pflanzengesellschaft ist ein oft recht stabiles, aber doch bewegliches System, gleichzeitig ein grundlegender Teilbereich eines Ökosystems als noch höherer Integrationsstufe (s. ELLENBERG 1973a). Pflanzengesellschaften, Biozönosen und Ökosysteme unterscheiden sich von einem Organismus u. a. durch die Eigenständigkeit ihrer Teile (Organismen), die zwar in Wechselwirkung stehen, aber kein Koordinationszentrum haben (s. STUGREN 1978, S. 111).

Bei der Betrachtung der Vergesellschaftung von Lebewesen und ihrer Verflechtungen mit dem Standort lassen sich mit LARCHER (1980) drei Integrationsstufen unterscheiden:

1. Einzelpflanzen (bzw. -populationen) einer Art und ihr Standort: Nur in sehr offenen Beständen unter extremen Außenbedingungen sind die Pflanzen in der Natur rein abiotischen Bedingungen ausgesetzt (z. B. in ausgesprochenen Pioniergesellschaften; s. X 3.3.2).

2. Pflanzenbestände mit ihrer Umwelt: Geschlossene Bestände sind nicht nur vom Standort und von Wechselwirkungen zwischen den Pflanzen abhängig. Sie beeinflussen gleichzeitig die Standortsbedingungen (z. B. Bestandesklima, Boden) in der Form, daß die Wirksamkeit abiotischer Faktoren teilweise abgeschwächt oder positiv modifiziert wird (biologische Regulation der Umwelt; ODUM 1980).

3. Biozönosen mit ihrer Umwelt: In einem vollständigen Ökosystem mit allen seinen Organismen und ihren komplexen Wechselwirkungen werden ganzheitsbildende Funktionen und Zusammenhänge (Energieflüsse, Stoffkreisläufe, Nahrungsketten, Regelmechanismen) in vollem Maße wirksam.

„Ein Ökosystem ist ein von Lebewesen und deren anorganischer Umwelt gebildetes Wirkungsgefüge, das sich weitgehend selbst reguliert" (ELLENBERG 1973b, S. 236).

Das Konzept der integrierten Organisationsstufen (ODUM & REICHHOFF 1990) geht davon aus, daß sich Teilsysteme zu größeren Einheiten verbinden, die ein höheres Organisationsniveau mit neuen, nicht aus den Teilen herleitbaren strukturellen und funktionalen Eigenschaften ergeben. Dabei führen komplizierte Ausgleichsvorgänge (kybernetische Systeme) innerhalb einer Gemeinschaft zu einem relativ stabilen Gleichgewicht (Homöostasie).

Pflanzengesellschaften sind also im Rahmen biologischer Systeme im Bereich mittlerer Integration einzuordnen. Dies ist aber nur eine künstliche Differenzierung. Jeder Bestand ist in seiner Entstehung, Erhaltung und Wandlung voll von allen Vorgängen in einem Ökosystem abhängig. Als leicht erkennbarer, relativ stabiler, nicht ortsbeweglicher Teil ist die Pflanzengesellschaft am besten geeignet, Ökosysteme im Sinne einer Ordnung und Klassifikation zu kennzeichnen und abzugrenzen (s. ELLENBERG 1973b).

2 Bedingende und erhaltende Faktoren von Pflanzengesellschaften

Die Frage nach den wesentlichen Faktoren für die Entstehung, Erhaltung und Fortentwicklung von Pflanzengesellschaften, die schon im vorigen Kapitel angeklungen ist, bedarf noch genauerer Erörterung. Die hier zu behandelnden Teilaspekte gehören in den Bereich der Symphysiologie und Synökologie, unter methodischem Aspekt in die Experimentelle (kausale) Pflanzensoziologie.

Es geht zunächst um die Frage, welche Faktoren und Mechanismen die Vielzahl der in einem Gebiet durch die Flora möglichen Artenkombinationen soweit einschränken, daß nur ganz bestimmte, regelhafte Vergesellschaftungen vorkommen. Umgekehrt muß man sich fragen, wie überhaupt verschiedene Arten im engen Miteinander koexistieren können. Die Flora als Grundlage ist zunächst von zeitlichen Aspekten der Evolution, Artenausbreitung u. ä. abhängig. Wenn man die Flora als gegeben annimmt, lassen sich in Hinblick auf Pflanzengesellschaften exogene, d. h. von außen wirkende, und endogene, d. h. im Bestand wirksame Faktoren unterscheiden, wobei diese Trennung allerdings recht künstlich ist.

2.1 Exogene Faktoren

Exogene Faktoren sind vor allem die Standortsfaktoren, aber auch Einflüsse von Tier und Mensch auf die Pflanzen. Als ökologische Primärfaktoren sind Wärme, Licht, Wasser, chemische (Nährstoffe, toxische Stoffe) und mechanische (vorwiegend schädigende) Wirkungen zu nennen (s. WALTER 1960). Dagegen wirken z. B. Klima, Relief, Boden und Biotische Faktoren meist nur indirekt auf die Pflanze ein (sekundäre Faktoren).

Auf Einzelheiten soll hier verzichtet werden. Ist doch die Standortslehre ein weites, grundlegendes Feld der Ökologie und in entsprechenden Lehrbüchern ausführlich dargestellt (WALTER 1960, KREEB 1974, LARCHER 1980, ODUM 1980, WALTER & BRECKLE 1983, SCHUBERT 1991, STUGREN 1978 u. a.), darüber hinaus auch in manchen pflanzensoziologischen Büchern (BRAUN-BLANQUET 1964, KNAPP 1971) enthalten. Viele Beispiele finden sich bei ELLENBERG (1963/82, ELLENBERG et al. 1986).

Allgemein gilt: Jede Art hat gegenüber jedem Faktor einen bestimmten Toleranzbereich, wobei oft sowohl ein Minimum als auch ein Maximum limitierend wirkt (s. Gesetz der Toleranz von SCHELLFORD 1913 in ODUM 1980, S. 169). Je extremer die exogenen Faktoren, desto stärker ist die Auslese. Auf mittleren Standorten können die meisten Pflanzen für sich alleine am besten wachsen. Je offener ein Pflanzenbestand ist, desto stärker und prägender sind die exogenen Faktoren wirksam (Integrationsstufe 1). Je geschlossener ein Pflanzenbestand ist, desto mehr wird die Wirkung exogener Faktoren abgeschwächt oder modifiziert (Integrationsstufe 2).

Da selbst in geschlossenen Pflanzenbeständen Standortsfaktoren die wesentliche Lebensgrundlage darstellen, zeigen Pflanzengesellschaften bestimmte Umweltbedingungen des jeweiligen Wuchsortes an. Dies gilt aber nur eingeschränkt, insbesondere nur in Gebieten mit einigermaßen gleichen klimatischen Bedingungen. Aus dieser Erkenntnis resultiert das **Gesetz der relativen Standortskonstanz** von H. & E. WALTER (1953) (zuletzt WALTER & BRECKLE 1983, S. 191): „Wenn innerhalb des Areals einer Pflanzenart das Klima sich in einer bestimmten Richtung ändert, so tritt ein Biotopwechsel ein, wodurch die Klimaänderung kompensiert wird, d. h. die Standortsbedingungen an den verschiedenen Biotopen bleiben mehr oder weniger gleich."

Pflanzengesellschaften mit ihrem charakteristischen Artenbestand sind also nicht im gesamten Areal ihrer Arten gleich. Dies ist ein wichtiger, besonders die Syntaxonomie betreffender und erschwerender Gesichtspunkt (s. auch VIII). So findet man atlantische, d. h. gegen Winterkälte empfindliche Arten (z. B. *Calluna vulgaris*) in kontinentaleren Gebieten zunehmend im Schutz von Wäldern. Andererseits wachsen wärmebedürftige, aber nicht besonders trockenheitsresistente Arten, z. B. submediterrane Waldpflanzen, in kühleren Gebieten vorwiegend am Waldrand oder im Freien (z. B. manche unserer Saumpflanzen; s. auch PASSARGE 1979, H. D. KNAPP 1988). Umgekehrt kommen feuchtbedürftige Arten weiter Verbreitung in humiden Gebieten in ariden Bereichen nur noch auf scharf abgegrenzten Sonderstandorten vor. *Nardus stricta* hat z. B. in Mitteleuropa eine recht weite Feuchteamplitude, zeigt bereits in den Pyrenäen eine deutliche Vorliebe für bodenfeuchte Standorte und konzentriert sich in der spanischen Sierra Nevada und im Hohen Atlas auf ganzjährig feuchte, lange schneebedeckte Bereiche (PEPPLER 1992).

Viele mitteleuropäische Kalkrasen-Sippen sind im Mittelmeergebiet weit verbreitet (BRAUN-BLANQUET & MOOR 1938). Auch viele Ackerwildkräuter, die bei uns bestimmten Pflanzengesellschaften und Standorten zuordenbar sind, haben im Süden eine viel breitere ökologische Amplitude und teilweise anderen Gesellschaftsanschluß (NEZADAL 1989).

Selbst allgemein recht weit verbreitete Arten können sich innerhalb ihres Gesamtareals soziologisch unterschiedlich verhalten, wie PASSARGE (1958) für einige mitteleuropäische Waldpflanzen nachgewiesen hat. So zeigen z. B. *Maianthemum bifolium, Luzula pilosa, Hedera helix, Lonicera periclymenum, Hepatica nobilis, Carex digitata* u. a. im Arealzentrum ein breiteres soziologisches Verhalten als in Grenzbereichen. Weitere Beispiele geben WESTHOFF & VAN DER MAAREL (1973, S. 656).

Offenbar können sich exogene Wirkungen auf Pflanzen in gewissem Maße ausgleichen (ökologische Kompensation; WILMANNS 1989 a). Dies gilt nicht nur bei großräumiger Betrachtung, sondern teilweise auch im kleinräumigeren Standortsmosaik. So hat bereits ELLENBERG (1939) nachgewiesen, daß manche Waldpflanzen mit zunehmender Verschlechterung der Bodeneigenschaften (chemischer Faktoren) aus dem schattigen Waldesinnern an den lichtreicheren Waldrand ausweichen. *Stellaria holostea*, allgemein als Waldpflanze angesehen, wächst z. B. auf basenarmen Böden bevorzugt als Saumpflanze am Waldrand.

Diese Besonderheiten der Reaktion von Pflanzen auf exogene Faktoren müssen zwar immer mit in Betracht gezogen werden, können aber nicht das Konzept der Pflanzengesellschaft als integralem Standortszeiger insgesamt verneinen. Wie die Erfahrung lehrt, besteht zwischen einem Bestand und einem Standort ein feines Wechselspiel von Wirkungen und Gegenwirkungen, das allerdings aus den exogenen Faktoren allein nicht zu erklären ist.

2.2 Endogene Faktoren

Die entscheidende (zweite) Auslese der Pflanzen einer Pflanzengesellschaft geschieht durch Wechselwirkungen zwischen den Individuen eines Bestandes selbst (biotische Interaktion). Erst durch das Ausmaß und die Vielfalt dieser endogenen Faktoren gewinnt die Gesellschaft ihr eigenständiges Wesen einer höheren Integrationsstufe. Wechselwirkungen zwischen Pflanzen können für beide Partner positiv sein, indem sie sich gegenseitig fördern und in gewissem Grade voneinander abhängig machen (Kooperation, Mutualismus), oder sie fördern nur einen Partner (Kommensalismus, Parasitismus).

Neben direkten gibt es auch indirekte Abhängigkeiten, indem bestimmte Pflanzen den Standort so verändern, daß andere dort ebenfalls wachsen können. So unterscheidet WILMANNS (1989 a) neben dem Synhabitat (Standort einer Gesellschaft, s. 2.1) den Authabitat einzelner Pflanzen, der mehr oder weniger stark von Gesellschaftspartnern mitbedingt sein kann (s. auch 2.2.3.3). Schließlich gibt es ein sich ergänzendes Nebeneinander ohne gegenseitige Wirkungen (Neutralismus).

Diese mehr oder weniger positiven Beziehungen werden oft weniger gesehen als der vorwiegend negativ zu betrachtende Wettbewerb der Pflanzen um bestimmte Lebensgrundlagen, der „Kampf ums Dasein", die Konkurrenz. Von ihr wird als sehr wesentlichem Faktor zunächst die Rede sein (2.2.1).

Die endogenen Faktoren sind letztlich entscheidend für die Entwicklung und Erhaltung (Selbstregulation) eines Bestandes. Jede Veränderung des exogenen Faktorenkomplexes führt aber auch zu andersartigen Wechselwirkungen zwischen Pflanzen, d. h. die Pflanzengesellschaft reagiert mehr oder weniger deutlich und rasch. Je enger die endogenen Wirkungen verknüpft sind, d. h. je dichtwüchsiger und differenzierter ein Bestand aufgebaut ist, desto besser kann er Veränderungen von außen abpuffern, desto stabiler ist die Vergesellschaftung (s. auch X 3.5.3).

In Abb. 6 sind die verschiedenen bedingenden und erhaltenden Faktoren einer Pflanzengesellschaft schematisch zusammengefaßt. Es sei noch einmal betont, daß die Auftrennung in exogene und endogene Wirkungen nur der besseren Übersicht dient. In einer Pflanzengesellschaft und im übergeordneten Ökosystem sind alle Faktoren so eng verknüpft und teilweise voneinander abhängig, daß jede Einzelbetrachtung künstlich und stark vereinfachend ist. Dies gilt in besonderem Maße für die vielfältigen endogenen Wirkungen, die sich schwer entwirren lassen.

2.2.1 Konkurrenz zwischen Pflanzen

Unter den endogenen Wirkungen hat die Konkurrenz ohne Zweifel besondere Bedeutung. Man versteht darunter den Wettbewerb der Partner um wichtige Lebensgrundlagen, insbesondere um Licht, Wasser, Nährstoffe und Raum. Direkt erkennbar ist die räumliche Zurücksetzung oder Verdrängung einer Art durch eine oder mehrere andere. Diese beruht

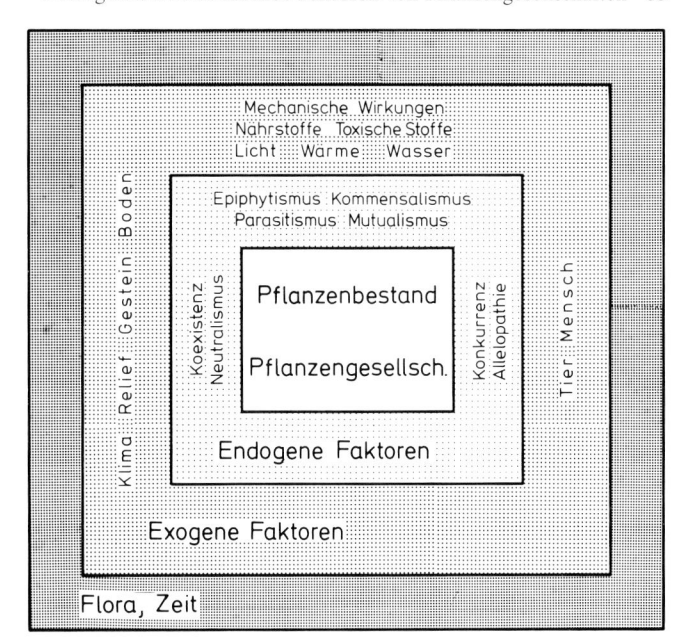

Abb. 6. Bedingende und erhaltende Faktoren von Pflanzengesellschaften. Erläuterung im Text.

teilweise auf vorhergehender Schwächung, d. h. der stärkere Partner verändert die Umwelt zuungunsten des schwächeren durch Entzug von Licht, Wasser und / oder Nährstoffen. In der Regel werden alle Konkurrenzpartner negativ beeinflußt (wechselseitige negative Interaktionen). Auf Dauer kommt es jedoch zu mehr oder weniger ausgewogenen Gleichgewichten, solange die exogenen Faktoren sich nicht ändern. In der Entwicklung von Ökosystemen treten negative Wirkungen immer weiter bis auf ein Mindestmaß zurück zugunsten positiver Beeinflussungen, die das Überleben der Partner fördern bzw. gewährleisten (KNAPP 1974, ODUM 1980). In Pioniergesellschaften besitzt umgekehrt die Konkurrenz einen hohen auslesenden Stellenwert (s. auch X 3).

Nach der Art der Partner unterscheidet man
– intraspezifische (innerartliche) Konkurrenz: Wettbewerb zwischen Individuen einer Art bzw. Population.
– Interspezifische (zwischenartliche) Konkurrenz: Wettbewerb zwischen Individuen verschiedener Arten.

Je näher verwandt Pflanzen in ihren physiologischen Bedürfnissen sind, desto stärker ist die Konkurrenz. Am stärksten ist sie also bei intraspezifischen Wirkungen, d. h. zwischen Individuen einer Population. Sie bewirkt eine Auslese der jeweils kräftigsten bzw. angepaßtesten Individuen und ist somit ein wichtiger Mechanismus zur Erhaltung oder Weiterentwicklung einer Art.

Bei interspezifischer Konkurrenz sind die Lebensansprüche der Partner innerhalb eines Bestandes soweit verschieden, daß ein Nebeneinander (Koexistenz) möglich wird. Nahe verwandte Arten schließen sich oft aus (Konkurrenzausschlußprinzip; s. ODUM 1980, S. 344).

Konkurrenzbetrachtungen richten sich meist zunächst auf das unmittelbar sichtbare Verhalten der oberirdischen Pflanzenteile. So wird leicht übersehen, daß sich wesentliche Wechselwirkungen im Wurzelraum vollziehen. Man muß deshalb weiter unterscheiden:
– Oberirdische = Sproßkonkurrenz: Wettbewerb über dem Boden, vorwiegend um Licht und Raum.
– Unterirdische = Wurzelkonkurrenz: Wettbewerb im Boden um Wasser, Nährstoffe (und Raum).

Über Wurzelkonkurrenz ist noch wenig Genaues bekannt. SLAVÍKOVÁ (1958) wies aber z. B. bereits nach, daß in Buchenwäldern eine starke unterirdische Konkurrenz zwischen *Fagus sylvatica* und krautigen Arten besteht, die wesentlich für die Zusammensetzung der Krautschicht ist. Selbst in sehr offenen Pflanzenbeständen, besonders in Trockengebieten, können die oberirdisch ganz getrennt wachsenden Pflanzen durch weitreichende Wurzelsysteme im Wettbewerb stehen. Andererseits kann z. B.

bei kurzlebigen Pflanzen mit wenig entwickeltem Wurzelsystem trotz dichteren Wuchses Sproßkonkurrenz vorherrschen. In der Regel wirken beide zusammen.

Ein gewisses Maß für die ober- und unterirdische Konkurrenz ist das Sproß/Wurzel-Verhältnis, d. h. der Quotient aus ober- und unterirdischer Biomasse einer Art.

2.2.1.1 Eigenschaften und Merkmale der Konkurrenzkraft

Die Konkurrenzkraft einer Pflanze ist letztlich genetisch festgelegt. Die verschiedenen Eigenschaften, welche die Wettbewerbsfähigkeit stärken oder schwächen, lassen sich grob in mehr physiologische und vorwiegend anatomisch-morphologische Merkmale gliedern, was natürlich recht schematisch ist. Außerdem kann man Eigenschaften der Pflanze und solche ihrer Ausbreitungseinheiten unterscheiden. In vielen Fällen geht es nicht um Betrachtung einzelner Pflanzen, sondern um Pflanzenpopulationen (s. viele Beispiele in WHITE 1985). Zu weiteren Angaben siehe ELLENBERG 1956, KNAPP 1967, 1974, MUELLER-DOMBOIS & ELLENBERG 1974, HARPER 1977, GRIME 1979, BRAAKHEKKE 1980, GRUBB 1985a, EPP & AARSSEN 1988, THUMM 1989 u. a. (s. a. pflanzl. Strategien: X 3.5.1).

a) Eigenschaften der Samen und Keimlinge: Aus Samen neu erzeugte Jungpflanzen spielen in der Vegetation eine sehr unterschiedliche Rolle. In Pioniergesellschaften und ähnlichen Beständen gestörter Biotope hat die Ausbreitung und Regeneration durch Samen hervorgendes Gewicht. In dichtwüchsig-ausgeglichenen und langlebigen Gesellschaften findet man dagegen oft nur wenige Jungpflanzen. Hier können aber durchaus im Boden größere Samenvorräte ("Samenpotentiale" s. IV 2.2.5.2) vorhanden sein, die bei auftretenden Störungen zur Regeneration zur Verfügung stehen. Folgenden Eigenschaften kommt für die Konkurrenzkraft größere Bedeutung zu:

– Samen-Ausbreitung (z. B. Ausbreitungsorgane, Größe, Gewicht; s. auch IV 2.3.5).
– Endogene Samenruhe (Dormanz) und ihre Aufhebung (z. B. durch niedrige Temperaturen: Stratifikation).
– Dauer der Keimfähigkeit (Samenpotentiale).
– Keimungsrate, -geschwindigkeit, Keimungszeitpunkt und -dauer.
– Abhängigkeit der Keimung von Außenbedingungen (z. B. Kälte-, Wärme-, Hitzekeimer, Licht- und Dunkelkeimer, Feuchtekeimer).
– Keimsterblichkeit.
– Gehalt der Samen bzw. Früchte an Hemmstoffen für Wettbewerbspartner (Allelopathie).

b) Physiologische Eigenschaften der Pflanzen: Allen Konkurrenzerscheinungen liegen letztlich die physiologischen Bedürfnisse und Anpassungsmöglichkeiten der Pflanzen zugrunde, besonders die allgemeinen Ansprüche an Licht, Wärme, Wasser und Nährstoffe sowie die Resistenz gegenüber schädlichen Wirkungen. Als vorwiegend physiologisch begründete Konkurrenzeigenschaften sind vor allem zu nennen:

– Wachstumsgeschwindigkeit (bes. Jugendwachstum).
– Photosyntheseleistung (z. B. Anpassung an tiefe Temperaturen, geringen Lichtgenuß, CO_2-Angebot).
– Stoffökonomie (z. B. Nährstoffbedarf und -aufnahmevermögen, innerer Stoffkreislauf, Stoffspeicherung).
– Entwicklungsrhythmus (z. B. Lebensdauer photosynthetisch aktiver Teile: Überwinternd-, Frühlings-, Sommer-, Immergrüne; Photoperiodismus: Kurz- und Langtagspflanzen; Früh-, Dauer-, Spätblüher; Blühinduktion durch tiefe Temperaturen = Vernalisation).
– Lebensdauer (Kurzlebige, Ein- bis Zweijährige, Ausdauernde).
– Frost- und Hitzetoleranz.
– Trocken- bzw. Nässe-(Überflutungs-)Toleranz.
– Toleranz gegen allgemein toxische Stoffe (z. B. Salze, Schwermetalle).
Ausscheidung von Hemmstoffen für Wettbewerbspartner (Allelopathie).
– Bildung von Abwehrstoffen gegen Krankheitserreger, Schädlinge, Herbivore.
– Zusammensetzung der Streu (Abbaugeschwindigkeit, Nährstoff-Mineralisation, Abgabe von Hemmstoffen).

Unter den genannten Eigenschaften sind zwei bei der Betrachtung von Pflanzengesellschaften besonders augenfällig: Vom möglichen Lebensalter der Pflanzen hängt in hohem Maße die Art und Stabilität einer Gesellschaft ab. Im Entwicklungsrhythmus der Arten werden Anpassungen an bestimmte, vorwiegend großklimatisch bedingte Lebensumstände erkennbar. Durch unterschiedlichen Rhythmus können sich manche Arten dabei zeitlich-räumlich ausweichen bzw. ergänzen (z. B. Frühlings- und Sommerpflanzen artenreicher, sommergrüner Laubwälder (s. auch unter d).

c) Anatomisch-morphologische Eigenschaften: Obwohl von physiologischen Grundlagen abhängig, lassen sich unter diesem Gesichtspunkt einige Merkmale zusammenfassen. Sie spielen großenteils bei der Raumausnutzung bzw. bei der unmittelbaren Verdrängung eine Rolle. So unterscheidet KNAPP (1974) als Möglichkeiten vegetativer Ausdehnung Über-, Unter- und Durchwachsung sowie seitliche Verdrängung. Folgende Eigenschaften erscheinen für die Konkurrenzkraft besonders wirksam:
– Wuchsform des Sprosses (Höhe, Breite, Verzweigungsart und -richtung, Blattgröße und -dichte, Rosetten- oder Polsterwuchs, Polycormonbildung, Kletterorgane, Lianen).
– Phänotypische Plastizität (modifikative Anpassungen der Wuchsformen, z. B. Wasser- und Landformen, niedrige bis hochwüchsige Formen, Ausbildung kleiner bis großer Blätter).
– Ausbildung des Wurzelsystems (Flach- und Tiefwurzler, Ausmaß und Dichte des Wurzelwerkes, Wurzelbau, Speicherorgane).
– Anpassungen an extreme Umweltbedingungen (z. B. Xeromorphie, Sukkulenz, Hydromorphie, Stand- und Biegefestigkeit).
– Generatives Reproduktionsvermögen (Entwicklungsdauer bis zur Blüte und Diasporenbildung bzw. Fruchtreife, Bestäubungsmechanismen, Ausbreitungsstrategien; s. auch unter a).
– Vegetatives Reproduktionsvermögen (Bildung von Ausläufern, Tochtersprossen, Austreiben von Bruchstücken).
– Regenerationsvermögen (besonders Anpassungen an mechanische Störungen oder Feuer: rasche Ergänzung und Neubildung von Sprossen).
– Mahd- und Weidetoleranz (wie vorige; Ausbildung von Rosetten; Fraßschutz durch Dornen, Stacheln, spitze Blätter).
– Ausbildung wuchshemmender Streulagen (z. B. Keimungshinderung, Lichtentzug für kleine Pflanzen; s. auch bei b: Allelopathie).

d) Soziologische Anpassungen: Im weiteren Sinne gehört auch die Art der Einpassung in einen Bestand (Koexistenz) zu den Konkurrenzeigenschaften, besonders dort, wo anderen Partnern ausgewichen oder ein Konkurrent direkt ausgenutzt wird. Hierzu gehören z. B.:
– Art der Populationsverteilung (Einzelwuchs, Horst-/Herdenbildung in Verbindung mit c).
– Ausnutzung von Kleinststandorten (horizontal und vertikal).
– Ausnutzung konkurrenzarmer Räume (z. B. Epiphytismus).
– Ausnutzung konkurrenzarmer Zeiten (phänologischer Rhythmus).
– Anpassung an fluktuierende Artenkombinationen.
– Symbiose mit Mikroorganismen und Pilzen.
– Parasitismus (Voll- und Halbparasiten).

e) Genetische Eigenschaften:
– Mannigfaltigkeit (Flexibilität) der Populationen.
– Mutationsrate.
– Selbstfertilität.
– Kreuzungsfähigkeit mit anderen Sippen.

Besonders wichtig für aktuelle Konkurrenzvorteile ist eine breite genetische Mischung der Populationen aus unterschiedlich anpassungsfähigen **Ökotypen**. Unter Ökotypen versteht man morphologisch meist nicht unterscheidbare Pflanzen einer Art mit verschiedener Reaktionsnorm gegenüber exogenen Faktoren.

Gute Beispiele liefern Populationen von Gräsern mit unterschiedlicher Schwermetalltoleranz ihrer Ökotypen, wie sie bei *Anthoxanthum odoratum* (KARATAGLIS 1978) und *Agrostis tenuis* (ANTONOVICS et al. 1971) bekannt sind. Genauere Untersuchungen des Straußgrases ergaben, daß in normalen Populationen ein kleiner Anteil schwermetallresistenter Pflanzen vorhanden ist, die sich bei entsprechenden Bodenbedingungen rasch herausdifferenzieren lassen. Je vielfältiger eine Population zusammengesetzt ist, desto flexibler kann sie auf sich ändernde Wuchsbedingungen unter Verlust oder Verdrängung eines Teils ihrer Ökotypen reagieren.

In der Praxis spielt die Kenntnis von Ökotypen eine wichtige Rolle. Besonders bei weit verbreiteten Baumarten wie z. B. *Pinus sylvestris*, *Picea abies* oder *Fagus sylvatica* gibt es innerhalb des Gesamtareals verschiedene Rassen (Herkünfte), aber auch innerhalb eines Waldbestandes Individuen mit abweichenden ökologischen Ansprüchen. Nach WALTER & BRECKLE (1983) kann man neben klimatischen und edaphischen auch biotische Ökotypen unterscheiden, z. B. besonders mahd- oder weidefeste Rassen einer Art.

Genau genommen gibt es kaum eine Eigenschaft oder Lebensäußerung einer Pflanze, die nicht irgendwie ihre Konkurrenzkraft beeinflußt. Die lange Aufzählung unter a–e soll deshalb nur Denkansätze zur jeweiligen Gewichtung geben. Einzelheiten sind in Lehrbüchern der Allgemeinen Botanik nachzulesen. In diesem Buch geht es vorrangig um die Auswirkungen der Konkurrenz für die Entstehung und Erhaltung von Pflanzengesellschaften. Besonders bei Fragen der Vegetationsstruktur (IV) und Sukzession (X) wird hierauf zurückzukommen sein.

2.2.1.2 Experimentelle Untersuchungen zur Konkurrenz

Die Konkurrenzkraft einer Pflanze ist, wie das vorige Kapitel zeigt, eine sehr komplexe Größe, zumal auch noch andere endogene Wirkungen in Pflanzenbeständen bestehen (s. 2.2.3). Da das vieldimensionale Wirkungsmuster einer detaillierten Analyse nicht zugänglich ist, versucht man, grundlegende Prinzipien durch einfache Modelle von Vergesellschaftungen herauszuarbeiten. In solchen „Konkurrenzversuchen" wird die Vielfalt der Faktoren weitgehend eingeschränkt, indem man sich auf wenige (z. T. nur zwei) Arten konzentriert und einen bis wenige exogene Faktoren möglichst konstant hält.

Konkurrenzversuche gehören aus pflanzensoziologischer Sicht in den Bereich der Symphysiologie oder auch Syndynamik (X 3) und vom Arbeitsansatz her zur Experimentellen Pflanzensoziologie. Eine Zusammenstellung meist einfacher Experimente findet sich bei KNAPP (1967). Allgemein lassen sich zwei Vorgehensweisen unterscheiden:
- Eingriffe in vorhandene Pflanzenbestände unter naturnahen Bedingungen.
- Kulturversuche in vereinfachten Modellen unter möglichst kontrollierten Wuchsbedingungen.

Viele Angaben zur Konkurrenz ergeben sich aber auch einfach aus der Natur, wo der geübte Beobachter Schlüsse ziehen kann, die dann durch gezielte Versuche untermauert oder modifiziert werden. Gerade dem pflanzensoziologischen Geländearbeiter sind viele Erscheinungen der Konkurrenz vertraut, ohne daß er sich ihrer Grundlagen bewußt sein muß. Hierdurch kann es leicht zu Fehlinterpretationen über das Verhalten der Pflanzen in der Vegetation kommen.

Für naturnahe Beobachtungen und Experimente sind z. B. folgende Ansätze denkbar (unter Einbezug jeweiliger unbeeinflußter Kontrollparzellen; s. auch Sukzessionsforschung: X 3):

- Dauerbeobachtung abgegrenzter Flächen zum längerfristigen Verhalten der Pflanzenarten.
- Dauerbeobachtung bestimmter Populationen.
- Dauerbeobachtung markierter Einzelpflanzen.
- Entfernung einzelner Arten eines Bestandes.
- Einpflanzung oder Einsaat fremder Pflanzen in einen Bestand.
- Entfernung ganzer Teile der Vegetation.
- Einbringung fremder Bestandteile (z. B. Rasenziegel).
- Entfernung ganzer Bestandesschichten (Baum-, Strauch-, Kraut-, Kryptogamenschicht).
- Störungen des Bodens oder Einbringung standortsfremden Bodens.
- Ausschaltung der Wurzelkonkurrenz von Bestandesteilen (z. B. der Bäume), d. h. Isolierung von Pflanzen oder Pflanzengruppen.
- Mechanische Störungen des ganzen Bestandes (z. B. Mahd, Beweidung, Tritt).
- Zufuhr von Wasser und/oder Nährstoffen.
- Anwendung von Herbiziden.
- Künstliche Beschattung.
- Bestimmung des Diasporenpotentials im Boden durch Keimversuche (Übergang zu strenger experimentellen Arbeiten).

Alle diese Untersuchungen sind zeitlich aufwendig, da meist erst über mehrere Jahre hinweg, oft erst in längeren Zeiträumen deutliche Reaktionen der Wettbewerbspartner erkennbar werden. Obwohl man einige Faktoren gezielt, zum Teil quantifizierbar verändern kann, bleiben doch viele Fragen offen. Andererseits haben diese Untersuchungen den Vorteil, daß sie ohne höheren finanziellen Aufwand nebenbei durchführbar sind, wenn man nur genügend Geduld aufbringt. Etwas aufwendiger werden die Arbeiten, wenn man parallel ökologische Messungen durchführt, die den kausalen Aspekt vertiefen (z. B. Untersuchungen zum Mikroklima, zur Wasser- und Nährstoffversorgung).

Konkurrenzversuche unter naturnahen Bedingungen gibt es heute in größerer Zahl; gut dokumentierte, langfristige Beispiele sind aber nicht sehr häufig. Oft handelt es sich nur um einfache Sukzessionsbeobachtungen (s. auch X 3). Manchmal kommen einem von der Natur oder vom Menschen ausgelöste Katastrophen zu Hilfe, auf die Pflanzen und Pflanzenbestände in bestimmter Weise reagieren. Zu nennen sind z. B. Sturm, Feuer, Überflutungen, Erdrutsche,

Gletschervorstöße und -rückzüge, Vulkanausbrüche, aber auch Kahlschläge eines Waldes (s. z. B. Arbeiten von DIERSCHKE 1978, 1988c, FEOLI & PIGNATTI 1981, MAHN 1966, MUELLER-DOMBOIS & SMATHERS 1975, RICHARD 1975, WINTERHOFF 1975a). Ergebnisse von Daueruntersuchungen mit experimentellen Eingriffen in die Vegetation finden sich z. B. bei AARSSEN & EPP (1990), BAKKER & DE VRIES (1985), BORNKAMM (1961 ff.), BRAUN-BLANQUET (1964), DIERSCHKE (1985b), FALIŃSKI (1975a), KNAUER (1969), OOMES & MOOI (1981), SCHMIDT (1981a), SLAVÍKOVÁ (1958), SPATZ & MUELLER-DOMBOIS (1975), THUMM 1989, WILLEMS (1985), ZARZICKY (1968, 1983).

Konkurrenzversuche im engeren Sinne gehen von naturfernen Modellen unter möglichst kontrollierbaren Wuchsbedingungen aus, wobei zwei bis wenige Arten vergleichend in Einzel- und Mischkultur angezogen werden. Eine Grundvoraussetzung dabei ist das Arbeiten mit genetisch möglichst einheitlichem Material, um die Frage der verschiedenen Ökotypen auszuschließen (es sei denn, man will gerade diese Frage beantworten). Geeignet sind vor allem Abkömmlinge einer Mutterpflanze (Klone). Saatgut darf nur von lokal begrenzten Populationen mit gewisser Vorsicht benutzt werden.

Folgende Versuchsanordnungen sind denkbar:
a) Gleiche Samen- bzw. Individuenzahl pro Flächeneinheit (bei Mischkultur entsprechende prozentuale Anteile an einer vorgegebenen Gesamtzahl).
b) Unterschiedliche Samen- bzw. Individuenzahl pro Flächeneinheit.
c) Gleiche Außenbedingungen.
d) Abgestufte Außenbedingungen für bestimmte Faktoren.

Häufig verwendet wird die Kombination a und d, um die Konkurrenzkraft unter Einfluß variierter exogener Faktoren herauszufinden. Bei b und c läßt sich vor allem der Einfluß der Pflanzendichte ermitteln. Der Schwerpunkt liegt hier auf endogenen Wirkungen, z. B. der intraspezifischen Konkurrenz. Auch a und c, b und d sind denkbar.

Von diesen Grundbedingungen ausgehend lassen sich weiter mehrere Versuchsarten unterscheiden:
– Versuche am natürlichen Wuchsort.
– Feldversuche auf bestimmtem Bodensubstrat.
– Gefäßversuche im Freiland oder Gewächshaus (Klimakammer) mit Boden oder Nährlösungen.

Weitere Variationsmöglichkeiten sind durch die Dichte und Anordnung der Arten gegeben. Meist werden die Partnerpflanzen recht dicht zusammengepflanzt oder ausgesät. Für Arten, deren Individuen in der Natur gruppenweise wachsen (z. B. durch vegetative Vermehrung), schlagen VAN ANDEL & NELISSEN (1981) Einzelpflanzungen der Arten in einem hexagonalen Flächenmuster (z. B. mit 2 m Kantenlänge) vor, wo jede Art zunächst sich selbst etablieren kann, bevor sie mit benachbarten in Kontakt tritt. Solche Versuchsanordnungen erfordern dann bis zur Auswertungsreife mehr Zeit.

Es muß betont werden, daß die ermittelten Ergebnisse jeweils nur für die beteiligten Partner unter den jeweiligen Außenbedingungen gültig sind. Am weitesten von der Natur entfernt und deshalb wenig sinnvoll sind Kulturen in Nährlösungen. Besser geeignet erscheinen Topf- und Feldversuche mit bestimmtem Bodenmaterial. Für alle Versuche muß genügend Zeit (wenigstens eine Vegetationsperiode, möglichst zwei bis mehrere Jahre) zur Verfügung stehen. Besonders bei kurzlebigen Arten mit nur generativer Vermehrung sind mehrjährige Versuche notwendig.

Der Wettbewerbserfolg einer Art im Konkurrenzversuch wird nach der Reaktion der beteiligten Partner festgestellt. Als geeignetes Maß sind die Produktivität (Ertrag) und die Reproduktionskraft anzusehen (BORNKAMM 1963). Auch der Gehalt der Biomasse an bestimmten Stoffen (z. B. Proteine, Kohlenhydrate, gespeicherte Energie) wird teilweise verwendet (s. BORNKAMM 1970). Bei genauer Bestimmung der Biomasse (Frisch- oder Trockengewicht) und der Gehalte muß der Pflanzenbestand stark gestört, bei Einbezug der unterirdischen Teile ganz zerstört werden. Für langfristigere Versuche müssen deshalb genügend Parallelflächen zur Verfügung stehen.

Auch die Zahl keimfähiger Samen kann nur festgestellt werden, wenn sie für den weiteren Versuch keine Rolle spielen. Für Zwischenergebnisse sind deshalb nur Beobachtungen und wenig störende Messungen anwendbar, die etwas über die Wuchskraft bzw. Produktivität aussagen, z. B.
– Schätzung des Deckungsgrades (V 5.2.2).
– Schätzung der Blattfläche (z. B. nach vorgegebenen Flächenmustern; V 5.2.2).

- Schätzung der Biomasse (relative Anteile; V 5.2.8).
- Zählung der Sprosse, Seitentriebe, Blätter, Blüten, Früchte, Samen.
- Messungen von z. B. Höhe, Trieblänge, Blattlänge (wiederholte Messungen = Phänometrie).
- Bestimmung der Mortalitätsrate von Jungpflanzen.
- Beobachtung der phänologischen Entwicklung (X 2).
- Fotos oder Zeichnungen der Pflanzengestalt.

Als Bezugsbasis lassen sich vor allem die Wuchsfläche oder die Individuenzahl einer Art verwenden, außerdem Relativwerte, z. B. zum jeweiligen Gesamtwert aller Partner.

Bei der Bestimmung der Biomasse sollte die Ernte je nach Fragestellung fraktioniert werden, z. B. in Stengel, Blätter, Blüten/Früchte, Rhizome, Wurzeln (eventuell Fein- und Grobwurzeln); Beispiele s. 2.2.1.3. Hieraus lassen sich bestimmte Vergleichswerte errechnen:

Sproß/Wurzel-Verhältnis:

$$S/W = \frac{\text{Trockengewicht der Sprosse}}{\text{Trockengewicht der Wurzeln}}$$

Relative Wüchsigkeit (BORNKAMM 1961 b):

$$RW = \frac{\text{Trockengewicht pro Individuum Art A}}{\text{Trockengewicht pro Individuum Art B}}$$

Weitere Berechnungsmöglichkeiten finden sich z. B. bei BORNKAMM (1963), BRAAKHEKKE (1980), STUGREN (1978) und WIT (1964).

Konkurrenzversuche spielen vor allem in der landwirtschaftlichen Forschung (Pflanzenbau) eine große Rolle (s. z. B. BAEUMER et al. 1983, RADEMACHER 1959, WIT 1964). Auch bei Fragen der Landschaftspflege werden sie verwendet, z. B. zur Herausfindung geeigneter Ansaatmischungen oder der natürlichen Begrünung gestörter Standorte (FISCHER 1982, TRAUTMANN & LOHMEYER 1975, WALTHER 1964; s. auch X 3.8.5). Heute dienen sie außerdem zunehmend mehr wissenschaftlichen Fragen in bezug auf den endogenen Wirkungskomplex in Pflanzengesellschaften (z. B. BECKER 1973, BORNKAMM 1961 b/c, BRAAKHEKKE 1980, EBER 1972, ELLENBERG 1953, GRIME 1979, GRUBB 1982, KNAPP 1967, MITCHLEY & GRUBB 1986, PEMASADA & LOVELL 1974, REBELE et al. 1982, SALINGER & STREHLOW 1987, SCHMIDT 1981 b, 1983 a, 1988, SHARIFI 1978, 1983). Konkurrenzversuche mit Moosen haben SCANDRETT & GIMINGHAM (1989) ausgeführt.

Für die Darstellung der Ergebnisse von Konkurrenzversuchen werden oft Säulendiagramme verwendet, die z. B. die Biomasse der Partner repräsentieren. Noch häufiger sind Zeitkurven einzelner Arten, bezogen auf bestimmte beobachtete oder gemessene Größen (z. B. Zeit-Deckungsgrad-, Zeit-Höhen- oder Zeit-Ertragskurven). Eine weitere Möglichkeit sind „Substitutionsdiagramme" (WIT 1960, SCHMIDT 1983). Hier werden die Meßgrößen (bes. Biomasse) der Partner in Rein- und Mischkultur kombiniert aufgetragen (s. Beispiel im nächsten Kapitel).

2.2.1.3 Beispiele für Konkurrenzversuche

Die folgenden Abbildungen zeigen Ergebnisse von verschiedenen Konkurrenzversuchen (s. auch X 3.8):

Abb. 7 enthält Teilergebnisse eines langjährigen Versuches im Gelände in einer Kalkmagerrasen-Brache. Bei unterschiedlich häufiger Mahd wurde u. a. auf die Konkurrenzkraft des in der Brache dominierenden *Bromus erectus* geachtet. Auf der Kontrollfläche = Brache, einer nur zu Versuchsbeginn umgegrabenen Fläche = (Brache), einer Mulchfläche = Mu und einer nur alle zwei Jahre gemähten Parzelle = Ma 1/2 ging die Wuchskraft (Deckungsgrad) der Trespe kaum zurück. Alle kleinwüchsigen Arten waren zu Beginn stark unterdrückt und behielten an Zahl und Deckungsgrad relativ geringe Anteile. Schon bei einmaliger Mahd pro Jahr = Ma 1 und noch mehr bei zwei- bis dreimaliger Mahd = Ma 2, Ma 3 ging *Bromus erectus* stark zurück zugunsten kleinwüchsiger, konkurrenzschwacher Arten.

Bei diesem Versuch, dem praktische Fragen des Naturschutzes zugrunde lagen, wurden also unter natürlichen Bedingungen am Wuchsort lediglich mechanische Eingriffe vorgenommen. Nach etwa sechs Jahren waren deutliche Entwicklungen erkennbar. Bis ins 13. Jahr gab es aber weitere Veränderungen.

Abb. 8 zeigt Ergebnisse eines vierjährigen Konkurrenzversuches im Neuen Botanischen Garten in Göttingen (SCHMIDT 1983 a) mit den Ruderalpflanzen *Solidago canadensis* und *Urtica dioica*. Die Arten wurden als genetisch einheitliche Stecklinge einzeln und gemischt in Versuchsbecken mit regulierbarem Wasserstand auf Sand und Lehm angepflanzt. Von den exogenen Faktoren wurden Bodenfeuchtigkeit

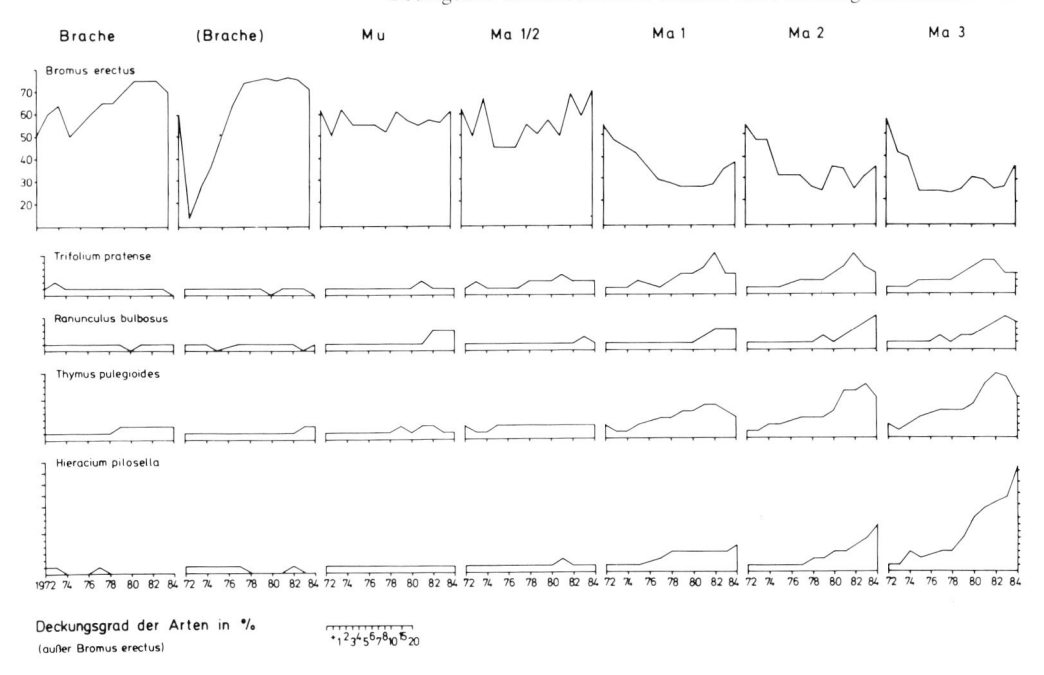

Abb. 7. Ergebnisse eines Konkurrenzversuches auf Dauerflächen (1972–84) eines Kalkmagerrasens mit unterschiedlicher Beeinflussung durch Mahd (nach DIERSCHKE 1985b). Erläuterung im Text.

(zwei Wasserstufen) und Stickstoffversorgung (zwei Düngungsstufen) variiert. Die oberirdische Biomasse wurde auf Teilflächen zu zwei Terminen nach der Blütezeit von *Urtica* (Ende Juni) bzw. *Solidago* (Anfang September) abgeerntet und getrocknet. Die unterirdischen Teile wurden am Ende des Versuches ausgewaschen.

Allgemein erweist sich *Solidago canadensis* in Reinkultur als die produktivere Art, besonders bezüglich der oberirdischen Biomasse. Bis auf dem N-armen Sand zeigt die Goldrute überall gutes Wachstum. *Urtica dioica* wächst hingegen auf Sand allgemein schlecht, verhält sich aber auf Lehm ähnlich wie *Solidago*, mit Ausnahme der N-armen, feuchten Stufe. Die unterirdische Biomasse ist bei der Brennessel im Lehmboden fast durchweg höher. Insgesamt zeigt *Urtica* eine engere Wuchsamplitude als *Solidago*.

Abb. 9 vergleicht in Substitutionsdiagrammen das oberirdische Wachstum der beiden Partner in Einzel- und Mischkultur. *Solidago canadensis* (dicke Linien) erweist sich vor allem auf Sand als die konkurrenzkräftigere Art. Auf Lehm gewinnt dagegen meist *Urtica dioica* die Oberhand. Weitere Ergebnisse und eingehendere Interpretationen gibt SCHMIDT (1983a). Sie zeigen u. a., daß dieser Versuch nach vier Jahren eigentlich noch nicht abgeschlossen war.

Relativ kurzfristige Ergebnisse vermittelt Abb. 10 mit Ergebnissen eines Topfversuches im Gewächshaus, der mehrfach für ein botanisches Praktikum in Göttingen angezogen wurde. In diesem Konkurrenzversuch stehen sich die im Wuchs sehr unterschiedlichen Waldpflanzen *Oxalis acetosella* und *Luzula luzuloides* gegenüber, beide gezogen aus genetisch gleichen Stecklingen. In dem sandigen Substrat wurde die Stickstoffversorgung (0–II) und das Lichtangebot (D, M, H) variiert. Bei drei N- und Lichtstufen und jeweils Rein- und Mischkultur sind 27 Kombinationen möglich.

Nach elf Wochen Versuchsdauer reagieren beide Arten in Reinkultur (jeweils linker Teil der Säule) mit 14 Pflanzen pro Topf positiv auf mehr Licht und Stickstoff. Sie bevorzugen also weder ärmere Böden, noch sind sie schattenbedürftig. *Luzula* wächst sogar im tiefen Schatten (D) fast gar nicht, unter Freilandbedingungen (H) dagegen besonders gut. In Mischkultur (je sieben Pflanzen pro Topf) werden verschiedene Konkurrenzeffekte sichtbar. Interspezifisch ist *Luzula* mit Ausnahme der lichtärmsten Stufe deutlich überlegen. Die Produktion pro Einzel-

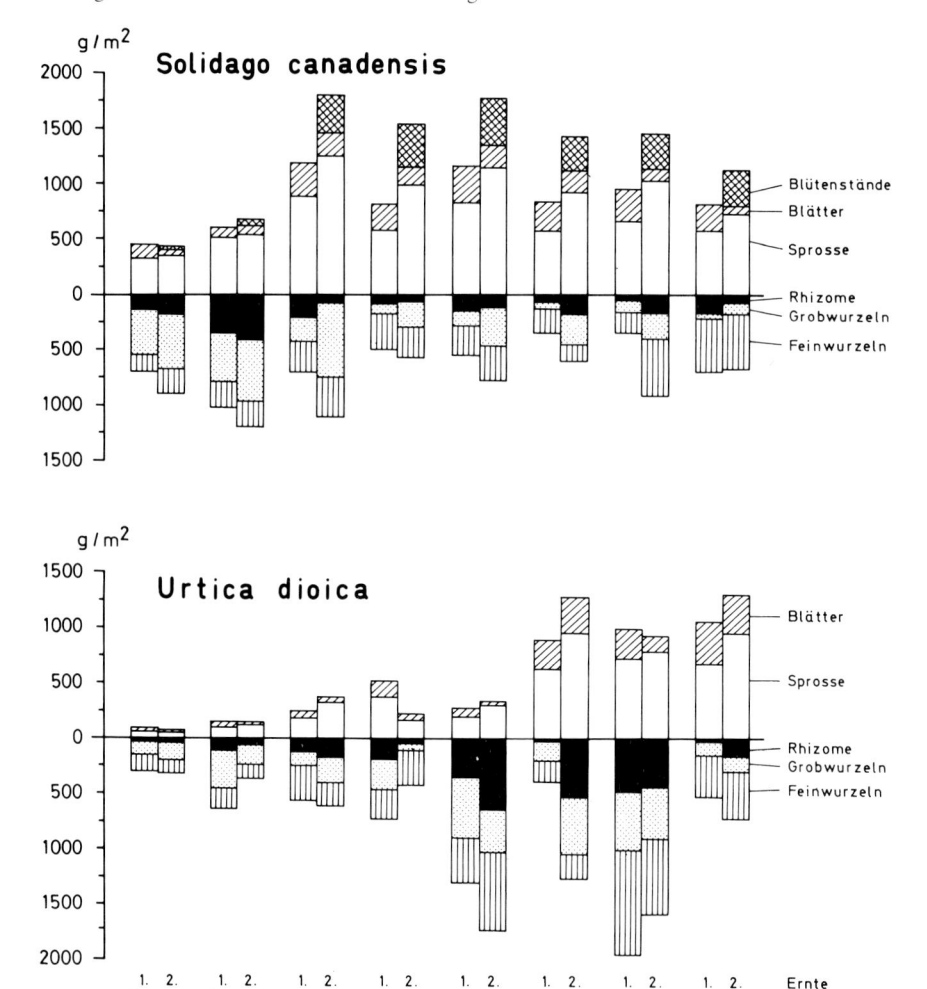

Abb. 8. Ergebnisse eines dreijährigen Kulturversuches mit Reinkulturen zweier Arten unter abgestuften Stickstoff- und Feuchtebedingungen (aus SCHMIDT 1983a). Erläuterung im Text.

pflanze nimmt bei *Oxalis* gegenüber der Reinkultur meist entsprechend ab. *Luzula* verhält sich genau umgekehrt: Bei sieben Pflanzen in Mischkultur ist die intraspezifische Konkurrenz so stark abgeschwächt, daß die Hainsimse fast überall wesentlich höhere Produktivität erreicht. Sie kann hohe Licht- und Stickstoff-Angebote (H II) optimal nutzen, während *Oxalis* in Reinkultur zwischen M und H kaum Unterschiede erkennen läßt. Eine Besonderheit bei *Oxalis* ist außerdem der relativ hohe Anteil der Biomasse in den Rhizomen. Dies bringt der Pflanze im Frühjahr Vorteile beim raschen Austreiben vor der Belaubung der Bäume, aber auch vor der Entwicklung vieler Sommerpflanzen wie *Luzula*.

In diesem einfachen, relativ kurzfristigen Versuch werden also manche Beobachtungen im Gelände bestätigt, aber auch vertiefte Kenntnisse über Konkurrenzwirkungen gewonnen.

2.2.2 Allelopathie

Unter den Eigenschaften der Pflanzen, die ihre Konkurrenzkraft erhöhen können, wurde bereits die Ausscheidung hemmender Stoffe genannt. Allgemein wird die Produktion und Abgabe der für andere Organismen schädlichen Stoffe als Antibiose bezeichnet. Bei höhe-

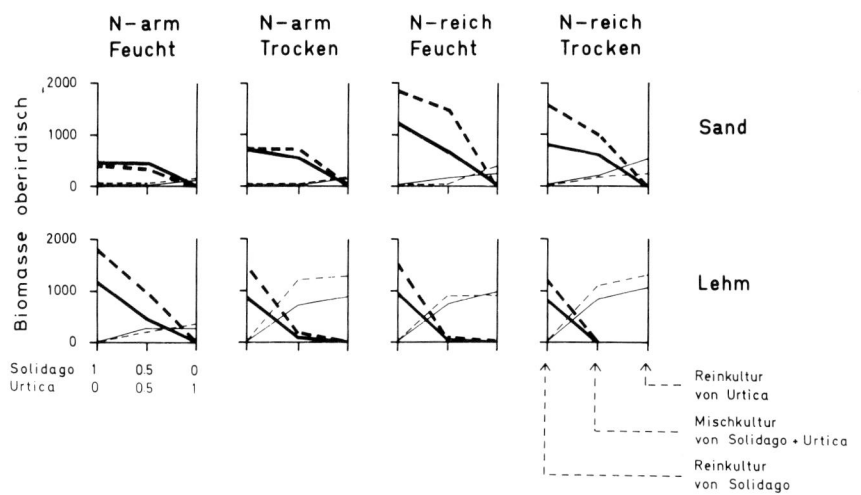

Abb. 9. Oberirdische Biomasse-Entwicklung von *Solidago canadensis* (dicke Linien) und *Urtica dioica* (dünne Linien) in Reinkultur (links bzw. rechts) und Mischkultur (Mitte) (wie Abb. 8). Erläuterung im Text.

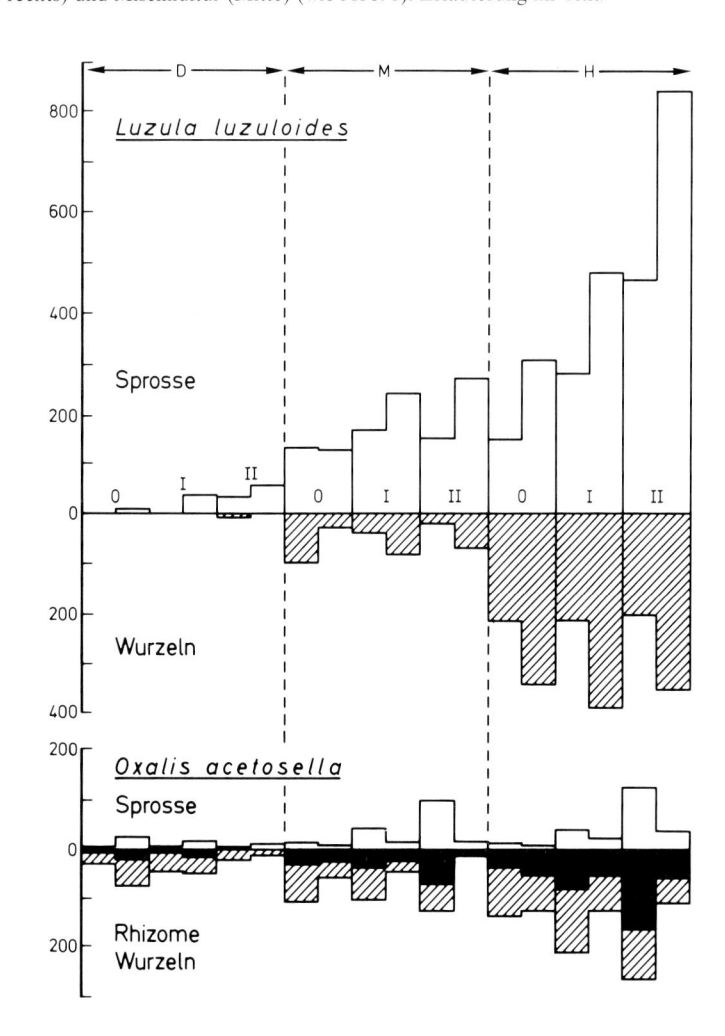

Abb. 10. Biomasse-Entwicklung zweier Waldpflanzen im Vergleich von Rein- und Mischkultur (jeweils linke bzw. rechte Säule) in drei Lichtstufen (Hell, Mittel, Dunkel) und drei Stickstoffstufen (0-II) aus einem Gewächshaus-Topfversuch. Erläuterung im Text.

ren Pflanzen spricht man seit MOLISCH (1937) von Allelopathie (von griechisch *allelos* = gegenseitig, *pathos* = Einwirkung), d. h. von gegenseitiger Beeinflussung durch organische Stoffwechselprodukte im Pflanzenbestand. Dieser ursprünglich auf negative Wirkungen gerichtete Begriff wird heute teilweise auch allgemeiner im Sinne eines Regulationssystems von chemischen Pflanzenstoffen gebraucht (s. GRODZINSKIJ 1985), also unter Einschluß fördernder Wirkungen.

Die bei Mikroorganismen wirksamen Stoffe sind wegen ihrer medizinischen Bedeutung als Antibiotika weithin bekannt. Für Stoffe höherer Pflanzen werden als entsprechende Begriffe Koline (GRÜMMER 1955) oder Allelopathika (RADEMACHER 1959) vorgeschlagen. Hemmstoffe höherer Pflanzen auf Mikroorganismen sind Phytonzide (s. GRÜMMER 1955), solche von Mikroorganismen auf höhere Pflanzen Phytotoxine (GISI 1982).

Obwohl im übergeordneten Sinne meist Konkurrenzeffekte vorliegen, werden die endogenen allelopathischen Wirkungen gewöhnlich getrennt betrachtet, da hier die eigentlichen Standortsbedingungen durch chemische Zugaben verändert werden. Grundlegende Darstellungen finden sich u. a. bei GRÜMMER (1955), RADEMACHER (1959), RICE (1974), MULLER (1969, 1974), KNAPP (1974a, 1980a/b, 1981), GISI (1982), GRODZINSKIJ (1985). Eine Bibliographie geben SCHLEE et al. (1989).

Allelopathische Wirkungen bilden einen seit langem diskutierten und in ihrer Bedeutung für die Vegetation sehr unterschiedlich gewichteten Fragenkomplex. Die nachgewiesenen Effekte stammen meist aus Experimenten außerhalb natürlicher Wuchsbedingungen. Schon ELLENBERG (1956) hat darauf hingewiesen, daß viele dieser Effekte im Boden kaum nachweisbar sind. Hier werden die Hemmstoffe offenbar ausgewaschen, neutralisiert oder rasch abgebaut. Da der Nachweis am natürlichen Wuchsort aber äußerst schwierig und von der Wirkung anderer Faktoren kaum zu trennen ist, kann man das Vorhandensein allelopathischer Mechanismen nicht ausschließen.

Allelopathika sind sekundäre Pflanzenstoffe, vor allem Alkaloide, Phenole, Terpenoide, Glykoside, Cumarine, Chinone, Tannine u. a. Insgesamt kennt man heute über 20 000 solcher Stoffe, die oft nur als Nebenprodukte des Stoffwechsels ohne primäre Funktion für die Pflanze angesehen werden. Offenbar haben aber manche sekundär Bedeutung im Bereich endogener Wirkungen zwischen Organismen eines Ökosystems erlangt, wobei neben hemmenden auch fördernde Wirkungen zu erörtern sind.

Die Wirkung der Allelopathika kann sehr spezifisch, d. h. auf bestimmte Partner beschränkt sein. Je nach ihrer Konzentration gibt es teilweise sowohl positive als auch negative Effekte. Diese sind oft nur für bestimmte Entwicklungsstadien einer Pflanze (z. B. Keimlinge, Jungpflanzen) nachweisbar (s. KNAPP & FURTHMANN 1953). Die Wirksamkeit ist teilweise direkt oder indirekt, über die vorhandenen Mikroorganismen, vom Boden abhängig (MÜLLER-STOLL IN KOHLER 1969). Die Erzeugung von Wirkstoffen kann an bestimmte Entwicklungszustände gebunden sein (SCHÜTT & BLASCHKE 1980). So ergibt sich hier ein sehr vielseitiges Wirkungsfeld, wobei schließlich die physiologische Wirkung der Stoffe recht unterschiedlich ist (s. RICE 1974). Eine besondere Form der Allelopathie ist die Autotoxizität, d. h. die Hemmung von Individuen der eigenen Art. Bekannt ist von vielen Kulturpflanzen und Obstbäumen die „Bodenmüdigkeit" bei wiederholtem Anbau der gleichen Art (z. B. Luzerne, Klee, Erbsen, Flachs; s. GRÜMMER 1955, RADEMACHER 1959, GRODZINSKIJ 1985).

Allelopathika können direkt von den Pflanzen ausgeschieden werden, z. B. aus den Wurzeln in den Boden oder als gasförmige Stoffe (Äthylen, ätherische Öle) in die Luft. Andere Stoffe werden von oberirdischen Teilen, besonders von den Blättern, durch Regenwasser abgewaschen. Schließlich können sie erst bei der Streuzersetzung frei werden.

Vielfach zitiert werden allelopathische Effekte bei offenen Pflanzenbeständen aus Trockengebieten. Häufig wird dort beobachtet, daß trotz genügendem Freiraum und teilweise ausreichender Feuchtigkeit keine kurzlebigen Pflanzen gedeihen können. Ein Beispiel ist die mediterrane Garigue, wo TOMASELLI (1948) solche Erscheinungen zunächst auf ungünstige Bodenverhältnisse zurückführte. Später wurden z. B. für *Rosmarinus officinalis* u. a. allelopathische Wurzelausscheidungen nachgewiesen (DELEUIL 1950, 1951). Möglicherweise spielen auch ätherische Öle dort eine Rolle (z. B. bei *Cistus*, *Lavandula*, *Thymus*). Auch in mitteleuropäischen Trockenrasen sollen ähnliche Wirkungen vorkommen (Beispiele bei GRÜMMER 1955).

Aus dem kalifornischen Trockenbusch (Chaparral) gibt es noch auffälligere Beispiele phytochemischer Hemmungen auf Therophyten. Nach Untersuchungen von Mc. PHERSON & MULLER (1969) werden dort von bestimmten Sträuchern in den Blättern Hemmstoffe gebildet, die sich in der Trockenzeit im Boden anreichern. Zu Beginn der Regenzeit verhindern sie das Auskeimen anderer Arten, so daß um diese Sträucher oft 3–4 m breite Bereiche pflanzenleer sind. Nach BARTHOLOMEW (1970; zit. nach MUELLER-DOMBOIS & MILES 1981, ELLENBERG 1974, S. 357) spielen hier aber auch Tierfraß und Bodeneigenschaften eine entscheidende Rolle.

Untersuchungen zur Brachland-Sukzession in Nordamerika haben allelopathische Hemmwirkungen einiger vorherrschender Gräser und Kräuter ergeben, z. B. von *Agropyron repens, Artemisia, Bromus inermis, Helianthus, Melilotus*) (s. RICE 1974, KNAPP 1974). Hemmende Wirkungen der Quecke sind auch im Getreideanbau bekannt (KNAPP 1980a).

Eine Reihe von Untersuchungen beziehen sich auf die Tatsache, daß der Unterwuchs mancher Gehölze äußerst dürftig ist. Hier handelt es sich möglicherweise um die Wirkung von Zersetzungsprodukten der Blattstreu der Holzarten (z. B. *Aesculus, Celtis, Eucalyptus, Juglans, Platanus, Prunus serotina, Robinia pseudacacia, Salix caprea*). Besonders bei Anpflanzung solcher Arten in standortsfremden Gehölzen machen sich diese Effekte bemerkbar (s. GRÜMMER 1955, KOHLER 1965, 1969, RICE 1974, KNAPP 1980a/b, WESTHOFF 1979, SCHÜTT & BLASCHKE 1980). Nach ERNST (1986), KUITERS et al. (1986), KUITERS (1987) kann die Freisetzung phenolischer Verbindungen aus frischer Laubstreu im Herbst eine selektierende Wirkung für die Krautschicht haben. Besonders die im Herbst keimenden Grünlandpflanzen werden behindert, nicht dagegen die Frühjahrskeimer im Walde. Direkt nachgewiesen sind allelopathische Wirkungen meist aber nur im Kulturversuch.

Daß Kulturversuche in ihrer Deutung recht problematisch sind, zeigen Untersuchungen mit *Allium ursinum*. In dichten Beständen dieser Art sind andere Pflanzen oft recht kümmerlich oder fehlen ganz. LANGE & KANZOW (1965) wiesen nach, daß Extrakte aus abgetöteten *Allium*-Blättern und -Stengeln eine deutliche Hemmwirkung auf junge Tomatenpflanzen haben. ERNST (1979) wiederholte den Versuch in gewisser Weise, indem er im Laubwald größere Mengen von *Allium*-Blättern auf Bestände von *Mercurialis perennis* bzw. *Glechoma hederacea* deckte. Der Versuch dauerte zwei Jahre, zeigte aber keinerlei Hemmwirkung auf die vorhandene Vegetation.

Bei der Untersuchung allelopathischer Wirkung sollte man von mehreren Grundforderungen ausgehen, die oft nicht erfüllt sind:
– Untersuchungen möglichst am natürlichen Wuchsort.
– Bei einfacheren Experimenten zumindest Verwendung von in der Natur möglichen Partnern.
– Anwendung von in der Natur möglichen Konzentrationen der Hemmstoffe.

Eine erweiterte Fassung des Allelopathie-Begriffes schließt biochemische Wirkungen höherer Pflanzen auf Mikroorganismen ein. So können z. B. stickstoffbindende und nitrifizierende Bakterien im Boden durch Phytonzide gehemmt werden (s. RICE 1974, KNAPP 1980a/b, 1981). Dadurch gewinnen nährstoffgenügsame Pflanzen einen Konkurrenzvorteil gegenüber wuchskräftigeren Arten mit hohem Stickstoffbedarf.

Dieses letzte Beispiel zeigt noch einmal die komplexen Wirkungsmöglichkeiten endogener Faktoren. Abschließend läßt sich aber mit MILES (1981) feststellen, daß bisher die hemmende Wirkung von Pflanzenstoffen im Gelände, abgetrennt von anderen möglichen Effekten, noch in keinem Pflanzenbestand eindeutig nachgewiesen worden ist. So bleibt auch in Zukunft viel Stoff für experimentell begründete Vermutungen, die zumindest immer mit einzubeziehen sind, wenn es um endogene Wirkungen in einem Pflanzenbestand bzw. in einer Pflanzengesellschaft geht.

2.2.3 Positive Abhängigkeitsverbindungen

Wie schon mehrfach hervorgehoben, sind die mehr negativen Wechselwirkungen der Konkurrenz vor allem in hochentwickelten Pflanzengesellschaften eingeengt. Positive Wirkungen und Wechselwirkungen haben hier eine wichtige regulative Funktion, wenn sie auch nicht so auffällig in Erscheinung treten. Obwohl sie weit verbreitet sind, lassen sie sich schwerer nachweisen und sind entsprechend weniger untersucht. In einer relativ stabilen Pflanzengesellschaft müssen sich negative und positive Wirkungen wenigstens ausgleichen. Wie schon früher erwähnt, nehmen in höherorganisierten Ökosystemen positive Abhängigkeitsverbindungen zu, während negative auf ein Mindestmaß reduziert werden.

Für positive Wechselbeziehungen gibt es eine Reihe von Begriffen, die aber oft mehr im zoologischen oder allgemein ökologischen Bereich verwendet werden. Schon BRAUN-BLANQUET (1928) hat sie aber teilweise auch in die Pflanzensoziologie eingeführt. GISI (1982) hat recht anschaulich die pflanzlichen und mikrobiellen Wechselbeziehungen dargestellt. Er unterscheidet sieben Formen, die sich aber teilweise auseinander entwickelt haben und ineinander übergehen. In den folgenden Kapiteln sind wichtige Formen des Zusammenlebens erläutert, wobei die Wirkungen von Mikroorganismen nur am Rande erwähnt werden.

2.2.3.1 Parasitismus

Unter Parasitismus versteht man das Zusammenleben zweier Pflanzen, bei dem nur ein Partner (Parasit) einen deutlichen Vorteil erzielt, während der andere (Wirt) eher geschädigt wird. Oft bestehen sehr enge, meist obligate Beziehungen zwischen Arten oder Artengruppen, also enge soziologische Konnexe.

Parasiten sind entweder heterotrophe Pflanzen ohne Chlorophyll oder solche, die zumindest bestimmte Stoffe über eine Wirtspflanze aufnehmen. Da ein Absterben des Wirtes durch zu starke Stoffentnahme nicht im Sinne des Parasiten sein kann, kommt es zu gewissen Gleichgewichten, in denen der Wirt zwar geschwächt ist, sich aber des Angriffes soweit erwehren kann, daß er in der speziellen Artenverbindung seiner Pflanzengesellschaft noch konkurrenzfähig bleibt. Dies gilt aber nur für langzeitig entwickelte Anpassungen der Partner.

Neu auftretende Parasiten können verheerende Wirkungen erzielen, wie z. B. das Ulmen- und Kastaniensterben zeigen. Der Kastanienkrebs, erzeugt durch den Ascomyceten *Endothia parasitica*, ist in seiner ostasiatischen Heimat für die dortigen Wirtspflanzen (*Castanea crenata, C. molissima*) ungefährlich. Beide Partner haben dort offenbar ein Gleichgewicht von Angriff und Abwehr entwickelt. Die nicht angepaßte nordamerikanische *Castanea dentata* und die europäische *Castanea sativa* wurden dagegen nach Einschleppung von *Endothia parasitica* im 20. Jahrhundert vielfach stark geschwächt oder ganz ausgerottet (s. OEFELEIN 1963).

Nach der Art der Ernährungsweise unterscheidet man:

Vollparasiten (Holoparasiten). Pflanzen ohne Chlorophyll, die in ihrer Ernährung ganz auf den Wirt angewiesen sind. Sie haben meist reduzierte Sprosse, Blätter und Wurzeln, bilden dafür Saugorgane (Haustorien) aus, die bis zu den Leitgefäßen des Wirtes vordringen. Ihre Samen keimen oft nur im Kontakt mit Wirtswurzeln.

Die Wirtspflanzen werden entweder über ihre Wurzeln angezapft (Wurzelparasiten: *Orobanche, Lathraea*) oder oberirdisch befallen (Sproßparasiten: *Cuscuta*). Einige chlorophyll-lose Orchideen (*Corallorhiza, Epipogium, Limodorum, Neottia*) und Pyrolaceen (*Monotropa*) schmarotzen auf saprophytischen Pilzmycelien.

Halbparasiten (Hemiparasiten). Pflanzen mit grünen Blättern, die mit Hilfe ihrer Wirtspflanzen Wasser und Nährstoffe aufnehmen. Unterirdisch parasitieren viele Scrophulariaceen (*Bartsia, Euphrasia, Melampyrum, Odontites, Pedicularis, Rhinanthus* u. a.) und Santalaceen (*Thesium*). Besonders auffällig sind die auf Bäumen sitzenden Loranthaceen (*Loranthus, Viscum*) die Parasitismus mit Epiphytismus verbinden.

Noch wenig ist bekannt über den Parasitismus bei Kryptogamen, z. B. parasitische Flechten auf anderen Flechten und Moosen (POELT 1985, STEINER & POELT 1987).

2.2.3.2 Mutualismus (Eusymbiose)

Unter Mutualismus versteht man die engste Form wechselseitiger, lebensnotwendiger Abhängigkeit mit gegenseitig günstigen Wirkungen. Sie wird oft als Symbiose i. e. S. bzw. Eusymbiose bezeichnet. Das scheinbar friedliche Zusammenleben der Partner beruht aber auf gegenseitiger Ausnutzung, d. h. auf doppeltem Parasitismus (= Allelo-Parasitismus; SCHAEDE 1962). Zwischen Angriff und Abwehr hat sich im Laufe der Zeit ein ausgewogenes Gleichgewicht herausgebildet, das für beide eine erhöhte Konkurrenzkraft gegenüber anderen Organismen bewirkt. Durch Störungen eines Partners kann dieses Kampfgleichgewicht ebenfalls gestört werden. Mutualismus spielt in Pflanzengesellschaften oft eine große, nicht immer gesehene Rolle. In der Evolution ist Symbiose oft wichtiger als Konkurrenz (BARKMAN 1990).

Für Pflanzengesellschaften besonders wichtig ist die **Mycorrhiza**, d. h. ein enges Zusammenleben von Wurzeln höherer Pflanzen mit Pilzmycelien im Boden. Der Pilz ist zunächst der infizierende Angreifer, dem die Abwehrkraft der höheren Pflanze entgegensteht. Durch koevolutive Anpassungen entsteht ein Gleichgewicht, das beiden Partnern Vorteile verschafft. Die Pilze können die Wasser- und Nährstoffaufnahme der Partner wesentlich verbessern, in geringem Umfang komplexe organische Streuprodukte aufschließen, wahrscheinlich Wuchsstoffe produzieren und die Wurzeln vor pathogenen Organismen schützen. Die höhere Pflanze liefert wichtige Syntheseprodukte, vor allem Kohlenhydrate. Teilweise ist eine enge Verbindung der Symbiosepartner schon bei der Keimung lebensnotwendig („Ammenpilze").

Insgesamt ist Mycorrhiza weit verbreitet, nach MEYER (1966) bei über 80% aller höheren Pflanzen. Es gibt ein breites Übergangsspektrum von obligaten Mycorrhiza-Pilzen bis zu reinen Saprophyten. Nach der Form des Zusammenlebens unterscheidet man:

Endo-Mycorrhiza: Der Pilz dringt mit Hyphen in die Zellen der Wurzelrinde der Wirtspflanze ein. In tieferen Schichten wird er mit Hilfe von Enzymen von der höheren Pflanze resorbiert. Die Wurzel behält direkten Kontakt zum Boden.
Ekto-Mycorrhiza: Das Pilzmycel umhüllt als dichtes Geflecht (Mantel) die Wurzel, dringt aber nur zwischen die Zellen der Wurzelrinde ein (Hartigsches Netz). Die Wurzeln haben keinen direkten Kontakt zum Boden.
Ekt-endo-Mycorrhiza: Ekto-Mycorrhiza mit langlebigerer intrazellulärer Hyphenbildung in der Wirtswurzel.
Die häufigste Form der Endo-Mycorrhiza ist die Vesikulärarbuskuläre (VA-)Mycorrhiza (VAM). Der Pilz bildet in der Wurzelrinde des Wirtes geschwollene Hyphen (Vesikel) und feinverzweigte haustoriale Hyphen (Arbuskeln). Die VAM ist bei fast allen Familien der Angiospermen bekannt, dagegen selten bei Gymnospermen (bei *Pinus*, *Picea*, z. T. *Larix*). Sie gehört zu den phylogenetisch ältesten Symbiosen (schon bei Bryophyten und Pteridophyten ausgebildet). In stark durchwurzelten Böden werden Kohlenhydrate und Mineralstoffe nicht nur zwischen Pilz und Wirtspflanze ausgetauscht, sondern auch über die Pilzhyphen zwischen höheren Pflanzen (WERNER 1987, S. 198). Solche physiologischen Vernetzungen können also die Wechselbeziehungen in einem Pflanzenbestand erhöhen.

Besondere Formen der Endo-Mycorrhiza sind bei den *Ericales* und *Orchidaceae* ausgebildet (s. BURGEFF 1936, 1961, SCHAEDE 1962, MEYER 1966, WERNER 1987 u. a.). Sie ermöglichen eine weite Verbreitung, vielleicht auch eine starke Artdifferenzierung dieser Pflanzen. Ericaceen findet man z. B. bevorzugt auf relativ nährstoffarmen Böden. Orchideen weisen ein sehr weites Standortsspektrum auf. Schon ihre winzigen, reservestoffarmen Samen sind bei der Keimung auf C- und Energieversorgung durch Pilzsymbionten angewiesen.

Die Ekto-Mycorrhiza ist eine lebenswichtige Symbiose, vor allem für viele Gehölze und ihre Pilzpartner. Wahrscheinlich hat sie sich aus der Endo-Form entwickelt. Die enge physiologische und morphologische Verbindung veranlaßte SINGER & MORELLO (1960), sie einer Flechte vergleichbar als biologische Einheit, den „Ektotroph", zu bezeichnen, was aber wenig zutreffend ist (MEYER 1989). Neben spezifischen Partner-Kombinationen gibt es auch recht unspezifische Mycorrhizen. Insgesamt ist das Pilzspektrum wesentlich größer als das der Wirtspflanzen. Zwar kommt die Ekto-Mycorrhiza bei mehr als 140 Gattungen von Samenpflanzen vor (bes. Pinaceen, Fagaceen, Rosaceen, Caesalpiniaceen), insgesamt aber nur bei etwa 3% aller Spermatophyten (WERNER 1987; s. dort Übersicht S. 208 ff.). So gibt es Pilze, die an eine einzelne Gehölzart oder an eine eng begrenzte Artengruppe gebunden sind, während jeder Baum gewöhnlich mehrere Partner besitzt (bei *Pinus sylvestris* über 25). Andererseits verbindet sich z. B. der Fliegenpilz (*Amanita muscaria*) mit so unterschiedlichen Gattungen wie *Betula*, *Eucalyptus*, *Picea* und *Pseudotsuga* (WERNER 1987).

Der Ektotroph ist vor allem bei vielen Nadelhölzern (z. B. *Abies*, *Larix*, *Picea*, *Pinus*) seit langem bekannt. Er findet sich aber auch bei vielen Laubhölzern (z. B. *Alnus*, *Betula*, *Carpinus*, *Corylus*, *Fagus*, *Fraxinus*, *Populus*, *Quercus*, *Salix*). Solche Arten haben den Vorteil größerer Anpassungsfähigkeit an extreme Lebensbedingungen. So kommen Ektotroph-Wälder in Südamerika vor allem in Gebieten mit starker Thermoperiodizität vor (SINGER & MORELLO 1960). In tropischen Wäldern besitzen dagegen viele Bäume VA-Mycorrhiza (WERNER 1987).

Eine Analyse der Verbreitung von Symbionten und Saprophyten unter den Blätterpilzen und Porlingen (*Agaricales*) durch RITTER (1980) zeigt, daß Ektotroph-Waldgesellschaften vorwiegend in kühleren Zonen der Erde vorkommen, während in den warm-humiden Tropen unter den Pilzen Saprophyten vorherrschen (s. auch MEYER 1973). Offenbar werden die allgemein ungünstigeren Lebensbedingungen bei niedrigeren Temperaturen, z. B. die dadurch gehemmte Enzymaktivität der Pilze und die verminderte mikrobielle Nährstoffmineralisation, durch eine Symbiose Pilz-Holzpflanze in gewissem Maße ausgeglichen. Nach SINGER verteilen sich die Gattungen der *Agaricales* wie folgt:

	Saprophyten		Symbionten	
	Anzahl	%	Anzahl	%
boreal-gemäßigt	50	28,7	26	70,3
kosmopolitisch	59	33,7	4	10,8
subtropisch-tropisch	66	37,6	7	18,9
	175	100,0	37	100,0

Die Zahl saprophytischer Gattungen ist also insgesamt wesentlich höher und relativ gleichmäßig verteilt. Die symbiontischen Gattungen konzentrieren sich auf kühl-gemäßigte Gebiete.

Die enge Abhängigkeit von Gehölzen und Pilzen ist vielfach nachgewiesen. Wie jeder Pilzsucher weiß, findet man manche Arten nur mit bestimmten Bäumen vergesellschaftet. Entsprechend gehören zu vielen Pflanzengesellschaften auch recht charakteristische Pilze, die allerdings aus Gründen geringer Kenntnis und aufwendiger Untersuchungsmethodik weniger bekannt sind (s. z. B. ARNOLDS 1981, BRUNNER 1987, BUJAKIEWICZ 1982, CARBIENER 1981, JAHN et al. 1967, JAHN 1986, JANSEN 1981, WINTERHOFF 1975b). Enge Vergesellschaftungen von höheren Pflanzen und Pilzen sind allerdings nicht immer durch Mycorrhiza bedingt, sondern häufig auch durch indirekte Abhängigkeiten der Pilze von der Art der abzubauenden Streu (s. auch Kommensalismus, 2.2.3.3). Die Mycorrhiza-Bindung gehört aber zu den engsten, teilweise obligaten soziologischen Konnexen in einer Pflanzengesellschaft.

In der Praxis ist die Ekto-Mycorrhiza insofern von größerer Bedeutung, als angepflanzte Exoten oft erst dann gedeihen, wenn ihre heimatlichen Mycorrhiza-Pilze vorhanden sind. In jüngster Zeit gewinnt die Beachtung der Mycorrhiza neue Impulse in negativer Weise:

Ein Faktor für das Waldsterben scheint im Absterben der Mycorrhiza-Pilze zu bestehen. Insbesondere die Zufuhr von Stickstoff aus der Luft führt zu Störungen der Symbiose (MEYER 1989).

Weitere Beispiele für Symbiosen sind die engen Verbindungen einiger Pflanzen mit luftstickstoffbindenden Mikroorganismen im Wurzelbereich (Bacteriorhiza). Letztere befallen die höhere Pflanze, die mit der Bildung knöllchenartiger Verdickungen reagiert. Sehr bekannt und auch praktisch zur Bodenverbesserung angewendet sind die Knöllchensymbiosen der Leguminosen. Zunächst handelt es sich um Vorteile für die direkt beteiligten Pflanzen auf nährstoffarmen Substraten gegenüber Konkurrenten. Indirekt fördert das Freiwerden von Stickstoff auch andere Arten (s. Kommensalismus). So kann man z. B. unter angepflanzten Robinien häufig eine relativ große Zahl nitrophiler Pflanzen beobachten (KLAUCK 1986). Ähnliche Gebilde sind die Rhizothamnien von *Alnus*, *Hippophaë*, *Elaeagnus* oder *Myrica* (Symbiosen mit Actinomyceten = Actinorhiza), oft Arten relativ extremer Standorte mit Pioniercharakter. (Näheres s. WERNER 1987).

Ergänzend sei noch die Symbiose zwischen Algen und Pilzen in Flechten erwähnt, die sich aber nicht soziologisch i. e. S. auswirkt.

Neben dem Mutualismus als obligater Wechselwirkung wird häufig die **Kooperation** (Protokooperation) erwähnt, bei der sich Partner gegenseitig positiv beeinflussen, ohne daß eine lebensnotwendige Abhängigkeit besteht. Bei Pflanzen ist diese Form wohl wenig ausgeprägt, eher zwischen Pflanzen und Tieren, z. B. in den mannigfachen Bestäubungsmechanismen und Formen der Samenausbreitung (Zoochorie).

2.2.3.3 Kommensalismus

Relativ locker sind die Bindungen zwischen Pflanzen, wenn ein Partner die Lebensbedingungen (z. T. nur die Keimbedingungen) für den anderen verbessert, ohne selbst davon Vor- oder Nachteile zu haben. Diese oft mehr indirekten Abhängigkeiten bezeichnet man als Kommensalismus. In Extremfällen, z. B. bei manchen Sukzessionen (s. X 3), bereitet allerdings die eine Pflanze den Standort soweit vor, daß dort andere gedeihen können und schließlich den Vorgänger verdrängen. Meist kommt es aber zu einem Nebeneinander von „Tischgenossen" (Kommensalen). Kommensalismus ist eine sehr weit verbreitete, oft aber kaum beachtete Erscheinungsform endogener Wirkungen, wie die folgenden Beispiele zeigen (s. auch GIGON & RYSER 1986, MILES 1987):

a) Veränderungen des Nährstoffhaushaltes: Stickstoff-Anreicherung durch Knöllchensymbiosen; Anreicherungen im Oberboden über die Laubstreu tiefwurzelnder Arten („Basenpumpe" mancher Bäume); Anhäufung toter organischer Substanz (Begünstigung von Saprophyten, Schlagpflanzen); Aushagerung und Versauerung an Baumfüßen u. a.

b) Veränderungen des Bodenwasserhaushaltes: Verringerung der Nässe durch stark transpirierende Arten (z. B. *Eucalyptus*); phytogene (biotische) Bildung von Kleinstandorten wie Bulten und Schlenken (Torfmoose, Seggen, Erlen u. a.), Verringerung der Bodenaustrocknung durch Abschirmung gegen Einstrahlung usw.

c) Veränderungen des Bestandesklimas: Bildung luftfeuchter Kleinklimate für hygromorphe Pflanzen (z. B. Waldfarne, Moose); Schutz vor konkurrenzstarken Lichtpflanzen (einschließlich deren Keimung) durch Beschattung (alle Waldbodenpflanzen, z. T. Waldsäume); Schutz gegen extreme Temperaturen und Wind, besonders in ariden Gebieten, Hochgebirgen, Küstenbereichen.

d) Bodenfestigung, z. B. durch Pionierpflanzen in Dünenbereichen.

e) Schutz vor Tierfraß durch stachelige und dornige Arten.

f) Versorgung nicht oder kaum verwurzelter Bodenkryptogamen mit nährstoffhaltigem Tropfwasser

g) Schaffung von Sonderstandorten für Spezialisten: Tote Bäume, Baumstümpfe, laubfreie Baumfüße durch Stammablaufwasser und Luftturbulenzen, Epiphytismus (s. nächstes Kapitel).

2.2.3.4 Epiphytismus

Eine lockere, aber doch oft lebenswichtige und für bestimmte Pflanzengesellschaften sehr bezeichnende Verbindung von Arten beruht auf der Ausnutzung von Partnern als Trägerpflanzen. Hierdurch wird es möglich, besondere, konkurrenzärmere Räume innerhalb eines Bestandes zu erobern oder zumindest mit Teilen in hellere Bereiche des Vertikalraumes vorzustoßen (s. LÖTSCHERT 1969).

Epiphyten sind in ihrem Wasser- und Nährstoffhaushalt vom Substrat, d. h. oft von der Oberfläche der Trägerpflanze, und vor allem von der umgebenden Luft abhängig. So findet man epiphytenreiche Gesellschaften besonders in Gebieten mit hoher Luftfeuchtigkeit und häufigen Niederschlägen, z. B. in stark atlantisch geprägten Klimaten und höheren Berglagen. Ihre stärkste Entfaltung haben sie in tropisch-montanen Regen- und Nebelwäldern, in Europa in euatlantischen Waldgebieten im Nordwesten.

Epiphytismus ist eine spezielle Form des Kommensalismus (s. 2.2.3.3), wo sich Arten durch räumlich komplementäres Verhalten in gewissem Maße ausweichen. Soweit die Epiphyten von der Art und Zusammensetzung der Oberfläche des Partners (z. B. Rauhigkeit der Borke, Stoffausscheidungen) abhängig sind, kommt es zu spezifischeren Beziehungen, die zu entsprechenden Vergesellschaftungen führen. In der Regel werden die Epiphyten als eigenständige (abhängige) Gesellschaften oder auch nur als relativ eigenständige Teile (Synusien) einer weiter gefaßten Gesellschaft betrachtet (s. IV 7).

Neben eigentlichen Epiphyten, die auf Trägerpflanzen wachsen (als Sonderfall Epiphylle auf Blättern), gibt es die Kletterpflanzen (Lianen), die zwar im Boden wurzeln, mit Hilfe von Stützpflanzen aber weit in die Höhe wachsen können (s. BRAUN-BLANQUET 1964, WILMANNS 1983).

Insgesamt lassen sich drei Hauptgruppen unterscheiden:

Rindenhafter: Algen, Flechten, Moose mit lockerer, teilweise aber recht spezifischer Bindung an Trägerpflanzen.

Baumhumus-Wurzler: höhere Pflanzen, die ihr Wurzelsystem in angesammeltem Substrat in Astgabeln, Höhlungen oder rissiger Rinde entwickeln und oft durch eigene Reste zur weiteren Humusansammlung beitragen. Es handelt sich vor allem um tropisch-subtropische Arten (z. B. Araceen, Bromeliaceen, Cactaceen, Orchideen, Farne). Zur besseren Wasserversorgung sind z. T. Speicherorgane, Saugschuppen, Auffangtrichter, Nischenblätter oder Luftwurzeln ausgebildet, die teilweise gleichzeitig Substrat festhalten und sammeln.

Kletterpflanzen:
– Spreizklimmer mit widerhakenartigen Seitensprossen (*Solanum dulcamara*), Klimmhaaren (*Galium aparine, Humulus*), Stacheln (*Rosa, Rubus*) oder Dornen (*Lycium*).
– Wurzelkletterer mit sproßbürtigen Haftwurzeln (*Hedera helix*).

- Rankenpflanzen mit konvergent umgewandelten Sproßteilen zum Festhalten (Seitensprosse: *Parthenocissus, Passiflora, Vitis*; Teile von Blättern: *Bryonia, Clematis, Corydalis claviculata, Lathyrus, Vicia* u. a.).
- Windepflanzen mit Windebewegung langer Internodien: *Calystegia, Convolvulus, Humulus, Lonicera periclymenum, Polygonum dumetorum* u. a.).

2.2.4 Koexistenz, Neutralismus

Ein Nebeneinander von Pflanzen eines Bestandes ohne jegliche gegenseitige Beeinflussung oder Abhängigkeit (= Neutralismus) gibt es wohl kaum. Es lassen sich nur engere bis sehr lockere Beziehungen feststellen. Durch Nutzung verschiedener Teillebensräume gibt es aber Möglichkeiten, sich in gewissem Maße aus dem Wege zu gehen, z. B. durch Verbreitung in verschiedenen Boden- oder Luftschichten. Hier handelt es sich um Koexistenz. Sie kann auch gegeben sein, wenn ein Feinmosaik von Kleinststandorten vorkommt, das unterhalb des Betrachtungsmaßstabes einer Pflanzengesellschaft liegt. Bei genauerer Analyse lassen sich solche Mosaike aber oft noch in verschiedene Vergesellschaftungen auflösen. Hierzu gehören z. B. Bult-Schlenken-Komplexe von Mooren oder Kleinmosaike von ausdauernden und kurzlebigen Pflanzen arider Gebiete (s. auch IV 7). In vertikaler Richtung gehören hierhin die Epiphyten-Bestände. Genau genommen handelt es sich nur um scheinbare Koexistenz. Wenn man Ergebnisse der nächsten Kapitel vorwegnimmt, ist Koexistenz im Sinne eines Nebeneinanders unter genau gleichen Lebensbedingungen gar nicht möglich.

Eine weitere Form engen Nebeneinanders ohne stärkere Wechselwirkung ist die unterschiedliche zeitliche Einpassung in den Lebensrhythmus einer Pflanzengesellschaft (s. Symphänologie: X 2). Besonders auffällig ist sie in artenreichen sommergrünen Laubwäldern mit phänologischem Wechsel von Frühlings- und Sommerpflanzen, zumindest im oberidischen Bereich.

In allen diesen Fällen kann man von partieller Koexistenz sprechen, d. h. hinsichtlich bestimmter standörtlicher Teilbedingungen ist ein Neben- bzw. Nacheinander verschiedener Arten möglich.

3 Ökologische Potenz und Existenz von Pflanzen (Physiologisches und ökologisches Verhalten)

Nachdem in den vorhergehenden Kapiteln ausführlicher über endogene Wirkungen in Pflanzenbeständen gesprochen wurde, müssen wir auf einige soziologisch-ökologische Grundfragen zurückkommen, die wesentlich das gemeinsame Vorkommen bzw. den Ausschluß von Pflanzenarten erklären.

Beobachtungen in der Natur zeigen, daß die Pflanzen in der Regel in bestimmten Bereichen am besten wachsen, anderswo schlechter gedeihen oder ganz fehlen. Früher vermutete man, daß jede Pflanze sich dort am besten entfalten kann, wo sie entsprechend ihren physiologischen Ansprüchen und Möglichkeiten, d. h. entsprechend ihrer potentiellen Konkurrenzkraft, die günstigsten Standortsbedingungen vorfindet. Man weiß aber, daß viele Pflanzen für sich alleine, z. B. bei Kultur im Garten, oft viel besser wachsen, meist mit einem Optimum unter mittleren, relativ ausgeglichenen Bedingungen. Dies zeigen z. B. auch die in Kap. 2.2.1.3 besprochenen Konkurrenzversuche.

Auf die soziologische Bedeutung des verschiedenen Verhaltens einer Pflanzenart in Rein- und Mischbeständen hat wohl als erster ELLENBERG (1953) klar hingewiesen. In dem klassischen „Hohenheimer Grundwasserversuch" (s. auch LIETH & ELLENBERG 1958), in dem mehrere Grasarten bei unterschiedlichem Grundwasserstand in Rein- und Mischkultur angezogen wurden, ergab sich, daß jeweils deutliche Verschiebungen der Wuchsoptima (Biomasse) festzustellen waren (s. Abb. 11). In Reinkultur hat jedes Gras sein Optimum in Bereichen mittlerer bis höherer Bodenfeuchtigkeit. In Mischkultur verschiebt sich der optimale Wuchsbereich von *Alopecurus pratensis* (und *Poa palustris*) zum Feuchten hin, derjenige von *Bromus erectus* dagegen stark zur trockenen Seite. *Arrhenatherum elatius* (und *Festuca pratensis*) halten sich am besten im mittleren Bereich (*Dactylis glomerata* erwies sich als indifferent). Diese Ergebnisse eines einfachen Modells zeigen recht gute Parallelen zum bekannten Verhalten dieser Gräser in Grünland-Gesellschaften, lassen also allgemeinere Gesetzmäßigkeiten vermuten.

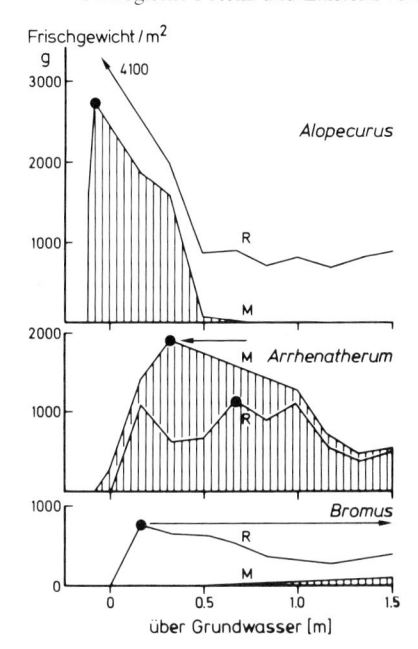

Abb. 11. Ergebnisse des Hohenheimer Grundwasserversuches (1953–55): Wuchsvermögen dreier Gräser in Rein- (R) und Mischkultur (M) (nach LIETH & ELLENBERG 1958, verändert). Die Pfeile geben die Verschiebung des Optimums in Mischkultur an. Weitere Erläuterung im Text.

Die unterschiedliche Reaktion einer Pflanze auf einen bestimmten exogenen Faktor in Rein- und Mischkultur wurde von ELLENBERG (1953) als physiologisches und ökologisches Verhalten bezeichnet. Das *physiologische Optimum*, d. h. der Standortsbereich, in dem eine Pflanze entsprechend ihren erblich festgelegten Möglichkeiten (Reaktionsnorm) für sich alleine am besten wächst, ist für viele Arten recht ähnlich. Das *ökologische Optimum*, d. h. der Standortsbereich, wo die Pflanze in der Natur am wuchskräftigsten ist, kann dagegen stärker verschieden sein. Je konkurrenzschwächer (z. B. kleinwüchsiger) eine Art ist, desto mehr wird in der Regel ihr ökologisches Optimum vom physiologischen abweichen.

Dieses gedankliche Grundkonzept hat sich bis heute bewährt. Begrifflich gibt es aber einige Verwirrung, obwohl die Definitionen von ELLENBERG recht klar sind. PASSARGE (1958) spricht z. B. von der ökologischen und soziologischen Amplitude der Pflanzen. RABOTNOV (1959, zit. nach BORNKAMM 1983) verwendet die Begriffe autökologisches und synökologisches Optimum. MUELLER-DOMBOIS & ELLENBERG (1974) unterscheiden individuelles und soziologisches Verhalten. Neuerdings werden, z. T. aus der Zoo-Ökologie übernommen, mehr Begriffe wie Potenz, Toleranz, Valenz, Existenz u. a. verwendet (s. z. B. STUGREN 1978, ODUM 1980, ELLENBERG 1982, MÜLLER 1984, SCHUBERT 1991).

In Anlehnung an ELLENBERG (1982) sollen hier folgende Begriffe weiter Verwendung finden (s. auch SCHAEFER & TISCHLER 1983, ELLENBERG et al. 1991; Abb. 12):

Ökologische (physiologische) Potenz: ökophysiologische (genetisch festgelegte) Reaktionsbreite bzw. Toleranzbereich einer Pflanze gegenüber einem bestimmten exogenen Faktor (= Potenzamplitude; Möglichkeitsfeld).

Potenzoptimum: optimaler Wuchsbereich einer Pflanze hinsichtlich eines exogenen Faktors unter Ausschluß endogener Faktoren (= physiologisches, autökologisches Optimum).

Ökologische Existenz: natürlicher Wuchsbereich einer Pflanzenart in der Landschaft hinsichtlich eines exogenen Faktors unter Einschluß aller endogenen Wirkungen des Bestandes (= Präsenz, Wirklichkeitsfeld).

Existenzoptimum: optimaler Wuchsbereich einer Pflanzenart unter natürlichen Bedingungen des Bestandes in Hinsicht auf einen exogenen Faktor (= ökologisches, synökologisches Optimum).

Die ökologischen Potenzen sind genetisch festgelegt und von Sippe zu Sippe (bzw. zwischen Ökotypen) verschieden. Entsprechend der Weite der Potenzamplitude spricht man von eury- und stenopotenten Arten. In bezug auf einzelne Faktoren ergeben sich dann Begriffspaare wie eurytherm-stenotherm, euryhydr-stenohydr u. a. Euryöke Arten haben für viele Standortsfaktoren eine weite Reaktionsnorm, stenöke eine relativ enge.

Das Verhalten einer Pflanze innerhalb der Potenzamplitude ist nicht gegenüber allen Faktoren gleich. In einfachen Versuchen mit abgestufter Wirkung eines Faktors ergeben sich z. B. hinsichtlich der Produktionskraft (Biomasse) oft Optimum-Kurven, wie beim Säuregrad, der Bodenfeuchtigkeit, Wärme, z. T. auch bei Nährstoffen (wenn sie in hohen Konzentrationen schädlich sind). Sowohl ein Minimum als auch Maximum des Faktors wirkt sich für die Pflanze negativ aus (Abb. 12). Dagegen ergibt sich für das Licht meist eine Sättigungskurve, d. h. bei weiter zunehmender Intensität kommt es zu keiner weiteren Steigerung, aber auch nicht zur Abnahme der Produktivität.

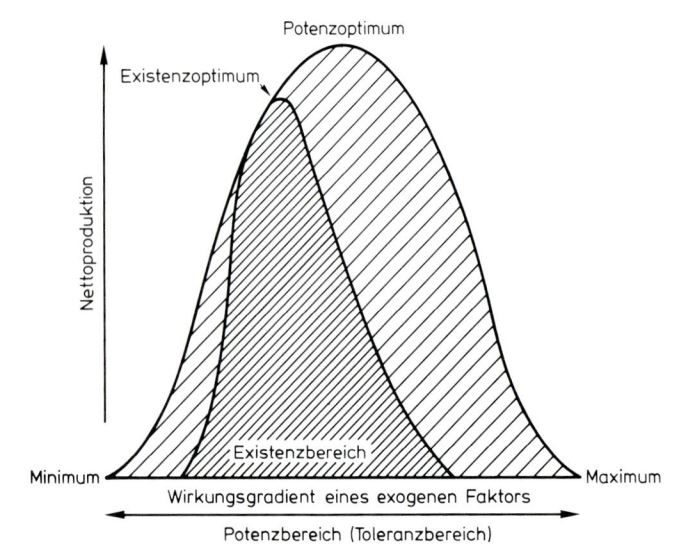

Abb. 12. Schema der ökologischen Potenz und Existenz bezüglich eines Standortsgradienten. Erläuterung im Text.

An dem von ELLENBERG begründeten Konzept des physiologischen und ökologischen Verhaltens der Pflanzen ist von ERNST (1978) Kritik geäußert worden. Ein Haupteinwand bezieht sich darauf, daß kein Faktor in seiner Wirkungsweise auf die Pflanze isoliert betrachtet werden darf. Vielmehr bilden alle exogenen und endogenen Faktoren ein enges Wirkungsgefüge. So gibt es streng genommen kein eindeutiges physiologisches Verhalten einer Pflanze gegenüber nur einem Faktor, da dieses je nach Wirkung der übrigen verschieden ausfällt. Man muß sich deshalb darüber im klaren sein, daß eine Reduzierung der Betrachtungsweise auf jeweils nur einen Faktor sehr künstlich und stark vereinfachend ist. Für experimentelle Ansätze und zum leichteren Verständnis endogener Wirkungen erscheint sie aber doch sinnvoll, wenn man sich ihrer begrenzten Aussagekraft bewußt ist.

4 Die ökologische Nische

Will man das Zusammenwirken aller Faktoren auf einen Organismus betonen und seinen sich daraus ergebenden Lebensbereich abgrenzen, spricht man von der „Ökologischen Nische". Sie gibt den ökologisch-funktionalen Stellenwert (Position, Rolle, Status) eines Organismus in einem vieldimensionalen Wirkungsgefüge exogener und endogener Faktoren an.

Der Nischenbegriff hat bereits eine lange Geschichte und wurde in unterschiedlicher Weise verwendet (s. WHITTAKER et al. 1973, ODUM 1980). Hieraus sind Begriffsverwirrungen entstanden, zumal das deutsche Wort Nische einen konkreten Kleinraum suggeriert. In der Tat wurde auch im ursprünglich englischen Gebrauch (niche) damit der Kleinbiotop einer Art gemeint („räumliche Nische"). Später erfuhr der Begriff eine Abwandlung in mehr funktionaler Richtung, d. h. im Sinne der „Einnischung" von Organismen in ein Ökosystem entsprechend ihrer physiologischen Bedürfnisse und Anpassungen. So wird von WHITTAKER et al. eine klare Trennung von „niche" und „habitat" (Nische und Biotop) gefordert.

Auf Vorschlag von HUTCHINSON (zitiert nach WHITTAKER et al. 1973, ODUM 1980) wird heute die ökologische Nische häufig folgendermaßen erklärt: In einem denkbaren n-dimensionalen Koordinatensystem bildet jede Achse einen Umweltfaktor ab, der für jede Art eine bestimmte, abgrenzbare Amplitude besitzt. Wenn man alle Grenzpunkte verbindet, erhält man einen n-dimensionalen (theoretischen) Hyperraum (hyperspace, hypervolume), der alle ökologischen Potenzen einer Art summierend wiedergibt. Dies gilt allerdings nur, soweit sich Einzelfaktoren nicht gegenseitig ergänzen oder beeinflussen.

Dieser Definition entspricht die **Fundamentalnische** (fundamental niche). Sie ist für jeden Organismus nur bei Ausschluß endogener Wirkungen möglich und umgrenzt das hypothetische Wirkungsfeld, in dem der Organismus überhaupt lebensfähig ist. Demgegenüber kennzeichnet die **Realnische** (realized niche) den tat-

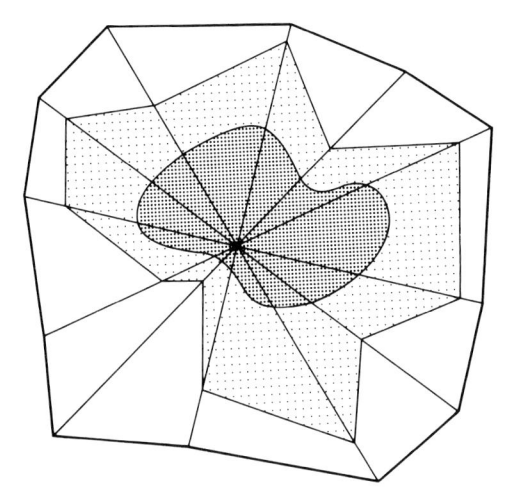

Abb. 13. Vereinfachte zweidimensionale Darstellung der Fundamentalnische, Realnische und des Existenzoptimums (von außen nach innen) einer Pflanzensippe in einem n-dimensionalen Hyperraum (n=6). Jede Achse ergibt die ökologische Potenz (Gesamtlänge) und Existenz (Nischenbreite) der betreffenden Pflanzensippe.

sächlich in der Natur, d. h. unter zusätzlicher Wirkung endogener Faktoren verwirklichten Lebensbereich. In Abb. 13 sind diese Beziehungen schematisch dargestellt.

Der Nischenbegriff kann außerdem für Teilaspekte der ökologischen Nische gebraucht werden. So unterscheidet z. B. GRUBB (1985) als wesentliche Komponenten für die Koexistenz von Arten die Standorts-, Lebensform-, Phänologische und Regenerations-Nische.

Diese zunächst vorwiegend für Tiere verwendeten Begriffe sind auch für Pflanzen anwendbar, wie WHITTAKER et al. (1973) gezeigt haben. Jede Pflanzensippe (Ökotyp) hat in einem Bestand und übergeordnet in einer Pflanzengesellschaft einen bestimmten ökologisch-funktionalen Stellenwert, das heißt ihre ökologische (Real)Nische. Die Fundamentalnischen zweier Arten können ganz getrennt sein, d. h. die Pflanzen gehen sich ökologisch aus dem Wege. Meist gibt es aber Nischen-Überlappungen. Durch endogene Wechselwirkungen wird dann die Realnische mehr oder weniger eingeschränkt; es kommt zur Verflechtung der Nischen, d. h. zu einem eng zusammenhängenden Nischensystem. WHITTAKER et al. (1973) sprechen von „population clouds", d. h. Populations-Schwärmen, deren Nischen sich in gewissem Maße überlappen, da die jeweilige Lebenskraft ihrer Individuen vom Optimalbereich der Nische zu den Rändern abnimmt. Entsprechend gibt es in der Verteilung der Sippen selten scharfe Grenzen, sondern meist engere oder weitere Übergänge (complex population continuum; s. auch VII 3, XI 5.3).

Die Nischenstruktur einer Pflanzengesellschaft ist das Ergebnis meist langer evolutiver Anpassungen im Sinne einer Synevolution. Die Pflanzensippen haben sich nicht nur an die herrschenden Standortsbedingungen angepaßt, sondern sich im gesamten Funktionsgefüge des Ökosystems evolutiv eingenischt. Hierbei ist es oft zur Koevolution, d. h. zur Entwicklung von Abhängigkeitsverbindungen gekommen, worauf besonders GIGON (1981) hinweist. Demnach beruht das Miteinander direkt interferierender Sippen oft auf feiner gegenseitiger Anpassung im Zuge einer „Mikro-Koevolution" und daraus folgend auf einer sehr genauen Einpassung in das Nischengefüge. Als Beleg wird die Tatsache angeführt, daß sich Pflanzengesellschaften nicht einfach durch gemeinsame Anpflanzung ihrer Teile neu begründen lassen. Entsprechend sind Pflanzengesellschaften auch keine willkürlich festgelegten Vegetationstypen, sondern im Laufe bestimmter Zeit entwickelte Gemeinschaften von Pflanzen höherer Integration.

5 Typen des ökologischen Verhaltens von Pflanzen

Sowohl aus ökologischer als auch aus soziologischer Sicht ist es sinnvoll, den vielschichtigen Komplex eines Ökosystems bzw. einer Pflanzengesellschaft in überschaubare Teilkomplexe aufzulösen. Daß dies künstlich ist und nicht immer den Realitäten der Natur gerecht wird, wurde schon mehrfach betont. Es ist aber wesentlich leichter, Betrachtungen über das Verhalten einer Pflanzenart in der Natur zunächst auf einen Faktorengradienten zu beschränken. Die Wirksamkeit aller übrigen Faktoren wird dabei zwar zugrunde gelegt, aber nicht weiter berücksichtigt. Da das Verhalten einer Pflanze in hohem Maße von endogenen Wirkungen abhängt, gelten Feststellungen genau genommen immer nur für eine bestimmte Pflanzengesellschaft. Jede Pflanze ist in ihrer Einnischung in ein Ökosystem von den jeweiligen Partnern abhängig; ihre Konkurrenzkraft ist keine konstante Größe. Auf weitere Einschränkungen,

54 Pflanzengesellschaften als Grundbausteine der Vegetation

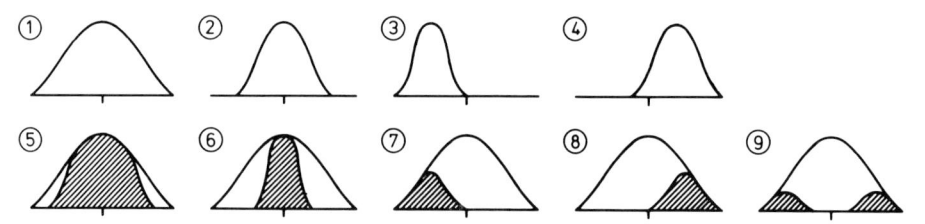

Abb. 14. Verschiedene Möglichkeiten ökologischer Potenz (oben) und Existenz (unten). Erläuterung im Text.

die sich aus abweichendem Verhalten in verschiedenen Gebieten ergeben, wurde bereits hingewiesen (s. 2.1).

In Abb. 14 sind verschiedene Möglichkeiten ökologischer Potenzkurven und der Beziehungen zwischen Potenz und Existenz zusammengestellt. Die Optimum-Kurven beziehen sich auf Gradienten exogener Faktoren, vor allem solche der Bodenfeuchtigkeit, des Bodensäuregrades sowie der Basen- und Nährstoffversorgung. Für die ökologische Potenz als genetisch festgelegte Reaktionsnorm sind die Beispiele 1–4 denkbar: es gibt Arten mit weiter oder enger Amplitude (1–2); das Optimum liegt im mittleren Bereich. Andere Arten mit engerer Amplitude sind auf etwas extremere Teile des Gradienten in der einen oder anderen Richtung eingeschränkt (3–4). Außerdem können die Kurven symmetrisch oder (nicht dargestellt) asymmetrisch verlaufen.

Über die Konkurrenzkraft einer Art gibt das Verhältnis der Lage von Potenz- und Existenzoptimum Auskunft. Liegen beide dicht zusammen, handelt es sich um konkurrenzstarke Arten, d. h. die Art kann ihre physiologischen Möglichkeiten in der Natur weitgehend verwirklichen (5–6). Je konkurrenzschwächer eine Art ist, desto stärker weicht das Existenz- vom Potenzoptimum ab, entweder einseitig zum Minimum bzw. Maximum (7–8) oder doppelseitig (9). Dabei ist die Potenzamplitude, d. h. auch der Bereich tolerierbarer Extrembedingungen, oft weiter als bei konkurrenzstarken Pflanzen, aber nur die Extremstandorte bleiben als möglicher Wuchsraum übrig. Für die Behauptung in der Natur ist für viele Pflanzen ein weiter Toleranzbereich entscheidender als hohe Konkurrenzkraft unter allgemein günstigen Bedingungen. Da diese Betrachtungen immer nur gegenüber einem Faktor gelten, können sich Arten hinsichtlich verschiedener Gradienten ganz unterschiedlich verhalten.

Pflanzen mit weit zu den Extremen verschobenen Existenzoptima sind meist gute ökologische Zeiger für bestimmte Standortsqualitäten. Die Typen 5–6 haben oft geringeren Zeigerwert. Außerdem gibt es viele mehr oder weniger indifferente Arten weiter Verbreitung (s. auch VII 7).

Die nachfolgenden Beispiele sind vorwiegend aus langfristigen Erfahrungen der Naturbeobachtung einschließlich pflanzensoziologischer Untersuchungen abgeleitet. Exakte Nachweise, z. B. durch Konkurrenzversuche, gibt es selten. Sie sind als stark eingeschränkte Modelle ohnehin nur begrenzt aussagefähig. Eine recht grobe Einteilung ergibt folgende Möglichkeiten ökologischer Existenz (Ziffern wie in Abb. 14):

a) Ökologisches Potenz- und Existenzoptimum annähernd gleich, meist im mittleren Bereich (5–6): Konkurrenzstarke Arten.

5: Potenz und Existenz mit weiter Amplitude. Dieser Fall ist relativ selten. Als Beispiel wird häufig *Fagus sylvatica* genannt.

6: Potenz mit weiter bis engerer Amplitude, Existenz eingeengt.

Hierzu gehören viele unter mittleren Bedingungen konkurrenzstarke Arten, vor allem hochwüchsige Stauden und Gräser sowie Wald-Geophyten. Hinsichtlich des Nährstoffgradienten ist die Potenzkurve mit dem Optimum meist zum Maximum hin verschoben.

Unter den Waldpflanzen gehören hierzu besonders anspruchsvolle, raschwüchsige Arten wie *Allium ursinum, Anemone ranunculoides, Arum maculatum, Corydalis cava, Ranunculus lanuginosus, Stachys sylvatica*.

Im Grünland gibt es hochwüchsige und regenerationsfreudige Arten in dieser Gruppe, z. B. *Anthriscus sylvestris, Arrhenatherum elatius, Dactylis glomerata, Festuca pratensis, Galium album, Heracleum sphondylium, Lolium perenne, Taraxacum officinale, Trifolium repens* u. a.

Unter allgemein nassen Bedingungen zeigen Sumpfpflanzen wie *Carex gracilis* oder *Phragmites australis* vergleichbares Verhalten.

Auch im Ruderalbereich und auf Äckern gibt es konkurrenzstarke Arten, z. B. *Aegopodium podagraria, Galinsoga parviflora, Galium aparine, Urtica dioica*.

b) Ökologisches Potenzoptimum im mittleren Bereich, Existenz in extremere Bereiche verschoben (7–9):

7: Existenz zum Minimum verschoben (konkurrenzschwache Arten).

Dieser Verhaltenstyp ist in der Natur weit verbreitet, z. B. auf mageren und/oder trockenen Standorten.

Magerkeitszeiger: *Betula pendula, B. pubescens, Sorbus aucuparia; Agrostis tenuis, Arnica montana, Avenella flexuosa, Brachypodium pinnatum, Bromus erectus, Campanula rotundifolia, Carex canescens, C. nigra, C. pilulifera, Daucus carota, Hieracium pilosella, Holcus mollis, Luzula campestris, L. luzuloides, Molinia caerulea, Nardus stricta, Potentilla erecta, Salvia pratensis, Spergula arvensis, Trifolium arvense* u. v. a.

Trockenheitszeiger: *Quercus pubescens; Brachypodium pinnatum, Bromus erectus, Buglossoides purpurocaeruleum, Campanula persicifolia, Carex humilis, Geranium sanguineum, Viola hirta* u. a.

Obwohl beim Lichtfaktor keine Optimum-, sondern eine Sättigungskurve der ökologischen Potenz vorliegt, kann man in diese Gruppe auch viele Waldpflanzen einordnen. Sie brauchen keine Beschattung (außer einige hygromorphe Pflanzen), sondern sie wachsen ohne Konkurrenz oft besser.

Auch viele Gebirgspflanzen sind hinsichtlich verschiedener Faktoren deutlich zum Potenzminimum verdrängt, wie ihr besseres Wachstum z. B. in botanischen Gärten zeigt.

8: Existenz zum Maximum verschoben.

Hier handelt es sich um Pflanzen, die hohe Wirkungsintensitäten eines Faktors vertragen, aber nicht unbedingt benötigen. Sie sind entsprechend gute Zeigerarten.

Nässezeiger: *Alnus glutinosa, Betula pubescens; Agrostis canina, Calamagrostis canescens, Carex nigra, Molinia caerulea, Poa palustris* u. a.

Säurezeiger: *Betula pendula, B. pubescens, Sorbus aucuparia; Agrostis canina, Carex pilulifera, Holcus mollis, Luzula luzuloides, Nardus stricta, Spergula arvensis* u. a.

Salzzeiger (fakultative Halophyten): *Armeria maritima, Aster tripolium, Juncus gerardii, Plantago maritima* u. a.

Schwermetallzeiger (Serpentin- und Galmeipflanzen): *Armeria serpentinii, A. halleri, Cardaminopsis halleri, Silene cucubalus* var. *humilis, Thlaspi alpestre* var. *calaminarare, Viola calaminaria* u. a.

9: Existenz zum Minimum und Maximum verschoben.

Dieses Verhalten ist weniger häufig zu finden, am ehesten gegenüber dem Säure- und Feuchtegradienten, wobei oft das eine oder andere Extrem bevorzugt wird. Voraussetzung ist eine sehr weite Potenzamplitude. Es ist aber nicht auszuschließen, daß es sich um verschiedene Ökotypen handelt!

Magerkeitszeiger sowohl saurer als auch basenreicher Böden:
Pinus sylvestris; Agrostis tenuis, Anthoxanthum odoratum, Briza media, Convallaria majalis, Festuca rubra, Hieracium pilosella, Pimpinella saxifraga u. a.

Arten auf feuchten und trockenen Böden: *Carpinus betulus, Fraxinus excelsior, Quercus robur, Pinus sylvestris; Betonica officinalis, Carex flacca, Inula salicina, Linum catharticum.*

c) Ökologisches Potenzoptimum nach einer Seite verschoben, z. T. relativ eng (3,4).

In dieser Gruppe lassen sich physiologisch spezialisierte Arten zusammenfassen, die nicht nur relativ extreme Bedingungen ertragen, sondern benötigen. Die denkbaren Untergruppen nach 5–8 werden hier nicht weiter verfolgt, was häufig auch schwierig ist.

Nässezeiger: viele Sumpfpflanzen mit hohem Wasserbedarf, z. B. *Carex*-Arten, *Glyceria fluitans, G. maxima, Iris pseudacorus, Juncus*-Arten, *Phragmites australis, Rumex hydrolapathum, Scirpus sylvaticus* u. a.

Luftfeuchtezeiger: verschiedene Waldfarne, z. B. *Gymnocarpium dryopteris*, z. T. verbunden mit Bodenfeuchtigkeit (*Athyrium filix-femina, Impatiens noli-tangere*).

Säurezeiger: Arten, die aus besonderen physiologischen Gründen auf basenreicheren Böden nur schlecht oder gar nicht wachsen: *Andromeda polifolia, Arnica montana, Avenella flexuosa, Calluna vulgaris, Erica tetralix, Rhododendron-* und *Vaccinium-*Arten.

Kalkzeiger: *Aster amellus, Carex alba, C. davalliana, Salvia pratensis, Stachys recta* u. a.

Salzzeiger (obligate Halophyten): *Salicornia*.

Diese Beispiele lassen sich vielfach vermehren, wenn sie auch meist mit gewissen Unsicherheiten verbunden sind. Das ökologische Gesamtverhalten einer Art, d. h. ihre ökologische Realnische, ist erst durch die Kombination aller einzelnen Verhaltensweisen gegeben, wobei sich derjenige Faktor am stärksten bemerkbar macht, der zuerst ins Minimum gerät. Genauere Beispiele für das Verhalten von Pflanzen unter extremen Bedingungen hat LÖTSCHERT (1969) beschrieben.

Bei den oben angeführten exogenen Faktoren sind mechanische Wirkungen, besonders diejenigen von Mensch und Tier, noch nicht berücksichtigt. Sie können das Verhalten einzelner Arten wesentlich modifizieren. Auch gegenüber Einflüssen wie Tritt, Beweidung oder Mahd kann man das ökologische Verhalten abstufen.

Bei den Beispielen wurde mehrfach von **Zeigerpflanzen** gesprochen. Man versteht darunter Arten, die in ihrer natürlichen Verbreitung deutliche Koinzidenzen zur Wirkungsstärke exogener Faktoren erkennen lassen, wobei über die Ursachen zunächst nichts gesagt ist (s. auch VII 5–7). Manche Arten sind nur als Zeiger für einen Faktor brauchbar, andere verhalten sich hinsichtlich mehrerer Gradienten sehr spezifisch. Nach den vorhergehenden Kapiteln sollte klar sein, daß man solche Zeigerwerte nur mit Vorsicht verwenden kann, z. B. nur in bestimmten Wuchsgebieten oder innerhalb bestimmter Vergesellschaftungen. Auch an das Vorkommen verschiedener Ökotypen einer Art muß gedacht werden.

Ein immer noch recht häufiger Fehler ist die Verwechslung von physiologischer Bevorzugung und Toleranz bestimmter Standortsbedingungen. Wie z. B. GRUBB (1985) aufzeigt, sind beide Möglichkeiten nebeneinander vorhanden. Ein Nässezeiger ist nicht unbedingt nässeliebend (hygrophil), aber sicher nässetolerant; eine Pflanze auf trockenem Boden ist wohl nie xerophil, sondern nur trockenresistent. Azidophile Arten sind sehr selten (s. Beispiele unter c), azidotolerante dagegen recht häufig. Bei den Halophyten unterscheidet man fakultative und obligate, d. h. halotolerante und halophile Arten. Von „liebend" kann man am ehesten dort sprechen, wo sich Potenz- und Existenzoptimum decken. So gibt es häufiger heliophile, basophile oder nitrophile Arten, bei den letzteren aber nur bis zu gewissen höheren Konzentrationen.

Will man das ökologische Verhalten von Pflanzen möglichst neutral kennzeichnen, was schon aus mangelnder Kenntnis über die öko-physiologischen Zusammenhänge häufig notwendig ist, spricht man am besten von Hygrophyten, Xerophyten, Azidophyten, Basophyten, Nitrophyten, Halophyten, Heliophyten u. s. w. bzw. man benutzt die Zusätze „-tolerant" oder „-phytisch" (z. B. azidotolerant = azidophytisch, xerotolerant = xerophytisch, halotolerant = halophytisch). In der Regel handelt es sich um Toleranz relativ extremer Bedingungen, die für andere Arten schon außerhalb ihrer Potenzamplitude liegen.

Abschließend bleibt zu sagen, daß bei der Analyse von Pflanzengesellschaften eine Vielzahl von Faktoren zu berücksichtigen ist. Gerade bei ökologischen Interpretationen ist große Vorsicht am Platze, solange keine genaueren Messungen vorliegen. Eine Ablehnung der in der Praxis vielfach benutzten Bioindikation würde aber über das Ziel weit hinausschießen. Die guten Ergebnisse aus dem Bereich der Angewandten Pflanzensoziologie lassen sich nicht leugnen.

Zum Schluß sei noch ein Zitat angeführt, das man bei allen Versuchen bedenken sollte, die darauf zielen, das mannigfache Wirkungsgefüge einer Pflanzengesellschaft oder des ganzen Ökosystems modellhaft-mathematisch in den Griff zu bekommen: „Viele Begriffe der Ökologie wie Stabilität, Artenmannigfaltigkeit, Sukzessionen, Gleichgewicht, Nische, Biosysteme müssen also immer mit Vorsicht angewendet werden. Ihre mathematische Behandlung führt oft zu einer Scheinexaktheit. Die Natur läßt sich in der höchsten Ebene der Lebensentfaltung nicht in wenige Regeln pressen. ... Zur Kunst des Ökologen gehört Mut zur Vereinfachung ohne den Zwang, zu einer mathematischen Formel kommen zu müssen." (TISCHLER 1976, S. 133, 134).

6 Floristisch gesättigte und ungesättigte Pflanzengesellschaften

Langlebige Pflanzengesellschaften mit einem ausgeglichenen Wirkungsgefüge exogener und endogener Faktoren sind in der Regel in ihrer Artenzusammensetzung recht stabil. In dem engen Nischengefüge der Pflanzen bleibt kaum Platz für weitere Arten; die Gesellschaft ist floristisch gesättigt. Die Artenzusammensetzung ihrer Bestände ist relativ einheitlich (s. auch VIII 2.7.1). Erst wenn sich ein die Gesellschaft bedingender und erhaltender Faktor ändert, kommt es auch zu deutlicheren Veränderungen im Artenbestand oder zumindest zu Änderungen der Anteile vorhandener Arten.

Zu den floristisch gesättigten Pflanzengesellschaften Mitteleuropas zählen z. B. viele Wälder, Wiesen, Magerrasen, Röhrichte u. a. Vegetationsaufnahmen aus den Anfangsjahren der Pflanzensoziologie stimmen oft noch mit solchen aus jüngster Zeit recht gut überein. Allerdings findet man heute bei allgemein stärkeren Umweltveränderungen mancherlei degenerative Abwandlungen.

Neben diesen Pflanzengesellschaften gibt es solche mit weniger gefestigtem Artenbestand. Sie verändern sich teilweise relativ rasch, oft von Jahr zu Jahr. Entweder kommen nur einzelne Arten neu hinzu oder verschwinden oder neu einwandernde Pflanzen verdrängen ihre Vorgänger und bilden völlig andere Vegetationstypen (s. 7). Hier handelt es sich um floristisch ungesättigte Vergesellschaftungen, in denen meist exogene Faktoren vorherrschen.

Zu den floristisch ungesättigten Gesellschaften gehören alle Pionierbestände, deren Arten als Erstbesiedler gar nicht das gesamte Standortpotential nutzen können, teilweise sogar mehr zufällig als erste auftreten. Bei ungestörter Weiterentwicklung geht die Tendenz gewöhnlich zu floristisch gesättigten, stabileren Pflanzengesellschaften (s. auch X 3.4). Treten bestimmte Störungen wiederholt oder dauernd auf, kommt es zu dauerhaft pionierartigen Situationen. Zu solchen Dauer-Pioniergesellschaften gehören z. B. manche Bestände an See- und Flußufern, auf Meeres-Spülsäumen, Küstendünen und Gebirgs-Schutthalden, auf Äckern und Ruderalflächen. Während floristisch gesättigte Vegetationstypen eine annähernd gleiche Artenzahl ihrer Bestände aufweisen, ist für ungesättigte Gesellschaften eine breitere Amplitude von Wuchsort zu Wuchsort geradezu bezeichnend. So wurden z. B. bei der Untersuchung junger Ufer-Pionierfluren nach einem starken Hochwasser innerhalb einer Gesellschaft Artenzahlen von 43–82 pro Vegetationsaufnahme ermittelt (DIERSCHKE 1984b). Auch von Jahr zu Jahr kann es zu stärkeren Fluktuationen kommen. TÜXEN (1979) hat sie für das *Polygonetum brittingeri*, eine kurzlebige Ufer-Pioniergesellschaft für einen Zeitraum von über 40 Jahren belegt (s. auch X 4).

Bei floristisch ungesättigten Pflanzengesellschaften ist oft der Mensch als Störfaktor entscheidend. Aber auch in der Naturlandschaft gibt (bzw. gab) es solche Vegetationstypen. Neben den oben schon angedeuteten Bereichen fortwährender oder wiederholter Störungen kommt es immer wieder zu katastrophalen Zerstörungen stabiler Verhältnisse, z. B. durch Feuer, Sturm, Erdrutsche, Überflutungen u. ä., die zu neuen Pioniersituationen führen.

Eine Bilanz der floristisch gesättigten und ungesättigten Pflanzengesellschaften eines Gebietes wäre für landschaftsökologische Fragen interessant. Der Anteil nach Zahl und Fläche der letzteren in Beziehung zur Gesamtzahl/-fläche der Pflanzengesellschaften könnte als ein Index für das Ausmaß von Störungen hinsichtlich der Pflanzendecke benutzt werden.

7 Bedeutung von Florenveränderungen für die Vegetation

7.1 Allgemeine Tendenzen

Bislang wurde bei der Betrachtung der Pflanzengesellschaft als Grundbaustein der Vegetation die Flora als konstante Größe angesehen. Dies ist insofern berechtigt, als sich wirksame Veränderungen unter natürlichen Bedingungen höchstens in längeren Zeiträumen im Zuge klimatischer oder evolutionärer Wandlungen ergeben. Aktuell erkennbare, sich auf die Vegetation eines Gebietes auswirkende Veränderungen stehen vorwiegend im Zusammenhang mit der Tätigkeit des Menschen.

In Mitteleuropa konnten sich mit zunehmender anthropogener Auflichtung und Beseitigung des natürlichen Waldes nicht nur lichtbedürftige einheimische (indigene) Arten stärker ausbreiten, sondern es sind auch viele neue Arten eingewandert. Entweder wurden diese Adventiven bewußt vom Menschen eingeführt, z. B. als Heil- oder Zierpflanzen, oder sie kamen mehr zufällig, wurden z. B. mit Saat- und Pflanzgut, Vogelfutter, Handelswaren, angeheftet an Verkehrsmitteln, Kleidung u. ä. eingeschleppt (s. SUKOPP 1972). Alle Pflanzenarten, die nur mit direkter oder indirekter Hilfe des Menschen in ein Gebiet gelangen konnten, werden als **Hemerochoren** bezeichnet.

Mit der Umwandlung der Natur- in eine Kulturlandschaft wird in der Regel das Floreninventar merklich durch neue Arten bereichert (s. JÄGER 1988). In Gebieten mit langzeitig intensiverer Tätigkeit des Menschen, wie z. B. in Mitteleuropa, haben sich entsprechend neue Pflanzengesellschaften herausgebildet. Sie sind oft das Ergebnis jahrhundertelanger anthropogener Einwirkungen, können aber auch relativ kurzzeitig entstehen (s. 7.4). Nach SUKOPP (1976) liegt der Anteil beständig vorkommender Hemerochoren in Europa zwischen 10 und 20% (Polen 13%, Deutschland 16%, Britische Inseln 16%, Finnland 18%). Eine Kartenübersicht für die ganze Erde gibt JÄGER (1988).

In Gebieten, wo der Mensch erst in jüngerer Zeit stärker in die Natur eingegriffen hat, lassen sich heute stärkere Floren- und Vegetationsveränderungen durch invasionsartige Ausbreitung neu eingeführter oder eingeschleppter Arten direkt beobachten, wie das Beispiel Australien zeigt (WILLIAMS 1985). Hier kommt wohl hinzu, was auch für andere langzeitig isolierte Gebiete, vor allem abgelegene Inseln, bezeichnend ist: Die von breiterem Genaustausch isolierte Flora (und Fauna) ist oft relativ artenarm und teilweise genetisch wenig flexibel. Die Einschleppung fremder, konkurrenzkräftiger Arten kann dort verheerende Folgen haben.

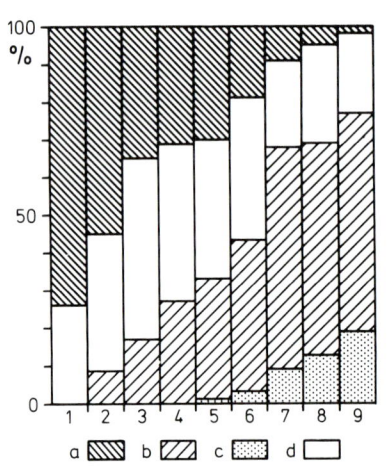

Abb. 15. Statusspektren verschiedener Pflanzengesellschaften Islands (nach BÖTTCHER 1979).
a) Einheimische, b) Archaeophyten, c) Neophyten, d) nicht zuordenbare Arten.
1–2: *Kobresia*-Gesellschaft, 3: *Hierochloe odorata*-Gesellschaft, 4: *Galio borealis-Anthoxanthetum*, 5–8: *Leontodonto-Trifolietum repentis*, 9: *Rhinantho-Deschampsietum cespitosae*.

Auf Neuseeland sind z. B. etwa 50% der Gefäßpflanzen nicht einheimisch (BRAUN-BLANQUET 1964, S. 578). Isländische Grünlandgesellschaften bestehen zu etwa 30–75% aus Adventivarten (BÖTTCHER 1979; Abb. 15). Auf den Azoren hat sich das Floreninventar durch Adventive in den letzten 200 Jahren verdoppelt (SJÖGREN 1973), auf Gran Canaria sind über die Hälfte aller Arten erst in der Neuzeit eingeschleppt worden (KUNKEL 1972). Beispiele für rasche Umwandlungen von einheimischen Pflanzengesellschaften durch Adventive in Australien finden sich bei BRIDGEWATER & BACKSHALL (1981), BRIDGEWATER & KAESHAGEN (1979).

Auch in Europa sind heute mancherlei floristische Entwicklungen erkennbar, die sich in der Vegetation auswirken. So konnten z. B. nach der letzten Eiszeit nicht alle Arten die für sie geeigneten Wuchsgebiete erreichen. Auffällig ist dies bei manchen Gehölzen. *Picea abies* ist noch heute in Skandinavien in natürlicher Wanderung (AUNE 1982). *Acer pseudoplatanus* und *Fagus sylvatica* breiten sich von menschlichen Anpflanzungen subspontan in Großbritannien und Irland aus (DIERSCHKE 1982c, 1985c). In Mitteleuropa sind die Areale mancher Gehölze wie *Picea abies* oder *Pinus sylvestris* durch Anpflanzungen aufgefüllt worden (TRAUTMANN 1976). Auch neue Arten wandern weiterhin ein (s. 7.2–3). In vielen Fällen handelt es sich durchaus um Bereicherungen von Flora und Vegetation. Sehr konkurrenzstarke, aggressive Neueinwanderer können sich aber auch negativ auswirken.

Nachdem der Mensch über lange Zeit besonders in Europa durch naturangepaßte Landwirtschaft eine recht vielfältige Kulturlandschaft mit einem reichen Inventar an Pflanzengesellschaften geschaffen hat, sind im 20. Jahrhundert bei starker Intensivierung der Land- und Forstwirtschaft, dem Ausbau von Siedlungen und Verkehrswegen, zunehmender Industrialisierung u. ä. deutlich negative Tendenzen zu erkennen. Sie werden heute durch weitreichend wirksame allgemeine Umweltbelastungen noch verstärkt (s. KOWARIK & SUKOPP 1984). In weniger entwickelten Gebieten der Erde wirken sich die „modernen" Methoden der Landschaftsausbeutung eher noch gravierender aus. Von der allgemeinen Florenverarmung, deren Folgen heute bestenfalls zu ahnen sind, ist die gesamte Erde betroffen. Nach Schätzungen der UICN sind etwa 20 000 Farn- und Blütenpflanzen vom Aussterben bedroht (SUKOPP 1976). In Mitteleuropa sind in den letzten Jahrzehnten mindestens zehn einheimische Gefäßpflanzenarten ausgestorben (SUKOPP 1972; dort weitere Beispiele).

Für die Vegetation sind diese Tendenzen ebenfalls bedrohlich. Neben dem auffälligen Rückgang oder Verschwinden mancher Pflanzengesellschaften gibt es in den bestehenbleibenden weniger leicht erkennbare degenerative Abwandlungen (s. auch Diszessive Sukzession: X 3.7). Arten mit einem relativ engen ökologischen Existenzbereich verschwinden zuerst. Dadurch werden die ökologisch begründeten floristischen Unterschiede zwischen Pflanzengesellschaften immer geringer, ihr Zeigerwert für das Wechselspiel exogener und endogener Faktoren nimmt ab. In manchen Fällen können sich anstelle der aussterbenden andere Arten breit machen und die Vegetation umwandeln (s. 7.3).

Eine Reihe von Beispielen schildert WESTHOFF (1979). Kriterien degenerativer Abwandlungen spielen bei der Erstellung Roter Listen von Pflanzengesellschaften eine große Rolle (s. DIERSSEN 1983).

7.2 Einwanderung neuer Arten mit Hilfe des Menschen (Hemerochorie)

Floristisch ungesättigte Pflanzengesellschaften (s. 6) bilden bevorzugte Bereiche für neu einwandernde Arten aus anderen Gebieten. Vor Beginn stärkerer menschlicher Aktivitäten war die Pflanzendecke Mitteleuropas nach der Ausbreitung von *Fagus sylvatica* vermutlich floristisch recht stabil. Mit der Entstehung und Ausweitung waldfreier Kulturflächen setzte ein großer Einwanderungsschub neuer Arten ein. Zunächst kamen diese aus dem weiteren Europa und angrenzenden Gebieten. Mit den sich ausdehnenden Verkehrsbeziehungen, besonders nach der Entdeckung Amerikas (1492), gelangten dann zunehmend auch Pflanzen anderer Erdteile zu uns. Im 19. Jahrhundert war ein Maximum an Arten erreicht. Danach begann der bereits geschilderte Rückgang infolge intensiverer menschlicher Tätigkeit, der sich heute bereits entscheidend in Flora und Vegetation auswirkt.

Nach der Einwanderungszeit (Status) lassen sich mehrere Artengruppen unterscheiden (nach SCHROEDER 1969, 1974b, SUKOPP 1972, 1976, KOWARIK 1985):

1. Idiochorophyten (Proanthrope): einheimische Sippen, vor wirksamen Eingriffen des Menschen bereits vorhanden.

2. Hemerochore = Adventive: unter Mithilfe des Menschen in ein Gebiet gelangt (Anthropochore).

2.1 Archaeophyten: Altadventive, Alteinwanderer; in vor- und frühgeschichtlicher Zeit (vor direkten Nachrichten über Einführung und Ausbreitung) eingewandert. Hierzu gehören viele Ackerwildkräuter, z. B. *Agrostemma githago, Avena fatua, Chenopodium polyspermum, Euphorbia exigua, E. helioscopia, Setaria viridis, Vicia hirsuta.*

2.2 Neophyten: Neuadventive, Neueinwanderer; erst in „historischer Zeit" (nach 1500) eingewandert, z. B. *Conyza canadensis, Epilobium adenocaulon, Erigeron annuus, Galinsoga ciliata, G. parviflora, Matricaria discoidea, Veronica filiformis, V. persica.*

HEMPEL (1990) unterscheidet zwischen Archaeo- und Neophyten noch die Gruppe der Palaeophyten als Arten der Alten Welt (Mediterrangebiet, Orient), die im Mittelalter bis zur Renaissance (oft als Gartenpflanzen) eingeführt wurden.

Angaben zum Status mitteleuropäischer Pflanzen machen FRANK et al. (1990). Danach können für Pflanzengesellschaften Statusspektren erstellt werden. Beispiele zeigen Abb. 15, ebenfalls die im vorigen Kapitel besprochenen Probleme von Adventivarten auf Inseln.

Neu einwandernde Arten können sich je nach Standort, Art der bereits vorhandenen Vegetation und eigener Konkurrenzkraft mehr oder weniger fest einbürgern oder auch nur kurzfristig auftreten. Nach dem **Einbürgerungsgrad** (= Naturalisationsgrad) unterscheidet man neben den Einheimischen:

Agriophyten (Neuheimische): Sippen mit festem Platz in der heutigen natürlichen Vegetation (nicht aber in der ursprünglichen). Sie sind in natürlichen Pflanzengesellschaften konkurrenzfähig und würden nach Aufhören menschlicher Einflüsse erhalten bleiben, nachdem einmal die existierenden Verbreitungsschranken übersprungen wurden (s. Begriffsmodifikation bei KOWARIK 1987). Hierzu gehören z. B. *Acorus calamus, Aster* spec., *Bidens* spec., *Elodea canadensis, Impatiens glandulifera, I. parviflora, Oenothera* spec., *Reynoutria japonica, Robinia pseudacacia, Solidago* spec., (weitere Beispiele s. unter 7.3; SUKOPP 1972).

Epökophyten (Kulturabhängige): Sippen mit festem Platz nur in anthropogenen Pflanzengesellschaften, z. B. viele Ackerwildkräuter und Ruderalpflanzen, manche Arten des Grünlandes. Sie würden bei Aufhören menschlicher Tätigkeit wieder verdrängt werden.

Ephemerophyten (Unbeständige): Wild wachsende Sippen ohne festen Platz in der heutigen Vegetation; nur durch ständig neue Mithilfe des Menschen erhalten. Hierzu gehören z. B. kurzlebige, nicht winterharte und/oder sehr konkurrenzschwache Pflanzen wie *Helianthus annuus*, *Papaver somniferum*, *Phalaris canariensis*, *Solanum lycopersicum*, außerdem viele Begleiter von Handelsgütern anderer Klimagebiete (z. B. Südfrüchte, Ölsaat, Vogelfutter, Wolle). Von letzteren fand JEHLIK (1981) z. B. im Hamburger Hafen 82 Sippen.

Ergasiophyten (Kultivierte): Sippen, die sich nur bei direkter Aussaat oder Anpflanzung halten können.

Unter den einheimischen Arten Mitteleuropas gab es vermutlich relativ wenige echte Lichtpflanzen. Sie konnten sich vorwiegend in natürlichen Waldgrenz-Bereichen (Meeresküsten, Moor- und Gewässerränder, extreme Trockenstandorte, Hochgebirge) oder auf regelmäßig auftretenden Verlichtungen im Zuge eines in seiner Altersstruktur stärker differenzierten Naturwaldes halten. Der Mensch schuf zunächst ein vielfältigeres Standortsmosaik aufgelichteter bis waldfreier Bereiche, in denen sich ganz neue (synanthrope) Pflanzengesellschaften entwickelten. In ihrem Gemisch von Einheimischen und Alteinwanderern entstanden bei mäßigen oder konstanten Eingriffen des Menschen floristisch weitgehend gesättigte Vegetationstypen wie z. B. Wiesen, Magerrasen und Heiden. In solchen Gesellschaften findet man entsprechend wenig Neophyten, erst recht nicht in Resten der natürlichen Wälder. Neueinwanderer sind vor allem in bis heute ungesättigten Beständen zu finden, oft als Agrio- oder Epökophyten, z. T. auch nur als Ephemerophyten.

Nach SUKOPP (1972, 1976) sind in der deutschen Flora heute 16% der Sippen hemerochor. 7% (170 Arten) sind Archäophyten, 9% (215 Arten) Neophyten. Davon können nur knapp 5% als eingebürgert angesehen werden. Trotz der durch weltweiten Handel und Verkehr im 19. und 20. Jahrhundert stark zunehmenden Hemerochorie ist also unsere Flora recht stabil und gesättigt. Völlig neu gebildete Neophyten-Gesellschaften sind selten.

Unter unseren Moosen gibt es nach Schätzungen von PHILIPPI (1976) 3–4% (40–50 Arten) an Archaeophyten, in kleinen Gebieten aber auch sehr hohe Anteile, z. B. in der Rheinaue über 50%. Bei Flechten ist über neu eingewanderte Arten nichts Zuverlässiges bekannt (WIRTH 1976).

7.3 Beispiele für die heutige Ausbreitung von Pflanzen

Lebensbereiche vieler Adventivpflanzen sind zeitweilig oder dauernd gestörte Stellen in und an Gewässern, wo selbst in ehemals natürlichen, einheimischen Pflanzengesellschaften bis heute stärkere Umwandlungen zu beobachten sind. Einmal handelt es sich hier oft um ungesättigte, d. h. noch aufnahmefähige Vegetationstypen. Außerdem bildet das fließende Wasser ein gutes Ausbreitungsmedium für Diasporen. So gelten Flußtäler als natürliche Wanderwege vieler Arten, auch schon vor Eingriffen des Menschen (TÜXEN 1950b, SUKOPP 1962). Später kamen Verkehrsanlagen (Straßen, Eisenbahnlinien) als weitere Ausbreitungswege hinzu. Neu sich ausbreitende Arten können oft zu unerwarteten Auswirkungen für die einheimische Vegetation führen (KOWARIK & SUKOPP 1986).

Eine Zusammenstellung eingebürgerter Neophyten an mitteleuropäischen Binnengewässern gibt Tabelle 1. Sie zeigt, daß neben dem Wasser selbst vor allem die durch Hochwasser, Eisgang u. a. häufig gestörten Uferbereiche vielen Adventiven Platz bieten. Nach KOPECKÝ (1967) steht die massenhafte Ausbreitung mancher Neophyten seit Ende des 19. Jahrhunderts in enger zeitlicher Korrelation zu beginnenden Regulierungsarbeiten an Fließgewässern. Natürliche und anthropogene Störungen bzw. Zerstörungen begünstigen hier gemeinsam das Vordringen dieser Arten.

Die amerikanische, wärmebedürftige *Lemna minuscula*, seit Ende der 60er Jahre in Europa nachgewiesen und durch Wasservögel weiter verbreitet (LANDOLT 1979), hat seit 1981 einen durch Einleitung warmen Bergbauwassers ganzjährig erwärmten Flußabschnitt der Erft neu erobert (DIEKJOBST 1983). Vor kurzem wurde sie erstmals in den Niederlanden entdeckt (SCHAMINÉE & HERMANS 1989).

Bei kurzlebigen Pioniergesellschaften kommt es meist nur zu einer Vermischung von Idiochorophyten und Hemerochoren. In ausdauernden Uferfluren breiten sich letztere dage-

Tab. 1. Eingebürgerte Neophyten an Binnengewässern Mitteleuropas.

Wasservegetation (*Lemnetea, Potamogetonetea*)
  Azolla caroliniana, A. filiculoides, Elodea canadensis, E. ernstae, E. nuttallii, Lemna minuscula, Myriophyllum heterophyllum, Vallisneria spiralis.
Röhrichte (*Phragmitetea*)
  Acorus calamus, Iris versicolor, Mimulus moschatus, Sagittaria latifolia.
Offene, meist kurzlebige Ufervegetation (*Bidentetea, Isoeto-Nanojuncetea*)
  Amaranthus albus, A. hybridus, A. retroflexus, Atriplex acuminata, Bidens connata, B. frondosa, Brassica nigra, Chenopodium ficifolium, Ch. strictum, Conyza canadensis, Cotula coronopifolia, Cuscuta campestris, Epilobium adenocaulon, Galinsoga ciliata, G. parviflora, Gratiola neglecta, Lindernia dubia, Matricaria discoidea, Mimulus guttatus, Oxalis fontana, Solanum lycopersicum, Veronica peregrina, Xanthium albinum.
Dichte, meist ausdauernde Ufervegetation (*Artemisietea vulgaris*)
  Ambrosia trifida, Angelica archangelica, Armoracia rusticana, Artemisia verlotorum, Aster lanceolatus, A. salignus, A. tradescantii, A. versicolor, Bunias orientalis, Cuscuta gronovii, C. lupuliformis, Echinocystis lobata, Erigeron annuus, Helianthus tuberosus, Impatiens glandulifera, Reynoutria japonica, Rorippa austriaca, Rudbeckia laciniata, Solidago canadensis, S. gigantea, S. graminifolia, Telekia speciosa.
Bruch und Auenwälder (*Alnetea glutinosae, Salicetea purpureae, Querco-Fagetea*)
  Acer negundo, Aesculus hippocastanum, Cornus sericea, Juglans regia, Physocarpus opulifolius, Populus spec., Robinia pseudacacia, Spiraea salicifolia.
  Allium paradoxum, Hesperis matronalis, Impatiens parviflora, Leucojum aestivum.

gen zuungunsten der Einheimischen teilweise stärker aus. Vor allem manche Stauden, die durch hohen Wuchs und rasche vegetative Ausbreitung sehr konkurrenzkräftig sind (z. B. *Helianthus tuberosus, Reynoutria japonica, Solidago*-Arten), aber auch die Einjährige *Impatiens glandulifera* verdrängen viele Einheimische und bilden teilweise neue Pflanzengesellschaften (s. KOPECKÝ 1967, LOHMEYER 1971, 1972). Abb. 16 zeigt einen solchen Verdrängungsvorgang, der in kurzer Zeit ablaufen kann.

In einigen Fällen läßt sich die allgemeine Ausbreitung von Neophyten genauer verfolgen. Abb. 17 zeigt dies für *Helianthus tuberosus* seit 1900 in Württemberg. Bei RÜDENAUER & SEYBOLD (1974) finden sich weitere Beispiele. Für *Helianthus*- und *Solidago*-Arten wird eine erste Ausbreitungswelle um 1930 festgestellt. Heute kommt *Solidago canadensis* dort in allen potentiellen Wuchsbereichen an Flußufern vor. Das in der zweiten Hälfte des 19. Jahrhunderts aus Nordamerika eingewanderte *Epilobium adenocaulon* hat sich besonders seit den 50er Jahren bei uns explosionsartig ausgebreitet (JÄGER 1986).

Über die Ausbreitung der asiatisch-südosteuropäischen Steppenpflanze *Lactuca tatarica*, die als trockenheitsertragend und mäßig salztolerant gilt, gibt es genauere Angaben für ganz Mitteleuropa (s. Abb. 18). Sie wurde erstmals 1902 auf Rügen entdeckt, von wo aus sie weite Teile der Ufer des Greifswalder Boddens eroberte, bezeichnenderweise in ungesättigten Gesellschaften der Spülsäume und lockerer *Ammophila*-Bestände (LEICK & STEUBING 1957). Über weitere Funde berichten KUHBIER (1977), KNAPP & JAGE (1978) und JEHLIK (1980), für Österreich MELZER (1990). So wurde der Tatarenlattich im Binnenland erstmals 1920 bei Berlin gefunden. 1957 erreichte er Böhmen. 1975 gab es einen Bestand am Weserufer bei Bremen. In allen Fällen handelt es sich um gestörte Ruderalflächen wie Schuttplätze, Bahnhöfe, Häfen, Getreidelager u. ä. Im Gegensatz zu den oben erwähnten Uferpflanzen hat sich *Lactuca tatarica* in verschiedene bestehende Gesellschaften eingefügt, ohne die Einheimischen bzw. bereits vorhandene Adventive zu verdrängen (s. Vegetationstabellen bei KNAPP & JAGE 1978).

Ein Beispiel für eine erst in jüngster Zeit sich ausbreitende Art ist *Senecio inaequidens*. Das aus Südafrika stammende Greiskraut, besonders auffällig wegen seiner ungewöhnlichen Blütezeit (bis Oktober–November), ist in Bremen aus einer Wollwäscherei seit 1896 belegt (KUHBIER 1977). Von hier aus hat es sich offenbar in die weitere Umgebung ausgebreitet, bevorzugt in ungesättigten Pflanzengesellschaften wie der Pioniervegetation armer Sande oder in stärker gestörten Beständen von Magerrasen und Heiden (HÜLBUSCH & KUHBIER 1979). Seither gibt es viele neue Funde. Über die Ausbreitung in Italien berichtet HRUSKA (1987).

Abb. 16. Eindringen und Ausbreitung von *Helianthus tuberosus* in einer Ufergesellschaft im ersten (oben) und zweiten Jahr (unten). Die langgestreckten Sproßknollen unterwandern den von *Urtica dioica* beherrschten Bestand und verdrängen schon im zweiten Jahr weitgehend die einheimischen Arten (aus LOHMEYER 1971).

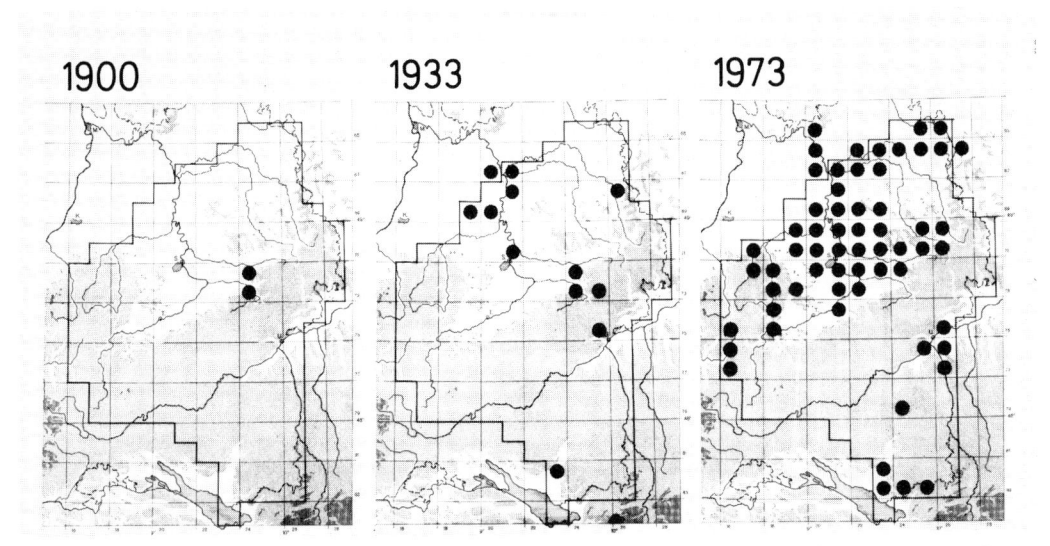

Abb. 17. Ausbreitung von *Helianthus tuberosus* in Baden-Württemberg von 1900 bis 1973 (aus RÜDENAUER & SEYBOLD 1974).

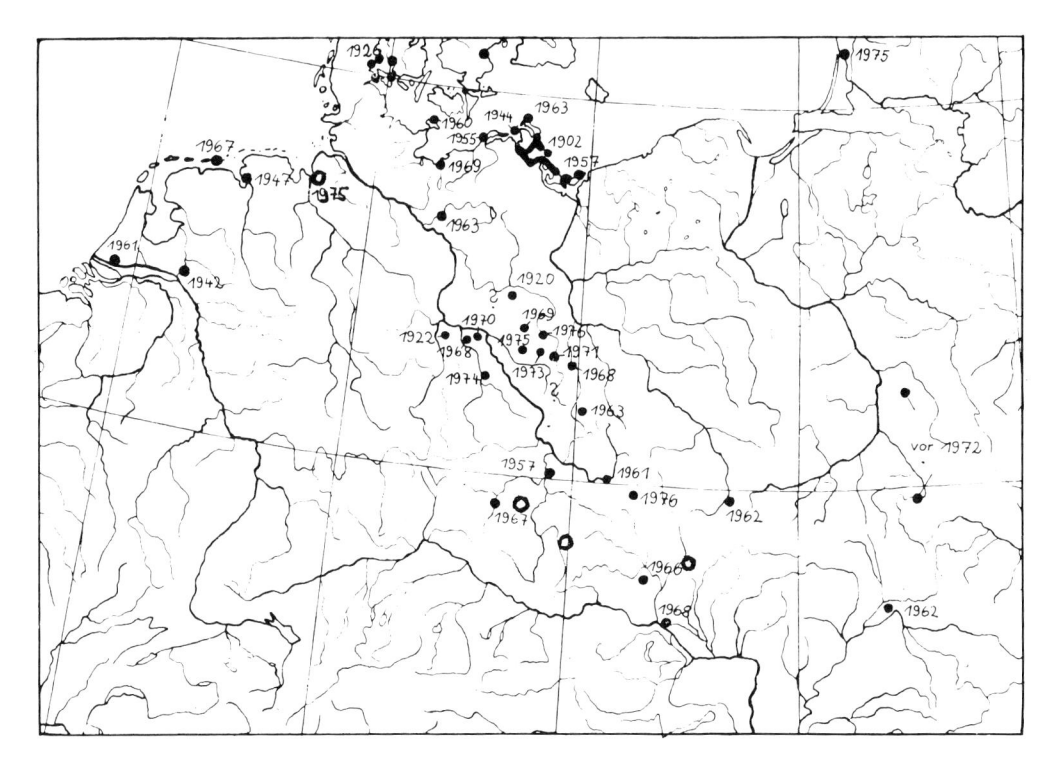

Abb. 18. Ausbreitung von *Lactuca tatarica* in Mitteleuropa.
● Angaben von KNAPP & JAGE (1978); ○ Ergänzungen nach KUHBIER (1977), JEHLIK (1980).

Senecio inaequidens ist eine typische Pionierpflanze extremer Standorte. Sie tritt z. B. heute massenhaft als Erstbesiedler offener Bergehalden im Aachener Steinkohlenrevier auf. An deren lockere Steilhänge aus Schiefer scheint die Art besser angepaßt zu sein als alle Einheimischen (s. ASMUS 1988). Insgesamt zeigt sie inzwischen ein sehr breites soziologisches Spektrum (WERNER et al. 1991).

Dagegen bildet das aus dem warmgemäßigten Nordamerika eingewanderte *Panicum capillare* auf stark gestörten Standorten von Bahnhöfen und Häfen eine eigene Gesellschaft (ULLMANN & HETZEL 1990).

Sehr auffällig ist zur Zeit die rasche Ausbreitung der zwar einheimischen, früher aber auf von Natur aus salzhaltige Stellen beschränkten *Puccinellia distans* (Abb. 19). Sie ist heute bereits fester Bestandteil vieler Straßenränder, wo das Streusalz die Wuchskraft anderer Arten geschwächt oder diese ganz vernichtet hat. Auch in immissionsbelasteten Industriegebieten breitet sich *Puccinellia* stärker aus (WEINERT 1980). Seit 1973 wandert in ähnlicher Weise das salztolerante *Hordeum jubatum* in Süddeutschland ein (SEYBOLD et al. 1975).

In mehreren Berichten hat RUNGE (zuletzt 1987) über die Ausbreitung von *Senecio congestus* berichtet. Das Moorgreiskraut konnte sich seit 1959 in einem neuen Polder in den Niederlanden massenhaft entwickeln und von dort aus weit nach Nordwestdeutschland vordringen. Die Ausbreitungsgeschichte von *Corispermum leptopterum* im östlichen Deutschland ist seit 1876 dokumentiert (KÖCK 1986). Weitere Beispiele gibt KORNAŚ (1990).

Ein besonders interessantes Beispiel für eine echte Art- und Gesellschafts-Neubildung durch einen Neophyten sind die Schlickgras-Gesellschaften der Nordseeküsten. Nachdem im 19. Jahrhundert die nordamerikanische *Spartina alterniflora* nach England eingeschleppt wurde, bildete sie mit der einheimischen *Spartina maritima* eine polyploide neue Art: *Spartina anglica* (außerdem den sterilen Hybriden *Spartina x townsendii*). In den Niederlanden wurde sie seit 1924/25 angepflanzt, breitete sich dann rasch weiter aus und entwickelte dichte Bestände anstelle der ursprünglichen *Salicornia*- und *Puccinellia maritima*-Gesellschaften (BEEFTINK 1975). Ähnliches berichtet KÖNIG (1948) von der Westküste Schleswig-Holsteins, wo das Schlickgras seit 1927 angepflanzt wurde und sich ebenfalls rasch ausbreitete. Die heute bestehenden Schlickgras-Gesellschaften bilden floristisch sehr eigenständige Vegetationstypen bis zur eigenen Klasse *Spartinetea* (BEEFTINK & GÉHU 1973). Weitere Beispiele für Sippen-Neubildungen finden sich bei SUKOPP (1962, 1972, 1976) und KORNAŚ (1982).

Zum Schluß sei noch kurz auf die Gehölzbestände eingegangen. Auffällig ist, daß in naturnahen Wäldern Adventivarten keine Rolle spielen. Einzige Ausnahme ist *Impatiens parviflora*, das sich schon seit langem weiträumig ausgebreitet hat, allerdings auch menschlich stärker beeinflußte Bereiche bevorzugt (TREPL 1984). TRAUTMANN (1976) hat verwilderte Gehölzarten in einer Liste zusammengestellt. Von den 60–80 Arten werden weniger als die Hälfte als eingebürgert angesehen. Sie kommen auch meist außerhalb der bereits bestehenden Wälder vor.

Sehr konkurrenzkräftige Holzarten sind *Robinia pseudacacia* und *Prunus serotina*, die sich auf geeigneten Standorten unliebsam ausbreiten. LOHMEYER (1976) nennt einige verwilderte Zier- und Nutzgehölze vom Mittelrhein. Hier findet man *Syringa vulgaris*, *Laburnum anagyroides*, *Lycium barbarum*, *Fraxinus ornus* und *Robinia pseudacacia* auf konkurrenzarmen Xerothermstandorten. Auf Küstendünen breitet sich z. T. *Rosa rugosa* aus. Einige mehr wärmebedürftige Gehölze kommen heute subspontan vor allem in Städten mit sommerwarmem Sonderklima vor. Über *Ailanthus altissima* berichten z. B. KOWARIK & BÖCKER (1984), GUTTE et al. (1987).

Bei einer kurzen Exkursion im Auenbereich der Theiß (Ungarn) wurden 1991 folgende Neophyten in teilweise üppiger Entwicklung gefunden: *Acer negundo, Ambrosia artemisiifolia, Amorpha fruticosa, Asclepias syriaca, Celtis occidentalis, Echinocystis lobata, Fraxinus pennsylvanica, Robinia pseudacacia, Setaria viridis, Xanthium italicum*. Fast alle Arten stammen aus Nordamerika.

Auch bei Kryptogamen gibt es Neophyten. Ein gutes Beispiel ist *Campylopus introflexus* (aus Südamerika), ein weit verbreitetes Moos aus der südlichen Hemisphäre. Es wurde erstmals 1941 in Europa gefunden und hat sich seit den 60er Jahren sehr rasch ausgebreitet, vor allem an gestörten Stellen von Sandtrockenrasen und Heiden (s. DANIELS et al. 1987, HÜBSCHMANN 1975). In Nadelholzbeständen hat sich *Orthodontium lineare* (aus Südafrika) stärker ausgebreitet (s. HERBEN 1990).

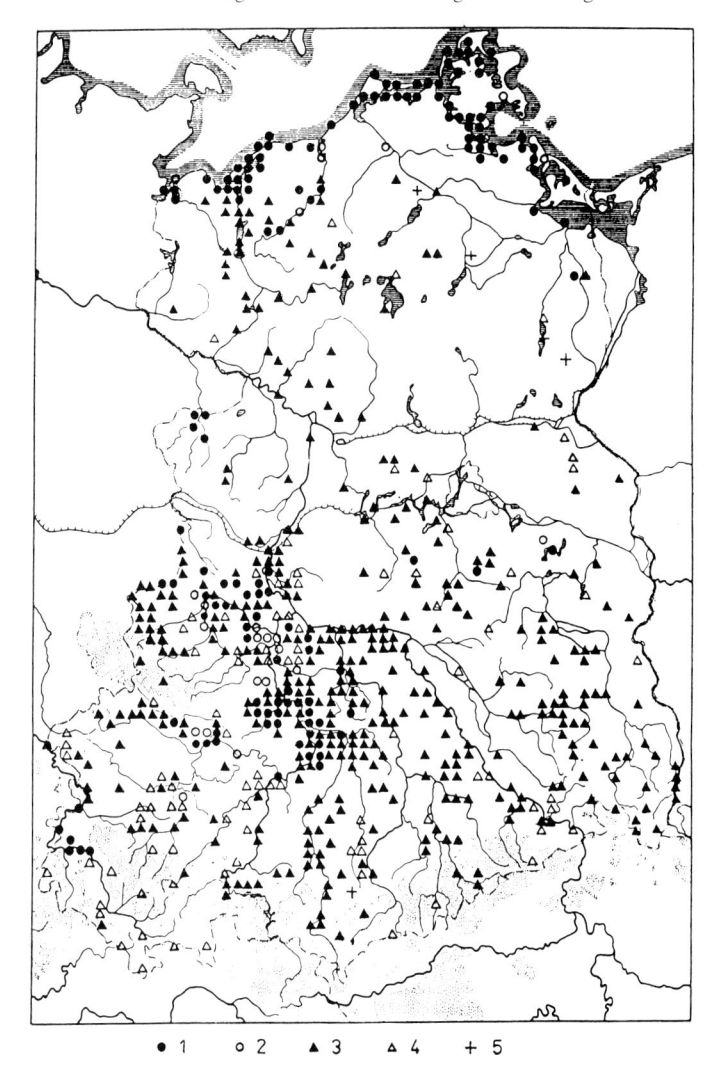

Abb. 19. Verbreitung von *Puccinellia distans* in der ehemaligen DDR (nach WEINERT 1980 aus KOWARIK 1985).
1: natürliche Vorkommen nach 1950; 2: desgl. vor 1950; 3: synanthrope Vorkommen nach 1950; 4: desgl. vor 1950; 5: ausgestorben.

● 1   ○ 2   ▲ 3   △ 4   + 5

Ein Beispiel für Pilze ist der in Laubwäldern wachsende, in Form und Farbe sehr auffällige Tintenfischpilz (*Anthurus archeri*). Er wurde mit Wolle aus Australien eingeschleppt und erstmals 1921 in den Vogesen entdeckt. Seit 1938 ist er aus dem Rheintal bekannt, wo er sich rasch weiter ausbreitet (MICHAEL & HENNIG 1971, S. 344).

Einige allgemeine Tendenzen der Ausbreitung von Neophyten hat JÄGER (1986) zusammengestellt. Demnach beginnt die selbständige Ausbreitung meist unmittelbar nach der Einschleppung, spätestens aber 100–150 Jahre danach. Eine spätere erneute Arealausweitung kann durch neue Ökotypen, die Entstehung neuer hybridogener Sippen oder veränderte bzw. neue Standorte bedingt sein. Die Ausfüllung eines neuen zusammenhängenden Areals dauert etwa 100–200 Jahre.

7.4 Um- und Neubildung von Pflanzengesellschaften

Wie aus den vorhergehenden Kapiteln ersichtlich, ist es seit ersten Eingriffen des Menschen in die Naturlandschaft zu Um- und Neubildungen von Pflanzengesellschaften gekommen. Viele gehören seit langem zum gewohnten Bild der Kulturlandschaft, andere sind jüngeren Datums oder noch heute direkt zu beobachten (TÜXEN 1960, WESTHOFF 1990). Nach der Art ihrer Einpassung in die bestehende Vegetation lassen sich für Adventivarten zwei Verhaltensweisen unterscheiden (s. Sukopp 1972, Westhoff 1979, Gutte 1986; s. auch X 3.4.3):

1. Einpassung, Auffüllung: Neue Arten setzen sich in einem vorhandenen Bestand fest, ohne ihn völlig zu verändern. Es werden nur freie Nischen aufgefüllt. Von den unter 7.3 genannten Beispielen gehören hierzu *Lactuca tatarica, Senecio inaequidens, S. congestus, Hordeum jubatum* und *Puccinellia distans*, außerdem viele der in Tabelle 1 vorkommenden Neophyten. Weitere Beispiele sind u. a. *Oxycoccus macrocarpus* und *Carex hartmannii* in feuchten Dünentälern westfriesischer Inseln (Westhoff 1979).

Die neuen Arten bilden meist eine floristische Bereicherung, können sogar als zusätzliche Kenn- oder Trennarten Bedeutung erlangen. Dies gilt z. B. für *Juncus tenuis* in Trittrasen, *Juncus canadensis* in oligotrophen Heidetümpeln, *Atriplex-* und *Chenopodium-*Arten an Ruderalstellen, *Angelica archangelica* in Uferfluren oder *Acorus calamus* in Röhrichten. Unter den Gehölzen kann man vielleicht *Robinia pseudacacia* hierzu rechnen.

2. Verdrängung: Neue, sehr konkurrenzkräftige Arten verdrängen die Alteingesessenen und bilden neue Pflanzengesellschaften (s. auch Abb. 16). Hierzu gehören die erwähnten Flußufer-Neophyten (*Aster, Helianthus, Reynoutria, Solidago* u. a.) oder *Spartina anglica*.

Neubildungen von Gesellschaften durch evolutionäre Florenveränderungen sind schon wegen der langen Dauer solcher Vorgänge kaum bekannt. Neben *Spartina anglica* (s. 7.3) wäre am ehesten an Sippen-Neubildungen bei *Rubus fruticosus* agg. zu denken. Hier gibt es offenbar recht rasche Entwicklungen von Sippen mit spezifischen ökologischen Ansprüchen und eigenen Arealen, die auch zu neuen Pflanzengesellschaften führen können (s. Martensen et al. 1983, Weber 1985).

Gelegentlich werden für alt- und neugebildete Pflanzengesellschaften auch besondere Namen vorgeschlagen. So unterscheiden Kopecký (1980) und Gutte (1986) Neozönosen und Archaeozönosen, etwa entsprechend der Unterscheidung von Neo- und Archaeophyten (s. 7.2). Klotz (1987) spricht von
- indigenen Pflanzengesellschaften: ursprünglich vorhanden;
- archaeogenen Pflanzengesellschaften: unter Einfluß des Menschen vor 1850 entstanden;
- neogenen Pflanzengesellschaften: nach 1850 entstanden.

Für Ruderalgesellschaften gibt Gutte verschiedene Beispiele. Die pflanzensoziologisch-systematische Einordnung von Neozönosen bereitet oft Schwierigkeiten (s. Müller 1983; VIII 5.3).

Kornaś (1982) unterscheidet nach der Reaktion der Pflanzen auf menschliche Einwirkungen zwischen hemerophilen und hemerophoben Arten. Entsprechend spricht er von hemerophilen Gesellschaften, die sich unter menschlichem Einfluß ausgedehnt haben (z. B. Trockenrasen), und hemerophoben Gesellschaften mit deutlichem Rückgang (z. B. Vegetation oligotropher Gewässer und Hochmoore). Vom Menschen direkt oder indirekt geschaffene Pflanzengesellschaften lassen sich allgemein als anthropogene Vegetation zusammenfassen (s. auch Sukopp & Schneider 1981).

Beispiele für den Rückgang von Pflanzengesellschaften finden sich u. a. bei Sukopp (1972) oder in den ersten Roten Listen (z. B. Dierssen 1983).

8 Natürlichkeitsgrade (Hemerobiegrade) von Pflanzengesellschaften

Das letzte Kapitel hat bereits gezeigt, daß der Mensch in verschiedenster Weise auf Flora und Vegetation eines Gebietes einwirken kann, sei es bewußt oder mehr indirekt. Manche Einflüsse dauern schon über Jahrhunderte oder sogar Jahrtausende an. Vieles in der heutigen Landschaft und Vegetation ist dem Betrachter so selbstverständlich, daß er kaum noch über historisch-kausale Hintergründe nachdenkt. Man muß aber heute eher davon ausgehen, daß es auf der Erde nur wenige Vegetationstypen gibt, die nicht irgendwie vom Menschen beeinflußt sind, auch wenn sie noch so natürlich aussehen.

Neben den exogenen Faktoren i. e. S. (s. 2.1) ist also auch der Mensch als vergleichbar wirksames Element bei Betrachtungen über Entstehung, Erhaltung oder Verschwinden von Pflanzengesellschaften einzubeziehen. Seine Wirkungen und die daraus resultierenden Einteilungsmöglichkeiten der Vegetation werden in den folgenden Kapiteln kurz dargestellt (s. auch Dierschke 1984c).

8.1 Wirkungen des Menschen auf die Vegetation

Ausgehend von Kulturmaßnahmen i. w. S., ihrer unterschiedlichen Intensität und Dauer lassen sich mehrere Stufen anthropogener Wirkungen unterscheiden (s. bes. SCHMITHÜSEN 1968, ELLENBERG 1963).
1. Extensive Landnutzung: Keine gezielten Veränderungen der exogenen Faktoren mit Ausnahme des Mikroklimas (bes. Licht).
a) Eingriffe in die natürliche Vegetation: Sammeln von Früchten, Schneiteln, Entnahme einzelner Bäume, geringe Streugewinnung, schwache Beweidung.
b) Starke Störung bis Zerstörung (Degradation) der natürlichen Vegetation: Mittel- und Niederwaldbetrieb bis Kahlschlagwirtschaft mit Naturverjüngung, starke Streuentnahme, stärkere Beweidung, Brand, Rodung.
c) Extensive landwirtschaftliche Nutzung: Stoffentzug durch Triftweide, Mahd und/oder Streugewinnung (z. B. Plaggenhieb) ohne ersetzende Düngung. Freihaltung von schattenwerfenden Gehölzen. Häufig Bodendegradation durch Erosion und/oder Auswaschung.
2. Intensive Landnutzung: Bewußte Standortsverbesserungen für eine intensivere, vorwiegend landwirtschaftliche Nutzung, z. B. Begradigung und Stau von Fließgewässern, Eindeichungen, Ent- und Bewässerung, Planierung, Bodenbearbeitung, Düngung und Kalkung, Flurbereinigung. Entsprechende Maßnahmen für Tourismus (z. B. Skipisten, Golfplätze).

Mit der Intensivierung sind Änderungen der Wirtschaftsweise verbunden, z. B. mehrfache Mahd, Umtriebsweide, z. T. auch Brache von Grenzstandorten.
3. Florenveränderung (s. auch 7): Artenausbreitung oder -rückgang, Artenzu- oder -abnahme.
a) Veränderungen im einheimischen Florenbestand: Ausbreitung lichtbedürftiger Arten oder Artenrückgang.
b) Einbürgerung, Ausbreitung und Rückgang von Archaeo- und Neophyten (s. bes. 7.3).
c) Anbau standortsfremder Gehölze (Forsten) und Kulturpflanzen: Verwendung einheimischer oder exotischer Arten; Züchtung neuer Rassen und Sorten.
4. Landschaftsstörung und -zerstörung: Starke Veränderung des natürlichen Wuchspotentials durch Abbau oder Lagerung von Substraten (Boden, Gestein, Schutt, Abraum, Schlacken), Bodenverdichtung und -versiegelung durch Baumaßnahmen (Siedlungen, Verkehrsbauten, Erholungszentren, Industrieanlagen); z. T. Entstehung neuer Standorte ohne Parallelen in der Natur (bes. Ruderalflächen).
5. Allgemeine Umweltbelastung durch Schadstoffe und Strahlung: Immissionen mit Anreicherungs- und Kombinationswirkungen in Luft, Wasser und Boden, oft mit weitreichender Wirkung. Bewußte Vernichtung der Vegetation durch Biozide. Wärmeabgabe, radioaktive Strahlung, Veränderungen der Atmosphäre.

8.2 Einteilung der Pflanzengesellschaften nach dem Grad menschlicher Einwirkungen

Wenn auch die oben aufgeführten Wirkungen des Menschen keine Abgrenzungen sowohl der Einwirkungen selbst als auch der Pflanzengesellschaften erlauben, läßt sich doch eine grobe Zuordnung in bestimmten Stufen durchführen. Diese ist vor allem für praktische Fragen des Natur- und Landschaftsschutzes von Bedeutung.

In der Literatur finden sich verschiedene Ansätze einer Einteilung von Pflanzengesellschaften nach dem Grad menschlicher Einwirkungen. Übersichten geben DIERSCHKE (1984c), KOWARIK (1988). Aus pflanzensoziologischer Sicht haben R. TÜXEN (1942, 1956) und J. TÜXEN (1968) als erste klare Abstufungen von „Ersatzgesellschaften" verschiedenen Grades vorgeschlagen (s. X 3.3.2). Eine leicht verständliche, allerdings von ihren Begriffen her nicht ganz eindeutige Einteilung ist die nach dem Grad der Natürlichkeit (z. B. ELLENBERG 1963, S. 59 ff., PFADENHAUER 1976, SEIBERT 1980, SCHLÜTER 1985, 1987). Ein weiterer Ansatz geht umgekehrt von der Intensität der Kulturwirkung aus und führt zu Hemerobiegraden der Vegetation (JALAS 1955, SUKOPP 1969, 1972 u. a.).

8.2.1 Natürlichkeitsgrade von Pflanzengesellschaften

Die Einteilung erfolgt, ausgehend vom Naturzustand der Vegetation, nach dem Grad menschlicher Einflüsse (s. 8.1). Da es völlig unbeeinflußte Pflanzengesellschaften kaum noch gibt, werden sie besser mit den naturnahen in einer Gruppe zusammengefaßt. Bei Fehlen klarer Abgrenzungskriterien erscheint die Einteilung in vier Stufen ausreichend (in Klammern die Wirkungsgrade aus 8.1). Die Beispiele beziehen sich vorwiegend auf Mitteleuropa.

a) Natürliche und naturnahe Vegetation: Fehlender bis schwacher menschlicher Einfluß (8.1 1a): Vorwiegend einheimische Arten; Änderungen der floristischen Zusammensetzung höchstens im Rahmen des ursprünglichen Formationstyps (s. VII 9.2.1.1). Hierzu gehören z. B. viele unserer Laub- und Nadelwälder, aber auch viele Pflanzengesellschaften der Gewässer und ihrer Ufer, der Salzmarschen, Dünen und des Hochgebirges.

b) Halbnatürliche Vegetation: Stärkere, vorwiegend mechanische Eingriffe des Menschen bzw. seiner Weidetiere (8.1 1b, 1c) bewirken den Rückgang bzw. die Fernhaltung schattenwerfender Gehölze und das Vorherrschen von Licht- und Halbschattenpflanzen (8.1 3a). Die teilweise verursachte Bodendegradation begünstigt anspruchslose, oft konkurrenzschwache Arten. In vielen Fällen ergeben stärker veränderte bis neue Artenverbindungen deutlich vom Naturzustand abweichende, vielfach artenreichere Pflanzengesellschaften unterschiedlicher Formationstypen, die oft auch in der Naturlandschaft in ähnlicher Weise kleinflächig vorkamen. Neben Einheimischen gehören häufig Adventive, vorwiegend Archäophyten zum Artenbestand (8.1 3b).

Viele halbnatürliche Pflanzengesellschaften sind typische Vertreter relativ extensiv genutzter Kulturlandschaften früherer Jahrhunderte, z. B. Mittel- und Niederwälder, Zwergstrauchheiden, Kalk- und Silikat-Magerrasen, Kleinseggensümpfe, einige Großseggen- und andere Streuwiesen. Hinzu kommen Vegetationstypen, die ohne direkten menschlichen Einfluß sind, aber ihre Entstehung einer stärker gegliederten Kulturlandschaft verdanken. Hierher gehören vor allem Halbschatten-Gesellschaften wie Verlichtungs- und Schlagfluren, Waldmäntel und -säume.

Eine weitere Gruppe halbnatürlicher Vegetation bilden Hochstaudenfluren und verwandte Stadien, die sich nach Aufhören menschlicher Einwirkungen in einer natürlichen Rückentwicklung befinden (s. sekundäre progressive Sukzession: X 3.6.2).

Halbnatürliche Gesellschaften gehören heute in Mitteleuropa zu den größtenteils stark im Rückgang befindlichen oder vom Aussterben bedrohten Vegetationstypen. Sie spielen deshalb im Naturschutz eine entsprechend vorrangige Rolle. Für ihre Erhaltung ist es wichtig, sich des halbnatürlichen Charakters bewußt zu sein, um rechtzeitig Pflegemaßnahmen festzulegen.

c) Naturferne Vegetation: Stärkerer Kultureinfluß durch Meliorationen und intensive Nutzung (8.1 2) und erst recht durch stärkere Störungen der Landschaft (8.1 4) führen zu Abwandlungen der Vegetation, die weder floristisch noch strukturell mit der natürlichen verwandt sind. Vergleichbare Formationstypen kommen in der Naturlandschaft kaum oder gar nicht vor. Bei sehr unterschiedlicher Artenvielfalt spielen Agriophyten und vor allem Epökophyten eine große Rolle.

Zur naturfernen Vegetation gehören die meisten Gesellschaften unserer heutigen Intensiv-Kulturlandschaft, aber auch viele früherer Jahrhunderte. Düngewiesen und -weiden, Ackerwildkrautfluren und viele kurz- bis langlebige Ruderalfluren sind hier zu nennen, ebenfalls Forsten aus standortsfremden, aber einheimischen Gehölzen (z. B. *Quercus, Picea, Pinus*). Von manchen Autoren werden artenreiche Grünland-Gesellschaften noch zur halbnatürlichen Vegetation gerechnet, was aus praktischen Gründen (Naturschutz) sinnvoll sein mag. Objektiver erscheint es jedoch, die Grenze bei Einsetzen von deutlichen Meliorationen (z. B. Düngung, Entwässerung) zu setzen. Für die Praxis kann gegebenenfalls eine weitere Aufgliederung durchgeführt werden.

d) Künstliche Vegetation: Durch Ansaaten oder Pflanzungen standortsfremder Arten (8.1 3c) gibt es teilweise nur noch wenig floristische Verbindung zu anderen Beständen, vor allem, wenn sie mit dem Einsatz von Bioziden (8.1 5) einhergehen. Hierin gehören exotische Nadelholzforsten, Zierrasen, Blumenbeete und artenarme Ackerwildkrautfluren. Einheimische Arten treten stark zurück.

Den Übergang zu c) bilden meist lückige Bestände extrem belasteter oder stark versiegelter Böden (8.1 4) wie kurzlebige Pionierfluren und artenarme Dauerbestände.

Eine Übersicht höherer Vegetationseinheiten mit Einstufung nach ihrem Natürlichkeitsgrad gibt DIERSCHKE (1984c).

8.2.2 Hemerobiegrade von Pflanzengesellschaften

Unter Hemerobie (von griechisch *hemeros* = gezähmt, kultiviert; *bios* = Leben) versteht man die Gesamtheit aller beabsichtigten und unbeabsichtigten Wirkungen des Menschen (= Kulturwirkungen) auf ein Ökosystem (BLUME & SUKOPP 1976). Nach der Intensität dieser Wirkungen lassen sich mehrere Hemerobiegrade

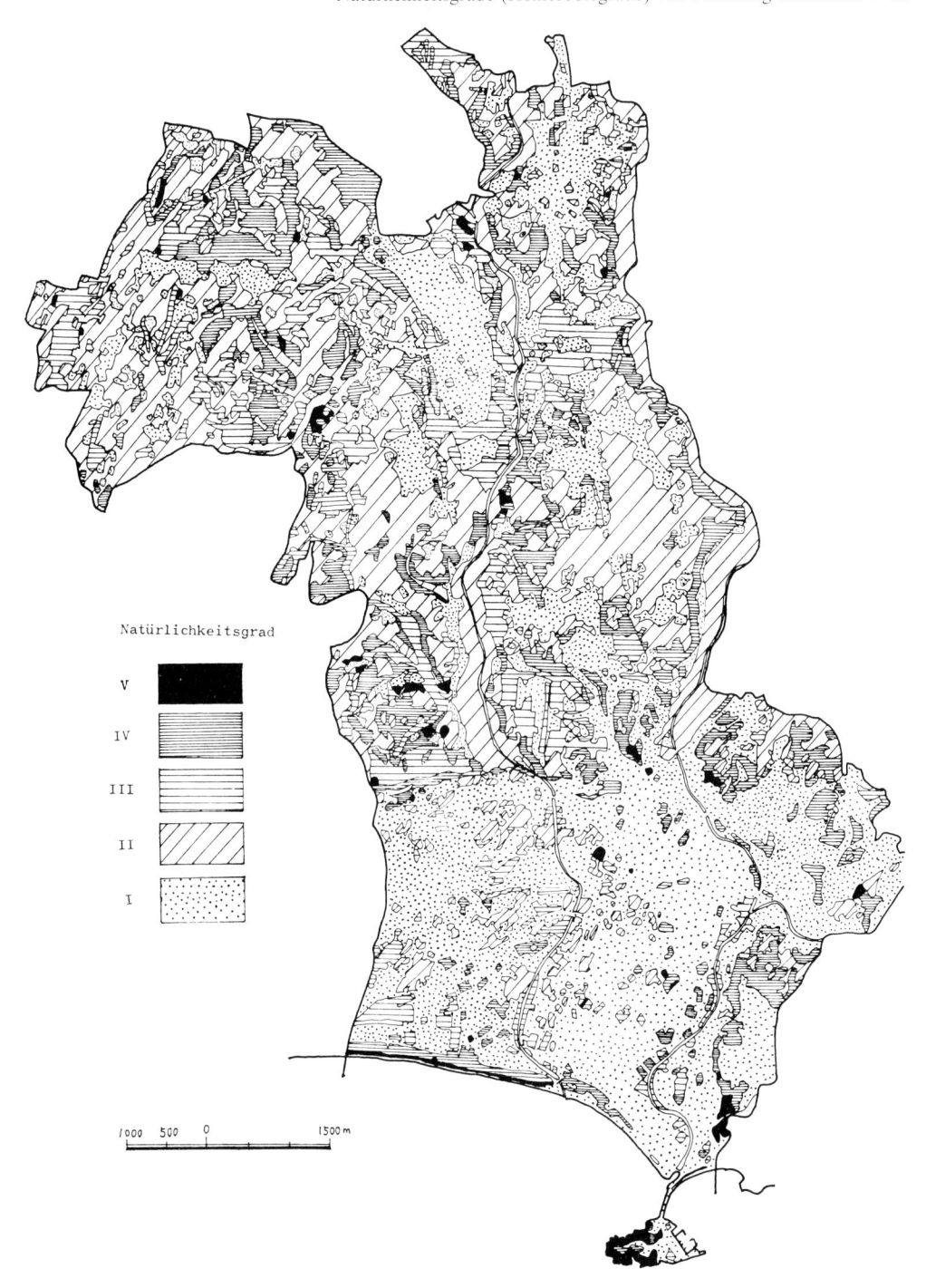

Abb. 20. Karte der Natürlichkeitsgrade des Stadtgebietes von Fujisawa (Japan), abgeleitet aus einer Vegetationskarte (aus MIYAWAKI & FUJIWARA 1975). V: natürliche – naturnahe Vegetation; IV: Sekundärwälder und standortsgemäße Forsten; III: Ausdauernde Gebüsche und Wiesen; II: Einjährige Ruderal und Unkrautvegetation; I: Extrem gestörte Flächen mit meist ephemerer Vegetation.

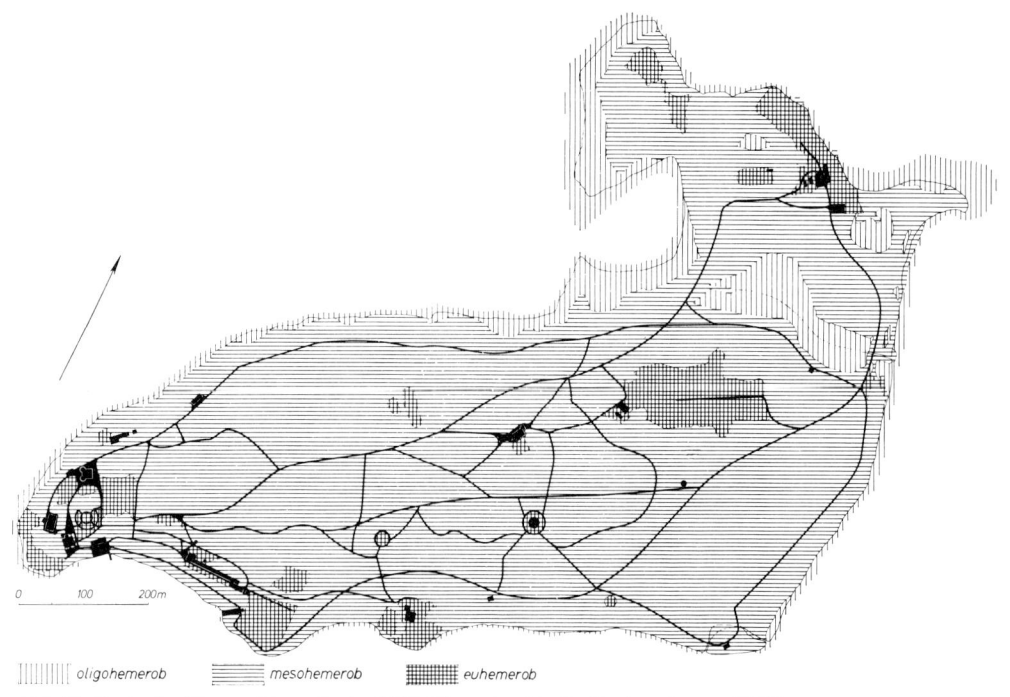

Abb. 21. Karte der Hemerobiegrade des NSG Pfaueninsel in Berlin (aus Sukopp 1969).

unterscheiden. Diese Abstufungen wurden nach Vorschlägen von Jalas (1955) besonders von Sukopp (seit 1969) weiter entwickelt. Die folgende Übersicht richtet sich vorwiegend nach Sukopp (1972), Blume & Sukopp (1976). Die Zahlenangaben für die Anteile an Neophyten (N) und Therophyten (T) beziehen sich auf Berlin (s. auch Kowarik 1988).
a) ahemerob: ohne menschlichen Einfluß. Ohne Neophyten, T <20%. Wasser-, Moor- und Felsvegetation in manchen Gebieten Europas.
b) oligohemerob: nur schwache Veränderungen durch Holzentnahme, Beweidung, Luft- und Gewässerverschmutzung. N <5%, T <20%. Schwach durchforstete oder beweidete Wälder, Salzwiesen, wachsende Dünen und Moore, einige Wasserpflanzen-Gesellschaften.
c) mesohemerob: mäßiger oder nur periodischer Einfluß durch forstliche Nutzung, Rodung, seltener Umbruch, Streunutzung, Plaggenhieb, gelegentlich schwache Düngung. N 5–12%, T <20%.
Forsten standortsfremder Arten, Schlagfluren, Waldmäntel und -säume, Heiden, Trocken- und Magerrasen, artenreiche Wiesen und Weiden.
d) β-euhemerob: starker Einfluß durch Düngung, Kalkung, Biozideinsatz, leichte Entwässerung; z. T. Planierung, stetiger Umbruch. N 13–17%, T 21–30%.
Intensivgrünland, Zierrasen, meist ausdauernde Ruderalfluren, Acker- und Garten-Wildkrautgesellschaften, Vegetation eutrophierter Gewässer.
e) α-euhemerob: noch stärkerer Einfluß durch Tiefumbruch, dauerhafte, tiefgreifende Entwässerung (z. T. Bewässerung), Intensivdüngung und Biozideinsatz; Belastung durch Abwässer. N 18–22%, T 31–40%.
Konkurrenzschwache, oft kurzlebige Ruderal-Pioniergesellschaften, Zierrasen, Sonderkulturen (z. B. Obst, Wein), Äcker mit stark selektierter Wildkrautflora.
f) polyhemerob: Vernichtung von Pflanzenbeständen durch Überdeckung mit Fremdmaterial oder starke Dezimierung durch anhaltende Biotopveränderungen und/oder -neuschaffung. N >22%, T >40%. Konkurrenzschwache, meist artenarme Pionier- oder Relikt-Bestände von Deponien, Trümmerschutt, teilbebauten Flächen u. ä.
g) metahemerob: sehr starke, einseitig negative Einflüsse führen zur Vernichtung der Vegetation, z. B. durch Gifte oder vollständige Bebauung (Versiegelung).

Natürlichkeitsgrade (Hemerobiegrade) von Pflanzengesellschaften 71

Abb. 22. Veränderung der Vegetation einer intensivierten Kulturlandschaft (Holtumer Moor) 1964 (oben) – 1988 (unten) (aus Dierschke & Wittig 1991).
1–2: naturnah bis halbnatürlich; 2: halbnatürlich; 2–3: halbnatürlich bis naturfern; 3 naturfern; 3–4 naturfern-naturfremd; 4: naturfremd; 5: künstlich.

72 Pflanzengesellschaften als Grundbausteine der Vegetation

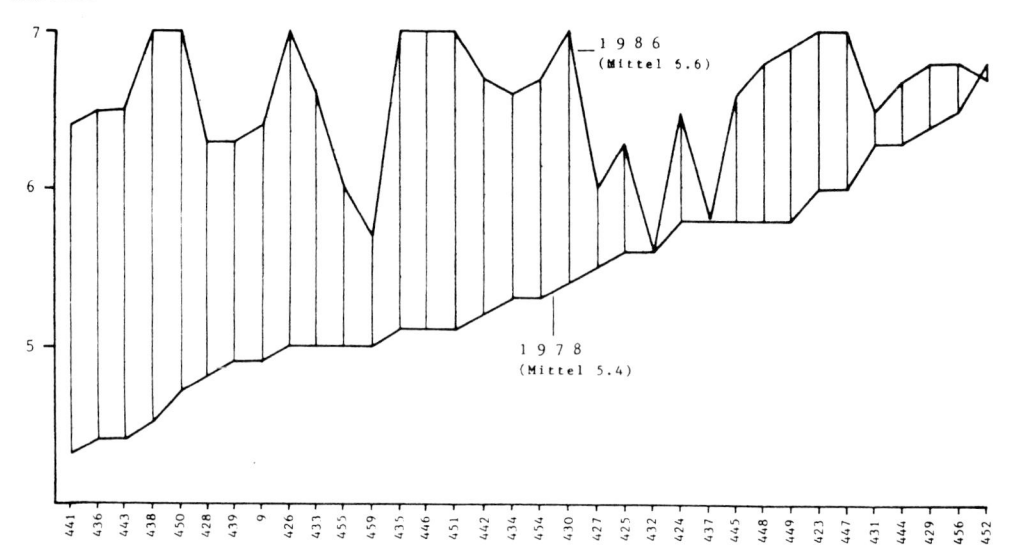

Abb. 23. Mittlere Hemerobiezeigerwerte von Vegetationsaufnahmen der Liegewiesen im Berliner Tiergarten (aus KOWARIK 1988).
Untere Kurve: 1978; obere Kurve: Aufnahme-Wiederholung 1986.

Gegenüber der Abstufung nach Natürlichkeitsgraden haben die Hemerobiegrade den Vorteil, die anthropogene Vegetation etwas stärker zu differenzieren und etwas genauere Abgrenzungskriterien zu beinhalten. Während die ahemerobe und oligohemerobe Stufe der natürlichen bzw. naturnahen Vegetation entsprechen und mesohemerob etwa mit halbnatürlich vergleichbar ist, wird der Bereich naturfremd bis künstlich etwas stärker aufgeteilt. Vegetationskundlich sind allerdings meist nur die euhemeroben Stufen relevant. Hemerobiegrade beziehen sich außerdem nicht nur auf die Vegetation, sondern lassen sich allgemeiner auf Standortsbedingungen (z. B. Böden) anwenden.

Begrifflich sind die Hemerobiegrade nicht vorbelastet und deshalb vielleicht klarer als die mißdeutbaren Natürlichkeitsgrade. Andererseits sind erstere wenig anschaulich und deshalb zumindest im angewandten Bereich nicht so schlagkräftig.

8.2.3 Anwendungen in der Praxis

In allen Fällen der Praxis, wo es um Bewertungen im Spannungsraum Natur-Mensch geht, kann man Abstufungen nach Ausmaß und Dauer menschlicher Einflüsse auf die Vegetation als Kriterien verwenden. Voraussetzung sind gute Kenntnisse der Pflanzengesellschaften selbst und ihrer entsprechenden Einstufung. Arten, Artengruppen oder Pflanzengesellschaften lassen sich nach ihrem bevorzugten Vorkommen bestimmten Graden zuordnen (KUNICK 1974, DIERSSEN et al. 1985, KOWARIK 1988, FRANK et al. 1990). Flächenhafte Umsetzungen oder Spektren von Natürlichkeits- bzw. Hemerobiegraden ergeben Aussagen über Entstehung, Stabilität, Belastbarkeit, Schutzwürdigkeit, Erhaltungsmöglichkeit, Pflege- und Regenerationsmaßnahmen, Erholungswert u. a. (s. Beispiele bei ASMUS 1987, BORNKAMM, 1980, DIERSCHKE & WITTIG 1991, SCHRAUTZER 1988, HERTER 1989). Sie bilden somit z. B. Grundlagen zur Abgrenzung von Schutzgebieten und für Pflegevorschläge, Schaffung von Erholungsgebieten, Aufstellung von Umwelt-, Stadt- und Regionalplanungen (MIYAWAKI & FUJIWARA 1975, SCHLÜTER 1985).

Für Gebietsplanungen kann das Gesellschaftsinventar nach Natürlichkeits-/Hemerobiegraden aufgeschlüsselt werden. Das jeweilige Spektrum erlaubt nach dem flächenhaften Vorherrschen einzelner Grade die Einstufung als z. B. mesohemerob. Beispiele gibt es hierfür aus stadtökologischen Untersuchungen (s. KUNICK 1974, BORNKAMM 1980, KOWARIK 1988). Noch aussagekräftiger sind entsprechende Karten, die entweder direkt im Gelände aufgenommen oder aus Vegetationskarten abgeleitet werden (Abb. 20–21). Selbst für große Gebiete lassen sich solche Karten erstellen (FALIŃSKI 1975 b, SCHLÜTER 1985). Nach dem Vorherrschen bestimmter Vegetationstypen können auch ganze Landschaften als z. B. Natur-, Halbkultur- oder Kulturlandschaften eingestuft werden (z. B. WESTHOFF 1968a, WILMANNS 1989a, S. 242).

Auch zeitliche Vergleiche älterer und jüngerer Spektren oder Karten eines Gebietes ergeben interessante Aspekte, z. B. über allgemeine Vegetationsveränderungen, zunehmende Umweltbelastungen, Zukunftsprognosen (z. B. BORNKAMM 1980, DIERSSEN 1987, DIERSCHKE & WITTIG 1991; Abb. 22).

Einen neuen Ansatz zur Quantifizierung menschlicher Einflüsse auf die Vegetation hat KOWARIK (1988) entwickelt. Er unterscheidet neun Hemerobiestufen und ordnet den Gefäßpflanzen der Flora Westberlins jeweils einen „Hemerobie-Zeigerwert" zu. Dieser gibt das schwerpunktmäßige Auftreten der Arten auf Standorten bestimmter anthropogener Beeinflussung wieder, nach der Auswertung von über 5000 Vegetationsaufnahmen. Hieraus lassen sich für jeden Bestand bzw. jede Pflanzengesellschaft die Anteile der Hemerobiestufen bzw. Hemerobie-Mittelwerte errechnen. Ein Anwendungsbeispiel zeigt Abb. 23.

Die Umsetzung von pflanzensoziologischen Ergebnissen in allgemeinere Kategorien des Grades menschlicher Beeinflussung bietet ein weites, noch wenig erschlossenes Feld angewandter Pflanzensoziologie für Fragen des Umwelt-, Landschafts- und Naturschutzes. Die Anwendung von Hemerobiestufen für syntaxonomische Bewertungen diskutieren DIERSSEN et al. (1985).

9 Grundregeln des Zusammenlebens von Pflanzen

Der gesamte Teil III dieses Buches hat sich mit verschiedenen Aspekten der Entstehung und Erhaltung von Pflanzengesellschaften befaßt. Vieles davon ist in der folgenden Definition von TÜXEN (1957 a) enthalten:

„Eine Pflanzengesellschaft (und Tiergesellschaft = Lebensgemeinschaft) ist eine nach ihrer Artenverbindung durch den Standort ausgelesene Arbeitsgemeinschaft von Pflanzen (und Tieren), die als sich selbst regulierendes und regenerierendes Wirkungsgefüge im Wettbewerb um Raum, Nährstoffe, Wasser und Energie sich in einem soziologisch-dynamischen Gleichgewicht befindet, in dem jedes auf alles wirkt, und das durch die Harmonie zwischen Standort und Produktion und aller Lebenserscheinungen und -äußerungen in Form und Farbe und ihren zeitlichen Ablauf gekennzeichnet ist."

Etwas ausführlicher sind wichtige Grundlagen in den „Gesetzen des Zusammenlebens von Pflanzen und Tieren" zusammengefaßt (TÜXEN 1965). Hieraus sind die folgenden sieben Grundregeln des Zusammenlebens von Pflanzen abgeleitet, teilweise in wörtlicher Wiedergabe einzelner Teile:

1. Gesellschaftsordnung: Keine Pflanze –weder Individuum noch Art – lebt, ebenso wie Tier und Mensch, für sich allein, sondern im lebendigen Wirkungsgefüge ihrer Gesellschaft. Sie kann sich darin nur halten, wenn und solange es ihre Eigenart erlaubt, sich in die Arten-Verbindung, die Gestalt und das Geschehen der sich bildenden, gefestigten und wieder zerfallenden Pflanzengesellschaft räumlich, zeitlich und funktional einzufügen.

2. Exogene Ordnung: Der Standort duldet nur eine ihm angepaßte begrenzte Auslese aus der Gesamtheit aller Arten von Pflanzen. Auf jedem Standort lebt also eine von ihm ausgelesene, jedoch durch das Gesetz der endogenen Gesellschaftsordnung (3) eingeschränkte, ihm angepaßte und mit ihm in Wechselwirkung stehende Pflanzengesellschaft.

Die auf vielseitigen und ausgeglichenen Standorten artenreichen Gesellschaften werden unter einseitigen Lebensbedingungen artenärmer und an der Grenze der Lebensmöglichkeiten einartig.

3. Endogene Ordnung: Von den Arten, welche an einen Wuchsort gelangen können und die der Standort zulassen würde, kann nur eine beschränkte Anzahl von Pflanzen in einer gesättigten Pflanzengesellschaft zusammenleben.

Neben der Florengeschichte, den ausbreitungsbiologischen Möglichkeiten und dem Standort, dem exogenen Kräfte-Integral, entscheiden endogene, gesellschaftseigene Wirkungen über die sich soziologisch zusammenfügenden Sippen und regulieren ihr gesellschaftliches Leben.

4. Wirkungsordnung (funktionale Ordnung): Die Pflanzengesellschaft ist ein Wirkungsgefüge, in welchem jedes auf alles wirkt. Die in ihm ablaufenden Vorgänge und ihre Wirkungen (Funktionen), wie Stoffwechsel, Wachstum, Vermehrung, Ortswechsel, Altern und Sterben der Art-Individuen und ebenso der Bildung, Ausbreitung, des Zerfalls und der Erneuerung der Gesellschaft selbst, sind rhythmisch geordnet. Die Entwicklung und das dynamische Gleichgewicht des Wirkungs-Gefüges sind das Gesamtergebnis des Zusammenwirkens von Standorts- und endogenen Einflüssen (Wettbewerb, Duldung und gegenseitige Hilfe der Arten) zugleich, wodurch wiederum der Standort abgewandelt werden kann.

Dieses Wirkungsgefüge jeder Gesellschaft steht zugleich in Wechselwirkung mit allen ihren Kontaktgesellschaften.

5. Produktionsordnung: Das Ergebnis dieses soziologischen Wirkungsgefüges ist eine echte Arbeitsleistung, die sich in der Selbsterneuerung der Gesellschaft, der Erzeugung organischer Masse, der Bildung und Umbildung von Böden, der Festigung und Sicherung der Erdoberfläche u. a. Erscheinungen äußert. Diese Arbeitsleistung wird durch Arbeitsteilung innerhalb der Gesellschaft erreicht. Jede Biozönose besitzt ein quantitativ bestimmtes Produktionspotential.

6. Räumliche Ordnung: Jeder Bestand einer Pflanzengesellschaft ist in sich im Raume über und unter der Erdoberfläche geordnet, geschichtet. Jede Art, die in einer bestimmten Gesellschaft lebt, muß sich in deren Raum-Ordnung einfügen.

Jede Pflanzengesellschaft braucht zu ihrer Ausbildung einen bestimmten Minimalraum.

Jeder Pflanzengesellschaft ist ein bestimmtes geographisches Areal eigen, das sich allerdings mit Standortswandlungen verlagern kann.

Jede Pflanzengesellschaft hat nur eine beschränkte Anzahl von bestimmten Nachbar- (Kontakt-)Gesellschaften. Auch das Grenzgefüge von Pflanzengesellschaften (ihre Zonierung) ist daher nicht zufällig. Jedes einheitliche Wuchsgebiet enthält darum nur eine begrenzte Zahl von Gesellschaften (Gesellschafts-Komplex).

7. Zeitliche Ordnung: Alle Lebensäußerungen (Erscheinungen, Funktionen und Leistungen) fügen sich in der Pflanzengesellschaft in eine zeitliche Ordnung. Sie zeigt sich ebenso in dem von Tag und Nacht und von den Jahreszeiten gesteuerten Rhythmus wie in der Einfügung jeder Art in den Gesamtablauf der Lebensvorgänge in der Gesellschaft.

Auch die Entwicklung der Gesellschaft, ihr Entstehen, ihre Entfaltung und ihr Zerfall, die durch Arten von hoher dynamischer Kraft gesteuert werden, folgen einer zeitlichen Ordnung, die sich in verschiedenen „Phasen" durch Unterschiede in der Arten-Verbindung zu erkennen gibt. Diese Entwicklung führt zu Veränderungen des Standortes, die ihrerseits wiederum auf die Pflanzengesellschaft rückwirken, bis als „Atempause" im Naturgeschehen ein dynamisches Gleichgewicht eintritt.

Auf *eine* Gesellschaft kann nur eine begrenzte Anzahl bestimmter anderer Gesellschaften folgen. Die Zahl der Anfangsgesellschaften ist größer als die der Schlußgesellschaften. Die Zahl der menschlich bedingten Ersatzgesellschaften jeder Schlußgesellschaft (potentiell natürliche Vegetation) ist beschränkt. Ihre möglichen Arten-Verbindungen sind festgelegt.

IV Die räumliche Ordnung in Pflanzenbeständen (Symmorphologie)

1 Allgemeines

Jeder Pflanzenbestand zeigt eine bestimmte Anordnung und Verknüpfung seiner Teile; er ist sowohl horizontal als auch vertikal, ober- und unterirdisch gegliedert. Art und Anordnung der oberirdischen Teile bestimmen das Aussehen, die Physiognomie eines Bestandes und der übergeordneten Pflanzengesellschaft.

Parallel zur Morphologie, welche die äußere Erscheinungsweise der Pflanzen untersucht, spricht man bei der Analyse der Pflanzengesellschaften von Symmorphologie. Innerhalb der Pflanzensoziologie hat dieser Zweig von jeher eine gewisse Rolle gespielt; bilden doch physiognomische Merkmale wichtige Grundlagen für Vegetationsaufnahme, -gliederung und -klassifikation. Rein symmorphologisch ausgerichtete Untersuchungen von Pflanzengesellschaften gibt es aber noch relativ wenig. Auch die entsprechenden Untersuchungsmethoden sind bisher noch nicht klar ausgearbeitet. So findet sich im Lehrbuch von BRAUN-BLANQUET (1964) kein eigenständiges Kapitel zu diesen Fragen. Unter „Synphysiognomie" werden dort lediglich Lebensformen besprochen. Viele Anregungen gehen vor allem von Arbeiten der Niederländer der letzten Jahrzehnte aus. Eine gute, inhaltsreiche Zusammenfassung gibt BARKMAN (1979); eine weitere Übersicht findet sich bei FLIERVOET (1984). Allgemeinere Betrachtungen zur Struktur gibt HAEUPLER (1982). Viele Beispiele enthält ein Symposiumband über Waldstruktur (DIERSCHKE 1982d).

Symmorphologie wird meist mit Strukturforschung gleichgesetzt. Unter Struktur wird hierbei der Aufbau eines Bestandes aus verschiedenen Elementen verstanden. BARKMAN (1979) unterscheidet erstmals zwischen Textur und Struktur:

Textur: qualitative und quantitative Zusammensetzung aus verschiedenen morphologischen Elementen wie Typen der Blattgröße und -konsistenz, Höhenklassen, Wuchs- und Lebensformen, Pflanzensippen. Unter funktionalem Aspekt gehören hierzu auch die endogenen Wechselbeziehungen (Konkurrenz, Mutualismus u. a.; s. III).

Struktur: räumliche (und zeitlich-rhythmische) Anordnung und Beziehung der Elemente, z. B. Arten- und Populationsverteilung, Schichtung, Vergesellschaftung in Synusien, Mikrogesellschaften. Unter funktionalem Aspekt wären hier z. B. Kreisläufe und Nahrungsketten des übergeordneten Ökosystems zu sehen.

Da diese begriffliche Aufteilung noch recht neu ist, findet man in der Literatur meist beides unter Struktur eingeordnet.

In der Regel werden Textur und Struktur bei symmorphologischen Untersuchungen statisch gesehen. Im weiteren Sinne ist aber auch der dynamische, vorwiegend rhythmische Wechsel äußerer Erscheinungsformen eines Bestandes Untersuchungsgegenstand der Symmorphologie. Er geht z. B. in die Definition der Lebensform ein (s. 3). Eigene Untersuchungsmethoden, eine insgesamt neue Blickrichtung und andere ökologische Bezüge lassen es aber sinnvoll erscheinen, die Vegetationsrhythmik einem eigenen Forschungszweig, der Symphänologie zuzuordnen (s. X 2). Sie steht zwischen Symmorphologie und Syndynamik und wird in diesem Buch mehr im Zusammenhang mit letzterer behandelt.

Äußerlich erkennbare, d. h. physiognomische Merkmale eines Pflanzenbestandes sind besonders leicht zugänglich und bilden von jeher entscheidende Kriterien der Typisierung und Klassifikation von Vegetationseinheiten. Je nach Auswahl oder Betonung der Merkmale gibt es zwei grundlegende Gliederungsprinzipien, die zwei entsprechend unterschiedliche Richtungen der Vegetationskunde begründen:

a) Im Vordergrund stehen physiognomische Kriterien der Textur und Struktur (besonders Schichtung, Wuchs- oder Lebensformen): **Formationskunde**.

b) Im Vordergrund steht mehr oder weniger allein die floristische Zusammensetzung und Verwandtschaft der Bestände (Artenverbindung): **Pflanzensoziologie i. e. S.**

Eine strenge Trennung zwischen Formationskunde und Pflanzensoziologie hat es aber nie gegeben. Um der Natur möglichst nahe zu kommen, kann man sich nicht auf wenige Eigenschaften und Merkmale beschränken.

Textur und Struktur von Pflanzenbeständen sind von großer, oft entscheidender Bedeutung für die Biozönose aus Pflanzen und Tieren. Viele Tiere sprechen in ihrer Habitatwahl vorrangig auf eine bestimmte Bestandesstruktur an. Letztere ist direkt oder indirekt über das von ihr modifizierte Mikroklima wirksam (s. zusammenfassende Beispiele bei BARKMAN 1979). Insgesamt ist die Struktur von Pflanzenbeständen als Primärproduzenten und als rein räumliche Gefüge eine der wichtigsten Grundbedingungen jedes Ökosystems (s. auch BARKMAN 1990).

2 Untersuchung und Darstellung symmorphologischer Merkmale

2.1 Textur- und Strukturmerkmale

Viele Erscheinungen eines Pflanzenbestandes sind dem Betrachter ohne weiteres zugänglich, zumindest die oberirdischen. Zur genaueren Untersuchung bedarf es eines Katalogs wichtiger Merkmale, für die Textur weiter einer Gruppierung der gesamten Variationsbreite jedes Merkmals nach Texturklassen. Bisher gibt es weder eine weitere Übersicht der Merkmale noch in allen Fällen anerkannte Merkmalskategorien, die für eine vergleichende symmorphologische Arbeit wichtig wären.

Eine recht unterschiedliche Auswahl vermitteln z. B. BARKMAN (1979) und HAEUPLER (1982).

Unter symmorphologischem (und symphänologischem) Aspekt sind z. B. folgende Merkmale der Textur und Struktur auswertbar, wobei sich hier teilweise rein physiognomische mit mehr funktionalen Eigenschaften vermischen:

a) Oberirdische Teile von Pflanzen (Texturmerkmale)
- Sproßachsen: Länge, Durchmesser, Verzweigung, Ausrichtung, Lebensdauer, Ausbildung der Rinde/Borke u. a.
- Knospen: Lage zur Bodenoberfläche, Schutz in der ungünstigen Jahreszeit.
- Blätter: Größe, Form, Oberfläche, innerer Bau, Stellung an der Achse, Orientierung, Ausdauer, Reduktion, Behaarung, Farbe, u. a.
- Blüten: Blütenform, Blütenstand, Bau, Farbe, Lage, Blütezeit, Blühdauer, Blühhäufigkeit u. a.
- Früchte und Samen: Form, Reifezeit, Ausstreuen, Anpassungen an die Ausbreitung u. a.
- Vorkommen besonderer Anpassungen: Kletter- und Haftorgane, Phyllokladien, Dornen, Stacheln, Haare, Drüsen, Ausläufer, Speicherorgane, Bulbillen, Aerenchym, Luftwurzeln, vegetative Verbreitungseinheiten u. a.

b) Pflanzenteile im Boden (Texturmerkmale)
- Wurzeln: Bau, Verzweigung, Länge, Tiefe.
- Speicherorgane: Knollen, Zwiebeln, Rhizome.
- Samenpotential: Zahl keimfähiger Samen insgesamt und nach Arten (auch im Jahresverlauf), Tiefenverteilung.

c) Ganze Pflanzen (zusätzlich zu a/b; Textur- und Strukturmerkmale)
  Höhe, Breite, Kronenform, Wuchsform, Periodizität, Lebensform, Art der Bestäubung, Ausbreitungsstrategie.
- Ökologische Anpassungstypen i. e. S. (z. B. Xerophyten, Mesophyten, Helophyten, Sukkulenten, Halophyten), Photosynthese-Typen.
- Sippen, Ökotypen, Altersstufen.
- Aus Einzelmerkmalen für Einzelpflanzen oder Bestände ableitbare Strukturindizes: Sproß/Wurzel-Verhältnis, Sproßachse/Blatt-Verhältnis, Blüten/Biomasse-Verhältnis, Blatt/Biomasse-Verhältnis, Blattflächen/Bodenfläche-Verhältnis (= Blattflächenindex), Sproßsystem/Bodenfläche-Verhältnis.

d) Pflanzengruppen (Strukturmerkmale)
- Populationen, Schichten, Synusien, Mikrogesellschaften.
- Taxonomische, ökologische, phänologische, blütenökologische, soziologische, chorologische u. a. Gruppen.

Im weiteren Sinne gehören auch Indizes für Dominanz und Diversität zur Vegetationsstruktur. Sie werden in anderen Kapiteln (IV 8.2, V 5.2) behandelt. Auch auf Fragen der Homogenität und des Minimum-Areals wird später eingegangen (IV 8).

Diese lange, sicher unvollständige Liste zeigt die breiten Möglichkeiten symmorphologischer Arbeitsansätze. Je nach Ziel der eigenen Fragestellung kann man sich sinnvolle Ziele setzen. Die Untersuchungen können rein qualitativ sein, aber auch quantitative Elemente (z. B. Deckungsgrad, Biomasse) enthalten.

Erleichtert wird die symmorphologische Auswertung von Texturdaten, wenn für jede Pflanzensippe bereits eine Zuordnung zu Merkmalsklassen vorliegt, z. B. zu Größenklassen für Sproßachsen, Blätter, zu Blattypen oder umfassender zu Wuchs und Lebensformen. Da es sich aber häufig um phänotypische Merkmale handelt, muß man mit standortsbedingten Abwandlungen vom Normaltypus rechnen. Allgemeine Einstufungen sind deshalb am jeweiligen Untersuchungsobjekt zu überprüfen.

2.2 Darstellung symmorphologischer Merkmale

Die Darstellung der Struktur eines Bestandes geschieht meist in Form von Schichtungsdiagrammen, mehr oder weniger konkreten bis abstrakten Bestandesprofilen, bei horizontaler Betrachtung eher in Verteilungskarten der Einzelpflanzen, Populationen, von Artengruppen oder ganzer Schichten, großflächig oder in Transektform. Hierauf wird später mit Beispielen eingegangen (s. 5–6).

Texturmerkmale werden häufig in Form von **Spektren** graphisch oder in Tabellen dargestellt. Sie geben den prozentualen Anteil eines Texturmerkmals als Anteil der zugehörigen Pflanzenarten einer Merkmalsklasse in Bezug zur Gesamtartenzahl eines Bestandes bzw. einer Pflanzengesellschaft an.

Man unterscheidet

Qualitative (Präsenz-)Spektren: jede Art wird gleich gewertet.

$$T_p = \frac{\Sigma T_1}{\Sigma T} \cdot 100 \, (\%)$$

ΣT_1 = Zahl der Arten einer Texturklasse
ΣT = Gesamtartenzahl

Quantitative Spektren: jede Art wird entsprechend ihres Mengenanteils oder ihrer Häufigkeit (Deckungsgrad, Biomasse; s. V 5.2. Stetigkeit; s. VI 3.7.1) im Bestand gewertet.

$$T_q = \frac{\Sigma D_1}{\Sigma D} \cdot 100 \, (\%)$$

ΣD_1 = Summe der Deckungsgrade (Biomassen, Stetigkeitsprozente oder -klassen) der Arten einer Texturklasse
ΣD = Summe aller Deckungsgrade (Biomassen, Stetigkeitsprozente oder -klassen)

Bei Auswertung von Stetigkeitsprozenten oder -klassen (s. VIII 2.3) sollten nur Arten mit $\geqq 20\%$ (ab Stetigkeitsklasse II) herangezogen werden.

Die Formeln entsprechen denen von Gruppenanteil bzw. Gruppenmenge bei TÜXEN & ELLENBERG (1937, s. VIII 2.9). Auch die oben erwähnten Strukturdiagramme können entsprechend qualitativ oder quantitativ sein.

Je nachdem, ob man direkt Untersuchungen aus Einzelbeständen verwendet oder indirekte Auswertungen nach bereits bekannten Merkmalseinstufungen und Pflanzengesellschaften durchführt, kann man unterscheiden zwischen
Analytischen Spektren: Darstellung von Einzelergebnissen aus einem Pflanzenbestand.
Synthetische Spektren: Zusammengefaßte Darstellung für Pflanzengesellschaften nach vorweg den Arten zugeordneten Texturmerkmalen.

Textur-Spektren einzelner Merkmale von Beständen oder Pflanzengesellschaften gibt es bisher recht wenig (s. BARKMAN 1979). Gern verwendet werden dagegen Spektren der Wuchs- oder Lebensformen (3.6). Auch für andere Eigenschaften oder Merkmalsgruppen von Pflanzengesellschaften lassen sich entsprechende Spektren erstellen (s. VIII 2.9.2).

2.3 Beispiele für Texturuntersuchungen

Viele Texturmerkmale gehören in den Bereich der Pflanzenmorphologie und sind in entsprechenden Lehrbüchern, aber auch in vielen Bestimmungsfloren (z. B. ROTHMALER et al. 1984) oder anderen Übersichten (z. B. DÜLL & KUTZELNIGG 1986, ELLENBERG et al. 1991, FRANK et al. 1990) zusammengestellt. Die folgenden Kapitel greifen nur einige Beispiele heraus, für die Untersuchungen aus Pflanzengesellschaften vorliegen. Sie mögen zu weiteren Untersuchungen im sehr vielseitigen Bereich der Symmorphologie anregen.

2.3.1 Untersuchung von Blattmerkmalen
Das Blatt als besonders lebenswichtiges und vielgestaltiges Organ der Pflanze bildet die Grundlage verschiedener Texturanalysen,

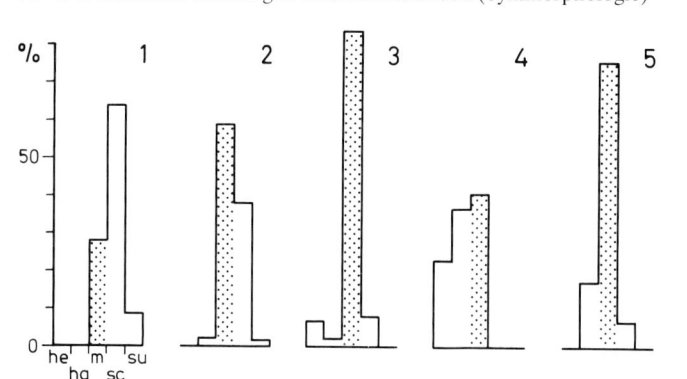

Abb. 24. Quantitative Texturspektren (nach Dekungsgrad und Stetigkeit) des Blattbaus (nach Angaben von JURKO 1983a). Erläuterung im Text.
he: helomorph, hg: hygromorph, m: mesomorph, sc: skleromorph, su: sukkulent.
1: *Poo badensis-Festucetum pallentis*; 2: *Mesobrometum*; 3: *Arrhenatheretum*; 4: *Petasitetum officinalis-glabrati*, 5: *Carici pilosae-Carpinetum*.

besonders im Bereich der Formationskunde. Auch bei pflanzensoziologischen Untersuchungen spielen Blattkriterien teilweise eine größere Rolle. Können doch entsprechende Spektren mancherlei Aufschluß über die Lebensbedingungen (z. B. Licht, Temperatur, Wasser- und Nährstoffhaushalt) geben. Außerdem werden Blattmerkmale über den Blattflächenindex (Blattfläche in Beziehung zur Grundfläche) für das Mikroklima direkt wirksam. Gute Beispiele hierfür geben FLIERVOET (1984), FLIERVOET & WERGER (1984), JURKO (1983a/b), BARKMAN (1988). JURKO weist darauf hin, daß Blattextur und -struktur auch wichtige Kriterien für die Rückhaltefähigkeit von Immissionen darstellen. Verschiedene Blattmerkmale von Rasengesellschaften haben STYNER & HEGG (1984) für Spektren und die Aufstellung von Wuchsformen verwendet. FRANK et al. (1990) unterscheiden 15 Blattformentypen für die Flora der DDR.

Blattbau: Die Blatt-(und Sproß-)Anatomie läßt sich gut mit ökologischen Bedingungen parallelisieren. Sie ist leicht festzustellen und wird in vielen Beschreibungen und Einteilungen der Vegetation verwendet. Für Mitteleuropa hat ELLENBERG (1974/1979) alle Gefäßpflanzen unter Einbeziehung der Sproßachse entsprechend geordnet, so daß für symmorphologische Auswertungen eine gute Grundlage vorliegt. Ähnlich, aber mit etwas anderen Begriffen (nur für die Blätter) ist die Einteilung von BARKMAN (1979; im folgenden in Klammern):

a) hygromorph (malakophyll): dünne, zarte, oft große Blätter mit Anpassungen an dauernd hohe Luftfeuchtigkeit und gute Wasserversorgung.

b) mesomorph (orthophyll): zwischen a und c stehende, „normale" Ausbildung der Blätter.

c) skleromorph (sklerophyll): dick-ledrige, innen versteifte Blätter mit dicker Kutikula und starkwandiger Epidermis als Anpassung an (zeitweise) Trockenheit.

d) sukkulent: dicke Blätter mit Wasserspeichergewebe als Anpassung an (zeitweise) Trockenheit, aber z. B. auch an hohe Salzgehalte im Boden.

ELLENBERG unterscheidet ferner besondere Anpassungen an das Leben auf sehr nassen Standorten bzw. im offenen Wasser:

e) helomorph: mit Durchlüftungsgewebe (Aerenchym; im übrigen meist zu a oder b (c) gehörend.

f) hygromorph: Merkmale von a und e mit weiteren Anpassungen an das Leben im Wasser, z. B. Fehlen der Kutikula, reduziertes Leitgewebe u. a.

Abb. 24 zeigt quantitative Blattbau-Spektren für einige mitteleuropäische Pflanzengesellschaften. Fast überall dominieren mesomorphe Pflanzen, besonders in der Frischwiese (3) und im Eichen-Hainbuchenwald (5). Helo- und hygromorphe Pflanzen finden sich vor allem in der Pestwurz-Flußuferflur (4), an zweiter Stelle im Wald. Dagegen zeichnen sich die Trockenrasen (1,2) durch hohe Anteile skleromorpher Arten aus, der offene Felsrasen (1) zusätzlich durch einen relativ hohen Anteil an Sukkulenten. Weitere Beispiele finden sich bei BARKMAN (1979), JURKO (1983a/b).

Blattgröße: Auch die Blattgröße ist ein leicht abschätzbares Texturmerkmal. Allerdings ist es noch weniger artspezifisch festlegbar als der Blattbau. BARKMAN (1979) schlägt, aufbauend auf älteren Einteilungen, folgende Abstufung nach der Blattfläche vor:
a) bryophyll <4 mm^2
b) leptophyll 4–20 mm^2
c) nanophyll 20–200 mm^2
  nanophyll s. str. 20–60 mm^2
  subnanophyll 60–200 mm^2

Abb. 25. Quantitative Texturspektren (nach Dekungsgrad und Stetigkeit) der Blattgröße und -form (nach Angaben von JURKO 1983a). Erläuterung im Text.
l: leptophyll, n: nanophyll, m: mikrophyll, M: mesophyll, Ma: makrophyll; g: grasartig, d: dreidimensional, f: gefaltet.
1: *Mesobrometum*; 2: *Arrhenatheretum*; 3: *Petasitetum offincinalis-glabrati*; 4: *Vaccinio-Piceetum*; 5: *Luzulo-Fagetum*; 6: *Carici-Carpinetum*.

d) mikrophyll 2–20 cm^2
    mikrophyll s. str. 2–6 cm^2
    submikrophyll 6–20 cm^2
e) mesophyll 20–100 cm^2
f) makrophyll 100–500 cm^2
g) megaphyll >500 cm^2

JURKO (1983a) unterscheidet zusätzlich grasartige, dreidimensionale (fadenförmig oder sukkulente) und gefaltete Blätter (ein- oder beidseitig behaart) und gibt Beispiele für eine Reihe von Pflanzengesellschaften. Etwas vereinfachte Spektren zeigt Abb. 25. Trockenrasen (1), Frischwiese (2), aber auch die bodensauren Wälder (4–5) zeichnen sich durch Überwiegen kleinerer Blätter (l, n, m) aus, wobei der Rasen noch besonders herausfällt. Demgegenüber sind großblättrige Pflanzen vor allem im Eichen-Hainbuchenwald (6) und in der auf reichen Böden wachsenden Pestwurzflur (3) zu finden (genauere ökologische Interpretationen bei JURKO 1983a/b).

Weitere Beispiele für Blattgrößen-Spektren finden sich u. a. bei BARKMAN (1979), FLIERVOET & WERGER (1984).

Blattausdauer: Die Blattausdauer ist ein feststehendes, leicht ermittelbares bzw. meist bekanntes Kriterium. Für Mitteleuropa findet man Angaben bei ELLENBERG et al. (1991); Beispiele s. 3.

a) Immergrün: Blätter wenigstens über zwei Vegetationsperioden ausdauernd.

b) Sommergrün (kältekahl): Blätter (z. T. auch oberirdische Sproßachsen) im Winter abgestorben bzw. abgeworfen.
In Trockengebieten gibt es entsprechend trokkenkahle Pflanzen.

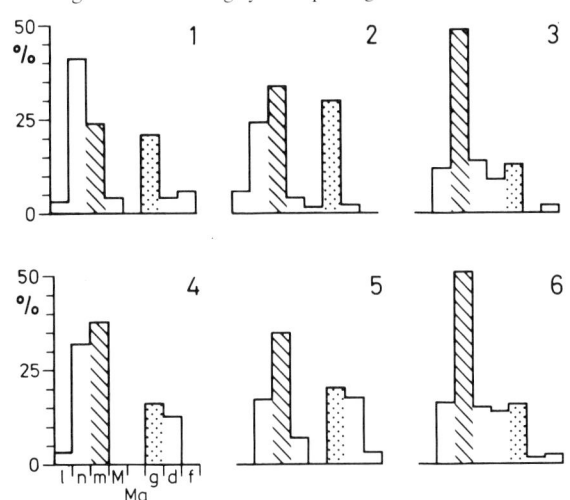

c) Frühlingsgrün-vorsommergrün: Blätter (z. T. auch oberirdische Sproßachsen) bereits im späten Frühjahr vergilbend.

d) Überwinternd-grün: Blätter über einen Winter grün bleibend, darauf meist durch neue Blätter ersetzt.

Zwischen b und c gibt es teilweise Übergänge, die man als halbsommergrün unterscheiden kann (s. DIERSCHKE 1983). Hierzu gehören Arten, die fast immer im Frühsommer vergilben (z. B. *Dentaria bulbifera*), oder nur bei ungünstigen Standortsbedingungen (besonders Trockenheit) frühzeitig in Ruhestand übergehen.

Abb. 26 zeigt Spektren für die Krautschicht dreier Buchenwald-Gesellschaften, wo die Unterschiede besonders deutlich sind. Im artenreichen Kalkbuchenwald (1) und im Braunerde-Buchenwald (2) ist der Anteil frühlings- bis halbsommergrüner, meist geophytischer Arten recht hoch (31 bz. 32%); im Sauerhumus-Buchenwald (3) gehört hierzu nur *Anemone nemorosa*. Letzterer ist ein typisch von sommergrünen und überwinternd-grünen Arten geprägter Wald (75%). Legt man den Spektren die Stetigkeit der Arten zugrunde, wird auch zwischen 1 und 2 der Unterschied klarer: Der Kalkbuchenwald hat den höchsten Anteil frühlings- bis halbsommergrüner Arten (35%), während im Braunerde-Buchenwald überwinternd-grüne (43%) überwiegen (s. auch symphänologische Blattausdauer-Spektren; X 2.5).

Ähnliche Spektren für eine größere Zahl von Pflanzengesellschaften finden sich bei JURKO (1983a/b).

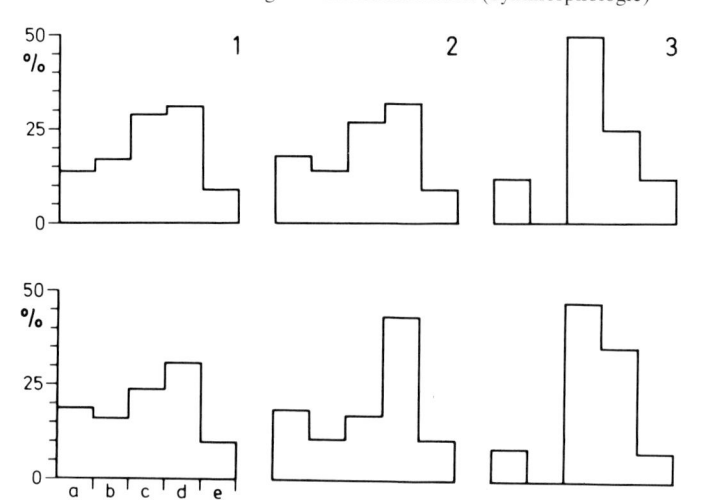

Abb. 26. Qualitative (oben) und quantitative Texturspektren (unten; nach Stetigkeitssummen) der Blattausdauer für die Krautschicht verschiedener Buchenwälder Südniedersachsens. Erläuterung im Text.
a: frühlingsgrün, b: halbsommergrün, c: sommergrün, d: überwinternd-grün, e: immergrün.
1: *Hordelymo-Fagetum lathyretosum* (35 Arten); 2: *H.-F. typicum* (22); 3: *Luzulo-Fagetum typicum* (8).

Wie die Übersicht (2.1) zeigt, sind eine Reihe weiterer Blattmerkmale für Texturbestimmungen denkbar. Bei BARKMAN (1979) findet sich z. B. eine feine Aufteilung der Pflanzen nach der Blattorientierung, die sich mit Mikroklima-Elementen in Beziehung setzen läßt (s. auch PUMPEL 1977, FLIERVOET & WERGER 1984). ELLENBERG (1985) entwickelte für verschiedene Waldtypen Perus Blattformen-Diagramme, die zusätzlich Angaben über Lebensdauer und Bauweise der Blätter enthalten.

2.3.2 Untersuchung von Blütenmerkmalen

Die in der Sippentaxonomie verwendeten Blütenmerkmale sind symmorphologisch meist wenig relevant. Eher sind allgemeinere Erscheinungen, wie unter 2.1 angeführt, von Interesse, oft kombiniert mit phänologischen Rhythmen der Vegetation. So kann man z. B. eine Einteilung nach der Blütezeit (symphänologische Gruppen) vornehmen oder den Wechsel der Farbkomponenten (Blütenfarben-Spektrum) im Jahresverlauf verfolgen. Dieser ergibt z. B. Beziehungen zu den Tieren der übergeordneten Biozönose. Entsprechende Spektren können auch dem Vergleich verschiedener Gesellschaften dienen (Näheres s. X 2).

In blütenbiologische Richtung gehen Einteilungen, die Anpassungen der Blüten an bestimmte Bestäuber zeigen. So unterscheidet KUGLER (1970) z. B. Fledermaus-, Vogel- und Insektenblumen mit weiterer Unterteilung. Mehr auf die morphologische Ausprägung der Blüten gerichtet ist die folgende Einteilung von KUGLER nach **Blumentypen**:

1 Scheiben- oder Schalenblumen
1.1 Pollenblumen (ohne Nektar):
Anemone, Adonis, Chelidonium, Clematis, Filipendula, Helianthemum, Hypericum, Papaver, Rosa, Sambucus, Tulipa u. a.
1.2 Nektarführende Scheibenblumen
a) Nektar offen abgeschieden:
Adoxa, Aegopodium, Angelica, Chrysosplenium, Daucus, Euphorbia, Galium, Peucedanum, Pimpinella, Sinapis, Tilia u. a.
b) Nektar mehr oder weniger geborgen (mit Untertypen):
Allium, Crataegus, Dictamnus, Dryas, Epilobium, Geranium, Linum, Malva, Nuphar, Oxalis, Potentilla, Prunus, Rubus, Sedum, Stellaria, Thesium, Thlaspi, Trollius u. a.

2 Trichterblumen
2.1 Großblütige Formen:
Calystegia, Colchicum, Convolvulus, Crocus, Gentiana, Lythrum, Menyanthes, Vinca u. a.
2.2 Kleinblütige Formen:
Asperula, Gypsophila, Ligustrum, Mentha, Valeriana, u. a.

3 Glockenblumen
3.1 Mit Pollen-Streueinrichtung:
Andromeda, Borago, Calluna, Convallaria, Erica, Galanthus, Leucojum, Rhododendron, Solanum, Symphytum u. a.
3.2 Mit klebrig-festsitzendem Pollen:
Aquilegia, Asarum, Atropa, Campanula, Fritillaria, Geum rivale, Lilium, Polygonatum, Pulsatilla u. a.

4 Stieltellerblumen: Nektar nur mit langem Rüssel gewinnbar
4.1 Staubblätter und Narben im Inneren der Kronröhre:

Anchusa, Daphne, Myosotis, Narcissus, Primula, Pulmonaria u. a.

4.2 Staubblätter und Narben außerhalb der Kronröhre:
Agrostemma, Centaurium, Dianthus, Lychnis, Oenothera, Saponaria, Silene u. a.

5 Lippenblumen
5.1 Eigentliche Lippenblumen
Ajuga, Ballota, Euphrasia, Galeopsis, Lamium, Lonicera, Origanum, Pedicularis, Prunella, Salvia, Satureja, Thymus u. a.
5.2 Rachenblumen:
Aconitum, Digitalis, Echium, Gladiolus, Impatiens, Iris, Lathraea, Orobanche, Pinguicula, Scrophularia u. a.
5.3 Maskenblumen:
Antirrhinum, Linaria, Melampyrum, Mimulus u. a.
5.4 Orchis-Typ:
Dactylorhiza, Epipactis, Gymnadenia, Ophrys, Platanthera u. a.
5.5 Viola-Typ:
Viola
5.6 Verbascum-Typ:
Circaea, Verbascum, Veronica u. a.

6 Schmetterlingsblumen
6.1 Papilionaceen-Typ (mit Untertypen):
Astragalus, Coronilla, Cytisus, Genista, Lathyrus, Lotus, Melilotus, Onobrychis, Ononis, Trifolium u. a.
6.2 Andere:
Corydalis, Fumaria, Polygala u. a.

7 Köpfchen- und Körbchenblumen
7.1 Nur Röhrenblüten:
Antennaria, Carduus, Carlina, Centaurea, Echinops, Eupatorium, Filago, Homogyne, Leontopodium, Onopordon, Petasites, Serratula u. a.
7.2 Nur Zungenblüten:
Cichorium, Crepis, Hypochoeris, Lactuca, Lapsana, Leontodon, Prenanthes, Taraxacum, Tragopogon u. a.
7.3 Röhren und Zungenblüten:
Anthemis, Arnica, Aster, Bellis, Bidens, Chrysanthemum, Matricaria, Senecio, Tussilago u. a.

8 Kolbenblumen
Acorus, Calla u. a.

9 Pinsel- und Bürstenblumen
Salix, Thalictrum u. a.

10 Insektenfallen-Blumen
10.1 Kesselfallen:
Arum, Aristolochia, Cypripedium
10.2 Klemmfallen:
Cynanchum

Diese Zusammenstellung mag als Anregung dienen. Im einzelnen bedürfen blütenmorphologisch-ökologische Einstufungen genauer Detailbeobachtung. Jahreszeitliche Spektren solcher Blumentypen und der Blütenfarben gibt SCHWABE (1985 b) für Grauerlenwälder (s. auch X 2.5). Eine andere Blickrichtung vermittelt KUGLER (1971), der den Anteil anemogamer Arten in vielen Pflanzengesellschaften Mitteleuropas untersucht hat. FRANK et al. (1990) geben sechs Bestäubungstypen für die Flora der DDR an.

2.3.3 Untersuchung von Sproßmerkmalen

Genauere Untersuchungen von Pflanzengesellschaften hinsichtlich der Sproßachse bzw. des Stammes gibt es bisher wohl kaum. Angaben über Höhe, Stammdurchmesser und Kronenform von Bäumen finden sich eher in formationskundlicher oder angewandt-forstlicher Literatur (z. B. KOOP 1989, s. auch 5.3). In den Wuchs- und Lebensformen (s. 3) kommen aber solche Texturmerkmale stark zum Ausdruck, ebenfalls die Ausbildung besonderer Sproßorgane wie Ranken, Dornen, Phyllokladien, Rhizome, Knollen u. a. Auf Einzeldarstellungen sei hier deshalb verzichtet.

2.3.4 Untersuchung von Wurzelmerkmalen

Der unterirdische Teil von Pflanzenbeständen ist dem Betrachter selten direkt zugänglich; er wird demnach nicht unmittelbar physiognomisch wirksam (zu Untersuchungsmethoden s. 5.5). Für eine symmorphologische Texturanalyse sind aber Wurzelmerkmale (und solche unterirdischer Sproßteile) wichtige Elemente. Eine Reihe solcher Merkmale beschreibt KUTSCHERA-MITTER (1984⁴), weist aber gleichzeitig darauf hin, daß diese noch mehr als oberirdische Organe standortsbedingt variieren können. Eine allgemeine Gruppierung der Pflanzen nach Wurzelformen erscheint deshalb kaum möglich. Andererseits ergeben sich für bestimmte Pflanzengesellschaften oft sehr charakteristische Strukturbilder der unterirdischen Biomasse (s. z. B. BARKMAN 1958 b). Für Acker- und Grünlandpflanzen sind die Wurzelatlanten von KUTSCHERA (1960), KUTSCHERA et al. (1982/1992) eine wichtige Quelle.

Ein brauchbares, relativ leicht zu ermittelndes Texturmerkmal ist die **Wurzeltiefe**, jedenfalls bei grober Abstufung. ELLENBERG (1950,

1952) unterscheidet für Ackerunkräuter bzw. Grünlandpflanzen fünf Wurzeltiefen-Gruppen (s. dort weitere Beispiele):

1 Oberflächenwurzler: vorwiegend nur bis 10 cm Tiefe

Centunculus minimus, Erophila verna, Gnaphalium uliginosum, Juncus squarrosus, Sagina procumbens u. a.

Aira praecox, Alopecurus geniculatus, Alyssum alyssoides, Bellis perennis, Briza media, Carex pulicaris, Cerastium semidecandrum, Galium harcynicum, Hydrocotyle vulgaris, Linum catharticum, Luzula campestris, Lysimachia nummularia, Poa annua, Sedum acre, Trifolium repens u. a.

2 Flachwurzler: bis etwa 20 cm Tiefe

Alopecurus myosuroides, Anagallis, Cardamine hirsuta, Euphorbia exigua, Polygonum persicaria, Ranunculus arvensis, Setaria viridis, Solanum nigrum, Spergula arvensis, Veronica persica, Viola arvensis u. a.

Agrostis tenuis, Ajuga reptans, Anthoxanthum odoratum, Arnica montana, Avena pratensis, Bromus racemosus, Campanula patula, Cardamine pratensis, Carex humilis, C. leporina, C. panicea, Cerastium fontanum, Cynosurus cristatus, Danthonia decumbens, Epilobium palustre, Festuca rubra, Galium palustre, Glechoma hederacea, Hieracium pilosella, Juncus articulatus, Koeleria pyramidata, Leontodon hispidus, Lotus uliginosus, Nardus stricta, Phleum pratense, Plantago, Poa pratensis, Senecio aquaticus, Succisa pratensis, Trifolium dubium, Valeriana officinalis, Veronica chamaedrys u. a.

3 Mitteltiefwurzler: bis etwa 30–50 cm Tiefe

Adonis, Agrostemma, Arnoseris, Caucalis, Delphinium, Echinochloa, Erysimum cheiranthoides, Euphorbia helioscopia, Fumaria officinalis, Galium aparine, Matricaria, Myosotis arvensis, Papaver rhoeas, Scandix, Scleranthus annuus, Sonchus oleraceus, Stachys annua, Vicia hirsuta u. a.

Avenella flexuosa, Brachypodium pinnatum, Bromus erectus, Caltha palustris, Campanula rotundifolia, Carex disticha, C. flacca, C. nigra, Corynephorus canescens, Crepis paludosa, Dactylis glomerata, Euphorbia cyparissias, Festuca ovina, F. pratensis, Holcus lanatus, Leontodon autumnalis, Lotus corniculatus, Pimpinella, Poa pratensis, Ranunculus acris, R. repens, Trisetum flavescens, Trollius europaeus, Vicia cracca u. a.

Tiefwurzler: häufig bis 100 cm Tiefe

Equisetum arvense, Euphorbia esula, Lathyrus tuberosus, Silene alba, Tussilago farfara u. a.

Achillea, Alopecurus pratensis, Anthriscus sylvestris, Carex gracilis, C. hirta, Centaurea jacea, Cirsium acaule, C. palustre, Daucus carota, Festuca arundinacea, Filipendula ulmaria, Geranium pratense, Hippocrepis comosa, Juncus effusus, Knautia arvensis, Lathyrus pratensis, Lysimachia vulgaris, Meum athamanticum, Ononis, Pastinaca, Polygonum bistorta, Sanguisorba officinalis, Scirpus sylvaticus, Taraxacum officinale, Trifolium pratense u. a.

5 Untergrund-Wurzler: häufig bis über 100 cm Tiefe

Cirsium arvense, Convolvulus arvensis, Falcaria vulgaris u. a. *Arrhenatherum elatius, Artemisia campestris, Carex acutiformis, Centaurea scabiosa, Cirsium oleraceum, Crepis biennis, Deschampsia cespitosa, Equisetum palustre, Eryngium campestre, Galium album, Heracleum sphondylium, Molinia caerulea, Onobrychis viciaefolia, Phalaris, Phragmites, Rumex acetosa, Salvia pratensis, Stipa capillata* u. a.

Die Beispiele bei ELLENBERG zeigen, daß es bei vielen Arten Übergänge zwischen diesen Gruppen oder noch gar keine Kenntnisse gibt. In Abb. 27 sind Wurzeltiefenspektren nach obiger Gruppierung für Wiesen und Weiden dargestellt. Der Anteil der Oberflächen- und Flachwurzler ist besonders hoch in Intensivweiden (a: 57%). In der Glatthaferwiese (b) geht er auf 40% zurück, und im Halbtrockenrasen (c) beträgt er nur 31%. In letzerem überwiegen deutlich Mitteltiefwurzler mit über 40% als Anpassung an oberflächliche Bodenaustrocknung. Tief- und Untergrund-Wurzler zeigen von a nach c ein Verhältnis 15:24:17. Hier ist wohl der Weideeinfluß maßgeblich; die Notwendigkeit zu rascher und häufiger Regeneration oberirdischer Teile läßt wenig Möglichkeiten für Pflanzen, die mehr in unterirdische Biomasse investieren.

Ähnliche Spektren für die Krautschicht verschiedener Buchenwälder gibt SCHMIDT (1970; s. Abb. 28). In der humusreichen Rendzina des Bärlauch-Kalkbuchenwaldes ist die Wurzelverteilung recht gleichmäßig. Begünstigt sind offenbar tiefer wurzelnde Arten. Auf basenarmen Böden (3–4) können hingegen vorwiegend Flachwurzler den stark eingeengten Humushorizont nutzen.

Angaben über die Wurzeltiefe von Waldpflanzen finden sich bereits bei ELLENBERG (1939), außerdem bei PLAŠILOVÁ (1970). Weitere Beispiele folgen unter 5.5.

Abb. 27. Qualitatives Wurzeltiefenspektrum verschiedener Grünlandgesellschaften. Wurzeltiefenklassen 1–5 und Erläuterung im Text.
a: *Lolio-Cynosuretum*; b: *Arrhenatheretum*; c: *Gentiano-Koelerietum*.

Abb. 28. Quantitatives Wurzeltiefenspektrum (nach Deckungsgrad) der Krautschicht verschiedener Buchenwälder (nach SCHMIDT 1970). Erläuterung im Text.
a: – 5 cm, b: – 15 cm, c: – 30 cm Tiefe wurzelnd.
1 *Hordelymo-Fagetum lathyretosum*, *Allium*-Var.; 2: *H.-F. typicum*; 3: *Luzulo-Fagetum typicum*; 4: *L.-F. leucobryetosum*.

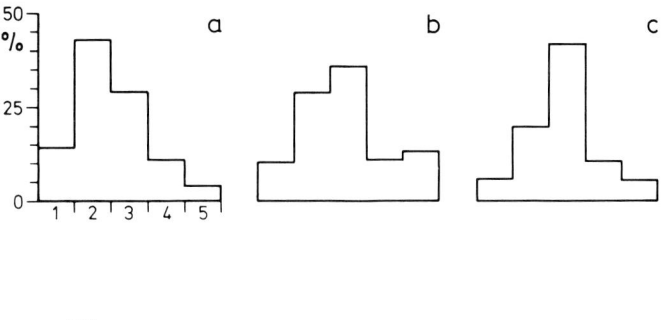

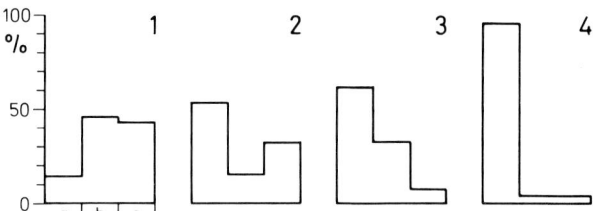

2.3.5 Früchte und Samen

Ausbreitungseinheiten, die sich als Fortpflanzungskörper von der Mutterpflanze ablösen, werden als Diasporen zusammengefaßt. Hierzu gehören Sporen, Samen und Früchte, aber auch vegetative Körper (s. MÜLLER-SCHNEIDER & LHOTSKÁ 1971).

Von den Merkmalen der Früchte und Samen, die man zumindest im weiteren Sinne als symmorphologisch bezeichnen kann, sind aus pflanzensoziologischer Sicht vor allem solche von Interesse, die sich auch funktional bemerkbar machen, z. B. als Ausdruck der Konkurrenzkraft (s. III 2.2). In erster Linie können hier Anpassungsmerkmale an die Ausbreitung genannt werden.

Eine gute, sehr inhaltsreiche, für pflanzensoziologische Untersuchungen anregende und relevante Zusammenfassung ausbreitungsbiologischer (diasporologischer) Kriterien gibt MÜLLER-SCHNEIDER (1977). Hier können nur einige wichtige Pflanzengruppen kurz aufgeführt werden, die nach der Art der Ausbreitung unterschieden sind:

Autochoren: Selbstausbreiter.
a) Selbststreuer durch Turgor- oder Gewebespannungen:
Cardamine, Cytisus, Erodium, Geranium, Impatiens, Lathyrus, Lotus, Mercurialis, Oxalis, Vicia, Viola u. a.
b) Selbstableger: durch Kriechsprosse über Ablegerbildung.

Anagallis, Polygonum aviculare, Veronica hederifolia u. a.
c) Samenkriecher: Diasporenbewegung mit Hilfe hygroskopischer Haare oder Grannen.
Avena pubescens, Corynephorus, Deschampsia, Hordeum, Pulsatilla, Scabiosa u. a.
Ballochoren: durch Schwerkraft fallend oder an erschlaffenden Stengeln zu Boden sinkend:
Aesculus, Fagus, Juglans, Quercus; Asarum, Crocus, Hepatica, Leucojum, Pulmonaria, Scilla u. a.
Anemochoren: durch Wind ausgebreitet; sehr viele Arten.
a) Flieger:
Ballonflieger: mit lufterfüllten Gewebeteilen, meist sehr kleine Samen.
Viele Ericaceen, Orchidaceen, Pyrolaceen, Saxifragaceen u. a.
Haarschirmflieger: verschiedene Typen haariger Anhängsel.
Carduus, Carlina, Cirsium, Clematis, Crepis, Dryas, Epilobium, Eriophorum, Erodium, Geum, Hieracium, Lactuca, Petasites, Phragmites, Populus, Pulsatilla, Salix, Senecio, Sonchus, Stipa, Taraxacum, Tragopogon, Tussilago u. a.
Flügelflieger: mit flügelartig verbreiterten Anhängseln.
Acer, Alnus, Betula, Biscutella, Carpinus, Fraxinus, Heracleum, Humulus, Picea, Pinus, Rumex, Tilia, Ulmus. u. a.
b) Bodenläufer: schwerere, kugel- und walzenförmige Früchte mit großen Lufträumen.
Anthyllis, Astragalus, Colutea, Medicago, Oxytropis u. a.

c) **Windstreuer**: der vom Wind umgebogene, versteifte Stengel schleudert beim Zurückschnellen die Samen aus.
Bellis, Campanula, Gentiana, Papaver, Primula, Silene u. a.

Hydrochoren: durch Wasser ausgebreitet, meist schwimmfähig.
Alisma, Berula, Calla, Caltha, Carex ssp., *Cicuta, Cladium, Comarum, Iris pseudacorus, Menyanthes, Nymphaea, Nuphar, Oenanthe, Potamogeton, Rumex hydrolapathum, Sagittaria, Schoenoplectus, Scutellaria, Sparganium* u. a.

Zoochoren: durch Tiere ausgebreitet.
a) Mundwanderer: meist mit Ölkörper (Elaiosomen), besonders von Ameisen ausgebreitet.
Ajuga, Asarum, Carduus, Carex digitata, Chelidonium, Colchicum, Corydalis, Helleborus, Hepatica, Luzula, Melampyrum, Melica, Veronica, Viola u. a.

b) Darmwanderer (Endochoren): oft auffällig gefärbte, fleischige Früchte.
Arctostaphylos, Atropa, Berberis, Convallaria, Cornus, Crataegus, Empetrum, Euonymus, Fragaria, Hippophaë, Ilex, Juniperus, Ligustrum, Lonicera, Maianthemum, Oxycoccus, Paris, Polygonatum, Prunus, Pyrus, Ribes, Rosa, Rubus, Sambucus, Solanum, Sorbus, Taxus, Vaccinium, Viburnum, Viscum, u. a.

Außerdem viele zufällig gefressene, unauffällige Samen.

c) Anhafter (Epichoren).
Kleine Samen mit Schlamm an Vogelfüßen u. ä.: *Cyperus, Eleocharis, Glyceria, Juncus, Rorippa, Scirpus* u. a.

Samen mit Haftorganen:
Agrimonia, Arctium, Cerastium, Circaea, Cynoglossum, Daucus, Dipsacus, Galium, Geum, Lappula, Leonurus, Medicago, Myosotis, Ranunculus, Sanicula u. a.

d) Beim Tierfraß bzw. Einrichten von Sammellagern zufällig übrigbleibende Samen und Früchte:
Castanea, Corylus, Fagus, Juglans, Quercus, Pinus u. a.

Hemerochoren: durch den Menschen ausgebreitet (s. auch III 7).

MÜLLER-SCHNEIDER (1977) weist auf die Bedeutung ausbreitungsbiologischer Spektren für die Pflanzensoziologie hin (s. auch X 3.5.1). So bestehen z. B. Pioniergesellschaften oft großenteils aus Anemochoren. Viele Arten der Trittgesellschaften werden endochor ausgebreitet,

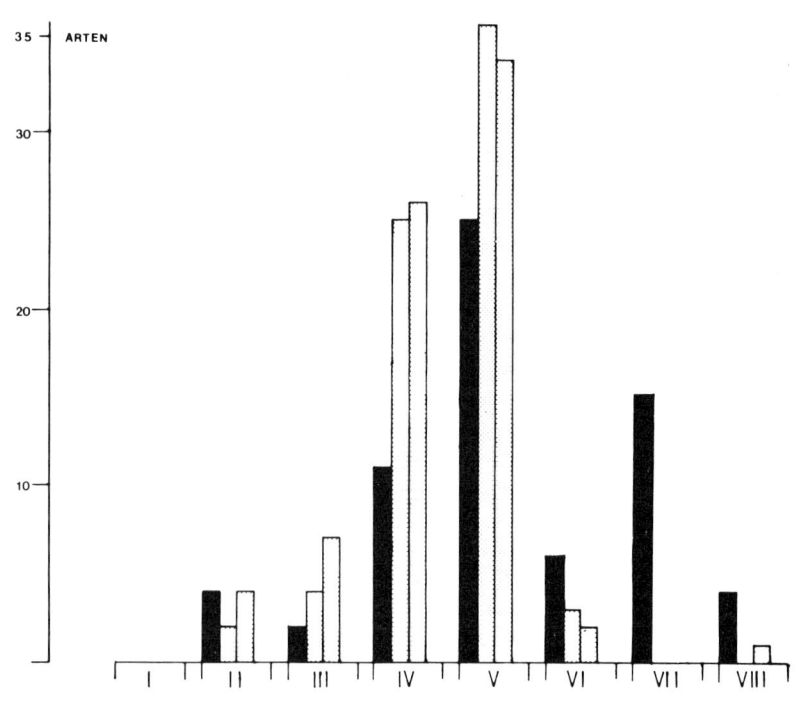

Abb. 29. Qualitatives Spektrum der Massengrößenklassen von Diasporen im Eichen-Hainbuchenwald (schwarz) und in zwei Halbtrockenrasen (hell; aus LUFTENSTEINER 1982). Erläuterung im Text.

ebenfalls etliche Rasen- und Grünlandpflanzen. Epichoren sind besonders zahlreich in Gebüsch-Gesellschaften. Hydrochoren kommen naturgemäß vor allem bei Sumpf- und Wasservegetation vor. Ausbreitungsbiologische Spektren vieler mitteleuropäischer Pflanzengesellschaften hat JURKO (1987) errechnet.

Auf die Bedeutung der Hemerochoren als Kriterium für die Natürlichkeit bzw. Hemerobie von Pflanzengesellschaften wurde bereits eingegangen (III 8).

Eine einfachere, dafür umfassendere Einteilung der Pflanzen nach ihrer Ausbreitungsbiologie findet sich in der Flora von ROTHMALER et al. (1984; s. auch FRANK et al. 1990).

Sehr detaillierte, z. T. experimentelle Untersuchungen liegen dem System von LUFTENSTEINER (1982) zugrunde. Es ist strenger morphologisch ausgerichtet, indem es die Pflanzen nach dem Vorkommen oder Fehlen bestimmter Ausbreitungseinrichtungen gruppiert. Zusätzlich wird das Diasporen-Gewicht herangezogen und klassifiziert. Die Masse läßt sich sowohl zur Ausbreitungsentfernung als auch über den Nährstoffvorrat zur Keimungsmöglichkeit in Beziehung setzen. LUFTENSTEINER unterscheidet u. a. acht Massenklassen und zwölf Bautypen von Ausbreitungseinheiten, die sich vielfältig kombinieren lassen. Manche der bei MÜLLER-SCHNEIDER (1977) aufgeführten Gruppen finden sich wieder, soweit sie durch besondere Ausbreitungseinheiten auffallen (z. B. Anpassungen an Windverbreitung). Dagegen sind Pflanzen, die aus Kapseln, Hülsen oder Schoten Samen ausstreuen, aber keine weiteren Anpassungen der Diasporen erkennen lassen, als Semachoren zusammengefaßt; Arten mit sehr schweren Diasporen gehören zu den Barochoren.

LUFTENSTEINER kann aufgrund seiner Untersuchungen für zahlreiche Pflanzen von Wäldern und Trockenrasen genauere Angaben machen. Für die untersuchten Pflanzengesellschaften werden verschiedene Spektren aufgestellt. Das hier angeführte Beispiel eines Massenklassen-Spektrums (Abb. 29) zeigt u. a., daß sehr schwere Diasporen nur im naturnahen Wald eine Rolle spielen, während die Halbtrockenrasen vorwiegend leichtere Ausbreitungseinheiten aufweisen. Weitere Beispiele finden sich bei LUFTENSTEINER (1982, 1984). Ähnliche Spektren der Samengewichte und Ausbreitungstypen hat schon KORNAS (1972) für Ackerunkraut-Gesellschaften aufgestellt.

3 Wuchs- und Lebensformen

3.1 Allgemeine Einführung

Wesentlich älter als die Untersuchung der Einzelmerkmale von Pflanzen oder Pflanzengruppen eines Bestandes oder einer Gesellschaft sind Versuche, die Pflanzen nach ihrem gesamten Erscheinungsbild, ihrer Physiognomie, zu gruppieren. Neben rein morphologischen Merkmalen spielen dabei häufig auch phänologische und ökologische Kriterien eine Rolle. Überhaupt liegt solchen Einteilungen oft die Vorstellung zugrunde, daß sich hieraus Beziehungen zum gesamten Lebenshaushalt der Pflanzen ableiten oder voraussagen lassen. Gibt es doch recht auffällige konvergente (genotypische oder nur phänotypische) Anpassungen der Pflanzen, z. B. an Gegebenheiten des Wasser- oder Nährstoffhaushaltes.

Man unterscheidet

Wuchsformen: Pflanzen mit ähnlicher morphologischer (physiognomischer) Ausprägung des Sproß- und Wurzelsystems. Zugrunde liegen Texturmerkmale;

Lebensformen: Pflanzen mit ähnlicher morphologischer Ausprägung und ähnlichem Lebensrhythmus, unter Betonung der Anpassungen an besondere Lebensbedingungen (Epharmonie: Zustand einer Pflanze in Harmonie mit ihrer Umwelt). Neben rein morphologischen stehen also ökologische Kriterien.

Genau genommen sind Wuchs- und Lebensformen nur zwei Aspekte einer Fragestellung. Oft wird nicht klar getrennt, oder beide Begriffe werden sogar synonym gebraucht. BARKMAN (1988a) setzt sich für ein rein morphologisches Wuchsformen-System ein, das frei ist von Hypothesen über ökologische Anpassungen.

Lebensformen sind dagegen der umfassendere Begriff, wenn auch auf weniger scharfen Abgrenzungskriterien beruhend als rein morphologische Wuchsformen. In der vegetationskundlichen Literatur findet man deshalb meist Lebensformen, häufig dargestellt als Spektren der Pflanzengesellschaften oder als Grundlage einer Klassifikation nach Formationen.

Die Gliederung der Pflanzen in Wuchs- oder Lebensformen ist wesentlich älter als die taxonomische, ebenso die Formationskunde gegenüber der Pflanzensoziologie. Jedem aufmerksamen Naturbeobachter fallen ähnlich aussehende Pflanzen leichter auf als Gruppen mit z. B. speziellen Blütenmerkmalen. Die Ausbildung von Konvergenzen ist häufig völlig unabhängig von der taxonomischen Zugehörigkeit. So können Sippen einer Gattung ganz verschiedenen Lebensformen angehören. In der Gattung *Senecio* gibt es z. B. ein breites Spektrum von kurzlebigen kleinen Kräutern über größere, ausdauernde Stauden bis zu langlebigen Sträuchern und Bäumen. Ähnliches hat HAGEMANN (1989) für *Hypericum* dargestellt. Umgekehrt findet man z. B. Stammsukkulenten bei Cactaceen, Euphorbiaceen, Asclepiadaceen, Liliaceen, Compositen u. a., also in taxonomisch weit getrennten Gruppen.

Eine Pflanze durchläuft oft im Verlauf ihres Lebens verschiedene Wuchsformen (z. B. Keimling, krautige Jungpflanze, verholzte Altpflanze). Je nach Umweltbedingungen kann eine Art auch unterschiedlich wachsen. So ist *Hedera helix* in wintermilden Klimaten eine hochwüchsige Liane, in winterkälteren kriecht sie hingegen am Boden. *Hypericum maculatum* wächst im Extensivgrünland als Einzelpflanze, auf Brachflächen dagegen in großen Herden (SCHIEFER 1980). Der Xeromorphiegrad einer Pflanze hängt oft von Außenbedingungen ab, so daß auch je nach Wasserversorgung die Pflanzen einer Art verschieden aussehen können.

Über die Ursprünge der Einteilungen in Wuchs- und Lebensformen gibt es eine Reihe von Darstellungen, so daß hier auf eine genauere historische Aufzählung verzichtet werden kann (s. GAMS 1918, DU RIETZ 1931, BRAUN-BLANQUET 1964, BARKMAN 1979, 1988a). Schon die alten Griechen haben sich mit solchen Fragen befaßt (Pflanzenkunde des THEOPHRAST; s. GAMS 1918). Als Begründer der eigentlichen Lebensformenlehre gilt A. VON HUMBOLDT. In seinem Buch über „Ideen zu einer Physiognomik der Gewächse" (1806) unterschied er grob 16 „Hauptformen"; z. B. die Kaktus-, Bananen-, Palmen-, Lorbeerform, Heidekräuter, Gräser, Farne, Orchideen, Lianen u. a.

Im Verlaufe des 19. bis zum Anfang des 20. Jahrhunderts gab es viele Versuche zu ähnlichen Gruppierungen der Pflanzen. Sowohl für kleinere Gebiete als auch weltweit erschienen Wuchs- und Lebensformen als brauchbare Grundlage zu einer raschen Übersicht über Flora und Vegetation. Wichtige Vertreter dieser physiognomisch (-ökologischen) Richtung waren z. B. GRISEBACH, KERNER, DRUDE, HULT, WARMING u. a. Die Zahl der physiognomischen Grundtypen wurde rasch größer. Es gab aber keine Einigkeit über bevorzugt zu verwendende Merkmale und entsprechend kein einheitliches System. Dieser Zustand hat sich bis heute nicht wesentlich verändert. Eher hat jeder Bearbeiter sich die seinen Zwecken dienlichen Kriterien herausgesucht (s. Anmerkungen bei BRAUN-BLANQUET 1964, BARKMAN 1979).

In der Pflanzensoziologie haben sich Lebensform-Gliederungen durchgesetzt, die auf grundlegende Arbeiten von RAUNKIAER zurückgehen. Sie gelten vorwiegend für Landpflanzen. Für Wasserpflanzen gibt es teilweise eigene Gliederungen, ebenfalls für Kryptogamen (s. BARKMAN 1958a).

3.2 Das Lebensformen-System von Raunkiaer

Das Verdienst des Dänen CHRISTEN RAUNKIAER ist es, aus der Vielzahl von Texturmerkmalen ein gut brauchbares und leicht zu erkennendes Kriterium vorrangig für die Gliederung nach Lebensformen vorgeschlagen zu haben, nämlich die Lage und den Schutz der Überdauerungsorgane in der ungünstigen Jahreszeit (Trockenzeit oder Winter). Es handelt sich also um Anpassungen der Pflanzen an rhythmische Erscheinungen des Makroklimas. Dieser Vorschlag wurde vielfach akzeptiert, z. T. etwas modifiziert und liegt vielen späteren Systemen zugrunde.

RAUNKIAER (besonders 1907/1937) unterschied fünf Klassen von Lebensformen mit weiterer Untergliederung (Abb. 30):

Phanerophyten: Überdauerungsorgane weit über dem Boden an langlebigen, negativ geotropen Sproßachsen.

a) Megaphanerophyten: über 30 m hoch
b) Mesophanerophyten: 8–30 m hoch
c) Mikrophanerophyten: 2–8 m hoch
d) Nanophanerophyten: unter 2 m hoch
e) Krautige Phanerophyten
f) Stammsukkulente Phanerophyten
g) Epiphytische Phanerophyten

Weitere Untergliederung nach Immer- oder Sommergrünen, Knospenschutz u. a.

Chamaephyten: Überdauerungsorgane an ausdauernden, in Bodennähe oder auf dem Boden befindlichen Sproßteilen. Höhere Triebe z. T. periodisch absterbend.

a) Suffruticose Chamaephyten: Aufrecht wachsende Sprosse, oberer Teil periodisch absterbend.

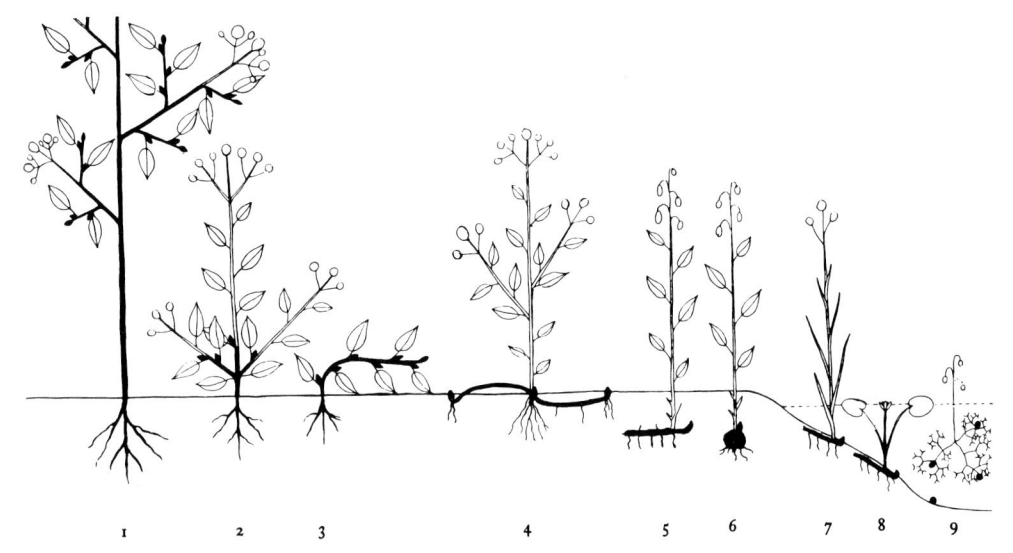

Abb. 30: Lebensformen (aus RAUNKIAER 1937). 1: Phanerophyten, 2–3: Chamaephyten, 4: Hemikryptophyten, 5–6: Kryptophyten, 7: Helophyten, 8–9: Hydrophyten.

b) Passive Chamaephyten: Sproßachse durch ihr Gewicht am Boden liegend.
c) Aktive Chamaephyten: Sproßachse horizontal auf dem Boden wachsend.
d) Polsterpflanzen: Dicht gedrängtes Sproßsystem.
Hemikryptophyten: oberirdische Sprosse periodisch absterbend. Überdauerungsorgane an der Bodenoberfläche, durch den Boden oder Pflanzenreste geschützt.
a) Proto-Hemikryptophyten: Sproßachse von der Basis deutlich verlängert, nur mit Stengelblättern.
b) Halbrosettenpflanzen: mit Blattrosette und Stengelblättern.
c) Rosettenpflanzen: nur mit Blattrosette.
Weitere Unterteilung nach Vorkommen von Ausläufern, Art der Verzweigung u. a.
Kryptophyten: Oberirdische Sprosse periodisch absterbend. Überdauerungsorgane im Boden oder unter Wasser.
a) Geophyten: Überdauerungsorgane im Boden.
Rhizomgeophyten
Sproßknollengeophyten
Wurzelknollengeophyten
Zwiebelgeophyten
Wurzelgeophyten
b) Helophyten: Überdauerungsorgane im Wasser oder wassergesättigten Boden, Sprosse in die Luft ragend.
c) Hydrophyten: Überdauerungsorgane unter Wasser, Sprosse im Wasser oder auf der Wasseroberfläche.
Therophyten: Nur in der günstigen Jahreszeit vorhanden oder als Jungpflanzen überwinternd. Überdauerung durch Samen.

RAUNKIAER benutzte seine Lebensformen zunächst zur Charakterisierung unterschiedlicher Klimagebiete. Heute werden sie mehr zur symmorphologischen Kennzeichnung von Vegetationstypen verwendet. Besonders in Gebieten, wo die Flora noch ungenügend bekannt ist, und/oder bei großräumig-vegetationsgeographischen Gliederungen sind Lebensformen eine geeignete Grundlage für vegetationskundliche Arbeit.

Obwohl dieses Lebensformen-System vielen anderen Systemen zugrunde liegt, fehlt es nicht an Kritik. So sieht BARKMAN (1973, S. 449) folgende Punkte:
– Das System ist teilweise nur ein Wuchsformen-System.
– Es ist nicht gut brauchbar in dauerhumiden und warmen Klimagebieten.
– Es ist nicht gut angepaßt an Wasserpflanzen, Moose und Flechten.
– Es erstreckt sich nicht auf das ganze Pflanzenreich.
– Einige Lebensform-Klassen sind zu breit gefaßt, einige Untergruppen eher zu eng.
Manche dieser Kritikpunkte sind inzwischen ausgemerzt, wie die folgenden Kapitel zeigen.

3.3 Neuere Systeme von Wuchs- und Lebensformen

Inzwischen ist das System von RAUNKIAER wesentlich erweitert und differenziert worden. So gab es ursprünglich z. B. keine Unterscheidung von Bäumen und Sträuchern. Auch horstige oder sonstwie grundverzweigte kleinwüchsige Arten kamen nicht vor, ebenfalls echte Zwergsträucher ohne Absterben von Sproßteilen. Viele Einzelheiten waren noch zu wenig bekannt oder wurden nicht stärker beachtet (z. B. Blattausdauer, Blattbau u. a.).

Die heute gebräuchlichen Lebensform-Systeme sind, auch wenn sie auf RAUNKIAER aufbauen, je nach ihrem Zweck etwas verschieden. Vegetationsgeographisch ausgerichtet ist z. B. das stärker gegliederte System von SCHMITHÜSEN (1968). Aus geobotanischer Sicht sei das weltweite System von ELLENBERG & MUELLER-DOMBOIS (1967b) genannt (s. auch BOX 1981). Für pflanzensoziologische Zwecke entwarf BRAUN-BLANQUET bereits 1928 ein differenziertes System (s. auch ELLENBERG 1956).

BARKMAN (1988a) hat ein neues, umfassendes Wuchsformen-System für makroskopische Pflanzen entwickelt. Es enthält 88 Wuchsformen von frei beweglichem Plankton bis zu verschiedenen Baumtypen. Die Benennung erfolgt nach bezeichnenden Gattungsnamen (z. B. Lemnids, Bazzaniids, Convolvulids, Moliniids, Primulids, Rosids, Quercids). Es werden nur morphologische Kriterien verwendet, die direkt im Gelände erkennbar sind. Hervorzuheben ist der Einbezug der Kryptogamen mit einer großen Zahl von Gruppen.

Da der Lebensrhythmus der Pflanzen in diesem System keinen Platz findet, schlägt BARKMAN ein getrenntes System phänologischer Pflanzentypen vor (s. auch X 2.5.4).

Die vorhandenen Systeme beziehen sich auf die gesamte Flora (z. T. auch Tiere!) oder auf kleinere Gebiete, oder sie umfassen nur bestimmte Pflanzengruppen. Häufig erfolgt eine Konzentration auf Land-Gefäßpflanzen. Für Wasserpflanzen gibt es oft eigene Systeme (s. 3.3.2).

Für die Gefäßpflanzenflora Mitteleuropas hat ELLENBERG (1974, 1979) eine Zuordnung zu Lebensformen vorgenommen. Auch in vielen Floren werden entsprechende Angaben gemacht. Wie ELLENBERG betont, ist eine feine Zuordnung vieler Pflanzen noch nicht möglich. Teilweise ist sie überhaupt schwierig, da viele Pflanzen je nach Lebensbedingungen unterschiedlich einzuordnen sind. So gibt es z. B. häufig Übergänge von Annuellen zu Biennen oder von Hemikryptophyten zu Chamaephyten, manchmal auch von Zwergsträuchern zu Sträuchern.

Gute Beispiele genauer Detailbeobachtungen als Grundlage differenzierter Lebensformen-Systeme sind die Angaben für Grünlandpflanzen von ELLENBERG (1952) und SCHIEFER (1980), für Acker und Ruderalpflanzen bei ELLENBERG (1950), SISSINGH (1952) und SCHMIDT (1981a) sowie für Kletterpflanzen bei WILMANNS (1983). Für ein breiteres floristisches Spektrum gibt ZAHLHEIMER (1985) einen differenzierten Schlüssel der Lebensformen. Viele Details enthalten aber auch schon die grundlegenden Arbeiten von RAUNKIAER.

In der folgenden Übersicht für mitteleuropäische Land-Gefäßpflanzen sind viele der in den genannten Systemen aufgeführten Kategorien in möglichst zweckmäßiger Weise zusammengefaßt.

3.4 Lebensformen-System für mitteleuropäische Land-Gefäßpflanzen

3.4.1 Grundaufbau des Systems

Das folgende System richtet sich großenteils im Aufbau nach ELLENBERG & MUELLER-DOMBOIS(1967b). Dort bilden die Grundtypen von RAUNKIAER die oberste Kategorie. Nach drei Hauptkriterien werden weltweit alle Pflanzen in 23 Hauptgruppen darunter eingeordnet:

A Trophische Einteilung
   Autotrophe
   Semiautotrophe = Halbparasiten
   Heterotrophe = Parasiten, Saprophyten
B Anatomischer Bau
   Kormophyten
   Thallophyten
C Selbständigkeit, Notwendigkeit von Stützelementen, Verwurzelung.
1. Selbständig wachsende Bodenwurzler.
2. Auf anderen Pflanzen oder vergleichbaren Stützen Wachsende.
2.1 Lianen: dauernd im Boden wurzelnd.
2.2 Halbepiphyten (Pseudolianen): Auf anderen Pflanzen keimend, später Wurzeln zum Boden wachsend; oder Pflanzen im Boden keimend, emporkletternd, später den Kontakt zum Boden verlierend.

2.3 Epiphyten: Keimung und Wachstum auf anderen Pflanzen.
3. Selbständig wachsende, frei bewegliche Wasserpflanzen.

In der folgenden Übersicht werden die unter A und C gesondert betrachteten Gruppen jeweils den Hauptlebensformen nach RAUNKIAER untergeordnet, da die dort erfaßten Abwandlungen in Mitteleuropa weniger wichtig sind. Von B sind nur die Gefäßpflanzen erfaßt. Dafür wird hier der Bildung von Ausläufern stärkeres Gewicht gegeben (s. schon RAUNKIAER!), da sie sich symmorphologisch oft stark bemerkbar machen. Helomorphe und Sukkulente werden als eigene Untergruppen ausgeschieden.

Die Beispiele sind möglichst unterschiedlichen Pflanzengesellschaften entnommen. Bei manchen Arten ist auch eine abweichende Einstufung denkbar. Meist werden in der Literatur für die Bezeichnung der Untergruppen von Lebensformen aus dem Lateinischen abgeleitete Namen verwendet. In der hier benutzten Gliederung finden sich folgende Begriffe:

a) Verzweigung und Ausrichtung der Sproßachsen, Verteilung der Blätter

scap (*scaposa*): aufrechter, erst weiter oben verzweigter Stamm oder Schaft; Bäume und Schaftpflanzen.

caesp (*caespitosa*): von Grund auf verzweigt oder horstig, aufrecht; Sträucher, Horstpflanzen und ähnlich verzweigte Krautige.

pulv (*pulvinata*): Triebe zu dichten Polstern zusammengeschlossen; Polsterpflanzen.

ros (*rosulata*): Grundrosetten, Stengel mehr oder weniger blattlos; echte Rosettenpflanzen.

sem (*semi-rosulata*): Grundrosette und beblätterter Stengel; Halbrosettenpflanzen.

rep (*repentia*): Sproßachse niederliegend (Enden z. T. aufrecht), nicht einwurzelnd.

rept (*reptantia*): Sproßachse niederliegend, einwurzelnd.

scand (*scandentia*): stützbedürftige Pflanzen, an anderen Pflanzen oder Stützen emporwachsend (rankend, windend, klimmend); Lianen, Kletterpflanzen.

b) Verholzungsgrad der Sproßachsen

frut (*frutescentia*): bis zu den Zweigenden verholzt; echte Holzpflanzen (Bäume, Sträucher, Zwergsträucher).

suff (*suffrutescentia*): nur am Grunde verholzt. Höhere Teile in der ungünstigen Jahreszeit oft absterbend; Halbsträucher.

herb (*herbacea*): krautige Pflanzen (Grasartige werden z. T. als *gram=graminidea* abgetrennt).

c) Blattausdauer

semp (*sempervirentia*): Blätter wenigstens über zwei Vegetationsperioden ausdauernd; Immergrüne.

hib (*hibernalia*): Blätter zumindest teilweise einen Winter überdauernd; z. T. Jungpflanzen, die im Spätsommer/Herbst gekeimt sind; Überwinternd-Grüne.

aest (*aestivalia*): Blätter über eine Vegetationsperiode ausdauernd; Sommergrüne.

vern (*vernalia*): Blätter nur im Frühjahr vorhanden (oder bei überwinternden Jungpflanzen nur bis zum späten Frühjahr ausdauernd); Frühlingsgrüne (bis Halbsommergrüne).

d) Ausbildungen besonderer Organe

stol (*stolonifera*): oberirdische Ausläufer, einwurzelnd, mit Tochtersprossen.

rhiz (*rhizomatosa*): unterirdische Ausläufer, Tochtersprosse treibend.

bulb (*bulbosa*): mit Knollen oder Zwiebeln im Boden.

rad (*radicigemmata*): mit Wurzelknospen, die zu Tochtersprossen auswachsen.

e) Ausbildung besonderer Gewebe

succ (*succulenta*): mit Wasserspeichergewebe; Blatt- und Stammsukkulente.

hel (*helomorpha*): Sumpfpflanzen mit Durchlüftungsgewebe (Aerenchym; im Gegensatz zu RAUNKIAER nicht auf Kryptophyten beschränkt!).

f) Andere Besonderheiten

ep (*epiphyta*): Auf anderen Pflanzen oder Stützen wachsend; Epiphyten.

sapr (*saprophyta*): Parasiten ohne Ausbildung von grünen Sproßteilen.

3.4.2 Systematische Gliederung der Lebensformen

Die Zahl der Ziffern zeigt innerhalb eines Grundtyps nach RAUNKIAER (1. Ziffer) meist gleiche Merkmalsgruppen an, die allerdings jeweils unterschiedlich gewichtet sein können. Die Hauptuntergruppen (2. Ziffer) richten sich vorwiegend nach den im Kapitel 3.4.1 a–b aufgeführten Merkmalen. Die Blattausdauer (c) wird durch die 3. Ziffer (Chamaephyten: 4. Ziffer) differenziert. Die 4.–5. Ziffer beziehen sich auf weitere, unterschiedliche Merkmale (z. B. Ausläufer). Am Ende sind jeweils die helomorphen Arten (hel) aufgeführt.

1. Phanerophyten (P)
Pflanzen dauernd höher als 25–50 cm, mit entsprechend hoher Lage der Erneuerungsknospen. Die Phanerophyten bilden weltweit eine sehr vielgestaltige Gruppe. In Mitteleuropa sind aber nur sehr wenige Lebensformen vorhanden.

1.1 Bäume (P scap)
Einzelstämme mit Verzweigung im Kronenbereich. Untergliederung nach Wuchshöhe in Nano- (<2 m), Mikro- (2–5 m) und Meso-Phanerophyten (–50 m Höhe).
1.1.1 Immergrüne Bäume (P scap semp)
1.1.1.1 Nadelbäume: *Abies, Picea, Pinus, Taxus*.
1.1.1.2 Hartlaubbäume: *Ilex aquifolium, (Quercus ilex)*.
1.1.2 Sommergrüne (winterkahle) Bäume (P scap aest)
1.1.2.1 Nadelbäume: *Larix europaea*.
1.1.2.2 Laubbäume
1.1.2.2.1 Ohne Ausläufer: *Acer, Betula, Carpinus, Fagus, Fraxinus, Quercus, Ulmus* u. a.
1.1.2.2.2 Mit unterirdischen Ausläufern (rhiz): *Populus tremula, Prunus avium, Robinia pseudacacia, Sorbus torminalis, Tilia* u. a.

1.2 Sträucher (P caesp)
Vorwiegend aufrecht wachsende, vom Grund auf verzweigte Gehölze. Untergliederung nach Wuchshöhe s. 1.1.
1.2.1 Immergrüne Sträucher (P caesp semp)
1.2.1.1 Nadelsträucher: *Juniperus communis*.
1.2.1.2 Hartlaubsträucher: *Buxus sempervirens, Daphne laureola, Hippophae rhamnoides* (rhiz).
1.2.1.3 Krummholz: *Pinus mugo*.
1.2.2 Sommergrüne (winterkahle) Sträucher (P caesp aest)
1.2.2.1 ohne Ausläufer: *Corylus, Crataegus, Sambucus* u. a.
1.2.2.2 Mit unterirdischen Ausläufern (rhiz): *Cornus sanguinea, Euonymus europaeus, Frangula alnus, Myrica gale, Ligustrum vulgare, Prunus spinosa, Rosa canina, Salix repens* u. a.
1.2.2.3 Mit oberirdisch kriechenden, einwurzelnden Sproßachsen (rept; z. T. nur unter bestimmten Wuchsbedingungen): *Prunus padus, Ribes nigrum, Rubus fruticosus* agg., *Salix aurita* u. a.
1.2.2.4 Krummholz: *Alnus viridis*.
1.2.3 Überwinternd grüne Sträucher (PO caesp hib rept/rhiz) *Rosa pendulina, Rubus fruticosus* agg. (z. T.)

1.3 Lianen (P scand)
Auf Stützen zum Emporwachsen angewiesene Holzpflanzen. Bei größerer Winterkälte Übergang zu Kriechpflanzen (rep oder rept).
1.3.1 Immergrüne Lianen (P scand semp): *Hedera helix* (Wurzelkletterer).
1.3.2 Sommergrüne Lianen (P scand aest)
Ranker: *Clematis alpina, C. vitalba*.
Winder: *Lonicera periclymenum, Vitis sylvestris*.
Spreizklimmer: *Rosa arvensis, Rubus caesius, R. fruticosus* agg., *Solanum dulcamara*.

1.4 Epiphyten (P ep)
1.4.1 Immergrüne Epiphyten (P ep semp): *Viscum*.
1.4.2 Sommergrüne Epiphyten (P ep aest): *Loranthus*.

2. Chamaephyten (C)
Pflanzen mit (teilweise) ausdauerndem, oft dicht verzweigtem Sproßsystem. Erneuerungsknospen bis etwa 50 cm über dem Boden.
Auch die Chamaephyten bilden eine sehr vielgestaltige Gruppe. In Mitteleuropa gibt es eine größere Zahl von Lebensformen, aber oft nur jeweils wenige Vertreter.

2.1 Zwergsträucher (C frut)
Kleingehölze mit vollständig verholzten Sproßachsen.
2.1.1 Aufrechte Zwergsträucher (C frut caesp)
2.1.1.1 Immergrüne (semp)
2.1.1.1.1 Ohne Ausläufer: *Calluna, Erica, Rhododendron*.
2.1.1.1.2 Mit Ausläufern (rhiz): *Andromeda, Chimaphila umbellata, Ledum, Vaccinium vitisidaea*.
2.1.1.2 Sommergrüne (aest)
2.1.1.2.1 Ohne Ausläufer: *Daphne mezereum*.
2.1.1.2.2 Mit Ausläufern (rhiz): *Vaccinium myrtillus, V. uliginosum*.
2.1.1.3 Überwinternd-Grüne (hib)
2.1.1.3.1 Ohne Ausläufer: *Genista anglica, G. germanica, G. pilosa*.
2.1.1.3.2 Mit Ausläufern: *Rosa pimpinellifolia*.
2.1.2 Spalier-Zwergsträucher (C frut rep/rept)
2.1.2.1 Immergrüne (semp): *Arctostaphylos uva-ursi, Dryas, Empetrum, Loiseleuria, Oxycoccus, Polygala chamaebuxus*.
2.1.2.2 Sommergrüne (aest): *Arctostaphylos alpina, Betula nana, Rhamnus pumila, Salix herbacea*.

2.1.2.3 Überwinternd-Grüne (hib): *Rubus saxatilis, Salix reticulata, S. retusa*.

2.2 Halbsträucher (C suff)
Obere Teile des Sproßsystems im Winter absterbend, im Sommer z. T. höher als 2.1.
2.2.1 Aufrechte Halbsträucher (C suff caesp): kaum vorhanden; eventuell *Rubus idaeus*.
2.2.2 Kriechende Halbsträucher (C suff rep)
2.2.2.1 Immergrüne (semp): *Helianthemum, Linnaea borealis, Polygala chamaebuxus, Thymus pulegioides*.
2.2.2.2 Sommergrüne (aest): *Ononis repens* (rhiz).
2.2.2.3 Überwinternd Grüne (hib): *Genista sagittalis, Teucrium chamaedrys, Veronica fruticans*.
2.2.3 Kletternde Halbsträucher (suff scand): *Solanum dulcamara*.

2.3 Krautige Chamaephyten (C herb)
Unverholzte Pflanzen. In kalten, schneearmen Wintern z. T. bis zum Boden absterbend (Übergang zu Hemikryptophyten).
2.3.1 Aufrechte Kraut-Chamaephyten (C herb caesp)
2.3.1.1 Immergrüne (semp): *Artemisia campestris, Euphorbia amygdaloides, Helleborus foetidus, Orthilia secunda*.
2.3.1.2 Überwinternd Grüne (hib): *Achillea millefolium, Cerastium arvense, Coronilla vaginalis, Dianthus carthusianorum, Galium rotundifolium, Globularia cordifolia*.
2.3.2 Kriechende Kraut-Chamaephyten (C herb rep/rept)
2.3.2.1 Immergrüne (semp): *Antennaria dioica, Lamiastrum galeobdolon, Lycopodium annotinum, Saxifraga oppositifolia, Selaginella selaginoides, Stellaria holostea, Vinca minor*.
2.3.2.2 Überwinternd Grüne (hib): *Cerastium caespitosum, Galium harcynicum, Hypericum humifusum, Kernera saxatilis, Lysimachia nemorum, L. nummularia, Sagina procumbens, Veronica montana, V. officinalis*.
hel: *Lycopodiella inundata, Potentilla palustris*.
2.3.3 Krautige Polsterpflanzen (C herb pulv)
Immer- bis Überwinternd-Grüne (semp-hib):
Kugelpolster: *Androsace, Saxifraga*.
Flachpolster: *Draba aizoides, Silene acaulis*.
2.3.4 Krautig-sukkulente Chamaephyten (C herb succ)
Immer- bis überwinternd-grüne Blattsukkulenten: *Halimione portulacoides, Sedum, Sempervivum*.

3. Hemikryptophyten (H)
Ausdauernde (bienne bis perennierende) krautige Pflanzen mit periodischer Sproßreduktion bis zur Bodenoberfläche. Erneuerungsknospen am Boden oft durch lebende oder tote Blatt- und Sproßreste geschützt. In Mitteleuropa die überwiegende Lebensformgruppe mit großer Mannigfaltigkeit.
Weitere Unterteilungsmöglichkeiten nach Wuchshöhe, Kräutern-Grasartigen, Länge der Ausläufer u. a.

3.1 Horstige und grundverzweigt-aufrechte Hemikryptophyten (H caesp)
3.1.1 Immergrüne (H caesp semp)
3.1.1.1 Ohne Ausläufer: *Avenella flexuosa, Juncus squarrosus*.
3.1.2 Sommergrüne (H caesp aest)
3.1.2.1 Ohne Ausläufer: *Alopecurus pratensis, Arrhenatherum elatius, Brachypodium sylvaticum, Bromus erectus, Calamagrostis arundinacea, Carex humilis, C. montana, Centaurea jacea, Deschampsia cespitosa, Dactylis glomerata, Festuca ovina, Molinia caerulea, Stipa, Trisetum flavescens*.
hel: *Carex echinata, C. elata, C. paniculata*.
3.1.2.2 Mit (meist kurzen) Ausläufern (rhiz): *Avena pubescens, Meum athamanticum, Polygala comosa*.
hel: *Juncus effusus, J. inflexus*.
3.1.3 Überwinternd Grüne (H caesp hib)
3.1.3.1 Ohne Ausläufer: *Carex sylvatica, C. umbrosa, Corynephorus canescens, Festuca altissima, F. arundinacea, Hippocrepis comosa, Hordelymus europaeus, Lolium perenne, Milium effusum, Nardus stricta, Trifolium pratense*.
hel: *Eriophorum vaginatum, Schoenus, Trichophorum*.
3.1.3.2 Mit (meist kurzen) Ausläufern (rhiz): *Carex caryophyllea, Hypericum perforatum, Luzula luzuloides, Sesleria varia*.
hel: *Carex pendula, C. pulicaris*.

3.2 Rosetten-Hemikryptophyten (H ros)
3.2.1 Immergrüne (H ros semp): *Armeria maritima, Bellis perennis, Helleborus niger, Phyllitis scolopendrium*.
3.2.2 Sommergrüne (H ros aest)
3.2.2.1 Ohne Ausläufer: *Leontodon incanus, Plantago major, Pulsatilla, Taraxacum officinale, Viola hirta*.
3.2.2.2 Mit (meist kurzen) Ausläufern (rhiz): *Carlina acaulis, Cirsium acaule, Petasites albus, Primula elatior*.

3.2.3 Überwinternd Grüne (H ros hib)
3.2.3.1 Ohne Ausläufer: *Globularia punctata, Hepatica, Hypochoeris radicata, Leontodon autumnalis, L. hispidus, Limonium vulgare, Plantago lanceolata, P. media, Sanicula europaea.*
hel: *Drosera.*
3.2.3.2 Mit (meist kurzen) Ausläufern (rhiz): *Potentilla verna, Primula veris, Viola odorata.*
(stol): *Hieracium pilosella, Potentilla sterilis.*
hel: *Viola palustris.*

3.3 Halbrosetten-Hemikryptophyten (H sem)
3.3.1 Immergrüne?
3.3.2 Sommergrüne (H sem aest)
3.3.2.1 Ohne Ausläufer: *Angelica sylvestris, Arctium, Campanula trachelium, Carduus crispus, Cirsium oleraceum, C. palustre, C. vulgare, Crepis biennis, C. paludosa, Dipsacus sylvestris, Echium vulgare, Knautia arvensis, Lactuca serriola, Laserpitium latifolium, Malva sylvestris, Phyteuma nigrum, P. spicatum, Ranunculus acris, Salvia pratensis, Scabiosa columbaria, Senecio jacobaea, Silene alba, Succisa pratensis, Verbascum nigrum.*
hel: *Oenanthe fistulosa, Peucedanum palustre, Rumex hydrolapathum.*
3.3.2.2 Mit (meist kurzen) Ausläufern (rhiz): *Agrimonia eupatoria, Arnica montana, Betonica officinalis, Campanula rapunculoides, Cirsium heterophyllum, Filipendula vulgaris, Geranium sylvaticum, Sanguisorba officinalis, Silene dioica, Tanacetum vulgare.*
hel: *Apium repens, Caltha palustris, Mentha aquatica.*
3.3.3 Überwinternd Grüne (H sem hib)
3.3.3.1 Ohne Ausläufer: *Alliaria petiolata, Aquilegia vulgaris, Barbarea vulgaris, Campanula persicifolia, Cardamine pratensis, Chelidonium majus, Chrysanthemum leucanthemum, Digitalis purpurea, Epilobium montanum, Eryngium, Gentianella, Hieracium lachenalii, H. sylvaticum, H. umbellatum, Lychnis flos-cuculi, Oenothera biennis, Ranunculus lanuginosus, Sanicula europaea, Senecio aquaticus, Solidago virgaurea, Stachys alpina.*
3.3.3.2 Mit Ausläufern (rhiz): *Viola reichenbachiana.*
hel: *Lycopus europaeus.*
3.3.4 Frühlingsgrüne (H sem vern)
Ranunculus auricomus (p.p.), *R. ficaria.*

3.4 Schaft-Hemikryptophyten (H scap)
3.4.1 Immergrüne?
3.4.2 Sommergrüne (H scap caesp)

3.4.2.1 Ohne Ausläufer: *Artemisia vulgaris, Atropa belladonna, Campanula patula, Carum carvi, Daucus carota, Dictamnus albus, Euphorbia dulcis, Hypericum hirsutum, Lunaria rediviva, Scrophularia nodosa, Senecio fuchsii, Thalictrum flavum, Tragopogon pratensis, Verbena officinalis, Vincetoxicum hirundinaria.*
hel: *Cicuta virosa, Oenanthe aquatica, Scrophularia umbrosa, Sium latifolium.*
3.4.2.2 Mit Ausläufern (rhiz): *Campanula rotundifolia, Epilobium angustifolium, Filipendula ulmaria, Inula salicina, Lysimachia vulgaris, Polygonum bistorta, Saponaria officinalis, Stachys sylvatica, Symphytum officinale, Trifolium medium, Urtica dioica.*
hel: *Lysimachia thyrsiflora, Ranunculus lingua, Typha, Veronica beccabunga.*
3.4.3 Überwinternd Grüne (H scap hib)
3.4.3.1 Ohne Ausläufer: *Jasione montana, Medicago falcata, Rumex crispus, Veronica longifolia, V. teucrium.*
3.4.3.2 Mit Ausläufern
(rhiz): *Epilobium hirsutum, E. palustre, Poa pratensis, Teucrium scorodonia.*
(stol): *Epilobium obscurum, Hypericum maculatum, Poa trivialis.*

3.5 Kriech-Hemikryptophyten (H rep/rept)
3.5.1 Immergrüne: *Cymbalaria muralis.*
3.5.2 Sommergrüne (H rep/rept aest): *Astragalus glycyphyllos, Cruciata laevipes, Lotus uliginosus.*
hel: *Hydrocotyle vulgaris, Mentha aquatica, Ranunculus flammula.*
3.5.3 Überwinternd Grüne (H rep/rept hib).
z. T. mit Ausläufern: *Agrostis stolonifera, Ajuga reptans, Alopecurus geniculatus, Fragaria vesca, F. viridis, Glechoma hederacea, Herniaria glabra, Hieracium aurantiacum, Potentilla anserina, P. reptans, Prunella vulgaris, Ranunculus repens, Trifolium repens, Veronica serpyllifolia.*
hel: *Glyceria fluitans.*

3.6 Kletter-Hemikryptophyten (H scand)
3.6.1 Immergrüne?
3.6.2 Sommergrüne (H scand aest)
Ranker: *Lathyrus palustris, L. pratensis, L. sylvestris, Vicia cracca, V. dumetorum, V. sylvatica.*
Winder: *Humulus lupulus.*
Spreizklimmer: *Cucubalus baccifer, Galium mollugo, G. uliginosum.*
3.6.3 Überwinternd Grüne (H scand hib)
Ranker: *Lathyrus maritimus, Vicia sepium.*
Spreizklimmer: *Galium palustre.*

3.7 Sukkul. Hemikryptophyten (H succ hib):

Aster tripolium (sem), *Crambe maritima* (sem), *Drosera* (ros), *Pinguicula* (ros), *Plantago maritima* (ros).

4. Geophyten (G)
Ausdauernde krautige Pflanzen mit periodisch oberirdisch absterbenden Sprossen. Überdauerung mit Speicherorganen im Boden.

4.1 Wurzelknospen-Geophyten (G rad): nur Sommergrüne (aest): *Armoracia rusticana, Cirsium arvense, Convolvulus arvensis, Coronilla varia, Euphorbia cyparissias, Linaria vulgaris, Tussilago farfara.*

4.2 Rhizom-Geophyten (G rhiz)
4.2.1 Sommergrüne (G rhiz aest): *Aegopodium, Agropyron repens, Brachypodium pinnatum, Calamagrostis epigeios, Carex hirta, Cephalanthera, Circaea, Convallaria, Epipactis helleborine, Equisetum arvense, Galium sylvaticum, Gymnocarpium, Lathyrus vernus, Maianthemum, Mercurialis perennis, Paris, Polygonatum, Pteridium, Trientalis.*
hel: *Acorus, Blysmus rufus, Calla, Carex acutiformis, C. flacca, Equisetum fluviatile.*
4.2.2 Überwinternd Grüne (R rhiz hib): *Ammophila, Asarum europaeum, Carex arenaria, Elymus arenarius, Holcus mollis, Oxalis acetosella.*
hel: *Carex gracilis, Cladium mariscus, Eleocharis palustris, Eriophorum angustifolium, Iris pseudacorus, Juncus acutiflorus, J. filiformis, Menyanthes trifoliata, Phalaris arundinacea, Phragmites australis, Scheuchzeria palustris, Schoenoplectus lacustris, Scirpus sylvaticus.*
4.2.3 Frühlingsgrüne (G rhiz vern): *Adoxa moschatellina, Anemone nemorosa, A. ranunculoides, Dentaria bulbifera.*

4.3 Zwiebel- und Knollen-Geophyten (G bulb)
4.3.1 Sommergrüne (G bulb aest): *Allium montanum, A. vineale, Bunium bulbocastanum, Chaerophyllum bulbosum, Colchicum autumnale, Dactylorhiza, Gladiolus palustris, Gymnadenia, Lilium martagon, Ophrys, Orchis, Platanthera, Ranunculus bulbosus.*
4.3.2 Überwinternd Grüne (G bulb hib): *Cyclamen purpurascens.*
4.3.3 Frühlingsgrüne (G bulb vern): *Allium ursinum, Arum maculatum, Corydalis cava, Crocus albiflorus, Fritillaria meleagris, Galanthus nivalis, Gagea, Leucojum vernum, Muscari, Narcissus, Ornithogalum umbellatum, Ranunculus ficaria, Scilla, Tulipa sylvestris* u. a.

4.4 Wurzelschmarotzer-Geophyten (G sapr)
Lathraea squamaria, Orobanche.

4.5 Kletter-Geophyten (G scand): nur Sommergrüne (aest).
Ranker: *Bryonia dioica, Lathyrus tuberosus.*
Winder: *Calystegia sepium, Convolvulus arvensis, Tamus communis.*

4.6 Sukkulente Geophyten (G succ hib)
Honkenya peploides.

5. Therophyten (T)
Kurzlebige bis Einjährige bzw. Überwinternd-Einjährige. Sprosse und Wurzeln nach der Wuchsperiode absterbend. Überdauerung mit Samen.

5.1 Horstige und grundverzweigt-aufrechte Therophyten (T caesp)
5.1.1 Sommergrüne (T caesp aest): *Avena fatua, Centunculus minimus, Digitaria, Echinochloa crus-galli, Gnaphalium uliginosum, Hordeum murinum.*
hel: *Cyperus fuscus, Juncus bufonius.*
5.1.2 Überwinternd Grüne (T caesp hib): *Alopecurus myosuroides, Apera spica-venti, Bromus tectorum, B. sterilis, Erodium cicutarium, Geranium pusillum, G. robertianum, Matricaria, Myosotis arvensis, M. stricta, Poa annua, Scleranthus annuus, Spergula arvensis, Veronica persica.*
hel: *Eleocharis acicularis, E. ovata.*
5.1.3 Frühlingsgrüne (T caesp vern/hib-vern): *Aira, Holosteum umbellatum, Myosurus minimus, Spergula morisonii, Veronica praecox, V. triphyllos, V. verna.*

5.2 Rosetten-Therophyten (T ros)
5.2.1 Sommergrüne (T ros aest): *Hypochoeris glabra.*
5.2.2 Überwinternd Grüne (T ros hib): *Arnoseris minima.*
5.2.3 Frühlingsgrüne (T ros vern/hib-vern): *Draba verna, Erophila verna, Teesdalia nudicaulis.*

5.3 Halbrosetten-Therophyten (T sem)
5.3.1 Sommergrüne (T sem aest): *Centaurium erythraea, Ranunculus sceleratus, Raphanus raphanistrum, Sonchus asper, S. oleraceus, Thlaspi arvense.*
hel: *Centaurium pulchellum.*
5.3.2 Überwinternd Grüne (T sem hib): *Capsella bursa-pastoris, Cardamine hirsuta, Centaurea cyanus, Erysimum cheiranthoides, Papaver, Sinapis arvensis.*
5.3.3 Frühlingsgrüne (T sem vern/hib-vern): *Adrosace elongata, Arabidopsis thaliana.*

5.4 Schaft-Therophyten (T scap)
5.4.1 Sommergrüne (T scap aest): *Adonis aestivalis, Amaranthus, Atriplex, Bidens, Bromus racemosus, Chenopodium, Consolida regalis, Euphrasia, Filago, Galeopsis, Impatiens, Linum catharticum, Mercurialis annua, Melampyrum, Phleum arenarium, Polygonum lapathifolium, Rhinanthus, Sisymbrium officinale, Stachys annua, S. arvensis, Trifolium campestre, Urtica urens.*
hel: *Radiola linoides, Rumex maritimus.*
5.4.2 Überwinternd Grüne (T scap hib): *Anthoxanthum puellii, Agrostemma githago, Arenaria serpyllifolia, Descurainia sophia, Euphorbia exigua, E. helioscopia, Lamium amplexicaule, L. purpureum, Odontites rubra, Ranunculus arvensis, Senecio vulgaris, Valerianella, Veronica agrestis.*

5.5 Kriech-Therophyten (T rep)
5.5.1 Sommergrüne (T rep aest): *Cerastium semidecandrum, Coronopus squamatus, Kickxia, Malva neglecta, Polygonum aviculare, P. brittingeri, Potentilla supina.*
hel: *Elatine, Montia fontana, Peplis portula.*
5.5.2 Überwinternd Grüne (T rep hib): *Anagallis, Hypericum humifusum, Stellaria media, Veronica polita.*
hel: *Limosella aquatica.*
5.5.3 Frühlingsgrüne (T rep vern/hib-vern): *Ornithopus perpusillus, Veronica hederifolia.*

5.6 Kletter-Therophyten (T scand)
5.6.1 Sommergrüne (T scand aest)
Ranker: *Corydalis claviculata, Lathyrus aphaca.*
Winder: *Cuscuta, Fallopia.*
Spreizklimmer: *Asperugo procumbens, Galium aparine, G. spurium, G. tricornutum.*
5.6.2 Überwinternd Grüne (T scand hib)
Ranker: *Lathyrus hirsutus, Vicia angustifolia, V. hirsuta, V. lathyroides, V. tetrasperma, V. villosa.*

5.7 Sukkulente Therophyten (T succ)
5.7.1 Sommergrüne (T succ aest): *Portulaca oleracea, Salicornia, Sedum annuum, Suaeda.*
5.7.2 Überwinternd Grüne (T succ hib): *Cakile maritima.*

3.5 Lebensformen-Systeme für Wasserpflanzen

Die Hydrophyten wurden bereits von RAUNKIAER als eigene Lebensform abgetrennt (s. 3.2); Unterteilungsmöglichkeiten sind aber nur angedeutet. Obwohl es seit längerem Gliederungsversuche gibt (s. Zusammenfassung bei MÄKIRINTA 1978, HARTOG & VAN DER VELDE 1988, WIEGLEB 1991), ist bis heute kein weiter verbreitetes System vorhanden. Zwei Grundansätze lassen sich erkennen:

a) Einbezug der Wasserpflanzen in ein Gesamtsystem der Lebensformen. Bei BRAUN-BLANQUET (1964) werden z. B. die Hydrophyten als eigene Gruppe zusammengefaßt, untergliedert in Wasserschwimmer (H. natantia), Wasserhafter (H. adnata) und Wasserwurzler (H. radicantia). Eine noch weitere Aufteilung findet sich schon bei DU RIETZ (1921). ELLENBERG & MUELLER-DOMBOIS (1967b) führen die Hydrophyten jeweils als Untergruppen bei den Hemikryptophyten, Geophyten und Therophyten auf. BARKMAN (1988a) verteilt die Wasserpflanzen auf ganz verschiedene Wuchsformen.

b) Eigenes Lebensformen-System der Wasserpflanzen. Aufgrund des besonderen Lebensraumes und vielfältiger Anpassungen der Pflanzen an das Wasser erscheint es sinnvoll, die Hydrophyten nach abweichenden Kriterien feiner zu differenzieren. Ein häufiger zitiertes und verwendetes System haben HARTOG & SEGAL (1964) erarbeitet, aufbauend auf DU RIETZ (1921).

Wir folgen hier der zweiten Blickrichtung eines eigenständigen Lebensformen-Systems der Wasserpflanzen. Allerdings muß gleich angemerkt werden, daß eine scharfe Abtrennung der Hydrophyten teilweise nicht möglich ist (s. HARTOG & VAN DER VELDE 1988). Insbesondere zu den Helophyten gibt es bei manchen Arten gleitende Übergänge als Anpassungen an amphibische Standorte, z. B. bei *Polygonum amphibium, Sagittaria sagittifolia* oder *Sparganium emersum*. Beispiele sind auch die Fließwasserformen verschiedener Uferpflanzen. Auch Wasserpflanzen selbst haben oft eine ausgeprägte phänotypische Plastizität (WIEGLEB 1991).

Wichtige Kriterien für die Unterscheidung von Lebensformen der Wasserpflanzen sind:
– Verankerung oder Freibeweglichkeit,
– Ausbildung der Sproßachse,
– Blattgröße und -form,
– Ausbildung von Schwimm- und/oder Unterwasserblättern,
– Vorkommen von Überwinterungsorganen, z. B. Turionen (Winterknospen),
– Lebensdauer.

Eine sehr feine Analyse einzelner Kriterien liefert MÄKIRINTA (1978). Die folgende Übersicht folgt der Einteilung von HARTOG & SEGAL (1964) nach Angaben aus SEGAL (1968). Die Namen finden sich teilweise schon bei DU RIETZ (1921). Ein noch weiter verfeinertes, weltweit gültiges System findet sich bei HARTOG & VAN DER VELDE (1988).

1. Pleustophyten
Frei im Wasser schwebende oder auf der Wasseroberfläche schwimmende Pflanzen. (Als weitere Gruppe gehören hierher die mikroskopisch kleinen Planktophyten, die mit den Pleustophyten die Obergruppe der Planophyten bilden).
1.1 Lemniden
Kleine Schwimmpflanzen mit meist stark reduziertem Sproß- und Wurzelsystem: *Azolla, Lemna gibba, L. minor, Spirodela, Wolffia; Ricciocarpus*.
1.2 Riccielliden
Kleine Wasserschweber: *Lemna trisulca; Ricciella*.
1.3 Ceratophylliden
Größere, meist fein aufgegliederte Wasserschweber, mit Turionen am Boden überwinternd: *Aldrovanda, Ceratophyllum, Utricularia*.
1.4 Hydrochariden
Größere Schwimmpflanzen: *Hydrocharis, Salvinia*.

2. Rhizophyten
Im Boden wurzelnde Pflanzen, z. T. mit Speicherorganen (Geophyten).
2.1 Stratiotiden
Schwach verwurzelte bis frei bewegliche Pflanzen; Blätter teilweise aus dem Wasser ragend. Pflanzen im Winter zu Boden sinkend: *Stratiotes*.
2.2 Elodeiden (Potamiden)
Im Wasser mit langen, oft stark verzweigten Sproßachsen und ungeteilten Blättern: *Elodea, Groenlandia, Najas, Potamogeton* (p. p.), *Ruppia, Zannichellia*. (Eventuell Aufteilung in Magno- und Parvopotamiden).
2.3 Myriophylliden
Im Wasser mit langen, oft stärker verzweigten Sproßachsen und fein zerteilten Blättern: *Hottonia, Myriophyllum, Ranunculus circinatus*.
2.4 Batrachiiden
Pflanzen mit größeren Schwimm- und feinzerteilten Unterwasserblättern: *Callitriche, Ranunculus fluitans, R. peltatus*.
2.5 Nymphaeiden
Pflanzen mit großen Schwimmblättern, z. T. auch großen Unterwasserblättern. Sproßachse kaum oder gar nicht verzweigt: *Luronium,*

Nuphar, Nymphaea, Nymphoides, Potamogeton (p. p.), *Sagittaria, Sparganium* (p. p.). (Sehr inhomogene Gruppe, eventuell weiter aufzuteilen).
2.6 Trapiden
Lange, verzweigte Sproßachsen mit rosettig angeordneten Schwimmblättern: *Trapa*.
2.7 Vallisneriiden
Pflanzen im Wasser mit kurzer Sproßachse, kriechendem Rhizom und rosettigen oder bündeligen schlaffen, linealischen Blättern: *Sparganium angustifolium, Zostera, (Vallisneria)*.
2.8 Isoëtiden
Pflanzen im Wasser oder im amphibischen Bereich mit kurzen Sproßachse oder Rhizom und rosettigen, steifen, z. T. nadelartigen Blättern: *Eleocharis* (p. p.), *Isoëtes, Littorella, Lobelia*.

Daneben gibt es bei den Kryptogamen noch die **Haptophyten** als nicht verwurzelte, aber auf festen Substraten angeheftete Pflanzen. Hierzu gehören die meisten Algen (z. B. *Batrachospermum, Lemanea*), einige Wassermoose (z. B. *Fontinalis, Scapania undulata*) und Wasserflechten.

3.6 Lebensformen-Spektren

Die ursprüngliche Absicht von RAUNKIAER war es, mit Hilfe der Lebensformen verschiedene Klimagebiete zu vergleichen. Entsprechend war das Hauptkriterium seiner Einteilung ein Anpassungsmerkmal an die klimatisch ungünstige Jahreszeit. Lebensformen-Spektren der Flora weiter entfernter, makroklimatisch unterschiedlicher Gebiete zeigen meist deutliche Abweichungen. In Abb. 31 sind solche Spektren zusammengestellt. Mitteleuropa (2–3) ist demnach vor allem durch Hemikryptophyten (etwa 50% der Phanerogamen) gekennzeichnet. Die in der Naturlandschaft stärker hervortretenden Gehölze sind an Zahl sehr gering.

Offenbar sind die Hemikryptophyten mit ihren am Boden liegenden Überdauerungsknospen den von Jahr zu Jahr wechselnden Winterbedingungen mit unterschiedlicher bis fehlender Schneedecke besonders gut angepaßt. Da sie oft gleichzeitig sehr regenerationskräftig auf menschliche Einflüsse reagieren, haben sie in der mitteleuropäischen Kulturlandschaft noch an Bedeutung gewonnen. Dies gilt auch für Therophyten, die in der Naturlandschaft wenig vertreten waren.

Die meisten Chamaephyten brauchen einen alljährlich guten Schneeschutz gegen Kälte

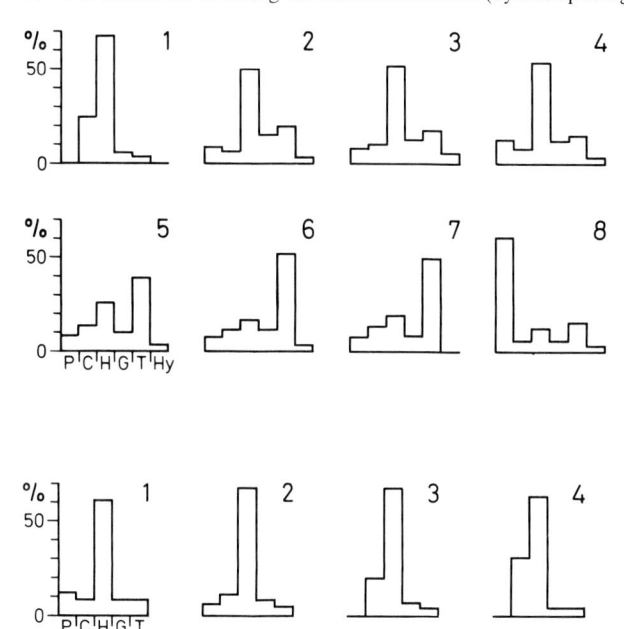

Abb. 31. Präsenzspektren der Lebensformen für die Gefäßpflanzen-Flora verschiedener Klimagebiete (1,2,7 nach BRAUN-BLANQUET 1964; 3 nach ELLENBERG 1982; 4–6 nach VOLIOTIS 1977; 8 nach KNAPP 1971). Erläuterung im Text.
1: Nivalstufe der Alpen; 2: Schweizer Mittelland; 3: Mitteleuropa; 4: Nordgriechenland; 5: Kreta; 6: Südgriechenland; 7: Cyrenaika; 8: Seychellen.

Abb. 32. Präsenzspektren der Lebensformen für die Gefäßpflanzen-Flora eines Alpentales im Tessin (nach Angaben von RICHTER 1979).
1: Montane Stufe; 2: Untere subalpine Stufe; 3: Alpine Stufe; 4: Subnivale Stufe.

oder allgemein sehr milde Winter. Entsprechend ist ihr Anteil in Gebieten mit regelmäßig hoher Schneedecke besonders hoch, z. B. im Hochgebirge oder in Nordeuropa. In Abb. 31 sind die Chamaephyten in der Nivalstufe der Alpen (1) mit relativ hohem Anteil vertreten.

Therophyten kommen unter natürlichen Bedingungen vor allem in Trockengebieten zur Geltung, wo sie sich in (z. T. nur kurzen) Feuchteperioden rasch entwickeln und in kurzer Zeit bis zur Samenreife gelangen. Die Beispiele aus Griechenland in Abb. 31 zeigen deutlich die klimatisch-floristischen Unterschiede zwischen Norden (4) und Süden (5–6).

Phanerophyten sind vor allem in dauernd warmen und feuchten Gebieten der Tropen und Subtropen auch zahlenmäßig vorherrschend, wie es das Spektrum der Seychellen (8) deutlich macht.

Auf kleinerem Raum lassen sich ähnliche Spektren z. B. für Höhenstufen aufstellen. Abb. 32 zeigt für ein Alpental im Tessin bei allgemeinem Vorherrschen der Hemikryptophyten mit zunehmender Höhe einen Rückgang der Phanero-, Geo- und Therophyten zugunsten der Chamaephyten.

Für bestimmte Klimagebiete ist das Lebensformen-Spektrum einzelner Pflanzengesellschaften durchaus unterschiedlich. Hier kommen im einzelnen jeweils bestimmte ökologische oder anthropogene Faktoren zur Geltung.

Deshalb werden solche Spektren gerne mit zur Kennzeichnung von Vegetationstypen herangezogen. Abb. 33 zeigt einfache Präsenzspektren verschiedener Pflanzengesellschaften Mitteleuropas, die aus Vegetationstabellen in der Literatur errechnet wurden. Auf den ersten Blick dominieren erwartungsgemäß meist die Hemikryptophyten. Feinheiten der Anteile anderer Lebensformen lassen aber Unterschiede erkennen.

Besonders abweichend sind durch ihre großen Anteile an Therophyten verschiedene Pioniergesellschaften, sei es auf anthropogen dauernd gestörten Äckern (1–2) und Ruderalstellen (3) oder im Bereich natürlicher Störungen, z. B. an Flußufern (4) oder auf offenen Dünen (13) und ähnlichen Trockenstandorten (14). Bei geringeren Störungen oder mehr oder weniger ungestörter Sukzession aus Pionierstadien nimmt der Anteil der Hemikryptophyten rasch zu (5–6). Es folgen Spektren nitrophiler Saumgesellschaften unterschiedlicher Ausprägung (7–8).

Fast reine Hemikryptophyten-Gesellschaften wachsen auf unseren landwirtschaftlich genutzten Grünlandflächen (9–12), wobei extensiv genutzte Magerrasen (12) das breiteste Begleitspektrum aufweisen. In echten Trockenrasen (16) ist gegenüber den Halbtrockenrasen (15) ein recht hoher Anteil krautiger und verholzter Chamaephyten erkennbar. Zwergsträu-

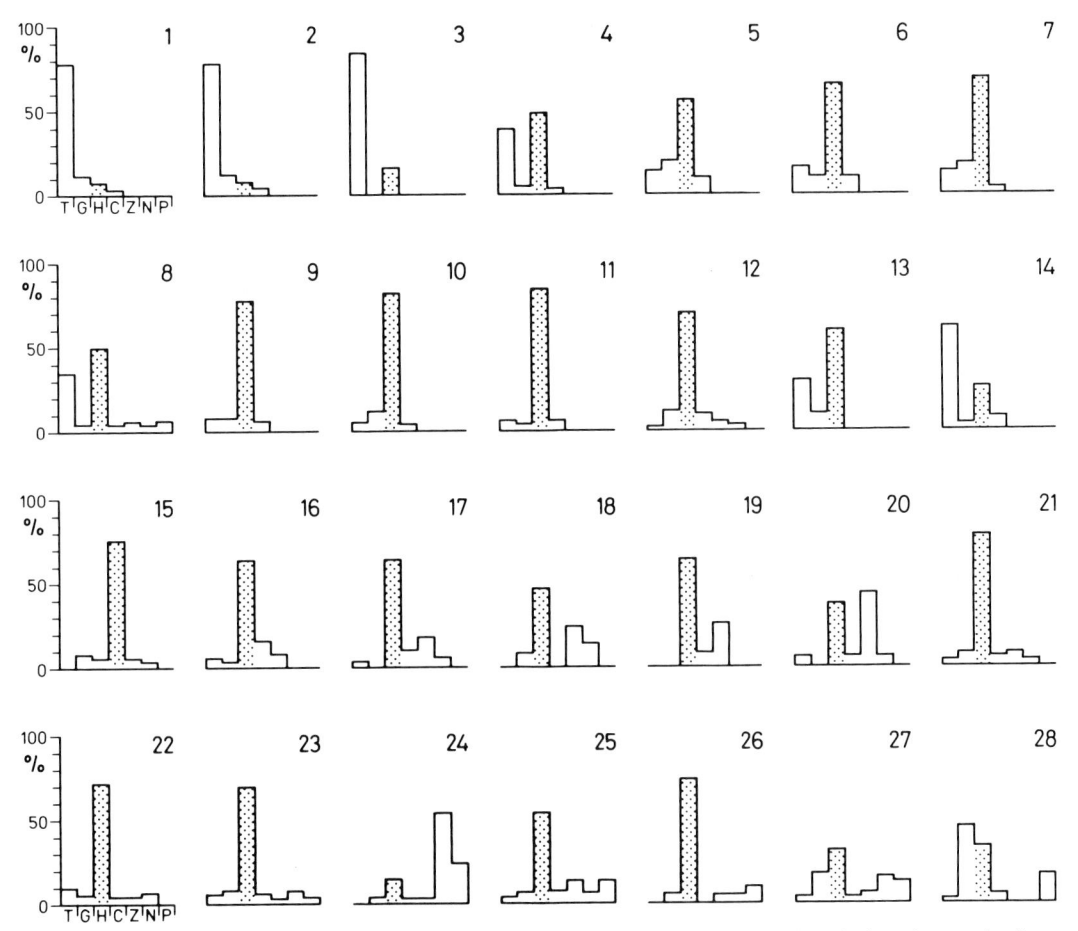

Abb. 33. Präsenzspektren der Lebensformen mitteleuropäischer Pflanzengesellschaften (Lebensformeneinteilung nach ELLENBERG 1979). Erläuterung im Text.
1: *Veronico-Fumarietum* (26 Arten), 2: *Aphano-Matricarietum* (35), 3: *Hordeetum murini* (12), 4: *Polygono-Chenopodietum* (94), 5: *Echio-Melilotetum* (15), 6: *Juncetum tenuis* (10), 7: *Urtico-Aegopodietum* (21), 8: *Alliario-Chaerophylletum* (24), 9: *Lolio-Cynosuretum* (33), 10: *Angelico-Cirsietum oleracei* (51), 11: *Arrhenatheretum* (42), 12: *Polygalo-Nardetum* (37), 13: *Spergulo-Corynephoretum* (5), 14: *Filagini-Vulpietum* (22), 15: *Mesobrometum* (69), 16: *Xerobrometum* (51), 17: *Genisto-Callunetum* (21), 18: *Ericetum tetralicis* (169), 19: *Calluno-Vaccinietum* (22), 20: *Cetrario-Loiseleurietum* (16), 21: *Geranio-Peucedanetum* (58), 22: *Atropetum belladonnae* (52), 23: *Sambucetum racemosae* (54), 24: *Ligustro-Prunetum* (20), 25: *Dicrano-Pinetum* (17), 26: *Luzulo-Fagetum* (9), 27: *Pruno-Fraxinetum* (56), 28: *Hordelymo-Fagetum* (33).

cher sind in Heiden (17–20) am stärksten vertreten, wobei ihr Anteil mit der Höhe zunimmt. Recht breite, wenn auch von Hemikryptophyten beherrschte Spektren haben Trockensäume (21) und Waldverlichtungsfluren (22–23).

Am stärksten treten Gehölze in Gebüschgesellschaften (24) auf, da unter dem dichten Blätterdach der Sträucher oft nur wenige krautige Pflanzen gedeihen. Dagegen zeigen Nadel- (25) und Laubwälder (26–28) wieder breitere Spektren. Auf basenarmen Böden herrschen Hemikryptophyten (25–26); auf basenreicheren Böden (27–28) finden sich recht unterschiedliche Typen. Hier können insbesondere die an den Licht-Schattenwechsel sommergrüner Laubwälder gut angepaßten Frühlingsgeophyten hohe Anteile erreichen (28). Auch die vertikalen Strukturunterschiede zwischen einem straucharmen Hallenwald (28) und einem stärker geschichteten Mischwald (27) werden erkennbar.

Diese kurze Zusammenfassung zeigt, daß einfache Lebensformen-Spektren sich gut zur Kennzeichnung und zum Vergleich von Pflan-

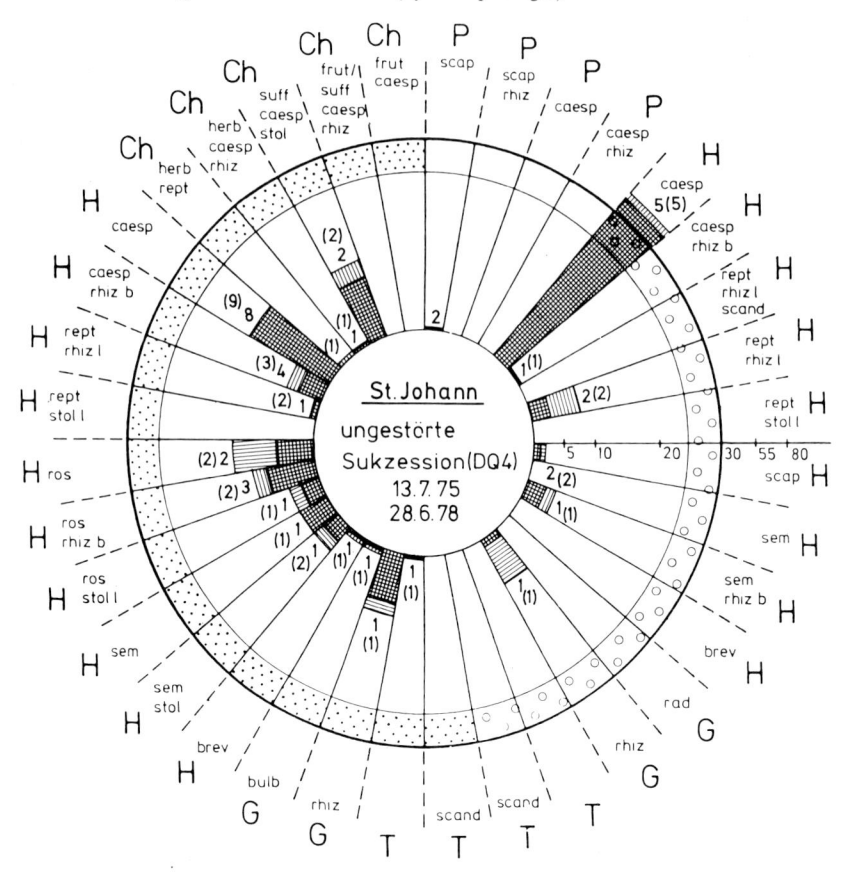

Abb. 34. Differenzierte quantitative Lebensformen-Spektren zweier Brachflächen von Kalkmagerrasen (oben, St. Johann) und Feuchtwiesen (rechte Seite, Fischweier) und ihre Veränderung 1975–1978 (aus SCHIEFER 1980).

zengesellschaften eignen. Wie schon angedeutet, sind sie auch für syndynamische Auswertungen von großem Wert. Für feinere Analysen ist es aber angebracht, stärker differenzierte Spektren nach Untergruppen der Hauptlebensformen (s. 3.4) aufzustellen. Hierfür bedarf es meist eigener Voruntersuchungen, da eine Feineinstufung der Arten oft noch nicht vorliegt bzw. für die eigenen Untersuchungsobjekte modifiziert werden muß.

Beispiele verfeinerter Lebensformen-Spektren finden sich u. a. bei SISSINGH (1952) für Unkraut- und Ruderalgesellschaften, wobei der Blattausdauer und Sproßgliederung größeres Gewicht gegeben wird. In ähnlicher Differenzierung benutzt SCHMIDT (1981a) solche Spektren zur Kennzeichnung von Sukzessionsvorgängen. Ebenfalls für syndynamische Detailstudien verwendet SCHIEFER (1980, 1982a) sehr differenzierte Spektren von Grünlandbrachen, wobei Anpassungen an vegetative Ausbreitung (Aus-

läuferbildung) besonders berücksichtigt werden (s. Abb. 34). Für Wälder finden sich differenziertere Spektren bei ELLENBERG (1956). Eine feine Wuchsformen-Gliederung für verschiedene Rasengesellschaften geben STYNER & HEGG (1984).

Texturmerkmale können, wie die vorhergehenden Kapitel zeigen, in vielfältiger Weise durch Einzelkriterien oder mehr im Zusammenhang von Wuchs- und Lebensformen für pflanzensoziologische Untersuchungen herangezogen werden. Dabei sollten verstärkt direkt am Objekt gewonnene Daten erarbeitet werden, die allerdings eine feine Beobachtung oder Messung notwendig machen. Ein Beispiel der Synthese der Braun-Blanquet-Methode mit symmorphologischen Texturuntersuchungen in einem noch unerforschten Bereich ist die umfangreiche Arbeit von JANSSEN (1986) über Tiefland-Savannen aus dem Amazonas-Gebiet.

4 Pflanzensippen

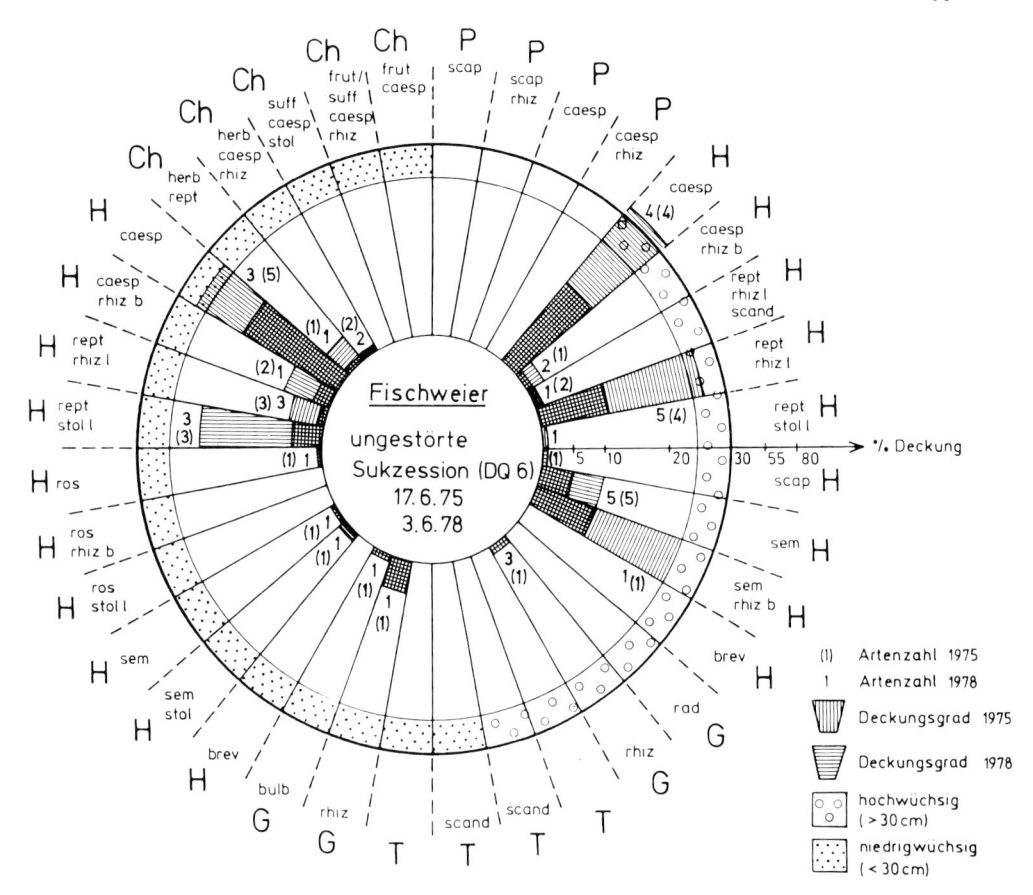

Da die Artenzusammensetzung die wichtigste Grundlage pflanzensoziologischer Betrachtungen ist, wird sie meist getrennt bzw. im Zusammenhang mit syntaxonomischen Fragen behandelt. Sie ist aber ebenfalls ein symmorphologisches Merkmal, ähnlich komplex wie das Lebensformspektrum. So spricht BRAUN-BLANQUET (1964) von der „Floristischen Strukturanalyse" als Grundlage der Beschreibung und Gliederung von Pflanzengesellschaften.

Aus taxonomischer Sicht lassen sich z. B. Spektren von Gattungen oder Familien einer Pflanzengesellschaft darstellen. Dies ist vor allem in Gebieten mit entsprechend starker, aber wechselnder taxonomischer Differenzierung, z. B. in den Tropen und Subtropen, oder bei großräumigen Vergleichen nützlich. Aber auch in Mitteleuropa können solche Spektren einiges aussagen (s. TÜXEN 1970a). Vielleicht lassen sich sogar evolutionsbiologische Fragen in dieser Richtung vertiefen. Ein Beispiel gibt SEGAL (1969) im Vergleich von Familien-Spektren mehr atlantischer und mediterraner Mauervegetation. DIERSCHKE (1974) benutzt Familienspektren für Saumgesellschaften, TÄUBER (1981) für Pflanzengesellschaften der Karpaten. BARKMAN (1958a) verwendet taxonomische Spektren für holländische Epiphyten-Gesellschaften mit Anteilen der Algen, Pilze, Flechten und Moose. Als Besonderheit ist weiter ein entsprechendes Ploidie-Spektrum zu erwähnen.

5 Die Vertikalstruktur von Pflanzenbeständen

5.1 Allgemeine Grundlagen

Die Vegetationsstruktur ist durch die Anordnung von Texturelementen (s. 2.1) bestimmt; häufig wird die vertikale und horizontale Anordnung unterschieden. Besonders auffällig ist die Vertikalstruktur oder **Schichtung** (Stratifikation) des Bestandes. Beschreibungen der Struktur beschränken sich deshalb oft auf diesen Teilaspekt. Jede Schichtung beinhaltet aber bereits auch ein Nebeneinander von Texturelementen, so daß z. B. Schichtungsdiagramme immer auch einen Ausschnitt der Horizontalstruktur mit erfassen.

Vegetationsschichtung ist vor allem durch die unterschiedliche Wuchshöhe der Einzelpflanzen bestimmt. Zwar können verschieden hohe Elemente gleitende Höhenabfolgen bilden; sie sind aber meist nach ihrer Wuchshöhe in Gruppen gliederbar. Die eigentliche Schicht wird hierbei durch den Höhenbereich gekennzeichnet, in dem sich die Hauptmenge der Photosynthese-Organe, also vorwiegend der Blätter, befindet, z. B. der Kronenbereich der Bäume oder der gesamte oberirdische Bereich krautiger Pflanzen. Hochwüchsige Arten haben demnach einen Teil ihres Sproßsystems in den darunterliegenden Schichten.

Neben der physiognomisch auffälligen oberirdischen Schichtung gibt es auch eine solche des Wurzelraumes. Sie ist aber weniger gut bekannt und wird meist schematischer nach der Wurzeltiefe und Durchwurzelungsintensität bestimmt. Im weitesten Sinne kann man auch noch die Schichtung der Diasporen im Boden zur Vertikalstruktur rechnen.

Pflanzen einer Schicht, vor allem derselben Lebensform und ähnlicher Wurzelverteilung, stehen in besonders enger Wechselwirkung, sind meist besonders starke Konkurrenten um Raum, Licht, Wasser und Nährstoffe. So ist die Schichtung einer Pflanzengesellschaft das Ergebnis langer Auslese- und Anpassungsprozesse. Durch Ausbildung verschiedener Schichten wird ein gegebener Lebensraum besser ausgenutzt als durch einschichtige Gesellschaften. Stark vertikal strukturierte Bestände mit einer Vielzahl von Wechselbeziehungen gelten als recht stabile Ökosysteme (s. auch X 3.5.3). Umgekehrt gilt dies allerdings nicht, da auch wenig geschichtete Vegetationstypen, wie z. B. manche Röhrichte, sehr stabil sein können.

Die Schichten eines Bestandes sind keine unabhängigen Teilsysteme, sondern sie stehen in enger Wechselbeziehung und bedingen sich teilweise gegenseitig. Dies geschieht häufig über die Modifizierung des Mikroklimas durch die höheren für die tieferen Schichten, wobei dem Lichtfaktor besondere Bedeutung zukommt. Trotz dieser Beziehungen sind die Schichten aber nicht immer parallelisierbar. Unter einer weithin gleichartigen Baumschicht können verschieden ausgebildete Unterschichten im räumlichen Wechsel vorkommen. Dies hängt mit den jeweiligen Lebensansprüchen (ökologischer Potenz) und Konkurrenzverhältnissen (ökologische Existenz) der Arten zusammen, die bei Gehölzen oft anders sind als bei krautigen Pflanzen. Unter *Fagus sylvatica* findet man z. B. mit dem Wechsel der Bodenbedingungen ganz unterschiedlichen krautigen Unterwuchs; entsprechend gibt es eine größere Zahl von Buchenwald-Gesellschaften. Noch engere Amplituden können Gruppen von Kryptogamen haben, die nur die obersten Bodenbereiche erschließen, ganz abgesehen von Epiphyten. Umgekehrt findet sich der Zwergstrauch-Unterwuchs subalpiner Nadelwälder auch unabhängig von der Baumschicht als selbständige subalpin-alpine Heide. Ähnliche Kryptogamenschichten gibt es sogar in Wäldern, Heiden und ganz selbständig. Weitgehend unabhängig sind frei bewegliche Lemna-Decken von im Boden verwurzelten Wasserpflanzen-Beständen.

Zwischen ober- und unterirdischer Schichtung findet man nur schwache Parallelen. Alle Arten haben ihre Wurzeln bevorzugt im obersten Bodenhorizont. Häufig besitzen allerdings hochwüchsige Pflanzen ein tiefer greifendes Wurzelsystem, insgesamt also eine stärkere unterirdische Schichtung.

Neben der Schichtung i. e. S., d. h. einer Überlagerung verschiedener, auf gleicher Bodenfläche wachsender Pflanzen, gibt es auch ein seitliches Ausgreifen höherer Schichten in Nachbarbestände, z. B. an Wald- und Gebüschrändern. Auch hier ist eine besondere Vertikalstruktur entscheidend für die Ausbildung bestimmter Vegetationstypen (Mantel- und Saumgesellschaften). Über Horizonteinengung und damit veränderte Einstrahlung wirken hohe Schichten sogar noch weiter in niedrigwüchsige Nachbarbestände hinein, z. T. auch über die Veränderung der horizontalen Luftbewegung.

In der Pflanzensoziologie werden Schichten zunächst als strukturelle Elemente des gesamten Bestandes gesehen. Daneben gibt es aber auch Ansätze einer mehr getrennten Betrachtung einzelner Schichten oder Teilschichten als Synusien oder eigenständige Pflanzengesellschaften (s. 7).

5.2 Die Hauptschichten eines Bestandes

Hauptkriterium für die Abgrenzung von Schichten ist die Wuchshöhe bzw. Wurzeltiefe der Pflanzen. Ein weiteres, aber untergeordnetes Kriterium ist das Vorkommen bestimmter Lebensformen. Man kann für viele Pflanzen eine allgemeine Einteilung in Höhenklassen vornehmen und entsprechende Spektren erstellen. Allerdings sind die Wuchshöhen stark vom jeweiligen Standort, eventuell auch vom Alter, Entwicklungszustand u. a. des Bestandes abhängig, so daß gewöhnlich eine direkte Erfassung im Gelände notwendig ist. Hierfür sind etwas grobere Abschätzungen bis zu exakten Messungen mögliche Grundlagen.

Allgemein werden schematische Höhenklassen der großen Variabilität von Vertikalstrukturen kaum gerecht. In der Pflanzensoziologie bevorzugt man deshalb eine unmittelbare Ansprache der von Ort zu Ort wechselnden Gegebenheiten. Trotz der Schichtungsvielfalt kann man allgemein einige Hauptschichten klarer trennen, die sich dann weiter unterteilen und durch spezielle Texturmerkmale näher kennzeichnen lassen. Als allgemein brauchbare Abkürzung schlagen wir aus dem Englischen abgeleitete Buchstaben vor (von tree, shrub, herb, moss, root), wie sie in der Bodenkunde bereits für Schichten der organischen Auflage üblich sind (in Klammern gebräuchliche Abkürzungen deutscher Begriffe).

T (B) Baumschicht: aus hohen Phanerophyten bestehender oberster Teil des Bestandes, Bäume (und Sträucher) ab etwa 5 m Höhe umfassend (mit Ausnahme sehr niedrigwüchsiger Wälder).
Oft besteht eine Teilung in eine dichtere Hauptkronenschicht (T_2) mit herausragenden Überhältern (T_1) und lockerem Unterwuchs (T_3). Gehölzreiche Gesellschaften, z. B. tropisch-subtropische Wälder, haben eine besonders differenzierte Schichtung.
S (S) Strauchschicht: Gehölze unter 5 m Höhe werden meist als eigene Schicht zusammengefaßt. Sie besteht aus Sträuchern und jungen, nachwachsenden Bäumen, teilweise auch aus Teilschichten (S_1, S_2 ...). Die Obergrenze ist nicht exakt festlegbar und richtet sich nach der Hauptmasse der zugehörigen Pflanzen. Nach unten wird die Abgrenzung erschwert durch kriechende bis kletternde Holzpflanzen, z. B. *Rubus fruticosus* coll. oder *Lonicera periclymenum*.
H (K) Krautschicht (Feldschicht): 0,5–1,5 m hohe (vereinzelt auch höhere) Schicht von Kräutern, Gräsern und Zwergsträuchern (Hemikryptophyten, Geophyten, Therophyten und Chamaephyten) sowie von Jungpflanzen der Gehölze. Bei sehr hochwüchsigen Pflanzen ergibt sich eine stärkere Verzahnung mit der Strauchschicht. Zur Abtrennung sind hier die Lebensformen hilfreich. Eine schematische Höhenabgrenzung erscheint gewöhnlich weniger sinnvoll.
Die Krautschicht kann ebenfalls aus mehreren Teilschichten (H_1, H_2 ...) bestehen.
M (M, Kr) Kryptogamenschicht (Bodenschicht): aus Moosen, Flechten, Pilzen, Algen bestehende unterste direkt erkennbare Schicht. Bei sehr feiner Untersuchung sind Teilschichten (M_1, M_2 ...) denkbar.
R (W) Wurzelschicht: unterirdischer Bereich aus Wurzeln und abgewandelten Sproßteilen (z. B. Rhizome, Zwiebeln, Knollen). Sie läßt sich nach Art und Dichte der Elemente oft weiter unterteilen (R_1, R_2 ...).
D Diasporenschicht: Im erweiterten Sinne gehört auch die Schichtung der Diasporen im Boden zur Vertikalstruktur eines Bestandes. Auch hier können oft mehrere Schichten unterschieden werden (D_1, D_2 ...).
O Organische Auflageschicht: Besonders abgrenzbar ist die Streuschicht, die teilweise auch durchwurzelt wird, vor allem vielen Pilzen als Lebensraum dient. Sie kann, wie in der Bodenkunde gebräuchlich, in die O_L-, O_F- und O_H-Schicht, oder in O_1, O_2, O_3 differenziert werden. In rein pflanzensoziologischen Betrachtungen wird sie meist vernachlässigt, verdient aber als ökologisch aussagefähiges Element (Humusformen) mehr Beachtung.
E Epiphytenschicht: Epiphyten können den Schichten T, S, H zugeordnet werden, bilden aber doch oft mehr eigenständige, teilweise in sich geschichtete Elemente. So ist es sinnvoller, sie getrennt aufzuführen als E_1, E_2 ... oder E_T, E_S, E_H.

Eine spezielle Schichtung gibt es in Gewässern, wenn auch oft weniger klar hervortretend und schlechter erkennbar. Angepaßt an Lebensformen der Wasser- und Sumpfpflanzen (s. 3.5) lassen sich nach Du RIETZ (1930) folgende Schichten unterscheiden:
Pleustonschicht: auf der Wasseroberfläche frei schwimmende Pflanzen.
Nymphaeidenschicht: im Boden wurzelnde, vorwiegend auf der Wasseroberfläche schwimmende Pflanzen.
Elodeïdenschicht: vorwiegend im Boden wurzelnde, den Wasserraum ausfüllende Pflanzen. Hierzu gehören auch die frei im Wasser schwebenden Ceratophylliden.
Isoëtidenschicht: wurzelnde, direkt am Boden wachsende Pflanzen.
Haptophytenschicht: auf festen Substraten angeheftete Kryptogamen, z. T. nach Wuchshöhe weiter aufteilbar.

Helophytenschicht: im Boden wurzelnde, mit Teilen aus dem Wasser herausragende Pflanzen unterschiedlicher Höhe.

PASSARGE (1982) unterscheidet eine Oberflächen- und eine Unterwasser-Schwimmschicht und zwei Submers-Schichten.

5.3 Untersuchung und Darstellung der oberirdischen Vertikalstruktur

Ein direktes Maß für die oberirdische Schichtung ist die Wuchshöhe der Pflanzen. Sie läßt sich mit einiger Übung abschätzen oder auch genau mit Maßband oder Höhenmesser bestimmen. Zur näheren Charakterisierung der Schichten kann man Texturmerkmale in Form von Spektren verwenden (s. 2.3). Meist fließen

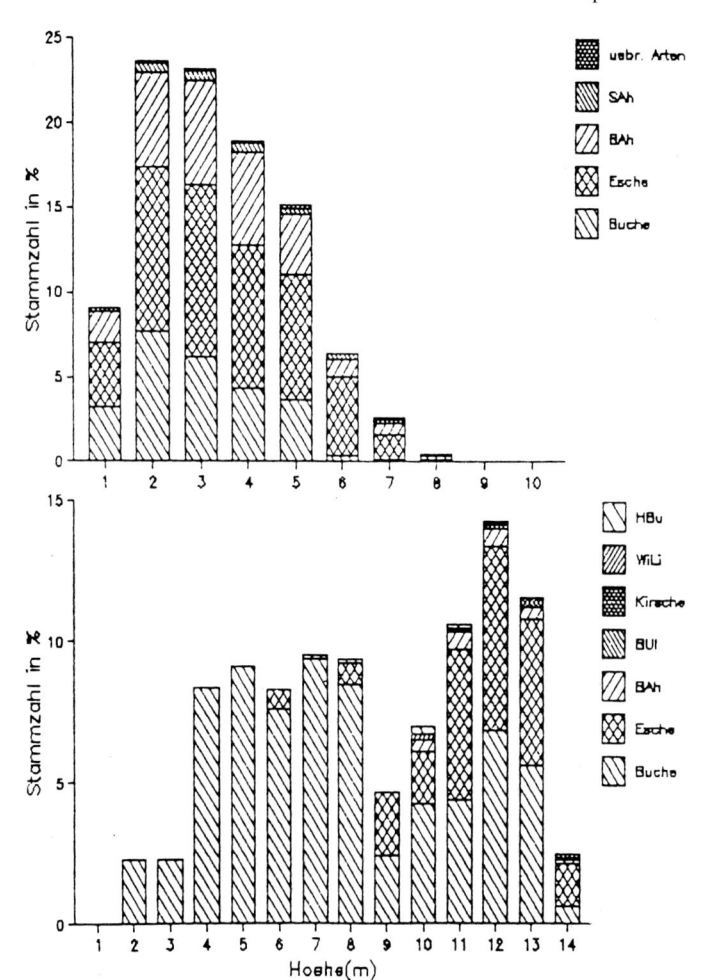

Abb. 35. Baumhöhen-Diagramme eines 17 bzw. 30jährigen Kalkbuchenwaldes (aus ZÜGE 1986). Im jungen Wald (oben) herrschen niedrige Bäume mit höheren Anteilen von Esche und Bergahorn. Im älteren Bestand gibt es ein breiteres Spektrum mit zunehmender Buche.

Merkmale der Horizontalstruktur mit ein, z. B. die Anordnung von Arten oder Lebensformen, der Deckungsgrad von Arten oder der gesamten Schicht.

Als Grundlage der Untersuchung und Beschreibung dienen gewöhnlich Vertikalschnitte durch einen Bestand, bei Vegetationskomplexen entsprechende Schnitte quer zu floristisch-ökologischen Gradienten. Entlang von Linien oder schmalen Streifen (Linien- bzw. Gürteltransekten) werden wichtige Strukturelemente aller oder nur besonders strukturbestimmender Pflanzen genauer im Aufriß erfaßt oder nur allgemein abgeschätzt. Solche Transekte können leicht im Gelände durch Schnüre, Meßbänder oder Pflöcke festgelegt werden. Sie dienen entweder der einmaligen Aufnahme oder auch wiederholten Untersuchungen zur Frage zeitlicher Strukturveränderungen (s. X).

Neben Messungen sind Skizzen (z. B. von Konturen, Details der Sproßverzweigung, Beblätterung, Blattform, Lage der Blüten) und Fotos (eventuell Stereofotos) als Grundlage für die spätere Auswertung nützlich. Häufig werden aber Vertikalprofile lediglich aus bekannten Daten und allgemeineren Beobachtungen zusammengestellt. Bei normalen pflanzensoziologischen Aufnahmen (V) notiert man meist nur die Zahl, Höhe und den Deckungsgrad der Schichten sowie deren Artenzusammensetzung, woraus sich später die Vertikalstruktur darstellen läßt.

Besonders für forstliche Zwecke werden die Gehölzschichten (Bestockungsaufbau) oft sehr genau erfaßt. Anleitungen und Beispiele hierzu geben z. B. SCHNELLE (1973), MAYER (1977, S. 140 ff.) LAMPRECHT (1980 a), KOOP (1989). Für spezielle ökologische Untersuchungen, z. B. zur Feststellung der Biomasse oder des Blattflächenindex wird der Bestand abgeerntet, in Schichten (eventuell auch Wuchsformen) und/ oder bestimmte Pflanzenteile (z. B. Blätter, Sprosse, Blüten, Früchte, Streu) aufgeteilt und das Trockengewicht bestimmt. Gegenüber einer physiognomischen Vertikalgliederung wird hierbei oft eine schematische Gliederung in Teilschichten bestimmter Höhenintervalle bevorzugt. Diese Methode bedingt stark störende bis zerstörende Eingriffe und ist für pflanzensoziologische Zwecke wenig brauchbar.

Der graphischen Darstellung der Vertikalstruktur dienen vor allem **Vegetationsprofile** (= Profil-, Schichtungs-, Strukturdiagramme). Für Bestände mit sehr unterschiedlichen Schichten (besonders Wälder) müssen Details oft in Teildiagrammen mit wechselndem Maßstab wiedergegeben werden. Verschiedene Typen von Vegetationsprofilen lassen sich unterscheiden (s. auch 5.4.2):

– Naturnah: alle oder die hervortretenden Pflanzen (und ihre Teile) werden skizzenhaft in naturnaher Form, Anordnung und Größe dargestellt.

– Halbschematisch: Hervorhebung der wichtigen Arten oder Formen (oder ihrer Teile) mit Konturen in mehr oder weniger schematisierter Anordnung.

– Abstrakt: Verwendung von Symbolen für bestimmte Strukturmerkmale der wichtigsten Arten.

Neben solchen Vegetationsprofilen gibt es einfache Blockdiagramme, die meist nur die allgemeine Schichtung, den Deckungsgrad und z. T. die Höhe der Schichten wiedergeben (5.4.3). Auf die Möglichkeit von Texturdiagrammen zur Detailkennzeichnung wurde bereits hingewiesen. Neben der Darstellung einzelner Texturelemente (2.3) sind hier Wuchshöhen-Diagramme besonders geeignet (5.4.1).

Schließlich läßt sich bei entsprechender Anordnung der Arten auch aus Vegetationstabellen die Vertikalstruktur einer Pflanzengesellschaft erkennen (s. VI).

5.4 Beispiele für die Darstellung der oberirdischen Vertikalstruktur

5.4.1 Wuchshöhen-, Stammdurchmesser- und Altersspektren

Bei direkter Messung oder Abschätzung der Wuchshöhe aller oder vieler Einzelpflanzen lassen sich entsprechende Höhendiagramme zeichnen. Für forstliche Zwecke werden solche Diagramme insbesondere für Bäume erstellt. Ein Beispiel für die Baumhöhen verschieden alter Buchenwälder zeigt Abb. 35. Hier werden die Wuchshöhen in Meter-Klassen unterteilt und außerdem die Anteile einzelner Gehölzarten angegeben.

Für niedrigwüchsige Bestände sind Wuchshöhen-Diagramme weniger üblich. Eine Feinanalyse vermittelt Abb. 36, wo in einer mediterranen Heide viele Einzelmessungen vorgenommen wurden. Die Anordnung der 38 Arten nach Wuchshöhe läßt fünf teilweise ineinandergreifende Schichten erkennen.

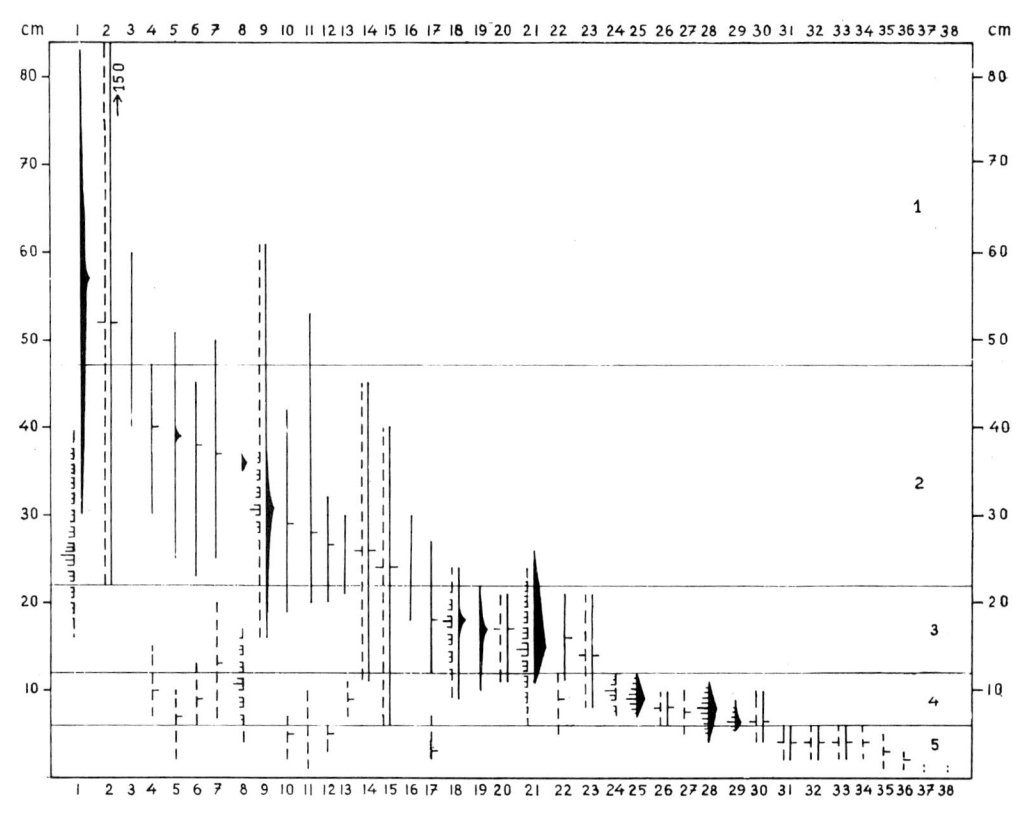

104   Die räumliche Ordnung in Pflanzenbeständen (Symmorphologie)

Abb. 36. Wuchshöhen-Diagramm aller wichtigen Arten einer Garigue (aus BARKMAN 1958b, leicht verändert). Senkrechte Linien = Höhenamplitude ausgewachsener Pflanzen; unterbrochene Linien = beblätterter Teil. Arten mit höherem Deckungsgrad mit verdickten Linien.

Für die Einteilung der Pflanzen in Höhenklassen gibt es verschiedene Möglichkeiten. So schlägt VAN DER MAAREL (1970) eine allgemein verwendbare logarithmische Skala in neun Stufen vor (von 0–1 cm bis 30–100 m). PASSARGE (1978) verwendet eine mehr auf den Einzelbestand bezogene direkte Ansprache der Wuchshöhe, die mit zweistelligen Exponenten wiedergegeben wird (für Bäume in m, für Sträucher und Krautige in dm). Weitere Möglichkeiten der Höhenangabe finden sich bei BARKMAN et al. (1964). WERGER et al. (1984) verwenden zum Vergleich der Höhenheterogenität von Waldbeständen den Quotienten aus maximaler und mittlerer Höhe der Bäume, außerdem einige weitere Parameter (Stammhöhe bis zum Kronenanfang, Kronenlänge, -durchmesser, Stamm/Kronen-Verhältnis, Stammdurchmesser u. a.).

Bei den Forstleuten wird eine Ordnung der Bäume in drei relative Höhenklassen verwendet. Ausgehend von der Oberhöhe (= Mittel der 100 stärksten Bäume eines Bestandes) unterscheidet man die Oberschicht (über $2/3$), Mittelschicht ($1/3$–$2/3$) und Unterschicht (bis $1/3$ der Oberhöhe) (s. MAYER 1977, S. 140 ff.).

Vor allem für forstliche Untersuchungen wird außerdem oft der Stammdurchmesser der Bäume in Brusthöhe (Brusthöhendurchmesser BHD) benutzt. Gemessen wird mit einem Maßband der Umfang in 1,3 m Höhe. Der Durchmesser errechnet sich dann aus der Beziehung BHD = U : π. Ein Beispiel aus subtropischen Wäldern zeigt die Brauchbarkeit dieses Texturmerkmals auch für pflanzensoziologische Vergleiche (Abb. 37).

Ein mehr indirektes, mit der Wuchshöhe in gewisser Beziehung stehendes Merkmal ist auch die Altersstruktur von Gehölz-Populationen. Sie ist schwierig zu ermitteln, spielt bisher in pflanzensoziologischen Arbeiten kaum eine Rolle, ist aber vor allem für syndynamische Fragestellungen von Bedeutung (s. auch X 3.2.1). Entweder werden Jahresringanalysen von Bohrkernen benutzt oder man verwendet, soweit vor-

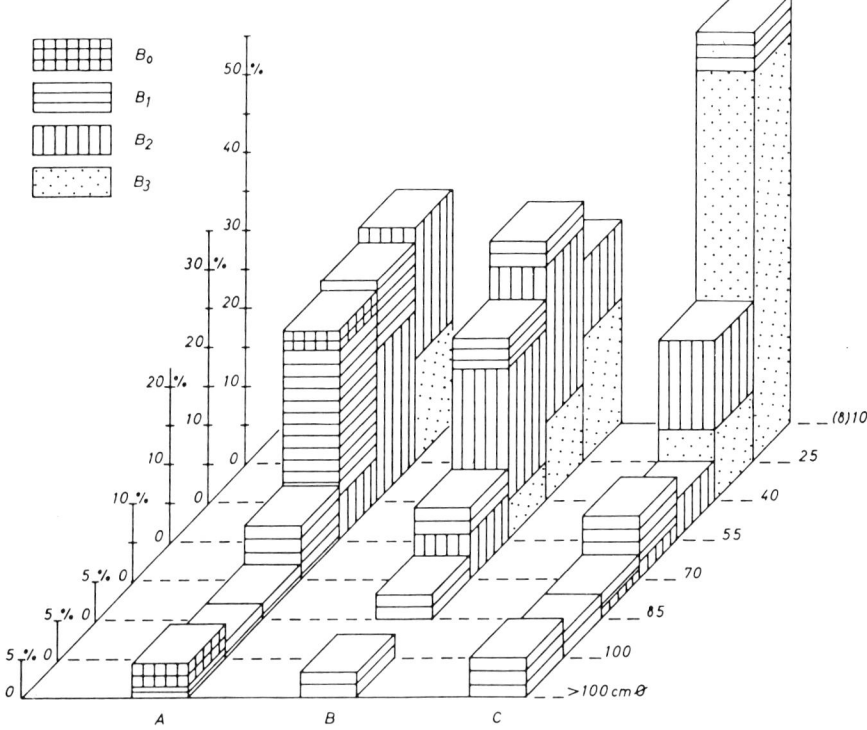

Abb. 37. Stammdurchmesser-Spektren nach 15 cm-Klassen von drei Ausbildungen (A-C) einer Waldgesellschaft in Nordostargentinien (aus ESKUCHE 1986).
B_0: herausragende, B_1: hohe, B_2: mittlere, B_3: niedrige Bäume.

handen, andere Merkmale (z. B. Zahl der Astquirle bei Kiefern). Ein Beispiel zeigt Abb. 38 für sehr genaue Untersuchungen in Dünengebüschen. Altersstrukturen für einzelne Artpopulationen sind häufiger in demographischen Arbeiten zu finden (z. B. WHITE 1985).

Aus Höhe, BHD und Alter können Quotienten zum Vergleich der Wuchskraft der Bäume gebildet werden, z. B. BHD/Alter, Höhe/Alter.

Wie die Beispiele zeigen, befaßt sich die im gehölzarmen Mitteleuropa entwickelte Pflanzensoziologie relativ wenig mit strukturellen Fragen der Baum- und Strauchschicht. Angaben hierzu sind vor allem in forstwissenschaftlichen Untersuchungen zu finden. In anderen Erdteilen mit höherer Diversität der Gehölze spielen solche Fragen eine wesentlich größere Rolle. So sind viele vegetationskundliche Untersuchungen, z. B. in Nordamerika oder in den Tropen, stark auf die Struktur der Baumschicht(en) ausgerichtet, während der Unterwuchs eher vernachlässigt wird.

5.4.2 Vegetationsprofile

Profil- oder Schichtungsdiagramme geben die vertikale Struktur eines Bestandes besonders anschaulich wieder, selbst bei abstrakterer Darstellung. Sie finden sich in verschiedenster Ausführung in vielen pflanzensoziologischen und anderen vegetationskundlichen Darstellungen (Profile mit unterirdischer Struktur s. 5.5).

a) Naturnahe Vegetationsprofile: Solche Diagramme erfordern feine Beobachtungsgabe und zeichnerisches Geschick. Als gute Hilfsmittel sind (Stereo-)Fotos von Nutzen. Da nicht alle Merkmale eines Bestandes gleich wichtig sind, haben sehr naturnahe Diagramme aber nur einen begrenzten Wert. So wird auch hier oft schon eine Auswahl wiederzugebender Merkmale vorgenommen.

Naturgetreue Profile durch verschiedene Grünlandbestände zeigt Abb. 39. Hier ist jede Pflanze entlang eines Schnittes in Form und Größe genau wiedergegeben. Neben der Vertikalstruktur ist auch die horizontale Anordnung der Pflanzen gut erkennbar.

106 Die räumliche Ordnung in Pflanzenbeständen (Symmorphologie)

Eine sehr genaue Erfassung des Sproßsystems der Gehölze eines Auenwaldes mit starker Strukturierung liegt Abb. 40 zugrunde. Höhe und Verzweigung der Pflanzen stehen im Vordergrund. Hier wurden erstmals die Vorstellungen über Architekturtypen von Bäumen von HALLÉ et al. (1978) auf mitteleuropäische Waldgesellschaften angewendet. Die sehr arbeitsaufwendige Geländearbeit ist aber nur für spezielle Strukturuntersuchungen sinnvoll.

b) Halbschematische Vegetationsprofile: In solchen Diagrammen wird Anschaulichkeit mit Betonung wichtig erscheinender Merkmale kombiniert. Sie eignen sich deshalb besonders gut zur vergleichenden Darstellung von Strukturtypen und werden am meisten verwendet. Sie können unmittelbar im Gelände erfaßt oder auch erst im Nachhinein aus vorhandenen Daten konstruiert werden.

Abb. 41 vermittelt einen guten Einblick in einen subtropischen, stärker geschichteten Wald, wobei die Zusammensetzung aus immer-

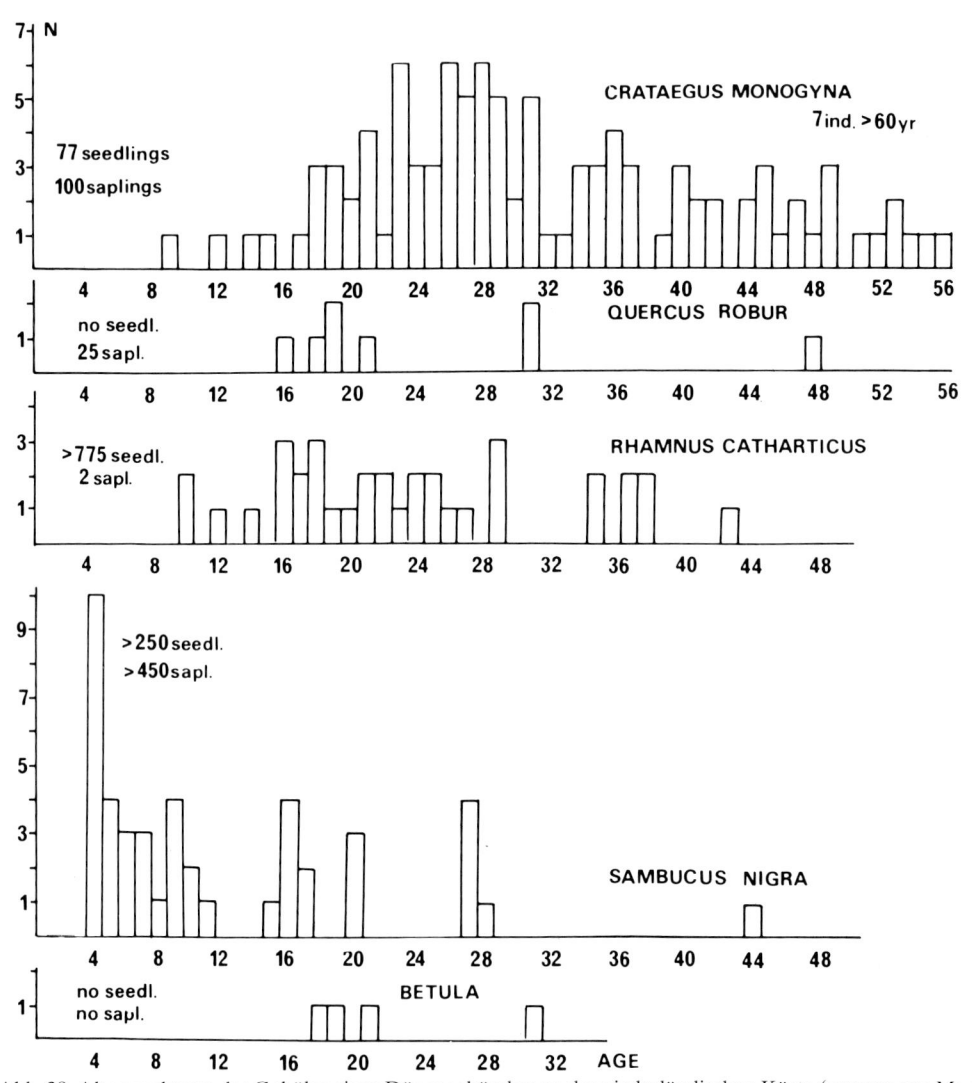

Abb. 38. Altersspektrum der Gehölze eines Dünengebüsches an der niederländischen Küste (aus VAN DER MAAREL et al. 1985).

Abb. 39. Naturnahe Vegetationsprofile durch eine Glatthaferwiese (oben) und einen Trockenrasen (aus STYNER ▷ & HEGG 1984).

Die Vertikalstruktur von Pflanzenbeständen 107

Abb. 40. Sehr genaues Profildiagramm der Gehölze eines Auenwaldes am Rhein (aus J.-M. WALTER 1982, leicht verändert). I-III: Strukturgruppen nach Wuchshöhe. Schwarze Quadratlinien: „Morphologische Inversionsfläche" = Linie der untersten lebenden Kronenränder oder Astansätze.

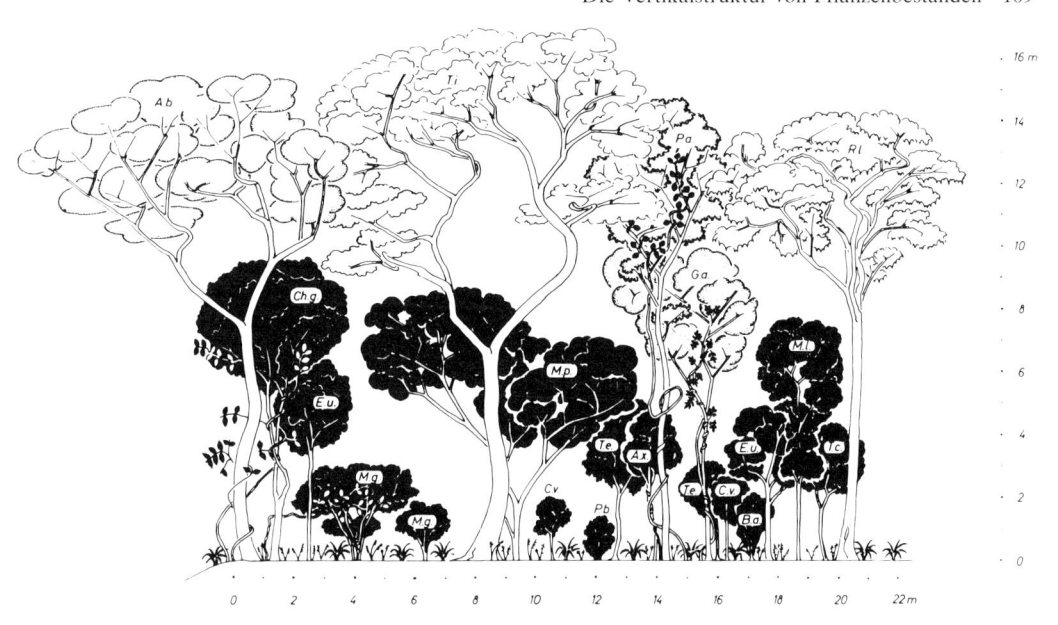

Die Vertikalstruktur von Pflanzenbeständen 109

Abb. 41. Halbschematisches Vegetationsprofil eines halbimmergrünen subtropischen Laubwaldes in Nordostargentinien (aus Eskuche 1982).

Abb. 42. Naturnahes und stärker schematisiertes Vegetationsprofil eines Eichen-Hainbuchenwaldes (aus Werger et al. 1984, verändert).

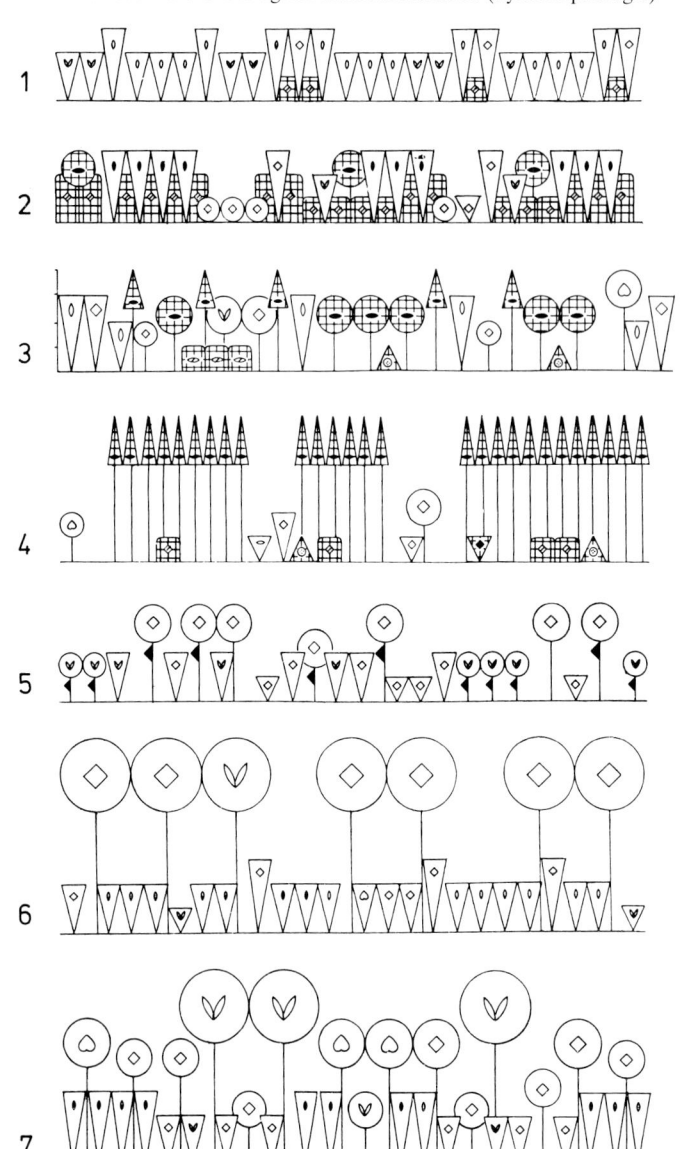

110   Die räumliche Ordnung in Pflanzenbeständen (Symmorphologie)

Abb. 43. Abstrakte Profildiagramme verschiedener Pflanzengesellschaften (aus DANSEREAU & ARROS 1959, verändert).
1: Glatthaferwiese (*Arrhenatheretum*); 2: Hochmoorbulte (*Erico-Sphagnetum*); 3: Heide (*Genisto-Callunetum*); 4: Fichtenwald (*Asplenio-Piceetum*); 5: Gebüsch (*Carpino-Prunetum*); 6: Buchenwald (*Hordelymo-Fagetum*); 7: Eichen-Hainbuchenwald (*Galio-Carpinetum*).

und regengrünen Gehölzen besonders hervorgehoben ist. Abb. 42 zeigt ein stärker schematisiertes Profil im Vergleich mit naturnaher Darstellung.

c) Abstrakte Profildiagramme: Weniger anschaulich, aber für den Vergleich verschiedener Strukturtypen geeignet, sind Diagramme, in denen wichtige Textur- und Strukturmerkmale durch Symbole kenntlich gemacht werden. Die unterschiedliche Symbol-Kombination läßt zusammen mit der Höhenabstufung wichtige Struktureigenschaften erkennen. Am bekanntesten sind die von DANSEREAU (1951; s. auch DANSEREAU & ARROS 1959) entwickelten Diagramme (Abb. 43). Sie werden nach floristischen Vegetationsanalysen konstruiert und zeigen als Textur- und Strukturmerkmale Wuchshöhe, Deckungsgrad, Lebensformen, Form, Größe, Bau und Ausdauer der Blätter in starker Abstraktion. Einzeldaten sind hierbei auf ein Minimum reduziert.

Eine pflanzensoziologische Anwendung solcher „Dansereaugramme" gibt WIEGERS (1982; s. Abb. 44).

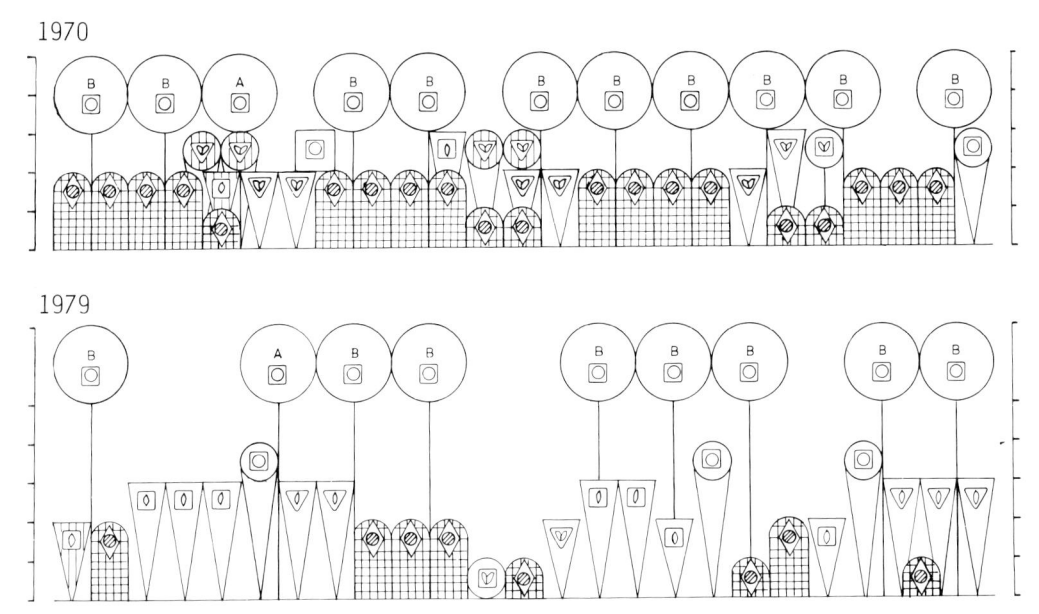

Abb. 44. Abstraktes Profildiagramm eines Erlenbruchwaldes im Abstand von zehn Jahren. Die Baumschicht hat sich aufgelichtet, in der Krautschicht hat sich die Wuchsformenzusammensetzung verändert, der 1970 dichte Moosteppich hat sich aufgelöst (aus WIEGERS 1982, verändert).

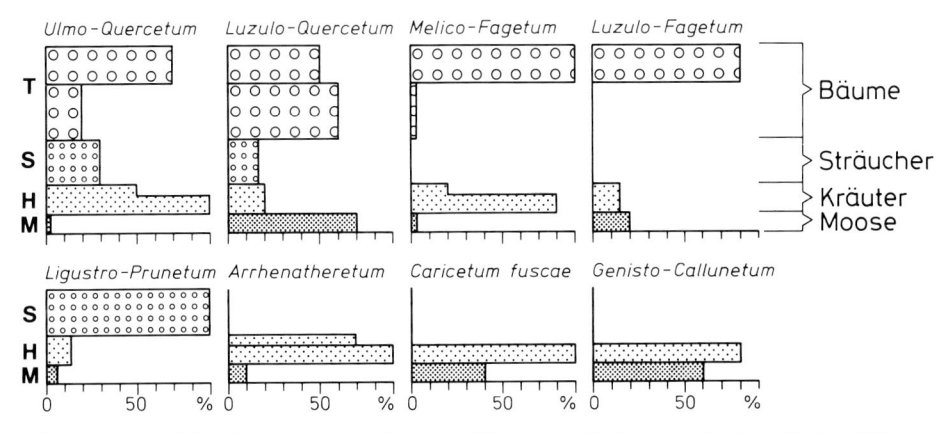

Abb. 45. Schichtungs-Blockdiagramme verschiedener Pflanzengesellschaften mit schematischer Höhenabstufung und Deckungsgrad der Schichten.

5.4.3 Schichtungs-Blockdiagramme

Sehr leicht konstruierbar und vergleichbar sind Diagramme, die nur schematisch die Schichtenabfolge und die jeweilige Gesamtdeckung angeben. Durch einen Höhenmaßstab kann die Schichthöhe etwas präzisiert sein. Außerdem lassen sich zu den Schichten tabellenartig Zahlenangaben ergänzen, z. B. über Artenzahl, Anteile von Lebensformen o. ä. Ein Beispiel verschiedener Pflanzengesellschaften zeigt Abb. 45. Abb. 46 vermittelt einen strukturellen Einblick in einen Wald-Trockenrasen-Komplex.

Anstelle der Deckungsgrade können auch andere Quantitäten, z. B. die Biomasse der Schichten dargestellt werden, was vor allem für ökologisch ausgerichtete Untersuchungen sinn-

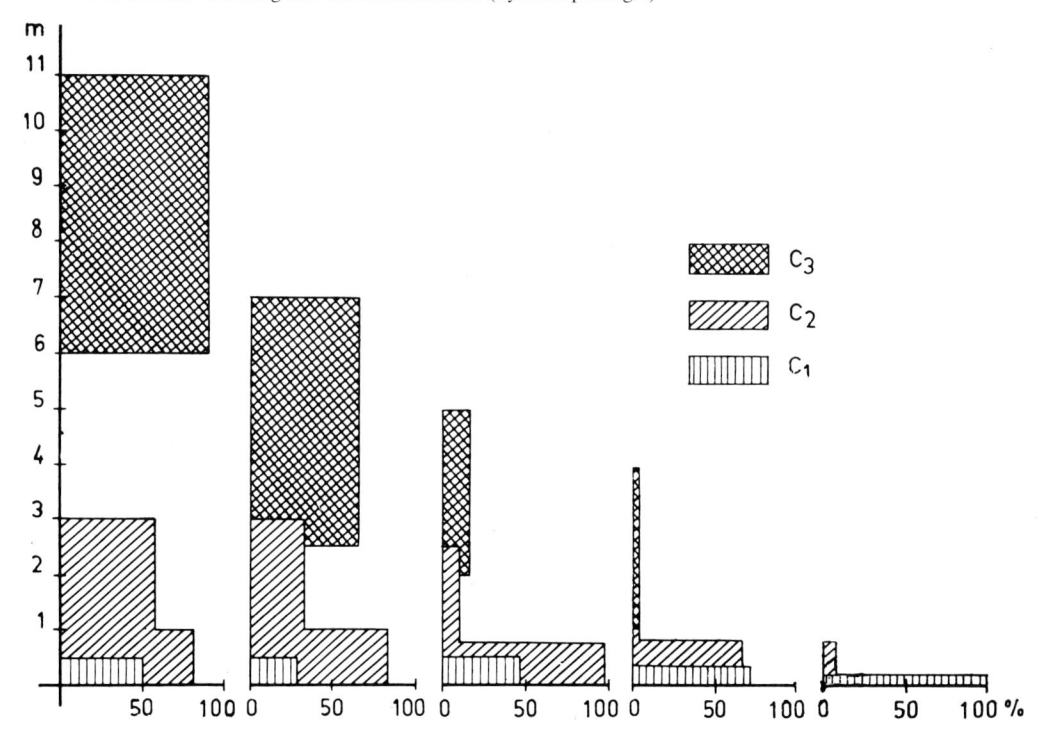

Abb. 46. Schichtungs-Blockdiagramme mit Angabe von Höhe und Deckungsgrad der Schichten in einem Xerotherm-Vegetationskomplex (aus JAKUCS 1972). Von links: Hochwald, Buschwald, Gebüschmantel, Saum, Trockenrasen.

voll ist. Ein einfaches Beispiel für Grasland-Gesellschaften zeigt Abb. 47. Hier wurde parallel der Blattflächenindex für jede Teilschicht bestimmt.

Eine Kombination naturnaher bis halbschematischer Vegetationsprofile mit Blockdiagrammen der etwas weiter aufgeschlüsselten Biomasse in Teilschichten zeigt Abb. 48. Außerdem sind mit der Schichtung in Beziehung stehende ökologische Meßdaten hinzugefügt. Solche Diagramme sind für Ökosystemuntersuchungen vielseitig verwendbar.

5.4.4 Schichten-Deckungsformel

Eine platzsparende Form der Schichtungswiedergabe ist die von TÜXEN (1957b) empfohlene Schichten-Deckungsformel. Durch einfache Ziffern-Kombinationen kann hier die Vertikalstruktur im Text oder in Tabellen angegeben werden. Zuvor muß die Zahl und Reihenfolge der Schichten erklärt werden. Um zweiziffrige Werte zu vermeiden, benutzt TÜXEN folgende Skala für den Deckungsgrad der Schichten:

1	–11%	4	–44%	7	–77%
2	–22%	5	–55%	8	–88%
3	–33%	6	–66%	9	–99%

Hierdurch lassen sich sowohl die Deckungsgrade eines Bestandes als auch mittlere Deckungsgrade einer Pflanzengesellschaft zusammengefaßt ausdrücken, z. B. (s. auch Abb. 45):

	T_1	T_2	S	H	M
Ulmo-Quercetum	7	2	3	9	1
Luzulo-Quercetum	5	6	2	2	7
Melico-Fagetum	9	1	0	8	1
Luzulo-Fagetum	8	0	0	1	2
Ligustro-Prunetum	0	1	9	1	1
Arrhenatheretum	0	0	0	9	1
Cariceum fuscae	0	0	0	9	4
Genisto-Callunetum	0	0	0	8	6

5.5 Untersuchung und Darstellung der unterirdischen Vertikalstruktur

5.5.1 Wurzeln und Sproßteile

Die unterirdische Schichtung der Wurzeln und Sproßteile (im Folgenden = Wurzeln) ist nur durch arbeitsaufwendigere Untersuchungen genauer feststellbar. Ein einfaches Bodenprofil reicht hierfür oft nicht aus, wenn es auch bereits Grundzüge der vertikalen Verteilung erkennen läßt. Zur Untersuchung bieten sich verschiedene Methoden an (Näheres und weitere Methoden bei Böhm 1979, Kutschera-Mitter 1984):

a) Ausgraben von Bodenmonolithen oder kleineren Zylinderproben und schichtweise Auswaschung der Wurzeln sowie Auftrennung der Biomasse in verschiedene Größenfraktionen. Diese Methode wird vorwiegend für ökologische Fragestellungen benutzt (s. auch Konkurrenzversuche, III 2.2.1.3); sie ist nur kleinräumig anwendbar. Die Darstellung der Ergebnisse geschieht in Blockdiagrammen. Ein zahlenmäßiges Ergebnis im Vergleich mit der oberirdischen Biomasse ist das Sproß/Wurzel- oder Wurzel/Sproß-Verhältnis von Einzelpflanzen oder ganzen Beständen (Werger 1983b).

b) Vorsichtiges Herauslösen einzelner typischer Pflanzen eines Bestandes aus dem Boden, z. B. mit Hilfe von Wasser oder Druckluft. Vor allem in Lockerböden läßt sich so das Wurzelprofil der Arten erfassen und im Nachhinein für den Bestand zusammensetzen. Für die Darstellung eignen sich naturnahe Zeichnungen der Einzelpflanzen oder des gesamten Profils und stärker abstrahierte Profildiagramme, oft kombiniert mit der oberirdischen Vertikalstruktur. Auch Fotos können Einzelheiten genau wiedergeben.

c) Freilegung der Wurzeln an einer Profilwand und genaue Vermessung, Zählung und/oder Zeichnung der freigelegten Teile, oder auch nur grobere Beobachtung der vertikalen Wurzelverteilung. Darstellung wie bei b).

d) Grobe Feststellung der Durchwurzelung in ausgegrabenen Erdziegeln aus verschiedener Bodentiefe.

e) Indirekte, abstrahierte Darstellung eines Texturspektrums nach Wurzeltypen oder allgemein bekannter Wurzeltiefe der am Bestand beteiligten Arten (s. 2.3.4).

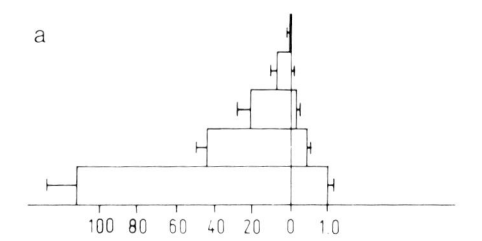

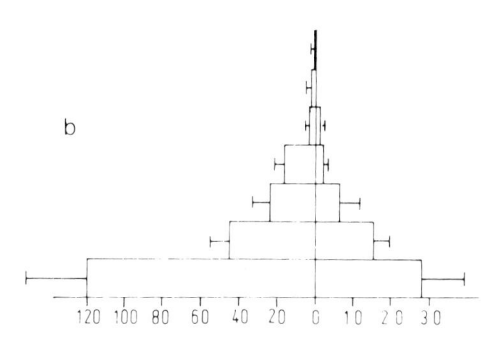

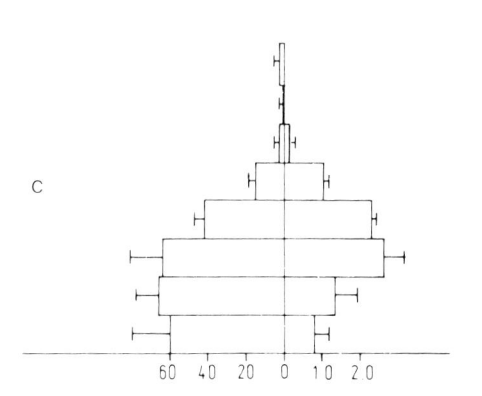

Abb. 47. Blockdiagramme der Biomasse (links in g/m²) und des Blattflächenindexes (rechts in m²/m²) in 10 cm-Schichten verschiedener Grasland-Gesellschaften (nach Werger 1983a, verändert).
a) offene Sandflur (*Thero-Airion*); b) offener, c) geschlossener Kalkmagerrasen (*Mesobromion*). Gesamtbiomasse: 187/208/251 g/m².

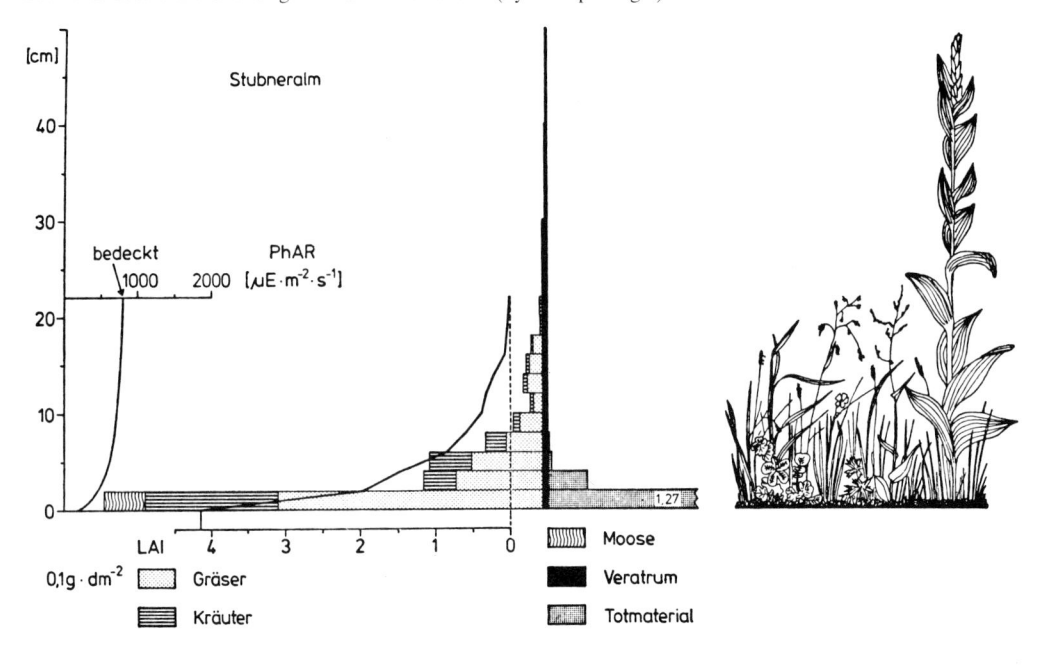

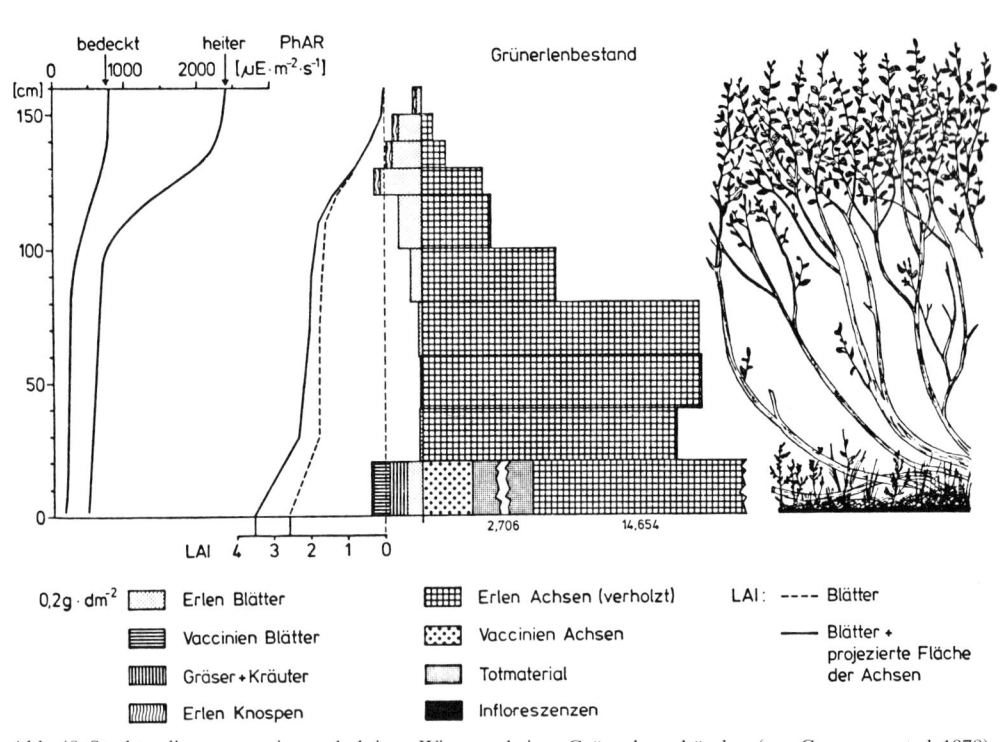

Abb. 48. Strukturdiagramme einer subalpinen Wiese und eines Grünerlengebüsches (aus CERNUSCA et al. 1978). Rechts: Naturnahe Vegetationsprofile; Mitte: Schichtungs-Blockdiagramme (links: photosynthetisch aktive, rechts: nur atmende und tote Teile); links: Blattflächenindex (LAI) und Strahlungsextinktion (PhAR) im Bestand.

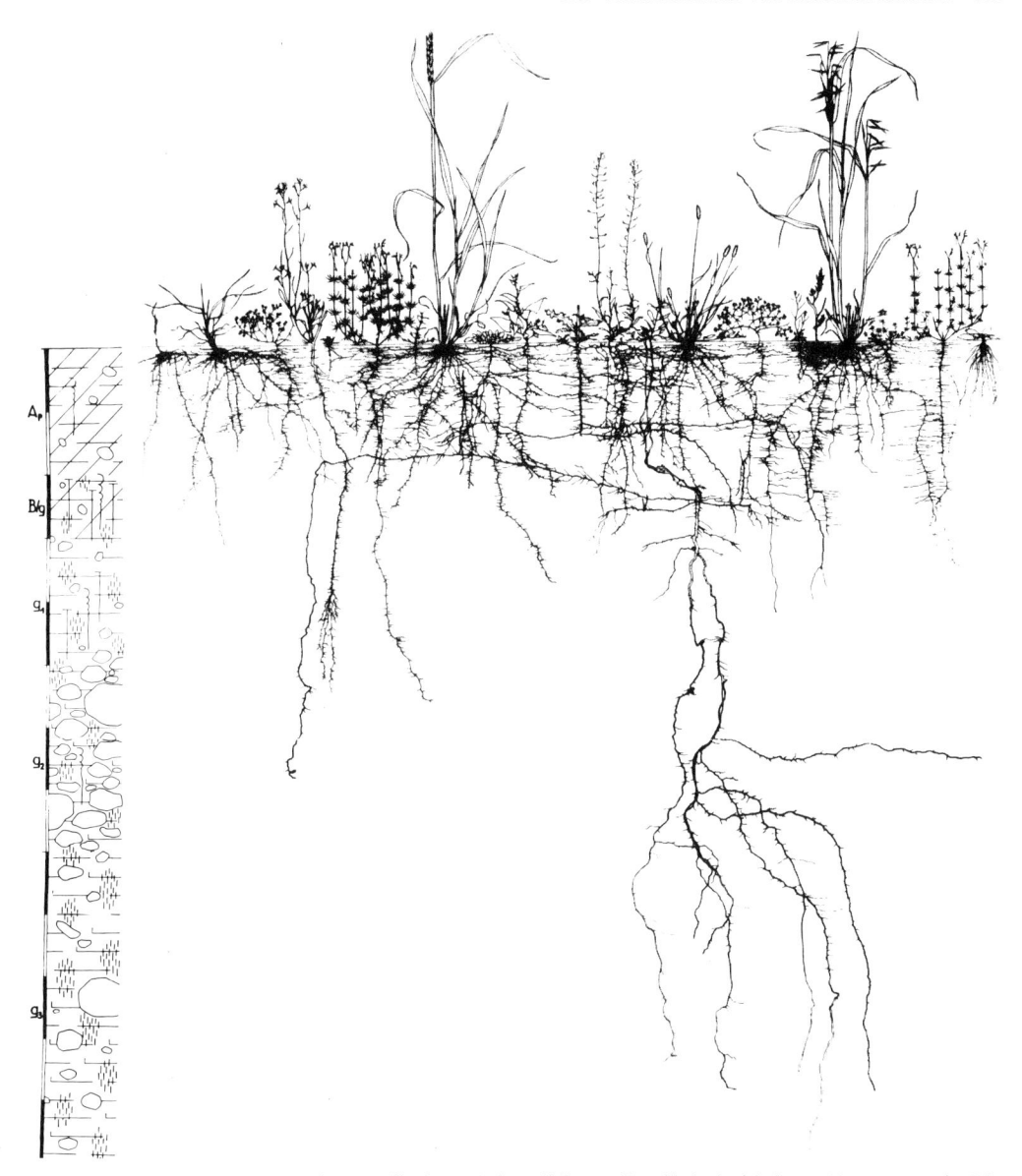

Abb. 49. Naturgetreues Vegetationsprofil einer Ackerwildkraut-Gesellschaft (*Aphano-Matricarietum*). Die Wurzeln sind von oben nach unten herauspräpariert und am Ort in natürlicher Größe gezeichnet (aus WIEDENROTH & MÖRCHEN 1964).

Typische Wurzelbilder vieler Einzelpflanzen vermitteln die Wurzelatlanten von KUTSCHERA (1960), KUTSCHERA et al. (1982/1992). Allerdings hängt das Wurzelbild einer Art oft stärker vom jeweiligen Standort ab (SCHUBERT 1983, KUTSCHERA-MITTER 1984). Bei Aufstellung von Wuchsformentypen unterirdischer Organe für bestimmte Bestände lassen sich entsprechende Spektren zusammenstellen. Beispiele für Wälder gibt PLAŠILOVÁ (1970).

Verschiedentlich werden Fotos zur Darstellung der Wurzelbilder von Einzelpflanzen verwendet, z. B. für Waldpflanzen (ELLENBERG 1939, FÜLLEKRUG 1971) oder Trockenrasen (JEKKEL 1984). Häufiger werden naturnahe Zeichnungen benutzt. Viele Wurzelbilder von Grün-

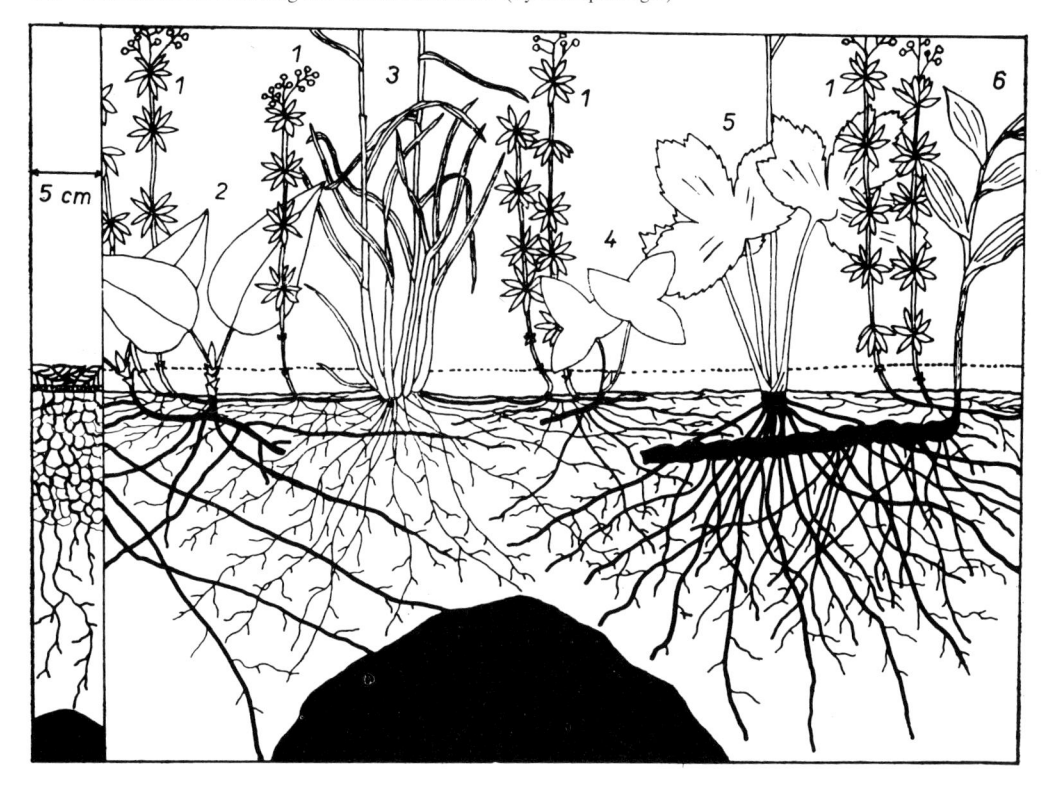

Abb. 50. Halbschematisches Vegetationsprofil der Krautschicht eines Buchenwaldes nach zahlreichen Geländeaufnahmen (aus PLAŠILOVÁ 1970).

landpflanzen zeigt z. B. KOTAŃSKA (1970), für subalpin-alpine Gesellschaften HADAČ (1969).

Für pflanzensoziologische Fragen sind vor allem Wurzelprofile ganzer Pflanzenbestände interessant, besonders dort, wo sie extremere Standorte kennzeichnen. Sie finden sich in zahlreichen Arbeiten und sind durch mehrere Bibliographien von TÜXEN & WILMANNS (zuletzt 1978) erschlossen. Meist werden die Methoden b) und c) im Gelände verwendet, gelegentlich auch a).

Ein naturgetreues Profildiagramm der ober- und unterirdischen Struktur einer Ackerwildkrautflur zeigt Abb. 49. Halbschematisch ist der Ausschnitt der Krautschicht eines Buchenwaldes (Abb. 50). Es folgt ein Texturspektrum der Durchwurzelungstiefe. Es beruht auf der Messung vieler Einzelpflanzen; zur oberirdischen Wuchshöhe gibt es keine Beziehung (Abb. 51). Ähnliche Gruppierungen der Waldpflanzen nach Durchwurzelungstiefe finden sich z. B. auch bei ELLENBERG (1939), PLAŠILOVÁ (1970) und SCHMIDT (1970). Einfache Wurzeltiefenspektren wurden bereits unter 2.3.4 vorgestellt.

Mehr abstrakt ist die Darstellung der Biomasse in Blockdiagrammen. Ein Beispiel für verschiedene Grünland-Gesellschaften und Trockenrasen zeigt Abb. 52.

5.5.2 Diasporen-Potentiale im Boden

Im Rahmen populationsbiologischer Untersuchungen gilt den Diasporen im Boden, insbesondere den Samen, ein besonderes Augenmerk. Keimfähige Samen bilden eine wichtige Möglichkeit der Regeneration bzw. Neubildung von Populationen, aber auch von ganzen Pflanzengesellschaften. So erscheint „Diasporen-Potential" oder „Samen-Potential" begrifflich treffender als etwa das aus dem Englischen übernommene, in unserer Sprache auch in anderem Sinne gebrauchte Wort „Samenbank" (von seed bank). Eher kann man von „Samenvorrat" oder „Samenreservoir" sprechen.

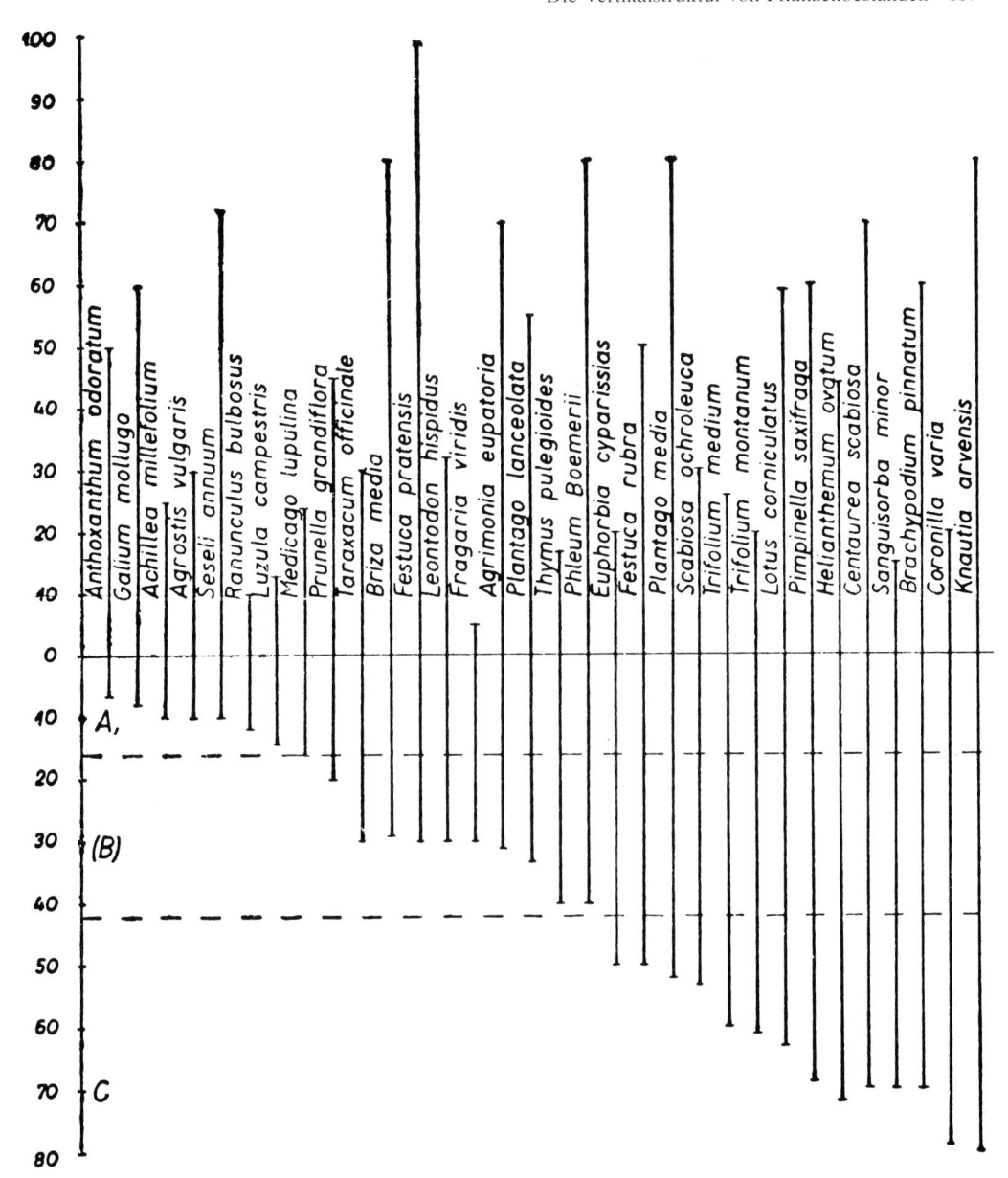

Abb. 51. Wuchshöhe und Wurzeltiefe vieler Pflanzen eines polnischen Halbtrockenrasens (*Origano-Brachypodietum*) (aus KOTAŃSKA 1970).

Auf Pflanzengesellschaften bezogene Untersuchungen von Diasporen-Potentialen im Boden und ihrer Verteilung gibt es noch sehr wenig. Einen guten Literaturüberblick und interessante Beispiele für verschiedene Wald- und Grünlandgesellschaften vermittelt FISCHER (1987). Da die Diasporen-Vorräte nicht unmittelbar physiognomisch wirksam sind, wohl aber für die Bestandesstruktur in syngenetischer, synchorologischer und syndynamischer Sicht eine große Bedeutung haben, kann man sie im erweiterten Sinne als symmorphologisches Kriterium

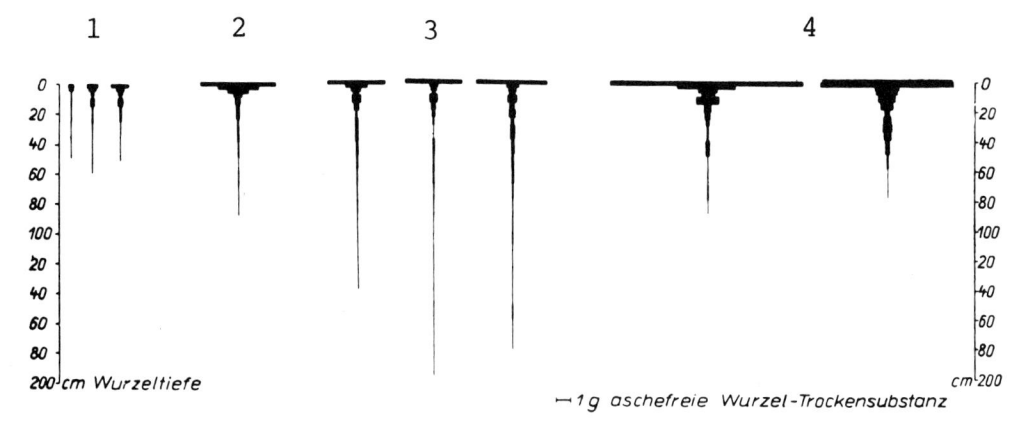

Abb. 52. Profile der Wurzelbiomasse-Verteilung verschiedener Trockenrasen- und Grünlandgesellschaften (aus A. v. MÜLLER 1956, verändert).
1: Sandtrockenrasen (*Corynephoretum*, *Festuca ovina*-Gesellschaft); 2: Frischweide (*Lolio-Cynosuretum*); 3: Glatthaferwiesen (*Arrhenatheretum*); 4: Feuchtwiesen (*Calthion*).

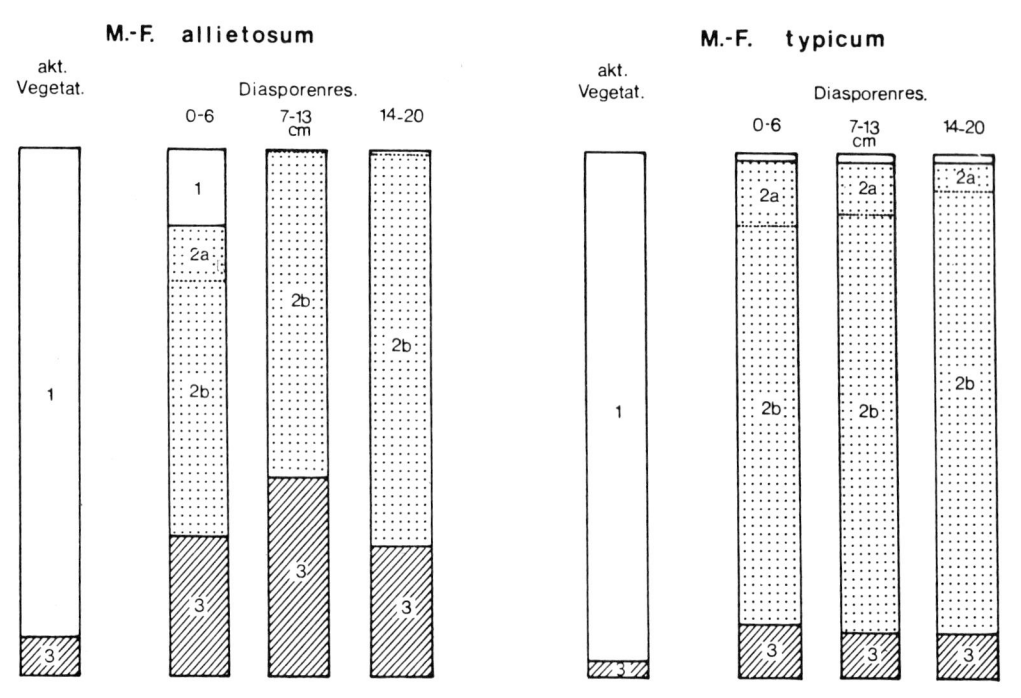

Abb. 53. Prozentuale Diasporenpotential-Spektren aus drei Bodentiefen unter verschiedenen Buchenwald-Typen (*Melico-Fagetum*) (aus FISCHER 1987).
1: Waldpflanzen, 2: Schlagfluren und Vorwaldpflanzen (2b = *Juncus*), 3: Sonstige. Die linke Säule zeigt Deckungsanteile der Artengruppen in der aktuellen Vegetation.

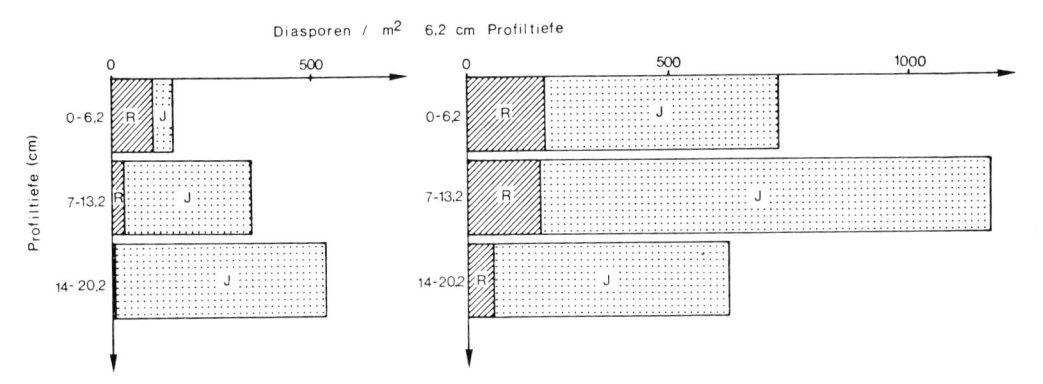

Abb. 54. Diasporenpotential-Profile derselben Waldgesellschaften (s. Abb. 53).
J = *Juncus*, R = restliche Arten.

ansehen. So können z. B. folgende Fragen gestellt werden:
- Gesamtpotential (Zahl der Diasporen pro Flächeneinheit),
- Tiefenverteilung (Schichtung),
- horizontale Verteilung (Verteilungsmuster),
- jahreszeitliche Schwankungen (Rhythmik),
- Anteile von Samen unterschiedlicher Größe,
- Anteile von Samen unterschiedlich langer Keimfähigkeit,
- Anteile von Samen unterschiedlich langer Samenruhe,
- Zahl und Verhältnis der Diasporen gesellschaftseigener und fremder Arten.

Ein Teil der Fragen kann durch vertikale (oder horizontale) Untersuchung von Bodenmaterial beantwortet werden. Hierfür gibt es vor allem zwei Methoden (s. NUMATA 1984, FISCHER 1987):

a) Schlämm-Methode: Organische u. a. Feinbestandteile werden durch Abschlämmen der Bodenpartikel und Aussiebung isoliert oder durch Flüssigkeitsmischungen unterschiedlicher Dichte abgetrennt. Anschließend müssen die Diasporen ausgelesen und bestimmt werden, ein sehr schwieriges und zeitaufwendiges Verfahren. Weiter müssen die Anteile lebender und keimfähiger Samen festgestellt werden.

b) Keimungs-Methode: Das Bodenmaterial wird in dünnen Schichten in ein Keimbett gegeben und unter bestimmten Bedingungen (Freiland, Gewächshaus, Klimakammer) exponiert. Auflaufende Keimlinge bzw. Jungpflanzen werden bestimmt, gezählt und dann entfernt.

Diese Methode ist für pflanzensoziologische Fragen naheliegender, da sie am weitesten die Verhältnisse am Wuchsort eines Pflanzenbestandes wiedergibt. Nicht keimfähige oder in Samenruhe befindliche Diasporen werden nicht erfaßt. Zur Auskeimung des gesamten Potentials bedarf es möglicherweise mehrerer Jahre, so daß der Zeitaufwand sehr hoch ist.

Vorliegende Untersuchungen über die Verteilung der Diasporen im Boden zeigen eine oft deutliche vertikale (und horizontale) Struktur. Allerdings gibt es teilweise kaum Beziehungen zwischen der aktuellen floristischen Zusammensetzung eines Bestandes und dem im Boden feststellbaren Diasporen-Potential. Unter einem

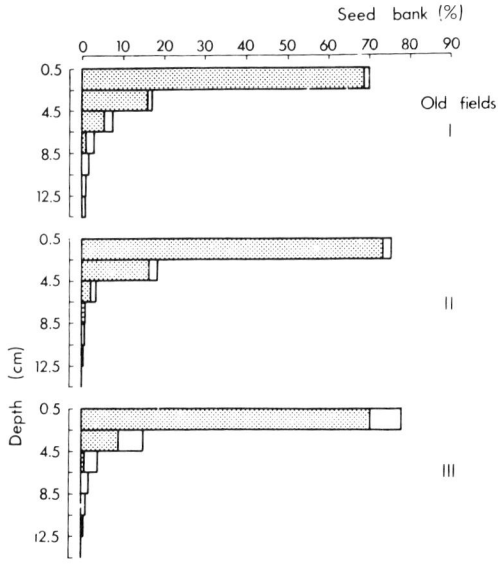

Abb. 55. Prozentuale Diasporenpotential-Profile alter Ackerbrachen (aus SYMONIDES 1986).
Gepunktet: vegetationseigene Arten.

Buchenwald fanden sich z. B. nur sehr geringe Anteile (2–15%) bestandseigener Samen (FISCHER 1987; s. Abb. 53, 54). SYMONIDES (1986) ermittelte hingegen in alten Ackerbrachen vorwiegend Diasporen von Arten des derzeitigen Bestandes (Abb. 55). BORSTEL (1974) fand in Brachen ein breites Spektrum von Samen. Unter Niedermoor-Grünland bestimmten PFADENHAUER & MAAS (1987) neben zahlreichen Samen aktueller Arten auch etliche zur Zeit nicht vorkommender Pflanzen. SCHNEIDER & KEHL (1987) stellten für mediterrane Therophytenfluren zwischen aktueller Artenzusammensetzung und Samenpotential eine durchschnittliche Übereinstimmung von 58% fest.

Im Buchenwald (in den oberen 6 cm etwa 9000, in den oberen 20 cm etwa 25000 Samen pro m^2) repräsentiert das Samenpotential teilweise frühere Sukzessionsstadien und Waldnutzungen (FISCHER 1987). Ähnliches fanden RYSER & GIGON (1985) für Trockenrasen.

6 Die Horizontalstruktur von Pflanzenbeständen

6.1 Allgemeine Grundlagen

Die im vorigen Kapitel angesprochene vertikale Anordnung von Texturelementen hat schon vielfach auf das Nebeneinander solcher Elemente Bezug genommen. Die Horizontalstruktur von Pflanzenbeständen ist allerdings oft weniger deutlich und gesetzmäßig als etwa die Bestandesschichtung, selbst wenn man schon auf den ersten Blick bestimmte Gruppierungen erkennen kann.

Hauptelemente der Horizontalstruktur sind Populationen von Sippen, Gruppen von Wuchs- oder Lebensformen, die in bestimmten Verteilungsmustern vorliegen. Hier sind besonders enge Beziehungen zwischen Pflanzensoziologie und Populationsbiologie (Demographie) vorhanden. Während erstere vorrangig die gegebenen Verteilungsmuster innerhalb von Bestandestypen erfaßt, untersucht letztere mehr den Lebenskreislauf einzelner Populationen und ihre ökologischen Beziehungen. Beide Teilaspekte sind aber in einer kausalen Strukturforschung kaum zu trennen (s. WILMANNS 1985). So können horizontale Verteilungsmuster häufig auf verschiedene Typen der Ausbreitungs- und Erhaltungsweise (Strategien, Toleranzen, Selektion; s. HARPER 1977, GRIME 1979, kurze Zusammenfassung bei WILMANNS 1989a, S. 13 ff.) zurückgeführt werden (s. auch X 3.5.1). Ein weiterer wichtiger Hintergrund sind die endogenen Wirkungen und Wechselwirkungen zwischen Individuen und Populationen eines Bestandes (s. III). Hinzu kommt ein teilweise feines Standortsmosaik exogener Faktoren, das oft weniger direkt als vielmehr über die Horizontalstruktur eines Bestandes erkennbar ist. Selbst in allgemein homogen erscheinenden Beständen besteht häufig eine Feindifferenzierung (Nischendifferenzierung, Koexistenz; s. III 2.2.4), die vielen Populationen ein enges Neben- und Durcheinander ermöglicht.

Das Handbuch über Populationsstrukturen der Vegetation (WHITE 1985) zeigt, daß bis heute pflanzensoziologische und demographische Untersuchungen vielfach noch wenig verknüpft sind, eher nebeneinander herlaufen. Hier liegt noch ein weites, interessantes Feld von Fragen vor uns.

Da die floristische Zusammensetzung in der Pflanzensoziologie das wichtigste Grundkriterium für die Erfassung und Gliederung der Vegetation darstellt, wird die Horizontalstruktur im Rahmen symmorphologischer Betrachtungen gegenüber der Vertikalstruktur oft weniger erläutert. Vor allem die Methoden der „Vegetationsaufnahme" stehen meist getrennt, obwohl sie vorwiegend Methoden der horizontalen und vertikalen Strukturforschung sind (s. V).

Unter horizontalem Teilaspekt lassen sich, nach Schichten getrennt, z. B. folgende Fragen behandeln:
– Gesamtdichte, Gesamtdeckungsgrad,
– Verteilung von Wuchs oder Lebensformen,
– Verteilung von Sippen (Individuen und Populationen),
– Verteilung von Artengruppen,
– Verteilung von Synusien und Mikrogesellschaften,
– Verteilung von Pflanzengesellschaften.

Im Rahmen der Symmorphologie geht es um die ersten vier bis fünf Bereiche, d. h. um Merkmale des einzelnen Bestandes bzw. einer Gesellschaft. Der letzte Punkt (Vegetationskomplexe) gehört in den Bereich der Synsoziologie (XI 3).

Horizontalbetrachtungen der Vegetation beziehen sich vorwiegend auf den oberirdischen Bereich. Genauere Untersuchungen über die seitliche Ausbreitung von Wurzeln oder Rhizomen gibt es höchstens für einzelne Sippen (z. B. PLAŠILOVÁ 1970).

In artenreich-dichten Beständen ist die Erfassung der horizontalen Feinstruktur sehr arbeitsaufwendig und wird oft zugunsten der reinen Artenzusammensetzung vernachlässigt. In artenarmen Vegetationstypen gewinnt die Struktur mehr an Gewicht, da die Artenkombination keine ausreichende Gliederungsgrundlage darstellt. So ist es nicht verwunderlich, daß man sich in Nordeuropa seit langem mit symmorphologischen Fragen eingehender befaßt hat, wo es häufig um weithin sehr ähnlich floristisch zusammengesetzte Bestände unterschiedlicher Feinstruktur geht. Eine gute Zusammenfassung von Methoden findet sich schon bei DU RIETZ (1930). Sie werden auch von BRAUN-BLANQUET (1964 und früher) gewürdigt und teilweise ausgebaut.

Strukturelle Feinanalysen von Pflanzenbeständen führen bei kausaler Betrachtung auch zu einer Feinanalyse des Standortes. Sie dienen letztlich der detaillierten Aufschlüsselung eines Ökosystems und sind demnach von grundlegender Bedeutung für sein Verständnis.

6.2 Untersuchung und Darstellung der Horizontalstruktur

Ein in engstem Sinne symmorphologisches Kriterium der Horizontalstruktur ist nur die räumliche Verteilung von Elementen in einer Bestandesschicht. Zur Untersuchung der Horizontalstruktur werden aber auch Methoden verwendet, die mehr indirekte Schlüsse zulassen. Ist z. B. die Individuen- oder Sippenverteilung auf einer Fläche ein direktes Merkmal, stellt die Artenzahl oder Frequenz nur ein indirektes Kriterium dar. Gerade diese indirekten Erfassungen von Strukturmerkmalen sind eine Grundlage der „Vegetationsaufnahme" und werden deshalb vorwiegend dort (V) erläutert.

6.2.1 Arten-Verteilungsmuster

Die genaueste Erfassung der Horizontalstruktur eines Bestandes geschieht durch eine Kartierung aller oder besonders wichtig erscheinender Pflanzen auf einer festgelegten Fläche, eventuell ergänzt durch Aufsichtsfotos. Ist die Fläche dauerhaft ausgepflockt, können wiederholte Kartierungen auch syndynamische Vorgänge sehr detailliert belegen (s. X 3.2.2). Eine exakte Kartierung ist nur auf kleinen, unmittelbar überschaubaren Flächen (z. B. 1×1 bis 2×2 m², in Wäldern bis 10×10 m²) möglich, oft auch nur für lockerwüchsig-artenarme Bestände. In Aufsichtsdiagrammen können die Konturen jeder Einzelpflanze oder Sproßgruppe genau (Abb. 56) oder durch Symbole etwas abstrahiert (Abb. 57) dargestellt werden (s. auch PFADENHAUER & BUCHWALD 1987, WERNER & HERWEG 1988, KNAPP & JESCHKE 1991).

Für eine genaue Feineinteilung der Fläche werden Aufnahmerahmen benutzt, die durch Bänder oder Drähte in Kleinstquadrate (Netzquadrate) unterteilt sind. Sie erlauben eine Erfassung jedes Einzelsprosses und sind auch für exakte Fotos eine gute Grundlage (s. Abb. 58). Eine weitere Verfeinerung beschreibt FISCHER (1987). Hier können in einem 50×50 cm-Rahmen die Positionen der Pflanzen durch Koordinaten noch genauer festgelegt werden. Als quantitative Angaben sind vor allem Individuenzahl bzw. Zahl der Sprosse, Deckungsgrad (genau in %) geeignet, eventuell

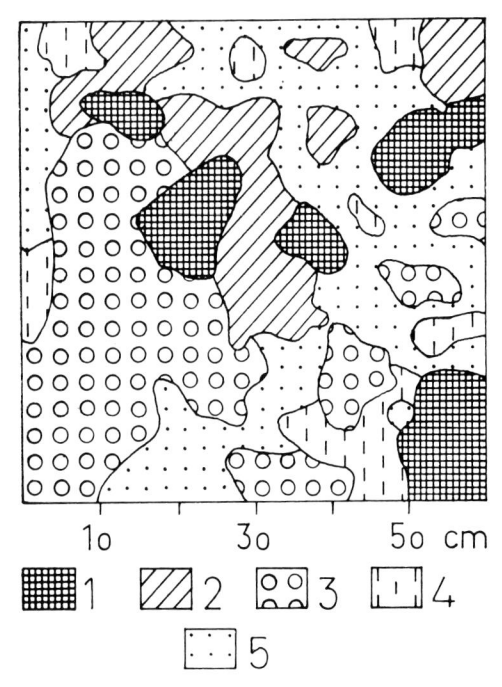

Abb. 56. Aufsichtsdiagramm einer Heide in Grönland mit genauer Darstellung der Konturen einzelner Arten (aus KNAPP 1971).
1: *Empetrum hermaphroditum*, 2: *Vaccinium uliginosum*, 3: *Betula exilis*, 4: *Ptilidium ciliare*, 5: Flechten.

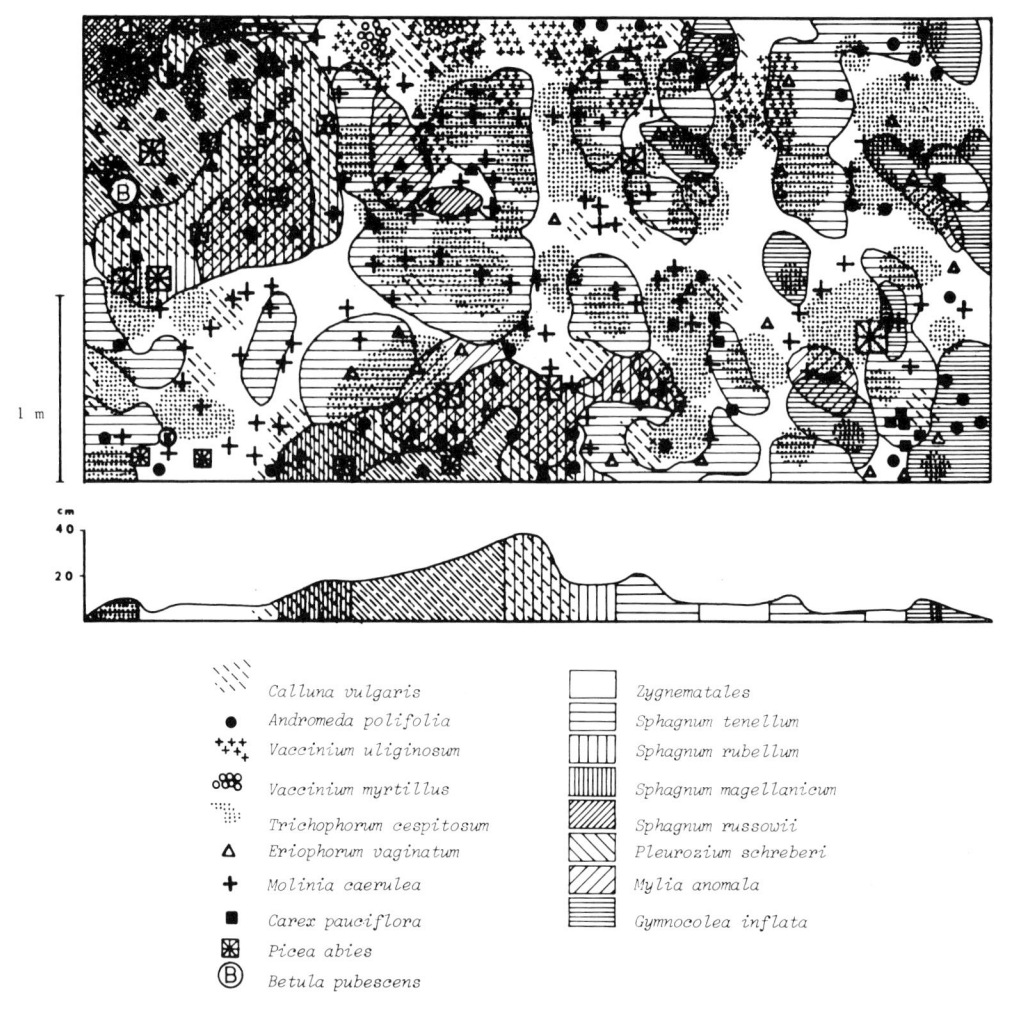

Abb. 57. Aufsichtsdiagramm und Vegetationsprofil eines Moorkomplexes im Schwarzwald (aus B. & K. DIERSSEN 1984).
Die erkennbare horizontale Musterbildung zeigt ein standörtliches Feinmosaik an; das Profil läßt Unterschiede des Wasserhaushaltes im Zusammenhang mit dem biogenen Mikrorelief erwarten.

auch die Abschätzung der Biomasse-Anteile (s. auch Blütenzahl: X 2, Sukzessions-Dauerflächen: X 3.2.2.2.).

Für Gehölzschichten lassen sich genaue Kronenprojektionen zeichnen. Im Gelände werden die Positionen (Basis jeder Pflanze) genau festgestellt, auf einem Blatt die Basis und die auf die Grundfläche projizierten äußeren Kronenränder eingezeichnet (s. SCHNELLE 1973, KOOP 1991). Oft geschieht dies in Kombination mit vertikaler Strukturerfassung (5.3) in ausgewählten Transekten. Die Darstellung kann entweder nur eine Schicht mit sich teilweise überlappenden Kronen oder auch mehrere Schichten übereinander wiedergeben. Die sehr genaue Erfassung mehrerer Schichten eines Gebüsches zeigt Abb. 59. Kronenprojektionen können auch mit Grundrissen der Verhältnisse am Boden (Ansatz der Baumstämme, Totholz, Verteilung wichtiger krautiger Arten) verbunden werden (s. KNAPP & JESCHKE 1991).

Größere Flächen eines Bestandes müssen für die Strukturanalyse zunächst in ein feines Netz von Teilflächen gegliedert werden, wobei man die oben erwähnten Quadratgrößen zugrunde legen kann.

Die Horizontalstruktur von Pflanzenbeständen 123

Abb. 58. Aufnahmerahmen (1x1 m mit 0,25x0,25 cm-Quadratnetz) zur Feinsterfassung der Horizontalstruktur. Die Flächen sind durch Plastikrohre dauerhaft markiert.
Oben: Feinstruktur aus niedrigwüchsigen Frühlingsgeophyten und höherem *Allium ursinum*.
Unten: Feinauflösung der Grenze eines dichten *Allium-Anemone-* gegenüber einem reinen *Anemone*-Bestand.

In diesem Netz wird dann entweder jedes Quadrat oder nur eine charakteristische Auswahl genauer untersucht. Häufig werden ein- oder mehrreihige Transekte durch einen Bestand gelegt.

Auch für die strukturelle Feinauflösung von Vegetationskomplexen (XI 2) ist diese Transektmethode geeignet, z. B. für Abfolgen schmaler Zonierungen oder für kleinräumige Mosaike. Schließlich lassen sich auch Grenzräume zweier Pflanzengesellschaften durch Quadrat-Transekte sehr detailliert aufschlüsseln (XI 5.3). Die Geländeaufnahme erfolgt Quadrat für Quadrat durch eine Liste der vorhandenen Sippen. Die Wuchsorte von Gehölzen, auch die Lage von Totholz, Stubben u. a. können genauer markiert sein.

Als quantitative Angabe eignet sich wegen der oft großen Zahl von Kleinflächen vor allem der Deckungsgrad. Parallel können in dem Quadratnetz ökologische Untersuchungen (z. B. Lichtgenuß, Bodenfaktoren) durchgeführt werden, so daß ein sehr genaues Bild der floristischen und ökologischen Horizontalstruktur entsteht. Hier ergeben sich Beziehungen zur Direkten Gradientenanalyse (VII 3).

Neben flächigen Streifen gibt es auch Linientransekte, wo nur entlang einzelner Linien (markierte Bänder, Bandmaße) die jeweils vorkommenden Arten notiert werden. Auch für Flächen- oder Linientransekte gilt, daß eine dauerhafte Auspflockung aller Quadrate oder zumindest einzelner Punkte (bei Linien der Endpunkte) eine wiederholte Erfassung möglich

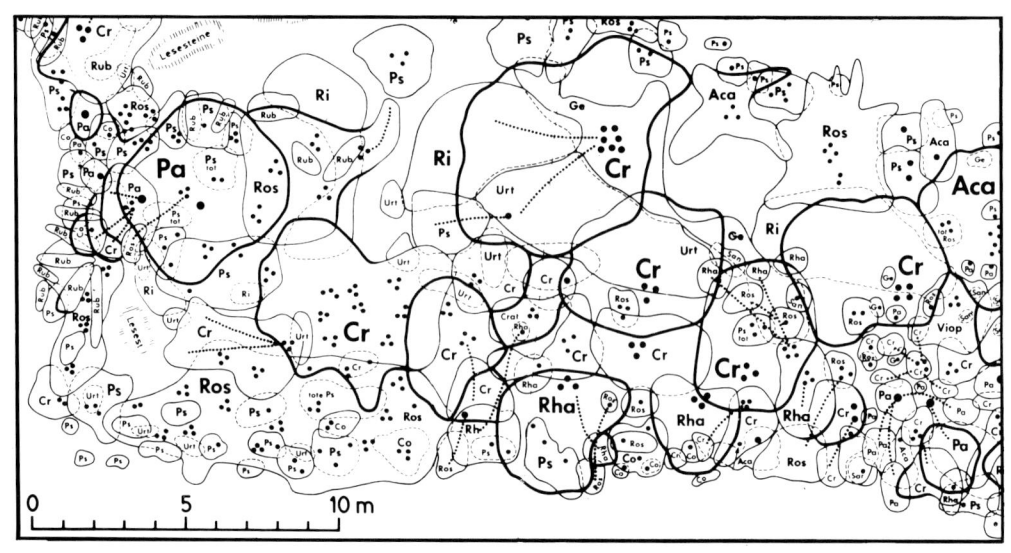

Abb. 59. Kronenprojektion eines Gebüsches (*Rhamno-Cornetum*) mit drei Schichten (nach KÜPPERS 1984, verändert).
Oberschicht (dicke Konturen) mit hohen Sträuchern und Jungbäumen; Mittelschicht (dünne Konturen) mit zahlreichen Sträuchern; Unterwuchs (gestrichelte Konturen) vorwiegend aus Gehölzjungwuchs.
Große Punkte = singuläre Sproßsysteme, kleinere Punkte = Polycormone; Punktlinien = Zweige.

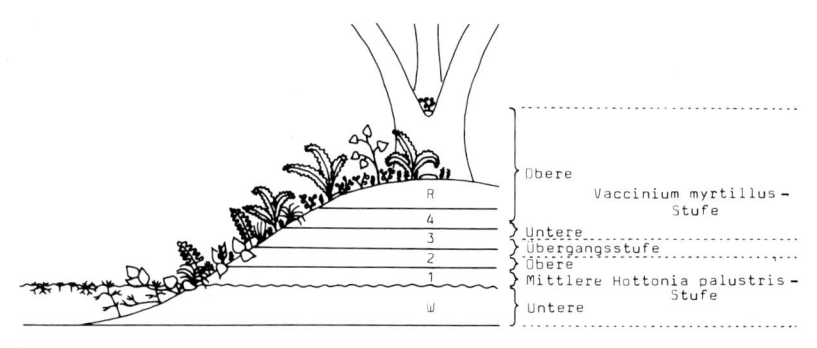

Abb. 60. Ringförmige Aufnahme der Feinstruktur im Erlenbruch in „Höhenstufen" (Gürteln) unterschiedlicher Entfernung vom Wasser (aus DÖRING 1987).

macht. Für linienhaft oder fleckig angeordnete Horizontalstrukturen sind schematisch verteilte Quadrate oder Linien nicht immer geeignet. Hier sollte man von Kleinflächen ausgehen, die den jeweiligen Flächenformen angepaßt sind. Für bultige Strukturen eignen sich z. B. schmale Gürtel gleicher Höhe (s. DÖRING 1987; Abb. 60).

Transekterfassungen oder allgemeiner Kleinquadrat-Kartierungen lassen bei geeigneter Quadratgröße horizontale Strukturen der Sippen- und Populationsverteilung besonders klar erkennbar werden. Sie ergeben Rückschlüsse auf die floristische und ökologische Homogenität eines Bestandes (s. 8) bzw. auf mögliche Unterschiede im Sinne verschiedener Pflanzengesellschaften. Für die Darstellung der Horizontalstruktur sind vor allem zwei Möglichkeiten brauchbar:

a) Quadratkarten (Rasterkarten): Für jede Art oder für bestimmte Artengruppen wird je eine Karte mit dem zugrundeliegenden Quadratnetz gezeichnet. Sie zeigt zumindest das jeweilige Vorkommen oder Fehlen, kann aber

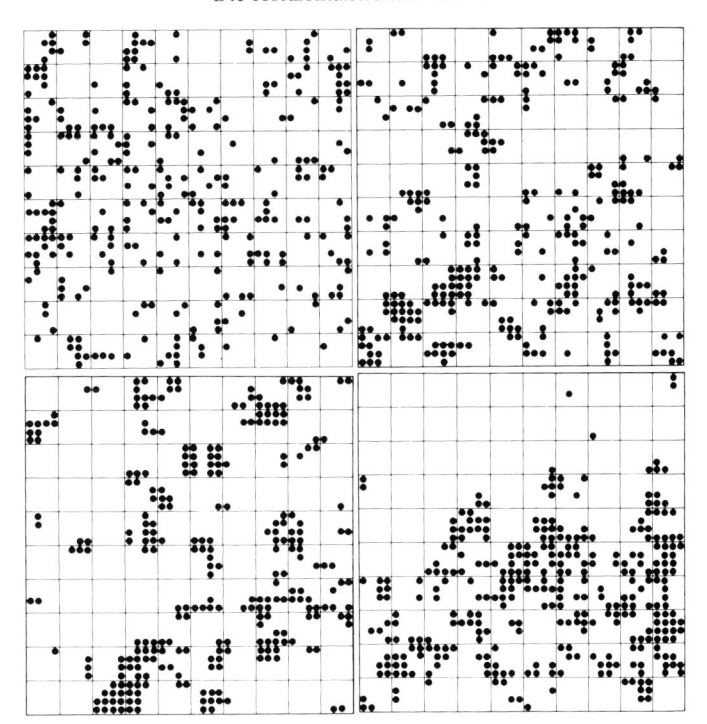

Abb. 61. Feinverteilung der Arten eines Buchenwaldes (*Luzulo-Fagetum*) (aus EBER 1982).
Oben links: Jungpflanzen von *Fagus sylvatica*, rechts: *Oxalis acetosella*. Unten links: *Polytrichum formosum*, rechts: *Luzula luzuloides*.
Die 10x10 m-Quadrate sind in ein 1x1 m-Raster aufgeteilt.

auch zusätzlich Quantitäten (besonders Deckungsgrad) darstellen. Für Arten mit sehr ähnlichem Verteilungsmuster genügen oft einige charakteristische Beispiele. Parallel lassen sich ökologische u. a. Angaben in entsprechenden Karten festhalten.

Die Feinkartierung von Bodenpflanzen eines artenarmen Buchenwaldes vermittelt Abb. 61. Die Jungpflanzen von *Fagus sylvatica* sind recht gleichmäßig über die 10×10 m²-Fläche verteilt. Die krautigen Pflanzen lassen dagegen mehr oder weniger deutlich bestimmte Verteilungsmuster erkennen. Eine andere Darstellungsweise von Waldpflanzen, verbunden mit einer Karte des Lichtgenusses am Waldboden, zeigt Abb. 62.

In etwas gröberem Raster (10×10 m) wurde die Horizontalstruktur im Transekt eines Kalkbuchenwaldes erfaßt (Abb. 63). Ein Vergleich der Karten läßt verschiedene gegenläufige Beziehungen erkennen, z. B. zwischen Artenzahl der Krautschicht und Deckungsgrad von *Allium ursinum*. Der Bärlauch ist negativ korreliert mit *Mercurialis* und *Anemone*, teilweise positiv mit *Lamiastrum*. Die Horizontalstruktur der Baumschicht wird teilweise aus Abb. 64 erkennbar. Hier sind die Wuchsorte aller Bäume, ihr Brusthöhendurchmesser sowie ihr Schädigungsgrad eingetragen. Deutlich zeigt sich eine Zweiteilung in einen jüngeren Baumbestand mit vielen relativ dünnen Bäumen (Quadrat 1–14: 397 B./ha, BHD-Mittel 32,6 cm) und einen lockerer bewachsenen Bereich mit dickeren Stämmen (15–30: 223 B./ha, BHD 40,6 cm). Der dichtere Bestand enthält mehr Bäume mit stärkerer Kronenverlichtung. Eine andere Art der Auswertung vermittelt Abb. 65 als Spektrum der BHD-Stufen.

Ausschnitte der Transektkartierung eines Waldrandes (Abb. 66) ergeben wiederum eine Beziehung zwischen Artenmustern (mit Deckungsgrad) und Lichtgenuß. Neben einer Auswahl von Pflanzen, die bestimmte Verteilungstypen widerspiegeln, sind andere Merkmale (Artenzahl, Gesamtdeckung, Grenzbereich der Gehölze) mit erfaßt.

b) Artenprofile: Die Arten werden untereinander, geordnet nach ihrer Verteilung, zusammengestellt. Querbalken zeigen das Vorkommen, eventuell durch verschiedene Dicke auch den Deckungsgrad an. Senkrecht ergibt sich die Artenzusammensetzung jeder Kleinfläche. Solche Profile eignen sich besonders gut zur Darstellung von Transektaufnahmen durch eine Bestandesabfolge in Beziehung zu bestimmten ökologischen Gradienten (s. VII 3). Sie werden

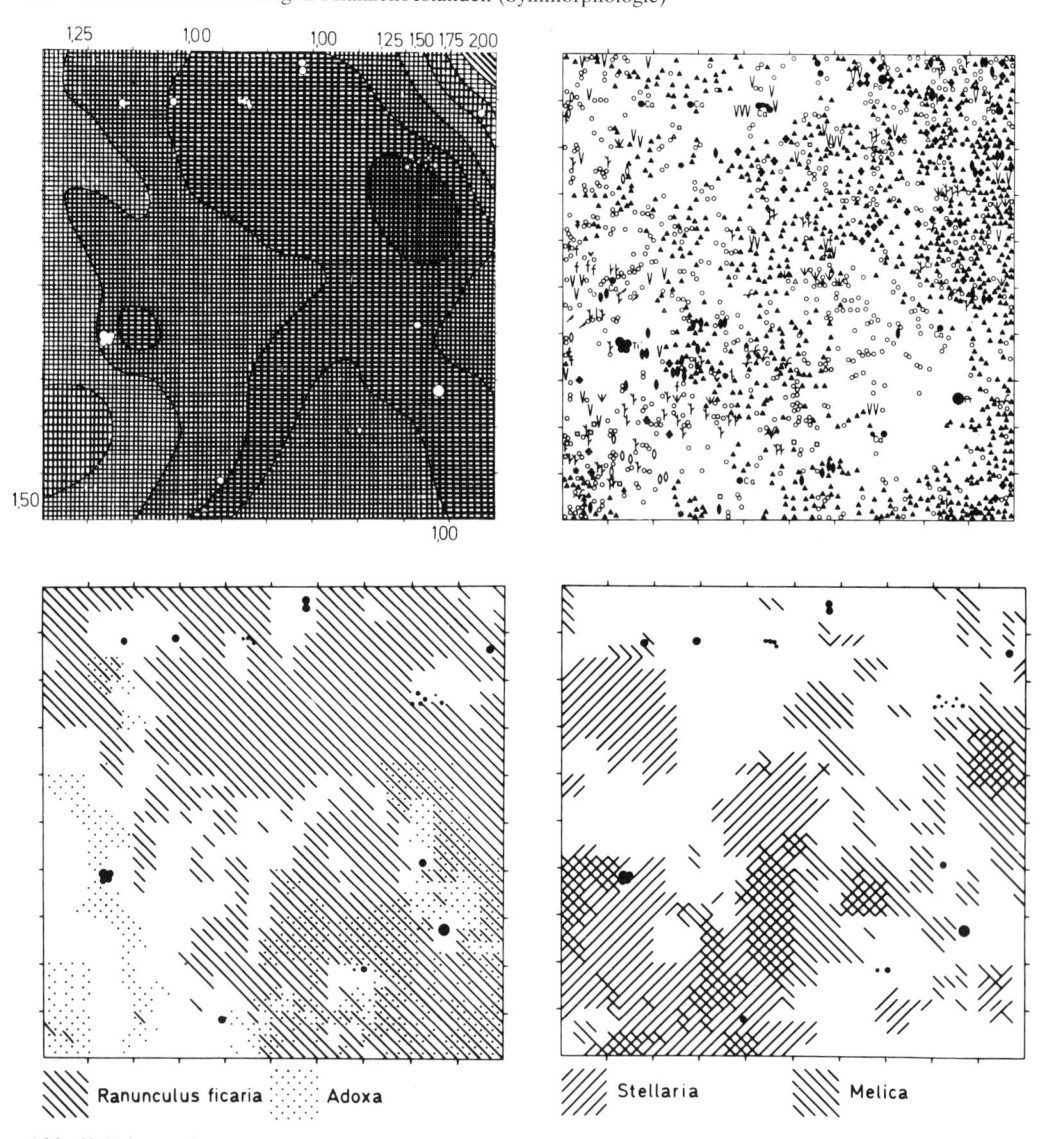

Abb. 62. Feinverteilung der Arten in einem Eichen-Hainbuchenwald in Beziehung zum Lichtgenuß (oben links) (aus EBER 1972). Jede Art ist im 25x25 cm-Raster erfaßt, daß Rasternetz ist nicht dargestellt.

deshalb häufig zur Erläuterung von Vegetationskomplexen (XI 2), verwendet und können leicht mit anderen Ergebnissen kombiniert werden. Abb. 67 zeigt den gleichen Transekt wie Abb. 66. Sie vermittelt einen detaillierten Einblick in die Waldrand-Zonierung, verbunden mit einem Profildiagramm und ökologischen Angaben (Lichtgenuß).

Die hier beschriebenen Methoden der Feinerfassung und -darstellung von horizontalen Vegetationsstrukturen eignen sich besonders für niedrigwüchsige Bestände bzw. Schichten, die der Bearbeiter von oben leicht übersehen kann. Für Baum- und Strauchschichten wären genaue (farbige) Luftbilder eine gute Grundlage, die aber meist keine so hohe Feinaufteilung (Unterscheidung aller Arten) ermöglichen. So bleibt hier die Kronenprojektion als allgemein verwendbare Methode übrig. Quadratkartierungen können auch für andere Texturmerkmale durchgeführt werden; z. B. wäre eine Kartie-

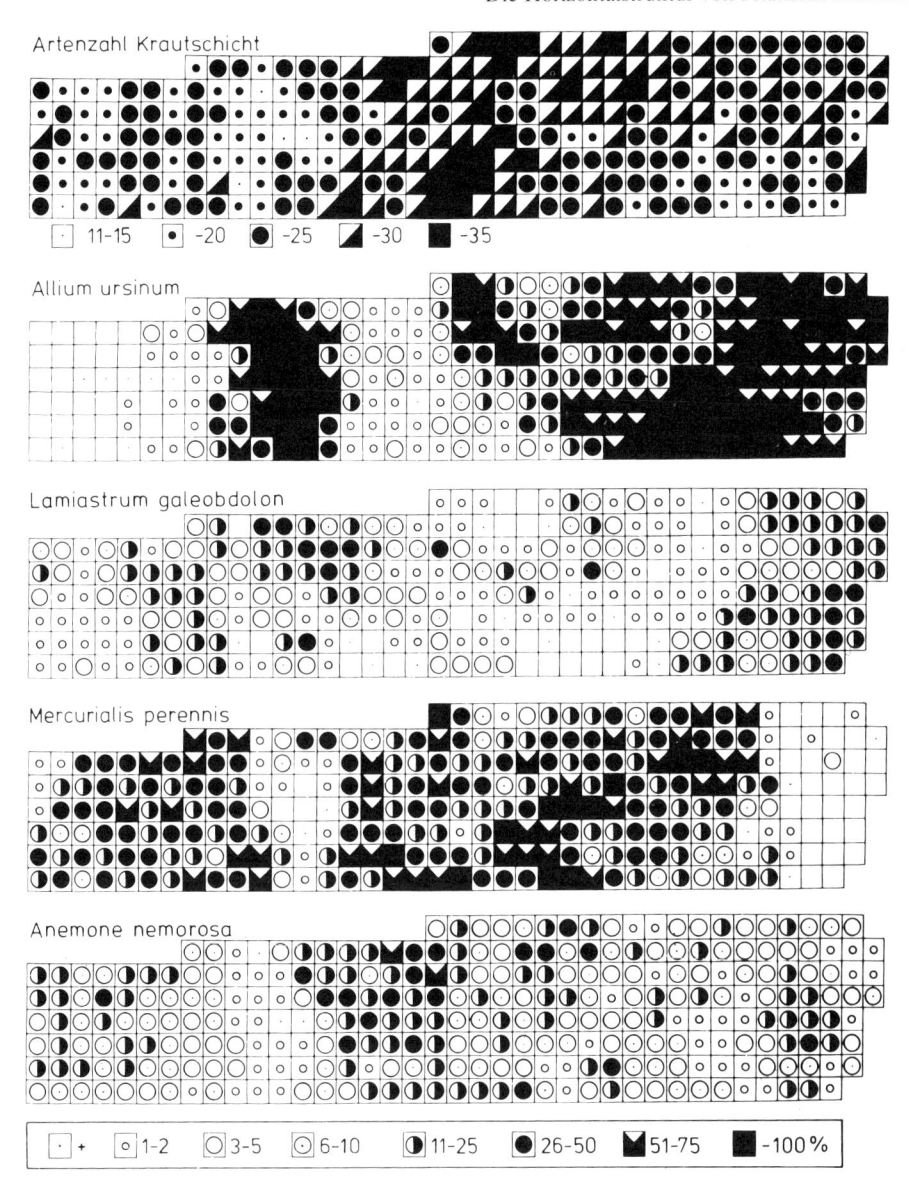

Abb. 63. Artenzahl und Arten-Feinverteilung in der Krautschicht eines Kalkbuchenwaldes mit Angabe des Deckungsgrades (aus DIERSCHKE 1989a). Erläuterung im Text.

rung der Lebensformen-Verteilung denkbar. WILKON-MICHALSKA et al. (1982) haben in einem Waldgebiet in einem 0,25 m²-Raster im Abstand von 15 m z. B. die Verteilung soziologischer Artengruppen, der Diversität, des Blattflächenindexes und der Produktivität der Krautschicht erfaßt und in Karten dargestellt. Eine Karte der Biomasse-Struktur zeigt Abb. 68.

Genaue Erfassungen der Horizontalstruktur in Verteilungsmustern erfordern einen hohen Zeitaufwand. Sie werden deshalb nur exemplarisch, oft nur für spezielle Fragen durchgeführt. Voraussetzung ist eine gute Kenntnis der zu bearbeitenden Pflanzendecke, um möglichst repräsentative Teilflächen für eine Feinanalyse auswählen zu können.

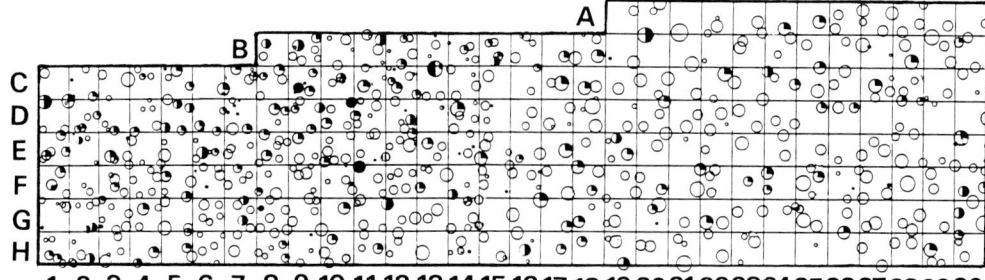

128 Die räumliche Ordnung in Pflanzenbeständen (Symmorphologie)

Grad der Kronenverlichtungen:
○ Schadstufe 0: bis 10 % Blattverluste
◐ Schadstufe 1: bis 25 % Blattverluste
◑ Schadstufe 3: bis 60 % Blattverluste
● Schadstufe 4: über 60 % Blattverluste

Abb. 64. Baumverteilung im Transekt wie Abb. 63 (aus Brünn 1992). Der BHD ist in siebenfacher Überhöhung gegenüber dem 10x10 m-Gitternetz dargestellt. Weitere Erläuterung im Text.

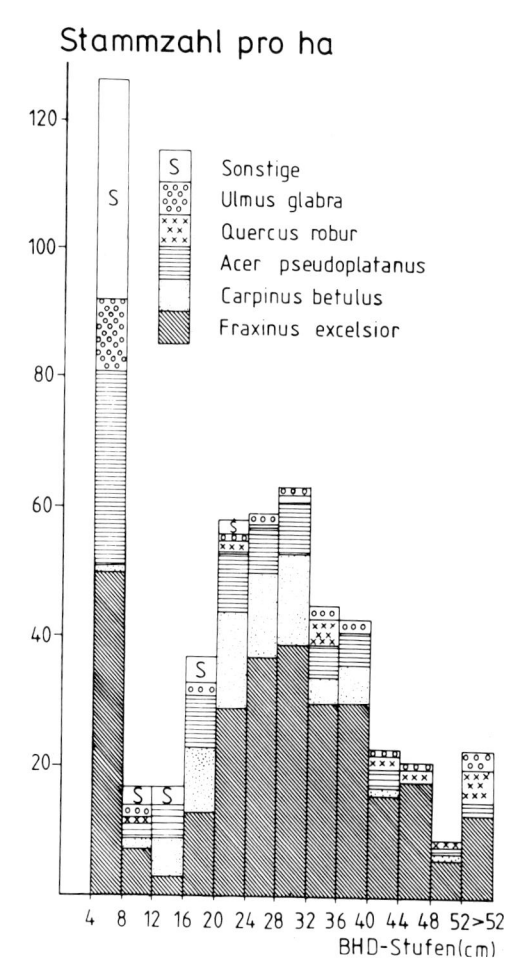

6.2.2 Dispersion und Soziabilität

Die allgemeine Verteilung von Pflanzen in einem Bestand, d. h. der Grad räumlicher Streuung, wird als Dispersion bezeichnet. Soziabilität (Geselligkeit) ist dagegen ein Ausdruck für die Art des Zusammenschlusses von Individuen bzw. Sprossen einer Art auf einer bestimmten Fläche.

Die **Dispersion** einer Art läßt sich in drei Verteilungsmustern ausdrücken:
– Zufallsverteilung: relativ gleichmäßige, aber nicht völlige Gleichverteilung.
– Überdispersion (Aggregation): gruppenweise gehäufte (geklumpte) Verteilung. Shimwell (1971) unterscheidet als Sonderfall die klonale Dispersion durch vegetative Ausbreitung.
– Unterdispersion: sehr gleichmäßige Verteilung.

Eine genaue Darstellung der Dispersion ermöglichen Aufsichtsdiagramme (Abb. 56, 57) oder Fotos. Gewisse Rückschlüsse erlauben auch Frequenzbestimmungen (V).

Die **Soziabilität** einer Pflanze kann artspezifisch sein, z. B. die horstweise oder polsterförmige Anordnung von Sprossen oder die Bil-

Abb. 65. Baumartenverteilung und Stammzahl nach Brusthöhendurchmesser-(BHD)-Stufen in 125 10x10 m-Quadraten eines Eichen-Hainbuchenwaldes (aus Pfadenhauer & Buchwald 1987).

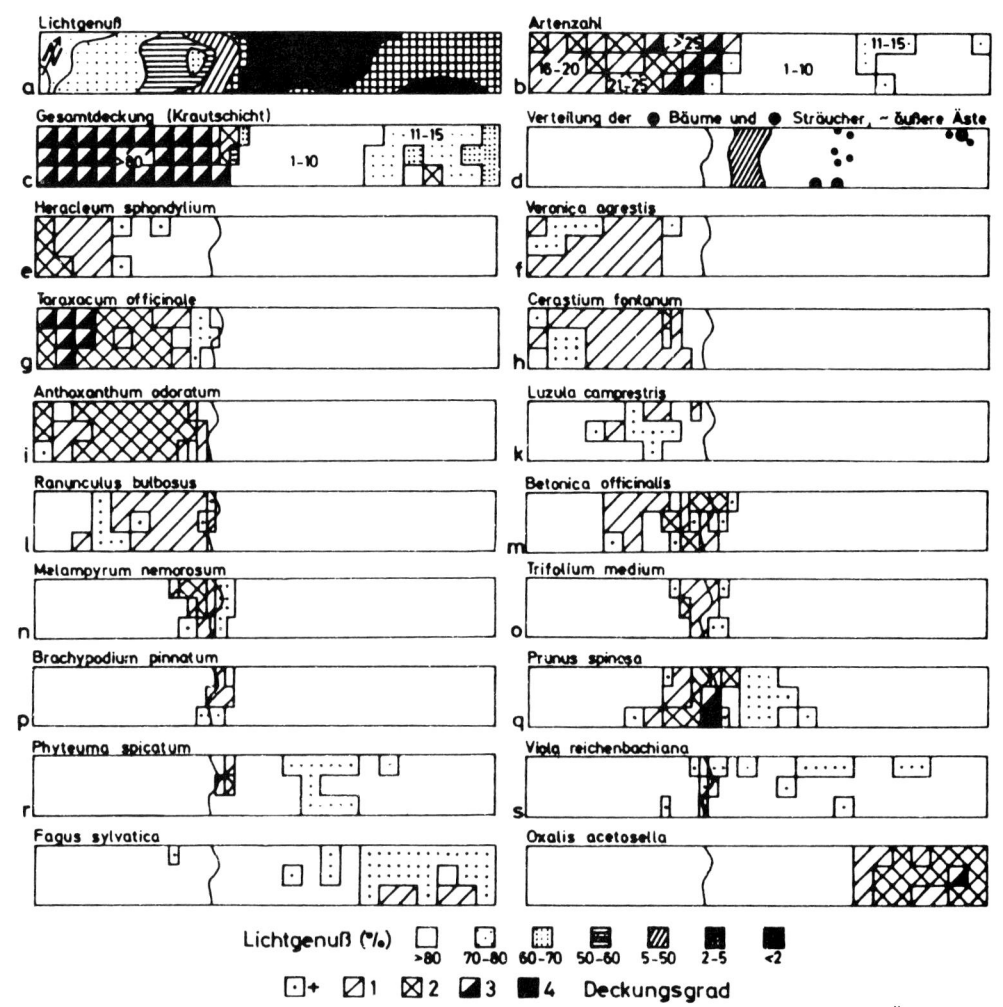

Die Horizontalstruktur von Pflanzenbeständen 129

Abb. 66. Quadrat-Transekt (1x1 m-Raster) durch einen Waldrandbereich (aus DIERSCHKE 1974). Der Übergangsbereich Wiese-Saum-Gebüsch-Wald läßt vor allem Beziehungen zum Lichtgenuß erkennen (s. auch Abb. 67).

dung von Sproßgruppen durch vegetative Ausbreitung (Polycormone; s. X 3.4.4). So ordnet VAN DER MAAREL (1970) seinen Wuchsformen von Dünenrasen jeweils bestimmte Soziabilitätsgrade zu. Diese Beispiele zeigen auch, daß bei der floristischen Detailanalyse oft nicht zwischen Individuen und Teilsprossen einer Pflanze unterschieden werden kann. Soziabilität sollte deshalb allgemein als Häufungsweise von Sprossen einer Art verstanden werden. Sie ist ein leicht feststellbares Strukturmerkmal. Polycormone bilden in vielen Pflanzengesellschaften ein wichtiges Element der Horizontalstruktur, z. B. bei vielen Röhrichten, Ruderalgesellschaften und Gebüschen.

Trotz vieler artspezifischer Hintergründe ist die Soziabilität der Arten eines Bestandes aber häufig doch von weitergehendem Aussagewert. Besonders PFEIFFER (1962) hat darauf hingewiesen, daß sie auch vom Standort, den jeweiligen endogenen Wechselwirkungen, teilweise auch vom Entwicklungszustand einer Pflanzengesellschaft abhängt (s. auch BRAUN-BLANQUET 1964, S. 43 ff.). Herdenbildungen sind z. B. oft charakteristisch für Pionierphasen und allgemein bei exogenen Störungen. Eine Art kann entsprechend unterschiedlicher Wuchskraft in verschiedenen Gesellschaften abweichende Soziabilität zeigen (z. B. *Phragmites australis* in Röhrichten und Feuchtwiesen). Weiter kann die Gesellig-

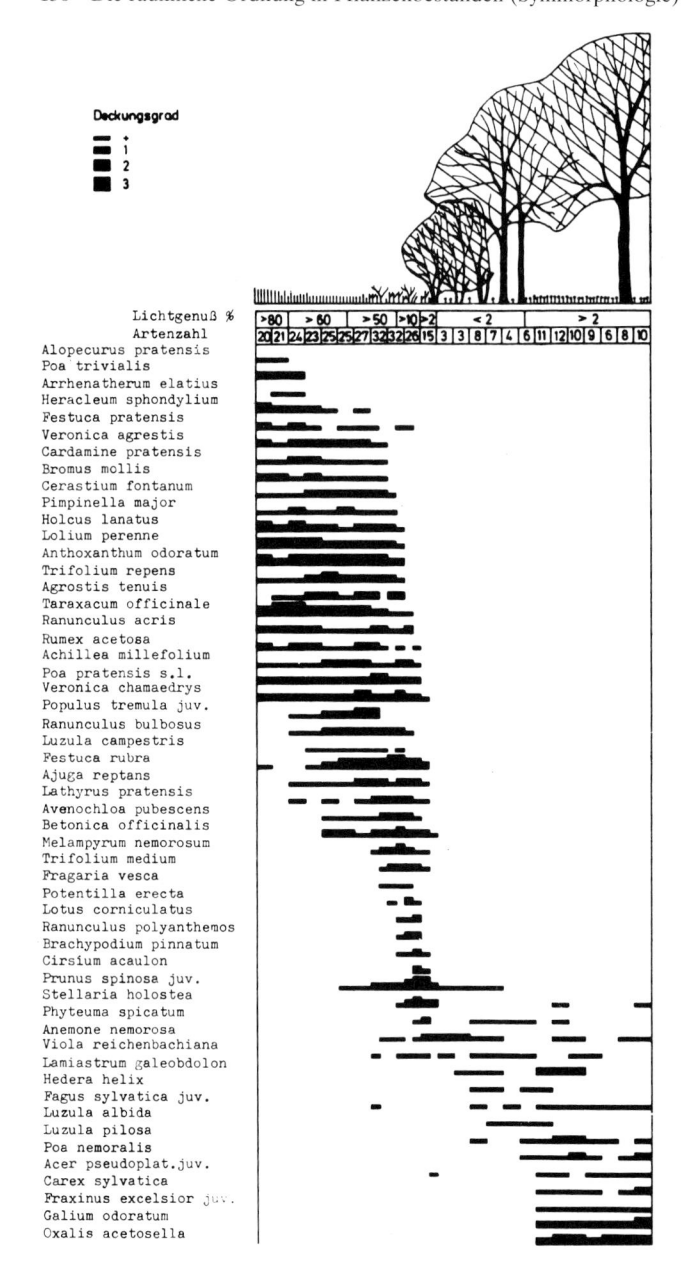

Abb. 67. Artenprofil eines Waldrandbereiches (wie Abb. 66). Die Balken geben den Wuchsbereich und Deckungsgrad der Arten an (aus DIERSCHKE 1974).

keit einer Art auch durch die standörtliche Feinstruktur bedingt sein und dann z. B. feine Unterschiede im Mikrorelief, Boden oder Mikroklima anzeigen. Schließlich führen enge Abhängigkeiten durch Symbiose, Parasitismus oder Saprophytismus (III 2.2.3) möglicherweise zu bestimmten Verteilungsmustern (z. B. Hexenringe bei Pilzen).

Insbesondere für syntaxonomische Fragen ist die Soziabilität nicht so bedeutsam und wird deshalb oft nicht erfaßt. Für genauere Strukturuntersuchungen ist sie hingegen ein wichtiges Element und sollte mit aufgenommen werden. Zur Bestimmung der Soziabilität einer Pflanze eignen sich neben den im vorigen Kapitel erläuterten Feinkartierungen auch rasche Abschätzun-

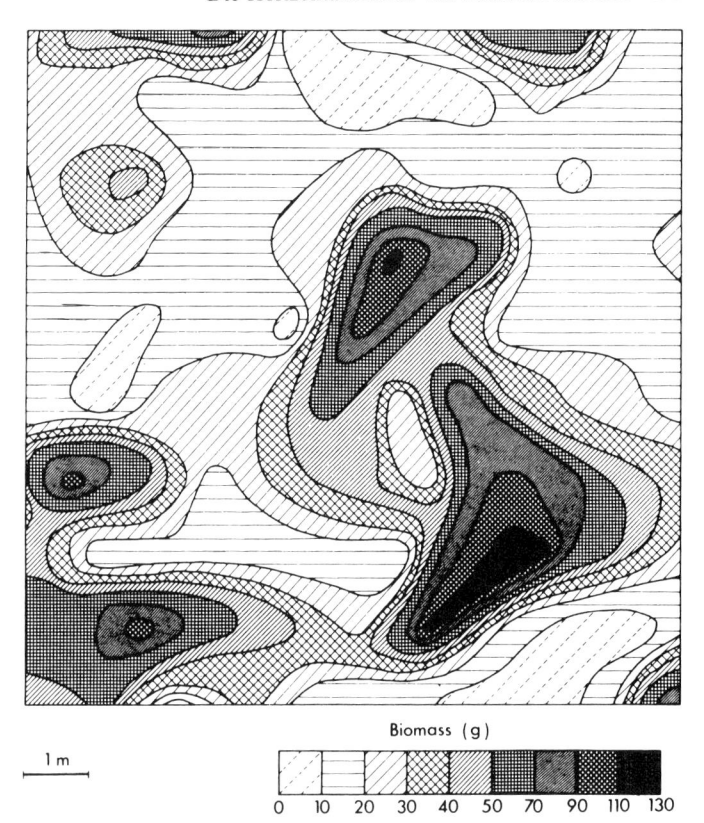

Abb. 68. Horizontale Biomassestruktur auf einer Ackerbrache (aus SYMONIDES & BOROWIECKA 1985).
In einem 1x1 m-Raster wurden in der Quadratmitte Kreisflächen von 0,1 m² abgeerntet. Die Karte zeigt über Isolinien gleicher Biomasse eine Mosaikstruktur.

gen, die für einen groberen Vergleich genügend Aussagewert haben. Hierfür wird meist die fünfteilige Skala von BRAUN-BLANQUET (1918, 1964, S. 41) verwendet:

1 Einzelsprosse oder Stämme
2 Pflanzen in kleinen Gruppen oder horstweise
3 Pflanzen in kleinen Flecken oder Polstern
4 Pflanzen in kleinen Kolonien bis ausgedehnten Flecken (Teppichen)
5 Pflanzen in großen Herden

BARKMAN et al. (1964) kritisieren, daß diese Abstufungen wenig klar definiert sind und subjektiven Deutungen unterliegen. Während der Wert 2 etwa einer Zufallsverteilung entspricht, 3 und 4 eine Überdispersion anzeigen, bedeuten 1 und 5 unterdisperse (sehr gleichmäßige) Verteilungen, sind also nicht wesentlich verschieden, außer im Deckungsgrad. Die Autoren schlagen eine objektivere zehnteilige logarithmische Skala vor, die sich auf die Sproßzahl pro Pflanzengruppe bezieht. Hierfür müssen also jeweils erst die Sprosse ausgezählt werden. Außerdem unterscheiden die Autoren noch eine „Zusammengesetzte Soziabilität" als Vereinigung von Sproßgruppen zu größeren Gruppen (z. B. Gruppenbildung von Horstpflanzen).

Soziabilitätsbestimmungen müssen den Wuchsformen der Pflanzen angepaßt sein. Für niedrigwüchsige Schichten bereiten sie kaum Schwierigkeiten. Für höhere Gehölze ist der Standpunkt des Bearbeiters ungünstig. Eine entsprechende Soziabilitätsschätzung müßte von oben in größerem Überblick erfolgen. In einem Buchenwald stehen z. B. aus Sicht des Bearbeiters alle Baumstämme oft relativ gleichmäßig und einzeln verteilt. Von oben betrachtet bilden die Kronen aber einen dichten Bestand, wie etwa hochwüchsige Pflanzen einer Staudenflur oder Zwergsträucher in einer Heide. Je nach Blickpunkt wird man also der Buche die Soziabilität 1 oder 5 zusprechen (s. auch Kritik von BARKMAN et al. 1964). Beides findet man in der Literatur, wobei heute wohl der zweite Wert als richtiger angesehen wird. Nur in den größeren

Waldbestand eingestreute Einzelbäume würden danach den Wert 1, kleine Gruppen den Wert 2 bekommen.

6.2.3 Bestandesdichte und Deckungsgrad

Für Beschreibungen der Horizontalstruktur können auch die Dichte und der Deckungsgrad der Pflanzen herangezogen werden, letzterer als quantitativer Ausdruck für den Anteil einzelner Pflanzen, Sippen oder ganzer Schichten. Der Deckungsgrad und die Artmächtigkeit (Kombination mit der Individuenzahl) als wichtige Grundlagen der Vegetationsaufnahme werden im Teil V eingehender erörtert.

Unter **Dichte** versteht man oft den (mittleren) Abstand von Einzelpflanzen bzw. -sprossen einer Population (z. B. BRAUN-BLANQUET 1964, S. 32). BARKMAN et al. (1964) weisen darauf hin, daß die eigentliche Dichte der Abstand der Ränder der Pflanzen ist. Können doch z. B. locker stehende Bäume ein dicht schließendes Kronendach bilden. In jedem Fall sind Abstandsmessungen sehr zeitaufwendig, zumal die Abstände in einem Bestand sehr stark variieren können. Am ehesten sind sie für Gehölze brauchbar, für krautige Bestände bestenfalls auf kleinen Teilflächen. Eine vereinfachte Methode ist die Linien- oder Streifentaxierung. Hier wird die Sproßzahl entlang von Linien bestimmter Länge bzw. in schmalen Streifen ermittelt. Eine indirekte Dichtebestimmung beruht auf Zählung der Sprosse in Kleinflächen und der folgenden Berechnung mittlerer Dichtewerte pro Flächeneinheit. Hinweise auf die Dichte ergeben auch Frequenz- und Punktaufnahmen (s. V 5.2.6/5.2.7). Weitere Verfahren und eine früher verwendete Dichte-Skala finden sich bei DU RIETZ (1930).

BARKMAN (1988b) unterscheidet zwischen „density" (Dichte = Individuenzahl pro Fläche) und „denseness" (horizontaler und vertikaler Zusammenschluß) von Pflanzenteilen oder Pflanzen. Letztere läßt sich mit einem von ihm entwickelten einfachen Gerät mit geringen Eingriffen in die Pflanzendecke ermitteln. Weitere Beispiele und Auswertungsmöglichkeiten (z. B. Blattflächenindex) werden dort erläutert.

Ein Meßinstrument zur Ermittlung von Vegetationsdichte, beruhend auf dem Lichtschrankenprinzip, beschreibt OPPERMANN (1989).

Der sehr hohe Zeitaufwand vieler Methoden steht bei rein pflanzensoziologischen Untersuchungen gewöhnlich in keinem akzeptablen Verhältnis zum Wert der Ergebnisse. Oft genügen allgemeinere Einschätzungen, z. B.
- sehr locker
- locker
- dicht
- sehr dicht

Sie lassen sich für einzelne Sippen, aber auch für ganze Schichten oder Bestände angeben. So kann man die Pflanzendecke wie folgt kennzeichnen:
- Geschlossene Vegetation: hohe Gesamtdeckung, alle Pflanzen dicht aneinandergrenzend, sich teilweise überlappend.
- Offene Vegetation: geringere Gesamtdeckung, aber höher als der Anteil freier Flächen. Pflanzen nur teilweise dicht aneinandergrenzend oder allgemein lockerer verteilt.
- Spärliche (diffuse) Vegetation: Pflanzen sehr locker verteilt; Freiflächen überwiegend.

7 Synusien und Mikrogesellschaften

7.1 Allgemeine Grundlagen und Definitionen

Sowohl vertikal als auch horizontal lassen sich innerhalb von Pflanzengesellschaften strukturelle Artgruppierungen erkennen, die sich mehr oder weniger deutlich voneinander absetzen, regelhaft wiederkehren und teilweise floristisch und/oder ökologisch eine gewisse Eigenständigkeit aufweisen. In den vertikalen Schichten haben wir bereits solche Teileinheiten kennengelernt, ebenfalls in den Polycormonen als durch vegetative Ausbreitung bedingten Sproßsystemen eines Pflanzenindividuums (s. X 3.4.4). Im Rahmen solcher struktureller Teile einer Pflanzengesellschaft kommt den Synusien und Mikrogesellschaften besondere Bedeutung zu. Eine detaillierte Erörterung der mit diesem Begriff zusammenhängenden Fragen findet sich bei BARKMAN (1973; s. auch 1990). Außerdem gibt es zeitliche Gesellschaftseinheiten, die als Symphänologische Gruppen besprochen werden (s. X. 2.5.2).

7.1.1 Synusien als Strukturelemente

Der Begriff **Synusie**, erstmals von RÜBEL 1917 in einer Vorlesung verwendet, wurde von GAMS (1918) in die Pflanzensoziologie eingeführt und sollte anstelle von „Assoziation" gebraucht wer-

den. GAMS verstand darunter einen auf gleichen Lebensformen beruhenden abstrakten Vegetationstyp, der entsprechend auf gleiche ökologische Bedingungen hinweist. Er unterschied drei Arten von Synusien (für Pflanzen und Tiere):
- Synusien 1. Grades: Gesellschaften, deren selbständige Komponenten einer Lebensform, in einem engeren Wuchsgebiet nur einer Art angehören (z. B. Baumschicht-Synusie von *Pinus sylvestris*).
- Synusien 2. Grades: Gesellschaften, deren selbständige Komponenten verschiedenen Arten einer Lebensformen-Klasse und demselben phänologischen Aspekt angehören (z. B. Zwergsträucher und chamaephytische Flechten/Moose eines Nadelwaldes, Frühlingsgeophyten eines Laubwaldes).
- Synusien 3. Grades: Gesellschaften, deren selbständige Komponenten verschiedenen Lebensformen-Klassen und phänologischen Aspekten angehören, die aber zu einer ökologischen Einheit auf gleichem Standort verbunden sind (z. B. die gesamte Krautschicht eines Waldes).

Unter selbständigen Komponenten versteht GAMS Arten, die in ihrem Auftreten nicht wesentlich von anderen abhängig sind. Unselbständige Arten, auch solche abweichender Lebensformen, können bestimmten Synusien zugeordnet werden, z. B. Lianen, Parasiten, Symbionten, Epiphyten. Eine *Pinus*-Synusie 1. Grades kann also auch epiphytische Pflanzen sowie Mykorrhiza-Pilze enthalten.

Der Synusienbegriff von GAMS ist später nur in Teilen und abgewandelt weiter verwendet worden. Er fußt heute vor allem auf den Synusien 2. Grades, wobei die unselbständigen Komponenten mit besonderen Lebensformen eigene Synusien darstellen. Synusien 3. Grades entsprechen eher vollständigen Pflanzengesellschaften; Synusien 1. Grades werden kaum betrachtet.

BRAUN-BLANQUET (1928) führte die Synusie in die mitteleuropäische Pflanzensoziologie ein, als Vergesellschaftung von Arten einer Lebensform-Gruppe mit einheitlichen Standortsansprüchen. Über die Lebensform wird auch der zeitlich-phänologische Aspekt mit berücksichtigt. Dieser Definition folgen u. a. ELLENBERG (1965), WILMANNS (1970, 1989a), KNAPP (1971), MUELLER-DOMBOIS & ELLENBERG (1974). Die floristische Verwandtschaft wird nur zum Teil mit eingeschlossen. WILMANNS (1989b) faßt die Synusien noch weiter als „typisierte Einheiten aus ökologisch und morphologisch einander nahestehenden und unter annähernd gleichen kleinstandörtlichen Bedingungen lebende Artengruppen" (S. 95), die z. B. auch als Gruppen von Strategie-Typen auffaßbar sind. Bei ELLENBERG werden entsprechend der Abtrennung eigener Kryptogamen-Lebensformen auch eigene Kryptogamen-Synusien unterschieden. Ihm folgen viele andere Autoren.

Eine deutlich andere Auffassung von Synusien, wiederum auf GAMS fußend, vertritt DU RIETZ (1930, 1936). Synusien sind für ihn mehr oder weniger selbständige Einschicht-Gesellschaften, die nach ihrer floristischen Verwandtschaft typisiert und klassifiziert werden. Jede Schicht bildet eine eigene Synusie, wobei die Epiphyten getrennt betrachtet werden. Dieser Begriff der Synusie als primärer Grundeinheit der Vegetation ist ein wesentliches Element der „Uppsala-Schule".

In mehreren Arbeiten hat sich BARKMAN (1968, 1970, 1973) mit dem viel diskutierten Begriff und seiner Anwendung in der Pflanzensoziologie beschäftigt. Er definiert eine Synusie als abstrakte Teileinheit einer Pflanzengesellschaft (konkreter Bestand = „Verein") mit besonderer floristischer Zusammensetzung aus Pflanzen einer Schicht, mit im wesentlichen gleicher Periodizität, die auf demselben Kleinstandort vorkommt und diesen in gleicher Weise ausnutzt. Die einheitliche Lebensform wird zwar nicht direkt angesprochen, liegt aber der Definition mit zugrunde. Neu ist hier vor allem die gleiche Standortsnutzung. So werden autotrophe und heterotrophe Organismen verschiedenen Synusien zugerechnet. BARKMAN unterscheidet z. B. symbiontische, parasitische und saprophytische Pilz-Synusien. Konsequenterweise müßten auch die Halb- und Vollparasiten bei Phanerogamen getrennt zusammengefaßt werden, was in Einzelfällen sinnvoll sein mag. Oft ist aber eine unmittelbare Unterscheidung solcher Typen im Gelände gar nicht möglich, vor allem bei Pilzen, so daß dieses Kriterium mit Vorsicht zu benutzen ist. ARNOLDS (1981) lehnt den Synusialbegriff für Pilze wegen ihrer anderen Lebensweise und damit zusammenhängender unterschiedlicher, schwer erkennbarer Substratabhängigkeit ganz ab. IVAN & DONITA (1980) begrenzen Pflanzengesellschaften auf autotrophe Pflanzenpopulationen als funktional homogene Teile von Ökosystemen. Daneben kann es z. B. Pilz- und Bakteriengesellschaften geben.

7.1.2 Mikrogesellschaften

Wird ein Kleinstandort innerhalb der größeren Pflanzengesellschaft von floristisch eigenständigeren Teilbeständen mit mehreren Schichten eingenommen, bilden diese nach BARKMAN (1968, 1973) eine „Mikro-Gesellschaft" (s. auch VIII 7). Solche Kleinstandorte beruhen entweder auf primärer = abiotischer (ökogener) Heterogenität des Großstandortes oder auf sekundärer = phytogener (biogener) Standortsmodifikation durch die Vegetation selbst (s. auch DIERSCHKE 1988a). In Wäldern gibt es z. B. als Kleinstandorte aufragende Felsblöcke, offene Erdanrisse, dauernd laubfreie Stellen (besonders an Baumfüßen), nasse bis quellige Flecken, dazu Baumstümpfe, verrottende Stämme und Äste, Tierpfade und -höhlen, Ameisenhaufen, Tierexkremente u. a. In nassen Bereichen stellen Bulten und Schlenken charakteristische Elemente dar. Epiphytische Lebensräume sind generell als besondere Kleinstandorte anzusehen. Der Mikrogesellschaft übergeordnet ist die Makrogesellschaft, die vor allem die oberen Schichten bestimmt. Genau genommen handelt es sich um einen Dominanzkomplex (s. XI 2.2).

Im Zusammenhang mit Synusien und Mikrogesellschaften wird oft von **abhängigen Pflanzengesellschaften** gesprochen. Hier handelt es sich allgemein um Vegetationstypen, die in ihrer Existenz von anderen, meist höherwüchsigen abhängig sind. Insbesondere positive endogene Wirkungen wie Mutualismus und Kommensalismus (III 2.2.3) sind damit angesprochen. Abhängige Vegetationstypen sind in gewissem Maße auch Säume und Mäntel an Waldrändern, die aber gewöhnlich als eigenständiger angesehen werden. Die Frage, ob abhängige Gesellschaften auch unabhängig vorkommen können, spielt teilweise bei ihrer syntaxonomischen Bewertung eine Rolle (s. VIII 7). Zu unterscheiden ist auch, ob es sich um floristisch eigenständige Mikrogesellschaften oder nur um Fragmente anderswo unabhängiger Gesellschaften handelt (DIERSCHKE 1988a).

Mikrogesellschaften können eng an bestimmte Pflanzengesellschaften gebunden sein, also stark von exogenen und endogenen Faktoren des Gesamtbestandes abhängen. Sie können aber auch mehr oder weniger zufällig auftreten. BARKMAN (1973) unterscheidet dementsprechend obligate und fakultative Mikrogesellschaften. So sind z. B. Bulten- und Schlenken-Kleingesellschaften eines Bruchwaldes (s. DÖRING 1987) oder Mykorrhiza-Pilzbestände obligate Teilstrukturen. Eine Quellflur in einem Buchenwald ist dagegen nur fakultativ.

Zusammenfassend lassen sich in einer (Makro-)Pflanzengesellschaft also folgende Pflanzengruppen als Teilstrukturen unterschiedlicher Integrationsstufe zusammenfassen:
– Population einer Sippe,
– Populationsgruppen mehrerer Sippen,
– Lebensformen-Gruppen einer Schicht (Synusien),
– Schichten,
– Mikrogesellschaften.

7.2 Feinanalysen durch Synusien und Mikrogesellschaften

7.2.1 Betrachtung ganzer Pflanzengesellschaften

Die feine Unterscheidung verschiedener symmorphologisch-synökologischer Strukturelemente einer Pflanzengesellschaft von BARKMAN (1968, 1973) ermöglicht eine sehr differenzierte Analyse der Vegetation, nicht nur strukturell, sondern auch hinsichtlich der Unterscheidung von Vegetationstypen und ihrer Klassifikation (s. VII 9.2). Pflanzengesellschaften können aus nur einer Synusie bestehen, setzen sich aber oft aus mehreren bis vielen zusammen. Monosynusiale Gesellschaften sind z. B. manche Quellfluren im Wald, sehr einfach aufgebaute Therophyten-Pionierbestände, auch viele Kryptogamen-Gesellschaften. Polysynusial sind vor allem stark strukturierte Wälder. In einem mitteleuropäischen Laubwald sind folgende Synusien in wechselnder Kombination denkbar:

–T Synusie sommergrüner Bäume,
   (Synusie immergrüner Bäume).
–S Synusie(n) sommergrüner Sträucher und Jungbäume.
–H Synusie(n) von Gehölz-Jungwuchs,
   Synusie(n) der Zwergsträucher (sommer-, immergrün),
   Synusie(n) krautiger Chamaephyten,
   Synusien der Hemikryptophyten,
   Synusien der Geophyten (frühlings-, sommergrün).
–M Synusien der (epipetrischen) Boden-Moose, -Flechten, -Pilze, -Algen,
   Synusien epixylischer Arten (Baumstümpfe; morsches Holz),
   Synusien epilithischer Arten (auf Steinen, Felsen).

–E Synusien epiphytischer Gefäßpflanzen (hier selten bis fehlend),
Synusien epiphytischer Moose, Flechten, Pilze und Algen.

Manche Synusien sind nur gedanklich abtrennbar, andere besitzen eine gewisse Selbständigkeit. Einiges wird man in der Praxis eher zusammenfassen, z. B. Hemikryptophyten und krautige Chamaephyten. Manche Synusien sind räumlich deutlicher getrennt, andere wachsen durcheinander und bilden physiognomisch keine abgrenzbaren Einheiten.

Die feine Synusialgliederung eines Waldhochmoores beschreibt NEUHÄUSL (1970). DANIËLS et al. (1985) unterscheiden in Binnenland-Dünen neben zwei Phanerogamen-Gesellschaften 15 Kleingesellschaften von Kryptogamen, die etwa Synusien entsprechen. Die bis heute detaillierteste Synusialgliederung einer Pflanzengesellschaft hat BARKMAN (1970, 1973) erarbeitet. In einem holländischen Wacholdergebüsch (*Dicrano-Juniperetum*) werden aufgrund von 1100 Kleinaufnahmen (30×30 cm^2) über 50 Synusien mit über 600 Arten unterschieden. Genannt werden:

–Terrestrische Synusien:
1 Strauch-Synusie, 1 Lianen-Synusie, 6 Kraut-Synusien, 12 Synusien autotropher Kryptogamen (1 Algen-, 1 Flechten-, 10 Moos-Synusien), 2 Mykorrhiza-Synusien, 13 saprophytische Pilz-Synusien.

–Epiphytische Synusien:
5 Moos-, Flechten-, Algen-Synusien, 4 saprophytische Pilz-Synusien, 5 parasitische Pilz-Synusien.

Die terrestrischen autotrophen Synusien bilden zwölf Mikrogesellschaften, bedingt durch feine Unterschiede in Mikroklima und Substrat. Durch die Strauch- und Lianen-Synusien sind sie zur Pflanzengesellschaft des Wacholdergebüsches zusammengefaßt.

Dieses Beispiel zeigt die Möglichkeiten, aber auch die Gefahren einer sehr feinen Synusialgliederung. Für spezielle Einzelfragen mag eine solche Analyse von Bedeutung sein. Für eine weiträumigere Übersicht im Sinne von Pflanzengesellschaften besteht eher die Gefahr einer zu starken Zersplitterung. Ganz davon abgesehen erfordert eine solche Feinanalyse einen sehr hohen Zeitaufwand und ein hohes Maß an floristischen Spezialkenntnissen.

7.2.2 Kryptogamen-Synusien und -Mikrogesellschaften

Der Synusialbegriff wird heute bevorzugt für Kryptogamen-Bestände angewendet, und zwar vorwiegend aus zwei Gründen:

1. Kryptogamen sind oft nur schwach im Boden oder anderen Substraten verankerte Pflanzen, die entsprechend nur die obersten Millimeter nutzen können. Sie sind deshalb ökologisch meist eigenständiger als andere Pflanzen. Dies gilt noch mehr für den Bewuchs besonderer Kleinstandorte verschiedener Makrogesellschaften (s. 7.1.2), wo bevorzugt Kryptogamen vorkommen. Sie können aber auch deutlich abhängig von Phanerogamen-Gesellschaften sein (DURING & VERSCHUREN 1988). GRABHERR (1982) weist z. B. darauf hin, daß die in ihrer Physiologie und ihrem Wuchsverhalten von höheren Pflanzen abweichenden Flechten in ganz verschiedenen alpinen Pflanzengesellschaften vorkommen und so die floristischen und ökologischen Unterschiede bei Vergleichen eher verwischen.

2. Die genaue Erfassung der Kryptogamen erfordert floristisch-taxonomische Spezialkenntnisse, meist auch abweichende Aufnahmemethoden. Kryptogamen-Spezialisten neigen außerdem oft dazu, entsprechende Synusien oder Mikrogesellschaften als getrennte Vegetationstypen in eigenen Systemen zusammenzufassen. Die Bedeutung solcher Teilbestände wird dadurch besser darstellbar, ebenfalls ihre floristisch-ökologische Verwandtschaft über größere Gebiete hinweg.

Der erste Punkt ist aus der Vegetation selbst begründbar, der zweite eher ein praktisches Moment. Beide haben zu weitreichenden Diskussionen über die Eigenständigkeit oder Abhängigkeit von Kryptogamen-Vergesellschaftungen geführt. Als Extreme wären zu nennen: Kryptogamen sind (mit Ausnahme reiner Kryptogamen-Bestände) nur Teile (also Synusien) von Phanerogamen-Gesellschaften, selbst wenn sie diese Gesellschaften bestimmen, wie etwa in Hochmoorbulten oder manchen Quellfluren. Das andere Extrem ist eine völlig selbständige Betrachtung der Kryptogamen, z. B. als eigene epipetrische, epilithische, epixylische und epiphytische Gesellschaften, die in eigenen Systemen zusammengefaßt werden. Daß beide Fälle möglich sind, wird durch zahlreiche Arbeiten nachgewiesen. OCHSNER (1954) sieht z. B. für Moose alpiner Pflanzengesellschaften folgende Möglichkeiten:

a) Einfache Dominanzbestände von Moosen auf offenen Rohböden.

b) Selbständige, reine Moosgesellschaften, z. B. in Quellfluren und Schneetälchen.

c) Gesellschaftskomplexe von Phanerogamenbeständen mit Fragmenten verschiedener Moosgesellschaften, z. B. in Felsspalten.

d) Gefäßpflanzen-Gesellschaften mit Einzelmoosen (Schichtenbindung).

e) Mosaike von b und d, z. B. auf Schutt- und Blockhalden.

Als eigenständige Gesellschaften werden oft Kryptogamenbestände besonderer Kleinstandorte in anderen, großflächiger ausgebildeten Gesellschaften angesehen, z. B. solche auf morschem Holz oder auf herausragenden Gesteinsblöcken in Wäldern (s. auch BARKMAN 1973). PIRK & TÜXEN (1957) fanden auf modernden Buchenstümpfen eine Vergesellschaftung von 19 Pilzarten, die nur hier vorkommen und offenbar von artspezifischen Holzeigenschaften der Buche abhängen. Entsprechendes gilt auch für Holzreste anderer Baumarten. A. RUNGE (1982) wies auf bestimmten Stümpfen eigene Sukzessionen von Pilzphasen nach. Auch laubfreie Baumfüße stellen Sonderstandorte dar, die heute durch belastetes Niederschlagswasser noch eigenständiger werden. Hier handelt es sich nicht mehr um Feinstrukturen einer Gesellschaft, sondern um einen Gesellschaftskomplex (s. XI 2).

Zwischen Phanerogamen und Kryptogamen besteht generell kein Unterschied in der Behandlung als Vegetationstypen. Grundsätzlich sollte man daher den Vorschlägen von BARKMAN (1973) folgen, einzelne Schichten mit ähnlicher Lebensformen-Zusammensetzung als Synusien einzustufen, wobei sie in manchen Fällen gleichzeitig eine (monosynusiale) Pflanzengesellschaft darstellten. Schon die oben erwähnten Pilze bilden aber nur eine oder sogar mehrere Synusien einer Mikrogesellschaft auf sich zersetzendem Holz, in der es auch Moose, Flechten, Algen und manchmal einige Phanerogamen gibt. Mikrogesellschaften sind mehr oder weniger abhängig von Makrogesellschaften, können aber teilweise auch getrennt von ihnen vorkommen. Allgemein lassen sich demnach in bezug auf Kryptogamen folgende Fälle unterscheiden:

1) Reine (mono- und polysynusiale) Kryptogamen-Gesellschaften, höchstens mit vereinzelt eingestreuten Phanerogamen, möglicherweise noch stärker getrennt in Moose, Flechten, Algen, Pilze. Sie kommen vor allem auf Sonderstandorten vor, wo höhere Pflanzen nicht gedeihen können, z. B. auf Felsblöcken, zergehendem Holz, Erdanrissen u. a. Auch auf klimatisch extremen Sonderstandorten sind sie zu finden, z. B. in Trocken- und Kältewüsten (s. KAPPEN 1986). Solche Gesellschaften können völlig unabhängig, aber auch mehr oder weniger stark an großflächig ausgebildete Gesellschaften gebunden sein.

2) Phanerogamen-Gesellschaften mit beigemengten Kryptogamen als eigenen, z. T. nicht geschlossen wachsenden Synusien. Dies ist der Regelfall für viele unserer „normalen" Gesellschaften, z. B. Laubwälder und Grünland. Die Kryptogamen-Synusien kommen in der Regel nicht eigenständig vor.

3) Phanerogamen-Gesellschaften mit dichter, teilweise sogar bestimmender Kryptogamenschicht aus einer bis mehreren Synusien. Hierzu gehören viele Heiden, Moore, Quellfluren, Schneeböden, manche Wälder und Magerrasen. Teilweise kommt es zu einer Differenzierung in ein Mosaik von Phanerogamen/Kryptogamen- und reine Kryptogamengesellschaften, (z. B. Flechten- und Moosflecken in Zwergstrauch-Heiden). Die Kryptogamenbestände können also eine stärkere Eigenständigkeit besitzen.

4) Epiphytische Vergesellschaftungen größerer Eigenart als Synusien oder polysynusiale Mikrogesellschaften.

5) Reine Phanerogamen-Gesellschaften. Hierzu kann man bei grober Betrachtung Seegraswiesen, Quellerfluren, Spülsäume und andere kurzlebige Ufer- und Ruderalvegetation, Röhrichte und manche Wasserpflanzen-Gesellschaften rechnen. Bei genauerer Untersuchung dürfte sich diese Gruppe aber als nicht existent erweisen, da z. B. an Feuchtstandorten Algen-Synusien, allgemein auch Pilzsynusien zu erwarten sind.

Zwischen den Fällen 1–5 gibt es Übergänge, welche die Einteilung und Abgrenzung verschiedener Vegetationstypen erschweren. So bestehen vor allem für die Syntaxonomie mancherlei Probleme (s. VIII 7,8). Viele der bis heute beschriebenen Gesellschaften sind Taxocoena (Taxozönosen), d. h. Vegetationstypen, die sich vorrangig auf bestimmte taxonomische Pflanzengruppen stützen und andere Gruppen (besonders Pilze, Algen) vernachlässigen.

Als Sonderfälle müssen noch Kryptogamen-Synusien und -Mikrogesellschaften im Boden und Wasser erwähnt werden, die erst teilweise und meist nur in wenigen Beispielen untersucht sind. Einige Angaben hierzu machen BRAUN-BLANQUET (1964, S. 190) und BARKMAN (1973). Letzterer weist darauf hin, daß auch die speziellen bodenbewohnenden Bakterien-, Algen- und Pilzvergesellschaftungen zu einer vollständigen Pflanzengesellschaft gehören. Für ihre Bearbeitung bestehen aber große floristische und methodische Probleme.

7.2.3 Phanerogamen-Synusien und -Mikrogesellschaften

Wie wir gesehen haben, bietet das Konzept der Synusien und Mikrogesellschaften für die strukturelle und syntaxonomische Einordnung der Kryptogamen-Bestände eine geeignete Grundlage. Bei Phanerogamen geht man in der Pflanzensoziologie eher von ganzen Beständen aus und unterscheidet nur grob erkennbare Schichten. Aber auch hier bietet die obige Feinanalyse eine wertvolle Hilfe der Strukturbetrachtung, vor allem wenn es sich um Gesellschaften mit weit differenziertem Lebensformspektrum und kleinstandörtlicher Inhomogenität handelt.

Erwähnt wurden schon die saisonalen Aspekte, die für die symphänologische Gliederung (Phänophasen) wichtig sind (X 2.5.5). Auch die von TÜXEN & LOHMEYER (1962) erwähnten Schleiergesellschaften rasch- und hochwüchsiger Kletterpflanzen sind besser als Synusien aufzufassen. Eigenständiger sind dagegen epiphytische Phanerogamen-Bestände, die vor allem in den Tropen und Subtropen eigene Mikrogesellschaften bilden.

An Trockenstandorten und allgemein in semiariden Gebieten gibt es häufig Vegetationstypen mit einer Mischung von ausdauernden Pflanzen, vorwiegend Chamaephyten, und kurzlebigen Therophyten. Letztere können sinnvoll als Saison-Synusien aufgefaßt werden, wie es z. B. OBERDORFER (1970) für offene Trockengebüsche der Kanaren andeutet. Häufig bilden nämlich die lückig wachsenden Zwergsträucher eine durchgehende Wurzelschicht und sind somit eng verbunden (BOLÒS 1981).

Mikrogesellschaften von Phanerogamen kommen vor allem in Bereichen stärkerer Bodeninhomogenität vor, insbesondere bei kleinräumig wechselnden Unterschieden der Bodenfeuchtigkeit (s. DÖRING 1987, DIERSCHKE 1988 a). Es handelt sich häufig um abhängige Vegetationstypen in Wäldern, z. B. Quellfluren, die im Baumschatten nicht der Konkurrenz wuchskräftiger Lichtpflanzen unterliegen. Sie sind floristisch und ökologisch deutlich von der Umgebung getrennt und selbst ohne Baumwuchs. Es gibt aber auch so kleinräumige Durchdringungen quellig-nasser und weniger nasser Stellen, daß eine Auftrennung in Mikrogesellschaften sinnlos erscheint. Objektive Kriterien der Unterscheidung von mehreren Mikrogesellschaften gegenüber etwas komplexeren Strukturen *einer* Gesellschaft gibt es kaum. Die große Vielfalt der Natur kann nicht in feste Regeln gepreßt werden. Gute Vertrautheit mit dem Studienobjekt, subjektive Entscheidungen und Fragen der Praktikabilität müssen jeweils zu sachbezogenen Lösungen führen, die von Fall zu Fall verschieden sein können.

Noch schwieriger sind Vegetationstypen zu behandeln, bei denen die standörtliche Heterogenität durch die Vegetation selbst hervorgerufen wird. So können sich auf höheren Bulten weniger nässeverträgliche Arten ansiedeln. Eine rein phytogene Differenzierung in Synusien und Mikrogesellschaften findet man z. B. in vielen Mooren. Während Bulten und Schlenken im Hochmoor eigene Vegetationstypen darstellen, sind ähnliche Bildungen in einem Erlenbruch mit übergeordneter einheitlicher Baumschicht eher als abhängige Mikrogesellschaften anzusehen (s. DÖRING 1987, DIERSCHKE 1988 a).

Auch außerhalb solcher Feuchtbereiche gibt es abhängige Mikrogesellschaften, wie das schon zitierte Beispiel der Wacholdergebüsche (7.2.1) zeigt. Teilabhängige Verlichtungs-, Schlag- und Waldrand-Bestände werden dagegen als mehr eigenständige Gesellschaften aufgefaßt. Gewisse Inkonsequenzen sind hier zumindest bei Feinbetrachtung erkennbar.

Besondere Probleme treten bei Wasservegetation auf. Die frei beweglichen Synusien der Lemnaceen u. a. werden als selbständige Vegetationstypen hohen Ranges angesehen. Sie können aber auch als temporäre Synusien in benachbarte Gesellschaften eindringen. Allgemein ist der Standort Wasser weniger stabil als der Boden, so daß auch die Strukturen stärker vermischt sind. Trotzdem gibt es Versuche einer Lebensform-orientierten Gliederung bis zu eigenen syntaxonomischen Einheiten (HARTOG & SEGAL 1964; s. auch 3.5).

7.3 Vor- und Nachteile der Synusialbetrachtung

Die Verwendung von Synusien neben Pflanzengesellschaften hat Vor- und Nachteile, auf die z. B. MUELLER-DOMBOIS & ELLENBERG (1974) und BARKMAN (1968, 1973) hinweisen.

Als **Nachteile** sind zu nennen:
– Die zu starke Betonung der Synusien verhindert den Blick auf größere Zusammenhänge der Vegetation (floristische, räumliche, ökosystemare) und führt zu einer „Atomisierung der Vegetation".
– Synusialgliederungen führen zu einer Vervielfachung von Vegetationstypen und erschweren so den Überblick.

Demgegenüber sind aber **Vorteile** in der Mehrzahl:
– Synusien, soweit vorwiegend auf Lebensformen fußend, sind leicht feststellbare Einheiten. Sie bieten damit die Möglichkeit einer raschen Strukturanalyse, selbst in Gebieten mit wenig bekannter Flora.
– Synusien-Kombinationen bieten anschauliche Strukturbilder von Gesellschaften.
– Synusien ermöglichen die Feinauflösung von Kleinstmosaiken, die im Rahmen ganzer Gesellschaften nicht trennbar sind (vertikal und horizontal).
– Der enge Bezug von Lebensform und Standort erlaubt Rückschlüsse aus der Synusienstruktur auf die ökologischen Bedingungen. Synusien sind ökologisch enger angepaßte Gruppierungen von Pflanzen.
– Synusien erlauben eine verfeinerte strukturelle und funktionale Analyse von Pflanzengesellschaften.
– Synusien können unabhängig von Pflanzengesellschaften klassifiziert werden und so großräumige Beziehungen floristischer und ökologischer Art herstellen.

Insbesondere für symmorphologische Untersuchungen ist die sinnvolle Verbindung von Artenkombination und Synusialstruktur eine gute Grundlage. Sie kann auch losgelöst von syntaxonomischen Fragen durchgeführt werden. Dennoch ist vor einer zu starken Aufsplitterung zu warnen. Als bedenkenswert seien einige Worte von TÜXEN (Diskussionsbemerkung in BARKMAN 1968, S. 49) ans Ende gesetzt: „Ich glaube, wir sollten nicht unser Ziel darin sehen, die Analyse immer schärfer und feiner zu machen, etwa bis zu den kleinen *Dicranella*-Flecken der abgeplaggten Heide..., sondern wir müssen mit einer gewissen Vorsicht ein Mittelmaß suchen, bis zu welchem wir zergliedern, zertrennen dürfen, nur nicht allzu sehr analytisch und zu wenig synthetisch sein."

8 Homogenität und Diversität

Homogenität und Diversität sind Begriffe, die sich aus der Bestandesstruktur ableiten. Wenn man sie als Gleichförmigkeit und Vielfalt übersetzt, bilden sie einen Gegensatz. Meint man mit Diversität lediglich Artenvielfalt, kann sie durchaus mit Homogenität übereingehen, wie z. B. in artenreichen Grünlandbeständen. Diversität läßt sich aber auch auf andere Textur- und Strukturelemente anwenden, z. B. auf Lebensformen, Schichten, zeitliche Aspekte, Synusien und Mikrogesellschaften. Eine Vielzahl von Kleinstandorten bedeutet eine hohe ökologische Diversität. Sie führt oft zu einer strukturellen Heterogenität.

Beide Begriffe werden recht unterschiedlich definiert und geben so oft Anlaß zu Mißverständnissen. Schwerpunkte der Diskussion liegen besonders für die Diversität in der angloamerikanischen Literatur. In der Pflanzensoziologie spielen nur Fragen der Homogenität eine größere Rolle.

8.1 Homogenität von Pflanzenbeständen

Homogenität ist ein Maß für die Regelhaftigkeit der Verteilung von Strukturelementen in einem Bestand. Gewöhnlich steht die horizontale Anordnung der Sippen und Populationen im Vordergrund der Betrachtung. Sie sind homogen verteilt, wenn sie auf der ganzen Fläche gleichmäßig vorkommen. Daneben gibt es den Begriff der Homotonität als Maß der Einheitlichkeit von Vegetationsaufnahmen einer Pflanzengesellschaft (s. XIII 2.7). Häufig wird hierfür aber ebenfalls der Begriff Homogenität verwendet.

Wie schon angedeutet, steht Homogenität nicht unbedingt im Gegensatz zu Diversität. Hohe Dominanz einer Sippe in artenarmen Beständen erzeugt z. B. eine große Homogenität, wie etwa in manchen Zwergstrauchheiden, Röhrichten oder Seggenrieden. Umgekehrt können auch hochdiverse (artenreiche) Bestände sehr homogen sein, z. B. viele Magerrasen und Wiesen.

8.1.1 Homogenität als subjektives Merkmal

Eine der Grundeigenschaften von Pflanzenbeständen und -gesellschaften ist ihre kleinräumige, z. T. auch zeitliche Heterogenität. Wohl keine Art ist völlig gleichförmig verteilt; selbst floristisch nahe verwandte Bestände sind verschieden. Heterogene Kleinstmosaike von Standorten, jahreszeitlicher Wechsel, kurz- und längerfristige Standortsschwankungen oder -wandlungen sowie unterschiedliche ökologische Potenz und Existenz von Sippen bis zu nicht unterscheidbaren Ökotypen und schließlich historische Elemente der Standortsbesiedlung spielen hier eine entscheidende Rolle (s. Beispiele bei GREIG-SMITH 1979). Auch die Art der generativen und vegetativen Ausbreitung spielt eine große Rolle (BARKMAN 1989a).

Wenn man trotzdem von Homogenität spricht, kann dies nur auf einem übergeordneten Niveau geschehen, das feinste Inhomogenitäten in Kauf nimmt. Je nach Betrachtungsmaßstab bilden Strukturelemente eines Bestandes eine Einheit oder ergeben eine Vielfalt von Einzelteilen (s. 7). So stellt die Betrachtung von Homogenität einen Kompromiß dar zwischen Kleinst-Heterogenität und mehr ins Auge fallender Einheitlichkeit des Großbestandes. Sie ist deshalb nicht frei von subjektiven Kriterien, wie es z. B. BRAUN-BLANQUET (1964, S. 48) betont (s. auch BARKMAN 1968, RAUSCHERT 1969).

Homogenität ist demnach ein subjektives Merkmal, das von den jeweiligen Anforderungen und Ansichten des Bearbeiters abhängt. Die für vegetationsanalytische Zwecke als ausreichend erachtete Homogenität bezeichnet RAUSCHERT (1969) als „Quasihomogenität". Sie spielt in der Pflanzensoziologie eine große Rolle bei der Auswahl von Aufnahmeflächen (s. V 3). Jeder Vegetationstyp soll wenigstens in *einer* Schicht homogen aufgebaut sein. Ein Waldtyp hat z. B. oft eine regelmäßig-homogene Baumschicht. Die insgesamt inhomogenere Krautschicht erlaubt die Unterscheidung von Subtypen mit wiederum höherer Homogenität. Noch höher wird diese in Mikrogesellschaften und Synusien. Als feinste Stufe der Betrachtung bleibt dann die Individuenverteilung einer Population.

Dieses Beispiel zeigt, daß es je nach Betrachtungsmaßstab unterschiedliche Homogenitätsniveaus gibt. Sinnvollerweise wird Homogenität nur auf eine Schicht bezogen oder auf Teile derselben. Die anzulegende Grenze richtet sich auch nach dem Gesellschaftstyp. Für viele Pioniergesellschaften ist z. B. ein höheres Maß an Heterogenität geradezu ein Charakteristikum.

Für die praktische Geländearbeit gibt es trotz subjektiver Elemente doch meist einen Grundkonsenz, wie homogen eine Aufnahmefläche sein soll. Die anwendbaren Merkmale sind im Kapitel V.3 zusammengestellt. Erfahrung und geübter Blick erscheinen hier wichtiger als irgendwelche formalen Kriterien.

8.1.2 Bestimmung der Homogenität

Genauere Homogenitätsbestimmungen werden gewöhnlich durch Vergleich mehrerer bis zahlreicher Teilflächen eines insgesamt gleich strukturierten Bestandes durchgeführt. Folgende Methoden sind denkbar:

a) **Frequenzbestimmung**: Erfassung von Artenlisten gleichgroßer Teilflächen, Bestimmung der Frequenzprozente der Arten und Darstellung in Frequenzdiagrammen (s. V 5.2.6). Je mehr Arten einen hohen Frequenzgrad zeigen, desto höher ist die Homogenität der Artenverteilung im Bestand. Außerdem läßt sich eine Kurve erstellen, welche die Beziehung zwischen Flächenzahl und Zahl der Arten mit hoher Frequenz (z. B. 90 oder 100%) erkennen läßt (s. auch b). Eine weitere Auswertungsmöglichkeit beruht auf der Berechnung der Streuung der Artenzahlen in den Teilflächen durch Variabilitätskoeffizienten (s. REICHHOFF 1973).

b) **Artenzahl-Areal-Kurven**: Zur Bestimmung von Artenzahl-Areal-Kurven werden Artenlisten unterschiedlich großer Teilflächen erstellt und graphisch ausgewertet. Hierzu gibt es zwei Verfahren, die man als Ein- bzw. Vielflächenmethode bezeichnen kann:

Einflächen-Methode: Man beginnt mit einer Kleinstfläche im Zentrum eines Bestandes, die jeweils verdoppelt wird (Abb. 69). Es werden jeweils nur die neu hinzukommenden Arten notiert. Bei relativ homogenen Beständen nimmt die Zahl neuer Arten bei weiterer Flächenverdoppelung rasch ab und nähert sich einem Sättigungswert des Bestandes. Sehr heterogene Bestände zeigen dagegen weitere, teilweise sprunghafte Zunahme an Arten.

Die Größe der Anfangsfläche richtet sich nach den Wuchsformen der Sippen. Für die Krautschicht von Wäldern kann man z. B. von 1 m^2 ausgehen (2, 4, 8… m^2). In artenreichen Rasen beginnt man besser bei sehr kleinen Flächen (z. B. 1/64, 1/32, 1/16… m^2). Kryptoga-

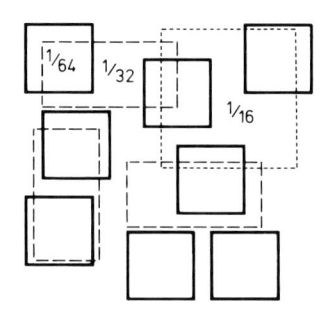

Abb. 69. Flächenwahl zur Bestimmung von Artenzahl-Areal-Kurven.
Links: Einflächen-Methode mit jeweiliger Verdoppelung in fünf Aufnahmeschritten.
Rechts: Vielflächen-Methode: von jeder Flächengröße werden mehrere getrennte Flächen aufgenommen.

menbestände erfordern Anfangsflächen von etwa 1 cm^2.

Das Ergebnis der Auswertung ist eine Kurve, in der Flächengröße und Artenzahl in Beziehung gesetzt werden. Diese Artenzahl-Areal-Kurve zeigt gewöhnlich nach raschem Anstieg einen allmählichen, seltener plötzlichen Umschlag in die Horizontale, wo die floristische Sättigung erreicht ist. Je enger der erste Kurventeil und je weniger steil und lang der Übergang zwischen Steilanstieg und der Horizontalen sind, desto homogener ist der Bestand (s. Abb. 70/71 in 8.13).

Vielflächen-Methode: Die obige Bestimmung hat den Nachteil, daß jede neue (vergrößerte) Fläche die vorhergehende einschließt und die größeren Flächen oft weniger genau abgesucht werden, als die kleinen. So werden etwaige Fehler mitgeschleppt und aufsummiert, und die Ergebnisse sind nicht voneinander unabhängig (weitere Kritik s. BARKMAN 1968, 1989a). Dieser Fehler ist vermeidbar, wenn man von jeder Flächengröße mehrere (5–10) Teilflächen nach Zufall auswählt und getrennt erfaßt (Abb. 69) und dann die Artenzahl-Mittelwerte vergleicht (VAN DER MAAREL 1970, STRIJBOSCH 1973).

c) **Flächendeckende Quadratkartierung**: Diese zeitraubende Methode liefert ein sehr genaues Bild der horizontalen Artenverteilung und ihrer Homogenität (s. 6.2.1). Neben einer direkten Darstellung der Artenverteilungsmuster können Berechnungen der floristischen Ähnlichkeit (s. VIII 2.7.2) benachbarter Quadrate weitere Hinweise geben.

8.1.3 Minimum-Areale

8.1.3.1 Allgemeine Grundlagen

Je nach Artenzahl, Wuchsformen und Homogenität ist die Fläche, auf der die Gesamtheit der Sippen eines Bestandes vorkommt, sehr unterschiedlich. Diese Mindestfläche (Minimalraum) für das Vorkommen eines nach Struktur und Artenzahl typischen Bestandes einer Pflanzengesellschaft wird als Minimum-Areal (MA) bezeichnet. Es ist nicht identisch mit der Fläche, die ein Vegetationstyp zu seiner normalen Entwicklung und Erhaltung benötigt. Hierfür sind Pufferzonen zu Kontaktgesellschaften (Resistenzminimum) und genügend Fläche zur Reproduktion der Sippen (Regenerationsminimum) notwendig (MEIJER DREES nach BARKMAN 1984, 1989a). Auch für praktische Fragen des Naturschutzes ist deshalb das MA völlig unzureichend. BARKMAN (1989a) unterscheidet entsprechend ein methodisches MA als Größe einer Aufnahmefläche und das biologische MA einer voll entwickelten Gesellschaft.

Das Minimum-Areal einer Pflanzengesellschaft ist Gegenstand vieler, oft theoretischer Diskussionen (s. Zusammenfassung bei BARKMAN 1989a). Für die praktische Geländearbeit benutzt man meist allgemeinere Erfahrungswerte. Die Flächengröße für Vegetationsaufnahmen muß ohnehin etwas über dem MA liegen (s. V 3). Allerdings sollten gelegentliche Kontrollen die Erfahrungswerte untermauern. Bei Untersuchung unbekannter Vegetationstypen ist eine Bestimmung des MA am Anfang unerläßlich.

Über Minimum-Areale gibt es eine reichhaltige Literatur. Die Bibliographie von TÜXEN (1970b) zeigt, daß erste Überlegungen hierzu schon seit den Anfängen der Pflanzensoziologie bestehen. Über den heutigen Stand der Diskussion unterrichten z. B. Arbeiten von BARKMAN (1968, 1984, 1989a), VAN DER MAAREL (1970), WERGER (1972), MORAVEC (1973), MUELLER-DOMBOIS & ELLENBERG (1974), DIETVORST et al. (1982), KNAPP (1984).

Das MA wird häufig auf das Vorkommen der charakteristischen Artenkombination einer Pflanzengesellschaft bezogen (Kenn- und Trennarten sowie konstante Begleiter, Arten mit bestimmter Frequenz oder Stetigkeit; s. auch VIII 2.6). Es ist dann erst im Nachhinein für einen erkannten Vegetationstyp feststellbar. In der Praxis muß es jedoch zu Beginn der Arbeit bekannt sein, also vom konkreten Einzelbestand ausgehen. DIETVORST et al. (1982) unterscheiden entsprechend:
– analytisches MA: Einzelfläche, die für einen zu untersuchenden Bestand repräsentativ ist;
– synthetisches MA: Mittlere Fläche, auf der eine Gesellschaft mit ihrer charakteristischen Artenkombination vorkommt.

Nach MEIJER-DREES (1954), BARKMAN (1989a) kann man weiter unterscheiden:
– qualitatives MA: Fläche, auf der alle gesellschaftstypischen Arten vorkommen;
– quantitatives MA: Fläche, auf der alle Arten mit der für die Gesellschaft bezeichnenden Quantität (Abundanz, Dominanz) vorkommen. Sie ist oft zwei- bis viermal so groß oder noch größer als das qualitative MA.

Die bisher erörterten Typen von MA beziehen sich auf die Artenkombination von Beständen und Gesellschaften. Minimum-Areale können auch auf die Allgemeinstruktur von Vegetationstypen ausgerichtet sein, z. B. als Mindestfläche für die Ausbildung aller Strukturelemente eines Waldes. A. & R. FARJON (1991) nennen hier z. B. für einen Eichen-Hainbuchenwald 10 ha, für einen artenarmen Buchen-Eichenwald 40 ha.

8.1.3.2 Bestimmungsmethoden und Definition

Die meisten Untersuchungen beschäftigen sich mit dem methodischen MA in analytisch-qualitativer Richtung. Zur Bestimmung dient häufig die Artenzahl-Areal-Kurve (s. 8.1.2). Als Mindestfläche wird der Bereich definiert, in dem die Kurve noch deutlich ansteigt (s. Beispiele bei TÜXEN 1970). Da ein scharfer Umschlagpunkt zur Horizontalen selten vorliegt, ist die Festlegung des Grenzbereiches mehr oder weniger subjektiv. Gestufte Kurven zeigen mehrere MA bzw. Homogenitätsniveaus an und weisen auf das Vorkommen spezieller Synusien und Mikrogesellschaften bzw. auf das Überschreiten der Fläche eines Vegetationstyps hin (s. BARKMAN 1968; Abb. 70).

Für eine genaue Bestimmung des MA sollten mehrere Erfassungen auf einer Fläche bzw. in mehreren Beständen einer Pflanzengesellschaft erfolgen. Da das MA von Wuchsform, Zahl und Verteilung der Sippen und ihrer Individuen abhängt, muß es für jede Schicht getrennt bestimmt werden. MEIJER-DREES (1954) fand so z. B. in einem tropischen Regenwald sechs verschiedene Artenzahl-Areal-Kurven. In Mitteleuropa wird man in Wäldern meist mit zwei bis drei MA auskommen. Besonders große Flä-

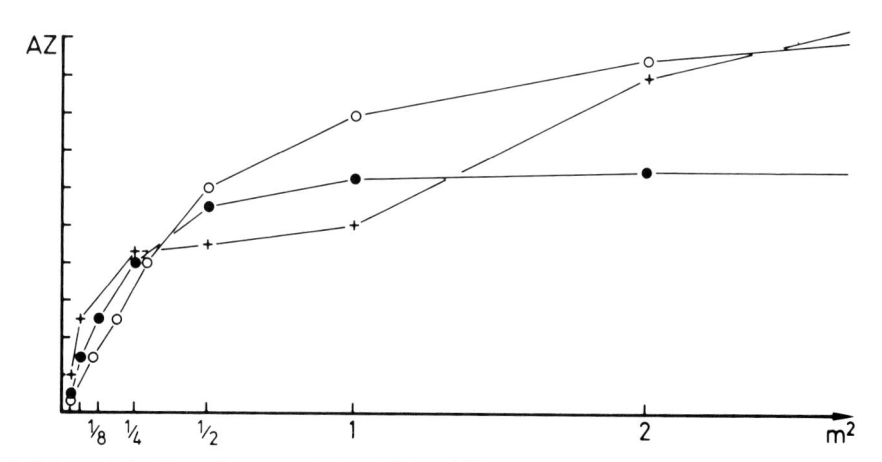

Abb. 70. Schematische Darstellung von Artenzahl-Areal-Kurven.
● Fläche sehr homogen, kleines Minimum-Areal ($^{1}/_{2}$-1 m^2).
○ Fläche weniger homogen, größeres Minimum-Areal (> 2 m^2).
+ Inhomogene Fläche, möglicherweise Übergang zwischen zwei Gesellschaften.

Tab. 2. Aufnahme zur Bestimmung der Artenzahl-Areal-Kurve und des Minimumareals eines Kalkmagerrasens nach der Einflächen-Methode (s. auch Abb. 71).

	AZ	ΣAZ
1/64 m² (12,5 x 12,5 cm)		
Brachypodium pinnatum		
Agrostis tenuis		
Centaurea jacea		
Cirsium acaule		
Sanguisorba minor		
Thymus pulegioides		
Lotus corniculatus		
Ranunculus bulbosus		
Potentilla tabernaemontani		
Viola hirta	10	10
1/32 m² (12,5 x 25 cm)		
Gymnadenia conopsea		
Plantago media		
Hieracium pilosella		
Koeleria pyramidata		
Pimpinella saxifraga	5	15
1/16 m² (25 x 25 cm)		
Polygala comosa		
Briza media		
Ononis spinosa		
Carlina vulgaris		
Carex flacca	5	20
1/8 m² (25 x 50 cm)		
Galium verum		
Pinus sylvestris Klg.		
Linum catharticum	3	23
1/4 m² (50 x 50 cm)		
Daucus carota		
Leontodon hispidus		
Fragaria vesca	3	26
1/2 m² (50 x 100 cm)		
Galium pumilum		
Festuca ovina		
Carex caryophyllea	3	29
1 m² (100 x 100 cm)		
Festuca rubra		
Agrimonia eupatoria		
Scabiosa columbaria	3	32
2 m² (100 x 200 cm)		
Cornus sanguinea juv.		
Campanula rapunculoides	2	34
4 m² (200 x 200 cm)		
–	–	34
8 m² (200 x 400 cm)		
Prunus spinosa juv.	1	35
16 m² (400 x 400 cm)		
Ophrys insectifera		
Inula conyza	2	37
32 m² (400 x 800 cm)		
Plantago lanceolata	1	38
Absuchung des Umfeldes (ca. 64 m²)		
Hippocrepis comosa		
Avena pratensis		
Taraxacum laevigatum	3	41

Das Minimumareal liegt etwa bei 2 m².

chen ergeben sich oft für Pilzbestände (WINTERHOFF 1984). In der pflanzensoziologischen Praxis wird für Gefäßpflanzen-Gesellschaften meist vom MA der Krautschicht ausgegangen.

Tab. 2 und Abb. 71 zeigen Ergebnisse der MA-Bestimmung in einem Kalkmagerrasen. Die Aufnahmen der Tabelle stammen von verschiedenen Studentengruppen, die auf einer großen, halbwegs homogenen Fläche über fünf Jahre hinweg gearbeitet haben. Trotz unterschiedlicher Bearbeiter und Jahre ist das Ergebnis sehr konstant, was für die Brauchbarkeit der Methode spricht. In Abb. 71 sind zwei Einzelkurven und die Kurve der Mittelwerte eingetragen. Das MA liegt ungefähr bei 2 m².

Eine genaue Definition des MA bereitet große Schwierigkeiten. Bis heute gibt es kein völlig objektives Verfahren zu seiner Bestimmung. So verändert sich z. B. je nach Skalierung der Achsen die Form der Artenzahl-Areal-Kurve (s. BARKMAN 1968, 1989a, KNAPP 1984). Die Kurve ist auch abhängig von der Wahl der kleinsten Fläche bei Beginn der Erfassung im Gelände. Da oft kein genauer Umschlagpunkt zur Horizontalen vorliegt, kann man einen bestimmten Wert der Kurvensteigung zugrunde legen (Tangenten-Methode von CAIN 1938; s. KNAPP 1984). Dieser Wert ist aber wiederum subjektiv.

Eine andere Möglichkeit der Darstellung ist die der Artenzunahme statt der Gesamtartenzahl pro Flächengröße und die Verwendung halblogarithmischer Skalierung (Differentialkurve von BARKMAN 1968).

Manche Autoren schlagen Grenzen vor, wo ein bestimmter Anteil der Gesamtartenzahl einer Fläche erreicht wird (z. B. 80–95%). In unserem Beispiel (Tab. 3) liegt die Flächengröße für 80% der Arten (= 32) bei 1–16 m², also meist höher als das MA nach Abb. 71. Es entspricht sehr gut allgemeinen Erfahrungswerten. In Skandinavien wurde das MA einer Soziation von DU RIETZ (1921, 1930) u. a. als diejenige Fläche festgelegt, über die hinaus die Konstanten (Arten mit Frequenz über 90%) nicht mehr zunehmen.

Schließlich sei noch der Vorschlag von MORAVEC (1963; s. auch DIETVORST et al. 1982) erwähnt, die floristische Ähnlichkeit (s. VIII 2.7.2) der Teilflächen gleicher Größe zu berechnen. Der Ähnlichkeitswert steigt bei zunehmender Flächengröße so lange an, bis keine nennenswerte Artenerhöhung mehr erfolgt. Der Maximalwert der Ähnlichkeit liegt oft um 80%.

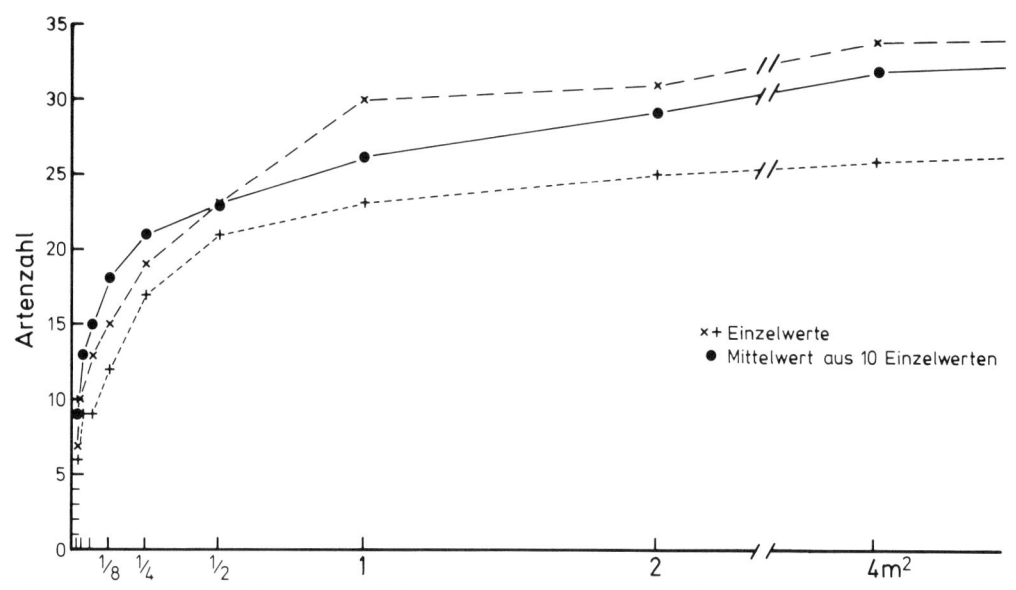

Abb. 71. Artenzahl-Areal-Kurven eines Kalkmagerrasens, erfaßt nach der Einflächen-Methode, beginnend bei 1/64 m² (s. auch Abb. 69).
Darstellung zweier Einzelbestimmungen und einer Mittelwert-Kurve aus zehn Einzelaufnahmen einer größeren Rasenfläche. Erläuterung im Text.

Tab. 3. Flächenbezogene Artenzahlen eines Kalkmagerrasens.
Zehn Einzelbestimmungen durch Quadrat-Verdoppelungen.

Flächengröße												
m²	cm²	1	2	3	4	5	6	7	8	9	10	x̄
1/64	12,5 × 12,5	7	6	10	9	9	8	5	11	13	11	8,9
1/32	12,5 × 25	10	9	14	14	16	14	9	11	15	15	12,7
1/16	25 × 25	13	9	14	17	18	16	11	15	17	16	14,6
1/8	25 × 50	15	12	22	21	19	18	14	18	21	19	17,9
1/4	50 × 50	19	17	24	24	21	21	17	20	26	20	20,9
1/2	50 × 100	23	21	28	26	24	23	19	21	27	22	23,4
1	100 × 100	30	23	29	**32**	26	26	21	23	30	24	26,4
2	100 × 200	31	25	30	33	31	29	23	25	**33**	29	28,9
4	200 × 200	**34**	26	30	34	**34**	**36**	27	29	35	**32**	**31,7**
8	200 × 400	37	27	**34**	36	37	38	**36**	30	38	35	34,8
16	400 × 400	39	28	35	42	39	39	38	**33**	40	37	37,0
32	400 × 800	40	30	39	44	42	43	42	34	41	42	39,7

Die herausgehobenen Werte zeigen die Flächengröße, bei der 80% der mittleren Gesamtartenzahl erreicht werden.

Die zugrundeliegende Flächengröße ist das MA.

Insgesamt ergeben die verschiedenen Methoden recht unterschiedliche Ergebnisse, wie eine Zusammenstellung bei Dietvorst et al. (1982) zeigt. So fragt es sich, „ob diese enormen mathematischen Anstrengungen, die für die Berechnung eines Minimum-Areals bisher unternommen sind, diesen Zeitaufwand für den Praktiker wirklich lohnen" (Raabe in van der Maarel 1970, S. 236). Eine objektive Definition des Minimum-Areals scheint unmöglich (Werger 1972). Für praktische Zwecke der Vegetationsaufnahme werden meist gröbere Richtwerte verwendet (s. V 3).

8.2 Diversität von Pflanzenbeständen

8.2.1 Verschiedene Definitionen

Der Diversitätsbegriff ist besonders theoriebeladen und mißverständlich, wie die ausführliche Diskussion bei HAEUPLER (1982) zeigt. Er findet sich hauptsächlich in der angloamerikanischen Literatur (s. Bibliographie von KNAPP 1977; VAN DER MAAREL 1988). Besonders bei ökosystemaren Betrachtungen spielt er eine große Rolle, oft in Bezug zur Stabilität (z. B. ELLENBERG 1973a, HABER 1979, HAEUPLER 1972, KREEB 1983; s. auch X 3.5.3). Meist steht die Artendiversität (taxonomische Diversität) bzw. Nischenvielfalt im Vordergrund. Diversität hat neben Grundlagen der Vegetationsstruktur auch eine zeitliche Komponente (raum-zeitliche Struktur).

In der Vegetationskunde hat sich WHITTAKER (z. B. 1972a, 1977; s. auch ELLENBERG 1982b) sehr intensiv mit Diversitätsfragen befaßt. Gegründet auf die Artenvielfalt unterscheidet er fünf Typen:
– Alpha-Diversität: Artenreichtum (Textur- und Strukturreichtum) eines Bestandes oder einer Gesellschaft (= interne Diversität, Gesellschafts-Diversität).
– Beta-Diversität: Gesellschaftsdifferenzierung (Artenwechsel) entlang von ökologischen Gradienten (s. VII 3), d. h. durch Standortsunterschiede bedingte Variabilität der Artenzusammensetzung zwischen Gesellschaften. Sie ergibt sich z. B. aus Ähnlichkeitsberechnungen (s. VIII 2.7) von Vegetationsaufnahmen entlang eines Gradienten.
– Gamma-Diversität: Gesamtvielfalt einer Landschaft oder eines Vegetationskomplexes. Die Artenzahl eines Gebietes resultiert aus α+β.
– Delta-Diversität: Unterschiedlichkeit des Artenbestandes zweier Gebiete, z. B. entlang eines Klimagradienten.
– Epsilon-Diversität: regionale Diversität, bezogen auf große Gebiete mit verschiedenen Landschaftstypen.

Für pflanzensoziologische Fragen sind insbesondere α- und β-Diversität von Interesse. Sie kann auch kartographisch dargestellt werden (VAN DER MAAREL 1971). Unabhängig von theoretischen Überlegungen bilden die Typen von WHITTAKER eine wichtige Grundlage für praktische Fragen des Natur- und Landschaftsschutzes. Es muß aber jeweils klar definiert werden, was unter Diversität verstanden wird.

Um dem Mißbrauch des Diversitätsbegriffes zu entgehen, hat HAEUPLER (1982) zur Klärung einige neue bzw. enger gefaßte Begriffe vorgeschlagen. Wichtig erscheint zunächst, daß sie sich nicht nur auf die Artenvielfalt beziehen, sondern allgemein auf Strukturelemente oder bestimmte Artengruppen (Lebensformen (3), Arealtypen (XII 2.3), Ausbreitungstypen (III 2.3.5), ökologische Gruppen (VII 6) u. a.). Ferner können sowohl Qualitäten als auch Quantitäten der Elemente zugrunde gelegt werden. Folgende Begriffe werden hierfür verwendet:
– Präsenz: Vorkommen und Zahl von Elementen. Hier einzuordnen sind Begriffe wie Armut (Seltenheit, Dürftigkeit) oder Reichtum (Fülle, Häufigkeit).
– Heteronomie: Verschiedenheit von Elementen in ihrem Ausbildungsgrad (Dominanz, Biomasse, Anteilsprozente u. a.). Zu unterscheiden ist hier zwischen
–– Konversität (= Äquität): Gleichheit der Merkmalsprägung der Elemente (geringe Heteronomie). Hierzu gehören Begriffe wie Gleichförmigkeit, Einheitlichkeit, Homogenität und Homotonität u. a.
–– Diversität (= Inäquität): Mannigfaltigkeit der Merkmalsausprägung der Elemente (große Heteronomie). Hierzu gehören Begriffe wie Verschiedenheit, Vielfalt, Heterogenität, Variabilität, Komplexität u. a.

Die häufig mit Diversität gleichgesetzte Artenvielfalt ist demnach unter Präsenz einzuordnen. Diversität bedeutet aus struktureller Sicht eher eine Vielfalt an Lebensformen, Schichten, Synusien oder Mikrogesellschaften. Homogenität ist Konversität, Äquität ist klar von Diversität getrennt.

8.2.2 Diversitäts-Indizes

Für die Darstellung der Diversität gibt es zahlreiche Indizes, auf die hier nur kurz eingegangen werden soll. Überblicke finden sich z. B. bei HAEUPLER (1982) und JURKO (1986). Sie geben auch Beispiele für die Anwendung in der Pflanzensoziologie.

Ein einfaches Verfahren der Darstellung des Artenreichtums (α-Diversität) ergibt die Formel

$$R = \frac{n}{F}$$

n = Artenzahl
F = Flächengröße

Häufig verwendet wird die Formel von SHANNON (1948/1976), welche die Komplexität eines Systems, d. h. die Verschiedenheit im Ausbildungsgrad einzelner Elemente darstellt. In der Vegetationskunde benutzt man Individuenzahl und Deckungsgrad bzw. Artmächtigkeit (s. V):

$$H' = - \sum_{i=1}^{n} p_i \log p_i$$

$$\text{oder} = - \sum_{i=1}^{n} p_i \ln p_i$$

p_i ist der relative Anteil einer Art i an der Merkmalssumme aller Arten eines Bestandes oder einer Gesellschaft:

$$p_i = \frac{N_i}{N}$$

N_i = Individuenzahl, Deckungsgrad, Artmächtigkeit der Art i.

N = Gesamtzahl der Individuen, Summe der Deckungsgrade, Artmächtigkeiten aller Arten.

Alle H'-Werte sind positiv, da $p_i < 1$ und $\log p_i$ entsprechend negativ ist.

Wenn alle Individuen zu einer Art gehören, ist H' = 0.

Der höchste Wert (H_{max}) wird erreicht, wenn p_i für alle Arten gleich ist, alle Arten gleichförmig verteilt sind. Für die Berechnung gilt

$$H_{max} = \log n$$

Genauere Ableitungen und Erklärungen der Formeln finden sich u. a. bei NAGEL (1976) und HAEUPLER (1982).

Aus H' und H_{max} läßt sich der Grad der Gleichverteilung (Prozentanteil maximaler Gleichverteilung) der Elemente errechnen, der als Evenness bezeichnet wird:

$$E = \frac{H'}{H_{max}} \times 100 = \frac{H'}{\log n} \times 100$$

Während H_{max} von der Zahl der Elemente abhängt, ergibt die Evenness einen unabhängigen Vergleichswert für unterschiedliche Vegetationstypen. Der Höchstwert ist 100. Je stärker eine oder wenige Arten vorherrschen, desto mehr geht E gegen 0.

Zur Berechnung der Evenness von Beständen werden pflanzensoziologische Aufnahmen mit folgenden Angaben benötigt:
Deckungsgrad bzw. Artmächtigkeit aller Arten (N_i)
Summe aller Einzelwerte (N)
Gesamtartenzahl (n)

Einige E-Mittelwerte für verschiedene Pflanzengesellschaften gibt Tabelle 4. Niedrige Werte bis etwa 40 weisen auf Vorherrschen einzelner Arten bei allgemeiner Artenarmut hin, hohe Werte z. T. auf artenreiche Gesellschaften mit annähernd gleichen Deckungsgraden aller Arten. Es gibt aber auch artenarme Vegetationstypen mit hoher Evenness. Der Höchstwert von über 200 Auswertungen ergab sich bei HAEUPLER (1982) für eine artenarme, mit Herbiziden behandelte Unkrautflur ($\bar{E}$ = 94,4 bei $\bar{n}$ = 6). Auch der sehr artenreiche peruanische Regenwald erreicht einen Spitzenwert (82,6 bei $\bar{n}$ = 51).

Tab. 4. Mittlere Evenness-Werte und Artenzahlen verschiedener Pflanzengesellschaften des Bodenseegebietes (aus HAEUPLER 1982, Tab. 17).

	$\bar{E}$	$\bar{n}$
Phragmitetum	15,6	2,8
Caricetum elatae	17,1	7,8
Luzulo-Fagetum typicum	22,1	8,7
Caricetum gracilis	28,5	10,3
Cladietum marisci	32,3	7,7
Caricetum rostratae	35,5	8,0
Galio-Fagetum typicum	42,2	17,8
Valeriano-Filipenduletum	43,8	14,8
Rorippo-Agrostietum stoloniferae	50,6	13,2
Primulo-Schoenetum	56,3	24,2
Sparganio-Sagittarietum	56,4	4,4
Atropetum belladonnae	60,7	40,5
Urtico-Malvetum	61,3	16,6
Gentiano-Molinietum	63,3	30,0
Carici elongatae-Alnetum	63,4	15,8
Stellario-Carpinetum	65,5	37,2
Pruno-Ligustretum	66,1	12,7
Aphano-Matricarietum	68,1	31,2
Gentiano-Koelerietum	68,7	37,5
Rhynchosporetum albae	69,4	8,2
Pruno-Fraxinetum	69,7	39,0
Onobrychido-Brometum	69,6	41,4
Angelico-Cirsietum oleracei	76,2	42,3
Ranunculetum scelerati	77,0	20,5
Arrhenatheretum	77,6	36,7
Geranio-Peucedanetum cervariae	79,8	21,3

Evenness kann also ein gesellschaftseigenes Strukturmerkmal sein. Deutliche Unterschiede ergeben sich aber nur bei entsprechend starken Abweichungen in der Dominanzstruktur (weiteres s. HAEUPLER 1982).

9 Soziologische Progression

Die Bestandesstruktur ist der grundlegende Merkmalskomplex für die Organisationshöhe einer Pflanzengesellschaft. Eine Reihung der Vegetationstypen nach der Mannigfaltigkeit ihrer Strukturen wird als Soziologische Progression bezeichnet. Sie wurde bereits früh von BRAUN-BLANQUET (1919, 1921; s. 1964, S. 115 ff.) eingeführt. Am Anfang stehen einfach aufgebaute, oft artenarme und instabile Gesellschaften, am Ende hoch organisierte, d. h. sehr komplexe, oft artenreiche und relativ stabile Gesellschaften.

Als Bewertungskriterien kommen vor allem in Frage (s. auch BÖTTCHER 1980):

a) Ortsbeständigkeit: die meisten Gefäßpflanzen-Bestände bestehen aus wurzelnden Pflanzen. Daneben gibt es einige frei bewegliche Typen. Ein Spezialfall sind „migratorische Dauer-Pionier-Gesellschaften", die von Jahr zu Jahr an anderen Stellen auftreten, z. B. Spülsäume und kurzlebige Uferfluren (s. TÜXEN 1962).

b) Wechselbeziehungen zwischen den Organismen (endogene Wirkungen). Ein gewisses Kriterium hierfür ist der Zusammenschluß der Pflanzen eines Bestandes, untergeordnet auch die Artenzahl.

c) Lebensformen-Spektrum: Die Zusammensetzung, insbesondere das Vorherrschen von Lebensformen ergibt Hinweise auf d–e.

d) Schichtungsvielfalt: Je stärker die Schichtung, desto besser wird ein gegebener Lebensraum ausgenutzt, um so größer sind auch die endogenen Wechselwirkungen.

e) Konkurrenzkraft und Lebensdauer: Bestände aus kurzlebigen Arten können rasch von anderen verdrängt werden. Umgekehrt sind Bestände mit langlebigen Arten relativ konstant.

f) Ökologische Differenzierung des Lebensraumes: mit zunehmender Organisationshöhe beeinflußt die Vegetation immer stärker ihren Standort, z. B. durch Bodenentwicklung und Ausbildung eines eigenbürtigen Mikroklimas.

Es entstehen z. T. neue, oft gleichmäßigere Lebensbedingungen.

Je nach Gewichtung der Kriterien kann man zu etwas unterschiedlicher Reihung von Vegetationstypen gelangen. Im Folgenden steht Punkt d) an erster Stelle; es werden jeweils einige Beispiele gegeben.

1. Vorwiegend einschichtige Gesellschaften ohne Wurzelkonkurrenz.
1.1 Kurzlebige Gesellschaften von Mikroorganismen und Algen.
1.2 Frei schwimmende Wasser-Gesellschaften (Pleuston).
1.3 Auf Substrat haftende, längerlebige Kryptogamen-Gesellschaften.
2. Einschichtig-offene, verwurzelte Gesellschaften mit geringer Wirkung endogener Faktoren und meist geringer Lebensdauer.
2.1 Kurzlebige Pioniergesellschaften: Queller-Fluren, ephemere Trockenfluren.
2.2 Längerlebige, ± offene Pionier- und Dauergesellschaften meist extremer Standorte: Dünen-, Felsspalten-, Felsschutt- und Trittgesellschaften.
3. Zwei- bis mehrschichtige, ± geschlossene Gesellschaften mit stärkeren endogenen Wirkungen.
3.1 Instabile, kurzlebige (ephemere bis periodische) Gesellschaften, vorwiegend aus Therophyten; oft Pioniergesellschaften wenig entwickelter Böden: Spülsäume, Schlammfluren, Acker- und Ruderalgesellschaften.
3.2 Ortsfeste, längerlebige, relativ stabile Gesellschaften mit engem Zusammenschluß.
3.2.1 Artenarme Gesellschaften, oft mit herdenbildenden Arten: viele Wasser- und Sumpfgesellschaften, z. T. Ruderalgesellschaften.
3.2.2 Artenreichere Gesellschaften auf ± ausgereiften Böden.
3.2.2.1 wenig geschichtet, vorwiegend aus Hemikryptophyten: ausdauernde Wiesen, Weiden, Magerrasen, Hochstaudenfluren, alpine Rasen (Grünland i. w. S.), einige Ruderal-, Saum- und Schlaggesellschaften.
oder mit Chamaephyten: Heiden, Hochmoorbulten.
3.2.2.2 mehrschichtig, sehr langlebig, stark differenziert, mit Phanerophyten.
Oft Endstadium (Schlußgesellschaft) einer Entwicklungsreihe auf ausgereiftem Boden: Gebüsche, Wälder.
(Weitere Differenzierung nach Lebensformen, Schichtung, Synusien u. a.).

In der Syntaxonomie wird heute die soziologische Progression häufig als Anordnungsprinzip für die Vegetationsklassen verwendet (s. VIII 9). Am Anfang stehen bei den Gefäßpflanzen-Gesellschaften Europas die frei schwimmenden *Lemnetea*, am Ende die Laubwälder der *Querco-Fagetea*. Eine sorgfältig abgewogene Ordnung der Klassen beschreibt BÖTTCHER (1980).

V Vegetationsaufnahme

Unter Vegetationsaufnahme versteht man zunächst das Verfahren pflanzensoziologischer Datenerfassung in Pflanzenbeständen. Eine „Aufnahme" repräsentiert den Datensatz eines Bestandes, ist also im übertragenen Sinne das Resultat des Verfahrens.

Aufnahmen bilden die wesentliche Grundlage pflanzensoziologischer Arbeit. Von ihrer Qualität und ihrem Informationsgehalt hängt das Ergebnis aller weiteren Auswertungen ab. Sorgfältige und möglichst umfassende Datenerhebungen sind daher von entscheidender Bedeutung. So wird dem Aufnahmeverfahren im Handbuch der Vegetationskunde ein ganzer Band gewidmet (KNAPP 1984).

Jeder geübte Vegetationskundler ist sich darüber im klaren, wie eine Aufnahme gemacht wird. Über methodische Grundlagen besteht weitgehende Einigkeit, wenn auch Einzelheiten von speziellen Fragestellungen abhängen können. Eher gibt es theoretische Diskussionen über einige Fragen, z. B. die geforderte Homogenität von Beständen (IV 8.1) und ihr Minimum-Areal (IV 8.1.3). Der Praktiker wird sich hierum weniger kümmern, da er sich mit Erfahrung und Augenmaß zurechtfindet.

In diesem Kapitel werden die heute in der Pflanzensoziologie vorwiegend benutzten Aufnahmeverfahren dargestellt. Theoretische Aspekte sind nur randlich behandelt.

Das Aufnahmeverfahren läßt sich in mehrere Teile gliedern:
– Gebiets-Vorerkundung,
– Festsetzung des Aufnahmezeitpunktes,
– Auswahl und Abgrenzung von Aufnahmeflächen,
– Allgemeine Datensammlung,
– Spezielle (pflanzensoziologische) Datensammlung,
– Zusätzliche (erweiterte) Datensammlung.

1 Gebiets-Vorerkundung und Arbeitsplan

Der eigentlichen Vegetationsaufnahme sollte eine genauere allgemeine Erkundung des zu bearbeitenden Gebietes vorausgehen. Je vertrauter der Bearbeiter nicht nur mit Flora und Vegetation, sondern auch mit anderen natürlichen und anthropogenen Gegebenheiten ist, desto leichter fällt die Auswahl der Flächen und die Aufnahme selbst.

Für umfangreichere Untersuchungen sollten folgende Fragen vorher geklärt werden:
a) Allgemeine Landschaftsgliederung: Klima, Relief, Gesteine, Böden, Landschaftsteile.
b) Einflüsse des Menschen, eventuell auch in historischer Sicht.
c) Aus a+b resultierendes Vegetationsmosaik: physiognomische und floristische Grundtypen, ihre Flächenanteile und Verbreitung.
d) Entwicklungsoptimum der Vegetationstypen im Jahresverlauf (Phänologie).
e) Erreichbarkeit einzelner Gebietsteile (Zufahrtswege u. a.).
f) Vorhandene Daten zu a–c (Literatur, Akten, Pläne u. a.).
g) Vorhandene Karten, Luftbilder als Orientierungsgrundlage.

Mit Hilfe guter Kenntnisse zu diesen Punkten läßt sich eine genauere Vorplanung durchführen. Sie muß u. a. auf folgende Fragen Antworten geben:
– Welche Vegetationstypen sollen untersucht werden?
– Welche grundlegenden Faktoren sind für sie wichtig?
– Zu welcher Zeit müssen die Aufnahmen gemacht werden?
– Wie viele Aufnahmen sind möglich bzw. notwendig?

Je nach Fragestellung wird ein Aufnahmeformular entworfen, das stichpunktartig alle wichtig erscheinenden Daten in bestimmter Reihenfolge abfragt. Als weitere Arbeitsmittel für die Geländearbeit sind zu empfehlen: Klemmhefter oder feste Schreibunterlage mit Klemmvorrichtung, Schreibzeug, Topographische Karte (Luftbild), Flora, Lupe, Sammelbeutel, Spaten (evtl. Pflöcke und Leine, Kompaß, Höhenmesser, Neigungsmesser u. a.).

2 Zeitpunkt und Anzahl der Vegetationsaufnahmen

Die Erfassung aller Arten eines Bestandes sollte möglichst zur Zeit ihrer optimalen Entfaltung erfolgen. Nur dann läßt sich z. B. der Deckungsgrad richtig schätzen. Außerdem ist die Ansprache zur Blütezeit am leichtesten möglich. Viele Bestände zeigen einen deutlichen phänologischen Rhythmus, d. h. das Entfaltungsoptimum der Arten ist zeitlich gestaffelt (s. auch X 2). In einem artenreichen Laubwald gibt es z. B. einen Frühlingsaspekt von Pflanzen, die später rasch verschwinden. Er ist am besten Anfang Mai aufnehmbar, wenn die Gehölze unvollkommen belaubt und die Sommergrünen der Krautschicht noch in Entwicklung begriffen sind. Aus Kenntnissen über den Entwicklungsrhythmus kann man den Zeitpunkt der Vegetationsaufnahme festlegen, was für die Gesamtplanung einer Arbeit sehr wichtig ist. In unserem Beispiel wird man zwei Aufnahme-Durchgänge für Anfang Mai und ab Anfang Juni vorsehen. Sind nur wenige Aufnahmen erforderlich, kann man mit einem Durchgang auskommen, der im Schnittpunkt der Frühlings- und Sommerphase liegt (z. B. zweite Maihälfte). WILMANNS (1990) zeigt auch für Weinberg-Unkrautbestände große Unterschiede zwischen Frühjahr und Sommer.

Wenn auch im Einzelfall phänologische Besonderheiten spezielle Entscheidungen notwendig machen, kann man doch allgemeine Empfehlungen für die Vegetation Mitteleuropas geben (Tab. 5; s. auch TÜXEN 1965b). Der Vegetationsrhythmus in diesem Klimabereich führt zu optimaler Entwicklung meist ab Juni mit Ausnahme von Beständen mit Frühlingsgrünen (besonders Geophyten oder kurzlebige Therophyten) und solchen sehr später Entwicklung, z. B. durch lange Überflutung oder ungünstige Klimabedingungen. Bei Pflanzengesellschaften landwirtschaftlicher Nutzflächen ist der Bewirtschaftungsrhythmus mit einzubeziehen.

Moose und Flechten können meist ganzjährig aufgenommen werden, oft sogar besser im feuchten Frühjahr als im trockenen Sommer (s. 7.1).

Besondere Anforderungen gelten für die Erfassung der Pilze, deren Fruchtkörper über das ganze Jahr verteilt erscheinen. Eine komplette Aufnahme erfordert ein ganzjähriges Absuchen der Flächen in kürzeren Zeitabständen (s. 7.2).

Die notwendige Zahl der Aufnahmen hängt vom Vegetationsmuster sowie von Art und Ziel der Auswertung ab. Von großflächig verbreiteten Bestandestypen wird man bald eine genügende Zahl erreichen. Bei selteneren Typen kann dies schwierig sein.

Für den tabellarischen Vergleich von Vegetationsaufnahmen und daraus sich ergebende floristische Vegetationstypen (s. VI) ist ein bestimmtes Minimum an Aufnahmen erforderlich. Erst aus einer gewissen Anzahl wird die volle Artenkombination und die Spanne quantitativer Vertretung der Arten in einer Gesellschaft erkennbar, da kein Bestand alle Arten enthält und z. B. der Deckungsgrad sehr unterschiedlich sein kann. Von jedem im Gelände

---

Tab. 5. Günstige Aufnahmezeiten wichtiger Vegetationstypen Mitteleuropas

a) Zwei Aufnahme-Durchgänge
März-April / Juni-Juli: Lückige Trockenrasen
April-Mai / Juni-Juli: Artenreiche Laubwälder, (Gebüsche)
April-Mai / ab Juni: Acker- und Ruderalfluren (z.T.)
Mai / Juni-Juli: Zweischürige Wiesen (z.T.)

b) Ein Aufnahme-Durchgang meist ausreichend
ab Mai: Grünland (vor erstem Schnitt), artenarme Laubwälder, Gebüsche.
ab Juni: die meisten übrigen Vegetationstypen.
ab Juli: Sumpf- und Wasservegetation, kurzlebige Uferfluren, Hochgebirgs-Vegetation.

grob erkennbaren Bestandestyp sollten deshalb wenigstens zehn Aufnahmen zur Verfügung stehen; besser sind 20–30. Zu bedenken ist, daß die mögliche Feingliederung der Vegetation meist erst während der Datenauswertung klar erkennbar wird, daß auch inhomogene oder fragmentarische Aufnahmen sich erst aus Tabellen zu erkennen geben. Eine genau gleiche Zahl von Aufnahmen für jede Gesellschaft ist allerdings nicht erforderlich. Die gesellschaftsspezifisch notwendige Aufnahmezahl ergibt sich erst aus Tabellenvergleichen (s. VIII 2.7.1).

Soll ein Gebiet möglichst gut durch Vegetationsaufnahmen repräsentiert werden, empfiehlt sich ein grobes Raster von Aufnahmeflächen. Gesellschaften mit großen Flächenanteilen sind dann durch eine entsprechend hohe Aufnahmezahl vertreten. Andererseits wird man auffällige, wenn auch nur kleinflächige Besonderheiten bevorzugt erfassen, so daß sie eventuell im Aufnahmesatz eher überproportional vorhanden sind.

3 Auswahl und Abgrenzung von Aufnahmeflächen

Voraussetzung der Flächenwahl sind visuelles Erkennen und Differenzieren von unterschiedlichen Beständen, wofür einige Erfahrung notwendig ist. Von Auswahl und Abgrenzung der Aufnahmeflächen hängt in hohem Maße die Qualität des Datenmaterials ab. Grundsätzlich sind drei Auswahlverfahren denkbar (s. auch Abb. 72):

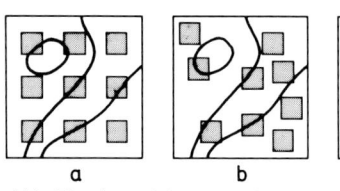

Abb. 72. Auswahl von Aufnahmeflächen in einem Vegetationsmosaik von vier Bestandestypen.
a) Neun Quadrate in einem gleichmäßigen Raster. Nur drei Flächen sind homogen; der kleinste Vegetationstyp wird nicht erfaßt.
b) Zufällige Verteilung von neun Quadraten. Fünf Flächen sind homogen; der kleinste Vegetationstyp wird nicht erfaßt.
c) Der groben Vegetationsgliederung angepaßte Verteilung und Flächenform. Nur sechs Aufnahmen erscheinen sinnvoll.

a) Gleichmäßig nach einem Raster: die Flächen werden systematisch in bestimmten Abständen verteilt, entweder flächig oder entlang einer Linie (Transekt).

b) Nach dem Zufälligkeitsprinzip: die Flächen bzw. ihre Mittelpunkte werden „blind", z. B. durch beliebiges Auswerfen eines Rahmens oder Pflockes bestimmt.

c) Nach subjektiver Einschätzung der floristisch-ökologischen Homogenität des Bestandes.

Die beiden ersten Verfahren sind von Vorkenntnissen unabhängig und erscheinen objektiver, sind aber in gewissem Maße unsinnig. Ziel der Vegetationsaufnahme ist in der Regel ein Vergleich der Datensätze nach floristischer Ähnlichkeit und die Herausarbeitung floristisch definierter Vegetationstypen (s. VI). a und b ergeben nur bei großräumig relativ gleichartiger Vegetation hierfür brauchbare Ergebnisse. Bei kleinräumigen Mosaiken kommt es eher zu uneinheitlichen Aufnahmen. Weit Verbreitetes und zufällige Einsprengsel, aber auch ganz unterschiedliche Bestandestypen werden vermischt. Um alle Feinheiten der Vegetationsgliederung zu erfassen, müßten sehr viele Aufnahmen auf kleinen Flächen gemacht werden. Dabei ist nicht sicher, ob seltene Typen überhaupt mit erfaßt werden.

Die Braun-Blanquet-Methode beruht dagegen auf c), nämlich einer zwar subjektiven, aber möglichst unvoreingenommenen, sorgfältigen Auswahl der Aufnahmeflächen. Sowohl Ort als auch Größe der Flächen werden aufgrund vorher gemachter Erfahrungen (1) oder nach Augenschein im Gelände festgelegt, ebenfalls die Zahl der Aufnahmen für jeden grob erkennbaren Typ. Kleinflächig eingestreute Sondererscheinungen können sogar eher überrepräsentiert sein.

Diese Flächenwahl ist nicht frei von subjektiven Vorkenntnissen. So hat man früher z. B. Randbereiche und Verzahnungen gut erkennbarer Bestandestypen häufig nicht berücksichtigt. Viele erst bei feinerer Analyse erkannte Pflanzengesellschaften, wie z. B. Säume und Mäntel an Waldrändern, sind erst spät als eigenständige Gesellschaften erkannt worden.

Allerdings besteht bei zu starker Differenzierung von Aufnahmeflächen auch die Gefahr einer „Atomisierung der Assoziationen" (BARKMAN 1968), die eher verwirrend ist. Wie BARKMAN betont, gibt es keine prinzipielle Grenze zwischen Gesellschaftsmosaiken und Gesellschaften mit Mosaikstruktur. Selbst geübten Pflanzensoziologen fällt die Entscheidung schwer, was eine homogene Aufnahmefläche ist. Schematismus jeder Art wird der sehr variablen Pflanzendecke vieler Gebiete aber nicht gerecht.

Mit der Zahl der Aufnahmen steigt meist rasch die Kenntnis der zu bearbeitenden Vegetationstypen. Entsprechend verbessert sich auch das Auswahlverfahren. Oft wird man die anfangs gemachten Aufnahmen bei der Auswertung eher weglassen. Gewisse subjektive Fehler werden gewöhnlich durch eine größere Zahl von Aufnahmen ausgeglichen.

Für die Auswahl und Abgrenzung von Aufnahmeflächen nach c) lassen sich verschiedene Kriterien verwenden:
- Physiognomisch-strukturelle Homogenität des Bestandes (z. B. Wuchshöhe, Schichtung, Lebensformen, Synusien, Flächendeckung).
- Floristische Homogenität: Diese Hauptforderung läßt sich mit einiger Übung und Kenntnis der Bestandestypen erfüllen, ist aber sicher immer etwas subjektiv. Zumindest grobe Ungleichheiten von Dominanzen und Artenmustern lassen sich vermeiden.
- Ökologische Homogenität: Sie wird einmal durch die Artenmuster angezeigt, ist aber auch unmittelbar feststellbar. Zu achten ist vor allem auf das Kleinrelief (z. B. in Bezug zum Grundwasser) und mögliche Unterschiede im Mikroklima, besonders Lichtgenuß (z. B. Lücken im Kronendach, Waldränder). Daß man Expositions- und Höhenunterschiede berücksichtigen muß, dürfte klar sein. Zu vermeiden sind Störstellen durch Tiere und Menschen (Wühlstellen, Ameisenhaufen, Kot, Tritt, Befahren, Ablagerung ortsfremder Substrate u. a.), es sei denn, man will diese speziell untersuchen.
- Minimalraum (Minimum-Areal): Jeder Vegetationstyp braucht in Abhängigkeit von Artenzahl und Wuchsformen eine Mindestfläche, um sich voll zu entwickeln. Hierauf muß bei der Aufnahme geachtet werden (s. IV 8.1.3).

In der Regel wird man bei genügender Erfahrung auch ohne Homogenitätsbestimmungen (s. IV 8.1.2) zu brauchbaren Aufnahmeflächen kommen. Streng genommen gibt es ohnehin keine floristisch und ökologisch vollkommen homogenen Flächen, sondern nur „quasi-homogene" Bereiche (RAUSCHERT 1969). Auch das Minimum-Areal richtet sich in der Praxis mehr nach allgemeiner Erfahrung bzw. nach Richtwerten als nach genauen Einzelbestimmungen.

Zu beachten ist, daß je nach Wuchsgröße der Pflanzen einzelne Schichten eines Bestandes unterschiedliche Minimum-Areale haben können, z. B. die Baum- und Krautschicht eines Waldes. Entscheidend ist auch, welche Schicht man bei der Homogenitätsbetrachtung zugrunde legt (z. B. T oder H oder T und H; s. MUELLER-DOMBOIS & ELLENBERG 1974, S. 46). In der mitteleuropäischen Pflanzensoziologie wird meist der Krautschicht besondere Bedeutung zugemessen.

Einige grobe Werte für Aufnahmeflächen sind in Tabelle 6 zusammengestellt. Ausgehend von solchen Größen ist eine Kontrolle dadurch möglich, daß man nach Ende der Erfassung die Fläche etwas vergrößert und auf neue Arten

---

Tab. 6. Erfahrungswerte für die Größe von Aufnahmeflächen in Pflanzengesellschaften Mitteleuropas.

a) Rechtecke, Quadrate (m^2)
- −1   Moos- und Flechtenbestände, Wasserlinsen-Decken.
- −5   Quellfluren, Kleinbinsen-Uferfluren, Trittvegetation, Fels- und Mauerspaltenvegetation.
- −10   Hochmoore, Kleinseggen-Sümpfe, Salzmarschen, Intensivweiden, artenarme Pionierrasen, Schneetälchen.
- 10−25   Küstendünen, Wiesen, Magerrasen, Gebirgsrasen, Zwergstrauch-Heiden, Wasservegetation, Röhrichte, Großseggen-Riede, Hochstaudenfluren.
- 25−100   Ackerwildkraut- und Ruderal-Vegetation, Gesteinsfluren, Schlagvegetation, Gebüsche.
- 100 200   Krautschicht von Wäldern.
- >100−>1000   Gehölzschichten von Wäldern, Pilzbestände.

b) Streifen (Länge in m)
- 10− 20   Säume, Spülsäume
- 10− 50   Ufervegetation
- 30− 50   Gebüsche, Hecken
- 30−100   Fließgewässer

absucht. Zu kleine Flächen ergeben nur Aufnahme-Fragmente, zu große fördern die Inhomogenität; die Aufnahmen enthalten dann mehr zufällig eingestreute Arten. In sehr artenreichen, stark strukturierten Beständen kann das MA sehr groß sein. HOMMEL & VAN REULER (1989) geben z. B. für einen tropischen Feuchtwald bei etwa 70 Arten eine Mindestfläche von 5000 m² an.

In einem erkennbaren Komplex mehrerer Vegetationstypen wird die Aufnahmefläche möglichst ins Zentrum des jeweiligen Typs gelegt. Will man gerade die Übergänge erfassen, kann man Transekte durch die Grenzräume legen, wobei die Einzelflächen in sich wieder nach Homogenität auszuwählen sind.

Die unmittelbare Abgrenzung der Aufnahmefläche richtet sich nach der groben Verteilungsform des jeweiligen Bestandestyps. In großflächigen Beständen benutzt man gewöhnlich regelmäßige Flächen (Quadrate, Rechtecke, Kreise), die sich im Gelände leicht markieren lassen. Dabei sind Quadrate und Kreise mit ihren relativ kurzen Grenzen am besten überschaubar. Kreise sind aber nur bei kleinem Minimum-Areal sinnvoll, wo man sie mit einem Ring direkt abgrenzen kann. Auch bei sehr unübersichtlichen Beständen, z. B. in strauchreichen Wäldern, empfiehlt sich eine genaue Abgrenzung, z. B. durch Bänder. Sonst sollte man zumindest die Eckpunkte gut sichtbar festlegen. Dies schließt nicht aus, daß man die Fläche gegen Ende der Aufnahme noch regelmäßig oder unregelmäßig erweitert.

In vielen Fällen ist aber eine schematische Abgrenzung nicht sinnvoll. Vielmehr muß sich die Grenze den aus Homogenitätsforderungen ableitbaren, oft unregelmäßigen Flächenformen des Bestandes anpassen. Dies gilt vor allem für mehr streifenförmige oder in kleinflächigem Mosaik angeordnete Bestände, z. B. Uferbereiche, Waldränder, Hochmoore. Oft zeigt sich auch während der Aufnahme selbst, daß man die Fläche noch verändern muß. Bei sehr geringer Ausdehnung von Beständen können mit gewisser Vorsicht mehrere Teilbestände zu einer Aufnahmefläche vereinigt werden. Einige Möglichkeiten zeigt Abb. 73.

Bei Notwendigkeit einer mehrfachen Begehung (s. 2) oder auch allgemein zum Wiederfinden müssen die Aufnahmeflächen möglichst genau markiert oder eingemessen werden. Im Wald oder in ungenutzten Freiflächen kann man Pflöcke oder andere Markierungen (z. B. am Baumfuß) benutzen. Im Freiland gibt es nicht überall herausragende Festpunkte. Lageskizzen mit Schrittmaßen (z. B. zu einem Einzelbaum, Masten, Zaunpfahl, Grabenknick, Wegebiegung, Gebäude u. a.) ergeben zumindest einen Notbehelf. Genaue Markierungen sind für Sukzessionsuntersuchungen (Dauerflächen) unumgänglich (s. X 3.2.2.2). Auch für die Feststellung langzeitiger Veränderungen der Vegetation sind möglichst genaue Lageangaben wichtig.

4 Allgemeine Datensammlung

Bevor die eigentliche Vegetationsaufnahme beginnt, werden allgemeine grundlegende Daten im „Aufnahmekopf" notiert. Folgende Punkte können für die spätere Auswertung oder zur allgemeinen Information wichtig sein:
– Nr. und Datum der Aufnahme.
– Name des Bearbeiters.
– Ortsbezeichnung und Lage des Gebietes (eventuell mit Koordinaten); Entfernung von markanten Geländepunkten.
– Allgemeine Charakterisierung des Geländes: Höhenlage (Höhenmesser, Karte), Exposition (Kompaß, Karte, Uhr), Hangneigung (in Grad oder Prozent; Neigungsmesser oder Schätzung), Reliefform (Ebene, Plateau, Rücken, Ober-, Mittel-, Unterhang, Hangfuß, Mulde, Schlucht, Talaue, Terrasse u. a.), Mikrorelief.
– Gestein (geologische Karte).
– Boden: wenigstens Humusform, Bodenart, Skelettanteil des Oberbodens; erkennbare Einflüsse von Oberflächen-, Grund- oder Stauwasser bzw. Trockenheit; Durchwurzelung.

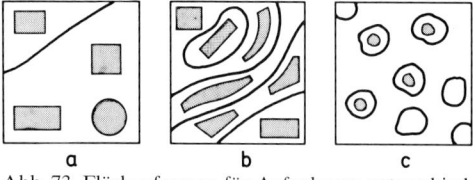

Abb. 73. Flächenformen für Aufnahmen unterschiedlich strukturierter Vegetation.
a) Großflächige Strukturen (Quadrate, Rechtecke, Kreise).
b) Kleinflächige Zonierungen mit angepaßten Formen.
c) Kleinräumiges Mosaik; erst mehrere Teilflächen ergeben eine vollständige Aufnahme.

- Besonderheiten des Mikroklimas, z. B. Seitenlicht, lückige Oberschicht, Schattlage; Schneedauer, Windexposition.
- Flächenanteile von Sonderstandorten: Steine, Felsblöcke, Stubben, morsches Holz u. a.
- Erkennbare natürliche und anthropogene Störungen: Windwurf, Schneebruch, Brand, Schlag, Erosion, Akkumulation, Tierfraß, Tritt, Ablagerung standortsfremder Substrate u. a.
- Wirtschaftseinflüsse des Menschen: Wald-Betriebsform, Waldweide, Streunutzung; Düngung, Be- oder Entwässerung, Bodenbearbeitung, Mahd (Termin, Häufigkeit), Weide (-intensität), Herbizidanwendung.
- Form und Größe der Aufnahmefläche (z. B. 5×5 m², 2×20 m². (wird am besten zum Schluß notiert).
- Allgemeine Benennung des Bestandestyps (z. B. Buchenwald, Erlen-Auenwald, Zwergstrauchheide, Frischwiese, Seggenried, Röhricht, Hochmoorbulte, Hochstaudenflur u. a.).

Zusätzlich wird die Aufnahmefläche in einer Karte (1:5–25000) oder einer Skizze eingetragen. Will man die Karte nicht zu sehr mit Ziffern belasten, wird der Lagepunkt mit einer Nadel durchbohrt, das Loch auf der Rückseite umkreist und mit der entsprechenden Nummer versehen.

5 Pflanzensoziologische Datensammlung

In der eigentlichen Aufnahme wird versucht, wichtige, unmittelbar erkennbare Merkmale eines Bestandes zu erfassen. Es handelt sich also vorwiegend um eine Strukturanalyse nach bestimmten Kriterien. Diese Kriterien müssen wenigstens in grundlegenden Punkten festgelegt sein, um eine Vergleichbarkeit der Aufnahmen verschiedener Bearbeiter zu ermöglichen. Man kann allgemein qualitative und quantitative Bestandesdaten unterscheiden.

5.1 Qualitative Daten

5.1.1 Allgemeine Angaben

Viele qualitative Merkmale von Pflanzenbeständen wurden bereits im Teil IV (Vegetationsstruktur) besprochen und sollen hier nur noch einmal kurz aufgelistet werden. Sie bilden mehr den Rahmen der eigentlichen Aufnahme. Welche Daten erfaßt werden, hängt vom Arbeitsziel ab. Denkbar sind z. B. folgende Angaben, die noch zum Aufnahmekopf gehören:
- allgemeine Physiognomie, Strukturtyp,
- Wuchs- und Lebensformen (IV 3),
- Altersstruktur, Bestandesalter (5.4.1),
- Schichtung (IV 5), Dichte der Schichten, Deckungsgrad,
- horizontale Feinstruktur: Artengruppen, Synusien, Mikrogesellschaften (IV 7),
- phänologischer Zustand (X 2.4),
- Störungen, Abweichungen vom „normalen" Bild,
- erkennbare dynamische Tendenzen (X 3),
- Bestandesgröße in m²,
- allgemeine Anordnung in Vegetationskomplexen (XI 2),
- Grenzen und Verzahnungen, Kontaktgesellschaften.

5.1.2 Florenliste

Die eigentliche Aufnahme besteht aus einer Liste aller auf der Fläche vorkommenden Sippen, getrennt nach Schichten (von oben beginnend). Pflanzen, die in mehreren Schichten vorkommen (z. B. hohe Bäume, niedriger Nachwuchs, Jungpflanzen), werden entsprechend mehrfach notiert. Zumindest die Gefäßpflanzen sind vollständig zu erfassen. In vielen Vegetationstypen sind auch Moose und Flechten unverzichtbare Teile. Dagegen werden Algen und Pilze relativ selten mit notiert, sowohl aus rein methodischen Schwierigkeiten (s. 7.2) als auch wegen mangelnder Kenntnisse. Eine gute bis sehr gute floristische Kenntnis ist aber unbedingte Voraussetzung aller pflanzensoziologischen Geländearbeit! Unbekannte oder nicht sicher bestimmbare Pflanzen werden mit Angabe der Aufnahme-Nummer herbarisiert und später ergänzt.

Die Reihenfolge der notierten Sippen innerhalb einer Schicht kann ganz zufällig sein. Übersichtlicher ist eine Gruppierung, z. B. nach Lebensformen, Kräutern, Gräsern u. a. Bei wiederholter Aufnahme von Dauerflächen empfiehlt sich ein vorgefertigtes Formular mit alphabetischer Reihenfolge der gefundenen Sippen.

In der Regel lassen sich in Mitteleuropa alle Arten eines Bestandes direkt erkennen und erfassen. Probleme gibt es bei Pflanzen, die dem Betrachter schwer zugänglich sind, z. B.

bei Epiphyten der Baumschicht oder Pflanzen im Wasser. Bei letzteren kann man sich durch herausfischen der Arten behelfen, was aber nur ein grobes Bild vermittelt und auch aus Naturschutzgründen nicht ratsam ist. Genauere Aufnahmen, vor allem in etwas tieferen Gewässern, sind eher über Tauchuntersuchungen durchführbar (s. VÖGE 1987).

Sonderprobleme bei der floristischen Aufnahme: In einem homogenen Bestand werden alle auftretenden Sippen notiert. Schwieriger ist die Behandlung von Sondererscheinungen, insbesondere von Synusien und Mikrogesellschaften auf speziellen Substraten (s. auch IV 7). Deutlich ökologisch andersartige, abgrenzbare Bereiche wie totes Holz, Felsblöcke u. ä. werden in der Regel getrennt aufgenommen, ebenfalls die Epiphyten. Feine Unterschiede des Bodens sind dagegen schwer erkennbar, erst recht biogene kleinräumige Unterschiede wie Bult-Schlenken-Mosaike oder von Bäumen verursachte laubfreie „Schürzen" mit stärkerer Bodenversauerung.

Eine komplette Vegetationsaufnahme muß auch alle Sonderbildungen berücksichtigen. Allerdings sollten diese eigenständig als vom „Normalstandort" abweichende Erscheinungen notiert werden. Ökologisch und floristisch eigenständige Synusien und Mikrogesellschaften werden meist getrennt von der Makrogesellschaft betrachtet (s. IV 7, VIII 7). Will man nur letztere weiter verfolgen, genügen allgemeine Angaben. In manchen Fällen ist aber das Feinmosaik verschiedener Mikrogesellschaften so eng verknüpft, daß man es als die eigentliche Makrogesellschaft auffassen muß. Dies gilt z. B. für Bruchwälder, wo auf den herausgehobenen Baum-Bulten ganz andere Pflanzen wachsen können als zwischen den Bäumen (s. DÖRING 1987, DIERSCHKE 1988a). Hier sollten die erfaßten Sippen in der Florenliste entsprechend in Gruppen angeordnet werden.

Eine weitere Frage ist die Berücksichtigung von Arten, die zwar nicht in der Bestandesfläche wurzeln, aber von außen in sie hineinragen. Dies gilt vor allem für Arten der Baum- und Strauchschicht, die in gehölzlose Bestände übergreifen. Bodenökologisch gehören sie möglicherweise in einen anderen Bereich, z. B. an natürlichen Waldrändern. Mikroklimatisch sind sie aber manchmal von entscheidender Bedeutung für den Nachbarbestand. Dies gilt z. B. für Quellsümpfe im Wald, die stark beschattet werden, ohne daß in ihnen selbst Gehölze wachsen können. In solchen Fällen empfiehlt sich, die Gehölze mit zu notieren, allerdings ihre Namen bzw. quantitativen Angaben in eckige Klammern zu setzen (s. DIERSCHKE 1988a). Für syntaxonomische Auswertungen sind diese Arten nur von randlicher Bedeutung, für ökologische Bewertungen aber oft mit entscheidend.

5.1.3 Qualitative Bewertungen

Für die einzelnen Sippen der Aufnahmeliste können neben quantitativen (5.2) auch mehr qualitative Angaben gemacht werden. Es sind vor allem
– Dispersion, Soziabilität (IV 6.2.2),
– Dichte (IV 6.2.3),
– Entwicklungszustand (X 2.4),
– Vitalität, Fertilität (s. u.).
Am häufigsten wird die Soziabilität mit angegeben; ihr Wert steht dann hinter dem Deckungsgrad, durch einen Punkt getrennt.

Hier soll nur noch kurz auf den letzten Punkt eingegangen werden. Vitalität und Fertilität sagen etwas darüber aus, ob die Sippe sich im ökologischen Optimalbereich oder mehr in Randbereichen ihrer Existenz befindet. Dies spielt bei syntaxonomischen Bewertungen (s. VIII 2.5) eine gewisse Rolle. Allgemein lassen sich Aussagen über Konkurrenzkraft und Reproduktionsvermögen ableiten. Vitalität steht oft in enger Beziehung zum Deckungsgrad. Deshalb werden meist nur deutliche Abweichungen vom Normalzustand mit einem Index zur Mengenangabe kenntlich gemacht:

°°	sehr schwach entwickelt, ohne Vermehrungstendenz
°	deutlich geschwächt (Kümmerwuchs), keine oder sehr wenige Blüten, keine Samen
•	außergewöhnlich vital

In der Praxis werden Vitalitätsangaben vor allem in der Forstwirtschaft als Ertragsklassen der Bäume verwendet. Neuerdings spielen sie auch in der Waldschadensforschung eine wichtige Rolle. Auf Einwirkung von Schadstoffen reagieren die Pflanzen zunächst durch Veränderung der Vitalität, erst später durch Rückgang oder Verschwinden. Für die Feststellung solcher Schäden in der Krautschicht von Wäldern benutzt z. B. MURMANN-KRISTEN (1991) eine etwas modifizierte Skala:

°°	sehr schwach, zufällig gekeimt, sich nicht vermehrend	
°	geschwächt, kümmerlich	
⌀	geschwächt, kümmerlich durch sichtbare Schäden	
•	normal	
••	überaus kräftig	

Zusätzlich werden festgestellt:

1 Fraß- und Saugschäden durch Insekten
2 Schäden durch Pilzbefall
3 Unspezifische Vergilbungen
4 Chlorosen, Nekrosen
5 Seneszenzerscheinungen

Die Auswertung von Aufnahmen ergibt z. B. den Prozentanteil geschädigter Arten und daraus eine Abstufung

1	(0–35%)	= gut
2	(36–60%)	= mittel
3	(61–100%)	= schlecht

Eine flächige Darstellung zeigt Abb. 74.

Für Bäume werden Vitalitätskriterien (Blatt-, Nadelverluste) zur Ableitung von Schadstufen schon länger bei der Waldbonitur verwendet (s. KÜHL et al. 1988/89).

		Blattverlust
0	ohne Schadsymptome	(0–10%)
1	schwach geschädigt	(11–25%)
2	mittelstark geschädigt	(26–60%)
3	stark geschädigt	(61–99%)
4	abgestorben	

Für *Fagus sylvatica* hat ROLOFF (1988) vier Vitalitäts- bzw. Schadstufen nach dem Triebwachstum im Wipfelbereich definiert. Eine pflanzensoziologische Anwendung auf Waldgesellschaften mit Schadstufen-Spektren gibt HÄRDTLE (1990).

BARKMAN et al. (1964) kritisieren die auf BRAUN-BLANQUET zurückgehende Vermengung von Vitalität (Wuchskraft) und Fertilität (Blühen, Fruchten) und schlagen getrennte vierteilige Skalen vor. Für normale Aufnahmen reichen aber die obigen Angaben völlig aus, wobei Fertilität als Teilkriterium der Vitalität angesehen wird. Genauere Angaben kann man symphänologischen Untersuchungen entnehmen (s. X 2.4.2). Unterschiedliche Meinungen herrschen darüber, ob eine sich stark vegetativ ausbreitende Pflanze ohne Blütenbildung als besonders vital anzusehen ist. Hier sind Vitalität und Fertilität nicht gleichgerichtet. Dies gilt z. B. für manche Polycormone von Saumpflanzen oder allgemein für Lemnaceen in Mitteleuropa. Aus soziologischer Sicht sind Pflanzen mit starker vegetativer Vermehrung als konkurrenzstark und entsprechend als sehr vital anzusehen.

Vom normalen Erscheinungsbild abweichend sind auch Keimlinge und Jungpflanzen. Besonders erstere, gelegentlich in großer Zahl auftretend, sind für den Bestand oft unwichtig, da ein großer Teil rasch abstirbt oder zerfressen wird. Andererseits sagen die Keimlinge etwas über Verjüngungsmöglichkeiten der Arten aus. Sie werden am besten gesondert erfaßt und mit „K" gekennzeichnet. Jungpflanzen können ebenfalls besonders hervorgehoben werden, z. B. durch „juv." oder „j". Sie zeigen gewisse dynamische Vorgänge an.

5.2 Quantitative Daten

Schon der Vergleich qualitativer Daten ergibt in vielen Fällen gute Möglichkeiten pflanzensoziologischer Analyse und Synthese. In der Regel werden aber auch Quantitäten erfaßt. Hier kann man unterscheiden zwischen genauen Zählungen oder Messungen und mehr oder weniger genauen Schätzungen. Erstere sind sehr zeitaufwendig und deshalb nur für spezielle Fragen anwendbar, z. B. zur genauen Strukturanalyse (IV) oder für Sukzessionsuntersuchungen (X). Wo es auf den Vergleich möglichst zahlreicher Aufnahmen ankommt, sind einfachere, zeitsparende Methoden eher geeignet. Besonders für syntaxonomische Arbeiten erscheinen viele, etwas weniger genaue Aufnahmen wesentlich wertvoller als wenige sehr exakte Erfassungen. Sie werden zudem der großen Variabilität der Pflanzendecke eher gerecht.

Besonders die von BRAUN-BLANQUET entwickelte Aufnahmemethode beruht auf Schätzungen in einem recht groben Grundmuster, das von ihm selbst und anderen weiter verfeinert worden ist. In frühen Jahren der Pflanzensoziologie war das Augenmerk vor allem auf rasche Gewinnung vieler Vergleichsdaten gerichtet, um hieraus Vegetationstypen abzuleiten. In jüngerer Zeit haben Untersuchungen zur Struktur und Dynamik der Vegetation einen höheren Stellenwert erlangt. Entsprechend gibt es mancherlei Vorschläge für verfeinerte Schätzverfah-

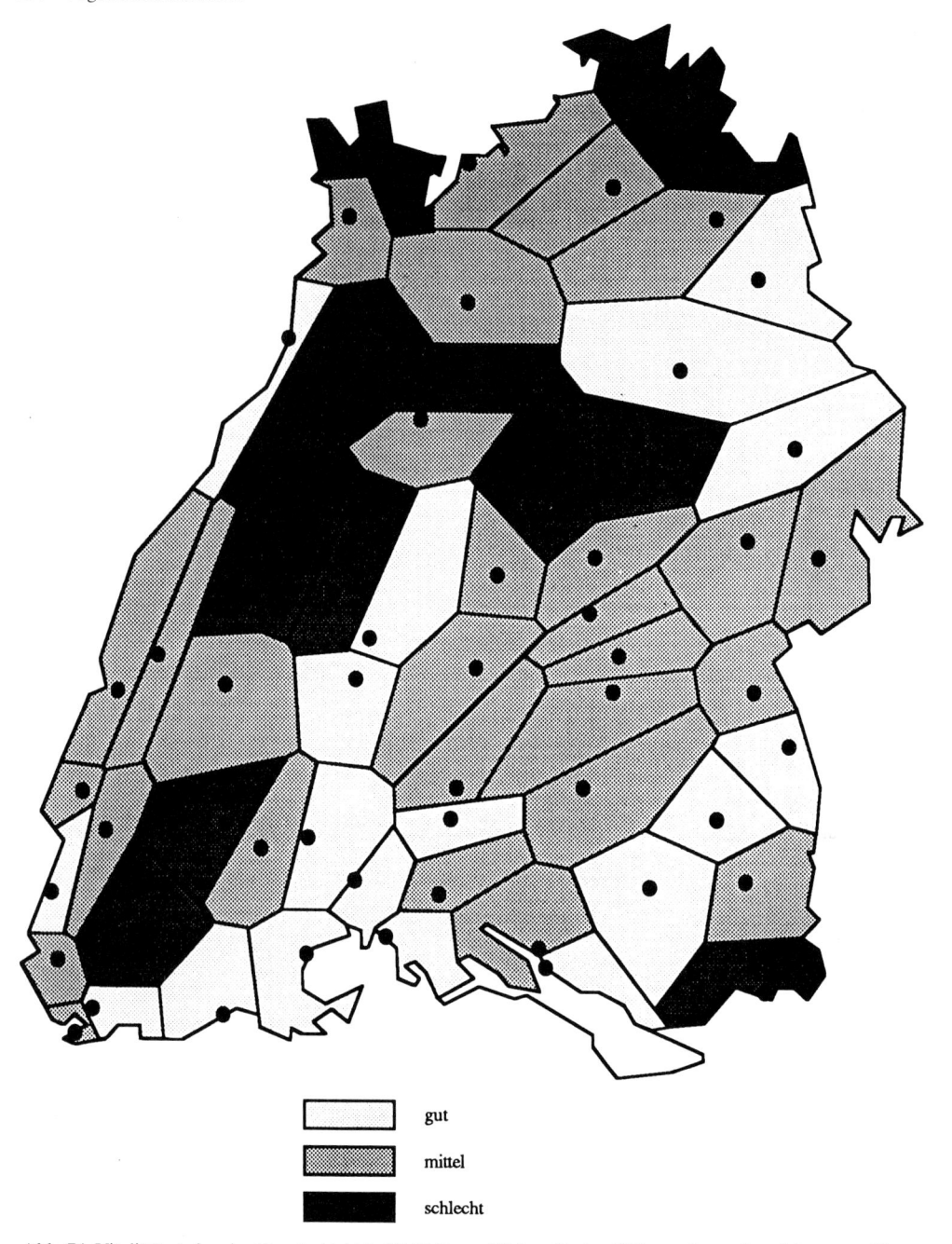

Abb. 74. Vitalitätsstufen der Krautschicht in Wald-Dauerflächen Baden-Württembergs (aus MURMANN-KRISTEN 1991).

ren (s. KNAPP 1983, 1984). Je nach Fragestellung kann jeder Pflanzensoziologe selbst entscheiden, welche Methoden er anwendet. Auf Vergleichbarkeit mit anderen Arbeiten muß aber besonders geachtet werden.

In jeder Aufnahme wird zunächst grob die Gesamtdeckung und Höhe jeder Schicht geschätzt, um eine allgemeine Orientierung über die Vertikalstruktur zu bekommen (s. auch IV 5). Auch die Deckung der Streuschicht oder

Flächenanteile abweichender Sonderstandorte lassen sich so ermitteln. Meist genügen Prozentwerte in 5er Intervallen.

Für die Horizontalstruktur (s. IV 6) werden quantitative Angaben etwas genauer gemacht. Folgende Werte finden häufig Verwendung (s. auch KNAPP 1984):
- Individuen- bzw. Sproßzahl (Abundanz)
- Deckungsgrad (Dominanz)
- Artmächtigkeit (Abundanz und Dominanz)
- Frequenz
- Biomasse

In den Anfängen der Pflanzensoziologie gab es viele Schätzskalen, so daß die Ergebnisse oft schwer vergleichbar waren. Erst die sehr einfache und gut reproduzierbare Methode von BRAUN-BLANQUET hat zu einer bis heute weithin akzeptierten Grundlage geführt.

1	sehr spärlich
2	spärlich
3	wenig zahlreich
4	zahlreich
5	sehr zahlreich

Weitere Schätzskalen werden von BARKMAN et al. (1964) erörtert. Sie schlagen eine zehnteilige Skala mit streng logarithmischem Aufbau vor; die Angaben beziehen sich jeweils auf 1 Hektar:

1	10^1	6	$10^6 = 1/dm^2$
2	$10^2 = 1/a$	7	10^7
3	10^3	8	$10^8 = 1/cm^2$
4	$10^4 = 1/m^2$	9	10^9
5	10^5	10	$10^{10} = 1/mm^2$

5.2.1 Abundanz

Unter Abundanz versteht man die Individuenzahl einer Art. Die Zahl pro Flächeneinheit ergibt die Dichte (s. IV 6.2.3). Eine genaue Auszählung von Individuen aller oder bestimmter Arten eines Bestandes ist sehr zeitaufwendig und nur bei artenarmen und/oder offenen Beständen gut möglich. Bei Arten mit Polycormon-Bildung werden sinnvollerweise die einzelnen Sprosse gezählt, ebenfalls bei horstig wachsenden Pflanzen. Die Abundanzbestimmung ist vor allem zur Untersuchung kurzzeitiger Veränderungen von Jahr zu Jahr auf kleinen Flächen brauchbar. Ein Beispiel zeigt Tabelle 7.

Tab. 7. Entwicklung von Deckungsgrad und Individuenzahl von Arten einer Salzmarsch in einem Dauerquadrat (1 m²) (Ausschnitt aus RUNGE 1972).

		1965	67	69
Suaeda maritima	%	2	1	<1
	Zahl	162	17	6
Spergularia media	%	2	2	1
	Zahl	18	30	12
Salicornia patula	%	1	2	10
	Zahl	156	111	440
Puccinellia maritima	%	15	55	90
	Zahl	12	25	∞
Halimione portulacoides	%	<1	<1	<1
	Zahl	1	1	4
Aster tripolium	%	1	1	1
	Zahl	11	13	14

Vereinfacht läßt sich eine Abundanz-Schätzung in fünf Stufen durchführen (nach BRAUN-BLANQUET):

5.2.2 Deckungsgrad (Dominanz)

Unter Dominanz versteht man allgemein den **Deckungsgrad** einer Pflanze bzw. aller Individuen einer Sippe in einer Schicht. Sie ist ein Maß für die horizontale Ausdehnung in Bezug zu einer Grundfläche. In engerem Sinne bezeichnet Dominanz das Vorherrschen von Pflanzen auf einer Fläche.

Der Deckungsgrad ist der prozentuale Anteil der Teilflächen, die bei senkrechter Projektion aller oberirdischen, lebenden Pflanzenteile einer Sippe auf dem Boden gebildet werden (Flächenanteil, der bei senkrechtem Sonnenstand von einer Sippe beschattet wird). Stärkere Überlagerungen im Sproßsystem werden hieraus nicht erkennbar. Sie ergeben sich eher aus dem **Blattflächen-Index** (leaf area index = LAI), der Summe aller Blattflächen pro Grundfläche. Dieser liegt z. B. in mitteleuropäischen Wiesen bei 2–13 (GEYGER 1977). Bei stärkerer Überlagerung verschiedener Sippen ergibt auch die Deckungsgrad-Summe Werte von weit über 100%.

BARKMAN et al. (1964) unterscheiden zwischen
- äußerer Bedeckung: Größe der Fläche innerhalb der Umrisse der Pflanzen einschließlich von Lücken (Konturendeckung, z. B. bei Baumkronen-Karten),
- innerer (reeller) Bedeckung: wirklicher Flächenanteil bei senkrechter Projektion.

Als Deckungsgrad i. e. S. sollte nur der zweite Fall angesehen werden. In der Praxis werden aber Wuchsformen mit großen Konturen leicht zu überhöhten Werten führen, da man kleine Lücken nicht richtig einschätzen kann.

Zu unterscheiden ist ferner zwischen
- absoluter Deckung: Prozentanteil der Grundfläche und
- relativer Deckung: Prozentanteil an der Summe aller Deckungsgrade.

Bei starker Überlappung ist der zweite Wert geringer, in sehr lückigen Beständen höher als der erste.

Neben dem Deckungsgrad wird vorwiegend in angloamerikanischer Literatur die **Basalfläche** (basal area) der Arten verwendet. Für Bäume ist es die Stammfläche in Brusthöhe (s. Brusthöhendurchmesser BHD: IV 5.4.1), für Krautige die Sproßfläche an der Bodenoberfläche. Die Werte sind naturgemäß wesentlich niedriger als der Deckungsgrad (s. SHIMWELL 1971, S. 114).

Der Deckungsgrad ist ein relativ leicht erfaßbarer Wert, der Hinweise auf die Wüchsigkeit, Konkurrenzkraft und bestandesbildende Bedeutung (Bauwert) einer Sippe gibt. Er ist deshalb ein sehr häufig verwendetes quantitatives Merkmal der Horizontalstruktur. In Zusammenhang mit der Schichtung läßt er z. B. auch endogene Standortsmodifikationen des Mikroklimas erkennen. Der Deckungsgrad kann sich auf den Optimalzustand einer Sippe im Jahresverlauf, aber auch auf andere Entwicklungsstufen beziehen. Entsprechende zusätzliche Angaben sind jeweils erforderlich.

Zur genauen Erfassung des Deckungsgrades ist eine möglichst senkrechte Betrachtung des Bestandes nach unten oder nach oben notwendig. Schwierigkeiten bereiten vor allem Pflanzen, deren Wuchshöhe in Blickhöhe des Bearbeiters liegt. Allgemein sind genaue Erfassungen auch nur auf kleinen, gut überschaubaren Flächen möglich. Erschwerend kommen subjektive Schätzfehler hinzu. Sehr genaue Prozentangaben sind deshalb eher Scheingenauigkeiten und eher mit Vorsicht zu betrachten. Man sollte deshalb aber nicht von vornherein auf eine möglichst genaue Bestimmung des Deckungsgrades verzichten, insbesondere bei feinen strukturellen und syndynamischen Untersuchungen.

Exakte Deckungsgrade sind nur bei Ausmessungen im Gelände oder nach Fotos erfaßbar. Sie werden sehr selten, am ehesten für Baumkronen verwendet (s. SCHNELLE 1973). In der Praxis haben sich Schätzungen mit abgestuften Skalen bewährt. Sie können je nach Bedarf und Größe der Aufnahmeflächen feiner oder gröber differenziert sein. Wo später ein Vergleich möglichst vieler Aufnahmen angestrebt wird, müssen die Skalen vergleichbar bzw. konvertibel sein. Da die Mengenverhältnisse einer Art von Bestand zu Bestand selbst innerhalb einer Gesellschaft oft sehr variabel sind, ist eine relativ grobe Skala gewöhnlich ausreichend. Schätzfehler werden hierdurch weitgehend vermieden.

Es gibt zwei Arten von denkbaren Deckungsgrad-Skalen:
- mit gleichmäßiger Abstufung (äquidistante Dominanzklassen);
- mit ungleichmäßiger, meist im unteren Bereich verfeinerter Abstufung.

Besonders in artenreichen Beständen haben viele Sippen nur niedrige, aber oft durchaus unterscheidbare Deckungsgrade. So ist eine feinere Aufteilung der Skala bis etwa 20–30% sinnvoll. Höhere Deckungsgrade kommen, wenn überhaupt, nur vereinzelt vor. Hier genügen gröbere Abstufungen. Deshalb wird in der Regel der zweite Skalentyp verwendet.

Den praktischen Anforderungen kommt die Deckungsgrad-Skala von BRAUN-BLANQUET (seit 1928) sehr entgegen. Sie ist zudem leicht einprägbar, reproduzierbar und in vielen Fällen hinreichend genau. Deshalb bildet sie seit langem die Grundlage pflanzensoziologischer Arbeiten. Aufbauend auf einer leicht vorstellbaren 25%-Stufung ist sie im unteren Bereich etwas verfeinert. Bei der Bildung von Deckungsgrad-Summen werden die Mittelwerte verwendet (s. TÜXEN & ELLENBERG 1937).

Skala	Deckung %		Mittelwert
5	>75–100	(>3/4)	87,5%
4	50– 75	(1/2 –3/4)	62,5%
3	25– 50	(1/4 –1/2)	37,5%
2	5– 25	(1/20–1/4)	15,0%
1	< 5	(<1/20)	2,5%

In seiner dritten Auflage hat BRAUN-BLANQUET (1964) den Grenzwert für die Stufe 1 auf 10% verändert, ohne das näher zu begründen. Gewöhnlich wird aber die alte Skala benutzt.

In Skandinavien verwendet man häufig die streng geometrische Hult-Sernander-Skala:

5	50 –100 %	1/2 –1
4	25 – 50 %	1/4 –1/2
3	12,5 – 25 %	1/8 –1/4
2	6,25– 12,5%	1/16–1/8
1	< 6,25%	<1/16

Diese Abstufungen sind etwas weniger einprägsam, im oberen Teil zu grob und mit der Braun-Blanquet-Skala nicht konvertibel.

Für genauere Aufnahmen, insbesondere auf kleinen, gut überschaubaren Flächen, empfiehlt sich eine direkte Prozentschätzung oder eine weitere Verfeinerung der Skala. Eine solche wurde von LONDO (1975, 1984) auf der Grundlage von Vorschlägen bei BARKMAN et al. (1964) entwickelt. Da alle Stufen mit Werten des Dezimalsystems übereinstimmen, ist sie als „Dezimale Skala" bekannt geworden. Sie verbindet eine sehr feine Aufteilung mit Konvertierbarkeit in andere Skalen und bietet sich vor allem für Detailarbeiten, z. B. Untersuchungen von Dauerflächen an (SCHMIDT 1974b). Sie erlaubt ferner eine leichte Addition oder Mittelung von Einzelwerten. Der jeweilige Skalenwert bezieht sich auf 1/10 des mittleren Deckungsprozentes.

Skala	Deckung %	Mittelwert
.1	< 1	(1)
.2	1– 3	2
.4	3– 5	4
1	5– 15	10
2	15– 25	20
3	25– 35	30
4	35– 45	40
5	45– 55	50
6	55– 65	60
7	65– 75	70
8	75– 85	80
9	85– 95	90
10	95–100	(100)

Zur besseren Übertragbarkeit in die Braun-Blanquet-Skala kann die Stufe 5 in 5– (45–50% = 4.7) und 5+ (50–55% = 5.2) unterteilt werden. Entsprechend lassen sich auch alle anderen Stufen verfeinern. Weitere Ergänzungsmöglichkeiten bieten zusätzliche Buchstaben, die sich auf Abundanzen der Arten beziehen:

r (raro) = sporadisch; meist nur ein Exemplar
p (paululum) = wenige Exemplare
a (amplius) = zahlreiche Exemplare
m (multum) = sehr zahlreiche Exemplare

Diese Zusätze sind vor allem im unteren Skalenbereich verwendbar (.1–.4).

Der Deckungsgrad bezieht sich gewöhnlich auf die gesamte Aufnahmefläche, wobei man deutlich abweichende Kleinstandorte (Felsbrocken, Baumstümpfe, Tierpfade u. ä.) unberücksichtigt läßt.

Schwierigkeiten bereiten Mikromosaike von Kleinstandorten, z. B. der Wechsel von offenem Gestein und dünnen Feinerdeauflagen. Nur letztere sind für Gefäßpflanzen besiedelbar, die Steine höchstens für Kryptogamen. Soweit die Vegetation von Gestein und Feinboden klar geschieden ist, wird man sie getrennt aufnehmen. Der zugehörige Deckungsgrad bezieht sich dann auch nur auf den entsprechenden Flächenanteil von Gestein oder Feinboden. Wenn beide Kleinststandorte eng verflochten sind, ist eine Trennung schwierig. Betrachtet man nur den Gefäßpflanzen-Bestand, muß man den Flächenanteil unbewachsener Steine abziehen. Noch schwieriger ist die Frage der Aufnahmefläche bei Felsspalten- und Schuttflur-Gesellschaften, wo ja eigentlich nur die Spalten mit etwas Feinerde besiedelt sind. Hier wird oft der Deckungsgrad auf die Gesamtfläche einschließlich des offenen Gesteins bezogen. Auf jeden Fall muß im Text erläutert werden, was man als (z. T. inhomogene) Aufnahmefläche zugrunde legt.

Bei allgemein sehr lückiger Vegetation sind oft alle Arten in der untersten Schätzstufe zu finden, obwohl sie noch Unterschiede im Deckungsgrad aufweisen. Will man hier stärker differenzieren, könnte man die relative Deckung der Arten feststellen. Eine „soziologische Relativskala" hat z. B. GLAWION (1985) für sehr offene Gesellschaften Islands entwickelt. Solche Schätzwerte sind dann aber nur untereinander, nicht aber mit den üblichen Braun-Blanquet-Daten vergleichbar.

5.2.3 Artmächtigkeit (Menge)

Abundanz und Dominanz können parallel hohe oder niedrige Werte aufweisen. Bei sehr kleinen und besonders großen Wuchsformen gehen beide aber weit auseinander. So kommen in artenreichen Beständen (z. B. Wiesen, Magerrasen) oft Sippen vor, die sehr viele Individuen haben, aber selten über 5% Deckung erreichen. Innerhalb dieser gibt es eine recht weite Spanne von Feinabstufungen nach unten bis zu nur einmaligem Auftreten in einer Aufnahmefläche. Um diesem mehr gerecht zu werden, hat BRAUN-BLANQUET (1921, 1928 ff.) eine kombinierte Abundanz-Dominanz-Skala eingeführt, die wesentlich häufiger benutzt wird als die reine Deckungsgrad-Skala. Die Verbindung von Individuenzahl und Deckungsgrad wird als Artmächtigkeit oder Menge bezeichnet. Die siebenteilige Braun-Blanquet-Skala enthält folgende Abstufung:

5 mehr als 3/4 der Fläche deckend, Individuenzahl beliebig
4 1/2–3/4 der Fläche deckend, Individuenzahl beliebig
3 1/4–1/2 der Fläche deckend, Individuenzahl beliebig
2 1/20–1/4 der Fläche deckend oder sehr zahlreich bei geringerem Deckungsgrad
1 reichlich, aber mit geringem Deckungsgrad oder ziemlich spärlich, aber mit größerem Deckungsgrad
+ spärlich, mit sehr geringem Deckungsgrad
r ganz vereinzelt (meist nur ein Exemplar)

Für die Addition von Artmächtigkeiten werden nur die Mittelwerte der Deckungsgrade verwendet:

Skala	Deckung %	Mittelwert
5	75–100	87,5%
4	50– 75	62,5%
3	25– 50	37,5%
2	5– 25	15,0%
1	1– 5	2,5%
+	<1	0,1%

Arten mit r bleiben unberücksichtigt.

Liegen die absoluten Deckungsgrade einer Skaleneinheit vorwiegend im oberen oder unteren Bereich, kommt es bei der Addition zu stärkeren Abweichungen von der Realität. Um solche Fehler in Grenzen zu halten, kann man die einzelnen Artmengen M über den geschätzten Gesamtdeckungsgrad D der betreffenden Schicht korrigieren:

$$M_{korr} = \frac{D}{\Sigma M} \times M$$

Zusätzlich kann noch die Individuen- oder Sproß-Dichte in besonderen Fällen gekennzeichnet werden, besonders dichter Wuchs durch Unterstreichung (*Calluna vulgaris* 5), lockerer Wuchs durch eine gepunktete Linie (*Typha latifolia* 5̇).

Gegenüber der reinen Dominanz-Skala erleichtert die Artmächtigkeit besonders auf größeren Flächen eine rasche Schätzung. Sie ist allerdings auch mit mehr subjektiven Elementen belastet. Was bedeutet z. B. „zahlreich" oder „ziemlich spärlich"? Dennoch hat sich die Artmächtigkeits-Skala weithin durchgesetzt. In jeder Arbeit sollte aber angegeben werden, welche Skala den Aufnahmen zugrunde liegt, wenn auch die Unterschiede meist kaum ins Gewicht fallen. Das im vorigen Kapitel am Schluß gesagte über Flächen mit inhomogenen Kleinstmosaiken der Standorte gilt auch für Artmächtigkeits-Schätzungen.

Deckungsgrad oder Artmächtigkeit werden für jede Sippe getrennt bestimmt. Über die Mittelwerte der Skalenstufen lassen sich daraus für bestimmte Artengruppen Summenwerte errechnen.

5.2.4 Neue Schätzskalen im Vergleich

Die kombinierte Abundanz-Dominanz-Skala wird von BARKMAN et al. (1964) kritisiert: Im unteren Bereich (+, 1) wird der Deckungsgrad, bei den Stufen 3–5 die Individuenzahl vernachlässigt. Außerdem sind die Skalenstufen nicht vergleichbar und erschweren z. B. die Summenbildung. Schon wegen der weithin angewendeten Braun-Blanquet-Skala und der auf ihr heute beruhenden großen Datenmenge plädieren die Autoren aber für ihre Beibehaltung. Sie schlagen jedoch eine weitere Verfeinerung vor, insbesondere für sehr detaillierte Vegetationsanalysen (s. auch Londo-Skala, 5.2.2). Sie wird heute vor allem für die Stufe 2 öfters verwendet:

2 m: sehr zahlreich (>100 Individuen, aber <5% deckend)
2 a: Individuenzahl beliebig, Deckung 5–12,5% (1/20–1/8)
2 b: Individuenzahl beliebig, Deckung 12,5–25% (1/8–1/4)

REICHELT & WILMANNS (1973, S. 66), WILMANNS (1989a, S. 30) definieren diese Werte etwas anders:

2 m: >50 Individuen, Deckung <5%
2 a: Individuenzahl beliebig, Deckung 5–15%
2 b: Individuenzahl beliebig, Deckung 16–25%

PFADENHAUER et al. (1986) bevorzugen eine reine Deckungsgrad-Skala (+: <1%; 1 a: 1–3%; 1 b: 3–5%; 2 a: 5–12,5%; 2 b: 12,5–25%).

Solche detaillierteren Abstufungen sind von Vorteil, weil gerade im Bereich 1–2 der Braun-

Blanquet-Skala oft der größte Teil der Arten vorkommt. In Vegetationstabellen erschweren Zusätze zu den Ziffern aber die Übersicht und benötigen außerdem mehr Platz. Wenn man solche Zusätze macht, sollte man konsequenterweise 2 m besser in 1 m umbenennen, um wieder Übereinstimmung mit der Deckungsgrad-Skala zu bekommen. Auch der Mittelwert würde dann niedriger angesetzt. Da 1 m und 2 b sich durch höhere Individuendichte auszeichnen, kann man sie ohne Zusatz durch Unterstreichung hervorheben.

Danach ergibt sich folgende Einteilung (die Mittelwerte für r und + sind willkürlich festgelegt). Bei Keimlingen wird oft statt der Menge nur das Vorkommen mit „K" angegeben (s. 5.1.3). Findet man nur noch Pflanzenreste, ohne die Artmächtigkeit abschätzen zu können, kann man „v" (= vorhanden) einsetzen.

Einen Vergleich verschiedener Skalen zeigt Abb. 75. Eine Übersicht geben auch KÜCHLER & ZONNENVELD (1988, S. 62).

Quantitative Werte für Arten, die außerhalb der eigentlichen Aufnahmefläche, aber noch im selben Bestand vorkommen, werden in runde Klammern gesetzt. Arten, die außerhalb des aufgenommenen Bestandes wurzeln, aber in diesen hineinragen (z. B. Baumäste an Waldrändern), können mit erfaßt werden. Die Namen und/oder die Skalenwerte werden durch eckige Klammern kenntlich gemacht.

5.2.5 Praktische Geländearbeit

Für die Schätzung von Dominanz oder Artmächtigkeit muß man sich die Aufnahmefläche gedanklich in die verschiedenen Stufen aufteilen. Ebenfalls gedanklich werden alle Individuen oder Sprosse einer Sippe zusammenge-

Artmächtigkeit

	Deckung%		Individuen (Sprosse)	Mittelwert
r	– 1		1, kleine Wuchsformen	0,1%
+	– 1		1– 5, kleine Wuchsformen	0,5%
1	– 5		6–50 Ex. (incl. 1–5 bei großen Wuchsformen)	2,5%
$\underline{1}$	– 5		> 50 Ex.	2,5%
2	5 –12,5	(1/20–1/8)	beliebig	8,8%
$\underline{2}$	12,5–25	(1/8 –1/4)	beliebig	20,0%
3	25 –50	(1/4 –1/2)	beliebig	37,5%
4	50 –75	(1/2 –3/4)	beliebig	62,5%
5	75 –100	(3/4 –1)	beliebig	87,5%

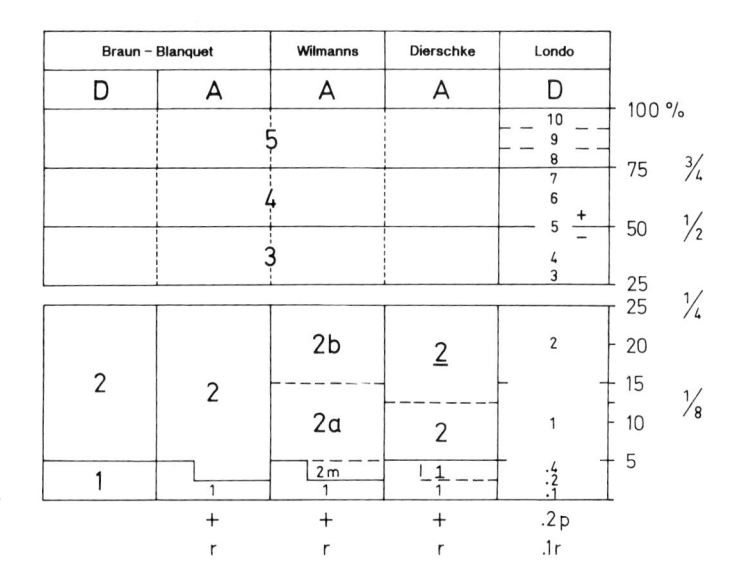

Abb. 75. Vergleich verschiedener Schätzskalen für Deckungsgrad (D) und Artmächtigkeit (A). Erläuterung im Text.

drängt und einer Skalenstufe zugeordnet. Je nach Blattform und -aufteilung ergeben sich unterschiedliche Erfahrungswerte. Zur bildlichen Darstellung eignen sich Umrißfotos mit definierten Flächenanteilen von Blättern. Ein Beispiel zeigt Abb. 76.

Allgemeiner lassen sich die Stufen durch Ausschneiden und Zusammenfügen von Flächen bestimmter Deckungsgrad-Muster abbilden. Eine solche Hilfstafel hat GEHLKER (1977) entwickelt (Abb. 77).

In der Praxis wird man nach einiger Übung ohne solche Hilfe zurechtkommen. Der Vorteil nicht zu feiner Skalenabstufung liegt in der raschen Datenerfassung. So ist z. B. die Braun-Blanquet-Artmächtigkeitsskala für syntaxonomische Vergleiche völlig ausreichend. Für die Auswertung in Vegetationstabellen (VI) sind eine größere Zahl weniger genauer Aufnahmen wertvoller als wenige, sehr differenzierte Erhebungen. Es ist z. B. oft unerheblich, ob eine Art mit 1 oder 2 angegeben ist. Unter diesem Aspekt ergibt eine rasche Schätzung meist keine Probleme.

Die Genauigkeit der Schätzung ist jedoch vom Ziel der Untersuchung abhängig. Will man etwa die kurzzeitige Vegetationsentwicklung auf einer Dauerfläche verfolgen, sind genauere Schätzskalen unbedingt zu empfehlen, oft sogar genaue Prozent-Schätzungen.

Selbst bei groben Skalen sind Schätzfehler kaum ganz auszuschließen. So gibt es bestimmte Fehler, die auf optischer Täuschung beruhen: Viele kleine Teile werden gegenüber wenigen großen leicht überschätzt, auch helle Formen vor dunklem Umfeld gegenüber dunklen auf hellem Grund. Blühende Sippen werden meist höher eingeschätzt (da besser sichtbar) als nichtblühende, ebenfalls durch Form und Farbe besonders auffällige oder auch seltene Arten. Ein genereller Fehler entsteht durch schräge statt senkrechte Blickrichtung, die sich bei größeren Aufnahmeflächen kaum vermeiden läßt. Hierdurch erscheint der Deckungsgrad höher als er wirklich ist (Kulisseneffekt).

Bei wiederholter Aufnahme von Dauerflächen kann der Wechsel des Bearbeiters schon einen leichten Bruch bedeuten, da sich subjek-

Abb. 76. Schätzskalen zur Erfassung der Blattflächen-Deckungsgrade von Wiesenpflanzen (aus GEYGER 1964). Von oben: *Filipendula ulmaria, Taraxacum officinale, Ranunculus repens, Trifolium repens.*

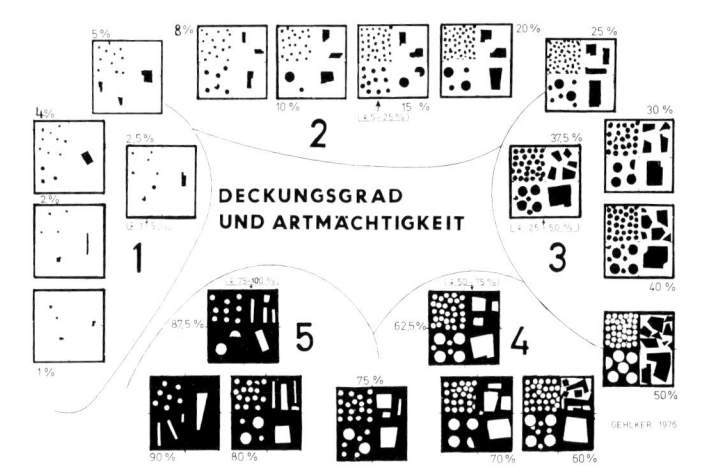

Abb. 77. Hilfstafel zur Schätzung von Deckungsgrad und Artmächtigkeit (nach GEHLKER 1977, leicht verändert). Die großen Ziffern entsprechen der Braun-Blanquet-Skala, die kleinen geben Deckungsprozente in feiner Abstufung an.

tive Schätzfehler dann besonders bemerkbar machen. Die Zuverlässigkeit der Daten steigt mit abnehmender Genauigkeit der Schätzskala. Die Braun-Blanquet-Skala liegt hier auf einem guten Mittelplatz, ohne eine oft nicht erfüllbare Genauigkeit vorzutäuschen (s. WILMANNS & BOGENRIEDER 1986).

Schließlich muß noch einmal eine gute Artenkenntnis als unbedingte Voraussetzung erwähnt werden. Daß selbst bei geübten Fachleuten solche Probleme auftauchen, zeigt ein Versuch in Stolzenau (TÜXEN 1972a). Dort ergaben Grünlandaufnahmen von elf Pflanzensoziologen auf derselben Fläche bereits große Unterschiede in der Artenzahl. Allerdings erfolgte die Aufnahme im April in einer noch ungünstigen Entwicklungsphase. Die Grünlandexperten waren hier gegenüber anderen deutlich im Vorteil.

Probleme der Artenkenntnis bestehen vor allem bei den Kryptogamen. Hier macht sich oft in Aufnahmen und Tabellen der unterschiedliche Kenntnisstand besonders stark bemerkbar. Auf jeden Fall ist bei der Verwendung fremder Aufnahmen immer eine gewisse Skepsis und kritische Durchsicht angebracht.

5.2.6 Frequenz

Da die Deckungsgrad- und Artmächtigkeitsschätzung nicht frei von Fehlern ist, wird als objektivere Methode die Frequenzbestimmung (nach RAUNKIAER 1913) vorgeschlagen. Frequenz ist ein Maß für die Häufigkeit und Verteilung (Dichte; s. IV 6.2.3) der Individuen einer Art auf einer Fläche. Zur Bestimmung werden in einem homogenen Bestand Kleinquadrate oder Kreise definierter Größe und Anzahl systematisch oder nach Zufall verteilt. Für jede Teilfläche wird eine Artenliste aufgenommen, eventuell mit Kennzeichnung vorherrschender Arten. Die Frequenz einer Art ist die Zahl ihrer Vorkommen. Meist wird der Frequenzgrad als prozentuales Vorkommen errechnet.

Auch bei dieser Methode muß eine subjektive Auswahl der Aufnahmeflächen (s. 3) erfolgen. Die Unsicherheit einer Schätzung von Quantitäten wird lediglich durch die klarere Frequenzbestimmung ersetzt.

Die Größe der Teilflächen ist abhängig vom Bestandestyp. In artenreichen Beständen mit vielen kleinwüchsigen Arten (z. B. Grünland) sind 0,1–0,5 m² brauchbar, in Beständen mit großen Wuchsformen (z. B. Krautschicht von Wäldern) eignen sich 1–4 m², Gehölze benötigen bis zu 100 m² oder mehr. Für Kryptogamen-Bestände sind sehr kleine Teilflächen (0,01–0,1 m²) notwendig. Mit steigender Flächengröße nimmt der Anteil hochfrequenter Arten zu (s. Tabelle 8).

Vergleichbar sind nur Frequenzbestimmungen mit gleicher Größe der Teilflächen. Auch

Tab. 8. Frequenzbestimmung mit verschiedenen Flächengrößen (nach DU RIETZ 1930, S. 408)

	1 dm²	4 dm²	25 dm²
Empetrum nigrum	100	100	100
Avenella flexuosa	64	84	100
Vaccinium myrtillus	47	80	100
Vaccinium vitis-idaea	15	48	100
Trientalis europaea	7	24	75
Linnaea borealis	3	12	50
Melampyrum pratense	1	4	25

ihre Anzahl sollte möglichst gleich sein. Für eine rasche Berechnung des Frequenzgrades kann man 10, 25, 50 oder 100 Teilflächen verwenden.

Die Frequenzmethode hat eine Reihe von Vorteilen gegenüber Schätzverfahren:
– Die Aufnahme von Kleinflächen schärft den Blick für Feinheiten der Struktur.
– Sehr kleinwüchsige, seltene Arten (bes. Kryptogamen) werden leichter erfaßt.
– Größere Objektivität gegenüber Schätzungen.
– Gute Reproduzierbarkeit durch einheitliche Grundbedingungen.

Diesen Vorteilen stehen aber auch etliche Nachteile entgegen:
– Die Frequenzmethode ist vorwiegend für die Kraut- und Kryptogamenschicht brauchbar.
– Seltene Arten werden möglicherweise nicht erfaßt, da der Bestand nicht flächendeckend untersucht wird. Dies gilt besonders für artenreiche Gesellschaften.
– Bei Vernachlässigung der Dominanz können locker verteilte, wenig deckende und vorherrschende Arten gleiche Frequenz haben.
– Die Resultate sind abhängig von Anzahl und Größe der Teilflächen.
– Frequenzbestimmungen erfordern hohen Zeitaufwand, vor allem in artenreichen Beständen. Er ist etwa dreimal höher als bei einer Braun-Blanquet-Aufnahme (BARKMAN in TÜXEN 1972).

Die Frequenzmethode wird seit langem in Skandinavien (besonders Uppsala-Schule; s. auch VII 9.2.1.3) angewendet. Für die dort herrschenden artenarmen Bestände erfordert sie relativ wenig Zeit und schärft den Blick für Feinheiten der oft wichtigen Kryptogamenschicht. Auch in angloamerikanischen Arbeiten wird sie gerne als relativ objektive Methode benutzt. In artenreichen Beständen Mitteleuropas ist sie sehr zeitaufwendig und wird schon deshalb wenig gebraucht. NEITE (1988) vergleicht Braun-Blanquet-Aufnahmen von Wäldern mit Kleinflächen von 1×1 m². In 14 Braun-Blanquet-Aufnahmen (je 400–1500 m²) wurden 62 Arten erfaßt, bei je 20 Kleinquadraten nur 48 (77%).

Eine Darstellung der Ergebnisse geschieht zunächst in Tabellen. Aus ihnen sind die Frequenzprozente rasch bestimmbar. Sie werden meist weiter in Klassen von je 10 oder 20% zusammengefaßt. Hieraus lassen sich Frequenzdiagramme erstellen, die angeben, wieviele Arten in jeder Klasse vorkommen. Sie erlauben

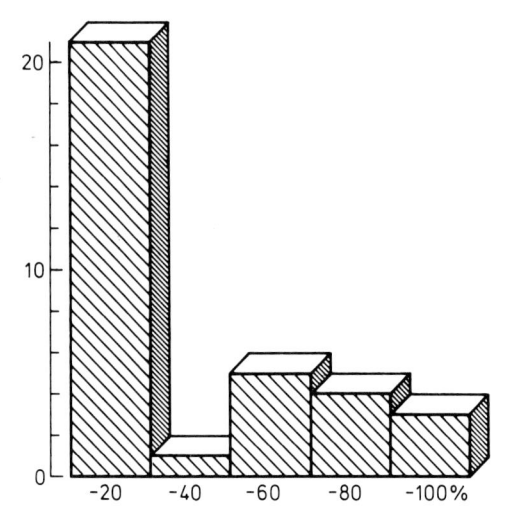

Abb. 78. Frequenzdiagramm aus Tabelle 9. Die Verteilung der Frequenzklassen deutet auf einen wenig homogenen Bestand hin.

Schlüsse auf die Homogenität der Bestände (IV 8.1): Sehr homogene Bestände haben einen hohen Anteil hochfrequenter Arten, daneben meist eine Reihe mit niedrigster Frequenzklasse. In weniger homogenen Beständen sind mittlere bis niedrige Klassen vorherrschend.

Tabelle 9 zeigt ein Beispiel für einen artenreichen Buchenwald. Die Artenzahl in den 20 1×1 m²-Quadraten schwankt zwischen sechs und 16. Die Gesamtartenzahl liegt bei 34. Eine Braun-Blanquet-Aufnahme auf derselben Fläche ergab 67 Arten. Dies zeigt, daß 20 Frequenzbestimmungen bei weitem nicht ausreichen. Hierauf beruht teilweise auch das recht inhomogen erscheinende Frequenzdiagramm (Abb. 78). Tabelle 10 vergleicht die Resultate unterschiedlicher Quadratgrößen. Bei geringer Fläche bzw. bei Punkten werden höhere Frequenzklassen kaum erreicht. Vermutlich sind selbst 1 m²-Flächen für eine sachgerechte Analyse zu klein.

5.2.7 Punkt-Methode

Eine Verfeinerung der Frequenzbestimmung ist die Punkt-Methode (point quadrat, point frequency, point intercept method). Bei zunehmender Verkleinerung von Teilflächen gelangt man schließlich zu Einzelpunkten. Für jeden Punkt wird eine Artenliste erstellt.

Diese Methode wurde in Neuseeland für Wiesenbestände entwickelt und wohl erstmals bei

Tab. 9. Frequenz-Bestimmungen in der Krautschicht eines Kalkbuchenwaldes (20 Teilflächen von 1 m²).
D = vorherrschend

Nr.	1	2	3	4	5	6	7	8	9	10	11	12	13	14	15	16	17	18	19	20	Frequenz	
Anemone nemorosa	x	x	x	x	x	x	x	x		x	x	x	x	x	x	x	x	x	x	x	19	95%	V
Acer pseudoplatanus	x	x	x	x	x	x	x			x		x	x	x	x	x	x	x	x	x	18	90	V
Fraxinus excelsior	x		x	x	x	x	x		x	x	x	x	x	x	x	x	x	x	x	x	18	90	V
Galium odoratum	x		x	x	x	x		x	x	x	x	x	x	x		x	x	x	x	x	16	80	IV
Viola reichenbachiana	x	x	x	x	x			x	x		x	x	x	x	x	x	x	x	x		15	75	IV
Lamiastrum galeobdolon	x	x	x	x	x	x	x					x	x	x		x	x	x	x	x	13	65	IV
Hedera helix			x	x	x			x					x	x	x	x	x	x	x		13	65	IV
Melica uniflora		x		D		D	D	x	x	x		D	x		x	x	x	x			11	55	III
Milium effusum	x		x		x	x	x			x	x			x	x	x	x	x		x	11	55	III
Mercurialis perennis	D	x		x	x	x			x	x	x										9	45	III
Oxalis acetosella	x		x	x					x	x				x	x	x	x				9	45	III
Lathyrus vernus				x	x			x				x	x	x	x	x		x	x		9	45	III
Acer platanoides	x	x					x			x										x	8	40	II
Geranium robertianum			x	x			x				x	x	x								4	20	I
Vicia sepium		x	x				x	x													4	20	I
Hordelymus europaeus														x	x				x	x	4	20	I
Ranunculus auriconus		x							x						x						3	15	I
Fragaria vesca		x										x				x					2	10	I
Crataegus spec.		x																	x		2	10	I
Fagus sylvatica			x													x					2	10	I
Geum urbanum					x										x						2	10	I
Lonicera xylosteum								x											x		2	10	I
Dentaria bulbifera									x	x											2	10	I
Carpinus betulus																x		x			2	10	I
Galeopsis tetrahit		x																			1	5	I
Ranunculus ficaria			x																		1	5	I
Pulmonaria obscura			x																		1	5	I
Moehringia trinervia			x																		1	5	I
Ranunculus lanuginosus			x																		1	5	I
Sambucus nigra					x																1	5	I
Arum maculatum					x																1	5	I
Euphorbia amygdaloides					x																1	5	I
Ulmus glabra																		x			1	5	I
Festuca altissima																				x	1	5	I
Artenzahl	10	13	16	12	13	8	10	9	9	10	7	9	9	11	10	13	10	11	10	9			

Gesamtartenzahl: 34
Braun-Blanquet-Aufnahme: 67

Tab. 10. Vergleich der Frequenzbestimmung in einem Kalkbuchenwald mit unterschiedlicher Quadratgröße.

		Summe der Artenzahl		Artenzahl der Frequenzstufen				
	Anzahl	Arten	pro Fläche	–20	–40	–60	–80	–100%
1 m²	25	26	8,8	10	6	3	1	4
	25	25	7,9	13	3	5	2	2
	25	22	8,8	9	6	2	2	3
	25	24	8,2	11	7	1	1	4
	25	29	6,9	19	4	3	1	2
x̄		25	8,1	12	5	3	1	3
0,1 m²	50	22	4,2	18	1	.	1	2
	50	19	3,4	14	2	1	2	.
	50	17	4,1	12	2	.	1	2
	50	24	4,3	18	2	1	2	1
	50	28	4,3	23	2	1	.	2
x̄		22	4,1	17	2	1	1	1
Punkte	100	20	1,5	18	1	1	.	.
	100	17	1,4	15	1	1	.	.
x̄		19	1,5	17	1	1	0	0

Abb. 79. Originalrahmen mit Nadeln für die Punkterfassung von COCKAYNE und LEVY (aus DU RIETZ 1930).

DU RIETZ (1930) publiziert. Entlang von Linien oder nach Zufall verteilt werden in bestimmtem oder regelmäßigem Abstand Nadeln in den Boden gesteckt und alle Pflanzen notiert, die von der Nadel durchbohrt werden oder sie berühren (s. Abb. 79). Bei engen Zwischenräumen ergibt die Punktfrequenz ein sehr feines Abbild der Horizontalstruktur, insbesondere der Dichte und Verteilung von Pflanzen oder Pflanzenteilen. Bei Höhenmarkierungen an den Nadeln läßt sich dieses Bild auf die Vertikalstruktur ausdehnen (s. auch BARKMAN 1988).

Der Arbeitsaufwand dieser Methode ist außerordentlich hoch. Für einen Rasen mittle-

Tab. 11. Vergleich notwendiger Punkt-Erfassungen in bezug zur jeweils erfaßten Artenzahl (aus KNAPP 1983)

	Eichen-Hainbuchen-Wald	Rasen
Untersuchungsfläche	400 m²	50 m²
Gesamtartenzahl GAZ	40	22
Erforderliche Punktzahl zur Erfassung von Prozenten der GAZ		
30%	680	90
60%	2 670	440
90%	9 060	2 250

rer Artenzahl sind mehr als 2000 Punkte notwendig (KNAPP 1971; Tabelle 11). Seltene Arten werden erst bei sehr hoher Punktzahl sicher erfaßt. Auch die Dicke der Nadeln ist für das Ergebnis mit ausschlaggebend (KUBIKOVÁ & REJMÁNEK 1973).

Einen Ausbau der Methode verdanken wir mehreren Franzosen (P & J. POISSONET 1969, LONG et al. 1970). Sie haben verschiedene Verfahren und Geräte zur Punktaufnahme entwickelt und Methodenvergleiche durchgeführt. So werden nicht nur alle Sippen erfaßt, die eine Nadel (oder ein Metallbajonett; s. Abb. 80) berühren, sondern auch die Anzahl der Berührungen festgestellt. Auch der Zeitbedarf ist genauer angegeben: Die Erfassung von 289 Punkten auf einer 4×4 m²-Parzelle erfordert zwölf Stunden bei gleichmäßiger, 16 Stunden bei Zufallsverteilung. Für eine optimale Bearbeitung dieser Fläche schätzt man 4000 bis 8000 Punkte, ausgehend von 56 Arten.

Die genannten Autoren geben u. a. folgende Auswertungsmöglichkeiten für einzelne Arten an:
– Relative Frequenz (= Frequenzgrad); bei ausreichender Punktzahl ergeben sich Beziehungen zum Deckungsgrad.
– Anteil der Punktkontakte (in Prozent der Kontakte aller Arten); er zeigt Beziehungen zur Raumausfüllung (Bio-Volumen). Eine Anwendung für die Biomassebestimmung unter Vermeidung von Vegetationszerstörungen beschreibt JONASSON (1983).

Ein Vorteil dieser Methode liegt neben der feinen Bestandesauflösung auch darin, daß schwer unterscheidbare oder sehr unauffällige Arten leichter erkannt und quantifiziert werden können. Für sehr detaillierte Strukturanalysen (z. B. HEIL 1988), aber auch z. B. für genaue Sukzessionsuntersuchungen auf kleinen Flächen (POISSONET et al. 1981, STAMPFLI 1991) ist die Punkt-Methode sehr gut brauchbar, wenn genügend Zeit zur Verfügung steht. Eine Annäherung ist auch durch Frequenzbestimmungen mit sehr kleinen Quadraten möglich.

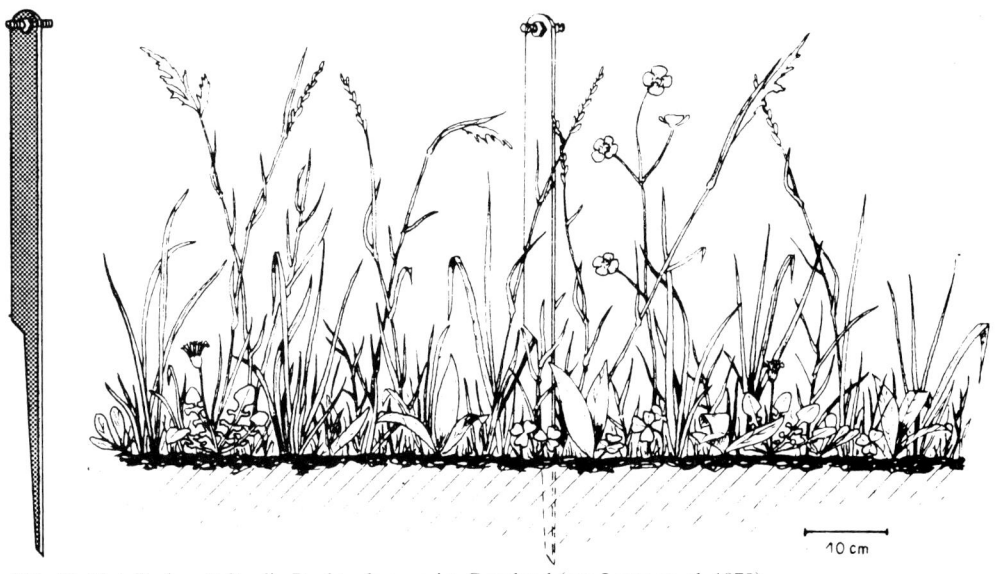

Abb. 80. Metallbajonett für die Punkterfassung im Grünland (aus LONG et. al. 1970).

5.2.8 Biomasse-Anteile

Für die genaue Bestimmung der Biomasse-Anteile wird die Erntemethode verwendet. Charakteristische Flächenteile eines Bestandes werden abgeschnitten und nach Arten sortiert. Durch Wiegen wird der absolute und relative Anteil festgestellt. Dieses aufwendige Verfahren, das zudem mit starker Störung des Bestandes einhergeht (destruktives Verfahren), ist für pflanzensoziologische Untersuchungen nicht brauchbar, wohl aber eine wichtige Grundlage für ökologische Fragestellungen.

Besonders bei Grünlandsoziologen wird seit langem ein Schätzverfahren zur Bestimmung der Biomasse-Anteile der Arten verwendet (s. KLAPP 1965, S. 134, BRIEMLE 1992). Zunächst wird eine vollständige Artenliste des Bestandes erstellt. Es folgt eine Schätzung der Massenprozente leicht erkennbarer Artengruppen, z. B. Gräser, Leguminosen, Hochstauden, übrige Arten. Schließlich werden innerhalb dieser Gruppen die Prozentanteile der einzelnen Arten geschätzt. Da die Summe 100% ergeben muß, sind Korrekturen leicht durchführbar. Dieses Schätzverfahren erfordert wesentlich mehr Übung als die Deckungsgrad- und Artenmächtigkeits-Schätzung. Die Einarbeitung und Kontrolle geschieht über die Erntemethode auf Teilparzellen.

Biomasse-Schätzungen ergeben nur teilweise vergleichbare Werte zu anderen Methoden. Bezugspunkt ist jeweils die Gesamtmasse eines Bestandes. Sowohl durch starke Überlappung der Pflanzen als auch bei sehr lockerer Vegetation können z. B. Massenprozente und Deckungsgrade sehr unterschiedlich sein.

5.2.9 Andere quantitative Methoden

In pflanzensoziologischen Arbeiten wird vorwiegend die Braun-Blanquet-Methode, oft heute in verfeinerter Form, angewandt. Andere Methoden haben bestenfalls ergänzenden Charakter. In weiten Teilen der Erde hat sich das pflanzensoziologische Aufnahmeverfahren durchgesetzt (s. II).

Eine deutliche Ausnahme bildet bis heute Nordamerika, ein Gebiet mit langer vegetationskundlicher Tradition. Hier werden meist andere, oft aufwendigere Methoden verwendet, die aber z. T. vorwiegend für Gehölze anwendbar sind. Hier erscheinen nähere Erläuterungen nicht notwendig. Beispiele vermitteln die Bücher von MUELLER-DOMBOIS & ELLENBERG (1974) sowie KNAPP (1984).

5.3 Erweiterte Datensammlung

Neben den in einer Aufnahme zu erfassenden Bestandesmerkmalen können weitere Daten für die spätere Auswertung nützlich sein.

Die Strukturbeschreibung läßt sich durch eine Skizze, z. B. durch einfache Vegetationsprofile ergänzen (s. IV 5.4.2), entweder nur für einen Bestand oder für eine ganze Abfolge (z. B. an einem Hang). Von charakteristischen Beständen oder Teilen sollten außerdem Fotos gemacht werden.

Die enge Beziehung von Vegetation und Boden kann durch Berücksichtigung einfacher Bodenmerkmale erfaßt werden. Organische Auflage, Humusform, Tiefe des A_h-Horizontes, Bodenart sind z. B. leicht feststellbar. Wenn genügend Zeit zur Verfügung steht, gibt die Aufnahme des Bodenprofils (mit Wurzelstruktur) wichtige Ergänzungen. Auch hierfür stehen standardisierte Verfahren zur Verfügung (ARBEITSKREIS STANDORTSKARTIERUNG 1980, BENZLER et al. 1982).

Bei Gesellschaftsbeschreibungen für ein Gebiet sollten zumindest am Schluß der Arbeit, wenn die Vegetationstypen feststehen, in einigen charakteristischen Beständen die Böden etwas eingehender untersucht werden. Zur Vertiefung ist der Säuregrad des Bodens grob mit pH-Papier im Gelände oder genauer im Labor feststellbar (möglichst in mehreren Horizonten). Andere bodenchemische Kenndaten erfordern höheren Analysenaufwand und sind meist für rein pflanzensoziologische Arbeiten nicht notwendig (s. hierzu SCHLICHTING & BLUME 1966, STEUBING & FANGMEIER 1992).

Je nach Ziel der vegetationskundlichen Untersuchung wird man dem einen oder anderen Merkmal von Bestand und Boden mehr Gewicht geben. Außerdem ist die Aufnahmemethode beliebig auf weitere Fragestellungen ausweitbar. Jeder Arbeit sollten daher gründliche Überlegungen über die notwendigen Daten und die Form ihrer Erhebung vorausgehen.

6 Beispiele einer Braun-Blanquet-Aufnahme

In der Praxis pflanzensoziologischer Geländearbeit hat sich das Aufnahmeverfahren nach BRAUN-BLANQUET weithin durchgesetzt. Keine andere Methode ergibt in kurzer Zeit mehr an

Information über einen Bestand und ist universeller anwendbar. Nur bei sehr feiner Strukturanalyse benötigt man weitere Detailuntersuchungen, die sich aber teilweise mit der Braun-Blanquet-Methode verbinden lassen (s. IV). Der Zeitbedarf für zunehmende Verfeinerung der Aufnahme steigt exponentiell an.

Sowohl für die Geländearbeit als auch für die spätere Auswertung ist es ratsam, sich ein Aufnahmeformular anzufertigen, in dem nacheinander alle wichtigen Punkte erfragt werden. Hierdurch werden Fehler vermieden, da man bei vielen Aufnahmen sonst leicht etwas vergißt. Auch die Zusammenarbeit mehrerer Pflanzensoziologen wird erleichtert. Eine Sammlung von Einzelblättern läßt sich später leichter verarbeiten. Die immer gleiche Reihenfolge der Daten ist günstig für EDV-Auswertung.

Aufnahme eines Waldbestandes:
Unser erstes Beispiel stammt aus einem Buchenwald (Abb. 81). Der Termin kurz nach vollem Austrieb der Bäume erlaubt eine komplette Aufnahme in einem Durchgang.

Nach Auswahl einer homogenen Fläche und ihrer vorläufigen Abgrenzung wird zunächst der Aufnahmekopf ausgefüllt. Da die syntaxonomische Einordnung ein Ziel der späteren Auswertung sein soll, wird der Bestand vorerst nur allgemein als „Artenreicher Buchenwald" bezeichnet. Das Bestandesalter ist geschätzt. Die weiteren Angaben ergeben sich aus Karten oder durch direkte Beobachtung. Die Lage der Fläche wird außerdem in einer Karte (1:10000) möglichst genau eingetragen. Die zugehörigen Koordinaten können später am Schreibtisch nachgetragen werden. Vielfach verbessert eine Lageskizze auf der Rückseite das Wiederfinden der Fläche. Eine genauere ökologische Standortsansprache erscheint zunächst nicht notwendig. Weitere Bemerkungen kommen gegebenenfalls auch auf die Rückseite.

Die eigentliche Bestandesanalyse beginnt mit Erfassung der Vertikalstruktur. Für alle Schichten (eventuell auch die Laubschicht 0) wird der Deckungsgrad grob in Prozent geschätzt, für Gehölzschichten auch die Wuchshöhe. Es folgt die Erstellung der Artenliste, getrennt nach Schichten. Mindestens alle Gefäßpflanzen sollen enthalten sein. Der Jungwuchs der Gehölze wird gleich extra gruppiert. Etwa $2/3$ der Pflanzen sind vom Rande der Fläche ansprechbar. Der Rest findet sich bei genauerem Suchen, wobei die Struktur der Krautschicht möglichst wenig gestört werden darf. Ist dies nicht möglich, werden die Artmächtigkeiten der leicht erkennbaren Pflanzen vorweg geschätzt. Nach einiger Zeit ist das Artenspektrum der Fläche erschöpft. Zur Überprüfung, ob die gewählte Flächengröße ausreicht, wird die unmittelbare Umgebung ergänzend abgesucht, wobei auf Homogenität zu achten ist. Erst danach kann die Größe der Aufnahmefläche im Aufnahmekopf (hier 15×20 m^2) endgültig eingetragen werden. Arten, die etwas weiter entfernt, aber noch im selben Bestandestyp vorkommen, lassen sich unter Vorbehalt ergänzen. Ihre Artmächtigkeit wird in runde Klammern gesetzt (hier: *Arum maculatum, Daphne mezereum*). Solche Daten können bei der späteren Auswertung weggelassen werden, wenn sie sich als deutliche Abweichungen vom erkannten Typus erweisen.

Zum Schluß wird die quantitative Bewertung der Arten vorgenommen, hier die Bestimmung der Artmächtigkeit nach der etwas veränderten Braun-Blanquet-Skala (s. 5.2.4). Bei artenreichen Beständen kann man unterschiedlich vorgehen:
– nach Reihenfolge der Arten in der Liste;
– nach Dominanz: zunächst die vorherrschenden Arten (hier z. B. alle mit 3 oder 2). Für den Rest bleibt dann nur noch 1 oder + (r);
– nach Artengruppen: z. B. zuerst die Grasartigen, dann die Kräuter (besonders im Grünland).

Für die Schätzung wird die Fläche gedanklich in Teile zerlegt. Man fragt, ob Arten z. B. mehr als 75, 50 oder 25% einnehmen (s. auch Abb. 77). Eine Aufteilung in 25%-Stufen ($3/4$, $1/2$, $1/4$ der Fläche) ist leicht vorstellbar. So sind die Dominanten rasch erkannt. Über 25% Deckung hat hier nur *Anemone nemorosa*. Auffällig sind außerdem Sproßgruppen von *Mercurialis perennis* und *Lamiastrum galeobdolon*. Hier wird deshalb auch die Soziabilität 3 mit vermerkt, sonst aber weggelassen (s. IV 6.2.2). Deutlich höheren Deckungsgrad haben noch *Asarum europaeum* und *Fraxinus*-Jungpflanzen (über 12,5%). Die meisten Arten liegen im Bereich unter $1/8$. Schon bei der Erstellung der Artenliste merkt sich der geübte Pflanzensoziologe die etwas häufigeren bzw. ganz vereinzelten Pflanzen, so daß die Bewertung hinterher sehr rasch geht. Arten, die man erst nach längerem Suchen findet und die somit am Ende der Liste stehen, bekommen meist alle nur ein Kreuz oder r. *Allium ursinum* zeigt in unserem Bestand deutlich Kümmerwuchs.

Schwierigkeiten bereitet dem Anfänger häufig die Entscheidung zwischen 1 und +. Die Anweisung + = 1–5 Individuen, unter 5% Dekkung, kann nur als grobe Richtlinie gelten. Arten mit großer Wuchsform wird man auch bei wenigen Exemplaren den Wert 1 geben. Für die Auswertung ist die Unterscheidung von + und 1 aber meist unerheblich. Dies gilt noch mehr für r und +. Klar definiert ist erst die Grenze 1–2 über die Deckungsgrad-Grenze 5%.

Aus Gründen besserer Übersicht werden die Artmächtigkeiten vor die Pflanzennamen gesetzt, so daß sie als Kolonne untereinander stehen. So läßt sich z. B. am Ende leicht überschlagsweise kontrollieren, ob eine Aufsummierung der Einzelwerte etwa der Schätzung für die gesamte Schicht entspricht. Ist die Summe zu niedrig, liegt sicher ein Fehler vor. Ist sie wesentlich höher, kann dies an stärkerer Überlappung der Arten liegen, aber auch an ungleichmäßiger Mengenverteilung innerhalb einer Skalenstufe (z. B viele Arten mit knapp über 5% = Stufe 2). Mehrfaches Vorkommen der Stufen 3, 4 oder 5 beruht oft auf Überschätzungen.

Abschließend werden gegebenenfalls zusätzliche, vor allem ökologische Merkmale aufgenommen (s. 5.3). Erfordert der Bestand einen zweiten Aufnahmedurchgang (s. 2), muß die Flä-

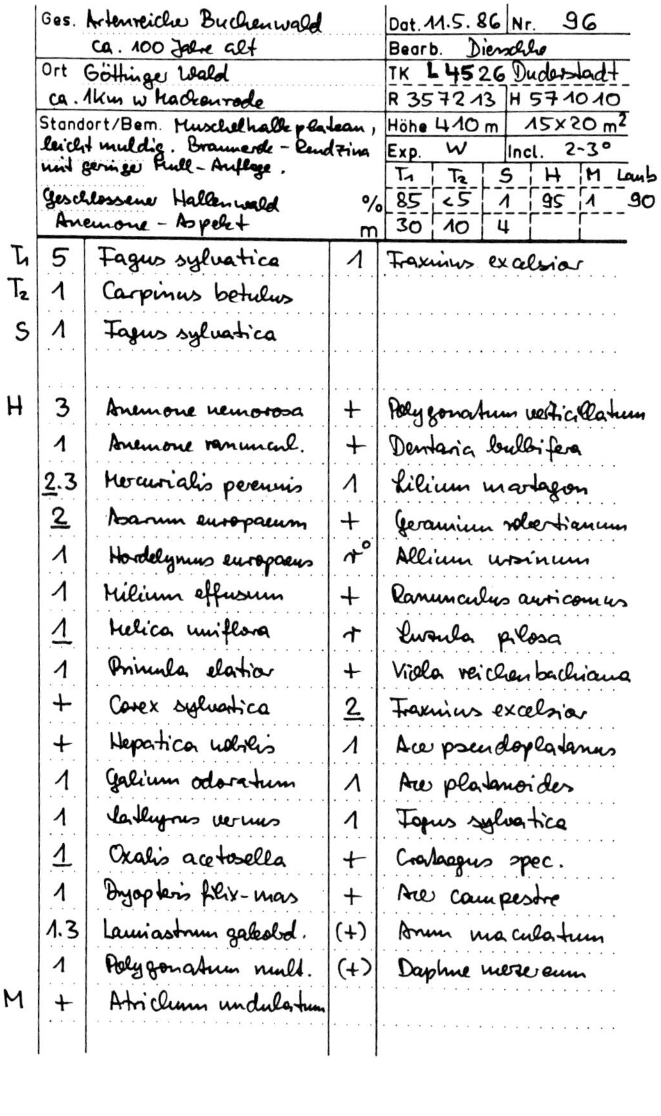

Ges. Artenreicher Buchenwald ca. 100 Jahre alt | Dat. 11.5.86 | Nr. 96
Bearb. Dierschke
Ort Göttinger Wald ca. 1 km w Mackenrode | TK L 4526 Duderstadt
R 3572 13 | H 57 10 10
Standort/Bem. Muschelkalkplateau, leicht muldig. Braunerde – Rendzina mit geringer Mull-Auflage. | Höhe 410 m | 15 × 20 m²
Exp. W | Incl. 2–3°
Geschlossener Hallenwald, Anemone-Aspekt

	T1	T2	S	H	M	Laub
%	85	<5	1	95	1	90
m	30	10	4			

T1	5	Fagus sylvatica	1	Fraxinus excelsior
T2	1	Carpinus betulus		
S	1	Fagus sylvatica		
H	3	Anemone nemorosa	+	Polygonatum verticillatum
	1	Anemone ranuncul.	+	Dentaria bulbifera
	2.3	Mercurialis perennis	1	Lilium martagon
	2	Asarum europaeum	+	Geranium robertianum
	1	Hordelymus europaeus	r°	Allium ursinum
	1	Milium effusum	+	Ranunculus auricomus
	1	Melica uniflora	r	Luzula pilosa
	1	Primula elatior	+	Viola reichenbachiana
	+	Carex sylvatica	2	Fraxinus excelsior
	+	Hepatica nobilis	1	Acer pseudoplatanus
	1	Galium odoratum	1	Acer platanoides
	1	Lathyrus vernus	1	Fagus sylvatica
	1	Oxalis acetosella	+	Crataegus spec.
	1	Dryopteris filix-mas	+	Acer campestre
	1.3	Lamiastrum galeobd.	(+)	Arum maculatum
	1	Polygonatum mult.	(+)	Daphne mezereum
M	+	Atrichum undulatum		

Abb. 81. Aufnahme eines Kalkbuchenwaldes. Erläuterung im Text.

che möglichst genau und dauerhaft markiert werden (z. B. mit Farbtupfern oder Bändern an einigen Baumfüßen).

Eine solche Vegetationsaufnahme erfordert bei einem geübten Praktiker 30 Minuten oder weniger. Theoretisch könnte man so pro Tag 15–20 Aufnahmen machen. Allerdings sollte vor Übereifer gewarnt werden. Bei einer Folge von Aufnahmen in ähnlichen Beständen schleichen sich nach und nach Fehler ein, vor allem durch Weglassen einzelner Arten, die man zuvor bereits mehrfach notiert hat. Auch die notwendige hohe Aufmerksamkeit läßt nach. Jeder muß selbst seine Belastbarkeit in dieser Hinsicht erproben.

Aufnahme eines Grünlandbestandes: Als zweites Beispiel zeigt Abb. 82 die Aufnahme einer Viehweide. Im Grünland empfiehlt sich zur besseren Übersicht eine Gruppierung in Grasartige und Kräuter. Sie zwingt auch dazu, zunächst die weniger leicht erkennbaren Gräser genau anzusprechen.

Neben der Artmächtigkeit ist hier durchgehend auch die Soziabilität angegeben. Der Aufnahmekopf ist nicht ganz ausgefüllt, weil die Lage der Fläche in einer Grundkarte 1:5000 genau eingetragen wurde. In stärker strukturierten Wiesen können eventuell noch mehrere Teilschichten der Krautschicht unterschieden werden.

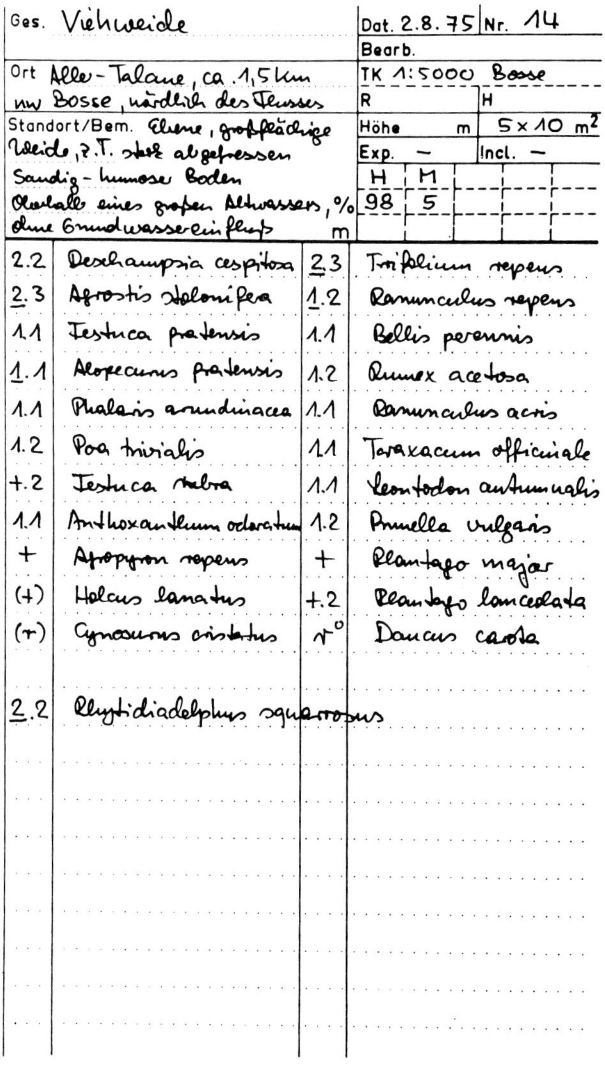

Ges. Viehweide — Dat. 2.8.75 — Nr. 14
Bearb.
Ort Alle-Talaue, ca. 1,5 km nw Bosse, nördlich des Flusses — TK 1:5000 Bosse — R — H
Standort/Bem. Ebene, großflächige Weide, z.T. stark abgefressen, Sandig-humoser Boden, Oberhalb eines großen Altwassers, ohne Grundwassereinfluß — Höhe m — 5 × 10 m² — Exp. – — Incl. –
H 98 % — M 5

2.2	Deschampsia cespitosa	2.3	Trifolium repens
2.3	Agrostis stolonifera	1.2	Ranunculus repens
1.1	Festuca pratensis	1.1	Bellis perennis
1.1	Alopecurus pratensis	1.2	Rumex acetosa
1.1	Phalaris arundinacea	1.1	Ranunculus acris
1.2	Poa trivialis	1.1	Taraxacum officinale
+.2	Festuca rubra	1.1	Leontodon autumnalis
1.1	Anthoxanthum odoratum	1.2	Prunella vulgaris
+	Agropyron repens	+	Plantago major
(+)	Holcus lanatus	+.2	Plantago lanceolata
(r)	Cynosurus cristatus	r°	Daucus carota
2.2	Rhytidiadelphus squarrosus		

Abb. 82. Aufnahme einer Viehweide. Erläuterung im Text.

7 Aufnahme von Kryptogamen-Beständen

Kryptogamen können als eigene Schicht zu Phanerogamen-Beständen gehören oder mehr eigenständige Gesellschaften bilden. Probleme von Synusien und Mikrogesellschaften werden unter IV 7.2.2 und VIII 7 behandelt. Ihre eigenständige Betrachtung oder Vernachlässigung beruht teilweise auf unterschiedlichen floristischen Kenntnissen der Bearbeiter. Manche Kryptogamen-Bestände erfordern zudem besondere Aufnahmemethoden.

Für Kryptogamen in Gefäßpflanzen-Beständen gilt, daß sie auf jeden Fall mit zu erfassen sind, wenn sie dasselbe Substrat (meist den Mineralboden oder die Streuauflage) besiedeln. Eingesprengte Mikrostandorte (Felsblöcke, Erdanrisse, morsches Holz u. a.) werden eher weggelassen bzw. getrennt aufgenommen. Solche Mikrogesellschaften gehören aber zum Ökosystem der Makrogesellschaft, können sogar teilweise sehr charakteristisch sein (s. SCHUHWERK 1986). Dies gilt erst recht für epiphytische Gesellschaften, die seit langem getrennt behandelt werden (BARKMAN 1958). Besondere methodische Probleme ergeben sich für die Pilze, die ebenfalls oft sehr eng an Gefäßpflanzen gebunden sind (s. Mycorrhiza: III 2.2.3.2), aber auch ganz spezielle Substrate besiedeln können.

7.1 Moos- und Flechtenbestände

Für die Aufnahme von Moosen und Flechten (Algen) bestehen grundsätzlich keine Unterschiede zu Phanerogamen. Lediglich der Betrachtungsmaßstab ist feiner, das Minimumareal kleiner (BARKMAN 1973). Allerdings werden teilweise etwas andere Schätzskalen verwendet (s. HERTEL 1974). WIRTH (1972) benutzt für Flechtenbestände die Skala von BARKMAN et al. (1964).

Selbst für epiphytische Bestände läßt sich die Braun-Blanquet-Methode gut verwenden (s. BARKMAN 1958, WILMANNS 1962). Allerdings erfordert die Auswahl homogener (oft sehr kleiner) Aufnahmeflächen viel Sorgfalt, Überlegung und gute Vorkenntnisse. Sie hängt z. B. ab von der Höhe über dem Boden, Stammexposition, Ober- oder Unterseite der Äste, Stammabfluß des Niederschlages, Art und Struktur der Borke u. a. Die bei BARKMAN (1958, S. 300ff.) angeführten Überlegungen haben auch für andere Moos- und Flechtbestände Gültigkeit.

Auch bei langlebigen Moosen und Flechten ist die Aufnahmezeit nicht unwichtig. Viele Arten zeigen nur bei guter Durchfeuchtung optimale Entwicklung, schrumpfen dagegen bei Austrocknung stark zusammen. Einige kurzlebige Moose kommen nur im Winter oder Frühjahr vor. Besonders Kryptogamen auf frischen bis zeitweise trockenen Standorten ergeben im Jahresverlauf recht unterschiedliche Bilder. Die günstigste Aufnahmezeit ist deshalb oft im Frühjahr und Herbst oder sogar im Winter.

Moose und Flechten in Gefäßpflanzen-Gesellschaften erfordern bei quantitativen Bewertungen besondere Überlegungen. Da sie oft fleckenhaft verteilt sind, ist es angebracht, die Soziabilität stärker zu berücksichtigen. Bei Verwendung der Artmächtigkeit ist die Individuen- bzw. Sproßzahl selbst kleinster Einsprengsel oft sehr hoch. In Relation zu den Phanerogamen sollte man deshalb auch für die unteren Teile der Schätzskala vorwiegend den Deckungsgrad verwenden.

7.2 Pilzbestände

Pilze sind wegen ihrer abweichenden (heterotrophen) Lebensweise, vor allem aber wegen großer floristisch-taxonomischer Probleme kaum in Vegetationsaufnahmen zu finden. Visuell lassen sich überhaupt nur die Makromyceten, und hier nur die Fruchtkörper erkennen; die Mikromyceten sind gar nicht sichtbar. Eine starke saisonale Periodizität und schwankende Fruchtkörperbildung von Jahr zu Jahr erschweren weiter die Erfassung.

Grundsätzlich ist wieder zu unterscheiden zwischen Pilzen auf dem Substrat der Bestände grüner Pflanzen und solchen auf speziellen Standorten.

Besondere Aufnahmemethoden für Pilze werden in zahlreichen Arbeiten beschrieben. Eine allgemein akzeptierte Grundlage gibt es bisher nicht. Zusammenfassungen und Literaturhinweise finden sich bei ARNOLDS (1981), BARKMAN (1987), BRAUN-BLANQUET (1964), WINTERHOFF (1984) und in Bibliographien von TÜXEN (1964, 1966).

Pilzaufnahmen erfordern einen hohen Zeitaufwand (s. u.). Deshalb können meist nur wenige Flächen von einem Bearbeiter parallel untersucht werden. Ihre Homogenität wird oft nach derjenigen der Gesamtvegetation und des

Standortes beurteilt. Die Pilze selbst sind nämlich oft nur sehr unregelmäßig und zerstreut vorhanden, zudem nicht alle gleichzeitig erkennbar.

Das Minimum-Areal für Pilze ist meist wesentlich größer als für die grünen Pflanzen. Als Richtwerte für Aufnahmeflächen gibt z. B. BARKMAN (1987) an:

    Hochmoor   20– 100 m^2
    Grasland   100– 500 m^2
    Wälder   1000–4000 m^2

Nach WINTERHOFF (1975b) sind für manche Rasen selbst 1000 m^2 noch nicht ausreichend. Als Kompromiß können aber allgemein 1000 m^2 als Obergrenze angesetzt werden (WINTERHOFF 1984).

Schon diese Flächengrößen zeigen, daß die normale Braun-Blanquet-Aufnahme eines Bestandes kaum mit einer Pilzaufnahme voll vergleichbar ist. Für letztere wählt man am besten charakteristische Flächen bekannter Vegetationstypen, um im nachhinein möglichst repräsentative Angaben über das Pilzinventar machen zu können. Zur längerzeitigen Erfassung müssen die Flächen dauerhaft markiert sein.

Für Mikrogesellschaften auf Spezialstandorten ergeben oft erst mehrere bis zahlreiche Kleinflächen zusammen ein vollständiges Bild. Entweder werden sie zu einer Aufnahme zusammengefaßt oder als (unvollständige) Einzelaufnahmen verglichen.

Fruchtkörper zeigen einen artspezifisch deutlichen phänologischen Rhythmus (Pilzaspekte) und sind oft nur kurze Zeit haltbar. Besonders zahlreich sind sie im Herbst, können aber auch zu allen anderen Jahreszeiten auftreten. Je nach Witterung gibt es gute und schlechte Pilzjahre; die Fruchtkörperzahl und auch das Auftreten überhaupt fluktuieren teilweise sehr stark. Eine halbwegs vollständige Pilzaufnahme ist deshalb erst bei häufigem Absuchen der Fläche im Jahresverlauf und über mehrere Jahre hinweg machbar. Als Richtwerte können Besuche alle zwei bis vier Wochen und über wenigstens zwei bis drei Jahre angesehen werden, die aber nur einen Kompromiß darstellen. Bei einiger Erfahrung läßt sich die Zahl der Besuche (z. B. nach der jahreszeitlichen Häufung von Aspekten) verringern. Eine sehr langzeitige Untersuchung ist nur in stabilen Pflanzengesellschaften (ohne stärkere Schwankung oder Sukzession) sinnvoll.

Alle erfaßten Pilze eines Aufnahmedurchganges werden markiert oder abgeschnitten, um eine doppelte Berücksichtigung zu vermeiden.

Viele Fruchtkörper müssen ohnehin zur genaueren Bestimmung mitgenommen werden. Nach ARNOLDS (1981) ist dieses destruktive Verfahren für die Pilze weitgehend unschädlich. In der Artenliste wird eine Gruppierung nach dem Substrat vorgenommen (s. Abb. 83). Insbesondere Pilze auf Sonderstandorten sind getrennt aufzuführen.

Für die quantitative Bewertung der Fruchtkörper werden meist Abundanz und Dichte verwendet. Die Fruchtkörper werden genau gezählt oder in Stufen geschätzt. Hierfür gibt es eine Reihe von Skalen (s. ARNOLDS 1981, WINTERHOFF 1984). Allerdings führen feinere Abstufungen eher zu Scheingenauigkeiten, da die Fruchtkörperzahl stark schwanken kann. JAHN et al. (1967), JAHN (1986) schlagen deshalb eine sachgerechtere, nur dreiteilige Abundanzskala vor.

Wegen der geringen, oft sehr zerstreuten Verbreitung ist die Schätzung des Deckungsgrades für Pilze wenig brauchbar. Eher kann man die Biomasse bestimmen. Wertvolle zusätzliche Angaben vermittelt die Soziabilität (Zahl der Fruchtkörper einer Gruppe, Dichte der Gruppierung).

Die mehrfache bis vielfache Teilaufnahme einer Fläche erfordert eine Zusammenfassung der Ergebnisse. Zunächst kann z. B. die jährliche Dauer der Fruchtkörperbildung pro Art und die Regelmäßigkeit über mehrere Jahre

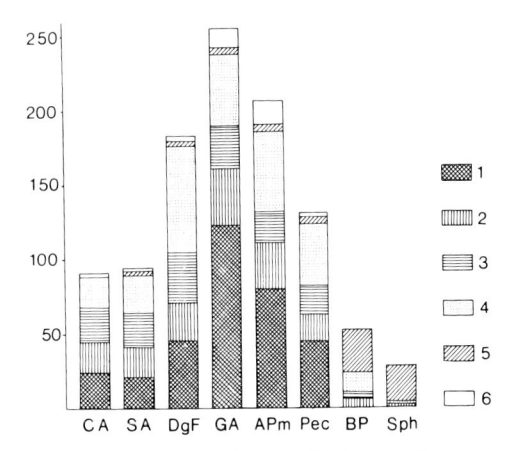

Abb. 83. Zahl der Pilze verschiedener Substrate in Waldgesellschaften Polens (aus BUJAKIEWICZ 1982).
1: terrestrische Pilze; 2: Pilze auf Pflanzenresten; 3: Pilze auf abgefallenen Zweigen; 4: Pilze auf toten Baumstämmen und -stümpfen; 5: Pilze zwischen Moosen; 6: Übrige Pilze.

festgestellt werden. Für eine Gesamtaufnahme im Vergleich mit anderen Beständen lassen sich die Einzeldaten der Arten zu Jahressummen, Summen oder Mittelwerten mehrerer Jahre u. a. zusammenfassen.

Als heterotrophe Organismen sind die Pilze oft sehr eng an grüne Pflanzen oder deren Reste gebunden. Sie können deshalb die Eigenständigkeit von Pflanzengesellschaften wesentlich untermauern, wie manche Beispiele zeigen (z. B. JAHN et al. 1967, BUJAKIEWICZ 1982; s. Abb. 83). Schon aus diesem Grund ist eine stärkere Berücksichtigung der Pilze bei pflanzensoziologischen Aufnahmen sehr wünschenswert. Viele der angesprochenen Probleme werden diese aber wohl auch in Zukunft fast unmöglich machen.

Zur Berücksichtigung und Aufnahme weiterer Organismengruppen siehe BRAUN-BLANQUET (1964, S. 172 ff.).

8 Ausblick: Vegetationsaufnahme in anderen Erdteilen

Die Braun-Blanquet-Methode, die in diesem Buch als sehr effektives Verfahren mit vielen Auswertungsmöglichkeiten im Vordergrund steht, hat sich sicher nicht zufällig in Mitteleuropa entwickelt. In diesem geologisch, klimatisch und anthropogen äußerst vielgestaltigen Gebiet mit einem feinen Vegetationsmosaik kam es darauf an, möglichst schnell eine große Zahl von vielseitig brauchbaren Daten zu gewinnen, um Einblicke in die Struktur und einen Überblick über größere Gebiete zu bekommen. Hierfür hat sich die Braun-Blanquet-Methode seit über 70 Jahren bewährt.

Auch die Voraussetzung einer guten floristisch-taxonomischen Grundlage war von vornherein in Mitteleuropa vorhanden, die gründliche floristische Ausbildung der Botaniker eine alte Tradition. Gerade letzteres steht der weiteren Verbreitung der Methode heute im Wege. Zwar hat sie ihren Siegeszug rund um die Erde angetreten, es gibt aber immer noch große Lükken (s. II).

Soweit die floristischen Grundlagen ausreichen, sind es manchmal wohl andere wissenschaftliche Traditionen (z. B. in Nordamerika) oder auch nur Vorurteile, die einer Anwendung der Braun-Blanquet-Methode entgegenstehen. Wie die verschiedenen Verfeinerungen und Abwandlungen zeigen, ist sie flexibel genug, sich besonderen Gegebenheiten anzupassen. Dies erweist sich z. B. durch zunehmende Untersuchungen aus tropisch-subtropischen Bereichen, wo man früher diese Methode für ungeeignet hielt. Zwar ist ihre Anwendung dort nicht so leicht, z. B. wegen der Vielzahl von Gehölzen und entsprechend großer Minimumareale, aber auch alle anderen Methoden haben dort ihre Probleme. Es hat sich z. B. gezeigt, daß auch in sehr komplexen Vegetationsstrukturen etwas gröbere Schätzverfahren sehr gut anwendbar sind (s. z. B. HOMMEL & REULER 1989). Zumindest für etwas großräumigere Übersichten nach floristischen Vegetationstypen bildet die Braun-Blanquet-Methode eine sehr gute Grundlage und wird sich sicher weiter halten und ausbreiten.

VI Tabellen-Auswertung pflanzensoziologischer Daten

1 Verschiedene Fragestellungen

Unter pflanzensoziologischen Daten werden hier die Ergebnisse der Vegetationsaufnahme nach BRAUN-BLANQUET verstanden, also vor allem Artenlisten mit quantitativen Angaben (s. V). Für die Auswertung dieser Daten hat sich eine vergleichende Zusammenstellung der Aufnahmen in Tabellen als besonders effektiv erwiesen. So gehört die Tabellenarbeit zu den wichtigsten Grundlagen der Pflanzensoziologie und wird deshalb in diesem eigenen Kapitel ausführlich dargestellt. Die Tabellen-Auswertung kann verschiedene Ziele haben:
a) Suche nach Arten annähernd gleicher Gruppierung, d. h. mit gemeinsamem Vorkommen oder Fehlen in bestimmten Beständen: soziologische Artengruppen (VIII).
b) Suche nach Arten annähernd gleichen Verhaltens gegenüber bestimmten Standortsgradienten: synökologische Artengruppen (VII).
c) Suche nach Arten annähernd gleicher Verbreitung: synchorologische Artengruppen (XII).
d) Suche nach Vegetationstypen annähernd gleicher floristischer Zusammensetzung: Pflanzengesellschaften (VIII).
e) Untersuchung dynamischer Vorgänge durch Datenvergleich aus verschiedenen Zeiten: syndynamische Artengruppen (X).
Allen Auswertungen liegt meist dasselbe Verfahren zugrunde. Es handelt sich vor allem um floristische Vergleiche möglichst vieler Vegetationsaufnahmen, die sich am besten aus Tabellen ergeben. Im Vordergrund stehen in der Pflanzensoziologie a) und d), die zusammen die Basis der Syntaxonomie bilden. Häufig entsprechen sich soziologische (a) und synökologische Gruppen (b) weitgehend, wenn sie auch auf unterschiedlichem Wege gefunden werden. Synchorologische Gruppen (c) sind erst aus einem räumlich sehr weit gefaßten Datenmaterial erkennbar; sie können in syntaxonomische Bewertungen mit eingehen. Die Syndynamik (e) hat eine andere Blickrichtung (s. X).

Neben dem Aufnahmevergleich in Vegetationstabellen gibt es andere Verfahren, die durch Ähnlichkeitsberechnungen und multivariate Datenverarbeitung zu mehr abstrakten Ergebnissen gelangen. Sie gewinnen mit der Verfügbarkeit von Computern an Gewicht, treten aber in der Pflanzensoziologie insgesamt neben der Tabellenarbeit in den Hintergrund oder sind eher als Ergänzung nützlich (s. VIII/IX).

2 Vegetationstypen auf floristischer Grundlage

Obwohl kaum zwei Pflanzenbestände völlig gleich sind, die Vegetation also ein außerordentlich variables Untersuchungsobjekt darstellt, gibt es doch kein unentwirrbares Durcheinander. Vielmehr erkennt schon der Laie bestimmte, häufig wiederkehrende Artenverbindungen, die meist physiognomisch abgrenzbar sind, z. B. Wiesen, Magerrasen, Unkrautfluren, Heiden, verschiedene Gebüsche und Wälder. Erst recht wird der geübte Botaniker oft schon von weitem aus allgemeinen Erscheinungsmerkmalen der Struktur und Farbe bestimmte Gestalttypen erkennen, ohne sich über Einzelheiten im klaren zu sein (s. VAHLE & DETTMAR 1988). Bewußt oder unbewußt spielen hierbei Pflanzensippen oder Lebensformen eine diagnostische Rolle. So liegt es nahe, Bestände nach ihrer floristischen Verwandtschaft zu vergleichen und häufig wiederkehrende, abgrenzbare Artenkombinationen als Typen zusammenzufassen.

Solche pflanzensoziologischen Typen werden **Gesellschaften** genannt. Sie bilden das wesentliche Fundament des Lehrgebäudes von BRAUN-BLANQUET und seiner Schule (s. auch III 1;

VIII). Der Gesellschaftsbegriff wird leider anderswo weniger klar definiert, oft mehr allgemein benutzt, z. B. „community" im englischen Sprachbereich.

Definition und Bildung von Vegetationstypen werden bei GLAHN (1968) ausführlich erörtert. In der Pflanzensoziologie faßt der Vegetationstyp Bestände mit einem Merkmalskern wiederholt vorkommender gemeinsamer Arten zusammen. Ein erster Schritt der Typenbildung ist die gedankliche Integration von Geländebeobachtungen, die schon bei der Auswahl von Aufnahmeflächen wichtig ist (s. V 3). Ein erfahrener Pflanzensoziologe wird bereits im Gelände viele Typen mehr oder weniger klar erkennen.

Der floristische Merkmalskern einer Pflanzengesellschaft ist das Häufungszentrum der ökologischen Existenz (s. III 3) bestimmter Sippen, die aber infolge mannigfacher synökologischer Wechselbeziehungen selten auf einen Typ beschränkt sind. Der Typus ist lediglich das korrelative Konzentrat, der Brennpunkt oder ideale Mittelwert von Artenverbindungen (Aufnahmen) aus einer hochvariablen Merkmalsmenge (s. Abb. 84). Sein Kennzeichen ist die **Charakteristische Artenkombination** (s. VIII 2.6). Jeder Vegetationstyp ist etwas Abstraktes, mit dem kein realer Bestand völlig übereinstimmt (s. auch TÜXEN 1955). Er dient als Bezugsgrundlage für alle weiteren pflanzensoziologischen Arbeiten.

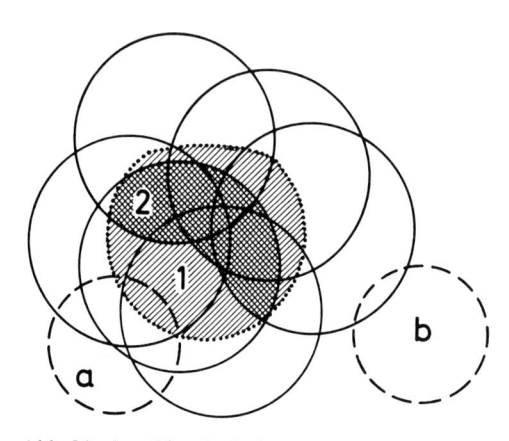

Abb. 84. Aus Einzelaufnahmen ermittelter Vegetationstypus. Der Bereich stärkerer Überlappungen der Artenverbindungen (Kreise) bildet die Charakteristische Artenkombination (1). Im Zentrum stehen die Charakter- und Differentialarten (2). a: artenarmes Fragment; b: nicht dazugehörige Aufnahme.

Jede Typisierung bedeutet einen Verlust an Detailinformation. Dieser beginnt bereits mit der Auswahl der Aufnahme-Methode, die jeweils bestimmte Strukturmerkmale bevorzugt, andere vernachlässigt oder ganz wegläßt. Damit ist auch jede Datenauswertung in gewissem Maße subjektiv.

Für die exakte Erarbeitung von Vegetationstypen ist es also wichtig, die Artenkerne von Gesellschaften zu erkennen, wofür der floristische Vergleich vieler verwandter Einzelbestände notwendig ist. Abstraktion bedeutet hier das Weglassen oder Vernachlässigen erkennbarer Randerscheinungen (Übergänge zu anderen Typen), Gemische, Fragmente oder Singularitäten. Das Verfahren der Eliminierung „untypischer Aufnahmen" (Bereinigung von Tabellen) gehört deshalb zu jeder auf Typen ausgerichteten Auswertung pflanzensoziologischer Daten. Es erfordert allerdings viel Übersicht und Sachverstand und entbehrt wiederum nicht gewisser Subjektivität. Letzteres hat häufig Kritik herausgefordert, die aber den Hintergrund naturwissenschaftlicher Typenbildung verkennt (s. auch TÜXEN 1974).

Das Weglassen untypischer Aufnahmen bedeutet nicht, sie völlig zu entwerten. Vielmehr können sie häufig nach vollzogener Typenbildung dem einen oder anderen Typus zugeordnet werden. Insofern erlaubt die pflanzensoziologische Arbeit letztlich die vergleichende Bewertung und Einordnung jedes in der Natur vorkommenden Bestandes.

Ein Vegetationstyp ist zunächst ranglos. Jede Pflanzengesellschaft kann aber durch Vergleich verschiedener Typen und ihrer Rangbewertung in ein hierarchisches System eingeordnet werden. Dieses Verfahren wird als Klassifikation bezeichnet (s. VII / VIII).

3 Pflanzensoziologische Tabellenarbeit

Vegetationstabellen ermöglichen den raschen Vergleich einer Vielzahl von Aufnahmen, ohne daß der Informationsgehalt vermindert wird. Erst durch sie wird die sehr variable Materie für verschiedene Fragestellungen zugänglich.

Für die tabellarische Verarbeitung von Aufnahmen gibt es bewährte Standardverfahren, die großenteils auf die Schule von R. TÜXEN zurückgehen. Nach ersten genaueren Anmerkungen von TÜXEN & PREISING (1951) hat ELLENBERG (1956; s. auch MUELLER-DOMBOIS & ELLENBERG 1974) vieles sehr eingehend in Form einer Arbeitsanleitung zusammengestellt (s. auch SHIMWELL 1971, DIERSSEN 1990). Noch weiter ins Detail gehen DIERSCHKE et al. (1973). Dagegen ist bei BRAUN-BLANQUET (1964 und früher) das Verfahren nie näher beschrieben worden. Etwas weniger genaue Anleitungen finden sich z. B. auch bei GLAHN & J. TÜXEN (1963), SCAMONI & PASSARGE (1963), FUKAREK (1964), REICHELT & WILMANNS (1973), WESTHOFF & VAN DER MAAREL (1973), KREEB (1983).

Wie die Literatur zeigt, ist auch heute noch eine klare tabellarische Darstellung pflanzensoziologischer Ergebnisse nicht immer vorhanden. Sie bedarf einer gründlichen Schulung und viel eigener Erfahrung, um zu guten Resultaten zu gelangen. Das zunächst einfach erscheinende Verfahren verführt auch ungeübte Autodidakten, sich seiner zu bedienen. Hiergegen ist nichts einzuwenden, wenn nur Geländedaten übersichtlich zusammengefaßt werden sollen. Erhebt eine Arbeit aber den Anspruch, Vegetationstypen genauer zu beschreiben, sind an die Tabellenarbeit hohe Qualitätsforderungen zu stellen.

Schon an dieser Stelle sei vor dem Irrtum gewarnt, eine gründliche Eigenerfahrung könne durch EDV-Verfahren ersetzt werden. Der Computer beschleunigt zwar manche Arbeitsschritte, vermag aber keine Entscheidungen zu treffen, die der großen Variabilität pflanzensoziologischer Daten voll gerecht werden (s. 3.8). Besonders dem Anfänger sei dringend geraten, die hier in allen Details folgenden Arbeitsschritte der Tabellenarbeit gründlich per Hand zu erproben, um alle Feinheiten kennenzulernen und zu beherrschen.

ELLENBERG (1956) hat das Verfahren am Beispiel süddeutscher Glatthaferwiesen erläutert. Sein Beispiel ist oft zitiert und für weitere Auswertungen verwendet worden. In diesem Buch benutzen wir als Beispiel 21 Aufnahmen nordwestdeutscher Viehweiden von mäßig intensiver Nutzung aus Randbereichen des Holtumer Moores (s. DIERSCHKE 1979). Diese in den 60er Jahren gemachten Aufnahmen sind heute schon historisch, da zunehmende Intensivierung inzwischen manche Unterschiede nivelliert hat (DIERSCHKE & WITTIG 1991).

Die quantitativen Daten entsprechen der Artmächtigkeitsskala von BRAUN-BLANQUET (5.2.3).

3.1 Vorsortierung des Datenmaterials

Am Ende längerer Geländearbeit hat sich meist eine große Zahl von Aufnahmen angesammelt, die nun vergleichend auszuwerten sind. Erfahrungsgemäß kann man zwar etwa 100 Aufnahmen in einer Tabelle gerade noch übersehen, das Verfahren ist dann aber sehr mühsam und fehleranfällig. Schon aus diesem Grunde ist es sinnvoll, eine Vorsortierung der Aufnahmen vorzunehmen. Endziel ist gewöhnlich das Auffinden von Vegetationstypen; das Augenmerk wird von vornherein auf floristische Gemeinsamkeiten gerichtet. Deshalb kann man stark voneinander abweichende Aufnahmen gleich in verschiedenen Tabellen unterbringen.

Eine erste Vorsortierung geschieht rasch nach der Bestandes-Bezeichnung in den Aufnahmen, die oft sehr allgemein gehalten ist (s. V 5.1.1). Es ist klar, daß man Wälder, Wiesen, Heiden, Moore u. a. trennt, vermutlich auch Laub- und Nadelholzbestände und weiter Laubwälder mit verschiedenen Baumarten. Erkenntnisse aus der Geländearbeit verhelfen oft zu noch detaillierterer Vorsortierung, so daß schließlich mehrere Aufnahmestapel für je eine Tabelle vorhanden sind.

Auch die Aufnahmen, die in eine Tabelle gehören, können weiter vorsortiert werden, um spätere Arbeitsschritte zu vereinfachen. Ganz neutral, aber meist unsinnig ist eine Ordnung nach der Aufnahme-Nummer. Folgende Hilfskriterien können einzeln oder kombiniert zu einer Vorstrukturierung führen:
− Aufnahmedatum (bei symphänologischen und syndynamischen Fragen),
− Vorkommen im Gelände (Teilgebiete, Höhenlage, Exposition),
− standörtliche Kriterien (Gestein, Boden, Humusform, Grundwasser, pH-Wert),
− Gesamtdeckungsgrad oder Deckungsgrad einer Schicht,
− Artenzahl,
− vorherrschende Arten,
− im Gelände erkannte Artengruppen,
− bekannte soziologische oder synökologische Artengruppen,
− ökologische Zeigerwerte,
− syndynamische Artengruppen (z. B. Pionierarten, Degenerationszeiger).

Die ersten sechs Kriterien ergeben sich direkt aus den Aufnahmen. Die übrigen erfordern eingehendere Erfahrungen oder Vorkenntnisse aus der Literatur. Es sei betont, daß diese Vorsortierung keine vermuteten Ergebnisse vorwegnimmt, sondern lediglich der besseren Übersichtlichkeit einer Tabelle dient. Trotz guter Vorsortierung kann die endgültige Tabelle völlig anders aussehen.

Eine besondere Methode der Vorsortierung, die sehr objektiv ist, schlägt HAEUPLER (1982) vor, nämlich nach zu- und abnehmender Evenness der Aufnahmen (s. IV 8.2.2). Dies führt vor allem in Aufnahmesätzen mit sehr unterschiedlicher Dominanzstruktur zu brauchbaren Resultaten. Auch multivariate Verfahren (z. B. Cluster-Analyse; s. IX) können bei der Vorsortierung behilflich sein.

3.2 Erstellung der Rohtabelle

Vor Beginn der Tabellenarbeit ist es ratsam, sich auf die einheitliche Benennung der Sippen festzulegen, am besten nach einer grundlegenden Flora. Für Gefäßpflanzen eignet sich z. B. EHRENDORFER (1973), für Moose FRAHM & FREY (1983), für Flechten WIRTH (1980).

In der ersten Tabelle werden alle Aufnahmen eingetragen, die man näher vergleichen will. Hierzu benutzt man Karopapier im A3 (A2)-Format. Als Grundprinzip gilt: je enger die Daten zusammenstehen, desto übersichtlicher ist das Tabellenbild. Jede Aufnahme kommt in eine senkrechte, jede Art in eine waagerechte Karoreihe. Leerzeilen dürfen höchstens zwischen größeren Gruppen von Aufnahmen oder Arten entstehen. Auch wenn neben Deckungsgrad bzw. Artmächtigkeit zusätzlich die Soziabilität eingetragen wird, ist jeweils nur ein Kästchen vorzusehen. Zu jeder Tabelle gehört eine Überschrift und ein Kopf, der zunächst nur die wichtigsten Daten enthält:
- Laufende Nummer: durchlaufende Ziffern 1, 2, 3... Sie beziehen sich immer nur auf die aktuelle Tabelle.
- Gelände-Nummer: Originalnummer der Aufnahme; wichtige Bezugsbasis für Rückgriffe auf die Einzeldaten.
- Deckungsgrad der Schichten (kann z. T. wegfallen).
- Datenzahl: Zahl der in einer Aufnahme vorkommenden Einzelangaben (meist Artmächtigkeit). Diese Zahl ist als Kontrollzahl für die richtige und vollständige Datenübertragung sehr wichtig. Wenn jede Art nur in einer Schicht vorkommt, sind Datenzahl und Artenzahl identisch. Bei Gehölzbeständen mit Individuen einer Art in mehreren Schichten ist die Datenzahl immer größer als die Artenzahl.

Alle weiteren Daten der Aufnahme können später im Kopf der Geordneten bzw. Differenzierten Tabelle (s. 3.4/3.5) untergebracht werden.

Für die Rohtabelle wird ein Formular vorbereitet, das sich nach Aufnahme- und Gesamtartenzahl richtet (Tab. 12a). Der Tabellenkopf mit der vorweg eingetragenen Laufenden Nr. wird durch einen waagerechten Strich nach unten abgegrenzt. Wichtiger ist ein senkrechter Strich im linken Teil, der die einzutragenden Sippennamen vom Datenteil trennt. Er hat eine Sicherungsfunktion beim späteren Umschreiben.

Innerhalb der vorkommenden Arten kann eine Vorgruppierung erfolgen, z. B. nach Lebensformen, soziologischen oder ökologischen Gruppen, soweit darüber schon etwas bekannt ist. Sinnvoll ist auf jeden Fall eine Trennung nach Schichten, vor allem bei Gehölzbeständen. Man zählt z. B. vorweg die insgesamt vorkommenden Bäume und Sträucher und läßt oben in der Tabelle entsprechend viele Reihen frei. Vor zu großer Vorsortierung der Arten sei aber gewarnt. Die Tabelle soll ja erst die wirklichen floristischen Abstufungen ergeben.

Tab. 12a: Formular für die Rohtabelle

Zumindest der Anfänger wird die Reihenfolge zunächst besser dem Zufall der Erfassung im Gelände überlassen.

Die Aufnahmen werden nun entsprechend der vorgewählten Reihenfolge in das Formular eingetragen. Um sicher zu gehen, daß alle Daten erfaßt sind, wird zum Schluß zunächst in dem Geländeblatt und dann in der Tabelle die Datenzahl gezählt. Bei Übereinstimmung wird die Spalte „Datenzahl" im Kopf ausgefüllt. Mit jeder neuen Aufnahme steigt die Zahl der notierten Arten zunächst rasch an, um sich dann bald einem gewissen Sättigungswert zu nähern.

Je nach Differenziertheit der Aufnahmen und nach Güte ihrer Vorsortierung ergibt die Rohtabelle schließlich ein mehr oder weniger klares, oft eher ein recht unklares Bild. In unserem Beispiel (Tab. 12b) wurden die Aufnahmen nur nach Artenzahl vorsortiert. Zwar sind schon einige Artenkerne und -lücken grob erkennbar, für einen wenig geübten Bearbeiter ist aber ein klarer Durchblick sicher schwierig. Ziel der weiteren Arbeit soll es sein, Artengruppen zu finden, die einer Reihe von Aufnahmen gemeinsam sind und anderen fehlen, die also eine floristische Gliederung ermöglichen. Solche Arten mit ähnlichem soziologischen Verhalten werden allgemein als **Differentialarten** (Trennarten) bezeichnet und in Tabellen mit D oder d hervorgehoben. Sie bilden ein wichtiges Element fast jeder pflanzensoziologischen Datenauswertung (s. auch VIII 2).

Bei der Suche nach Differentialarten gilt als Grundsatz: Qualität geht vor Quantität, d. h. Vorkommen oder Fehlen von Arten ist wichtiger als ihre Menge. Erst in zweiter Linie kann auch die Artmächtigkeit von Bedeutung sein.

Ein weiterer wichtiger Begriff ist die **Stetigkeit** (genauer: Sippen-Stetigkeit), d. h. das absolute oder relative (prozentuale) Vorkommen einer Sippe innerhalb einer gegebenen Aufnahmezahl (s. auch 3.7.1, VIII 2.3). Bei Aufnahmeflächen gleicher Größe spricht man von „Konstanz". Im Englischen wird auch Stetigkeit mit „constancy" bezeichnet (s. auch BRAUN-BLANQUET 1921).

Die absolute Stetigkeit wird für jede Sippe in der Rohtabelle rechts eingetragen. Trennarten sind vor allem im Bereich mittlerer bis niedriger Stetigkeit zu erwarten, etwa im Bereich 10–60 %. Hochstete Arten sind verbindende Elemente, Arten sehr geringer Stetigkeit oft mehr zufällige Begleiter.

Die Sippen-Stetigkeit ist auch eine Möglichkeit, Datenmaterial stärker zu komprimieren. Werden mehrere Rohtabellen ähnlicher Vegetationstypen angefertigt, kann es nützlich sein, sie schon in dieser ungeordneten Phase zu vergleichen und gegebenenfalls schlecht vorsortierte Aufnahmen auszutauschen (s. hierzu 3.7.4).

Wenn, wie in unserem Beispiel, die erste Rohtabelle kein klares Bild möglicher Trennarten ergibt, empfiehlt es sich, eine neue Rohtabelle anzulegen, in der alle Arten in Reihenfolge abnehmender Stetigkeit angeordnet sind (**Stetigkeitstabelle**). Sie gibt meist einen besseren Überblick, da potentielle Trennarten mehr zusammenrücken. Erfahrene Bearbeiter werden sich diesen Schritt oft sparen, in schwierigen Fällen aber auch darauf zurückgreifen.

Für die neue Rohtabelle wird ein zweites Formular vorbereitet. Der Kopf entspricht der ersten Tabelle. Dann werden alle Artnamen nach der ausgezählten Stetigkeit untereinander geschrieben. Bei Arten gleicher Stetigkeit steht diejenige am Anfang, die am weitesten links beginnt. Das Übertragen der Artmächtigkeitswerte geht sehr rasch: Die neue Tabelle wird mit der oberen Kante so angelegt, daß jeweils die abzuschreibende Zeile direkt darüber steht. Jetzt ist der senkrechte Strich hinter den Artnamen wichtig, um Verschiebungen nach links oder rechts zu vermeiden. Die Reihenfolge der abzuschreibenden Daten richtet sich nach der Folge in der ersten Rohtabelle (Datenquelle), damit man sicher ist, keine Art vergessen zu haben. Zur Erleichterung des Übertragens kann die neue Rohtabelle mehrfach so gefaltet werden, daß der Abstand der Daten zwischen alter und neuer Tabellenzeile nicht zu groß ist. Abschließend wird die Datenzahl kontrolliert, um jeden Übertragungsfehler auszuschließen.

Tabelle 12c zeigt nun ein etwas klareres Gesamtbild. Spätestens in diesem Stadium sollte sie grob auf Besonderheiten überprüft werden. Aufnahme 17 zeigt einen längeren „Artenschwanz" von sechs nur hier vorhandenen Arten. Diese deuten auf eine ehemalige, jetzt beweidete Feuchtwiese hin, mit *Polygonum hydropiger* als Störungszeiger. Die Aufnahme gehört offenbar nicht zu dieser Tabelle und wird gestrichen. Auch inhomogene Aufnahmeflächen geben sich in der Tabelle meist durch solche Schwänze zu erkennen.

Weniger auffällig sind zunächst fragmentarische Aufnahmen, wenn auch die Datenzahl darüber Hinweise liefern kann. In unserer Tabelle

Tab. 12b: Rohtabelle: Viehweiden des Holtumer Moores (nach DIERSCHKE 1979)

Laufende Nummer	1	2	3	4	5	6	7	8	9	10	11	12	13	14	15	16	17	18	19	20	21	Stet
Gelände-Nummer	14	15	37	47	51	35	39	36	48	19	21	6	49	25	24	18	7	5	10	4	29	
Datenzahl	20	20	21	22	22	22	22	23	24	24	24	25	25	27	28	31	34	32				
Holcus lanatus	2	2	+	1	2	1	1	2	2	2	2	2	1	2	2	1	1	2	1	2		21
Deschampsia cespitosa	2							2		+				+	+	+						6
Festuca pratensis	2	+			+	2			2	2			2	+	2	1	2	1	+			13
Juncus effusus	2							1	1	2		1	2	1	1	2	1	2	1			12
Carex leporina	2							2	1	1		1	2	2		1	2	2	2			11
Cynosurus cristatus	2	2	+		1	2		1		2	+	2	1	2	2	1		2		2	2	16
Poa pratensis	+	2	2	2	2	1	1	1	2		2	2	2	1	2	1	1	1	1	1	1	20
Juncus filiformis	1																					1
Glyceria fluitans	2													2	2	1	2					5
Agrostis tenuis	1	3	2	3	2	3	2	3	3	1	2	1	3	2	1	1	1	+		+	1	20
Trifolium repens	1	2	3	3	2	3	2	3	2	2	2	3	3	3	1	3	2	3	3			21
Ranunculus repens	1			+	2	2		1	+		2		2	3	2	2	2					13
Lotus uliginosus	1							2	+	2		1	2	2	1	1	2	1	1			12
Lychnis flos-cuculi	+							+	1	+			+	1	+	+	1	+				10
Festuca rubra	1	3		3	3	1	1			2	2	2	1	3	2	2	2	1	1	2	1	19
Alopecurus pratensis	+																					1
Poa trivialis	2	2			+	2	2	+	2	3	2	2	1	2	2	1	2	+	2			18
Ranunculus acris	2	1	+			1		+	1	2	1		2	1	2	2		1	1	+	2	16
Taraxacum officinale	+	2	1	2	2	2	2	2	2	+		2	2	+	1		+		2			17
Cerastium fontanum	+	2	1	1		2	1	2	1	2	1	+	1	2	1	1	+	1		+	+	1	20
Dactylis glomerata	1		2		1	1	1	1														6
Phleum pratense		+	1	+		2	2	1	1			2						+	1	2		11
Stellaria graminea	1					2	1		1													4
Achillea millefolium	1	1	2	2	+	1	+	2			2							+				10
Plantago lanceolata	1	1	1	2	1	1	+	2	1		1		1			+		2				13
Trifolium pratense	1	1	1		+	1	1		+	+		1	2	2		1		+				13
Leontodon autumnalis	1	2	1	1	2	1	2	1			1	2					+	+				12
Luzula campestris	+			1			+			1								+				5
Hypochoeris radicata	+	2	1			2			1													5
Lolium perenne		3	+	1	2	3	2	1		+	1		1	1				1	2			13
Agropyron repens		+		+	+	+																4
Bellis perennis		1	+	2	1	1	+	+		+			1	1		2	+	2	1			14
Plantago major		+		1	+	1	+			+	1	1						1	+			10
Trifolium dubium		+	1	1																		3
Brachythecium rutabulum M		3	2					+		3				2	+	3	2					8
Rhytidiadelphus squarrosus M		1	3						3								2					4
Plagiomnium undulatum M		+															+					2
Anthoxanthum odoratum		+	2				+		1	1	1	2		+	1							10
Prunella vulgaris		1		+	+		+	1	2	+		2		+	2							10
Rumex acetosa		+			+	1	+				1	1	1				1					7
Rumex acetosella		+	2			2			2													4
Bromus hordeaceus			2	1	+	2																4
Leucanthemum vulgare			1																			1
Hieracium pilosella			+																			1
Cirsium arvense				+																		1
Vicia angustifolia					1																	1
Juncus conglomeratus					+										+							2
Cirsium palustre					1	1						+		+								4
Cardamine pratensis					+		2					1	2	+								5
Lathyrus pratensis					1																	1
Carex nigra						1	1			1	1	2	2	2	1	1						10
Juncus articulatus							1			1	1	1	1	2								5
Alopecurus geniculatus							1					1		+								3
Calliergonella cuspidata M							3					2										2
Ranunculus flammula												2	1	+	2							5
Galium palustre							1					2	+									4
Agrostis stolonifera							2						+									2
Stellaria alsine							+															1
Eurhynchium praelongum M								1	+													2
Campanula rotundifolia								1														1
Sagina procumbens									+			2	1	1								4
Briza media									+													1
Nardus stricta									+													1
Carex echinata									+													1
Vicia cracca									+							+						2
Senecio aquaticus										+			+									2
Heracleum sphondylium										+												1
Carex gracilis											+											1
Juncus acutiflorus											1											1
Myosotis palustris											+		+									2
Polygonum hydropiper											+											1
Caltha palustris											+											1
Filipendula ulmaria											+											1
Crepis paludosa											+											1
Glechoma hederacea																+						1
Ajuga reptans																2						1
Achillea ptarmica																	+					1

Tab. 12c: Nach Stetigkeit geordnete Rohtabelle mit Kennzeichnung möglicher Differentialarten

Laufende Nummer	1	2	3	4	5	6	7	8	9	10	11	12	13	14	15	16	17	18	19	20	21	St
Datenzahl	20	20	21	22	22	22	22	23	24	24	24	24	25	27	28	28	31	32				
Holcus lanatus	2	2	+	1	2	1	1	2	2	2	2	1	2	2	1	1	2	1	2			21
Trifolium repens	1	2	3	2	3	2	3	2	2	2	2	3	3	3	1		3	2	3	3		21
Agrostis tenuis	1		3	2	3	2	3	2	3	3	1	2	1	3	2	1	1	3	+	+	1	20
Cerastium fontanum	+	2	1	1	2	1	2	1	2	1	+	1	2	1	1	+	1		+	+	1	20
Poa pratensis	+	2	2	2	2	1	1	1	2		2	2	2	1	2	1	1	1	1	1	1	20
Festuca rubra	1	3		3	3	1	1		2	2	2	1	3	2	2	2	1	2	1	2		19
Poa trivialis	2	2				+	2	2	+	2	3	2	2	2	1	2	1	2	+	2		18
Taraxacum officinale	+	2	1	2	2	2	2	2	2	+		2	2	+	1			+		2		17
Ranunculus acris	2	1	+		1		+	1	2	1		2	1	2	2		1	1	+	2		17
Cynosurus cristatus	2	2	+		1	2		1		2	+	2	1	2	2	1		2		2	1	16
Bellis perennis			1	+	2	1	1	+	+		+				1	1		2	+	2	1	14
Festuca pratensis D₂	2	+						+	2		2	2		2	+	2	1	2	1	+		13
Ranunculus repens	1				+	2	2		1	+		2		3	3	2	2	2				13
D₂ Plantago lanceolata		1	1	1	2	1	1	+	2	1		1		1				+		2		13
Trifolium pratense		1	1	1		+	1	1		+	+		1	2		2		1	+	2		13
Lolium perenne			3	+	1	2	3	2	1		+	1		1	1				1	2		13
Juncus effusus D₂	2										1	1	2		1	2	1	1	2	1	2	12
Lotus uliginosus D₂	1								2	+	2		1	2	2	1	2	1	1			12
D₂ Leontodon autumnalis		1	2	1	1	2	1	2	1			1	2						+	+		12
Carex leporina D₂	2								2	1	1			2	1	2	3		1	2	2	11
D₂ Phleum pratense		+	1	+		2	2	1	1			2						+	1	2		11
Lychnis flos-cuculi D₂	+						+	1	+			+	1	+	+	1	+			+		10
D₂ Achillea millefolium		1	1	2	2	+	1	+	2			2								+		10
Plantago major				+		1	+	1	+			+	1	1				1	+			10
Anthoxanthum odoratum			+	2					+		1	1	1	2		+	1		2			10
Prunella vulgaris				1		+	+			+	1	2	+		2		+	2		10		10
Carex nigra D₂									1	1		1	1	2	2	2	1	1				10
Brachythecium rutabulum M		3	2				+			3			2	+	3	2						8
Rumex acetosa			+				+	1	+			1		1	1	1						8
Deschampsia cespitosa D₂	2						2	+							+	+	+					6
D₂ Dactylis glomerata		1	2		1	1	1	1														6
Glyceria fluitans D₂	2												2	2	1	2						5
D₂ Hypochoeris radicata		+	2	1			2				1							+				5
D₂ Luzula campestris		+		1			+			1									+			5
Cardamine pratensis D₂							+	2				1	2	+								5
Juncus articulatus D₂											1	1	1	2								5
Ranunculus flammula D₂								2			2	1	+	2								5
D₂ Stellaria graminea	1						2	1			1									2		4
Rhytidiadelphus squarrosus M		1		3							3									2		4
D₂ Agropyron repens			+	+	+	+																4
D₂ Rumex acetosella		+	2				2			2												4
D₂ Bromus hordeaceus			2	1		+	2			2												4
Cirsium palustre D₂							1	1				+			+							4
Galium palustre D₂								1					1	+		+						4
Sagina procumbens D₂									+		2	1		1								4
D₂ Trifolium dubium			+	1	1					1				1						+		3
Alopecurus geniculatus																				+		3
Plagiomnium undulatum M		+																		+		2
Juncus conglomeratus							+															2
Calliergonella cuspidata M									3			1										2
Agrostis stolonifera									2			+										2
Eurhynchium praelongum M										1	+											2
Vicia cracca											+											2
Senecio aquaticus													+	+								2
Myosotis palustris													+		+							2
Juncus filiformis	1																					1
Alopecurus pratensis	+																					1
Leucanthemum vulgare				1																		1
Hieracium pilosella				+																		1
Cirsium arvense					+																	1
Vicia angustifolia							1															1
Lathyrus pratensis								1														1
Stellaria alsine									+													1
Campanula rotundifolia									1													1
Briza media													+									1
Nardus stricta													+									1
Carex echinata													+									1
Heracleum sphondylium														+								1
Carex gracilis														+								1
Juncus acutiflorus														+								1
Polygonum hydropiper														+								1
Filipendula ulmaria														+								1
Caltha palustris														+								1
Crepis paludosa														+								1
Glechoma hederacea																+						1
Ajuga reptans																2						1
Achillea ptarmica																			+			1

ergeben sich in dieser Richtung zunächst keine Abweichungen (s. aber 3.3.1).

Solche „Bereinigungen", die eine verbesserte Homotonität (VIII 2.7) erzeugen, können in verschiedenen Zwischenstadien der Tabellenarbeit vorgenommen werden. Besonders für syntaxonomische Fragestellungen ist es wichtig, die Typen möglichst klar herauszuarbeiten (s. 2; TÜXEN et al. 1977). Will man dagegen die ganze floristische Breite einer Gesellschaft einschließlich ihrer Übergänge zu verwandten Typen dokumentieren, ist von Streichungen eher abzusehen.

Alle Bereinigungen sind subjektiv belastet. Die Entscheidung bedarf in jedem Fall ausreichender allgemeiner Erfahrung und einer guten Kenntnis der zu bearbeitenden Pflanzengesellschaften. Gelegentlich wird kritisiert, daß man durch beliebige Streichungen vorgefaßte Meinungen im Ergebnis realisiert. Dieser Vorwurf ist durchaus ernst zu nehmen, zumal schon die Frage der Homogenität von Aufnahmeflächen nicht objektiv lösbar ist (s. V 3). Je größer das zugrundeliegende Material ist, desto deutlicher fallen aber untypische Aufnahmen heraus. Im Zweifelsfall ist es besser, einige unklare Fälle mitzuschleppen als voreilig zu streichen. Ein Verfahren zum raschen Auffinden stark abweichender Artenzahlen mit Hilfe einfacher Strichlisten beschreibt BÖTTCHER (1968).

3.3 Arbeit mit Teiltabellen

In unserer zweiten Rohtabelle (12 c) lassen sich zwei Hauptgruppen von Arten erkennen, die ihre Schwerpunkte im linken oder rechten Teil haben. Man kann erwarten, daß hier Trennartengruppen vorhanden sind, die aber zunächst nur grob sichtbar werden. Alle vermuteten Trennarten werden mit Wellenlinien bzw. Strichen markiert. Zur Überprüfung ihrer Brauchbarkeit dienen Teiltabellen, in denen nur diese Arten eingetragen sind. Sie bilden also ein Konzentrat der für die Tabellengliederung wichtigen Merkmale. Die Arbeit mit solchen Teiltabellen vollzieht sich in mehreren Schritten.

3.3.1 Ungeordnete Teiltabellen

In der bzw. den ersten Teiltabelle(n) bleibt die Reihenfolge der Aufnahmen aus der Rohtabelle erhalten. Dadurch können die Daten sehr rasch von dort übernommen werden. Die erste Teiltabelle (12 d) enthält im Kopf die Laufende und Gelände-Nummer. Darunter folgen die Differentialarten-Gruppen D_1 und D_2, jeweils nach Stetigkeit geordnet.

Zunächst muß geklärt werden, welche Kriterien eine Differentialart erfüllen soll. In der Regel geht man von mindestens 40–50% Stetigkeit innerhalb der betreffenden Aufnahmegruppe als unterster Grenze aus. Eine gute Trennart soll natürlich möglichst hohe Stetigkeit innerhalb der Gruppe bei Fehlen außerhalb aufweisen. Diese Bedingungen sind selten voll erfüllt. Einige wenige „Ausrutscher" bis etwa 10% Stetigkeit kann man tolerieren (Genaueres hierzu in VIII 2.4). Außerdem bildet hier erstmals die Quantität einer Art ein weiteres Kriterium. Bei allgemein höheren Artmächtigkeiten einer Trennart fallen etwas häufigere Ausrutscher mit r, + oder 1 weniger ins Gewicht als bei überall ähnlichen Werten. So ist die allgemeine Kenntnis über das gesellschaftsspezifische quantitative Verhalten der Arten von grundlegender Bedeutung. Die schematische Festlegung von Präsenz-Grenzwerten, wie sie z. B. für Computer-Suchprogramme notwendig ist (s. 3.8), wird der großen Variabilität der Natur nicht gerecht. Auch hier sind subjektive, auf Erfahrung beruhende Entscheidungen nicht ausschließbar.

Trotzdem muß es Ziel jeder Tabellenarbeit sein, Trennartengruppen möglichst scharf herauszukristallisieren, wobei Präsenz immer vor Dominanz geht. Unsere erste Teiltabelle liefert hier noch ein wenig befriedigendes Bild. Die sich abzeichnenden Gruppen werden vorsichtig umrahmt. Unter D_1 befinden sich mit *Plantago lanceolata, Leontodon autumnalis* und *Phleum pratense* drei Arten, die mehrfach außerhalb, z. T. sogar mit höherer Artmächtigkeit vorkommen. Gleiches gilt auch für *Festuca pratensis* in D_2. Diese Arten werden deshalb wieder gestrichen.

Es ergeben sich nun klarer zwei Gruppen von Aufnahmen: Nr. 2–9 und 13 gehören offenbar näher zusammen. Noch besser durch einen festen Artenblock differenziert sind die übrigen elf Aufnahmen (1, 10–12, 14–20). Neben Sippen hoher Stetigkeit in den Gruppen gibt es jeweils unten solche sehr lockerer Verteilung. Bei genauerem Zusehen zeigt sich, daß auch diese nicht ganz unregelmäßig angeordnet sind. Es scheint jeweils noch eine Untergruppe zu geben, deren Arten wieder unterstrichen werden.

Zur Überprüfung dient eine neue Teiltabelle (Tab. 12 e), die rasch erstellt werden kann. Sie

Tab. 12d: Ungeordnete Teiltabelle 1

Laufende Nummer	1	2	3	4	5	6	7	8	9	10	11	12	13	14	15	16		18	19	20	21
Gelände-Nummer	14	15	37	47	51	35	39	36	48	19	21	6	49	25	24	18		5	10	4	29
D$_1$ *Plantago lanceolata*	1	1	1	2	1	1	+	2	4				4			4		+	+	2	
Leontodon autumnalis	1	2	1	1	2	1	2	4			1	2							+	+	
Phleum pratense	+	1	+			2	2	1	1				2					+	1	2	+
Achillea millefolium	1	1	2	2	+	1	+	2			2										
Dactylis glomerata	1	2			1	1	1	1											+		
Luzula campestris	+			1			+						1								
Hypochoeris radicata	+		2	1									1								
Stellaria graminea	1							2	1				1								
Agropyron repens		+			+	+	+														
Rumex acetosella		+	2			2							2								
Bromus hordeaceus				2	1	+	2														
Trifolium dubium		+	1	1																	
D$_2$ *Festuca pratensis*	2	+				+	2			2	2			2	+	2		2	4	+	
Juncus effusus	2									1	1	2		1	2	1		2	1	2	1
Carex leporina	2									2	1	1		1	2	2		1	2	2	2
Lotus uliginosus	1									2	+	2		1	2	2		1	2	1	1
Lychnis flos-cuculi	+									+	1	+			+	1		+	1	+	
Carex nigra										1	1			1	1	2		2	2	1	1
Deschampsia cespitosa	2						2		+									2	1	2	
Glyceria fluitans	2																	+	+		
Cardamine pratensis										+	2				1			+	1	2	
Juncus articulatus											1								1		
Ranunculus flammula											2							1	+	2	
Cirsium palustre										1	1				+			+			
Galium palustre											1								1		
Sagina procumbens															+				1	1	

ergibt insgesamt vier Trennartengruppen, als Hauptgruppen D$_1$ und D$_2$, als Untergruppen d$_1$ und d$_2$. Eine Überprüfung der Stetigkeiten zeigt, daß *Trifolium dubium* (D$_1$) und *Cirsium palustre* (D$_2$) den Anforderungen nicht genügen. Sie werden deshalb gestrichen. *Stellaria graminea* (d$_1$) steht an der Grenze, kommt einmal mit 1 außerhalb vor und wird aus der Gruppe herausgenommen.

Ein Problemfall ist noch Aufnahme 1. Sie besitzt aus d$_2$ nur *Glyceria fluitans*. Ein Vergleich mit der Rohtabelle zeigt außerdem, daß die Datenzahl mit 20 weit von den übrigen Aufnahmen dieser Gruppe abweicht. Offenbar handelt es sich um eine fragmentarische Aufnahme, die auch gestrichen wird. Es bleiben also von zunächst 21 Aufnahmen 19 übrig.

Gegebenenfalls wird die Erstellung von Teiltabellen so lange wiederholt, bis ein zufriedenstellendes Ergebnis vorliegt. Die Arbeit mit Teiltabellen ist ein Herumprobieren mit Artengruppen in beliebiger Ausweitung und Einengung.

Tab. 12e: Ungeordnete Teiltabelle 2

Laufende Nummer	1	2	3	4	5	6	7	8	9	10	11	12	13	14	15	16	18	19	20	21
Gelände-Nummer	14	15	37	47	51	35	39	36	48	19	21	6	49	25	24	18	5	10	4	29
D₁ Achillea millefolium				1	1	2	2	+	1	+	2			2					+	
Dactylis glomerata			1		2		1	1	1	1										
Agropyron repens				+			+	+	+	1										
Bromus hordeaceus						2	1		+	2										
Trifolium dubium				+	1	1														
d₁ Luzula campestris			+			1			+			1							+	
Hypochoeris radicata			+	2	1				2			1								
Stellaria graminea			1						2	1		1								
Rumex acetosella				+	2				2			2								
D₂ Juncus effusus	2								1	1	2		1	2	1		2	1	2	1
Carex leporina	2								2	1	1		1	2	2		1	2	2	2
Lotus uliginosus	1								2	+	2		1	2	2		1	2	1	1
Lychnis flos-cuculi	+								+	1	+			+	1		+	1	+	
Carex nigra									1	1			1	1	2		2	2	1	1
Deschampsia cespitosa	2								2	+							+	+	+	
Cardamine pratensis									+	2			1		+					
Cirsium palustre									1	1				+				+		
d₂ Glyceria fluitans	2																2	1	2	
Juncus articulatus										1							1	1	2	
Ranunculus flammula										2							1	+	2	
Galium palustre										1							+		+	
Sagina procumbens													+				1		1	
Komprimierte Teiltabelle																				
d₁			2		2	3			3			3							1	
D₁			2	2	2	2	4	3	4	3			1						1	
D₂										6	5	7		4	5	6	7	6	6	4
d₂										3		1					5	3	5	
Ordnungszahl (neue Reihenfolge)	4	8	3	1	6	9	7	2	13	11	17	5	15	12	14		19	16	18	10

R. TÜXEN hat dieses Verfahren treffend mit chemischen Analysen verglichen, wo durch mehrfaches Auflösen und Auskristallisieren schließlich die reine Substanz gewonnen wird.

Die durch Vergleich gewonnenen Differentialartengruppen können, vor allem bei geringer Datenbasis, manchmal auch zu unsinnigen Ergebnissen führen. Sie sollten deshalb auf ihren Aussagewert überprüft werden. Vielfach stimmen sie bereits mit allgemeineren Erfahrungen der vorhergehenden Geländearbeit überein. Da Trennarten oft ökologische Feinabstufungen widerspiegeln, kann man den Zeigerwert der Arten (s. VII 7) einer Gruppe zur Überprüfung heranziehen. In unserer Tabelle ergeben sich recht gute Beziehungen:

D_1: Die *Achillea*-Gruppe enthält Arten vorwiegend frischer Böden. Nur *Agropyron repens* fällt etwas heraus, ist vielleicht mehr zufällig in die Gruppe geraten.

d_1: Die *Luzula*-Gruppe enthält drei Magerkeitszeiger vorwiegend trockenerer Sandböden, die gut zusammenpassen.

D_2: Die *Juncus*-Gruppe enthält durchweg Zeiger für feuchtere Böden, ist also ökologisch gut fundiert.

d_2: Die *Glyceria*-Gruppe enthält Arten (stau-)nasser Böden und ist ebenfalls gut abgrenzbar.

Insgesamt läßt die Differenzierung nach Trennarten einen ökologischen Gradienten erkennen, wie er auch schon bei der Geländearbeit sichtbar wurde: von trockeneren Sandböden bis zu feucht-nassen, z. T. anmoorigen Gleyböden des Moorrandes. Die Tabellengliederung ist also ökologisch fundiert, so daß weiteren Schritten der Tabellenarbeit nichts mehr entgegensteht.

Die beste Kontrolle für die Brauchbarkeit der Trennartengruppen ist eine erneute Geländebegehung, eventuell verbunden mit einer Vegetationskartierung (XI 5).

3.3.2 Geordnete Teiltabelle

Im nächsten Schritt sollen die Aufnahmen nach ihrer floristischen Ähnlichkeit neu geordnet werden, d. h. alle Aufnahmen mit denselben Trennarten möglichst dicht zusammenrücken. Es bietet sich an, eine Reihenfolge d_1-D_1-D_2-d_2 vorzugeben. Hierzu wird unter der zweiten ungeordneten Teiltabelle eine **Komprimierte Teiltabelle** erstellt. In jeder Zeile sind die jeweils in einer Trennartengruppe vorkommenden Arten addiert (Tab. 12e). Hieraus läßt sich nun leichter die neue Reihenfolge der Aufnahmen festlegen. Sie wird gekennzeichnet durch die „Ordnungszahl", die angibt, wo die entsprechende Aufnahme in der neuen Tabelle einzuordnen ist. Zu beachten ist, daß Ordnungszahl und Laufende Nummer zwar die gleichen Ziffern haben, aber ganz verschiedenes angeben.

Um in der Tabelle den erkennbaren ökologischen Gradienten möglichst klar auszudrücken, sollten die Aufnahmen mit der höchsten Artenzahl in Gruppe d_1 bzw. d_2 am weitesten auseinanderstehen. Aufnahmen 5 und 9 haben jeweils drei Arten aus d_1, Aufnahme 5 außerdem mehr Arten aus D_1. Sie erhält deshalb die Ordnungszahl 1, Aufnahme 9 erhält 2. Es folgen Aufnahmen 4:3; 2:4; 13:5. Als nächstes werden die Aufnahmen eingereiht, die nur D_1 haben, wiederum nach Zahl der Trennarten aufgereiht. Dann folgen die Aufnahmen mit D_2. Als erste soll Aufnahme 20 stehen, da sie mit Kreuz noch Arten von D_1–d_1 aufweist (Ordnungszahl 10). Dann folgen die übrigen, jetzt mit nach rechts zunehmender Trennartenzahl. Einen Übergang zu d_2 bildet Aufnahme 14, wo bereits *Sagina procumbens* mit + vorkommt (Ordnungszahl 15). Der Rest folgt nach zunehmender Zahl der d_2-Arten, so daß Aufnahme 19 mit 5 d_2- und 7 D_2-Arten ans Ende rückt.

Die Bestimmung der neuen Reihenfolge erfordert gute Einblicke sowohl in die Tabellenstruktur als auch in allgemeinere (z. B. ökologische) Gesetzmäßigkeiten, um zu einem allseits befriedigenden Endresultat zu gelangen. Je nach Ziel der Fragestellung kann man entsprechende Kriterien der Anordnung wählen, immer ausgehend von den gefundenen Trennartengruppen.

Als nächstes wird mit Hilfe der Ordnungszahl aus der ungeordneten eine **geordnete Teiltabelle** erstellt. Das Formular enthält im Kopf wieder laufende und Gelände-Nummer, darunter die Trennartengruppen. Für das Umschreiben gibt es verschiedene Möglichkeiten:

a) Übertragung der senkrechten Kolonnen gemäß der Ordnungszahl,
b) Übertragung der waagerechten Zeilen.

Soweit die Reihenfolge der Arten sich nicht ändert, wird a) rasch zum Ziel führen. Man kann z. B. die ungeordnete Teiltabelle in senkrechte Streifen zerschneiden und sie probeweise in unterschiedlicher Reihenfolge neu zusammenlegen.

Oft ändert sich aber von Teiltabelle zu Teiltabelle die Zahl und Reihenfolge der Arten. Zudem soll zum Schluß die gesamte Rohtabelle umgeordnet werden. Dies ist nur nach b) möglich. Bewährt hat sich hier die Arbeit mit **Diktierstreifen**: Es werden zwei Karopapierstreifen in Breite der Tabelle vorbereitet, jeweils mit einem senkrechten Strich zum richtigen Anlegen. Streifen A enthält die Ordnungszahlen aus der Komprimierten Teiltabelle, Streifen B die Laufende Nummer (s. Tab. 12f.).

Zur Datenübertragung wird A an die zu übertragende Art der ungeordneten Teiltabelle angelegt, B an die entsprechende Zeile der geordneten Teiltabelle. Man diktiert sich selbst oder einer zweiten Person die Ordnungszahl und die Artmächtigkeit aus der alten Tabelle, z. B. *Luzula campestris*: 4:+, 1:1, 2:+, 5:1, 10:+ oder *Glyceria fluitans*: 19:2, 16:1, 18:2. Der Wert wird in der neuen Tabelle an der diktierten Stelle eingetragen. Bei sorgfältigem Vorgehen ist so ein fehlerfreies Umschreiben auch großer Tabellen möglich.

Unsere geordnete Teiltabelle (Tab. 12g) liefert nun ein allseits befriedigendes, in seiner Aussage sinnvolles Bild. Sollte dies nicht der Fall sein, z. B. durch Fehler bei der Festlegung der Aufnahmefolge, wird eine neue Teiltabelle nach demselben Verfahren hergestellt. Hierzu muß lediglich Diktierstreifen A abgewandelt werden.

Tab. 12f: Diktierstreifen

| A | Ordnungszahl (neue Reihenfolge) | 4 | 8 | 3 | 1 | 6 | 9 | 7 | 2 | 13 | 11 | 17 | 5 | 15 | 12 | 14 | 19 | 16 | 18 | 10 |

| B | Laufende Nummer | 1 | 2 | 3 | 4 | 5 | 6 | 7 | 8 | 9 | 10 | 11 | 12 | 13 | 14 | 15 | 16 | 17 | 18 | 19 |

Tab. 12g: Geordnete Teiltabelle

Nach Abschluß der Teiltabellen kann nun die gesamte Rohtabelle in eine übersichtliche Form gebracht werden.

3.4 Geordnete Tabelle

In der Geordneten Tabelle sind alle Daten der ersten Rohtabelle mit Ausnahme der gestrichenen Aufnahme vereinigt, aber die Reihenfolge der Arten und Aufnahmen ist neu geordnet.

Im Kopf können jetzt zusätzliche Angaben untergebracht werden, in unserem Beispiel die Deckungsgrade der Schichten. Außerdem sind rechts die absolute Stetigkeit und die bodenökologischen Zeigerwerte nach ELLENBERG (1979) angegeben (s. auch VII 7.2).

Für die Trennarten gilt die Folge der geordneten Teiltabelle. Der Rest wird nach Stetigkeit in eine neue Reihenfolge gebracht. Bei Arten gleicher Stetigkeit richtet sich die Folge nach dem ersten Auftreten in der Tabelle. So ergibt sich eine größtmögliche Ordnung der Daten in Treppenform.

Zur Festlegung der Reihenfolge wird die Stetigkeit in der Rohtabelle neu gezählt, da zwei Aufnahmen (Gelände-Nr. 7 und 14) gestrichen wurden. Ergänzt wird die jeweilige Zahl durch eine weitere Ziffer, die angibt, an welcher Stelle die Art erstmals in der Geordneten Tabelle auftreten wird. Dies läßt sich durch Anlegen von Diktierstreifen A in der Rohtabelle schnell feststellen. Die neue Reihenfolge der Arten wird dann durch Ziffern vor dem senkrechten Strich angegeben. Einen Ausschnitt zeigt Tabelle 12h.

Nun werden die Sippennamen in neuer Folge in die Geordnete Tabelle geschrieben. In Rei-

Tab. 12h: Ausschnitt der Rohtabelle mit Festlegung der neuen Reihenfolge der Arten

Tab. 12i: Geordnete Tabelle

Laufende Nummer	1	2	3	4	5	6	7	8	9	10	11	12	13	14	15	16	17	18	19	Stetigkeit	Zeigerwerte F	R	N
Gelände-Nummer	51	48	47	15	49	35	36	37	39	29	21	24	19	18	25	10	6	4	5				
Deckung Krautschicht	95	95	98	95	90	95	98	90	99	95	99	99	98	95	98	95	90	95					
Moosschicht	30	10	35		30		20	1				30	1	30	30	10							
Datenzahl	22	24	22	20	24	22	23	24	22	23	24	25	24	27	25	31	24	31	28	mAz 24,8	F	R	N
d₁ Hypochoeris radicata	1	2	2	+	1															5	5	4	3
Rumex acetosella	2	2	+		2															4	5	2	2
Luzula campestris	1	+		+	1		+													5	4	3	2
D₁ Achillea millefolium	2	2	2	1	2	+	+	1	1	+										10	4	x	5
Dactylis glomerata		1	2	1		1	1		1											6	5	x	6
Bromus hordeaceus	2	2			1	+														4	x	x	3
Agropyron repens					+	+	+	+												4	5	x	8
D₂ Juncus effusus										1	1	2	1	1	1	1	2	2	2	10	7	3	4
Carex leporina										2	1	2	2	2	1	2	1	2	1	10	7	3	4
Lotus uliginosus										1	+	2	2	1	2	2	1	1		10	8	4	4
Carex nigra										1	1	1		2	1	2	1	1	2	9	8	3	2
Lychnis flos-cuculi										1	+	1	1		1	+	+	+		8	6	x	x
Deschampsia cespitosa													2		+	+	+	+		5	7	x	3
Cardamine pratensis												+	1			2		+		4	7	x	x
d₂ Ranunculus flammula														+	2	2	1			4	9	3	2
Juncus articulatus															1	1	2	1		4	8	x	2
Glyceria fluitans															1		2	2		3	9	x	7
Galium palustre																1	+	+		3	9	x	4
Sagina procumbens													+				1	1		3	6	7	6
Trifolium repens	2	2	3	2	3	3	3	3	2	3	2	3	3	3	2	2	3	3		19	x	x	7
Holcus lanatus	2	2	1	2	2	1	2	+	1	2	2	2	2	2	1	2	1	1		19	6	x	4
Cerastium fontanum	2	2	1	2	2	1	1	1	2	1	+	1	1	+	1	1	+			18	5	x	5
Agrostis tenuis	2	3	3	3	3	3	3	2	2	1	2	1	1	1	2		1	+	+	18	x	3	3
Poa pratensis	2	2	2	2	2	2	1	2		1	2	2		1	1	1	2	1	1	18	5	x	6
Festuca rubra	3	2	3	3	3	1		1	2	2	2	2	2	2	1	1	1			17	x	x	x
Taraxacum officinale	2	2	2	2	2	2	2	1	2	2	+	+	2	1	2	+				16	5	x	7
Poa trivialis		+		2	2	+	2			2	2	3	1	2	2	2	2	+	1	16	7	x	7
Cynosurus cristatus	1		2	1	2	1	+		2	+	2	2	1	2		2	2	2		15	5	x	4
Ranunculus acris		1		1	2	1	+	+		2	1	2	2	1	1		+	1		15	x	x	x
Bellis perennis	2	+	+		1	+	1	1	1	+	1		1		+		2	2		14	x	x	5
Plantago lanceolata	2	2	1	1	1	1	+	1	1	2		1	1		+					13	x	x	x
Lolium perenne	1	1	+		2	2	3	3		+	1			1	1	1	2			13	5	x	7
Trifolium pratense		1	1	1	+	1	1	1	1	+	+		+	2	2	1				13	x	x	x
Leontodon autumnalis	1	1	1	1	1	2	2	2	1	+			2			+				12	5	x	5
Phleum pratense		1	+	+		2	1	1	2	2				2	+		1			11	5	x	6
Festuca pratensis			+			2		2	+	2	2	2	1				+	2		11	6	x	6
Ranunculus repens				+	2			2	2			1	2	2	2	+	2	3		11	7	x	x
Anthoxanthum odoratum	2		+	1				2	+	1		2	1	1			+			10	x	5	x
Plantago major		+			+	1	1	1	+	+	1			1		1		1		10	5	x	6
Prunella vulgaris		1		1	1		+	2	+	2		+					+	2		10	x	4	x
Rumex acetosa	+	+						1	+		1	1		1				1		8	x	x	5
Brachythecium rutabulum		2			3		2	+			3	+			3	2				8			
Rhytidiadelphus squarrosus	3			3		1	2													4			
Stellaria graminea		2		1	1						1									4	4	4	x
Cirsium palustre										1	1	+	+							4	8	4	3
Trifolium dubium	1	1						+				+								3	5	5	4
Eurhynchium praelongum				1							+									2			
Plagiomnium undulatum							+	+												2			
Vicia cracca										+		+								2	5	x	x
Juncus conglomeratus										+		+								2	7	4	x
Senecio aquaticus														+		+				2	8	4	5
Alopecurus geniculatus																1	+			2	9	7	7
Agrostis stolonifera																	2		+	2	6	x	5
Leucanthemum vulgare	1																			1	4	x	3
Hieracium pilosella	+																			1	4	x	2
Vicia angustifolia		1																		1	x	x	x
Campanula rotundifolia				1																1	x	x	4
Cirsium arvense						+														1	x	x	7
Achillea ptarmica										+										1	8	4	2
Briza media										+										1	x	x	2
Nardus stricta										+										1	2	2	2
Carex echinata										+										1	8	3	2
Lathyrus pratensis											1									1	6	7	6
Heracleum sphondylium											+									1	5	x	8
Ajuga reptans												2								1	6	x	6
Glechoma hederacea												+								1	6	x	7
Calliergonella cuspidata															3					1			
Stellaria alsine																+				1	8	4	4
Myosotis palustris																	+			1	8	x	5

Tab. 12k. Differenzierte Tabelle: *Lolio-Cynosuretum* Br.-Bl. et De L. 1936 em Tx. 1937

a) *luzuletosum*
b) *typicum*
c-d) *lotetosum*
    c) Typische Variante
    d) Variante von *Ranunculus flammula*

		a					b						c					d				1–9	10–19
Laufende Nr.	1	2	3	4	5	6	7	8	9	10	11	12	13	14	15	16	17	18	19		
Deckung H	95	95	98	95	90	95	98	90	100	95	100	100	100	98	95	98	95	90	95		
M	30		10		35			30		20	1				30	1	30	30	10		
Artenzahl	22	24	22	20	24	22	23	21	22	32	24	25	24	27	25	31	24	31	28		
Ch Cynosurus cristatus	1	1	.	2	1	2	1	+	.	2	+	2	2	1	2	1	2	2	2	IV	V
Lolium perenne	1	1	+	1	.	2	2	3	3	.	+	1	.	.	1	1	1	2	.	IV	III
Leontodon autumnalis	1	1	1	1	1	2	2	2	1	+	.	.	.	.	2	.	.	+	.	V	II
Phleum pratense	.	1	+	+	.	2	1	1	2	2	.	.	.	.	2	+	.	1	.	IV	II
d₁ Hypochoeris radicata	1	2	2	+	1	.	.	.	.	.	.	.	.	.	.	.	.	.	.	III	.
Rumex acetosella	2	2	+	.	2	.	.	.	.	.	.	.	.	.	.	.	.	.	.	III	.
Luzula campestris	1	+	.	+	1	.	.	.	.	+	.	.	.	.	.	.	.	.	.	III	+
D₁ Achillea millefolium	2	2	2	1	2	+	+	1	1	+	.	.	.	.	.	.	.	.	.	V	+
Dactylis glomerata	.	1	2	1	.	1	1	.	.	.	.	.	.	.	.	.	.	.	.	IV	.
Bromus hordeaceus	2	2	.	.	.	.	+	+	.	.	.	.	.	.	.	.	.	.	.	III	.
Trifolium dubium	1	.	1	.	.	.	.	+	.	.	.	.	.	.	.	.	.	.	.	II	.
Agropyron repens	.	.	.	.	.	+	+	+	+	.	.	.	.	.	.	.	.	.	.	III	.
D₂ Juncus effusus	.	.	.	.	.	.	.	.	.	1	1	2	2	1	1	1	2	2	2	.	V
Carex leporina	.	.	.	.	.	.	.	.	.	2	2	2	2	2	1	2	1	2	1	.	V
Lotus uliginosus	.	.	.	.	.	.	.	.	.	1	+	2	2	2	2	2	2	1	1	.	V
Carex nigra	.	.	.	.	.	.	.	.	.	2	1	1	.	2	1	2	1	1	2	.	IV
Lychnis flos-cuculi	.	.	.	.	.	.	.	.	.	1	1	+	1	+	1	1	+	+	+	.	IV
Cirsium palustre	.	.	.	.	.	.	.	.	.	.	1	+	1	.	+	+	+	+	+	.	II
Deschampsia cespitosa	.	.	.	.	.	.	.	.	.	.	.	.	2	1	.	+	2	.	+	.	III
Cardamine pratensis	.	.	.	.	.	.	.	.	.	.	.	.	+	.	.	.	.	.	+	.	II

Pflanzensoziologische Tabellenarbeit 189

Laufende Nr.	1	2	3	4	5	6	7	8	9	10	11	12	13	14	15	16	17	18	19	1–9	10–19
d₂																					
Ranunculus flammula	.	.	.	.	.	.	.	.	.	.	.	.	.	.	.	+	2	2	1	.	II
Juncus articulatus	.	.	.	.	.	.	.	.	.	.	.	.	.	.	.	1	1	2	1	.	II
Glyceria fluitans	.	.	.	.	.	.	.	.	.	.	.	.	.	.	.	1	2	2	2	.	II
Galium palustre	.	.	.	.	.	.	.	.	.	.	.	.	.	.	.	.	1	+	+	.	II
Sagina procumbens	.	.	.	.	.	.	.	.	.	.	.	.	.	.	.	.	.	1	1	.	II
Alopecurus geniculatus	.	.	.	.	.	.	.	.	.	.	.	.	.	.	+	.	1	+	.	.	–
Agrostis stolonifera	.	.	.	.	.	.	.	.	.	.	.	.	.	.	.	.	2	.	+	.	–
O-K																					
Trifolium repens	2	2	3	2	3	3	3	3	2	3	2	3	2	3	3	2	2	3	3	V	V
Holcus lanatus	2	2	1	2	2	1	2	+	1	1	2	1	2	2	2	2	2	1	1	V	V
Cerastium fontanum	2	2	2	2	2	1	1	1	2	1	+	2	2	+	1	+	1	+	.	V	V
Poa pratensis	2	2	2	2	3	1	.	2	2	2	2	2	2	2	2	1	2	1	1	IV	V
Festuca rubra	3	2	3	3	3	2	2	.	2	2	2	2	2	2	2	2	1	1	1	V	V
Taraxacum officinale	2	2	2	2	2	2	+	1	.	2	+	+	2	1	.	+	.	+	.	IV	IV
Ranunculus acris	.	1	.	1	2	.	+	+	2	2	1	2	2	1	.	+	2	2	1	IV	IV
Bellis perennis	2	+	+	.	.	+	+	.	.	1	+	1	.	1	.	+	2	+	2	IV	II
Plantago lanceolata	2	2	1	1	1	.	1	.	2	.	2	.	+	.	2	.	1	.	.	V	III
Trifolium pratense	.	.	.	1	.	+	.	.	.	+	+	2	+	2	2	+	2	+	2	IV	IV
Festuca pratensis	.	.	1	+	.	2	2	.	+	.	2	2	2	2	.	+	.	+	+	II	III
Prunella vulgaris	.	.	+	.	1	.	+	.	.	1	+	.	.	+	2	.	1	+	2	III	III
Rumex acetosa	.	+	+	.	.	.	.	.	.	.	.	.	1	.	.	1	.	.	1	II	III
Übrige (Begleiter)																					
Agrostis tenuis	2	3	3	3	3	3	3	2	2	2	2	1	1	1	2	.	1	+	+	V	V
Poa trivialis	.	+	.	2	2	+	2	.	2	2	3	1	2	2	2	2	2	+	1	IV	IV
Ranunculus repens	.	.	+	.	.	+	2	.	2	2	2	2	1	2	2	2	+	2	3	II	IV
Anthoxanthum odoratum	2	.	+	1	.	.	.	+	+	2	+	+	.	2	.	.	.	+	+	II	II
Plantago major	.	+	.	.	+	1	1	+	.	+	2	1	.	.	1	2	.	1	.	IV	II
Brachythecium rutabulum	.	.	2	.	.	.	.	3	.	2	.	.	2	1	3	.	.	3	2	II	III
Rhytidiadelphus squarrosus	3	.	.	.	3	.	.	1	.	.	+	.	.	.	.	+	.	.	.	II	+
Stellaria graminea	.	2	.	1	.	.	.	.	.	2	.	.	1	.	.	.	.	.	.	II	+

Je zweimal: Eurhynchium praelongum 5:1, 15:+; Plagiomnium undulatum 8:+, 10:+; Vicia cracca 10:+, 12:+; Juncus conglomeratus 10:+, 13:+; Senecio aquaticus 14:+, 16:+.

Je einmal: Leucanthemum vulgare 1:1; Hieracium pilosella 1:+; Vicia angustifolia 2:1; Campanula rotundifolia 5:1; Cirsium arvense 9:+; Achillea ptarmica 10:+; Briza media 12:+; Carex echinata 12:+; Nardus stricta 12:+; Lathyrus pratensis 13:1; Heracleum sphondylium 14:+; Ajuga reptans 16:+; Glechoma hederacea 16:+; Calliergonella cuspidata 17:3; Stellaria alsine 17:+; Myosotis palustris 18:+.

henfolge der Rohtabelle lassen sich schließlich mit Hilfe der Diktierstreifen alle Daten übertragen (s. 3.3.2). Als letztes wird die Datenzahl auf Vollständigkeit überprüft. Bei Fehlern dient die Originalaufnahme zum Vergleich.

Tabelle 12i zeigt das fertige Ergebnis. In diesem Stadium finden sich manchmal noch neue Trennarten oder sogar Trennarten-Gruppen, die vorher sehr versteckt waren. In unserem Falle erweisen sich *Alopecurus geniculatus* und *Agrostis stolonifera* als weitere d_2-Arten. Sie passen als Überflutungszeiger ökologisch gut in diese Gruppe. Auch weitere Fragmente oder Gemische sind vielleicht sichtbar. Bei stärkeren Veränderungen muß eventuell die ganze Prozedur über Teiltabellen wiederholt werden. Unsere Geordnete Tabelle läßt keine weiteren neuen Gesichtspunkte erkennen.

Das Endergebnis ist eine Tabelle mit vier durch Trennarten unterscheidbaren Vegetationstypen. Zwei stehen gleichrangig nebeneinander und unterscheiden sich durch D_1, D_2 (*Achillea millefolium*- und *Juncus effusus*-Gruppe). d_1 und d_2 (*Hypochoeris radicata*- und *Ranunculus flammula*-Gruppe) differenzieren dagegen jeweils zwei Untertypen. Für viele praktische Zwecke, z. B. auch für Vegetationskartierungen oder ökologische Auswertungen, ist damit das Ziel erreicht. Meist will man aber durch Vergleich mit anderen Tabellen zu einer überörtlichen Gliederung und Ordnung gelangen, ein allgemeiner gültiges Rangsystem von Pflanzengesellschaften aufstellen bzw. die lokalen Typen in ein bereits bekanntes System einfügen. Dieses Verfahren der Klassifikation wird im Teil VII und VIII beschrieben. Abschließend wird dann die Geordnete Tabelle oder direkt die Rohtabelle) in die Differenzierte Tabelle umgeschrieben. Die Originalaufnahmen werden in Reihenfolge der Tabelle in einem Umschlag archiviert.

3.5 Differenzierte Tabelle

Die Differenzierte Tabelle entspricht in der Anordnung der Aufnahmen der Geordneten Tabelle. Die dort nur nach Stetigkeit sortierten Arten werden weiter in Gruppen differenziert. Hierfür gibt es allgemein z. B. folgende Kriterien:
- Anordnung nach Schichten zur Betonung der Vertikalstruktur (besonders bei Gehölz-Gesellschaften).
- Gruppierung nach Lebensformen, insbesondere Gehölze-Krautige. Innerhalb der Gehölze jeweils Trennung von T, S, H für jede Art.
- Soziologische Gruppen: Kennarten von Assoziationen stehen oben, gefolgt von den Trennarten, den Kennarten höherrangiger Syntaxa und den übrigen Arten. Eventuell Kombination mit der Anordnung nach Schichten.
- Ökologische Gruppen: z. B. Arten gleicher Zeigereigenschaften für bestimmte Standortsbedingungen (Feuchte-, Nährstoffzeiger u. a.).
- Andere Gruppen je nach Fragestellung, z. B. syndynamische Gruppen, Artengruppen gleicher Futterwerte, Störungszeiger, Weidezeiger, Rote Liste-Arten.

Sinnlos ist dagegen eine Artenfolge nach Alphabet oder taxonomischem Rang, wie sie gelegentlich verwendet wird.

In unserem Beispiel wurden syntaxonomische Kriterien benutzt (Tab. 12k). Ein Literaturvergleich zeigt, daß es sich um das *Lolio-Cynosuretum* handelt, eine in Mitteleuropa weit verbreitete Assoziation der Viehweiden. Die Abfolge der Gruppen ist Ch (Assoziations-Charakterarten)-d_1-D_1-D_2-d_2-O/K (Ordnungs- und Klassen-Charakterarten) und übrige Arten (= „Begleiter").

Im Vergleich mit MEISEL (1970; s. auch Tab. 14) lassen sich die lokal gefundenen Untereinheiten drei Subassoziationen zuweisen (s. hierzu VIII 4.2):

a) *Luzulo-Cynosuretum*
b) *Lolio-Cynosuretum typicum*
c) *Lolio-Cynosuretum lotetosum*

Die syntaxonomische Fassung eines eigenen *Luzulo-Cynosuretum* ist umstritten (s. DIERSCHKE 1990b). Auch Ähnlichkeitsberechnungen zwischen a und b ergeben nur geringe floristische Unterschiede (s. VIII 2.7.2). Deshalb wird in der Tabelle von einer Assoziation mit drei Subassoziationen ausgegangen. Die *Achillea millefolium*-Gruppe D_1 erweist sich im Literaturvergleich als verbindende Gruppe der Frisch- gegenüber den Feuchtweiden (c–d), die sich noch in zwei Varianten untergliedern lassen.

Die Tabelle ist in druckreifer Form erstellt. Im Tabellenkopf fehlt jetzt die Gelände-Nummer, die nur für den Bearbeiter selbst von Interesse ist. Anstelle der Datenzahl steht die Artenzahl; in diesem Falle sind beide gleich. Bei Aufnahmen, in denen eine Art in mehreren Schichten vorkommt, liegt die Artenzahl entsprechend niedriger. Zur besseren Übersicht, vor allem bei sehr breiten Tabellen, empfiehlt es sich, die Leerstellen durch Punkte auszufüllen. Verkürzen läßt sich die Tabelle dadurch, daß die sehr wenig steten Arten am Ende hintereinander aufgeführt werden, entweder nach Aufnahmen oder alphabetisch geordnet.

In der Differenzierten Tabelle können weitere Zusätze gemacht werden, z. B. Lebensform, ökologische Zeigerwerte, Arealtyp u. a. Für praktische Anwendungen wird teilweise rechts auch der deutsche Pflanzenname eingesetzt. In unserem Beispiel sind rechts nur die Stetigkeitsklassen (s. 3.7.1) für die beiden Hauptgruppen nach D_1-D_2 eingetragen, oben die entsprechende mittlere Artenzahl.

3.6 Rückblick

Wer die vorigen Kapitel gründlich studiert hat, wird sich fragen, ob die vielleicht recht umständlich erscheinende Tabellenarbeit notwendig ist. In der Tat sind hier manche Zwischenschritte aufgeführt, die sich der geübtere Pflanzensoziologe sparen kann. Einen Überblick gibt noch einmal Abb. 85.

Es wurden hier bewußt alle möglichen Details gründlich erörtert, um dem Anfänger den Einstieg zu erleichtern. In vielen Fällen lassen sich aber viele Detailarbeiten ohnehin nicht vermeiden. Während des mehrfachen Umschreibens gewinnt der Bearbeiter immer tiefere Einblicke in seine Daten und ist schließlich aufs engste damit vertraut. Manche Feinheiten werden erst schrittweise sichtbar und erlauben eine bessere Auswertung und Interpretation. Tabellenarbeit ist also kein sturer Arbeitsgang, sondern eine sehr intensive Beschäftigung mit der Materie. Aus dieser Sicht ist die Arbeit mit Computern (3.8) ein zwar zeitsparender Vorgang, der den Bearbeiter aber, vor allem bei wenig Erfahrung, von manchen Feinheiten fernhält.

Abschließend sei noch einmal davor gewarnt, Tabellenarbeit als leicht handhabares Werkzeug nicht ernst zu nehmen. „Zur Beherrschung der Tabellenordnung sind besondere Begabung, der Blick für Zusammenhänge im Tabellenbild und große Erfahrung in der Soziologie, Synökologie und Syngenese der Pflanzengesellschaften sowie in der Pflanzengeographie ebenso wichtige Voraussetzungen wie die zuverlässige Handhabung der Technik durch gut geschulte Hilfskräfte. ... Die Tabellen sind der eigentliche Prüfstein des angehenden Pflanzensoziologen." (TÜXEN & PREISING 1951, S. 9/10).

3.7 Übersichtstabellen

Für die Abgrenzung und den Vergleich großräumig gültiger Vegetationstypen ist die Bearbeitung umfangreicher Daten notwendig. Auch

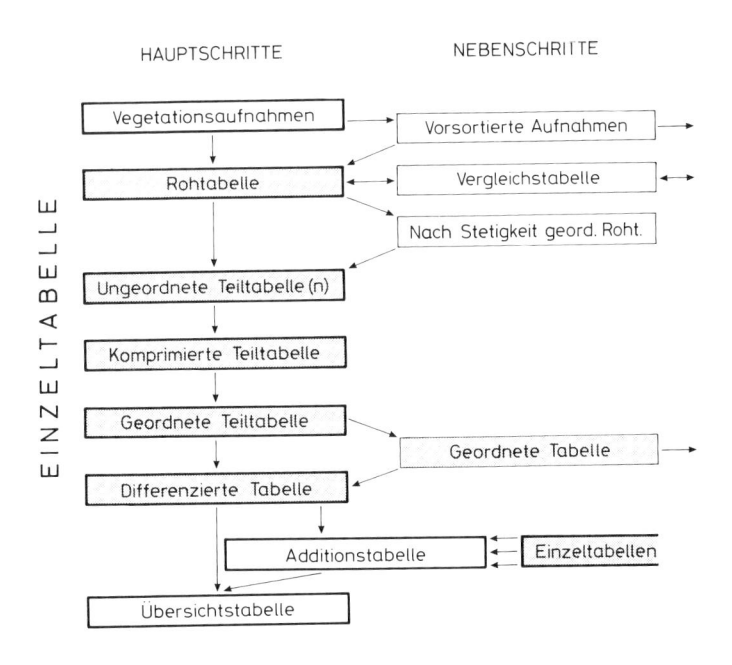

Abb. 85. Haupt- und Nebenschritte bei der tabellarischen Auswertung und Ordnung von Vegetationsaufnahmen.

für die Gesamtübersicht kleiner Gebiete ist es günstig, alle oder möglichst viele Aufnahmen in einer abschließenden Tabelle zusammenzufassen. Hierfür muß das Datenmaterial stärker komprimiert werden, was nur durch Verlust von Detailinformation möglich ist. Diese wird nur aus „Einzeltabellen" ersichtlich, also aus den schon besprochenen Geordneten und Differenzierten Tabellen.

Für syntaxonomische Arbeiten sind komprimierte Übersichtstabellen unumgänglich. Auch hier haben sich bestimmte Arbeits- und Darstellungsverfahren bewährt.

3.7.1 Daten-Zusammenfassung nach Sippen-Stetigkeit

Der Begriff „Stetigkeit" wurde schon in Kapitel 3.2 erläutert. Mit ihrer Hilfe können zunächst beliebig viele Daten einer Sippe auf einen Wert komprimiert werden (Sippen-Stetigkeit). Bezugsbasis ist entweder die Aufnahmezahl einer Tabelle oder eines bestimmten Ausschnittes (Vegetationstyps). Die Stetigkeit wird in Prozent angegeben. Neben Prozentwerten benutzt man häufig Stetigkeitsklassen mit römischen Zahlen. Grundlegend ist meist die Unterteilung in 20%-Klassen, wobei die unterste Klasse noch weiter aufgespalten sein kann (s. auch VIII 2.3). Häufig verwendet wird heute folgende Skala:

V	>80–100%	I	>10–20%	
IV	>60–80%	+	>5–10%	oder I
III	>40–60%	r	>–5%	
II	>20–40%			

Die Unterteilung der Stufe I (–20%) ist erst in letzter Zeit häufiger verwendet worden. Stetigkeitsklassen ergeben sich aus der Berechnung der Prozentwerte. Erleichtert wird ihre Feststellung durch Stetigkeitstafeln, in denen die Klassen für verschiedene Aufnahmezahlen zusammengestellt sind.

Eine stärkere Aufteilung der Stetigkeitsklassen schlägt PEPPLER (1992) vor:

r	–5%	2	>20–30%
+	>5–10%	⋮	
1	>10–20%	9	>90–<100%
		H	100%

Diese Skala wurde für das Computerprogramm TAB benutzt (s. 3.8.4). Sie ist einmal platzsparender bei der Datenverarbeitung und -ausgabe, außerdem feiner, was z. B. die Genauigkeit der Addition von Stetigkeitsspalten in Tabellen erhöht (s. u.). Eine Umwandlung in römischen Ziffern ist jederzeit möglich.

Stetigkeitsprozente haben den Vorteil möglichst genauer Angaben und leichterer weiterer Zusammenfassung. So kann man über die zugrundeliegende Aufnahmezahl auf die absolute Stetigkeit zurückrechnen:

z. B. zugrundeliegende Aufnahmezahl: 45
Stetigkeitsprozent: 20

Absolute Stetigkeit: $\frac{45 \cdot 20}{100} = 9$

Andererseits sind Tabellen mit solchen Werten wenig übersichtlich, da fast alle Ziffern zweistellig und optisch gleichwertig erscheinen. Differenzierungsmöglichkeiten sind durch Unterstreichungen, Fettdruck u. ä. hoher Werte möglich (z. B. OBERDORFER 1977).

Stetigkeitsklassen mit römischen Ziffern vermitteln vor allem in großen synthetischen Tabellen einen klareren Überblick; Arten- und Datenkonzentrationen lassen sich besser erkennen. Weitere Additionen sind dann nur noch über Mittelwerte absoluter Stetigkeit möglich, z. B. Aufnahmezahl: 45,
Stetigkeitsklasse: I (entspricht 5–9 Aufnahmen).
Mittelwert absoluter Stetigkeit: 7.

Der Vergleich mit dem obigen Rechenbeispiel zeigt, daß hierdurch die absolute Stetigkeit nur noch mit Abweichungen erkennbar wird. Wenn aber die ursprünglichen Werte nicht immer an einem Ende einer Klassenspanne liegen, werden die Mittelwerte in etwa der Realität gerecht werden. Verschiebungen bei der weiteren Addition um eine Klasse sind aber möglich. Nicht erlaubt ist die einfache Zusammenfassung der römischen Ziffern, da sie ganz verschiedene Zahlen von Aufnahmen repräsentieren können.

Für Übersichtstabellen gibt es also folgende Möglichkeiten

a) Zusammenfassung der Aufnahmen eines Typs;
b) Zusammenfassung der Aufnahmen einer ganzen Tabelle.
Die Wiedergabe der Stetigkeit erfolgt;
c) in Prozentwerten;
d) in Prozentklassen.
Die weitere Zusammenfassung durch Addition ist möglich;
e) von Prozentwerten über Rückrechnung auf die absolute Stetigkeit;

f) von Prozentklassen aus Mittelwerten der absoluten Stetigkeit.

Am klarsten ist die Kombination a + c/d. Sie liegt hier der weiteren Beschreibung zugrunde.

Übersichtstabellen mit Stetigkeitsangaben werden oft auch „Stetigkeitstabellen" genannt. Dieser Begriff sollte vermieden werden, da er auch für nach Stetigkeit geordnete Einzeltabellen gilt (s. 3.2). Gelegentlich findet man noch den Begriff „Römische Tabelle".

3.7.2 Großräumige Übersicht einer Pflanzengesellschaft

Um einen Überblick der Artenzusammensetzung einer Gesellschaft über größere Gebiete hinweg zu bekommen, werden möglichst viele Einzeltabellen ausgewertet (s. auch TÜXEN 1972 b). Gibt es zerstreut nur wenige Aufnahmen, können sie zunächst in einer neuen Einzeltabelle zusammengestellt werden. Grundlage hierfür sind gute Literaturkenntnisse, am besten eine nach Pflanzengesellschaften geordnete Literaturkartei. Ein wichtiges Hilfsmittel ist die von TÜXEN (1971 ff.) begründete Bibliographia Phytosociologica Syntaxonomica.

Bei Vorliegen großer Datenmengen gibt es zwei Wege:
– In jeder Einzeltabelle werden die Stetigkeiten einer Gesellschaft berechnet und als einzelne Spalte wie eine Aufnahme weiter behandelt. Hierdurch wird auch die räumliche Variabilität innerhalb einer Gesellschaft erkennbar, wenn die „Aufnahmen" (Spalten) entsprechend geordnet sind, z. B. von West nach Ost oder nach der (mittleren) Höhenlage (s. auch VIII 4.2.5).
– Die Einzelangaben aller Tabellen werden pro Gesellschaft addiert. Zum Abschluß ergibt sich nur eine Stetigkeitsspalte. Hierbei wird möglichst auf Einzeltabellen zurückgegriffen. (Zur Addition von Stetigkeitsprozenten oder -klassen siehe das vorige Kapitel.)

Für den zweiten Fall ist es ratsam, eine **Additionstabelle** zwischenzuschalten (s. auch DIERSCHKE 1985). In jeder Einzeltabelle sind meist mehrere Gesellschaften (Assoziationen, Subassoziationen, Varianten u. a.) vorhanden, oft nicht in der vom Bearbeiter neu konzipierten Gruppierung. Jede einzelne Aufnahme wird durch Ziffern oder Zeichen einem vom Bearbeiter vorgegebenen Typ zugeordnet. Eine kritische Durchsicht auf Fragmente und artenreiche Durchdringungen geht damit einher. Schwer zuzuordnende Aufnahmen werden weggelassen.

Dieses Verfahren setzt also eine (hypothetische) Grundvorstellung der gegebenen Typen und ihrer diagnostischen Arten voraus. Sie wird dem ganzen Datenmaterial deduktiv übergestülpt. Schon die Additionstabelle läßt meist erkennen, ob diese Vorstellung für den ganzen Bereich zutrifft. Gegebenenfalls muß die Arbeitshypothese abgeändert und das Auswerteverfahren wiederholt werden.

Für jede Einzeltabelle wird ein Zählstreifen angefertigt, auf dem die Zuordnung jeder Spalte zum jeweiligen Typus notiert ist. Mit ihm kann dann leicht die absolute Stetigkeit jeder Art pro Vegetationstyp ausgezählt werden. Die Ergebnisse werden in die Additionstabelle eingetragen, wie Tabelle 13 zeigt. Im Kopf wird jeweils die Zahl der Aufnahmen und die Summe der Artenzahlen angegeben.

In unserer Additionstabelle sind nur zwei Typen (A, B) enthalten. Oft wird man wesentlich mehr Typen zusammenrechnen müssen. In unserem Beispiel ist auch die Spanne der Artmächtigkeiten mit angegeben. Nach Abschluß der Auswertung von Einzeltabellen werden alle Angaben pro Typ addiert, so daß jeweils nur eine Spalte übrig bleibt. Hieraus können dann Stetigkeitsprozente und -klassen abgeleitet werden. Als Index wäre, wenn überhaupt vorgesehen, für die Artmächtigkeit anstelle der Spanne besser der Mittelwert oder Median anzugeben, was aber wesentlich mehr Zeit erfordert oder ganz unmöglich ist (s. aber 3.8). Zu jeder Additionstabelle gehört eine genaue Dokumentation über die Herkunft der Aufnahmen (s. unter Tab. 13) mit Zitat der Originalarbeit, Tabellen- und Aufnahme-Nummern, eventuell Gebiet, Höhenlage u. a.

Die Stetigkeitswerte werden abschließend in die Übersichtstabelle eingetragen. Im Kopf erscheinen mindestens Laufende Nummer, Zahl der Aufnahmen und Mittlere Artenzahl. Auch zur Übersichtstabelle gehört eine Dokumentation der Herkunft einzelner Kolonnen.

3.7.3 Vergleichende Übersicht verschiedener Gesellschaften

Die oben geschilderten Verfahren werden auch für Übersichtstabellen mit verschiedenen Gesellschaften angewandt. Insbesondere über Additionstabellen lassen sich große Datenmengen vorstrukturieren und dann zusammenfassen.

Enthält die Übersichtstabelle pro Typ nur eine Spalte, ergeben sich klarere Abgrenzun-

Tab. 13: Additionstabelle: Buchenwälder Südniedersachsens (aus DIERSCHKE 1985d)
A *Hordelymo-Fagetum typicum*, *Allium-Variante*
B *Hordelymo-Fagetum typicum*, Typische Variante

gen zu Nachbartypen. Enthält sie pro Typ mehrere Spalten (z. B. je eine aus jeder Einzeltabelle oder aus einem Teilgebiet), wird die floristische Variabilität sichtbar. Zur Ordnung der Einzelspalten gilt im Prinzip wieder das Verfahren wie zur Erstellung einer Differenzierten Einzeltabelle (z. B. Übersichts-Rohtabelle, Teiltabellen, Differenzierte Übersichtstabelle). In der abschließenden Übersicht werden oft Arten, die durchweg mit niedriger Stetigkeit (bis Klasse I oder II) vorkommen, weggelassen oder am Fuß aufgezählt.

Obwohl das Tabellenverfahren bei vielen Spalten demjenigen der Einzeltabelle gleicht, sind doch einige Unterschiede gegeben. Sie beziehen sich vor allem auf die Quantitäten. Während bei Einzeltabellen in der Regel Präsenz vor Dominanz geht (s. 3.2), ist hier die Abwägung von Stetigkeiten mit entscheidend. Eine gute Trennart (VIII 2.4) soll mehr als 40% Stetigkeit (Klasse III-V) aufweisen und außerhalb des Typs kaum oder gar nicht vorkommen. Klasse III ist nur akzeptabel, wenn die Art außerhalb höchstens I erreicht. Letzteres kann durchaus in vielen Spalten der Fall sein. Bei Klasse IV-V sind Werte außerhalb bis II tolerierbar. Bei räumlich breit gestreutem Datenmaterial sind selbst lokale Besonderheiten mit III-V außerhalb in Einzelfällen möglich. Insgesamt kommt es also mehr auf die Häufung hoher Stetigkeiten von Artengruppen als auf reine Präsenz an.

Beispiele großer Übersichtstabellen finden sich z. B. mit direkten Stetigkeitsprozenten bei KORNECK (1975), OBERDORFER (1977ff.), mit Stetigkeitsklassen bei DIERSCHKE (1974, 1981a, 1984a, 1985d), JECKEL (1984), SCHWABE (1985a), PEPPLER (1992). Einen Ausschnitt zeigt auch Tabelle 14. Sie enthält Teile einer Übersicht nordwestdeutscher Weide-Gesellschaften (MEISEL 1970) (weitere Beispiele in VIII). Aufgenommen sind nur Arten, die wenigstens einmal Stetigkeit III erreichen oder als Trennarten brauchbar sind. Als Exponent ist die mittlere Artmächtigkeit angegeben.

Tab. 14. Übersichtstabelle nordwestdeutscher Weide-Gesellschaften (Ausschnitt aus MEISEL 1970)

1 *Lolio-Cynosuretum lotetosum*, Var.v. *Glyceria fluitans*
2 *Lolio-Cynosuretum lotetosum*, Typische Variante
3 *Lolio-Cynosuretum typicum*, Var.v. *Cardamine pratensis*
4 *Lolio-Cynosuretum typicum*, Typische Variante
5 *Luzulo-Cynosuretum typicum*, Var.v. *Cardamine pratensis*
6 *Luzulo-Cynosuretum typicum*, Typische Variante

		1	2	3	4	5	6
	Laufende Nr.	1	2	3	4	5	6
	Zahl der Aufnahmen	270	366	274	329	22	182
Ch/V	*Lolium perenne*	V^2	V^2	V^2	V^2	V^2	V^2
	Cynosurus cristatus	IV^2	IV^2	III^2	III^2	IV^2	IV^2
	Phleum pratense	III^1	III^1	III^1	IV^1	III^1	III^1
	Leontodon autumnalis	II^1	IV^1	III^1	III^1	III^1	IV^1
D$_1$	*Glyceria fluitans*	IV^1	+	.	.	.	.
	Alopecurus geniculatus	IV^1	+	.	+	.	.
D$_2$	*Lotus uliginosus*	IV^1	IV^1	+	+	.	+
	Lychnis flos-cuculi	III^1	III^1	+	.	+	.
	Carex leporina	IV^1	IV^1	+	.	.	.
	Juncus effusus	IV^1	IV^1	.	.	.	.
	Carex nigra	IV^2	IV^1	.	.	.	.
	Juncus articulatus	III^1	II^1	.	.	.	.
	Cirsium palustre	II$^+$	II$^+$	+	.	.	.
D$_3$	*Cardamine pratensis*	V^1	V^1	V^1	+	V^1	.
	Deschampsia cespitosa	II^1	II^1	III^1	.	III^1	.
D$_4$	*Dactylis glomerata*	.	+	II^1	III^1	III$^+$	III^1
	Achillea millefolium	+	I$^+$	II^1	III^1	IV^1	IV^1
	Bromus hordeaceus	+	I^1	II^1	II^1	II^1	III^1
	Trifolium dubium	+	I^1	+	I$^+$	III$^+$	II^1
D$_5$	*Luzula campestris*	.	+	.	.	V^1	IV^1
	Hypochoeris radicata	.	+	.	.	IV^1	IV^1
	Leontodon saxatilis	.	.	.	.	II$^+$	I^1
O/K	*Trifolium repens*	V^2	V^2	V^2	V^2	V^2	V^2
	Taraxacum officinale	V^1	V^1	V^1	V^2	V^2	V^2
	Holcus lanatus	V^2	V^2	V^2	V^2	V^2	V^2
	Ranunculus acris	V^1	V^1	V^1	V^1	V^1	V^1
	Bellis perennis	IV^1	V^1	V^1	V^1	V^1	V^1
	Poa pratensis	IV^1	V^2	V^2	V^2	V^2	V^2
	Festuca pratensis	V^2	IV^2	V^2	V^2	V^2	IV^1
	Cerastium fontanum	IV^1	V^1	IV^1	V^1	V^1	V^1
	Festuca rubra	IV^2	V^2	III^2	V^2	V^2	V^2
	Rumex acetosa	IV^1	IV^1	IV^1	III^1	V^1	IV^1
	Plantago lanceolata	II^1	IV^1	II^1	III^1	IV^2	V^1
	Trifolium pratense	II^1	III^1	II^1	II^1	IV$^+$	III^1
	Prunella vulgaris	II^1	III^1	I$^+$	I$^+$	III^1	II^1
	Alopecurus pratensis	II$^+$	I^1	III^1	I^1	II^1	+
B	*Poa trivialis*	V^2	V^2	V^2	V^2	V^1	III^1
	Ranunculus repens	V^2	V^2	V^2	IV^1	V^1	IV^1
	Agrostis tenuis	III^1	V^2	IV^2	V^2	V^2	V^2
	Anthoxanthum odoratum	IV^1	V^1	IV^1	III^1	V^2	V^1

3.7.4 Übersichtstabellen als Zwischenschritt bei Einzeltabellen

Bei der Bearbeitung deutlich unterschiedlicher Vegetationstypen eines Gebietes wird man von vornherein mehrere Rohtabellen anlegen und diese wieder durcharbeiten. Die Vorsortierung der Aufnahmen schließt aber nicht aus, daß einige in der falschen Tabelle landen, besonders wenn es sich um Übergänge zwischen nahe verwandten Typen handelt.

Um die Abgrenzung solcher Typen voneinander zu verdeutlichen, müssen dann Aufnahmen ausgetauscht werden. Als Entscheidungshilfe dient eine zwischengeschaltete Übersichtstabelle, die einen zusammenfassenden Vergleich beider Einzeltabellen ermöglicht. So werden z. B. Trennarten erkennbar, die in jeweils einer Tabelle ihren Schwerpunkt haben. Unklare Aufnahmen sind danach leichter einzuordnen oder als Übergänge ganz zu streichen.

3.7.5 Probleme bei der Erstellung von Übersichtstabellen

Für großräumige Übersichten kann man sich nicht auf eigenes Untersuchungsmaterial beschränken, muß vielmehr alle erreichbaren Unterlagen prüfen und einarbeiten. Hierbei ergeben sich oft Probleme, welche die Genauigkeit der Aussagen mindern (s. auch DIERSCHKE 1981 a, SCHWABE 1985):
– Manche Sippen oder Sippengruppen sind unterschiedlich differenziert (Aggregat, Kleinarten, Subspezies). Für die Übersicht kann oft nur die gröbste Kategorie benutzt werden, obwohl gerade die unteren eine bessere Differenzierung ermöglichen.
– Sehr unterschiedlich ist die Erfassung der Kryptogamen. Oft muß man sie deshalb ganz vernachlässigen.
– Die Datenwiedergabe in Tabellen kann Einzelaufnahmen oder Stetigkeitskolonnen enthalten, im letzten Fall oft unvollständig sein. Manche Typen, die man heute stärker gliedert, sind in alter Literatur zusammengefaßt.
– Die einer Stetigkeitskolonne zugrunde liegende Aufnahmezahl ist sehr unterschiedlich.
– Schon die Vegetationsaufnahmen sind wegen unterschiedlicher Vorstellungen über Minimum-Areal und Homogenität nicht vergleichbar.

Diese und andere Probleme tragen dazu bei, daß der durch Stetigkeitsangaben bereits geminderte Informationsgehalt weiter abnimmt. Trotzdem sind Übersichtstabellen das wichtigste Kriterium der Syntaxonomie.

3.8 Tabellenarbeit mit dem Computer

3.8.1 Allgemeines

Tabellenarbeit ist eine Kombination von Verfahren, die als Ordination und Klassifikation bezeichnet werden (s. VII). Aufnahmen und Arten werden nach bestimmten Gesichtspunkten angeordnet, so daß floristisch ähnliche Aufnahmen bzw. Arten mit ähnlichem Verhalten in einem Aufnahmesatz zu Gruppen zusammengefaßt sind. Tabellenarbeit per Hand ist ein enger Dialog zwischen Vorstellungen und Erkenntnissen des Bearbeiters und jeweiligen Zwischen- bis Endzuständen der Tabellen. Das Verfahren kann recht zeitaufwendig sein und ist durch häufiges Umschreiben anfällig für Fehler. Es hat aber den Vorteil, daß der Bearbeiter im Laufe der Ordnung eine zunehmende und vertiefte Vertrautheit mit dem Datenmaterial gewinnt. Allmählich werden aus anfangs oft bestehendem Durcheinander Strukturen erkennbar, die sich in engem Zusammengehen von geistiger Durchdringung und mechanischer Schreibarbeit immer klarer herauskristallisieren. Tabellenarbeit ist deshalb echte Forschungstätigkeit und durch kein anderes Verfahren gleichwertig ersetzbar. Gerade dem Anfänger sei geraten, sich der Mühe der vielen Arbeitsschritte bis zur fertigen Geordneten und Differenzierten Tabelle zu unterziehen. Erst wenn man dieses Verfahren beherrscht, kann man über zeitsparendere Arbeitsweisen nachdenken und entscheiden.

Heute werden rasch zunehmend Computer zur Erstellung von Vegetationstabellen eingesetzt. Übersichten hierzu finden sich z. B. bei WESTHOFF & VAN DER MAAREL (1973), MUELLER-DOMBOIS & ELLENBERG (1974, S. 250 ff.), VAN DER MAAREL et al. (1976). Eine große Zahl angebotener Programme ermöglicht zeitsparende Arbeitsweisen. Ihre sinnvolle Anwendung setzt aber breite, grundlegende Erfahrungen des Umgangs mit pflanzensoziologischen Daten voraus und ist für Anfänger eher problematisch. Neben Zeitgewinn bei Routinearbeiten bestehen Vorteile der Verarbeitungsmöglichkeit großer Datenmengen einschließlich des Datenaustausches, des Aufbaus von Datenbanken und nicht zuletzt des Vermeidens von Fehlern. Schließlich lassen sich viele zusätzliche Informationen, die bei der Vegetationsaufnahme mit erfaßt werden oder allgemein bekannt sind, ohne großen Aufwand in die Auswertung einbeziehen. Als Ergebnisse können publikationsreife Tabellen oder Diagramme verschiedenster Form ausgedruckt werden.

Grundsätzlich muß die Arbeit mit dem Computer zu demselben Ergebnis kommen wie per Hand. Allerdings gehen in die Bewertung von Artengruppen und Gesellschaften oft auch Merkmale der Vegetation ein, die aus reiner Tabellenordnung schwer oder gar nicht erkennbar sind, sich eher aus den Geländeerfahrungen des Bearbeiters ergeben. Schon die große Vielfalt der Daten (Aufnahmen) zwingt zu gewissen subjektiven, art- und gesellschaftsspezifischen Bewertungen, z. B. unterschiedlichen Anforderungen an den Deckungsgrad einer Sippe oder an die Homogenität der Aufnahmeflächen und Homotonität einer Tabelle (s. auch 3.8.3). Hier sind der Computerarbeit Grenzen gesetzt.

In diesem Kapitel wird nur auf die Verwendung von Computern zur Erstellung pflanzensoziologischer Tabellen eingegangen. Andere numerische Verfahren werden vor allem im Teil IX kurz besprochen. Für die Tabellenarbeit per Computer ergeben sich verschiedene Möglichkeiten:
– Verwendung von Programmen, die selbständig nach Aufnahme- und Artengruppen suchen und die Tabelle entsprechend umordnen.
– Verwendung von Programmen, die lediglich bei der Tabellenarbeit als zeitsparende Hilfe dienen, aber alle Entscheidungen dem Bearbeiter überlassen.
– Verwendung von Zusatzprogrammen zur ergänzenden Auswertung anderer Merkmale, Zeigerwerte, Meßdaten u. ä.

Zeitaufwendig bleibt in jedem Fall die Dateneingabe gemäß der Erstellung der Rohtabelle. Einmal eingegebene Daten sind dann aber beliebig weiter nutzbar.

3.8.2 Datenbanken

In vielen Teilen Europas sind heute genügend Vegetationsaufnahmen vorhanden, um großräumige Synthesen im Sinne syntaxonomischer Übersichten zu erarbeiten. Erschwert werden solche Vorhaben dadurch, daß die Daten in der Literatur weit verstreut sind oder nur als handschriftliche Orginaltabellen in irgendwelchen Instituten oder privat vorliegen. Gäbe es zentrale Datenbanken, die Aufnahmen nach standardisierten Vorgaben speichern, wäre heute über EDV eine relativ rasche Auswertung und ein Datenaustausch möglich. Die traditionellen Archive, soweit überhaupt vorhanden, bestehen meist aber nur aus mehr oder weniger geordneten Sammlungen von Aufnahmen und Tabellen, die jeweils neu der Einarbeitung durch ihre Nutzer bedürfen.

Größere Datenbanken sind heute kaum und bestenfalls in Anfängen vorhanden (s. MUCINA & VAN DER MAAREL 1989). Ansätze hierzu wurden vor allem von der Arbeitsgruppe für Datenverarbeitung der IVV entwickelt. Ein erstes Diskussionspapier gab es auf dem Rintelner Symposium 1968 von PIGNATTI, CRISTOFOLINI und LAUSI (s. VAN DER MAAREL et al. 1976). Damals wurde die Zahl der Aufnahmen europäischer Pflanzengesellschaften (ohne Kryptogamengesellschaften) auf über 70000 geschätzt. Heute kann man sicher von weit über 300000 Aufnahmen ausgehen. Eine komplette Aufarbeitung dieses riesigen, weit verstreuten Materials erscheint unmöglich, selbst wenn es zentrale Institute mit dauerhaft angestelltem Fachpersonal gäbe. Schon die laufende Ergänzung durch neu publizierte Daten würde einen größeren personellen Aufwand erfordern. Schließlich müßten zunächst allgemein anerkannte formale Grundlagen der Datenspeicherung international festgelegt sein. Dann könnten zumindest neuere Daten, die oft schon über EDV verarbeitet werden, relativ rasch zusammengefaßt werden.

Heute vorliegende pflanzensoziologische Datenbanken (z. B. Triest, Nijmegen, Birmensdorf, Montpellier) sind zwar erste Ansätze, konzentrieren sich aber auf bestimmte größere Vegetationstypen und/oder geographische Gebiete. Dies dürfte auch für die Zukunft ein am ehesten gangbarer Weg sein. Für die Codierung der Pflanzensippen hat PIGNATTI (1976) Vorschläge gemacht. Möglichkeiten zur Verschlüsselung anderer Daten finden sich bei SOMMERHALDER et al. (1986), BEMMERLEIN et al. (1990). Hier gibt es noch keinerlei Übereinkunft.

Ältere Pflanzensoziologen, die möglicherweise die Entwicklung eher reserviert beobachten, werden wohl weiter in alter Weise arbeiten. Daß man auch per Hand große Datenmengen auswerten kann, zeigen Beispiele im Teil VIII. Allerdings erfordert solche Arbeit sehr viel Zeit. Es sollte eine Aufgabe der jüngeren Pflanzensoziologen sein, sich weiter mit dem Aufbau von Datenbanken zu beschäftigen. Nur durch sie sind die heutigen, sich rasch fortentwickelnden Möglichkeiten der Computer voll ausnutzbar.

3.8.3 Auffinden von Datenstrukturen

Tabellenarbeit mit Vegetationsaufnahmen ist darauf ausgerichtet, die Daten in eine möglichst übersichtliche Anordnung zu bringen, zunächst also nach Strukturen zu suchen, die eine sinnvolle Gliederung ermöglichen. Einmal sollen floristisch nahe verwandte Aufnahmen entsprechend direkt beieinander stehen. Außerdem sollen sich Gruppen nahe verwandter Aufnahmen von anderen durch Trennartengruppen abheben. Da in der Regel keine scharfen floristischen Grenzen zu erwarten sind, gibt man gewisse Grenz- oder Schwellenwerte vor.

Bei der Tabellenarbeit per Hand wird vorwiegend nach Trennartengruppen gesucht, wobei die Stetigkeit der Arten innerhalb einer Gruppe und die Zahl erlaubter Ausreißer als Hauptkriterien gelten (s. 3.3.1). Die floristische Ähnlichkeit der gesamten Aufnahmen wird dadurch berücksichtigt, daß man eine grobe Vorauswahl nach allgemein erkennbaren Vegetationstypen (z. B. Buchenwälder, Erlenwälder, Feuchtwiesen, Heiden u. a.) trifft und während der Tabellenarbeit erkennbar werdende Sonderfälle herausnimmt.

Neben formalisierbaren Kriterien der Stetigkeit gehen aber oft auch subjektive Erfahrungen des Bearbeiters mit ein, insbesondere aus der Geländearbeit resultierende Kenntnisse über spezielle qualitative und quantitative Verhaltensweisen der Arten oder auch bereits aus der Literatur bekannte soziologische und ökologische Bezüge.

Solche Abwägungen sind bei der ungeheuren Vielfalt der Vegetation oft unvermeidbar, ja sogar notwendig. Die Natur läßt sich kaum in ein vorgegebenes Schema der Datenauswertung pressen, wie es für Computerauswertungen notwendig ist. Jeder Tabellenausdruck muß gemäß den Erfahrungen des Bearbeiters auf seinen Sinn überprüft und gegebenenfalls modifiziert werden.

Bei gewisser Vorsicht in der Bewertung der Ergebnisse können Computer dem erfahrenen Pflanzensoziologen viel Arbeit abnehmen, aber nicht die bereits angedeutete geistige Auseinandersetzung mit der Materie ersetzen. Wer nicht in der Lage ist, per Hand eine Tabelle zu ord-

nen, sollte von Computerhilfen besser absehen. Reines Jonglieren mit Aufnahmen ohne genauere Einsichten in die Vegetation selbst ist nur Spielerei. Auch das oftmals vorgebrachte Argument der größeren Objektivität gilt nur für den mit einem bestimmten Verfahren ausgewerteten Datensatz. Alle Vorüberlegungen über die Auswahl der zu vergleichenden Aufnahmen (auch schon der Wahl der Aufnahmeflächen) und des Computerprogramms sind subjektiv (s. auch IX).

Eine sinnvolle Anwendung von EDV-Programmen setzt also eine enge Rückkopplung der Ergebnisse mit den Erfahrungen eigener Geländearbeit voraus, die eine kritische Überprüfung der Ergebnisse erlaubt. Keinesfalls sind Ergebnisse aus dem Computer von vornherein besser als solche der Tabellenarbeit per Hand und schon gar nicht eine Bedingung „moderner" wissenschaftlicher Forschung.

Die Suche nach Aufnahme- und/oder Artengruppen floristischer Verwandtschaft in Tabellen erfordert vielfache Vergleiche, die bei der traditionellen Tabellenarbeit oft in vielen Einzelschritten (z. B. über Teiltabellen) erfolgen. Durch multivariate EDV-Verfahren sind in kurzer Zeit beliebig viele Vergleiche möglich. Einmal können über bestimmte Ähnlichkeitsindizes (s. VIII 2.7.2) Aufnahmen angeordnet und über Grenzwerte zu Gruppen zusammengefaßt (klassifiziert) werden (s. IX), zum anderen kann durch Vergleich aller Arten untereinander nach Gruppen gesucht werden, die innerhalb der Tabelle ein gemeinsames Verhalten nach bestimmten Stetigkeitsregeln zeigen. Schwellenwerte für Ähnlichkeit bzw. Stetigkeit sind entweder vorgegeben oder vom Bearbeiter festgelegt und während der Tabellenarbeit modifizierbar. Bewertet werden lediglich Vorkommen oder Fehlen, also die Präsenz. Unterschiede in Menge, Vitalität u. a. werden nicht berücksichtigt. Hiermit sind kurz die Grundprinzipien vieler EDV-Programme erklärt.

Eines der ersten Programme, das direkt nach Trennartengruppen sucht, wurde von CESKA & ROEMER (1971) entwickelt. Überhaupt stellt der Übergang von den 60er zu den 70er Jahren den Anfang verstärkter EDV-Verwendung in der Pflanzensoziologie dar. Zunächst waren selbst große Rechenanlagen wegen langer Rechenzeiten und vor allem geringer Speicherkapazität nur bedingt verwendbar (s. MOORE 1972). Selbst die heute üblichen Personal Computer haben diese Anfangsprobleme längst überwunden. Noch bis in die 80er Jahre war auch die Dateneingabe über Lochkarten noch recht mühsam. Einen gewissen Vorläufer bildete die Verwendung von Sichtlochkarten (s. ELLENBERG & CRISTOFOLINI 1964) für den floristischen Vergleich von Aufnahmen.

Heute gibt es eine große Zahl oft in ihren Grundlagen sehr ähnlicher Programme zur Strukturierung von Tabellen, teilweise kombiniert mit weiteren Auswertemöglichkeiten (s. auch 3.8.4/5). Eine genauere Beschreibung ist hier unnötig, da sich Einzelheiten aus speziellen Anleitungen bzw. aus den Programmen selbst ergeben. Relativ frühe Entwicklungen gaben u. a. SPATZ (1972), SPATZ & SIEGMUND (1973), MOORE (1973; s. MOORE & O'SULLIVAN 1978: PHYTO). Neuere Programme sind z. B. CLUSLA (LOUPPEN & VAN DER MAAREL 1979), TABORD (VAN DER MAAREL et al. 1978), TWINSPAN (HILL 1979b), VEGTAB (KUHN 1983) (s. auch HOLZNER et al. 1978, WILDI 1989, WILDI & ORLOCI 1990: MULVA). Teilweise beruhen sie auf Cluster-Analysen, die im Teil IX besprochen werden.

Die Ergebnisse per Computer sind teilweise noch wenig überzeugend. Die publizierten Tabellen genügen oft nicht den Kriterien einer optimalen Gliederung, was wohl meist darauf zurückzuführen ist, daß die Bearbeiter mit der traditionellen Tabellenarbeit wenig vertraut sind.

Eine kritische Betrachtung multivariater Verfahren für die pflanzensoziologische Datenanalyse geben auch MUCINA & VAN DER MAAREL (1989): Oft sind die per Computer gefundenen Strukturen noch wenig klar. Probleme ergeben sich durch fehlende Gewichtung der Arten, die schwer oder gar nicht in computergerechte Regeln zu bringen ist. Fortschritte in der Klassifikation und Syntaxonomie sind bisher kaum erkennbar. Hier klingt unterschwellig eine gewisse Enttäuschung durch, die aber für den erfahrenen traditionellen Pflanzensoziologen kaum verwunderlich ist. Computer sind eine gute Hilfe, dürften aber kaum völlig neue Erkenntnisse bringen. Erkenntnisgewinn wird eher darin zu suchen sein, daß sehr umfangreiches Datenmaterial zusammengefaßt und verglichen werden kann, um z. B. eine klarere floristische Abgrenzung verwandter Pflanzengesellschaften (z. B. Klassen, Ordnungen) zu erreichen. In dieser Richtung sollten Computerprogramme verstärkt weiterentwickelt werden.

3.8.4 Computerhilfen für die traditionelle Tabellenarbeit

Fast ohne Bedenken kann man Computerprogramme empfehlen, die lediglich die Arbeitsschritte der traditionellen Tabellenarbeit per Hand nachvollziehen. Im einfachsten Fall führt der Computer lediglich vom Anwender eingegebene Befehle zur Umordnung von Aufnahmen und Arten aus. Hierzu gibt es Vorläufer, die auf mechanischem Wege das Sortieren in einer Rohtabelle erleichtern (s. WILMANNS 1959, TRENTEPOHL 1974). Vorteile liegen in der raschen und fehlerlosen Erstellung von Tabellen, z. B. der Umformung der Rohtabelle in eine nach Stetigkeit geordnete Tabelle, der Bildung beliebig vieler Teiltabellen in rascher Folge bis zum Ausdruck der Geordneten oder Differenzierten Tabelle.

Die Geschwindigkeit der Bearbeitung kann aber auch kleinere Nachteile haben. Die geistige Auseinandersetzung bei der allmählichen Entwicklung einer strukturierten Tabelle, wie sie bei Handarbeit gegeben ist, wird stärker eingeschränkt. Schon die Dateneingabe ist wesentlich abstrakter. Wo bei der schrittweisen Erstellung einer Rohtabelle mit jeder neu eingetragenen Aufnahme ein direkter Erkenntniszuwachs entsteht, wird per Computer auf einmal das Gesamtbild der Rohtabelle ausgedruckt, wobei eventuell schon manche Feinheiten nicht mehr auffallen. Dies läßt sich allerdings durch Zwischenausdrucke oder besser direkt über den Bildschirm nachvollziehen. Eine teilweise praktizierte Zwischenlösung, die wenig zusätzliche Zeit kostet, ist das Erstellen der Rohtabelle per Hand und die folgende zeilenweise Dateneingabe für jede Art.

Auch die verlockende Möglichkeit, in Ausdrucken die Daten sehr eng zusammenzurücken, kann beim Aufspüren der Feinstrukturen hinderlich sein. Hier treten erfahrungsgemäß Probleme gerade bei Anfängern auf, die sich durch den Computer Arbeitsersparnis erhoffen.

Der Durchbruch zur Verwendung von Computerhilfen bei der Tabellenarbeit kam erst in den letzten Jahren mit der rasch fortschreitenden Entwicklung sehr leistungsfähiger Kleincomputer für den Hausgebrauch. Die Unabhängigkeit von größeren Rechenzentren erlaubt heute eine universelle Benutzung. Entsprechende Programme sind gerade in jüngster Zeit zunehmend vorhanden. Die Dateneingabe erfolgt direkt von den Aufnahmen oder über eine Rohtabelle. Probleme gibt es vor allem durch unterschiedliche Nomenklatur und Auffassung der Sippen (z. B. Sammelart, Kleinarten). Hier wären verbindliche Standardlisten für große Gebiete (z. B. Mitteleuropa) wünschenswert. Im Dialogbetrieb werden über den Bildschirm und/oder Ausdrucke alle Ordnungsschritte durchgeführt, wobei jederzeit Zwischenergebnisse per Hand redigiert werden können. Die Entscheidung der notwendigen Schritte und Ordnungsprinzipien bleibt voll dem Bearbeiter überlassen. Als Beispiele solcher Programme seien erwähnt: VAN DER MEULEN et al. (1978), DURWEN (1982: FLORA), CALLAUCH & AUSTERMÜHL (1984: PST), CALLAUCH & STALLMANN (1987: PST 2.0), MÖSELER & RINAST (1986), BEMMERLEIN & FISCHER (1985: PRIMULA, AURIKEL u. a.), STORCH (1985).

Ein besonders ausgereiftes, vielseitig und leicht anwendbares menuegesteuertes Programm ist TAB (PEPPLER 1988, 1989, 1992). Es wurde mit vielen Zwischenschritten in engem Zusammengehen von theoretischen Überlegungen und praktischer Erprobung über Jahre hinweg entwickelt und erfüllt viele Wünsche für eine rasche vergleichende Tabellenbearbeitung. Im Gegensatz zu vielen anderen Programmen ist TAB besonders auch zur Erstellung großer Übersichtstabellen geeignet, also ein wichtiges Hilfsmittel syntaxonomischer Arbeit. Dateneingabe und endgültige Tabellengestaltung werden durch gebräuchliche Textprogramme erledigt.

Das TAB-Programm enthält folgende Möglichkeiten:
– Dateneingabe aus Aufnahmen oder zeilenweise aus Tabellen nach formatierten Abkürzungen der Sippennamen (neun Zeichen) zur Erstellung einer Rohtabelle.
– Erstellung eines ausführlichen Tabellenkopfes (Kopfdatei).
– Zeilen- oder blockweises Umsortieren von Arten.
– Sortieren nach Sippenstetigkeiten.
– Sortieren nach Schichten.
– Spalten- oder gruppenweises Umordnen von Aufnahmen.
– Ordnen nach Zahl der Arten einer bestimmten Artengruppe (nach aufsteigender oder fallender Präsenz).
– Ordnung nach Kopfdaten (auch zur Erstellung von Spektren aus Klassen der Kopfdaten).
– Spiegelbildliche Anordnung der Aufnahmen.
– Zusammenfassung oder Aufteilung von Tabellen (beliebige Kombination von Aufnahmen verschiedener Tabellen).
– Erstellen von Tabellen mit Stetigkeitsangaben (Übersichtstabellen) mit verschiedenen Stetigkeitsklassen (s. 3.7.1), mit denselben Sortier- und Ordnungsmöglichkeiten wie bei Einzeltabellen.
– Ausdruck der Tabellen oder Teiltabellen mit vollständigen Sippennamen nach einer Referenzdatei (ca. 3500 Gefäßpflanzen, Moose, Flechten Mitteleuropas).
  – mit Datenzahl der Aufnahmen im Kopf,
  – mit Ausgabe von Spannen oder Medianen der Artmengen (oder beides) als Exponenten,
  – mit Stetigkeiten am rechten Rand,
  – als Tabelle mit absoluter oder prozentualer Stetigkeit oder mit Stetigkeitsklassen,
  – mit veränderbarem Spaltenabstand und Schrifttyp,
  – in graphischer Form.

Jeder in Tabellenarbeit erfahrene Pflanzensoziologe wird aus diesen Angaben die vielen Vorzüge für eine rasche Bearbeitung auch großer Datenmengen erkennen. Auf Einzelbeispiele sei hier verzichtet. Tabelle 15 zeigt lediglich die Möglichkeit des Ausdruckes in graphischer Form am Beispiel unserer Weide-Tabelle (Tab. 12).

3.8.5 Einbezug weiterer Daten

Über EDV lassen sich leicht weitere Daten von Arten, Aufnahmen oder Vegetationstypen für eine universellere Auswertung einbeziehen. Sind einmal bestimmte Merkmale, Zeigerwerte u. ä. in einer Datei gespeichert, können sie rasch für bestimmte Vegetationstabellen herausgesucht werden, z. B. um Daten im Aufnahmekopf zu ergänzen, nach diesen Daten die Aufnahmen zu ordnen (s. Direkte Gradientenanalyse, Kap. VII 3) oder zusätzliche Programme und Spektren zu erstellen (s. auch VIII 2.9). In Frage kommen z. B. Texturmerkmale (Kap. IV 2), Wuchs- und Lebensformen (IV 3), Hemerobietypen (III 8), soziologisches Verhalten (VIII), Strategietypen (X 3.5.1), Arealtypen (XII 2.3), Gefährdungsgrad nach Roten Listen.

Auswertungsprogramme hierzu mit entsprechenden Dateien finden sich z. B. bei STRENG & SCHÖNFELDER (1978), DURWEN (1982: FLORA), STOEHR & BÖCKER (1983), BEMMERLEIN & FISCHER (1985: PRIMEL), SPATZ et al. (1979: OEKSYN), STORCH (1985), KUHN & OTTO (1988: EVA), FRANK et al. (1988/90:

Tab. 15: Graphische Darstellung der Daten aus Tabelle 12k.

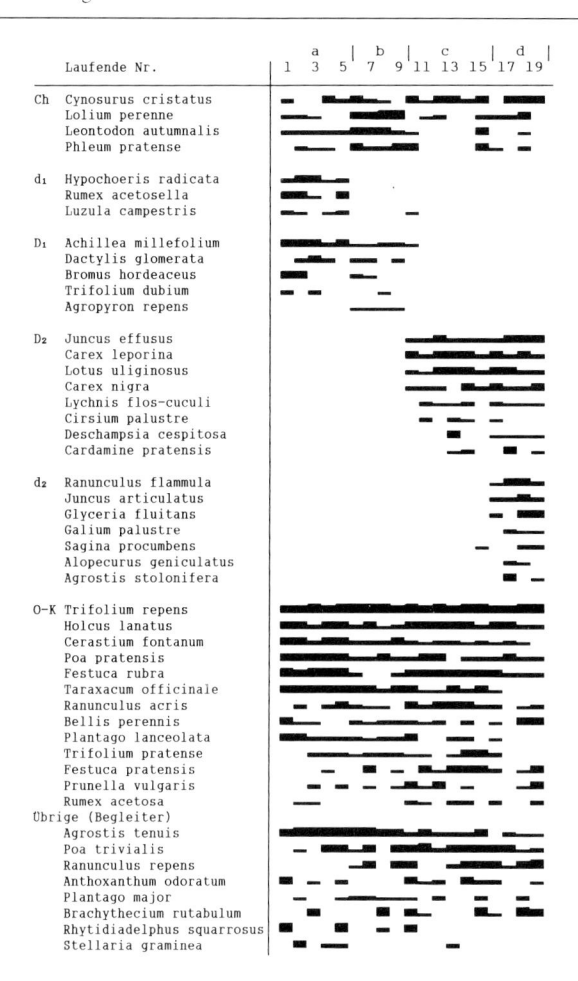

	Laufende Nr.	a | b | c | d | 1 3 5 7 9 11 13 15 17 19
Ch	Cynosurus cristatus	
	Lolium perenne	
	Leontodon autumnalis	
	Phleum pratense	
d₁	Hypochoeris radicata	
	Rumex acetosella	
	Luzula campestris	
D₁	Achillea millefolium	
	Dactylis glomerata	
	Bromus hordeaceus	
	Trifolium dubium	
	Agropyron repens	
D₂	Juncus effusus	
	Carex leporina	
	Lotus uliginosus	
	Carex nigra	
	Lychnis flos-cuculi	
	Cirsium palustre	
	Deschampsia cespitosa	
	Cardamine pratensis	
d₂	Ranunculus flammula	
	Juncus articulatus	
	Glyceria fluitans	
	Galium palustre	
	Sagina procumbens	
	Alopecurus geniculatus	
	Agrostis stolonifera	
O-K	Trifolium repens	
	Holcus lanatus	
	Cerastium fontanum	
	Poa pratensis	
	Festuca rubra	
	Taraxacum officinale	
	Ranunculus acris	
	Bellis perennis	
	Plantago lanceolata	
	Trifolium pratense	
	Festuca pratensis	
	Prunella vulgaris	
	Rumex acetosa	
Übrige (Begleiter)		
	Agrostis tenuis	
	Poa trivialis	
	Ranunculus repens	
	Anthoxanthum odoratum	
	Plantago major	
	Brachythecium rutabulum	
	Rhytidiadelphus squarrosus	
	Stellaria graminea	

FLORA 89), ELLENBERG et al. (1991: VEGBASE), PEPPLER (1992: AREALTYP).

Neben diesen allgemein bekannten Sippenattributen können auch spezifische Angaben der Vegetationsaufnahme rasch ausgewertet werden, die sonst bestenfalls im Tabellenkopf auftreten, z. B. Höhe und Deckungsgrade der Schichten, geographische Lage, Exposition, Gestein, Boden, Nutzungsform, ökologische Meßdaten. Einige Beispiele hierzu geben SOMMERHALDER et al. (1986) für Wälder der Schweiz.

VII Gliederung und Ordnung der Vegetation

1 Allgemeines

Gliederung und Ordnung von Objekten sind Grundbestandteile menschlichen Wahrnehmens und Denkens. So ist es für jede Wissenschaft notwendig, ihre Untersuchungsgegenstände nach bestimmten, oft zweckgerichteten Kriterien zusammenzufassen und übersichtlich zu ordnen. Je nach Auswahl der vorrangig wichtig erscheinenden Merkmale (Ordnungsprinzipien) lassen sich Objekte in Gruppen zusammenfassen (klassifizieren). Nahe Verwandtes wird von weniger Ähnlichem getrennt, entsprechenden systematischen Kategorien zugeordnet. Hieraus kann sich ein System nach abgestufter Ähnlichkeit entwickeln, in dem schließlich jedes Objekt seinen Platz findet.

Jede Systematik von Objekten erleichtert die weitere wissenschaftliche Forschung und die praxisbezogene Auswertung der Ergebnisse durch
– bessere Handhabung der Objekte selbst (Erkennen, Beschreiben, Abgrenzen, Benennen, Einordnen u. a.),
– Möglichkeiten vergleichender Untersuchungen und Interpretationen,
– Förderung der wissenschaftlichen und praxisnahen Kommunikation.

Allgemeine Grundlagen der Typisierung von Pflanzengesellschaften wurden bereits in Kapitel VI 2 besprochen, aber nur hinsichtlich ihrer floristischen Merkmale. Grundsätzlich können auch andere Strukturmerkmale, solche der inneren Wechselbeziehungen oder Kriterien außerhalb der Vegetation herangezogen werden. (s. 9.1). In der Tat gibt es seit Beginn der Vegetationskunde viele Ansätze hierzu, da gerade die im einzelnen äußerst vielfältige Pflanzendecke ohne ein abstrahierendes, vereinfachendes Ordnungsschema nicht auskommt. Die Diskussion, ob ein System natürlich, naturnah oder künstlich sei, erscheint hierbei wenig ergiebig. Jedes System ist Menschenwerk, in gewissem Maße zweckgerichtet und nicht frei von subjektiven Momenten. Es sollte vor allem nach seinem Erfolg, seiner Nutzbarkeit für Wissenschaft und Praxis beurteilt werden.

2 Ordination und Klassifikation als komplementäre Verfahren

Als grundlegende Verfahren zur Gliederung und Ordnung der Vegetation werden häufig Ordination und Klassifikation gegenübergestellt. So unterscheidet WHITTAKER (1973) zwei grundsätzlich verschiedene Ansätze zur Betrachtung der Vegetation. In der Systematik (Syntaxonomie) ist der Blick auf mehr oder weniger eigenständige Vegetationstypen (Pflanzengesellschaften) gerichtet, die als abstrakte Einheiten gruppiert werden können. Im nachhinein ergeben sich für die Gesellschaften ihre spezifischen Eigenschaften und Umweltbeziehungen. Als Methode dient die Klassifikation. Besonders im angloamerikanischen Sprachbereich werden teilweise Pflanzensoziologie und Syntaxonomie gleichgesetzt, was Anlaß zu vielen Mißverständnissen gegeben hat. Diese falsche Ansicht wird aber schon durch das Lehrbuch von BRAUN-BLANQUET (1928 ff.) eindeutig widerlegt (s. auch I)

Ein zweiter Ansatz der Vegetationsbetrachtung ist die Gradientenanalyse. Sie sucht weniger nach dem Trennenden verschiedener Gruppen sondern vor allem nach den Wechselbeziehungen von pflanzlichen Populationen und Gesellschaften mit und entlang konkreter oder abstrakter Gradienten, wobei oft die Vorstellung mehr kontinuierlicher Veränderungen und Übergänge bestimmend ist. Grundlegende Methode der Gradientenanalyse ist die Ordination. Man könnte sie als „Ordnung durch Anordnung" übersetzen. Wenn auch „Ordination" im kirchlichen und medizinischen Sprachgebrauch ganz andere (unterschiedliche) Bedeutung hat, sollte der Begriff doch in der Pflanzensoziologie im Sinne angloamerikanischer Vegetationskundler ebenfalls verwendet werden.

Wie auch die folgenden Kapitel zeigen sollen, stehen Systematik und Gradientenanalyse bzw. Klassifikation und Ordination keineswegs im Gegensatz zueinander, wie oft behauptet wird. Eher gibt es enge Wechselbeziehungen zwischen beiden Methoden. Schon gar nicht steht Ordination im Gegensatz zu Pflanzensoziologie, selbst wenn die teilweise für Ordinationen gebräuchlichen multivarianten Methoden hier eher eine randliche Stellung einnehmen (s. IX). Schon die Anordnung von Vegetationsaufnahmen in Tabellen nach (Gradienten) floristischer Ähnlichkeit ist ein intuitives Ordinationsverfahren (VI). Auch die soziologische Progression als Anordnungsprinzip im Gesellschaftssystem (IV 9) gehört hierher.

Gradientenanalyse und Systematik lassen sich vorteilhaft verbinden. Entweder gibt die Ordination einen Ansatz für das Auffinden von Gruppen von Arten oder Aufnahmen, also zur Klassifikation, oder für bereits erkannte (klassifizierte) Vegetationstypen werden kausale Zusammenhänge durch Ordinationsverfahren verdeutlicht. Schließlich können auch größere Gesellschaftsgruppen entlang von gedachten Gradienten als ökologische Reihen geordnet werden.

Diese engen Zusammenhänge als komplementäre Möglichkeiten der Vegetationsanalyse hat WHITTAKER (z. B. 1970, 1972b) selbst betont, immer in dem Bemühen, die angloamerikanischen und europäischen Schulen der Vegetationskunde zusammenzubringen. Ein grundlegender Unterschied ist in etwas anderer Richtung zu sehen: Die meisten Pflanzensoziologen sind praxiszugewandte Feldbotaniker, die englischsprachigen Vegetationskundler hingegen häufig mehr an Theorien und Modellen interessiert (s. TÜXEN in WHITTAKER 1970). Die durch lange Wissenschaftstradition entwickelten Denkrichtungen lassen sich oft schwer vereinigen, wenn auch manche Pflanzensoziologen heute stärker theoretischen Überlegungen nicht abgeneigt sind.

3 Direkte Gradientenanalyse

Die große Variabilität der Lebewesen und ihrer Gemeinschaften macht es schwierig, alle Erscheinungen und Vorgänge zu systematisieren. Für eine Untersuchung und Darstellung ohne größeren Informationsverlust, die den feinen Veränderungen der Pflanzendecke am ehesten gerecht wird, eignet sich die Direkte Gradientenanalyse. Hierbei werden Erscheinungen der Vegetation entlang von ökologischen Gradienten untersucht und ordnend ausgewertet. Diese Gradienten werden entweder direkt durch ökologische Messungen belegt, oder mehr aufgrund von Beobachtungen im Gelände oder allgemeiner Erfahrungen erkannt. Ganz allgemein gesehen ist die Direkte Gradientenanalyse ein Verfahren der Synökologie. Viele standörtliche Untersuchungen gehen in diese Richtung. Ihre Ergebnisse sind eine wichtige Grundlage praktischer Anwendungen pflanzensoziologischer Daten, z. B. für die Bioindikation über ökologische Gruppen und Zeigerwerte. In der angloamerikanischen Literatur, wo der Begriff Gradientenanalyse seinen Ursprung und eine weite Verbreitung hat, denkt man eher an modellhafte Ordinationen.

Grundlegende Arbeiten zur Gradientenanalyse verdanken wir R.H. WHITTAKER, dem prominentesten Vertreter dieser Richtung. Er hat das Verfahren als Methode entwickelt und verbreitet. Eine Zusammenfassung gibt in mehreren Beiträgen Band 5 des Handbuchs für Vegetationskunde (WHITTAKER 1973; s. auch WHITTAKER 1967, 1970, 1972b, MUELLER-DOMBOIS & ELLENBERG 1974, SPATZ 1975 u. a.). Erste Ansätze lieferte bereits der Russe RAMENSKY zu Beginn dieses Jahrhunderts (seit 1910; s. RAMENSKY 1930, Kap. 5 in WHITTAKER 1973), der Methoden zur ökologischen Anordnung von Pflanzengesellschaften entwickelte.

Die Direkte Gradientenanalyse richtet den Blick vor allem auf die Wechselbeziehungen zwischen Vegetation bzw. Pflanzensippen und Standort i. w. S. Ein entscheidender Gegensatz zur floristisch begründeten Syntaxonomie besteht darin, daß der ordnende Faktor außerhalb der Vegetation gesucht wird und daß zunächst der kontinuierliche Wechsel von Pflanzen entlang eines Gradienten im Vordergrund steht. Diese Gradienten können sich auf einen einzelnen exogenen Faktor beziehen, z. B. den

Feuchte- oder Lichtgradienten. Oft sind es aber bereits sehr komplexe Größen wie z. B. der Mikrorelief-, Höhen- oder pH-Gradient. Letztlich steht auch hinter einfachen Gradienten stets der gesamte Komplex exogener und endogener Wirkungen, so daß jede Gradientenanalyse ein stark vereinfachtes, dafür aber relativ übersichtliches Abbild der Wirklichkeit ergibt.

Die floristische Variation der Pflanzendecke entlang eines ökologischen Gradienten, d. h. eine ökologische Reihe von Vegetationstypen, wird als Gesellschaftsgradient (coenocline) bezeichnet. Standorts- und Gesellschaftsgradient zusammen bilden den Ökosystemgradienten (ecocline). Zwischen räumlich benachbarten Vegetationstypen bestehende floristisch-ökologische Übergänge werden als Ökoton (ecotone) bezeichnet (s. auch XI 5.3). Der Gebrauch dieser Begriffe ist allerdings nicht einheitlich (s. VAN DER MAAREL 1990b).

Die Erfassung von Vegetationsdaten der Direkten Gradientenanalyse ähnelt derjenigen pflanzensoziologischer Aufnahmen (V). Nur ist hier die Lage der Aufnahmeflächen durch den Gradienten vorgegeben. Homogenität und Minimumareal treten hinter anderen Kriterien zurück. Für die Aufnahme werden ein oder mehrere Transekte so gelegt, daß sie etwa dem Verlauf eines ökologischen Gradienten folgen, der im Gelände direkt oder indirekt erkennbar ist. Für deren Auswahl lassen sich auch vegetationseigene Merkmale heranziehen. So verlaufen ökologische Gradienten in der Regel quer zu erkennbaren Zonierungen (z. B. Ufer von Gewässern, Waldränder, grundwasserbeeinflußte Niederungen mit Kleinrelief, Salzmarschen, Hochmoor-Ränder). Schwieriger ist die Anlage von Transekten bei mosaikartiger Vegetationsstruktur. Sie läßt sich aber meist bei Vergrößerung des Untersuchungsmaßstabes in Kleintransekte zwischen den Mosaikteilen auflösen(s. XI 2). Innerhalb des Transektes werden in Quadraten oder Rechtecken aneinandergrenzend oder in kleinen Abständen Erfassungen durchgeführt (s. auch IV 6.2.1).

Bei großräumigen Gradienten werden Transekte aus mehreren Teilen zusammengesetzt bzw. die zu erfassenden Flächen lockerer (regelmäßig oder unregelmäßig) verteilt. Häufig handelt es sich dann nur noch um gedanklich festgelegte Gradienten, z. B. Hangexpositionen, Höhenabstufungen oder weiträumig-klimatische Unterschiede. Besonders klare Abstufungen auf kleinem Raum wird man in Übergangs- (Ökoton-) Situationen finden, da hier viele Grenzen von Sippen auf engem Raum zu erwarten sind.

Neben räumlich-ökologischen Gradienten können auch zeitliche Veränderungen (Fluktuationen, Sukzessionen; s. X 3.4) ähnlich untersucht werden. Zumindest die Auswertung der syndynamischen Ergebnisse ist teilweise sehr ähnlich. Faßt man die Luft- und Bodenerwärmung im Frühjahr oder jahreszeitliche Veränderungen des Wasserfaktors in Trockengebieten als ökologisch-zeitlichen Gradienten auf, sind auch symphänologische Tabellen und Diagramme (X 2) Ergebnisse einer Gradientenanalyse.

Die Direkte Gradientenanalyse geht primär von Geländetransekten aus. Hier sind objektive, leicht nachvollziehbare Ergebnisse zu erwarten, die aber wegen geringer Datenmenge und jeweilig spezieller ökologischer Zusammenhänge nur für diesen einen Transekt gelten. Sekundär können auch Vegetationsaufnahmen nach parallel gemessenen oder betrachteten Standortsmerkmalen (z. B. pH, Grundwasser, Humusform, Bodenart, Höhenlage, Exposition) oder nach ökologischen Zeigerwerten (5–7) gradientenartig geordnet werden. Hierdurch lassen sich floristisch-ökologische Zusammenhänge allgemeiner und großräumiger ermitteln. Über ökologische Artengruppen ergeben sich Ansätze zu einer Klassifikation. Für solche Ordinationen wäre der Begriff „Indirekte Gradientenanalyse" sinnvoll, der aber bereits in anderer Weise verwendet wird (s. IX 2.2). Deshalb sei hier zwischen primärer und sekundärer Form der Direkten Gradientenanalyse unterschieden.

Die Direkte Gradientenanalyse betrachtet das Verhalten der Sippenpopulationen entlang von Gradienten. Wie bei der pflanzensoziologischen Aufnahme (V) werden auch hier quantitative Schätzungen oder Messungen verwendet, welche die jeweilige Wuchskraft einer Art kennzeichnen sollen. Dieser Wert relativer Bedeutung (importance value) ist oft der Deckungsgrad oder die Biomasse, aber auch die Wuchshöhe, der Stammdurchmesser u. a.

In der Pflanzensoziologie wird man gewöhnlich die (z. T. verfeinerte) Braun-Blanquet-Aufnahmemethode zugrunde legen. In Nordamerika, dem Ursprungsland und Zentrum der Gradientenanalyse, verwendet man andere Methoden (s. WHITTAKER 1973, S. 9ff.), z. B.
– Quadrat-Aufnahmen mit Bestimmung von

Brusthöhendurchmesser der Bäume, Dichte, Frequenz und Deckung der Arten (WHITTAKER u. a.).
- Punktzentrierte Aufnahmen mit Messung von Entfernungen und Brusthöhendurchmesser der Bäume von bestimmten Punkten aus; zusätzliche Erfassung des Unterwuchses in Kleinquadraten. Auswertung nach Dichte, Basalfläche der Stämme, Frequenz(Wisconsin-Schule).

Abschließend sei noch einmal betont, daß jede Direkte Gradientenanalyse nur ein stark vereinfachtes Teilmodell zur kausalen Erklärung der Vegetationsvielfalt ergeben kann. Je mehr Faktoren einbezogen werden, desto schwerer fällt eine leicht verständliche, naturnahe Darstellung. Häufig wird das Verfahren als objektiver gegenüber der üblichen pflanzensoziologischen Aufnahmemethode angesehen, da die subjektive Auswahl der Aufnahmeflächen entfällt. Andererseits ist auch die Wahl des Gradienten und entsprechender Geländetransekte (besonders wenn sie sich aus mehreren Teilen zusammensetzen) mehr oder weniger willkürlich.

In den folgenden Kapiteln werden zunächst nur ein- bis wenigdimensionale Ordinationen und daraus sich ergebende Ansätze zur Klassifikation auf ökologischer Grundlage vorgestellt. Komplexere Verfahren finden sich im Teil IX.

4 Eindimensionale Ordination

Als stark vereinfachtes Teilmodell bietet die eindimensionale Ordination sehr anschauliche Möglichkeiten der Darstellung von Gradientenanalysen. Ausgehend von Transektaufnahmen wird das Verhalten aller oder besonders charakteristischer Sippenpopulationen entlang eines Gradienten verdeutlicht. Es ergeben sich die ökologischen Amplituden und Optima in bezug auf einen ökologischen (oft komplexen) Faktor, gleichzeitig Gemeinsamkeiten bzw. Unterschiede im ökologischen Verhalten der Sippen.

Für die eindimensionale Ordination eignen sich verschiedene Abbildungsverfahren:

a) Populationskurven: Hier wird auf einer Achse der Gradient, auf der zweiten ein quantitativer Wert für die Wuchskraft der Arten aufgetragen. Für jede Sippe ergibt sich in der Regel eine glockenförmige Kurve (ecological response curve). Oft überschneiden sich die Kurven stark, im Sinne eines kontinuierlichen Wechsels, parallel zu sich ändernden ökologischen Bedingungen. Nicht selten lassen sich aber auch gewisse Gruppierungen ähnlicher Kurvenverläufe erkennen.

Ein oft verwendetes Beispiel von WHITTAKER zeigt Abb. 86. In ihr sind wichtige Baumarten (Stammzahl pro Hektar) entlang eines aus Reliefbeobachtungen festgelegten Feuchtegradienten (von feuchten Mulden bis zu trockenen Hängen) angeordnet. Neben starken Überlappungen erkennt man auch deutliche Gruppierungen, vor allem der mit 2 und 4 numerierten Kurvenscharen.

Zur Ermittlung pflanzensoziologisch-ökologischer Zusammenhänge werden gelegentlich ähnliche Kurven verwendet. Nach Auswertung von Vegetationsaufnahmen mit gleichzeitigen

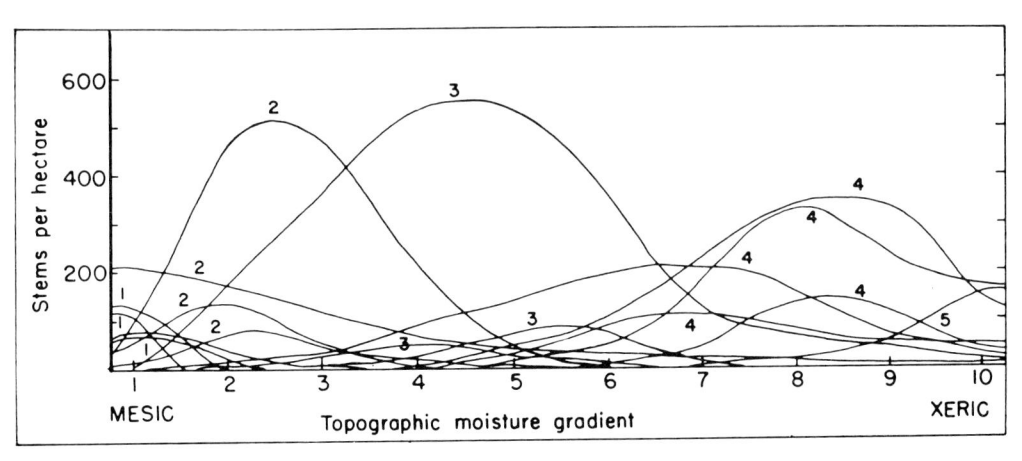

Abb. 86. Diagramm der Populationskurven von Bäumen der Santa Catalina Mountains (Arizona) entlang eines topographischen Feuchtegradienten (aus WHITTAKER 1973). Erläuterung im Text.

ökologischen Untersuchungen oder im Vergleich mit ökologischen Zeigerwerten (s. 7) kann man z. B. die Häufigkeit (Stetigkeit) der Arten in Klassen eines Standortsgradienten ermitteln und darstellen. Meist ist hier aber die Fragestellung mehr auf das ökologische Verhalten einzelner Arten ausgerichtet (z. B. SEBALD 1961, HUNDT 1966 a/b, SPATZ 1975, PARK 1985). Ein Beispiel zeigt Abb. 87.

b) Kurven von Artengruppen: In gleicher Weise wie einzelne Arten können auch Artengruppen eindimensional ordiniert werden. Wiederum lassen sich zwei Ansätze vorstellen:

WHITTAKER (1973, S. 39) zeigt höhenbedingte Veränderungen der Vegetationszusammensetzung aus Gruppen von Lebensformen und Arealtypen eines Berglandes in Arizona. Ein wieder enger synökologisches Beispiel gibt Abb. 88. Hier sind nach Auswertung von 23 Aufnahmen und parallelen pH-Messungen im Boden die Verteilungen zweier soziologischer Gruppen (Borstgrasrasen, Frischwiesen) gegenüber dem Säuregradienten angeordnet (s. auch zu demselben Objekt Abb. 115 in Kapitel 8).

c) Artenprofile: Eine weit verbreitete Darstellungsweise von Gradientenanalysen sind Artenprofile, in denen die Horizontalstruktur der Vegetation gut erkennbar ist (s. IV 6.2.1.) und auch ökologisch-floristische Gradienten deutlich werden (s. auch 9.2.2.8). Auf einer Achse ist wieder der ökologische Gradient eingetragen, auf der anderen sind die Sippen untereinander aufgeführt, geordnet nach ihren Amplituden und Optima innerhalb des Transektes. Gewissermaßen ist das Diagramm der Populationskurven (a) entzerrt, so daß beliebig viele Arten Platz finden.

Abb. 89 zeigt das Ergebnis einer sehr detaillierten Transektaufnahme entlang eines Mikrorelief-Gradienten aus einer beweideten sandigen Flußniederung. Erfaßt wurden in direkter Folge 30 Transektabschnitte von 1 m Länge und 5 m Breite nach der Braun-Blanquet-Methode. Die Balken der Arten geben Gesamtverbreitung und Deckungsgrad an. Das Mikrorelief des leicht ansteigenden Geländes (3,18 m auf 30 m Länge) läßt sich ökologisch als Wasser-Basen-Gradient interpretieren. Obwohl man auf so engem Raum ein Kontinuum der Sippen-

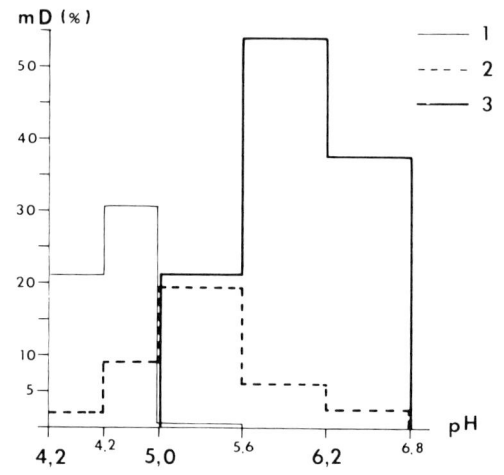

Abb. 87. Ordination der mittleren Deckungsgrade von *Nardus stricta* (1), *Agrostis tenuis* (2) und *Arrhenatherum elatius* (3) entlang des pH-Gradienten nach Auswertung von Vegetationsaufnahmen und parallelen pH-Messungen (aus EBBEN et al. 1983).

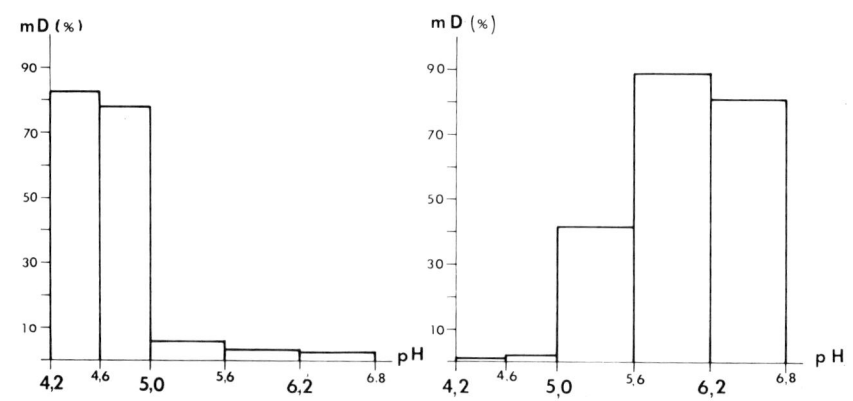

Abb. 88. Ordination der mittleren Deckungsgrade von soziologischen Gruppen entlang des pH-Gradienten. Links: *Nardetalia*, rechts: *Arrhenatheretalia* (aus EBBEN et al. 1983). Erläuterung im Text.

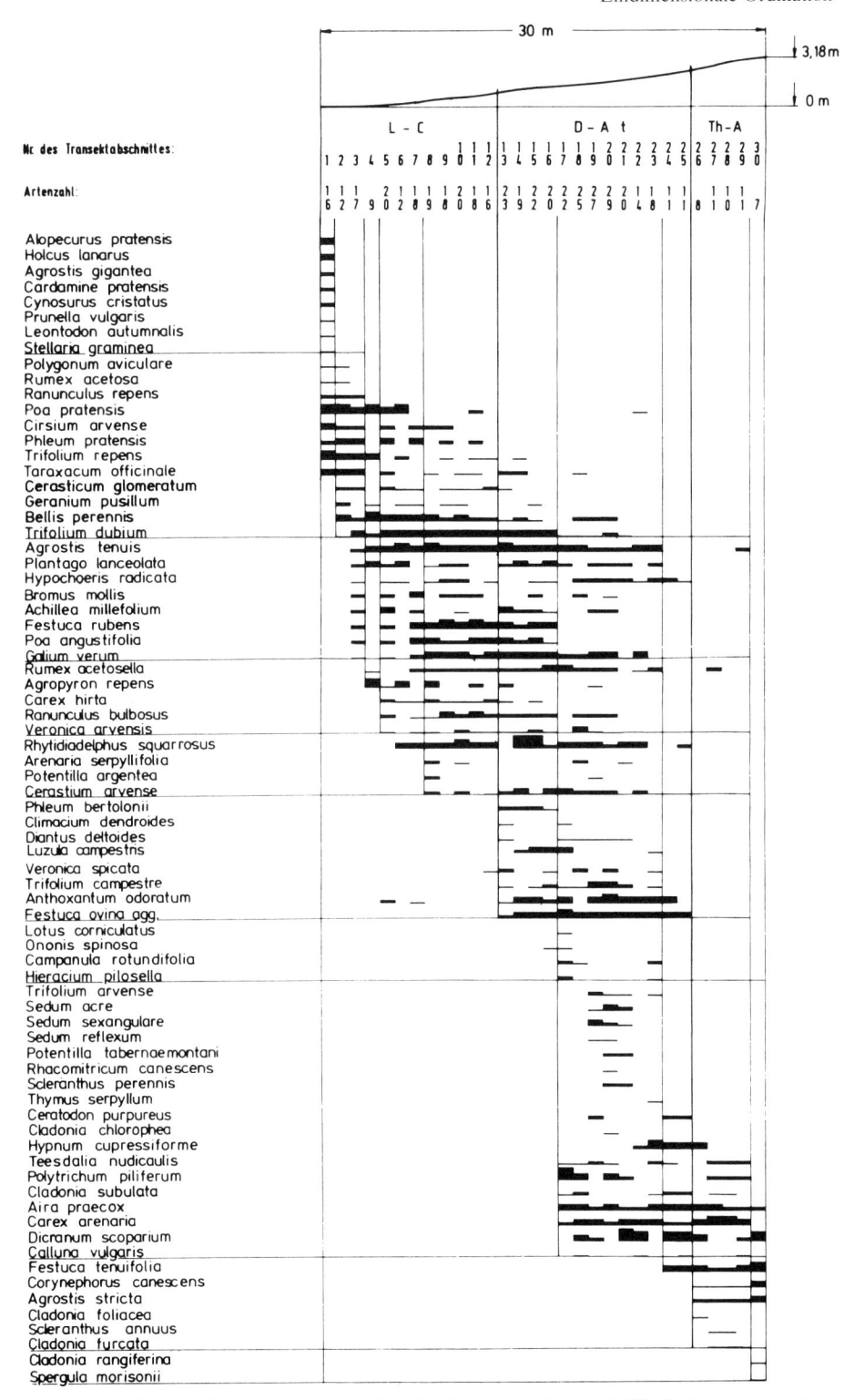

Abb. 89. Artenprofil eines kleinräumigen Transektes im Emstal (aus Jeckel 1986). Erläuterung im Text.

populationen erwarten sollte, ergeben sich recht deutliche Artengruppen. Entsprechend lassen sich die meisten Kleinflächen bestimmten syntaxonomischen Einheiten zuordnen. Insgesamt reicht der Gesellschaftsgradient aus verschiedenen Typen der Weiden (*Lolio-Cynosuretum*) bis zu Sandtrockenrasen (*Diantho-Armerietum, Spergulo-Corynephoretum*).

Durch die Direkte Gradientenanalyse können auch Kleinstrukturen innerhalb eines Bestandes oder einer Gesellschaft verdeutlicht und ökologisch interpretiert werden. In Abb. 90 ist die vom Nässegradienten abhängige Feinzonierung von Erlenbulten eines Bruchwaldes dargestellt, wobei Arten mit teilweise höherem Deckungsgrad mehr schematisch hervorgehoben sind (zur Aufnahmemethode s. DÖRING 1987).

Solche Artenprofile primärer und sekundärer Direkter Gradientenanalyse gibt es in pflanzensoziologischen und ökologischen Arbeiten nicht selten, auch wenn dieser Begriff meist gar

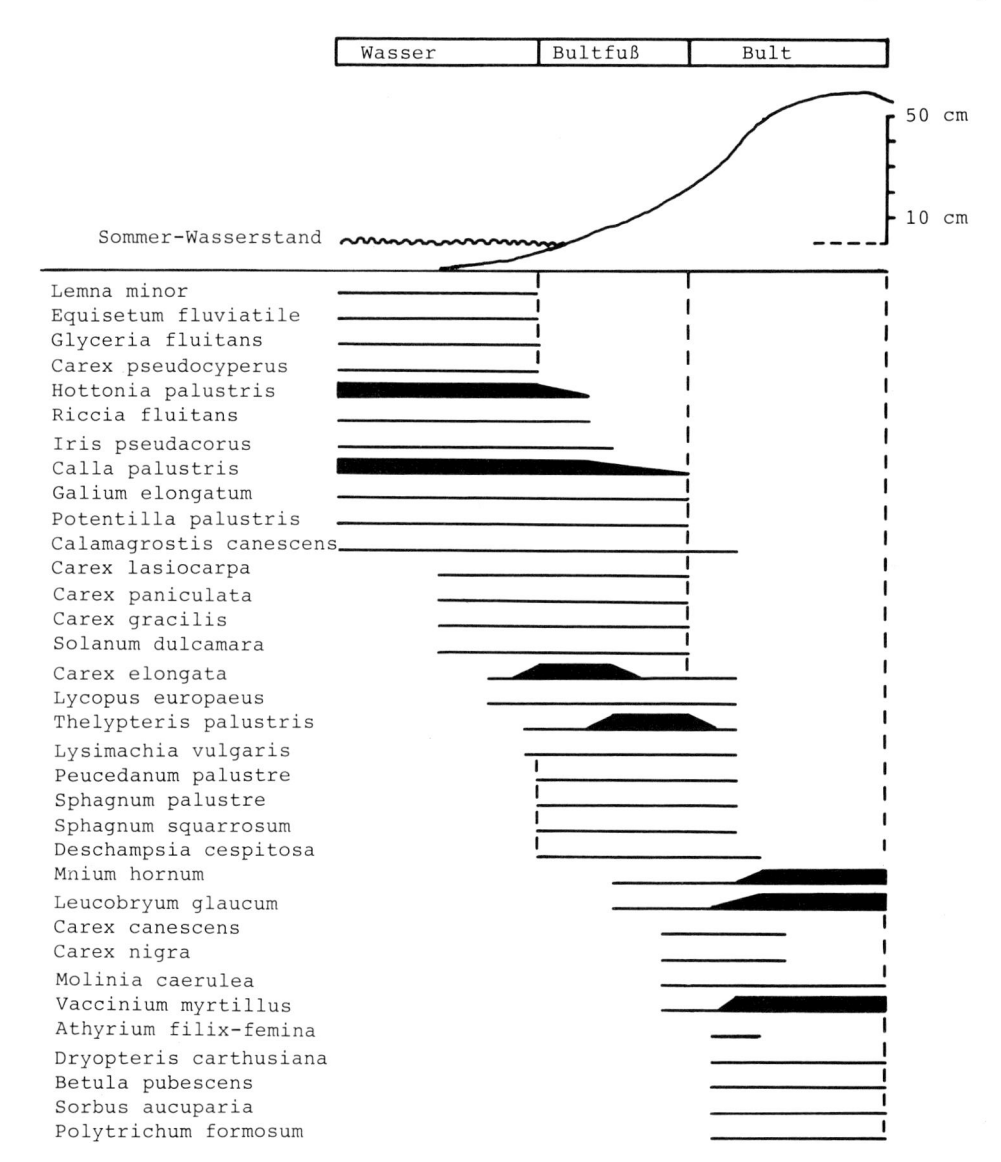

Abb. 90. Schematisches Artenprofil aus mehreren Transekterfassungen von Erlenbulten eines Bruchwaldes (aus DIERSCHKE 1988a).

Tab. 16: Vegetationsaufnahmen eines 28 m langen Transektes entlang des Mikrorelief-Gradienten in der Seege-Niederung / Nordostniedersachsen (aus JECKEL 1984). Erläuterung im Text.

Nr. des Transektabschnittes	1	2	3	4	5	6	7	8	9	10	11	12	13	14	15	16	17	18	19	20	21	22	23	24	25	26	27	28
Deckung Phanerogamen (in 10%)	10	10	10	10	10	10	10	10	10	10	10	10	10	10	10	10	10	10	9	8	8	7	8	7	6	3	4
Deckung Kryptogamen (in 10%)	2	1	1	1	2	2	2	1	1	2	2	3	3	1	1	1	2	3	2	4	7	7	8	7	8	4	1	8
Artenzahl	18	17	16	10	10	11	19	20	17	18	17	18	16	19	10	15	17	10	17	16	12	19	16	11	18

Art	Deckungswerte
Cardamine pratensis	+
Potentilla reptans	+
Cnidium dubium	+
Rumex crispus	2 1
Dactylis glomerata	1 1 1 1 + +
Rumex acetosa	1 1 + +
Poa pratensis	2 2 1 1 1 1 + + +
Ranunculus repens	2 1 + + + +
Leontodon autumnalis	+ + + + + +
Alopecurus pratensis	3 2 + 2 2 + + +
Lolium perenne	2 2 1 2 2 2 1 1 + 1 + + +
Trifolium repens	3 3 3 1 1 + 2 2 2 1 2 +
Agropyron repens	+ + 1 1 2 1 + 1 1 1 1 +
Taraxacum officinale	+ + 2 1 1 1 + 1 + + 1 + + +
Bromus mollis	1 1 1 1 2 1 1 1 2
Lotus corniculatus	+ 1 1 + 1 1 + + 1 1 2 1 1 1 2
Rumex thyrsiflorus	1 1 1 2 + 1 2 1 1 1 1 2 2 2 2 1 1 +
Achillea millefolium	2 2 2 1 1 1 1 2 2 2 1 1 1 2 2 1 1 2 1 1 1 1
Plantago lanceolata	1 2 2 2 1 1 1 1 1 1 2 2 2 2 2 1 2 + +
Agrostis tenuis	1 2 3 4 3 3 4 4 3 4 3 3 3 3 3 3 3 4 4 4 3 3 3 1 +
Galium verum	1 1 1 2 2 2 2 1 1 2 2 2 1 2 1 2 2 2 1 2 +
Ranunculus bulbosus	1 1 1 1 1 1 1 1 1 2 1 1 1 1 1 1 1 + +
Trifolium campestre	+ + 1 + + 1 + 1 1 1 + + + + +
Hypochoeris radicata	+ 1 1 + + + + 1 1 1 1 2 1 1 1 1 1
Anthoxanthum odoratum	1 1 + 2 2 2 3 3 3 3 2 2 2 3 2 2 1 1 +
Rumex acetosella	+ 1 1 1 + + 1 1 1 1 1 1 + 1 1 1 1 1 1 1
Cerastium arvense	+ 2 + + 1 2 1 2 1 1 2 2 2 2 2 1 +
Trifolium dubium	+ + + + + +
Poa angustifolia	1 + + + + + +
Armeria elongata	+ 1 2 + + 1 1 + 1 1 + 1 + + +
Rhytidiadelphus squarrosus	+ + 2 2 2 + 1 2 2 1
Hypnum cupressiforme	+ 1 1 2 2 2
Eryngium campestre	+ + + + 1 +
Climacium dendroides	1 2 1 + 1 +
Dianthus deltoides	+ + + + + 1 1 + +
Pimpinella saxifraga	+ 1 1 2 2 2 1 1 1
Festuca rubra	+ 2 1 2 2 2 2 2 2 1 2 2 2 1 + +
Veronica spicata	+ + 1 1 1 1 1 1 1 1 2 1 1 1 +
Hieracium pilosella	+ 1 + 1 1 1 2 3 1 1 2 2
Sedum reflexum	+ + + + + 1 + 1 2 2 2 2
Dicranum scoparium	+ 1 2 2 3 3 3 4 4 3 1
Potentilla neumanniana	1 1 + + 1 1
Carex caryophyllea	+ + + 1
Ononis spinosa	+ 1 + +
Sedum sexangulare	+ + + + + +
Danthonia decumbens	+ + 1 1
Luzula campestris	+ 1 1 + +
Trifolium arvense	+ + 1 1 1 1 1 1
Artemisia campestris	+ + + 1 1 1 2 2 1
Agrostis stricta	+ 1 2 1 1 1 1
Dianthus carthusianorum	+ 1 2 1 +
Jasione montana	+ 2 + + + + +
Festuca trachyphylla	+ 3 3 2
Festuca ovina agg.	+ + + + + +
Thymus serpyllum	+ + + 1 1 2
Carex praecox	+ + 1 + +
Polytrichum piliferum	1 1 3
Cladonia subulata	2 2 2 1
Cladonia arbuscula	2 + 1 + 3
Euphrasia rostkoviana	+ + +
Scleranthus perennis	2 1 1 +
Sedum acre	+ 1 1 1
Cladonia mitis	+ 2 2 2 2
Festuca tenuifolia	+ + 1
Silene otites	1 +
Corynephorus canescens	1 2 2 3
Cladonia foliacea	2 2
Ceratodon purpureus	1 2
Cladonia furcata	+
Carex arenaria	1 1
Spergula morisonii	+ 1
Teesdalia nudicaulis	+
Cornicularia aculeata	1
Cladonia uncialis	1
Cladonia pleurota	+

1 Transektabschnitt = 5 m Breite x 1 m Länge

nicht gebraucht wird. Einige Beispiele seien abschließend genannt (s. auch zeitliche Abfolgen in X 3, Vegetationsgrenzbereiche in XI 5.3):
Höhen-Relief-Boden-Gradient (ARENTZ et al. 1985)
Mikrorelief-Gradient in Mooren (COENEN 1981, B. & K. DIERSSEN 1984)
Verlandungs-Gradient (ALTROCK 1987, SCHAEFER 1985)
Wassertiefe-Gradient (KUHN 1989)
Wasser-Salz-Gradient (GILLNER 1960)
Trophie-Gradient in Fließgewässern (CARBIENER & ORTSCHEIT 1987)
Trophie-Gradient in Hochmooren (B. & K. DIERSSEN 1984)
Düngungs-Gradient (JECKEL 1987)
Stickstoffmineralisations-Gradient (MEYER 1957)
Bodenprofil-pH-Gradient (HALLBERG 1971)
Herbizid-Gradient (ELSEN 1989)
Licht-Gradient (DIERSCHKE 1974)
Tritt-Gradient (BORNKAMM & MEYER 1977)

Manche Beispiele beziehen sich nicht auf Meßdaten sondern eher auf die Topographie des Geländes oder erkennbare Vegetationsmuster, die sich auf bestimmte standörtliche Gegebenheiten zurückführen lassen. Denkbar wären viele weitere real existierende oder gedachte Gradienten, z. B. nach Temperatur (Höhenlage, Exposition), Humusform, Bodenentwicklung, Bodenart, Nutzungsintensität u. a.

d) Vegetationstabellen: Wenn man bei einer Gradientenaufnahme die gesamte Artenzusammensetzung erfaßt, bietet sich die tabellarische Zusammenfassung der Ergebnisse an. Die Aufnahmen werden in Reihenfolge der Transektabschnitte angeordnet; die Reihenfolge der Arten richtet sich nach ihrem Vorkommensbereich und ihrem Schwerpunkt (z. B. Deckungsgrad). Die Tabelle entspricht also der Ordnung in Artenprofilen. Nur werden hier mögliche Artengruppen noch leichter erkennbar.

Tabelle 16 zeigt einen Transekt aus einer Flußniederung, ähnlich wie Abb. 89. Noch deutlicher werden die Gruppen ökologisch verwandter Arten, die sich auch syntaxonomisch interpretieren lassen. Die Aufnahmen 1–8 können in etwa der Weidegesellschaft *Lolio-Cynosuretum*, 9–26 einem Sandtrockenrasen (*Diantho-Armerietum*) und 27–28 der Pionierflur des *Spergulo-Corynephoretum* zugeordnet werden. Allerdings gibt es auch mehr kontinuierlichen Artenwechsel, wie er für so kleinräumige Untersuchungen zu erwarten ist.

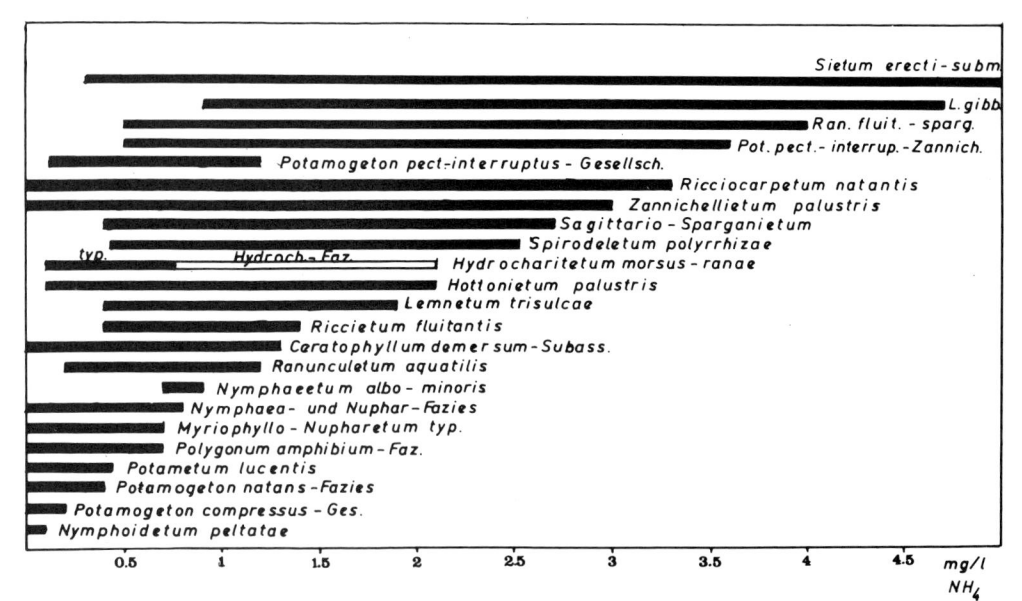

Abb. 91. Ökologische Ordnung von Stillwasser-Gesellschaften der Westfälischen Bucht nach dem Ammoniumgehalt des Wassers (aus POTT 1980).

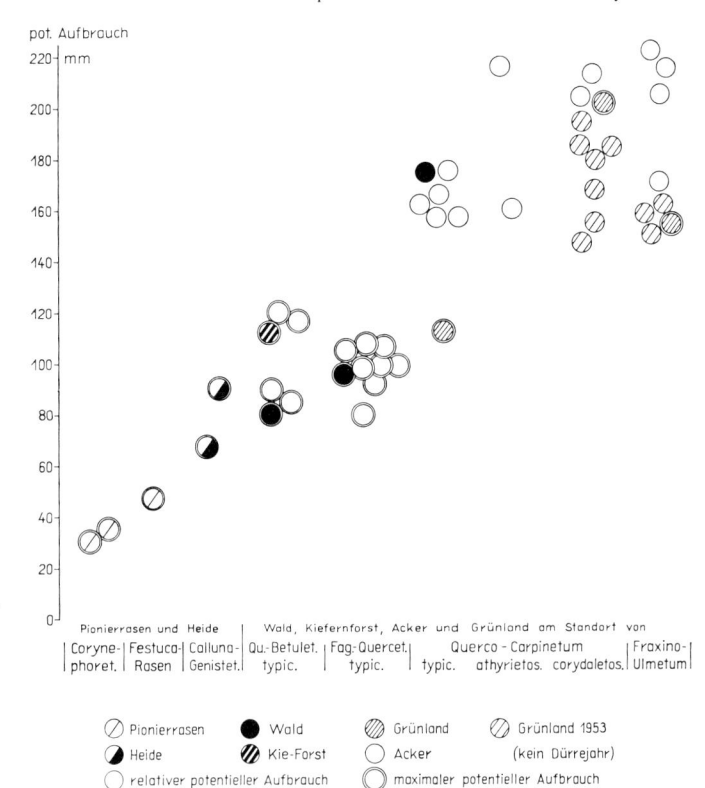

Abb. 92. Ordination von Meßdaten des potentiellen Wasseraufbrauchs (der nutzbaren Wasserkapazität) nach Bodenfeuchtemessungen unter verschiedenen Pflanzengesellschaften Nordwestdeutschlands (aus ESKUCHE 1968b).

Solche Tabellen dienen auch der sekundären Direkten Gradientenanalyse, indem man die Aufnahmen eines größeren Gebietes nach gemessenen oder beobachteten ökologischen Merkmalen in eine ökologische Reihe bringt. Dieses Verfahren dient vor allem zur Auffindung ökologischer Artengruppen (s. 5/6).

e) Gesellschaftsprofile: Bei genauerer Kenntnis der ökologischen Amplitude von Pflanzengesellschaften können auch diese profilartig angeordnet werden. Hierdurch werden entweder räumliche Beziehungen entlang eines Geländegradienten oder, wie in Abb. 91 erkennbar, nur noch allgemeinere standörtliche Zusammenhänge aufgezeigt.

Hierzu kann man auch Vegetationsprofile rechnen, die vor allem den vertikalen Aufbau und Wechsel von Vegetationstypen entlang ökologischer Gradienten darstellen (s. auch IV 5). Entweder handelt es sich um direkt im Gelände erkannte, meist topographische Abfolgen im Sinne von Catenen oder um mehr abstrahierte Serien großräumiger, meist klimatischer Gradienten. BEARD (1973 u. a.) ordnet hiernach die Vegetation großer Gebiete in Formationsserien.

f) Gesellschaftsdiagramme: Bestände von Pflanzengesellschaften können auch nach gemessenen Faktoren in einem Diagramm geordnet werden. In Abb. 92 bildet die x-Achse einen Gesellschaftsgradienten, die y-Achse eine Größe des Bodenwasserhaushaltes. Hieraus werden Beziehungen von Vegetationstypen zu ökologischen Meßwerten erkennbar.

5 Die Koinzidenz-Methode als praxisorientierte Gradientenanalyse

Wie das vorige Kapitel gezeigt hat, kann die Direkte Gradientenanalyse tiefere Einblicke in kausale Zusammenhänge von Vegetation und Standort vermitteln. Das ökologische Verhalten der Pflanzen läßt sich allerdings nie aus Einzelgradienten erklären. Aus dem Komplex exogener und endogener Wirkungen werden einzelne Faktoren oder ein Teilkomplex hervorgehoben, ohne daß sich immer ein direkter Bezug nachweisen läßt. Es handelt sich zunächst also nur um festellbare Koinzidenzen, d. h. um empirisch ermitteltes gemeinsames Auftreten (Zusammentreffen) von Pflanzen und bestimmten Standortsmerkmalen. Der pH-Gradient, für den sich oft sehr gute Koinzidenzen zur Vegetationsgliederung zeigen, kann z. B. ganz unterschiedliche bodenchemische Eigenschaften widerspiegeln, von denen vielleicht nur eine in direkter Beziehung zur Vegetation steht. Dies gilt noch mehr für topographische (Relief-, Höhen-) Gradienten. Koinzidenzen können auch dadurch gegeben sein, daß die verglichenen Erscheinungen in ähnlicher Weise von einem dritten Faktor gesteuert werden, der selbst gar nicht klar erkennbar ist.

Ohne daß man die kausalen Zusammenhänge durchschaut, kann man also bestimmte Ausprägungen der Vegetation anhand feststellbarer ökologischer oder anderer Koinzidenzen als Zeiger (Indikator) verwenden. Hierauf beruht wesentlich die Angewandte Pflanzensoziologie. Ein sehr feines Verfahren, solche Zusammenhänge bioindikatorisch auszunützen, ist die von TÜXEN (1954a, 1958) entwickelte Koinzidenz-Methode. TÜXEN weist darauf hin, daß Koinzidenzen immer nur für diejenigen Vegetationstypen gelten, für die sie festgestellt worden sind. So beschränkt er seine Methode auf sehr eng gefaßte Pflanzengesellschaften kleiner Untersuchungsgebiete, oft Subassoziationen oder Varianten. Da in diesen Grenzen viele Faktoren relativ einheitlich wirken, wird der Zeigerwert für einen Gradienten sehr scharf, wenn sich bezügliche Artengruppen erkennen lassen.

Methodisch folgt dieses Verfahren der sekundären Direkten Gradientenanalyse. Innerhalb bestimmter Pflanzengesellschaften eines Gebietes werden zahlreiche Vegetationsaufnahmen gemacht und parallel ökologische Messungen oder Erfassungen bestimmter Erscheinungen durchgeführt. Die Aufnahmen werden in eindimensionaler Ordination nach Zu- oder Abnahme der Gradientendaten in Tabellen zusammengefaßt. Mögliche Artengruppen lassen sich direkt erkennen oder werden mit Hilfe von Teiltabellen gesucht (s. VI). Sie sind dadurch auf einen bestimmten quantitativen Teilbereich der Gradienten „geeicht" und lassen sich dann als flächig erfaßbare „Meßinstrumente" benutzen.

Ein Beispiel solcher Eichung zeigt Tabelle 17. Hier sind Aufnahmen einer enger umgrenzten Ackerwildkraut-Gesellschaft nach dem pH- und Phosphorgradienten des Bodens ordiniert. Für den Säuregradienten ergeben sich zwei Artengruppen, für den Phosphor drei. Die Reihenfolge der Aufnahmen ist jeweils unterschiedlich, d. h. pH-Wert und Phosphorgehalt bilden voneinander teilweise unabhängige Gradienten. Voraussetzung für dieses Verfahren sind bereits vorhandene Kenntnisse über die Gesellschaftsgliederung des Gebietes.

Sind in einem Gebiet mehrere niederrangige Pflanzengesellschaften (z. B. Assoziationen) vorhanden, wird das Ordinationsverfahren auf alle getrennt angewendet. Der gleiche Wirkungsbereich eines Gradienten wird sich dann in jeder Gesellschaft durch andere (oft nur leicht abgewandelte) Zeigergruppen zu erkennen geben. Für die flächenhafte Darstellung werden dann Bereiche gleichwertiger Zeigergruppen verschiedener Gesellschaften zusammengefaßt. Tüxen nannte Untereinheiten von Gesellschaften mit solchen quantitativ-ökologisch geeichten Koinzidenzgruppen zunächst (1954a) ökologische Formen, zur deutlichen Unterscheidung von syntaxonomischen Varianten (z. B. Grundwasser-, Düngungsformen); später spricht er von **Stufen** (Eichstufen).

Die Koinzidenz-Methode wurde erstmals zur Ableitung von Wasserstufen vieler Grünland- und Acker-Gesellschaften angewendet (TÜXEN 1954a). Hierzu wurden parallel zu Vegetationsaufnahmen mehrjährige Grundwassermessungen an den Aufnahmeorten ausgewertet. Zusammenfassungen solcher Untersuchungen ergeben etwas allgemeinere Zuordnungen von Pflanzengesellschaften zu bestimmten Feuchtebereichen (s. MEISEL 1977). Ihre praktische Anwendung bei der Erstellung von Wasserstufenkarten beschreibt TÜXEN (1954b). Gute Beispiele liefern die Karten der damaligen Zentralstelle bzw. Bundesanstalt für Vegetationskartierung in Stolzenau (z. B. MEISEL 1954, MEISEL & WATTENDORF 1962, WALTHER 1957; s. auch XI 5). Hier sind die Wasserstufen für die Praxis als Wassermangel- bis Wasserüberschuß-Standorte charakterisiert oder auf mögliche Ertragspotentiale für die Landwirtschaft ausgerichtet.

SEIBERT (1963) benutzt als Grundwassermerkmal die obere Grenze des G_r-Horizontes von Gleyböden und kartiert nach entsprechenden Indikatorgruppen acht Wasserstufen, die teilweise noch nach der Wasserqualität (wasserzügig, wasserstauend) unterteilt sind (s. Abb. 93).

Vorschläge für die verfeinerte Untersuchung von Koinzidenzen von Vegetation und Wasserhaushalt gibt NIEMANN (1963, 1970).

Tab. 17. Koinzidenzen zwischen pH-Wert (oben) und Phosphorgehalt des Bodens (unten) zu Vegetationsaufnahmen einer Ackerunkraut-Gesellschaft: *Panicum crus-galli – Spergula arvensis*-Ass., Subass. v. *Myosotis arvensis* (nach J. TÜXEN 1958: Teiltabellen 3+7).

Aufnahme-Nr.	1	2	3	4	5	6	7	8	9	10	11	12	13	14	15	16	17	18	19	20	21	22	23	24	25	26
pH	4.0	4.3	4.4	4.4	4.4	4.4	4.5	4.5	4.6	4.7	4.7	5.0	5.0	5.1	5.3	5.4	5.5	5.6	5.8	5.9	5.9	6.2	6.2	6.2	6.5	6.8
a) *Polygonum tomentosum*	.	+	.	1	1	.	.	.	.	.	.	.	.	.	.	.	.	1	.	1	.	.	.	.	.	.
Raphanus raphanistrum	+	.	+	.	+	+	+	.	.	+	.	.	+	+	.	.	+	.	+	.	.	+	+	.	.	1
Teesdalia nudicaulis	1	1	1	.	.	.	+	.	.	.	.	.	+	.	.	.	.	.	.	.	.	+	+	.	.	2
Anthemis arvensis	.	.	.	+	.	.	.	+	.	.	2	.	+	.	.	+	.	.	.	.	.	.	.	.	.	+
b) *Sonchus oleraceus*	.	.	.	.	.	2	2	1	2	+	+	2	1	1	.	1	1	+	2	1	1	+	1	2	+	1
Solanum nigrum	.	.	.	.	.	+	2	1	2	.	1	2	.	1	1	+	2	+	+	1	2	.	.	2	1	2
Urtica urens	.	.	.	+	+	.	+	.	.	+	.	.	1	+	.	1	1	+	1	1	1	.	.	1	.	+
Lamium purpureum	.	.	.	.	.	2	.	1	1	1	+	.	.	.	.	.	2	2	2	2	.	.	2	.	1	.
Sonchus asper	.	.	.	.	.	+	+	1	1	.	.	.	.	+	2	.	2	+	1	+	.	+	2	1	.	.
Galinsoga parviflora	.	.	.	.	.	1	1	.	.	.	.	3	2	.	.	.	.	.	.	.	.	.	.	3	.	.
Sisymbrium officinale	.	.	.	.	.	+	.	.	.	.	.	+	.	2	2	+	.	+	1	1	1	+	.	.	.	2
Gnaphalium uliginosum	.	.	.	.	.	1	+	.	1	.	+	.	+	.	.	.	.	.	+	.	+	.	1	1	.	1
Geranium pusillum	.	.	.	.	+	.	.	.	.	.	+	.	.	1	.	.	+	.	.	.	.	.	.	.	.	.
Malva neglecta	.	.	.	.	.	.	.	.	1	.	.	.	.	.	1	.	.	.	.	.	.	.	.	1	.	.
Medicago lupulina	.	.	.	.	.	.	.	.	+	.	+	.	.	1	.	.	2	.	.	1	.	.	1	1	.	+
Matricaria chamomilla	.	.	.	.	.	+	.	.	1	.	1	2	.	.	.	.	.	.	.	.	.	.	.	+	.	+

Aufnahme-Nr.	15	3	5	20	22	12	18	17	10	1	4	2	14	23	6	13	11	16	7	8	19	26	9	25	21	24
P_2O_5 mg/100 g TrB	9	10	10	18	18	18	19	19	20	21	21	23	23	23	23	24	25	25	27	28	30	32	34	40	40	40
a) *Polygonum tomentosum*	.	1	1	1	.	.	1	.	.	.	.	.	1	.	.	.	.	.	.	.	.	.	.	.	.	.
Plantago lanceolata	+	.	.	+	.	+	.	+	.	.	+	+	1	+	.	+	.	.	1	.	.	.	.	.	.	.
Teesdalia nudicaulis	.	1	.	.	.	.	.	.	.	.	1	.	.	.	.	+	.	+	.	+	.	.	.	.	.	.
b) *Gnaphalium uliginosum*	.	.	.	.	.	.	.	.	.	.	.	.	.	.	1	1	.	1	+	.	.	1	.	1	1	1
Geranium pusillum	.	.	.	.	.	.	.	.	.	.	.	.	.	.	.	+	1	+	+	.	1	+	.	+	.	.
Matricaria chamomilla	.	.	.	.	.	.	.	+	.	.	.	.	.	.	.	.	.	2	.	.	+	+	.	.	.	.
c) *Matricaria matricarioides*	.	.	.	.	.	.	.	.	.	.	.	.	.	.	.	.	.	.	.	.	.	.	.	1	.	+
Euphorbia helioscopea	.	.	.	.	.	.	.	.	.	.	.	.	.	.	.	.	.	.	.	.	.	.	.	.	.	+
Lamium album	.	.	.	.	.	.	.	.	.	.	.	.	.	.	.	.	.	.	.	.	.	.	.	.	.	+
Medicago hispida	.	.	.	.	.	.	.	.	.	.	.	.	.	.	.	.	.	.	.	.	.	.	.	+	.	.

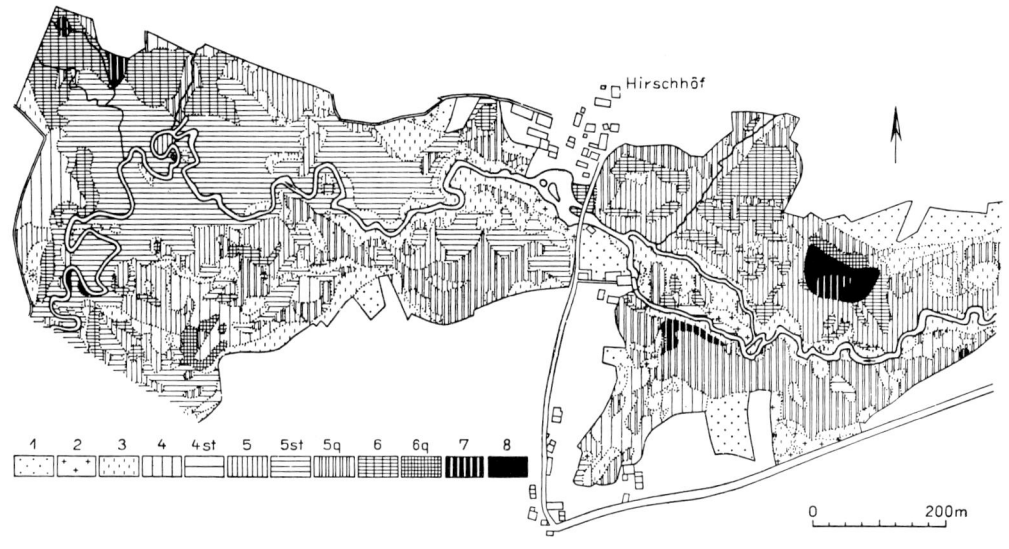

Abb. 93. Grundwasserstufenkarte Schwarzachtal / Oberpfalz. Unterschieden sind acht Stufen von mäßig trokken bis unter Wasser (1–8). st: Stauwasser; q: quellig-zügiges Wasser (aus SEIBERT 1963).

Daß die Koinzidenz-Methode auch für weniger klare ökologische Gradienten anwendbar ist, zeigt die Eichung der Feuchtwiesenvegetation auf Torfprofiltypen (TÜXEN 1958). J. TÜXEN (1958) hat Ackerwildkraut-Gesellschaften auf verschiedene bodenchemische Faktoren geeicht (s. Tab. 17), ferner auf Alter und Entwicklungsgeschichte der Äcker selbst.

Die Koinzidenz-Methode erfordert einen hohen Arbeitsaufwand an Aufnahmen und Messungen für oft nur begrenzte Fragestellungen. Dies mag der Hauptgrund dafür sein, daß dieses pflanzensoziologische Ordinationsverfahren kaum weiter ausgebaut wurde und eher in Vergessenheit geraten ist. Es bietet aber eine sehr exakte, objektive Möglichkeit, den schwer durchschaubaren Wirkungskomplex von Vegetation und Standort etwas aufzuhellen.

Allgemeiner betrachtet können viele synökologische Untersuchungen als Koinzidenz-Methode i. w. S. betrachtet werden. Läßt sich das Verfahren doch auch in weniger strikter Form auf gröbere, im Gelände erkennbare „Vegetationstypen" anwenden (z. B. Magerrasen, Wiesen, Weiden, Äcker, Laubwälder u. a.), unabhängig von syntaxonomischen Vorkenntnissen. Ohne Vorbelastung werden induktiv Indikatoren für bestimmte Standortsgegebenheiten gesucht. Der feine Zeigerwert über Koinzidenzen innerhalb eng gefaßter Pflanzengesellschaften wird dann allerdings stark vergröbert, dafür ist er etwas breiter verwendbar.

Derartige eindimensionale Ordinationen finden sich z. B. bei STÖCKER (1965: Koinzidenz zwischen Untereinheiten montaner Birken-Fichtenwälder zur Luft- und Bodenfeuchtigkeit), HUNDT (1964: Bindung von Grünland-Gesellschaften an verschiedene Bodenfaktoren und die Höhenlage), CARBIENER & ORTSCHEIT (1987: Beziehung von Fließwasser-Gesellschaften zur Trophie), ESKUCHE 1968b (s. Abb. 92). Von Koinzidenzen sollte aber nur gesprochen werden, wenn genauere Bezugsdaten vorliegen.

6 Synökologische Gruppen

6.1 Allgemeine Grundlagen

Die im vorigen Kapitel geschilderte Koinzidenz-Methode ist ein Beispiel der engen Beziehungen zwischen Ordination und Klassifikation. Dies gilt auch für die Aufstellung synökologischer Artengruppen (ökologischer Gruppen). Hier werden ebenfalls Übereinstimmungen von Vegetation und Standort ausgewertet, oft aber nur aufgrund allgemeinerer Beobachtungen und Erfahrungen im Zuge syntaxonomischer und synökologischer Arbeiten. Grundlegend ist die Einsicht, daß einzelne Arten wesentlich weniger über einen Standort aussagen als Artengruppen oder ganze Bestände. Während letztere den gesamten Wirkungskomplex exogener und endogener Faktoren widerspiegeln, wird durch Artengruppen gewissermaßen die Wirkung eines oder weniger Faktoren herausgefiltert.

Als einer der ersten hat IVERSEN (1936) solche Gruppen von Indikatoren als „biologische Pflanzentypen" beschrieben. Er unterschied für die Küstenvegetation vier Stufen der Bodenfeuchtigkeit („Hygrobien"), angezeigt durch das Vorkommen bestimmter Arten. Mit überlappenden Zwischenstufen ergaben sich neun Artengruppen. Weiter wurden nach zu- bzw. abnehmender Salztoleranz drei „Halobien" erkannt. IVERSEN sah die Möglichkeit, Pflanzengesellschaften durch biologische Pflanzentypen zu charakterisieren und schlug dafür entsprechende Spektren vor. Er dachte auch bereits an eine ökologische Klassifikation der Vegetation.

Im gleichen Jahr beschrieben KLAPP & STÄHLIN (1936) „ökologisch treue" Artengruppen des Grünlandes, indem sie die Stetigkeit der Arten aus Vegetationsaufnahmen in bezug zu einzelnen Standortsfaktoren setzten. Die Gruppen wurden damals bereits ökogrammartig (s. Kap. 8) dargestellt. Weitere Angaben zu früheren Versuchen ökologischer Gruppierungen von Arten macht SCHMITHÜSEN (1968).

Ein klares Konzept ökologischer Gruppen geht auf ELLENBERG (1948ff.) zurück. Er definiert sie als Gruppen von Arten annähernd gleichen Verhaltens gegenüber einem Standortsfaktor[1]. MUELLER-DOMBOIS & ELLENBERG (1974) schränken ökologische Gruppen auf Arten nahe verwandter Lebensformen ein. Dies kann von Bedeutung sein, da unterschiedliche Lebensformen einen Standort ungleich nutzen (z. B. tiefwurzelnde Bäume, flacherwurzelnde Krautige, dem Boden aufsitzende Kryptogamen; Frühlings- und Sommergrüne). Oft wird sich die Beschränkung auf eine Lebensform von selbst ergeben (z. B. die *Corydalis cava*-Gruppe in Laubwäldern mit sehr anspruchsvollen Frühlingsgeophyten). Als generelles Abgrenzungskriterium sind aber Lebensformen höchstens in sehr grober Unterscheidung denkbar. Wichtiger sollte eine Begrenzung ökologischer Gruppen auf jeweils eine Schicht des Bestandes sein.

Am Beispiel der Ackerwildkraut-Vegetation zeigt ELLENBERG (1948, 1950), daß es sinnvoller ist, mit Artengruppen zu arbeiten als mit einzelnen Indikatoren (s. schon TÜXEN & ELLENBERG 1937). Für eine möglichst weitreichende Verwendbarkeit sollen die Gruppen nicht zu fein gegliedert sein. Für Äcker werden deshalb nur fünf Reaktionsstufen (Reaktionszahl R1-R5) unterschieden, zusätzlich R0 für indifferente Arten. Diesen Stufen werden nach bekannten Meßdaten oder Erfahrungen die Ackerwildkräuter zugeordnet. Ähnliche Gruppen finden sich auch schon bei KNAPP (1949). ELLENBERG weist enge Korrelationen zwischen den Gruppen und gemessenen pH-Werten des Bodens nach. Dieses Grundkonzept wird von ELLENBERG (1952, 1956, 1963, 1978) für weitere Standortsgradienten weiter ausgebaut und ist grundsätzlich für alle Bereiche der Vegetation anwendbar.

Für eine möglichst exakte, induktive Bestimmung ökologischer Gruppen wird die sekundäre Direkte Gradientenanalyse verwendet: Vegetationsaufnahmen etwas gröberer Vegetationstypen (z. B. Acker, Grünland, Wald) aus größeren Gebieten werden nach gemessenen ökologischen Daten (z. B. pH, Grundwasser, Humusgehalt, Licht) in ökologischen Reihen tabellarisch geordnet. Mit Hilfe von Teiltabellen (s. VI 3.3) findet man gegebenenfalls abgestufte Artengruppen parallel zu bestimmten Teilen des Standortsgradienten (s. Tab. 18–19). Ergebnisse in graphischer Form zeigt Abb. 94. Ähnliche tabellarische Ordinationen finden sich z. B. auch schon bei KNAPP (1949). Er ordnete u. a. Waldaufnahmen nach der Wuchshöhe der Bäume und erhielt Zeigergruppen für bestimmte forstliche Wuchspotentiale. In vielen Fällen hat sich gezeigt, daß solche induktiv gewonnenen Gruppen auf größere Gebiete verallgemeinerbar sind.

Im Gegensatz zur Koinzidenz-Methode (5) handelt es sich hier also meist um weiter (allgemeiner) gefaßte Gruppen von Zeigerpflanzen mit nur grobem Bezug zu Vegetationstypen. Ihr Indikatorwert ist schwächer, dafür aber universeller ausnutzbar. Auch hier gilt aber zunächst eine Beschränkung auf das untersuchte Gebiet und den zugrunde liegenden Vegetationstyp. Unterschiedliche endogene Wirkungen je nach vorhandener Flora, relative Standortskonstanz der Arten, das Vorkommen unterschiedlich angepaßter Ökotypen u. a. verhindern eine allgemeine Verwendung regional erkannter ökolo-

---

[1] ZOLYOMI (1964) unterscheidet Indikator-Artengruppen, die sich auf nur einen Faktor beziehen, und ökologische Artengruppen, die mehr den gesamten Standort repräsentieren, d. h. die Wirkung verschiedener Faktoren integrieren.

Tab. 18: Ökologische Reihe der Vegetationsaufnahmen (Ausschnitt) von Äckern nach gemessenen pH-Werten und sich daraus ergebende ökologische Gruppen (R1-R5) (aus ELLENBERG 1956).

Laufende Nr.	1 2 3 4	5 6 7 8 9 10	11 12 13 14 15 16 17 18	19 20 21 22 23 24 25
pH Jahresmittel (1948):	4,	5,	6,	7,
Bruchteile der pH-Zahl:	5 6 6 8	1 2 3 5 7 8	1 3 4 4 5 5 7 9	0 2 2 2 2 3 3
R 1				
Rumex acetosella	1 1			
Scleranthus annuus	1 2 +	1 2		
Spergula arvensis	2 +	1 2		
R 2				
Alchemilla arvensis	2 +		+	+
Raphanus raph.	2 2	2 2 1	3 + 2	
R 3				
Matricaria cham.		2 2	+ 2 2 2 1	
Apera spica venti	1 2 2 2	2 + 2 + 1	+ 3 + + +1	
Poa annua	1 1 + +	3 2 2 1 1 2	1 1 + 1	+
R 4				
Sinapis arvensis		1 2 1	2 1 2 2 1 2 1	2 1 1 3 1 2 1
Papaver rhoeas		+	+ + + 3 + 2	3 2 + 1 + +
Fumaria officinalis		1	1 1 2	+ 1 1
Sonchus oleraceus			+ 1 + +	+ 1 + 1 1
R 5				
Caucalis lappula				1 3 3 1
Delphinium cons.				1 1 3 3 + 1
Galium tricorne				+ 2 2 1
Anagallis coerulea				+ 1 1 1

gischer Gruppen. Zumindest müssen solche Gruppen für andere Gebiete überprüft und eventuell „nachgeeicht" werden.

Eine andere Möglichkeit zur Aufstellung ökologischer Gruppen bietet die mehr individuelle Untersuchung des ökologischen Verhaltens der Arten hinsichtlich bestimmter Faktoren, entweder durch Vergleich mit einzelnen Messungen oder durch Vergleich von umfangreichen pflanzensoziologischen Daten mit ökologischen Angaben. Hierauf beruhen z. B. die ökologischen Gruppen für Grünland (KLAPP & STÄHLIN 1936, KLAPP 1965, ELLENBERG 1952, HUNDT 1966a/b).

Ökologische Gruppen können auch mehr indirekt durch Auswertung der ökologischen Zeigerwerte der Pflanzen (7) gefunden werden. Für Ungarn ordnete ZÓLYOMI (1964) 370 Arten durch Auswertung von Vegetationstabellen mit Zeigerwerten für Temperatur, Wasserhaushalt und Bodenreaktion solchen Gruppen zu. ROGISTER (1981) fand nach der Berechnung des Produktes mittlerer Reaktions- und Stickstoffzahlen sieben ökologische Gruppen von Waldpflanzen Belgiens, die sich nach der mittleren Feuchtezahl noch weiter untergliedern lassen (s. auch 7.2.2.3.).

Noch allgemeiner gefaßt sind rein empirisch gefundene Zeigergruppen, wie z. B. die Indikatorgruppen der forstlichen Standortskartierung. Sie beruhen zumindest in den Anfängen vorwiegend auf guten Geländekenntnissen und/ oder Erfahrungen aus pflanzensoziologischen Auswertungen. Solche mehr deduktiv festgelegten Gruppen stießen bei den Pflanzensoziologen eher auf Ablehnung, wie z. B. die Diskussion auf dem Rintelner Symposium 1961 (s. HUNDT 1966b) ergab. Dort sprach ELLENBERG von „nur vermeintlichen ökologischen Gruppen" und betonte das streng induktive Vorgehen bei der Aufstellung von Indikatorgruppen. Später weicht er aber selbst von dieser Prämisse ab. (s. 6.2, 7).

Ökologische Gruppen i. e. S. werden auf ähnliche Weise gefunden, wie soziologische Trennartengruppen (s. VI 3.3). Nicht selten sind sie

Tab. 19: Ökologische Gruppen der Wildkräuter von Kalkäckern (pH > 6,9). Anordnung der Aufnahmen nach durchschnittlichen Mineralstickstoffgehalten des Bodens (Ausschnitt aus ZOLDAN 1981).

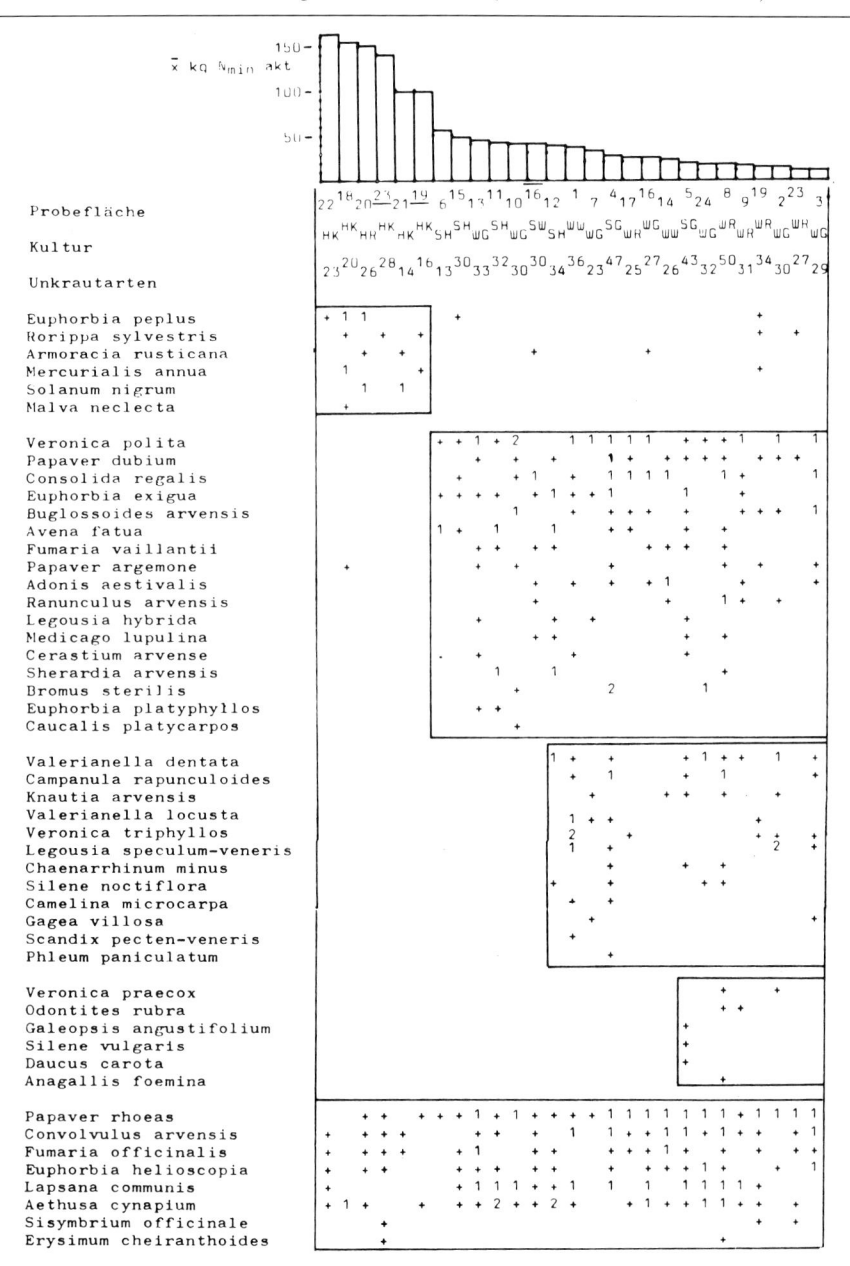

mehr oder weniger gleich zusammengesetzt, vor allem im Bereich niederer systematischer Ränge (Subassoziationen, Varianten…). Begrifflich ist aber zu unterscheiden zwischen
- **ökologischen Gruppen:** aus Vergleich von Vegetation und Standort resultierende Gruppen von Pflanzensippen annähernd gleicher ökologischer Existenz und
- **soziologischen Gruppen:** durch rein floristischen Vergleich von Vegetationsaufnahmen gefundene Gruppen, die verwandte Bestände zu Gesellschaften zusammenzufassen.

Grundwasserspiegel (Juli 1946) 0   50   100   150 cm

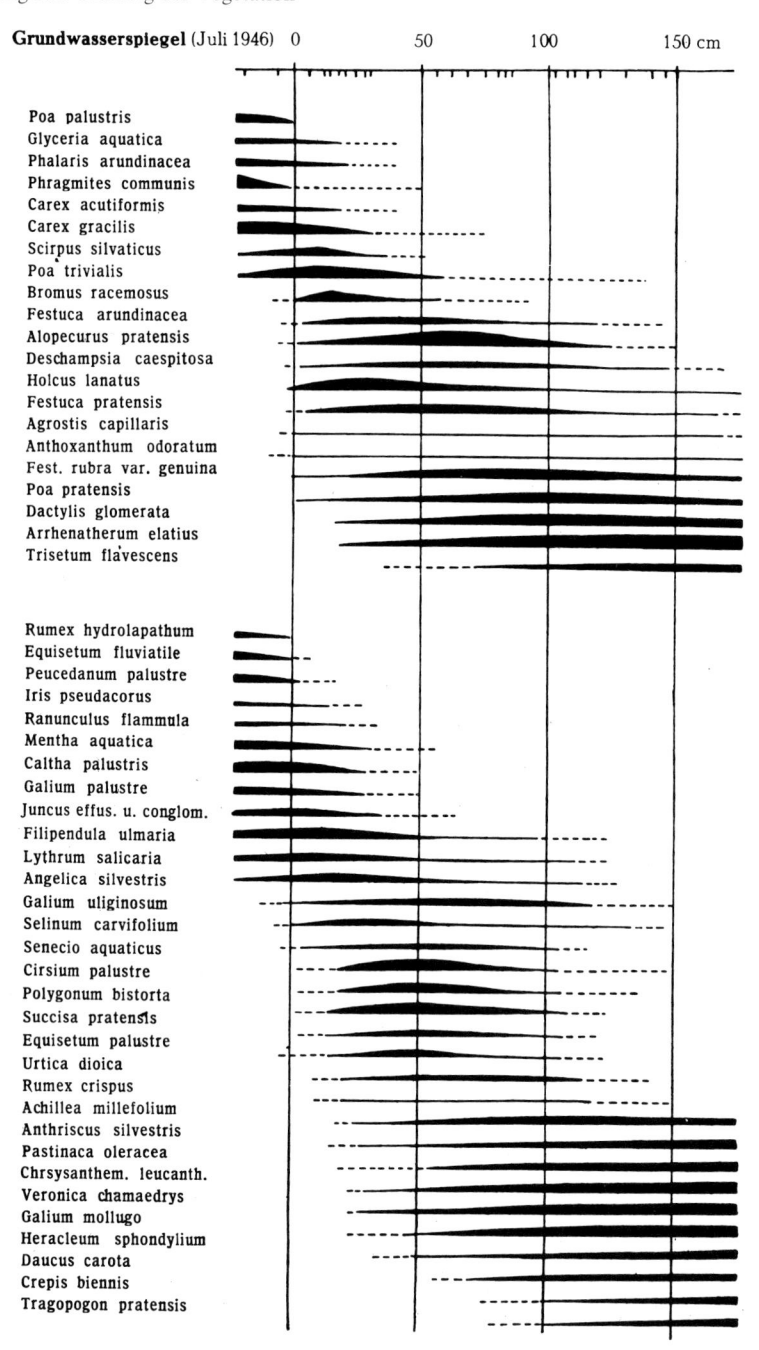

Poa palustris
Glyceria aquatica
Phalaris arundinacea
Phragmites communis
Carex acutiformis
Carex gracilis
Scirpus silvaticus
Poa trivialis
Bromus racemosus
Festuca arundinacea
Alopecurus pratensis
Deschampsia caespitosa
Holcus lanatus
Festuca pratensis
Agrostis capillaris
Anthoxanthum odoratum
Fest. rubra var. genuina
Poa pratensis
Dactylis glomerata
Arrhenatherum elatius
Trisetum flavescens

Rumex hydrolapathum
Equisetum fluviatile
Peucedanum palustre
Iris pseudacorus
Ranunculus flammula
Mentha aquatica
Caltha palustris
Galium palustre
Juncus effus. u. conglom.
Filipendula ulmaria
Lythrum salicaria
Angelica silvestris
Galium uliginosum
Selinum carvifolium
Senecio aquaticus
Cirsium palustre
Polygonum bistorta
Succisa pratensis
Equisetum palustre
Urtica dioica
Rumex crispus
Achillea millefolium
Anthriscus silvestris
Pastinaca oleracea
Chrsysanthem. leucanth.
Veronica chamaedrys
Galium mollugo
Heracleum sphondylium
Daucus carota
Crepis biennis
Tragopogon pratensis

Abb. 94. Verteilung und Menge von Pflanzen einer Wiesenniederung in bezug zum Grundwasser (aus ELLENBERG 1952).

MEISEL (1968) spricht ferner von soziologisch-ökologischen Gruppen, wenn soziologische Gruppen nachträglich ökologisch interpretiert werden.

Indikatorgruppen sind ein wichtiges Hilfsmittel zum Erkennen ökologischer Bezüge, sei es innerhalb von Pflanzenbeständen und -gesellschaften oder im größeren Landschaftszusammenhang. Sie werden deshalb seit langem in der pflanzensoziologischen Literatur beschrieben, wenn auch meist mehr im Sinne soziologisch-ökologischer Gruppen. Sie sind unabhängig von syntaxonomischen Gesichtspunkten und Kenntnissen und können auch für Gebiete erarbeitet werden, wo die Erforschung der Vegetation noch wenig fortgeschritten ist. Damit bieten sie eine Möglichkeit vielseitiger praktischer Verwendung synökologischer Erkenntnisse im Rahmen der Bioindikation.

6.2 Beispiele ökologischer Gruppen

ELLENBERG (1950, 1952, 1963 u. a.) unterscheidet jeweils sechs Gruppen von Zeigerpflanzen (0, 1–5) für folgende Standortsgradienten von Äckern und Grünland (s. auch KLAPP 1965, KNAPP 1971, HUNDT 1966a/b):
a) nach Bodenfaktoren
– Säuregrad (R)
– Wasser und Lufthaushalt (W,F)
– Stickstoffversorgung (N)
– Bodengare von Äckern (G)
b) nach klimatischen Faktoren
– Lichtgenuß (L)
– Temperatur (T)

Danach lassen sich sowohl ökologische Gruppen zusammenstellen als auch die Gruppenzahlen den einzelnen Arten zuordnen (s. 7).

Für Grünlandpflanzen gibt ELLENBERG (1952) weitere Zahlen für Schnitt- und Trittfestigkeit.

Im Mitteleuropa-Buch (ELLENBERG 1963) werden auch für Sträucher und Bodenpflanzen der Laubwälder ökologische Gruppen zusammengestellt, wie sie in ähnlicher Form schon länger in der forstlichen Praxis verwendet worden sind (s. SCHLENKER 1950, SCHÖNHAR 1952, 1954). Durch Kombination (Verschachtelung) des Feuchte- und Säure-Gradienten ergeben sich für die Bodenvegetation 23 Gruppen aus über 200 Arten. Diese mehr empirischen Gruppen werden jeweils nach einer bezeichnenden Art benannt und sind heute weithin gebräuchlich (s. ARBEITSKREIS STANDORTSKARTIERUNG 1980). Daß man auch hier streng induktiv zu guten Ergebnissen kommt, zeigt die Arbeit von EBERHARD et al. (1967). Hier wurden für die standörtliche Kartierung eines schweizer Waldgebietes Vegetationsaufnahmen ökologisch, vor allem nach der Humusform der Böden, geordnet (s. Tab. 20). Die sich unterschiedlich überlappenden ökologischen Gruppen ermöglichen für lokale Kartierungen die Gliederung in Standortsvegetationstypen (s. auch Abb. 99 in 6.3). Ökologische Gruppen von Kryptogamen des Waldbodens stellte WILMANNS (1966) zusammen.

HÜBNER (1989) beschreibt die heutige Verwendung ökologischer Gruppen für die forstliche Praxis in Südwestdeutschland. Die langjährige Erfahrung hat gezeigt, daß manche Gruppen gebietsweise stärker variieren oder sogar auf kleinere Gebiete beschränkt sind, teilweise auch auf Höhenstufen. Außerdem gibt es durch unterschiedliche organische Auflagen (vielleicht auch Lichtverhältnisse) abweichendes Verhalten mancher Arten in Laub- und Nadelwäldern. Es kommen aber auch weithin gültige Grundgruppierungen zur Anwendung. Allgemein wächst der Zeigerwert vieler Arten mit der Einengung des Bezugraumes und Vegetationstyps. Je weiter umgekehrt der Betrachtungsrahmen gefaßt ist, desto mehr Arten zeigen eher indifferentes Verhalten gegenüber einem Standortgradienten. Zumindest bei annähernd ähnlichen geographischen Verhältnissen lassen sich aber ökologische Gruppen weithin anwenden.

Ökologische Gruppen von Acker und Grünland haben heute bei uns an Bedeutung verloren. Durch intensive Bewirtschaftung sind Standortsunterschiede nivelliert und viele Zeigerpflanzen zurückgedrängt oder verschwunden. Außerdem bedient man sich mehr der Zeigerwerte (7). Andererseits gibt es auch neuerdings Versuche für die Aufstellung ökologischer Gruppen. So hat SCHERFOSE (1990) für Salzmarschen Indikatoren für den Chloridgradienten gefunden (Abb. 95). Für praktische Auswertungen wichtig geworden sind die Trophie- (Verschmutzungs-) Zeigergruppen für Fließgewässer (KOHLER et al. 1971). Abb. 96 zeigt eine nach Messungen der Ammoniumkonzentration aufgestellte ökologische Reihe, die deutlich Artengruppen unterschiedlicher Toleranzbreite erkennen läßt.

Gewöhnlich beschränken sich ökologische Gruppen auf begrenzte Bereiche der Vegetation. Für die Niederlande haben RUNHAAR et al.

Tab. 20: Ausschnitt einer nach bodenökologischen Kriterien geordneten Vegetationstabelle von Wäldern des Schweizer Mittellandes (aus EBERHARD et al. 1967). Erläuterung im Text.

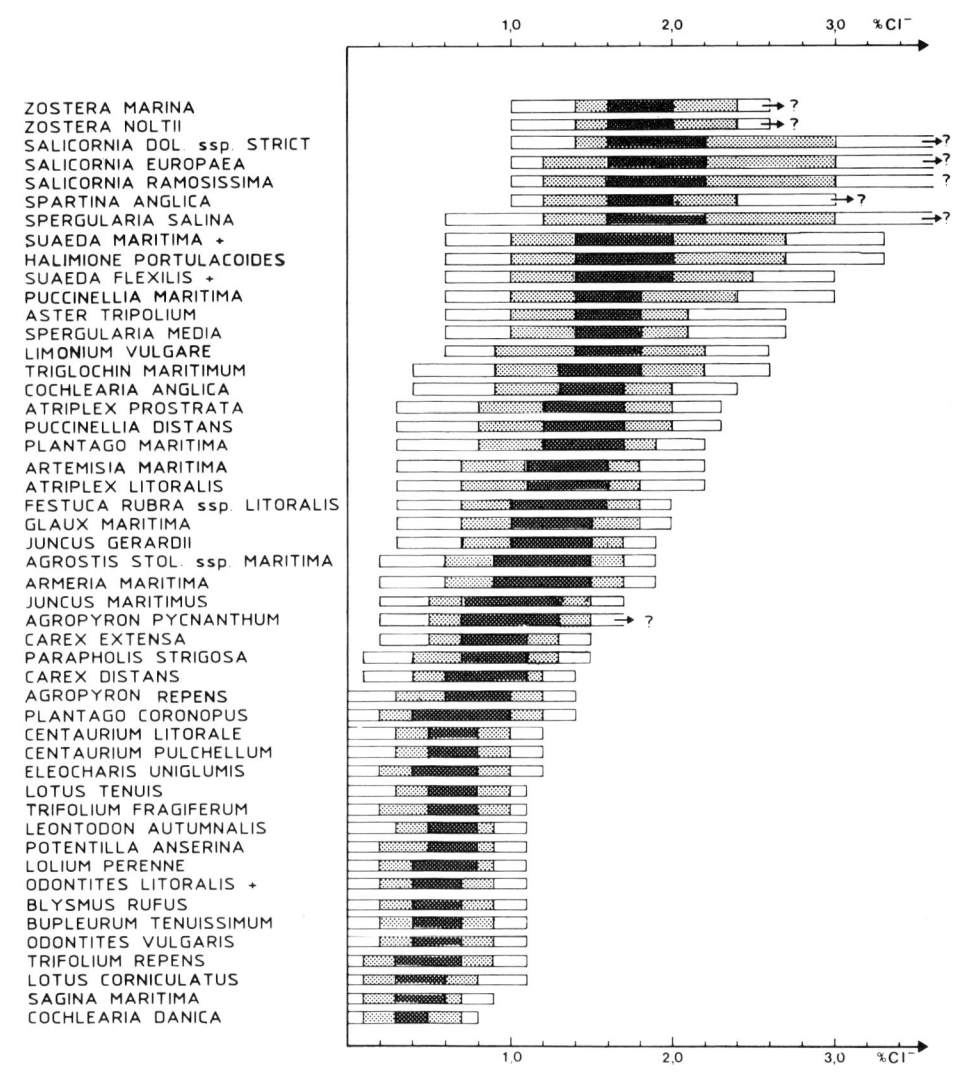

Abb. 95. Ökologisches Verhalten von Salzmarsch-Pflanzen der Nordseeküste gegenüber dem Chloridgehalt der Bodenlösung nach Meßdaten. Die ökologischen Optimal-, Neben- und Randbereiche sind graphisch abgesetzt (aus SCHERFOSE 1990).

(1987) die gesamte Flora der Gefäßpflanzen in solche Gruppen gegliedert.

6.3 Ökologische Gruppen und Vegetationstypen

Jede Pflanzengesellschaft setzt sich aus ökologischen Gruppen und mehr Indifferenten zusammen. Die Kombination der Gruppen (ökologische Struktur; ZÓLYOMI 1964) ist für jeden Vegetationstyp charakteristisch und erlaubt Schlüsse auf kausale Zusammenhänge. Außerdem kann man den Gruppenanteil an einer Aufnahme, Tabelle oder Gesellschaft als „ökologischen Gruppenwert" (TÜXEN & ELLENBERG 1937) berechnen (s. VIII 2). Ökologische Gruppenspektren von Pflanzengesellschaften sind sowohl zur Kennzeichnung einer Gesellschaft als auch zum Vergleich mehrerer Typen geeignet, werden aber wenig verwendet (s. aber Zeigerwert-Spektren in Kapitel 7). Beispiele finden sich bei ELLENBERG (1963, S. 753), MUEL-

Abb. 96. Ökologische Gruppen von Fließgewässerpflanzen der Moosach nach steigender Ammoniumkonzentration des Wassers (aus KOHLER et al. 1973).

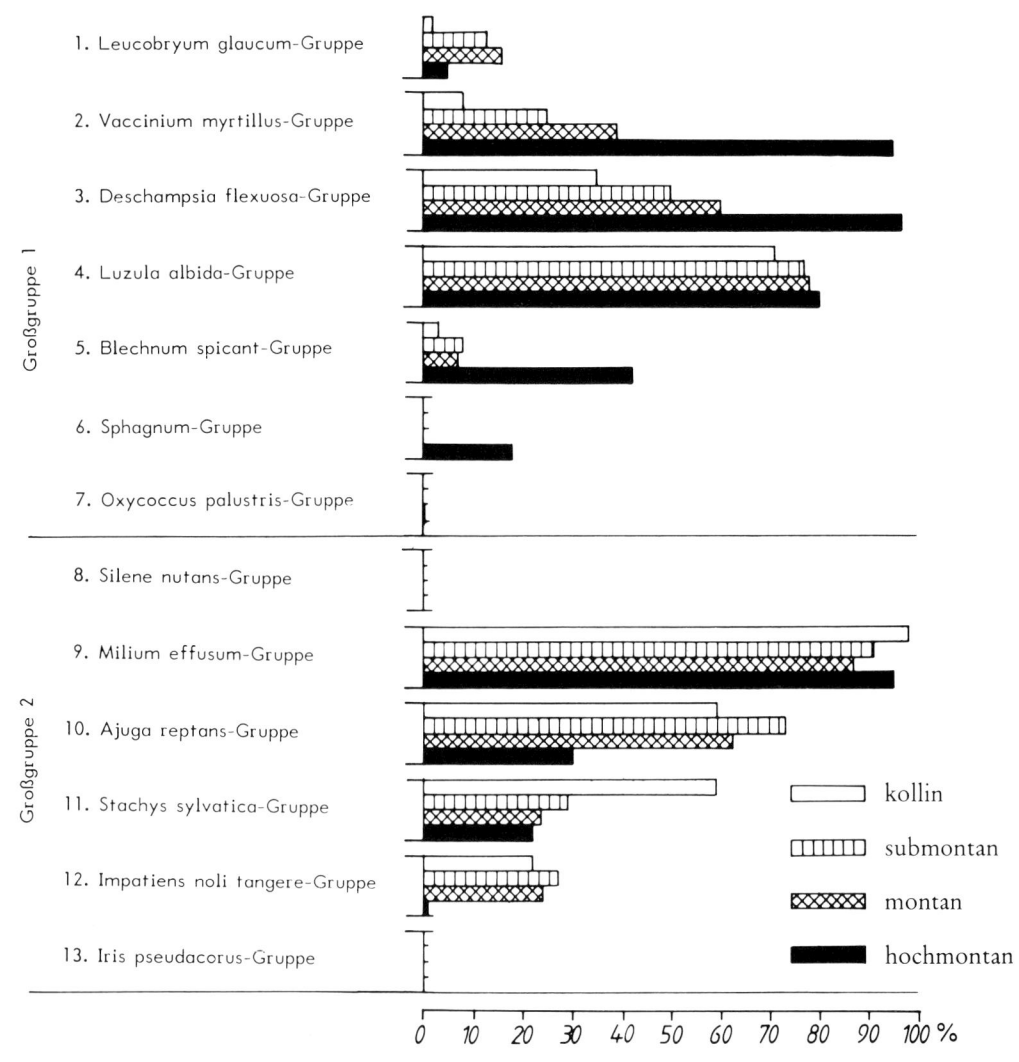

Abb. 97. Spektrum ökologischer Gruppen von Waldbodenpflanzen für verschiedene Höhenstufen des Forstbezirks Freiburg (Ausschnitt aus HÜBNER 1989).

LER-DOMBOIS & ELLENBERG (1974, S. 315). Ein ökologisches Gruppenspektrum für verschiedene Höhenstufen zeigt Abb. 97.

Ökologische Gruppen bieten gewisse Möglichkeiten einer Klassifikation der Vegetation nach ihren Gruppenspektren. Allerdings setzt die oft räumlich eingeschränkte Gültigkeit der Gruppen solchen Versuchen Grenzen. Abb. 98 zeigt die Verteilung ökologischer Gruppen der Ackervegetation mit ihren Schwerpunkten und Amplituden. Aus der Kombination verschiedener Gruppen lassen sich für das Gebiet drei Haupttypen (A-C) mit Untereinheiten verschiedenen Ranges (1–3, a-d) ableiten.

Abb. 99 zeigt „Standortsvegetationstypen" nach ökologischen Gruppen von Waldpflanzen, die über den Vergleich von Vegetationsaufnahmen und bodenökologischen Kriterien induktiv für ein kleineres Gebiet erarbeitet worden sind (s. auch Tab. 20 in 6.2). Für eine großräumige Klassifikation sind diese Typen aber viel zu lokal gefaßt, dafür ganz unabhängig von syntaxonomischen Kriterien.

Eine Gesamtgliederung der Vegetation großer Gebiete nach ökologischen Kriterien, wie sie gelegentlich gefordert wird, ist bestenfalls denkbar, aber zumindest heute unmöglich. Teilweise noch ungenügende ökologische Kennt-

224 Gliederung und Ordnung der Vegetation

Ökologische Gruppen	A 1 a b	A 2 a b	A 3 a b c d	B 1 a b c d	B 2 a b c d	C 1 a b c d
Kalkzeiger:						
1. Bupleurum- Gruppe	■ ■	- -				
2. Conringia- „	× ×	■ ■	-			
3. Falcaria- „	× V	× V	× V -			
4. Delphinium- „	V V	× ×	■ ■ ■ ■			
4.a Sherardia- „	V V	× ×	× × × ×	V V V V	- - - -	
Kalk-Bevorzugende:						
5. Sinapis- „	× V	× ×	× × × ×	■ ■ ■ ■	V V V V	- - - -
6. Sonchus arvensis- „	■	- ■	- ■ × ×	× × × ×	× × × ×	- - V V
Säure-Bevorzugende:						
7. Matricaria cham.- „				- - - -"	■ ■ ■ ■	V V V V
8. Raphanus- „					V V V V	× × × ×
Säurezeiger:						
9. Scleranthus- „						■ ■ ■ ■
Staunässe-Ertragende:						
13. Ranunc. repens- „		- -	- ■ ■	- ■ ■	- ■ ■	- ■ ■
14. Tussilago- „		-	- -	V V	V V	
Krumenfeuchtigkeits-Liebende:						
15. Gnaphalium- „			■	■ ■	■	■ ■
16. Juncus bufonius- „					V V	V V
17. Riccia- „					V V	
Stickzoffzeiger:						
18. Stellaria media- „		- -	V V V V	V V V V	V V V V	- - - -
19. Panicum- „			- - - -	- - - -	- - - -	
20. Euph. peplus- „		- -	V V V V	V V V V	- - - -	

■ = kennzeichnende Gruppe. × = häufig vertretene Gruppe. V = spärlich vertretene Gruppe. - = nur in einem Teil der Bestände vertretene Gruppe.

Abb. 98. Vorkommen und Schwerpunkte der ökologischen Gruppen von Getreideäckern im württembergischen Unterland (aus ELLENBERG 1956). Erläuterung im Text.

nisse sind ein Hindernis, das man allmählich beseitigen könnte. Es mangelt aber auch an festen Kriterien, die eine universellere Klassifizierung ermöglichen könnten. Ökologische Fragestellungen sollten besser in überschaubaren Bereichen mit Hilfe von Gradientenanalysen u. a. beantwortet werden.

7 Ökologische Zeigerwerte

7.1 Grundlagen und Entwicklung

Eine konsequente Weiterentwicklung des Konzeptes ökologischer Gruppen als Indikatoren von Umweltbedingungen sind die Zeigerwerte (Faktorenzahlen) von ELLENBERG (1974ff.). Damit kommen wir auch wieder zum Anfangspunkt der Direkten Gradientenanalyse zurück. Beruht doch die Aufstellung ökologischer Zeigerwerte auf gedanklicher eindimensionaler Ordination eines reichen synökologischen Erfahrungsschatzes. Entlang eines Standortsgradienten, der in mehrere Klassen unterteilt ist, werden die Arten entsprechend ihres ökologischen Verhaltens, vor allem nach ihrem ökologischen Optimum angeordnet (nicht aber nach ihren physiologischen Ansprüchen!). Die Klassen sind durch eine Ziffernfolge für jeden Gradienten gekennzeichnet. Danach läßt sich das ökologische Verhalten einer Pflanzensippe mit einer Ökoformel darstellen. Allgemeinere synökologische Angaben finden sich schon lange in Florenwerken, vor allem bei OBERDORFER (1990 und früher). Besonders für Mitteleuropa haben sich im Laufe von etwa 100 Jahren geobotanischer Forschung viele Kenntnisse und Erfahrungen angesammelt. Es ist das Verdienst von

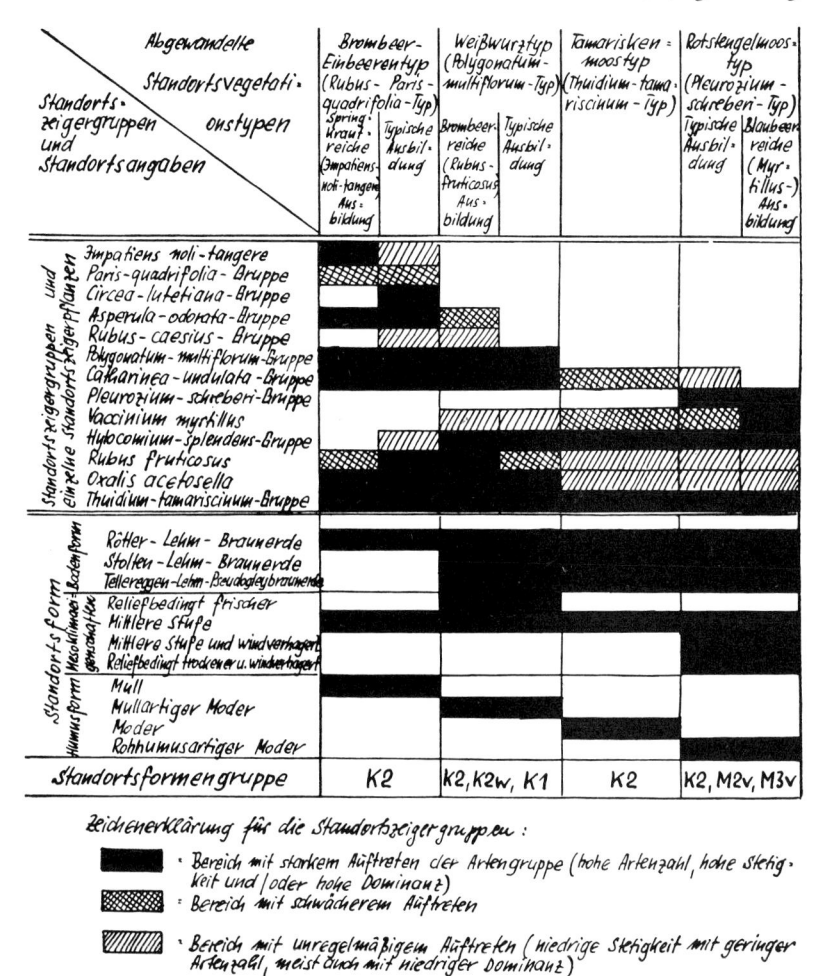

Abb. 99. Standortsvegetationstypen für ein Waldgebiet der Schweiz nach der Kombination lokal gefundener ökologischer Gruppen (aus EBERHARD et al. 1967). Erläuterung im Text.

ELLENBERG, dieses reichhaltige, vieldimensionale Wissen in eine überschaubare, relativ leicht anwendbare Form gebracht zu haben.

Schon in TÜXEN & ELLENBERG (1937) werden Zeigerwerte als denkbar erwähnt. Ansätze finden sich z. B. bei POGREBNJAK (1929/30, zitiert nach ZÓLYOMI 1964) und IVERSEN (1936). Mit unterschiedlicher Zahl von Klassen werden auch von KLAPP (1965: 460 Grünlandpflanzen) und ZÓLYOMI et al. (1967: 1400 Arten Ungarns) Wertzahlen angegeben.

Einen durchschlagenden Erfolg hatten dann die für über 2700 Gefäßpflanzenarten Mitteleuropas aufgestellten sehr universellen Zeigerwerte (0, 1–9) (ELLENBERG 1974ff.). Sie sind heute ein weithin verwendetes Mittel ökologischer Bioindikation: In der dritten Auflage (ELLENBERG et al. 1991) werden durch Berücksichtigung vieler Moose und Flechten sowie einer Aufschlüsselung der Brombeeren die Möglichkeiten erweitert. Entsprechende Werte für Moose finden sich bereits bei DÜLL (1969), SLOBODA (1978). ELLENBERG benutzt die Zeigerwerte zur synökologischen Kennzeichnung der Pflanzen, aber auch ganzer Bestände und Gesellschaften. So läßt sich der mittlere Zeigerwert (mZ), z. B. die mittlere Reaktions-, Stickstoff- oder Feuchtezahl, für jede Vegetationsaufnahme errechnen. Schon 1952 wird eine Gewichtung der Arten nach Deckungsgrad bzw. Artmächtigkeit erwogen. Die leichte, durch EDV noch geförderte Handhabung übersichtlicher Zahlen und ihrer Kombinationen kann allerdings recht unkritische, nicht zulässige Rechenoperationen fördern, die auch entsprechende Kritik hervorgerufen haben (s.7.2.4).

ELLENBERG selbst hat aber von vornherein die regionale und gesellschaftsbezogene Einschränkung der Gültigkeit solcher Wertzahlen betont und vor zu detaillierter Interpretation gewarnt. HUNDT (1966a) vergleicht die Ellenberg-Zahlen mit eigenen Untersuchungen und führt für die hercynischen Mittelgebirge Korrekturen ein. Für die Schweizer Flora hat LANDOLT (1977a) ein eigenes Zahlenwerk entwickelt, mit zusätzlicher Angabe einer Humuszahl und Dispersitätszahl für den Boden.

Sehr vielseitig ist die Zusammenstellung biologisch-ökologischer Daten von FRANK et al. (1990) aus Mitteldeutschland. Neben Angaben in Anlehnung an ELLENBERG werden Bezüge zu Hemerobiestufen (s. auch KOWARIK 1988), Urbanität, Verbreitungsbiologie, Einbürgerungsstatus, Areal, Giftigkeit und Nutzungsmöglichkeiten hergestellt. JURKO (1990) gibt für die Flora der Tschechoslowakei ein breites Spektrum von Zeigerwerten und Merkmalen, z. B. auch über Futterwert, Honiglieferung, Phänophasen u. a. Neuerdings haben URBANSKA & LANDOLT (1990) „biologische Kennwerte" vorgeschlagen, die populationsbiologische Erkenntnisse zusammenfassen. Diese Daten gehen weit über ökologische Zeigerwerte hinaus, zeigen aber Möglichkeiten zu sehr vielseitigen Bewertungen der Pflanzen und entsprechenden Auswertungsmöglichkeiten für die Vegetation.

Auf die ökologischen Zeigerwerte zurückkommend muß noch einmal betont werden, daß es sich hier um empirische Ergebnisse weitreichender synökologischer Erfahrungen handelt. Genauere Messungen zu einzelnen Faktoren liegen oft nur in geringem Umfang vor, können eher im Nachhinein die Zeigerwerte präzisieren. Ein Beispiel hierfür ist die von SCHERFOSE (1990) verfeinerte Salztoleranz-Skala von drei auf sechs Klassen aufgrund ökologischer Messungen und umfangreicher Auswertung pflanzensoziologischer Tabellen (s. auch Abb. 95 in 6).

Abschließend sei allgemein noch folgendes hervorgehoben:
– Mit den für Mitteleuropa angegebenen Zeigerwerten wird das Prinzip einer vorwiegend regionalen Gültigkeit verlassen. Mehr noch als bei den ökologischen Gruppen ist deshalb eine kritische Überprüfung und eventuelle Nacheichung der Werte für kleinere Gebiete notwendig (s. 7.2.2.1). Insbesondere entlang eines großräumigen Klimagradienten sind deutlichere Abweichungen zu erwarten.
– Dadurch, daß für jede Art pro Faktor nur eine Ziffer angegeben wird, ist auch das Prinzip der gesellschaftsbezogenen Gültigkeit aufgegeben. Die Zeigerwerte beziehen sich deshalb vorrangig auf diejenigen Vegetationsbereiche, in denen eine Pflanze optimal entwickelt ist. Innerhalb eines breiteren Gesellschaftsspektrums kann eine Art durchaus unterschiedlichen Indikatorwert aufweisen.

Hiernach ist es fast verwunderlich, wie gut die universellen Ellenberg-Zahlen mit allgemein erkennbaren oder gemessenen Standortsbedingungen in Mitteleuropa korrelieren. Dies mag teilweise daran liegen, daß vorwiegend Pflanzenbestände oder -gesellschaften zur Bioindikation benutzt werden, deren mittlere Zeigerwerte Abweichungen einzelner Arten ausgleichen.

7.2 Die Ellenberg-Zahlen

7.2.1 Zeigerwert-Skalen

ELLENBERG hat 1974 erstmals den Versuch gewagt, für ein sehr großes Gebiet (mittleres bis westliches Mitteleuropa) das ökologische Verhalten von Arten in meist 9 Stufen (Extreme: 1, 9, Mitte: 5; dazu × für Indifferente) formelhaft festzulegen. Folgende Faktoren werden in dieser „Ökotafel" aufgeschlüsselt (ELLENBERG et al. 1991):

L Lichtzahl: Ordnung nach der Schattenverträglichkeit bzw. der Beziehung zur relativen Beleuchtungsstärke. (1: Tiefschattenpflanzen, 5: Halbschattenpflanzen, 9: Vollichtpflanzen). Die Schattentoleranz der Bäume wird nach dem Jungwuchs eingestuft.

T Temperaturzahl: Ordnung nach Verbreitungsbildern (Arealtypen), insbesondere nach Lage der Nord- und Höhengrenze. (1: alpin-subalpine Pflanzen=Kältezeiger, 5: submontane Pflanzen=Mäßigwärmezeiger, 9: mediterrane Pflanzen=extremeWärmezeiger).

K Kontinentalitätszahl: Ordnung nach Verbreitung in mehr ozeanischen oder kontinentalen Gebieten. (1: euozeanisch, 5: intermediär, 9: eukontinental).

F Feuchtezahl: Ordnung nach der Bodenfeuchtigkeit bzw. Wasserversorgung. (1: Starke Trockenheitszeiger, 5: Frischezeiger, 9: Nässezeiger). Für Wasserpflanzen wird die Skala erweitert um 10: Wechselwasserzeiger, 11: Wasserpflanzen, zumindest zeitweilig mit Teilen an der Wasseroberfläche, 12: Unterwasserpflanzen.
R Reaktionszahl: Ordnung nach der Bodenreaktion. (1: Starksäurezeiger, 5: Mäßigsäurezeiger, 9 Basen- und Kalkzeiger).
N Stickstoffzahl: Ordnung nach dem Stickstoffbedürfnis. (1: Magerkeitszeiger, 5: Zeiger mäßig stickstoffreicher Standorte, 9: Zeiger übermäßig stickstoffreicher Standorte).
S Salzzahl: Ordnung nach Salzverträglichkeit. (0: nicht salzertragend, 1: schwach salzertragend, 5: mäßigsalzertragend, 9: extreme Salzzeiger).
Außerdem:
Schwermetalltoleranz: Ordnung nach Schwermetallverträglichkeit, d. h. nach Vorkommen an Standorten mit hoher Konzentration von Zink, Blei u. a. (b: mäßig tolerant, B: ausgesprochen tolerant).

Die Ökotafel wird ergänzt durch Angaben der Lebensform, Blattausdauer, des soziologischen Verhaltens sowie der Häufigkeit und Gefährdung.

T und K sind sich ergänzende klimatisch-arealgeographische Vergleichsgrößen, die erst über größere Gebiete deutliche Unterschiede erwarten lassen (s. auch XII 2.2). Die übrigen Faktorenzahlen ermöglichen dagegen als synökologische Zeigerwerte i. e. S. auch kleinräumige Vergleiche von Pflanzen und Pflanzengesellschaften hinsichtlich ihrer Lebensbedingungen. Von ihnen sind sind F und R durch zahlreiche genaue Beobachtungen und Messungen meist gut begründet. Allerdings bestehen zwischen N und F teilweise engere Abhängigkeiten. Durch Düngung kommen z. B. auf relativ trockenen Böden anspruchsvollere Arten vor (z. B. Arten der Glatthaferwiesen gegenüber solchen der Halbtrockenrasen), denen auch eine höhere Feuchtezahl zugeordnet ist (s. KUNZMANN 1989). Die N-Zahl, teilweise auch als Nährstoffzahl interpretiert, ist am wenigsten fundiert, zumal das ökologische Verhalten nicht unbedingt auf die Höhe der Stickstoffversorgung ausgerichtet sein muß. Zu denken ist z. B. auch an die Stickstoff-Form (Ammonium oder Nitrat).

Eine weitere Aufschlüsselung des chemischen Bodenkomplexes wäre sehr nützlich, z. B. auch hinsichtlich der Toleranz gegenüber toxischen Stoffen, wobei heute starke anthropogene Belastungen zu beachten sind. NOWACK (1991) hat Zeigerwerte für die Phosphorversorgung von Ackerwildkräutern entwickelt. KUNZMANN (1989) stellt Überlegungen über die Luftzahl an, welche über die Luftversorgung im Wurzelraum eine bessere Erfassung der Wechselfeuchte ermöglichen soll.

Viele chemische Wirkungen des Bodens werden über den pH-Wert bereits angesprochen. So ist es nicht verwunderlich, daß zwischen mittleren R-Zahlen von Vegetationsaufnahmen und gemessenem Säuregrad des Bodens oft sehr gute Korrelationen bestehen, da hier mit der Vegetation und dem pH-Wert zwei bereits sehr komplexe Größen verglichen werden (s. z. B. ELLENBERG et al. 1991, GÖNNERT 1989).

7.2.2 Auswertung der Ellenberg-Zahlen

Die leicht handhabbaren Ökoformeln der Ellenberg-Zahlen haben rasch zu einer vielfältigen Anwendung geführt. Hierbei muß man immer die Gefahr sehen, daß Fehlinterpretationen entstehen können, wenn sich der Anwender der Grundlagen nicht bewußt ist, auf denen die Zeigerwerte beruhen. Mathematische Operationen mit Relativwerten einer Skala, die in Klassen ungleichen Umfanges, d. h. ordinal unterteilt ist, sind überhaupt fragwürdig. Die Zeigerwerte sind lediglich Rangmerkmale einer Relativskala, z. B. bedeutet 3 nicht das Dreifache von 1. So könnten die Ellenberg-Zahlen durch beliebige andere Ziffern oder Symbole ersetzt werden (s. DURWEN 1982). Darüber hinaus beruhen viele Einstufungen der Arten mehr auf allgemeinen Erfahrungen von Verbreitungstrends und nicht auf genauen ökologischen Untersuchungen, so daß manche Bewertungen eher einen Versuch als ein abschließendes Ergebnis darstellen. So sei den weiteren Erläuterungen ein Absatz aus dem Vorwort von ELLENBERG (1974, S. 8) vorangestellt:

„Obwohl meine persönlichen Erfahrungen aus mehr als vier Jahrzehnten ständigen Umganges mit der Pflanzenwelt sowie viele Untersuchungen meiner Mitarbeiter und anderer Autoren in die Übersicht eingebracht wurden, ist sie noch überall unvollkommen… Trotzdem wage ich es, diesen Versuch einer Synopsis zu veröffentlichen, weil ich überzeugt bin, daß eine Zwischenbilanz unseres Wissens notwendig war und weil ich hoffe, daß durch Kritik und Anregungen manche Verbesserung möglich sein wird."

Während die Zeigerwerte vielfach zur ökologischen Interpretation pflanzensoziologischer Ergebnisse herangezogen werden, ist über grundlegende Fragen der Auswertung relativ wenig publiziert worden. Umfangreichere Überlegungen finden sich, neben den Zeigerwertbüchern selbst, bei DURWEN (1982), BÖCKER et al. (1983) und KOWARIK & SEIDLING (1989). Einige Fragen werden in den folgenden Kapiteln kurz zusammengefaßt. Anwendungsbeispiele finden sich unter 7.2.2.3.

Unabhängig von der Wahl des Auswertungsverfahrens sind noch einige allgemeinere Überlegungen. So muß bedacht werden, ob alle Arten eines Bestandes überhaupt gleiche Standortsbedingungen repräsentieren. Dies wurde bereits bei den ökologischen Gruppen angesprochen (s. 6.1). In stark strukturierten Beständen können Zeigerwerte möglicherweise nur auf eng verwandte Lebensformen, Synusien oder Schichten vergleichend angewendet werden. Noch deutlicher ist dies bei Mikrogesellschaften auf Sonderstandorten, die sich in Makrogesellschaften einfügen (s. hierzu IV 7).

Ein Beispiel ist der Lichtfaktor in verschiedenen Bestandesschichten. Während alle Bäume eines Waldes oder Sträucher eines Gebüsches volles Licht genießen, ist der Jungwuchs in der Kraut- (Strauch-)schicht unterschiedlich schattentolerant. Konsequenterweise sollten die Lichtzahlen nur für den Jungwuchs gelten. ELLENBERG sieht diesen Unterschied jedoch nur für die Bäume. Für Sträucher müßte man eigentlich zwei Werte für ausgewachsene und junge Pflanzen einsetzen.

Ein zweites Beispiel sind die Unterschiede der Wurzelbildung. Hier bestehen vor allem in stark geschichteten Beständen große Unterschiede zwischen Flach- bis Tiefwurzlern, bei Gehölzen auch zwischen ausgewachsenen und Jungpflanzen. Dies zeigt sich gelegentlich im Nebeneinander von Arten mit sehr unterschiedlichen Zeigerwerten auf Böden mit standörtlich differierenden Schichten (z. B. Kalk- und Säurezeiger auf Kalk mit dünner Lößüberdeckung: *Carici-Fagetum luzuletosum*; siehe DIERSCHKE 1989b). Bei Hinzunahme der Kryptogamen hat man Zeiger nur für die Verhältnisse an der Bodenoberfläche. In Feuchtgebieten, wo die Wuchsbedingungen von der Erreichbarkeit basenreichen Grundwassers abhängen können, findet man gelegentlich sehr merkwürdig erscheinende Mischungen von Basen- und Säurezeigern, die sich aus unterschiedlicher Wurzeltiefe der Pflanzen erklären lassen, wobei die Bildung von Mikrostandorten (z. B. durch kleine Bulten und Mulden) das Problem noch verschärft.

Die Beispiele zeigen, daß eine ökologische Bewertung nach Faktorenzahlen erst erfolgen sollte, wenn man die Feinstruktur von Vegetation und Standort ausreichend kennt. Pauschale Berechnungen nach Literaturdaten bergen die Gefahr einer Falschinterpretation. Zumindest für die verschiedenen Bestandesschichten (eventuell auch getrennt für Moose und Flechten) müssen die Zeigerwerte getrennt ausgewertet werden.

7.2.2.1 Gebietsbezogene Korrektur der Ellenberg-Zahlen

Wie schon in Kapitel 7.1 kurz erläutert, muß bei Zeigerwerten, die sich auf große Gebiete und die gesamte Vegetation beziehen, mit lokalen bis regionalen oder gesellschaftsspezifischen Abweichungen gerechnet werden. Dies fällt oft schon bei pflanzensoziologischen Bearbeitungen auf, wenn man eigene Erfahrungen mit den Wertzahlen vergleicht. So sollte man Zeigerwerte nicht unkritisch auf eigene Daten übertragen, eher eine Korrektur (Nacheichung) vornehmen, wie es auch ELLENBERG et al. (1991) empfehlen. Allerdings dürften solche Korrekturen sich jeweils nur um eine Stufe nach oben oder unten bewegen.

Besonders genau sind Nacheichungen, die auf einer Kombination von pflanzensoziologischen Aufnahmen und ökologischen Messungen beruhen. Ein Beispiel zeigt Tabelle 21 mit Stickstoffzeigerwerten von Ackerwildkräutern für Südniedersachsen/Nordhessen. Als gute Bezugsbasis erwies sich der über die Vegetationsperiode ermittelte durchschnittliche Gehalt an Mineralstickstoff im Oberboden. Bewertet wurde außerdem die Häufigkeit der Arten in vier Stickstoffversorgungsklassen. Von 138 Arten blieben 76 ohne Korrektur, zwölf wurden zwei Ziffern höher eingestuft, 14 Arten wurden eine Ziffer niedriger, eine Art zwei Ziffern niedriger bewertet. Elf allgemein als indifferent angesehene Arten ließen sich zusätzlich einstufen. Umgekehrt mußten mehrere Arten mit Bewertung bei ELLENBERG hier als indifferent betrachtet werden.

Eine andere Methode zur Korrektur vorgegebener Zeigerwerte beschreibt ZÓLYOMI (1964,1989). Er benutzte für eine spezielle Art möglichst viele Vegetationstabellen, die etwa

Tab. 21. Gebietsmodifizierte Stickstoff-Zeigerwerte (N_G) von Ackerwildkraut-Arten gegenüber den Ellenberg-Zahlen (N) nach durchschnittlichen Mineralstickstoffgehalten der Oberbodens (N_{min} kg/ha) und Vorkommen in Stickstoffversorgungs-Klassen (A:-15, B:-30, C:-50, D: > 50 kg/ha) (Auswahl aus ZOLDAN 1981)

Arten (Zahl der Flächen)	N_{min}	A	B	C	D	N	N_G
Euphorbia exigua (11)	36	–	3	7	1	4	6
Vicia hirsuta (22)	30	7	8	5	2	3	5
Chenopodium album (22)	72	1	1	6	13	7	8
Apera spica-venti (30)	22	10	12	7	1	x	5
Ranunculus arvensis (6)	23	1	3	2	–	x	5
Aphanes arvensis (25)	27	9	7	7	2	5	5
Capsella bursa-pastoris (28)	27	13	7	7	1	5	5
Myosotis arvensis (32)	29	10	9	8	4	6	6
Centaurea cyanus (14)	48	6	2	1	5	x	x
Viola arvensis (42)	38	10	11	13	8	x	x
Euphorbia helioscopea (21)	48	5	6	6	4	7	x
Galium aparine (39)	46	9	10	10	11	8	x
Stellaria media (41)	43	12	11	8	10	8	x
Veronica persica (20)	24	6	7	7	–	7	6
Adonis aestivalis (7)	11	1	4	2	–	5	4

die Gesamtamplitude ihres Vorkommens abdecken. Für jede Aufnahme wird die mittlere Feuchte- und Reaktionszahl berechnet. Bei Übertragung in ein Diagramm mit dem ökologischen Gradienten als x-Achse ergibt sich eine Häufigkeitskurve, die Amplitude und ökologisches Optimum der Art erkennen läßt. Hiernach kann der Zeigerwert der untersuchten Art gegebenenfalls verändert werden. Dieses Verfahren ist sehr aufwendig, aber bei einer großen Datenbank und entsprechenden EDV-Programmen durchaus eine praktikable Möglichkeit. Einen verwandten, statistischen Vergleich benutzten TER BRAAK et al. (1987) zur Angleichung von Feuchtezahlen für die Vegetation (1041 Aufnahmen) eines Talgebietes der Niederlande. Eine Kombination beider Verfahren führte für kleinere Grünlandbereiche Mittelhessens zur Korrektur der Feuchtezahl bei 39 von 118 getesteten Arten (KUNZMANN 1989).

Zu überlegen ist auch, ob man nicht gesellschaftsbezogene Korrekturen der Zeigerwerte vornehmen muß, insbesondere dort, wo sich neuartige Pflanzengesellschaften gebildet haben. KOWARIK & SEIDLING (1989) zeigen am Beispiel von *Poa palustris*, daß dieses Gras sich in städtischer Ruderalvegetation ganz anders verhält als in „klassischen" Vegetationstypen.

7.2.2.2 Zeigerwert-Spektren

Eine mathematisch unproblematische Darstellung der Zeigerwerte von Beständen, Gesellschaften oder Artengruppen bis zur Gesamtflora eines Gebietes sind vergleichende Spektren, entweder nach den absoluten Artenzahlen pro Gradientenklasse oder als Relativzahlen, d. h. Prozente aller bewerteten Arten oder des als 100% gesetzten jeweiligen Maximalwertes. Indifferente Arten werden entweder weggelassen oder als eigene Gruppe getrennt angeführt.

Abb. 100 zeigt Spektren für alle bei ELLENBERG (1979) angeführten Sippen Mitteleuropas. Ähnliche Spektren finden sich bei DURWEN (1982). Sie ergeben die Grundstruktur der Verteilung aller verwendbaren Daten und erleichtern die Deutung von Einzelspektren oder Berechnungen. So ist die Gesamtspanne der meisten Arten für K nur 2–6, für L 4–9. Auch die übrigen Kurven zeigen recht unterschiedliche Verläufe. Entsprechend lassen sich Gebietsfloren vergleichen, was aber wenig klare Resultate verspricht. Dagegen können bestimmte Artengruppen brauchbare Vergleiche ergeben. Abb. 101 zeigt Zeigerwertspektren für N, L, K der Rote Liste-Arten Westdeutschlands. Der höchste Anteil gefährdeter Arten ist im Bereich geringer Stickstoffzahlen und hoher Lichtzahlen (Freilandpflanzen auf Magerstandorten) zu finden. Hinsichtlich der Kontinentalität liegt der höchste Anteil bei euozeanischen und eukontinentalen Pflanzen, die aber schon immer in Mitteleuropa wenig vertreten waren.

Für die Auswertung von Pflanzengesellschaften kommen wir auf die in Teil VI benutzten

230 Gliederung und Ordnung der Vegetation

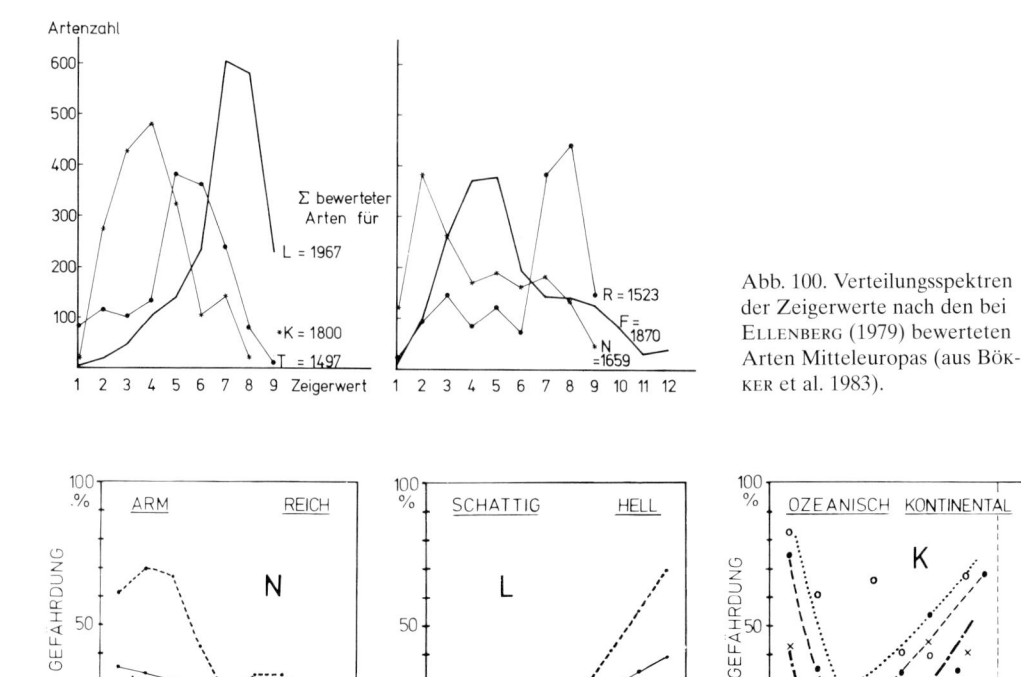

Abb. 100. Verteilungsspektren der Zeigerwerte nach den bei ELLENBERG (1979) bewerteten Arten Mitteleuropas (aus BÖKKER et al. 1983).

Abb. 101. Relative Gefährdung (prozentualer Anteil der Rote Liste-Arten an der Gesamtzahl) westdeutscher Pflanzen für Zeigerwertklassen von N, L, K, (aus HERM. ELLENBERG 1983).
gepunktet: Wasserpflanzen (n=213); dünne Linien: Freilandpflanzen (n=1006); dicke Linien: Waldpflanzen (n=463).

Aufnahmen der Viehweiden des Holtumer Moores zurück (vgl. Tab. 12i). Ausgewertet wurden nur die bodenökologischen Gradienten, da die übrigen keinerlei Unterschiede erwarten lassen. Abb. 102 zeigt aufsummierte Spektren der einzelnen Aufnahmen in derselben Reihenfolge wie in der Tabelle. Links sind die absoluten Artenzahlen pro Zeigerwertklasse eingetragen. Hieraus ergibt sich zunächst die Menge der Bezugsdaten. Für R sind überhaupt nur wenige Arten auswertbar, da ein hoher Anteil als indifferent angegeben ist. Für N sind zwar bis zu 25 Arten pro Aufnahme vorhanden, ein klarer Bezug zu den Einheiten der Tabelle ist aber kaum zu sehen. Es handelt sich offenbar durchweg um wenig intensiv genutzte Weiden mit Vorherrschen von Arten mit N 4–6 und jeweils einem Anteil von Magerkeits- und Stickstoffzeigern. Die floristische Gliederung der Weiden beruht also vorwiegend auf dem Wasserfaktor.

Dies entspricht auch den allgemeinen Geländebeobachtungen, die einen Gradienten von frischen Sandböden zur moorigen Niederung erkennen lassen (s. DIERSCHKE 1979). Die Grenzen der nach Tabelle 12i erkennbaren vier Einheiten werden auch aus der Zu- und Abnahme bzw. dem Auftreten neuer Zeigerwertklassen sichtbar, wobei sich zwei Haupteinheiten (a-b/c-d) deutlicher unterscheiden.

Durch eine prozentuale Darstellung der Ergebnisse (rechts) werden die Unterschiede im Feuchtespektrum noch klarer. Es zeigt sich auch, daß die nach rein floristischen Kriterien geordnete Tabelle in der Reihenfolge der Aufnahmen recht gut einem erkennbaren Feuchtegradienten folgt. So kann eine Tabelle nachträglich im Detail auf ihren ökologischen Aussagewert überprüft werden. Für R und N ist die prozentuale Darstellung wiederum weniger aussagekräftig. Für N% wird die etwa gleiche Situa-

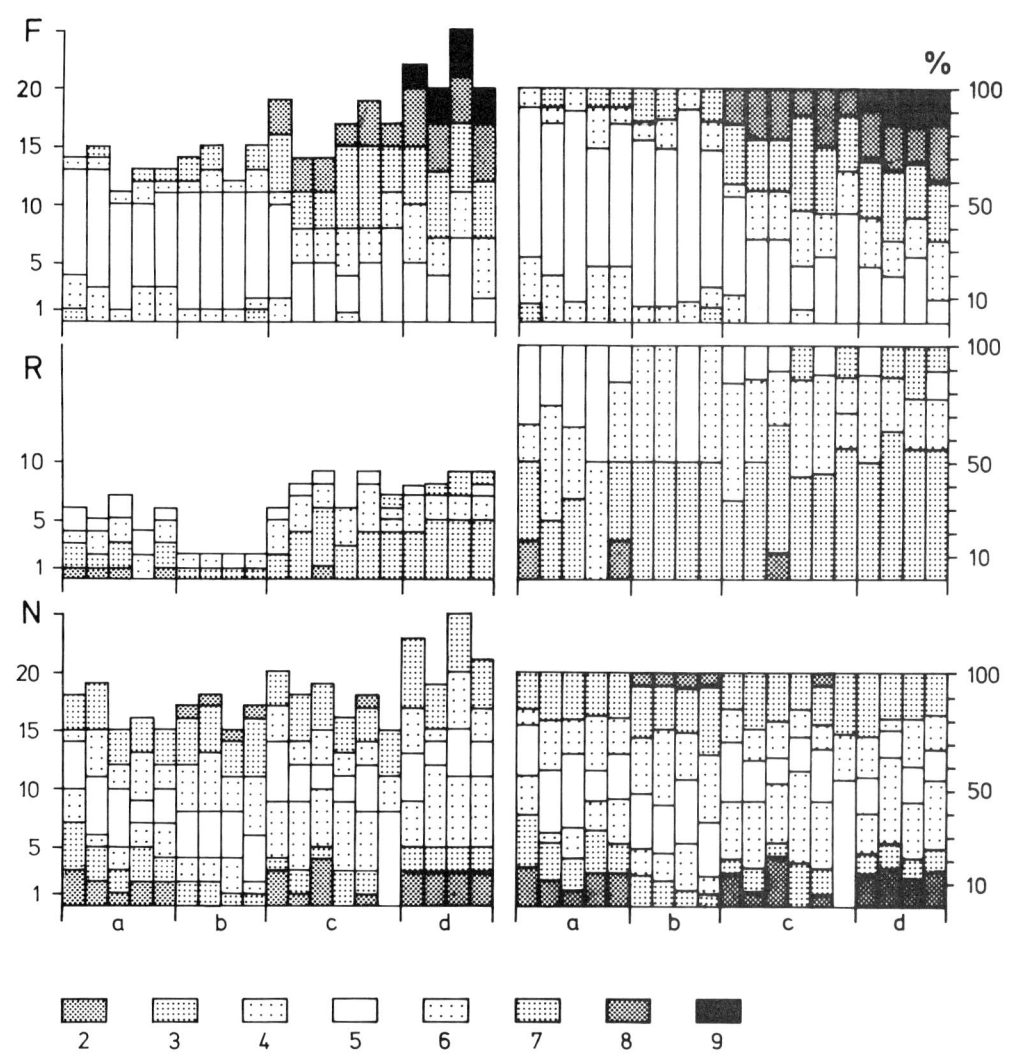

Abb. 102. Zeigerwertspektren der Vegetationsaufnahmen verschiedener Gesellschaften von Viehweiden (a-d; s. auch Tab. 12i).
links: absolute Artenzahlen; rechts: Prozentanteile aller bewerteten Arten. Erläuterung im Text.

tion aller Aufnahmen noch besser erkennbar. Die Magerkeitszeiger im linken Teil sind hier gleichzeitig Anzeiger etwas eingeschränkter Wasserversorgung (*Hypochoeris radicata* – Gruppe auf Sand). Ihnen stehen rechts Arten gegenüber, die magere und nasse Standorte repräsentieren (z. B. *Ranunculus flammula*, *Juncus articulatus*, *Galium palustre*).

Eine weitere Möglichkeit der vergleichenden ökologischen Interpretation von Pflanzengesellschaften sind Spektren ganzer Gesellschaften. Abb. 103 zeigt solche Gesellschaftsspektren wiederum für die Weiden, zusammengefaßt für die Einheiten a-d. Berechnet wurde die mittlere Artenzahl (mAZ) jeder Gruppe pro Faktorenklasse. Die Diagramme zeigen besser als die der Einzelaufnahmen die Unterschiede der Gesellschaften, wobei a-b und c-d wiederum näher verwandt erscheinen. Die Feuchtezahl gibt erneut die klarsten Unterschiede. a und b sind frische Standorte, bei a mit Tendenz zu etwas trockeneren Böden. c und d zeigen feuchtere Standorte an, bei d mit Anzeichen von Vernässung. Allgemein handelt es sich um relativ basenarme Böden. Auch die N-Zahlen deuten in diese Richtung.

232 Gliederung und Ordnung der Vegetation

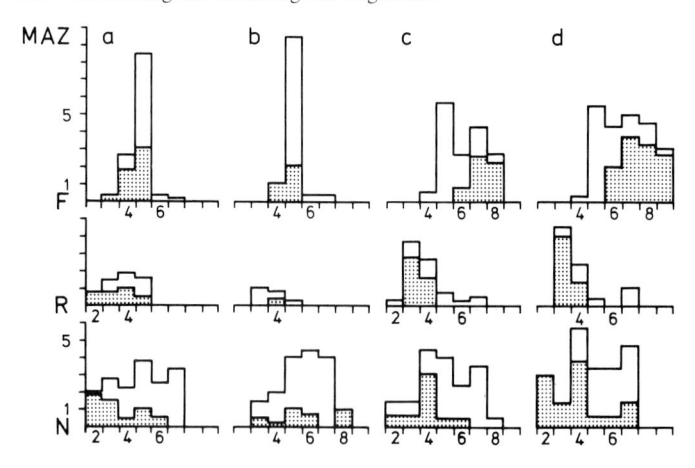

Abb. 103. Zeigerwertspektren der Vegetationseinheiten a–d (wie Abb. 102). Die Spektren der Differentialarten sind punktiert abgesetzt. Erläuterung im Text.

Unter den Arten dieser Weiden gibt es nicht nur viele Indifferente, sondern auch eine hohe Zahl mit mittleren Faktorenzahlen. Geht man davon aus, daß die durch Tabellenarbeit gefundenen Trennartengruppen auch wesentliche ökologische Informationen herausfiltern, ist eine getrennte Berechnung möglicherweise ökologisch aussagekräftiger. Dies zeigen die getrennt ausgewerteten mAZ für die vier Trennartengruppen, die in den Spektren besonders hervorgehoben sind. Man erkennt, daß die meisten dieser Arten etwas extremere Bereiche kennzeichnen und somit die ökologischen Unterschiede stärker betonen.

Abb. 104 zeigt vergleichend Zeigerwert-Spektren aus demselben Gebiet für 1963 und 1988. Sowohl die qualitativen (oben) als auch besonders die quantitativen Spektren (unten) lassen meliorationsbedingte Veränderungen in Richtung auf weniger feuchte Standorte erkennen, ebenfalls die Mittelwerte und Mediane.

Eine etwas breitere Spanne extensiv genutzter Viehweiden zeigt ein Spektrum aus dem Emstal (Abb. 105). Vegetationsaufnahmen und eine Kartierung ergaben dort von einem Altwasser bis zu etwas höheren Sandrücken eine Abfolge vom Uferröhricht über Flutrasen, verschiedene Ausbildungen von bodenfrischen Magerweiden bis zu einem Sandtrockenrasen. Ähnliche Abfolgen wurden bereits in Abb. 89 aus dem gleichen Gebiet dargestellt. Für jede Gesellschaft ist der prozentuale Anteil der Arten an den Zeigerwert-Klassen berechnet, hier einschließlich der Klasse der Indifferenten. Das Grundwasser wird als entscheidender ökologischer Faktor erkennbar.

7.2.2.3 Mittlere Zeigerwerte

Am weitesten angewendet werden Mittelwerte der Faktorenzahlen (mittlere Zeigerwerte mZ), da sie leicht berechenbar sind und für die praktische Anwendung leicht ablesbare Relativwerte ergeben. Sie gehören zu den synthetischen Merkmalen einer Pflanzengesellschaft (s. VIII 1). Ein Beispiel hierfür zeigt Abb. 106.

Über EDV-Programme lassen sich auch umfangreiche pflanzensoziologische Datensätze rasch auswerten. Allerdings ist das Verfahren selbst problematisch, da die ordinal skalier-

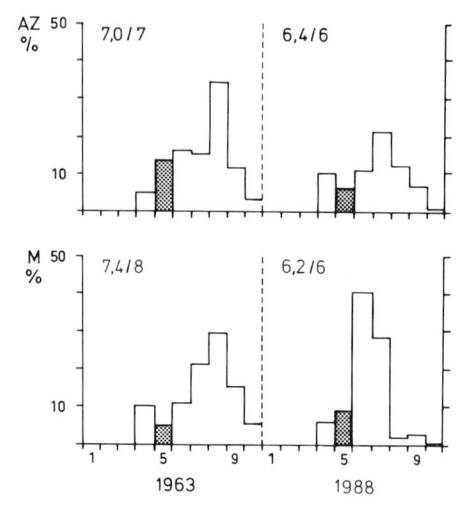

Abb. 104. Veränderung der Feuchte-Zeigerwertspektren für Feuchtwiesen 1963–1988 (aus DIERSCHKE & WITTIG 1991). Erläuterung im Text.
Oben: nach Prozenten der Artenzahl (Präsenz).
Unten: nach Mengenanteilen der Zeigerwert-Gruppen.
Außerdem sind Mittelwert und Median angegeben.

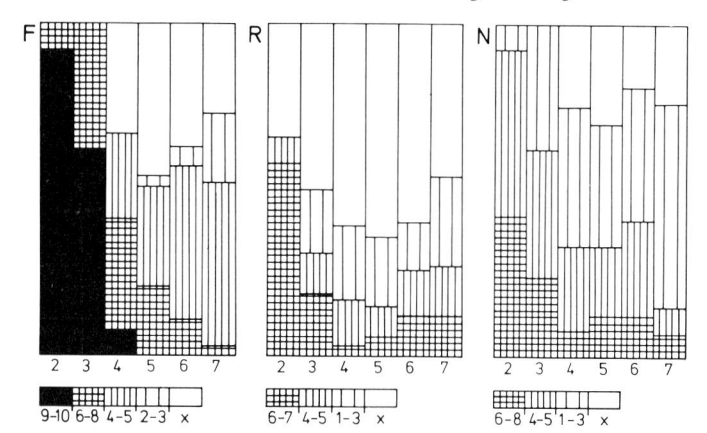

Abb. 105. Spektren der Prozentanteile von Zeigerwertklassen für sechs Pflanzengesellschaften (2–7) entlang eines grundwasserbedingten Feuchtegradienten im Emstal (aus Dierschke 1986b). Erläuterung im Text.

ten Faktorengradienten streng mathematisch keine Mittelwertbildung erlauben (s. 7.2.2). Korrekt wäre der Zentralwert (Median, s. Kowarik & Seidling 1989) oder Modalwert (am häufigsten vorkommender Wert). Beide können aber je nach Zahl der Datensätze stärker schwanken und ergeben zu wenige Abstufungen für ökologische Vergleiche. Ellenberg et al. (1991) weisen aber darauf hin, daß zumindest manche Zeigerwertreihen „quasi-kardinal" sind, da bei der Skalierung eine möglichst gleichmäßige Einteilung angestrebt wurde. So zeigt auch die Erfahrung, daß mittlere Zeigerwerte in vielen Fällen sehr brauchbare Ergebnisse im Sinne ökologischer Relationen liefern, wenn man den grundlegenden Aussagewert gebührend berücksichtigt (s. besonders Böcker et al. 1983, Durwen 1982). Oft findet man sogar recht gute Korrelationen zu Standorts-Meßwerten, wie Ellenberg et al.(1991) selbst gezeigt haben (s. z. B. auch Degórski 1982, Ebben et al. 1983, Gönnert 1989, Kriebitzsch & Hasemann 1983). Allerdings sind manche Beispiele widersprüchlich und gefundene Korrelationen nicht ohne weiteres zu verallgemeinern.

Nicht nur einzelne mZ lassen sich mit ökologischen Gegebenheiten korrelieren. Rogister (1981) berechnete für Wälder das Produkt mR × mN und fand gute Beziehungen zwischen sieben Klassen von Produktwerten und Humusformen, gewissermaßen also neue Zeigerwerte höherer Ordnung.

Für die Berechnung von mZ gibt es verschiedene Möglichkeiten:

a) Bewertung einzelner Aufnahmen:
– Berechnung nach Präsenz, d. h. durch Gleichbehandlung aller Arten (ohne Indifferente) = **qualitativer mZ**.

$$mZ_{qual.} = \frac{\Sigma Z}{AZ}$$

Z = Zeigerwert einer Art
AZ = Artenzahl

– Gewichtung nach quantitativen Angaben der Vegetation (z. B. Deckungsgrad, Artmächtigkeit, Biomasse) = **quantitativer mZ**.

Ellenberg (1974 ff.) multipliziert die Faktorenzahlen einfach mit den Ziffern der Braun-Blanquet-Skala (+ und 1 =1):

$$mZ_{quant.} = \frac{\Sigma(Z \times Br.\text{-}Bl.)}{\Sigma Br.\text{-}Bl.}$$

oder $\frac{\Sigma(Z \times Br.\text{-}Bl.)}{(Ax1) + (Ax2) \ldots + (Ax5)}$

Br.-Bl.: Werte der Braun-Blanquet-Skala
A: Anzahl Arten einer Braun-Blanquet-Schätzstufe

Durwen (1982) transformiert die Braun-Blanquet-Ziffern in eine andere Ziffernfolge gemäß den unterschiedlichen Spannen der Werte:

r + 1 2 3 4 5
1 2 3 4 6 8 10

Genauere Ergebnisse erzielt man mit direkten Prozentschätzungen oder mittleren Prozentwerten der jeweiligen Schätzskala (s. Kap. V 5.2.3/VIII):

$$mZ_{quant.} = \frac{\Sigma(Z \times D\%)}{\Sigma D\%}$$

D% = Schätzwert (z. B. Deckungsgrad) in Prozent

234 Gliederung und Ordnung der Vegetation

Gehölzpflanzung

Fahrbahn Richtung Kassel, 2spurig

Böschung

Bankettrasen am Böschungsfuß

MITTELSTREIFEN, ca. 8 m breit
Betriebskilometer 17,5
(vergleiche auch Abb. 23)

Fahrbahn Richtung Würzburg, 3spurig

AUFNAHME 89

Bedeutung der Skala:
Mengen-Schätzung ↑ Deckungsgrad
5 = 75-100%
4 = 50- 75%
3 = 25- 50%
2 = 5- 25%
1 = unter 5%
+ = sehr spärlich

Ökologisches Verhalten der Arten → Bedeutung der Zeichen für L, T, K, F, R, N:
L = Lichtzahl
T = Temperaturzahl
K = Kontinentalitätszahl
F = Feuchtezahl
R = Reaktionszahl
N = Stickstoffzahl
S = Salzzahl, Schwermetallresistenz

1 = sehr gering
5 = mittelmäßig
9 = sehr groß
x = indifferent
I = salzertragend
b = mäßig resistent

	Deutsche Namen	L	T	K	F	R	N	S		Latein. Namen
	Gräser									
3	Rotschwingel	x	x	5	x	x	x	–	–	Festuca rubra
2	Schafschwingel	7	x	3	3	3	x	–	b	– ovina
+	Weiche Trespe	7	6	3	x	x	3	–	–	Bromus hordeaceus
+	Gemeine Quecke	7	x	7	5	x	8	I	–	Agropyron repens
+	Schmalblättr. Rispe	7	5	x	3	x	3	–	–	Poa angustifolia
+	Hainrispe	5	x	5	5	5	3	–	–	– nemoralis
	Leguminosen									
1	Viersamige Wicke	6	5	5	5	3	4	–	–	Vicia tetrasperma
+	Weißklee	8	x	x	x	x	7	I	–	Trifolium repens
+	Kleiner Klee	6	6	3	5	5	4	–	–	– dubium
	Kräuter									
1	Gemeiner Löwenzahn	7	x	x	5	x	7	I	–	Taraxacum officinale
+	Acker-Kratzdistel	8	x	x	x	x	7	–	–	Cirsium arvense
+	Gemeines Johanniskraut	7	x	5	4	x	x	–	–	Hypericum perforatum
+	Acker-Gänsedistel	7	5	x	5	7	x	I	–	Sonchus arvensis
+	Gemeines Ferkelkraut	8	5	3	5	4	3	–	–	Hypochoeris radicata
+	Vierkant-Weidenröschen	7	6	2	x	x	6	–	–	Epilobium tetr. lamyi

Mittlere Zeigerwerte: 6,9 5,4 4,2 4,2 4,7 5,0 27 7 Prozentanteil an 15 Arten

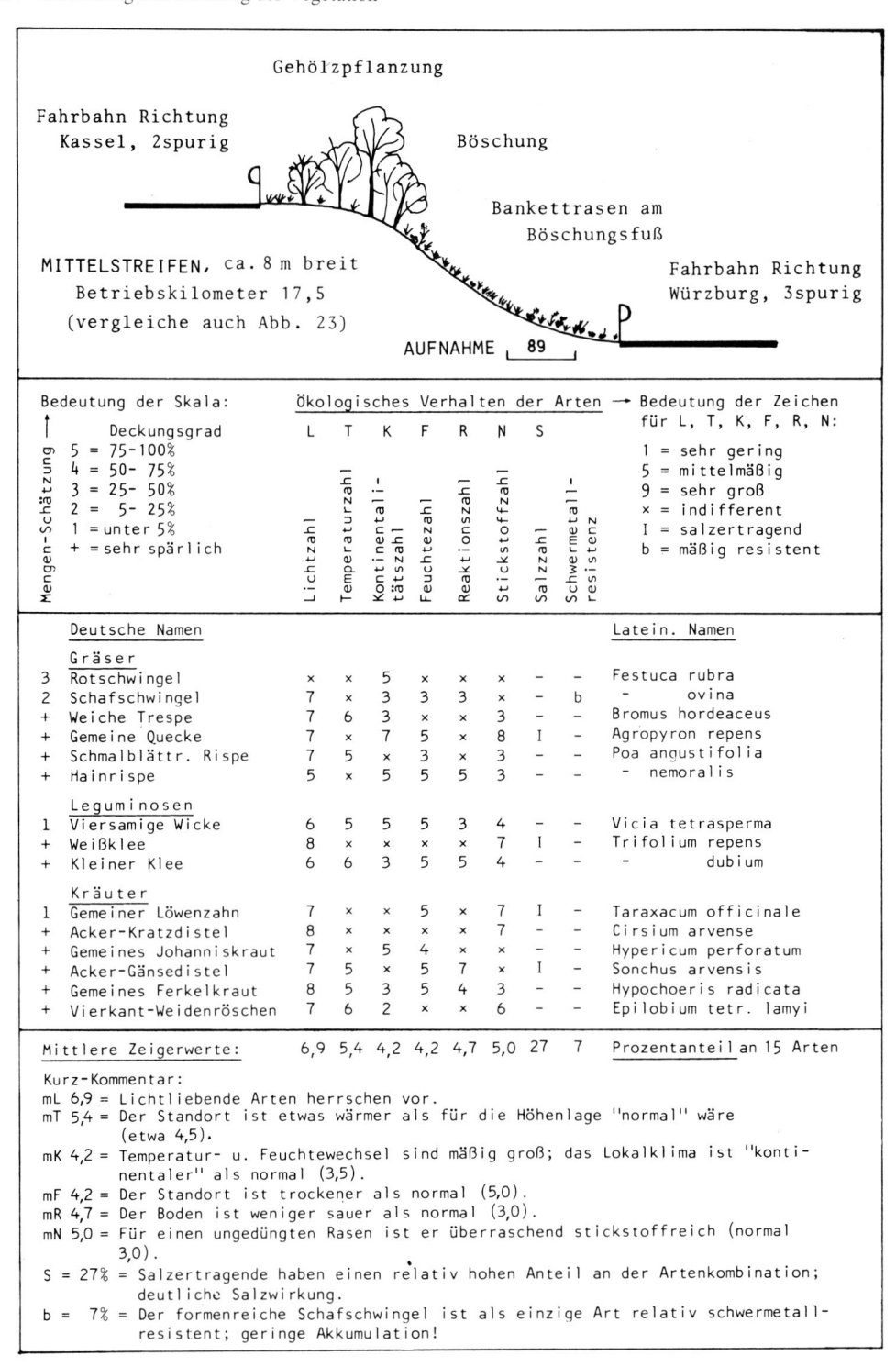

Kurz-Kommentar:
mL 6,9 = Lichtliebende Arten herrschen vor.
mT 5,4 = Der Standort ist etwas wärmer als für die Höhenlage "normal" wäre (etwa 4,5).
mK 4,2 = Temperatur- u. Feuchtewechsel sind mäßig groß; das Lokalklima ist "kontinentaler" als normal (3,5).
mF 4,2 = Der Standort ist trockener als normal (5,0).
mR 4,7 = Der Boden ist weniger sauer als normal (3,0).
mN 5,0 = Für einen ungedüngten Rasen ist er überraschend stickstoffreich (normal 3,0).
S = 27% = Salzertragende haben einen relativ hohen Anteil an der Artenkombination; deutliche Salzwirkung.
b = 7% = Der formenreiche Schafschwingel ist als einzige Art relativ schwermetallresistent; geringe Akkumulation!

Abb. 106. Praxisnahe Auswertung von Faktorenzahlen als mittlere Zeigerwerte von Vegetationsaufnahmen eines Straßenrandes (aus ELLENBERG et al. 1981).

b) Bewertung von Aufnahme-Gruppen (z. B. aus Vegetationstabellen)

- Berechnung nach Präsenz
  Auswertung wie bei a) oder Mittelung aller mZ der Einzelaufnahmen (gilt auch für mZ$_{quant.}$)
- Gewichtung nach Stetigkeit der Arten

$$mZ_{stet.} = \frac{\Sigma(Z \times S\%)}{\Sigma S\%}$$
S% = Stetigkeit in Prozent

Anstelle der prozentualen Stetigkeit können auch die Stetigkeitsklassen I-V direkt benutzt werden oder besser die daraus ableitbare mittlere prozentuale Stetigkeit (r=2,5%, +=7,5%, I=15%, II=30% ... V=90%).

Vergleiche zwischen qualitativen und quantitativen mZ haben ergeben, daß oft nur geringe Unterschiede auftreten. BÖCKER et al. (1983) und KOWARIK & SEIDLING (1989) fanden bei umfangreichen Berechnungen von Gesellschaften meist nur Abweichungen von 0,1–0,2. Größere Abweichungen sind bei einzelnen Aufnahmen möglich. GÖNNERT (1989) weist darauf hin, daß bei artenarmen Beständen und Gesellschaften schon wenige mehr zufällige Arten mit geringen Schätzwerten die qualitativen mZ bis zu etwa einer Einheit verändern können, während bei artenreichen Aufnahmen wenig Unterschiede bestehen. Außerdem kann es bei Dominanz einer Art zu stärkeren Unterschieden kommen, besonders wenn diese relativ extreme Bedingungen anzeigt (KOWARIK & SEIDLING 1989). TÜLLMANN & BÖTTCHER (1985) bevorzugen quantitative Werte wegen einer größeren Vergleichsamplitude aller Daten.

ELLENBERG et al. (1991) weisen darauf hin, daß der Deckungsgrad einer Art oft von der artspezifischen Wuchsweise (z. B. Einzeltriebe – Polycormone) abhängt und auch durch anthropo-zoogene Einflüsse stärker modifiziert werden kann (s. schon TÜXEN & ELLENBERG 1937). Hinzugefügt sei, daß Deckungsgrad-Veränderungen oft nur kurzzeitige Fluktuationen darstellen (z. B. bei Auflichtung eines Waldbestandes). Will man aber solche zeitlichen Veränderungen (auch Sukzessionen) bewerten, erscheint es eher zwingend, gewichtete mZ zu verwenden. Für die Berechnung der mZ für Pflanzengesellschaften sollte immer die Stetigkeit der Arten mit bewertet werden, da sonst mehr zufällige Begleiter zu stark in die Mittelwerte eingehen. MORAVEC (1983) grenzt die mZ auf Arten mit $\geq 10\%$ Stetigkeit ein.

Mittlere Zeigerwerte sollten nur für Vegetationsbereiche mit annähernd homogenen Lebensbedingungen berechnet werden, die ja auch für Vegetationsaufnahmen in der Regel vorausgesetzt werden (s. V 3). Ökologisch inhomogene Standortsbereiche, die sowohl horizontal als auch vertikal (z. B. Durchwurzelungstiefe) auftreten können, führen oft zu wenig aussagekräftigen Mittelwerten. Ähnliches kann bei syndynamischen Zwischenphasen der Fall sein, wo Reste des vorhergehenden mit Pionieren des folgenden Entwicklungsstadiums vermischt sind. Der Aussagewert der mZ erhöht sich außerdem mit zunehmender Verfeinerung der pflanzensoziologischen Bezugseinheiten. Wie schon bei den ökologischen Gruppen (6.1) diskutiert, ist schließlich eine gemeinsame Bewertung nur für bestimmte Bestandesschichten sinnvoll.

Eine weitere Frage der mZ-Berechnung bezieht sich auf die notwendige Zahl von Datensätzen. BÖCKER et al. (1983) erreichten bei Auswertungen von Ruderalgesellschaften bei 20–30 Aufnahmen eine Genauigkeit von 0,2 Einheiten. Als tolerierbare Fehlergrenze werden bei Tabellenvergleichen 0,2, bei Einzelaufnahmen 0,5–1,0 angegeben. DURWEN (1982) betrachtet eine Artenzahl von zehn je Aufnahme als notwendig für eine aussagekräftige Berechnung. KOWARIK & SEIDLING (1989) weisen außerdem auf die Problematik unterschiedlicher Anteile von Indifferenten hin, die mit angegeben werden sollten.

Ein Problem ist auch die Relation von deutlichen Zeigerwerten (d. h. Zeigern relativ extremer Bedingungen) zu solchen mittlerer Ansprüche. Bei artenreichen Aufnahmen werden gute Zeigerpflanzen von solchen mit Werten von 4–6 in Mittelwerten mehr oder weniger verdeckt. Aufnahmen extremer Standorte ergeben so relativ weniger extreme Mittelwerte, da die Zahl der Extremzeiger oft gering ist. Bei artenarmen Aufnahmen bewirken dagegen wenige bis einige zusätzliche gute Zeigerarten stärkere Unterschiede der mZ.

In manchen Fällen gibt die getrennte Berechnung der mZ von Differentialartengruppen zum ökologischen Vergleich von Aufnahmen oder Gesellschaften klarere Abstufungen.

7.2.2.4 Verhältniszahlen aus Zeigerwerten

Da die Mittelwertbildung, wie erläutert, mathematisch nicht korrekt ist, werden andere Berechnungsverfahren diskutiert, wie die folgenden Beispiele zeigen:

DURWEN (1982) vergleicht den Anteil der über und unter dem Skalenwert 5 liegenden Zeigerwerte. Sinnvoller wäre als Bezugsgröße zwar der Modalwert. Dieser liegt aber für jeden Faktorengradienten verschieden (s. Abb. 107).

DURWEN berechnet einen T-Wert (nach Tendenz, Trend) mit folgender Gewichtung der Ellenberg-Zahlen:

$$\begin{array}{ccccccccc} 1 & 2 & 3 & 4 & 5 & 6 & 7 & 8 & 9 \; (-12) \\ -8 & -4 & -2 & -1 & & +1 & +2 & +4 & +8 \end{array}$$

Um handhabbare Zahlen zu bekommen, wird die errechnete Summe aller Zeigerwerte einer Aufnahme oder Gesellschaft durch 8 dividiert.

Eine andere Möglichkeit von Verhältniszahlen ist der Anteil hoher (6–9) und/oder niedriger Zeigerwerte (1–4) oder ihr Quotient. Hierzu hat MÖLLER (1987) ein konkretes Beispiel geliefert. Er berechnet folgenden Reaktionszahlen-Index:

$$I_R = \frac{nR_{6-9}}{nR_{1-9}}$$

nR_{1-9}: Zahl aller bewertbaren Arten
nR_{6-9}: Zahl der Arten mit Zeigerwert 6–9

Die Spanne der Werte reicht von 0 (ohne R_{6-9}) bis 1 (alle Arten R_{6-9}). Da nur zwei Klassen von R benutzt werden, ergeben kleinere Nacheichungen der Zeigerwerte meist keine Veränderung.

Am Beispiel der Erlenbruchwälder zeigt MÖLLER die gute Korrelation seines Indexes zu gemessenen pH-Werten der Böden. JOCHHEIM (1985) vergleicht die mittleren Deckungsgrade von Artengruppen mit R_{1-4}, R_5 und R_{6-9} sowie die Indifferenten.

7.2.2.5 Verwendung der EDV

Wesentlich zur verstärkten Anwendung der Zeigerwerte haben verschiedene EDV-Programme beigetragen. Sie erlauben in der Regel eine rasche Zuordnung der Zeigerwerte und anderer Daten der Ökotafel von ELLENBERG zu Arten und Aufnahmen, wonach allerlei Berechnungen angestellt werden können. Hierzu gehören u. a. qualitative und quantitative Mittelwerte (Mediane, Amplituden), bzw. die Prozentanteile (Spektren), statistische Prüfverfahren, mehrdimensionale Ordinationen, Clusteranalysen, Korrelationsberechnungen, Darstellung der Ergebnisse in Tabellen oder ein- bis mehrdimensionalen Grafiken (z. B. Ökogrammen, Säulendiagrammen). Teilweise sind solche Programme mit Verfahren für die pflanzensoziologische Tabellenarbeit kombiniert. Hinweise und Programmdarstellungen finden sich z. B. bei SPATZ, PLETL & MANGSTL (in ELLENBERG 1979: OEKSYN), DURWEN (1982: FLORA), STOEHR & BÖCKER (1983, 1986), BEMMERLEIN & FISCHER (1985: PRIMULA), FRANK et al. (1988/90: FLORA 89), KUHN & OTTO (1989: EVA).

Ein neues Beispiel ist das Programm VEG-BASE von WERNER & PAULISSEN (in ELLLENBERG et al. 1991), besonders auf die Möglichkeiten eines Personalcomputers zugeschnitten. Es gründet sich auf die Ellenberg-Zahlen in Kombination mit bestimmten Vegetationsaufnahmen oder -tabellen (mit verschiedenen Skalen von Deckungsgraden oder mit Stetigkeitsangaben).

7.2.3 Beispiele für die Anwendung der Ellenberg-Zahlen

In Kapitel 7.2.2.2 wurden bereits Spektren erläutert, die den jeweiligen Anteil von Arten einer Faktorenklasse wiedergeben. Entsprechende Spektren lassen sich auch nach mittleren Zeigerwerten für verschiedene Gesellschaften zusammenstellen. BÖCKER et al. (1983) haben die mZ aller bei OBERDORFER (1957) beschriebenen süddeutschen Pflanzengesellschaften berechnet. Eine Auswahl ist in Tabelle 22–23 zusammengefaßt. Sie könnten auch graphisch dargestellt werden (s. auch Abb. 116 in 8.1).

In Tabelle 22 sind Gesellschaften des Grünlandes i. w. S. nach der mittleren Feuchtezahl geordnet. Die Werte reichen von 8,2 bis 3,7. Vergleicht man sie mit den übrigen Bodenkennwerten (mR, mN), wird die großenteils voneinander unabhängige Ordnung nach jeweils einem Gradienten deutlich. Nach mR würden z. B. die Gesellschaften 2,3,7,8,13–15 in eine Gruppe relativ basenreicher Standorte gehören. Auch zwischen mR und mN bestehen nur teilweise gewisse Beziehungen. Die mL-Werte ergeben erwartungsgemäß kaum Unterschiede. Bei mT fällt nur das *Xerobrometum* (15) deutlich als warmer Standort heraus. Auch mK gibt keine gut interpretierbaren Relationen.

In Tabelle 23 sind verschiedene Laubwälder nach der mittleren Reaktionszahl geordnet. Die

Tab. 22. Mittlere Zeigerwerte für verschiedene Grünland- und Rasen-Gesellschaften Süddeutschlands (nach OBERDORFER 1957 aus BÖCKER et al. 1983), geordnet nach der Feuchtezahl

		F	R	N	L	T	K
1	*Carici-Agrostietum caninae*	8,2	3,4	2,8	7,2	4,5	3,1
2	*Caricetum davallianae*	7,5	6,7	2,4	7,4	4,5	3,7
3	*Filipendulo-Geranietum*	7,4	6,7	5,5	6,9	5,2	3,7
4	*Crepido-Juncetum acutiflori*	7,1	3,8	3,3	7,0	4,7	3,3
5	*Chaerophyllo-Ranunculetum aconitifolii*	7,1	5,3	5,2	6,7	4,6	3,5
6	*Nardo-Juncetum squarrosi*	6,9	3,4	2,8	7,3	4,2	2,9
7	*Molinietum caeruleae*	6,7	7,3	2,9	7,1	5,3	4,0
8	*Polygono-Cirsietum oleracei*	6,4	6,4	4,3	6,9	5,0	3,7
9	*Meo-Festucetum*	5,1	4,4	4,0	7,0	4,4	3,4
10	*Geranio-Trisetetum*	5,1	5,3	4,6	7,0	4,4	3,6
11	*Lolio-Cynosuretum*	5,0	5,5	5,0	7,1	5,3	3,5
12	*Polygalo-Nardetum*	4,6	3,6	2,6	7,0	5,0	3,4
13	*Arrhenatheretum*	4,4	6,9	4,2	7,2	5,4	3,5
14	*Mesobrometum*	4,1	7,6	2,7	7,4	5,6	4,2
15	*Xerobrometum*	3,7	7,6	2,5	7,6	6,0	4,8

Tab. 23. Mittlere Zeigerwerte für verschiedene Laubwald-Gesellschaften Süddeutschlands (nach OBERDORFER 1957 aus BÖCKER et al. 1983), geordnet nach der Reaktionszahl

		R	N	F	L	T	K
1	*Melampyro-Fagetum*	3,1	3,6	4,8	5,1	5,3	3,1
2	*Violo-Quercetum*	3,4	3,8	4,7	5,6	5,1	3,1
3	*Luzulo-Fagetum*	4,1	5,4	5,3	4,3	4,5	3,2
4	*Melico-Fagetum*	5,2	5,2	5,1	4,2	5,1	3,2
5	*Stellario-Carpinetum*	5,8	5,3	5,3	4,4	5,3	3,4
6	*Carici elongatae-Alnetum*	5,9	5,3	7,8	6,2	5,1	3,8
7	*Pruno-Fraxinetum*	6,3	6,2	6,5	5,2	5,2	3,5
8	*Hordelymo-Fagetum*	6,5	5,7	5,2	4,2	5,0	3,3
9	*Stellario nemori-Alnetum*	6,6	6,5	6,4	5,5	5,1	3,6
10	*Cephalanthero-Fagetum*	6,6	5,5	5,0	4,4	5,2	3,2
11	*Galio-Carpinetum*	6,7	4,9	4,7	4,8	5,3	3,4
12	*Alnetum incanae*	6,9	6,5	6,3	5,2	4,8	3,5
13	*Phyllitido-Aceretum*	6,9	6,7	5,6	4,2	5,1	3,5
14	*Fraxino-Ulmetum*	7,1	5,7	5,8	5,5	5,6	3,8
15	*Lithospermo-Quercetum*	7,5	3,5	3,8	6,1	5,7	3,9

Spanne reicht von 3,1 bis 7,5. Teilweise zeigen sich etwas engere Beziehungen zu mN. Die mF-Werte liegen oft im mittleren Bereich mit Ausnahme der Bruch- und Auenwälder (6,7,9,12) und des *Lithospermo-Quercetum* (15). Bei mL lassen sich in etwa die dichtkronigen Buchenwälder (1,3,4,8,10) sowie einige Laubmischwälder (5,11,13) von lichteren Wäldern (2,6,15) unterscheiden. mT zeigt weitgehend ausgeglichene Verhältnisse, mK vorwiegend subatlantisches Gepräge.

Abb. 107 enthält das gesamte mZ-Spektrum für süddeutsche Pflanzengesellschaften, geordnet nach abnehmendem mR-Wert. mN hat auf beiden Seiten ein Minimum, bei den Gesellschaften oligotroph-basenreicher und -basenarmer Standorte. Niedrige mL-Werte finden sich vor allem im mittleren Bereich, wo sich Gehölze konzentrieren. mT und mK ergeben keine deutlich erkennbaren Bezüge.

Ein gutes Beispiel für den gesamten Vorgang ökologischer Bewertungen von Pflanzengesellschaften mit Zeigerwerten geben ROO-ZIELINSKA & SOLON (1988) für Grünlandgesellschaften des Nida-Tales in Südpolen. Zunächst wurden 90 Vegetationsaufnahmen mit der Braun-Blanquet-Methode angefertigt. Der Tabellenvergleich ergab zehn Vegetationstypen lokaler Gültigkeit von Sandtrockenrasen über Feuchtwiesen bis zu Seggenrieden und Schilfröhricht.

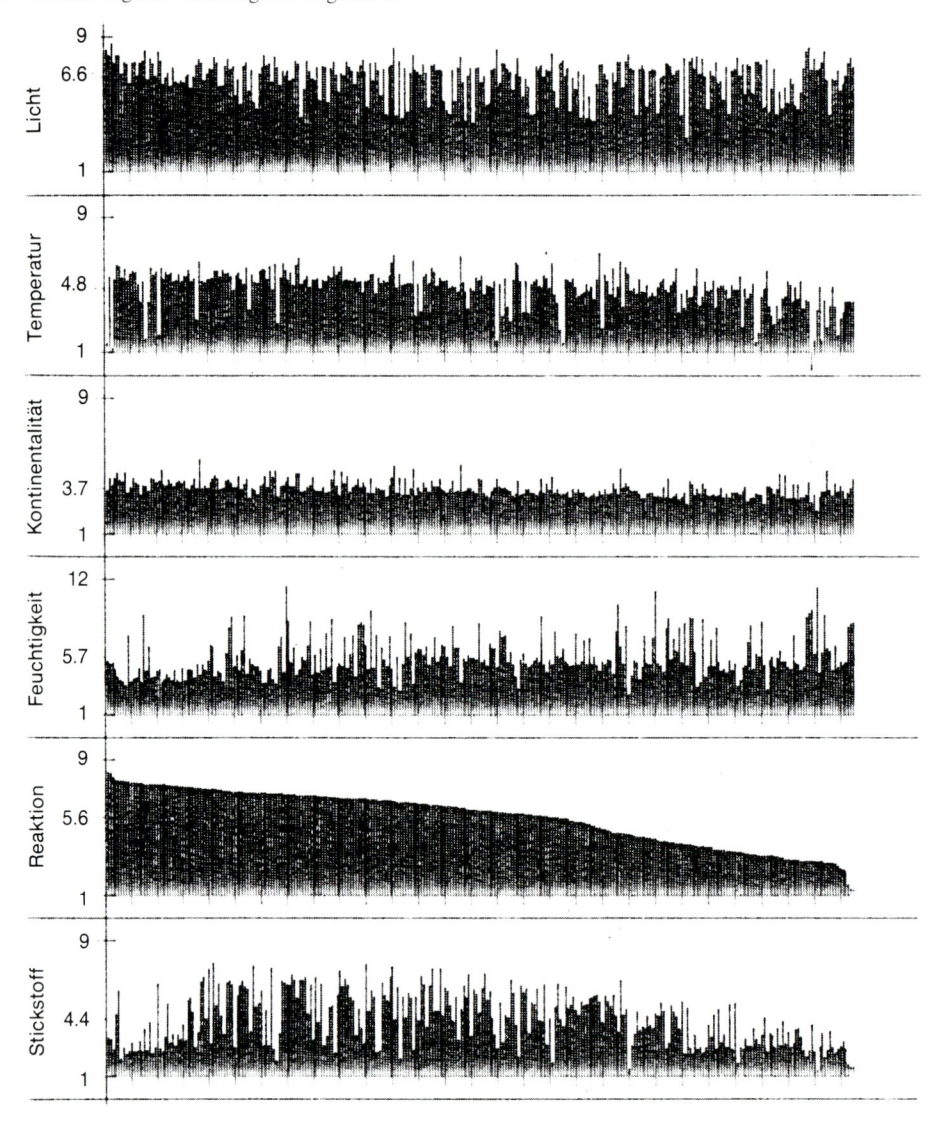

Abb. 107. Mittlere Zeigerwerte süddeutscher Pflanzengesellschaften nach Tabellen von OBERDORFER (1957). Die Reihenfolge richtet sich nach der mittleren Reaktionszahl (aus BÖCKER et al. 1983). Erläuterung im Text.

Für jede Aufnahme wurden die qualitativen mZ für F, R, N berechnet und graphisch dargestellt. Abschließend ergab sich eine Zusammenfassung nach Gesellschaften und Zeigerwert-Amplituden (Abb. 108). Der Feuchtegradient zeigt drei Abstufungen (a, b-d, e-j). Die dritte Gruppe läßt sich, wenn auch weniger deutlich, in zwei R-Untergruppen (f-g, h-j) bzw. N-Untergruppen (e-f, h-j) gliedern. Die Untersuchungen ergaben insgesamt gute Übereinstimmungen zwischen den rein floristisch gefundenen Vegetationstypen und den aus ökologischer Reihung erkannten Unterschieden.

Pflanzensoziologische Tabellen können also mit Hilfe der Zeigerwerte ökologisch interpretiert bzw. nachträglich auf ihre ökologisch sinnvolle Ordnung überprüft werden. Im Tabellenkopf lassen sich leicht die mZ der Aufnahmen oder Gesellschaften einfügen. Tabelle 24 zeigt die Werte für unsere Weidetabelle aus dem Holtumer Moor, für die auch schon Zeigerwertspektren erläutert wurden (s. Abb. 102 in 7.2.2.2).

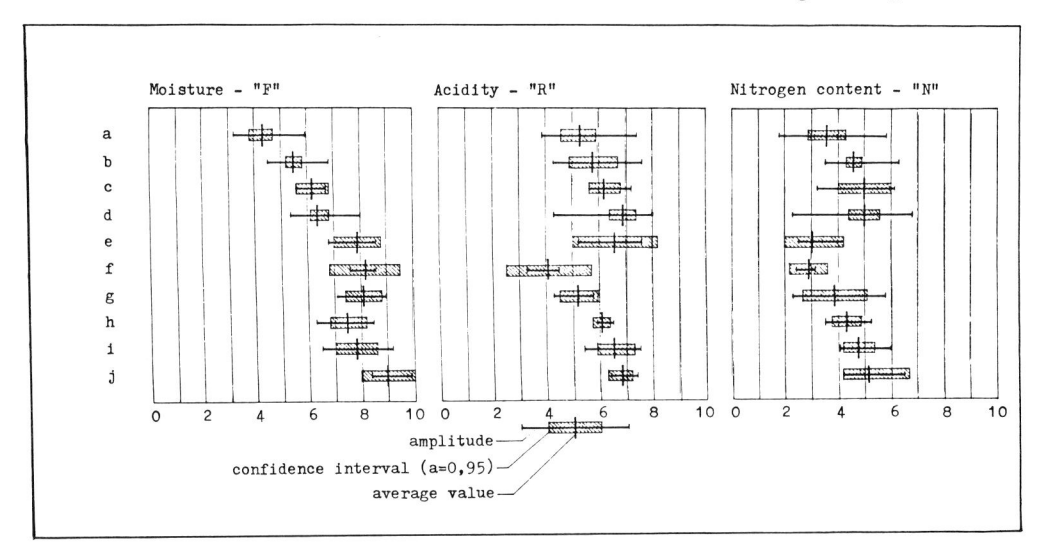

Abb. 108. Amplituden und Mittelwerte qualitativer Zeigerwerte von Grünland-Gesellschaften (a-j) des Nida-Tales in Südpolen (aus Roo-Zielinska & Solon 1988). Erläuterung im Text.
a) *Sileno otitis-Festucetum*, b) *Cirsio-Polygonetum*, c) zwischen b und d, d) *Cirsium canum-C. rivulare*-Ass., e) *Eriophoro Latifoliae-Caricetum dioicae*, f) *Carici-Agrostietum caninae*, g) *Caricetum gracilis caricetosum fuscae*, h) *C. g. typicum*, i) *C. g. phragmitetosum*, j) *Phragmitetum*.

Tab. 24. Mittlere qualitative Zeigerwerte für die Aufnahmen des *Lolio-Cynosuretum* aus dem Holtumer Moor (nach Tabelle 12i).

			a					**b**			
Lfd.Nr.	1	2	3	4	5	6	7	8	9		
mF	4,6	5,0	5,0	5,1	5,0	5,4	6,1	5,0	5,4		
mR	3,7	3,5	4,0	4,5	3,8	3,0	3,5	4,5	3,5		
mN	4,3	5,0	4,9	4,8	4,7	5,7	5,6	5,1	5,9		
			c					**d**			
Lfd.Nr.	10	11	12	13	14	15	16	17	18	19	1–19
mF	6,0	6,3	6,1	6,4	6,5	6,0	6,7	7,4	6,8	7,1	5,0
mR	3,8	3,6	3,3	4,0	3,7	4,1	3,1	3,8	4,1	3,9	4,0
mN	5,0	4,8	4,6	4,9	4,9	5,2	4,9	4,4	4,8	4,5	4,6

Die dort getroffenen Feststellungen treffen auch auf die mZ zu. Die Ordnung der Tabelle repräsentiert vorwiegend den Feuchtegradienten. Wenn auch die Aufnahmen nach mF nicht optimal geordnet erscheinen, ergeben sich doch insgesamt gute Übereinstimmungen mit den Einheiten a-d. Man sollte aber für kleinräumige Interpretationen Mittelwerte größerer Einheiten (hier: 1–19) nur mit Vorsicht berechnen. mF 5,0 ist hier ohne jede Aussage. Dagegen zeigen mR=4,0 und mN=4,6 bei insgesamt geringer Schwankungsamplitude eine relativ extensive Bewirtschaftung an.

Man kann nun auch Vegetationsaufnahmen von vornherein nach ihren mZ ordnen. Tabelle 25 zeigt dies für Aufnahmen halbschattiger Quellsümpfe nach der mittleren Lichtzahl der Krautschicht. Hier ergibt sich mehr ein kontinuierlicher Wechsel als eine graduelle Abstufung nach Artengruppen entlang des gedachten Lichtgradienten.

Für Tabellen oder Gesellschaften lassen sich Verteilungskurven der Häufigkeit von Klassen mittlerer Zeigerwerte ableiten, die einmal die jeweiligen pflanzensoziologischen Daten nach Maximum und Amplitude charakterisieren und

Tab. 25: Ordination von Aufnahmen halbschattiger Quellsümpfe nach der mittleren Lichtzahl. Darunter Anteil der Licht- und Schattenpflanzen (aus DIERSCHKE 1988)

Aufnahme-Nr.	Lichtzahl	1	2	3	4	5	6	7	8	9	10	11	12	13	14	15	16	17	18	19
Beschattung (%)		80	80	60	90	50	40	50	80	50	50	50	10	5	60	25	30	60	40	60
Mittlere Lichtzahl (Kr)		3,0	3,3	3,4	3,6	4,0	4,1	4,9	4,8	4,6	4,7	4,9	5,4	5,4	5,9	5,7	6,4	6,3	6,5	6,4
Deckung Kr (%)		60	60	80	80	90	80	90	70	80	90	70	98	70	80	95	95	50	95	50
Artenzahl Kr		8	7	9	12	13	8	9	16	16	16	17	15	15	16	17	16	12	12
B Fagus sylvatica		[5]	[5]	[4]	[5]	[3]	[3]	[3]	[4]	.	[3]	[3]	.	.	.	[2]	.	.	[1]	.
Alnus glutinosa		.	.	.	.	.	.	.	[2]	.	.	.	.	.	.	.	[3]	4°	[3]	4°
Fraxinus excelsior		.	.	.	.	.	.	.	.	[3]	.	.	2°	1°	[3]	[2]	.	.	.	.
Kr Brachypodium sylvaticum 4		.	1	+	1	.	.	.	.	.	.	.	.	.	.	.	.	.	.	.
Oxalis acetosella 1		1	1	+	1	2	.	.	.	.	.	.	.	.	.	.	.	.	.	.
Galium odoratum 2		2	1	2	2	2	.	.	.	2	.	2	.	.	.	.	.	.	.	.
Circaea lutetiana 4		2	1	2	2	2	2	2	2	2	2	1	1	1	.	.	.	.	.	.
Geranium robertianum 4		2	2	2	2	2	2	2	2	2	2	1	2	+	.	.	.	.	.	.
Stachys sylvatica 4		.	2	+	2	1	.	2	2	1	.	1	2	2	.	.	.	.	.	.
Fraxinus excelsior 4		.	.	+	1	.	.	2	.	+	.	2	2	2	1	.	.	+°	.	.
Impatiens noli-tangere 4		2	3	4	3	.	1	2	2	1	2	1	2	.	2	1	+	.	2	.
Festuca gigantea 4		+	.	.	.	1	1	.	.	1	.	1	.	.	.	.	.	.	.	.
Scrophularia nodosa 4		.	.	.	+	+	.	.	.	.	.	.	.	.	.	.	.	.	.	.
Carex remota 3		.	.	.	1	.	4	.	.	.	.	.	.	.	.	.	.	.	.	.
Carex sylvatica 2		.	.	.	.	1	.	.	.	.	.	1	+	.	.	.	.	.	.	.
Rumex sanguineus 4		.	.	.	.	+	.	.	.	.	.	2	.	2	.	.	.	.	.	.
Equisetum telmateja 5		.	.	.	.	.	.	1	.	.	3	.	.	.	2	2	+	.	.	.
Acer pseudoplatanus 4		.	.	.	.	.	.	.	1	.	.	.	.	.	.	.	2	.	.	2
Lysimachia nemorum 2		.	.	.	.	.	.	.	.	.	2	2	2	2	.	.	.	.	.	.
Allium ursinum 2		.	.	.	.	.	.	.	.	.	.	.	.	.	+	+	.	.	.	.
Ranunculus repens 6		.	.	.	.	.	.	1	2	.	2	2	2	2	2	1	.	2	2	.
Primula elatior 6		.	.	.	.	.	.	.	2	.	.	1	2	2	1	1	.	1	.	1
Cirsium oleraceum 6		.	.	.	.	.	.	+	.	.	1	.	.	.	3	3	3	2	2	.
Filipendula ulmaria 7		.	.	.	.	.	.	.	1	3	.	.	1	2	2	2	+	1	2	+
Crepis paludosa 7		.	.	.	.	.	.	.	+	.	.	1	+	2	+	+	.	.	.	.
Valeriana dioica 7		.	.	.	.	.	.	.	.	2	.	2	2	2	2	2	2	.	.	.
Veronica beccabunga 7		.	.	.	.	.	.	.	.	2	.	.	2	1	.	.	.	1	.	2
Eupatorium cannabinum 7		.	.	.	.	.	.	.	.	2	.	.	.	.	.	.	.	2	.	2
Poa trivialis 6		.	.	.	.	.	.	.	.	.	.	.	.	.	.	.	2	.	.	.
Epilobium roseum 7		.	.	.	.	.	.	.	.	.	+	.	.	.	.	.	1	.	1	.
Carex acutiformis 7		.	.	.	.	.	.	+	.	.	.	.	1	2	2	.	.	+°	.	.
Ajuga reptans 6		.	.	.	.	.	.	.	.	.	.	.	1	.	1	.	2	.	1	.
Deschampsia cespitosa 6		.	.	.	.	+	.	.	.	.	.	.	2	1	1	.	.	+	1	1
Equisetum arvense 6		.	.	.	.	.	.	.	.	.	.	.	+	1	1	.	.	.	2	2
Cardamine amara 7		.	.	.	.	.	.	.	.	.	.	.	.	.	1	3	5	.	5	.
Equisetum fluviatile 8		.	.	.	.	.	.	.	.	.	.	.	.	.	2	1	1	.	2	.
Caltha palustris 7		.	.	.	.	.	.	.	.	.	.	.	.	.	2	1	.	.	.	+
Equisetum palustre 7		.	.	.	.	.	.	.	.	.	.	.	.	.	.	2	1	+	+	2
Scirpus sylvaticus 6		.	.	.	.	.	.	.	.	.	.	.	.	.	.	.	1	+	+	1
Carex paniculata 7		.	.	.	.	.	.	.	.	.	.	.	.	.	.	.	.	2	.	2
Mentha aquatica 7		.	.	.	.	.	.	.	.	.	.	.	.	.	.	.	.	2	.	1

Anteil der Arten mit
— L 1–5
--- L 6–8
[ ] = außerhalb der Aufnahmefläche

außerdem Vergleiche zwischen Tabellen und Gesellschaften ermöglichen. Beispiele gibt ZÓLYOMI (1964).

Da Vegetationsdynamik oft mit standörtlichen Veränderungen zusammengeht, sind auch hier Zeigerwerte eine brauchbare Hilfe. Ein Anwendungsbeispiel gibt ELLENBERG (1974), der zwei Aufnahmen einer Wiese von 1939 und 1946 (vor und nach Grundwassersenkung) vergleicht. Hier war es sinnvoll, nach Deckungsgrad gewichtete (quantitative) Zeigerwerte zu benutzen. Insgesamt vollzog sich eine Entwicklung vom Großseggenried in Richtung einer Feuchtwiese, wie die folgenden mZ ökologisch erkennen lassen:

mF $7,9 \rightarrow 6,8$
mR $5,5 \rightarrow 6,1$
mN $4,4 \rightarrow 5,1$

Weitere Berechnungen für zeitliche Veränderungen der Vegetation geben z. B. BÖCKER et al. (1983), PARK (1985), RÖDEL (1987), OTTE (1990), DIERSCHKE & WITTIG (1991). In letzter Zeit werden Zeigerwerte auch zunehmend für die Indikation von Immissionen (z. B. Boden-

Ökologische Zeigerwerte 241

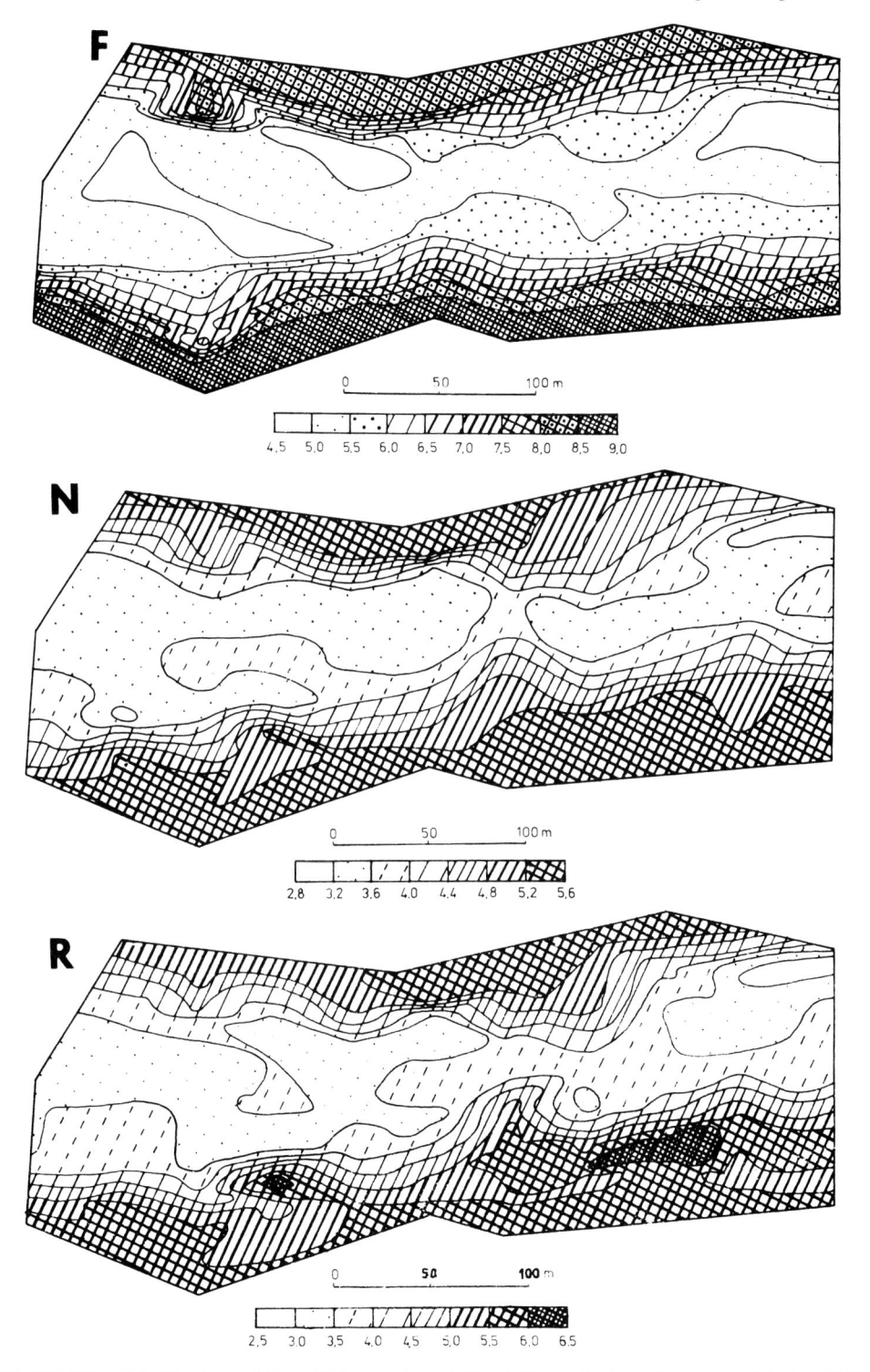

Abb. 109. Räumliche Bereiche mittlerer Zeigerwerte nach Vegetationsaufnahmen in einem polnischen Waldgebiet (aus DEGORSKI 1982, leicht verändert). Erläuterung im Text.

versauerung, Eutrophierung) verwendet, indem man frühere mit heutigen Vegetationsaufnahmen vergleicht (z. B. BÜRGER 1991, JOCHHEIM 1985, KUHN et al. 1987, ROST-SIEBERT 1988). Umgekehrt benutzt SCHMIDT (1985) mN-Werte zum Nachweis der Aushagerung ehemaliger Brachflächen bei erneuter Mahd.

Bei genügend engem Aufnahmeraster lassen sich über mZ auch räumlich-ökologische Bezüge herstellen. Die mZ werden zu den Aufnahmepunkten in eine Karte eingetragen und durch Isolinien in Gruppen zusammengefaßt. Ein Beispiel zeigt Abb. 109. Ein sandiger Rücken, beiderseits durch eine moorige Niederung begrenzt, ergibt für die Abfolge Eichen-Kiefern-/ Eichen-Hainbuchen-/ Erlen-Eschenwald / Erlenbruch gute räumliche Standortsabstufungen.

Eine andere Möglichkeit räumlicher Darstellung vermittelt Abb. 110. In dieser Punktkarte wurden für zahlreiche Aufnahmen der Ruderalvegetation in einem Stadtgebiet jeweils die mittleren Temperaturzahlen eingetragen.

Als letztes Beispiel zur räumlichen Darstellung zeigt Abb. 111 Kurven mittlerer Zeigerwerte nach Aufnahmen in einem Transekt quer zu einer Autobahn.

Abschließend sei noch einmal auf die eindimensionale Ordination von Arten zurückgekommen. Wie Abb. 112 zeigt, lassen sich aus Vegetationsaufnahmen, die in Tabellen nach ihren mZ geordnet sind, ökologische Verteilungskurven einzelner Arten ableiten, die einen Bezug zwischen der Wuchskraft (hier nach geschätztem Massenanteil) und einem Standortsgradienten (hier mN) herstellen (s. auch PARK 1985).

Für ganze Floren kleiner Gebiete haben WITTIG & DURWEN (1981) und DURWEN (1982) mittlere Zeigerwerte errechnet und dargestellt. Hier werden die Grenzen solcher ökologischer Bewertungen deutlich. Je weiter man sich von floristisch gut gefaßten Pflanzengesellschaften als Bezugsbasis entfernt, desto fragwürdiger ist der Aussagewert von Faktorenzahlen und daraus ableitbarer Größen.
Weitere Beispiele zur Anwendung der Zeigerwerte finden sich vor allem bei ELLENBERG et al. (1991) (s. auch 8).

7.2.4 Positive Beurteilungen und Kritik

Neben einleuchtenden Beispielen für die Brauchbarkeit der Zeigerwerte als Hilfsmittel der Bioindikation gibt es auch Kritik an ihrer Verwendung. Ohne hier eine abschließende Wertung vorzunehmen, werden einige wichtige positive und negative Punkte zusammengestellt. Neben der bereits zitierten Literatur gibt es hierzu z. B. Hinweise bei HÜLBUSCH (1986), ROST-SIEBERT (1988), WILMANNS (1988).

a) Positive Punkte:
– Durch Zeigerwerte werden weiträumige Erfahrungen und Spezialwissen über das ökologische Verhalten und den Indikatorwert von Pflanzen und Pflanzengesellschaften („Sprache der Pflanzen") einem breiteren Kreis von Anwendern zugänglich.
– Zeigerwerte sind eine wichtige Grundlage der Bioindikation, sowohl hinsichtlich allgemeiner Korrelationen zum Standort als auch in bezug zu Standortsveränderungen einschließlich anthropogener Wirkungen. Sie erlauben schnelle und großräumige Abschätzungen von Umweltsituationen, die oft mehr gefragt sind als detaillierte Messungen an einzelnen Arten.
– Zeigerwerte ermöglichen dem Praktiker eine rasche ökologische Orientierung, sowohl unmittelbar im Gelände als auch nach vegetationskundlichen Daten. Zeigerwerte sind, unabhängig von dem oft schwer durchschaubaren System der Pflanzengesellschaften, sowohl lokal als auch großräumig verwendbar.
– Zeigerwerte fassen über das ökologische Verhalten der Pflanzen die mannigfachen Wechselwirkungen von Vegetation und Standort in bestimmter Blickrichtung zusammen, was dem Wesen der Synökologie näher kommt als Meßwerte einzelner Faktoren. Das komplexe Wirkungsgefüge wird über Ökoformeln in eine leicht verständliche Form gebracht.
– Da zum Nachweis langzeitiger Veränderungen Meßdaten aus zurückliegenden Perioden meist fehlen, können solche Veränderungen nur über die Auswertung alter und neuer Vegetationsaufnahmen mit Zeigerwerten erschlossen werden.
– Zeigerwerte ergeben brauchbare Grundlagen für Forst- und Landwirtschaft, Landschaftsplanung und Naturschutz. Sie können augenblickliche Zustände punktuell und räumlich wiedergeben, aber auch langzeitige Veränderungen deutlich machen.
– Mit Zeigerwerten können sowohl einzelne Arten als auch Artengruppen, Bestände oder Gesellschaften ökologisch bewertet

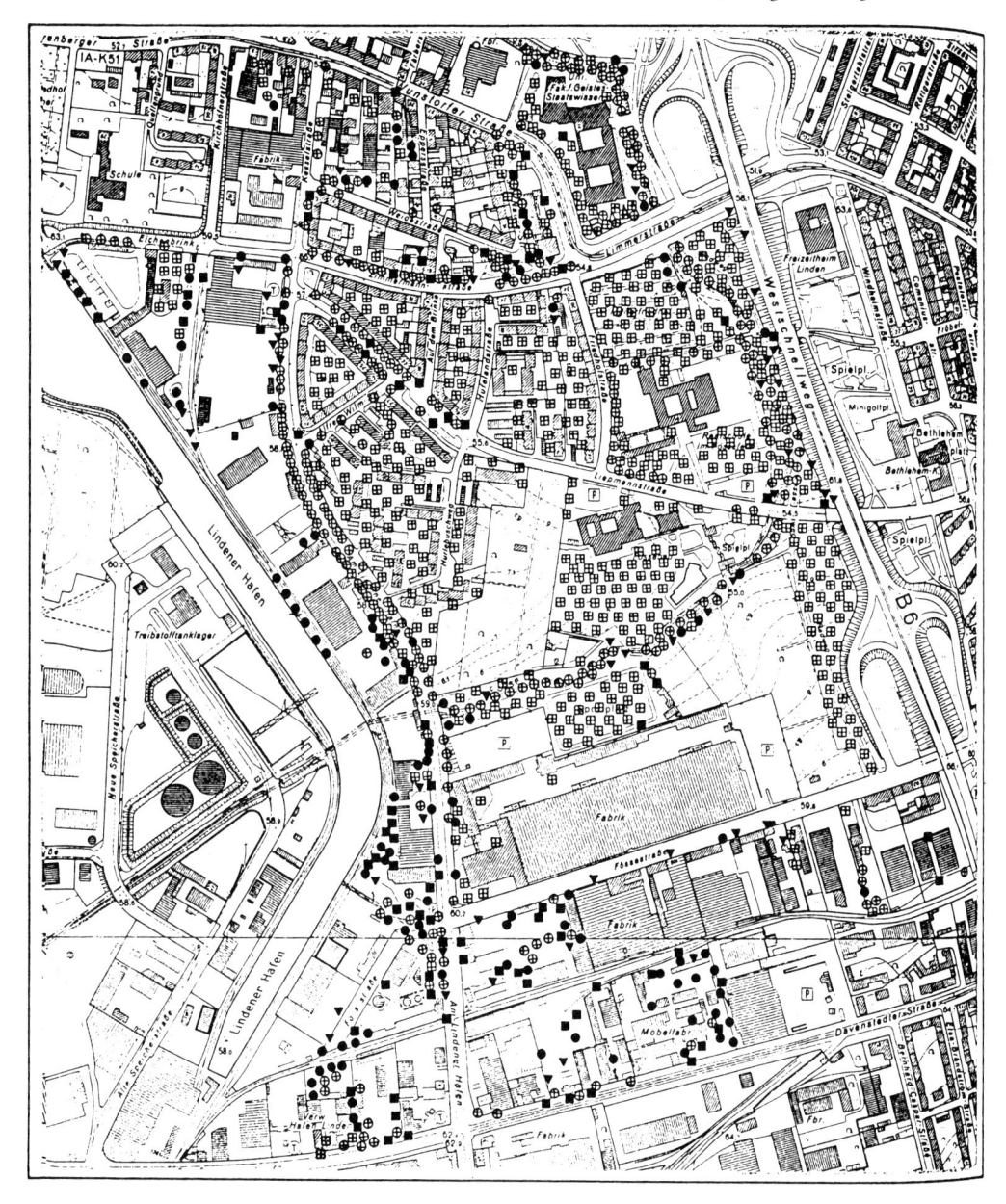

Ökologische Zeigerwerte 243

⊕ 5,0 - 5,1   ● 5,9 - 6,2
⊞ 5,2 - 5,4   ■ 6,3 - 7,0
▼ 5,5 - 5,8

Abb. 110. Verteilung gewichteter mittlerer Temperaturzahlen von Vegetationsaufnahmen aus einem Stadtgebiet von Hannover (aus TÜLLMANN & BÖTTCHER 1985).

244 Gliederung und Ordnung der Vegetation

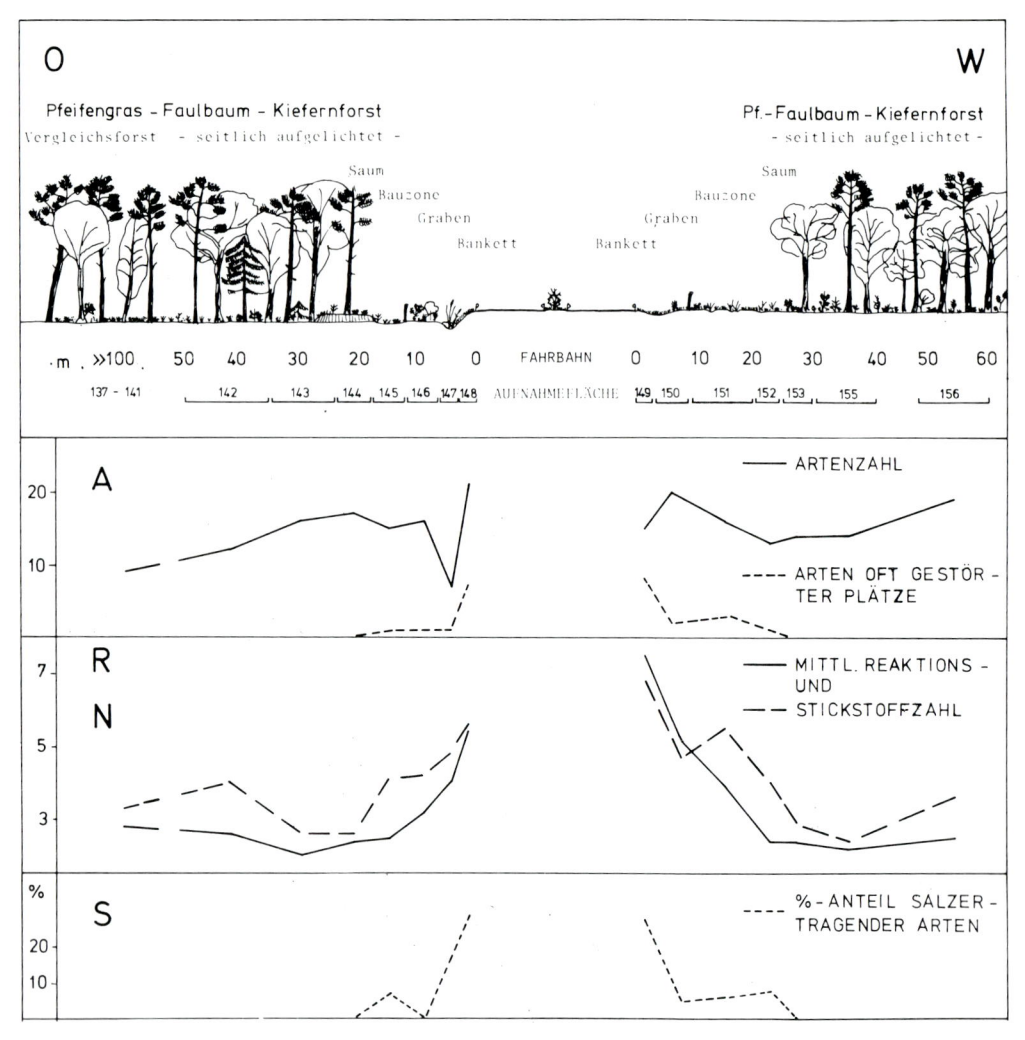

Abb. 111. Transekt über eine Autobahntrasse mit Kurven der mittleren Zeigerwerte für R, N, S, (Ausschnitt aus ELLENBERG et al. 1981).

werden. Sie ermöglichen eine rasche Auswertung auch großer Datenmengen über die EDV.
- Mit Zeigerwerten lassen sich Vegetationsaufnahmen oder Gesellschaften ein- bis mehrdimensional ordnen und damit hinsichtlich ihrer ökologischen Position vergleichen.
- Die Auswertung von Zeigerwerten erlaubt Abschätzungen von Standortsqualitäten und ergibt so Denkansätze für genauere ökologische Untersuchungen.
- Zeigerwerte mit ihren vielseitigen Auswertungsmöglichkeiten haben sich in Wissenschaft und Praxis bewährt.

b) **Kritische Punkte:**
- Zeigerwerte beziehen sich nur auf das ökologische Optimum der Arten. Ihre ökologische Existenz (Amplitude) wird nicht erkennbar. Bei Auswertung nach Präsenz werden auch nicht optimal entwickelte (nicht vitale) Pflanzen gleichwertig benutzt.
- Zeigerwerte sind größtenteils aus dem ökologischen Verhalten in „klassischen" Pflanzengesellschaften abgeleitet worden, die heute kaum noch existieren. Bei zunehmendem menschlichen Einfluß auf die Vegetation ändert sich der Zeigerwert mancher Arten.
- Die zugrunde gelegten Standortsgradienten

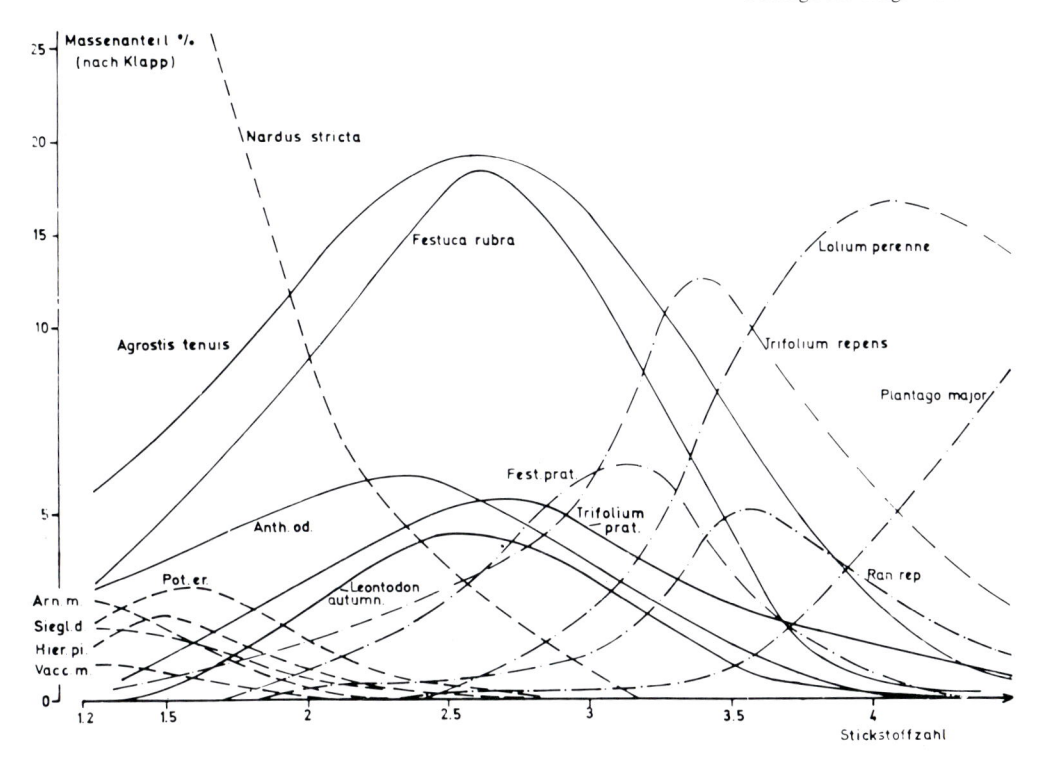

Abb. 112. Populationskurven verschiedener Arten von Almweiden entlang des Stickstoff-Gradienten, bezogen auf den oberirdischen Biomasseanteil (aus SPATZ 1975).

sind ordinal skaliert. Eine Mittelwertbildung ist mathematisch nicht erlaubt.
- Die leichte Verfügbarkeit formelhafter Daten verführt zu wenig durchschaubaren Rechenoperationen, noch verstärkt durch EDV-Einsatz. Dem Anwender sind oft die den Zeigerwerten zugrundeliegenden relativen Bewertungen unklar, was zu Fehlinterpretationen führen kann. Die Zahlenwerte suggerieren vor allem bei zahlengläubigen Nichtfachleuten eine mathematische Genauigkeit, die nicht vorhanden ist.
- Zeigerwerte sind nur Relativzahlen und haben keine Beziehung zu Meßdaten. Sie beruhen außerdem auf nicht bewiesenen Hypothesen.
- Zeigerwerte sind eine zu starke Vereinfachung des komplexen ökologischen Wirkungsgefüges. Die gedachten Standortsgradienten sind keine voneinander unabhängigen Größen. Nach dem Prinzip des Faktorenersatzes können sich Wirkungen verschiedener Faktoren in gewissem Maße ausgleichen.
- Die intraspezifische genetische und ökologische Variabilität macht Faktorenzahlen fragwürdig. Eine taxonomisch definierte Art kann aus noch unbekannten Kleinarten bis Ökotypen bestehen, denen unterschiedliche Zeigerwerte zuzurechnen sind.
- Zeigerwerte sind oft nur für kleinere Gebiete und oft nur bezogen auf bestimmte Pflanzengesellschaften gültig. Eine Ausweitung auf die gesamte Vegetation großer Räume ist mit vielen Fehlermöglichkeiten behaftet.
- Zeigerwerte beziehen sich nur auf den unmittelbar von der Pflanze genutzten Raum. Bei (ober- und unterirdisch) vielschichtigen Gesellschaften führen undifferenzierte Zeigerwert-Berechnungen zu mißverständlichen Ergebnissen.
- Viele Arten reagieren auf Standortsveränderungen nur sehr langsam, zumindest was ihre Präsenz anbelangt. Errechnete Zeigerwertspektren oder Mittelwerte können deshalb sehr fehlerhaft sein.
- Die Konzentration auf vorgegebene Zeigerwerte und Gradienten und ihre schematische Anwendung versperrt den Blick auf andere kausale Beziehungen. Die leichte ökologi-

sche Interpretation durch Zeigerwerte verhindert genauere ökologische Untersuchungen.
- Das auf eigener Erfahrung beruhende ökologische Wissen wird durch leicht erlernbare „Erfahrungen aus zweiter Hand" ersetzt. Der unmittelbare Bezug zum biologischen Objekt geht verloren.

Manche der unter b) geäußerten Kritikpunkte lassen sich durch a) widerlegen oder abmildern. Die Zusammenstellung sollte aber jeden Anwender von Zeigerwerten zu einem gründlichen und kritischen Durchdenken ihrer Hintergründe bringen und von fragwürdigen Manipulationen abhalten. Da Zeigerwerte in Zukunft eher noch stärker Verwendung finden werden, erschien es angebracht, ihnen in diesem Buch relativ viel Platz einzuräumen.

8 Mehrdimensionale Ordination

Die vorhergehenden Kapitel haben gezeigt, daß eindimensionale Ordinationen in der Pflanzensoziologie weit verbreitet sind, meist ohne Verwendung dieses Begriffes. Es folgen jetzt einige Möglichkeiten mehrdimensionaler Anordnung pflanzensoziologischer (synökologischer) Daten, die noch per Hand durchführbar sind und anschauliche Modelle ökologischer Zusammenhänge ergeben. Auf komplexere Ordinationen wird in Teil IX eingegangen.

Eindimensionale Ordinationen führen zu stark vereinfachten Abbildungen der vielschichtigen Wirkungsgefüge von Vegetation und Umwelt. So erscheint es geradezu zwingend, mehr- bis vieldimensionale Betrachtungen anzustellen (s. auch III 4: ökologische Nische). Im leicht überschaubaren Rahmen handelt es sich meist um zwei- bis dreidimensionale Darstellungen.

8.1 Zweidimensionale Ordination

Die Benutzung von zwei Gradienten als Achsen führt zu sehr anschaulichen Darstellungen ökologischer Bezüge von Arten, Artengruppen, Vegetationsaufnahmen oder Gesellschaften. Solche als **Ökogramme** bezeichneten Abbildungen sind vor allem seit ELLENBERG (1963) bekannt geworden und heute in vielen Arbeiten zu finden. ELLENBERG benutzte sowohl zur Darstellung der Wuchsoptima und -amplituden einzelner Arten als auch für ökologische Bereiche von Pflanzensippen und -gesellschaften ein Diagramm mit dem Basen- und Bodenfeuchte-Gradienten. Wie seine Beispiele zeigen, lassen sich damit sehr klare ökologische Deutungen regionaler Vegetationsmuster erreichen.

Abb. 113 gibt eine Übersicht der vorwiegend auf diesen Gradienten beruhenden ökologischen Gruppen der forstlichen Standortskartierung (s. auch 6.2). Je extremer die Bedingungen, desto klarer lassen sich solche Gruppen zweidimensional abgrenzen, während in mittleren Bereichen stärkere Überlappungen vorkommen. ELLENBERG (1975) stellt tropische Formationen der Anden nach dem Höhen- und Feuchtegradienten dar.

Neben eigentlichen ökologischen Gradienten können auch andere denkbare Abstufungen den Achsen zugrunde gelegt werden. KOWARIK (1988) benutzt z. B. den Hemerobiegrad im Zusammenhang mit ökologischen Faktoren. KREEB (1983, S. 144) ordnet Hauptgruppen der Vegetation Mitteleuropas nach Feuchte und Natürlichkeitsgrad, HERTER (1990) setzt den Höhengradienten und Nutzungstyp/Wasserhaushalt von Rasengesellschaften in Beziehung.

Solche auf allgemeiner Erfahrung beruhenden Ökogramme sind oft sehr schematisch. Für Einzeluntersuchungen kann man genauere Angaben verwenden. Man legt z. B. die Position einer Aufnahme im Ökogramm nach parallel gemessenen Parametern oder nach mittleren Zeigerwerten fest. Durch den Vergleich vieler Aufnahmen ergeben sich Hinweise auf mögliche Gruppierungen, die man dann mit Hilfe von Vegetationstabellen genauer erarbeiten bzw. überprüfen kann.

Abb. 114 ergibt eine Ordnung zahlreicher Vegetationsaufnahmen von Bergwiesen nach zwei Grundwasser-Meßgrößen. Die beiden Haupttypen zeigen deutliche Bindungen an bestimmte mittlere Grundwasserhöhe und -schwankungsamplitude. Aus dieser Koinzidenz ergeben sich zwei Feuchtestufen (s. auch 5).

Die sehr übersichtliche Computergrafik der Abb. 115 beruht ebenfalls auf dem Vergleich bodenökologischer Meßdaten mit Vegetationsaufnahmen. Die Länge der Säulen kennzeichnet den mittleren Deckungsgrad soziologischer Artengruppen von drei Grünland-Gesellschaften lokaler Gültigkeit. Es ergeben sich gute Bezüge zu den Arten der Frischwiesen (oben) und der Borstgrasrasen (unten).

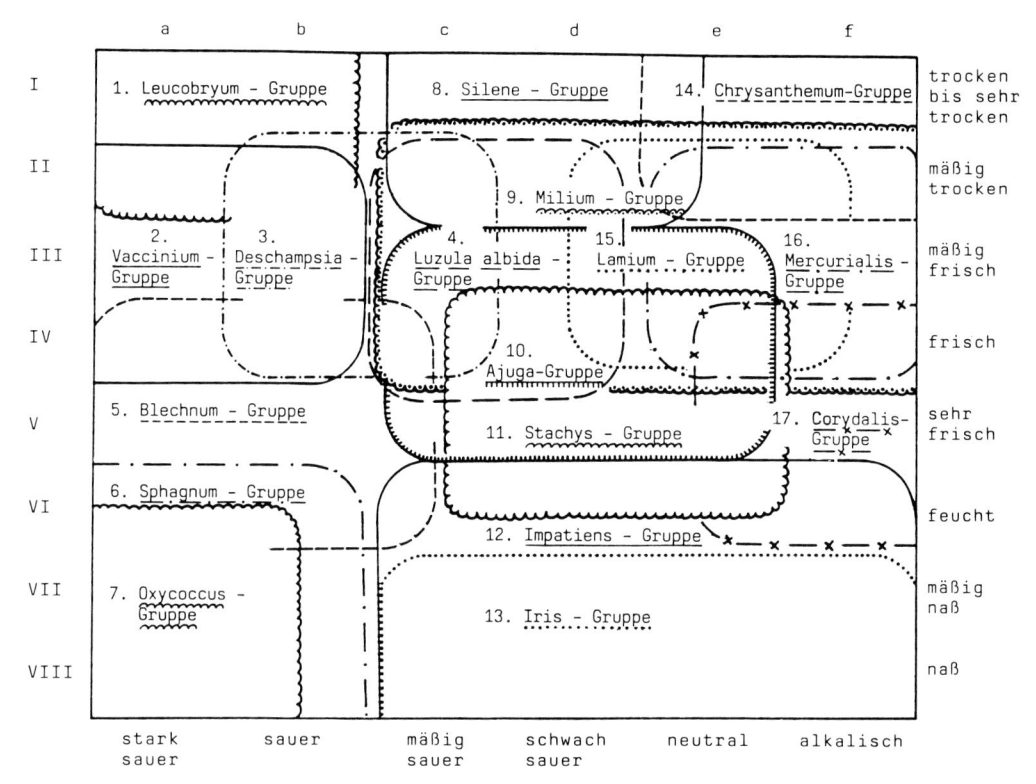

Abb. 113. Ökogramm mit Bodenfeuchte- und Basengradienten für ökologische Artengruppen der Waldkrautschicht in Südwestdeutschland (aus HÜBNER 1989).

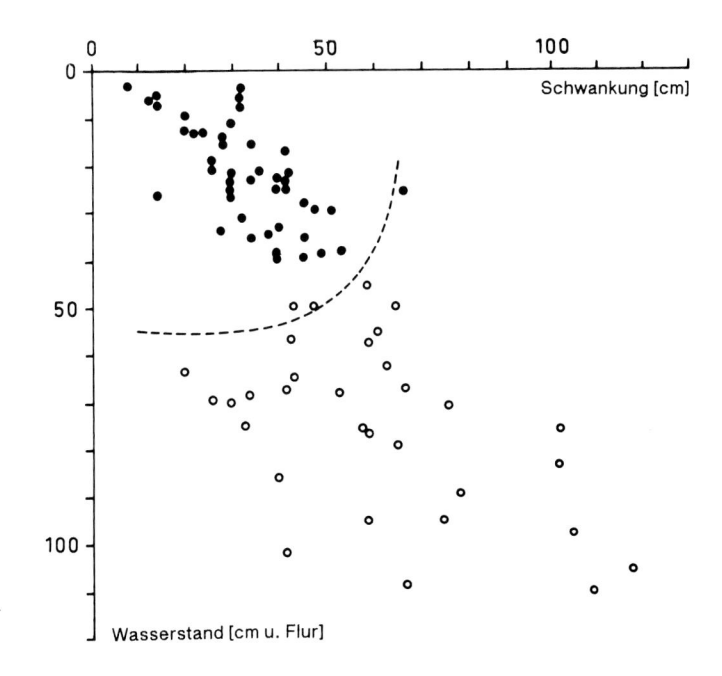

Abb. 114. Zweidimensionale Ordination der Vegetationsaufnahmen von Bergwiesen in bezug zum Median des Grundwasserstandes und zur Schwankungsamplitude (nach NIEMANN 1963, verändert).
Punkte: Feuchtwiesen; Kreise: Goldhafer-Frischwiesen. Erläuterung im Text.

248 Gliederung und Ordnung der Vegetation

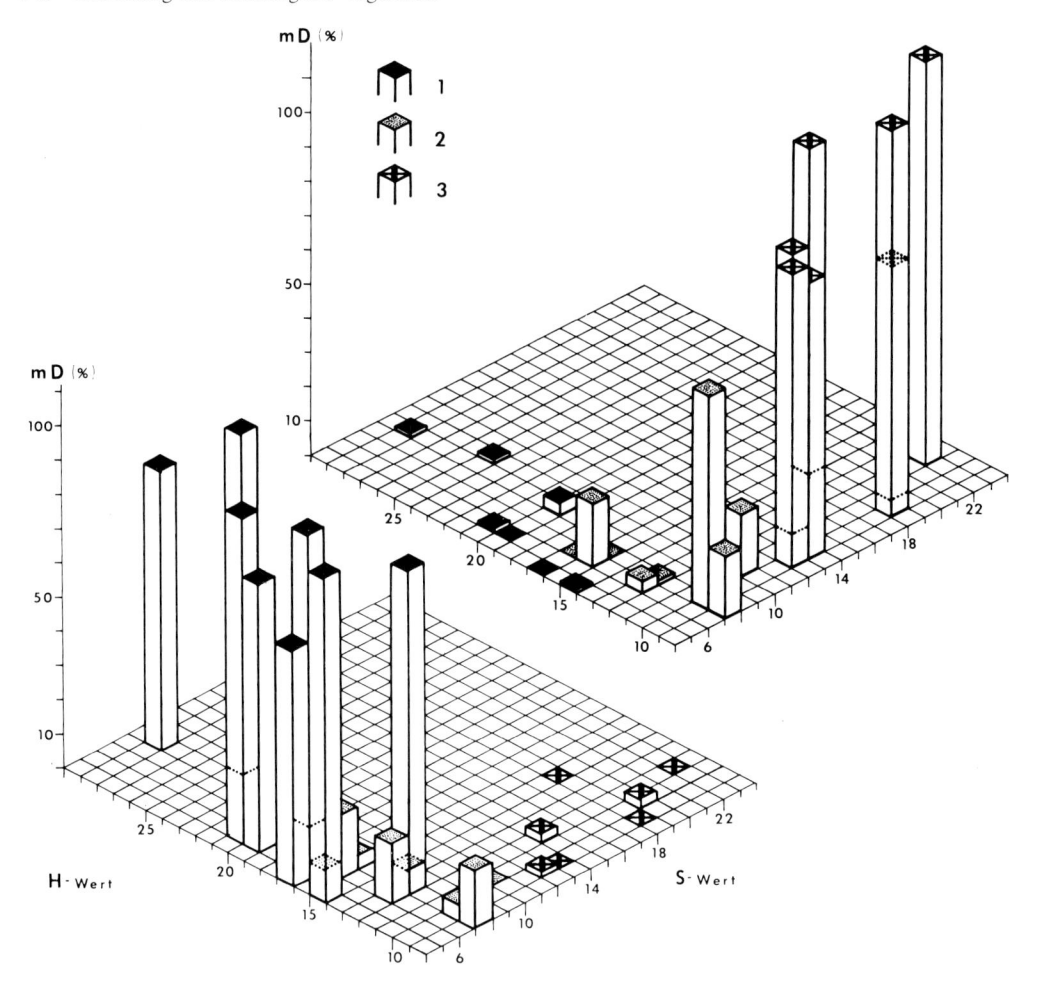

Abb. 115. Zweidimensionale Ordination mit zusätzlicher Darstellung mittlerer Deckungsgrade für die Verteilung soziologischer Artengruppen nach Gradienten der sauren (H) und basischen (S) Austauschkationen in mval/100g Boden. 1 *Polygalo-Nardetum*, 2 *Festuca rubra-Agrostis tenuis*-Gesellschaft, 3 *Arrhenatherum*-Gesellschaft
oben: Arten der *Arrhenatheretalia*, unten: Arten der *Nardetalia*. (aus EBBEN et al. 1983, verändert). Erläuterung im Text.

Abb. 116 ordnet die Verbände von Grünland-Gesellschaften i. w. S. nach mittleren Zeigerwerten in verschiedener Kombination der Gradienten. Es ergeben sich unterschiedliche Bilder, die jeweils andere Aussagen erlauben. Bei R/N sind die Vegetationsklassen *Festuco-Brometea*, *Molinio-Arrhenatheretea* und *Nardo-Callunetea* getrennt. F/R zeigt vor allem Feuchteabstufungen zwischen Verbänden gleicher Klassen (besonders *Mesobromion-Xerobromion*). Bei F/N sind vor allem die Verbände magerer und gedüngter Standorte erkennbar. Aus demselben Datenmaterial befindet sich eine ähnliche Auswertung für Waldgesellschaften in ELLENBERG et al. (1991). REIF et al. (1989) geben in einem F/N-Ökogramm für Grünland-Gesellschaften auch die jeweiligen Zeigerwert-Spannen an. Ökogramme nach mZ für verschiedene Gradientenkombinationen publizierte für Waldgesellschaften der ehemaligen Tschechoslowakei auch MORAVEC (1983). Dort lassen sich z. B. Gruppen verschiedener Höhenstufen darstellen. Ein R/F-Ökogramm für Wälder des Steigerwaldes gibt WELSS (1985).

Neben ganzen Gesellschaften lassen sich auch Artengruppen oder einzelne Sippen zwei-

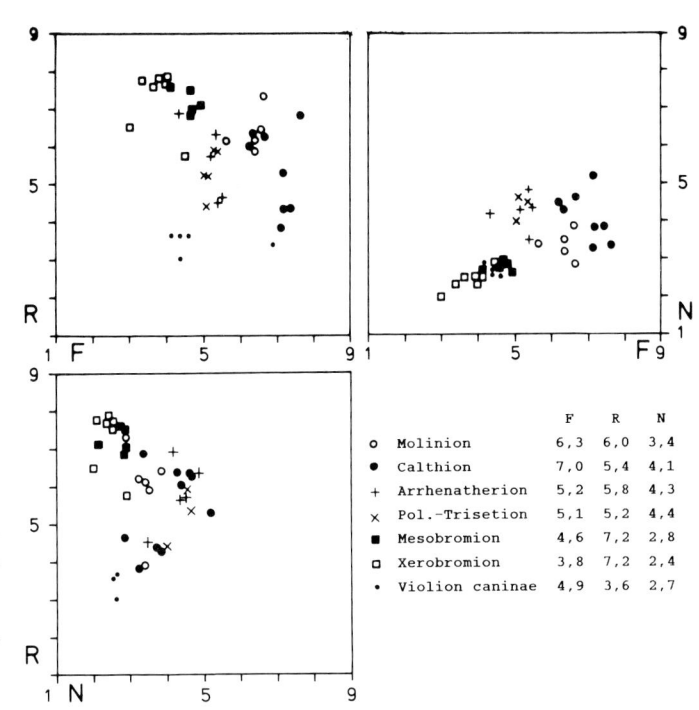

Abb. 116. Zweidimensionale Ordination mittlerer qualitativer Zeigerwerte von Grasland-Assoziationen Süddeutschlands und Mittelwerte der zugehörigen Verbände (nach Daten von BÖKKER et al. 1983). Erläuterung im Text.

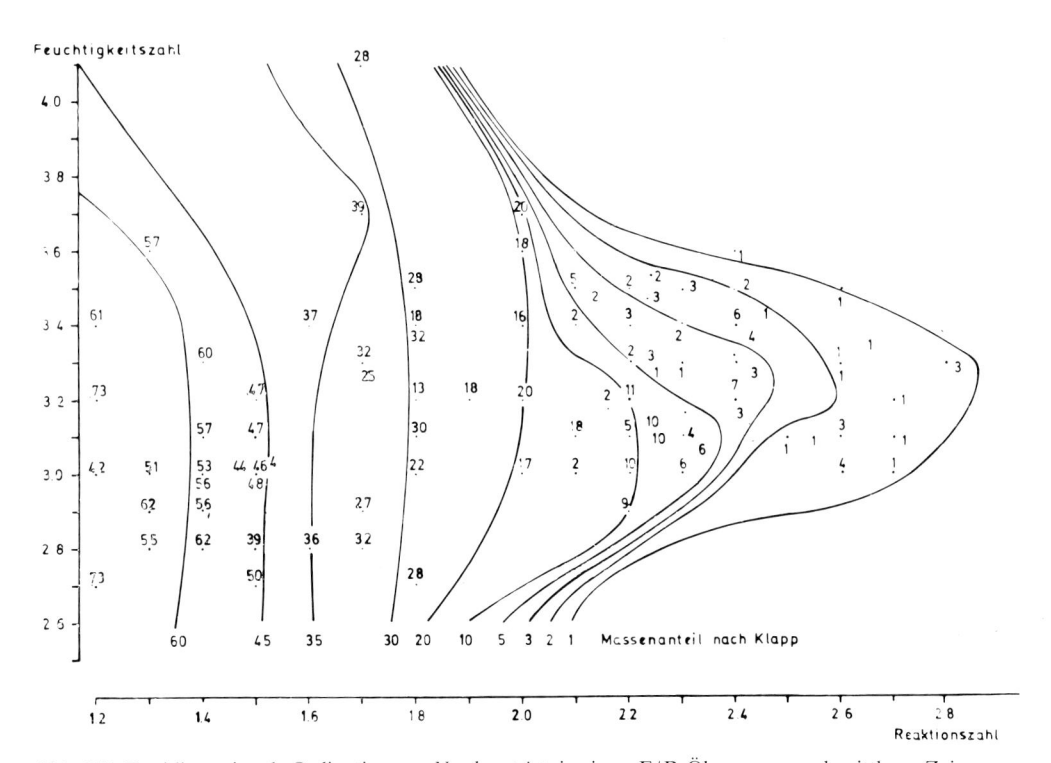

		F	R	N
○	Molinion	6,3	6,0	3,4
●	Calthion	7,0	5,4	4,1
+	Arrhenatherion	5,2	5,8	4,3
×	Pol.-Trisetion	5,1	5,2	4,4
■	Mesobromion	4,6	7,2	2,8
□	Xerobromion	3,8	7,2	2,4
·	Violion caninae	4,9	3,6	2,7

Abb. 117. Zweidimensionale Ordination von *Nardus stricta* in einem F/R-Ökogramm nach mittleren Zeigerwerten von Vegetationsaufnahmen mit Isolinien gleicher Biomasse-Anteile (aus SPATZ 1975, leicht verändert). Erläuterung im Text.

dimensional nach mZ ordinieren. Abb. 117 zeigt dies für *Nardus stricta* nach Auswertung der Aufnahmen von Almweiden. Als quantitativer Schätzwert ist die oberirdische Biomasse verwendet. Ihre Einzelwerte sind direkt nach mF/mR der Aufnahmen eingetragen. Linien etwa gleicher Biomasseanteile verdeutlichen das ökologische Verhalten des Borstgrases mit Höchstwerten bei niedriger Reaktionszahl und relativ breiter Feuchteamplitude. Dieses Verfahren kann zur gebiets- und vegetationsbezogenen Korrektur von Zeigerwerten benutzt werden, wie bereits in Kapitel 7.2.2.1 erläutert wurde (z. B. ZÓLYOMI 1989).

Auch in der amerikanischen Vegetationskunde werden zweidimensionale Ordinationen verwendet. WHITTAKER (1973 u. a.) spricht von Mosaik-Karten (mosaic charts), in denen das Vorkommen von Vegetationstypen in Bezug zu zwei Gradienten eingetragen wird. Er benutzt z. B. als Achsen die Höhenlage und die topographische Lage (Mulde, Hänge, Gipfel) und erreicht so mehr landschaftsbezogene Diagramme.

8.2 Dreidimensionale Ordination

Mit Hilfe von drei Gradienten lassen sich bereits alle bodenökologischen Zeigerwertgradienten nach ELLENBERG darstellen. Durch geeignete EDV-Programme kann man dies recht übersichtlich und mit geringem Zeitaufwand erreichen. Die Ergebnisse sind noch direkt durchschaubar, wie die folgenden Beispiele zeigen.

In Abb. 118 sind die schon in Abb. 115 benutzten Grünland-Gesellschaften sehr klar nach Meßwerten von Calcium, Phosphat und Nitrat im Bodenwasser getrennt. Ein ähnliches Diagramm nach drei Zeigerwert-Gradienten findet sich für Almweiden bei PARK (1985). Abb. 119 ergibt ein dreidimensionales Spektrum für alle von ELLENBERG (1979) bewerteten mitteleuropäischen Gefäßpflanzen.

Andere Möglichkeiten ergeben zweidimensionale Diagramme, in denen eine dritte Größe durch Signaturen zusätzlich abgestuft dargestellt wird. Beispiele finden sich bei ZÓLYOMI (1964) und KREEB (1983, S. 158, 181).

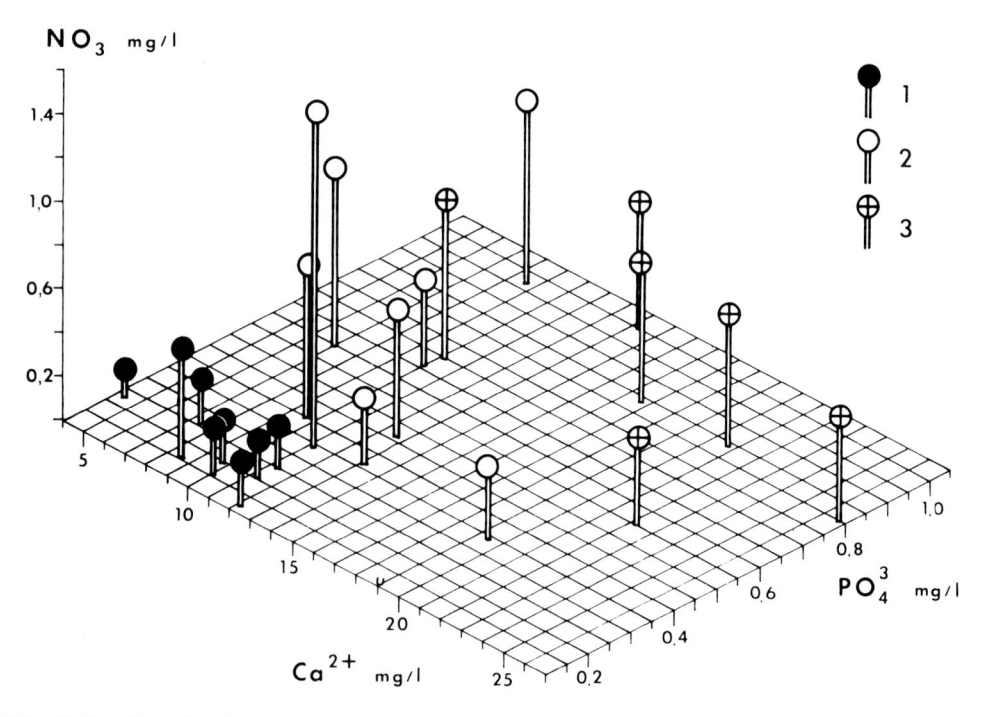

Abb. 118. Dreidimensionale Ordination der Aufnahmen von drei Grünland-Gesellschaften bei Kassel nach drei chemischen Gradienten der Bodenlösung. 1: *Polygalo-Nardetum*; 2: *Festuca rubra-Agrostis tenuis*-Gesellschaft; 3: *Arrhenatherum*-Gesellschaft (aus EBBEN et al. 1983).

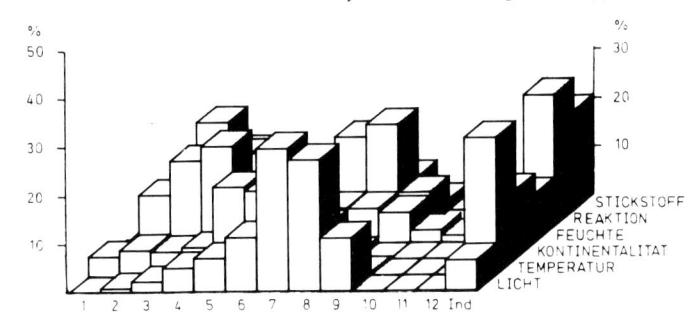

Abb. 119. Dreidimensionale Ordination der von ELLENBERG (1979) bewerteten 2091 Arten nach den sechs ökologischen Gradienten und Zeigerwertklassen (aus DURWEN 1982).

9 Klassifikation und Systematik von Vegetationstypen

In den vergangenen Kapiteln wurde sehr ausführlich auf Ordinationsverfahren in der Pflanzensoziologie und ihre Ergebnisse eingegangen. Mehrfach haben sich Ansätze zur Klassifikation ergeben, z. B. bei ökologischen Gruppen oder Zeigerwerten. Wie unter 1 und 2 ausgeführt, geht es hierbei zunächst darum, nach bestimmten Merkmalen Vegetationserscheinungen zu gruppieren und daraus gebildete Typen voneinander abzusetzen. Solche Typen können nebeneinander stehen oder hierarchisch in einem System eingeordnet sein. Klassifikation ist also zunächst ein vielfältig verwendbares Gliederungsverfahren, das nicht unbedingt auf ein System ausgerichtet sein muß.

Jeder naturinteressierte Laie vermag ohne Schwierigkeiten, Erscheinungen der Vegetation zu klassifizieren (s. auch VI 2). Je nach subjektivem Empfinden wird er zu unterschiedlichen Ergebnissen kommen. Besonders in den vielseitigen Kulturlandschaften Europas, wo der Mensch mannigfache natürliche Grenzbereiche verschärft oder neue Grenzen durch unterschiedliche Nutzung geschaffen hat, ist ein Mosaik mehr oder weniger klar abgetrennter Vegetationstypen erkennbar. So ist es kein Zufall, daß sich gerade hier viele Grundlagen einer Systematik von Pflanzengesellschaften entwickelt haben. Selbst in der z. T. fein gegliederten Naturlandschaft dürften Kontinua i. e. S. kaum vorhanden gewesen sein. Man kann eher von einem „gestuften Kontinuum" sprechen (s. DIERSCHKE 1974), wo in Übergangsbereichen zweier Vegetationstypen (Ökoton; s. 3) ein stärkeres Artengefälle herrscht (s. auch Vegetationsgrenzen: XI 5.3).

Eine Klassifikation der Vegetation kann ganz lokal, d. h. für kleine Untersuchungsgebiete, bis global erfolgen, entweder für die gesamte Pflanzendecke oder für bestimmte Ausschnitte. Subjektiv ist die jeweilige Auswahl der Merkmale, die vorrangig zur Typisierung herangezogen werden. So ist auch jedes System mehr oder weniger subjektiv und ebenfalls mehr oder weniger naturgemäß, wie die folgenden Kapitel zeigen werden.

9.1 Kriterien für die Klassifikation

Trotz der Vielfalt von Möglichkeiten einer Klassifikation konzentrieren sich die Hauptansätze der Vegetationskunde auf wenige Merkmale. Zwar gibt es mancherlei Sonderformen von Typen und Systemen, die sich aber nicht stärker durchgesetzt haben (s. 9.2.2). Im folgenden wird die ganze Breite der Kriterien kurz zusammengestellt (s. auch ELLENBERG 1956, MUELLER-DOMBOIS & ELLENBERG 1974). In Klammern sind Hinweise auf Kapitel gegeben, in denen Näheres behandelt ist.

A Vegetationseigene Merkmale
A I Physiognomische und strukturelle Kriterien:
Leicht erkennbare Merkmale, die auch unabhängig von der floristischen Erforschung von Gebieten benutzt werden können, insbesondere bei großräumigen Vergleichen.
1. Wuchs- und Lebensformen (IV 3)
1.1 Die herrschende(n) Form(en)
1.2 Die Kombination von Formen
2. Schichtung (IV 5)
3. Periodizität (X 2)
4. Organisationshöhe (IV 9)
A II Floristische Kriterien:
Sie stellen höhere Anforderungen so-

wohl an den Kenntnisstand über die Flora eines Gebietes als auch an die Kenntnis des Bearbeiters, geben aber Möglichkeiten einer detaillierteren Analyse und Klassifikation.
1. Einzelne Pflanzenarten
1.1 Die herrschende(n) Art(en) (V 5.2.2)
1.2 Die häufigsten (frequentesten, konstanten) Arten (V 5.2.6)
2. Artengruppen
2.1 Vegetationsstatistisch ermittelte (soziologische) Gruppen
2.1.1 nach konstanten (steten) Arten (VII 9.2.1.3)
2.1.2 nach Differentialarten (VIII 2.4)
2.1.3 nach Charakterarten (VIII 2.5)
2.1.4 nach der charakteristischen Artenverbindung (VIII 2.6)
2.2 Andere Gruppen
2.2.1 nach ökologischen Gruppen (VII 6)
2.2.2 nach syndynamischen Gruppen (X 3.3.2)
2.2.3 nach synchorologischen Gruppen (VII 2.3)
3. Gruppen von Pflanzengesellschaften (XI 3)
A III Gesellschafts-Koeffizienten (VIII 2.7):
1. Beziehungen zwischen Arten
2. Beziehungen zwischen Beständen, Gesellschaften
B Merkmale außerhalb der untersuchten Vegetation
B I Das (angenommene) Endstadium der Vegetationsentwicklung (X 3.5.4):
1. als physiognomische Einheit (s. A I)
2. als floristische Einheit (s. A II)
B II Der Standort (III 2.1, VII 5–7):
1. Einzelne Umweltfaktoren
2. Der Standort als Ganzes
B III Die geographische Lage des Wuchsortes (XI)
C Verbindung von Vegetation und Standort (VII 9.2.1.7)

9.2 Vegetationsklassen und -systeme

Ein System dient der möglichst übersichtlichen Ordnung von Elementen nach abgestufter Ähnlichkeit. Jede Stufe der Ähnlichkeit schließt alle niedrigeren Stufen in einer Art Schubladensystem ein (Abb. 120). So sind Systeme meist zweidimensional mit einem Nebeneinander gleichwertiger Typen und dem Übereinander von Einheiten verschiedenen Ranges. Vereinzelt gibt es auch Ansätze für dreidimensionale Systeme (VIII 4.2.2). Je nach Wahl der Kriterien (Grundprinzipien) und Ziele sind recht unterschiedliche Systeme von Vegetationstypen denkbar und auch teilweise entwickelt worden. Oft wird nicht durchgehend dasselbe Grundkriterium der Klassifikation verwendet, z. B. floristische Merkmale nur für niedrige Ränge, mehr strukturelle für höhere Einheiten.

Bei gewisser Verallgemeinerung kommen Einheiten niederer Rangstufen den natürlichen Gegebenheiten noch recht nahe, während Vegetationstypen höherer Ordnung zunehmend abstrakt sind.

Systeme können induktiv aufgebaut werden, d. h. von naturnahen Grundeinheiten ausgehend über abgestufte Verwandtschaft bestimmter Merkmale zu höheren Einheiten fortschreitend. Systeme sind oft auch deduktiv entwickelt, indem man sehr abstrakte, aber oft allgemein leicht feststellbare, grobe Vegetationstypen in feinere Einheiten untergliedert.

Systeme sind in der Regel kein Selbstzweck, sondern sie dienen dazu, in bestimmter Denkrichtung einen besseren Überblick bestimmter Einheiten zu bekommen und Einzelerscheinungen einordnen zu können. Sind Systeme zweckgerichtet, muß man sie nach ihrem Wert und Erfolg für diesen Zweck beurteilen. So erscheint es wenig ergiebig, über die Natürlichkeit oder Künstlichkeit eines Systems lange zu diskutieren. Es gibt auch nicht das universelle System, sondern parallel verschiedene. Auch bei der Ordnung der Pflanzen gibt es ja z. B. das taxonomische System und andere Gliederungen, z. B. nach Wuchs- und Lebensformen.

Systeme bilden wichtige Grundlagen vegetationskundlicher Forschung. In verschiedenen Gebieten der Erde haben sich mancherlei syste-

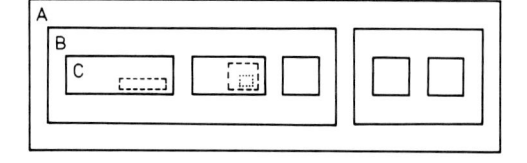

Abb. 120. Schema eines Zweidimensionalen Klassifikationssystems. Jede höhere Einheit enthält den Inhalt der niedrigeren. Das System kann deduktiv (von A nach C) oder induktiv (von C nach A) aufgebaut werden. Die Grundeinheit C ist noch weiter unterteilbar.

mare Traditionen entwickelt, die bestimmten „Schulen" zugeordnet werden (z. B. Finnische Schule, Leningrader Schule, Uppsala-Schule, Wisconsin-Schule, Zürich-Montpellier-Schule). Genauere Darstellungen hierzu finden sich bei WHITTAKER (1962, 1973).

In der Sippentaxonomie gibt es seit langem einen relativ festen Aufbau von Systemkategorien, ohne daß bis heute im Detail überall Klarheit besteht (z. B. Unterscheidung von Arten, Kleinarten, Unterarten). In der Vegetationskunde ist eine Systematik noch wesentlich schwieriger. Ihr Objekt, ein Vegetationstyp unterschiedlicher Definition, ist noch weniger klar abgrenzbar, sowohl räumlich als auch zeitlich. Außerdem wird eine zweidimensionale Ordnung den mannigfach-vieldimensionalen Beziehungen der Klassifikationsmerkmale kaum gerecht. Deshalb sollte man an ein Vegetationssystem nicht zu hohe Anforderungen stellen. Nicht jede Erscheinung der Pflanzendecke läßt sich in gleicher Weise typisieren und einordnen.

Kriterien für eine brauchbare systematische Übersicht von Vegetationstypen sollten u. a. sein:
- möglichst enger Bezug der Grundeinheiten zur Natur.
- Einbezug wesentlicher, möglichst leicht und universell feststellbarer Merkmale der Vegetation selbst.
- Einbezug der gesamten Vegetation.
- Ausbaufähigkeit (Flexibilität) nach neuen Erkenntnissen.
- Offenheit für Veränderungen der Vegetation selbst.
- Klare, leicht verständliche Nomenklatur.
- Anwendbarkeit in Wissenschaft und Praxis.

Jedes System hat bestimmte Grenzen, abhängig u. a. von
- der Auswahl der Grundkriterien,
- dem Ausmaß der Abstraktion,
- dem Ausmaß der Differenzierung,
- der Art der Hierarchie,
- der räumlichen Gültigkeit.

Abschließend seien Gedanken von TÜXEN (aus WILMANNS 1980, S. XIII) wiedergegeben, die mit meinen eigenen Vorstellungen gut übereinstimmen: „Ein System ist aber nicht Selbstzweck, sondern aus der Ordnung der Dinge sollen neue Erkenntnisse hervorgehen... Für mich ist es der komprimierte, lebenserfüllte Ausdruck aller Erscheinungen und ihrer Ursachen in der Vegetation."

9.2.1 Einige Grundeinheiten von Vegetationssystemen

Je nach Auswahl der Kriterien einer Klassifikation kommt man zu verschiedenen Grundtypen oder -einheiten, auf denen sich ein System aufbauen läßt. Sie müssen nicht die niedrigsten Einheiten sein, eher möglichst klar definierbare, aus der Vegetation leicht ableitbare Typen. Bei induktivem Vorgehen sind sie primäre Elemente des Systems, bei deduktiven Systemen werden sie erst sekundär gefunden.

In diesem Kapitel werden nur solche Einheiten aufgeführt, die für Vegetationssyteme öfter benutzt worden sind. WHITTAKER (1973, S. 333) unterscheidet zwölf Hauptansätze zur Klassifikation, die aber teilweise mehr geographisch (z. B. nach Landschaftseinheiten) ausgerichtet sind.

9.2.1.1 Formationen

Der Begriff Formation geht auf GRISEBACH (1838) zurück, der eine Gruppe von „Pflanzen mit abgeschlossenem physiognomischem Charakter" (z. B. Wald, Wiese) „pflanzengeographische Formation" (später Pflanzenformation) nannte. FLAHAULT & SCHRÖTER (1910, S. 5) gaben folgende Definition: „Eine Pflanzenformation ist der Ausdruck bestimmter Lebensbedingungen (Klima, Boden, gegenseitige Beziehung der Organismen), unabhängig von der Artenliste. Sie setzt sich aus einander ähnlichen oder voneinander abhängigen Lebensformen zusammen." Die Formation wird hier als systematischer Überbau von floristisch definierten Assoziationen benutzt (s. auch DU RIETZ 1930, ALEKSANDROVA 1973). Auch sonst wurde der Begriff keineswegs einheitlich benutzt (s. 9.2.2.6/7).

Heute werden Formationen meist als relativ grobe, aber leicht erkennbare, oft über weite Gebiete der Erde verbreitete Vegetationseinheiten angesehen, die als Strukturtypen vor allem durch bestimmte Wuchs- oder Lebensformen, meist als Dominanten der obersten Schicht, gekennzeichnet sind. Deren sichtbare Anpassungen erlauben zugleich gewisse Rückschlüsse auf ökologische Wuchsbedingungen in großräumigem Vergleich.

Formationen können also unter annähernd gleichen Bedingungen in verschiedenen Erdteilen unabhängig von ihrer Flora erkannt und unterschieden werden, entsprechend standörtlich bedingter Konvergenzen der beteiligten Pflanzen (z. B. immer- oder sommergrüne Laubwälder, Gebüsche, Zwergstrauchheiden, Staudenfluren, Wiesen, Steppen, kurzlebige Pionierfluren). Faßt man Formationen als Einheiten bestimmter größerer Gebiete auf, lassen sich physiognomisch ähnliche Einheiten zu Formationstypen zusammenfassen.

Formationen sind zunächst ranglose Einheiten, die erst durch Zusätze einen Platz im System erhalten (z. B. Formationsgruppe, Subformation). Eine verbindliche Festlegung für eine klar umschriebene Grundeinheit ist bis heute nicht vorhanden. Manche Autoren (z. B. ELLENBERG & MUELLER DOMBOIS 1967) verbinden den Formationsbegriff stärker mit standörtlichen Merkmalen, da physiognomische Kriterien allein die Unterschiede nicht immer klarstellen. So werden z. B. die kältekahlen Wälder in Formationen der Tieflagen, der montanen und subalpinen Stufe unterteilt, ferner Auen- und Sumpfwälder getrennt behandelt (s. auch 9.2.2.2).

Auch für die Nomenklatur in einem Formationssystem gibt es keine Regeln. Häufig werden allgemeinverständlich-beschreibende Namen verwendet. Daneben gibt es aus dem Griechischen oder Lateinischen abgeleitete Namen.

Formationen höherer Ordnung können unabhängig von einem System zur übersichtlichen Zusammenfassung anderer Grundeinheiten benutzt werden. ELLENBERG (1963, 1978) gliedert z. B. die Vegetation Mitteleuropas in formationsartige Großgruppen, wie naturnahe Wälder und Gebüsche, waldfreie Nieder- und Zwischenmoore, Seemarschen, Wiesen, Unkrautfluren u. a. WESTHOFF & DEN HELD (1969) fassen die floristisch definierten Vegetationsklassen der Niederlande zu 13 Formationen zusammen. SUKOPP et al. (1978) benutzten 20 Formationen als Bezugseinheiten für Rote Liste-Arten. Auch für großräumige bis weltweite Übersichten auf floristischer Grundlage bietet sich ein Überbau mehr physiognomischen Charakters an.

9.2.1.2 Soziationen und Konsoziationen (Dominanztypen)

Ein leicht erkennbares Merkmal von Pflanzenbeständen ist das Vorherrschen (Dominieren) bestimmter (einer oder mehrerer) Arten. Nach solchen Dominanten können Vegetationstypen definiert und abgegrenzt werden, sei es für wissenschaftliche Untersuchungen, für die Praxis (z. B. Land- und Forstwirtschaft) oder auch ganz allgemein bei der Betrachtung von Landschaften. In der Vegetationskunde gibt es vielerlei solcher Typen, die mehr oder weniger subjektiv abgeleitet sind. Schon der Begriff „Dominanz" wird selten klar definiert. Es handelt sich um das strukturbestimmende Vorherrschen von Merkmalen (z. B. nach Biomasse, Deckungsgrad, Dichte, Frequenz), die bei jeder Vegetationsaufnahme eine Rolle spielen (s. V). Dominante Arten (oder Lebensformen) können ökologisch sehr enge, aber auch sehr weite Bereiche kennzeichnen (z.B *Cardamine amara* in Quellfluren, *Carex*-Arten in Seggensümpfen einerseits, dagegen *Fagus sylvatica*, *Quercus robur* in Wäldern, *Alopecurus pratensis*, *Filipendula ulmaria* in Wiesen). Deshalb sind Dominanten oft zur Abgrenzung von Grundeinheiten wenig geeignet. Trotzdem werden sie gerne benutzt und spielen vor allem im englischsprachigen Raum bis heute eine vorrangige Rolle (s. auch WHITTAKER 1973, S. 391 ff.). Auch Formationen beruhen oft grundlegend auf dominanten Arten.

In der Pflanzensoziologie wird Dominanz vor allem in Nordeuropa, besonders in der Uppsala-Schule, gerne als Kriterium für Grundeinheiten verwendet. DU RIETZ (1930) bezeichnet Bestandestypen, die in jeder Schicht eine vorherrschende Art aufweisen, nach einem Vorschlag von RÜBEL als Soziationen (s. auch DU RIETZ 1936). In seinen früheren Arbeiten und allgemeiner in der englischen und russischen Literatur wird hierfür auch „Assoziation" verwendet (s. auch 9.2.1.3). DU RIETZ betrachtet Soziationen als homogenste Grundeinheiten, die sich scharf voneinander abgrenzen lassen. So gliedert er z. B. die Kiefernwälder in eine größere Zahl solcher schichtenbezogener Dominanztypen wie *Pinus sylvestris-Vaccinium myrtillus-Hylocomium parietinum-proliferum*-Soz., P.s.-V.m.-*Cladonia alpestris*-Soz., P.s.-*Eriophorum vaginatum-Sphagnum angustifolium-magellanicum*-Soz. Soziationen lassen sich noch in Subsoziationen und Varianten sowie Geographische Rassen („Fazies") untergliedern. Für die Untersuchung kleinerer Gebiete erscheinen diese Einheiten brauchbar, für größere Übersichten sind sie wegen der möglichen Vielzahl von Typen eher verwirrend.

Allgemein eignen sich Soziationen als Grundeinheiten nur für Gebiete, in denen solche Dominanztypen eine hervorragende Rolle spielen. Dies trifft z. B. auf relativ artenarme Bereiche Nordeuropas mit deutlicher Vegetationsschichtung zu, wo bis heute solche Einheiten gerne verwendet werden (s. auch TRASS & MAL-

MER 1973). In Gebieten mit artenreicher Flora (z. B. Mitteleuropa) sind solche Erscheinungen eher die Ausnahme. So hat sich dort das Soziationskonzept nicht durchgesetzt. Wie schon oben erwähnt, können manche zur Dominanz neigenden Arten recht weite Standortsbereiche besiedeln und auch in floristisch ganz unterschiedlichen Gesellschaften vorkommen (z. B. *Phragmites australis* in Röhrichten und Auenwiesen). Kritik an solchen Dominanztypen findet sich bereits bei GRADMANN (1909). Schließlich gibt es vielerlei offene Pflanzenbestände, wo überhaupt keine Art vorherrschen kann.

Aus verschiedenen Gründen ist also die Soziation keine überall verwendbare Einheit. Als Kompromiß bietet DU RIETZ (1930) die „Konsoziation" an. Hier muß nur in einer (meist der obersten) Schicht eine Dominante vorhanden sein. So lassen sich alle oben genannten Kiefernwald-Soziationen als *Pinus sylvestris*-Konsoziation zusammenfassen. Subkonsoziationen sollen in zwei Schichten eine Dominante aufweisen, z. B. *Pinus sylvestris-Calluna*-Subkonsoz. Konsoziationen lassen sich auch in Mitteleuropa etwas leichter, wenn auch nicht durchgängig finden (z. B. *Fagus*-, *Quercus*-, *Picea*-, *Pinus*-Konsoziation). Diese Beispiele zeigen aber bereits den geringen Aussagewert solcher grober Einheiten, die mehr zu Formationen als zu floristisch gut definierten Gesellschaften hintendieren.

9.2.1.3 Assoziationen

Assoziationen sind nach heutiger Sicht rein floristisch-induktiv gefundene Grundeinheiten, die auf annähernd gleicher Artenkombination von Pflanzenbeständen beruhen. Sie bilden eine Basis der Pflanzensoziologie i. e. S., insbesondere in der Schule von BRAUN-BLANQUET (s. VIII). Wie schon angedeutet (Kap. 9.2.1.1), hat der Begriff aber besonders in den Anfängen der Vegetationskunde und teilweise auch heute noch vor allem in englisch- und russischsprachiger Literatur andere Bedeutung, meist im Sinne von Dominanztypen. Die oft gebrauchte Endung *-etum* zur Kennzeichnung dieser Grundeinheit wird ebenfalls nicht einheitlich verwendet (s. z. B. DU RIETZ 1930, 1936, WHITTAKER 1962, ALEKSANDROVA 1973).

Der Begriff „Assoziation" wurde schon von HUMBOLDT für gesellschaftlich auftretende Pflanzenarten benutzt. Das auf dem Treuebegriff aufbauende Konzept mit Charakter- und Differentialarten wurde vor allem von BRAUN-BLANQUET (1921; s. auch schon GRADMANN 1909, BRAUN & FURRER 1913) klar begründet. Auch in seiner Schule herrscht aber bis heute keine generelle Übereinkunft, was genau unter einer Assoziation zu verstehen ist, d. h. welche floristischen Kriterien (Charakter- und/oder Differentialarten, Kombination soziologischer Artengruppen, gesamte Artenverbindung) man zugrunde legen soll (s. auch VIII).

Der Assoziationsbegriff war schon frühzeitig Gegenstand vielseitiger, oft auch polemischer Diskussionen. Auf mehreren internationalen Botanikerkongressen wurde versucht, verbindliche Definitionen zu verabschieden. In Brüssel (1910) wurde erstmals die Assoziation als Bestandestyp „von bestimmter floristischer Zusammensetzung, einheitlicher Standortsbedingungen und einheitlicher Physiognomie" festgelegt. Diese Definition beruht auf Vorschlägen von FLAHAULT (Montpellier) und SCHRÖTER (Zürich) (1910, S. 24), woraus sich der Name „Zürich-Montpellier-Schule" herleiten läßt (s. auch II). Da gerade an diesen Orten auch ganz andere Richtungen der Vegetationskunde entwickelt wurden, spricht man besser von der „Braun-Blanquet-Schule". Die Grundidee von BRAUN-BLANQUET war, daß die Assoziation durch ihre Artenkombination auch wichtige standörtliche, dynamische, chorologische, syngenetische, vegetations- und florengeschichtliche Schlüsse zuläßt und somit einen biologischen Universalindikator darstellt. Ein entscheidender Punkt zur näheren Kennzeichnung von Assoziationen ist die Berücksichtigung der Bindungsfestigkeit (Gesellschaftstreue, VIII 2.5), die das Konzept von anderen Richtungen unterscheidet (s. z. B. BRAUN-BLANQUET 1925).

Nach langen, heftigen Diskussionen zwischen der Braun-Blanquet- und der Uppsala-Schule wurde dieses Treuekonzept auf dem Botanikerkongreß in Amsterdam (1935) durch Einengung des Assoziationsbegriffes auf die durch Charakter- und Differentialarten gekennzeichneten Grundtypen (s. BRAUN-BLANQUET 1936, DU RIETZ 1936) akzeptiert. Damit war eine Annäherung der nordischen und mitteleuropäischen Konzepte erreicht. Nebeneinander sollten Assoziationen und Soziationen auf der nächsthöheren Rangstufe des Systems, dem Verband, zusammengefaßt werden (s. z. B. BRAUN-BLANQUET 1964, S. 125).

Assoziationen haben gegenüber physiognomischen Formationen den Vorteil einer wesentlich feineren, oft enger standortsbezogenen Gliederungsmöglichkeit der Pflanzendecke, ohne daß der großräumige (synchorologische) Zusammenhang verloren geht. Insgesamt ist ihre Gültigkeit allerdings wegen des streng floristischen Bezuges auf bestimmte Florengebiete eingeengt. Grundvoraussetzung für die Aufstellung von Assoziationen ist eine gut erforschte Flora und eine weitreichende Geländeuntersuchung.

Ein Vorteil des auf Assoziationen aufbauenden Systems liegt auch in den frühzeitig festgelegten Nomenklaturregeln, die eindeutige, leicht handhabbare Namensgebungen im internationalen Rahmen ermöglicht haben (VIII 3.3). Vergleichbare Festlegungen gibt es in keinem anderen System.

Zwischen Assoziationen und Soziationen besteht kein völliger Gegensatz. Im Assoziationssystem werden Dominanztypen auf verschiedenen Ebenen benutzt, oft allerdings nur als niedere Untereinheiten (Fazies). Viele Soziationen der Uppsala-Schule können so in das Braun-Blanquet-System integriert werden.

9.2.1.4 Unionen

Auch mit Synusien als floristisch-strukturellen Einheiten aus Lebensformen einer Vegetationschicht bei etwa gleichen Wuchsbedingungen lassen sich Systeme aufbauen. Über Synusien wurde schon in Kapitel IV 7 ausführlicher gesprochen. Sie sind zwar meist nur unselbständige Teile der Vegetation, können aber bei isolierend-vergleichender Betrachtung als leicht erkennbare Elemente zur Bestandesanalyse beitragen. Du Rietz (1930,1936) sieht Synusien im Sinne von Einschicht-Gesellschaften als primäre Grundeinheiten und benutzt sie auch teilweise als Merkmale seines Gesamtsystems (s. 9.2.2.5). In der artenarmen Vegetation Nordeuropas fallen solche Lebensform-Schichtungen auch besonders auf und bieten sich für eine Gliederung und Ordnung eher an als z. B. in Mitteleuropa.

Die Grundeinheiten seines Synusialsystems nannte Du Rietz (1930) zunächst parallel zu Soziation, Konsoziation und Assoziation Socion, Konsocion und Associon (1936: Union). Als nächsthöhere Einheit wurde der Verband (1930: Federation, 1936: Allianz) benutzt. Einen neueren Überblick dieses Ansatzes gibt Barkman (1973). Er schlägt für die Grundeinheit allgemein den Begriff der „Union" vor, für Einzelbestände „Verein"

(society). Für höhere Rangstufen benutzt er Federation, Ordulus, Classicula, für niedrigere Subunion, Variante, Vikariante und Socion.

9.2.1.5 Entwicklungsstadien

Betrachtet man die Vegetationsentwicklung an einem Ort, gibt es gleitende zeitliche Abfolgen (Serien) von Artenkombinationen, die aber doch meist gewisse Zwischenstufen etwas längerer Dauer erkennen lassen. So kann man eine Sukzessionsserie in mehrere Entwicklungsstadien (dynamische Stadien) gliedern, d. h. in physiognomisch-floristisch deutlicher abgrenzbare Sukzessionsschritte von gewisser Dauer. Jede Serie enthält Anfangs- (Pionier-), Übergangs- und Endstadien, die oft bestimmten Assoziationen zugeordnet werden können. Das Schlußstadium wird als Klimax bezeichnet. Es steht mit seinem Standort (Boden, Klima) in einem relativ stabilen Gleichgewicht. Daneben gibt es Dauergesellschaften als Stadien, die aufgrund besonderer, meist edaphischer Bedingungen auf einem niedrigen Sukzessionsniveau langzeitig verharren.

Nach kleineren Artenverschiebungen innerhalb eines Stadiums werden verschiedene Entwicklungsphasen (Initial-, Optimal-, Degenerationsphase) unterschieden, gleichzeitig oft syndynamische Untereinheiten von Assoziationen. Grundüberlegungen und Definitionen zu diesen Begriffen finden sich bereits bei Lüdi (1921), Braun-Blanquet & Pavillard (1922). Näheres wird in Teil X besprochen.

9.2.1.6 Vegetationskomplexe, Sigmeten und Geosigmeten

Sigmeten sind noch recht junge Grundeinheiten für räumliche Anordnungstypen von Pflanzengesellschaften, d. h. für regelhaft auftretende mosaik- oder gürtelartige Vegetationskomplexe. Letztere sind allgemein-beschreibend schon lange gebräuchlich (z. B. Du Rietz 1921). Seibert (1974) unterschied z. B. nach der Struktur der Anordnung Mosaik-, Zonations- und Dominanzkomplexe ohne die Absicht einer weiteren Systematisierung (s. auch XI 2).

Methodische und begriffliche Grundlagen zur Erarbeitung eines Systems von Vegetationskomplexen gehen vor allem auf Tüxen (z. B. 1978) zurück (s. XI 3). Die Grundeinheit, die sich aus einer regelhaften Vergesellschaftung von Pflanzengesellschaften ergibt, wird „Sigmetum" genannt. Großräumiger lassen sich dann auch aneinandergrenzende oder verzahnte

Gruppen von Sigmeten zusammenfassen, die TÜXEN als „Geosigmetum" bezeichnet. Sigmeten und Geosigmeten bilden Ansätze einer induktiv-floristisch aufgebauten Landschaftsgliederung.

9.2.1.7 Ökosysteme

Ökosysteme sind von Lebewesen und anorganischer Umwelt gebildete Wirkungsgefüge mit weitgehender Selbstregulation (ELLENBERG 1973b). Sie gehen zwar weit über vegetationskundliche Klassifizierungen hinaus, sind aber meist auf bestimmte Pflanzengesellschaften oder Gesellschaftskomplexe bezogen. Ökosysteme sind Grundeinheiten umfassender synökologisch-funktionaler Betrachtungen und Untersuchungen, die sich heute zunehmend als eigene Wissenschaft (Ökosystemforschung; s. z. B. ELLENBERG et al. 1986) entwickeln. Das Ökosystem ist zunächst eine ranglose Einheit. Als Grundeinheit für ein System betrachtet ELLENBERG (1973b) das Meso-Ökosystem (s. Kap. 9.2.2.4).

9.2.2 Übersicht einiger Vegetationssysteme

Allgemein kann man zwischen mehr physiognomisch (9.2.2:1–4) und floristisch orientierten Systemen (9.2.2:5–8) unterscheiden, wenn sich auch häufig beiderlei Kriterien vermischen. Erstere waren zu Beginn der vegetationskundlichen Forschung vorherrschend, meist in deduktiver Ableitung. Auf Formationen aufbauend, haben sie den Vorteil leichter Erkennbarkeit, auch ohne floristische Kenntnisse, und großräumiger Gültigkeit. Vor allem in noch wenig erforschten Erdteilen erreicht man so rasche Ergebnisse, ebenfalls in extrem artenreichen Gebieten, besonders der Tropen, wo ein induktiv-floristisches Vorgehen größere Schwierigkeiten bereitet. Formationssysteme sind auch für weltweite Vergleiche sehr geeignet und haben deshalb in jüngerer Zeit wieder neue Bedeutung erlangt.

Floristische Systeme bieten dagegen wesentlich mehr Möglichkeiten einer naturnahen, detaillierten Gliederung. Ihre Vorzüge hat bereits GRADMANN (1909) klar herausgestellt. Außerdem lassen sich aus floristischen Kriterien physiognomische Merkmale ableiten, aber nicht umgekehrt (s. auch BARKMAN 1979). Ein Nachteil ist die oft auf größere Florenbereiche (z. B. Mitteleuropa, Mediterrangebiet) eingeschränkte Gültigkeit der Einheiten. Diese sind dafür gegenüber Formationen wesentlich klarer definierbar, wenn auch nicht frei von subjektiven Erwägungen.

Während für floristische Systeme schon frühzeitig relativ einheitliche Definitionen der Grundeinheiten existierten (z. B. Soziation, Assoziation) und weithin anerkannte Prinzipien der hierarchischen Gliederung aufgestellt wurden, gibt es derartiges für physiognomische Systeme bis heute nicht. Gleiches gilt für eine möglichst einheitliche Nomenklatur. Physiognomische Systeme sind deshalb schwerer vergleichbar als floristische und beruhen oft auf Vorstellungen einzelner Vegetationskundler.

Das Kapitel über Grundeinheiten von Systemen (9.2.1) ergab bereits, daß nicht alle denkbaren Kriterien (9.1) eine gleichwertige oder überhaupt eine Rolle spielen. Meist werden mehrere Merkmale vorrangig verwendet, andere ergänzend hinzugenommen. Wie auch die folgenden Beispiele zeigen, sind manche Kriterien zwar zur Klassifikation, also zur Gruppenbildung geeignet, nicht aber für den Aufbau eines Rangsystems. Manche Eigenschaften werden überhaupt erst klar, wenn man die Grundeinheiten eines Systems festgelegt hat, insbesondere historische, synchorologische und syndynamische Gegebenheiten.

Vergleicht man die heute öfters benutzten Vegetationssysteme, so hat sich weltweit das floristisch-soziologische Prinzip (9.2.2.5) am stärksten entwickelt und durchgesetzt. Dieser Teil der Pflanzensoziologie bildet als Syntaxonomie mit seinem hierarchischen System von Einheiten (Syntaxa) einen grundlegenden Bereich (s. I). Ihm ist deshalb ein eigenes Hauptkapitel (VIII) gewidmet.

Über Vegetationssysteme gibt es viele ältere und neuere Übersichten, z. B. DU RIETZ (1921), RÜBEL (1933), ELLENBERG (1956), SCAMONI & PASSARGE (1963), BRAUN-BLANQUET (1964), KNAPP (1971), MUELLER-DOMBOIS & ELLENBERG (1974), BARKMAN (1979), BOX (1981). Ausführlichere Beschreibungen sind im Handbuch für Vegetationskunde (WHITTAKER 1973; s. auch 1962) enthalten. Die folgende Übersicht ist nach den vorwiegend benutzten Klassifikationsmerkmalen gegliedert. Dies schließt aber nicht aus, daß teilweise auch andere der unter 9.1 aufgezählten Kriterien mitbenutzt werden. So gibt es viele Systeme, die physiognomische, ökologische und floristische Merkmale in unterschiedlicher Gewichtung verwenden.

9.2.2.1 Physiognomische Klassifikation

Rein physiognomische Gruppierungen und Ordnungen der Vegetation beruhen auf Textur- und Strukturmerkmalen (IV). Da diese relativ leicht erkennbar sind und ähnlich in großen Gebieten, teilweise weltweit wiederkehren, bilden sie die Grundlage für großräumige Vegetationsgliederungen der Erde seit den Anfängen der Pflanzengeographie und Vegetationskunde. Physiognomische Typen im Sinne von Formationen erlauben eine rasche, wenn auch wenig detaillierte Gliederung und werden deshalb auch für Landschaftsgliederungen gerne benutzt.

Rein physiognomische Systeme haben den Vorteil, weitgehend frei von Hypothesen zu sein (s. dagegen 9.2.2.2). Hier liegt sicher ein Grund dafür, daß heute solche Systeme wieder entwickelt werden (s. BARKMAN 1979; 1989 und 1990). Nachteile sind vor allem der deduktive Aufbau und geringe Möglichkeiten der Verfeinerung. Oft beziehen sich außerdem die Einheiten vorwiegend nur auf die oberste Schicht. Niederrangige Einheiten werden teilweise sogar floristisch definiert, oder es werden direkt Assoziationen einbezogen.

Als Begründer einer großräumig-physiognomischen Betrachtungsweise der Vegetation gilt HUMBOLDT (1806/1807). Er hat frühzeitig die Bedeutung von „Pflanzenformen" für die physiognomische Landschaftsgliederung hervorgehoben. GRISEBACH (1872) gliederte die Erde in 24 „natürliche Floren" (-gebiete), die er durch das Vorkommen bestimmter Vegetationsformen und -formationen charakterisierte (z. B. Tundren, Wiesen, Matten, Steppen, Savannen, Gebüsche, Wälder). Seine Formationen sind vor allem klimatisch bedingt, auf den Bereich eines Florengebietes beschränkt. DRUDE (1902) gliederte die Vegetation des Hercynischen Florengebietes in 32 Formationen, zusammengefaßt in 10 Formationsgruppen. Andere Vertreter der frühen Vegetationskunde benutzten zusätzlich mehr ökologische Kriterien (9.2.2.2).

In den letzten Jahrzehnten sind rein physiognomische Systeme wieder stärker hervorgetreten, teilweise im Zusammenhang mit Kartierungsvorhaben (s. KÜCHLER & ZONNEVELD 1988). So schlägt DANSEREAU (1951) ein System vor, das auf Lebensformen, Wuchshöhe, Periodizität, Gesamtdeckung sowie Blattgröße, -form und -textur aufbaut (s. Beispiele in IV 5.4.2). Häufig zitiert wird das System von FOSBERG (1961). Er betont besonders die Bedeutung eines rein auf Merkmalen der Vegetation selbst beruhenden Systems. Folgende Kriterien werden in deduktiver Abstufung verwendet:

1. Oberirdische Raumerfüllung: strukturelle Großgruppen I-III.
2. Physiognomie: 27 Formationsklassen (A, B, C...).
3. Saisonalität, Blattausdauer der obersten Schicht: Formationsgruppen (1, 2, 3...).
4. Dominante Wuchsformen: Formationen (F).
5. Weitere Unterteilung nach Wuchsformen: Subformationen (SF).
6. Untereinheiten nach zusätzlichen Kriterien, z. B. dominanten Arten (e.).

Danach ergibt sich folgende Einteilung:

I Geschlossene Vegetation
  A Wälder
    1. Immergrüne Wälder
      F Vielschichtiger immergrüner Wald (Regenwald)
        e. *Dipterocarpus*-Wälder (Malaysia, Borneo)
    2. Periodisch grüne Wälder
      F Winterkahle Wälder
        e. *Fagus-Acer*-Wälder (Nordamerika)
          Quercus-Carya-Wälder (Nordamerika)
          Fagus-Wälder (Europa)
          Quercus-Wälder (Europa)
  B Gebüsche
  C Zwerggesträuche
  D Offenwälder mit geschlossenen Unterschichten
  E Geschlossene Gebüsche mit einzelnen Bäumen
  F Zwerggesträuche mit einzelnen Bäumen
  G Offene Gebüsche mit geschlossener Bodenschicht
  H Offene Zwergesträuche mit geschlossener Bodenschicht
  I Hohe Savannen (mit Bäumen)
  J Niedrige Savannen (mit Bäumen)
  K Strauch-Savannen
  L Hochgrasfluren
  M Kurzgrasfluren
  N Großblättrige Krautfluren
  O Marschen
  P Unterwasser-Wiesen
  Q Flutende Wiesen
II Offene Vegetation
  A Wald-Steppen
  B Busch-Steppen
  C Niedrigbusch-Steppen

D Savannen-Steppen
E Strauchsavannen-Steppen
F Zwergstrauchsavannen-Steppen
G Steppen
III Sehr lückige Vegetation
A Wüstenwälder
B Wüstengebüsche
C Krautige Wüsten

FOSBERG (1967) gibt einen Bestimmungsschlüssel für die Formationsklassen, die auf 31 Einheiten erweitert werden:
I O Geschlossene Moos- und Flechtendecken (anstelle der
   Marschen)
II H Moos-Flechten-Steppen
   I Offene Unterwasser-Wiesen
   J Offene flutende Wiesen
III D Lückige Unterwasser-Wiesen

Neuerdings hat EITEN (1987) ein Struktursystem nach Höhe und Deckung der Schichten, dominanten Wuchsformen und Saisonalität vorgeschlagen, das 26 Grundeinheiten (Vegetationsformen) aufweist. Diese ähneln teilweise denjenigen von FOSBERG. KÜCHLER hat schon früher Vorschläge für eine formelhafte Darstellung von Vegetationstypen nach Textur- und Strukturmerkmalen benutzt (s. KÜCHLER & ZONNEVELD 1988).

Ein neues strukturelles System hat BARKMAN (1989, 1990) für die Gebüsche und Wälder Europas entwickelt und als Bestimmungsschlüssel vorgestellt. Er sieht ein ideales System in der Verbindung struktureller und floristischer Merkmale, hält es aber aus praktischen Gründen für wahrscheinlich unmöglich. BARKMAN nennt folgende sechs Vorteile eines rein strukturellen Systems, das neben einem floristischen existieren sollte:

– Ausschluß historischer und mehr zufälliger Merkmale; dadurch
  eine klarere Indikation ökologischer Gegebenheiten.
– Besserer Bezug zur Tierwelt, da Tiere oft mehr von Vegetationsstrukturen abhängig sind.
– Gute Anwendbarkeit in Gebieten mit wenig untersuchter Flora.
– Gute Anwendbarkeit auch bei artenarmer Vegetation.
– Gute Zusammenfaßbarkeit hochrangiger Vegetationseinheiten, wo gemeinsame Arten fehlen.
– Leichtere Vegetationskartierung, besonders auch mit Hilfe von Luftbildern.

BARKMAN baut sein System erstrangig nach der Wuchsform der dominanten Pflanzen auf (z. B. Wald-Gebüsch). Weitere Unterteilungen geschehen nach photosynthetischer Periodizität, Blattgröße und -form, bei Sträuchern nach der räumlichen Orientierung der Stämme und Zweige (s. Wuchsformensystem von BARKMAN 1988a), schließlich nach Struktur des Unterwuchses u. a. Er gibt 1989 folgende Beschreibung eines Erlenwald-Typs:

Alnus-Valeriana-Waldtyp ein laubwerfender, großblättriger Wald mit dominierender Krautschicht großer, sommergrüner, mesophyller Kräuter (vorwiegend Verbascide, Ranunculide, Epactide) mit Blüte im Spätfrühling bis Sommer.

z. B. *Betula tortuosa-Aconitum septentrionale-*Wälder
Alnus incana-Cicerbita-Adenostyles-Wälder
Fraxinus-Acer-Aruncus-Wälder
*Alnus glutinosa-Valeriana-Filipendula-*Wälder
*Quercus robur-Digitalis-Senecio fuchsii-*Wälder

Das Beispiel zeigt, daß man diese Beschreibung auch unabhängig vom System sehr gut zur strukturellen Kennzeichnung floristisch definierter Pflanzengesellschaften verwenden kann. Zumindest dem in der Vegetation etwas Bewanderten steht ein klareres Bild vor Augen als bei rein floristischer Darstellung.

Am Beispiel tropischer Wälder in Südostindien haben WERGER & SPRANGERS (1982) gezeigt, daß die Verwendung rein floristischer und andererseits vielfältiger Strukturmerkmale zu fast gleichartigen Vegetationstypen führen kann. Auch BARKMAN (1990) deutet eine mögliche spätere Zusammenführung beider Gliederungsansätze an. Sein rein strukturelles System hat z. B. den Nachteil, daß es nur für die menschlich überformten Gehölztypen gilt, die heute überall in Europa vorherrschen. Echte Naturwälder würden rein strukturell ein ganz anderes System ergeben, während die floristische Zusammensetzung wohl zumindest sehr ähnlich wäre.

9.2.2.2 Physiognomisch-ökologische Klassifikation

WARMING (1896) und andere haben frühzeitig darauf hingewiesen, daß rein physiognomische Systeme ihren Sinn erst erhalten, wenn sie ökologisch begründet werden. Allerdings haben solche zusätzlichen Kriterien stärker hypothetischen Charakter und wären im Sinne eines möglichst klar definierten Systemaufbaus eher abzulehnen (s. 9.2.2.1). Andererseits sind physiognomisch-ökologische Systeme oft anschaulicher und natürlicher. So gab es schon frühzeitig solche Ansätze in großer Zahl. Sie haben sich für etwas grobere, weiträumige Einteilungen auch in der Praxis bewährt. Wiederum handelt es sich um deduktive Systeme, die auf Formationen aufbauen. Einige ältere und neuere Systeme vergleicht BEARD (1973).

Eingehender begründet haben BROCKMANN-JEROSCH & RÜBEL (1912) diesen Ansatz:" Die Physiognomik darf jedoch dabei nur soweit eine Rolle spielen, als sie ökologisch begründet ist" (S. 10). Beide entwerfen ein System für die Vegetation der Erde, das von großen Formationsgruppen ausgeht, sich im untersten Bereich aber mehr floristisch (Assoziation, Subassoziation) gliedert. Sie schlagen eine vom Lateinischen abgeleitete einheitliche Nomenklatur vor. Benannt werden vier „Vegetationstypen" (I-IV) als höchste Rangstufe (s. auch SCHIMPER 1898), 14 Formationsklassen und 17 Formationsgruppen, wie folgende Auschnitte zeigen:

I **Lignosa** (Gehölze)
  1. *Pluvilignosa* (Regengehölze)
  2. *Laurilignosa* (Lorbeergehölze)
  3. *Durilignosa* (Hartlaubgehölze)
  4. *Ericilignosa* (Heidegehölze)
  5. *Deciduilignosa* (Fallaubgehölze)
  6. *Conilignosa* (Nadelgehölze)
II **Prata** (Wiesen)
  1. *Terriprata* (Bodenwiesen)
  2. *Aquiprata* (Sumpfwiesen)
  3. *Sphagnioprata* (Hochmoore)
III **Deserta** (Einöden)
  1. *Siccideserta* (Steppen)
  2. *Siccissimideserta* (Wüsten)
  3. *Frigorideserta* (Kälteeinöden)
  4. *Litorideserta* (Strandsteppen)
  5. *Mobilideserta* (Wandereinöden)
IV Phytoplankton

Die feinere Gliederung zeigt folgendes Beispiel:
I 5. *Deciduilignosa* (Fallaubgehölze)
   Aestisilvae (Sommerwälder)
     Fagion sylvaticae (Formation der Buchenwälder)
       Fagetum sylvaticae (Assoziation)
         alliosum ursini (Buchenwald mit Bärlauch-Unterwuchs)

RÜBEL (1930, 1933) engt den Umfang der Formationsklassen ein und kommt unter Einschluß der vorher eigenständig gefaßten Formationsgruppen zu 28 Einheiten, z. B.

Aestisilvae (Sommerwälder)
Aestifruticeta (Sommergebüsche)
Aciculisilvae (Nadelwälder)
Altherbosa (Hochstaudenwiesen)
Emersiherbosa (Sumpfwiesen)
Duriherbosa (Steppenwiesen)

Die Formationsklassen sind nach ihrer Organisationshöhe (s. Soziologische Progression, Kap. IV 9) angeordnet. Bei RÜBEL (1930) werden die Formationsklassen der Erde auch in einer Karte von BROCKMANN-JEROSCH dargestellt.

Von neueren Systemen sei hier nur das von ELLENBERG & MUELLER-DOMBOIS (1967a) näher besprochen (s. weiter z. B. BEARD 1973, SCHMITHÜSEN 1968). Es wurde als Grundlage für eine weltweite Vegetationskartierung im Maßstab 1:1 Million und kleiner entwickelt, um Standorte großräumig vergleichen zu können. Es enthält folgende Einheiten in deduktiver Abstufung:

I, II ... Formationsklasse
  A, B ... Formationssubklasse
    1, 2 ... Formationsgruppe
      a,b ... Formation
        (1), (2) ... Subformation
          (a), (b) ... weitere Untereinheiten

Dieses System erscheint recht flexibel. Die Kriterien für einzelne Rangstufen sind allerdings nicht einheitlich, die Namen sehr lang, aber gut verständlich. Mit Hilfe der Zahlen und Buchstaben läßt sich jeder Vegetationstyp formelhaft kennzeichnen. Der folgende Ausschnitt enthält alle Klassen und Subklassen mit den Mitteleuropa betreffenden Einheiten. In Klammern sind jeweils Beispiele von Syntaxa des Braun-Blanquet-Systems, größtenteils nach OBERDORFER (1990), angeführt, die Verwandschaften und Unterschiede zwischen physiognomisch-ökologischer und floristischer Klassifikation (s. VIII 9) aufzeigen sollen.

I **Dichtgeschlossene Wälder**
  A Vorwiegend immergrüne Wälder
    9. Immergrüne Nadelwälder gemäßigter bis subpolarer Zonen (*Vaccinio-Piceetea*)
      b. Immergrüne Rundkronen-Nadelwälder (*Dicrano-Pinion*)
      c. Immergrüne Kegelkronen-Nadelwälder (*Vaccinio-Piceion*)

B Vorwiegend laubwerfende Wälder
  3. Kältekahle Wälder (mit wenig Immergrünen) (*Querco-Fagetea*)
     a. Kältekahle Tieflagenwälder der gemäßigten Breiten (*Quercion, Carpinion*)
     b. Montane kältekahle Wälder
        (1) laubholzreich (*Fagion*)
     c. Subalpine kältekahle Wälder
        (2) reich an Chamaephyten (*Larix*-Stadium des *Vaccinio-Pinetum cembrae*)
     d. Kältekahle Auenwälder
        (1) hartholzreich (selten überflutet) (*Alno-Ulmion*)
        (2) weichholzreich (öfters überflutet) (*Salicetum albae*)
     e. Kältekahle Sumpf- und Moorwälder (*Alnion glutinosae*)
C Extrem xeromorphe Wälder (in offene Wälder übergehend) (–)
II **Offene Wälder** (ohne Parklandschaften und Savannen)
  A Vorwiegend immergrüne offene Wälder (–)
  B Vorwiegend laubwerfende offene Wälder (–)
  C Extrem xeromorphe Wälder (–)
III **Gebüsche** (offen bis dicht)
  A Vorwiegend immergrüne Gebüsche
     2. Immergrüne Nadel- und Zwergblatt-Gebüsche
        a. Immergrüne Nadelgebüsche (*Dicrano-Juniperetum, Erico-Pinetum mugi*)
  B Vorwiegend laubwerfende Gebüsche
     3. Kältekahle Gebüsche
        a. Kältekahle Gebüsche in gemäßigtem Klima (*Rhamno-Prunetea*)
        b. Subalpine kältekahle Gebüsche
           (1) reich an Hemikryptophyten (*Alnetum viridis*)
        c. Kältekahle Auengebüsche
           (1) lanzettblättrig (*Salicion elaeagni*)
        d. Kältekahle Moorgebüsche (*Salicion cinereae*)
  C Extrem xeromorphe (Halbwüsten-) Gebüsche (–)
IV **Zwergstrauchreiche Formationen**
  A Vorwiegend immergrüne Zwergsträucher
     1. Dichte immergrüne Zwerggesträuche
        a. Eigentliche Zwerggesträuche (*Vaccinio-Genistetalia*)
        b. Zwergstrauch-Teppiche (*Cetrario-Loiseleurietum*)
     3. Mischformen aus immergrünen Zwergsträuchern und Kräutern
        b. Halbimmergrüne Zwergstrauch-Kraut-Mischformation (*Festuco-Genistetum sagittalis*)
  B Vorwiegend laubwerfende Zwerggesträuche
     3. Gemischt kältekahl-immergrüne Zwerggesträuche
        a. Eigentliche Zwerggesträuche (*Vaccinio-Empetretum*)
     4. Kältekahle Zwerggesträuche
        a. Eigentliche Zwerggesträuche (*Vaccinium myrtillus*-reiche Ges.)
        b. Zwergstrauch-Teppiche (*Salicetum retuso-reticulatae*)
  C Extrem xeromorphe Zwerggesträuche (–)
  D Moos- und Flechten-Tundra (–)
  E Moosreiche Moore mit Zwergsträuchern
     1. Hochmoore
        a. Echte Hochmoore (*Erico-Sphagnetum magellanici*)
        b. Montan-subalpine Hochmoore (*Eriophoro-Trichophoretum*)
V **Krautige Landpflanzengemeinschaften**
  A Savannen und ähnliches Grasland (–)
  B Steppen und ähnliches Grasland
     2. Mittelgras-Steppen (*Allio-Stipetum capillatae*)
     3. Kurzgras-Steppen (*Xerobromion*)
  C Wiesen, Weiden und ähnliches Grasland
     1. Wiesen, Weiden unterhalb der Baumgrenze
        d. (gehölzfreie) Weiden
           (1) extensive Weiden (*Gentiano-Koelerietum*)
           (2) intensive Weiden (*Cynosurion*)
        e. (gehölzfreie) Wiesen
           (1) Streuwiesen (*Molinion caeruleae*)
           (2) Futterwiesen
              (a) grasreich (*Arrhenatheretum* p.p)
              (b) krautreich (*Geranio-Trisetetum*)
        f. Seggen und Binsen-Wiesen (*Juncetum subnodulosi*)
        g. Lawinenrasen
           (1) mit Büschen (keine eigenen Gesellschaften)
           (2) gehölzfrei (keine eigenen Gesellschaften)

2. Grasland oberhalb der Baumgrenze
   a. Geschlossene alpine Matten
      (1) reich an Grasartigen (*Juncetea trifidi*)
      (2) krautreich (*Poion alpinae*)
      (3) zwergstrauchreich (Ausbildungen von (1))
   b. Alpine-subnivale Rasenflecken (wie a.)
   c. Schneeboden-Formation (*Salicetea herbaceae*)
D Seggenriede und Quellfluren
  1. Seggenriede
     a. Großseggenriede
        (1) rasig (*Caricetum gracilis*)
        (2) horstig-bultig (*Caricetum elatae*)
     b. Kleinseggenriede (*Caricetalia fuscae*)
  2. Quellfluren
     a. Krautige Quellfluren
        (1) kalkreich (*Cochleario pyrenaicae-Cratoneuretum*)
        (2) kalkarm (*Chrysosplenietum oppositifoliae*)
     b. Moos-Quellfluren
        (1) kalkreich (*Cratoneuretum filicino-commutati*)
        (2) kalkarm (*Montio-Philonotidetum*)
E Krautige und halbstrauchige Salzpflanzenfluren
  2. Salzwiesen
     a. Seemarschwiesen
        (1) sukkulentenreich (*Puccinellion maritimae*)
        (2) ohne Sukkulenten (*Armerion maritimae*)
     b. Binnenland-Salzwiesen
        (1) geschlossen (*Puccinellion limosae*)
        (2) offen (*Crypsidetum aculeatae*)
F Krautfluren
  1. Staudenfluren (vorwieg. ausdauernd)
     a. Waldsäume (*Trifolio-Geranietea, Glechometalia*)
     b. Hochstaudenfluren (*Filipendulion, Cicerbitetum alpinae*)
     c. Adlerfarn-Dickichte (keine eigenen Gesellschaften)
     d. Spülsaum-Staudenfluren (*Soncho-Archangelicetum*)
     e. Ausdauernde Ruderal- und Kahlschlaggesellschaften (*Arction lappae, Epilobion angustifoliae*)
     f. Vorwiegend ausdauernde Unkrautfluren in Kulturen (keine eigenen Gesellschaften, meist aus C und F)
  2. Vorwiegend annuelle Krautfluren
     b. Kurzlebige Salzkräuterfluren (*Thero-Salicornietea*)
     c. Einjährige Ruderal- und Kahlschlagfluren (*Sisymbrietalia*)
     d. Kurzlebige Ackerunkrautfluren (*Secalietalia, Chenopodietalia*)
  3. Episodisch auftretende Krautfluren
     b. Episodische Teichbodenfluren (*Elatino-Eleocharitenion ovatae*)
     c. Episodische Spülsaumfluren (*Bidention, Cakiletea*)
     d. Episodische Flußbettfluren (*Chenopodion rubri*)

VI **Zerstreuter Bewuchs wüstenähnlicher Standorte**
   A Felsen und Steinschutthalden
     1. Felsbewuchs
        a. Felsspalten- (und Mauer-)Bewuchs (*Asplenietea, Parietarietea*) (Unterteilung nach Lebensformen und Höhenlagen)
        c. Kryptogamen-Überzüge von Felsen
           (1) Blattflechten und Moose
           (2) Krustenflechten
           (3) Blaualgen (Tintenstriche)
     2. Steinschutthalden-Bewuchs
        a. Tiefland-Steinschuttfluren (*Galeopsietum angustifoliae*)
        b. Montane Steinschuttfluren (*Petasitetum paradoxi*)
        c. Hochgebirgs-Steinschuttfluren (*Androsacion alpinae*)
   B Offene Flugsand-Formationen
     1. Locker bewachsene Dünen
        a. Hochgras-Dünen
           (2) außertropisch (*Ammophiletea*)
        b. Niedergras-Dünen (*Corynephorion*)
     2. Kaum bewachsene Dünen
        a. Wanderdünen im Waldklima
   C Eigentliche Wüsten (–)

VII **Wasserpflanzen-Formationen** (außerhalb der Meere)
   A Schwimmende Wiesen
     1. Vorwiegend krautige Schwingrasen
        b. Krautschwingrasen gemäßigter Breiten (*Calletum palustris*)
     2. Vorwiegend moorige Schwingrasen (*Caricetum limosae*)

B Röhrichte
1. Röhrichte an süßen Stillwassern
   b. Gemäßigte Süßwasser-Seeröhrichte (*Phragmition australis*)
2. Röhrichte an salzigen Stillwassern
   b. Gemäßigte Salzwasser-Röhrichte (*Scirpion maritimi*)
3. Fließwasser-Röhrichte
   b. Gemäßigte Flußröhrichte (*Phalaridion*)
   c. Gemäßigte Bachröhrichte (*Sparganio-Glycerion fluitantis*)

C Wurzelnde Schwimmblatt-Formationen
1. Schwimmblatt-Decken süßer Stillwasser
   b. Gemäßigte Schwimmblattdecken (*Nymphaeion albae*)

D Wurzelnde Unterwasser-Formationen
1. Unterwasserrasen in süßen Stillwassern
   b. Gemäßigte Unterwasserrasen (*Littorelletea*)
2. Unterwasserrasen in salzigen Stillwassern
   b. Gemäßigte Unterwasserrasen (*Ruppietea* p. p.)

E Freischwimmende Wasserpflanzen-Formationen
1. Freischwimmende Breitblatt-Formationen
   b. Gemäßigte freischwimmende Breitblatt-Formationen (*Hydrocharitetum morsus-ranae*)
2. Wasserlinsen-ähnliche Formationen
   b. Gemäßigte Wasserlinsen-ähnliche Formationen (*Lemnetea*)
3. Freischwimmende Fadenalgen-Formationen

Wie die Beispiele zeigen, haben die Syntaxa bei oft gleicher Stufe des Formationssystems ganz unterschiedliche Ränge im Braun-Blanquet-System. Umgekehrt gehören eng verwandte Syntaxa oft zu ganz verschiedenen Formationen (s. hierzu auch VIII).
Die meisten floristisch gefundenen Assoziationen lassen sich aber in dieses System einordnen. Etwas grobere Typen sind leicht durch eine Formel zu kennzeichnen, z. B.

Mitteleuropäischer Buchenwald	I B 3b (1)
Nordwestdeutsche Heide	IV A 1a
Glatthaferwiese	V C 1e (2)(a)

Stärkere Bedeutung hat das Formationssystem aber für großräumige Gliederungen mit physiognomisch gut unterscheidbaren und ökologisch interpretierbaren Typen. Eine entsprechende Darstellung aus den Tropen zeigt Abb. 121.

9.2.2.3 Ökologisch-standörtliche Klassifikation

Naturnahe Systeme der Vegetation sollten von vegetationseigenen Merkmalen (vor allem Struktur i. w. S.) ausgehen. Eine rein standörtliche Klassifikation erscheint daher zumindest für detaillierte Gliederungen nicht angebracht, zumal bis heute ausreichende Meßdaten fehlen (s. schon die Kritik bei BROCKMANN-JEROSCH & RÜBEL 1912). Die Vegetation wird ja gerade als integraler Indikator für den schwer entwirrbaren Standortskomplex benutzt. Trotzdem sind ökologisch orientierte Gliederungen für großräumige Ansätze durchaus sinnvoll, wo „Standort" nur noch sehr grob, oft vorwiegend als klimatisch bestimmt, gesehen wird.

Bestes Beispiel ökologisch-standörtlicher Klassifikation i. w. S. mit einem deduktiven System sind die seit langem in der Vegetationsgeographie gebräuchlichen Vegetationszonen oder -gürtel, die parallel zu großklimatisch-zonalen Einheiten gesehen oder aus diesen abgeleitet werden. SCHIMPER (1898) gliederte die Vegetation der Erde in klimatische (Gehölz, Grasflur, Wüste) und edaphische Formationen (z. B. Galeriewälder, Fels-, Strandvegetation). Diese werden klimatischen Zonen und ebenfalls klimatisch gekennzeichneten Gebieten zugeordnet (tropische, temperierte, arktische Zonen, Höhenregionen, getrennt die Vegetation der Gewässer). Seine Vegetationskarte der Erde enthält 13 Formationstypen. SCHMITHÜSEN (1968) spricht von „klimatischen Vegetationszonen" oder „Wuchs-Klimazonen". Er unterscheidet etwa zwölf gleichrangige Vegetationsgürtel, wie sie ähnlich seit langem in der geographischen Literatur beschrieben wurden.

Botanisch verfeinert hat WALTER dieses Konzept (s. Walter 1976, WALTER & BRECKLE 1983). Sein deduktives, vorwiegend klimaökologisch-geographisches System der Erde enthält folgende Haupteinheiten (weitere Beispiele s. BEARD 1973):

– Biosphäre, gegliedert in Biohydrosphäre und Biogeosphäre.
  Letztere untergliedert sich in

264 Gliederung und Ordnung der Vegetation

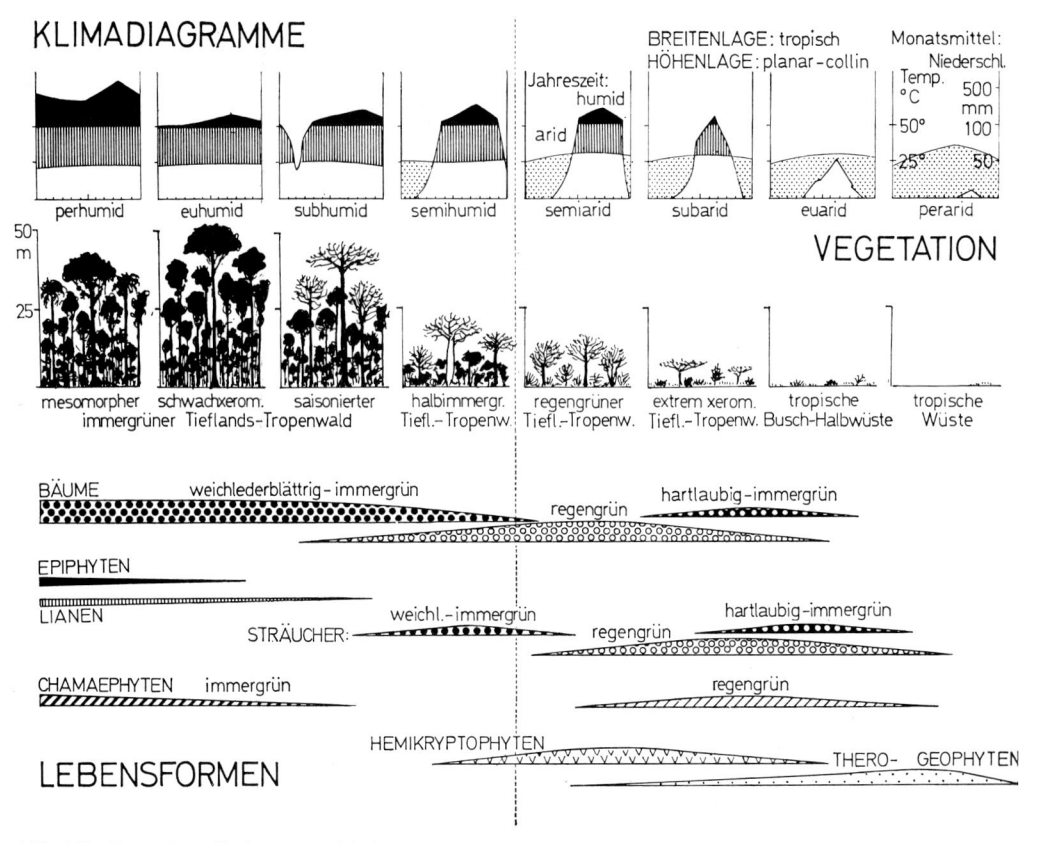

Abb. 121. Formationsgliederung und Lebensformenverteilung in Tieflagen des Andenvorlandes entlang eines Klimagradienten (aus ELLENBERG 1975).

– Zonobiome (ZB): 9 auf ökologischen Klimazonen beruhende Gürtel jeweils beiderseits des Äquators. Bis auf den feiner aufgeteilten temperaten Bereich entsprechen sie den Zonen der Klimatologen:
I Äquatoriales ZB mit Tageszeitenklima
II Tropische ZB mit Sommerregen (humid-arid)
III Subtropisch-aride ZB (Wüstenklima)
IV Winterfeuchte ZB mit Sommerdürre
V Warmtemperierte (ozeanische) ZB
VI Typisch-gemäßigte ZB mit kurzer Frostperiode
VII Arid-gemäßigte (kontinentale) ZB
VIII Kalt-gemäßigte (boreale) ZB mit kühlen Sommern
IX Arktisches und antarktisches ZB

Zwischen diesen Zonen gibt es breitere Übergangsbereiche, die in Zono-Ökotone aufgelöst werden können (z. B. I/II: Tropisch halbimmergrüne Wälder, VIII/IX: Waldtundra).

– Subzonobiome (sZB): Untergliederung nach Menge und Verteilung der Niederschläge oder nach verschiedenen Floren (z. B. IV: mediterran, kalifornisch, australisch, südafrikanisch, zentralchilenisch).
– (Eu-) Biome: ökologische Grundeinheiten im Sinne relativ einheitlicher und überschaubarer, aber noch recht großer Landschaftsräume (z. B. Laubwaldgebiet Mitteleuropas, Sonora-Wüste, Kilimandscharo-Gebirgsmassiv).
– Biogeozöne (nach Biogeozönose von SUKATCHEV): ökologische Einheiten etwa in der Größenordnung einer Assoziation bzw. eines niederrangigen Ökosystems. Hier werden erstmals vegetationseigene Merkmale berücksichtigt.

Als Zwischeneinheit nach oben sind Biogeozön-Komplexe vorgesehen, die räumliche oder zeitliche Abfolgen zusammenfassen (z. B. Hangcatenen, Sukzessionsserien).

– Synusien: unselbständige Teileinheiten ohne eigene Kreisläufe und Stoffflüsse.

Innerhalb der klimatisch charakterisierten Zonobiome werden Bereiche mit stark abweichenden Böden und entsprechend azonaler Vegetation als Pedobiome abgetrennt (z. B. Psammo-, Litho-, Halo-, Helo-, Hydrobiome). Außerdem sind für Höhenstufenfolgen eigene Orobiome vorgesehen. Je nach Zugehörigkeit zu einem oder mehreren Zonobiomen gibt es uni-, multi- und interzonale Orobiome.

Ein solches System hat für weltweite Betrachtungen seinen Wert. Seine Grenzen sind dort erreicht, wo man sich kleinräumig genauer auf eine Einheit festlegen muß, z. B. für detaillierte Kartierungen oder etwa synökologische Feinuntersuchungen (z. B. Direkte Gradientenanalyse; s. 3). Das System benutzt auf verschiedenen Ebenen auch nebeneinander ganz verschiedene Klassifikationskriterien, was allerdings seine Anpassungsfähigkeit an die Vielfalt biologischer Erscheinungen verbessert. Eine Gliederung der Vegetation selbst findet nicht statt, sondern es werden bereits bekannte Typen (z. B. Formationen, Assoziationen) eingesetzt.

SCHUBERT (1991) benutzt teilweise die Begriffe von WALTER für ein Ökosystem-System und deutet Möglichkeiten einer mehr induktiven und klareren Gliederung an. Er beschreibt von unten nach oben folgende Einheiten:
– Synusien
– Bio(geo)coenosen
– Biome (Tropho-, Pedo-, Zono-, Orobiome)
– Megabiome (marin, limnisch, semiterrestrisch, terrestrisch, künstlich)
– Subbiosphären (Hydro-, Geo-, Anthropobiosphäre)
– Biosphäre

Während Megabiome und Biome noch rein ökologisch definiert sind, ist die Biogeocoenose eine grundlegende Vegetationseinheit. Insgesamt bildet dieser Ansatz den Übergang zur Ökosystemgliederung von ELLENBERG (s. 9.2.2.4).

Ebenfalls großklimatisch orientiert sind die thermischen Vegetationszonen von SCHROEDER (1983). Sie haben weniger ihren Sinn im Aufbau eines Systems als vielmehr in der Möglichkeit einer klimaökologisch begründeten Vegetationskarte der Erde, an ältere vegetationsgeographische Karten anknüpfend. Folgende sieben Zonen werden beiderseits des Äquators unterschieden:

Tropische Zone
Meridionale bzw. Australe Zone
Nemorale Zone
Boreale Zone
Arktische bzw. Antarktische Zone

Eine Untergliederung wird nach dem Wasserfaktor vorgenommen (humid, semihumid, semiarid, arid). Außerdem werden Höhenstufen unterschieden.

Eine mit der Gliederung von WALTER vergleichbare Einteilung aus teilweise mehr geographischer Sicht gibt SCHULTZ (1988) mit der Beschreibung von Ökozonen der Erde. BOX (1981) benutzt die engen Korrelationen zwischen Klimadaten und dem Auftreten bestimmter Lebensformen und Formationen als Modell für die Ableitung von Formationskarten.

Für kleinere Bereiche lassen sich Formationen in ökologischen Serien gruppieren (BEARD 1973; s. auch 4). BEARD hat vorwiegend für tropisch-subtropische Gebiete Typen ökologisch (nach Boden und Klima) verknüpfter Abfolgen (Catenen) von Formationen beschrieben (Abb. 122). Solche Serien können auch als Grundeinheiten von Vegetationskomplexen aufgefaßt werden, wo mehr das flächenhafte Mit- und Nebeneinander im Vordergrund stehen (9.2.2.8).

Eine stärker standörtlich ausgerichtete Klassifikation mit floristischen Merkmalen kann durch Zeigerarten und ökologische Gruppen erfolgen (s. 6–7). Noch strenger induktiv ist die Koinzidenz-Methode (5), die zu lokalen Vegetationstypen mit engem Bezug zu Standortsmerkmalen führt. Wie schon in Kapitel 6.3 erörtert, sind ökologische Kriterien aber kein brauchbarer Ausgangspunkt für ein System. Ein floristisch-ökologisches System käme sicher der Naturvielfalt recht nahe, erscheint aber nicht machbar.

9.2.2.4 Ökologisch-funktionale Klassifikation

In dieses Kapitel gehört die Klassifikation von Ökosystemen, wie sie ELLENBERG (1973b) vorgeschlagen hat. Für die deduktive Gliederung werden folgende Kriterien verwendet:
– Vorherrschendes Lebensmedium (Luft, Wasser, Boden)
– Biomasse und Produktivität der Primärproduzenten
– Begrenzende Faktoren der Produktivität
– Regelmäßige Stoffgewinne oder -verluste
– Relative Rolle der Sekundärproduzenten
– Rolle des Menschen

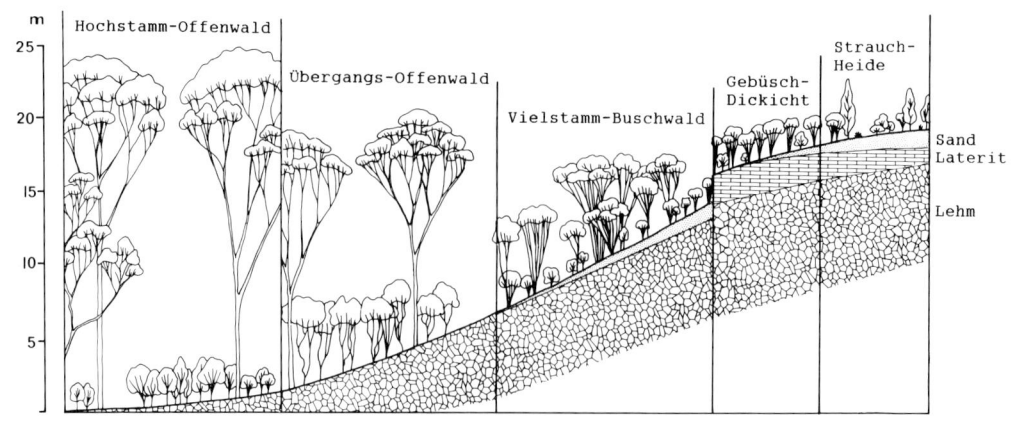

Abb. 122. Topographisch-ökologische Catena als Typus einer gesetzmäßigen Vegetationsabfolge in Südwestaustralien (nach BEARD 1981; verändert).

ELLENBERG schließt für die Zukunft ein induktives System nicht aus, wenn über die Grundeinheiten genügend bekannt ist. Er gliedert die Biosphäre in Mega-, Makro-, Meso-, Mikro- und Nano-Ökosysteme. Weitere Untereinheiten sind Partialsysteme, die, im Sinne einzelner Schichten von Vegetation und Boden, von Mikrostandorten oder rhythmisch-zeitlichen Unterschieden ausgehen (Topo-, Substrat-, Phäno-Partialsystem). Für menschliche Einwirkungen werden sehr differenzierte Zusätze gemacht, ebenfalls für die biogeographische Untergliederung. Durch Formeln von Buchstaben und Ziffern läßt sich jedes Ökosystem festlegen.

Wie stark letzlich rein vegetationskundliche (vorwiegend physiognomisch-ökologische) Grundlagen in das System eingehen (vgl. 9.2.2.2), zeigt das folgende Beispiel eines mitteleuropäischen Buchenwald-Ökosystems:
Biosphäre
Hauptgruppe natürlicher bis naturnaher Ökosysteme
Untergruppe semiterrestrischer und terrestrischer Ökosysteme
   T Terrestrische Ökosysteme (Mega-Ö.)
   1 Dicht geschlossene Wälder
   1.6 Kältekahle Wälder (Meso-Ö.)
   1.6.5 Submontaner kältekahler Wald ohne zusätzliche Wasserzufuhr (Mikro-Ö.)
   (1.6.5.1 z. B. nasse Delle als nur teilweise selbständiges Nano-Ö.)

9.2.2.5 Floristisch-soziologische Klassifikation
Am stärksten durchgesetzt haben sich floristisch-soziologische, d. h. auf der Artenkombination von Beständen aufbauende Systeme. Sie erlauben streng induktives Vorgehen und können am besten die Feinheiten von Vegetation und Standort einer Landschaft widerspiegeln.

Besonders BRAUN-BLANQUET hat immer wieder hervorgehoben, daß aus der Artenverbindung sowohl alle wichtigen Eigenschaften der Vegetation selbst (z. B. Textur, Struktur, Phänologie) als auch exogene und endogene Faktoren ihrer Entstehung und Erhaltung (s. III) sowie räumliche und zeitliche Aspekte erschließbar sind.

Als Grundeinheit solcher Systeme dient meist die Assoziation, teilweise auch die Soziation oder Union. Rein floristische Systeme gibt es allerdings nicht. Bewußt oder mehr unterschwellig werden auch andere Kriterien, oft Strukturmerkmale mit einbezogen, mit unterschiedlicher Gewichtung auf einzelnen Hierarchiestufen.

Grundlage soziologischer Klassifikation ist der Tabellenvergleich von Aufnahmen, wie er bereits in Teil VI ausführlich dargestellt worden ist. Auch berechenbare Gesellschaftskoeffizienten sind zur Klassifikation anwendbar (VIII 2.7, IX). Floristische Klassifikationen spielen deshalb auch in der theoretischen Vegetationskunde eine große Rolle.

Floristisch-soziologische Systeme sind vor allem in Europa entwickelt worden. Am weitesten verbreitet ist heute das System der Braun-Blanquet-Schule (im weiteren als Braun-Blanquet-System bezeichnet). Es ist eine wichtige Basis der Pflanzensoziologie und wird deshalb in einem eigenen Hauptkapitel (VIII) ausführlich erörtert.

Als konträrer Ansatz wird oft das Vorgehen der Uppsala-Schule dargestellt. Ihre Vertreter haben das Prinzip der Charakter- und Differentialarten von BRAUN-BLANQUET kritisiert und stattdessen konstante oder dominante Arten bestimmter Schichten als Klassifikationskriterium benutzt. Zunächst (z. B. DU RIETZ 1921) untersuchte man Assoziationen im Sinne konkreter Bestände nach der Konstanz (Frequenz) der Arten in gleichgroßen Quadraten (s. auch V 5.2.6). Jeder Assoziationstyp mußte danach wenigstens eine Art mit 90% Konstanz oder mehr aufweisen. Mit Konstanten arbeitete auch schon BROCKMANN-JEROSCH (1907) bei der Gliederung der Pflanzengesellschaften der Alpen. Er verglich ganze Aufnahmen und unterschied konstante Arten (in mindestens 50% der Aufnahmen), akzessorische Arten (ab 25%) und zufällige Beimischungen. Sein Begriff „Konstanz" entspricht also der heute benutzten Stetigkeit (s. VI 3.7.1, VIII 2.3).

Später wandte man sich in Nordeuropa mehr den Soziationen bzw. Synusien als Grundeinheiten zu (s. DU RIETZ 1930, 1936). Dieser faßte seine Soziationen und Assoziationen zur Federation zusammen, gekennzeichnet durch bestimmte Arten einer Schicht bei möglicher Variation der übrigen Schichten (z. B. *Larix-Pinus cembra*-Ass. und *Pinus uncinata*-Ass. zur *Larix-Pinus cembra*-Fed. der Alpen). Über der Federation steht die Formation als höchste floristisch bestimmte Einheit (z. B. *Pinus sylvestris-Picea-Abies-Fagus*-Formation eurosibirisch-kaukasischer Wälder), die noch wieder in Subformationen aufgeteilt werden kann (z. B. mitteleuropäische Subformation). Die Panformation als oberste Kategorie wird nur noch durch bestimmte Gattungen oder Familien einer Schicht zusammengefaßt (z. B. boreale und tropisch-montane *Pinaceen-Cupressaceen*-Formation). DU RIETZ betonte das sinnvolle Nebeneinander mit einem Synusialsystem, das noch heute bei der Gliederung von Kryptogamengesellschaften eine Rolle spielt (s. VIII 7).

Verwandte Systeme gibt es in Osteuropa. In der einflußreichen Leningrader Schule werden z. B. Assoziationen als Dominanztypen zu Formationen (z. T. weiter zu Formationsgruppen und -klassen) zusammengefaßt, wobei die unteren Einheiten floristisch, die höheren mehr physiognomisch-ökologisch begründet sind (s. ALEKSANDROVA 1973).

Auf dem Internationalen Botanikerkongreß in Amsterdam (1935) wurde zwischen den nordischen und mitteleuropäischen Pflanzensoziologen nach langjährigen heftigen Diskussionen eine gewisse Einigung erzielt. Sowohl die Assoziationen nach BRAUN-BLANQUET als auch die Soziationen nach DU RIETZ sollen auf nächsthöherer Ebene (Verband) in ein floristisches Gesamtsystem integriert werden (s. BRAUN-BLANQUET 1936, DU RIETZ 1936). Heute sind viele Nordeuropäer mehr oder weniger in der Braun-Blanquet-Schule aufgegangen oder haben sich anderen vegetationskundlichen Fragen zugewendet.

Ein weiterer nordischer Ansatz geht von CAJANDER (1909 u. a.) aus, der als Begründer der Finnischen Schule einer standörtlich-floristischen Waldgliederung gilt, die auch weiter nach Osten ausstrahlt (s. FREY 1973). CAJANDER stellte Waldtypen auf nach der Artenzusammensetzung (mit Leitpflanzen) der Kraut- und Kryptogamenschicht, relativ unabhängig von der Baumschicht. Auch Ersatzgesellschaften (Entwicklungsstadien nach Schlag, Brand, Aufforstungen) sind in diese Typen integriert. Die Waldtypen können in Subtypen untergliedert und in Klassen zusammengefaßt werden. Für mitteldeutsche Wälder beschrieb CAJANDER z. B. den *Oxalis*-Typ mit Subtypen nach *Galium odoratum*, *Galium odoratum-Impatiens noli-tangere*, *Oxalis*, sowie *Oxalis-Vaccinium myrtillus*. Die Waldtypen werden vor allem für die forstliche Praxis als Indikatoren des Wuchspotentials benutzt, aus dem sich waldbauliche Maßnahmen ableiten lassen.

9.2.2.6 Floristisch-syngenetische (dynamische) Klassifikation

Dynamische Vorgänge spielen in der Vegetation eine große Rolle. Ihre Untersuchung kennzeichnet einen eigenen Teilbereich der Pflanzensoziologie (Syndynamik: s. X). Für ein allgemeines System sind syndynamische Einheiten jedoch wenig geeignet, da ihre Verknüpfung zu wenig bekannt und mit Hypothesen verbunden ist. So haben sich die hier kurz geschilderten früheren Versuche einer syngenetischen Klassifikation auch wenig weiterentwickelt und sind heute großenteils eher historisch.

Der prominenteste Vertreter einer vorwiegend im englischsprachigen Raum entwickelten Systematik auf dynamischer Grundlage ist CLEMENTS. Er hat schon 1916 seine Vorstellungen ausführlich entwickelt, die in ein System von Entwicklungsserien münden. Die Schlußgesellschaft (Klimax) wird als einem Organismus vergleichbare Einheit gesehen, die entsteht, sich entwickelt, reift, stirbt bzw. sich selbst reproduziert oder erneuert. Alle Entwicklungsstadien sind genetisch mit der stabilen Schlußgesellschaft verbunden, die den erwachsenen Organismus darstellt. Dieser bildet unter einheitlichen Klimabedingungen eine mehr physiognomisch definierte Formation, die sich floristisch in nebeneinander vorkommende Assoziationen nach dominanten Arten gliedern läßt. Weiter gibt es die Konsoziation als Teil der Assoziation mit einer Dominanten und weitere Kleineinheiten. Serielle Einheiten (Stadien) werden als „associes" bezeichnet, ebenfalls nach Dominanten unterschieden und sind weiter unterteilbar (s. auch WHITTAKER 1973, S. 389).

Verschiedene Serien führen zu einer Formation (Klimax), unterschieden nach Priserien (der primären Sukzession) und Subserien (der sekundären Sukzession). Diese gliedern sich mehr standörtlich in Hydro- und Xeroserien, erstere weiter in Halo- und Oxyserien, letztere in Litho- und Psammoserien. Umgekehrt werden Serien zu höheren Einheiten bis zur Geoserie zusammengefaßt.

Ansätze zu einer syndynamischen Klassifikation lieferte auch LÜDI (1921). Er unterschied für ein Gebiet der Schweiz primäre und sekundäre Sukzessionsreihen mit Schlußvereinen, dargestellt in einer genetisch-dynamischen Vegetationskarte. Ähnliche Wege beschritt auch FURRER (1922).

Das System von CLEMENTS war einige Zeit eine herrschende Grundlage amerikanischer Vegetationskundler, wurde aber in Mitteleuropa nie akzeptiert (s. schon die Kritik von FLAHAULT & SCHRÖTER 1910). Wenn das System auch heute nicht mehr benutzt wird, sind doch manche Ideen von CLEMENTS weiter entwickelt worden (z. B. Klimax, Gesellschaftsserien und -ringe, genetische Gesellschaftskomplexe, potentiell natürliche Vegetation). Näheres hierzu im Teil X. Das organismische Konzept hat zu Diskussionen und Nachdenken über das Wesen von Pflanzengesellschaften angeregt (s. III 1).

Einen praxisnahen, auf die naturgemäße Waldwirtschaft ausgerichteten Ansatz für syngenetische Verknüpfungen lieferte AICHINGER (1951, 1954 u. a.) mit seinen Vegetationsentwicklungstypen. Er sieht sie nicht als Ersatz sondern als Ergänzung zu anderen floristischen Systemen und benutzt Soziationen und Konsoziationen als Hintergrund. Vegetationsentwicklungstypen sind physiognomisch-floristische Einheiten syndynamischer Verwandtschaft, die aus direkter Beobachtung der Sukzession oder über syngenetische Differentialarten (Relikte früherer oder Pioniere nachfolgender Gesellschaften) ableitbar ist. Zu demselben Grundtyp gehören alle physiognomisch einheitlichen Bestände, die sowohl floristisch als auch standörtlich übereinstimmen und demselben Stadium einer Entwicklungsreihe angehören. Von diesem ausgehend, kommt man zu (teilweise wohl hypothetischen) Kombinationen nach dynamischen Kriterien:

Pinetum quercetosum ↗ *PICEETUM vacciniosum* ↗ *Fagetum*

Abieteto-Fagetum piceetosum ↘ *PICEETUM vacciniosum*

Die derzeitige Vegetation ist durch Großschrift gekennzeichnet. Pfeile nach oben kennzeichnen eine fortschreitende Entwicklung, Pfeile nach unten eine Degeneration (z. B. durch Waldweide, Kahlschlag). Aus diesen Kombinationen kann der Forstmann ablesen, wohin eine naturgemäße Waldentwicklung führen sollte.

9.2.2.7 Floristisch-arealgeographische Klassifikation

Arealgeographische Kriterien bieten sich für großräumige Vegeta-tionsgliederungen an. So kann man z. B. Pflanzengesellschaften nach Arealtypenspektren (XII 2.4) kennzeichnen und vergleichen oder nach dem Vorkommen synchorologischer Artengruppen (aus Arten etwa gleicher Verbreitung) Assoziationen in Geographische Rassen (Vikarianten) gliedern (VIII 4.2.5). Grundlegend für eine Klassifikation (nicht System) werden solche Kriterien aber wohl nur bei SCHMID (z. B. 1941, 1961) verwendet. Er gliedert die Vegetation in Gürtel mit nach Sippen, Geschichte u. a. ähnlicher Flora. Der Oberbau ist also zunächst floristisch-chorologisch definiert. Die Vegetationsgürtel enthalten Biocoenosen und Formationen, die durch Arten mit ähnlichen Arealen verbunden sind. Den Vegetationsgürteln liegen insgesamt umfangreiche taxonomische, phylogenetische und genetische, chorologische, florengeschichtliche, ökologische und soziologische Überlegungen zugrunde.

Für die Nordhalbkugel der Erde werden folgende Vegetationsgürtel unterschieden (s. SCHMID 1961), die allerdings z. T. lückig und miteinander verzahnt auftreten:

1. Standardgürtel: durchziehen etwa klimazonal das gesamte Gebiet und lassen sich von Nord nach Süd bzw. von oben nach unten in eine Reihe bringen:
   Carex-Elyna-Steppengürtel
   Zwergstrauch-Tundra-Gürtel
   Lärchen-Arven-Gürtel
   Buchen-Tannen-Gürtel
   Quercus-Tilia-Acer-Gürtel
   Laurocerasus-Gürtel
2. Refugiengürtel: besonders Bereiche oligotropher Böden mit ozeanischem Klima und Arten südlicher bzw. tertiärer Herkunft, die sich hier extrazonal erhalten haben:
   Quercus robur-Calluna-Gürtel
   Genisteen-Ericoideen-Gürtel
   (vikariierende Gürtel in Nordamerika)
3. Metamorphosengürtel: Arten haben sich aus tertiären Prototypen unter besonderen klimatischen Verhältnissen entwickelt, vor allem in Trockengebieten. Als europäische Beispiele werden genannt:
   Pulsatilla-Waldsteppengürtel
   Stipa-Steppengürtel
   Flaumeichen-Gürtel
   Mediterraner Gebirgssteppengürtel

In der vierblättrigen Vegetationskarte der Schweiz 1:200 000 hat SCHMID (1961) seine Vorstellungen konkretisiert. Die nebeneinander (z. T. im Sinne von Höhenstufen) auftretenden Gürtel sind stark verzahnt. In jeder Großeinheit werden grobe floristische Vegetationstypen näher gekennzeichnet, einschließlich menschlicher Nutzungstypen. Der Buchen-Tannen-Gürtel als weit verbreiteter Typ enthält z. B. Buchenwald, Tannenwald, Buchenreichen Hainbuchenwald, Schluchtwald, Fichtenforst, Flachmoore, Mähwiesen, Weiden und Äcker. Ein anderes Kartierungsbeispiel gibt SAXER (1967). Sonst ist dieses Verfahren wohl nicht weiter verfolgt worden.

9.2.2.8 Floristisch-räumliche Klassifikation

Noch stärker geographisch orientiert sind räumliche Ansätze der Vegetationsgliederung nach Vegetations- oder Wuchsgebieten, Wuchslandschaften und Wuchszonen oder Höhenstufen mit gewissen arealgeographischen und syndynamischen Einschlägen (z. B. PREISING 1954, KRAUSE 1955, TÜXEN 1956, SCHRETZENMAYR 1961, BRAUN-BLANQUET 1964, SCHMITHÜSEN 1968, KNAPP 1971 u. a.; s. auch XI 4). Solche Gebiete werden meist nach der vorherrschenden natürlichen oder potentiell natürlichen Schlußgesellschaft (Klimax) oder nach ihrem gesamten Gesellschaftsinventar gekennzeichnet. Für Nordwestdeutschland werden z. B., zurückgehend auf frühere Arbeiten von TÜXEN, Landschaften des Birken-Eichen-, Eichen-Hainbuchen-, Buchenmisch- und Buchenwaldes unterschieden. Sie sind gewissermaßen der räumliche Ausdruck syndynamischer Serien (s. 9.2.2.6). Es geht aber vorwiegend um eine vegetationsgemäße Landschaftsgliederung, weniger um ein System. Dies gilt auch für räumlich-ökologische Serien, die entweder reale Schnitte durch einen Vegetationskomplex gradientenartig darstellen (Beispiele s. 4, 9.2.2.3) oder, etwas abstrakter, verwandte Vegetationstypen als ökologische Abfolgen zusammenfassen (z. B. Heide-, Wiesen-, Steppen-, Moorserien Nordeuropas; s. TRASS & MALMER 1973).

Gesellschaftskomplexe als Typen regelhafter räumlicher Gefüge von Pflanzengesellschaften (Mosaike, Gürtel), können aber auch Grundlage eines Vegetationssystems höherer Integration sein. Vorschläge hierzu machte vor allem TÜXEN (1978 u. a.). Er faßt Sigmeten nach Ähnlichkeit ihrer Gesellschaftsinhalte zu höheren Einheiten zusammen. Noch weiter gesehen kann man, genügend Grundkenntnisse vorausgesetzt, Sigmetum-Komplexe zu Geosigmeten vereinigen. Ein System von Geosigmeten, wiederum nach Ähnlichkeit seiner Komponenten, wäre aber nur für sehr große Gebiete denkbar, wo dann kaum noch vergleichbare Pflanzengesellschaften als Grundlage bestehen. Insgesamt weist dieser induktive Ansatz aber den Weg für eine pflanzensoziologisch fundierte Landschaftsgliederung. Wenn auch Methoden und Ergebnisse noch in der Erprobungsphase sind, wird bereits von einer eigenen Richtung (Synsoziologie, Sigmasoziologie) gesprochen (s. XI 3).

VIII Das Braun-Blanquet-System (Syntaxonomie)

1 Allgemeines

Im vorigen Hauptkapitel (Teil VII) wurden wesentliche Grundlagen von Vegetationssystemen mit Beispielen dargestellt, auch die engen Beziehungen zwischen Klassifikation und Ordination hervorgehoben. Das floristische Gesellschaftssystem von BRAUN-BLANQUET, ein Kernbereich der Pflanzensoziologie i. e. S., wurde nur kurz besprochen und bildet den Inhalt dieses eigenen Kapitels. Es sei aber erneut betont, daß Syntaxonomie im Sinne dieses Systems nur *eine* Grundlage für viele andere Aspekte der Pflanzensoziologie ist, keinesfalls als Selbstzweck betrachtet werden kann (s. TÜXEN 1970c, 1974). Dies schließt nicht aus, daß sich sehr viele Forscher und Arbeiten gerade mit Fragen der Gesellschaftssystematik befassen. „Das Ringen um eine pflanzensoziologische Systematik entspringt zwar in erster Linie dem menschlichen Ordnungsbedürfnis, die Systematisierung der Gesellschaften fördert aber auch wichtige Kausalitätsfragen und eröffnet Ausblicke auf einen von vornherein kaum übersehbaren Forschungskomplex, der tief in die angewandten Wissenschaften, Land- und Forstwirtschaft, Kulturtechnik, Gewässerkunde usw. eingreift" (BRAUN-BLANQUET 1959/1978, S. 137).

„Das einzige objektiv faßbare Ausgangsmaterial für die Gesellschaftssystematik liegt in der gesellschaftsbildenden Substanz selbst, in den Artindividuen. Sie sind die letzten atomistischen Bausteine der Vegetationsgliederung und damit der Pflanzengesellschaften, die auf den Vegetationsaufnahmen beruhen und die durch den Artenbestand gekennzeichnet sind. Die zum Gesellschaftstyp vereinigten pflanzensoziologischen Aufnahmen haben den enormen Vorteil, daß aus ihnen gewissermaßen automatisch Aussehen, Entwicklungsgrad, Konkurrenzverhältnisse, Verbreitungsareal und andere Eigenschaften der Gesellschaft herauszulesen sind. Der statistisch-mathematischen Behandlung floristisch abgegrenzter Vegetationseinheiten steht kein Hindernis entgegen."

In diesem Zitat aus dem Lehrbuch von BRAUN-BLANQUET (1964, S. 19) ist der theoretische Hintergrund des Systems schon weitgehend beleuchtet. Wesentliche Grundlage ist der floristisch-statistische Vergleich von Vegetationsaufnahmen in Tabellen zum Aufbau einer induktiven Klassifikation und Systematik. Methodische Grundlagen hierzu wurden bereits in den Teilen V-VI erläutert.

Alle Merkmale der Vegetation, die unmittelbar aus Pflanzenbeständen ablesbar sind, können als **analytische Merkmale** in unterschiedlicher Gewichtung für die Vegetationsgliederung Verwendung finden (s. VII 9.1). Im Braun-Blanquet-System stehen floristische Merkmale im Vordergrund, werden aber teilweise durch andere ergänzt. BRAUN-BLANQUET & PAVILLARD (1922/1928) nennen Abundanz, Dominanz, Frequenz, Soziabilität, Vitalität, Periodizität, Schichtung und dynamisches Verhalten (s. auch BRAUN-BLANQUET 1928).

Daneben gibt es Merkmale von Vegetationstypen, die erst aus dem Vergleich ihrer zugrunde liegenden Aufnahmen erkennbar werden. Dies sind die **synthetischen Merkmale** einer Pflanzengesellschaft. Obige Autoren nennen hierfür Gemeinschaftskoeffizienten, Gesellschaftsstetigkeit und Gesellschaftstreue (Charakter- und Differentialarten) sowie das Minimum-Areal. Eine neue Übersicht gibt TÜXEN (1970a). Synthetische Gesellschaftsmerkmale sind wesentliche Grundlagen der Syntaxonomie und werden hier eingehender besprochen. Im weiteren Sinne gehören hierzu auch viele andere, aus Vegetationstabellen ableitbare Daten, z. B. mittlere ökologische Zeigerwerte (s. VII 7.2.2.3) oder Angaben zum räumlichen Verhalten (s. XII 3.5).

Wie GLAHN (1968) näher ausgeführt hat, beruht die Typenbildung auf einer doppelten anschaulichen Integration. Im Gelände werden aufgrund analytischer Merkmale empirische Bestandesbilder bereits in grobe Typen integriert. Durch Tabellenvergleich genormter Bestandesbeschreibungen (Aufnahmen) ergibt sich dann der saubere Typus. Beide Formen anschaulicher Integration ergänzen und kontrollieren sich wechselweise. Dieses Verfahren im wissenschaftlichen Sinne nennt man Induktion.

Das heute gebräuchliche Gesellschaftssystem ist zwar von BRAUN-BLANQUET (besonders 1921 ff.) entwickelt worden. Nach Erscheinen der letzten Auflage seines Lehrbuches (1964) gab es aber viele neue Ideen und Überlegungen. So bauen die folgenden Kapitel auf BRAUN-BLANQUET auf, bringen aber mancherlei Veränderungen oder zeigen Alternativen.

Über die Entwicklung und rasche Ausbreitung der Braun-Blanquet-Lehre und damit auch seines Gesellschaftssystems wurde bereits einiges in Teil II berichtet. Eine Zwischenbilanz findet sich auch bei TÜXEN (1970c), der Eigenart und Wert dieses Systems betont. Weiteres ergeben die folgenden Kapitel. Wenn wir heute von einem erdumgreifenden System auch noch weit entfernt sind, erscheint ein solches doch zumindest theoretisch möglich, wie viele erfolgreiche Ansätze in allen Erdteilen zeigen. Am weitesten entwickelt ist das System in Europa, wo es in bald 100 Jahren bis ins Detail erarbeitet wurde, mit allen Fortschritten und Fehlern, die vorstellbar sind.

Ein induktiv aufgebautes System kann sich nur langsam herausbilden, von mehr lokalen zu überregionalen Befunden fortschreitend. Es liegt offenbar in der Natur menschlichen Denkens, möglichst rasch zu einem Systemmodell für direkt überschaubare Phänomene zu gelangen. Spätere Zusammenschau größerer Bereiche muß dann zu Vereinheitlichungen, Veränderungen oder Neubewertungen führen. Gerade das Gesellschaftssystem von BRAUN-BLANQUET bietet hierfür viele Beispiele (z. B. DIERSCHKE 1986a).

Heute kann man zumindest für Europa hoffen, daß allmählich eine Konsolidierungsphase durch internationale syntaxonomische Zusammenarbeit beginnt. Noch bleiben aber mancherlei Fragen offen, wie es auch BRAUN-BLANQUET in einem Brief an Tüxen (23. 3. 1971) ausgedrückt hat: „Ich sehe die ganze Systematik noch nicht so klar abgezirkelt an und überlasse der kommenden Generation noch genügend Fragenkomplexe, die ihr wohltun."

2 Synthetische Merkmale von Pflanzengesellschaften

Wie schon kurz angesprochen, bilden die synthetischen Merkmale den Kern der Syntaxonomie. Es sind gesellschaftstypische Merkmale gewissermaßen höherer Ordnung, die für das Verständnis, die Klärung und Darstellung der Vegetationstypen eine große Bedeutung haben. Meist lassen sie sich unmittelbar aus Vegetationstabellen ablesen oder errechnen.

2.1 Mittlere Artenzahl

Floristisch eng verwandte Bestände lassen eine ähnliche Artendiversität erwarten. Deshalb ist die mittlere Artenzahl (mAZ) als arithmetisches Mittel ein bezeichnendes Merkmal jeder Pflanzengesellschaft. RAABE (1950) spricht von der „charakteristischen Arten-Anzahl". Sie ist Grundlage mancher statistischen Berechnungen (s. 2.7). Auch die Streuungsbreite der Einzelwerte um die mAZ kann charakteristisch sein. In ungesättigt-offenen (Pionier-) Gesellschaften ist sie oft besonders hoch, in langlebig-stabilen Gesellschaften eher gering. HOFMANN & PASSARGE (1964) schlagen deshalb die Berechnung der Standardabweichung (s) und eines Variabilitätskoeffizienten (VK) vor:

$$s = \sqrt{\frac{\sum (AZ - mAZ)^2}{n-1}}$$

$$VK = \frac{s}{mAZ} \times 100$$

VK ist ein Maß für die Homotonität (s. 2.7) einer Gesellschaft oder Tabelle. Nach Berechnungen von HOFMANN & PASSARGE liegen die Werte bei relativ homotonen Gesellschaften oft um 10–20 (25)%.

Allgemeiner lassen sich artenarme bis sehr artenreiche Gesellschaften nach der mAZ unterscheiden. In jeder Übersichtstabelle sollte dieser Wert im Kopf mit angegeben werden.

2.2 Mittlerer Deckungsgrad, mittlere Menge

Sowohl für die gesamte Gesellschaft als auch für Artengruppen (s. auch 2.9) oder einzelne Arten können Mittelwerte des Deckungsgrades oder der Menge berechnet werden. In Tabellen findet man öfter auch die Gesamtspanne (z. B. als Zusatz zu Stetigkeitsangaben) oder den Median. Aus der Gesamtdeckung ergeben sich Hinweise auf die Struktur (sehr offene bis dicht geschlossene Gesellschaften; s. auch IV 6.2.3). Für einzelne Arten gleicher Präsenz kann der Wert etwas über Konkurrenzkraft, ökologisches Optimum u. a. aussagen, was zumindest untergeordnet für syntaxonomische Vergleiche von Bedeutung ist (s. Dominanztypen: VII 9.2.1.2; Charakterarten: 2.5).

Für alle Berechnungen müssen die Schätzwerte der Braun-Blanquet-Skala in Zahlen transformiert werden. Meist geschieht dies über die Mittelwerte der Schätzklassen (TÜXEN & ELLENBERG 1937). Die Angaben aus Kap. V seien hier noch einmal wiederholt:

Deckungsgrad/ Menge	Deckungsgrad-spanne	Mittelwert
5	75–100%	87,5
4	50– 75%	62,5
3	25– 50%	37,5
2	5– 25%	15,0
1	1– 5%	2,5
+	<1%	0,1

Arten mit r werden nicht berücksichtigt.

Daneben gibt es mancherlei andere Transformationen, die bei WESTHOFF & VAN DER MAAREL (1980) erörtert werden. Sie sind vor allem für multivariate Verfahren (IX) von Bedeutung und können je nach Wahl die Ergebnisse unterschiedlich beeinflussen.

2.3 Stetigkeit, Konstanz, Frequenz

Diese Begriffe wurden bereits in anderen Kapiteln erläutert (s. auch BRAUN-BLANQUET 1964, S. 77 ff). Frequenz bezieht sich auf die Häufigkeit von Arten in Teilflächen eines Bestandes (5.2.6) und ist für syntaxonomische Fragen der Braun-Blanquet-Schule ohne Bedeutung. (Sippen-) Stetigkeit ist dagegen ein sehr wichtiges synthetisches Merkmal. Sie gibt an, mit welcher Wahrscheinlichkeit eine Art innerhalb der Bestände einer Gesellschaft auftritt. Zwischen vergleichbaren Gesellschaften ist die Stetigkeit der Sippen oft ein wichtiges differenzierendes Merkmal (s. 2.4–2.7). Konstanz benutzt man als Ausdruck bei Vergleichen von Aufnahmen derselben Flächengröße. Der Begriff wird aber teilweise auch synonym mit Stetigkeit verwendet (s. schon BROCKMANN-JEROSCH 1907, BRAUN-BLANQUET 1918). Stetigkeit ist ein wichtiges Mittel zur Ordnung von Vegetationstabellen (s. VI 3.2). Über Stetigkeitsprozente lassen sich außerdem pflanzensoziologische Daten beliebig zusammenfassen. Oft werden nicht die absoluten Prozentwerte sondern Prozentklassen hierfür benutzt (s. schon BRAUN-BLANQUET 1919, 1921; s. auch VI 3.7.1):

V	>80–100%	I	>10–20%	
IV	>60– 80%	+	> 5–10%	oder I
III	>40– 60%	r	– 5%	
II	>20– 40%			

Für syntaxonomische Bewertungen fordert BRAUN-BLANQUET (1954, S. 77) eine Mindestzahl von zehn Aufnahmen von „normal ausgebildeten Assoziationsindividuen". (Die dort gegenüber früher abgewandelten Stetigkeitsklassen I-VI haben sich nicht durchgesetzt). Als stete Arten werden solche mit wenigstens 80% bezeichnet. Für syntaxonomische Differenzierungen wichtig werden oft Stetigkeiten ab III, also über 40% angesehen. Nach statistischen Überlegungen von FLINTROP (1984) sollten für gesicherte Ergebnisse einer Stetigkeit von 40% mindestens 20 möglichst repräsentative, unabhängige Aufnahmen vorliegen.

Für einzelne Gesellschaften bzw. Tabellen können Diagramme mit Angabe der Artenzahl pro Stetigkeitsklasse erstellt werden (s. auch 2.9). Sie geben Hinweise auf die Homotonität (2.7). Je höher der Anteil von Arten der Klassen V-IV ist, desto einheitlicher ist ein Vegetationstyp zusammengesetzt. Meist ist auch der Anteil mehr zufälliger Arten relativ hoch (Klassen r-I). Heterogene Tabellen haben dagegen besonders hohe Anteile mittlerer Klassen, in denen sich z. B. oft noch Trennarten von Untereinheiten verbergen.

Abb. 123 zeigt zwei Stetigkeitsdiagramme unserer Weidetabelle aus dem Holtumer Moor (VI, Tab. 12k). Das linke Diagramm umfaßt alle 19 Aufnahmen, also die Untereinheiten a-d gemeinsam. Die hohe Zahl von Arten der Klasse III weist auf das Vorkommen von Differentialarten hin; insgesamt ist die Tabelle offenbar wenig homoton. Dagegen zeigt das rechte Diagramm ein Bild wie es für relativ einheitli-

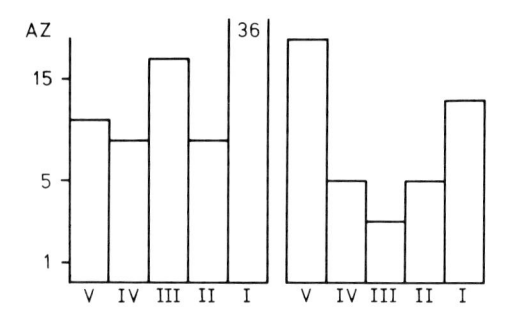

Abb. 123. Stetigkeitsklassen-Spektren des *Lolio-Cynosuretum* aus Tabelle 12k. Links: für alle Aufnahmen; rechts: für Einheit C. Erläuterung im Text.

che Aufnahmen eines Vegetationstyps charakteristisch ist.

Als weiteren Homotonitätswert haben HOFMANN & PASSARGE (1964) die „Zentralstetigkeit" (ZS) eingeführt. In einer nach Stetigkeit geordneten Tabelle ist ZS die prozentuale Stetigkeit derjenigen Art, in der (von der stetesten Art an gezählt) die Hälfte der Gesamtvorkommen an Arten in der Tabelle errreicht wird. Für homotone Gesellschaften liegen die Werte oft bei 55–85%.

2.4 Differentialarten

Ein grundlegendes Ziel des tabellarischen Vergleiches von Vegetationsaufnahmen ist die Herausarbeitung von Artengruppen, die bestimmten Aufnahmen gemeinsam sind und anderen fehlen (s. VI 3.2). Sie werden als Differential- oder Trennarten bezeichnet und sind ein wichtiges Kriterium der Syntaxonomie. Sie wurden erstmals von KOCH (1926) klar definiert. Differentialarten können demnach gewisse geographische, ökologische, anthropogene Unterschiede oder dynamische Vorgänge innerhalb eines Vegetationstyps widerspiegeln bzw. die Verwandtschaft bestimmter Bestände/Aufnahmen kennzeichnen. KOCH unterschied entsprechend Geographische Varianten (horizontal = Geographische Rassen; vertikal = Höhenglieder), Edaphische Varianten in Abhängigkeit von Substrat, Exposition oder Bodenfeuchtigkeit, Entwicklungsgeschichtliche Varianten und Anthropogene oder Kulturvarianten.

Eine entscheidende Weiterentwicklung des Differentialarten-Begriffs verdanken wir SCHWICHERATH, der 1942 (und wohl schon vorher) mehrere Typen unterschied:

D genetische Differentialarten (für Sukzessionsstadien u. ä.)
d nährstoffbedingte Differentialarten
δ feuchtigkeitsbestimmte Differentialarten
Δ geographische Differentialarten

Besonders für letztere hat er sich in vielen Arbeiten stärker eingesetzt. „Geographische Differentialarten sind solche, die geographisch extremer oder geographisch anders ausgerichtet sind als der Grundzug der Gesellschaft und deshalb nur in bestimmten Ausbildungen der Assoziation vorkommen. Sie können im wesentlichen auf die betreffende Assoziation beschränkt sein, sie können aber auch in anderen Assoziationen eine besondere und anders geartete Rolle spielen" (1968, S. 79).

Aus heutiger Sicht lassen sich folgende Hauptrichtungen von Differentialarten unterscheiden, die schon bei KOCH (1926) anklingen (s. auch VI 1, VIII 4.2.2):

DA, DV, DO, DK: Syntaxonomische Differentialarten i. e. S.: Sie trennen bestimmte Syntaxa einer Rangstufe (Assoziation, Verband, Ordnung, Klasse u. a.) voneinander ab. Entweder sind sie in ihrem Vorkommen auf den Bereich der nächsthöheren Rangstufe beschränkt, oder sie kommen außerhalb derselben in beliebigen anderen Gesellschaften vor.

D,d: Synökologische Differentialarten: Arten ähnlichen ökologischen Verhaltens (s. ökologische Gruppen, VII 6), die Abweichungen des Standortes (Boden, Mikroklima) anzeigen oder sich aus bestimmten anthropogenen Einflüssen ergeben (s. auch 4.2.3).

Δ: Synchorologische (geographische) Differentialarten: Arten ähnlicher (Flächen- oder Höhen-) Verbreitung, die nur in Teilarealen einer Gesellschaft vorkommen (s. auch 4.2.5). Für Arten bestimmter Höhenstufen kann als Symbol ΔH verwendet werden.

↑↓: Syndynamische Differentialarten: Arten bestimmter Entwicklungsstadien und -phasen einer Gesellschaft. Die Richtung des Pfeiles kann progressive oder regressive Entwicklung anzeigen (s. X 3.6.2.1).

Für besondere Zwecke sind andere Typen von Differentialarten möglich (z. B. für Störungen, Nutzungsform oder -intensität, Erosionsanfälligkeit).

Im weiteren Sinne sind alle Differentialarten syntaxonomisch, da sie bestimmte Vegetationstypen voneinander trennen, meist aber vorwiegend unterhalb der Assoziation. Generell können Arten gleichzeitig Differentialarten verschiedener Richtung sein, z. B. D+∆, D+↑, DA+D u. a.

Eine einzelne Differentialart ist nur auf sehr untergeordneter Stufe brauchbar. Man könnte ja jede Tabelle so ordnen, daß alle Aufnahmen mit der betreffenden Art zusammenstehen. Die Trennschärfe von Vegetationstypen wächst mit der Zahl der Trennarten einer Gruppe, entsprechend auch die Einheitlichkeit des abzutrennenden Teiltyps.

Differentialarten beziehen sich zunächst nur auf einen bestimmten Ausschnitt der Vegetation, d. h. auf bestimmte Aufnahmegruppen, Tabellen oder Gesellschaften, die unmittelbar verglichen werden. Außerhalb dieses Bereiches können die Arten beliebig in anderen Gesellschaften vorkommen oder auch fehlen. Deshalb ist es für die Definition von Trennarten wichtig, ihren Gültigkeitsbereich anzugeben (z. B. innerhalb einer Tabelle, eines Syntaxons, einer Formation, eines Gebietes; s. auch BARKMAN 1989). Außerdem sollte ihre Gültigkeit auf je eine bestimmte Schicht eingegrenzt werden, was insbesondere für Gehölzarten gilt.

In Vegetationstabellen lassen sich Differentialarten nach Stetigkeitskriterien genauer definieren. Selten sind Trennartengruppen völlig geschlossen, selten sind Trennarten völlig auf die entsprechende Aufnahmegruppe beschränkt. Ideale Differentialarten haben in ihrer Gesellschaft 100% Stetigkeit und fehlen in den zu vergleichenden Typen. In der Regel genügen aber folgende Unterschiede der in Kapitel 2.3 erläuterten Stetigkeitsklassen: Gute Differentialarten sollen innerhalb der entsprechenden Aufnahmegruppe bzw. Gesellschaft III-V erreichen, außerhalb höchstens mit zwei Klassen niedriger Stetigkeit (in der Regel nicht über II) vorkommen, also

V/IV   – II, I, +, r, 0
III   – I, +, r, 0

Als Kriterium einer schwachen (nur zusätzlichen) Differentialart kann auch II gegenüber +, r, 0 gewertet werden. In Zweifelsfällen läßt sich die Menge bzw. der Deckungsgrad als weiteres Merkmal einbeziehen. Trennarten mit Stetigkeit III sind natürlich nur brauchbar, wenn wenigstens drei solcher Arten eine Gruppe bilden (s. auch TÜXEN 1974, S. 24). Bei nur zwei Arten sollte wenigstens eine Art Stetigkeit V erreichen.

Tab. 26. Schema von Differentialarten (D) und Begleitern (B) zweier Gesellschaften (A,B).

				A					B				A	B
Aufnahme-Nr.		1	2	3	4	5	6	7	8	9	10		1–5	6–10
D_A	a	3	2	2	+	1	.	.	.	.	.		V^{+-3}	.
	b	1	+	1	2	1	.	+	.	+	.		V^{+-2}	II^+
	c	1	.	1	1	+	+	.	r	.	.		IV^{+-1}	II^{r-+}
	d	1	2	.	1	.	.	.	.	.	.		III^{1-2}	.
	e	1	+	.	.	1	.	.	.	.	+		III^{+-1}	I^+
	(f)	.	+	.	1	.	.	.	.	.	.		II^{+-1}	.
D_B	g	.	.	+	.	+	1	1	2	1	+		II^+	V^{+-2}
	h	.	.	.	+	+	1	2	2	.	1		II^+	IV^{1-2}
	i	.	.	.	.	.	1	+	.	1	.		.	III^{+-1}
	(j)	.	.	.	.	.	.	.	.	+	1		.	II^{+-1}
Bgl.	k	2	2	1	1	2	+	1	2	1	1		V^{1-2}	V^{+-2}
	l	1	+	1	+	1	.	+	1	+	1		V^{+-1}	IV^{+-1}
	m	1	1	+	1	+	1	.	1	1	.		V^{+-1}	III^1
	n	1	2	1	.	1	.	.	2	3	.		IV^{1-2}	II^{2-3}
	o	.	+	+	1	.	1	.	1	.	.		III^{+-1}	II^1
	p	.	.	+	.	+	.	.	.	.	+		II^+	I^+
	q	4	5	5	4	4	.	+	r	+	+		V^{4-5}	IV^{r-+}

Zur besseren Handhabung bei der Beschreibung können Differentialarten-Gruppen nach einer jeweils bezeichnenden Art benannt werden.

Alle nicht als Differentialarten benutzbaren Sippen werden als „Begleiter" oder „übrige Arten" in Tabellen getrennt aufgeführt.

Ein Beispiel zeigt Tabelle 26 mit je fünf Aufnahmen von zwei Gesellschaften A und B, die sich durch je eine Trennartengruppe (D_A, D_B) unterscheiden. Die Arten (f) und (j) sind im nachhinein als schwache Differentialarten hinzugefügt. Unter den Begleitern (Bgl.) erfüllt n zwar obiges Kriterium des Unterschieds zweier Stetigkeitsklassen (IV-II), sie kommt aber in B mit höherer Menge als in A vor und wird deshalb nicht zur Differenzierung verwendet. Ein Sonderfall ist schließlich die Art q. Sie dominiert eindeutig in A, kommt aber mit geringer Menge auch in B hochstet vor. Hier ist die Kenntnis des allgemeinen Wuchsverhaltens wichtiger als ein schematischer Stetigkeitsvergleich. Ist A der Normalfall, läßt B auf stark verringerte Vitalität schließen, was eher als negatives Merkmal anzusehen ist (s. BARKMANN 1989). Solche starken Unterschiede der Artmächtigkeit treten z. B. oft bei Bäumen, aber auch nicht selten in der Krautschicht auf.

Das letzte Beispiel zeigt, daß rein formale Kriterien von Stetigkeitsdifferenzen der Natur nicht immer gerecht werden. Allerdings bildet die Stetigkeit ein sehr objektives Merkmal, da sie frei von individuellen Schätzungen ist. Mit entscheidend ist nicht zuletzt die jeweilige Zahl der Aufnahmen, auf der solche Stetigkeitsangaben beruhen. Wenn z. B. nur fünf bis zehn Aufnahmen pro Gruppe verfügbar sind, ergeben schon Zu- oder Abnahmen von einer bis zwei Aufnahmen andere Relationen. Bei sehr hohen Aufnahmezahlen hat auch Klasse II schon eine stärkere Bedeutung. Bei allen Auswertungen von Übersichtstabellen mit Stetigkeitsangaben müssen also mancherlei Besonderheiten überprüft werden. Eine Hilfe hierbei sind zusätzliche Angaben zur Menge (Spanne, Mittelwert, Median).

2.5 Charakterarten und Gesellschaftstreue

2.5.1 Allgemeines

Eine wichtige, oft mißverstandene oder falsch interpretierte, auf jeden Fall vielfach diskutierte Grundlage des Braun-Blanquet-Systems sind Charakter- oder Kennarten. Sie stehen im engen Zusammenhang mit der Gesellschaftstreue, d. h. der Festigkeit und Exklusivität, mit der Arten an bestimmte floristische Vegetationstypen gebunden sind.

Charakterarten wurden schon von GRADMANN (1909: Leitarten) sowie BRAUN-BLANQUET & FURRER (1913) postuliert. Sie sind nur ein Spezialfall der später von KOCH (1926) eingeführten Differentialarten (2.4), nämlich solche, die ihren Verbreitungsschwerpunkt (ökologisches Optimum) mehr oder weniger deutlich in nur einer Gesellschaft haben. Während Differentialarten eine Einheit nur in einer bestimmten Richtung von anderen Einheiten trennen, grenzen Charakterarten eine Gesellschaft allseitig ab. Charakter- und Differentialarten zusammen erlauben das Erkennen eines Vegetationstyps und werden deshalb **Diagnostische Arten** genannt. Ihnen gegenüber stehen die übrigen Arten als **Begleiter**, was lediglich bedeutet, daß sie keinen syntaxonomisch-diagnostischen Wert besitzen. Sie können aber durchaus einen hohen **Bauwert** besitzen, z. B. durch große Biomasse bzw. hohen Deckungsgrad (s. auch X 3.3.2). Gerade die physiognomisch bestimmenden Bäume haben wegen ihrer relativ weiten ökologischen Amplituden oft nur geringen diagnostischen Wert.

Charakterarten sollen möglichst für ein großes Gebiet gelten, wo sie entsprechend weit verbreitete Syntaxa kennzeichnen. Differentialarten haben dagegen ganz unterschiedliche Bezugsbereiche, z. B. solche, die den etwas lichteren Waldrand vom Inneren trennen, die feine Unterschiede der Bodenfeuchtigkeit in einer Wiese widerspiegeln, bis zu syntaxonomischen Differentialarten, die z. B. hochrangige Syntaxa zweier Erdteile abgrenzen. Charakterarten können genauer erst festgelegt werden, wenn die gesamte Vegetation größerer Gebiete hinreichend untersucht ist. Differentialarten lassen sich dagegen sofort und zweckgerichtet mit Hilfe einiger Vergleichsaufnahmen erkennen.

Obwohl man Charakterarten zur Aufstellung des Gesellschaftssytem benötigt, sind sie theoretisch erst am Ende der syntaxonomischen Arbeit objektiv festlegbar (s. auch TÜXEN 1974). Ideal wären die von BRAUN-BLANQUET (1964, S. 93) erläuterten „Treuemerkblätter" für alle Arten, wo jeweils das Vorkommen einer Art in verschiedenen Gesellschaften nach Stetigkeit, Soziabilität und Vitalität eingetragen ist.

2.5.2 Gesellschaftstreue

Unabhängig von der Problematik der Charakterarten im einzelnen ist festzuhalten, daß Arten mit unterschiedlicher Festigkeit an bestimmte Gesellschaften gebunden sind. Hierfür hat Braun-Blanquet (1918) den Begriff „Treue" eingeführt. Sie ist eine wesentliche Grundlage seines Systems. Betont wurde von vornherein, daß mit dem Treuebegriff keinerlei Quantitäten (z. B. Deckungsgrad) verbunden sind. Dies ist allerdings umstritten und wird recht unterschiedlich gehandhabt. In der Regel gilt: Qualität (Präsenz) geht vor Quantität (s. auch VI 3).

Braun-Blanquet (z. B. 1921, 1925, 1964) unterscheidet fünf Treuegrade:

5 gesellschaftstreu: (nahezu) ausschließlich an eine Gesellschaft gebunden.
4 gesellschaftsfest: mit deutlicher Bindung, eine Gesellschaft ausgesprochen bevorzugend; in verwandten Gesellschaften selten bis spärlich oder mit deutlich herabgesetzter Vitalität.
3 gesellschaftshold: in mehreren Gesellschaften mehr oder weniger reichlich, aber unter Bevorzugung (Optimum) einer Gesellschaft.
2 gesellschaftsvag (indifferent): ohne ausgesprochenen Gesellschaftsanschluß.
1 gesellschaftsfremd: seltene, mehr oder weniger zufällige Einsprengsel oder Relikte anderer Gesellschaften.

Gesellschaftstreue kann in verschiedener Blickrichtung ausgewertet werden (Braun-Blanquet 1925):
– Zum Erkennen und Beschreiben von Pflanzengesellschaften
  (Auffinden diagnostischer Arten).
– Zur Kennzeichnung des Gesellschaftshaushaltes (durch ökologische Artengruppen).
– Zur Kennzeichnung der Gesellschaftsentwicklung (durch syndynamische Artengruppen).
– Zur Kennzeichnung der Gesellschaftsverbreitung (durch synchorologische Artengruppen).
– Zur Klassifikation der Gesellschaften (durch diagnostische Arten, syntaxonomische Artengruppen, charakteristische Artenverbindung).

Damit wurden schon frühzeitig die Möglichkeiten einer mehrdimensionalen Gesellschaftsgliederung in unterschiedlicher Richtung angedeutet (s. auch 4.2.2).

Gesellschaftsfremde Arten (1) sind für Pflanzengesellschaften ohne Bedeutung, da sie weder diagnostisch verwendbar sind (sehr geringe Stetigkeit) noch in der Regel eine größere Menge aufweisen (oft nur r-+). In Vegetationstabellen erscheinen sie oft als Block zusammengefaßt am unteren Ende. Gesellschaftsvage Arten (2) sind die Begleiter i. e. S., d. h. sie zeigen allgemein eine weite Amplitude ohne klares Optimum. Je nach Stetigkeit und Menge haben sie aber für jede Gesellschaft eine bestimmte Bedeutung, möglicherweise sogar einen hohen Bauwert. Ein größerer Teil von ihnen gehört zur Charakteristischen Artenverbindung (2.6) einer bis vieler Gesellschaften.

Die Treuegrade 3–5 enthalten Charakterarten (oder auch Differentialarten) unterschiedlicher Güte. Gesellschaftstreue Arten (5) sind Kennarten im engsten Sinne, treten aber relativ selten auf. Hierzu gehören vor allem ökologisch eng angepaßte (stenöke) Arten extremer Standorte, z. B. manche Pflanzen von Salzmarschen, Schwermetallböden, offener Dünen, Felsspalten und Schutthalden im Gebirge, Arten kurzfristig trockenfallender (amphibischer) Uferbereiche oder Quellstandorte (besonders in allgemeinen Trockengebieten). Sind solche Extremstandorte zusätzlich langzeitig räumlich isoliert, können sich endemische Arten herausbilden, die dann oft exklusive Charakterarten bestimmter Pflanzengesellschaften sind (s. Deil 1989, Pignatti 1981, Täuber 1985). Allgemein sind gesellschaftstreue Arten oft konkurrenzschwach, von anderen Arten auf noch tolerierbare Randbereiche ihrer ökologischen Potenz verdrängt.

Auch gesellschaftsfeste Arten (4) bilden sehr gute Charakterarten. Wie schon in der Definition angedeutet, können hier zur Abwägung neben der Präsenz (Stetigkeit) auch Menge und Vitalität eine gewisse Hilfsrolle spielen. Mit zunehmender pflanzensoziologischer Kenntnis großer Gebiete sind allerdings viele zunächst als gesellschaftsfest betrachtete Arten eher zu gesellschaftsholden (3) geworden. Deren ökologisches Optimum, d. h. ihr Schwerpunkt in einer Gesellschaft, läßt sich erst aus vielen Aufnahmen breiter räumlicher Streuung im Vergleich mit anderen Gesellschaften deutlicher erkennen. Zu dieser Kategorie (3) gehören oft auch die „übergreifenden Charakterarten", die aus einer Gesellschaft noch in Teilbereiche einer nahe verwandten hineinreichen und dort als Differentialarten einer (Übergangs-) Untereinheit fungieren (s. 4.2.4). Oder es sind Arten, die zwar in einer Gesellschaft einen Schwerpunkt erkennen lassen, aber schon fast mehr Charakterarten der nächsthöheren Rangstufe sind (z. B. Assoziation-Verband).

SZAFER & PAWLOWSKI (1927) schlugen ein Schema zur Festlegung von Charakterarten vor, das etwas abgewandelt von BRAUN-BLANQUET (1928) übernommen wurde. In anderer Form und etwas modifiziert zeigt es Tabelle 27. Wie schon bei den Differentialarten erläutert (2.4), sollten die Stetigkeitsunterschiede zwei Klassen betragen, für gesellschaftstreue Arten eher größere Differenzen. Für gute Charakterarten (Treuegrad 4–5) sind Unterschiede der Menge bzw. des Deckungsgrades eher unwichtig. Selbst weniger stete Arten können hierzu gerechnet werden, wenn sie außerhalb der betreffenden Gesellschaft fast fehlen. Problematisch bleibt die Festlegung schwacher Kennarten (3). Hier müssen oft Dominanzunterschiede mit berücksichtigt werden, wie dies z. B. bei der syntaxonomischen Gliederung der Röhrichte und Seggenriede praktiziert wird. Eine rein schematische Anwendung der Tabelle ist ohnehin nicht sinnvoll.

Neuerdings hat BARKMAN (1989) Probleme der Gesellschaftstreue diskutiert. Er benutzt ein kompliziertes Rechenverfahren unter Verwendung von Stetigkeit, Abundanz, Dominanz und Vitalität zur Festlegung und schlägt eine neue Skala von Treuegraden vor:

Tab. 27. Schema zur Bestimmung der Gesellschaftstreue in einer Pflanzengesellschaft (links) im Vergleich mit anderen (rechts) (nach SZAFER & PAWLOWSKI 1927, verändert).

Vorliegende Gesellschaft		Andere Gesellschaft	
Stetigkeit	Menge	Stetigkeit	Menge
5 **gesellschaftstreu**			
V-IV	3–5	I	r-2
		II-I	r-1
V-IV	+-2	I	r-+(-2)
III-I	+-5	± fehlend	
4 **gesellschaftsfest**			
V-IV	3–5	III-II	r-2
		IV-III	r-1
V-IV	+-2	III-II	r-1(2)
IV-III	+-2	II-I	r-1(2)
III-I	+-2	+-r	r-1
3 **gesellschaftshold**			
beliebig	3–5	gleich	r-2
beliebig	beliebig	deutlich geringer oder etwas geringer, herabgesetzte Vitalität	
2 **gesellschaftsvag**			
Stetigkeit, Menge und Vitalität ungefähr gleich			
1 **gesellschaftsfremd**			
I-r	r-1	beliebig	
oft herabgesetzte Vitalität			

- 2 exklusiv in einer Gesellschaft (selective)
- 1 bevorzugt in einer Gesellschaft (preferential)
- 0 indifferent
- -1 zufällig (accidental)
- -2 fremd (alien, strange)

BARKMAN (1958a, S. 311, 1989) weist darauf hin, daß die floristische Trennschärfe auch von der Zahl der verglichenen Aufnahmen abhängt. Wenn in den Anfängen der Pflanzensoziologie die Gesellschaftstreue nach wenigen Aufnahmen festgelegt wurde, konnten einige zusätzliche Aufnahmen die Stetigkeitsklassen bereits verändern. Erst bei Vergleich größerer Aufnahmegruppen läßt sich die Bindungsfestigkeit von Arten an Gesellschaften eindeutiger erkennen. Sie ist dann ein durchaus objektives Kriterium.

Ein Mangel des heute verfügbaren Aufnahmematerials liegt in der kaum oder gar nicht erfaßten Vitalität und Fertilität (s. V 5.1.3), die oft bestenfalls nur allgemeiner im Text angegeben sind. Pflanzen deutlich geschwächter Wuchskraft bzw. ohne Blüten kommen nicht als Charakterarten in Betracht. DIERSSEN (1986) hat darauf hingewiesen, daß Arten, die in ihrem Optimalbereich mit größerer Menge auftreten, anderswo sogar mit gleicher oder höherer Stetigkeit vorkommen können, wenn sie z. B. als langlebige Relikte mit großem Beharrungsvermögen im Rahmen einer Sukzession aus vorhergehenden Stadien übrigbleiben (s. auch TÜXEN 1962a). Dies gilt z. B. bei vielen Verlandungsgesellschaften. Lassen sich selbst nach der Vitalität keine deutlichen Unterschiede feststellen, schlagen DIERSSEN et al. (1985) vor, die soziologische Zuordnung nach der Artenkombination niedrigster Hemerobiestufe (s. III 8.2.2) vorzunehmen. Auch bei der Abtrennung der Gebüsch- von den Waldgesellschaften kommt der Vitalität der Sträucher eine entscheidende Rolle zu (WEBER 1990).

Diese Beispiele zeigen erneut, daß schematische Stetigkeitsvergleiche für die Bewertung von Charakterarten nicht ausreichen.

2.5.3 Räumliche Gültigkeit von Charakterarten

Schon frühzeitig wurde erkannt, daß sowohl die Optima als auch die Gesamtareale von Charakterarten (Ch) und Pflanzengesellschaften (G) sehr unterschiedlich sein können (s. BRAUN-BLANQUET 1921, 1928, 1951, BARKMAN 1958, OBERDORFER 1968 u. a.). Folgende Möglichkeiten für syntaxonomische Grundeinheiten und Charakterarten sind denkbar (s. auch Abb. 124):
a) Ch und G haben das gleiche Areal mit ähnlichen Bereichen optimaler Entwicklung (wenn nicht, Übergang zu b). Die Ch haben damit für die G überall etwa gleichen diagnostischen Wert.
b) Ch kommen nur in Teilbereichen des Areals einer G (bevorzugt) vor. Sie können dann zusätzlich zu weiter verbreiteten Ch zur Gesellschaftsdiagnose beitragen.
c) Arten haben ein wesentlich größeres Areal als eine durch sie gekennzeichnete G. Außerhalb derselben können sie in verwandten oder ganz anderen Syntaxa ebenfalls Ch sein (C_1) oder eine unspezifische Verbreitung zeigen (C_2). Sie sind im zweiten Falle entweder Begleiter oder Ch höherrangiger Syntaxa.

Die unterschiedliche Vergesellschaftung einer Art beruht hier auf dem florengeschichtlich bedingten Vorhandensein verschiedener Partner/Konkurrenten, aber auch auf der Relativen Standortskonstanz der Arten selbst (s. III 2.1). Bei Arten weiter geographischer und ökologischer Amplitude muß aber auch mit verschiedenen Ökotypen gerechnet werden, die syntaxonomisch nicht verwertbar sind (s. 2.5.4).
d) Sowohl Arten als auch G haben größere Areale, die sich nur teilweise decken. Für G ist die Art nur in Teilbereichen als zusätzliche Ch verwendbar (wie b), außerhalb gilt für die Art Fall c.
e) Arten sind im Optimalbereich ihres Areals genetisch und ökologisch variabel und deshalb weit verbreitet. Zu den Arealrändern hin konzentrieren sie sich auf engere Standortsbereiche und werden so zu Ch in Teilgebieten. Oder Ch höherrangiger, weiter verbreiteter Syntaxa werden zu solchen einer niederrangigen (Grund-)Einheit.
f) Arten sind in Gebieten mit großflächig zusagenden Wuchsbedingungen weit verbreitet, in Gebieten, wo solche Standorte nur kleinräumig eingestreut sind, eng begrenzt. Sie erfüllen in letzteren Gebieten die Anforderungen von (oft guten) Charakterarten (z. B. Feuchtstandorte in Trockengebieten, Kalkstellen in Silikatgebieten).
g) In Anlehnung an C_1 sei noch darauf hingewiesen, daß viele Arten auch innerhalb eines Gebietes je nach Vergesellschaftung sehr unterschiedliche Bindungen eingehen können (z. B. in einem Wald und einer Wiese; s. hierzu 8.4)

Solche und ähnliche Möglichkeiten sind z. B. bei BARKMAN (1958a, S. 226) und BRAUN-BLANQUET (1964, S. 96) unter Zitierung der Überlegungen von MEIJER-DREES und BECKING angeführt (s. auch WESTHOFF & VAN DER MAAREL 1973, S. 658). Danach können verschiedene Typen von Charakterarten entsprechend ihrer räumlichen Gültigkeit unterschieden werden:
– Lokale Charakterarten: nur in einem enger begrenzten Gebiet, oft nur dem Teilareal einer Gesellschaft gültig (b,d).
– Regionale (territoriale) Charakterarten: in einem größeren, naturräumlich (klimatisch, physiographisch) relativ einheitlichen Gebiet gültig, dem dann eine entsprechende Regional-Gesellschaft entspricht (a,c,e,f). Dies ist der Normalfall.
– Überregionale Charakterarten: wie vorige, aber mit wesentlich größerem Bereich, z. B. in Gebieten zweier Erdteile.
– Absolute Charakterarten: eher ein Sonderfall stark angepaßter Sippen an Extremstandorten (enge Auslegung von a).

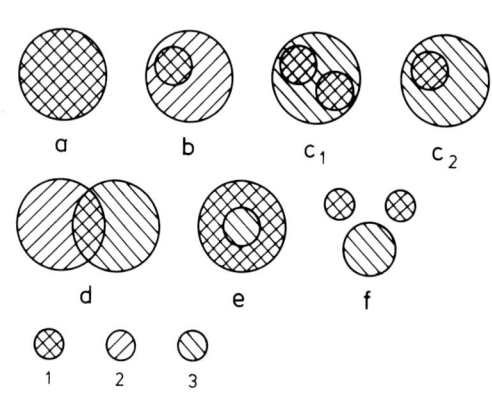

Abb. 124. Beziehungen zwischen Arealen von Pflanzenarten und Pflanzengesellschaften und daraus ableitbare Charakterarten (bezogen auf syntaxonomische Grundeinheiten). Erläuterung im Text. 1: Charakterarten-Bereich; 2: Areal des Syntaxons; 3: Areal der Sippe.

Problematisch ist bei dieser Gliederung vor allem die Definition von Gebieten für regionale Charakterarten. Sie reichen von ganzen Florenregionen bis zu relativ eng umgrenzten Räumen. BRAUN-BLANQUET (1928, 1964) nennt z. B. Gebiete wie das Wiener Becken, Wallis, Zentralalpen, Nordwestdeutschland, Irland und möchte den jeweiligen Bearbeitern einen gewissen Ermessensspielraum geben (1955). OBERDORFER (1968) zieht die Grenzen eher noch enger. Überregionale Bereiche wären z. B. der Eurosibirische, Mediterrane oder Arktischalpine Gesellschaftskreis Europas oder noch größere Gebiete (s. auch XI 4.1.2). BRAUN-BLANQUET (1964) spricht von „Synökosystemen". Hierunter ist „ein physiographisch abgerundeter, general-klimatisch, biosoziologisch (zoo- und phytosoziologisch) und biogenetisch einheitlicher Wohnraum mit seinem belebten und unbelebten Inhalt" zu verstehen (S. 6).

Gegen lokale bis regionale Charakterarten hat sich vor allem SCHWICKERATH (zusammenfassend 1968) gewandt, da sie zu einer starken geographischen Aufteilung niederrangiger Syntaxa führen. Er sieht sie mehr als geographische Differentialarten (s. 2.4). Mit fortschreitender Kenntnis der Vegetation größerer Gebiete kommt man ohnehin zwangsläufig von lokalen über regionale zu überregionalen Charakterarten, wobei ihre Gesamtzahl abnimmt. Dies kann zu syntaxonomischen Problemen führen, die schon ELLENBERG (1954b) als „Krise der Charakterartenlehre" angesprochen hat.

Die Frage ist nach wie vor offen, ob man von vornherein den Gültigkeitsbereich von Charakterarten geographisch festlegen soll, um weit verbreitete Arten parallel in mehreren räumlich getrennten Gesellschaften diagnostisch benutzen zu können (s. besonders Fall C_1). Eigentlich sollten solche floristisch-vegetationskundlich relativ einheitlichen Gebiete induktiv im Laufe zunehmender Erforschung erkennbar werden, nicht aber von vornherein feststehen. Allerdings kann man teilweise auf Ergebnisse der chorologischen Sippenforschung zurückgreifen (s. XII).

Insgesamt mögen die vorhergehenden Erörterungen zeigen, daß das zunächst sehr einleuchtende Konzept der Charakterarten im einzelnen viele Probleme ergibt. Absolute Ch gibt es kaum, meist nur relative. Bei Beschränkung auf kleinere Gebiete findet man eher gute Ch als bei großräumigem Vergleich. Nicht jede Ch ist gleich gut und im gleichen Gebietsumfang verwendbar. Viele Vegetationstypen relativ einheitlicher Artenkombination haben bestenfalls schwache Charakterarten. Trotzdem bietet das Konzept gegenüber anderen Möglichkeiten floristischer Klassifikation den großen Vorteil, die Zahl denkbarer Einheiten in Grenzen zu halten. „Wird für die grundlegende Gesellschaftseinheit das Vorhandensein von Charakterarten wenigstens im Prinzip zur Bedingung gemacht, so ist damit der Zersplitterung der Gesellschaften die Grundlage entzogen" (BRAUN-BLANQUET 1921, S. 323; s. auch 1959/1978).

2.5.4 Bedeutung von Sippen verschiedenen Ranges für die Syntaxonomie

Wenn in den vorigen Kapiteln von Charakter- und Differential- a r t e n gesprochen wurde, waren damit allgemeiner Sippen niederen taxonomischen Ranges gemeint, also Arten, Kleinarten, Varietäten oder sogar Formen, die Besonderheiten der Vergesellschaftung und damit auch des Standortes, des Areals und/oder der Florengeschichte anzeigen. Noch häufiger gibt es sicher verschiedene Ökotypen (Rassen), die aber wegen ihrer schweren Erkennbarkeit kaum diagnostischen Wert besitzen.

Mit zunehmender Kenntnis der Sippendifferenzierung werden auch neue Charakter- und Differentialarten sichtbar, wobei die Taxonomie wiederum von der Syntaxonomie profitiert (s. auch BRAUN-BLANQUET 1964, S. 740). Erst die taxonomische Aufteilung der Sammelart *Salicornia europaea* hat z. B. zu einem klareren, auch ökologisch begründeten System der Quellerfluren geführt (s. Tüxen 1974). SCHÖNFELDER (1972) gibt Beispiele von Klein- und Unterarten zur Differenzierung alpiner Blaugras-Rasen. Oft haben Pflanzensoziologen bereits Unterschiede von Sippen aus ihrer Soziologie erkannt, die dann später taxonomisch validisiert wurden. Auf die Bedeutung solcher teilweise durch Synevolution von Sippen und Pflanzengesellschaften erklärbaren engen soziologischen Bedingungen hat schon PFEIFFER (1944) mit zahlreichen Beispielen hingewiesen. Recht häufig gibt es solche Kleinsippen z. B. in Vegetationstabellen von Salzmarschen (var. *maritima*, var. *salina* u. a.) oder in Fließgewässern (fo. *fluitans*). Letztere sind allerdings eher phänotypische Abwandlungen (Standortsmodifikationen) und deshalb als Kriterium der Syntaxonomie umstritten. Überhaupt sind gelegentlich die Wünsche der Pflanzensoziologen über das taxonomisch Mögliche hinausgeschossen. Andererseits werden längst bekannte Kleinsippen oft noch zu wenig in der Syntaxonomie benutzt (z. B. *Alchemilla vulgaris* agg., *Carex flava* agg.). Sehr eindrücklich sind die Anwendungen taxonomischer Spezialkenntnisse bei *Rubus fruticosus* agg., wo an die Stelle weniger Gesellschaften ein ganzes System floristisch abgrenzbarer und ökologisch interpretierbarer Syntaxa getreten ist (z. B. WEBER 1981, 1985, 1990).

Viele Beispiele der syntaxonomischen Bedeutung von Kleinsippen finden sich in der Flora von OBERDORFER (1990). So ist *Lotus corniculatus* als gleichnamige Klein- oder Unterart in Frischwiesen bis basischen Magerrasen weit verbreitet. Die Kleinart *L. tenuis* findet man vorwiegend auf salzreichen Böden, *Lotus alpinus* in alpinen Blaugrasrasen, die ssp. *hirsutus* ist Charakterart der Trockenrasen. Ein extremes Beispiel sind Charakterarten der Schwermetallrasen aus der Gattung *Armeria* (Ernst 1976). Neben *Armeria plantaginea* in den Cevennen werden verschiedene Varietäten von *A. maritima* als Kennarten von Assoziationen gewertet, von EHRENDORFER (1973) allerdings teilweise zu *A. halleri* zusammengefaßt. OBERDORFER (1990) führt sie als Kleinarten. Von ihnen sind *A. bottendorfensis* und *A. hornburgensis* extreme Lokalendemiten, die je eine räumlich sehr eng begrenzte Assoziation kennzeichnen (s. auch 4.2.5). Allgemein sind viele endemische Arten als oft gute Charakterarten von Syntaxa verschiedenen Ranges benutzbar (s. auch XII 2.1).

Weitere Beispiele finden sich bei LANDOLT (1977; auch in KNAPP 1984), der sich mit ähnlichen Fragen aus mehr taxonomischer Sicht befaßt. Er weist auf Probleme bei der Unterscheidung mehr standörtlicher Modifikationen und erblich fixierter Wuchseigenschaften hin. KNAPP (1984) widmet sich der syntaxonomischen Bedeutung von Hybriden und Ökotypen. Schließlich hat PATZKE (1990) auf das unterschiedliche Blühverhalten gleicher Sippen in verschiedenen Pflanzengesellschaften und/ oder Gebieten aufmerksam gemacht, was zumindest die Existenz verschiedener Ökotypen vermuten läßt.

BARKMAN (1989) weist darauf hin, daß selbst Unterschiede der Wuchsform eine gewisse Gesellschaftstreue aufweisen können (z. B. *Solanum dulcamara* windend in Erlenbrüchern, als aufrechtes Kraut in niedrigen *Rubus caesius*-Gestrüppen). Dies kann aber kein echtes syntaxonomisches Kriterium sein.

Zusammenfassend sei betont, daß für die praktische pflanzensoziologische Arbeit nur im Gelände unterscheidbare Sippen verwendbar sind (s. auch BARKMAN 1989), wobei die floristischen Kenntnisse vieler Pflanzensoziologen noch zu verbessern wären. Wenn von Seiten der Taxonomie im Gelände kaum erkennbare Kleinsippen mit enger soziologischer Bindung nachgewiesen werden, können sie die Eigenständigkeit eines Vegetationstyps zusätzlich unterstreichen, aber nicht primär einen solchen begründen. Umgekehrt ist Vorsicht bei phänotypischen Unterschieden geboten, die zwar gut erkennbar sind, aber keinerlei taxonomischen Wert besitzen.

Zum Schluß ist noch darauf hinzuweisen, daß auch höherrangige Taxa (Gattungen, Familien) in Sonderfällen als Kennsippen in Betracht kommen (s. auch PIGNATTI 1968b). Hierauf wird später (6) eingegangen. Insgesamt wäre es also besser, von „Charaktertaxon" oder „Kenntaxon" anstelle von Charakterart oder Kennart zu sprechen. Hier wird unter letzterem Begriff weiter jede Sippe von der Art abwärts verstanden.

2.6 Charakteristische Artenverbindung

Die vorhergehenden Kapitel haben gezeigt, daß Charakter- und Differentialarten wichtige diagnostische Merkmale von Pflanzengesellschaften sind. Fälschlich werden sie oft als alleinige Kriterien des Braun-Blanquet-Systems angesehen. Entscidend ist aber die gesamte Artenkombination mit Ausnahme wenig steter, mehr oder weniger zufälliger Beimengungen. Hierauf gründet sich die von BRAUN-BLANQUET (1925) eingeführte „Charakteristische Artenverbindung" (CAV). BRAUN-BLANQUET (1964, S. 122) versteht darunter alle Charakterarten (und wohl auch Differentialarten) zusammen mit allen weiteren Arten von mindestens 50% (1928: 60%) Stetigkeit als Grundgerüst einer Gesellschaft. Dies ist die „vollständige" CAV im Gegensatz zur „normalen" CAV als Mittelwert einzelner Aufnahmen. Da bei syntaxonomischen Vergleichen meist mit Stetigkeitsklassen gearbeitet wird, sollte die CAV besser auf Arten mit wenigstens Klasse III (über 40%) festgelegt werden.

RAABE (1950) kritisierte die willkürliche Festlegung einer Stetigkeitsgrenze und bezog die CAV auf die mittlere Artenzahl, d. h. zur CAV gehören nach seinem Vorschlag die stetesten Arten bis hinab zur Art, die der mAZ entspricht. Hiergegen richtete sich wiederum Kritik, da diese Grenze erneut willkürlich ist, wenn dort mehrere Arten mit gleicher Stetigkeit zur Auswahl stehen (z. B. Diskussionsbeitrag von BARKMAN in CHRISTOFOLINI et al. 1970). Charakterarten geringerer Stetigkeit würden überhaupt nicht einbezogen. Hier zeigt sich, wie auch in vielen anderen Fällen, daß rein mathematisch-statistische Bewertungen der komplexen Natur von Pflanzengesellschaften nicht immer gerecht werden.

In der CAV sind alle Arten einer Gesellschaft vorhanden, die mit gewisser Regelmäßigkeit auftreten. Von ihnen sind die Charakter- und Differentialarten die zum Erkennen wichtigen Sippen. Selbst wenn diese in mehr fragmentarischen Aufnahmen ganz fehlen sollten, kann man sie doch oft noch nach ihrer CAV im Nachhinein syntaxonomisch zuordnen. Andererseits sei vor sehr schematischen Einstufungen nach dem Vorkommen einer oder weniger diagnostischer Arten gewarnt. Mit dem Auswendiglernen von Charakterarten ist noch keinerlei Verständnis für das Wesen von Pflanzengesellschaften gegeben. Der umgekehrte Weg, nämlich Assoziationen lediglich auf die CAV zu gründen (SCHUBERT 1960), führt zwar zur Abgrenzung von Pflanzengesellschaften, legt aber bei Verzicht auf Charakterarten ihren Systemrang nicht fest und macht sie schwer erkennbar.

2.7 Floristische Homotonität und Affinität

Während „Homogenität" heute meist für den Grad der Gleichförmigkeit der Zusammensetzung (Struktur) eines konkreten Bestandes bzw. einer Aufnahmefläche benutzt wird (s. IV 8), bezeichnet „Homotonität" den floristischen Einheitlichkeitsgrad von Vegetationstabellen bzw. von Vegetationstypen (Gesellschaftshomogenität). Unter „Affinität" wird der floristische Verwandtschaftsgrad von Aufnahmen oder Gesellschaften verstanden. Homotonität und Affinität sind also nur verschiedene Blickrichtungen derselben Grundfrage, denn je homotoner eine Tabelle, desto enger ist die Verwandtschaft der Aufnahmen.

Für Homotonität und Affinität gibt es eine große Zahl (meist verwandter) Auswertungsverfahren mit entsprechenden Indizes. Die Literatur über solche Fragen ist zahlreich, vielfältig und schwer überschaubar. Vieles ist im Bereich der Theoretischen Vegetationskunde anzusiedeln und für mehr praxisorientierte Pflanzensoziologen weniger interessant. Gerade für syntaxonomische Fragen können aber Homotonitäts- und Affinitätsindizes von Bedeutung sein, wenn auch die meisten Pflanzensoziologen ein mehr intuitives Vorgehen bevorzugen. Hier soll nur relativ kurz auf diese Fragen eingegangen werden.

2.7.1 Homotonität und verwandte Merkmale

Homotonitätsbestimmungen gehen von Vegetationstabellen mit Einzelaufnahmen aus. Je stärker die Positionen einer Tabelle durch Angaben (Deckungsgrad, Menge) ausgefüllt sind, desto homotoner ist sie. Entsprechend beruhen viele Berechnungsverfahren auf Vergleichen von Artenzahlen und Stetigkeiten. Meinungsunterschiede bestehen darüber, ob man hierfür alle Arten verwenden soll (z. B. PFEIFFER 1957, BARKMAN 1958a, TÜXEN 1970a, TÜXEN et al. 1977), oder ob man nur die steteren Arten heranzieht (RAABE 1952: Charakteristische Artenverbindung).

Eine einfache Formel der Homotonität Ho ist nach TÜXEN et al. (1977)

$$Ho = \frac{mAZ \times Aufnahmezahl}{AZ \times Aufnahmezahl} \times 100$$
$$= \frac{mAZ}{AZ} \times 100$$

Gesamtartenzahl (AZ) × Aufnahmezahl ist die Zahl möglicher Stellen einer Tabelle („Gesamtfläche"), mAZ × Aufnahmezahl die Anzahl besetzter Positionen. Weitere Berechnungsverfahren finden sich z. B. bei MORAVEC (1972), WESTHOFF & VAN DER MAAREL (1973, S. 648, 690). Die von HOFMANN & PASSARGE (1964) berechneten Homotonitätswerte VK und ZS wurden bereits erwähnt (Kap. 2.1, 2.3), ebenfalls die Erstellung von Diagrammen der Stetigkeitsklassen (2.3).

Bei allen genannten Verfahren geht es nur um die qualitative Homotonität, die für syntaxonomische Verfahren vorrangig ist. Für spezielle Fragen können auch Quantitäten einer Tabelle einbezogen werden, was noch kompliziertere Berechnungen erfordert.

Obwohl Homotonitätsprüfungen gerade bei syntaxonomischen Arbeiten wichtig sind, wer-

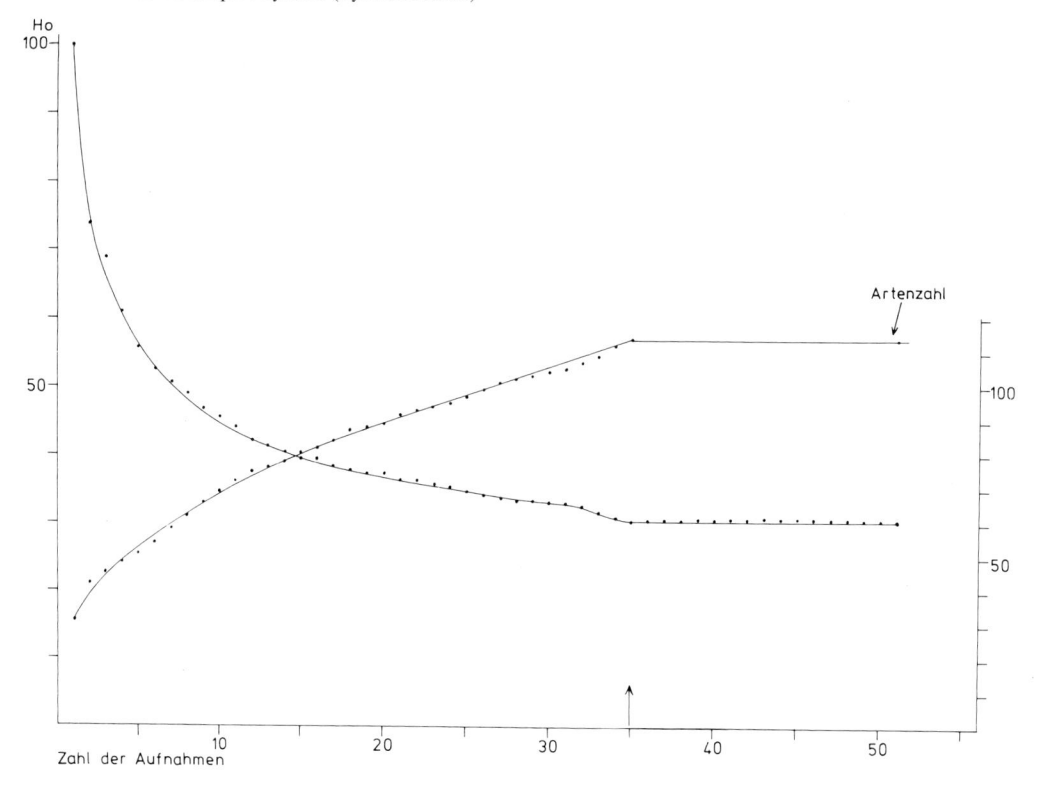

Abb. 125. Kurven der Homotonität (Ho in %) und Artenzahl aus der Tabelle eines *Lolio-Cynosuretum*. Der Pfeil bezeichnet den Bereich der Notwendigen Aufnahmezahl für einen konstanten Ho-Wert bzw. Artensättigung (aus TÜXEN et al. 1977). Erläuterung im Text.

den sie wenig benutzt, wohl vorwiegend aufgrund der oft mehr intuitiven Arbeitsweise vieler Pflanzensoziologen, aber auch wegen des diagnostischen Vorranges der Charakter- und Differentialarten. Für diese sind oft mancherlei Abwägungen wichtiger als rein formale Kriterien.

Eingehendere Überlegungen zur Homotonität mit Anwendungsbeispielen geben TÜXEN(1970a), TÜXEN et al. (1977). Sie gehen auch der Frage nach, wieviele Aufnahmen man verwenden muß, um einen konstanten Homotonitätswert zu erhalten. Hierzu werden nach obiger Formel Kurven von Ho bezüglich zunehmender Zahl von Aufnahmen erstellt (Abb. 125). Ho nimmt zunächst rasch ab. Der Übergang zu horizontalem Kurvenverlauf gibt die erforderliche Aufnahmezahl an (hier etwa 35 Aufnahmen für Ho bei 30%), um die gesellschaftsspezifische Homotonität zu erreichen.

Etwa entgegengesetzt verläuft die Kurve der Gesamtartenzahl der Tabelle. Sie ist gewissermaßen eine Art-Areal-Kurve (IV 8.1), da mit jeder Aufnahme die Bezugsfläche wächst. Wie man bei der Erstellung von Rohtabellen (VI 3.2) immer wieder feststellt, ist die Zahl der pro Aufnahme neu einzutragenden Arten zu Beginn groß, nimmt dann aber rasch ab, soweit es sich nur um e i n e n Vegetationstyp handelt. Die Artenzahl-Kurve in Abb. 125 läßt also erkennen, nach wievielen Aufnahmen die gesellschaftsspezifische Artensättigung („Vollständige Artenzahl") erreicht ist. TÜXEN et al. (1977) bezeichnen sie als **Notwendige Aufnahmezahl**. Die NAZ ist ein weiteres synthetisches Merkmal. Ordnet man die Aufnahmen in einer Tabelle so an, daß diejenigen mit neu auftretenden Arten nach Zahl der Neulinge an den Anfang kommen, erhält man die Minimale NAZ.

Über die NAZ läßt sich also der floristische Sättigungsgrad einer Pflanzengesellschaft (III 6) erkennen. Niedrige NAZ deuten auf floristisch gefestigte, meist langlebigere Typen hin. Offene Pioniergesellschaften haben dagegen sehr hohe Werte (s. Beispiele bei TÜXEN 1970 a;

Abb. 126. Art-Aufnahmezahl-Kurven verschiedener Pflanzengesellschaften (aus TÜXEN 1970a, verändert). Die Pfeile an der x-Achse geben die jeweilige notwendige Aufnahmezahl zur Erreichung der Artensättigung und die Vollständige Artenzahl an.

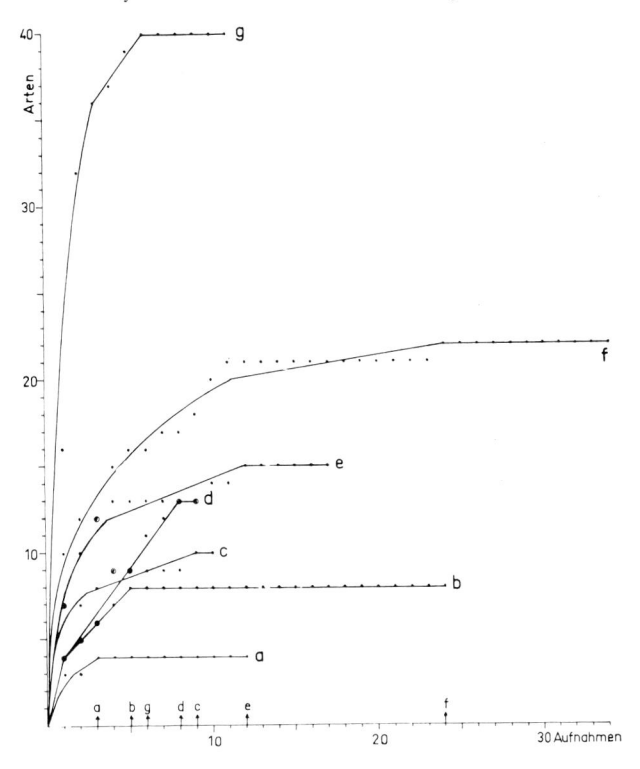

a Puccinellietum kurilensis (Subass. v. Glaux maritima var. obtusifolia, Typ. Var. O-Hokkaido. MIYAWAKI u. OHBA 1966, Tab. 4, Aufn. 31–42.

b Limonietum (1°), var. a Limonium. Venedig. PIGNATTI 1966, Tab. 8.

c Euphorbio–Agropyretum juncei typicum. W-Frankreich. Tx. Original-Tab. n. p. (inclusive Cakile-Var.).

d Caricetum limosae. Baltikum. PREISING. Original-Tab. n. p.

e Caricetum limosae. FINNLAND. PAASIO 1933. 17 Aufn. aus Tab. 14, 16, 20 u. p. 158.

f Juncetum gerardii typicum. NW-Deutschland. Tx. Original-Tab. n. p.

g Caricetum ripariae et acutiformis. Kampinos. Polen. KOBENDZA 1930, Tab. I.

Abb. 126). Eine verwandte Methode benutzt FERRARI (1988), um gesellschaftsspezifische Kurven floristischer Sättigung zu finden. BRANDES (1990b) verwendet für Ruderalgesellschaften Kurven der kumulativen Artenzahlen.

Die genannten Kurven ermöglichen die Überprüfung von Tabellen auf Einheitlichkeit bzw. Unterschiede. Sind deutliche treppenartige Sprünge erkennbar, kann man weitere Gruppen von Differentialarten noch nicht herausgearbeiteter Einheiten vermuten. Oder es handelt sich um stärker abweichende Einzelaufnahmen, die zur Darstellung des „reinen Typus" ungeeignet sind und für syntaxonomische

Zwecke besser weggelassen werden (s. auch VI 3.2).

2.7.2 Affinität, Gemeinschafts-koeffizienten

Berechnungen zur Affinität, also zur floristischen Verwandtschaft von Aufnahmen oder Gesellschaften, spielen seit langem eine große Rolle in der vegetationskundlichen Literatur, neuerdings vor allem bei multivariaten Klassifikationsverfahren (Teil IX). Die floristische Ähnlichkeit ist auch der zentrale Punkt des Braun-Blanquet-Systems. Während im konventionellen Tabellenvergleich mehr empirisch Gemeinsamkeiten oder Differenzen gefunden werden, besonders hervorgehoben durch Charakter- und Differentialarten, ergeben Berechnungen objektiver nachvollziehbare, wenn auch schematischere Angaben. Hierfür sind viele Affinitäts-Indizes oder Gemeinschaftskoeffizienten entwickelt worden. Sie beruhen entweder nur auf der Präsenz, also auf qualitativen Daten, oder sie beziehen quantitative Werte mit ein. Entweder werden einzelne Aufnahmen oder Aufnahmegruppen bzw. Gesellschaften verglichen. Je größer die Ähnlichkeit, desto homotoner ist das zugrundeliegende Datenmaterial.

2.7.2.1 Ähnlichkeit von Vegetationsaufnahmen

Viele Gemeinschaftskoeffizienten gründen sich auf den von Jaccard (1901, 1902) eingeführten „coefficient de communauté florale", der als Präsenz-Gemeinschaftskoeffizient zunächst zum Vergleich der Floren verschiedener Gebiete verwendet wurde, aber auch zum Aufnahmevergleich geeignet ist:

$$G_J = \frac{c}{a + b + c} \times 100$$

a,b: Arten nur in einem Gebiet bzw. einer Aufnahme
c: Gemeinsame Arten

In modifizierter Form ist die Formel noch leichter anwendbar:

$$g_J = \frac{c}{A + B - c} \times 100$$

Die Gesamtartenzahl der beiden Aufnahmen (A,B) ist meist schon im Tabellenkopf enthalten. Die floristische Gemeinsamkeit errechnet sich also aus der prozentualen Beziehung der Summe gemeinsamer zu allen Arten.

Ein weiterer oft verwendeter Koeffizient ist der von Soerensen (1948), in dem die gemeinsamen Arten (c) mehr Gewicht haben (A,B wie oben):

$$G_S = \frac{c}{1/2\,(A + B)} \times 100 = \frac{2\,c}{A + B} \times 100$$

1/2 (A+B) ist die Summe der theoretisch möglichen Gemeinsamkeiten. Der Quotient kennzeichnet also den Anteil aktueller Gemeinsamkeit an der theoretisch möglichen. Wegen dieser statistisch befriedigenderen Grundlage und leichter Berechenbarkeit wird der Koeffizient besonders häufig verwendet. Daraus abgeleitete Anwendungsmöglichkeiten gibt Ceska (1966).

Ellenberg (1956) hat in Anlehnung an Jaccard und Gleason (1920) einen „Massen-Gemeinschaftskoeffizienten" eingeführt, in dem Quantitäten der Arten (M: Masse, Menge, Deckungsgrad, Frequenz, Stetigkeit) einbezogen sind (zur Transformation der Schätzskala von Braun-Blanquet s. 2.2):

$$G_E = \frac{1/2\,Mc}{Ma + Mb + 1/2\,Mc} \times 100$$

Ma und Mb sind die M-Summen der Arten, die nur in einer Aufnahme vorkommen. Mc enthält als Summe aller Quantitäten der gemeinsamen Arten jeweils zwei Werte und muß deshalb halbiert werden.

Ähnlichkeit mit dem Soerensen-Index hat der von Czekanowski (1909) für anthropologische Untersuchungen eingeführte Index der prozentualen Ähnlichkeit (percentage similarity, zit. nach Goodall 1973a):

$$G_C = \frac{2\,Mc_{min}}{MA + MB} \times 100$$

Mc_{min} ist die Summe der jeweils niedrigeren Quantität von Wertepaaren der gemeinsamen Arten. MA und MB sind die Summen aller Quantitäten der beiden Aufnahmen.

Über weitere Indizes unterrichtet vor allem Goodall (1973a; s. auch Wildi 1986). Einen Vergleich verschiedener Koeffizienten geben Mueller-Dombois & Ellenberg (1974, S. 224).

Qualitative Gemeinschaftskoeffizienten sind am ehesten für syntaxonomische Fragen verwendbar, wo es ja überwiegend um das Vorkommen oder Fehlen von Arten geht. Sollen dagegen Fragen der Syndynamik oder andere Vergleiche von Artmengen (z. B. in der Synökologie, bei angewandten Fragen der Produktivität) behandelt werden, sind quantitative Koeffizienten möglicherweise sinnvoller.

Für Vegetationstabellen lassen sich beliebige Indizes berechnen, indem man entweder alle Aufnahmen mit einer Standardaufnahme in Beziehung setzt (z. B. zur ersten und/oder letzten Aufnahme) oder indem man Werte für alle möglichen Aufnahmepaare berechnet. Letzteres ist eine Grundlage der Indirekten Gradientenanalyse und anderer numerischer Verfahren (IX). Ersteres läßt sich zur Homotonitätskontrolle von Tabellen oder zur Feststellung von Verwandtschaftsspannen innerhalb von Vegetationstypen benutzen. Dies gilt nicht nur für syntaxonomische Tabellen, sondern auch für solche der Syndynamik oder Synökologie (z. B. Ähnlichkeit der Aufnahmen von Sukzessions-Dauerflächen oder zwischen aufeinanderfolgenden Aufnahmen entlang eines Standortsgradienten).

Als Beispiel nehmen wir erneut unsere Vegetationstabelle der Viehweiden des Holtumer Moores (VI, Tab. 12k). Abb. 127 enthält verschiedene Kurven der Ähnlichkeit von Aufnahmen. Zunächst sind alle 19 Aufnahmen in Folge der Tabelle jeweils mit der nächstfolgenden verglichen, einmal mit dem Jaccard-(G_J) und einmal mit dem Soerensen-(G_S)Koeffizienten. Sie zeigen gleichlaufende Schwankungen, wobei die Soerensen-Kurve höher liegt, gemäß der stärkeren Gewichtung der gemeinsamen Arten. An den Grenzen der Untereinheiten a-d sind jeweils deutlichere Einschnitte erkennbar, d. h. die floristische Verwandtschaft ist erniedrigt. Allerdings gibt es auch innerhalb der Einheiten Schwankungen, die auf einige nicht ganz typische Aufnahmen hinweisen, was aus der Tabelle selbst weniger deutlich ist. Die meisten Werte liegen um oder über 50%. ELLENBERG (1956) gibt für Aufnahmen einer Assoziation eine Spanne von 25–50% an. Danach ist unsere Weidetabelle sehr einheitlich zusammengesetzt und beinhaltet nur eine Assoziation. ELLENBERGs Hinweis, daß man bei Werten über 50% nach Untereinheiten suchen sollte, wird voll bestätigt.

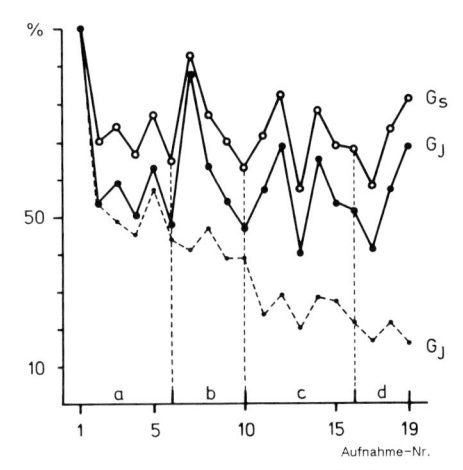

Abb. 127. Affinitätskurven des *Lolio-Cynosuretum* aus Tabelle 12k. (Erläuterung im Text). Obere Kurven: Ähnlichkeit der jeweils benachbarten Aufnahmen (G_S=Soerensen-, G_J=Jaccard-Koeffizient). Untere Kurve: Bezug auf die erste Aufnahme der Tabelle.

Die untere Kurve von Abb. 127 zeigt Jaccard-Werte in bezug auf die erste Aufnahme der Tabelle. Innerhalb der Untereinheiten a und b liegen sie fast alle über 40%, in c meist unter 30%, in d nur noch bei 16–22%. Das *Lolio-Cynosuretum luzuletosum* (a) und *typicum* (b) sind also relativ nahe verwandt, während das *L.-C. lotetosum* (c-d) eigenständiger ist, sich aber auch noch in zwei Varianten gliedern läßt.

Abb. 128 zeigt die Anwendung qualitativer und quantitativer Gemeinschaftskoeffizienten auf Sukzessionsdaten. Hier werden zeitliche Folgen von Aufnahmen einer Dauerfläche verglichen (s. auch SCHMIDT 1981a, DIERSCHKE 1985b; X). In Abb. 129 sind Transektaufnahmen von natürlichen und anthropogenen Waldrändern nach ihrer Ähnlichkeit ausgewertet (s. auch Vegetationsgrenzen: XI 5.3).

2.7.2.2 Ähnlichkeit von Pflanzengesellschaften

Im vorigen Kapitel ging es um floristische Ähnlichkeit von Aufnahmen. Für syntaxonomische Fragen ist mehr der Vergleich ganzer Aufnahmegruppen bzw. von Gesellschaften interessant. WESTHOFF & VAN DER MAAREL (1973) sprechen hier von „Numerischer Syntaxonomie".

Auch zur Berechnung der Gesellschaftsaffinität bzw. -differenz gibt es zahlreiche Koeffizien-

286 Das Braun-Blanquet-System (Syntaxonomie)

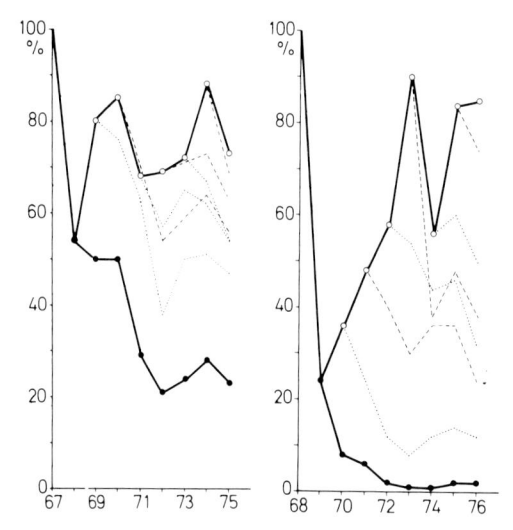

Abb. 128. Zeitliche Veränderung von Dauerflächen eines Sukzessionsversuchs, dargestellt mit Hilfe des Soerensen-Indexes (links) und des Czekanowski-Indexes (rechts) (aus BORNKAMM 1981, leicht verändert). Die starken Kurven beziehen sich auf das erste bzw. zweite Jahr, die dünnen auf Aufnahmen der Folgejahre.

ten, wobei Stetigkeit und teilweise auch Quantitäten verglichen werden. Ein Weg geht z. B. über die Einsetzung von Stetigkeitswerten in die quantitativen Indizes des vorigen Kapitels. KULCZYŃSKI (1928) berechnete einen „Verwandschaftskoeffizienten", RAABE (1952) den „Relativen" und „Absoluten Affinitätswert". Da bei Bezug auf Artenzahlen die Werte von der jeweils zugrunde liegenden Zahl der Aufnahmen (besonders Zahl der zufälligen Arten) abhängen können (s. Goodall 1973), wird teilweise eine untere Stetigkeitsgrenze gesetzt. BARKMAN (1958a) verwendet nur Arten über 10%, RAABE (1950, 1952) bezieht seine Werte auf die Charakteristische Artenverbindung nach eigener Definition (s. 2.6).

HOFMANN & PASSARGE (1964) schlagen den „Gruppen-Affinitätswert" vor, bei dem nicht Arten sondern soziologische Artengruppen verschiedener Tabellen oder Gesellschaften verglichen werden.

Solche und ähnliche Koeffizienten waren bisher in der Pflanzensoziologie größtenteils mehr Grundlagen theoretischer Erörterungen als

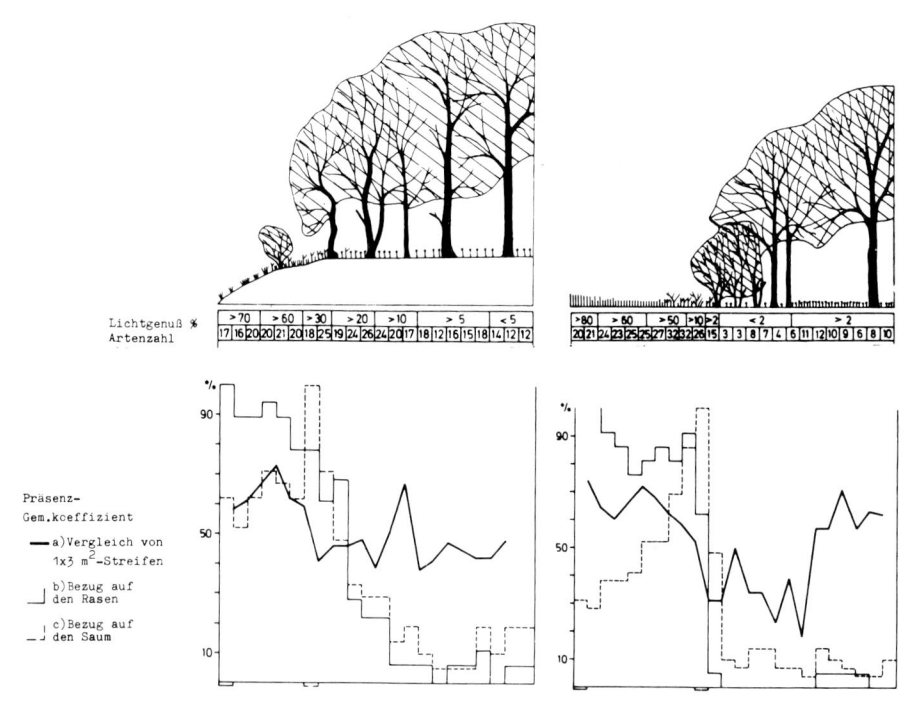

Abb. 129. Präsenz-Gemeinschaftskoeffizienten zwischen Aufnahmen in Transekten eines naturnahen (links) und anthrogenen Waldrandes (rechts) (aus DIERSCHKE 1974). Die starke Linie bezieht sich auf benachbarte Aufnahmen, die dünne auf die erste Aufnahme des Transektes, die gestrichelte auf eine Aufnahme des Saumes.

praktischer Anwendungen. Ein genaueres Beispiel geben NEUHÄUSL & NEUHÄUSLOVÁ (1972) und NEUHÄUSL (1977) für Eichen-Hainbuchenwälder, wobei sie die innere Homotonität von Syntaxa und die äußere Affinität gegenüber Nachbareinheiten gleichen und unterschiedlichen Ranges berechnen. Sie erhoffen sich daraus objektivere Grundlagen zur Abgrenzung von Assoziationen und anderer Syntaxa, die vorher durch herkömmliche Tabellenvergleiche aufgestellt worden sind. Verwendet werden Berechnungsformeln in Anlehnung an den Soerensen-Index mit Abwandlungen von CESKA (1966). Die Affinität berechnet sich nach

$$Af = \frac{2\,SA \times SB}{SA + SB}$$

SA und SB sind die Summen prozentualer Stetigkeit aller Arten aller Aufnahmen in den Gesellschaften bzw. Aufnahmegruppen A,B. Betont wird, daß hier nur Annäherungswerte erzielt werden können, da alle Arten (auch die diagnostischen) gleich gewichtet sind.

Verglichen werden verschiedene Assoziationen, Subassoziationen und Varianten sowie der Verband *Carpinion* mit einer Nachbareinheit für engere und weitere geographische Bereiche (s. Abb. 130). Die (innere) Homotonität der Assoziation liegt bei 45% oder mehr (bis 66%) für Mittelböhmen, um 40% für größere Bereiche Mitteleuropas. Die Affinität zwischen den Assoziationen liegt meist um oder unter 40% bzw. unter 30%. Rangstufen unterhalb der Assoziationen haben allgemein höhere Werte, nach oben nehmen Homotonität und Affinität ab. Ähnliche Berechnungen von FAJMONOVÁ (1983) für verschiedene Waldgesellschaften der Slowakei ergaben zwischen Assoziationen Werte unter 40%.

Mit Hilfe der errechneten Affinitäten können also die syntaxonomischen Einstufungen von Gesellschaften überprüft bzw. Überlegungen für andere Gliederungen angestellt werden (s. auch Teil IX). Für einzelne Gesellschaftsgruppen kann man bestimmte Eckwerte erwarten, die für die weitere syntaxonomische Bewertung hilfreich sind (s. auch WESTHOFF & VAN DER MAAREL 1973, VAN DER MAAREL 1981). Dies gilt z. B. für die Zuordnung unklarer Vegetationstypen, wie sie in floristischen Grenzbereichen zweier höherrangiger Einheiten auftreten. Solche Berechnungen müssen sich aber dem Prinzip der diagnostischen Arten als Hauptmerkmal unterordnen und können nur als zusätzli-

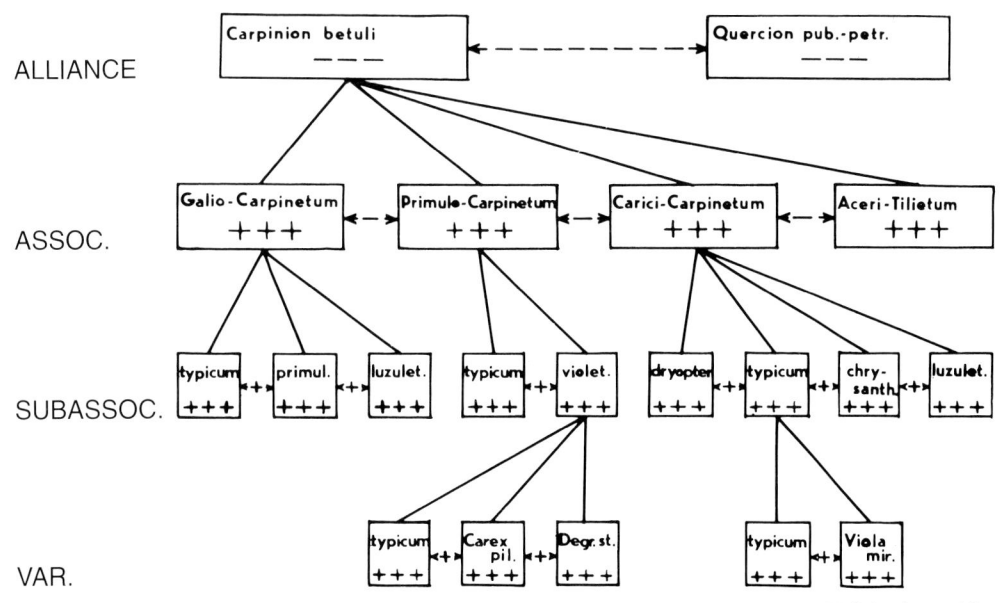

Abb. 130. Homotonität und Affinität von Syntaxa verschiedener Rangstufen von Eichen-Hainbuchenwäldern (aus NEUHÄUSL 1977, leicht verändert). Auf Assoziationsebene herrscht hohe Homotonität, aber geringe Affinität. Bei Subassoziationen und Varianten nehmen beide zu, bei höheren Rängen ab.

che Argumente benutzt werden. Es sei betont, daß durch das induktive Prinzip des Systemaufbaus die Rangstufen mehr relativ untereinander als durch festlegbare Grenzwerte festgelegt werden (s. auch GLAHN 1968).

Eine graphische Darstellung von Ähnlichkeitsbeziehungen hat KULCZYŃSKI (1928) vorgeschlagen (Abb. 131). Er berechnete für eine Assoziation die Verwandtschaft (V) zu beliebig vielen anderen und stellte die Werte nach zehn Klassen von je 10% in einem Verwandtschaftsspektrum dar. Bei Vergleich aller bezüglichen Gesellschaften erhält man zunächst eine Tabelle der V-Werte, aus denen sich ein entsprechendes Diagramm zeichnen läßt. Jede Zeile stellt das Verwandtschaftsspektrum einer Assoziation dar. Auf der Diagonalen ist der eigene Wert (100%) zu finden. Ähnliche V-Werte sind hierzu möglichst benachbart angeordnet. In Abb. 131 lassen sich zwei Gruppen nahe verwandter Assoziationen erkennen. Weitere Grundlagen und Beispiele für solche Ähnlichkeits-Matrices gibt MC INTOSH (1973).

2.7.3 Möglichkeiten und Grenzen von Indizes

Einige Möglichkeiten der Verwendung mathematischer Berechnungen von Homotonität und Affinität haben die vorhergehenden Kapitel gezeigt. In der Pflanzensoziologie sind sie relativ begrenzt, wenn auch sicher noch ausbaufähig. In anderen, mehr theoretisch orientierten Bereichen der Vegetationskunde, besonders in der angloamerikanischen Literatur, spielen sie eine wesentlich größere Rolle (s. auch Teil IX). Ihre zunehmende Verwendung für pflanzensoziologische Daten ist nicht zuletzt eine Folge der leichteren Handhabung durch die EDV.

Erfahrene Praktiker der Pflanzensoziologie haben von jeher vor einer Überbewertung solcher Verfahren gewarnt. ELLENBERG (1956) und BARKMAN (1958a), die selber Formeln entwickelt haben, weisen auf manche Kritikpunkte hin. So erfassen Affinitätswerte nur Teilaspekte, vernachlässigen z. B. Vitalitätsunterschiede, Bestandesschichten und den ungleichen diagnostischen Wert der Arten. Bei Verwendung quantitativer Koeffizienten können sogar syntaxonomisch unbedeutende Arten besonders stark gewichtet werden.

Betont sei auch, daß mathematisch bearbeitete Daten deren Qualität nicht verbessern sondern eher verschleiern. Sie ergeben nur eine Scheingenauigkeit und täuschen möglicherweise den weniger Kundigen. Objektiv und reproduzierbar ist allein das Rechenverfahren. Schon die Auswahl des Verfahrens ist subjektiv, wie GOODALL (1973a, S. 144 ff.) betont, wovon wesentlich das Ergebnis abhängt, ganz zu schweigen von den subjektiv erhobenen Geländedaten.

Berechnungen ergeben meist nichts Neues, können bestenfalls eine zusätzliche Absicherung bereits gefundener Vegetationstypen bilden. Außerdem sind die Rechenwerte oft gesellschaftsspezifisch und nur in gewissem Grade verallgemeinerbar (s. auch NEUHÄUSL 1977, REICHHOFF 1978).

Entscheidend ist, daß der Bearbeiter mit den Feinheiten der Vegetation selbst vertraut ist, um Rechenergebnisse sinnvoll interpretieren zu können. Rechnen selbst ist keine Wissenschaft und reine Rechenexempel mit schönen Kurven und Diagrammen sind ohne brauchbare Interpretation nur Spielerei. Pflanzensoziologische Intuition ist immer noch die beste Grundlage für eine Klassifikation, wie schon BARKMAN (1958a, S. 32) betont hat.

2.8 Evenness

Auch der Grad der Gleichverteilung von Arten in Pflanzengesellschaften ist ein synthetisches Merkmal. Auf Evenness wurde bereits kurz in Kap. IV 8.2 eingegangen. Hier sei nur der Vollständigkeit halber noch einmal darauf hingewiesen (s. HAEUPLER 1982, S. 122 ff.).

2.9 Gruppenwerte und Gruppenspektren

Pflanzensippen einer Gesellschaft lassen sich nach mancherlei Merkmalen in Gruppen zusammenfassen, z. B. nach Textur- und Strukturmerkmalen, nach ihrem ökologischen Verhalten, nach ihrer Stellung in einer Sukzessionsserie, nach ihren Arealen u. a. Die Zusammensetzung einer Gesellschaft aus Anteilen dieser Gruppen (nach Zahl oder Prozentanteil der Sippen) ergibt jeweils ein Gruppenspektrum, ein wichtiges synthetisches Merkmal. Durch solche Spektren können Eigenschaften und Bezüge übersichtlich dargestellt werden, meist in graphischer Form. Zu entscheiden ist wiederum, ob man nur die Präsenz oder auch Quantitäten der Arten berücksichtigen will. Entsprechend gibt es qualitative und quantitative Gruppenspektren und verschiedene Berechnungsformeln.

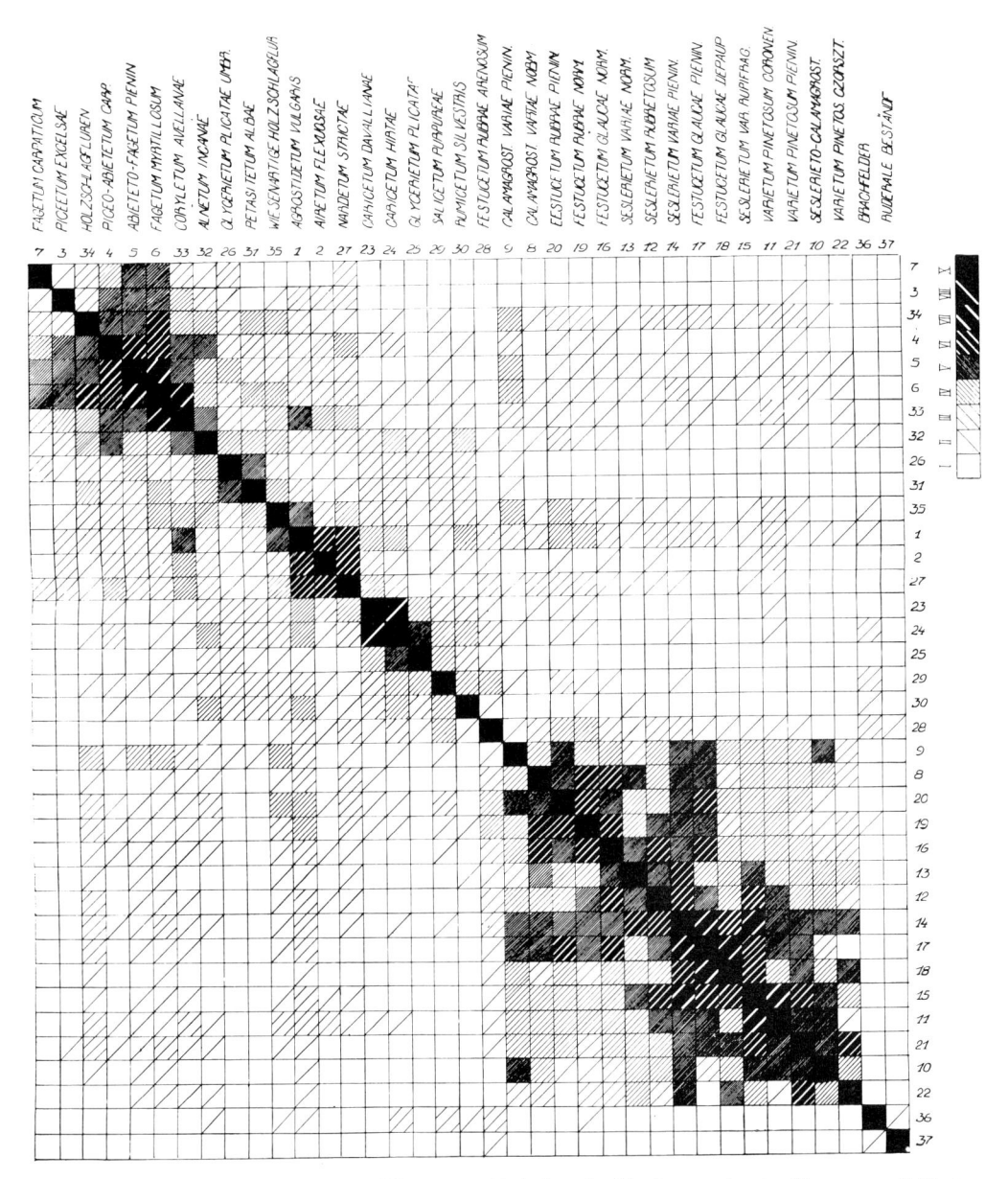

Abb. 131. Verwandtschaftsspektren von Pflanzengesellschaften der Pieninen nach zehn Klassen von V-Werten I-X (aus KULCZYŃSKI 1928). Erläuterung im Text.

2.9.1 Gruppenwerte

Zur Berechnung von Gruppenanteilen haben schon TÜXEN & ELLENBERG (1937) verschiedene Formeln vorgeschlagen:

a) Gruppenanteil G% (qualitativ)
Für eine Aufnahme:

$$G\% = \frac{AZG}{AZ} \times 100$$

AZG = Artenzahl einer Gruppe
AZ = Artenzahl der Aufnahme

Für eine Tabelle:

$$G\% = \frac{mAZG}{mAZ} \times 100 \text{ oder } \frac{\Sigma g}{\Sigma t} \times 100$$

m = Mittelwert
Σg = Summe aller Einzelvorkommen von Arten einer Gruppe
Σt = Summe aller Einzelvorkommen von Arten der Tabelle

b) Gruppenstetigkeit GS% (qualitativ)

$$GS\% = \frac{\Sigma g}{AZG \times n} \times 100$$

n = Zahl der Aufnahmen

Die Gruppenstetigkeit ist der Prozentanteil der Einzelvorkommen von Arten einer Gruppe am maximal möglichen Vorkommen.

c) Gruppenmenge GM (quantitativ)
Mittlere Gruppenmenge

$$mGM = \frac{\Sigma M}{n}$$

M = Summe der Quantitäten aller Gruppenarten einer Aufnahme

Gruppenmengenanteil

$$GM\% = \frac{M}{AM}$$

AM = Summe der Quantitäten aller Arten der Aufnahme

Für M wird meist die Artmächtigkeit = Menge oder der Deckungsgrad verwendet. Zur Transformation der Braun-Blanquet-Skala in Prozentwerte s. 2.2.

d) Systematischer Gruppenwert
Die syntaxonomische Bedeutung einer Artengruppe wird vor allem durch die Zahl ihrer Arten und deren Stetigkeit (in Sonderfällen auch deren Menge) bestimmt. Hierfür schlagen TÜXEN & ELLENBERG (1937) als „Systematischen Gruppenwert" das Produkt G% × GS% (Gruppenanteil × Gruppenstetigkeit) vor:

$$SGW = \frac{\Sigma g \times 100}{\Sigma t} \times \frac{\Sigma g \times 100}{AZG \times n}$$

$$= \frac{\Sigma g^2}{\Sigma t \times AZG \times n} \times 10\,000$$

Der Höchstwert beträgt 10 000. Wird SGW in Prozent dieses Höchstwertes angegeben, erhält man anschauliche Zahlenwerte für die relative Bedeutung einer Artengruppe innerhalb einer Tabelle bzw. Gesellschaft:

$$SGW\% = \frac{SGW}{10\,000} \times 100 = \frac{SGW}{100}$$

$$= \frac{\Sigma g^2}{\Sigma t \times AZG \times n} \times 100$$

2.9.2 Gruppenspektren

Mit Hilfe der Gruppenwerte lassen sich absolute oder relative, qualitative und quantitative, vollständige (Bezug auf alle Arten) oder unvollständige Spektren (Bezug auf Arten bestimmter Stetigkeit, Arten einer Schicht, nur blühende Arten u. a.) zusammenstellen. Einige solcher Spektren wurden bereits vorgestellt:

– Texturspektren, z. B. nach Blattmerkmalen, Lebensformen (IV 2–3)
– Strukturspektren, z. B. nach Wuchshöhe, Wurzeltiefe, Stammdurchmesser (IV 5.4)
– Diasporenpotential-Spektren (IV 5.5.2)
– Statusspektren (III 7.2)
– Natürlichkeits- bzw. Hemerobiespektren (III 8.2.3)
– Taxonomische (Sippen)-Spektren (IV 4)
– Ökologische Gruppenspektren (VII 6)
– Zeigerwert-Spektren (VII 7.2.2.2)
– Stetigkeitsklassen-Spektren (VIII 2.3)
– Schadstufen-Spektren (V 5.1.3)

In den folgenden Kapiteln finden sich außerdem
– Phänospektren und Symphänologische Gruppenspektren (X 2.5)
– Syndynamische Spektren (X 3.2.2.4)
– Synchorologische Spektren (XII 2.4)

Hier soll nur kurz auf Spektren soziologischer Gruppen eingegangen werden, die syntaxonomische Bezüge darstellen. Entweder benutzt man Gruppen von Differentialarten, die sich jeweils aus Tabellen ergeben, oder im engeren Sinne die syntaxonomischen Gruppen von Charakter- und Differentialarten verschiedener Assoziationen, Verbände usw.

Abb. 132 zeigt ein qualitatives Spektrum soziologischer Gruppen zur Verdeutlichung der syntaxonomischen Beziehungen von Ufergesellschaften. Eine andere Form der Darstellung vermittelt Abb. 133 für Höhenformen artenreicher Buchenwälder. Quantitative Spektren werden gerne bei Sukzessionsuntersuchungen verwen-

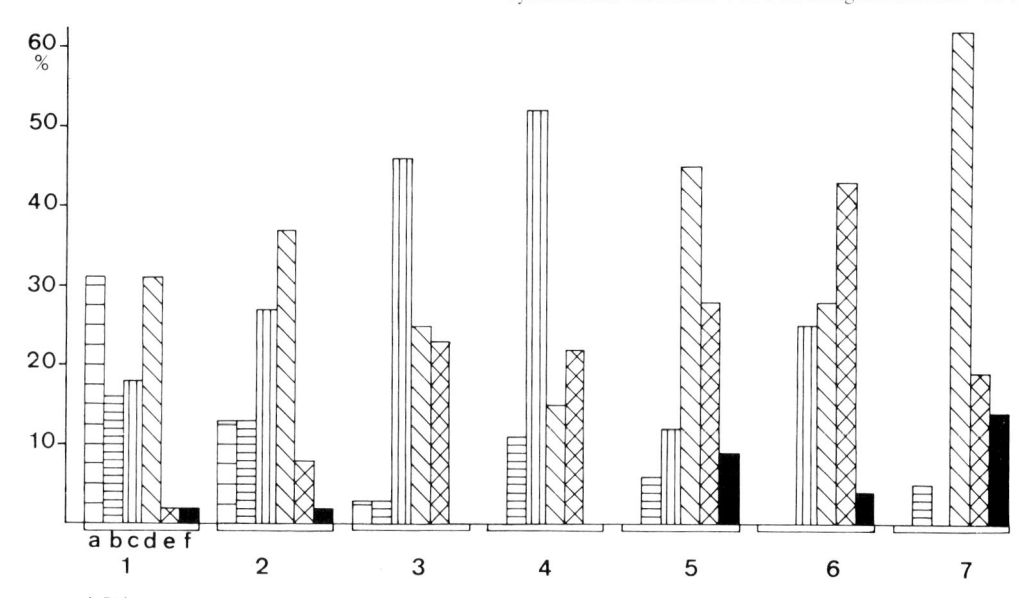

a) *Bidentetea + Stellarietea mediae,* b) *Phragmitetea,* c) *Artimisietea,* d) *Molinio-Arrhenatheretea,*
e) *Querco-Fagetea,* f) *Montio-Cardaminetea.*

1: Spülsaum-Röhricht-Zwillingsgesellschaften
2: Staudensaum-Röhricht-Zwillingsgesellschaften
3: *Aegopodio-* und *Chaerophyllo-Petasitetum hybridi*
4: *Reynoutria japonica*-Gesellschaft
5: *Chaerophyllo hirsuti-Filipenduletum*
6: *Petasites albus*-Gesellschaften
7: *Cardamino-Chrysosplenietum oppositifolii*

Abb. 132. Qualitatives relatives Spektrum soziologischer Artengruppen (Gesellschaftsklassen) von Ufergesellschaften des Harzes (aus DIERSCHKE et al. 1983).

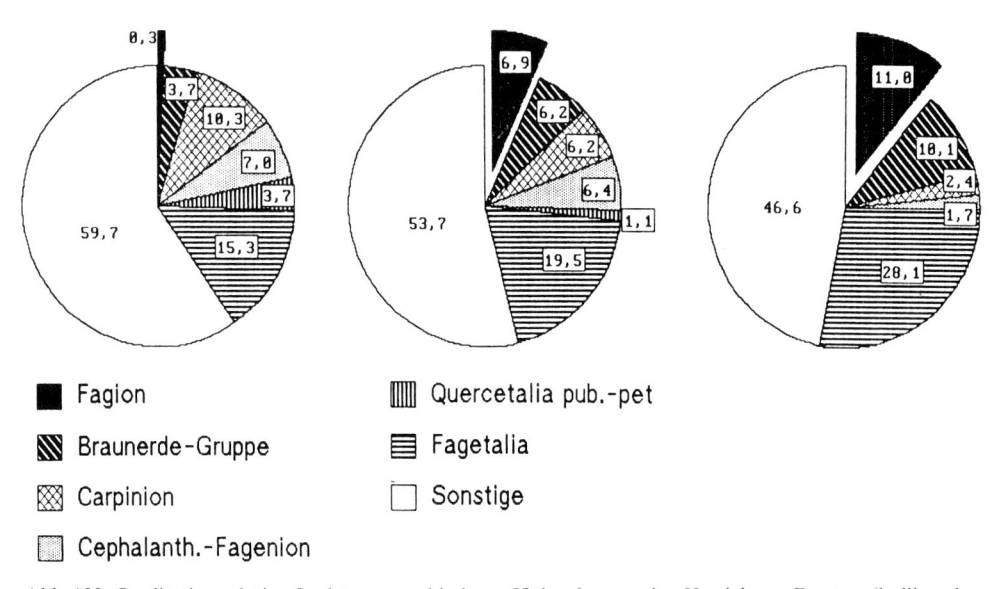

■ Fagion
▨ Braunerde-Gruppe
▩ Carpinion
▦ Cephalanth.-Fagenion
▥ Quercetalia pub.-pet
☰ Fagetalia
☐ Sonstige

Abb. 133. Qualitative relative Spektren verschiedener Höhenformen des *Hordelymo-Fagetum* (kollin-submontan-montan; nach SUCK 1991, verändert).

292 Das Braun-Blanquet-System (Syntaxonomie)

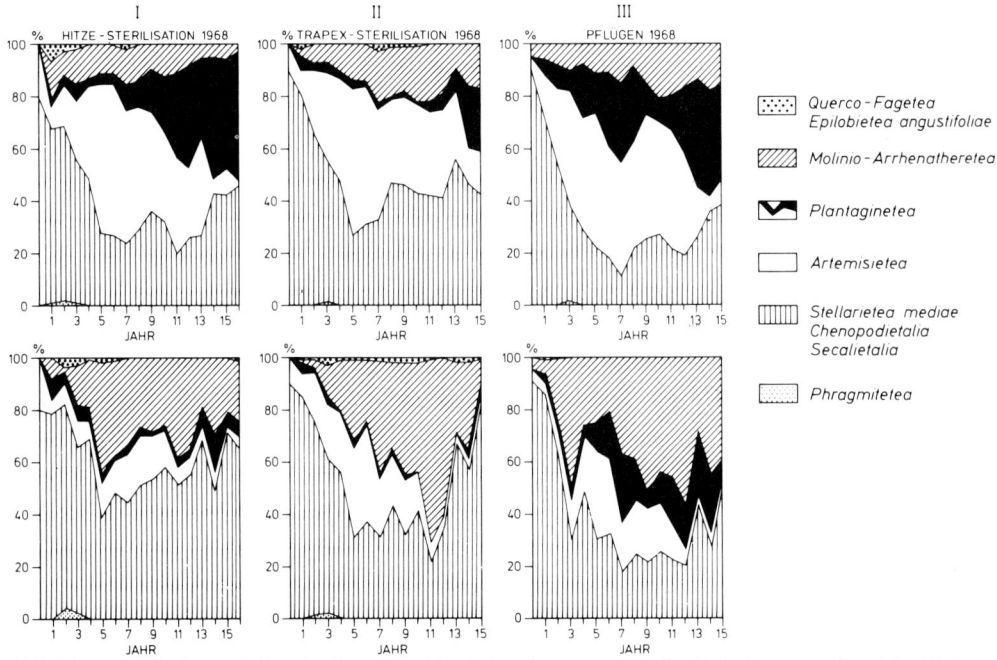

Abb. 134. Quantitatives relatives Spektrum soziologischer Artengruppen (nach Deckungsgrad) auf drei Sukzessionsflächen (aus SCHMIDT 1986).

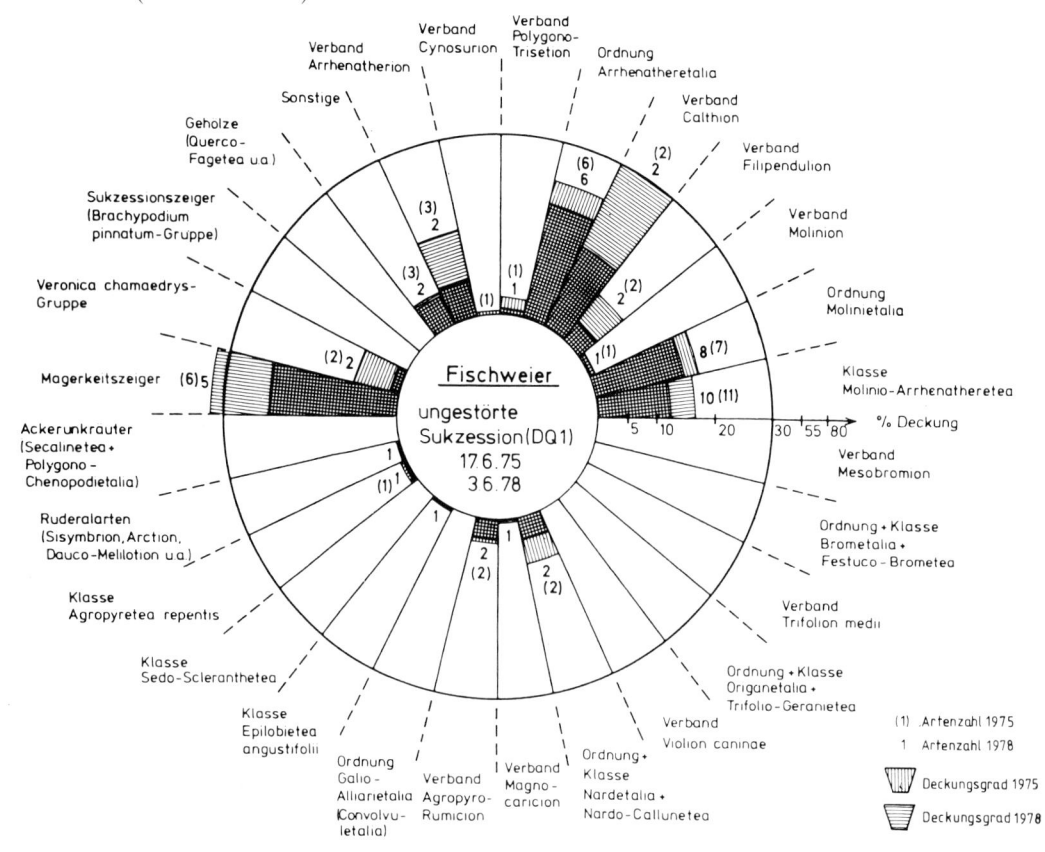

det, da sie bestimmte Entwicklungstendenzen zu anderen Gesellschaften widerspiegeln. Zwei Beispiele mit unterschiedlicher Darstellung geben Abb. 134/135.

Darüber hinaus sind mancherlei andere Spektren denkbar, die zur Erhellung bestimmter soziologischer Fragen beitragen können. TÄUBER (1981) hat z. B. Familienspektren der Sippen von karpatischen Pflanzengesellschaften dargestellt und phylogenetisch interpretiert. Für den Naturschutz interessant wären Spektren der Rote Liste-Arten nach Gefährdungsgraden usw.

3 Die Einheiten des Braun-Blanquet-Systems

3.1 Allgemeines

Wie schon in Kapitel III 1 erläutert, muß man zwischen konkreten Pflanzen-*Beständen* und daraus durch floristischen Vergleich abstrahierten Pflanzen-*Gesellschaften* unterscheiden. Letztere lassen sich bestimmten Rängen des Systems zuordnen und werden dann Syntaxa (Einzahl: Syntaxon) genannt. Sie entsprechen damit den Begriffen Pflanze – Sippe – Taxon der Sippensystematik. „Gesellschaft" ist also ein rangloser Begriff, wenn auch häufig bevorzugt auf niederrangige Typen angewandt. Hierfür wird auch „nodum" oder „phytocoenon" verwendet (s. MORAVEC 1981).

Wesentliche Kriterien für die syntaxonomische Zuordnung sind Charakter- und Differentialarten, die als diagnostische Arten Bestimmungsmerkmale ergeben. Entscheidend ist aber letzlich die Charakteristische Artenverbindung, wie schon in Kapitel 2.6 betont wurde. Andere Kriterien, mit Ausnahme der Sippenmenge in Sonderfällen, waren zunächst im Braun-Blanquet-System nicht vorgesehen, außer der soziologischen Progression als Strukturmerkmal zur Ordnung der ranghöchsten Einheiten. Daß heute auch andere Gesellschaftsmerkmale mit Verwendung finden, daß dies aber meist umstritten ist, werden die folgenden Kapitel zeigen. Wir werden uns zunächst aber der „reinen Lehre" von BRAUN-BLANQUET zuwenden und dann auf verschiedenerlei Ergänzungen und Abweichungen eingehen.

Die von BRAUN-BLANQUET (1921ff.) eingeführten, durch Charakterarten gekennzeichneten und induktiv-synthetisch aufgebauten Systemebenen werden als Hauptrangstufen des Systems bezeichnet. Später wurden zur stärkeren Differenzierungsmöglichkeit noch Zwischen- und Nebenränge hinzugefügt, die mehr deduktiv die Hauptrangstufen gliedern (s. auch BARKMAN et al. 1986). Als Grundeinheit und unterste Hauptrangstufe gilt die Assoziation, die aber noch weiter in Untereinheiten aufteilbar ist (4.2).

Im Zuge pflanzensoziologischer Erforschung immer größerer Bereiche der Erde kann ein System, dessen Aufbau in kleineren Teilbereichen begann, nicht unverändert bleiben. Die Flexibilität wurde bereits als notwendige Eigenschaft herausgestellt (VII 9.2). Einmal wird sich zwangsläufig die Zahl der Syntaxa erhöhen, außerdem müssen manche früh beschriebenen Gesellschaften später anders gefaßt oder in ihrer Rangstufe verändert werden. Solche Vorgänge sind zwar oft verwirrend, aber wohl unabwendbar. Nur so läßt sich in einem System den Fortschritten der Erkenntnis Rechnung tragen. Um dennoch eine stabile Grundlage zu schaffen und der Willkür neuer Gesellschaftsbeschreibungen, d. h. der Gefahr einer Inflation der Einheiten (s. PIGNATTI 1968a) Grenzen zu setzen, wurden verbindliche Nomenklaturregeln eingeführt (3.4), die wiederum manche Ähnlichkeit zu solchen der Sippensystematik zeigen. So spricht WHITTAKER (1962) von einem quasi-taxonomischen Ansatz der Gesellschaftssystematik.

Auf Mitteleuropa bezogen gibt es viele Beispiele für die Entwicklung des Braun-Blanquet-Systems (s. auch II). Zunächst wurden viele Pflanzengesellschaften aus verschiedenen Gebieten beschrieben, manchmal für die gleiche Artenverbindung mit unterschiedlichen Namen. Später versuchte man durch internationale Diskussion, eine vorläufige Synthese auf höheren Rangstufen zu erarbeiten (z. B. BRAUN-BLANQUET & TÜXEN 1943). Zunehmende Detailkenntnisse führten teilweise zur Aufspaltung

◁ Abb. 135. Quantitatives absolutes Spektrum soziologischer Artengruppen einer brachliegenden Glatthaferwiese mit Darstellung der Deckungsgrad-Änderungen 1975–78 (aus SCHIEFER 1980).

zunächst weit gefaßter Grundeinheiten, wobei diese dann zu Syntaxa höheren Ranges wurden. Oder zunächst mehr lokal erkannte Gesellschaften wurden erweitert bzw. zugunsten anderer aufgegeben. Ein Vergleich der Zahl der Syntaxa für Nordwestdeutschland von TÜXEN (1937 zu 1955) ergibt eine Verdoppelung der Assoziationen (94 zu 189) und auch eine starke Vermehrung höherrangiger Einheiten (z. B. 41 zu 76 Verbände, 4 zu 30 Klassen). Am Beispiel der Silikat-Trockenrasen wurden solche Entwicklungen genauer dargestellt (DIERSCHKE 1986a).

3.2 Die Hauptrangstufen des Systems

Die Hauptrangstufen des Braun-Blanquet-Systems sind durch Charakterarten (und z. T. zusätzliche Differentialarten) festgelegt und ergeben sich induktiv-synthetisch aus ihren jeweiligen niederrangigeren Einheiten. Wie GLAHN (1968) betont hat, lassen sich diese Rangstufen nicht absolut, sondern vorwiegend nach ihrer relativen Stellung im System definieren.

Zur nominellen Kennzeichnung der Rangstufen werden eine bis zwei bezeichnende (oft Charakter-) Arten verwendet, indem am Wortstamm des lateinischen Gattungsnamens eine bestimmte Endung angehängt und der Artname in den Genitiv gesetzt wird (s. auch Kap. 3.4). Folgende Rangstufen wurden von BRAUN-BLANQUET (1921 ff.) festgelegt.

Abb. 136 zeigt schematisch die Hauptrangstufen A-K, wobei die dritte Ordnung nur aus einem Verband besteht, beide Stufen also floristisch gleich definiert sind. Wie in Kapitel 2.5 erörtert wurde, sind aber die Charakterarten nicht, wie das Schema vermuten läßt, auf ein Syntaxon beschränkt. Sie haben dort oft nur ihr ökologisches Optimum bei mehr oder weniger breiter Streuung in andere Einheiten hinein. Dort werden sie dann zu „übergreifenden Charakterarten" (TÜXEN 1937) höherer Rangstufen. Beispielsweise kann eine Sippe auf einen Verband oder eine Ordnung mehr oder weniger beschränkt sein, kommt aber mit Ausnahme einer Assoziation nur mit mittlerer oder noch geringerer Stetigkeit und vorwiegend geringer Menge vor. In letzterer ist sie hochstet und möglicherweise zusätzlich mit höherer Menge vertreten. Sie gilt dann als (wenig gute) Kennart der Assoziation, zusätzlich als übergreifende VC oder OC. Zahlreiche solcher Beispiele hierfür liefert die Klasse *Phragmitea* der Röhrichte und Großseggenriede.

Assoziation und Verband mit ihren Endungen wurden bereits von BRAUN-BLANQUET (1921 und früher) festgelegt. Ordnungen wurden wohl erstmals bei BRAUN-BLANQUET (1925) mit Hinweis auf W. KOCH erwähnt, der 1926 die Endung *-etalia* vorschlug. Klassen wurden zunächst nur sehr allgemein besprochen. Noch Tüxen (1937) verzichtete teilweise darauf. Eine breitere Übersicht derselben erfolgte erstmals durch BRAUN-BLANQUET & TÜXEN (1943). Auf dem Botanikerkongreß in Paris (1954) wurden diese Hauptrangstufen allgemein akzeptiert (s. BRAUN-BLANQUET 1964, S. 120).

Ein Sonderfall ist die Klassengruppe, die von BRAUN-BLANQUET (1959) mit Erwähnung von SCHMITHÜSEN eingeführt wurde (s. auch TÜXEN 1970c). Sie wird oft weniger durch Arten als vielmehr durch höherrangige Kenntaxa (Gattungen, Familien) zusammengehalten (s. auch 6.3).

Die Assoziation als Grundeinheit soll durch wenigstens eine Charakterart festgelegt sein, die durch Differentialarten unterstützt werden kann. Ihre Elemente sind konkrete Pflanzenbestände. Die Rangfolge ergibt sich dann gewissermaßen von selbst durch weitreichenden floristischen Vergleich in Tabellen im Sinne induktiver Synthese. Höhere Syntaxa werden deshalb selten allgemein genauer definiert, außer durch die Einheiten der niedrigeren Stufen (ihre Elemente) sowie eigene Kenn und Trennarten (s. auch MORAVEC 1981). Der floristisch-soziologische Inhalt von Einheiten gleichen Ranges kann deshalb sehr unterschiedlich sein. Ein Verband kann z. B. eine bis viele Assoziationen mit wechselnden Artenzahlen enthalten, aber auch nur aus einer Assoziation mit wenigen Arten (theoretisch einer Art) bestehen. Deshalb ist es wenig ergiebig, im breiteren syntaxonomischen Rahmen verbindliche soziologische Affinitätswerte festzulegen (s. 2.7.3). Jedes Syntaxon läßt sich hauptsächlich nur in bezug zu den Einheiten der nächsthöheren und niedrigeren Rangstufe genauer definieren.

MORAVEC (1981) hat sich eingehend mit dem logischen Aufbau des Systems befaßt und weist auf folgende Konsequenzen hin:
– Jedes höherrangige Syntaxon muß mindestens eine der nächstuntergeordneten Hauptrangstufen enthalten.
– Jede Assoziation muß einem (einzigen) Verband, ein Verband einer Ordnung usw. zuge-

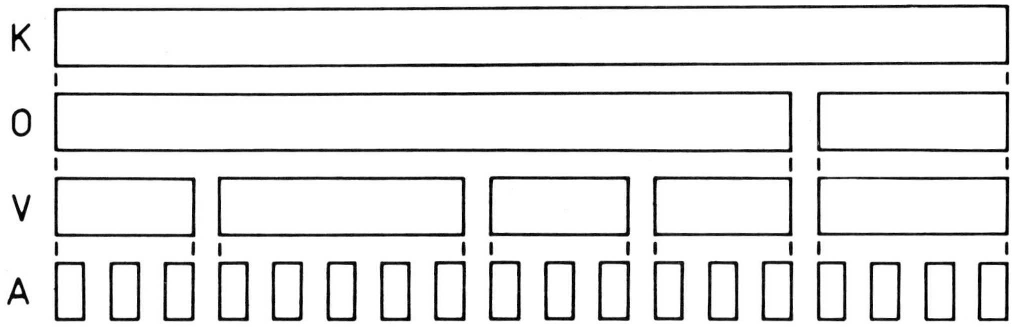

A	Assoziation	-etum	Hordelymo-Fagetum
			Arrhenatheretum elatioris
V	Verband	-ion	Fagion sylvaticae
			Arrhenatherion elatioris
O	Ordnung	-etalia	Fagetalia sylvaticae
			Arrhenatheretalia elatioris
K	Klasse	-etea	Querco-Fagetea sylvaticae
			Molinio-Arrhenatheretea
KG	Klassengruppe	-ea	Querco-Fagea

Charakterarten der Syntaxa werden hier als AC, VC, OC, KC, KGC gekennzeichnet, Differentialarten durch DA, DV, DO, DK, DKG.

Abb. 136. Schema und Beispiel der Hauptrangstufen des Braun-Blanquet-Systems.

ordnet werden. Die entsprechende Hierarchie gilt auch, wenn nur eine Assoziation zu einer Klasse gehört. Die Hauptrangstufen sind als obligate Einheiten des Systems festgelegt.

Das System ist also streng linear aufgebaut. Für die Neubeschreibung eines Syntaxons müssen neben diagnostischen Merkmalen (Arten) auch seine Elemente angegeben werden, bei Assoziationen also Aufnahmen, bei Verbänden Assoziationen usw. Zur „Originaldiagnose" eines Syntaxons gehört außerdem ein Name, der seine Rangstufe erkennen läßt. Dies sind aber nur Mindestanforderungen. Zur guten Kennzeichnung eines Syntaxons, insbesondere der Assoziation, sollten möglichst viele synthetische Merkmale herangezogen werden.

Aufgrund der Erstdefinition eines Syntaxons lassen sich ihm später weitere Elemente zuordnen. Dabei kann der schon allgemein erwähnte Fall auftreten, daß sich die Wertigkeit der Merkmale und die Rangstufe des Syntaxons ändert (z. B. AC werden zu VC). Die Diagnose des Syntaxons muß entsprechend verändert (emendiert) werden (s. auch 3.4). Gleiches gilt bei Vereinigung zweier zunächst unabhängig beschriebener, aber floristisch gleicher Syntaxa oder bei Zerlegung eines Syntaxons in zwei oder mehrere Typen, also für die inhaltliche Erweiterung oder Einengung z. B. einer Assoziation.

3.3 Zwischenrangstufen

Für BRAUN-BLANQUET erschienen die Rangstufen Assoziation-Verband-Ordnung-Klasse zunächst ausreichend. Mit zunehmender Kenntnis der Vegetationseinheiten ergab sich aber ein Bedarf an Zwischenstufen, um Gesellschaftsgruppen engerer floristischer Verwandtschaft besser zu verdeutlichen. Da das Potential an Charakterarten durch die Hauptränge ausgeschöpft war, wurden mehr deduktiv Zwischenrangstufen (dieser Begriff erscheint treffender als der oft benutzte Begriff „Nebenrangstufen") festgelegt, wobei ein Syntaxon der Hauptrangstufe durch Differentialarten untergliedert wird. Für die Existenz einer Zwischenrangstufe ist es also notwendig, daß die zugehörige Hauptrangstufe gleichzeitig oder bereits vorher beschrieben ist. Zwischenränge sind keine induktiv gewonnenen Elemente der Hauptrangstufe sondern nur sekundär gefundene Teile (s. MORAVEC 1981). Elemente für sowohl einen Verband als auch Unterverband sind z. B. die Assoziationen.

Die genannten Zwischenrangstufen wurden bereits von TÜXEN (1939) eingeführt. Sie erhielten später ebenfalls bezeichnende Endungen (Beispiele in Abb. 137 aus OBERDORFER 1990):
Die Anordnung von Haupt- und Zwischenrangstufen zeigt Abb. 137. Im linken Teil ist eine stärkere Differenzierung durch Trennarten möglich. Es ergeben sich zwei Unterordnungen, die je zwei Verbände etwas enger zusammenfassen, von denen jeder wiederum zwei Unterverbände aufweist. Im rechten Teil sind dagegen wenig floristische Möglichkeiten der Gliederung vorhanden. Die vier Assoziationen ergeben nur einen Verband und eine Ordnung ohne Zwischenränge.

Häufiger verwendet werden heute vor allem Unterverbände. Sie ermöglichen eine engere Zusammenfassung von Assoziationen, entweder in mehr standörtlichen oder chorologischen Gesellschaftsgruppen (s. auch 6.1). Ein Beispiel für erstere ist die Untergliederung des *Fagion sylvaticae* in *Luzulo-*, *Galio odorati-*, *Cephalanthero-Fagenion* (s. OBERDORFER 1977 ff., 1990). Allerdings stehen daneben mehr synchorologisch gefaßte Unterverbände wie das praealpine *Lonicero alpigenae-Fagenion*. Eine großräumige Übersicht artenreicher Buchenwälder Mittel- und Westeuropas (DIERSCHKE 1990a) ergab vier regionale UV: *Endymio-*, *Scillo-*, *Galio odorati-*, *Lonicero alpigenae-Fagenion* (s. auch Abb. 150, Tab. 37). Geographisch orientiert sind auch die UV des *Carpinion* (OBERDORFER 1957, MÜLLER 1990). Für die Bergwiesen Mitteleuropas (*Polygono-Trisetion*) wurden drei UV vorgeschlagen (Mittelgebirge, Karpaten, Alpen; s. DIERSCHKE 1981a). Ein früher Ansatz der Zusammenfassung verwandter Assoziationen waren schon die „Hauptassoziationen" von KNAPP (1942), in denen vikariierende Regionalassoziationen vereinigt waren.

Vielleicht wird es sich für eine großräumige Synthese der Pflanzengesellschaften Europas als sinnvoll erweisen, Unterverbände vorwiegend synchorologisch auszurichten (s. auch 6.1, 8.4.1).

Unterordnungen und Unterklassen sind bisher weniger benutzte Zwischenrangstufen, dürften aber bei zunehmender Ausweitung des Systems ebenfalls sinnvoll sein. Beispiele sind

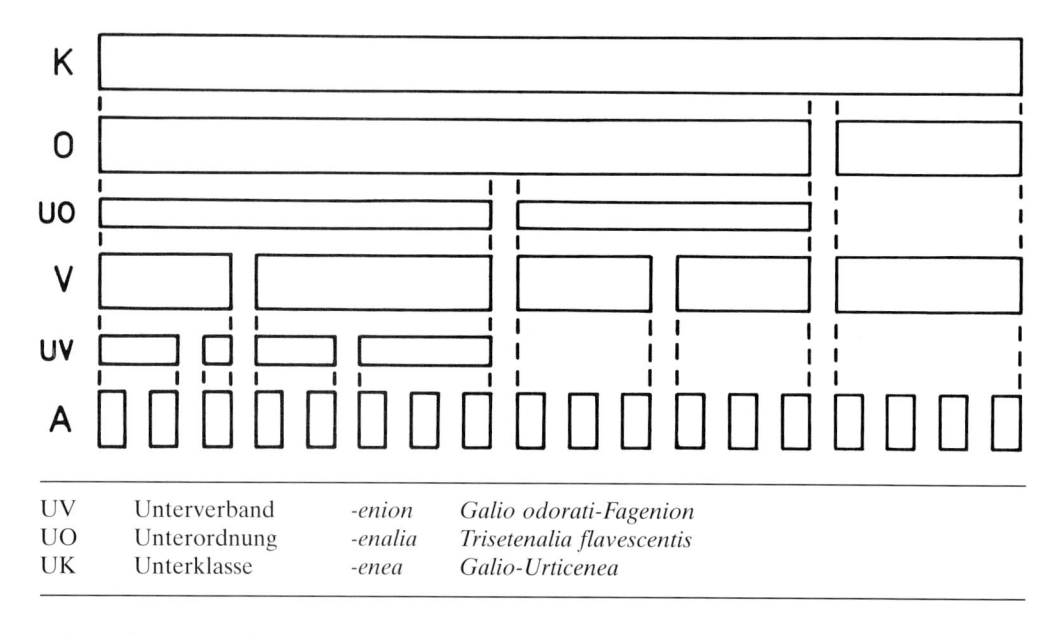

UV	Unterverband	-enion	*Galio odorati-Fagenion*
UO	Unterordnung	-enalia	*Trisetenalia flavescentis*
UK	Unterklasse	-enea	*Galio-Urticenea*

Abb. 137. Schema der Haupt- und Zwischenrangstufen des Braun-Blanquet-Systems.

die Trennung der *Arrhenatheretalia* in die UO *Trisetenalia flavescentis* (Wiesen) und *Trifolienalia* (Weiden) bei OBERDORFER (1990) oder in derselben Übersicht die Unterteilung der Klasse *Artemisietea vulgaris* in *Galio-Urticenea* (nitrophile Ufer- und Saumgesellschaften) und *Artemisienea vulgaris* (ausdauernde Ruderalgesellschaften). HÜPPE & HOFMEISTER (1990) fassen alle mitteleuropäischen Ackerwildkraut-Gesellschaften in den *Violenea arvensis* zusammen (Klasse *Stellarietea mediae*).

3.4 Nomenklaturregeln

Das Braun-Blanquet-System zeichnet sich vor allen anderen Vegetationssystemen durch verbindliche Nomenklaturregeln aus. Dies gilt nicht nur für die eigentliche Namensgebung (s. 3.1), sondern auch für die gültige Publikation der Namen und die daraus folgenden Regeln. Konkretere Vorschläge machten bereits FLAHAULT & SCHRÖTER (1910) auf dem Botanikerkongreß in Brüssel. BROCKMANN-JEROSCH & RÜBEL (1912) beschäftigten sich mit unterschiedlichen Namen der Assoziation. Für die erste weiträumige Übersicht von Pflanzengesellschaften waren genauere nomenklatorische Festlegungen notwendig (BRAUN-BLANQUET 1933). Als erste schlugen DAHL & HADAČ (1941) weitergehende Regeln in Anlehnung an die Sippentaxonomie vor. BRAUN-BLANQUET (1951 b) forderte die Einrichtung einer pflanzensoziologischen Nomenklaturkommission. „Es erscheint dringend notwendig, daß sich alle praktisch arbeitenden Pflanzensoziologen über gewisse Nomenklaturregeln einigen, wie dies bei den Systematikern der Fall ist."

Etwa parallel haben BARKMAN auf dem Botanikerkongreß 1950 in Stockholm (1953) und MEIJER DREES (1953) richtungsweisende Regeln vorgeschlagen. BACH et al. (1962) gaben vor allem detaillierte sprachliche Anweisungen für lateinische und deutsche Gesellschaftsnamen. Auf dem IVV-Symposium 1964 in Stolzenau schlug MORAVEC (1968) 26 Artikel zur Stabilisierung der pflanzensoziologischen Nomenklatur vor. 1969 wurde dann von der IVV eine Nomenklaturkommission gegründet, die nach längeren Diskussionen den Code der pflanzensoziologischen Nomenklatur fertigstellte, der inzwischen in zweiter, überarbeiteter Auflage vorliegt (BARKMAN et al. 1976, 1986). Eine Bibliographie über entsprechende Literatur stellte MORAVEC (1975a) zusammen.

In der Einleitung des Code wird die Notwendigkeit strenger Vorschriften betont, die der Klarheit der Begriffe und der Vermeidung syntaxonomischer Willkür dienen sollen. In der Tat hat die heute hohe Zahl teilweise synonymer Syntaxa zu fast chaotischen Verhältnissen geführt. Zur Rückführung auf eine übersichtlichere Zahl von Namen bildet das dem Code zugrundeliegende Prioritätsprinzip eine sinnvolle Möglichkeit. Allerdings werden hierdurch Namen konserviert, die zu einer Zeit entstanden, als das betreffende Syntaxon nach Inhalt und Umfang oft noch wenig bekannt war (s. auch WIEGLEB 1981). Wenig sinnvoll ist die Ausdehnung der Regeln auf floristische Vegetationstypen, die nicht den Prinzipien des Braun-Blanquet-Systems entsprechen, z. B. Einheiten der Uppsala-Schule oder Eberswalder Schule (8.2).

Der Code besteht aus Definitionen syntaxonomischer Fachausdrücke, Grundsätzen, Regeln und Empfehlungen sowie sprachlichen Anleitungen zur richtigen Namensbildung (s. hierzu auch ADOLPHI 1985). Für bestimmte Grundsätze und Regeln gelten bindende Zeitangaben der Gültigkeit, z. T. schon der 1. 1. 1910, teilweise erst der 1. 1. 1979 oder 1. 1. 1987. Vieles wird durch Beispiele erläutert. Trotzdem sind die Regeln sehr kompliziert, was ihrer konsequenten Anwendung hinderlich ist. So bildet der Code vor allem einen Leitfaden für den ernsthaften Syntaxonomen, weniger für Pflanzensoziologen anderer Richtungen. Gewisse Grundlagen sollte man aber kennen. Die wichtigsten sind hier sehr verkürzt zusammengefaßt.

1. Syntaxa sind abstrakte, nach floristisch-soziologischen Kriterien definierte Vegetationseinheiten irgendeiner Rangstufe, die in das System einfügbar ist. Hierzu gehören die Hauptrangstufen Assoziation, Verband, Ordnung, Klasse, die Nebenrangstufen Subassoziation, Unterverband, Unterordnung, Unterklasse mit jeweils ranganzeigender Namensgebung (s. 3.2–3.3) sowie auch Soziationen und Konsoziationen (VII 9.2.1.2) und ebenfalls auf entsprechende Kriterien gegründete andere Gesellschaften.
2. Für die gültige Veröffentlichung eines Namens müssen verschiedene Grundanforderungen erfüllt sein:
   – Wirksame Veröffentlichung ab 1910.
   – Ausreichende Originaldiagnose oder eindeutiger Hinweis auf eine bereits früher erfolgte Publikation. Für die Assoziation

und Subassoziation genügt eine Aufnahme (empfohlen wird eine Tabelle mit wenigstens zehn Aufnahmen), vor dem 1. 1. 1979 auch eine Stetigkeitstabelle, die mindestens alle Arten mit Stetigkeit II enthält. Für höhere Syntaxa ist die Angabe eines zugehörigen Syntaxons der nächstniedrigeren Hauptrangstufe erforderlich. Ab 1. 1. 1980 müssen auch die Charakter- und Differentialarten genannt werden.
- Angabe des nomenklatorischen Typus ab 1. 1. 1979 (s. 4).
- Die Veröffentlichung ist ungültig, wenn z. B. der Name ein Synonym ist, nur provisorisch oder ohne Angabe der Rangstufe (z. B. „Gesellschaft") verwendet wurde oder wenn die namengebende Art in der Originaldiagnose nicht vorkommt.
- Ungültige Namen können nachträglich durch Ergänzung der Originaldiagnose validisiert werden. Es gilt dann das Datum dieser Publikation.

3. Der Name eines Syntaxons von der Assoziation aufwärts wird aus ein oder zwei in der Originaldiagnose genannten lateinischen Pflanzennamen gebildet, wobei an den Wortstamm des (zweiten) Gattungsnamens eine rangbezeichnende Endung (s. 3.2–3.3) anzuhängen ist. Der Artname erscheint, wenn erforderlich, im Genitiv. (Weitere Feinheiten s. Artikel 10 des Code).
Bei zwei Artnamen sollte der zu betonende (z. B. einer dominanten Art, einer Art der obersten Schicht) an zweiter Stelle stehen, also *Genisto-Callunetum* (früher *Calluno-Genistetum*), *Lithospermo-Quercetum* (früher *Querco-Lithospermetum*). Frühere Namen können entsprechend korrigiert werden („nomina inversa").
Gesellschaftsnamen aus drei Arten (z. B. *Stellario-Querco-Carpinetum*, *Dentario-Abieti-Fagetum*) sind ungültig.
Ab 1. 1. 1979 dürfen Pflanzennamen nicht mehr durch Vorsätze ergänzt werden, die morphologische oder ökologische Merkmale ansprechen (z. B. *Magno-*, *Nano-*, *Thero-*, *Xero-*; ebenfalls *Eu-*). Ältere Namen bleiben gültig. Überhaupt unzulässig sind Anhänge mit geographischer, ökologischer u. a. Bedeutung (z. B. *montanum*, *praealpinum*, *medioeuropaeum*, *rupestria*).
4. Der nomenklatorische Typus ist dasjenige Element eines Syntaxons (eine Aufnahme für Subass., Ass., eine Ass. für V u.s.w.), mit dem der Name dauernd verbunden bleibt (also wie das Typusexemplar einer Sippe im Herbar). Man unterscheidet:
- Holotypus: vom Autor in der Originaldiagnose festgelegt.
- Lectotypus: bei Fehlen des Holotypus im Nachhinein aus der Originaldiagnose festgelegt.
- Neotypus: Neubildung in einer späteren Arbeit, wenn die Originaldiagnose keine brauchbaren Angaben enthält (z. B. keine Aufnahme).

Ist eine Typusaufnahme so komplex oder unvollständig, daß ihre Zuordnung zu einer Assoziation oder Subassoziation aus heutiger Sicht unmöglich ist, kann der Gesellschaftsname als „nomen dubium" verworfen werden.

5. Jedes Syntaxon hat nur einen korrekten Namen, nämlich den ältest gültig publizierten (s. 2). Maßgeblich ist das Datum der ersten Publikation in einer allgemein zugänglichen Druckschrift (nicht ein dort eventuell für den Namen angegebenes anderes Datum).

6. Für die Zerlegung eines Syntaxons, die Vereinigung von Syntaxa, die Änderung der Rangstufe („status novus") u. a. Veränderungen, die sich bei der Entwicklung des Systems ergeben, bestehen besondere Regeln der Namensübertragung (s. Code Artikel 24–28).

7. Ein Name darf nicht korrigiert oder verworfen werden, wenn die namengebenden Sippen als nicht (mehr) charakteristisch angesehen werden oder nur in Teilen des Syntaxons vorkommen. Eine Ausnahme ist das Fehlen einer Sippe der obersten dominierenden Schicht (z. B. nicht *Melicetum uniflorae* sondern *Melico-Fagetum*).
Eine Korrektur von Sippennamen ist nur zulässig, wenn sie in der wichtigsten taxonomischen und floristischen Literatur der letzten 20 Jahre nicht mehr verwendet wurden („nomina mutanda"). So gilt nicht mehr der Name *Weingaertnerietum* (heute *Corynephoretum*), aber weiterhin *Caricetum fuscae* (nicht *C. nigrae*), *Scirpo-Phragmitetum* (nicht *Schoenoplecto-P.*).
Eine Korrektur muß erfolgen, wenn eine Fehlbestimmung der namensgebenden Sippe vorliegt.

8. Auf verschiedene nomenklatorische Typen

gegründete (fast) gleichlautende Namen sind Homonyme, von denen nur das älteste gültig ist.

9. Ein Name, der sehr oft in falschem Sinn angewendet worden ist und deshalb zu ständigen Irrtümern führt, kann als „nomen ambiguum" verworfen werden. Es gilt dann der nächstjüngere den Regeln entsprechende Name. Ist dieser nicht vorhanden, muß ein neuer Name („nomen novum") gebildet werden. Vor dem neuen Autorzitat (s. 10) wird dann das alte in Klammern davorgesetzt.

10. Zum vollständigen Namen eines Syntaxons gehört auch der (abgekürzte) Name des Autors und die Jahreszahl der gültigen Erstpublikation. Dies ist häufig kritisiert worden, da es publizitätssüchtige Geobotaniker zur Beschreibung neuer Syntaxa ermuntert, um ihren Namen zu verewigen (s. PIGNATTI 1968a und dortige Diskussion). Es genügt jedenfalls, für jede Arbeit diese Angaben einmal zu machen (z. B. bei erstem Gebrauch des Namens im Text, besser im Kopf der entsprechenden Tabelle).

Erfolgt die gültige Erstpublikation in der Arbeit eines anderen Autors, werden beide Namen angegeben, verbunden durch „in" (früher „apud") z. B. *Asplenietea trichomanis* Br.-Bl. in Meier et Br.-Bl. 1934). Wird ein zunächst nicht gültig publizierter Name später mit Hinweis auf den Erstautor validisiert, werden beide Namen durch „ex" verbunden (z. B. *Gentiano-Koelerietum* Knapp ex Bornk. 1960). Wird der Umfang bzw. die Abgrenzung eines Syntaxons erheblich verändert (emendiert), werden der Name des Emendators und das Jahr der Änderung mit „em" (emendiert) hinter das ursprüngliche Autorzitat gesetzt (z. B. *Mesobromion erecti* Br.-Bl. et Moor 1938 em. Oberd. 1957).

Weitere Zusätze sind z. B.

nom. inv.: Umstellung der Reihenfolge der Sippennamen gemäß 3 (dem Autorzitat nachgestellt), z. B. *Genisto pilosae-Callunetum* Oberd. 1938 nom. inv.

nom. mut.: Veränderung wegen ungebräuchlicher Sippennamen gemäß 7 (nachgestellt).

corr.: bei sippentaxonomischer Korrektur (vor dem Namen des korrigierenden Autors).

Die in der Sippentaxonomie übliche Großschreibung der Autorennamen ist hier nicht üblich!

Wie diese kurzen Auszüge zeigen, sind Nomenklaturregeln zunächst reiner Formalismus. Inhaltliches ist damit (abgesehen vom nomenklatorischen Typus) kaum angesprochen. So wird mit der Tatsache, daß ein Name gültig publiziert ist, noch nichts darüber ausgesagt, ob das betreffende Syntaxon nach seinen diagnostischen Arten bzw. der Charakteristischen Artenverbindung überhaupt akzeptabel ist. Auch werden nicht selten dem Code entsprechende Gesellschaftsnamen für Vegetationstypen verwendet, die gar nicht den Grundlagen des Braun-Blanquet-Systems entsprechen, z. B. „Assoziationen", die lediglich durch Kombination soziologischer Artengruppen definiert sind.

Die besonders früher verwendeten Autorzitate, die nur angeben sollten, in welchem Sinne ein Name inhaltlich verwendet wird, sind nicht zulässig. Auch vieles Weitere, was man an Benennungen findet, ist nach dem Code ungültig. Im Einzelfall erfordert das Herausfinden des gültigen Namens sehr genaue, oft weit zurückreichende Literaturstudien. Einen hilfreichen Bestimmungsschlüssel zur Überprüfung der Korrektheit von Namen gibt WEBER (1988). Dort werden auch Vorschläge für Weiterentwicklungen des Code gemacht. Wichtig erscheint die Einführung von „nomina conservanda", d. h. von zwar nicht ganz den Regeln entsprechenden, aber seit langem gebräuchlichen Namen. „Man sollte aber einmal Bewährtes so lange wie möglich beibehalten und gut eingeführte Begriffe und zu Termini technici gewordene Namen von Einheiten nicht ohne zwingende Gründe ändern oder ersetzen" (TÜXEN 1970d, S. 149). WEBER (1988) schätzt, daß bei konsequenter Einhaltung der Regeln fast 50% der heute gebräuchlichen Namen wieder umgestoßen werden müßten. Bei vielen Namen ist heute außerdem eine Auswahl von Lectotypen notwendig, da ja zur Zeit der Erstbeschreibungen oft noch keine festen Regeln vorhanden waren (s. z. B. DIERSSEN & REICHELT für das *Rhynchosporion albae*).

Die Nomenklaturkommission der IVV wäre die richtige Instanz, Festlegungen und Veränderungen von Namen zu entscheiden und bekanntzugeben. Allerdings wäre eine solche Kommission völlig überfordert. Erste Ansätze unter jetziger Leitung von H. E. WEBER sind aber erkennbar. So erschien 1990 erstmals ein Index neuer

Namen von Syntaxa und ein Index neu typisierter Syntaxa, beide für 1987 (THEURILLAT & MORAVEC 1990a,b). Der erste Index enthält 460 Namen mit Angaben über Gültigkeit u. a. Der seit einigen Jahren in Erprobung befindliche Code wird sicher noch Änderungen erfahren. Manches bleibt umstritten, anderes ist so kompliziert, daß manche seine Anwendung ganz ablehnen. Im Sinne einer wissenschaftlichen Syntaxonomie erschienen trotzdem feste Regeln notwendig.

Ein Problem sei noch kurz angesprochen: Wie in Kapitel 4 weiter erläutert, erscheint der Einbezug von Untereinheiten der Assoziation in den Code wenig sinnvoll, zumal die Regeln nur für Subassoziationen gelten sollen. Die heutige Tendenz einer mehrdimensionalen, beweglichen Untergliederung, oft relativ subjektive (z. B. je nach Anwendung) unterschiedliche Entscheidungen über Art und Rangfolge von Einheiten u. a. haben den Bereich unterhalb der Assoziation sehr flexibel gemacht. Diese Beweglichkeit sollte nicht durch Formalismus unterbunden werden. DOING (1972) fordert sogar, die Nomenklaturregeln erst vom Verband (Unterverband) an aufwärts anzuwenden.

Wer für mehr örtliche, praxiszugewandte Vegetationsbeschreibungen den Nomenklaturregeln und den zumindest dem Laien oft sehr komplizierten Gesellschaftsnamen entgehen will, kann sich anschaulicher deutscher Namen bedienen, oder diese zusätzlich zu lateinischen verwenden. Auch hier sollte man aber nicht völlig willkürlich vorgehen. So haben BACH et al. (1962) auch Vorschläge für **deutsche Gesellschaftsnamen** gemacht. Sie fordern eine möglichst getreue Nachbildung der lateinischen, wobei anstelle der rangkennzeichnenden Endungen der Rang selbst genannt oder bei Assoziationen eine Formationsbezeichnung hinzugesetzt wird:

Ass: Goldhafer-Wiese
      Krähenbeer-Zwergstrauchheide
      Seggen-Buchenwald
Verband der Sumpfdotterblumen-Wiesen
Ordnung der Schilf-Röhrichte
Klasse der Eichen-Buchenwälder
Klasse der Zwergstrauch-Fichtenwälder

Ist parallel der lateinische, rangbezeichnende Name angegeben, genügen auch Bezeichnungen wie Sumpfdotterblumen-Wiesen oder Eichen-Buchenwälder. Für höherrangigere Syntaxa sind aber auch mehr physiognomisch-ökologische und/oder geographische Begriffe denkbar, z. B. (Ordnung der) Feuchtwiesen, (Klasse der) Sommergrünen Laubmischwälder Europas u. a., teilweise auch für Assoziationen, z. B. Trespen-Halbtrockenrasen, Glatthafer-Frischwiese, Seggen-Trockenhang-Buchenwald, Subalpine Milchlattich-Hochstaudenflur.

Auch die Untereinheiten der Assoziation können in variabler Form mit deutschen Namen belegt werden (s. 4).

Für die Nomenklatur von Pflanzensippen wird meist eine bestimmte Flora zugrunde gelegt und zitiert. Um eigenen nomenklatorischen Nachforschungen bei Pflanzengesellschaften zu entgehen, kann man entsprechend die Namen einer syntaxonomischen Übersicht (z. B. OBERDORFER 1990) übernehmen und dies in der Arbeit so angeben.

4 Die Assoziation und ihre Untereinheiten

4.1 Assoziationen

Über die Assoziation als Grundeinheit des Systems wurde bereits allgemein gesprochen (VII 9.2.1.3). In diesem Kapitel geht es jetzt nur um die Grundeinheit des Braun-Blanquet-Systems, wie sie auf den Botanikerkongressen in Brüssel (1910) und Amsterdam (1935) inhaltlich festgelegt wurde. Demnach ist die Assoziation ein durch Charakter- und Differentialarten (AC, DA) erkennbarer Vegetationstyp von bestimmter floristischer Zusammensetzung (Charakteristischer Artenverbindung CAV) mit relativ einheitlicher Physiognomie (Struktur), der sich unter etwa gleichen Standortsbedingungen gebildet hat. Die Definition bei BRAUN-BLANQUET (1921, S. 323) lautet: „Die Assoziation ist eine durch bestimmte floristische und soziologische (organisatorische) Merkmale gekennzeichnete Pflanzengesellschaft, die durch Vorhandensein von Charakterarten (treuen, festen oder holden) eine gewisse Selbständigkeit verrät." Später (z. B. 1959, S. 154) wird darauf hingewiesen, daß die CAV entscheidend ist, Charakterarten dazu beitragen, etwa gleichwertige Einheiten festzulegen. „Einzelbestände, die ihrer gesamten Artenverbindung nach unzweifelhaft einer bestimmten Gesellschaft zugehören, können unter Umständen keine einzige ihrer Charakterarten enthalten."

Wie die Praxis der Assoziationsbeschreibung zeigt, dürfen die grundlegenden Definitionen nicht zu eng ausgelegt werden. Es gibt durchaus floristisch einheitliche, aber strukturell uneinheitliche Grundeinheiten, insbesondere aber geographisch und standörtlich-floristisch weiter unterteilbare Typen (s. 4.2). Nach der ursprünglichen Definition muß aber wenigstens eine Charakterart vorhanden sein.

Die Elemente der Assoziation sind Einzelbestände („Assoziationsindividuen") entsprechender floristischer Verwandtschaft, die durch Vegetationsaufnahmen belegt werden (V). Der umfassendste Ausdruck einer Assoziation ist eine Vegetationstabelle mit Aufnahmen aus ihrem ganzen Areal und der gesamten Standortsbreite, aus der sich alle wichtigen analytischen und synthetischen Merkmale ableiten lassen. Neben den in Kap. 2 angesprochenen Merkmalen sind z. B. auch floristische Variation, optimale floristische Zusammensetzung, Organisationshöhe (Lebensformen, Schichtung), Rhythmik, Dynamik, Ökologie (Zeigerarten), Areal u. a. erkennbar (s. auch TÜXEN 1970d). Vegetationstabellen bilden die Assoziationsdiagnose (BRAUN-BLANQUET 1921). Deshalb ist es umstritten, ob hierfür die im Nomenklatur-Code geforderte eine Aufnahme ausreicht (z. B. SCHWABE & TÜXEN 1981).

Frühe Beispiele genauerer Assoziationsbeschreibungen (und höherer Syntaxa) sind die Arbeiten aus der Schweiz von BRAUN-BLANQUET & JENNY (1926) und KOCH (1926).

Assoziationen werden durch unmittelbaren Aufnahmevergleich erkannt und stellen Vegetationstypen dar, die der Realität der Einzelbestände noch sehr nahe kommen. Man kann sie entsprechend im Gelände meist recht gut ansprechen und abgrenzen. So bestanden manche dieser Einheiten sicher schon zu Beginn pflanzensoziologischer Arbeit im Kopf des Bearbeiters. Man machte von ihnen Aufnahmen und fand dann bestimmte lokale bis regionale Charakterarten. Solche relativ breit gefaßten Grundeinheiten waren oft gut durch mehrere AC gekennzeichnet.

Mit der Ausweitung der Geländeuntersuchungen sowie durch Vergleiche mit publizierten Daten aus anderen Gebieten mußten manche lokalen Erfahrungen und Ergebnisse anders interpretiert werden. Entweder gelangte man zu weiträumiger gültigen Einheiten, indem man örtliche Befunde vereinigte, oder man stellte regionale floristische Unterschiede fest, die zur Aufspaltung breiter gefaßter Assoziationen führten. Für beides gibt es viele Beispiele.

Besonders der letztere Fall einer Aufsplitterung von Grundeinheiten in regionale Assoziationen ist seit den 30er Jahren zu beobachten. So beschrieben BRAUN-BLANQUET & MOOR (1938) im Verband der Kalkmagerrasen (*Bromion erecti*) insbesondere für das *Xerobrometum* mehrere Gebietsassoziationen (z. B. *X. rhenanum*, *X. suevicum*). Ihnen folgten u. a. KNAPP 1942, OBERDORFER 1957 (s. auch BRAUN-BLANQUET 1964, S. 741–2). Dagegen forderte SCHWIKKERATH (1942 ff.) die Vereinigung in einer Assoziation mit mehreren geographischen, durch Differentialarten kenntlichen Rassen. In der zweiten Auflage der Süddeutschen Pflanzengesellschaften hat OBERDORFER (1977 ff.) viele seiner regional gefaßten Assoziationen wieder vereinigt. Als weiteres Beispiel seien noch die Eichen-Hainbuchenwälder angeführt. TÜXEN (1937) beschrieb ein weit gefaßtes *Querco-Carpinetum medioeuropaeum* und unterschied für Nordwestdeutschland zwei Subassoziationsgruppen (Trockene und Feuchte Ei.-H.-W.) und acht Subassoziationen mit floristisch-ökologischen Differentialarten. OBERDORFER (1957) erhob diese Wälder in den Rang eines eigenen Verbandes (*Carpinion*) mit drei provisorischen Unterverbänden (s. auch MÜLLER 1990). Die Subassoziations-Gruppen von TÜXEN finden sich größtenteils in zwei enger gefaßten Assoziationen wieder: *Stellario-* und *Galio-Carpinetum*. MOOR (1977) schlug sogar eine eigene Ordnung *Querco-Carpinetalia* vor. Bereits 1942 und 1948 hatte KNAPP auf mehr regionale Differenzierungen dieser Wälder aufmerksam gemacht und 14 Assoziationen beschrieben. MÜLLER (1967) gliederte die süddeutschen Eichen-Hainbuchenwälder in Rassen und Höhenformen. Durch Vergleich von 5491 Vegetationsaufnahmen gelangte NEUHÄUSL (1981) zu einer Synthese für ganz Mitteleuropa mit sechs weiter verbreiteten Assoziationen und zusätzlichen Lokalgesellschaften. Er betonte aber auch ihre enge floristische Verwandtschaft im Sinne des *Querco-Carpinetum* von TÜXEN (1937).

Sehr eingehend hat sich KNAPP (1942 ff.) mit der regional-floristischen Differenzierung der Assoziation befaßt. Er unterschied **Hauptassoziationen** als „unterste Gesellschaftseinheit, die noch durch absolute oder in einer ganzen Floren-Region gültige Charakterarten ausgezeichnet ist" (1948, S. 34) mit der Endung -*etum* und „Geographische Rassen der Hauptassoziation", die sich durch geographische Differentialarten in Teilgebieten mit bestimmtem Klima und einheitlicher Florengeschichte abtrennen lassen. Diese Rassen sind „Assoziationen" und werden mit geographischen Zusätzen gekennzeichnet (z. B. *Querco-Carpinetum unstruto-saalense*). KNAPP weist darauf hin (z. B. 1971), daß als Ausgangsbasis für ein weiträumig gültiges System nur seine Hauptassoziationen in Frage kommen, während Gebietsassoziationen nur Ausbildungsformen derselben in einem bestimmten Wuchsgebiet (auch Höhenstufen) sind. So werden etliche seiner Hauptassoziationen heute weiter als Assoziationen anerkannt, z. B. *Gentiano-Koelerietum*, *Genisto-Callunetum*, *Dicrano-Pinetum*.

Entsprechend den räumlich eingeschränkten regionalen (territorialen) Charakterarten spricht man heute von Regional-, Territorial- oder **Gebietsassoziationen**. TÜXEN (in MATUSZKIEWICZ 1962) sieht hierin einen wesentlichen Fortschritt der Syntaxonomie, warnt aber vor zu starker Aufspaltung. ELLENBERG (1954b) befürwortete allgemein eine nicht so scharfe Definition der Assoziation, um gebietsspezifische Unterschiede besser ausdrücken zu können. In der Tat werden hierdurch geographische und ökologische Unterschiede bzw. die Unterschiede des Gesellschaftsinventars bestimmter Gebiete leichter darstellbar, wie z. B. HORVAT (1963) gezeigt hat. OBERDORFER (1968) beschäftigt sich eingehender mit diesen Einheiten (s. auch OBERDORFER 1953, MÜLLER 1966). Für ihn ist die jeweilige Kombination und Stetigkeit der AC+VC entscheidend, eventuell verstärkt durch Differentialarten. In Sonderfällen wird auch eine negative Kennzeichnung, d. h. durch das Fehlen bestimmter Arten, zugelassen (z. B. Gebietsassoziationen in Randbereichen des Verbandsareals).

Eine Verbindung zu KNAPP stellen W. MATUSZKIEWICZ (1962), W. & A. MATUSZKIEWICZ (1981) her, indem sie nach geographischen Differentialarten getrennte (vikariierende) Gebietsassoziationen zu Assoziationsgruppen im Sinne von Hauptassoziationen vereinigen. Zur Benennung wird der Plural von Assoziationsnamen verwendet, z. B. *Molinieta*, *Querco-Carpineta* (s. auch Beispiele bei MÜLLER 1966). PASSARGE (1985) schlägt umgekehrt für Regionalassoziationen eine eigene Endung -*enetum* vor. OBERDORFER (1977 ff.) verwendet den Begriff Assoziationsgruppe allgemeiner für floristisch-ökologisch näher verwandte Assoziationen desselben Gebietes (z. B. AGr. halophiler Röhrichte, AGr. der *Sium erectum*-Gesellschaften, (s. auch 6.1).

Mit den durch Differentialarten gekennzeichneten Gebietsassoziationen wird die ursprüngliche Definition einer Assoziation durchlöchert. Die Forderung nach Charakterarten sollte ja gerade der Willkür der Aufstellung neuer Syntaxa Grenzen setzen. In der Tat haben gerade die Gebietsassoziationen zu einem oft undurchschaubaren Wirrwar von Synonymen sowie einem engen Nebeneinander verschiedener Grundeinheiten geführt. Beispiele hierfür sind die vielen Assoziationen von KNAPP (1942) oder OBERDORFER (1957). PASSARGE (1979) spaltet u. a. die großräumig gefaßte Saumgesellschaft des *Geranio-Peucedanetum cervariae* in mehrere Gebietsassoziationen auf. Der heutige Trend zur überregionalen Synthese auf einer breiten Datenbasis sollte zu großräumigeren, überregionalen Assoziationen zurückführen (s. schon MÜLLER 1967). Ein gutes Beispiel in dieser Richtung ist die monographische Bearbeitung der europäischen Grauerlenwälder durch SCHWABE (1985a). Für Teile Mitteleuropas hat PEPPLER (1992) die Borstgrasrasen eingehend bearbeitet und kommt zu einer starken Reduzierung der Zahl bisher geläufiger Assoziationen.

Auf Dauer wird man zur Festigung des systemaren Grundgerüstes von manchen „geliebten" Assoziationen Abschied nehmen müssen. Wenn man allerdings manche rücksichtslosen Versuche zur Beschreibung neuer Syntaxa auf Länderebene betrachtet, muß man zur Zeit die Aussichten für ein weithin gültiges und allgemein akzeptables System eher pessimistisch sehen. Traditionelle geographische Eigenheiten, persönliche Eitelkeiten, aber auch grundlegende syntaxonomische Meinungsunterschiede sind schwer zu überwinden. Trotzdem wird hier einer weiten Fassung der Assoziationen mit möglichst weithin gültigen Charakterarten das Wort gesprochen. Alle anderen Einheiten niederer Rangstufen sind mehr oder weniger subjektiv und willkürlich. Einige mögliche Auswege werden in Kapitel 8 besprochen.

4.2 Untereinheiten der Assoziation

4.2.1 Allgemeines

Assoziationen leiten sich zwar unmittelbar von Vegetationsaufnahmen her, sind aber als Grundeinheiten des Systems nicht einheitlich, wie die ursprüngliche Definition (4.1) erwarten läßt. Schon die teilweise weite geographische Spanne legt die Vermutung nahe, daß gewisse regional-floristische Unterschiede bestehen können. Dies gilt auch kleinräumig für standörtliche Abweichungen. Schließlich sind auch dynamisch bedingte Unterschiede im Artengefüge einer Assoziation denkbar.

Schon BRAUN-BLANQUET (1921, 1928) wies darauf hin, daß die kleinste soziologische Einheit eigentlich der konkrete „Lokalbestand", das „Assoziationsindividuum" sei. Solche Bestände fügen sich zwar zur abstrakten Assoziation zusammen, lassen sich aber auch deduktiv mit Differentialarten in Subassoziationen bzw. nach Dominanz in Fazies (s. schon BRAUN-BLANQUET 1918) untergliedern. Als Endungen wurden -etosum bzw. -osum vorgeschlagen. Außerdem gab es Geographische Varianten mit entsprechendem Zusatz (z. B. helveticum, subalpinum). Eine Zusammenfassung dieser früheren Entwicklungen gibt MORAVEC (1975b).

Untereinheiten der Assoziation werden also vorwiegend durch Differentialarten, in Sonderfällen nach dominierenden Arten gebildet. Sie gelten nach dem Nomenklatur-Code als Nebenrangstufen des Systems. Die weniger enge Definition der Differential- im Vergleich zu Charakterarten (2.4) erlaubt gegenüber höherrangigen Syntaxa eine individuelle Verfeinerung der Untereinheiten, sei es nach der Anschauung einzelner Bearbeiter, nach der Größe des Bezugsgebietes, nach dem jeweils maßgeblichen Faktor oder auch nach dem Zweck der Gliederung. Unterschiedliche Kombinationsmöglichkeiten von Trennartengruppen führen auch zu verschiedenen Rangabstufungen. Dies schließt nicht aus, daß wenigstens die ranghöchsten Untereinheiten in größeren Teilen des Assoziationsareals gültig sein sollten. Wie die Literatur zeigt, ist die Handhabung insgesamt äußerst differenziert, von ganz lokalen bis überregionalen Gliederungen.

Deduktiv abgeleitete Untereinheiten der Assoziation haben also eine ganz andere Qualität als höherrangige Syntaxa und lassen sich oft weniger eindeutig bzw. allgemeingültig festlegen. Aus diesen Überlegungen heraus erscheint es nicht sinnvoll, auf sie die formalen Nomenklaturregeln anzuwenden (s. 3.4). Würde man z. B. den Prioritätsgrundsatz hierfür anerkennen, käme es zur Anwendung ganz zufällig gebildeter, vielleicht nur lokal bezogener Namen. Auch Entscheidungen über Rangänderungen (z. B. zwischen Subassoziation und Variante) wären erschwert. Schließlich ist es unlogisch, die Regeln nur auf Subassoziationen, nicht aber auf andere Untereinheiten anzuwenden (s. auch DIERSCHKE 1985a, 1989b).

Untereinheiten der Assoziation haben als Typen den engsten Bezug zur Realität der Pflanzendecke. Hier werden standörtliche und andere Bezüge am deutlichsten. Sie entsprechen damit teilweise mehr als die Assoziation deren ursprünglicher Definition (s. 4.1). Für praktische Anwendungen, z. B. über ihren Zeigerwert, sind deshalb diese Syntaxa von hervorragender Bedeutung, auch als Grundlage für synökologische oder biozönologische Untersuchungen. Auch deshalb sollten sie keinem Formalismen unterliegen, sondern sehr flexibel handhabbar sein.

4.2.2 Ein- und mehrdimensionale Untergliederungen

Das bisher beschriebene System ist eindimensional-linear aufgebaut, d. h. auf jeder Rangstufe gibt es nur eine Einheit, von unten nach oben folgend die Hauptrangstufen, aus diesen zusätzlich abgeleitete Zwischenrangstufen. Dies wurde so zunächst auch für die Untereinheiten der Assoziation gesehen. BRAUN-BLANQUET (1928) unterschied nur Subassoziationen und Fazies. KOCH (1926) deutete dagegen bereits eine Gliederung in mehrere Richtungen an, indem er geographische (horizontal: Rassen, vertikal: Höhenglieder), edaphische (nach Substrat, Exposition, Bodenfeuchtigkeit), entwicklungsgeschichtliche und anthropogene Kultur-Varianten unterschied (s. auch schon BRAUN & FURRER 1913). In der Folgezeit wurde aber meist weiter eine lineare Untergliederung verfolgt, wobei sich die deduktive Reihe Subassoziation – Variante – Subvariante – Ausbildung ergab, die für die Bearbeitung kleinerer Gebiete ausreichte. Noch BRAUN-BLANQUET (1964) behält diese Abfolge bei, ohne ihren Inhalt genauer festzulegen. Die Differentialarten können nämlich ganz unterschiedliche Qualität haben (s. 2.4) und unterschiedlich kombiniert sein. So gibt es z. B. mehr arealgeographisch definierte Subassoziationen mit standörtlichen Varianten oder die umgekehrte Reihenfolge. Auch syndynamische Abstufungen werden z. T. als Subassoziation betrachtet. Insgesamt existiert eine Unmenge solcher unterschiedlich definierter Untereinheiten, die auf gleicher Rangstufe ganz verschiedenen Inhalt haben.

Allmählich hat sich aber im Zuge großräumigerer Betrachtungen eine Entwicklung zu einer mehrdimensionalen Gliederung vollzogen. Sie ist zwar im Sinne eines einheitlichen systemaren Grundprinzips unlogisch, aber aus vielerlei Gründen der eindimensionalen vorzuziehen (s. dagegen MORAVEC 1975b). Hier geht es mehr um inhaltliche Klarheit und Anwendbarkeit als um formale Positionen. Die schon bei KOCH (1926) angeklungenen Unterschiede der Gliederung nach standörtlichem, geographischem und dynamischem Hintergrund werden heute von vielen Pflanzensoziologen zunehmend gesehen. Danach lassen sich parallel mehrere Richtungen der Untergliederung einer Assoziation unterscheiden, wobei für jede Richtung parallel Untereinheiten gleichen Ranges gebildet werden. Auf diese Einheiten wird hier der Begriff „Nebenrangstufen" eingegrenzt im Gegensatz zu „Zwischenrangstufen", da mehrere gleichrangige Einheiten nebeneinander vorkommen. Jede Untereinheit hat ihre eigenen Gruppen von Differentialarten, wobei manche Arten parallel Trennarten verschiedener Gliederungsrichtung sein können.

Ansätze für mehrdimensionale Untergliederungen der Assoziation findet man z. B. bei KNAPP (1948), OBERDORFER (1953, 1957, 1977 ff.), MÜLLER & GÖRS (1958), MATUSZKIEWICZ (1962) und in weiteren mitteleuropäischen Arbeiten (s. Übersicht bei MORAVEC 1975b). Besonders klar haben sich W. & A. MATUSZKIEWICZ (1973, 1981) für eine mehrdimensionale Untergliederung ausgesprochen (s. auch SCHWABE 1985a, BERGMEIER et al. 1990, PEPPLER 1992), der wir hier weitgehend folgen: Die Vegetation wird als ein multidimensional variables Gebilde angesehen, die vegetationskundliche Feingliederung als ein entsprechend mehrdimensionales Ordnungssystem, gegründet auf floristisch gekennzeichnete Vegetationstypen. Die Ursachen der Variabilität werden in Teilkomponenten aufgelöst, so daß die Variation der Gesellschaften dann jeweils einem Faktorengradienten folgt. Als besonders markante Gradienten werden gesehen (s. auch Typen von Differentialarten: 2.4):

– Geographisch-großräumige, horizontale Variabilität (nach Großklima, Florengeschichte).
– Geographisch-vertikale Variabilität (vor allem nach Höhenstufen).
– Lokal-standörtliche Variabilität (nach örtlichem Wechsel der Standorte, besonders nach Trophie, Wasserversorgung, Licht und Wärme).
– Lokal-dynamische Variabilität (im Zuge der Sukzession).
– Anthropogene Variabilität (nach Nutzungsart und -intensität durch den Menschen).

Für syntaxonomische Zwecke werden gewöhnlich nur die drei ersten Gradienten vorgesehen, die gerade noch einen übersichtlichen Vergleich erlauben. Horizontale, vertikale und standörtliche Variabilität sind meist eigenständige, floristisch erkennbare Gradienten. Danach ergeben sich folgende parallele Untereinheiten der Assoziation, die unabhängig voneinander sind, aber zwanglos kombiniert werden können:

Horizontal-regionale Einheiten: geographische Rassen GR (Vikarianten) mit synchorologischen Differentialarten aus bestimmten Arealtypen bzw. als „reine Ausbildung" ohne Trennarten. Die Differentialarten sind in allen nach anderen Gradienten gebildeten Untereinheiten der Assoziation vertreten, allerdings nicht überall mit hoher Stetigkeit.

Vertikale Einheiten: Höhenformen HF einzelner Vegetationsstufen (z. B. kolline, montane, subalpine HF mit Höhendifferentialarten).

Standörtliche Einheiten: Untereinheiten von besonderem bioindikatorischem Wert, die über ein nicht zu kleines Gebiet Geltung haben. Als Einheit ist vor allem die Subassoziation (Variante, Subvariante) vorzusehen. Die Rangfolge nach unten richtet sich nach abnehmender Zahl von Differentialarten und/oder nach einer bestimmten Abfolge ökologischer Faktoren (Gradienten).

Die dynamische Variabilität ist schwerer erkennbar und faßbar (s. hierzu X 3). Dies gilt auch für die menschlich bedingten Veränderungen, oft mit dynamischen Vorgängen gekoppelt. Hierfür hat WILMANNS (1989b, 1990) die „Form" als Begriff vorgeschlagen. „Agroformen" sind demnach wirtschaftsbedingte Ausbildungen einer Gesellschaft auf gleichem Standort (z. B. durch Herbizideinsatz). Sie sind vor allem für die praktische Anwendung nützlich.

Eine sehr differenzierte Untergliederung schlägt PEPPLER (1992) am Beispiel der Borstgrasrasen vor. In parallelen Gliederungssträngen werden für kleinere Gebiete edaphisch (E), höhen- (H), geographisch (G), nutzungs- (N) und dynamisch (D) bedingte, syntaxonomisch gleichwertige Einheiten unterschieden

(z. B. E-Variante, H-Variante...). Sie können parallel in getrennten Vegetationstabellen aufgeschlüsselt sein oder später hierarchisch verbunden dargestellt werden, z. B. oberste Ebene für E-Varianten (Subvarianten, Ausbildungen), nächste Ebene für H-Varianten, dritte Ebene für N-Varianten. Durch Kombination der verschiedenen Untereinheiten ergeben sich niedrigste, nicht weiter unterteilbare „Basiseinheiten" einer Assoziation oder Gesellschaft. Sie sind auch Grundlage überregionaler Vergleiche, wobei man durch Tabellenvergleich (jede Basiseinheit als Stetigkeitsspalte) zu etwas abstrakteren „Faktorentypen" kommt. Hier werden parallel Basen-, Feuchte-, Nutzungs-, Höhen-, Ozeanitäts- und Zonalitätstypen als Untereinheiten einer Assoziation oder Gesellschaft unterschieden. Wiederum ist eine getrennte oder hierarchische Tabellendarstellung möglich. Insgesamt eignet sich dieses Untergliederungssystem vor allem für eine sehr genaue, vielseitige Differenzierung einzelner Gesellschaftsgruppen über größere Gebiete hinweg.

Kürzlich hat SCHUHWERK (1990) auch entwicklungsgeschichtliche Sondereinheiten vorgeschlagen, die sich kleinräumig durch Relikte oder Endemiten von weiter verbreiteten Artenverbindungen unterscheiden. Er spricht von reliktischen bzw. endemischen Formen im Vergleich zu Normalformen einer Assoziation.

Am Beispiel der Eichen-Hainbuchenwälder werden die Prinzipien einer vorwiegend dreizügigen Gliederung bei W. & A. MATUSZKIEWICZ (1981) näher erläutert. Weitere Beispiele geben z. B. SCHWABE (1985a), DIERSCHKE (1989b).

Abb. 138 zeigt schematisch die dreidimensionale Untergliederung des *Alnetum incanae* in Mitteleuropa mit einer standörtlichen, einer geographisch-horizontalen und einer Höhenachse. Unterschieden werden zwei Rassen, die eine noch mit zwei Gebietsausbildungen, mit unterschiedlicher Zahl von Höhenformen. Die standörtliche Untergliederung in Subassoziationen und Varianten geht teilweise quer durch die Rassen und Höhenformen (z. B. *aceretosum*, *typicum*) oder ist auf eine beschränkt.

4.2.3 Standörtliche Untereinheiten

Durch die Eingrenzung der Subassoziation auf Untereinheiten, die durch soziologisch-ökologische Artengruppen (VII 6) differenziert werden und damit vorwiegend bodenökologische oder mikroklimatische Unterschiede anzeigen, ist sie eindeutig definierbar. TÜXEN (1937) gliedert sie weiter in Varianten und Subvarianten. Diese sind allerdings bei ihm nicht so klar auf standörtliche Gegebenheiten bezogen. In abweichenden Fällen sollten Zusätze dies kennzeichnen (z. B. Gebietsvariante, Höhenvariante). Dies gilt auch für den allgemeinen Begriff „Ausbildung". Schließlich gibt es noch die Fazies, die lediglich das Vorherrschen bestimmter Arten in Teilbereichen eines niederrangigen Syntaxons angibt. Sie ist mehr eine Struktureinheit als ein Syntaxon. Hiervon zu trennen sind syndynamische Untereinheiten

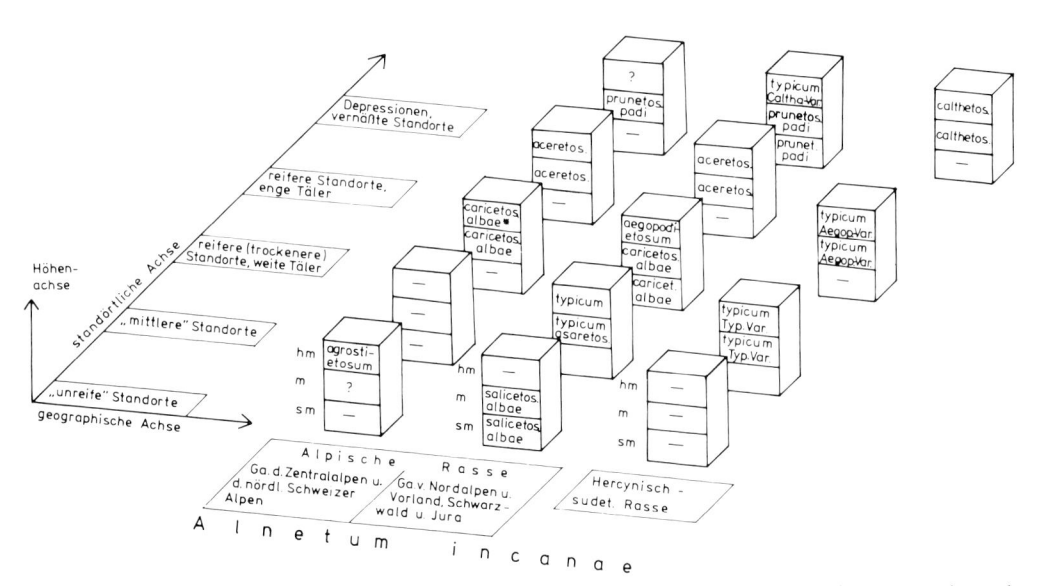

Abb. 138. Dreidimensionale Untergliederung des *Alnetum incanae* im Alpen- und Mittelgebirgsraum nach standörtlicher, arealgeographischer und Höhenverbreitung (aus SCHWABE 1985a).

(Stadien, Phasen; s. 3.3.2), wenn es auch teilweise enge Wechselbeziehungen gibt.

Subassoziationen werden durch sich mehr oder weniger ausschließende Differentialarten unterschieden. Für Varianten sind weniger scharfe Trennungen denkbar. Sind z. B. drei sich überlappende Trennartengruppen der Abfolge a-b-c vorhanden, ergeben sich mehrere Möglichkeiten (s. Abb. 139): Zwei Varianten mit je einer eigenen Trennartengruppe a bzw. c und einem nicht weiter differenzierten Übergangsbereich a+b bzw. b+c (eventuell als Subvarianten), oder vier Varianten mit den unterschiedlichen Gruppen-Kombinationen a, ab, bc, c. Innerhalb eines Unterranges sollten die Differentialarten möglichst nur ökologische Abstufungen e i n e s Gradienten kennzeichnen, z. B. Subassoziationen nach dem Wasserhaushalt, Varianten nach dem Basenhaushalt. Es sind aber auch andere Unterscheidungen denkbar, wo z. B. die Subassoziationen die floristisch am klarsten abtrennbaren Untereinheiten in ökologisch verschiedener Richtung darstellen.

Mit diesen Untereinheiten der Assoziation ist das feine Standortsmosaik einer Landschaft erkennbar und flächenhaft kartierbar, wobei zunächst nur Koinzidenzen aufgezeigt werden (s. VII 5–6). Kausale Zusammenhänge ergeben sich erst durch genauere Untersuchungen und Messungen. Bestände von Subassoziationen und niedrigeren Rängen sind hierfür geeignete Bezugsobjekte.

Subassoziationen sollten über größere Bereiche einer Assoziation Gültigkeit haben, z. B. wenigstens innerhalb einer Geographischen Rasse oder Höhenform. Der Wechsel der Untereinheiten kann teilweise sogar als zusätzliches Kriterium für die Abgrenzung solcher Syntaxa dienen.

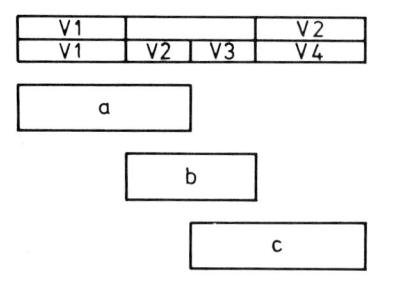

Abb. 139. Verschiedene Möglichkeiten der floristischen Abtrennung von Varianten. Erläuterung im Text.

Für Subassoziationen gelten auch die Nomenklaturregeln (3.3). Wie schon betont, erscheint zumindest die Anwendung des Prioritätsprinzips auf Untereinheiten der Assoziation wenig sinnvoll. Dagegen sollte die vorgeschriebene Endung -etosum zur Kennzeichnung benutzt werden. MORAVEC (1975) schlägt für Varianten und Subvarianten die Endung -osum mit dem Zusatz v., sv. vor, wovon aber bisher wenig Gebrauch gemacht wurde.

Während für Assoziationen und höhere Syntaxa mindestens eine Charakterart vorhanden sein soll (Ausnahmen s. 5), gibt es für ihre Untereinheiten oft auch Fälle, wo keine eigenen Differentialarten vorkommen. Betrachtet man die Trennarten als Zeiger für gewisse floristische (und standörtliche) Abweichungen vom eigentlichen Kern der Assoziation, wird der zentrale Typus keine solchen Arten aufweisen. Deshalb spricht man bei einer Untereinheit ohne Differentialarten, aber mit mehr oder weniger optimaler Ausbildung der Charakteristischen Artenverbindung und meist auch weiter Verbreitung seit KOCH (1926) von der Typischen Subassoziation (*typicum*). Entsprechend gibt es eine Typische Variante, Subvariante u.s.w.

In der Praxis wird *typicum* jedoch oft für jede Untereinheit ohne Differentialarten gebraucht, was dann sprachlich mißverständlich ist. Kann es sich doch auch um randliche Verarmungen, also eher ganz untypische Ausbildungen handeln. Deshalb hat WESTHOFF (1965; zitiert nach WESTHOFF & DEN HELD 1969, S. 13) den Zusatz „inops" (aus dem Lateinischen = arm, mittellos) vorgeschlagen (entsprechend Inops-Variante). Beide Begriffe (*typicum, inops*) sind im Nomenklatur-Code als Alternativen vorgesehen, aber eher Zusätze für unterschiedliche Qualitäten. Ich selbst habe als neutralen Begriff „centrale" eingeführt (DIERSCHKE 1988b), der aber bisher kaum Zuspruch fand. Er ist weniger mißdeutbar als „typicum", läßt sich auch für deutsche oder anderssprachige Namen verwenden (Zentrale Subassoziation, Zentrale Variante u. a.). Im Deutschen wird gelegentlich auch „Reine Subassoziation" usw. benutzt. DIERSSEN (1990) spricht von „differentialartenloser Subassoziation".

In Tabelle 28 ist die Gliederung des subatlantischen artenreichen Buchenwaldes in Subassoziationen aus DIERSCHKE (1989b) im Ausschnitt wiedergegeben, wie sie für die nordwestdeutschen Mittelgebirge vorgeschlagen wird. Neben zwei Untereinheiten mit Differentialarten mitt-

Tab. 28. Kurzübersicht der Subassoziationen des *Hordelymo-Fagetum* Norddeutschlands (aus DIERSCHKE 1989b).

	1 lathyretosum, 2 typicum, 3 circaeetosum			
	Nr.	1	2	3
	Mittlere Artenzahl	29	19	26
	Zahl der Aufnahmen	598	377	495
Baumschicht				
	Fagus sylvatica	V	V	V
	Fraxinus excelsior	III	III	III
Krautschicht				
AC	*Hordelymus europaeus*	V	III	III
DA	*Mercurialis perennis*	IV	IV	III
	Arum maculatum	III	III	III
	Anemone ranunculoides	III	II	II
d1	*Lathyrus vernus*	IV	+	+
	Hepatica nobilis	III	r	r
	Asarum europaeum	III	I	r
	Crateagus laevigata/spec.	III	I	r
	Phyteuma spicatum	III	I	+
	Ranunculus auricomus	III	I	I
d3	*Circaea lutetiana*	+	+	IV
	Impatiens noli-tangere	+	+	IV
	Stachys sylvatica	I	I	IV
	Athyrium filix-femina	I	II	IV
	Urtica dioica	I	+	III

lerer bis höherer Stetigkeit gibt es einen zentralen Bereich ohne solche Arten. In Tabelle 29 sind diese drei Subassoziationen weiter gegliedert. Kenn- und Trennarten finden sich vorwiegend in der Krautschicht. Die Assoziation ist durch *Hordelymus europaeus* als Schwerpunktart charakterisiert, außerdem gegenüber dem verwandten *Galio odorati-Fagetum* durch anspruchsvollere Arten, vor allem *Mercurialis perennis*, *Arum maculatum* und z. T. *Anemone ranunculoides* abtrennbar. Die Subassoziationen sind klar erkennbar, außerdem verschiedene Varianten und Höhenformen. Für sie sind folgende wissenschaftliche und deutsche Namen denkbar:

Hordelymo-Fagetum KUHN 1937 em.
Waldgersten-Buchenwald
1–8 H.-F. lathyretosum
Platterbsen-Waldgersten-Buchenwald
(Frischer Kalkbuchenwald)
1 H.-F. l. v. convallariosum/Convallaria-Var./Var. von (mit) *Convallaria majalis*
Platterbsen-Waldgersten-Buchenwald mit Maiglöckchen
Platterbsen-Waldgersten-Buchenwald, Maiglöckchen-Variante
2–4 H.-F. l. v. typicum/Typische = Zentrale Variante
Zentraler Platterbsen-Waldgersten-Buchenwald
5–6 H.-F. l. v. alliosum/Allium-Var./Var. von *Allium ursinum*
Platterbsen-Waldgersten-Buchenwald mit Bärlauch (oder wie 1)
7–8 H.-F. l. v. stachyosum/Stachys-Var./Var. von *Stachys sylvatica*
Platterbsen-Waldgersten-Buchenwald mit Waldziest (oder wie 1)
9–13 H.-F. typicum
Zentraler (Reiner, Mittlerer) Waldgersten-Buchenwald
9–11 H.-F. t. v. typicum/Typische=Zentrale Variante
Zentraler Waldgersten-Buchenwald
12–13 H.-F.t. v. alliosum/Allium-Var./Var. von *Allium ursinum*
Zentraler Waldgersten-Buchenwald mit Bärlauch (oder wie 1)
14–19 H.-F. circaeetosum
Hexenkraut-Waldgersten-Buchenwald
14–15 H.-F. c. v. alliosum/Allium-Var./Var. von *Allium ursinum*
Hexenkraut-Waldgersten-Buchenwald mit Bärlauch (oder wie 1)
16–17 H.-F. c. v. typicum/Typische = Zentrale Variante
Zentraler Hexenkraut-Waldgersten-Buchenwald
18 H.-F. c. v. gymnocarpiosum/Gymnoc.-Var./Var.von *Gymnocarpium*
Hexenkraut-Waldgersten-Buchenwald mit Eichenfarn (oder wie 1)
19 H.-F. c. v. festucosum/Festuca-Var./Var. von *Festuca altissima*
Hexenkraut-Waldgersten-Buchenwald mit Waldschwingel (oder wie 1)
1,2,5,7,9,13,14,16,18,19
Stellaria-Höhenform, Höhenform von *Stellaria holostea*, Kollin-submontane Höhenform, Tieflagenform,
Tieflagen-Waldgersten-Buchenwald
3,4,8,10–12,15,17
Polygonatum-Höhenform, Höhenform von *Polygonatum verticillatum*, Montane Höhenform, Hochlagenform,
Montaner/Hochlagen-Waldgersten-Buchenwald

Tab. 29: Übersichtstabelle des norddeutschen *Hordelymo-Fagetum* mit Subassoziationen, Varianten und Höhenformen (aus DIERSCHKE 1989b). Bezeichnung der Einheiten im Text.

Nr.	1	2	3	4	5	6	7	8	9	10	11	12	13	14	15	16	17	18	19
Mittlere Artenzahl	33	27	28	34	27	29	33	29	19	23	24	20	17	26	25	26	24	27	34
Zahl der Aufnahmen	108	240	18	30	78	75	33	16	200	26	7	7	137	87	15	248	77	28	40
Baumschicht																			
Fagus sylvatica	V	V	V	V	V	V	V	V	V	V	V	V	V	V	V	V	V	V	V
Fraxinus excelsior	I	III	IV	II	III	III	III	III	III	III	III	III	III	III	II	III	II	+	II
Acer pseudoplatanus	I	I	IV	IV	II	II	I	II	V	III	IV	IV	V	I	I	III	II	I	+
Acer platanoides	+	I	IV	III	I	II	I	II	+	+	I	I	+	II	+	+	.	.	r
Ulmus glabra	r	+	II	III	I	+	+	I	+	I	.	I	r	r	I	r	r	.	.
Carpinus betulus	I	II	.	.	II	I	II	+	I	.	.	I	I	I	+	.	I	.	I
Quercus robur	I	+	+	+	+	r	I	.	+	.	.	.	r	+	.	I	+	.	II
Strauchschicht																			
Fagus sylvatica	II	I	+	II	II	+	+	II	I	+	III	I	I	I	I	II	I	r	II
Acer pseudoplatanus	r	r	.	.	r	.	+	I	+	r	III	.	r	I	I	I	I	r	+
Fraxinus excelsior	r	r	+	I	r	I	r	r	+	II	.	r	+	II	I	I	+	I	+
Kraut-/Moosschicht																			
AC Hordelymus europaeus	IV	V	IV	IV	V	V	V	V	IV	IV	II	IV	III	II	III	III	V	III	IV
DA Mercurialis perennis	IV	IV	V	V	V	V	II	V	III	V	IV	V	IV	IV	IV	III	IV	III	V
Arum maculatum	II	III	II	II	V	V	III	III	III	.	IV	IV	IV	IV	III	III	.	I	II
Anemone ranunculoides	II	III	.	I	V	V	III	.	II	.	.	.	III	III	I	II	II	+	II
d Subass.																			
Lathyrus vernus	IV	IV	III	III	IV	V	IV	IV	+	r	.	.	r	+	r	+	I	+	+
Daphne mezereum	IV	III	IV	IV	I	II	II	III	I	II	I	.	r	r	.	r	I	r	+
Phyteuma spicatum	II	III	III	III	II	III	III	III	I	II	.	.	r	r	+	I	r	.	r
Crataegus laevigata/spec.	IV	III	I	II	II	II	III	.	I	.	.	.	I	r	.	+	r	.	.
Ranunculus auricomus	I	III	I	II	III	IV	V	I	I	+	.	.	I	I	+	I	.	r	II
Campanula trachelium	III	III	II	I	II	I	III	II	r	.	.	.	r	r	+	I	+	.	r
Lilium martagon	II	II	III	IV	III	II	I	II	r	I	III	.	.	r	.	.	.	.	.
Asarum europaeum	I	III	II	II	IV	V	III	+	+	I	.	I	II	+	.	r	r	I	.
Galium sylvaticum	III	II	II	III	I	I	I	.	r	+	.	.	r	r	.	r	.	r	.
Hepatica nobilis	III	III	.	.	II	III	III	.	r	.	.	.	I	.	.	r	.	.	.
Circaea lutetiana	r	r	.	.	I	.	III	II	I	.	.	.	.	+	IV	II	IV	III	IV
Stachys sylvatica	+	+	I	I	II	.	IV	IV	I	.	.	II	I	IV	IV	IV	III	V	IV
Impatiens noli-tangere	r	+	+	I	+	.	II	II	+	.	+	I	I	+	IV	III	III	IV	IV
Urtica dioica	r	+	+	II	I	.	II	V	+	.	I	I	+	III	IV	III	III	II	III
Geranium robertianum	r	+	I	+	I	.	r	II	I	.	.	.	.	+	III	I	II	II	III
Ranunculus ficaria	+	+	.	.	II	.	r	II	+	.	I	.	I	II	IV	II	III	II	II
Atrichum undulatum	r	+	.	.	r	.	I	.	I	r	.	.	.	.	I	.	II	I III	II
d Var.																			
Convallaria majalis	V	I	+	II	+	+	+	I	r	.	II	.	r	.	.	r	.	r	+
Hieracium sylvaticum	III	r	I	I	r	r	r	I	r	.	.	.	.	.	.	.	.	.	.
Solidago virgaurea	II	.	.	r	.	+	.	.	.	.	.	.	.	.	.	.	.	.	.
Carex digitata	II	r	+	.	.	.	.	.	.	.	.	.	.	.	.	.	.	.	.
Allium ursinum	r	.	.	+	V	V	+	.	r	.	.	.	V	V	IV	III	r	I	+
Corydalis cava	r	r	.	+	II	I	.	+	r	.	III	.	III	III	IV	r	+	.	.
Leucojum vernum	.	r	.	.	I	I	.	.	.	I	.	.	I	.	I	III	.	.	.
Gymnocarpium dryopteris	.	.	.	+	.	.	r	I	.	.	.	.	+	+	.	r	+	V	I
Festuca altissima	I	+	I	II	r	r	.	.	+	II	I	.	r	+	I	r	r	r	V
ΔH Stellaria holostea	II	II	I	+	III	III	I	.	I	+	.	.	I	II	.	II	+	II	III
Hedera helix	III	IV	+	+	II	III	III	.	II	r	.	.	I	+	.	II	r	I	I
Pulmonaria officinalis agg.	I	II	.	r	II	I	II	.	I	.	.	.	I	II	+	I	r	II	II
Polygonatum verticillatum	+	I	IV	V	I	IV	I	IV	+	V	V	III	+	r III	r	II	.	.	+
Dentaria bulbifera	+	II	V	V	II	III	II	V	I	V	.	I	V	+	V	+	r	I	.
Sambucus racemosa	r	r	II	II	+	.	III	r	II	II	II	+	r	r	r	III	I	r	.
Actaea spicata	I	r	II	IV	r	.	.	II	r	II	.	I	r	+	I	r	r	.	I
Ranunculus platanifolius	.	.	.	V	.	.	.	.	.	.	r	III	.	.	.	.	.	.	.
Lunaria rediviva	.	.	.	I	.	.	.	.	.	.	IV	I	r	r	I	.	.	.	.
VC Galium odoratum	IV	V	V	V	V	V	V	V	V	V	V	V	V	V	V	V	V	V	V
Melica uniflora	IV	IV	II	II	IV	IV	V	III	III	II	I	II	III	III	II	III	III	IV	IV
O-KC Anemone nemorosa	IV	V	II	III	V	V	V	III	IV	V	IV	IV	IV	IV	IV	IV	IV	III	III
Lamiastrum galeobdolon	III	IV	V	V	IV	V	IV	V	IV	V	IV	V	V	IV	IV	III	V	IV	IV
Fraxinus excelsior	IV	V	IV	V	V	V	V	V	V	V	II	V	III	IV	III	IV	IV	IV	IV
Fagus sylvatica	IV	IV	III	IV	III	IV	V	IV	IV	V	IV	IV	II	II	III	IV	IV	IV	IV
Viola reichenbachiana	IV	II	IV	IV	III	III	IV	V	IV	V	II	III	II	III	IV	IV	IV	IV	IV

4,11 *Ranunculus platanifolius*-Unterform

Für Subassoziationen lassen sich gut lateinische und deutsche Namen parallel verwenden. Für Varianten, Subvarianten sind die lateinischen Namen etwas klarer.

Die Gliederung der Tabelle des *Hordelymo-Fagetum* läßt noch weitere hier vertretene Prinzipien erkennen: Die Wahl der Rangstufen Subassoziation bzw. Variante geschieht nach der Zahl der Differentialarten. In vielen Beschreibungen wird z. B. dem Vorherrschen von

Allium ursinum und seinem ökologischen Aussagewert mehr Gewicht beigemessen. Man erhält dann ein *H.-F. allietosum* mit z. B. Varianten nach der *Lathyrus vernus-* und der *Circaea lutetiana-*Gruppe. Eine generelle Regel gibt es allerdings nicht, was die flexiblere Verwendbarkeit von Untereinheiten unterstreicht.

Die Höhenform von *Polygonatum verticillatum* wird von manchen Autoren als eigene Gebietsassoziation *Dentario bulbiferae-Fagetum* abgetrennt (s. LOHMEYER 1962). Eine Höhenform erscheint aber völlig ausreichend, auch im Sinne der Übersichtlichkeit des Systems (s. auch 4.2.5).

Bei sehr feiner Untergliederung der Assoziation, wie es besonders bei artenreichen Gesellschaften mit breiter Standortsamplitude möglich ist, reichen die bisher besprochenen Unterränge oft kaum aus. Auch gibt es dann zunehmend längere Wortungetüme bei der Namensgebung. Beim Vergleich mehrerer Subassoziationen einer Assoziation zeigen sich manchmal im nachhinein noch engere floristisch-ökologische Gemeinsamkeiten, die man als **Subassoziationsgruppen** (SAGr) ausdrücken kann. Solche Gruppen finden sich schon bei TÜXEN (1937), wurden dann von MÜLLER & GÖRS (1958) präzisiert als Gruppen von Untereinheiten, die sich lediglich bezüglich eines Standortsfaktors unterscheiden, sonst aber gleiche Abstufungen zeigen (z. B. *Alnetum incanae* auf Kalk und kalkfreiem Boden mit paralleler Differenzierung nach dem Wasserfaktor). MEISEL (1969) benutzt SAGr allgemeiner für ökologisch verwandte und entsprechend floristisch abtrennbare Grünland-Gesellschaften (s.u.). Weitere Anwendungen für Laubwälder finden sich bei DIERSCHKE (1985d, 1986c). Neben einer Verbesserung der Übersicht haben solche Gruppen den Vorteil, daß man Differentialarten mehrfach (parallel in mehreren Gruppen) benutzen kann, worauf schon TÜXEN (1937) hingewiesen hat.

Eine eigenständige Bezeichnung für solche SAGr gibt es bisher nicht. Überlegungen zu lateinischen Namen (DIERSCHKE 1985d) ergeben recht komplizierte Benennungen. So ist es wohl besser, die Gruppen allgemeiner zu bezeichnen (SAGr von …).

Ein Beispiel für Subassoziationsgruppen und andere Untereinheiten zeigt Tabelle 30 als Auszug einer großen Wiesentabelle von MEISEL (1969). Für das *Arrhenatheretum* ergeben sich zwei SAGr. Auf relativ trockenen, wohl auch nur mäßig gedüngten Standorten wächst die SAGr von *Ranunculus bulbosus*, deren Differentialarten aus Halbtrockenrasen übergreifen. Die Gruppe umfaßt drei Subassoziationen. Die Zentrale (Typische) SAGr hat keine eigenen Trennarten und enthält zwei Subassoziationen frischerer, mehr oder weniger gut gedüngter Standorte. Das *Arrhenatheretum lychnetosum* enthält bereits übergreifende Charakterarten der Feuchtwiesen (*Molinietalia*, *Calthion*), die hier als Differentialarten auch den räumlich-ökologischen Übergang zum *Angelico-Cirsietum oleracei* anzeigen (s. auch 4.2.4). In letzterer Assoziation werden drei Subassoziationen unterschieden. Das *A.-C. heracleetosum* ist umgekehrt durch übergreifende Frischwiesenarten (*Arrhenatherion*) differenziert, das *typicum* stellt wirklich den zentralen Kern dar, das *A.-C. caricetosum nigrae* bildet besonders mit der *Comarum*-Variante den Übergang zu den Kleinseggenrasen (*Caricion fuscae*).

Eine besondere Art der Zusammenfassung ökologisch verwandter Gesellschaften sind die mit der Koinzidenz-Methode gefundenen „Stufen" (s. VII 5).

4.2.4 Gesellschaftsübergänge, Überlagerungen, Durchdringungen

Die im vorigen Kapitel zum Schluß beschriebene Tabelle 30 zeigt eine Auflösung des floristischen Grenzbereiches (Ökoton) zweier Assoziationen in Untereinheiten. Stellt man sich solche Assoziationen als Abfolge entlang eines ökologischen Gradienten (Coenocline) vor, gibt es zwar allmähliche Übergänge, aber doch oft mit Artensprüngen (Abb. 140; s. auch Gradientenanalyse, VII 3–4). Diese Artensprünge ergeben Gruppen von Differentialarten oder Charakterarten, die sich überlappend auf dem Gradienten ablösen. Wie Abb. 141 schematisch zeigt, lassen sich solche Gesellschaftsübergänge in Subassoziationen und Varianten aufschlüsseln (s. auch TÜXEN 1974). Entscheidend für die Zugehörigkeit zu einer Assoziation ist das Überwiegen der entsprechenden Charakter- und Differentialarten. Stärker überwiegende Arten der einen Assoziation trennen je eine Subassoziation ab, weniger übergreifende noch je eine besondere Variante. Nur Einheit 4 ist völlig intermediär. Vor allem in artenreichen Gesellschaften mit breiten Übergangsbereichen lassen sich solche Untereinheiten sehr gut und differenziert herausarbeiten, z. B. in Grünland- und Waldgesellschaften. NEZADAL (1989) zeigt

Tab. 30. Charakter und Differentialarten einiger Frisch- und Feuchtwiesen-Gesellschaften des nordwestdeutschen Tieflandes (nach Daten von MEISEL 1969).

1–5	Arrhenatheretum	6–9	Angelico-Cirsietum oleracei
1–3	SAGr von *Ranunculus bulbosus*	6	heracleetosum
1	cerastietosum	7	typicum
2	salvietosum	8–9	caricetosum nigrae
3	typicum	8	v. *typicum*
4–5	Zentrale (Typische) SAGr	9	v. *comarosum*
4	typicum		
5	lychnetosum		

		Nr.	1	2	3	4	5	6	7	8	9
		Zahl der Aufnahmen	26	18	230	280	270	82	63	62	9
d1	*Cerastium arvense*		IV	.	.	.	.	.	.	.	.
	Hieracium pilosella		IV	.	.	.	.	.	.	.	.
d2	*Salvia pratensis*		.	IV	.	.	.	.	.	.	.
	Sanguisorba minor		I	V	r	.	.	.	.	.	.
	Bromus erectus		r	V	I	.	.	.	.	.	.
	Centaurea scabiosa		.	III	.	.	.	.	.	.	.
d1–3	*Ranunculus bulbosus*		III	IV	V	.	.	.	.	.	.
	Pimpinella saxifraga		IV	IV	I	.	.	.	.	.	.
	Plantago media		I	IV	II	.	.	.	.	.	.
	Galium verum		II	III	I	.	.	.	.	.	.
AC-VC +d6	*Crepis biennis*		I	IV	III	III	III	.	.	.	.
	Pimpinella major		I	I	II	III	II	.	.	.	.
	Arrhenatherum elatius		V	V	V	V	IV	II	.	.	.
	Galium album		III	IV	IV	III	II	II	.	.	.
	Anthriscus sylvestris		I	II	II	III	III	II	.	.	.
	Heracleum sphondylium		II	IV	III	IV	IV	III	.	.	.
AC-VC +d5	*Lychnis flos-cuculi*		.	.	.	.	III	IV	IV	V	V
	Filipendula ulmaria		.	.	.	r	III	III	IV	III	V
	Lotus uliginosus		.	.	.	.	II	II	IV	III	IV
	Cirsium oleraceum		.	.	.	.	.	IV	V	V	IV
	Angelica sylvestris		.	.	.	.	.	III	IV	II	IV
	Caltha palustris		.	.	.	.	.	II	II	IV	V
	Myosotis palustris		.	.	.	.	.	I	II	IV	IV
	Bromus racemosus		.	.	.	.	.	II	II	II	II
d8–9	*Carex nigra*		.	.	.	.	.	r	r	IV	V
	Glyceria fluitans		.	.	.	.	.	.	.	III	III
	Juncus articulatus		.	.	.	.	.	r	.	II	III
d9	*Carex panicea*		.	.	.	.	.	r	I	I	III
	Comarum palustre		.	.	.	.	.	.	.	.	V
	Ranunculus flammula		.	.	.	.	.	.	.	.	III

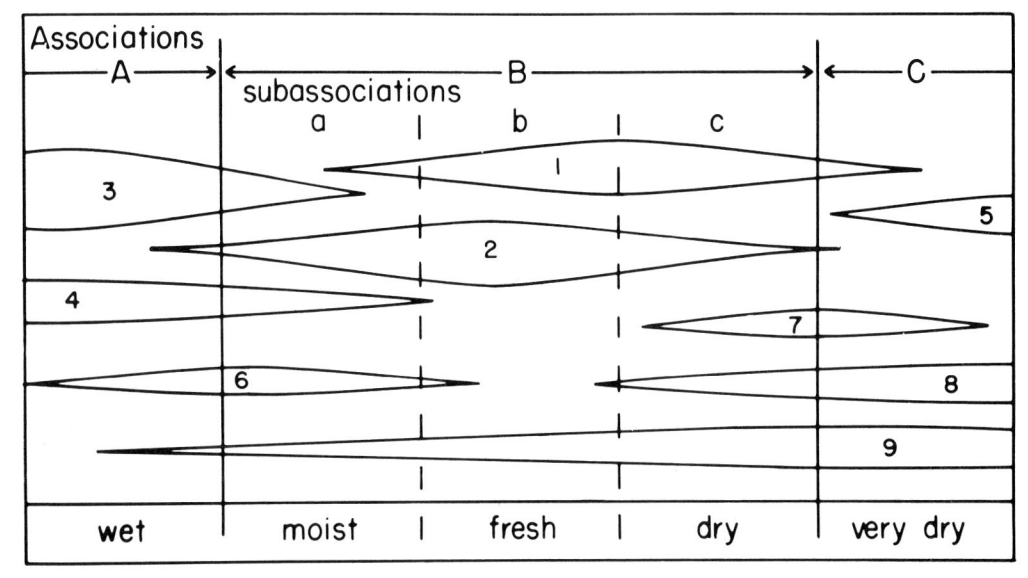

Abb. 140. Schema diagnostischer Arten von Pflanzengesellschaften entlang eines Feuchtegradienten. Die drei Assoziationen A-C sind durch Charakterarten gekennzeichnet (A: 3,4; B: 1,2; C: 5). Die Subassoziationen von B unterscheiden sich durch übergreifende Assoziationskennarten der Nachbareinheiten (a: 3,4,6; C: 7,8; b= *typicum*) sowie weitere Trennarten. Art 9 ist möglicherweise Kennart einer höherrangigen Einheit, die B und C vereinigt (aus WESTHOFF & VAN DER MAAREL 1973).

dies am Beispiel von Ackerwildkraut-Gesellschaften und warnt davor, solche Übergangsausbildungen bei Vegetationstypisierungen zu vernachlässigen.

Abb. 142 zeigt die vielfältigen floristischen Wechselbeziehungen von Eichen-Hainbuchenwäldern zu benachbarten Syntaxa, die sich als Subassoziationen und Varianten darstellen lassen. Allgemein sind solche Übergänge oft ein bezeichnendes Merkmal kleinräumiger Vegetationskomplexe (s. XI 2).

In manchen Fällen können Übergangsbereiche auch eigenständige Assoziationen bilden, wenn sie nämlich außer überlappenden Arten der Kontaktgesellschaften zusätzlich eigene Charakterarten aufweisen. Gute Beispiele hierfür sind die Waldsäume der *Trifolio-Geranietea* und *Glechometalia*, wenn auch die Meinungen hierüber auseinandergehen (s. DIERSCHKE 1974, 1974b, HOFMANN 1965, JAKUCS 1970,1972, TH. MÜLLER 1962, TÜXEN 1962c).

Neben solchen syntaxonomisch faßbaren Grenzbereichen gibt es auch Überlagerungen oder Durchdringungen von Gesellschaften, die andernorts selbständig auftreten. SCHWABE & TÜXEN (1981, S. 7) definieren **Überlagerungen** (superposition) als „ephemere Verzahnungen von Gesellschaften (Gesellschaftsgruppen) mit unterschiedlichem Rang in der soziologischen Progression, die keine fest zu umrißende raumzeitliche Beziehung zueinander haben oder einen standörtlichen Gradienten aufweisen." Beispiele sind verdriftete Wasserlinsen-Decken in Röhrichten und bultigen Großseggenrieden oder Bruchwäldern, Verzahnungen von Spülsäumen und Dünen-Gesellschaften, Überlagerungen von Flutrasen und anderen Grünland-Gesellschaften. TÜXEN & LOHMEYER (1962) sprechen hier von aufeinanderliegenden „Teppich-Gesellschaften". Laubwälder und ihre Saum-, Schlag- und Verlichtungsgesellschaften bilden

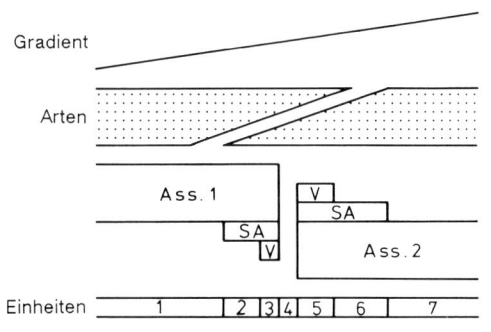

Abb. 141. Schema der syntaxonomischen Gliederung eines Gesellschaftsüberganges.

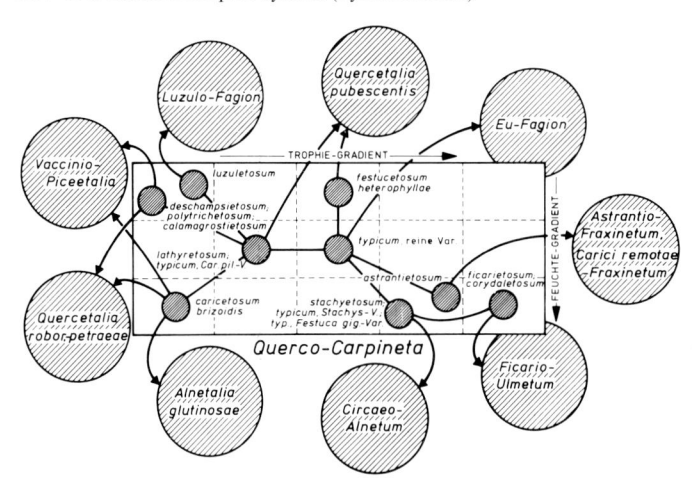

Abb. 142. Syntaxonomische Beziehungen von Subassoziationen und Varianten polnischer Eichen-Hainbuchenwälder zu benachbarten Gesellschaftsgruppen (aus W. & A. MATUSZKIEWICZ 1981).

oft schwer auflösbare, langzeitigere **Durchdringungen**. Hier kommt es zur Ausbildung neuer Artenkombinationen, die man als „Zwillingsgesellschaften" bezeichnen kann (TÜXEN 1974). Sie sind z. B. auch typisch für Flußufer mit häufigen Substratumlagerungen und starken Wasserschwankungen, wodurch sich eine enge Verzahnung von Arten kurzlebiger und langlebiger Uferfluren (*Bidentetea/Artemisietea*) in amphibischen Ufersäumen ergibt (DIERSCHKE et al. 1983) (s. auch Dauer-Pioniergesellschaften: X. 3.3.2; Vegetationskomplexe: XI 2.3).

Im Einzelfall ist es oft schwer zu entscheiden, ob es sich um nur locker verbundene Überlagerungen oder um Durchdringungen mit festeren soziologischen Bindungen handelt, die dann besser als standortsökologische oder syndynamische Untereinheiten (Subassoziation, Variante bzw. Stadium, Phase) zu fassen wären.

4.2.5 Synchorologische Untereinheiten

Durch synchorologische (geographische) Differentialarten abtrennbare Einheiten hängen inhaltlich und gebietsmäßig von der Fassung der Assoziation ab. Begrenzt man diese als Regionalassoziation auf bestimmte Bereiche von Assoziationsgruppen (Hauptassoziationen; s. 4.1), bleiben für Geographische Rassen und Höhenformen nur relativ geringe floristische Abweichungen übrig. Besser erscheint im Sinne eines übersichtlich-weiträumigen Systems die Auffassung der Assoziation als überregionale Grundeinheit mit entsprechend deutlicher abtrennbaren synchorologischen Untereinheiten. Die häufig unterschiedenen Gebietsassoziationen werden dann zumindest teilweise zu Rassen und Höhenformen, wie Beispiele weiter

unten zeigen. SCHUHWERK (1990) sieht auch kleinräumige Gesellschaften, die sich mit Reliktarten oder Endemiten durchaus sehr eigenständig zeigen, innerhalb weiter gefaßter Assoziationen nur als reliktische bzw. endemische Formen.

Rassen sind nach BRAUN-BLANQUET (1964, S. 739) Untereinheiten von weiter verbreiteten Assoziationen, deren floristische Unterschiede geographisch-geschichtlich bedingt sind, z. B. durch Ausbreitungsschranken innerhalb des Assoziationsareals. Differentialarten sind z. T. vikariierende Sippen (z. B. Kleinarten, Unterarten), die sich in Teilgebieten entwickelt haben. PASSARGE (1979, 1985) unterscheidet Vikarianten (Rassengruppen) und Rassen als zwei verschiedene Unterrangstufen. Meist werden beide Begriffe aber synonym verwendet. Unter vikariierenden Gesellschaften versteht man allgemein eng verwandte Syntaxa, die sich horizontal oder vertikal nahezu ausschließen bzw. ersetzen. Hierfür sollte auch allgemein der Begriff Vikariante reserviert bleiben (s. auch XII 3.3).

Die Erarbeitung synchorologischer Trennartengruppen muß eigentlich von Einzelaufnahmen ausgehen, die in Tabellen geographisch geordnet werden. Dieses Verfahren wird aber nur teilweise angewendet. Oft ordnet man direkt bereits vorhandene Tabellen verschiedener Gebiete als Stetigkeitsspalten. Hier ergeben sich manchmal nur geographische Differentialarten geringer Stetigkeit. Dies darf aber kein allgemeines Prinzip für solche Trennarten sein. Vielmehr müssen auch synchorologische Untereinheiten durch möglichst mehrere Differentialarten wenigstens mittlerer Stetigkeit gekennzeichnet werden.

Synchorologische Differentialarten entsprechen oft Artengruppen bestimmter Arealtypen oder Florenelemente aus der Chorologie. In Mitteleuropa sind vor allem die klimatisch-floristischen Gradienten ozeanisch-kontinental und boreal-meridional (mediterran) zu nennen, außerdem nach der Höhenlage planar/kollin-montan-alpin. Weitere Gruppen sind durch Nähe des Meeres (litoral) oder des Hochgebirges (praealpin) geprägt (s. PASSARGE 1979, 1985). Entsprechende Artengruppen sind allgemein aus der Chorologie bekannt (z. B. MEUSEL 1943, WALTER & STRAKA 1970, s. auch XII 2.3). Mit ihnen kann man die induktiv ermittelten Differentialarten nachträglich chorologisch interpretieren (s. Arealtypenspektren: XII 2.4).

Für die synchorologische Untergliederung erscheint es sinnvoll, nicht unbedingt sich ausschließende Artengruppen zu benutzen, vielmehr auch die unterschiedliche Kombination solcher Gruppen als Kriterium zu verwenden (s. Abb. 139). Sind doch die geographischen Abwandlungen oft sehr großräumig, mit weiten Überlappungsbereichen (z. B. Übergangsrassen bei MÜLLER 1966).

Geographische Rassen sind nur genauer feststellbar, wenn das Gesamtareal einer Assoziation ausreichend bekannt und durchleuchtet ist. So wird man solche Untereinheiten erst relativ spät finden; vor frühzeitigen Abgrenzungen sei gewarnt. Als Begriff finden sie sich aber schon bei BRAUN-BLANQUET & FURRER (1913: races régionales). Neben den Differentialarten kann man zusätzlich andere Argumente für die Abtrennung geographischer Untereinheiten heranziehen. ZUKRIGL (in KRAL et al. 1975) nennt für Waldgesellschaften u. a. folgende Gesichtspunkte, die je nach Gewicht zu Rassen oder Gebietsassoziationen führen:

– Geographische Differentialarten (im Optimalfall eigene Charakterarten).
– Änderung der gesamten Artenverbindung, insbesondere des Arealtypenspektrums.
– Änderung von Vitalität und Konkurrenzkraft einzelner Arten.
– Abweichungen der Untergliederung.
– Verlagerung der Höhenamplitude.
– Veränderte Lage bzw. Rolle im Vegetationskomplex.
– Andere Kontaktgesellschaften.
– Andere Dynamik.
– Andere waldgeschichtliche Entwicklung.

Entscheidend muß aber immer der erste Punkt sein. Das Argument unterschiedlicher Untergliederung (Subassoziationen, Varianten) findet man auch in anderen Arbeiten.

Eine klare Auffassung der synchorologischen Untergliederung der Assoziation hat SCHWABE (1985a) am Beispiel des *Alnetum incanae* vermittelt (s. Abb. 138). In einer großräumigen Monographie werden innerhalb der weit gefaßten Assoziation Rassen, Gebietsausbildungen, für mehr singuläre Abweichungen Lokalausbildungen unterschieden. Außerdem gibt es artenärmere Randausbildungen, wo am Arealrand der Assoziation diagnostische Arten ausfallen. Alle diese Untereinheiten stehen auf gleicher Rangstufe, etwa der standörtlichen Subassoziation vergleichbar. Es kann auch jeweils eine Zentrale bzw. Typische Rasse ohne Trennarten geben. Daneben sind Rangunterschiede der Einheiten denkbar, z. B. Unterrassen oder Rassengruppen (MÜLLER 1966, 1967, 1968, PASSARGE 1985). MÜLLER & GÖRS (1958) und MÜLLER (1968) vertraten noch eine recht enge Definition der Rasse, bezogen auf kleinere geographisch umgrenzbare Gebiete (z. B. Schwarzwald, Odenwald, Schwäbische Alb), die wohl eher Gebietsausbildungen sind.

Erst wenn sich großräumig die Gruppe der Charakterarten ändert, wenn also bestimmte AC hinzukommen oder ausfallen bzw. ersetzt werden (z. B. durch vikariierende Arten einer Gattung), kann man im engeren Sinne von vikariierenden Assoziationen sprechen. Als extreme Beispiele wurden schon die verschiedenen Assoziationen mit lokalendemischen *Armeria*-Arten der Schwermetallrasen erwähnt (2.5.3; s. auch XII 3.3). K. & B. DIERSSEN (1985) vergleichen Kleinseggenrasen des *Caricion bicolori-atrofuscae* aus Nordeuropa und den Alpen. Die floristische Analyse ergibt, daß die boreo-arktischen Assoziationen in Grönland, Island und Skandinavien nur Geographische Rassen bilden, während in den Alpen andere Assoziationen vorkommen. PASSARGE (1985) gliedert das räumlich weit gefaßte *Papaveretum argemones* in Rassen und Rassengruppen sowie Höhenformen. NEZADAL (1989) beschreibt Rassen spanischer Ackerwildkraut-Assoziationen, auch Rassen höherrangiger Syntaxa.

Im Einzelfall ist die Unterscheidung von Rassen und eigenen Assoziationen schwierig und wird recht unterschiedlich gehandhabt. MUCINA & BRANDES (1985) gliedern z. B. die Ruderalgesellschaft des *Berteroetum incanae* aufgrund weitreichender Aufnahmevergleiche in Tabellen und mit multivariaten Methoden in zwei

Tab. 31: Assoziationen und Geographische Rassen polnischer Kiefernwälder im Vergleich mit Nordeuropa (Ausschnitt aus MATUSZKIEWICZ 1962). Siehe auch Abb. 143.

Lfd.Nr.:	1	2	3	4	5	6	7	8	9	10	11	12	13	14	15	16	17	18	19	20	21	22	23
Assoziation:				Leucobryo-Pinetum											Peucedano-Pinetum					Emp.-Pin.-fen.-scand.	Vacc. ulig.-Pin.	Vacc. ulig.-Pin.	Calam.-Pin.
Rasse:	Flach-land			submontane				Küsten			sarmatische				subboreale								
Anzahl d.Aufnahmen:	140	108	34	17	41	41	95	31	4	12	84	70	19	40	16	42	17	38	19	131	169	26	21
Kennarten des Verbandes (V) und der Ordnung:																							
V Pinus silvestris	V	V	V	V	V	V	V	V	V	V	V	V	V	V	V	V	V	V	V	V	V	V	V
V Dicranum undulatum	IV	IV	IV	V	V	III	V	III	4	.	IV	IV	V	IV	IV	V	V	V	V	IV	III	V	.
Vaccinium myrtillus	III	III	IV	V	V	V	V	IV	4	IV	V	V	V	IV	V	V	V	V	V	V	V	V	V
Vaccinium vitis-idaea	II	III	V	V	V	V	V	IV	4	V	V	IV	V	IV	IV	V	V	V	V	V	V	V	V
Trientalis europaea	.	.	+	+	II	IV	III	III	2	V	III	III	III	IV	I	III	III	IV	IV	II	I	I	.
Pyrola secunda	.	r	+	.	+	+	+	III	.	I	+	III	II	+	I	V	III	III	III	I	I	r	.
V Chimaphila umbellata	r	II	r	.	r	+	r	II	.	.	III	II	.	III	III	III	II	III	.	I	I	r	.
V Pyrola virens	r	I	.	.	+	+	r	I	.	.	+	+	I	+	I	III	II	I	III	r	r	.	.
V Lycopodium complanatum	r	r	r	.	+	+	+	r	.	.	+	+	r	+	.	I	I	I	.	I	.	.	.
V Monotropa hypopitys	r	r	r	.	+	r	r	r	.	.	r	+	I	I	+	II	II	II	I	II	r	I	.
V Viscum album ssp.laxum	r	r	.	.	.	.	r	.	.	.	r	I	I	.	.	.	.	.	.	.	.	.	.
Pyrola minor	.	.	.	.	.	.	.	.	.	I	.	.	.	.	+	r	r	r	.	r	r	r	.
Dicranum maius	.	.	.	.	.	.	.	.	.	I	.	.	.	+	.	.	.	.	III	.	.	.	.
Pyrola rotundifolia	.	.	.	.	.	.	.	I	.	.	.	.	.	.	.	.	.	r	.	I	r	I	.
Bazzania trilobata	.	.	.	.	.	.	.	.	.	.	.	.	.	.	.	.	.	r	.	+	.	r	.
Barbilophozia lycopodioides	.	.	.	.	.	.	.	.	.	.	.	.	.	.	.	.	.	+	.	I	.	.	.
Melampyrum silvaticum	.	.	.	.	.	.	.	.	.	.	.	.	.	.	.	.	.	+	.	+	.	I	.
Regionale Trennarten der Assoziationen:																							
Leucobryum glaucum	III	II	II	III	IV	II	IV	III	3	II	r	I	I	I	+	+	.	.	.	.	II	.	I
Fagus silvatica	r	I	r	III	III	III	III	II	2	III	.	.	.	.	.	.	.	.	.	.	r	.	.
Hypnum cupressiforme	II	II	II	r	r	r	I	II	.	.	r	.	.	.	.	.	.	.	.	.	r	.	.
Ftilidium ciliare	III	+	.	+	r	r	r	II	.	.	r	.	.	.	.	.	+	r	.	.	.	.	.
Dicranum spurium	.	r	r	+	r	r	r	.	.	.	.	.	.	.	.	.	.	.	.	r	.	.	.
? Holcus mollis	.	I	II	.	.	.	.	.	.	.	.	.	.	+	.	.	.	.	.	.	.	.	.
Solidago virga-aurea	r	r	.	r	r	r	r	.	.	.	II	III	IV	III	IV	III	III	III	III	III	II	.	.
Convallaria maialis	.	r	.	r	r	r	r	.	.	.	I	III	IV	III	III	III	III	IV	III	III	r	.	.
Arctostaphylos uva-ursi	.	.	.	.	r	r	r	.	.	.	III	+	II	+	IV	IV	II	II	II	II	r	+	.
Rubus saxatilis	.	.	.	.	r	.	.	.	.	.	II	I	.	.	.	II	II	II	III	I	.	.	.
Scorzonera humilis	r	r	.	.	.	.	.	.	.	.	r	III	III	III	IV	IV	III	III	III	r	.	.	.
Peucedanum oreoselinum	r	r	.	.	.	.	.	.	.	I	r	III	III	+	III	III	II	II	III	r	.	.	.
Polygonatum odoratum	r	r	.	.	.	.	.	.	.	.	r	III	III	r	III	III	I	II	+	.	.	.	.
Cytisus (nigr.,ratisb,,ruth.)	.	.	.	.	.	r	.	.	.	.	r	+	III	+	.	II	II	I	II	r	.	.	.
Anthericum ramosum	.	.	.	.	.	.	.	.	.	.	.	III	III	+	III	II	r	+	+	.	.	.	.
Fulsatilla patens	.	.	.	.	.	.	.	.	.	.	.	I	II	.	III	II	II	I	.	.	.	.	.

Die Assoziation und ihre Untereinheiten 315

Lfd.Nr.:	1	2	3	4	5	6	7	8	9	10	11	12	13	14	15	16	17	18	19	20	21	22	23
Assoziation:				Leucobryo-Pinetum										Peucedano-Pinetum								
Rasse:	Flach-land			submontane				Küsten			sarmatische				suboreale				Emp.-Pin.-fen.-scand.	Vacc. ulig.-Pin.		Calam.-Pin.
Anzahl d.Aufnahmen:	140	108	34	17	41	41	95	31	4	12	84	70	19	40	16	42	17	38	19	131	169	26	21
O Empetrum nigrum coll.	.	.	.	.	.	.	.	V	4	IV	.	.	.	.	.	.	.	.	.	III	+	I	.
O Linnaea borealis	.	.	.	.	.	.	.	r	.	I	.	.	.	.	.	.	.	.	.	II	r	.	.
O Listera cordata	.	.	.	.	.	.	.	r	.	.	.	.	.	.	.	.	.	.	.	II	.	.	.
O Peltigera aphtosa	.	.	.	.	.	.	.	+	.	.	.	.	.	.	.	r	.	r	.	II	.	.	.
Alnus incana	.	.	.	.	.	.	.	.	.	.	.	.	.	.	.	.	.	.	.	I	.	.	.
Ledum palustre	.	.	r	.	.	.	r	.	.	.	.	.	.	.	.	.	.	.	+	r	V	IV	I
O Vaccinium uliginosum	.	.	.	.	.	.	II	.	.	.	.	.	.	.	.	.	.	r	II	I	V	V	.
Andromeda polifolia	.	.	.	.	.	.	.	.	.	.	.	.	.	.	.	.	.	.	.	.	III	III	.
Eriophorum vaginatum	.	.	.	.	.	.	.	.	.	.	.	.	.	.	.	.	.	.	.	.	III	III	.
Aulacomnium palustre	.	.	.	.	.	.	.	.	.	.	.	.	.	.	.	.	.	.	I	.	II	IV	.
Sphagnum acutifolium	.	.	I	.	.	.	.	.	.	.	.	.	.	+	.	.	.	I	.	r	+	I	.
Sphagnum girgensohnii	.	.	.	.	.	.	r	.	.	.	.	.	.	.	.	.	.	.	.	.	.	.	V
Calamagrostis villosa	.	.	.	.	.	.	.	.	.	.	.	.	.	.	.	.	.	.	.	.	.	.	V
Trennarten der geographischen Rassen:																							
Calamagrostis arundinacea	r	r	r	.	.	II	III	.	.	.	.	III	IV	III	II	IV	V	IV	IV	.	r	I	.
Abies alba	.	.	.	+	II	III	III	.	.	.	r	.	.	.	III	V	V	IV	V	IV	III	IV	.
O Picea abies	.	+	+	V	IV	V	IV	.	.	.	r	+	+	II	II	V	V	IV	V	IV	III	II	.
O Ptilidium crista-castrensis	.	.	.	I	I	IV	IV	.	.	r	.	+	r	.	+	II	II	II	III	I	III	II	.
O Lycopodium annotinum	r	r	.	+	+	II	I	.	.	III	.	.	.	II	+	+	I	III	III	I	I	+	.
O Goodyera repens	r	r	r	.	.	.	.	.	.	r	r	r	r	r	.	.	.	r	.	r	r	r	.
O Pyrola uniflora	.	.	.	.	.	.	r	.	.	II	.	r	.	.	+	r	I	r	r	.	.	.	.

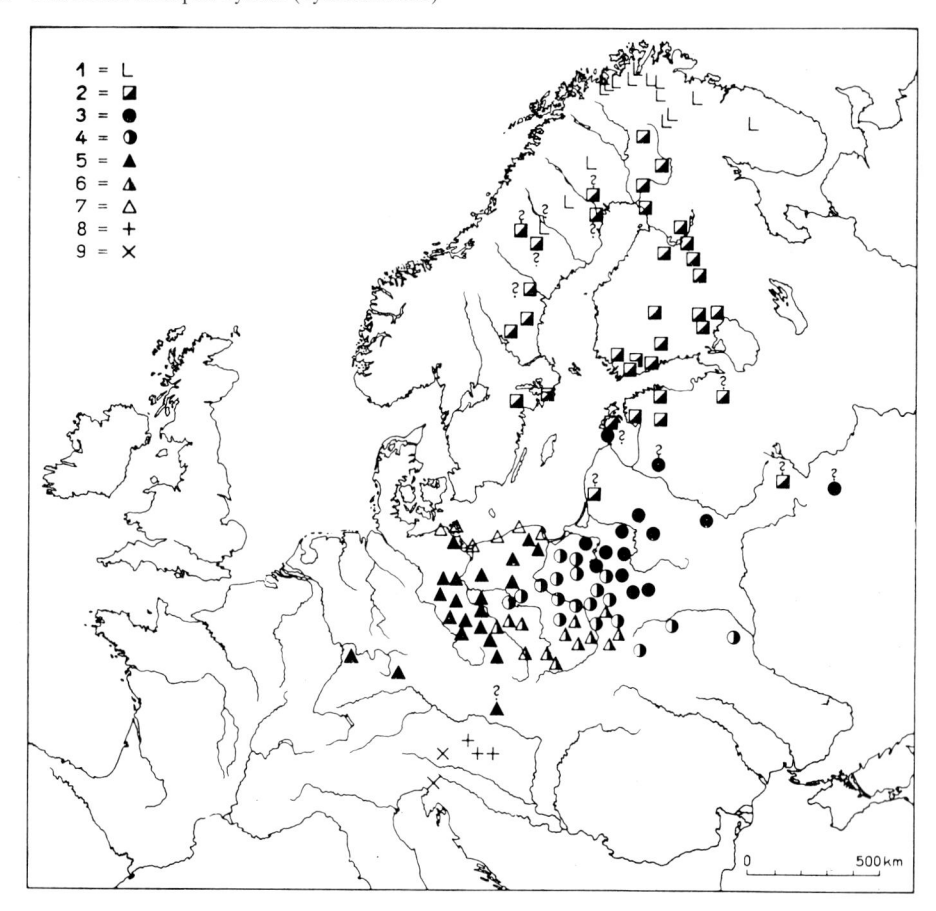

1 = Hochnordische Kiefernwälder (Phyllodoco-Vaccinion)
2 = Empetro-Pinetum fennoscandicum
3 = Peucedano-Pinetum, subboreale Rasse
4 = Peucedano-Pinetum, sarmatische Rasse
5 = Leucobryo-Pinetum, typische Flachlandrasse
6 = Leucobryo-Pinetum, submontane Rasse
7 = Leucobryo-Pinetum, Küstenrasse
8 \
9 / Südalpine Kiefernwälder

Abb. 143. Vorkommen verschiedener Kiefernwald-Assoziationen und ihrer Rassen in Polen und Nachbargebieten (aus MATUSZKIEWICZ 1962) Siehe auch Tab. 31.

Geographische Rassen im Gegensatz zu anderen Autoren, die mehrere Assoziationen beschrieben haben.

Tabelle 31 zeigt den Ausschnitt einer Übersichtstabelle östlicher und nördlicher Kiefernwälder. Für Polen ergeben sich zwei Assoziationen (*Leucobryo-* und *Peucedano-Pinetum*) mit drei bzw. zwei Rassen. Die Rassen-Differentialarten sind teilweise parallel in beiden Assoziationen gültig, teilweise als Trennarten nur in einer brauchbar. In Abb. 143 ist die Verbreitung der Rassen gut erkennbar.

In Abb. 144 sind die Rassen und Höhenformen dreier Laubwald-Assoziationen dargestellt; Abb. 145 zeigt ihre Verbreitung in Polen. Hier wird die enge Verknüpfung zwischen Syntaxonomie und Synchorologie (XII) besonders deutlich. Für deutsche Kalkbuchenwälder gibt SUCK (1991) eine detailliertere Rassengliederung mit Höhenformen, für artenreiche Buchenwälder Mitteleuropas zeigt JAHN (1985) geographische Trennartengruppen. CLOT (1990) beschreibt Geographische Rassen europäischer Ahorn-Schluchtwälder.

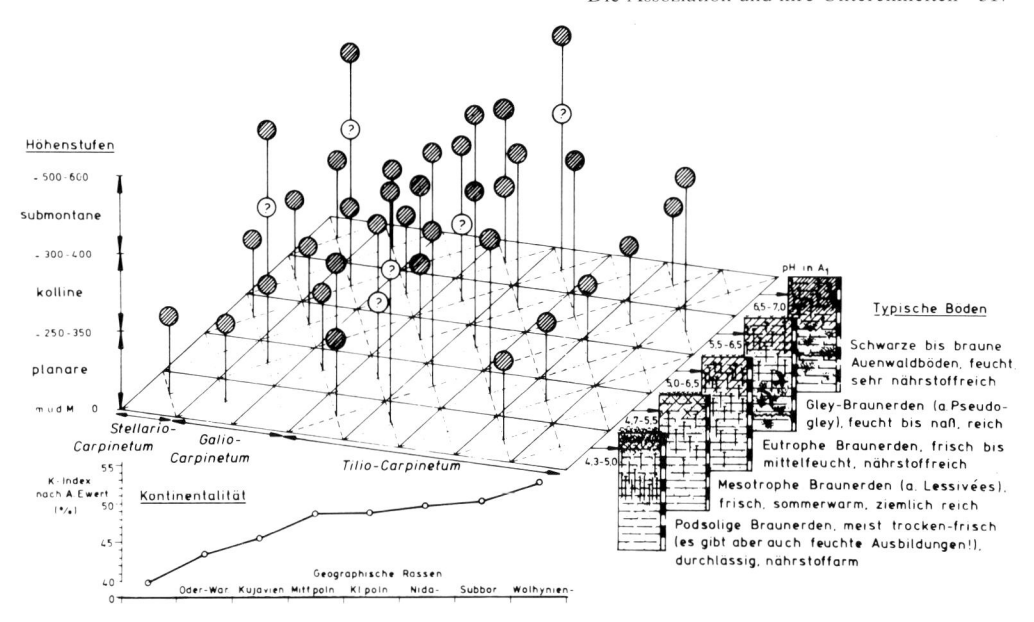

Abb. 144. Dreidimensionale Gliederung polnischer Eichen-Hainbuchenwälder (aus W. & A. Matuszkiewicz 1981).

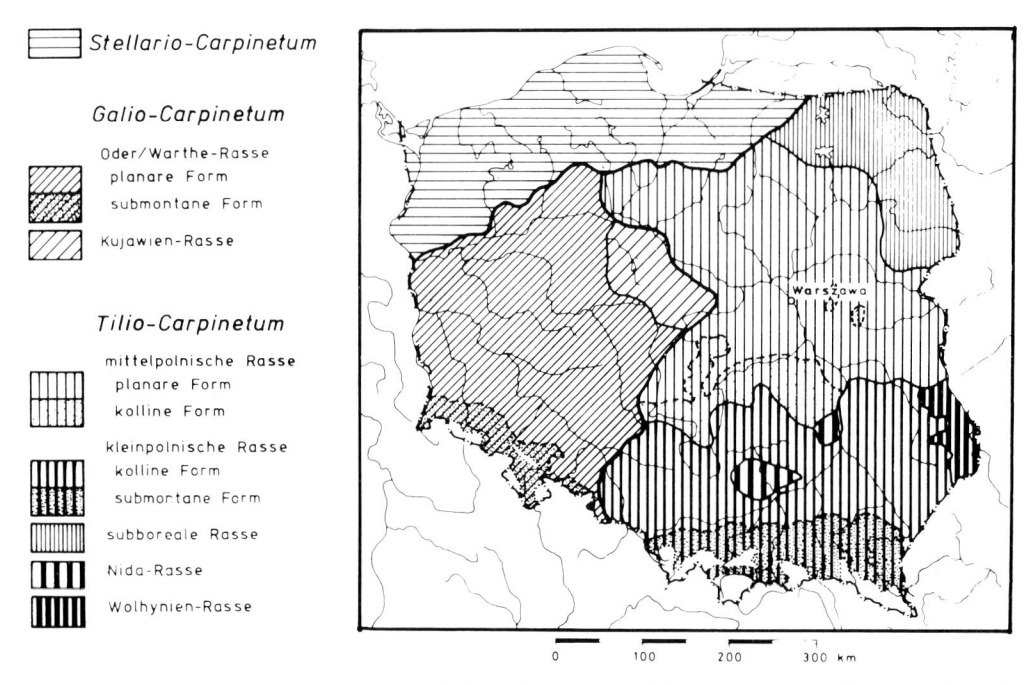

Abb. 145. Verbreitungskarte der Rassen und Höhenformen von Eichen-Hainbuchenwald-Assoziationen in Polen (aus W. & A. Matuszkiewicz 1981).

Tab. 32: Übersichtstabelle des *Pruno-Fraxinetum* in geographischer Anordnung (Ost-West) nach Stetigkeit zusammengefaßter Einzeltabellen (aus DIERSCHKE et al. 1987).

Nr.	1	2	3	4	5	6	7	8	9	10	11	12	13	14	15	16	17	18	19
Zahl der Aufnahmen	10	10		14	18	10	17	14	12	29	18	46	9	10	8	10	9	8	19
Mittlere Artenzahl	47			32	29	36	32	32	29	28	32	29	33	24	35	50	35		27
Ch Prunus padus B/St	V	III	III	III	IV	IV	IV	V	V	III	V	V	V	V	V	II	V	III	V

Δ
Asarum europaeum	.	V	.	.	.	.	.	.	.	.	.	.	.	.	.	.	.	.	.
Poa remota	.	II	.	.	.	.	.	.	.	.	.	.	.	.	.	.	.	.	.
Daphne mezereum	IV	II	.	.	.	.	.	.	.	.	.	.	.	.	.	.	.	.	.
Corydalis intermedia	IV	II	.	+	.	.	.	.	.	.	.	.	.	.	.	.	.	.	.
Hepatica nobilis	III	II	.	+	.	.	.	.	.	.	.	.	.	.	.	.	.	.	.
Chaerophyllum hirsutum	V	.	III	III	+	.	.	.	.	.	.	.	.	.	.	.	.	.	.
Pulmonaria obscura	IV	II	.	.	.	.	.	.	.	.	.	.	.	.	.	.	.	I	.
Ranunculus lanuginosus	IV	II	.	III	I	.	I	I	.	.	.	r	.	.	.	.	.	.	.
Stellaria nemorum	V	.	.	+	I	.	I	.	I	.	.	+	.	.	.	.	.	.	I
Anemone ranunculoides	III	IV	IV	IV	I	.	.	.	.	.	.	+	.	.	.	.	.	III	.
Geum rivale	III	II	IV	V	III	+	III	.	.	I	.	II	.	.	.	.	.	I	I

Rubus fruticosus agg.	.	.	.	.	.	.	.	II	IV	IV	IV	III	III	IV	III	III	III	V	II
Lonicera periclymenum	.	.	.	.	+	+	.	.	.	II	III	III	IV	IV	III	IV	IV	.	III
Hedera helix	.	.	.	.	+	+	I	I	I	II	III	III	III	+	III	III	I	V	II

d
Aegopodium podagraria	V	III	III	V	I	II	I	.	.	.	.	r	.	I	.	II	II	.	II
Carex sylvatica	+	I	III	II	+	.	I	.	.	II	IV	r	II	.	.	III	IV	V	II
Primula elatior	.	.	.	.	I	.	I	.	IV	II	III	+	.	.	.	III	V	V	V
Arum maculatum	.	.	.	.	I	.	I	I	I	.	.	r	.	.	.	.	III	V	II
Cornus sanguinea St	.	.	.	.	.	+	.	.	.	I	I	I	.	.	.	.	III	V	I

Sorbus aucuparia B+St	.	.	III	.	I	II	I	.	III	III	IV	III	III	III	III	II	.	.	II
Betula pubescens B	.	.	.	.	I	.	I	.	IV	IV	IV	III	III	III	III	III	.	.	.
Calamagrostis canescens	.	II	III	III	IV	+	I	II	V	V	V	III	III	V	III	.	.	.	.
Carex elongata	.	I	.	.	III	+	I	.	III	III	III	III	III	III	III	+	.	.	+
Maianthemum bifolium	.	.	.	II	I	II	I	II	IV	r	III	III	III	+	III	.	.	.	.
Lycopus europaeus	I	.	II	.	+	+	I	I	.	III	II	III	III	III	III	+	.	.	+
Eupatorium cannabinum	.	.	.	.	.	.	+	I	II	IV	III	III	III	+	III	+	.	.	.

V
Festuca gigantea	V	.	.	.	+	V	IV	V	I	IV	III	III	III	IV	IV	III	III	III	II
Impatiens noli-tangere	IV	I	V	IV	III	II	II	IV	+	III	III	III	III	III	III	IV	IV	.	III
Circaea lutetiana	.	II	II	III	IV	+	III	IV	II	III	III	III	III	II	III	V	V	V	III
Stachys sylvatica	II	II	II	III	III	+	I	II	.	III	V	III	III	+	III	IV	V	III	V
Plagiomnium undulatum	V	.	.	IV	III	II	III	II	II	IV	IV	III	III	+	IV	III	V	III	III
Ribes rubrum St+Kr	.	.	.	IV	I	I	I	I	.	IV	IV	IV	III	III	IV	III	V	II	I
Carex remota	.	II	.	+	+	+	I	I	I	r	I	III	III	+	II	+	I	II	II
Ulmus laevis B+St	.	.	II	+	+	+	I	V	II	II	III	III	III	+	II	I	II	II	III
Chrysosplenium alternifolium	IV	IV	IV	II	II	.	II	.	.	I	II	II	II	II	II	II	II	III	III
Rumex sanguineus	.	II	.	.	.	.	+	.	.	r	.	r	.	+	.	II	I	II	II

Herkunft der Aufnahmen in Tabelle 2:

1 HERBICHOWA & HERBICH (1982): Kaschubien; Tab. I, Aufn. 6–15: *Ficario-Ulmetum campestris*.
2 STEFFEN (1931): Ostpreußen; Tab. S. 69: Auenwald.
3 FALINSKI & MATUSZKIEWICZ (1965): NE-Polen; Tab. 3: *Circaeo-Alnetum*.
4 PASSARGE (1959): E-Mecklenburg; Tab. 6: *Pado-Fraxinetum balticum*.
5 PASSARGE (1962): Altmark; Tab. 1, Sp. 5a–c: *Pado-Fraxinetum*.
6 PASSARGE (1957): N-Havelland; Tab. III: *Pado-Fraxinetum*.
7 PASSARGE (1962): SW-Mecklenburg; Tab. 1, Sp. 4a–c: *Pado-Fraxinetum*.
8 PASSARGE (1956): Oberspreewald; Tab. 3+4: *Pruno-Fraxinetum*.
9 PASSARGE (1962): Altmark; Tab. 1, Sp. 3a–b: *Macrophorbio-Alnetum*.
10 SEEWALD (1977): Drömling; Tab. 3A: Riesenschwingel-Erlenwald.
11 SEEWALD (1977): Drömling; Tab. 7: Erlen-Eschenwald.
12 DIERSCHKE et al. (in dieser Arbeit): NE-Niedersachsen; Tab. 1: *Pruno-Fraxinetum*.
13 DIERSCHKE (1968): Wümme-Gebiet; Tab. 3, Aufn. 1–9: Übergang *Alnetum* zum *Pruno-Fraxinetum*.
14 DIERSCHKE (1979a): Aller-Leine; Tab. 1, Aufn. 2–11: *Alno-Padion*.
15 KRAUSE & SCHRÖDER (1979): Heide; Tab. 14: *Pruno-Fraxinetum*.
16 TAUX (1981): Rasteder Geestrand; Tab. 7, Aufn. 1, 3–4, 7–8, 13, 15–17, 19: *Pruno-Fraxinetum*.
17 TRAUTMANN (1973): Jülicher Börde; Tab. 2: *Pruno-Fraxinetum*.
18 SCHNITZLER-LENOBLE & CARBIENER (1982): Elsaß; Tab. 1: *Pruno-Farxinetum*.
19 OBERDORFER (1953): Oberrheinebene; Tab. 10b: *Pruno-Fraxinetum* ass.nov.

Tabelle 32 enthält einen Ausschnitt der Zusammenstellung von Einzeltabellen des *Pruno-Faxinetum*, vorwiegend aus dem nord-mitteleuropäischen Tiefland in Ost-West-Anordnung. Es zeigen sich zwei Gruppen von Differentialarten mehr subkontinentaler bzw. subatlantischer Prägung. Der Grenzbereich zwischen einer östlichen *Geum rivale*-Rasse und einer westlichen *Lonicera periclymenum*-Rasse liegt im östlichen Deutschland. Für die Ausscheidung zweier oder mehrerer Gebietsassoziationen besteht kein Anlaß. SOLIŃSKA-GÓRNICKA (1987) gliedert zwei polnische Erlenbruch-Assoziationen in subozeanische, subkontinentale und subboreale Rassen.

Wie die aufgeführten Beispiele zeigen, gibt es keine bestimmten Nomenklaturregeln. Am besten erscheint eine Kombination von Pflanzennamen mit geographischen Bezeichnungen.

Einen anderen Weg der geographischen Untergliederung von Assoziationen wählt PEPPLER (1992) für mitteleuropäische Borstgrasrasen. Anhand der Ozeanitätsformel nach ROTHMALER et al. (1984; s. auch XII 2.2) für die Rasenpflanzen lassen sich Artengruppen unterschiedlicher Ozeanitätsbindung definieren, die als Differentialarten zur Untergliederung einer Assoziation in Ozeanitätstypen von West nach Ost führen. Hier wird also nicht induktiv von der Herkunft der Aufnahmen her nach floristisch-geographischen Gemeinsamkeiten gesucht, sondern es werden die bereits sehr genauen arealgeographischen Kenntnisse der Chorologie zugrunde gelegt. In ähnlicher Weise ergibt sich eine Nord-Süd-Differenzierung in Zonalitätstypen. Insgesamt wird keine floristische Gliederung in Teilgebiete eines Assoziationsareals angestrebt, sondern die Verteilung von synchorologischen Untereinheiten auf Gebiete herausgearbeitet. In demselben Gebiet können, ähnlich wie bodenökologische Untereinheiten, auch mehrere arealgeographische Varianten nebeneinander vorkommen.

Auf höhenbedingte floristische Abwandlungen der Assoziation wurde schon unter 4.2.3 am Beispiel des *Hordelymo-Fagetum* kurz eingegangen. „Höhenglieder der Assoziation" beschrieben bereits BRAUN-BLANQUET & FURRER (1913). Wie bei den Rassen ist auch der Unterschied zwischen **Höhenform** und eigener Assoziation gleitend. Hier gibt es wegen des stärkeren Klimawandels auf relativ engem Raum ohnehin oft stärkere syntaxonomische Differenzierungen. Auf Tieflagen (planar-kollin) konzentrieren sich z. B. *Carpinion* und *Arrhenatherion*, Schwerpunkte in der montanen Stufe haben *Fagion* und *Polygono-Trisetion*, noch höher wächst das *Vaccinio-Piceion*. Zwischenbereiche lassen sich aber oft besser als Höhenformen von Assoziationen darstellen, z. B. bei den Wiesen (s. auch OBERDORFER 1977 ff., 1983). So gibt es im *Arrhenatheretum* eine planare *Pastinaca*-Form (früher *Dauco-Arrhenatheretum*) und eine montane *Alchemilla*-Form (früher *Alchemillo-Arrhenatheretum*), die zum *Geranio-Trisetetum* höherer Lagen überleitet. Ein Tabellenausschnitt zeigt eine entsprechende Untergliederung für große Teile Deutschlands (Tab. 33). Das *Arrhenatheretum* ist hier vorrangig nach Höhenformen gegliedert, wobei die Tieflagenform ein stärkeres floristisches Süd-Nord-Gefälle aufweist im Sinne zweier großräumiger Rassen. Im Süden gibt es noch eine westliche und östliche Gebietsausbildung. Die *Alchemilla*-Höhenform ist dagegen wegen des allgemein ungünstigeren Klimas horizontal wenig differenziert.

Abb. 146 zeigt die Höhengliederung des hochmontan-subalpinen *Geo montani-Nardetum* im Allgäu nach sich überlappenden Differentialartengruppen. Die gleitende Reihe von Höhenformen (hier als Varianten bezeichnet) nach unterschiedlicher Kombination der Gruppen erscheint zur Darstellung besser geeignet als eine hierarchische Gliederung in Formen und Unterformen. Die verschiedenen Höhenvarianten lassen sich recht gut mit allgemeineren Höhenstufen des Allgäu parallelisieren (s. PEPPLER 1992).

Bestimmte Höhenformen können im ganzen Areal oder auch nur in Teilarealen einer Assoziation inselhaft auftreten. Bei mehr vereinzelten Erscheinungen kann man von Höhenausbildungen (gleiche Rangstufe) sprechen. Auch eine Gliederung in Unterformen ist möglich. Für die Bezeichnung bieten sich Kombinationen von Sippennamen mit Höhenstufennamen (planar, kollin, montan...) an. Verwendet werden auch Begriffe wie Tief- und Hochlagen-

Tab. 33. Synchorologische Gliederung des *Arrhenatheretum* in Westdeutschland (nach einer eigenen Übersichtstabelle).

Nr.		1	2	3	4
Zahl der Aufnahmen		324	374	1554	440
AC	*Arrhenatherum elatius*	V	V	V	V
	Crepis biennis	III	III	III	III
ΔH	*Daucus carota*	III	II	III	+
	Glechoma hederacea	II	II	III	I
Δ	*Salvia pratensis*	III	II	+	+
	Colchicum autumnale	III	III	r	II
	Leontodon hispidus	III	II	r	II
	Knautia arvensis	III	II	I	III
	Campanula patula	II	II	r	I
	Plantago media	III	I	I	I
	Geranium pratense	+	III	.	r
	Silaum silaus	+	II	r	r
	Betonica officinalis	.	II	.	.
	Alopecurus pratensis	II	V	IV	II
	Agrostis tenuis	r	r	II	III
	Anthoxanthum odoratum	II	II	IV	IV
ΔH	*Alchemilla vulgaris* agg.	I	+	r	III

1–3 *Daucus*-Tieflagenform
  1–2 Südliche *Salvia pratensis*-Rasse
    1 Westliche Gebietsausbildung von *Plantago media*
    2 Östliche Gebietsausbildung von *Geranium pratense*
  3 Nördliche (artenärmere) Rasse
4 *Alchemilla*-Hochlagenform

```
Mittlere
Höhenlage ab      13/1400m      15/1600m        18/1900m       1930m

Veronica officinalis- |Gentiana punctata-|Phyteuma      |Avenochloa    |Hieracium alpinum- |
H-Variante            |H-Variante        |betonicifolium|versicolor-   |H-Variante         |
                      |                  |-H-Variante   |H-Variante    |                   |
┌─────────────────────┐|                  |              |              |                   |
│Veronica officinalis │|                  |              |              |                   |
│Danthonia decumbens  │|                  |              |              |                   |
│Hieracium lachenalii │|                  |              |              |                   |
│Polygala vulgaris    │|                  |              |              |                   |
│Thymus pulegioides   │|                  |              |              |                   |
│Antennaria dioica    │|                  |              |              |                   |
│Plantago lanceolata  │|                  |              |              |                   |
│Centaurea jacea      │|                  |              |              |                   |
└─────────────────────┘|                  |              |              |                   |
┌────────────────────────────────────────┐                                                  |
│Hieracium pilosella, Carex pilulifera   │                                                  |
└────────────────────────────────────────┘                                                  |
┌────────────────────────────────────────────────┐                                          |
│Carex pallescens, Thelypteris limbosperma, Veratrum album                                  |
└────────────────────────────────────────────────┘                                          |
┌──────────────────────────────────────────────────────┐┌──────────────────────────────────┐
│           Potentilla erecta                          ││          Agrostis tenuis         │
└──────────────────────────────────────────────────────┘└──────────────────────────────────┘
            ┌────────────────────────────────────────────────────────────────────────────┐
            │Gentiana punctata, Gentiana acaulis, Phleum alpinum, Carex sempervirens     │
            └────────────────────────────────────────────────────────────────────────────┘
                              ┌──────────────────────────────────────────────────────────┐
                              │Phyteuma betonicifolium, Euphrasia minima, Ligusticum     │
                              │mutellina, Rhododendron ferrugineum, Agrostis rupestris   │
                              └──────────────────────────────────────────────────────────┘
                                              ┌──────────────────────────────────────────┐
                                              │Avenochloa versicolor, Geum montanum      │
                                              │Hypochoeris uniflora                      │
                                              └──────────────────────────────────────────┘
                                                              ┌──────────────────────────┐
                                                              │Hieracium alpinum         │
                                                              │Luzula alpino-pil.        │
                                                              │Luzula sudetica           │
                                                              │Veronica bellidioid.      │
                                                              │Phyteuma hemisphaer.      │
                                                              │Tanacetum alpinum         │
                                                              │Oreochloa disticha        │
                                                              └──────────────────────────┘
```

Abb. 146. Höhendifferenzierung des *Geo montani-Nardetum* im Allgäu in fünf Varianten (nach PEPPLER 1992, verändert).

form. Näheres zur Höhenstufung der Vegetation wird unter XI 4.2 besprochen.

4.2.6 Verschiedene Gewichtung der Untereinheiten

Alle Untereinheiten einer Rangstufe sind gleichwertig (z. B. Subassoziation, Rasse, Höhenform, Entwicklungsphase, Nutzungsform = parallele Nebenrangstufen). Sie können sogar partiell dieselben Differentialarten aufweisen, aber meist in unterschiedlicher Kombination mit anderen Arten. Für die Darstellung der mehrdimensionalen Untergliederung in Vegetationstabellen ist eine feine Verschachtelung der Trennartengruppen erforderlich. Hierfür muß eine Gewichtung erfolgen, wobei für jede Kategorie eine eigene Ordnungsebene vorzusehen ist. Denkbar sind z. B. die Reihenfolgen

– Subassoziation, Höhenform, Rasse
– Rasse, Subassoziation
– Subassoziation, Entwicklungsphase
– Subassoziation, Nutzungsform

Abb. 147 zeigt ein Tabellenschema für die erste Version. Meist steht die standörtliche Untergliederung als die kleinräumig-naturgegebene an erster Stelle (s. auch TÜXEN & KAWAMURA 1975, DIERSSEN 1990, S. 65). Nach SCHWABE (1985a) ergeben sich allerdings bei großräumigen Ver-

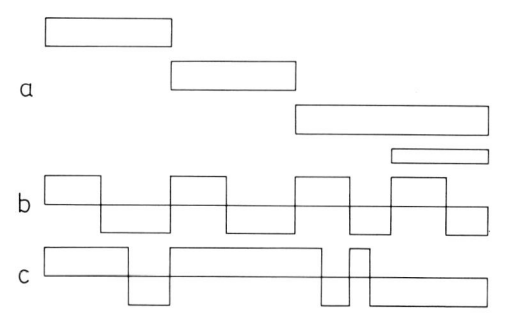

Abb. 147. Verschachtelte Tabellengliederung einer Assoziation in drei Richtungen: a) standortsökologisch (Subass., Var.), b) nach der Höhe (Höhenformen), c) nach Arealteilen (Geographische Rassen).

gleichen oft deutlichere floristische Übereinstimmungen innerhalb bestimmter Teilareale als zwischen ähnlichen Standortstypen verschiedener Bereiche, was dann eher für die zweite Abfolge spricht (s. auch JAHN 1977). Tabelle 34 zeigt als Ausschnitt ein Beispiel der Untergliederung von nordwestdeutschen Zwergstrauchheiden in Subassoziationen bis Subvarianten, unterlegt von zwei Rassen. Die *Empetrum*-Rasse bildet den Übergang zum *Carici arenariae-Empetretum* der Küstendünen.

5 Pflanzengesellschaften ohne eigene Charakterarten

5.1 Allgemeines

Dem Braun-Blanquet-System wird nicht selten unterstellt, es sei nur auf Vegetationstypen mit Charakterarten anwendbar und seine Anhänger befaßten sich nur mit entsprechenden Gesellschaften, würden aber die Vielfalt anderer Bestände vernachlässigen (s. KLÖTZLI 1972). Dies mag vor allem für manche Arbeiten und Bearbeiter älterer Untersuchungen zutreffen, wenn sich auch, wie das vorige Kapitel gezeigt hat, viele Sonderfälle als Untereinheiten irgendwo einfügen lassen (z. B. Gesellschaftsübergänge; s.4.2.4). Mit rasch zunehmender

---

Tab. 34. Gliederung nordwestdeutscher Zwergstrauchheiden (*Genisto-Callunetum*) (Ausschnitt aus TÜXEN & KAWAMURA 1975)

1–4 *danthonietosum*
  1–3 Typische Variante
    4 Var. v. *Erica tetralix*

5–13 *cladonietosum*
  5–9 Typische Variante
    5–6 Typische Subvar.
    7–9 Subvar. v. *Cladonia mitis*
  10–13 Var. v. *Erica tetralix*
    10 Typische Subvar.
    11–13 Subvar. v. *Cladonia mitis*

1–2, 4–5, 7–8, 10–12: Typische Rasse
3, 6, 9, 12: Empetrum-Rasse

	Spalte Nr.	1	2	3	4	5	6	7	8	9	10	11	12	13
	Mittlere Artenzahl	16	20	20	21	13	14	15	16	15	12	16	18	16
	Zahl der Aufnahmen	11	17	5	8	11	10	67	52	26	7	21	10	12
AC	*Calluna vulgaris* (opt.)	IV	V	V	V	V	V	V	V	V	V	V	IV	V
	Genista anglica	III	IV	IV	IV	I	+	II	II	+	.	I	.	I
	Dicranum spurium	+	.	.	II	I	II	II	II	II	III	III	II	+
	Cuscuta epithymum	.	I	II	I	+	.	+	r	I	I	+	+	I
DSA	*Danthonia decumbens*	V	V	V	V	.	.	.	.	.	.	r	.	.
	Carex pilulifera	III	III	IV	IV	.	.	.	r	I	.	r	I	II
	Agrostis tenuis	III	IV	III	IV	+	.	r	r	.	.	r	.	.
	Potentilla erecta	II	IV	I	V	.	.	.	.	.	.	.	.	.
	Cladonia uncialis	+	+	.	I	III	III	IV	IV	V	III	IV	III	V
	Cladonia gracilis	+	+	.	I	II	II	V	IV	III	III	IV	III	III
	Cladonia sylvatica	+	I	.	III	I	III	II	II	III	II	II	II	IV
	Parmelia physodes	I	I	I	II	III	III	III	III	III	III	II	I	III
d Var.	*Erica tetralix*	.	+	.	V	.	.	.	.	.	IV	V	V	V
	Molinia caerulea	.	.	.	IV	.	.	.	.	.	III	IV	IV	III
d Subv.	*Cladonia mitis*	+	+	.	.	.	.	IV	IV	IV	.	IV	V	I
	Cornicularia aculeata	.	.	.	.	.	.	IV	IV	V	.	IV	II	V
Δ	*Empetrum nigrum*	.	.	V	.	.	V	.	.	V	.	.	.	V

Fülle von Aufnahmen gibt es aber auch nicht selten Fälle, die zu keiner Assoziation passen, selbst wenn man weniger von Charakterarten als von der Charakteristischen Artenverbindung ausgeht. Einmal versucht man heute mehr, die ganze Variabilität der Pflanzendecke unvoreingenommen zu erfassen. Außerdem und vielleicht noch wichtiger ist die vielfach zu beobachtende Degeneration von Beständen unter starkem menschlichen Einfluß. Da Charakterarten oft gleichzeitig feinere (empfindlichere) Standortszeiger sind, werden sie bei entsprechenden Standortsänderungen als erste verschwinden, entsprechend ihrer engeren oder weiteren ökologischen Bindung in der Reihenfolge AC, VC, OC, KC. In manchen Fällen, z. B. bei Ackerwildkraut-Gesellschaften, könnte man heute fast ein neues System artenarmer, sehr weit gefaßter Syntaxa aufbauen, wenn es nicht die besser gekennzeichneten, vor Jahrzehnten erkannten Assoziationen u. a. noch gäbe. Schon aus Gründen des Naturschutzes erscheint es sinnvoll, die „alten Assoziationen" beizubehalten, um z. B. ihre Degeneration durch Vergleichsmaterial aufzuzeigen.

Der Vorwurf einer voreingenommenen Konzentration pflanzensoziologischer Arbeit auf gut bekannte Syntaxa besteht ganz sicher zu Unrecht. Gerade für die in starker Entwicklung begriffenen Zweige der Syndynamik und Synsoziologie, aber auch für spezielle Fälle wie Siedlungs- und Straßenrandvegetation, ist die Erfassung, Typisierung und Ordnung a l l e r Erscheinungen der Pflanzendecke von Bedeutung. Die Frage ist lediglich, wie man dabei vorgeht. Schon im Teil VI wurde darauf hingewiesen, daß man floristische Typen ganz neutral für bestimmte Gebiete finden kann, ohne überhaupt etwas von Syntaxonomie zu wissen. Man wird dann aber doch meist versuchen, die lokal gefundenen Typen im System einzuordnen, wobei Charakterarten, daneben auch Differentialarten als Bestimmungsmerkmale dienen. Im Gegensatz zum induktiven Aufbau des Systems kann man hier deduktiv vorgehen, indem man versucht, einen Vegetationstyp einer Klasse und dann abwärts einer Ordnung, einem Verband und einer Assoziation zuzuordnen. Oft wird dies nicht gelingen, da diagnostische Arten der unteren Ränge fehlen. Es ist dann aber wenig problematisch, nur die höhere Rangstufe anzugeben. Dieses Verfahren wird als deduktive Zuordnungsmethode heute häufig angewandt.

Das Fehlen oder Verschwinden diagnostischer Arten kann vielerlei Ursachen haben, z. B.
– Fehlen aufgrund lokaler standörtlicher Besonderheiten oder zu geringer Flächenausdehnung.
– Fehlen im floristisch-ökologischen Zentrum des nächsthöheren Syntaxons, wenn die diagnostischen Arten vor allem die etwas extremeren Außenbereiche kennzeichnen.
– Fehlen an Arealrändern eines Syntaxons wegen allgemein ungünstiger Bedingungen.
– Fehlen wegen noch ungenügend gefestigter (gesättigter) Artenverbindung im Zuge einer Sukzession oder Fluktuation.
– Fehlen aufgrund dauernder Einflüsse begrenzender Faktoren einschließlich dauernder Störungen.
– Schwund und Ausfall durch ungünstiger werdende Bedingungen im Verlauf natürlicher oder anthropogener Standortsveränderungen.
– Schwund und Ausfall durch direkte Einwirkung von Schadstoffen.

Nur die beiden letzten Fälle verursachen eine Degeneration vorher besser gekennzeichneter Pflanzengesellschaften. Sonst handelt es sich eher um auch natürlich vorkommende, teilweise anthropogen verstärkte Erscheinungen syntaxonomischer Fragmente.

Bei der Erarbeitung eines Gesellschaftssystems wird man zunächst solche als Fragmente erkennbaren Bestände vernachlässigen (BRAUN-BLANQUET 1921, S. 312). Sie können aber im nachhinein irgendwo eingeordnet werden (BRAUN-BLANQUET 1964, S. 122). Neben deutlich als Fragment erkennbaren Beständen gibt es auch solche, die in sehr ähnlicher Zusammensetzung über größere Gebiete hinweg auftreten, aber keine Assoziations-Charakterarten besitzen, wohl aber bestimmte Differentialarten. Manche sind auch nur negativ gekennzeichnet durch Ausfall bestimmter Arten. Solche Vegetationstypen, die einer Assoziation ähnlich sind, werden oft neutral als ranglose „Gesellschaften" bezeichnet oder sogar gleichrangig mit Assoziationen angesehen. Seit langem gibt es auch Tendenzen, Assoziationen nur durch Differentialarten abzugrenzen (z. B. ELLENBERG 1954b, BARKMAN 1958a, MORAVEC 1981). Hierzu gehören ja auch die bereits besprochenen Gebietsassoziationen (4.1). Damit wird aber das Grundprinzip des Braun-Blanquet-Systems und die Definition seiner Hauptrangstufen verlassen und der Willkür breiter

Spielraum gegeben. Im Sinne naturwissenschaftlicher Klarheit sollte ein System nicht nach dem Belieben Einzelner interpretierbar und anwendbar sein. Deshalb muß am Prinzip der Charakterarten weitestmöglich festgehalten werden, eventuell in etwas anderer Weise (s. 8). Der Assoziation etwa gleichwertige, kennartenlose Gesellschaften könnten in ihrem Wert eventuell durch eine eigene Endung im Namen gestärkt werden (s. auch DIERSCHKE 1992b).

5.2 Zentral- und Marginal-Assoziationen

In vielen Verbänden gibt es floristisch-ökologische Mittelbereiche, in denen zwar die VC repräsentiert sind, aber keine eigenen AC vorkommen. Entsprechend der Typischen Subassoziation könnte man sie als Typus des Verbandes ansehen. Hier handelt es sich nicht um Fragmente im Sinne ungesättigter Artenverbindungen, oft sind diese Bereiche sogar frühzeitig als eigene Assoziationen beschrieben worden, von denen später andere mit besonderen AC abgetrennt wurden. Für solche auch syntaxonomisch bedeutsamen Grundtypen hat sich der Begriff **Zentralassoziation** eingebürgert (DIERSCHKE 1981b). Als Beispiele seien genannt:

Urtico-Aegopodietum (*Aegopodion podagrariae*)
Puccinellietum maritimae (*Puccinellion maritimae*)
Molinietum caeruleae (*Molinion caeruleae*)
Ericetum tetralicis (*Ericion tetralicis*)

Die Namen zeigen schon die enge Beziehung der Zentralassoziation zum Verband an.

Jeder Verband kann also (muß aber nicht) eine Zentralassoziation besitzen. Sie soll die VC in hoher Stetigkeit (und Vitalität) enthalten und außerdem in weiten Bereichen des Verbandsareals vorkommen (s. Abb. 148). MÜLLER (1983) bezeichnet entsprechend auch das *Convolvulion sepium* als Zentralverband und die *Artemisietalia vulgaris* als Zentralordnung.

Ein anderer Fall sind Vegetationstypen in Randbereichen des Areals des Verbandes, wo nur noch VC vorhanden sind, diese aber regional floristisch eigenständige Einheiten kennzeichnen. OBERDORFER (1968) und andere betrachten sie als eigene Gebietsassoziationen. NEUHÄUSL (in DIERSCHKE 1981b) schlug hierfür den Begriff **Marginalassoziation** vor (s. Abb. 148). Syntaxonomische Fragen solcher Randbereiche von Arealen höherrangiger Syntaxa werden z. B. von WERGER & GILS (1976) und FOUCAULT (1981) diskutiert.

Bei strenger Auffassung der AC sind diese Randausbildungen nur syntaxonomische Fragmente. Manche aus dem südlichen Skandinavien beschriebenen Assoziationen würden z. B.

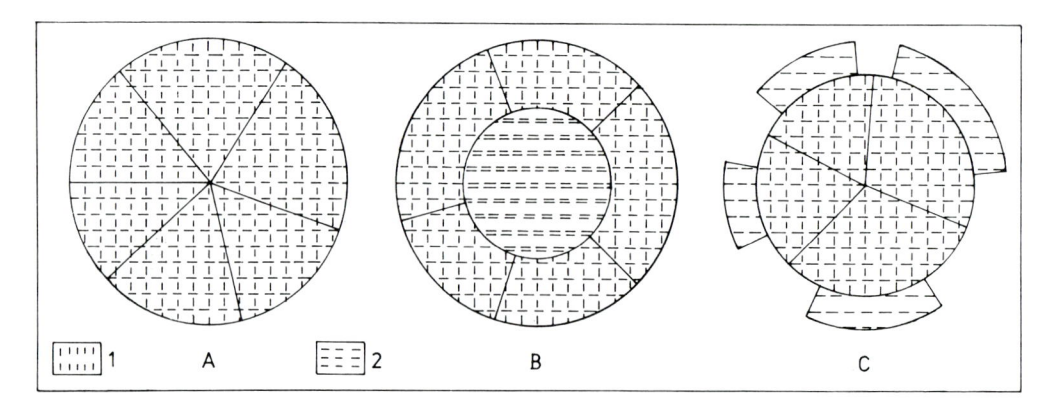

A: Nur Assoziationen mit eigenen Kennarten
B: Zentralassoziation und Assoziationen mit eigenen Kennarten
C: Neben A oder B Gebiets-(Marginal-)Assoziationen im Randbereich des Verbands-Areals
1: Assoziations-Kennarten
2: Verbands-Kennarten (Doppelstrich = optimales Vorkommen)

Abb. 148. Verschiedene Möglichkeiten der Assoziations-Gliederung eines Verbandes (aus DIERSCHKE 1981b). (A–C, 1–2).

hierunter fallen. Auch viele mitteleuropäische Assoziationen würden zu Gesellschaften ohne Assoziationsrang werden, wenn man von den floristischen Kernbereichen ausgeht (z. B. Buchenwälder in Illyrien, Steppenrasen im Südosten). Ein *Carici sylvatici-Fagetum* klingt für uns unmöglich, wird aber als extrem artenarme Assoziation vom westlichen Arealrand des *Fagion* im Kantabrischen Gebirge beschrieben (PÉREZ CARRO & DÍAS GONZALES 1987). BÖTTCHER (1979) nennt für Island eigenständige, artenarme Gebietsassoziationen des Grünlandes, die fast nur noch Klassenkennarten der *Molinio-Arrhenatheretea* haben (z. B. *Rhinantho-Deschampsietum caespitosae*). Es ergibt sich also erneut die Frage nach der räumlich begrenzten Gültigkeit von Charakterarten (s. 2.5.3) und vor allem nach den Möglichkeiten, solche Gebiete festzulegen. Denkmodelle hierfür gibt Kapitel 8.

TÜXEN (1975a) möchte auch in anderen begründeten Sonderfällen Assoziationen ohne AC zulassen und begründet dies am Beispiel des *Betulo-Quercetum*. Diese in Nordwesteuropa endemische Gesellschaft extrem basenarmer Standorte mit früher weiter Verbreitung ist durch Eigenarten in Struktur, Standort, Verbreitung, Geschichte, Produktivität sowie eigene Ersatzgesellschaften ausgezeichnet. OBERDORFER (1990) wertet sie nur als Teil eines weiter gefaßten *Holco-Quercetum robori-petraeae*. Ein ebenfalls problematischer Fall ist das *Galio odorati-Fagetum* (s. DIERSCHKE 1989b, MÜLLER 1989), der relativ artenarme, in Mitteleuropa weit verbreitete Silikatbuchenwald. Man kann es als schwache Zentralassoziation des *Galio odorati-Fagenion* oder auch schon als Marginalassoziation des *Fagion* auffassen. Diese Beispiele zeigen, das es im einzelnen viele Probleme gibt. Erst großräumige Tabellenvergleiche sollten in solchen Fällen zu endgültigen Festlegungen führen.

5.3 Fragmentgesellschaften

Für Vegetationstypen von Ackerwildkrautfluren, die gegenüber Assoziationen an diagnostischen Arten verarmt sind, hat BRUN-HOOL (1966) den Begriff **Fragmentgesellschaft** eingeführt. Er unterscheidet weiter „Restgesellschaften" im Sinne übriggebliebener, degradierter Assoziationsreste und „Rumpfgesellschaften" als noch unvollkommen entwickelte, pionierartige Typen aufgrund geringer Entwicklungszeit oder dauernd ungünstiger Bedingungen. Solche Fragmentgesellschaften sind in sich durchaus geschlossen und weisen floristisch-ökologische Eigenständigkeit auf. Es sind aber syntaxonomisch ungesättigte Typen. In der Regel haben sie Kennarten höherrangiger Syntaxa und lassen sich entsprechend einem Verband, einer Ordnung oder wenigstens einer Klasse zuordnen. Benannt werden sie durch die steteste Art und das niedrigstmögliche Syntaxon, z. B. *Setaria viridis-Chenopodion*-Ges., *Galeopsis tetrahit-Chenopodietalia*-Ges., *Chenopodium album-Chenopodietea*-Ges. FISCHER (1982) betont den besonderen Typ durch Zusatz von „Fragmentgesellschaft" (*Urtica dioica-Artemisietea*-FrG.).

Solche Fragmentgesellschaften werden besonders deutlich, wenn man flächendeckende Erfassungen und Kartierungen der Vegetation durchführt. Allgemein treten sie besonders häufig in stark menschlich geprägten Bereichen auf, z. B. bei der Ruderalvegetation von Siedlungen, an Verkehrswegen oder im landwirtschaftlichen Bereich (Acker- und Grünland). Aber auch in der Naturlandschaft hat es ganz sicher immer schon fragmentarische Bestände aus syntaxonomischer Sicht gegeben, z. B. in Bereichen dauernder Störungen wie an Flußufern.

Eine verfeinerte **deduktive Klassifikationsmethode** mit eigenen Begriffen haben KOPECKÝ & HEJNÝ (1971, 1978, 1990 u. a.; KOPECKÝ 1992) entwickelt, besonders für Ruderalvegetation und andere stark beeinflußte Bestände (nitrophile Saumgesellschaften). Syntaxonomisch ungesättigte Bestände werden in zwei Grundtypen gegliedert:

– **Basalgesellschaften** (Bsg.): Vegetationstypen, die nur Charakterarten höherer Syntaxa (V-K) enthalten, zusätzlich Begleiter mit niedrigem Deckungsgrad und schwankender Stetigkeit. Es sind Gesellschaften, in denen durch Störungen Arten mit engerer ökologischer Amplitude (AC) ausgeschlossen wurden.

Die Benennung erfolgt durch eine bis zwei Arten hoher Stetigkeit mit Zusatz des Syntaxons in eckigen Klammern:

    Bsg. *Urtica dioica-Aegopodium podagraria-*[*Galio-Urticetea*]

    Bsg. *Urtica dioica-Aegopodium podagraria-*[*Euarction*]

– **Derivatgesellschaften** (Dg.): Vegetationstypen, die sich von Bsg. durch auffälliges Hervortreten (Dominanz) von Begleitern als „Leitarten" mit relativ enger ökologischer Amplitude ableiten. Es sind also etwas speziellere

Fazies von Bsg. mit engerer Gesamtverbreitung. Die Benennung entspricht derjenigen von Bsg:

  Dg. *Chaerophyllum bulbosum*-[*Galio-Urticetea*]
  Dg. *Chaerophyllum bulbosum*-[*Euarction*]

Sprachlich glatter wären Bezeichnungen wie

  Urtica dioica-Aegopodium podagraria-[*Galio-Urticetea*]-Bsg.
  Chaerophyllum bulbosum-[*Euarction*]-Dg.

SCHWABE-BRAUN (1980) und FISCHER (1982) unterscheiden noch Polycormon-Gesellschaften, wo die Dominanz durch Sproßkolonien einer Art erzeugt wird (z. B. *Pteridium aquilinum*-PcG; s. auch X 3.4.4).

Am Beispiel der Derivatgesellschaften wird der oft geringe syntaxonomische Wert der Dominanz einzelner Arten deutlich (s. schon 2.5). KOPECKÝ (1986) fand z. B. für *Agropyron repens*-Bestände folgende Zuordnungen:

Agropyron repens - [*Sisymbrietalia*]-Dg.
             - [*Dauco-Melilotion*]-Dg.
             - [*Festuco-Brometea*]-Dg.
             - [*Arrhenatheretalia*]-Dg.

Häufiger angewendet wird die deduktive Methode bei der Gliederung straßenbegleitender Vegetation (z. B. KOPECKÝ 1978, KOPECKÝ & HEJNÝ 1978, ULLMANN et al. 1990). MIERWALD (1988) benutzte sie zur Einordnung der oft fragmentarischen Vegetation von Kleingewässern. Eine Literaturübersicht gibt KOPECKÝ (1988).

Die Begriffe Basal- und Derivatgesellschaft erscheinen nicht besonders glücklich gewählt. Unter Basalgesellschaft wäre eher an die Zentralassoziation als Basis des Verbandes zu denken. In diese Richtung geht die Deutung von BERGMEIER et al. (1990), PEPPLER (1992), die jeweils nur eine Basalgesellschaft pro Verband als möglich ansehen. Derivatgesellschaft wäre dann mehr synonym mit Fragmentgesellschaft. Viele Autoren lehnen die unnötig komplizierte Differenzierung überhaupt ab (z. B. MÜLLER 1983) und sprechen lieber neutral von Gesellschaften bzw. Fragmentgesellschaften, manchmal auch von Verbands-, Ordnungs- und Klassen-Gesellschaften.

Auf jeden Fall erscheint es sinnvoll, solche Einheiten und Begriffe auf Vegetationstypen zu beschränken, die infolge von Störungen oder anderer Sonderbedingungen syntaxonomisch ungesättigt sind, nicht aber z. B. auf Gesellschaften, die im Zuge eines allgemeinen Florengefälles artenärmer sind (s. Marginal-Assoziation, 5.2). Im Einzelfall mag allerdings diese Unterscheidung schwierig sein.

Die Beispiele haben gezeigt, daß das Braun-Blanquet-System durchaus nicht nur auf Syntaxa mit Charakterarten anwendbar ist, vielmehr die gesamte Vegetation einschließen kann, soweit sie wenigstens eine Charakterart einer Klasse aufweist. Allerdings ist es für den induktiven Aufbau des Systems notwendig, mit gut charakterisierten Typen zu arbeiten, zu deren Erkennen nur weitreichende Erfahrungen und sorgfältige Tabellenarbeit führen.

5.4 Neophyten-Gesellschaften

Besonders in ungesättigte Vegetationstypen können Neophyten eindringen, sich einpassen oder andere Arten verdrängen (s. III 7.4). Es entstehen dann neue Artenverbindungen, möglicherweise neue Assoziationen mit den Neophyten als Charakterarten. Beispiele hierfür sind das *Spartinetum anglicae* offener Wattbereiche, das *Juncetum tenuis* mäßig befahrener Sandwege, das *Impatienti-Solidaginetum* und andere Ufergesellschaften. Manche Neophyten dringen aber in ganz unterschiedliche bestehende Pflanzengesellschaften ein und haben sich oft in ihrem soziologischen Verhalten noch nicht stabilisiert. MÜLLER (1983) schlägt deshalb vor, lediglich von Neophyten-Fazies eines Syntaxons (Assoziation bis Klasse) zu sprechen (z. B. *Impatiens glandulifera-Convolvuletalia*-Ges.). Dies erscheint zumindest so lange angebracht, wie noch kein klares Bild der soziologischen Einpassung vorhanden ist.

In ähnliche Richtung gehen Überlegungen zur Behandlung von Kunstforsten, in denen die Baumschicht stark vom natürlichen Waldbild abweicht. Ihre Gliederung beschreibt MEISEL-JAHN (1955). Forstgesellschaften sind oft relativ unstabile Typen ohne Charakterarten und werden getrennt nach der herrschenden Baumart und Differentialarten gegliedert.

6 Höherrangige Syntaxa

Wie schon in Kapitel 3 betont, ergeben sich höherrangige Syntaxa der Hauptrangstufen des Systems gewissermaßen automatisch durch induktiv-synthetischen Vergleich der Einheiten niedrigerer Ränge. Deduktiv lassen sich außerdem Zwischenrangstufen abtrennen. Auf Unterschiede floristischer Homotonität und Affinität wurde kurz hingewiesen (2.7.2), ebenfalls auf den begrenzten Aussagewert entsprechender Berechnungen. Ob es über der Klasse noch eine echte Rangstufe gibt, ist umstritten, wenn auch weltweite Vergleiche eine solche sinnvoll erscheinen lassen.

6.1 Verbände

Verbände fassen floristisch verwandte Assoziationen durch gemeinsame Charakterarten zusammen. Sie deuten sich schon in den Assoziationsgruppen bei BRAUN (1915) an. Nach BRAUN-BLANQUET (1964, S. 127) sind Verbände ökologisch noch relativ einheitlich, nicht aber in ihrer Struktur. Als Beispiel wird das *Rhododendro-Vaccinion* genannt, das baumfreie Heiden und lichte Nadelwälder der subalpinen Stufe enthält (s. dagegen 8).

Verbände sind meist floristisch gut charakterisierte Syntaxa, die oft über große Gebiete hinweg sehr einheitlich ausgebildet sein können. Schon ELLENBERG (1954b, 1956) wies darauf hin, daß erst sie sich (im Gegensatz zu Assoziationen) durch gute Charakterarten auszeichnen und sich deshalb als Grundlage für eine weiträumige Vegetationssystematik anbieten (z. B. *Phragmition, Arrhenatherion, Carpinion*). Für BRAUN-BLANQUET (1964, S. 743) sind sie teilweise bezeichnende Syntaxa der großräumigen Vegetationskreise. Der mediterrane Kreis enthält z. B. *Quercion ilicis, Rosmarino-Ericion, Cistion ladaniferi*. Ihren Schwerpunkt in Mittel- und Nordeuropa haben *Alno-Ulmion, Caricion fuscae*, enger in Mitteleuropa *Xerobromion, Berberidion, Carpinion*. Kleiner kann das Verbandsareal in länger isolierten Gebieten, vor allem im Hochgebirge sein, wo vikariierende Einheiten auftreten, z. B. für bodensaure Gebirgsrasen *Caricion curvulae* (Alpen, Karpaten), *Festucion supinae* (Pyrenäen), *Seslerion comosae* (Balkan), *Juncion trifidi* (Skandinavien). Die Verbandskennarten sind teilweise nahe verwandte Arten der Gattungen *Festuca, Hieracium, Jasione, Pedicularis, Sesleria*.

Für manche weitübergreifende Ordnungen und Klassen (s. 6.2) gibt es z. B. in Japan eigene Verbände (z. B. *Moliniopsio-Rhynchosporion albae, Galio brevipedunculati-Magnocaricion*). Für Wasserpflanzen-Gesellschaften der *Potamogetonetea* sind sogar die Verbände *Potamogetonion* und *Ranunculion fluitantis* für Japan brauchbar (s. MIYAWAKI & FUJIWARA 1970).

Für großräumige Gliederungen, z. B. für einen Prodromus der Pflanzengesellschaften Europas, sollte schon deshalb von Verbänden ausgegangen werden, um allen Meinungsunterschieden über den Inhalt und die Abgrenzung von Assoziationen (4.1) aus dem Wege zu gehen. Dafür sprechen aber auch sachliche Argumente im Sinne floristisch klarer Einteilungen. Auf der geographisch niedrigeren Stufe von Länder- und Gebietsübersichten kommen dann verstärkt Assoziationen, Rassen und Höhenformen zum tragen.

Der **Unterverband** als **Zwischenrangstufe** wurde bereits mit einigen Beispielen angesprochen. Er bietet Möglichkeiten der Zusammenfassung verwandter Assoziationen zu standörtlichen oder synchorologischen Gesellschaftsgruppen. Hier wäre eine klare Definition in die eine oder andere Richtung sinnvoll. Ich schlage vor, diese Unterrangstufe bevorzugt für die floristisch-geographische Unterteilung weit verbreiteter Verbände zu benutzen, da hier am meisten Bedarf dafür besteht (s. auch 3.3). In diese Richtung gehen z. B. die Gliederungen des *Carpinion* (MÜLLER 1990) und *Fagion* (DIERSCHKE 1990a). Für standörtliche Untergliederungen bzw. Zusammenfassungen könnten dann Assoziationsgruppen (s. auch 4.1) dienen (entsprechend den auch ökologisch orientierten Subassoziationsgruppen; s. 4.2.3).

Zu Verbänden gelangt man durch großräumigen Tabellenvergleich. Manche der früher weit gefaßten Assoziationen sind inzwischen zu Verbänden geworden (z. B. *Querco-Carpinetum* zu *Carpinion*). Ein Beispiel klarer Verbandsgliederung zeigt Tabelle 35. Hier wurden zum Vergleich einmal die genaueren, dafür weniger übersichtlichen Prozentwerte der Stetigkeit benutzt. Innerhalb der Felsgrus-Gesellschaften Mitteleuropas werden von KORNECK (1975) drei Verbände unterschieden, von denen die beiden ersten durch einen kompakten Block gemeinsamer Differentialarten vom dritten getrennt sind. Rein formal könnte man auch zwei Unterordnungen bilden, was aber nicht notwendig ist.

6.2 Ordnungen und Klassen

Ordnung und Klasse sind Rangstufen, die meist floristisch, ökologisch und geographisch weite Bereiche zusammenfassen. Sie ermöglichen eine grobe Ordnung nach Haupttypen der Vegetation und entsprechen teilweise bestimmten Strukturtypen (Formationen; s. auch VII 9.2.2.2). Sie können aber auch strukturell recht inhomogen sein.

Tab. 35: Übersicht mitteleuropäischer Felsgrus-Gesellschaften (Sedo-Scleranthetalia) nach Stetigkeitsprozenten (Ausschnitt aus KORNECK 1975).

	Sedo-Scleranthion						Sedo albi-Veronicion dillenii									Alysso alyssoidis-Sedion albi											
Nr. der Spalte	1a	1b	2a	2b	2c	2d	3	4	5a	5b	6a	6b	7	8a	8b	9a	9b	9c	9d	10	11	12	13	14a	14b	14c	14d	14e	14f	14g	14h	14i	14j	14k	14l	15a	15b	15c	16
Anzahl der Aufnahmen	17	13	9	13	20	26	7	20	41	10	15	9	6	179	26	39	25	40	20	8	16	12	16	5	28	21	6	22	22	24	10	12	5	40	10	5	10	10	20

V 1
- Sempervivum arachnoideum incl. ssp. tomentosum: 65, 54, 100, 100, 26, 69; 69, 63
- Sedum montanum: 94, 92, 22, 30, –, –, –, –; 17, 44
- Cerastium strictum: 12, 23, 11, 38, 10, 46; 7
- Sedum annuum: –, 15, 67, 23, 5, 71
- Silene rupestris: –, 8, 11, 23, 45, 23, 100
- Poa molinerii: –, 8, 22, –, 30, 58; 4; 7
- Plantago serpentina: –, 15, –, –, 45, –, –, 8
- Arenaria serpyllifolia var. alpestris: 15, –, –, –, –, 73
- Sempervivum montanum: –, –, 56, 8
- Sempervivum arachnoideum x montanum: –, –, –, –, –, 29

DV
- Scleranthus polycarpos: 31, –, –, –, 58, 43, 35; 7
- Veronica fruticans: –, 11, 54, –, –, 35, 29
- Androsace septentrionalis: –, –, 4, 5, –, 4

V 2
- Arabidopsis thaliana: 8, –, –, –, 10, 14, 5; 44, 30, 60, –, –, 44, 15, 22, 5, 25, 25; 7; 23, –, 8, 20
- Gagea bohemica ssp. saxatilis: 63, –, 80, 78, 11, 77, 92, 100, 74, 97, 95; 32, 13
- Veronica dillenii: 10, –, –, 7, 11, –, 88, 28, 100, 28, 75, 87
- Androsace elongata: –, –, –, –, –, 4, –, 2, 21; 4
- Spergula pentandra: –, –, –, –, –, 14, 15, 69, 35, 5
- Galium pedemontanum: 27, 10, 60, 100, 77, 36, 45, 75; 5
- Gagea bohemica ssp. bohemica: 51, –, –, –, 83, 4, 3, 9
- Scleranthus collinus: –, –, 87, –, –, –, 39
- Poa bulbosa ssp. pseudoconcinna: –, –, –, –, 48, 10, 75

DV
- Riccia ciliifera: 22, –, –, –, 80, 60, 7, 11, –, 15, 12, 5, 5, 25; 5
- K Vicia lathyroides: –, 15, 5, 30, –, –, 6, 54, 3, 13, 25, 13; 14
- Filago minima: –, –, –, –, 10, 7, –, 11, 4, 18, –, 9, 63
- Scilla autumnalis: –, 17, 80, –, –, –, 64, 100, 92, 65; 40, 32, 29
- Minuartia viscosa: 7
- Mibora minima: 7

Trennarten gegen Alysso-Sedion
- K Polytrichum piliferum: 29, 8, 22, 15, 40, 12, 86, 70; 17, 50, 47, 100, –, 83, 54, 85, 48, 52, 45, 75; 7; 7, 43, 17, 41, 27, 77, 33, 90, 25, 50, 40, 80, 100, 60
- K Potentilla argentea: 12, 54, 67, 46, 45, 43, 70; 30, 20, 20, –, –, 77, 92, 100, 10, 39, 20, 30; 7; 50, 80, 68, 76, 50, 27, 95, 41, 83, 80, 67, 40, 40, 40
- K Scleranthus perennis: 6, 23, 89, 15, 19, –, 40; 12, 60, 20, 100, 50, 70, 28, 55, 100; 7; 25, 23, 38, 27, 46, 60, 100, 65
- K Trifolium arvense: 12, 46, 4, 25, 4, 14, 40; 22, 70, 47, –, –, 85, 38, 85, 52, 10, 5, 25; 13; 40, 36, 17, 18, –, –, 29, 40, 25, 40, 15, 30
- K Rumex acetosella: 6, 15, 44, 23, 50, 8, 57, 40; 57, 50, 89, 44, 83, 44, 67, 80, 63; 7; 25, –, 17, –, 17, 83, 18, 91, 14, 18, 50
- K Veronica verna: 12, 15, 22, –, 30, 65, 14; 83, 50, 27, 44, –, –, 36, –, 39, 55, 65; 5; 44, 19, 21, 67, –, 45, 23, 8, 20, 40, 50
- Polytrichum juniperinum: 12, 23, 67, 62, 45, 46, 14; 2, –, –, –, –, 7, 6, 4, –, 55, –, 13; 7; –, 38, –, 33, –, 86, 18, –, 40
- K Grimmia leucophaea: 6, –, 8, –, 30, 30; 44, 30, –, –, –, –, 4, 3, –, 9, 25, 15; 13; 13, 75, 100, 4, –, 24, 68, 25, 8
- K Herniaria glabra: 29, –, 31, 95, –, 5; 2, –, –, –, –, –, –, –, –, 39, 15, 13; 7; –, 4, 86, 59, 5, 58
- Cladonia rangiferina: 6, –, –, 8, –, 20; –, –, –, –, –, 3, 4, 23, –, 30, 30, 13; –, –, 60, 7, 24, –, –, 8, 40

V 3
- Alyssum alyssoides: 6, 23; 5, –, 40, –, –, 17, 3, 12, 8, 9; v 100 100, 7, 43, 17, 33, 90, 32, 20, 50, 40, 80, 100, 60
- Saxifraga tridactylites: 6; 61, 10, –, –, –, 4, –, 13, 15; v 50, 25, 80, 68, 76, 50, 27, 95, 41, 83, 80, 67, 40, 40, 40
- Thlaspi perfoliatum: 6; –, –, 20, –, –, 2, 2; 23, 23, 27, 46, 60, 100, 65
- Minuartia hybrida: 6; 2; 4, 36, 17, 18, –, –, 29, 40, 25, 40, 15, 30
- Minuartia fastigiata: 6; –, –, –, –, –; 44, 19, 21, 67, –, 45, 23, 8, 20, 40, 50
- Veronica praecox: 6; –, –, –, –, –; –, 38, –, 33, –, 86, 18, –, 40
- Hornungia petraea: –; –, –, –, –, –; 13, 75, 100, 4, –, 24, 68, 25, 8
- Arabis recta: –; –, –, –, –, –; –, 4, 86, 59, 5, 58
- Microbus erectus: –; –, –, –, –, –; –, –, 60, 7, 24, –, –, 8, 40

Ordnungen sind teilweise an bestimmte Regionen gebunden, z. B. die Hochmoorbulten der *Erico-Sphagnetalia papillosi* im atlantisch-subatlantischen Nordwesteuropa, *Rosmarinetalia*, *Holoschoenetalia* im Mediterrangebiet. Schon 1939 wurden von BRAUN-BLANQUET et al. für Europa und Nordamerika zwei Ordnungen der Nadelwälder (*Vaccinio-Piceetalia*, *Gaultherio-Piceetalia*) unterschieden. Auch in Japan gibt es eine eigene Ordnung *Abieti-Piceetalia*. Noch großräumiger sind die *Lemnetalia*. Andererseits gibt es enger geographisch umgrenzte Einheiten wie bei den europäischen Trockenrasen (*Brometalia erecti* im Westen, *Festucetalia valesiacae* im Osten).

Unterordnungen als Gruppen näher verwandter Verbände werden noch wenig benutzt (s. auch 3.3). Wie man zwanglos-induktiv zu Ordnungen kommt, zeigt Tabelle 35 im vorigen Kapitel (s. auch Tab. 36).

Auch **Klassen** sind oft auf bestimmte Gebiete beschränkt, vor allem unter extremeren Standortsbedingungen, aber auch auf mehrere Erdteile übergreifend. In Europa weit verbreitet sind z. B. *Ammophiletea*, *Asplenietea trichomanis*, *Stellarietea mediae*, *Artemisietea vulgaris*, *Nardo-Callunetea*, *Querco-Fagetea*. Auf den mediterranen Vegetationskreis konzentrieren sich *Adiantetea capilli-veneris*, *Salicornietea fruticosae*, *Thero-Brachypodietea*, *Cisto-Lavanduletea*, *Nerio-Tamariscetea*, *Quercetea ilicis* u. a. Im eurosibirischen Bereich haben ihren Schwerpunkt *Molinio-Arrhenatheretea*, *Scheuchzerio-Caricetea fuscae*, *Festuco-Brometea*, *Trifolio-Geranietea*, *Alnetea glutinosae* u. a. Sehr eng standörtlich gebunden sind z.B die *Thero-Salicornietea* und *Violetea calaminariae*. OBERDORFER (1988) unterscheidet zwischen zentralen Klassen im Sinne zonaler Vegetation auf mittleren Standorten und beigeordneten Klassen, die durch extremere Bedingungen geprägt sind.

Erdteilübergreifende Klassen (z. B. Nordhalbkugel) enthalten oft azonale Pflanzengesellschaften, bei denen standörtliche Extreme großklimatische Abwandlungen weniger deutlich werden lassen. Beispiele sind *Zosteretea*, *Lemnetea*, *Potamogetonetea*, *Phragmitetea*, *Plantaginetea*, *Oxycocco-Sphagnetea*. Oft sind dann die nächstniedrigeren Rangstufen mehr geographisch getrennt.

Ein gutes Beispiel für weitgreifende Syntaxa hohen Ranges sind die *Oxycocco-Sphagnetea*, eine holarktische Klasse, die vor allem in Europa, Japan und Nordamerika genauer untersucht ist (s. Tüxen et al. 1972, MIYAWAKI & FUJIWARA 1970, DAMMAN 1979, LOOMAN 1986). TÜXEN et al. unterscheiden folgende Ordnungen und Verbände (s. auch Abb. 149):

Sphagnetalia fusci
(1) *Ledo decumbentis-Sphagnion fusci*: Alaska (? Ostsibirien, Mandschurei)
(2) *Kalmio-Sphagnion fusci*: Nordamerika
(3) *Calluno-Sphagnion fusci*: Europa
(4) Verband in Sibirien?
(5) *Myrico tomentosae-Sphagnion fusci*: Nordjapan

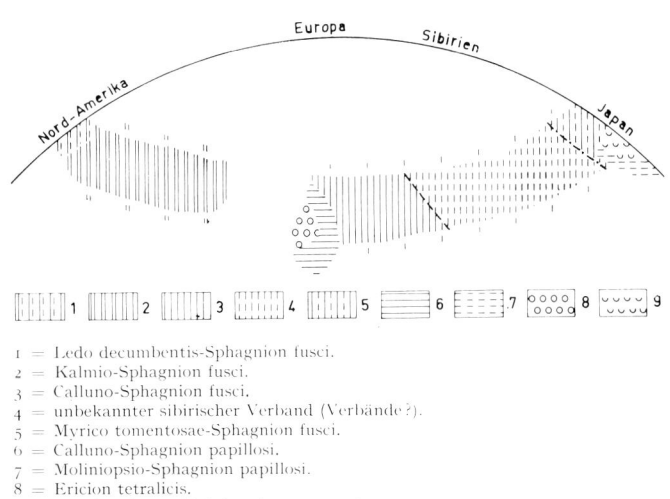

Abb. 149. Verbreitung und syntaxonomische Gliederung der *Oxycocco-Sphagnetea* der Nordhalbkugel (aus TÜXEN et al. 1972).

1 = Ledo decumbentis-Sphagnion fusci.
2 = Kalmio-Sphagnion fusci.
3 = Calluno-Sphagnion fusci.
4 = unbekannter sibirischer Verband (Verbände?).
5 = Myrico tomentosae-Sphagnion fusci.
6 = Calluno-Sphagnion papillosi.
7 = Moliniopsio-Sphagnion papillosi.
8 = Ericion tetralicis.
9 = Faurio crista-galli-Sphagnion compacti.
——— Ostgrenze von *Calluna vulgaris* (schematisiert).
—·—·— Westgrenze von *Moliniopsis japonica* und *Myrica gale* var. *tomentosa* (schematisiert).

Eriophoro vaginati-Sphagnetalia papillosi
   Vikariierende Ordnung humiderer Gebiete
(6) *Calluno-Sphagnion papillosi*: Nordwesteuropa
(7) *Moliniopsio-Sphagnion papillosi*: Japan
Sphagnetalia compacti
   Anmoor-Gesellschaften, nur schwach abgetrennt.
(8) *Ericion tetralicis*: Westeuropa
(9) *Faurio crista-galli-Sphagnion compacti*: Japan

Diese Gliederung ist noch nicht endgültig, da es aus manchen Gebieten noch kaum Aufnahmen gibt, läßt aber die Möglichkeiten auch weltweit induktiver Arbeit erkennen.

Als zweites Beispiel seien die arkto-alpinen Hochgebirgsrasen der *Carici rupestris-Kobresietea bellardii* genannt (OHBA 1974). Aus europäischer Sicht trennte OBERDORFER (1957) das *Elynetum* von den *Sesleria*-Rasen der Alpen ab bis hin zur eigenen Ordnung *Oxytropi-Elynetalia* der Klasse *Elyno-Seslerietea*, schlug aber bereits eine mögliche eigene Klasse (*Kobresio-Elynetea*) verwandter Gebirgsrasen vor. OHBA (1974) kam dann über weitreichende floristische Vergleiche zu einer die ganze Nordhalbkugel umspannenden Klasse mit vermutlich sieben Ordnungen großer Teilgebiete.

Während heute also weltweit nach Vegetationsklassen gesucht wird (manchmal leider mehr deduktiv, ohne zugehörigen Unterbau), wurde diese Rangstufe zunächst nur sehr vorsichtig oder gar nicht benutzt. Für Mitteleuropa haben erstmals BRAUN-BLANQUET & TÜXEN (1943) eine breitere Übersicht gegeben. TÜXEN (1950a) gliederte die vorher als *Rudereto-Secalinetea* zusammengefaßten nitrophilen Gesellschaften in sechs neue Klassen. Weit verbreitete Klassen sind meist gut durch Charakterarten kenntlich, oft mit einem breiten Unterbau niederrangiger Syntaxa. Tabelle 36 zeigt als Beispiel einen Ausschnitt der Übersicht der westdeutschen Grünland-Gesellschaften und verwandter Staudenfluren der *Molinio-Arrhenatheretea* (s. auch DIERSCHKE 1990b). Hier wurden mit über 10 000 Aufnahmen die Verbände und Ordnungen zusammengestellt, teilweise mit Unterverbänden. Jede Spalte repräsentiert eine Assoziation oder rangähnliche Gesellschaft. Die beiden Ordnungen *Molinietalia* (1–10) und *Arrhenatheretalia* (11–15) sind durch zahlreiche Charakterarten gut zu trennen. Auch die Verbände *Molinion* (1–2), *Calthion* (3–10) der Feuchtwiesen sind klar unterschieden, weniger deutlich das *Arrhenatherion* (11) und *Cynosurion* (14–15), besser wieder das *Polygono-Trisetion* (12–13). Ordnungs- und Klassenkennarten stimmen mit der Literatur überein bzw. sind nach bestehenden Kenntnissen eingruppiert. Für die Verbände der *Molinietalia* ergeben sich einige neue Gesichtspunkte, einschließlich der Neugliederung in Unterverbände. Die Tabelle zeigt auch, wie sich nomenklatorische Prioritätsregeln manchmal irreführend auswirken. Weder ist *Filipendula ulmaria* eine Charakterart des *Filipendulenion* noch *Cynosurus cristatus* eine Charakterart des *Cynosurion*. Im *Polygono-Trisetion* sind beide namengebenden Arten viel weiter als der Verband verbreitet.

Während es bei solchen Klassen wenig Probleme der Abgrenzung und Gliederung gibt, treten diese vor allem bei artenarmen Gesellschaften extremer Standorte auf, z. B. im Watt, bei Spülsäumen, amphibischen Uferfluren, Wasserlinsen-Decken, offener Dünenvegetation. Über die syntaxonomische Stellung solcher Typen gehen die Meinungen teilweise auseinander. „Wir möchten aber die besondere soziologische Eigenart der Spezialisten-Gesellschaften und ihrer Standorte stärker betont sehen und sie nicht einfach als Initial-Gebilde den soziologisch sehr abweichenden, auf weit günstigeren Standorten wachsenden Folge-Gesellschaften anschließen und unter ihnen sozusagen aufgehen lassen" (TÜXEN 1962a, S. 59). Unter diesem Aspekt wurde u. a. eine eigene Klasse *Corynephoretea canescentis* befürwortet, die heute meist als Verband den Silikattrockenrasen zugeordnet wird (z. B. OBERDORFER 1990). Andere Fälle sind klarer, z. B. *Thero-Salicornietea*, *Cakiletea maritimae*, *Bidentetea*.

In Extremfällen gibt es überhaupt so wenige Arten, daß sich für die verschiedenen Rangstufen keine eigenen Charakterarten finden lassen, obwohl enge floristisch-strukturell-ökologische Zusammenhänge bestehen. Dies gilt z. B. für die Schlickgras-Gesellschaften der *Spartinetea*, wo entsprechende Sonderregelungen notwendig sind (s. BEEFTINK & GÉHU 1973): *Spartinetea*, *Spartinetalia* und *Spartinion maritimae* lassen sich nur aufgrund der gemeinsamen Gattung *Spartina* zusammenfassen. OHBA & SUGAWARA (1981) diskutieren verschiedene Möglichkeiten für die Syntaxonomie solcher Gesellschaften und nennen als weitere Beispiele die Seegraswiesen (*Zosteretea marinae*) mit dem

Kenntaxon *Zosteraceae* und die tropisch-subtropischen Fließwasser-Gesellschaften (*Podostemonetea*) mit ebenfalls nur einer Familie (*Podostemonaceae*) als Bindeglied.

DEIL (1989) greift die Frage am Beispiel der Gesellschaften mit *Adiantum capillus-veneris* auf, die in Trockengebieten sehr isoliert sickernasse Sonderstandorte besiedeln und sich durch Endemiten auszeichnen. Letztere ermöglichen die Aufstellung lokaler Assoziationen bis Ordnungen innerhalb der *Adiantetea*. Noch schwieriger ist eine syntaxonomische Zusammenfassung der Endemiten-reichen Dornpolsterfluren mediterraner Hochgebirge (PIGNATTI et al. 1977, PIGNATTI 1981). Es gibt viele isolierte Assoziationen, oft von einer endemischen Art beherrscht. Verbindend sind bestenfalls bestimmte Lebensformen einiger Gattungen (z. B. *Astragalus, Genista*). Hier erscheint es syntaxonomisch konsequenter, endemische Klassen kleiner Gebiete zu bilden und sie in einer Klassengruppe zusammenzufassen (WILMANNS in PIGNATTI 1981).

Die Beispiele zeigen, daß man unter extremen floristischen Bedingungen zu syntaxonomischen Sonderlösungen greifen muß. TÜXEN (in PIGNATTI 1968b) hat vorgeschlagen, bei Klassen, die nur durch vikariierende Arten zusammengefaßt sind, den Vorsatz „Coeno-" zu verwenden, also *Coeno-Spartinetea, Coeno-Salicornietea*. WESTHOFF sieht in derselben Diskussion eine andere Definition der „Kennart" (= Kenntaxon verschiedenen Ranges) als Ausweg. DEIL (1989) folgt dem Vorschlag von TÜXEN und beschreibt in den *Adiantetea* Coeno-Verbände (z. B. *Coeno-Primulion*: *Adiantum*-Assoziationen mit vikariierenden *Primula*-Arten der Sektion *Sphondylia* der Arabischen Halbinsel). Hierdurch werden gleichzeitig entwicklungsgeschichtlich-syngenetische Zusammenhänge verdeutlicht.

6.3 Klassengruppen als ranghöchste Syntaxa

Da das Braun-Blanquet-System zunächst vorwiegend in Mitteleuropa und angrenzenden Gebieten entwickelt wurde, sind viele Syntaxa bis zur Klasse auf diesen Raum bezogen. Mit sich geographisch ausweitenden pflanzensoziologischen Kenntnissen wurden auch großräumige Verwandtschaften besser sichtbar, oft beruhend auf sehr alten florengeschichtlichen Zusammenhängen. Im vorigen Kapitel wurden bereits Beispiele erdteilübergreifender Vegetationsklassen genannt. MEDWECKA-KORNAŚ (1961) zeigte z. B. die floristische Verwandtschaft kanadischer und mitteleuropäischer Waldgesellschaften mit nahe verwandten Arten oder Unterarten. Vielfach ist aber der floristische Zusammenhang weniger eng, andererseits eine Darstellung auch lockerer Beziehungen wünschenswert. Hierfür erscheint die Klassengruppe eine gute Lösung. BRAUN-BLANQUET (1959, S. 136) versteht darunter „Vegetationsklassen örtlich weit getrennter, aber klimatisch ähnlicher Lebensbereiche, deren florengeschichtlicher Zusammenhang sowohl durch identische als insbesondere auch durch zahlreiche vikariierende Arten gleicher Gattungen erhärtet ist. Die klassenverbindende Treue verschiebt sich teilweise von den Arten auf die Gattungen." Als eigene Hauptrangstufe des Systems wird die Klassengruppe bei TÜXEN (1970c) vorgestellt. BRAUN-BLANQUET spricht später (1964, S. 140) von „Gesellschaftsreich". OBERDORFER (1988) lehnt die Klassengruppe als eigene Rangstufe ab, da sie nicht auf Arten aufbaut. Er sieht sie aber als brauchbare Einheit eines Formationssystems (Formationsgruppe).

Eine Zusammenfassung von Klassen zu einem höheren Syntaxon ist verschiedentlich erörtert worden. Einen mehr geographischen Ansatz verfolgte schon BRAUN-BLANQUET (1919: élément phytogéographique; 1925, 1928 ff.: Gesellschaftskreis). In Europa werden z. B. der Eurosibirische, Mediterrane und Arktisch-alpine Gesellschaftskreis als Summe aller Pflanzengesellschaften dieser Florenregionen unterschieden. Dieser Zusammenschluß entspricht aber nicht den floristischen Prinzipien des Systems, sondern mehr vegetationsräumlichen Einheiten (s. XI 4.1.2).

Andere Ansätze versuchen, dem floristischen System einen formationskundlichen Überbau aufzusetzen. Mehr als Mittel anschaulicher Zusammenfassung von Klassen geschieht dies für monographische Vegetationsbeschreibungen größerer Gebiete (z. B. ELLENBERG 1963 ff., PASSARGE 1964, WESTHOFF & DEN HELD 1969, WILMANNS 1989a). DOING (1963, 1969) und PASSARGE (1966) möchten dagegen Formationen als echte Obereinheiten des Systems anwenden. Sie werden bei PASSARGE noch in drei Rangstufen (Hauptformation, Formationsgruppe, vikariierende Formation) gegliedert und durch die Endung *-osa* gekennzeichnet (z. B. *Silvosa, Sempervirenti-Silvosa, Laurisil-*

Tab. 36. Übersichtstabelle des westdeutschen Wirtschaftsgrünlandes (*Molinio-Arrhenatheretea*). Namen der Gesellschaften im Text.

Nr.	1	2	3	4	5	6	7	8	9	10	11	12	13	14	15
Zahl der Aufnahmen	343	136	84	382	184	141	272	101	365	68	2 082	966	84	3 868	464
Molinion caeruleae															
Serratula tinctoria	III	IV	.	.	.	.	.	.	.	.	.	.	.	.	.
Silaum silaus	III	II	.	.	r	.	.	.	.	.	+	.	.	.	.
Allium angulosum	II	III	.	.	.	.	.	.	.	.	.	.	.	r	.
D *Molinia caerulea*	V	III	.	r	r	I	.	r	I	r	r	r	r	.	.
D *Succisa pratensis*	IV	III	r	r	r	.	+	.	+	r	r	r	I	.	.
D *Potentilla erecta*	IV	II	.	r	.	II	.	r	.	I	r	II	III	r	.
Sileno-Molinienion															
Selinum carvifolia	IV	I	.	r	r	+	.	.	r	.	r	.	.	.	.
Galium boreale	III	+	.	r	.	.	.	.	.	.	r	r	.	.	.
Betonica officinalis	III	+	.	r	.	.	.	.	.	.	r	I	.	.	.
D *Inula salicina*	III	I	.	.	.	.	.	.	.	.	.	.	.	.	.
Cnidienion venosi															
Cnidium dubium	.	IV	.	.	.	.	.	.	.	.	.	.	.	.	.
Viola pumila	r	III	.	.	.	.	.	.	.	.	.	.	.	.	.
Calthion palustris															
Caltha palustris	+	I	II	III	II	IV	IV	IV	III	V	.	r	.	.	.
Angelica sylvestris	I	r	II	III	IV	III	III	II	III	III	r	r	.	.	.
Lotus uliginosus	I	I	II	II	I	V	III	III	II	II	+	+	.	II	.
Scirpus sylvaticus	r	.	III	II	III	II	II	V	II	I	.	.	.	.	.
Myosotis palustris agg.	r	+	II	II	I	IV	V	III	III	IV	r	I	.	r	.
Filipendulenion ulmariae															
D *Lysimachia vulgaris*	III	III	IV	II	II	I	r	II	r	r	.	r	.	r	.
D *Lythrum salicaria*	II	III	III	IV	IV	r	I	II	I	+	.	r	.	.	.
Valeriana procurrens + off.	.	.	III	IV	III	r	r	.	r	I	r	.	II	.	.
D *Urtica dioica*	.	.	II	III	III	.	.	I	+	.	.	I	.	r	.

Nr.	1	2	3	4	5	6	7	8	9	10	11	12	13	14	15
Calthenion palustris															
Lychnis flos-cuculi	I	I	II	I	r	IV	V	II	IV	II	I	I	r	II	.
Juncus effusus	r	r	I	II	+	II	II	III	I	I	.	r	.	II	.
Crepis paludosa	r	.	I	I	+	IV	I	II	II	III	.	+	II	r	.
Polygonum bistorta	r	.	r	I	+	III	.	II	II	IV	r	III	III	II	.
D *Carex nigra*	+	r	.	r	r	IV	III	II	II	+	.	.	.	.	.
Molinietalia caeruleae															
Deschampsia cespitosa	III	IV	II	II	II	I	II	II	III	II	II	II	I	II	III
Filipendula ulmaria	II	II	V	V	V	III	III	IV	IV	IV	I	I	r	r	III
Cirsium palustre	II	+	r	II	r	V	II	III	I	I	+	II	I	I	II
Galium uliginosum	II	II	+	I	+	IV	II	II	II	I	r	+	.	+	II
D *Equisetum palustre*	II	II	I	II	r	II	II	II	II	I	.	r	.	r	.
Arrhenatheretalia															
Dactylis glomerata	II	I	r	II	.	.	r	r	I	I	IV	IV	V	II	III
Achillea millefolium	II	I	r	r	.	+	r	r	II	.	IV	IV	I	II	III
Veronica chamaedrys	+	I	r	r	r	+	.	r	II	.	III	IV	III	+	II
Leucanthemum vulgare agg.	II	.	r	r	r	I	r	r	II	.	III	IV	V	+	II
Cynosurus cristatus	I	.	.	.	.	.	II	r	.	.	+	II	IV	III	+
Agrostis tenuis	.	.	.	r	.	r	.	r	r	+	II	IV	IV	III	II
D *Trisetum flavescens*	+	r	r	.	.	+	.	II	II	+	IV	IV	V	+	+
Heracleum sphondylium	r	.	r	I	+	r	r	r	I	+	III	III	IV	+	r
Avenochloa pubescens	I	.	r	r	.	r	.	r	I	.	III	III	II	r	.
Arrhenatherion elatioris															
Arrhenatherum elatius	+	r	r	+	+	.	.	r	r	.	V	I	V	r	r
Crepis biennis	r	r	.	.	.	.	r	r	+	.	III	I	II	r	r
D *Galium mollugo* agg.	I	+	+	III	II	r	II	.	I	+	IV	II	r	I	I
Polygono-Trisetion															
Geranium sylvaticum	.	.	.	+	.	r	.	.	.	I	r	III	V	.	.
Phyteuma spicatum	.	r	.	r	.	.	.	.	.	.	r	II	II	.	.
Crepis mollis	r	.	.	.	.	r	.	.	.	.	.	III	I	.	.
D *Hypericum maculatum*	+	.	.	r	r	.	.	.	+	.	r	III	I	.	.
Cynosurion															
Lolium perenne	r	r	.	r	.	.	r	.	.	.	II	r	r	V	V
D *Plantago major*	r	r	r	.	.	.	.	.	.	.	r	r	.	III	II
D *Poa annua*	.	.	.	.	.	.	.	.	.	+	.	.	.	II	II

vosa). In ähnliche Richtung gehen schon Vorschläge von KNAPP (1959), dessen physiognomisch gefaßten Obereinheiten der Wälder der Holarktis durch floristisch definierte Einheiten (meist Ordnungen) verschiedener Erdteile näher erläutert werden. WESTHOFF (1967, 1968b) wünscht sich eine Fassung der höchsten Einheiten, die eine Verbindung zu Formationseinheiten herstellt (s. auch WESTHOFF & VAN DER MAAREL 1973, S. 682).

HADAČ (1967) hat dieses unlogische Verfahren kritisiert. Er vereinigt Klassen ähnlicher floristischer Zusammensetzung, Physiognomie und Ökologie zu „Vegetationstypen". Für die Tatra werden sechs solcher höchster Syntaxa beschrieben, z. B. Laubwälder, Nadelwälder, Alpine Vegetation, also letztlich wiederum Formationen, aber mit stärkerem floristischen Hintergrund. Im gleichen Jahr hat JAKUCS (1967 a,b) die Division als höchstes Syntaxon mit der Endung -ea vorgeschlagen als „Gesamtheit der Klassen mit identischem physiognomischen Charakter, aber meistens verschiedener Ökologie, innerhalb des Gebietes eines gegebenen Vegetationskreises" (1967b, S. 162). So werden z. B. die europäischen Laubwald-Klassen als Querco-Fagea zusammengefaßt.

WESTHOFF & VAN DER MAAREL (1973, S. 665) vergleichen Klassengruppe und Division. Sie schlagen letztere als höchstes Syntaxon mit der Endung -ea vor, während die Klassengruppe im Sinne vikariierender Klassen verschiedener Großgebiete gesehen wird (z. B. Querco-Fagetea-Gruppe). Damit wird auf höchster Ebene eine mehrdimensionale Gliederung eingeführt, wie sie sonst nur unterhalb der Assoziation deutlicher hervortritt (4.2.2).

Ob man auf oberster Rangstufe wirklich zwei parallele Syntaxa benötigt, erscheint fraglich. Die Division als Gruppe verwandter Klassen eines Gebietes wird kaum benutzt, eher die Klassengruppe für erdteilübergreifende Darstellungen. Möglicherweise ist die Division auch nur ein Teilaspekt der Klassengruppe. KOMÁRKOVÁ (1981) weist z. B. darauf hin, daß ein Großteil der alpinen Vegetation im westlichen Nordamerika den Seslerio-Juncea trifidi der Tatra von HADAČ (1967) zugeordnet werden kann. Auch die Querco-Fagea im Sinne von JAKUCS (1967) sind nur ein Teil der entsprechenden Klassengruppe holarktischer Laubwälder. So erscheint die Klassengruppe als Syntaxon oberhalb der Klasse ausreichend, und man kann für sie die Endung -ea verwenden (s. auch

3.2). DIERSSEN (1990) verwendet Division als entsprechende großräumige Einheit.

Entscheidend für die induktive Aufstellung von Klassengruppen sind wiederum Vegetationstabellen, wobei den gemeinsamen Gattungen oft entscheidendes Gewicht zukommt. Bisher wurden allerdings meist nur Namen, bestenfalls mit allgemeineren Angaben zugehöriger Klassen oder Taxa genannt (z. B. RIVAS-MARTINEZ 1973). Eine gewisse Vorstellung mögen die folgenden Namen geben:

Wolffio-Lemnea (SCHWABE & TÜXEN 1981)
Salsolo-Atriplicea salinae (TÜXEN 1970c, 1979, WILMANNS 1989c)
Salicorniea (RIVAS-MARTINEZ 1973, TÜXEN 1974)
Bidentea tripartitae (TÜXEN 1979)
Convolvulo-Chenopodiea (KRIPPELOVÁ 1978)
Phragmitea australis (RIVAS-MARTINEZ 1973)
Seslerio-Juncea trifidi (HADAČ 1967, RIVAS-MARTINEZ 1973, KOMÁRKOVÁ 1981)
Festuco-Bromea (RIVAS-MARTINEZ 1973)
Rubo-Rosea (WILMANNS 1989c)
Vaccinio-Piceea (TÜXEN 1970c)
Querco-Fagea (JAKUCS 1967, HADAČ 1967, TÜXEN 1970c, RIVAS-MARTINEZ 1973, WILMANNS 1989c)

Auf enge Verwandtschaften zwischen Kalifornien und Mediterrangebiet hat schon MAJOR (1963) mit Beispielen hingewiesen. Sie werden dort im Sinne von Klassengruppen diskutiert.

Besonders häufig werden die *Querco-Fagea* der gemäßigten sommergrünen Laubwälder der Holarktis erwähnt. WILMANNS (1989 c) weist besonders auf florengeschichtliche Zusammenhänge am Beispiel der Gattung *Fagus* hin. Ihre disjunkte Verbreitung (Europa: *Fagus sylvatica*, Nordamerika: *F. grandifolia*, Japan: *F. crenata*) läßt eine gemeinsame Herkunft aus der arktotertiären Flora vermuten (s. auch X 5), deren Elemente durch Klimaverschlechterung nach Süden abgedrängt und zunehmend nach Kontinenten isoliert wurden. Dies gilt sicher für viele Arten gemeinsamer Gattungen und ist gerade für die *Querco-Fagea* sehr auffälig. Gemeinsam in den drei angesprochenen Gebieten sind z. B. viele Gehölze wie *Acer, Abies, Betula, Carpinus, Castanea, Cornus, Euonymus, Fagus, Fraxinus, Quercus, Tilia, Ulmus*. Nordamerika und Japan verbinden weiter *Aesculus, Hamamelis, Lindera, Magnolia, Rhododendron, Rhus* u. a. (z. B. KNAPP 1957, SCHROEDER 1974 a, SASAKI 1970). Zu der Klassengruppe gehören die Klassen

Querco-Fagetea sylvaticae (Europa)
Querco-Fagetea grandifoliae (Nordamerika)
Fagetea crenatae (Japan)

Auch im temperaten China gibt es sicher eine eigene Klasse, von der aber noch keine Aufnahmen vorliegen. In Nordamerika wurden auch noch weitere Klassen beschrieben.

Das Konzept der Klassengruppe ist bisher erst in Ansätzen erkennbar. Es ist eine gute Möglichkeit, die weiten erdgeschichtlich-floristischen Bezüge pflanzensoziologisch auszuwerten und damit auch die Synevolution der Pflanzengesellschaften zum Ausdruck zu bringen (s. auch WILMANNS in PIGNATTI 1981).

7 Syntaxonomische Bewertung abhängiger Pflanzengesellschaften

Innerhalb stärker differenzierter Pflanzenbestände lassen sich Schichten und Synusien als etwas selbständigere Teile unterscheiden. Außerdem können kleinräumig eingestreut unter standörtlichen Sonderbedingungen eigene Artenverbindungen mehr oder weniger deutlich abgesetzt vorkommen. Solche als Vegetationstypen auffaßbaren Erscheinungen wurden von BRAUN-BLANQUET (1919, 1921ff.) als „abhängige Gesellschaften" bezeichnet. Er sieht darunter aber vorwiegend Epiphyten- und Saprophyten-Gesellschaften (1964, S. 193) und deutet ihre syntaxonomische Wertung als Assoziationen oder Synusien an.

Abhängige Gesellschaften sind allgemeiner solche Artenverbindungen, die in ihrer Existenz mehr oder weniger eng an andere (unabhängige) Gesellschaften gebunden sind, entweder obligat oder fakultativ. Sie wurden bereits in Kapitel IV 7 als Synusien und Mikrogesellschaften behandelt. Offen blieb zunächst ihre syntaxonomische Bewertung im Braun-Blanquet-System.

BARKMAN (1973, S. 454) unterscheidet allgemein folgende denkbaren Typen von Vergesellschaftungen:
1. Coenon: nach der gesamten Lebensgemeinschaft (Biozönose).
2. Syntaxon: nach Pflanzenbeständen (Phytozönosen).
3. Merocoenon: Untereinheiten von 1 und 2.

3.1 Taxocoenon: nach taxonomischen Artengruppen von Beständen (Taxozönosen).
3.2 Microcoenon: nach Artenverbindungen von Kleinstandorten (Mikrozönosen).
3.3 Stratocoenon: nach Arten einer Schicht (Stratozönosen).
3.4 Chronocoenon: nach Arten einer Phänophase (Chronozönosen).
3.5 Synusie: nach Kombination von 3.2–3.4.

Die begriffliche Unterscheidung von Coenon als abstraktem Typus und Zönose als konkretem Bestand hat sich bisher wohl nicht durchgesetzt.

Für die Syntaxonomie sind Syntaxa die vorrangigen Betrachtungseinheiten, oft aber eingeschränkt auf 3.1 (z. B. Phanerogamen-, Kryptogamen-Gesellschaften). Microcoena (Mikrogesellschaften) werden in unterschiedlicher Auffassung als Synusien oder auch eigene Syntaxa eingeordnet, wobei heute eher die letztere Möglichkeit bevorzugt wird. Synusien können eigenständig systematisiert werden (s. VII 9.2.1,4), sind aber auch ganz unabhängig von syntaxonomischen Fragen eine gute Möglichkeit für strukturelle Feinanalysen von Pflanzengesellschaften (IV 7.2).

Über die syntaxonomische Bewertung von Synusien und Mikrogesellschaften gibt es viele Diskussionen (z. B. BARKMAN 1968, 1973 u. a., OCHSNER 1954, SCHUHWERK 1986, TÜXEN et al. 1957, WILMANNS 1962, 1966). Entsprechend unterschiedlich wird sie gehandhabt. Am wenigsten Probleme machen abhängige Gesellschaften, die von Gefäßpflanzen bestimmt sind; sie werden zwanglos im Braun-Blanquet-System als Syntaxa untergebracht. Beispiele sind Waldquellfluren der *Montio-Cardaminetea* (*Cardaminenion*; s. OBERDORFER 1977) und Saumgesellschaften der *Trifolio-Geranietea* (MÜLLER 1962) oder *Artemisietea* (MÜLLER 1983).

Syntaxonomisch ist also die (ökologische) Abhängigkeit von untergeordneter Bedeutung. Bei den Quellfluren ist primär der (abiotische) Standort entscheidend, bei den Säumen wirken sich Bedingungen des Substrates und Mikroklimas aus, die von der Kontakt-Makrogesellschaft (Wald, Gebüsch) mit bestimmt werden (DIERSCHKE 1974). In allen Fällen wird durch (zeitweise) Beschattung der Konkurrenzdruck wuchskräftiger Freilandpflanzen zumindest verringert. Manche Saumgesellschaften kommen aber auch unabhängiger vom Waldrand auf Grünlandbrachen vor. Man spricht hier direkt von „Versaumung" (WILMANNS 1989d). So ist offenbar auch Schutz vor Mahd und Tierfraß ein wichtiger Faktor, was zeigt, daß soziologische Abhängigkeit einen größeren Faktorenkomplex umfaßt.

Wie weit abhängige Gesellschaften syntaxonomisch eigenständig behandelt werden, ist teilweise Ermessenssache. Bulten und Schlenken eines Hochmoores gehören z. B. zu zwei Klassen (*Oxycocco-Sphagnetea*, *Scheuchzerio-Caricetea fuscae*), ähnliche Bildungen im Erlenbruch werden dagegen in einer Assoziation (*Carici elongatae-Alnetum*) zusammengefaßt (s. DIERSCHKE 1988a). Auch gibt es alle Übergänge zwischen eigenständigen Mikrogesellschaften und eingestreuten Fragmenten von anderswo (z. B. im Freiland gegenüber Wald) unabhängigen Gesellschaften.

Im Gegensatz zu Gefäßpflanzen-Gesellschaften bestehen bei Kryptogamen-Gesellschaften stärkere Meinungsunterschiede über deren syntaxonomische Bewertung, von völliger Integrierung der Artengruppen in erstere (besonders bei Pilzen) bis zu eigenen Systemen im Sinne von Taxocoena (s. z. B. HÖFLER 1955, OCHSNER 1954, TÜXEN et al. 1957). Letzteres erscheint aus praktischen und sachlichen Gründen sinnvoll (s. IV 7.2.2). Es gibt klar abgrenzbare, wenn auch abhängige Kryptogamenbestände nicht nur auf Sonderstandorten (z. B. Borke, morschem Holz, Rohhumus, Steinen), sondern auch auf dem Boden einer Makrogesellschaft, wo sie aber bestenfalls die oberste Bodenschicht nutzen. Hier gibt es Übergänge von eigenständigen Mikrogesellschaften (z. B. Moosschürzen an Baumfüßen) bis zu echten Synusien der Makrogesellschaft. Als Argument für die syntaxonomische Eigenständigkeit kann hier das Vorkommen in ganz verschiedenen Makrogesellschaften oder auch das unabhängige Vorkommen außerhalb hilfreich sein. Unter Extrembedingungen gibt es überhaupt ganz selbständige Kryptogamen-Gesellschaften (Tundren, Moore, Hitze- und Kältewüsten, extrem flachgründige Standorte, Wasser).

Man könnte also getrennte Systeme für Bakterien, Pilze, Blaualgen, Algen, Flechten, Moose und Gefäßpflanzen aufstellen, soweit eine dieser Gruppen allein dominiert. Dies schließt nicht aus, daß Sippen verschiedener Gruppen jeweils den Taxocoena anderer Gruppen beigemengt sind. Sieht man von eigenen Synusialsystemen ab, ist dies heute die bevorzugte Lösung, allerdings mit manchen Inkonsequenzen. So gehören viele Quellfluren (*Crato-*

neurion, Montienion) eher zu den Moosgesellschaften, ebenfalls manche *Sphagnum*-dominierten Hochmoorbulten, die Armleuchteralgen-Rasen (*Charetea*) zu den Algengesellschaften.

Entscheidend für die syntaxonomische Bewertung ist in jedem Fall die Artenverbindung, wobei in den Aufnahmen „fremde" Elemente nicht weggelassen werden dürfen. Selten findet man z. B. in Tabellen von Moos- oder Pilzgesellschaften Phanerogamen, obwohl sie sicher gelegentlich oder sogar stet auftreten. Verschiedene Möglichkeiten der Vergesellschaftung wurden bereits unter IV 7.2.2 aufgezeigt. Abzulehnen sind auch vorrangige Gliederungen nach Substratpräferenz, z. B. eigene Systeme für Epiphyten oder Klassen bzw. Ordnungen nach der Unterlage (z. B. KLEMENT 1955: Flechtengesellschaften der *Epipetretea, Epigaeetea, Epiphytetea*).

Die erforderlichen taxonomischen Spezialkenntnisse bewirken, daß viele Pflanzensoziologen sich auf bestimmte Taxocoena beschränken. So gibt es unter den Spezialisten z. B. Bryo- oder Mycosoziologen. „Aus dieser wissenschaftlichen und psychologischen Situation heraus muß der Ehrgeiz vieler Bryologen verstanden werden, möglichst viele eigenständige Einheiten zu beschreiben und...eine unabhängige Klassifikation der Moosgesellschaften zu entwickeln" (HERTEL 1974, S. 209).

BRAUN-BLANQUET (1964, S. 172) behandelt Kryptogamen-Gesellschaften in eigenen Kapiteln bis hin zu Plankton und Bodenorganismen. Eine konsequente Anwendung der Braun-Blanquet-Methode auf epiphytische Algen-, Flechten- und Moosgesellschaften ist die Epiphyten-Monographie von BARKMAN (1958a) mit neun Ordnungen, 18 Verbänden und 96 Assoziationen. Mit besonderen Aufnahmemethoden werden von JENSEN et al. (1979) sogar Mikroalgen-Gesellschaften von Mooren erfaßt, die mit den zugehörigen Makrogesellschaften enge Beziehungen erkennen lassen. Weitere Einzelheiten sollen hier nicht erörtert werden. Zur Einarbeitung seien einige, vorwiegend neuere Arbeiten sowie Bibliographien genannt:

Algen-Gesellschaften: GOLUBIĆ (1967), HARTOG (1967, 1975: Bibl.), KORNAŚ & MEDWECKA-KORNAŚ (1950), KRAUSE (1969), PIETSCH (1987), SCHROEVERS (1973: Bibl.).

Flechten-Gesellschaften: DANIELS (1983), KLEMENT (1955, 1958), TÜXEN (1965, 1969: Bibl.), WIRTH (1972, 1976, 1980).

Moos-Gesellschaften: HERTEL (1974), Hübschmann (1984, 1986), HÜBSCHMANN & TÜXEN (1965, 1978: Bibl.), MARSTALLER (1987), PHILIPPI (1982, 1986), DREHWALD & PREISING (1991).

Pilze (vorwiegend als Bestandteile anderer Gesellschaften): APINIS (1970), ARNOLDS (1981, 1988), BRUNNER (1987), BUJAKIEWICZ (1982), CARBIENER (1981), CARBIENER et al. (1975), GRIESSER (1992), JAHN (1986), JAHN et al. (1967), PIRK & TÜXEN (1957), A. RUNGE (1982), TÜXEN (1964/65, 1966: Bibl.).

Kryptogamen werden vielfach als Zeiger für Luftverschmutzung benutzt. Meist werden allerdings nur bestimmte Arten, weniger ganze Gesellschaften untersucht (s. aber z. B. KÖSTNER & LANGE 1986, RABE 1981).

Eine sinnvolle Verknüpfung abhängiger Gesellschaften mit der zugehörigen Makrogesellschaft schlägt SCHUHWERK (1986) vor: Bei jeder Vegetationsaufnahme werden Mikrogesellschaften auf Sonderstandorten getrennt erfaßt und ihr Deckungsanteil an der Gesamtaufnahmefläche notiert. Bei der Auswertung werden die Mikrogesellschaften zunächst eigenständig klassifiziert. In der Tabelle der Makrogesellschaft erscheinen dann ihre Gesellschaftsnamen unter den Arten mit jeweiligem Deckungsgrad. Am Beispiel Blockschutt-reicher Wälder ergaben sich spezifische Mikrogesellschaften, die zusätzlich zu Charakter- und Differentialarten bei der Abgrenzung der Syntaxa verwendet werden können. Hierdurch wird einmal das Prinzip der standörtlichen Einheitlichkeit gewahrt, andererseits die komplexe Großgesellschaft klar dargestellt. Die Methode bildet somit den Übergang zur Synsoziologie, wo auch größere Vegetationskomplexe systematisiert werden (s. XI).

8 Auswege und Abwege

8.1 Allgemeines

In den vorhergehenden Kapiteln wurden die Grundlagen des Braun-Blanquet-Systems ausführlich erörtert. So einsichtig und klar das Grundkonzept der floristischen Verwandtschaft und Gesellschaftstreue von Sippen ist, so problematisch sind viele Einzelfälle. Manches ist bereits angeklungen, z. B. bei der Erörterung der Mikrogesellschaften und Synusien (7) oder kennartenloser (Fragment-) Gesellschaften (5).

So hat es nicht an Kritik und Verbesserungsvorschlägen gefehlt. Ernst zu nehmen sind sie vor allem aus den eigenen Reihen, d. h. von Vegetationskundlern, die nach ähnlichen Prinzipien arbeiten. Dagegen beruht manche Kritik Außenstehender eher auf zu geringer Kenntnis der Braun-Blanquet-Methode (s. z. B. Entgegnungen von BARKMAN 1958a, S. 311, TÜXEN 1974). Hierzu ist allgemein zu sagen, daß es bis heute kein gleichwertiges oder sogar erfolgreicheres System von Vegetationstypen gibt.

Kritik von Pflanzensoziologen richtet sich vor allem auf zwei Grundprinzipien, nämlich die Verwendung von Charakterarten und die Vernachlässigung anderer, insbesondere struktureller Merkmale der Vegetation. Der erste Punkt, schon in den Kapiteln 2.5 und 4 angesprochen, läßt sich als „Krise der Charakterartenlehre" (Ellenberg 1954b) und „Inflation der höheren pflanzensoziologischen Einheiten" (PIGNATTI 1968a) beleuchten (s. auch TÜXEN 1974, S. 2). Hierzu gibt es Versuche, ohne solche diagnostischen Arten auszukommen (s. 8.2, auch 2.6 und 5). Der zweite Punkt berührt Fragen einer engeren Verknüpfung von Pflanzensoziologie und Formationskunde, die auf verschiedenen Ebenen gesehen werden (s. 8.3, auch 6.3).

Gewisse Modifikationen im Braun-Blanquet-System sind vielleicht als Auswege wünschenswert, wenn sie auf weithin akzeptierten, eindeutigen Grundlagen beruhen. Stärker abweichende Konzepte haben größere Eigenständigkeit und sollten auch ganz selbständig betrachtet, nicht aber irgendwie mit dem Braun-Blanquet-System verbunden werden. Aus dessen Sicht handelt es sich eher um Abwege, die einer einheitlichen Systematik nicht dienlich sind. Einen ausführlichen Vergleich verschiedener Gliederungsansätze gibt JURKO (1973).

8.2 System nach der Kombination soziologischer Artengruppen

Ein von der Braun-Blanquet-Gliederung abweichendes, teilweise inhaltlich verwandtes System wird von einigen Pflanzensoziologen (besonders HOFMANN, PASSARGE, SCAMONI) als fortschrittlicher Ausweg aus der Problematik der Charakterarten angesehen. Man kann es nach seinen Begründern als „Eberswalder System" bezeichnen, was auch gleich seine bis heute personelle und räumlich begrenzte Anwendung kennzeichnet. Hier wird das Treueprinzip nicht allgemein im Sinne von Charakterarten angewendet, sondern innerhalb der Formationen auf soziologische (coenologische) Artengruppen bezogen. Grundlagen finden sich u. a. bei SACAMONI & PASSARGE (1959, 1963), PASSARGE & HOFMANN (1967) und PASSARGE (1983).

Konsequente Anwendungen geben viele Arbeiten von PASSARGE (z. B. PASSARGE 1964, PASSARGE & HOFMANN 1968). Nur wenige andere Pflanzensoziologen sind diesem Ansatz gefolgt, z. B. SCHUBERT & MAHN (1968) für mitteldeutsche Ackerwildkraut-Gesellschaften. Er liegt wohl auch (teilweise) der Gesellschaftsübersicht von ROTHMALER et al. (1984) zugrunde. In ähnlicher Weise hat DOING (1963, 1969) mit soziologischen Artengruppen die Gehölze der Niederlande gegliedert. Heftige Kritik wurde u. a. von Tüxen in einer Besprechung in Vegetatio (Bd. 23, 1971) geäußert.

Das Eberswalder System vereinigt floristische und formationskundliche Prinzipien zu einer „natürlichen Ordnung" von Pflanzengesellschaften. Soziologische Artengruppen werden induktiv durch Tabellenvergleich von Braun-Blanquet-Aufnahmen ermittelt, jeweils beschränkt auf eine Formation (PASSARGE 1966) und hier auf Sippen einer Schicht mit ähnlicher Wuchsform und Periodizität. Die Gruppenzugehörigkeit wird nach gemeinsamen Optima in Menge, Stetigkeit und Vitalität bestimmt. Da das Zusammentreten von Sippen oft formationsspezifisch ist, z. B. eine Art in Wald und Freiland ganz verschiedene Partner haben kann, spiegeln diese Gruppen die Realitäten besser wider als sehr allgemein verwendete Kenn- und Trennarten. Viele soziologische Gruppen sind auch über weite Gebiete recht konstant (PASSARGE 1983) und entsprechend einsetzbar. Wie die Beispiele von 33 Artengruppen nordostdeutscher Wälder zeigen (SCAMONI & PASSARGE 1963), sind sie ökologischen Gruppen (VII 6) oft sehr ähnlich.

Außer der Artengruppen-Kombination bzw. dem Auftreten oder Fehlen bestimmter Gruppen wird auch die Gruppenmenge (s. 2.9) als coenologischer Bauwert diagnostisch ausgewertet, indem bei gleicher Gruppenkombination nach dem Vorherrschen je einer Gruppe noch mehrere Typen unterschieden werden. „Auf diese Weise erhalten wir bei einer überschaubaren Menge von Artengruppen unvorstellbar viele verschiedene Kombinationsmöglichkeiten, mit Hilfe derer sich die vorhandenen Vegetationseinheiten eindeutig kennzeichnen lassen" (PASSARGE 1973, S. 293).

Im Eberswalder System sind auch die höheren Einheiten von der Assoziation aufwärts durch bestimmte Kombinationen von Artengruppen gekennzeichnet. Das System hat dieselben Ränge und Namen wie das Braun-Blanquet-System, was zu vielen Unklarheiten, Verwirrungen und nomenklatorischen Problemen führt. Leider sind hier die Nomenklaturregeln sehr großzügig ausgelegt (s. 3.4). Viele Einheiten des Braun-Blanquet-Systems werden einfach okkupiert. Andere scheinen ihm zu entsprechen, obwohl sie ganz anders gefaßt sind. Da das Eberswalder System auf eigenen Grundprinzipien aufbaut, sollten seine Typen auch nomenklatorisch klar abgesetzt sein.

Für die detaillierte Gliederung der Vegetation eines bestimmten Gebietes sind die Einheiten aus der Kombination soziologischer Artengruppen vielleicht oft aussagekräftiger, da sie viele Merkmale der Vegetation einbeziehen. Insofern kann man durchaus von einer naturnahen Ordnung sprechen. In der Praxis ist es aber sehr schwierig, die in den bereits wenig übersichtlichen Tabellen zusammengefaßten Gesellschaften in breiter Spanne zu durchschauen und im Kopf zu behalten. Für die Schaffung eines möglichst universellen Systems sind sie noch weniger brauchbar. Der oben zitierte Ausspruch von PASSARGE der fast beliebigen Zahl möglicher Einheiten steht einem übersichtlichen System entgegen, was die Arbeiten hierzu deutlich belegen. Vergleicht man z. B. nur das System der Waldgesellschaften bei PASSARGE & HOFMANN (1968) und OBERDORFER (1990), ergeben sich folgende Zahlen höherrangiger Einheiten: Klassen 9:5, Ordnungen 24:10, Verbände 43:20. Bei Assoziationen wird es völlig unübersichtlich.

Schon früher wurde betont, daß sich der Wert eines Systems auch an seinem Erfolg in der Praxis messen läßt. Die geringe Akzeptanz des Eberswalder Systems spricht hier für sich selbst.

8.3 Strukturmerkmale in der Syntaxonomie

Im Teil IV wurde ausführlich über Textur- und Strukturmerkmale von Pflanzengesellschaften und ihre Auswertungsmöglichkeiten gesprochen, hier verkürzt als Strukturmerkmale bezeichnet. In der Syntaxonomie werden vorwiegend floristische Merkmale benutzt, auch unter dem Gesichtspunkt, daß sie in gewissem Maße die Struktur widerspiegeln. Bewußt oder unbewußt kommen deren Merkmale aber auch im Braun-Blanquet-System zum Tragen. Einmal soll die Assoziation als Grundeinheit physiognomisch möglichst einheitlich sein (s. 4.1). Außerdem werden Vegetationsklassen nach ihrer soziologischen Progression (IV 9) angeordnet. Neben diesen weithin akzeptierten Kriterien gibt es weitere mit unterschiedlicher, teilweise konträrer Gewichtung. Dies beginnt schon bei der Auswahl homogener Aufnahmeflächen (V 3), wo verfeinerte Strukturbetrachtungen überhaupt erst zum Erkennen mancher Syntaxa geführt haben (s.u.).

Wie weit und welche Strukturmerkmale als syntaxonomische Kriterien benutzt werden dürfen, ist seit langem ein grundlegender Streitpunkt unter Pflanzensoziologen. Strenge Verfechter des floristischen Prinzips (z. B. OBERDORFER 1980) nehmen sogar starke strukturelle Uneinheitlichkeit selbst bei Assoziationen in Kauf. Ein oft zitiertes und besonders krasses Beispiel ist die Vereinigung subalpiner Nadelwälder und Heiden in einer Assoziation *Rhododendro-Vaccinietum*. BRAUN-BLANQUET et al. (1939) unterschieden hier u. a. das *R.-V. cembretosum* (Wald) und *extrasylvaticum* (Heide). Konsequenterweise müßte man entsprechend manche Erlenbrücher mit Großseggenrieden oder Auenwälder mit Hochstaudenfluren vereinigen, was aber wohl niemand getan hat. Auf solche und andere Inkonsequenzen haben u. a. BARKMAN (1979, 1990) und WESTHOFF (1967, 1968b) hingewiesen.

Auch bei reinen Braun-Blanquetianern sind nichtfloristische Merkmale zunehmend im System integriert worden, ganz abgesehen von Versuchen, diesem induktiv-floristischen System formationskundliche Einheiten aufzusetzen (s. 6.3). Gerade die zunehmende Kenntnis feiner Strukturanalysen hat sowohl die Aufnahmemethodik als auch die Syntaxonomie wesentlich beeinflußt. TÜXEN (1974) erörtert solche Fragen am Beispiel von Mosaikkomplexen und Überlagerungen (s. auch XI 2) und fordert u. a. strukturell homogene Aufnahmeflächen, d. h. Bestände etwa einheitlicher Lebensformen. Dies gilt besonders für die Trennung kurzlebiger (Therophyten-) Gesellschaften von ausdauernden Typen. Beispiele sind die Trennung der *Thero-Salicornietea* und *Spartinetea* bzw. *Arthrocnemetea* (TÜXEN 1974) oder der (umstrittenen) Klasse *Polygono-Poëtea annuae* von den *Plantaginetea majoris* (RIVAS-MARTINEZ 1975). Auch die stärkere syntaxonomische

Trennung therophytischer und chamaephytischer Typen mediterraner Heide-Rasen-Komplexe auf Silikatgestein (*Tuberarietea guttati/ Cisto-Lavanduletea*; BRAUN-BLANQUET 1973) geht in diese Richtung. Hier besteht ein für Trockengebiete generelles Problem, Lebensformbestimmte Typen als eigene Gesellschaften oder teilweise nur als Synusien einer komplexeren Gesellschaft aufzufassen (s. OBERDORFER 1970). Schließlich sei noch auf die Syntaxonomie der Wasservegetation hingewiesen, wo u. a. Schichtungen und Lebensformen eine größere Rolle spielen (s. WIEGLEB 1981).

Ein bezeichnender Streitfall sind die borealen Waldhochmoore, die rein floristisch mehr den *Oxycocco-Sphagnetea*, bei Berücksichtigung auch der Struktur eher zu den *Vaccinio-Piceetea* gerechnet werden (s. K. & B. DIERSSEN 1982 und dortige Diskussion). Auch über die syntaxonomische Herauslösung von Gebüschen und Säumen aus den Wäldern gibt es sehr unterschiedliche Auffassungen (z. B. OBERDORFER 1980, 1988, WEBER 1990). Bei RIVAS-MARTINEZ et al. (1986) werden sogar die gehölzfreien Säume der *Trifolio-Geranietea* nur als Unterklasse der *Querco-Fagetea* gesehen.

Als letztes Strukturmerkmal sei noch die Dominanz einzelner Arten angesprochen, die ja in anderen vegetationskundlichen Schulen eine hervorstechende Rolle spielt (s. VII 9.2.1.2). Einige Fälle der Berücksichtigung im Braun-Blanquet-System wurden bereits erwähnt (2.5). Schon in Gesellschaftsnamen wie *Genisto-Callunetum* oder *Carici-Fagetum* finden sie ihren Ausdruck, obwohl die Dominanten geringen diagnostischen Wert besitzen. Bei manchen Gesellschaftsgruppen spielt Dominanz sogar eine entscheidende Rolle für die Gliederung in Assoziationen (z. B. *Lemnetea, Potamogetonetea, Phragmitetea*), vorwiegend also unter relativ extremen, teilweise artenarmen Bedingungen. In anderen Fällen wird das Vorherrschen einer Art nur als Fazies auf niedrigster Stufe bewertet (s. auch Derivatgesellschaften, 5.3). Umstritten ist der syntaxonomische Wert von Baumarten, die bei uns größtenteils eine weite soziologische Amplitude haben. Soll man z. B. alle Buchenwälder von extrem artenarm bis artenreich im *Fagion* zusammenfassen? Oder soll man trotz sehr ähnlicher Krautschicht Buchen- und Eichen-Hainbuchen-Wälder in *Fagion* und *Carpinion* trennen (s. hierzu DIERSCHKE 1985d, 1986c)? Das unabhängige soziologische Verhalten der Schichten ist ein schwer lösbares Problem (s. auch WESTHOFF 1967, 1968b), wobei der obersten Schicht ein hoher Bauwert für die Gesellschaft zuzusprechen ist. So beruht auch die Abtrennung von Borstgrasrasen und Heiden (*Nardetalia/Calluno-Ulicetalia*) großenteils auf Dominanzunterschieden von Lebensformen.

Ein nicht ausgeräumter Streitfall ist die syntaxonomische Gliederung der Hochmoorbulten der *Oxycocco-Sphagnetea*. J. TÜXEN (1973) und R. TÜXEN (1980) befürworten die Aufstellung von Kleinassoziationen nach jeweils vorherrschenden *Sphagnum*-Arten, da sie als wichtige aufbauende Arten die Bestände wesentlich bestimmen. BARKMAN (1972), JENSEN (1972), DIERSSEN (1977) u. a. betonen dagegen die gesamte Artenkombination und kommen so zu nur wenigen Assoziationen.

Wie die verschiedenen Beispiele zeigen, sind Strukturmerkmale im Braun-Blanquet-System durchaus nicht ungebräuchliche, wenn auch mehr akzessorische Kriterien. Allerdings werden sie sehr unterschiedlich und willkürlich gewichtet (s. auch JURKO 1973). Der Vorteil des floristischen Grundprinzips, insbesondere der diagnostischen Arten, ist ja gerade die Verhinderung einer uferlosen Inflation von Syntaxa. Rein methodisch wäre eine klare Trennung floristischer und struktureller Systeme wünschenswert (s. BARKMAN in K. & B. DIERSSEN 1982). Andererseits bietet ein rein floristisches System mancherlei Merkwürdigkeiten, die den Erscheinungen der Natur zuwiderlaufen. Möglichkeiten einer geregelten Verbindung von Artenkombination und Struktur werden im nächsten Kapitel angesprochen.

8.4 Begrenzung des Gültigkeitsbereichs von Charakterarten

Will man trotz mancher Probleme und Mängel am Prinzip der Charakterarten zur Definition der Hauptrangstufen des Systems festhalten, was meines Erachtens die einzig sinnvolle Lösung darstellt, muß man insbesondere für Assoziationen ihren Gültigkeitsbereich eingrenzen. Einige geographische Gesichtspunkte hierzu wurden bereits in den Kapiteln 2.5.3, 4.1, 4.2.5 besprochen. Je nachdem, wie klein- oder großräumig man die Bezugsgebiete wählt, kommt man zu mehreren Gebietsassoziationen oder wenigen, weithin gültigen Einheiten mit gebietsspezifischen Geographischen Rassen.

Hier ist noch zuviel Willkür im Spiel, was eine allgemein akzeptable Lösung verhindert.

Andere Vorschläge gehen dahin, die Gültigkeit von Charakterarten auf Klassen oder Formationen zu beschränken (z. B. KLÖTZLI 1972). Hier erscheinen die Bezugsbereiche zu eng ausgelegt, um ein übersichtliches System zu erhalten.

Für eine objektivere Handhabung der Gültigkeitsbereiche von Charakterarten sowohl in geographischer wie auch formationskundlicher Richtung erscheinen die Vorschläge von BERGMEIER et al. (1990) erfolgversprechend, die schon länger diskutiert werden (s. auch DIERSCHKE 1992b, PEPPLER 1992).

8.4.1 Geographisch-syntaxonomische Eingrenzung

Der Gültigkeitsbereich von Charakterarten eines Syntaxons wird auf das Areal des nächsthöheren Syntaxons begrenzt. BERGMEIER et al. (1990) sehen hierfür nur die Hauptrangstufen vor, z. B. Assoziationen im Verbandsareal. Innerhalb eines Verbandes kann es demnach nur eine Assoziation mit einer bestimmten Art als Charakterart geben. Da sich größere geographische Bereiche aber oft eher durch Trenn- als durch Kennarten auszeichnen, erscheinen die Zwischenränge, z. B. Unterverbände hierfür besser geeignet (s. auch 3.3, XII 3.3). Im Wuchsbereich jedes Unterverbandes läßt sich dann eine Art erneut als Charakterart einer eigenen Assoziation einsetzen.

Als Beispiel können die artenreichen europäischen Buchenwälder dienen, die meist im *Fagion* zusammengefaßt werden. Der allgemeine floristische Gradient von Süden nach Norden mit allmählicher Abnahme bezeichnender Arten würde bei Wertung der Arten im gesamten Verbandsareal zu wenigen Assoziationen im Süden und mehreren Gesellschaften ohne Charakterarten in Mitteleuropa führen (s. auch DIERSCHKE 1989 b). Viele der heute beschriebenen Buchenwald-Assoziationen müßten abgelehnt werden. Wie Tabelle 37 und Abb. 150 zeigen, lassen sich für West- bis Mitteleuropa vier geographische Unterverbände unterscheiden. Innerhalb dieser Bereiche kann man nun alle vorkommenden Arten eigenständig für die weitere Gliederung verwenden, woraus sich Gebietsassoziationen auf eindeutiger syntaxonomisch-geographischer Grundlage ergeben. Ähnliche geographische Unterverbände gibt es z. B. für das *Carpinion* (OBERDORFER 1957, MÜLLER 1990).

Mit diesem Konzept wird eine pflanzensoziologisch begründbare geographische Begrenzung der Charakterarten möglich, die sich aus der Vegetation selbst induktiv entwickeln läßt. Sie sollte an einer Reihe von Beispielen großräumiger Syntaxa erprobt werden. Problematisch ist, daß man erst nach Kenntnis des Gesamtareals zu einer endgültigen Bewertung diagnostischer Arten kommt, also erst im nachhinein z. B. die Assoziationen endgültig festlegen kann. Dieses Problem ist allerdings genereller Art, wie schon erörtert wurde (2.5.3).

8.4.2 Eingrenzung nach Strukturtypen

In der mitteleuropäischen Naturlandschaft waren die meisten Arten im Wald zu Hause, mit Ausnahmen von Sippen extremer Standorte wie Wasser, Ufer, offene Felshänge. Unter Einfluß des Menschen hat sich aus der natürlichen Waldlandschaft ein vielfältiges Mosaik bewaldeter und waldfreier Bereiche entwickelt. In letzteren konnten sich viele Waldpflanzen ausbreiten und dort bei günstigeren Lichtverhältnissen teilweise besser gedeihen. So entstanden im Laufe längerer Zeit ganz neue Vergesellschaftungen, möglicherweise mit speziell angepaßten Ökotypen bzw. Koevolution (s. GIGON 1981, MAHN 1989). Viele Waldpflanzen erhielten also eine „zweite Heimat" (OBERDORFER 1988) bzw. ein zweigeteiltes Vorkommen mit jeweils unterschiedlichen Partnern und endogenen Wechselwirkungen.

Bei allgemeiner Gültigkeit von Charakterarten in einem Gebiet kann jede Art nur im Wald o d e r Freiland als solche gewertet werden. Als Kriterium benutzt man oft sehr vage ihre Vitalität und Fertilität oder auch ihre Stetigkeit. Wie willkürlich diese Regelung ist, zeigt z. B. *Caltha palustris*, eine Charakterart des *Calthion*, die aber gutwüchsig auch in manchen Röhrichten und Feuchtwäldern vorkommt. In vielen Fällen ist allerdings die Wuchskraft betreffender Arten im Freiland deutlich erhöht. So wurde der Wald mit zunehmender Kenntnis der Freiland-Gesellschaften immer mehr seiner früheren Charakterarten entblößt, vor allem nach „Entdeckung" der Saumgesellschaften, wo viele Halbschattenpflanzen ihr Optimum haben (s. auch OBERDORFER 1977 ff: 1983, S. 158, OBERDORFER 1980).

Betrachtet man Wald- und Freilandvegetation als zwei strukturelle Grundtypen mit grundsätzlich unterschiedlichen Lebensbedingungen einschließlich ihrer floristischen Ausstattung

Tab. 37: Übersicht artenreicher Buchenwälder Mittel- und Westeuropas (Ausschnitt aus DIERSCHKE 1990a).

Auswege und Abwege 343

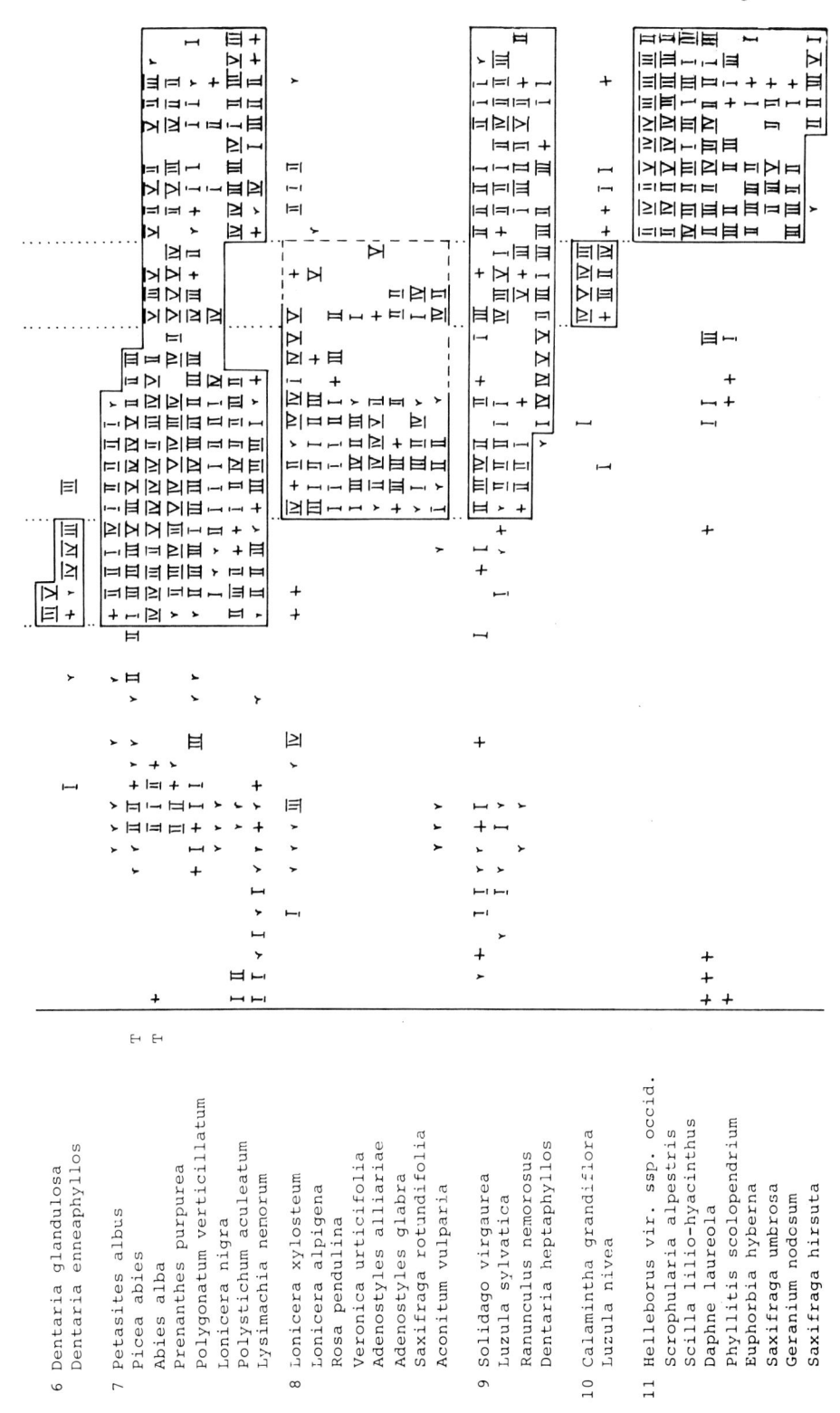

6 Dentaria glandulosa
  Dentaria enneaphyllos

7 Petasites albus
  Picea abies
  Abies alba
  Prenanthes purpurea
  Polygonatum verticillatum
  Lonicera nigra
  Polystichum aculeatum
  Lysimachia nemorum

8 Lonicera xylosteum
  Lonicera alpigena
  Rosa pendulina
  Veronica urticifolia
  Adenostyles alliariae
  Adenostyles glabra
  Saxifraga rotundifolia
  Aconitum vulparia

9 Solidago virgaurea
  Luzula sylvatica
  Ranunculus nemorosus
  Dentaria heptaphyllos

10 Calamintha grandiflora
   Luzula nivea

11 Helleborus vir. ssp. occid.
   Scrophularia alpestris
   Scilla lilio-hyacinthus
   Daphne laureola
   Phyllitis scolopendrium
   Euphorbia hyberna
   Saxifraga umbrosa
   Geranium nodosum
   Saxifraga hirsuta

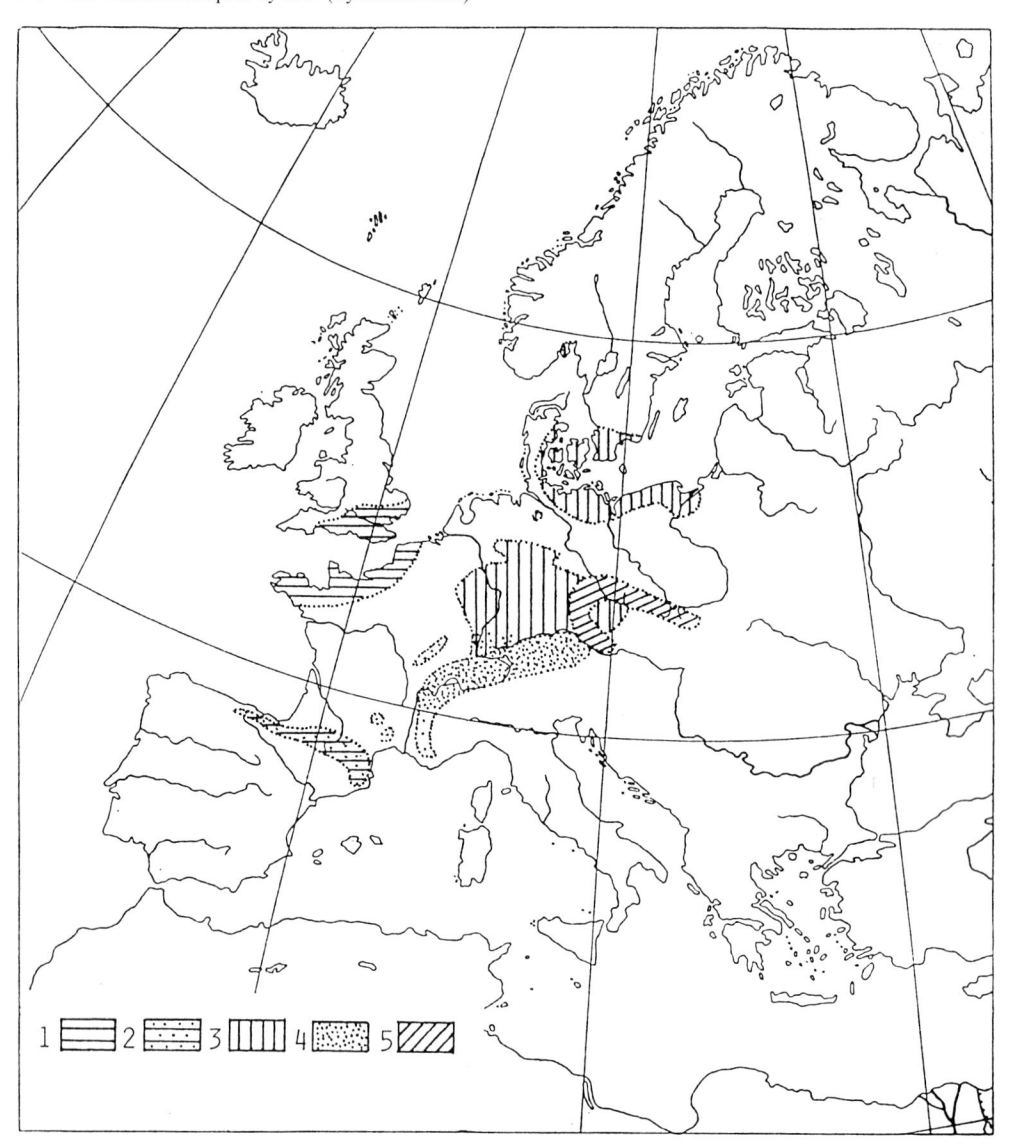

Abb. 150. Areale von Unterverbänden des *Fagion* in West- und Mitteleuropa (aus DIERSCHKE 1990a).
1: *Endymio-Fagenion*, 2: *Scillo-Fagenion*, 3: *Galio odorati-Fagenion*, 4: *Lonicero alpigenae-Fagenion*, 5: Übergangsbereich nach Osten.

und endogenen Wechselwirkungen, erscheint es einleuchtend, die Gültigkeit von Charakterarten auf diese Bereiche zu beschränken, die sich nach Schichtung und Lebensformen vegetationskundlich definieren lassen (s. auch BERGMEIER et al. 1990, DIERSCHKE 1992b):

a) Bestände/Gesellschaften mit einer bis mehreren Schichten aus Phanerophyten meist größerer Wuchshöhe.

b) Bestände/Gesellschaften, die durch Schichten vorwiegend niedrigwüchsiger Lebensformen von Gefäßpflanzen (Chamaephyten, Hemikrytophyten, Geophyten, Therophyten) bestimmt werden (Phanerophyten höchstens als Jungwuchs).

Von solchen Schichtungen ausgehend kommt man konsequenterweise zu einer dritten Kategorie

c) Bestände/Gesellschaften, die durch sehr niedrigwüchsige Kryptogamen bestimmt werden (fast oder ganz ohne Gefäßpflanzen). Diese drei Haupttypen sind durch unterschiedliche Kombination der Schichten leicht erkennbar, meist auch gut abgrenzbar. Probleme gibt es bei offenen Wäldern bis Savannen oder auch bei offenen Zwergstrauch- und Krautgesellschaften mit einer Kryptogamenschicht.

Eine Beschränkung der Gültigkeit von Charakterarten auf a-c ist nicht rein pragmatisch sondern soziologisch-ökologisch fundiert, insbesondere über das verschiedene Mikroklima (besonders Licht), das sich wesentlich auf die möglichen Artenverbindungen auswirkt.

Für die Syntaxonomie ergeben sich fast nur Vorteile: die Forderung nach strukturell einheitlichen Grundtypen ist gewährleistet. Der hohe Bauwert der obersten Schicht wird stärker bewertet. Die seit langem eigenständig gefaßten Kryptogamengesellschaften erhalten eine klare Grundlage. Viele früher als Charakterarten von Wäldern angesehenen Sippen werden wieder als solche einsetzbar. Damit ergeben sich für die natürlichen Vegetationstypen bessere Gliederungsmöglichkeiten. Beispiele hierzu werden bei DIERSCHKE (1992b) diskutiert.

Insgesamt werden die Möglichkeiten der Syntaxonomie und der praktischen Auswertung ihrer Einheiten wesentlich verbessert, ohne daß eine uferlose Ausweitung droht. Der Vorschlag ist ein gutbegründeter Kompromiß zwischen dem reinen (uneingeschränkten) Charakterartenprinzip und einer mehr willkürlichen Definition von Assoziationen nach der Charakteristischen Artenverbindung und Differentialarten oder noch weitergehenden Grundlagen (s. 8.1–8.3). Er sollte mit Hilfe von Beispielen weiter diskutiert werden.

9 Syntaxonomische Übersicht der Gefäßpflanzen-Gesellschaften Mitteleuropas

Über den Kenntnisstand und die syntaxonomischen Auffassungen der Pflanzengesellschaften eines Gebietes geben Übersichten Aufschluß, die in systematischer Folge die bekannten Syntaxa aufzählen. Erwünscht sind allerdings ausführliche Monographien größerer Gebiete mit Tabellen, wie sie z. B. von TÜXEN (1937) und OBERDORFER (1957, 1977 ff.) vorliegen. Nur so sind die beschriebenen Syntaxa nachvollziehbar, überprüfbar und für weitere Arbeiten nutzbar. Dagegen haben reine Namenslisten nur als Diskussionspapiere, erste Orientierung oder Zwischenbilanz ihren Sinn (z. B. BRAUN-BLANQUET & TÜXEN 1943, TÜXEN 1955, OBERDORFER et al. 1967, RIVAS-MARTINEZ 1973, BRAUN-BLANQUET 1974, VEVLE 1983, MUCINA & MAGLOCKY 1984; s. auch Bibliographien von TÜXEN 1963 ff.).

Eine Zwischenlösung sind kommentierte Übersichten oder solche mit genaueren Beschreibungen und Angabe der diagnostischen Arten (z. B. HOLUB et al. 1967, WESTHOFF & DEN HELD 1969, MATUSZKIEWICZ 1981, RUNGE 1990). Auch hier ist allerdings nicht erkennbar, was mehr auf allgemeineren Vorstellungen beruht oder durch Tabellen abgesichert ist.

Die folgende Übersicht soll die Nomenklatur nicht mit neuen Namen belasten, baut vielmehr durchweg auf Vorhandenem auf, insbesondere auf OBERDORFER (1977 ff.) und einer Reihe weiterer Übersichten. Dabei wurde versucht, die in Kapitel 8.4.2 vorgeschlagene Beschränkung der Charakterarten auf Strukturtypen zu berücksichtigen, was allerdings teilweise erst noch genauer umgesetzt werden muß. Als niedrigste Einheiten werden Verbände und teilweise auch Unterverbände angegeben. Die Reihenfolge der Klassen folgt meist der soziologischen Progression in Anlehnung an BÖTTCHER (1980). Die Nomenklatur der Syntaxa richtet sich fast durchweg nach der benutzten Literatur. Genauere Überprüfungen wären im Rahmen dieses Buches zu zeitaufwendig gewesen.

LEMNETEA Minoris Tx. 1955
Wasserlinsen-Gesellschaften
Lemnetalia minoris Tx. 1955
    Lemnion gibbae Tx. et Schwabe in Tx. 1974
    Lemnion trisulcae Den Hartog et Segal 1964 em. Tx. et Schwabe in Tx. 1974

RUPPIETEA J. Tx. 1960
Meersalden-Gesellschaften
Ruppietalia J. Tx. 1960
    Ruppion maritimae Br.-Bl. 1931 em. Den Hartog et Segal 1964

ZOSTERETEA MARINAE Pign. 1953
Seegras-Gesellschaften
Zosteretalia marinae Béguinot 1941
    Zosterion marinae Christ. 1934

THERO-SALICORNIETEA Pign. 1953 em. Tx. 1955
Queller-Gesellschaften
Thero-Salicornietalia europaeae Pign. 1953 em. Tx. 1955
   Salicornion dolichostachyae (strictae) Br.-Bl. 1933 em Tx. 1950
   Salicornion ramosissimae Tx. 1974

SPARTINETEA MARITIMAE Tx. in Lohm. et al. 1962
Schlickgras-Gesellschaften
Spartinetalia maritimae Conard 1935
   Spartinion maritimae Conard 1935

HONKENYO-ELYMETEA ARENARII Tx. 1966
Salzmieren-Strandroggen-Gesellschaften
Honkenyo-Elymetalia arenarii Tx. 1966
   Honkenyo-Elymion arenarii Tx. 1966 em. Géhu et Tx. in Géhu 1975
   Honkenyo-Crambion maritimae J.M. et J. Géhu 1969

AMMOPHILETEA Br.-Bl. et Tx. 1943
Strandhafer-Dünengesellschaften
Ammophiletalia Br.-Bl. 1933
   Agropyrion junceiformis Géhu 1975
   Ammophilion arenariae (Br.-Bl. 1933) Tx. 1955

ISOETO-NANOJUNCETEA Br.-Bl. et Tx. 1943
Zwergbinsen-Gesellschaften
Cyperetalia fusci Pietsch 1963
   Nanocyperion flavescentis Koch 1926
      Elatino-Eleocharitenion ovatae Pietsch et Müller-St.1968
      Juncenion bufonii Phil. 1968
      Radiolenion linoidis Pietsch 1973

CAKILETEA MARITIMAE Tx. et Prsg. in Tx. 1950
Meersenf-Spülsaumgesellschaften
Cakiletalia maritimae Tx. in Oberd. 1949
   Salsolo-Honkenyion peploidis Tx. 1950
   Atriplicion littoralis Tx. 1950

BIDENTETEA TRIPARTITAE Tx. et al. in Tx. 1950
Zweizahn-Ufergesellschaften
Bidentetalia tripartitae Br.-Bl. et Tx. 1943
   Bidention tripartitae Nordh. 1940
   Chenopodion rubri Tx. in Poli et J.Tx. 1960 corr. Kopecký 1969

STELLARIETEA MEDIAE (Br.-Bl. 1931) Tx. et al. in Tx. 1950
Kurzlebige Acker- und Ruderalgesellschaften
VIOLENEA ARVENSIS Hüppe et Hofmeister 1990
Sperguletalia arvensis Hüppe et Hofmeister 1990
   Aperion spicae-venti Tx. in Oberd. 1949
      Arnoseridenion minimae (Mal.-Bel. et al. 1960) Oberd. 1983
      Aphanenion arvensis (Mal.-Bel. et al. 1960) Oberd. 1983
   Digitario-Setarion Siss. 1946 em. Hüppe et Hofmeister 1990
   Polygono-Chenopodion polyspermi W. Koch 1926 em. Hüppe et Hofmeister 1990

Papaveretalia rhoeadis Hüppe et Hofmeister 1990
   Fumario-Euphorbion Th. Müller et Görs 1966
   Caucalidion platycarpi Tx. 1950
SISYMBRIENEA prov.
Sisymbrietalia J.Tx. in Lohm. et al. 1962
   Sisymbrion officinalis Tx. et al. in Tx. 1950
   Salsolion ruthenicae Phil. 1971

SAGINETEA MARITIMAE Westh. et al. in Tx. et Westh. 1963
Strandmastkraut-Rasen
Saginetalia maritimae Westh. et al. in Tx. et Westh. 1963
   Saginion maritimae Westh. et al. in Tx. et Westh. 1963

UTRICULARIETEA INTERMEDIO-MINORIS Den Hartog et Segal 1964 em. Pietsch 1965
Torfmoos-Wasserschlauch-Gesellschaften
Utricularietalia intermedio-minoris Pietsch 1965
   Sphagno-Utricularion Th. Müller et Görs 1960

POTAM(OGETON)ETEA PECTINATI Tx. et Prsg. 1942 corr. Oberd. 1979
Süßwasser-Gesellschaften
Potam(ogeton)etalia pectinati Koch 1926 corr. Oberd. 1979
   Potam(ogeton)ion pectinati Koch 1926 em. Oberd. 1957
   Nymphaeion albae Oberd. 1957
   Ranunculion fluitantis Neuh. 1959

LITTORELLETEA Br.-Bl. et Tx. 1943
Strandlings-Flachwassergesellschaften
Littorelletalia Koch 1926
   Deschampsion littoralis Oberd. et Dierß. in Dierß. 1975

Isoëtion lacustris Nordh. 1937 em. Dierß. 1975
Lobelion dortmannae Tx. et Dierß. in Dierß. 1972
Eleocharition acicularis Pietsch 1967 em. Dierß. 1975
Hydrocotylo-Baldellion Dierß. et Tx. in Dierß. 1972

THLASPIETEA ROTUNDIFOLII Br.-Bl. 1947
Steinschutt- und Geröll-Gesellschaften
Androsacetalia alpinae Br.-Bl. et Jenny 1926
 Androsacion alpinae Br.-Bl. in Br.-Bl. et Jenny 1926
Drabetalia hoppeanae Zollitsch 1966
 Drabion hoppeanae Zollitsch 1966
Thlaspietalia rotundifolii Br.-Bl. in Br.-Bl. et Jenny 1926
 Thlaspion rotundifolii Br.-Bl. in Br.-Bl. et Jenny 1926
 Petasition paradoxi Zollitsch 1966
Epilobietalia fleischeri Moor 1958
 Epilobion fleischeri Br.-Bl. in J. et G. Br.-Bl. 1931
Stipetalia calamagrostis Oberd. et Seib. in Oberd. 1977
 Stipion calamagrostis Jenny-Lips 1930
Galeopsietalia segetum Oberd. et Seib. in Oberd. 1977
 Galeopsion segetum Oberd. 1957

PARIETARIETEA JUDAICAE Riv.-Mart. in Riv. God. 1964 em. Oberd. 1969
Glaskraut-Mauergesellschaften
Parietarietalia judaicae Riv.-Mart. 1960 corr. Oberd. 1977
 Centrantho-Parietarion Riv.-Mart. 1960 nom. inv.

ASPLENIETEA TRICHOMANIS Br.-Bl. in Meier et Br.-Bl. 1934 corr. Oberd. 1977
Felsspalten und Mauerfugen-Gesellschaften
Potentilletalia caulescentis Br.-Bl. in Br.-Bl. et Jenny 1926
 Potentillion caulescentis Br.-Bl. in Br.-Bl. et Jenny 1926
 Cystopteridion fragilis Richard 1972
Androsacetalia vandellii Br.-Bl. in Meier et Br.-Bl. 1934
 Androsacion vandellii Br.-Bl. in Br.-Bl. et Jenny 1926
 Asarinion procumbentis Br.-Bl. in Meier et Br.-Bl. 1934
 Asplenion serpentini Br.-Bl. et Tx. 1943

PLANTAGINETEA MAJORIS Tx. et Prsg. in Tx. 1950
Trittpflanzen-Gesellschaften
Plantaginetalia majoris Tx. 1950
 Polygonion avicularis Br.-Bl. 1931
 Saginion procumbentis Tx. et Ohba in Géhu et al. 1972

(eventuell Abtrennung einer eigenen Klasse kurzlebiger Trittgesellschaften: POLYGONO-POETEA ANNUAE Riv.-Mart. 1975)

AGROPYRETEA INTERMEDIO-REPENTIS Oberd. et al. 1967
Halbruderale Quecken-Trockenrasen und -Pioniergesellschaften
Agropyretalia intermedio-repentis Oberd. et al. 1967
 Convolvulo-Agropyrion repentis Görs 1966

VIOLETEA CALAMINARIAE Tx. in Lohm. et al. 1962
Schwermetallpflanzen-Gesellschaften
Violetalia calaminariae Br.-Bl. et Tx. 1943
 Thlaspion calaminariae Ernst 1965
 Armerion halleri Ernst 1965
 Galio anisophylli-Minuartion vernae Ernst 1965

SEDO-SCLERANTHETEA Br.-Bl. 1955 em. Th. Müller 1961
Silikattrockenrasen, Felsgrus- und Felsband-Gesellschaften
Thero-Airetalia Oberd. in Oberd. et al. 1967
 Thero-Airion Tx. 1951
Corynephoretalia canescentis Klika 1934
 Corynephorion canescentis Klika 1931
 Sileno conicae-Cerastion semidecandri Korneck 1974
 Koelerion glaucae Volk 1931
 Koelerion albescentis Tx. 1937
 Armerion elongatae Krausch 1962
Sedo-Scleranthetalia Br.-Bl. 1955
 Sedo-Scleranthion Br.-Bl. 1955
 Sedo albi-Veronicion dillenii (Oberd. 1957) Korneck 1974
 Alysso alyssoidis-Sedion albi Oberd. et Th. Müller in Th. Müller 1961
 Seslerio-Festucion pallentis Klika 1931 em. Korneck 1974

(eventuell auch zwei Klassen: SEDO-SCLERANTHETEA Br.-Bl. 1955, KOELERIO-CORYNEPHORETEA Klika in Klika et Novák 1941)

MONTIO-CARDAMINETEA Br.-Bl. et Tx. 1943
Quellfluren und Quellsümpfe
Montio-Cardaminetalia Pawl. in Pawl. et al. 1928
    Cardamino-Montion Br.-Bl. 1925
        Montienion (Maas 1959) Den Held et Westh. 1969
        Cardaminenion amarae (Maas 1959) Den Held et Westh. 1969
    Cratoneurion commutati Koch 1928

(bei konsequenter Trennung nach Taxocoena gehört ein Teil zu den Kryptogamen-Gesellschaften; s. z. B. DREHWALD & PREISING 1991).

PHRAGMITETEA Tx. et Prsg. 1942
Röhrichte und Großseggenriede
Phragmitetalia Koch 1926
    Phragmition australis Koch 1926
    Sparganio-Glycerion fluitantis Br.-Bl. et Siss. in Boer 1942 nom inv.
    Phalaridion arundinaceae Kopecký 1961
    Scirpion maritimi Dahl et Had. 1941
    Magnocaricion elatae Koch 1926

ASTERETEA TRIPOLII Westh. et Beeft. in Westh. et al. 1962
Salzmarsch- und Küstenfels-Gesellschaften
Glauco-Puccinellietalia maritimae Westh. et Beeft. in Westh. et al. 1962
    Puccinellion maritimae Christ. 1927 em. Tx. 1937
    Armerion maritimae Br.-Bl. et De L. 1936
    Puccinellio-Spergularion salinae Beeft. 1965
Crithmo-Armerietalia maritimae Géhu 1964
    Crithmo-Armerion maritimae Géhu 1968

SCHEUCHZERIO-CARICETEA FUSCAE Tx. 1937
Moorschlenken-, Schwingrasen- und Kleinseggensumpf-Gesellschaften
Scheuchzerietalia palustris Nordh. 1936
    Rynchosporion albae Koch 1926
    Caricion lasiocarpae Vanden Bergh. in Lebrun et al. 1949
Caricetalia fuscae Koch 1926 em. Nordh. 1937
    Caricion fuscae Koch 1926 em. Klika 1934
Tofieldietalia Prsg. in Oberd. 1949
    Caricion davallianae Klika 1934
    Caricion bicolori-atrofuscae Nordh. 1936

EPILOBIETEA ANGUSTIFOLII Tx. et Prsg. in Tx. 1950
Waldschlag- und Verlichtungs-Gesellschaften
Atropetalia Vlieger 1937

    Epilobion angustifolii (Rübel 1933) Soó 1933
    Atropion belladonnae Br.-Bl. 1930 em. Oberd. 1957

ARTEMISIETEA VULGARIS Lohm. et al. in Tx. 1950
Ausdauernde Ruderal- und nitrophile Ufer- und Saumgesellschaften
GALIO-URTICENEA (Pass. 1967) Th. Müller in Oberd. 1983
Convolvuletalia sepium Tx. 1950
    Senecion fluviatilis Tx. 1950 em. 1967
    Convolvulion sepium Tx. 1947 em. Th. Müller in Oberd. 1983
Glechometalia hederaceae Tx. in Tx. et Brun-H. 1975
    Aegopodion podagrariae Tx. 1967
    Alliarion Oberd. (1957) 1962 em. Siss. 1973
    Rumicion alpini Klika in Klika et Had. 1944
ARTEMISIENEA VULGARIS Th. Müller in Oberd. 1983
Artemisietalia vulgaris Lohm. in Tx. 1947 em. Th. Müller in Oberd. 1983
    Arction lappae Tx. 1937 em. 1950
Onopordetalia acanthii Br.-Bl. et Tx. 1943 em. Görs 1966
    Onopordion acanthii Br.-Bl. 1926
    Dauco-Melilotion Görs 1966

JUNCETEA TRIFIDI Had. in Klika et Had. 1944
Alpine Krummseggenrasen
Caricetalia curvulae Br.-Bl. in Br.-Bl. et Jenny 1926
    Caricion curvulae Br.-Bl. 1925

CARICI RUPESTRIS-KOBRESIETEA BELLARDII Ohba 1974
Alpine Nacktried-Gesellschaften
Elynetalia Oberd. 1957
    Elynion Gams 1936

SESLERIETEA ALBICANTIS Br.-Bl. 1947 em. Oberd. 1978
Alpine Blaugrasrasen
Seslerietalia albicantis Br.-Bl. in Br.-Bl. et Jenny 1926
    Caricion ferruginei Br.-Bl. 1931

SALICETEA HERBACEAE Br.-Bl. 1947
Schneeboden-Gesellschaften
Salicetalia herbaceae Br.-Bl. in Br.-Bl. et Jenny 1926
    Salicion herbaceae Br.-Bl. in Br.-Bl. et Jenny 1926

Arabidetalia caeruleae Rübel 1933
    Arabidion caeruleae Br.-Bl. in Br.-Bl. et Jenny 1926

FESTUCO-BROMETEA Br.-Bl. et Tx. 1943
Steppen- und Kalkmagerrasen
Festucetalia valesiacae Br.-Bl. et Tx. 1943
    Festucion valesiacae Klika 1931
    Stipo-Poion xerophilae Br.-Bl. et Tx. 1943
    Cirsio-Brachypodion Had. et Klika 1944
Brometalia erecti Br.-Bl. 1936
    Xerobromion (Br.-Bl. et Moor 1938) Moravec in Holub et al. 1967
    Mesobromion erecti (Br.-Bl. et Moor 1938) Oberd. 1957
    Koelerio-Phleion phleoidis Korneck 1974

AGROSTIETEA STOLONIFERAE Oberd. et Th. Müller ex Görs 1968
Flutrasen
Agrostietalia stoloniferae Oberd. in Oberd. et al. 1967
    Agropyro-Rumicion crispi Nordh. 1940 em. Tx. 1950
    (= *Lolio-Potentillion anserinae* Tx. 1947)

MOLINIO-ARRHENATHERETEA Tx. 1937
Wirtschaftswiesen, -weiden und Hochstaudenfluren
Molinietalia caeruleae Koch 1926
    Juncion acutiflori Br.-Bl. et al. 1947
    Calthion palustris Tx. 1937 em. Bal.-Tul. 1978
        Calthenion palustris (Tx. 1937) Bal.-Tul. 1978
        Filipendulenion (Segal 1966) Bal.-Tul. 1978
    Molinion caeruleae Koch 1926
        Selino-Molinienion Nowak in Drske. 1990
        Cnidienion venosi (Bal.-Tul. 1965) Nowak in Drske. 1990
Arrhenateretalia elatioris Pawl. 1928
    Arrhenatherion elatioris Koch 1926
    Polygono-Trisetion Br.-Bl. et Tx. ex Marschall 1947 nom. inv.
    Cynosurion cristati Tx. 1947
    Poion alpinae Oberd. 1950

MELAMPYRO-HOLCETEA Mollis Pass. 1979
Bodensaure Saumgesellschaften
Melampyro-Holcetalia mollis Pass. 1979
    Melampyrion pratensis Pass. 1967 ex Pass. 1979
    Potentillo-Holcion mollis Pass. 1979

TRIFOLIO-GERANIETEA SANGUINEI Th. Müller 1961
Thermophile Saumgesellschaften und Staudenfluren
Origanetalia vulgaris Th. Müller 1961
    Geranion sanguinei Tx. in Th. Müller 1961
    Trifolion medii Th. Müller 1961

OXYCOCCO-SPHAGNETEA Br.-Bl. et Tx. 1943
Hochmoorbulten- und Moorheide-Gesellschaften
Erico-Sphagnetalia papillosi Schwick. 1940
    Ericion tetralicis Schwick. 1933
Sphagnetalia magellanici Kästn. et Flößn. 1933
    Sphagnion magellanici Kästn. et Flößn. 1933

LOISELEURIO-VACCINIETEA Eggler 1952 em. Schubert 1960
Subalpin-alpine Zwergstrauchheiden
Rhododendro-Vaccinietalia Br.-Bl. in Br.-Bl. et Jenny 1926
    Loiseleurio-Vaccinion Br.-Bl. in Br.-Bl. et Jenny 1926
    Rhododendro-Vaccinion G. et J. Br.-Bl. 1931

NARDO-CALLUNETEA Prsg. 1949
Borstgrasrasen und Zwergstrauchheiden
Nardetalia strictae Prsg. 1949
    Nardion strictae Br.-Bl. in Br.-Bl. et Jenny 1926
    Violion caninae Schwick. 1944
    Juncion squarrosi Oberd. (1957) 1978
    Festucion variae Br.-Bl. 1925
Calluno-Ulicetalia Tx. 1937
    Genistion pilosae Duvign. 1942 em. Schubert 1960
    Empetrion nigri Böcher 1943

BETULO-ADENOSTYLETEA Br.-Bl. et Tx. 1943
Subalpine Hochstauden- und Hochgras-Gesellschaften
Adenostyletalia G. et J. Br.-Bl. 1931
    Adenostylion alliariae Br.-Bl. 1925
    Calamagrostion Luquet 1926
    Salicion waldsteinianae Oberd. 1978

(Die Abtrennung einer eigenen Klasse subalpiner Grünerlen-Weidengebüsche: **BETULO CARPATICAE-ALNETEA VIRIDIS** Rejmánek 1977 erscheint möglich)

FRANGULETEA Doing 1962
Salicetalia auritae Doing 1962
    Salicion cinereae Müller et Görs 1958

Pteridio-Rubetalia Doing 1962
  Lonicero-Rubion sylvatici Tx. et Neum. ex Wittig 1977

RHAMNO-PRUNETEA Riv. God. et Borja Carb. 1961
Kreuzdorn-Schlehengebüsche
Prunetalia spinosae Tx. 1952
  Pruno-Rubion radulae Weber 1974
  Carpino-Prunion (Tx. 1952) Weber 1974
  Berberidion vulgaris Br.-Bl. 1950
  Prunion fruticosae Tx. 1952
  Salicion arenariae Tx. 1952
Sambucetalia Oberd. 1957
  Sambuco-Salicion capreae Tx. et Neum. in Tx. 1950

SALICETEA PURPUREAE Moor 1958
Weiden-Ufergebüsche und -wälder
Salicetalia purpureae Moor 1958
  Salicion elaeagni Aich. 1933
  Salicion albae Soó 1930 em. Moor 1958

ALNETEA GLUTINOSAE Br.-Bl. et Tx. 1943
Schwarzerlen-Bruchwälder
Alnetalia glutinosae Tx. 1937
  Alnion glutinosae Malc. 1929

ERICO-PINETEA Horvat 1959
Schneeheide-Kiefernwälder
Erico-Pinetalia Horvat 1959
  Erico-Pinion Br.-Bl. in Br.-Bl. et al. 1939

PULSATILLO-PINETEA SYLVESTRIS (E. Schmid 1936) Oberd. in Oberd. et al. 1967 em. 1992
Pulsatillo-Pinetalia sylvestris Oberd. in Th. Müller 1966
  Cytiso ruthenici-Pinion sylvestris Krausch 1962

VACCINIETEA ULIGINOSI Lohm. et Tx. in Tx. 1955
Bodensaure Moorwälder
Vaccinietalia uliginosi Lohm. et Tx. in Tx. 1955
  Betulion pubescentis Lohm. et Tx. in Tx. 1955
  Ledo-Pinion Tx. 1955 nom. inv.

VACCINIO-PICEETEA Br.-Bl. in Br.-Bl. et al. 1939
Sauerhumus-Nadelwälder
Piceetalia abietis Pawl. in Pawl. et al. 1928
  Dicrano-Pinion (Libb. 1933) Matuszk. 1962 em. Oberd. 1979

Piceion abietis Pawl. in Pawl. et al. 1928
  Vaccinio-Abietenion Oberd. 1962
  Vaccinio-Piceenion Oberd. 1957
  (vermutlich ein weiterer UV für Lärchen-Arven-Wälder und Latschen-Krummholz: Pinion cembrae prov.)

QUERCO-FAGETEA Br.-Bl. et Vlieger in Vlieger 1937
Sommergrüne Fallaubwälder
Quercetalia robori-petraeae Tx. 1931 ex Tx. 1937 em Riv.-Mart. 1973
  Quercion robori-petraeae Br.-Bl. 1932
  Luzulo-Fagion Lohm. et Tx. in Tx. 1954
Fagetalia sylvaticae Pawl. in Pawl. et al. 1928
  Fagion sylvaticae Luquet 1926 em. Lohm. et Tx. in Tx. 1954
    Galio odorati-Fagenion (Tx. 1955) Th. Müller 1966 em. Oberd. et Th. Müller 1984
    Lonicero alpigenae-Fagenion Oberd. et Th. Müller 1984
    Galio rotundifolii-Abietenion Oberd. 1962
  Cephalanthero-Fagion Tx. 1955
  Tilio platyphyllis-Acerion pseudoplatani Klika 1955
    Clematido vitalbae-Corylenion avellanae (Hofm. 1958) Th. Müller in Oberd. 1992
    Deschampsio flexuosae-Acerenion pseudoplatani Th. Müller in Oberd. 1992
    Tilienion platyphylli (Moor 1975) Th. Müller in Oberd. 1992
    Lunario-Acerenion pseudoplatani (Moor 1973) Th. Müller in Oberd. 1992
  Carpinion betuli Issl. 1931 em. Oberd. 1957
    Pulmonario-Carpinenion betuli Oberd. ex Müller 1990
    Galio sylvatici-Carpinenion betuli Oberd. ex Müller 1990
    Tilio cordatae-Carpinenion betuli Oberd. ex Müller 1990
  Alno-Ulmion minoris Br.-Bl. et Tx. 1943
    Alnenion glutinoso-incanae Oberd. 1953
    Ulmenion minoris Oberd. 1953
Quercetalia pubescentis-petraeae Klika 1933 corr. Moravec in Béguin et Theurillat 1984
  Quercion pubescentis-petraeae Br.-Bl. 1932 em. Riv.-Mart. 1972
  Potentillo albae-Quercion petraeae Zól. et Jak. 1957 n.nov. Jak. 1967

IX Multivariate Verfahren in der Pflanzensoziologie

1 Allgemeines

Pflanzenbestände sind vieldimensionale (multivariate) Beziehungsgefüge von Sippen bzw. Populationen untereinander und mit abiotischen Faktoren, aber nur ein Teilaspekt von Ökosystemen (s. III). Sie lassen sich entsprechend nach einer Vielzahl von Variablen auswerten. Auch Pflanzengesellschaften als Typen von Beständen ergeben erst bei mehrdimensionaler Betrachtung ihrer (synthetischen) Merkmale (s. VIII 2) und Gliederung (VIII 4.2) ein genaueres Abbild der Natur. Für das Braun-Blanquet-System wird als besonders aussagefähiges (qualitatives), viele Einzelfaktoren integrierendes Merkmal die floristische Ähnlichkeit benutzt. Grundsätzlich kann man aber auch andere Merkmale als Variable für sich alleine oder in Beziehung zu anderen auswerten.

Für eine Vegetationsübersicht sind stark vereinfachte Denkmodelle notwendig, die bestimmte Ordinations- und Klassifikationsverfahren ergeben (VII). Komplexere Zusammenhänge bedürfen vieldimensionaler Methoden der Auswertung, die man als multivariate Verfahren bezeichnet. Hierdurch sollen bestehende Gesetzmäßigkeiten innerhalb eines Datensatzes verdeutlicht werden. Oft wird synonym von numerischen (mathematischen, statistischen, quantitativen) Verfahren gesprochen, die aber auch andere mit Zahlen verbundene Methoden umfassen (s. VI 3.8, VII, VIII). Im Zusammenhang mit Klassifikationsverfahren wird auch die „Numerische Syntaxonomie" als eigenständiges Gebiet der Vegetationskunde erörtert (s. 3.3).

Multivariate Verfahren haben sich in der Vegetationskunde etwa seit Beginn der 60er Jahre entwickelt, wegen des hohen Arbeitsaufwandes zunächst recht langsam, oft mit wenig Verständnis von Seiten der klassischen Pflanzensoziologen. Erst durch rasche Ausbreitung der EDV mit leistungsfähigen Computern und geeigneten Programmen haben sie vorwiegend bei Jüngeren mehr Eingang gefunden. Allerdings stellen sie die an einfache Modelle gewöhnte menschliche Denkweise auf manche harte Probe, da die Ergebnisse multivariater Auswertungen oft schwer durchschaubar sind, insbesondere wenn man mit den grundlegenden Methoden nicht eingehend vertraut ist. In der oft mehr intuitiv vorgehenden Pflanzensoziologie haben solche Verfahren deshalb bis heute mehr den Charakter randlicher Ergänzungen, nicht aber grundlegende Bedeutung, obwohl Vegetationsaufnahmen multivariate Daten darstellen.

Viele Denkansätze und Methoden multivariater und allgemeiner numerischer Verfahren gehören in den Bereich der Theoretischen Vegetationskunde. Wesentliche Impulse verdanken sie der Arbeitsgruppe für Datenverarbeitung bzw. (neuerdings) für Theoretische Vegetationskunde der IVV (s. II 5), die seit den 80er Jahren mehrere Symposien und Workshops sowie einführende Lehrgänge abgehalten hat. Viele Ergebnisse sind vor allem in der Zeitschrift Vegetatio erschienen. Allerdings wird diese Richtung von vielen mehr praxisorientierten, mathematisch weniger bewanderten Pflanzensoziologen eher abgelehnt oder bestenfalls zur Kenntnis genommen, zumal manche Ergebnisse der Numeriker recht banal und dem erfahrenen Praktiker längst geläufig sind. Nach langen Jahren eher scharfer Gegensätze (s. WIEGLEB 1986) deutet heute alles mehr auf eine Koexistenz klassischer und multivariater Arbeitsweisen hin.

Als Vorteile multivariater Verfahren lassen sich z. B. anführen:
– Schnelle Bearbeitung auch sehr großer Datensätze.
– Genau reproduzierbare („objektive") Auswertungsmethoden und Ergebnisse nach (subjektiv) vorgegebenen Verfahren; z. B. unvoreingenommen-gleichwertige Behandlung aller Arten.
– Vielfältige Auswertungsmöglichkeiten multi-

variater Daten (Aufnahmen) durch beliebige Auswahl und Kombination von Variablen und Methoden.
- Möglichkeiten zur Herausarbeitung von Trends und Strukturen aus großen Datensätzen, die zu vertieften Einsichten und/oder Hilfen für die klassische Vegetationsanalyse und -synthese führen.
- Rasche und überschaubare Darstellung komplexer Zusammenhänge.
- Bildung und Überprüfung von Hypothesen und Modellen, die zum Verständnis der Vegetation beitragen.

Manche dieser Punkte weisen aber auch gleichzeitig auf kritische Aspekte hin (s. auch VIII 2.7.3). Insbesondere sei noch einmal vor einer Überbewertung gewarnt. Die Benutzung multivariater Methoden, oft auch abhängig von dem gerade üblichen bzw. vorhandenen Computerprogramm, ist allein noch keine Wissenschaft. Eine graphische Darstellung entsprechender Ergebnisse ohne eingehende Interpretation ist mehr Spielerei als ernsthafte Vegetationsforschung. Leider zeigen nicht wenige Arbeiten in eine so zweifelhafte Richtung. Die Faszination des Beherrschens von Computern und Programmen scheint gelegentlich die eigene Kenntnis der Vegetation bei weitem zu übertreffen.

Numerische Verfahren sind lediglich ein Hilfsmittel der Vegetationsforschung, können aber die eigentliche, auf weitreichenden Einsichten und Erfahrungen beruhende Darstellung nicht ersetzen. Bei Ergebnissen numerischer Verfahren tritt der deskriptive Wert der Vegetationsaufnahmen und -tabellen zugunsten von Zahlen und abstrakten Darstellungen völlig zurück (s. WIEGLEB 1986). Die große Vielfalt natürlicher Erscheinungen und Bezüge läßt sich kaum bestimmten Regeln und Formeln unterordnen. Den vielen Abweichungen und Sonderfällen sowie artspezifisch unterschiedlich zu wertenden Merkmalen wird das Gehirn eines erfahrenen Pflanzensoziologen eher gerecht als ein noch so vielseitiges Rechenverfahren. Deshalb kommen subjektiv-wertende Verfahren biologischen Objekten möglicherweise näher als objektiv-schematische Methoden (s. auch DIERSSEN 1990, S. 184).

Multivariate Auswertungen beruhen meist auf Vegetationsaufnahmen, die weder formal noch inhaltlich allen Erfordernissen statistischer Vergleiche genügen (WILDI 1986, S. 25, 214), da subjektive Momente eine große Rolle spielen (V). Auch jede numerische Auswertung setzt die subjektive Auswahl bestimmter Grundregeln voraus, die dann objektiv auf gegebene Daten angewendet werden. Die Art der Ergebnisse ist von der Verfahrensauswahl abhängig, mithin ebenfalls subjektiv beeinflußt. Schon die unterschiedliche Datentransformation kann zu unterschiedlichen Ergebnissen führen (VAN DER MAAREL 1980, KOVÁŘ & LEPŠ 1986), erst recht die Auswahl geeigneter Indizes und Verfahren (MOORE & O'SULLIVAN 1970, GOODALL 1973a). „Auch statistische Tests sind Willkür" (WIEGLEB 1986, S. 374). Gelegentlich hat man sogar den Eindruck, daß Daten solange manipuliert werden, bis ein nach Meinung des Bearbeiters brauchbares Ergebnis herauskommt. Während eine Vegetationstabelle jederzeit von jedem überprüfbar ist, ihre Daten auch für weitere Auswertungen unmittelbar zur Verfügung stehen, sind multivariate Ergebnisse stärker abstrahiert. Ein großer Teil der Originalinformationen geht verloren. Die Qualität einer Vegetationstabelle ist leicht zu beurteilen; sie kann gegebenfalls neu geordnet werden. Ohne hinreichende Interpretation sind dagegen Resultate multivariater Verfahren wertlos. Auch müssen die verwendeten Auswertungsverfahren genauer erläutert, ihre Auswahl begründet werden.

Grundsätzlich lassen sich zwei Anwendungsbereiche multivariater vegetationskundlicher Verfahren unterscheiden: Ordination und Klassifikation (s. VII). Nicht hierzu gehören Programme als reine Sortierhilfen der Tabellenarbeit, wohl aber solche zum Auffinden von Artengruppen in Tabellen (s. VI 3.8). Sie wurden bereits in Kapitel VI 3.8 erläutert.

Da dieses Buch vorwiegend der klassischen Pflanzensoziologie gewidmet ist, sollen hier multivariate Verfahren nicht im einzelnen angesprochen, vielmehr nur einige Hauptrichtungen und Möglichkeiten mit Ergebnissen kurz beleuchtet werden. Weiter verwiesen sei auf die reichhaltige Literatur, die allerdings schwer überschaubar ist. Offenbar legen viele Autoren Wert darauf, eigene Verfahren zu entwickeln oder bekannte Methoden zu modifizieren. Viele Arbeiten sind in englischer Sprache publiziert. Erste deutsche Übersichten geben WILDI (1986), FISCHER & BEMMERLEIN (1986). Grundlagen und deren Diskussion findet man z. B. auch bei MOORE et al. (1978), WHITTAKER (1973), WESTHOFF & VAN DER MAAREL (1973), MUELLER-DOMBOIS & ELLENBERG (1974), ORLÓCI (1978), PLETL (1980), VAN DER MAAREL et al. (1980),

GAUCH (1982), GRABHERR (1982, 1985), WIEGLEB (1986), JONGMAN et al. (1987).

Für die numerische Verarbeitung vegetationskundlicher Daten gibt es teilweise sehr umfangreiche Programme und Programmpakete, z. B. Clusla (LOUPPEN & VAN DER MAAREL 1979), Decorana und Twinspan (HILL 1979a/b), Mulva (WILDI & ORLÓCI 1990) (s. auch VAN DER MAAREL et al. 1980, S. 199 ff., MUCINA & DALE 1989).

2 Multivariate Ordination

Bei Ordinationen steht die gegenseitige Beziehung der Objekte im Vordergrund der Betrachtungen. Multivariate Verfahren sind oft auf floristische Ähnlichkeiten von Aufnahmen gerichtet, können aber auch andere, z. B. ökologische Daten verwenden (s. WILDI 1977, GÖNNERT 1989). Die direkte Ordination (VII) stellt Arten, Aufnahmen oder Bereiche von Gesellschaften meist zwei- bis dreidimensional mit Hilfe ökologischer Gradienten und Koordinatensysteme dar. Die Ergebnisse sind gut überschaubar, bilden aber nur einen kleinen Ausschnitt des vielfältigen Beziehungsgefüges. Dagegen untersucht die multivariate (indirekte) Ordination einen vieldimensionalen Raum (Hyperspace) aus beliebig vielen Achsen. Diese können einzelne Sippen oder Aufnahmen darstellen, wobei sich die Positionen einzelner Objekte erst durch sehr abstrakte Vergleiche ergeben.

2.1 Mehrdimensionale Korrelation von Arten

Innerhalb eines Aufnahmesatzes läßt sich das soziologische Verhalten der Arten verdeutlichen, indem man paarweise die Häufigkeit gemeinsamer Vorkommen, d. h. ihre soziologische Bindung ermittelt. Bei Auswertung aller möglichen Vergleichspaare erhält man ein vieldimensionales Netz aus Verbindungslinien von Punkten, deren Länge und Stärke die Bindung zwischen den Arten angibt. In solchen Geflechten (Plexus-Diagrammen) sind die Punkte als Positionen der Arten ungleich verteilt und lassen meist bestimmte Gruppierungen (Punktschwärme, Cluster) erkennen. Netzdiagramme zeigen dies vereinfacht in zwei bis dreidimensionaler Form (s. GOODALL 1973a, MC INTOSH 1973, MUELLER-DOMBOIS & ELLENBERG 1974).

Heute lassen sich solche vieldimensionalen Korrelationen über Ähnlichkeitskoeffizienten mit dem Computer leicht errechnen. Ein früher noch per Hand erstelltes Beispiel ist das Netzdiagramm von VRIES et al. (1954). Er berechnete aus einer großen Zahl von Frequenzaufnahmen niederländischer Grünlandvegetation für die 52 häufigsten Arten paarweise Korrelationen nach der Zahl gemeinsamer Vorkommen. Eine modifizierte Form seines Diagrammes zeigt Abb. 151. Deutlich sichtbar ist eine Zweiteilung nach feuchten (links) und mehr frischen Standorten (rechts), ebenfalls ein Nährstoffgradient von oben nach unten. Das hier syntaxonomisch interpretierte Diagramm läßt recht gut soziologisch-ökologische Artengruppen erkennen.

Ein anderes Beispiel mit genaueren Erläuterungen gibt HEGG (1965) nach 704 Aufnahmen aus den Schweizer Alpen. Die aus Korrelationsberechnungen ermittelten Artengruppen stimmen mit denen aus Tabellen recht gut überein. WIEGLEB (1978) stellt nach Auswertung von 3 000 Aufnahmen ein Netzdiagramm für Wasserpflanzen dar und weist auf dessen beschränkte Aussagemöglichkeit gegenüber Vegetationstabellen hin. In der Pflanzensoziologie hat dies Verfahren deshalb kaum weitere Anwendung gefunden.

Berechnet man Korrelationen zwischen Vegetationstypen nach ihrer floristischen Verwandtschaft (s. auch VIII 2.7.2.2), erhält man entsprechende Netzdiagramme, wie Abb. 152 zeigt. Ein Affinitätsdiagramm für epiphytische Moosgesellschaften findet sich schon bei BARKMAN (1958a, S. 324).

2.2 Indirekte Gradientenanalyse von Vegetationsaufnahmen

Für Vegetationsaufnahmen eines Datensatzes können in beliebiger Kombination paarweise Ähnlichkeiten errechnet werden, woraus sich ihre Anordnung entlang entsprechender floristischer Gradienten ergibt. Nachträglich zeigen sich möglicherweise auch ökologische Bezüge. WHITTAKER (1967, 1970 u. a.) spricht deshalb von Indirekter Gradientenanalyse (im Gegensatz zur Direkten), bei der Arten oder Aufnahmen unmittelbar bestimmten Standortsgradienten und Meßdaten zugeordnet werden (s. VII 3).

Ein Grundverfahren der Indirekten Gradientenanalyse geht zurück auf BRAY & CURTIS (1957), die Wälder in Wisconsin untersuchten

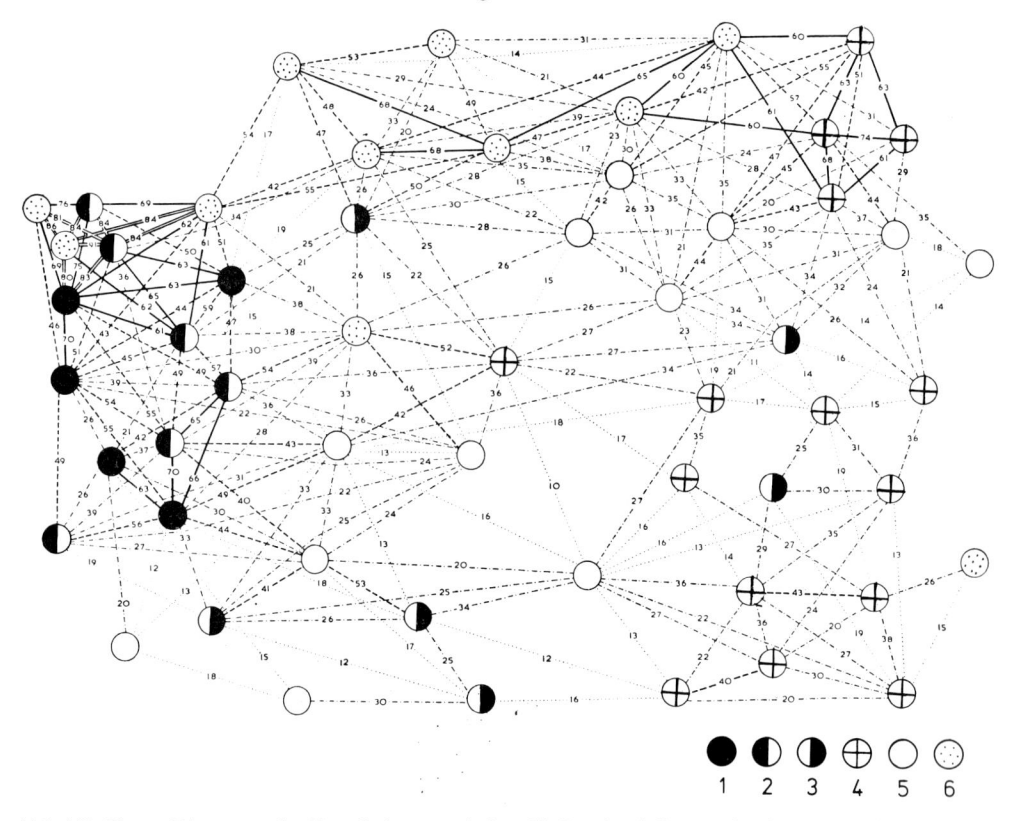

Abb. 151. Plexus-Diagramm der Korrelationen zwischen 52 Grünlandpflanzen (nach VRIES et al. 1954, verändert).
1: *Caricetalia fuscae, Phragmitetalia*; 2: *Molinietalia*; 3: *Agrostietalia stoloniferae*; 4: *Arrhenatheretalia, Plantaginetalia majoris*; 5: *Molinio-Arrhenateretea*; 6: Magerkeitszeiger.
Die Dicke der Verbindungsstriche und die Ziffern kennzeichnen die Enge der Korrelationen.

(Vergleichende Wisconsin-Ordination; s. auch Beiträge in WHITTAKER 1973, MUELLER-DOMBOIS & ELLENBERG 1974). Zunächst wird nach Berechnung der Ähnlichkeit aller Aufnahmepaare eine Ähnlichkeitsmatrix erstellt (s. auch VIII 2.7.2). Hieraus werden die zwei unähnlichsten Aufnahmen als Endpunkte einer Achse ausgewählt, die Ähnlichkeiten aller übrigen Aufnahmen zu diesen berechnet und danach ihre Position auf der Achse nach einem Distanzmaß festgelegt. Dies entspricht etwa der Ordnung einer Vegetationstabelle. Um stark abweichende Aufnahmen als Referenzpunkte zu vermeiden (die man bei der Tabellenarbeit streichen würde), gibt es etwas modifizierte Auswahlverfahren.

Im nächsten Schritt wird eine neue Achse nach zwei neuen Referenzaufnahmen festgelegt, die sowohl zu denen der ersten Achse als auch untereinander unähnlich sind. Die zweite Achse steht etwa senkrecht auf der ersten. Wieder ergibt sich eine bestimmte Anordnung aller Aufnahmen. Bezüglich beider Achsen ist eine Lokalisation der Aufnahmen in einem Koordinatensystem möglich.

Abb. 153 zeigt eine Anwendung dieses Verfahrens auf 58 Aufnahmen der Mauervegetation. Es wurde hier zur Überprüfung der Vegetationstypen aus einer Vegetationstabelle verwendet. Es ergeben sich drei deutlicher abgrenzbare Aufnahmegruppen (A,C,P) mit breiteren Überschneidungen. Abb. 154 zeigt eine entsprechende Darstellung für Glatthaferwiesen.

Benutzt man weitere Achsen, ist der Übergang zu multivariaten Verfahren der Ordination vollzogen, die im nächsten Kapitel kurz geschildert werden.

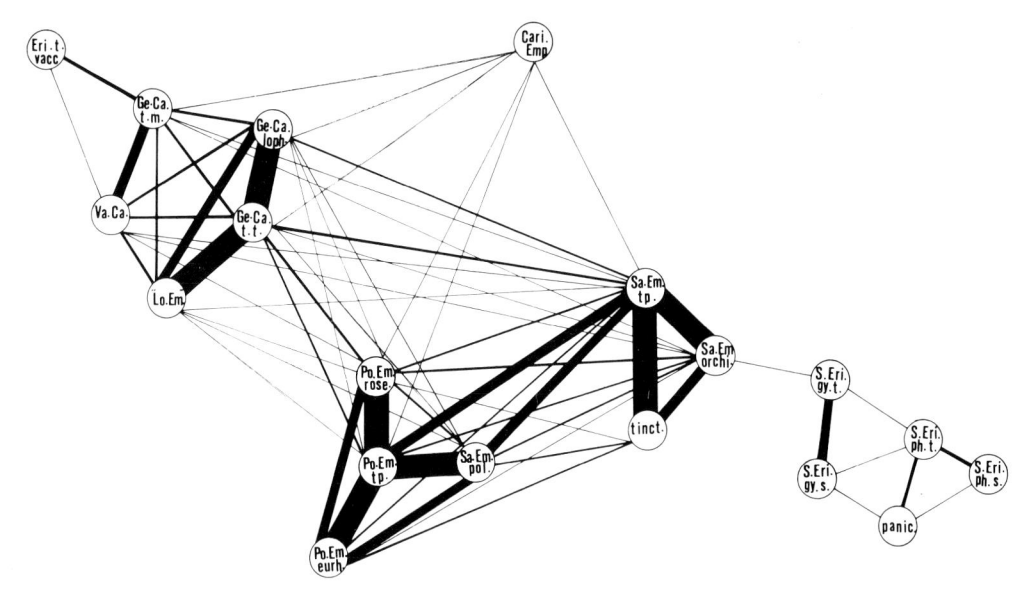

Abb. 152. Netzdiagramm von Heidegesellschaften der Niederlande nach ihrer Ähnlichkeit in Stetigkeit und Menge (Assoziationen bis Varianten) (nach BARENDREGT 1982, leicht verändert).
Eri.t.= *Ericetum tetralicis*; Va.-Ca.= *Vaccinio-Callunetum*;
Ge.Ca.= *Genisto-Callunetum*; P.Em.= *Polypodio-Empetretum*;
Sa.Em.= *Salici-Empetretum*; Cari.Em.= *Carici-Empetretum*;
S.-Eri.= *Salici-Ericetum*.

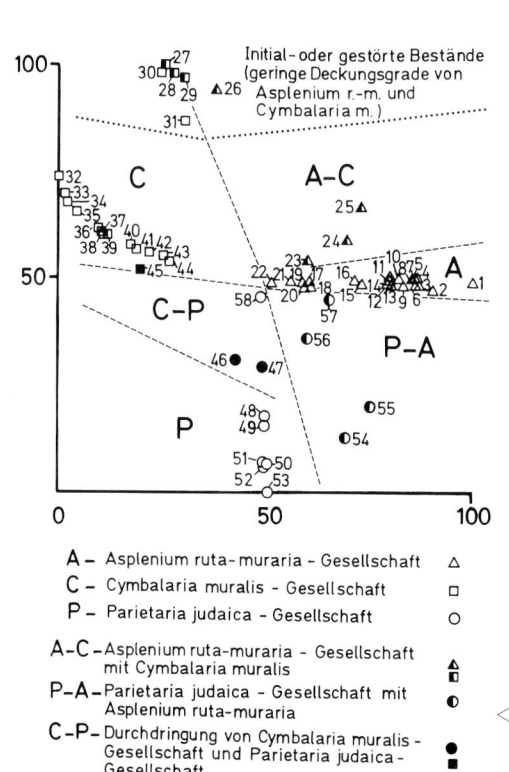

2.3 Hauptkomponenten-Analyse

Betrachtet man jede Art oder Aufnahme eines Datensatzes als Variable, entsteht ein vieldimensionaler Raum floristischer Achsen, in dem sich die Position der Aufnahmen oder Arten berechnen läßt. Es ergeben sich schwer vorstellbare Punktwolken, die graphisch darstellbar gemacht werden. Hierfür sind verschiedene Verfahren der Datentransformation und Projektion notwendig. Eine gern benutzte Methode ist die Faktoren- oder Hauptkomponenten-Analyse (Principal Components Analysis = PCA), bei der die Punktwolken durch spezielle Verfahren der Festlegung neuer Achsen in eine Ebene projiziert werden. Diese Achsen neu bestimmter Variablen („Komponenten") sollen die Hauptrichtungen der floristischen Variabilität darstellen und so Zusammenhänge verdeutlichen. Die erste Achse zeigt die Richtung maxi-

◁ Abb. 153. Zweidimensionale indirekte Gradientenanalyse von 58 Aufnahmen der Mauervegetation (aus WERNER et al. 1989). Erläuterung im Text.

maler Varianz an, die zweite (auf der ersten senkrecht stehend) die größte Restvarianz usw. Die Achsen selbst sind hypothetische Gradienten, die sich schwer direkt interpretieren lassen. Sie können aber teilweise nachträglich auf ökologische Gradienten bezogen werden.

Ergeben sich bei der Projektion enger abgrenzbare Punktgruppen (Cluster), kann man auf Diskontinuitäten, d. h. Möglichkeiten einer Klassifikation schließen (s. 3). GOODALL (1986) sieht das Vorkommen solcher Gruppen als Grundvoraussetzung bzw. Nachweis einer „Natürlichen Klassifikation". Damit ist die PCA eine wichtige Basis multivariater Gliederungen der Vegetation. Vor allem in noch wenig bekannten Gebieten kann sie ein guter Test zur Vorstrukturierung eines Aufnahmesatzes sein, wie REIF & ALLEN (1988) an Wäldern Neuseelands gezeigt haben. E. & S. PIGNATTI (1984) verwenden die PCA und andere Verfahren in engem Zusammenhang mit klassischer Tabellenarbeit für Kalkschutt-Gesellschaften der Alpen.

In Abb. 154 sind Aufnahmen von Glatthaferwiesen mit Hilfe der Indirekten Gradientenanalyse und Faktorenanalyse ausgewertet. In beiden Fällen ergeben sich drei Gruppen A-C von Aufnahmen relativ trockener (A), frischer (B) und feuchter Standorte (C).

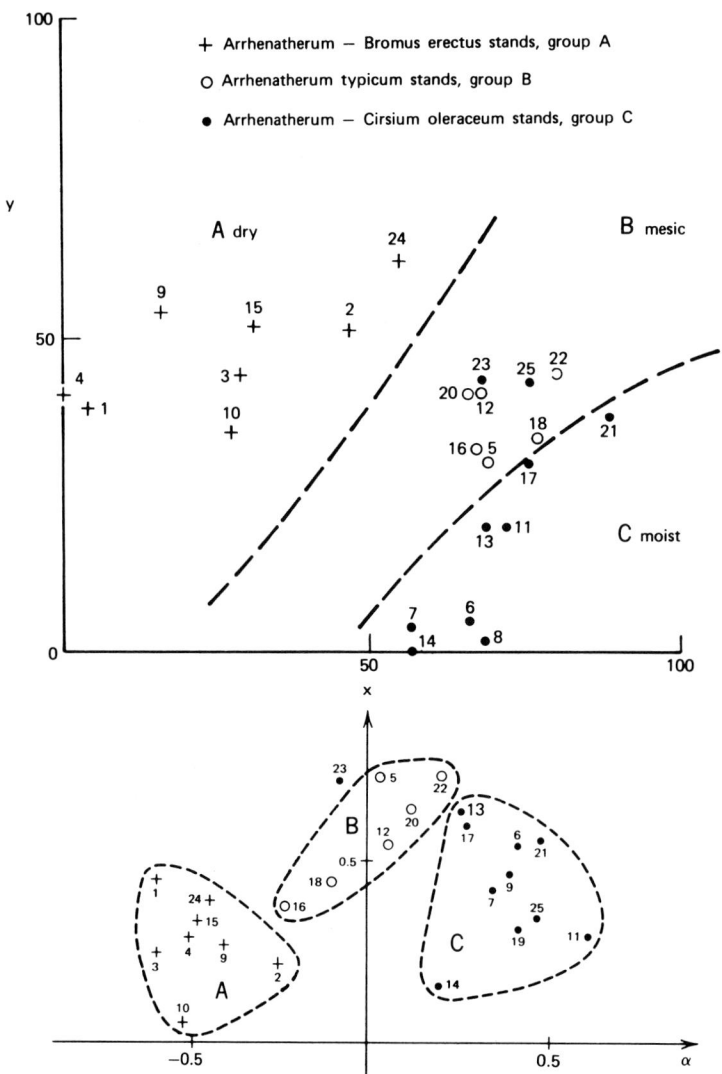

Abb. 154. Verschiedene Auswertungen zur Ordnung von Aufnahmen des *Arrhenatheretum* (aus MUELLER-DOMBOIS & ELLENBERG 1974).
Oben: Positionen der Aufnahmen nach zwei Ähnlichkeitsachsen (Indirekte Gradientenanalyse).
Unten: Gruppierung der Aufnahmen nach einer Faktorenanalyse.

3 Multivariate Klassifikation

Wie schon in Kapitel VII 2 betont, sind Ordination und Klassifikation oft komplementäre Verfahren der Datenauswertung. Auch Beispiele im vorigen Kapitel weisen in diese Richtung. Während bei der Ordination Cluster eher nebenbei abfallen, wird bei multivariater Klassifikation direkt danach gesucht. Man spricht deshalb von Gruppierungs- oder Cluster-Analyse (normal: Gruppierung von Aufnahmen, invers: Gruppierung von Arten). Auch die klassische Tabellenarbeit stellt eine solche in zwei-dimensionaler Form dar. Multivariate Vergleiche können vorweg, parallel oder nach der Tabellenarbeit eine Hilfe sein, aber auch ganz eigenständige Ergebnisse liefern.

Multivariate Klassifikationsverfahren suchen nach Strukturen von Daten im Sinne von diskreten Verteilungsmustern von Arten oder Aufnahmen auf der Grundlage berechenbarer floristischer Ähnlichkeit bzw. Distanz. Wieder stellen Aufnahmen oder Arten Punkte in einem vieldimensionalen Achsensystem dar. Durch Aufteilung entlang von Diskontinuitäten können parallele Gruppen gebildet werden, aus denen sich ein hierarchisches System entwickeln läßt, entweder durch Gliederung in Untergruppen (divisives = deduktives Verfahren) oder durch Zusammenfassung zu größeren Gruppen (agglomeratives = induktives Verfahren). Zugrunde liegen kann ein Merkmal (monothetisch), oder es werden polythetisch mehrere Merkmale benutzt. Für die Herausarbeitung wichtiger Unterscheidungsmerkmale dient die Diskriminanzanalyse.

Bevorzugtes Darstellungsmittel hierarchischer Strukturen sind Dendrogramme, in denen jede Verzweigungsebene ein bestimmtes Ähnlichkeitsniveau kenntlich gemacht. Je verwandter die Einheiten, auf desto niedrigerer Ebene werden sie verbunden. Dendrogramme sind also eine Ordinationsform klassifikatorisch ermittelter Gruppen. Sie können syntaxonomische Strukturen vorhersagen oder nachzeichnen. Im Gegensatz zur Syntaxonomie werden hier aber alle Arten gleich gewertet. Außerdem können die Dendrogramme je nach Methode ganz verschieden aussehen (GROENEWOUD 1983). Auch die Festlegung von Ähnlichkeitsniveaus ist subjektiv. Die so ermittelten und dargestellten Gruppen und Hierarchien sind jedenfalls sehr formal und können nicht allen Feinheiten und Besonderheiten voll gerecht werden. Erst in Verbindung mit ausführlichen Vegetationstabellen erhöht sich ihre Informationstiefe. Auf sie wird man auch in Zukunft nicht verzichten können.

In vielen Arbeiten wird darauf hingewiesen, daß Verfahren multivariater Klassifikation ähnliche oder gleiche Ergebnisse wie die mehr intuitive syntaxonomische Klassifikation ergeben (z. B. WHITTAKER 1972b, MUELLER-DOMBOIS & ELLENBERG 1974, VAN DER MAAREL et al. 1980, GRABHERR 1982, 1985, DZWONKO 1986, KOVÁŘ & LEPŠ 1986, WIEGLEB 1986). Dies spricht eigentlich dafür, die bewährte Braun-Blanquet-Methode beizubehalten. WHITTAKER (1972 b) sieht in numerischer Klassifikation mehr die Möglichkeit zur Beantwortung einzelner Fragen als einen generellen Ansatz zum Studium der Vegetation (s. dagegen 4.). Als Beispiel sei die Arbeit von MUCINA & JAROLÍMEK (1986) genannt, wo der von TÜXEN gemachte Vorschlag einer Zusammenfassung von Grünland und Trittrasen in den *Molinio-Arrhenatheretea* mit Hilfe numerischer Vergleiche überprüft und abgelehnt wird (s. Abb. 155). In ähnliche Richtung gehen CAMIZ et al. (1984), die für eine selbständige Klasse *Agrostietea stoloniferae* sprechen. PIGNATTI (1981) zeigt Möglichkeiten syntaxonomischer Hilfestellung durch multivariate Verfahren am sehr schwierigen Fall endemitenreicher mediterraner Dornpolsterfluren.

Am Beispiel europäischer *Spartinetea*-Gesellschaften, einer ebenfalls syntaxonomisch extremen Gruppe (s. VII 6.2), haben KORTEKAAS et al. (1976) mit Hilfe von 576 Aufnahmen einen Vergleich verschiedener Methoden durchgeführt. Nach Ähnlichkeitsberechnungen und Festlegung von Grenzwerten für verschiedenrangige Syntaxa wird ein Dendrogramm entwickelt (Abb. 156). Insgesamt ergibt sich eine gute Übereinstimmung mit der syntaxonomischen Übersicht von BEEFTINK & GÉHU (1973). Die drei Assoziationen sind deutlich getrennt. Die gefundenen Cluster werden als Syntaxa interpretiert (Subassoziationen, Varianten). Eine breite Dendrogramm-Übersicht europäischer Salzmarschen geben LAUSI & FEOLI (1979). DZWONKO (1986) wertete 1 598 Aufnahmen von Wäldern der polnischen Karpaten mit verschiedenen multivariaten Methoden aus und fand innerhalb bereits bekannter Assoziationen Geographische Rassen und Höhenformen.

Einen genaueren Vergleich klassischer und numerischer Methoden hat GRABHERR (1985)

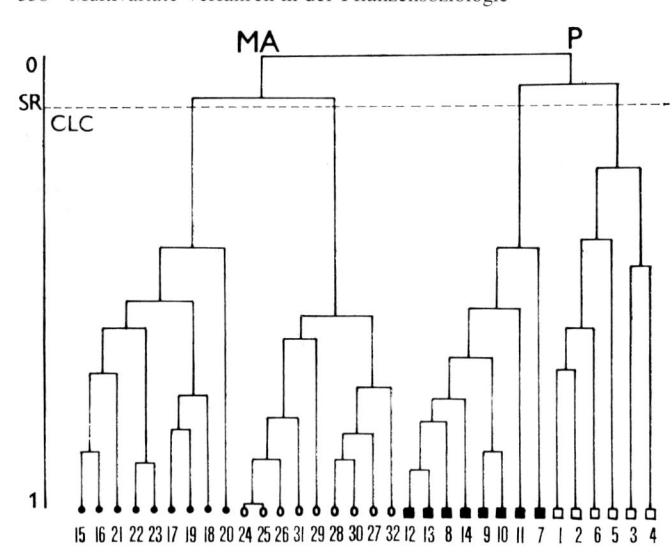

Abb. 155. Dendrogramm von Gesellschaften der *Molinio-Arrhenatheretea* (MA) und *Plantaginetea majoris* (P) nach einer Übersichtstabelle von TÜXEN (aus MUCINA & JAROLIMEK 1986, leicht verändert).

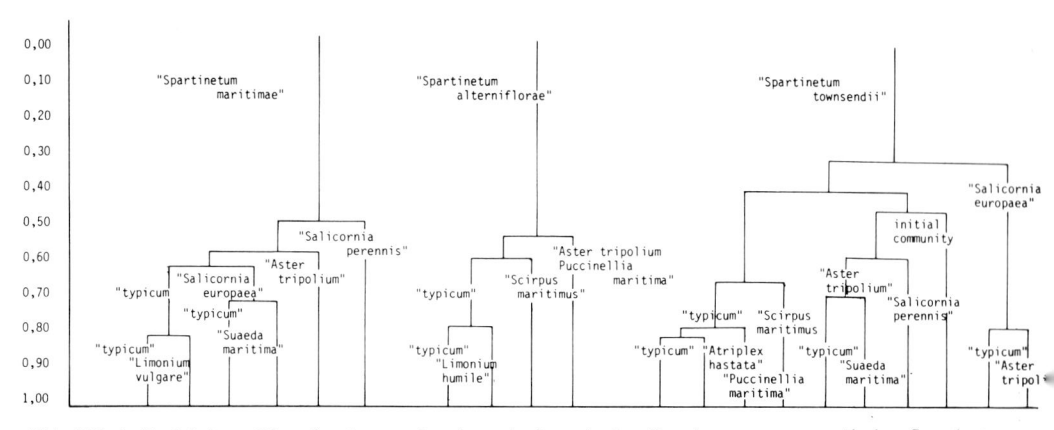

Abb. 156. Auf induktivem Wege (agglomerative clustering) ermitteltes Dendrogramm europäischer *Spartinetea*-Gesellschaften (nach KORTEKAAS et al. 1976, verändert). Erläuterung im Text.

mit 311 Aufnahmen alpiner Rasen durchgeführt (Abb. 157). Mit den Programmen Decorana und Twinspan ergeben sich zunächst verschiedene Gruppen (157a). Setzt man anstelle der Aufnahmepunkte gemessene pH-Werte ein (157b), läßt sich die erste Achse als Basengradient deuten. Die zweite Achse entspricht einer Höhenabstufung. In Abb. 157c sind die Aufnahmen syntaxonomisch nach BRAUN-BLANQUET eingeordnet. Bei manchen Übereinstimmungen im Groben gibt es doch etliche Unklarheiten im Detail. Ähnliche Beispiele finden sich bei WERGER et al. (1978) und ERSCHBAMER (1990).

Dendrogramme für Syntaxa und verwandte Einheiten gibt es u. a. auch bei MÄKIRINTA (1989: *Littorelletea*), SYKORA (1983: *Lolio-Potentillion anserinae*), MUCINA (1982, 1989: Ruderalvegetation), PIGNATTI et al. (1989: *Fagion*). Eine numerische Klassifikation von Kryptogamen-Gesellschaften haben PIETSCHMANN & WIRTH (1989) durchgeführt.

4 Numerische Syntaxonomie?

Wie die vorhergehenden Kapitel gezeigt haben, können bestimmte Rechenverfahren zu einer objektiven, aber auch sehr schematischen Klassifikation von Vegetationstypen führen. Vor allem in Zweifelsfällen können sie zur Abgrenzung und Einordnung von Syntaxa beitragen.

Numerische Syntaxonomie 359

AUFNAHMENUMMER:	233	236	4	61
AVENOCHLOA VERSICOLOR	+	1	+	+
VACCINIUM CAULTHEFIOIDES	2		+	+
CAREX CURVULA	3	4	–	–
CETRARIA ISLANDICA	2	2	–	–
CLADONIA SYLVATICA	1	2	–	–
LOISELEURIA PROCUMBENS	3	+	–	+
CAREX SEMPERVIRENS	–	–	2	2
LEONTODON HISPIDUS	–	–	1	1
FESTUCA VIOLACEA	–	–	1	+
CAREX FERRUGINEA	–	–	4	–
NAPDUS STRICTA	–	–	–	4

SYNTAXA nach BRAUN-BLANQUET GLIEDERUNG nach TWINSPAN

Klasse: ELYNO-SESLERIETEA 1.Teilung "KLASSE" (———)
Ordnung: SESLERIETALIA COERULEAE 2.Teilung "ORDNUNG" (– – –)
Verband: SESLERION COERULEAF 3.Teilung "VERBAND" (·—·—)
Assoziation: Caricetum firmae △ 4.Teilung "ASSOZIATION" (······)
  Seslerieto-Sempervirretum C,M
Verband: CARICION FERRUGINEAE
Assoziation: Caricetum ferrugineae F
  Festuco-Trifolietum thalii ▼
  Agrostidetum tenellae □
Verband: OXYTROPO-ELYNION
Assoziation: Elynetum o

Klasse: CARICETEA CURVULAE
Ordnung: CARICETALIA CURVULAE
Verband: CARICION CURVULAE
Assoziation: Festucetum halleri S,N
  Caricetum curvulae +,·

Graphische Darstellung der Bodenreaktion (pH)

● >7,0   ▲ 5,0-5,5
◐ 6,5-7,0   ■ 4,5-5,0
○ 6,0-6,5   x 4,0-4,5
△ 5,5-6,0   · <4,0

Rangkorrelation Achse 1/pH: 0,44

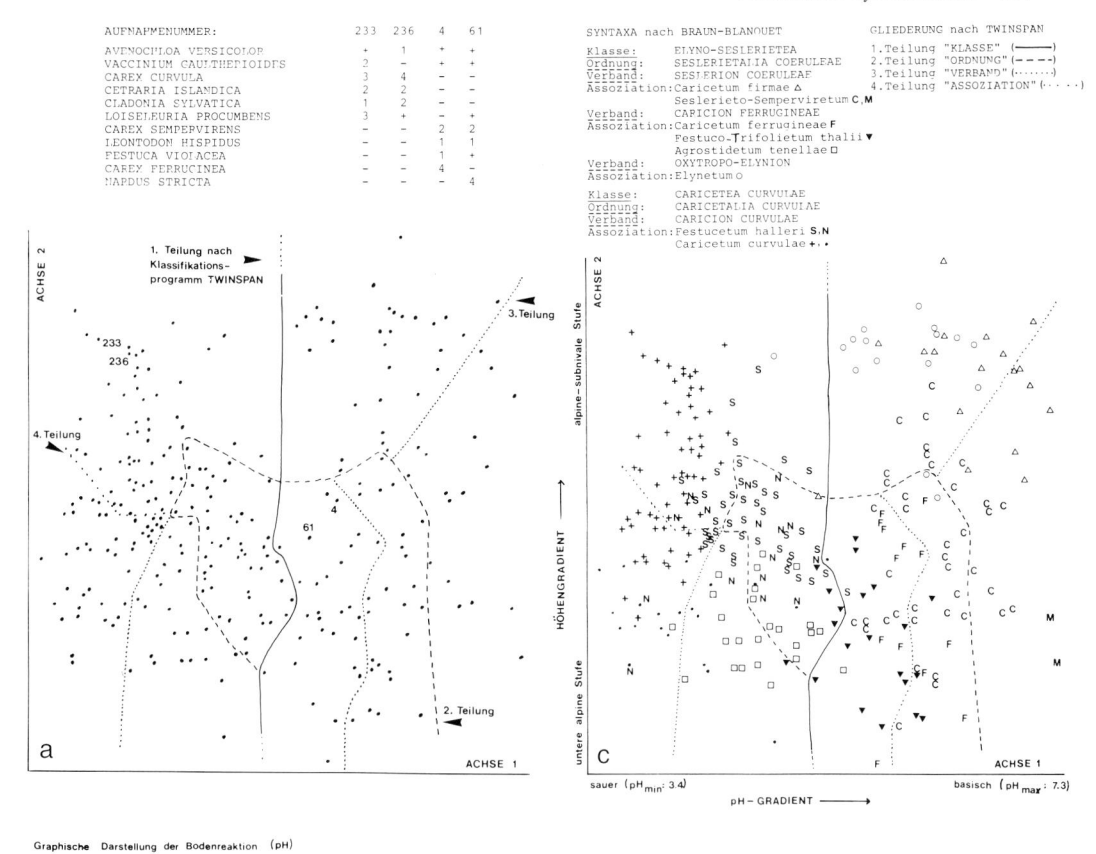

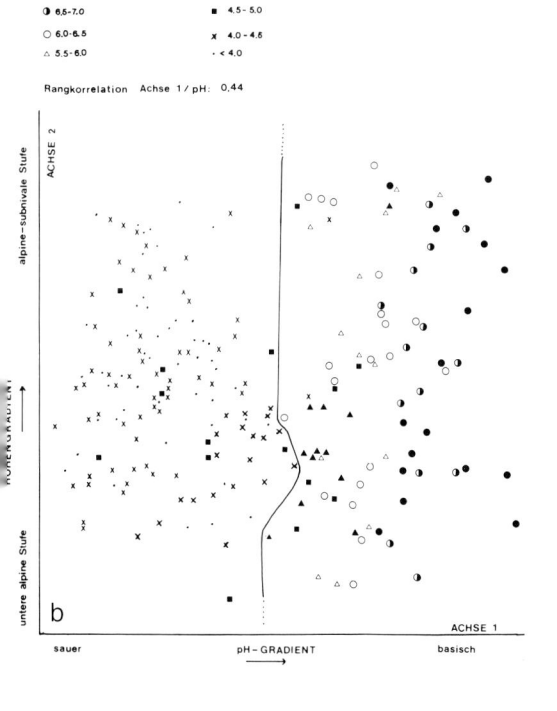

Abb. 157. Beispiele für die Anwendung multivariater Ordinations- und Klassifikationsverfahren zur Analyse und Synthese von Vegetationsaufnahmen (aus GRABHERR 1985).
a) Ordination von 311 Aufnahmen alpiner Rasen mit Hilfe des Computerprogrammes Decorana und klassifikatorischer Teilung mit Twinspan.
b) Ökologische Interpretation: anstelle der Aufnahmen sind zugehörige pH-Werte eingetragen. Die erste Achse läßt sich danach grob als Basengradient interpretieren. Die Teilung ergibt eine Trennung in Rasen basenarmer (links) und basenreicher Böden (rechts).
c) Syntaxonomische Bewertung der Aufnahmen. Die Gruppierungen nach Twinspan decken sich nur teilweise mit allgemeinen syntaxonomischen Vorstellungen.

Dagegen sei die Existenz einer eigenständigen Numerischen Syntaxonomie mit einem Fragezeichen versehen, besonders wenn sie an die Stelle des klassischen Ansatzes von BRAUN-BLANQUET treten soll. Syntaxonomie i. e. S. ist ein induktiv-hierarchisches Klassifikationsverfahren mit Hilfe von Charakter- und Differentialarten. Syntaxa ergeben sich also vorwiegend aus der qualitativen Artenverbindung, nicht aber aus formalen Ähnlichkeitsberechnungen und Festlegungen bestimmter Grenzwerte. Eine numerische Syntaxonomie sollte ihren Wert auch nicht aus einer Vergleichbarkeit zur klassischen Syntaxonomie herleiten sondern aus der Brauchbarkeit ihrer Ergebnisse (s. auch WIEGLEB 1986). Trotz aller Probleme im einzelnen, die das Braun-Blanquet-System aufwirft (s. VIII), kann es kaum durch ein stärker formalisiertes System nach numerischen Methoden ersetzt werden.

Von Numerischer Syntaxonomie wird vor allem bei den Anwendern entsprechender Verfahren gesprochen (z. B. WESTHOFF & VAN DER MAAREL 1973, VAN DER MAAREL et al. 1981, MUCINA & DAHL 1989). Im letzteren Buch fassen MUCINA & VAN DER MAAREL (1989) die Entwicklung dieser Arbeitsrichtung gut zusammen. Zu nennen sind verschiedene Teilaspekte:
– Aufbau von zentralen Datenbanken und leichter Austauch von Daten.
– Quantifizierung der Homotonität, Auffinden von Heterogenitäten in Datensätzen (z. B. stark abweichende Aufnahmen)(s. auch VIII 2.7).
– Automatisierung der Tabellenarbeit (s. VI 3.8)
– Erarbeitung und Anwendung numerisch-multivariater Klassifikationsverfahren.
– Übersichtliche Darstellung komplexer Zusammenhänge.

Der Aufbau von Datenbanken anstelle reiner Tabellensammlungen kann für die Zukunft sicher ein Vorteil sein, der neue Möglichkeiten der Syntaxonomie erschließt, besonders bei der Bearbeitung großräumiger Übersichten. Hierfür müßten entsprechende Zentren mit Finanzmitteln dauerhaft ausgestattet sein, um das notwendige Fachpersonal langzeitig zu sichern. Die Dateneingabe der auf viele Zehntausende bis Hunderttausende schätzbaren Aufnahmezahlen allein aus Mitteleuropa würde mehrere Jahre in Anspruch nehmen, ganz zu schweigen von der weiter rasch ansteigenden Fülle neuer Ergebnisse.

Homotonitätstests sind mit numerischen Verfahren sicher wesentlich leichter durchzuführen. Sie können zur Präzisierung syntaxonomischer Einheiten, auch zur Bereinigung von Tabellen beitragen. Allerdings ist Homotonität kein absolutes syntaxonomisches Merkmal, vielmehr gesellschaftsspezifisch unterschiedlich zu werten.

Reine Tabellen-Sortierprogramme sind heute von rasch zunehmender Bedeutung, haben aber mit Numerischer Syntaxonomie wenig zu tun. Dies gilt eher für Programme, die selbständig Tabellen strukturieren, d. h. nach Artengruppen suchen. Vor zu großem Schematismus der Vorgabe von Grenzwerten muß aber gewarnt werden. Die vom Computer gefundenen Gruppen von Arten und Aufnahmen sollten nach den Erfahrungen des Bearbeiters überprüft und korrigiert werden. Dieses Problem der subjektiven Bewertung sehen auch MUCINA & VAN DER MAAREL (1989). Sie weisen darauf hin, daß numerische Verfahren bisher kaum syntaxonomische Fortschritte erbracht haben, also über eine Hilfsfunktion nicht hinausgekommen sind. Es fällt auch auf, daß manche nach Computerprogrammen geordnete Tabellen kaum höheren Ansprüchen genügen. Die durch langjährige Hand- und Kopfarbeit erworbene Erfahrung ist nicht durch numerisches Sortieren voll ersetzbar.

Dies gilt auch hinsichtlich neuer Ordinations- und Klassifikationsverfahren, worauf schon in den vorhergehenden Kapiteln kritisch eingegangen wurde. Besonders problematisch ist die Auswahl geeigneter Ähnlichkeitsmaße und Grenzwerte. Es gibt zwar viele (eher zu viele) Ansätze in dieser Richtung, eine verbindliche Festlegung auf eine Grundlage erscheint aber schon aus sachlichen Gründen kaum möglich. Dies wäre aber Voraussetzung für ein System von Vegetationstypen nach numerischen Auswertungen.

Seit gut 25 Jahren haben sich verstärkt Bemühungen um eine Numerische Syntaxonomie entwickelt und zu zahlreichen Ergebnissen geführt. Ihr Wert allgemein und im einzelnen soll nicht bestritten werden. Die Hoffnung auf ein objektiveres System von Pflanzengesellschaften ist aber eher fragwürdig. Die intuitive, auf breiten Kenntnissen der Vegetation aufbauende Arbeitsweise des klassischen Pflanzensoziologen ist durch keine andere adäquate Methode ersetzbar.

X Veränderung von Pflanzenbeständen (Vegetationsdynamik)

1 Allgemeines

Die Pflanzendecke ist kein stabiles Gebilde, vielmehr ein Bereich ständiger Veränderungen. Deshalb ist Dynamik ein wesentliches Kennzeichen der Vegetation und ihre Erforschung ein wichtiges Teilgebiet der Pflanzensoziologie. Auch in allen anderen vegetationskundlichen Schulen hat die Vegetationsdynamik einen großen, teilweise zentralen Stellenwert, heute von zunehmender Bedeutung auch in Verbindung mit Fragen der Populationsbiologie und Ökosystemforschung. Nicht zuletzt ist auf die vielfältige Anwendbarkeit von Erkenntnissen der Vegetationsdynamik für mancherlei praktische Zwecke hinzuweisen.

Im weitesten Sinne ist Vegetationsdynamik jede zeitliche Veränderung in der Pflanzendecke, angefangen vom Wechsel physiologischer Zustände einzelner Pflanzen bis zum völligen Wandel der Artenzusammensetzung. Für vegetationskundliche Fragestellungen erscheint es allerdings sinnvoll, den Begriff nur auf äußerlich erkennbare Merkmale, d. h. auf Textur- und Strukturveränderungen anzuwenden. Hierbei kann es sich um Veränderungen an einem bestimmten Ort, aber auch im Raum (Ausdehnung, Rückgang) handeln. Rhythmische phänologische Veränderungen werden teilweise sogar selbst als Strukturmerkmale angesehen, hier aber mit langzeitigerer Dynamik zusammengefaßt.

Je nach Art, Dauer und Richtung der Veränderungen lassen sich für Bestände und Gesellschaften verschiedene Typen der Dynamik unterscheiden:

a) Phänologische Jahresrhythmik (Periodizität): Kurzzeitige, sich gesetzmäßig wiederholende Veränderungen von Jahr zu Jahr innerhalb einer Gesellschaft, gesteuert vom klimatischen Jahresrhythmus, insbesondere vom Wechsel günstiger und ungünstiger Jahreszeiten, sowie von genetischen Anpassungen der Pflanzen selbst (innere Rhythmik).

b) Vegetationsschwankung (Fluktuation): Etwas langzeitigere (über einige Jahre verlaufende), oft rhythmische , z. T. auch räumliche Veränderungen, um einen mittleren Zustand pendelnd. Meist innerhalb einer oder zweier benachbarter Gesellschaften ablaufend, gesteuert vom jährlich wechselnden Witterungsverlauf oder anderen fluktuierenden Ereignissen (z. B. Überschwemmungen, menschlichen Eingriffen).

c) Vegetationsentwicklung (Sukzession): Kurz- bis längerzeitige, gerichtete Veränderungen (langzeitig eventuell zyklisch), meist im Bereich mehrerer Gesellschaften, die aufeinander folgen, ausgelöst und gesteuert von einmalig-plötzlichen oder langfristig gerichteten Standortsveränderungen und von Wirkungen der Vegetation selbst.

d) Vegetationsgeschichte: Sehr langfristige Entwicklung der Vegetation, vorwiegend in rückwärtiger Blickrichtung, oft über mehrere bis viele Gesellschaften hinweg, gesteuert durch entsprechende globale Klimaveränderungen oder langzeitige menschliche Einwirkungen und davon abhängige Wanderung, Etablierung und Ausrottung von Pflanzensippen.

Der Vegetationsdynamik widmen sich eigene pflanzensoziologische Bereiche: Symphänologie (a), Syndynamik (b-c) und Synchronologie (d). Während kurzfristige Veränderungen (a) unmittelbar beobachtet werden können, erfordern b und c umfangreichere, oft über viele Jahre laufende Untersuchungen, teilweise umrahmt von mancherlei Theorien und Modellvorstellungen. Wohl kein anderer Bereich der Vegetationskunde ist deshalb so sehr mit Hypothesen belastet wie die Syndynamik. Sie treten noch verstärkt bei der Betrachtung ganzer Ökosysteme auf, wo es z. B. um Stabilität, Elastizität, Resistenz u. ä. geht. In diesem Buch werden solche Fragen nur am Rande behandelt, vielmehr konkrete Erscheinungen und die Methodik ihrer Erforschung in den Vordergrund gestellt. Engere Verflechtungen gibt es mit der

Populationsbiologie, da jede Vegetationsveränderung letztlich auf die Dynamik von Populationen und deren Ursachen zurückgeht. Lebenszyklen, Produktion und Reproduktion einzelner Arten sind wichtige steuernde (endogene) Elemente, hier aber immer im Zusammenhang ganzer Bestände und Gesellschaften gesehen.

Vegetationsgeschichte hat sich seit langem als eigener Forschungszweig mit eigenen Methoden entwickelt. Vielfach ist aber ein engerer Kontakt zur Pflanzensoziologie gegeben. Der Synchronologie wird hier nur ein relativ kurzes Kapitel gewidmet.

Insgesamt ist die überaus vielfältige, sehr weit gestreute Literatur über Vegetationsdynamik heute kaum noch zu überblicken. So fehlen sicher in den folgenden Kapiteln auch manche wichtigen Arbeiten.

2 Jahreszeitliche Vegetationsrhythmik (Symphänologie)

2.1 Allgemeines

Kaum ein anderes natürliches Geschehen dürfte dem Menschen so vertraut sein wie der sich alljährlich wiederholende rhythmische Wechsel der Erscheinungsweise der Vegetation parallel zum rhythmischen Wechsel der klimatischen Jahreszeiten. Selbst in tropischen Gebieten ohne deutlichen Jahresrhythmus des Klimas lassen sich periodische Merkmale der Vegetation (z. B. Laubaustrieb, Blüte) erkennen. Die Wissenschaft, welche die unmittelbar sichtbaren (äußeren) Entwicklungsvorgänge von Lebewesen und deren Ursachen erforscht, wird als Phänologie bezeichnet.

Vegetationsrhythmik kann durch vorwiegend klimatische Einflüsse aufgezwungen oder endogen festgelegt sein (z. B. Trocken-, Kälteruhe). Meist fügen sich beide Vorgänge zum äußerlich erkennbaren Verhalten der Pflanzen zusammen. In Mitteleuropa ist die Periodizität, vor allem Anfang und Ende der Vegetationsperiode, vorwiegend vom Wärmefaktor (Temperatursummen und/oder -schwellen) gesteuert, teilweise wohl auch von der Tageslänge. Hinzu kommen mancherlei anthropo-zoogene Einwirkungen. Viele kausale Fragen bedürfen noch genauerer Untersuchungen.

Der Vegetationsrhythmus ist zunächst abhängig vom entwicklungsphysiologischen Vermögen und dem daraus folgenden phänologischen Verhalten der Einzelpflanzen bzw. der Populationen. Im Rahmen der Populationsbiologie wird gerade den Lebenszyklen der Pflanzen und ihrer endogenen und exogenen Steuerung viel Aufmerksamkeit gewidmet. Die Ergebnisse können zur Aufklärung symphänologischer Erscheinungen beitragen. Allerdings ist das Verhalten der Sippen nicht selten gesellschaftsspezifisch, d. h. auch abhängig von den endogenen Wechselwirkungen im Bestand. Für die Einnischung einer Pflanze in ein Artengefüge besitzt ihr phänologischer Rhythmus eine Schlüsselstellung. In langzeitiger Anpassung kann sie aber auch gesellschaftseigene Ökotypen entwickelt haben, mit entsprechend eigenständiger Phänologie. Deshalb ist bei allen phänologischen Untersuchungen auch der Gesellschaftsanschluß der Sippen zu beachten.

Im Rahmen einer Pflanzengesellschaft hat das phänologische Verhalten einer Sippe Indikatorwert für den augenblicklichen Zustand der Gesellschaft, z. B. für ihre Harmonie, d. h. das ausgeglichene Zusammenspiel aller exogenen und endogenen Kräfte. Ein besonders eindrucksvolles Beispiel harmonischen Zusammenspiels ist der Wechsel der frühlings- und sommergrünen Arten in der Krautschicht unserer Laubwälder. Auch der saisonale Rhythmus des Grünlandes kann als Ergebnis langzeitiger Anpassungen und Wechselwirkungen im Zusammenhang mit Standort und menschlichem Wirken verstanden werden.

Der Mensch hat sich dem gebietsspezifischen Klima- und Vegetationsrhythmus angepaßt und eine innere Rhythmik entwickelt. Viele Aktivitäten, insbesondere in der landwirtschaftlichen und forstlichen Landnutzung sind bewußt oder unbewußt eingeordnet. Im weiteren Sinne kann man deshalb auch die durch entsprechende menschliche Eingriffe (z. B. Umpflügen, Mahd, Beweidung, Brand, Schlag) erzeugte Rhythmik als (anthropogene) Periodizität ansehen (s. VAN DER MAAREL 1988). Gleichzeitig hat der Mensch ein Gefühl für den harmonischen Ablauf von Formen und Farben im Jahresverlauf im Sinne einer ästhetischen Landschaftsbetrachtung entwickelt.

Nicht zuletzt sei auf das enge Wechselspiel von Pflanzen und Tieren hingewiesen, das sich besonders auffällig bei den Bestäubern zu erkennen gibt, aber eine sehr allgemeine Erscheinung darstellt. Langzeitig koevolutiv entstandene Abhängigkeiten und Anpassungen sind auch Grundlage vieler Fragen der Biozönologie und Ökosystemforschung.

Diese Beispiele dürften genügen, um die große Bedeutung phänologischer Untersuchungen im Rahmen biologischer Forschung hervorzuheben. Die Symphänologie kann hier wichtige Ergebnisse und Ansätze für neue Fragestellungen erbringen.

2.2 Entwicklung der Symphänologie

In vielen vegetationskundlichen Arbeiten spielen phänologische Angaben seit jeher eine größere Rolle, zumindest in allgemein beschreibender Form. Sie bilden z. B. auch eine wichtige Grundlage bei der Aufstellung von Lebensformen und Formationen (s. IV 3, VII 9.2.1.1). Teilweise wird der phänologische Jahresrhythmus als Strukturmerkmal aufgefaßt. Symphänologie als eigener Forschungszweig ist dagegen recht jung und noch in Entwicklung begriffen. Lange Zeit mangelte es an festeren methodischen Grundlagen.

Genauere phänologische Untersuchungen wurden zunächst weniger von Botanikern als vielmehr von Klimatologen und Geographen vorgenommen, speziell in angewandter Richtung (zur Geschichte s. SCHNELLE 1955). Ihnen verdanken wir viele Grundlagen. Bestimmte Entwicklungsstufen der Pflanzen (z. B. Belaubung, Blüte, Fruchten, Laubfall) werden als integrale Zeiger für klimatische Bedingungen an einem Ort oder im Vergleich größerer Räume benutzt (s. ROSENKRANZ 1951, SCHNELLE 1955, SEYFERT 1960). Entwicklungsstufen lassen sich ortsspezifisch zu einem Phänologischen Kalender (Naturkalender) zusammenfassen. Hieraus resultiert schließlich die Einteilung des Jahres in „Natürliche Jahreszeiten".

Seit IHNE (1895; zit. nach SCHNELLE 1955) ist folgende Einteilung **phänologischer Jahreszeiten** gebräuchlich: Vorfrühling, Erstfrühling, Vollfrühling, Frühsommer, Hochsommer, Frühherbst, Herbst, Winter. Später kam noch als neunte Phase der Spätsommer hinzu. Als Kriterien werden bestimmte auffällige Entwicklungsstufen (Blattentfaltung, Blühen, Fruchtreife, Vergilben, Blattfall, Ruhe), aber auch landwirtschaftliche Merkmale (Beginn der Feldarbeit, Entwicklung des Getreides, Beginn der Ernte u. a.) benutzt. Umgekehrt lassen sich nach dem Phänologischen Kalender Ratschläge für Landwirtschaft, Obst- und Gartenbau geben. Von botanischer Seite wurden ähnliche Vorschläge für „biologische Jahreszeiten" schon von DRUDE (1896) gemacht, vorwiegend nach Lebensprozessen und Entwicklungsmerkmalen von Bäumen.

Seit langem unterhält der Deutsche Wetterdienst ein Netz phänologischer Stationen, wo nach einheitlichen Regeln an bestimmten Testpflanzen die jährliche Entwicklung verfolgt wird. Dieses feine Netz ist in einen größeren internationalen Rahmen eingebaut. Ergebnisse sind vor allem phänologische Karten, die den (mittleren) Zeitpunkt des Eintritts einer bestimmten Entwicklungsstufe durch Isolinien (Isophanen) zeigen (s. Abb. 158).

Erste Ansätze zu einer genaueren vegetationskundlich ausgerichteten phänologischen Erfassung finden sich bei GAMS (1918). Er schlug eine achtteilige Skala von Entwicklungsstufen vor und entwickelte zur Darstellung „phäno-ökologische Spektren". Auch auf die Beziehungen zwischen Periodizität von Pflanzen und Tieren wurde hingewiesen. Insgesamt war er der weiteren Entwicklung der Symphänologie in Mitteleuropa weit voraus.

Etwa gleichzeitig begann SCHENNIKOW in Rußland mit phänologischen Untersuchungen von Pflanzenbeständen. Seit 1917 erfaßte er auf Dauerflächen in kurzen Intervallen über mehrere Jahre den phänologischen Zustand der Pflanzen. Seine methodischen Grundlagen wurden 1932 in Deutsch veröffentlicht, mit schon sehr fein gegliederten phänologischen Diagrammen. Er unterschied nach bestimmten Gesamtspektren der Vegetation acht „Stadien" im Jahresverlauf.

In die Frühzeit der Symphänologie gehören auch die Phänospektren von Trockenrasen bei KLIKA (1929), VOLK (1931) und der mediterranen Garigue bei BHARUCHA (1932) sowie symphänologische Tabellen von Moorgesellschaften bei HUECK (1929). ELLENBERG (1939) verglich mit Hilfe umfassender Spektren verschiedene Laubmischwälder. Auch BRAUN-BLANQUET (1921, 1928) betonte schon die Bedeutung der Periodizität als „akzessorisches Gesellschaftsmerkmal", insbesondere die Abfolge von Aspekten. Er betrachtete sie aber mehr als Konkurrenzerscheinung, d. h. vorwiegend die vegetative Entwicklung. Noch 1964 geht er nur recht kurz auf die Vegetationsrhythmik ein, dagegen ausführlicher auf Wachstum und Stoffproduktion sowie einige populationsbiologische Fragen. Interessant ist eine Abbildung, die den jahreszeitlichen Wechsel des Lebensfor-

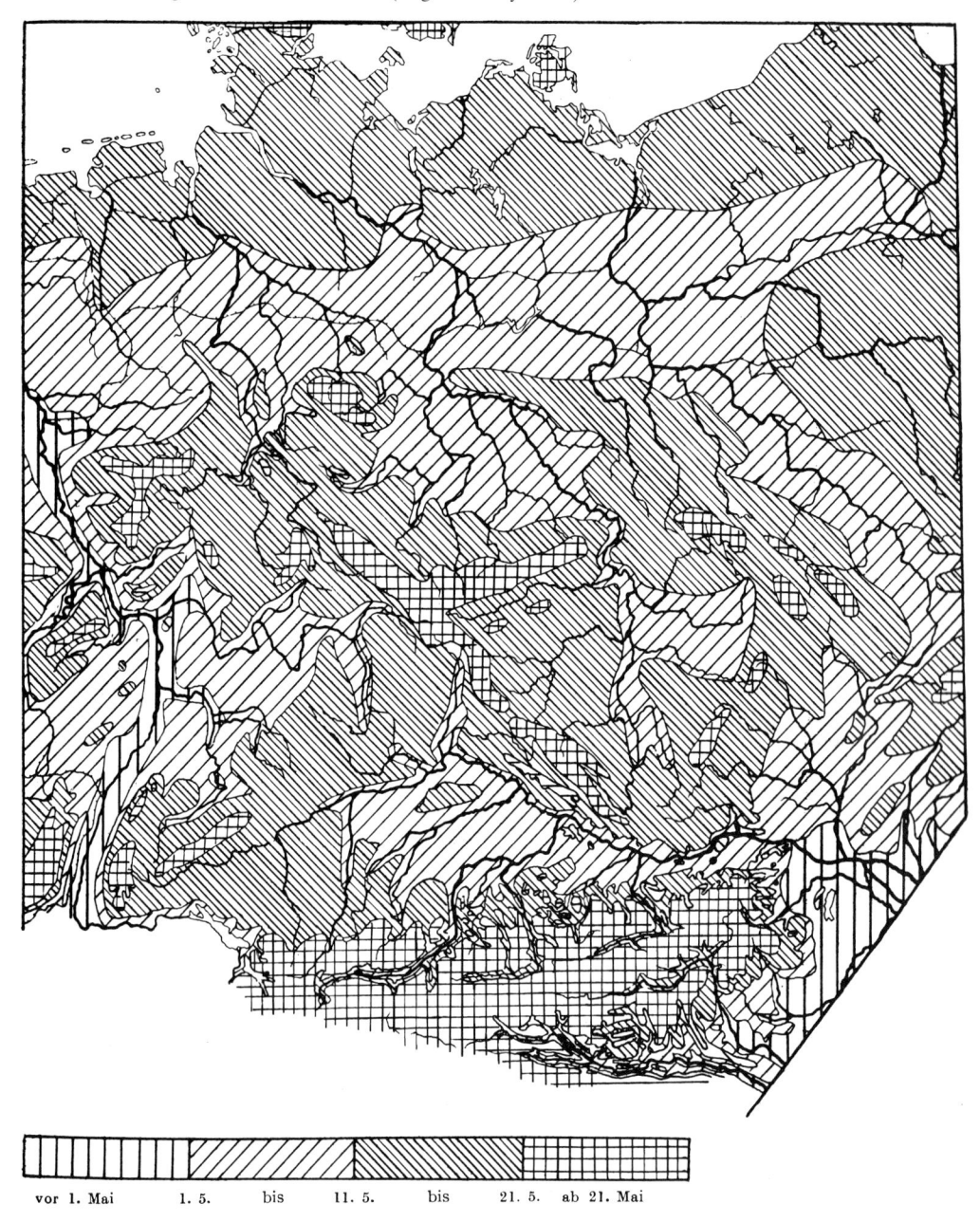

Abb. 158. Phänologische Karte des Vollfrühlingsbeginns in Mitteleuropa nach langjährigen Daten der Blüte von Flieder und Apfelsorten (nach ROSENKRANZ 1951, verändert).

menspektrums einer Garigue zeigt (S. 513). Auch in anderen älteren Lehrbüchern der Vegetationskunde findet man kaum genauere Angaben zur Symphänologie.

Die schon bei SCHENNIKOW (1932) angesprochenen quantitativen Auswertungen symphänologischer Untersuchungen greift TÜXEN (1962 b) auf. Er weist auf den besonderen Wert für biozönologische Arbeiten hin, wie sie gerade in jüngster Zeit zahlreicher erscheinen (z. B. KRATOCHWIL 1984). Schon SZAFER (1927), der sich erstmals mit blütenbiologischen Spektren von

Pflanzengesellschaften im Jahresverlauf befaßte, erörterte ihren Bezug zu bestäubenden Insekten, indem er entsprechende Anpassungstypen aufstellte (s. auch BRAUN-BLANQUET 1964, S. 524). BARKMAN et al. (1964) geben einen Überblick bisher verwendeter phänologischer Erfassungsskalen und schlagen selbst einen sehr differenzierten Schlüssel für Blütenpflanzen und einen einfacheren für Kryptogamen vor. Auf dem IVV-Symposium 1970 in Rinteln über „Grundlagen und Methoden der Pflanzensoziologie" wurden wohl erstmals in größerem Rahmen methodische Fragen diskutiert (s. DIERSCHKE 1972). WRABER sprach dort in einer Diskussionsbemerkung von der Symphänologie als neuem Zweig der Pflanzensoziologie. Der damals von mir vorgestellte Aufnahmeschlüssel für Phänostufen von Blütenpflanzen ist in der Folgezeit vielfach erprobt und verbessert worden (DIERSCHKE 1989a). Inzwischen gibt es bereits recht umfangreiche symphänologische Daten, vorwiegend aus den vergangenen 20–30 Jahren (s. Bibliographie: DIERSCHKE 1990c). Sie erlauben eine vorläufige Aufstellung symphänologischer Artengruppen und eine botanisch präzisierte Gliederung des Jahres in Phänophasen (DIERSCHKE 1982e, 1983, 1989c).

Die Darstellung von Methoden und Ergebnissen in diesem Buch sollte dazu beitragen, symphänologische Untersuchungen verstärkt und mit einheitlicher Grundlage durchzuführen. Breite Kenntnisse über den Rhythmus möglichst vieler Pflanzengesellschaften sind für das Verständnis der Vegetation in enger Verknüpfung mit Fragen der Populationsbiologie, Biozönologie und Ökosystemforschung von grundlegender Bedeutung. Hierzu gehört auch die kausale Aufklärung der symphänologischen Rhythmik, wozu es zwar manche Ansätze, aber noch recht wenig konkrete Ergebnisse gibt. Auch für die Anwendung symphänologischer Ergebnisse in der Praxis eröffnet sich ein weites Feld, wie gerade Arbeiten aus jüngster Zeit beweisen (s. 2.5.7).

2.3 Begriffliche Grundlagen

Bei Durchsicht der Literatur mit phänologischen Angaben findet man eine recht verwirrende Zahl von Begriffen mit teilweise unterschiedlichem Inhalt. Schon „Phänologie" wird sehr verschieden verwendet, sowohl innerhalb der Botanik und ihrer Anwendungsbereiche als auch für zoologische und andere Erscheinungen. Für eine bessere Verständigung sind klare Begriffsdefinitionen notwendig, wie sie hier vorgeschlagen werden (s. auch DIERSCHKE 1989c):

Phytophänologie: Lehre vom Erscheinungswandel der Pflanzen und Pflanzengesellschaften.

Autphänologie: Betrachtung einzelner Pflanzensippen und Populationen.

Symphänologie: Betrachtung von Pflanzenbeständen und -gesellschaften.

Geophänologie: Gesamtbetrachtung der Pflanzendecke von Landschaften.

Angewandte Phytophänologie: Bioindikation natürlicher und/oder anthropogener Faktorenkomplexe nach phytophänologischen Merkmalen.

(Phänometrie: quantitative Erfassung phänologischer Merkmale).

Zur Beschreibung und Ordnung phytophänologischer Erscheinungen gibt es verschiedene Einheiten:

Phänostufen: phänologische Entwicklungsstufen (-stadien) einzelner Pflanzen (oft auch als Phasen bezeichnet).

Phänophasen (phänologische Jahreszeiten, Saisonaspekte): durch phänologische Merkmale von Pflanzen oder Pflanzengesellschaften definierte Zeitabschnitte des Jahres.

Symphänologische Gruppen: Artengruppen von Pflanzengesellschaften mit annähernd gleichem phänologischen Verhalten (z. B. Arten eines Blühaspektes, Arten gleicher vegetativer Entwicklung).

Für die Auswertung symphänologischer Daten eignen sich besonders symphänologische Tabellen und Phänospektren mit graphischer Darstellung wichtiger Merkmale.

2.4 Symphänologische Bestandesuntersuchungen

Für die Erfassung phänologischer Erscheinungen in Pflanzenbeständen gibt es im Detail recht unterschiedliche, insgesamt aber doch großenteils sehr ähnliche Methoden. Schon bei der Definition und Auswahl von Phänostufen der Arten hängt viel vom Zweck der Untersuchungen ab. Dies gilt auch für die Zeitintervalle der Aufnahme, die Zahl der Beobachtungsjahre, die Auswahl kleinerer oder größerer bis gar nicht genauer abgegrenzter Untersuchungsflächen. Die folgende Darstellung geht von möglichst detaillierten symphänologischen Grundlagen aus, die sich beliebig vergröbern, aber für spezielle Fragestellungen auch noch verfeinern lassen.

2.4.1 Phänologische Merkmale der Pflanzen

Als Erfassungsmerkmal für symphänologische Untersuchungen dienen bestimmte, möglichst leicht erkennbare Phänostufen der Pflanzen, die in Form eines Aufnahmeschlüssels mit Ziffern oder Symbolen zusammengestellt werden.

Tabelle 38 zeigt einen zwölfstufigen Schlüssel für Blütenpflanzen, getrennt nach Laubhölzern, Kräutern und Gräsern bzw. Grasartigen, jeweils für die vegetative und generative Entwicklung. Gleiche Ziffern bedeuten gleichen oder annähernd gleichen Entwicklungszustand. Der Schlüssel wurde 1972 erstmals vorgestellt und in der Erprobung weiter verbessert (s. auch DIERSCHKE 1972, 1989c, 1991). Trotz der recht feinen Gliederung gibt es in der Praxis oft noch Probleme, sich eindeutig für eine Entwicklungsstufe zu entscheiden, da besonders in der vegetativen Entwicklung viele individuelle Züge zu erkennen sind.

Bei Immergrünen gelten die vegetativen Stufen 0-6 nur für Neuaustriebe. Für Nadelhölzer läßt sich der Schlüssel ebenfalls mit leichten Modifikationen verwenden.

Für Gefäßkryptogamen ist der vegetative Schlüssel ebenfalls brauchbar. Für Farne schlagen BARKMAN et al. (1964) noch folgende generativen Stufen vor:

1 mit unreifen Sporangien, Sori noch nicht verdickt
2 mit reifen, noch geschlossenen Sporangien, Sori verdickt
3 Sporangien geöffnet, Sporen noch teilweise vorhanden
4 (fast) alle Sporen ausgestreut
5 nur mit Sporangien des Vorjahres

Für Bärlappe und Schachtelhalme kann man ähnliche Stufen benutzen.

Für Moose, Flechten und Pilze gibt es einige Vorschläge von J. & V. KÁRPÁTI (1970). Allerdings bedingen phänologische Untersuchungen an Kryptogamen in dicht- und hochwüchsigen Beständen stärkere Störungen und sollten dann besser unterbleiben (s. NEUHÄUSL & NEUHÄUSLOVÁ 1977).

2.4.2 Qualitative und quantitative Angaben

In vielen Fällen mag es genügen, die Phänostufen aller Sippen zum jeweiligen Zeitpunkt zu notieren. Für genauere zeitliche Strukturuntersuchungen sind dagegen quantitative phänometrische Daten wichtiger, da sie vor allem bei vegetativen Phänostufen die wechselnde Bedeutung der Sippen und ihre gegenseitigen Beziehungen im Jahresverlauf wiedergeben. Auch für die Beurteilung von Vitalität und Fertilität sind solche Angaben wichtig (s. V 5.1.3). Für Quantitäten kann man verschiedene der bereits in Kapitel V 5.2 erörterten Parameter benutzen. Häufig wird der **Deckungsgrad** geschätzt, oft mit einer abgewandelten Braun-Blanquet-Skala. Da sich zeitliche Veränderungen meist in engen Grenzen abspielen, sollte die Skala im unteren Bereich möglichst fein sein, was allerdings auch die Fehleranfälligkeit erhöht.

Zumindest für wichtige Arten eines Bestandes kann man auch genauere **Zählungen** oder **Messungen** vornehmen, die dann auf kleine Dauerflächen einzugrenzen sind. Hier gibt es enge Bezüge zu Methoden der Populationsbiologie. Zu denken ist etwa an Zählungen von Keimlingen und Sprossen, Messungen der Sproßhöhe und -dichte, Bestimmungen der Blattgröße und des Blattflächenindex. Schließlich könnte auch die Biomasse geschätzt werden, was aber sehr schwierig ist. Ein Beispiel für phänometrische Untersuchungen an *Mercurialis perennis* gibt Abb. 159.

Auch für generative Phänostufen lassen sich quantitative Werte ermitteln, oft sogar leichter als für vegetative Stufen. Einfache Werte sind die Anzahl blühender Sippen, die Zahl der Blüten bzw. Blütenstände einer Sippe (oder Blütenfarbe) pro Fläche oder Gesellschaft (s. KRÜSI 1981, FALIŃSKA 1979), eventuell auch der Anteil erblühter zu noch knospenden Pflanzen einer Sippe. Öfters wird nach unterschiedlicher Methodik die **Blütenmenge** ermittelt. Der Deckungsgrad für einzelne Sippen ist hier meist schwer schätzbar, eher schon für bestimmte Blütenfarben. Einen Mittelweg benutzen KRATOCHWIL (1984), WEBER & PFADENHAUER (1987). Sie zählen die geöffneten Blüten(stände) und multiplizieren sie mit dem mittleren Deckungsgrad der Blüheinheit in cm^2.

Auch die **Blühintensität** läßt sich abstufen, z. B. nach dem Anteil blühender Exemplare einer Sippe. RUGEL & FISCHER (1986) benutzen zur Bewertung eine einfache fünfteilige Skala.

Tab. 38: Phänologischer Aufnahmeschlüssel für Laubhölzer, Kräuter und Grasartige (aus DIERSCHKE 1989c).

vegetative Phänostufen

Sommergrüne Laubhölzer
0   Knospen völlig geschlossen
1   Knospen mit grünen Spitzen
2   grüne Blattüten
3   Blattentfaltung bis 25%
4   Blattentfaltung bis 50%
5   Blattentfaltung bis 75%
6   volle Blattentfaltung
7   erste Blätter vergilbt
8   Blattverfärbung bis 50%
9   Blattverfärbung bis 75%
10 Blattverfärbung über 75%
11 kahl

Kräuter: blattreiche (blattarme) Pflanzen
0   ohne neue oderirdische Triebe
1   neue Triebe ohne entfaltete Blätter
2   erstes Blatt entfaltet
    (bis 25% entwickelt)
3   2–3 Blätter entfaltet
    (bis 50% entwickelt)
4   mehrere Blätter entfaltet
    (bis 75% entwickelt)
5   fast alle Blätter entfaltet
    (fast voll entwickelt)
6   voll entwickelt
7   beginnende Vergilbung,
    Blütenstengel vergilbt
8   Vergilbung bis 50%
9   Vergilbung über 50%
10 oberirdisch abgestorben
11 oberirdisch verschwunden

Gräser/Grasartige
0   ohne neue oderirdische Triebe
1   neue Triebe ohne entf. Blätter
2   erstes neues Blatt entfaltet
3   2–3 Blätter entfaltet
4   beginnende Halmentwicklung
5   Halme teilweise ausgebildet
6   Pflanze voll entwickelt
7   beginnende Vergilbung
    bis vergilbte Halme
8   Vergilbung bis 50%
9   Vergilbung über 50%
10 oberirdisch abgestorben
11 oberirdisch verschwunden

generative Phänostufen

0   ohne Blütenknospen
1   Knospen erkennbar
2   Blütenknospen stark geschwollen
3   kurz vor der Blüte
4   beginnende Blüte
5   bis 25% erblüht
6   bis 50% erblüht
7   Vollblüte
8   abblühend
9   völlig verblüht
10 fruchtend
11 Ausstreuen der Samen bzw.
    Abwerfen der Früchte

0   ohne Blütenknospen
1   Blütenknospen erkennbar
2   Blütenknospen stark geschwollen
3   kurz vor der Blüte
4   beginnende Blüte
5   bis 25% erblüht
6   bis 50% erblüht
7   Vollblüte
8   abblühend
9   völlig verblüht
10 fruchtend
11 Ausstreuen der Samen bzw.
    Abwerfen der Früchte

0   ohne erkennbaren Blütenstand
1   Blütenstand erkennbar, eingeschlossen
2   Blütenstand sichtbar, nicht entfaltet
3   Blütenstand entfaltet
4   erste Blüten stäubend
5   bis 25% stäubend
6   bis 50% stäubend
7   Vollblüte
8   abblühend
9   völlig verblüht
10 fruchtend
11 Ausstreuen der Samen

K   Keimling
J   Jungpflanzen, im Beobachtungszeitraum nicht voll entwickelt
W   überwinternd-grüne Blätter des Vorjahres
°   angefressen
⁎   welkend

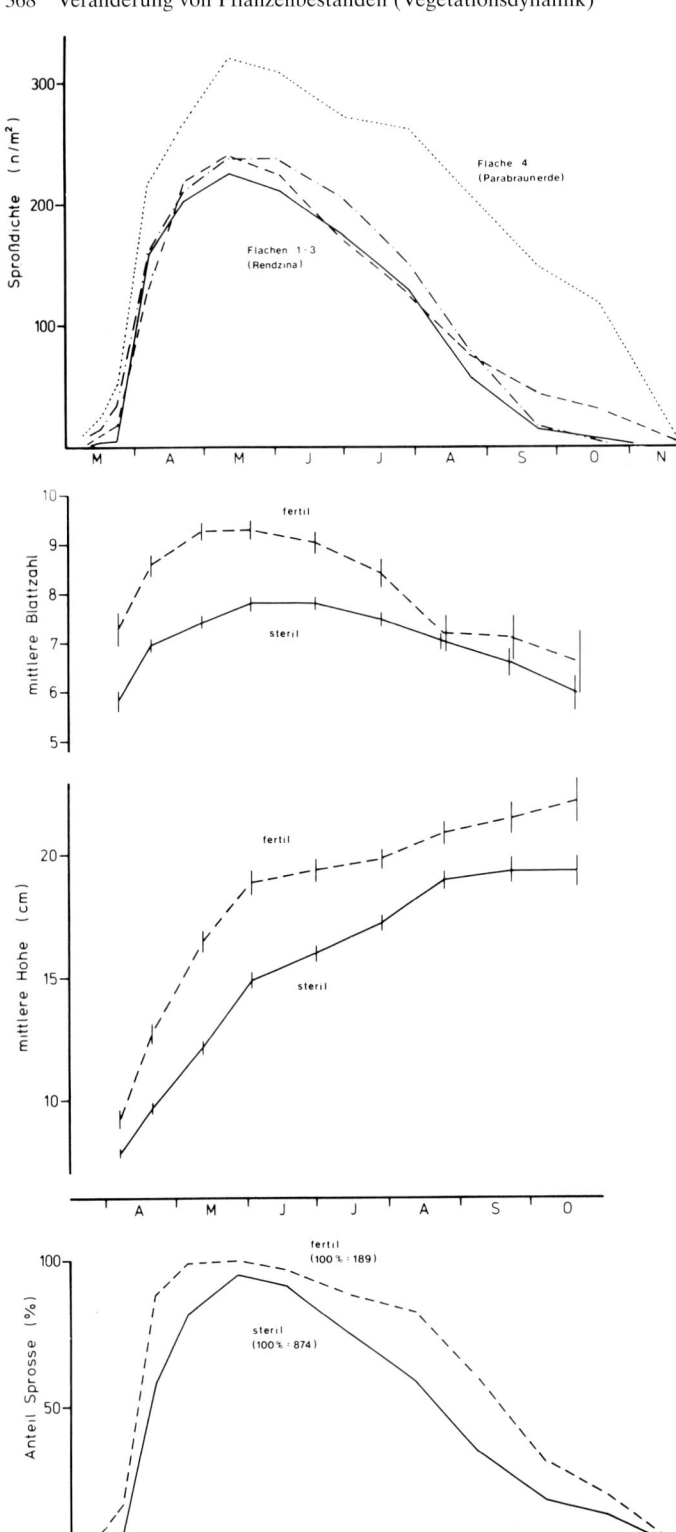

Abb. 159. Phänometrische Untersuchungen an *Mercurialis perennis* auf Dauerflächen eines Kalkbuchenwaldes (aus KOTHE-HEINRICH 1989).
Oben: Sproßdichte; Mitte: mittlere Sproßhöhe und Blattzahl fertiler und steriler Sprosse; Unten: Erscheinen und Überleben fertiler und steriler Sprosse.

1 wenige unauffällige Einzelblüten
2 wenige auffällige Einzelblüten
3 viele unauffällige Blüten
4 viele auffällige Blüten
5 aspektbildende Massenblüte

Für fruchtende Pflanzen kann man ebenfalls quantitative Daten ermitteln, z. B. den Anteil fertiler Sprosse, Zahl der Früchte oder Samen pro Pflanze (FALIŃSKA 1979) oder das Verhältnis der blühenden zu den fruchtenden Pflanzen.

Quantitative Angaben erlauben auch die Feststellung feiner Veränderungen des phänologischen Verhaltens innerhalb eines Bestandes von Jahr zu Jahr und vor allem den genaueren Vergleich verschiedener Pflanzengesellschaften (KRÜSI 1981; s. auch 2.5.7).

2.4.3 Einrichtung von Dauerflächen

Phytophänologische Erfassungen können sehr grob in größeren Geländeabschnitten durchgeführt werden, indem man an einem Tag möglichst viele Pflanzensippen vegetativ und generativ einstuft. Für symphänologische Untersuchungen i. e. S. muß man dagegen von Dauerflächen ausgehen, die möglichst schon im Jahr vor Beginn der Beobachtungen festzulegen sind. Die Auswahlkriterien entsprechen etwa denen für pflanzensoziologische Bestandesaufnahmen (s. V 3). Es sollten also charakteristisch erscheinende, homogene Bereiche eines Bestandes ausgewählt werden. Um möglichst viele Arten zu erfassen, ist die Flächengröße eher höher anzusetzen. Man kann auch neben einer engeren Kernfläche mit genauerer Beobachtung ein größeres Umfeld mit einfacherer (z. B. nur qualitativer) Erfassung benutzen.

Die symphänologischen Flächen werden an den Ecken dauerhaft markiert (s. auch 3.2.2.2). Außerdem erleichtert es die Arbeit, wenn man für jede Sippe eine bis mehrere Stellen mit beschrifteten Schildern kennzeichnet, möglichst an Stellen mit größerer Individuen- bzw. Sproßzahl. So können bereits die ersten Austriebe im Frühjahr identifiziert, aber auch vergilbende Reste in einem dichten Sommerbestand noch gefunden werden.

Um Durchschnittswerte für jede Sippe zu bekommen, sollten stets mehrere Stellen einbezogen werden.

2.4.4 Zeitliche Folge der Untersuchungen

Auch die zeitliche Auflösung der Untersuchungen hängt von der Fragestellung ab. In vielen Arbeiten werden Intervalle von zehn bis 14 Tagen angegeben. Besonders im Frühjahr erscheint aber ein wöchentlicher oder noch kürzerer Abstand besser geeignet. Später im Jahr genügen je nach Vegetationstyp auch längere Abstände.

2.4.5 Symphänologische Aufnahme

Nachdem geeignete Aufnahmeflächen ausgewählt und markiert sind, erfolgt zunächst eine grobe Artenerfassung. Sie ist Grundlage für das Aufnahmeformular, wo die Arten in alphabetischer Folge (getrennt nach Schichten) untereinander aufgelistet werden. Oben bleiben einige Zeilen für andere Angaben frei (Flächen-Nr., Datum, eventuell Phänophase, Artenzahl, Zahl blühender Arten, Deckungsgrad der Schichten u. a.). Für jede Art werden zwei Zeilen benötigt, für den vegetativen und generativen Entwicklungszustand. Für jeden Termin wird der entsprechende Wert eingetragen, dahinter eventuell auch (durch einen Schrägstrich getrennt) ein quantitativer Wert. Im Laufe der Vegetationsperiode ergibt sich dann eine tabellenartige Datensammlung für jede Fläche.

Tabelle 39 zeigt den Ausschnitt eines Aufnahmeformulars mit Daten eines Kalkbuchenwaldes bei Göttingen, aus dem auch viele Beispiele der folgenden Kapitel stammen. Die eingetragenen Deckungsgrade für die vegetativen Phänostufen entsprechen der etwas abgewandelten Braun-Blanquet-Skala (r: -2%, +: -5%, 1: -10%, 2: -25%). Die am ersten Termin (10. März) noch teilweise oder ganz grünen Sippen sind mit W gekennzeichnet. Danach werden nur noch neue Triebe bewertet. Dies gilt auch für die Gesamtdeckung der Krautschicht.

Neben der Ausfüllung des Aufnahmebogens sollten allgemeinere, zusammenfassende Notizen gemacht werden, z. B. über den Entwicklungszustand der Schichten und des gesamten Bestandes, Wuchshöhe, Blühaspekte, abweichendes Verhalten einzelner Pflanzen, Störungen und Schäden (Tierfraß, Frost, Trockenheit u. a.), auch über den Witterungsverlauf der Vortage, eventuell bodenökologische Merkmale (Grundwasserstand, Bodenfeuchte u. a.). Besonders sinnvoll wären zusätzliche Messungen, insbesondere zum Wärmehaushalt (z. B. Maximum-, Minimumtemperaturen, Temperaturpro-

Tab. 39: Symphänologische Erfassung eines Kalkbuchenwaldes (Ausschnitt von 1981).

file im Boden, Temperatursummen), die bereits gewisse kausale Hintergründe erkennen lassen.

2.5 Auswertung symphänologischer Daten

Für die Auswertung der im Jahresverlauf anfallenden Daten gibt es kein allgemein angewandtes Verfahren. Vielmehr findet man in der Literatur recht unterschiedliche Arten der Darstellung, die allerdings oft in ihren Grundzügen ähnlich sind. Generell kann man zwei sich ergänzende Auswertungen unterscheiden: Symphänologische Tabellen und graphische Phänospektren. Erstere werden oft nur als Vorstufen für die Spektren benutzt.

2.5.1 Symphänologische Tabellen

Solche Tabellen liegen in roher Form schon in den unter 2.4.5 dargestellten Aufnahmebogen vor. Sie müssen nur noch in der Reihenfolge der Arten geordnet und eventuell mit weiteren Kopfdaten ergänzt werden. Als sehr geeignetes, da leicht feststellbares und auch physiognomisch wichtiges Ordnungskriterium kann der Blühbeginn benutzt werden, in zweiter Linie eventuell die Blühdauer. Denkbar sind auch andere Merkmale, z. B. der Zeitpunkt des Erscheinens der ersten Sprosse bzw. der Blattentfaltung, die Zeit optimaler vegetativer Entwicklung u. a.

Tabelle 40 ist direkt aus Tabelle 39 abgeleitet. Im Kopf erscheinen jetzt zusätzlich als synthetische Merkmale Artenzahl und Zahl blühender Arten, außerdem die Phänophase (s. 2.5.5). Die Blütezeit, nach der sich die Reihenfolge der Arten richtet, ist hervorgehoben. Die Tabelle zeigt deutlich kleinere Artengruppen, die sich durch mehr oder weniger gemeinsamen Blühbeginn auszeichnen.

Solche symphänologischen Tabellen sind die genaueste und detaillierteste Form der Datenauswertung. Für den Vergleich verschiedener Jahre eines Bestandes oder verschiedener Bestände zur gleichen Zeit kann man die Angaben für jede Art untereinander setzen (z. B. SCHIEFER 1980). Allerdings ist diese Tabelle oft wenig übersichtlich.

2.5.2 Phänospektren und Symphänologische Gruppenspektren

Den Inhalt symphänologischer Tabellen kann man graphisch umsetzen, indem man für jede Sippe einen Querstreifen benutzt und mit Signaturen die Phänostufen kennzeichnet. Hieraus ergeben sich Gesamtspektren der Sippen im Jahresverlauf, die heute in vielfältiger Darstellungs-

Tab. 40. Nach Blütezeit geordnete symphänologische Tabelle (Ausschnitt) eines Kalkbuchenwaldes.

	Datum Tag	10.	16.	23.	30.	6.	10.	18.	25.	4.	11.	18.	23.	1.	11.	22.	30.	7.	1.	24.	15.	7.	20.	2.
	Monat	3.	3.	3.	3.	4.	4.	4.	4.	5.	5.	5.	5.	6.	6.	6.	6.	7.	8.	8.	9.	10.	10.	11.
Phänophase B		1	1	1	2	2	2	3	3	3	4	5–6	6	6	6	6	6	7	8	8	9	10	10	10
Deckung % Kr		W20	<1	<1	15	50	70	80	80	80	85	75	85	90	90	90	90	90	90	90	90	85	80	25
Artenzahl		21	27	31	33	35	35	35	35	35	35	35	35	35	35	32	32	32	31	29	27	27	27	27
Zahl blühender Arten		-	1	1	4	8	8	8	8	5	8	9	9	3	1	3	3	2	2	1	-	-	-	-
B	*Fagus sylvatica*									4	5/2	6/4	6/1	6	6	6	6	6	6	6	7/4	7/4	8/4	9–10
Kr	*Hepatica nobilis*	W	1/r		1	2	3	5	5	6	6	6	6	6	6	6	6	6	6	6	6	7	7	7
	Primula elatior	1/r	1	6 2	7 3	7 6	8 6	6	6 9	6 9	6 10	6	6	6 10	6 10	6 10	6 10	6 11	6 11	7	7	8	8	9
	Mercurialis perennis		1/r 1	1	3 5/+ 5	5/+ 7	6 5	9 5	9 6	7 10	8 10	6	6 10	6 10	6 10	6 10	6 10	6 11	6 11	6 11	6–9	6–9	7–9	7–9
	Anemone nemorosa			1/r	5/4 4	6/2 7	6/3 7	5/2 8	6 8	7 10	7 10	7 10	8 10	9/2 11	10	11								
	Asarum europaeum:	W	1/r	1	4	7 2	7	8 5	6 8	6/3 9	6 10	6 9	6 10	6 10	6 11	6 11	6	6	6	6	6	6	6	6
	Viola reichenbachiana	W	1/r		1	6 1	4	5 3	6 7	6 8	6 8	6 9	6 10	6 10	6 10	6 10	6	6	6	6	6	7	7	7
	Ranunculus auricomus	1/r	2	3	5	6 2	6 3	5 5	6 6	6 6	6 8	6 9	6 10	6 10	7 10	8 10	8 11	8 11	9 11	11				
	Lathyrus vernus			1/r	1	4 2	4 3	3 4	6 6	6 7	6 8	6 9	6 10	6 10	6 10	6	6	6	6	6	7	8	9	9
	Dentaria bulbifera			1/r	2	4/+ 1	6 2	6 2	6 2	6 3	6	6	6	6	6 8	8	9	9	10	11				
	Carex sylvatica	W	1/r	1	1	1	2	2 3	2 4	3 5	6	6	6	6	6	6	6	6	6	6	6	6	7	7
	Allium ursinum		1/r	1	4/+	6/2 2	6/3	6 1	6 1	6 3	6 5	6 5	6 9/2 7	6 10	6 10	6 10	6 10	6 10	6 11					
	Arum maculatum	1/r	2	3	6	6	6	6	6	6	6	6	6 8	10	10	9	10	9	9	9 11	9 11	10	11	
	Galium odoratum	W	1/r		1	1	1	1	1	3 1	3 1	4 5	6 7	6 9	6 9	6/+ 9	6 10	6 10	6 11	6 11	6	6	7	8
	Lamiastrum galeobdolon	W	W	1/r	1	2	3	4	5	5	6	6 9	7 9	9	9	9	6	6	6	6	6	7	7	7
	Melica uniflora		1/r	1	2	4/+ 1	5/1	5	5	6	6	6	6	6	6	6	6	6	7 11	8/+ 11	9/r 11	9 11	10	10
	Phyteuma spicatum:		1/r	2	4	5 1	5 1	5 1	5 1	6 1	6 2	6	6 5	6 8	6 8	6 8	6 8	6 7	7 8	7 9	11	11		
	Aconitum vulparia		1/r	2	4	5 5	5	6 1	6 1	6 2	6 2	6 3	6 4	6 8	6 8	6 8	6 8	6 10	6 10	6 11	7	7	8	9
	Hordelymus europaeus	W	1/r		1	2	3	4	5	6 5	6 5	4	6 4	6 5	6 2	6 4	6 8	6 7	6 7	7	7 10	8 11	8 11	8 11
	Campanula trachelium					2/r	3	4	4	5	4	4	4	5	6	6 1	6 2	6 3	6 3	6 8	10	10	9 10	10 11

weise vorliegen (s. auch DIERSCHKE 1972). Nach ihrem Inhalt kann man unterscheiden:

a) Qualitative Phänospektren: es werden nur Eintritt und Dauer von Phänostufen dargestellt.

   Quantitative Phänospektren: es werden zusätzlich quantitative Veränderungen im Jahresverlauf (z. B. Deckungsgrad, Blütenmenge) dargestellt.

b) Vollständige Phänospektren: es werden alle Arten des Bestandes dargestellt.

   Unvollständige Phänospektren: Beschränkung auf bestimmte Arten (z. B. nur blühende Arten, nur Arten einer Schicht).

c) Teilspektren: es werden nur bestimmte Merkmale (z. B. Blühen, Fruchten) dargestellt.

Nach der Art der Zusammenfassung ergeben sich

d) Analytische Phänospektren: mit getrennter Darstellung der Arten (2.5.3).

   Synthetische Phänospektren: zusammenfassende Darstellung nach Phänologischen Pflanzentypen oder anderen Artengruppen (z. B. gleicher Blühbeginn, gleiche Blütenfarbe) (2.5.4–6).

Stärker abgeleitet sind Symphänologische Gruppenspektren, in denen die Anteile solcher Gruppen einer Pflanzengesellschaft qualitativ oder quantitativ dargestellt werden (2.5.5).

2.5.3 Analytische Phänospektren

Die gebräuchlichste, direkt aus symphänologischen Tabellen umsetzbare Form sind entsprechende Spektren der einzelnen Sippen. Wiederum aus dem Göttinger Kalkbuchenwald stammt Abb. 160, in der alle blühenden Arten ohne quantitative Angaben zusammengestellt sind. Oben findet man die Entwicklung der Belaubung in der Baumschicht und die Deckungsgrade der Frühlings- und Sommergrünen in der Krautschicht. Die vegetativen Phänostufen der Arten sind, etwas zusammengefaßt, durch senkrechte Strichelung mit unterschiedlichen Abständen erkennbar. Für die Blüten ist die Farbe angegeben. Nach gemeinsamem Blühbeginn lassen sich Artengruppen zusammenfassen, die verschiedene Phänophasen (1–8) abgrenzen.

Quantitative Angaben können durch verschiedene Balkenhöhe verdeutlicht werden.

Abb. 161 zeigt hierzu das Diagramm einer artenarmen *Allium ursinum*-Ausbildung aus demselben Buchenwald, gleichzeitig eine etwas andere Art der Darstellung.

Oft beschränken sich symphänologische Spektren auf bestimmte Ausschnitte. Besonders häufig findet man Teilspektren der Blütezeiten wie Abb. 162 aus einem Kalkmagerrasen. Ein sehr spezielles Beispiel zeigt Abb. 163 mit Pilzspektren aus Wäldern. Auch mehr randliche Erscheinungen im Jahresrhythmus wie der Laubfall können dargestellt werden (Abb. 164).

In analytischen Phänospektren lassen sich auch direkt Entwicklungsverläufe einer Art in verschiedenen Gesellschaften oder in verschiedenen Jahren vergleichen. Abb. 165 zeigt den phänologischen Vergleich thermophiler Saumpflanzen in einem kalten (1970) und einem warmen Frühjahr (1971). Das kalte Frühjahr wirkte sich nicht nur in verspäteter vegetativer Entwicklung sondern auch in verspäteter und meist verkürzter Blütezeit aus.

Zusammenfassende Beispiele weiterer Spektren finden sich bei BALÁTOVÁ (1970) und DIERSCHKE (1972). Eine originelle Darstellung verschiedener Phänostufen der Pflanzen einer Dauerfläche sind Karten, in denen sowohl das räumliche Vorkommen als auch der Entwicklungszustand zu einem Zeitpunkt festgehalten werden. Beispiele für offene Steppenvegetation Marokkos gibt MÜLLER-HOHENSTEIN (1978), ergänzt durch entsprechende Fotos. Bei artenreichen, dichten Beständen könnte man so zumindest ausgewählte Arten darstellen.

2.5.4 Phänologische Pflanzentypen

Pflanzen mit allgemein ähnlichem phänologischen Rhythmus lassen sich zu Periodizitätstypen oder Phänologischen Pflanzentypen zusammenfassen. Sie stehen teilweise in enger Beziehung zu Lebensformen (s. IV 3), betonen aber den jahreszeitlichen Ablauf. Neben allgemeineren Beobachtungen können auch genauere symphänologische Untersuchungen hierfür nützlich sein. Es gibt Typen, die nur nach vegetativen oder generativen Merkmalen aufgestellt worden sind, oder solche, die möglichst viele phänologische Merkmale integrieren. Einige Möglichkeiten zeigen die folgenden Beispiele.

Abb. 160. Analytisch-qualitatives (unvollständiges) Phänospektrum der blühenden Arten und Phänophasen eines Kalkbuchenwaldes (aus DIERSCHKE 1989a, leicht verändert). ▷

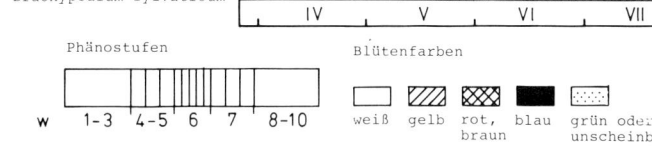

Jahreszeitliche Vegetationsrhythmik (Symphänologie)   373

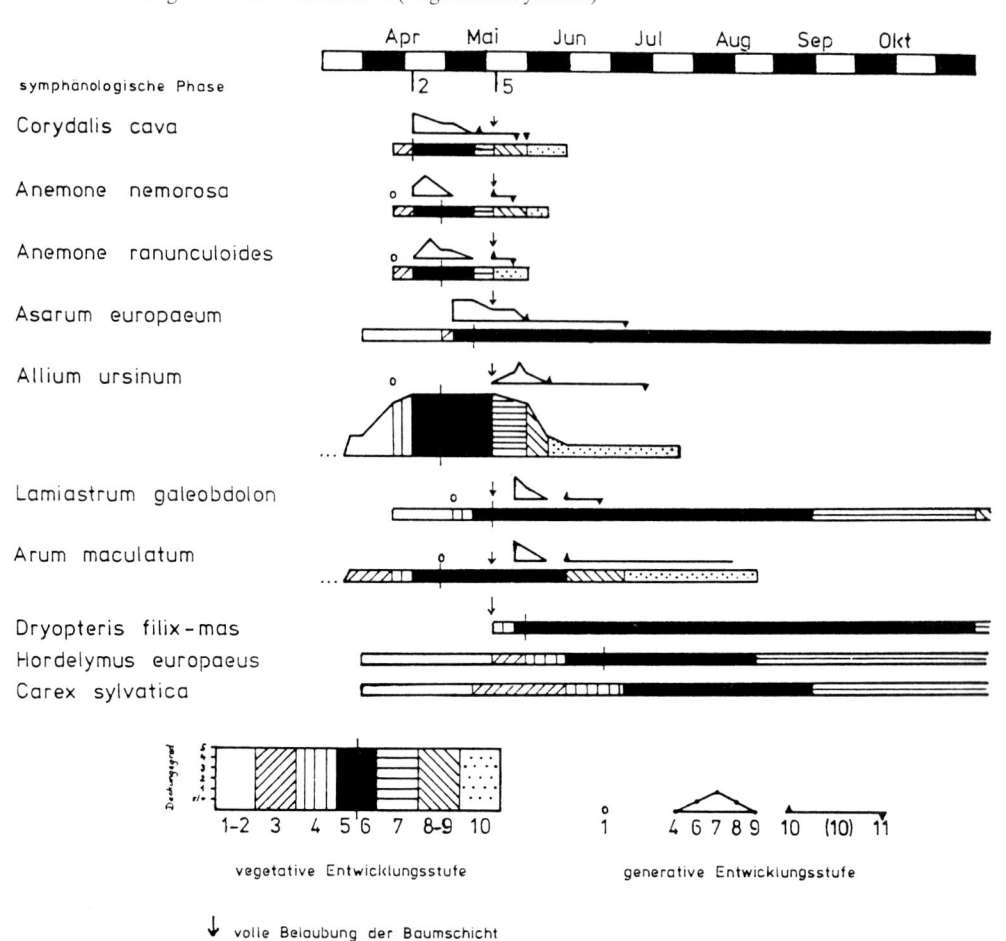

374 Veränderung von Pflanzenbeständen (Vegetationsdynamik)

Abb. 161. Analytisch-quantitatives Phänospektrum der Krautschicht eines Bärlauch-Kalkbuchenwaldes (aus GROCHLA 1984).

DIELS (1918) unterschied für Laubwaldpflanzen drei Typen nach ihrer endogenen Rhythmik, indem er die Entwicklung unter dauernd günstigen Bedingungen im Gewächshaus untersuchte (s. auch ELLENBERG 1978/82, S. 32):
1. *Asperula*-Typ: dauerndes Wachstum, ohne Speicherorgane. Ruhezeit durch den Winter erzwungen (z. B. *Galium odoratum*, *Mercurialis perennis*).
2. *Leucojum*-Typ: Wachstum vom Herbst bis zum Frühjahr mit teilweise erzwungener Ruhezeit im Winter, mit Speicherorganen (z. B. *Arum maculatum*, *Leucojum vernum*, *Ranunculus ficaria*).
3. *Polygonatum*-Typ: endogene Winterruhe; auch im Gewächshaus erst im Frühjahr austreibend (z. B. *Corydalis cava*, *Convallaria majalis*, *Dentaria*).

Häufig verwendet werden Blattausdauer-Typen, die unter IV 2.3.1.3 als Texturmerkmal besprochen wurden. Zu unterscheiden sind frühlingsgrüne, halbsommergrüne, sommergrüne, überwinternd-grüne und immergrüne Pflanzen (ELLENBERG 1974/79, DIERSCHKE 1983).

NEUHÄUSL (1977a) sowie NEUHÄUSL & NEUHÄUSLOVÁ (1977) ordnen die Pflanzen nach Länge und Zeit der Vegetationsperiode sowie nach Art und Zeit der Ruheperiode und kommen zu zehn bzw. zwölf Phasen („Zeitsynusien") im Jahresverlauf. BUCK-FEUCHT (1989) gliedert die Arten der Krautschicht in sechs Vergilbungstypen nach dem Zeitpunkt des Vergilbens in bezug zu anderen Phänostufen. NOIRFALISE (1952) unterscheidet in Feuchtwäldern allgemeine phänologische Typen („Synusien") als

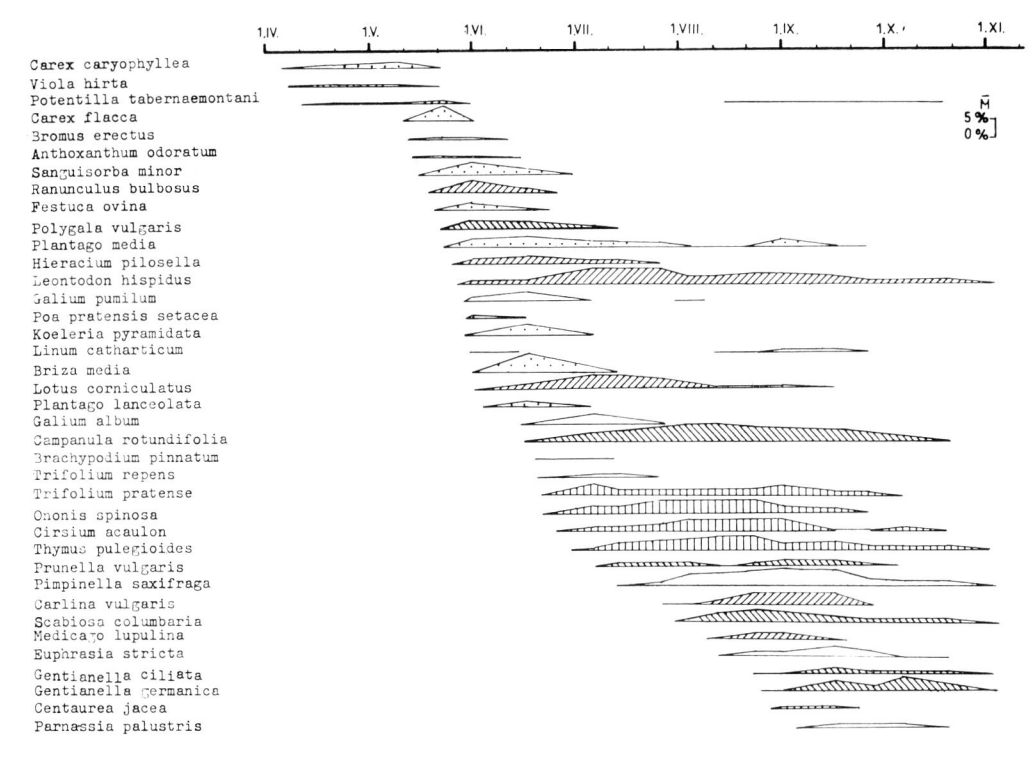

Abb. 162. Phänologisches quantitatives Teilspektrum des Blühverlaufes in einem Kalkmagerrasen (*Gentiano-Koelerietum*) (aus FÜLLEKRUG 1969).

Artengruppen mit synchroner Funktion (Vegetationsschicht, Entwicklung, Blütezeit, Länge der Assimilationszeit), außerdem spezielle Typen nach Entwicklung der Assimilationsorgane, nach Blührhythmus sowie nach Fruchten und Aussamung.

SCHARFETTER (1922) ordnete bereits die Pflanzen nach Reihenfolge und Zeit verschiedener Entwicklungsstufen in fünf Typen (z. B. Belaubung – Blüte – Fruchten oder Blüte – Fruchten – Belaubung). Ähnliche Gruppierungen finden sich bei CARBIENER (1982) und DIERSCHKE (1983):

1. Blütenbildung vor der Blattentwicklung: eine Reihe von Frühlingsblühern, z. B. *Alnus, Acer platanoides, Cornus mas, Fraxinus, Prunus spinosa; Carex digitata, C. umbrosa, Daphne mezereum, Helleborus viridis, Hepatica, Luzula pilosa, Petasites, Tussilago.*
2. Blütenbildung während der Blattentwicklung: eine Reihe weiterer Frühlingsblüher, z. B. *Betula, Fagus, Prunus avium, Quercus; Anemone, Carex montana, Chrysosplenium, Corydalis cava, Leucojum vernum, Luzula sylvatica, Mercurialis perennis, Oxalis acetosella.*
3. Blütenbildung nach der Blattentwicklung: die meisten unserer Pflanzen.

Viele Gruppierungen von Pflanzen richten sich nach generativen Merkmalen, vor allem nach Blütezeit, Blühdauer und Blütenfarbe. MARCELLO & PIGNATTI (1963) unterscheiden in bezug zur Tageslänge Vernales (Blüte bei sich verlängernden Tagen) und Serotinae (Blüte bei sich verkürzenden Tagen) mit zwei Zwischentypen der Paravernales und Paraserotinae.

Auch für die Pilze gibt es phänologische Typen. ARNOLDS (1951) klassifiziert terrestrische Pilze in sieben Periodizitätstypen nach der Jahreszeit und Länge der Fruchtperiode sowie nach dem Wechsel der Fruchtkörperdichte: Arten des Frühlings, Sommers, Früh-, Mittel-, Spätherbstes und des gesamten Herbstes sowie Arten mit sehr langer Fruchtkörperbildung (April bis Herbst; s. auch HÖFLER 1954).

Vor kurzem hat BARKMAN (1988a) ein universelles System phänologischer Pflanzentypen für Kryptogamen und Phanerogamen vorgeschla-

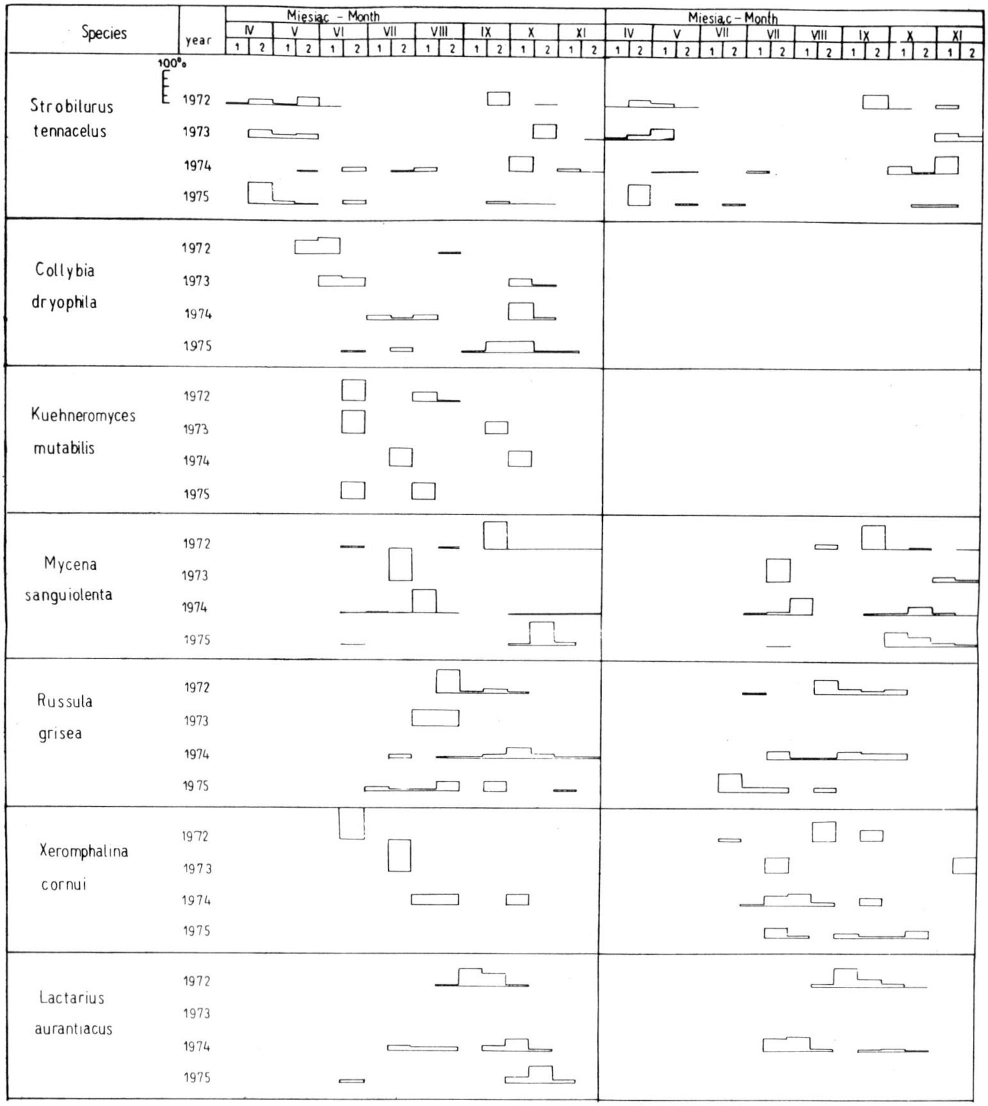

Abb. 163. Pilzspektren 1972–75 eines Eichen-Hainbuchenwaldes (links) und eines Kiefern-Eichenwaldes (rechts). (Ausschnitt aus Holownia 1985).

gen. Er benutzt als erstes Kriterium sechs Typen vegetativer Periodizität: Immergrüne, Halbimmergrüne, Wintergrüne, Frühlingsgrüne, Frühlings-Sommergrüne und Sommergrüne. Als zweites, weiter unterteilendes Kriterium dienen generative Kriterien, vorwiegend nach der Blütezeit bzw. Fruchtkörperbildung. Insgesamt ergeben sich 29 Typen sehr feiner, aber nicht leicht überschaubarer Differenzierung. Barkman beschreibt auch kurz einen ähnlichen Gliederungsversuch von Massart aus dem Jahre 1910. Für mediterrane Pflanzen hat Orshan (1989) verschiedene phänologische Typen aufgestellt und ihre Verteilung im Jahresgang untersucht.

Mit Hilfe solcher und anderer phänologischer Pflanzentypen lassen sich synthetische symphänologische Spektren für einzelne Pflanzengesellschaften aufstellen, die bestimmte rhythmische Eigenschaften zusammenfassen (s. 2.5.6).

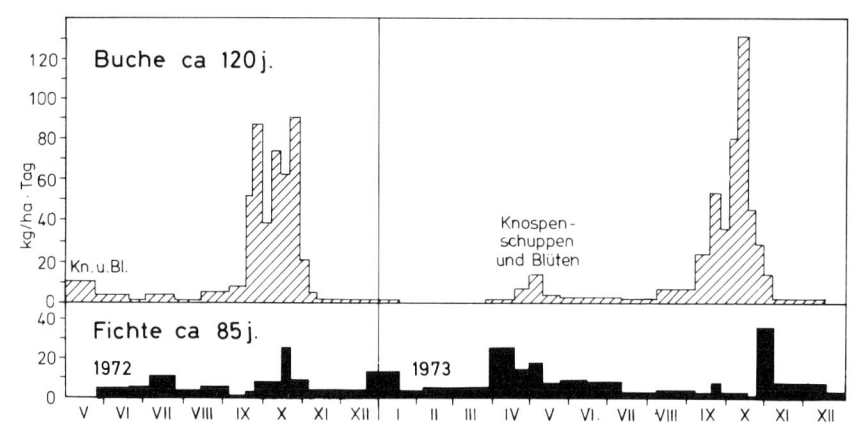

Abb. 164. Rhythmik des Laubfalles in einem Buchenwald und einem Fichtenforst (aus ELLENBERG 1978/82).

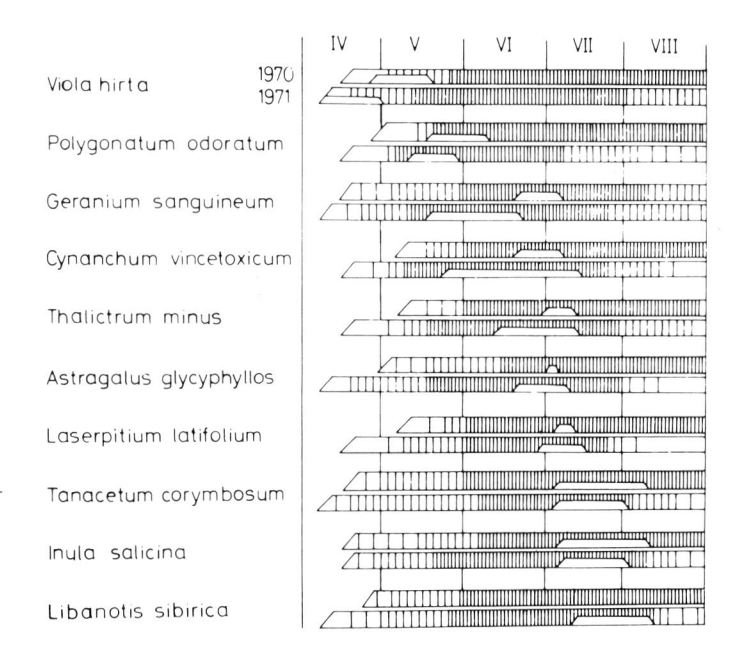

Abb. 165. Ausschnitt eines Phänospektrums zweier Jahre für einige Saumpflanzen des *Geranio-Peucedanetum* (aus DIERSCHKE 1977). Erläuterung im Text.

2.5.5 Symphänologische Gruppen und Phänophasen

Pflanzensippen, die zu einem phänologischen Pflanzentyp gehören, kann man als phänologische Artengruppe bezeichnen, bezogen auf Pflanzengesellschaften als symphänologische Gruppen. Diese sind also jeweils Artengruppen mit annähernd gleichem phänologischen Verhalten, entweder nach Einzelmerkmalen oder nach ihrem Gesamtrhythmus. Wenn durch mehrjährige Beobachtungen gewisse Kerne solcher Gruppen erkannt sind, lassen sich ihnen beliebig neue Arten zuordnen, sei es aus demselben Gebiet oder aus anderen Bereichen mit ähnlichem Klima und ähnlicher Vegetation, sei es durch eigene Untersuchungen oder nach Literaturangaben.

Symphänologische Artengruppen sind gewissermaßen das zeitliche Gegenstück zu den mehr räumlich orientierten Synusien (s. IV 7). In beiden Fällen handelt es sich um floristisch-strukturelle Teile einer Gesellschaft. Schon CLEMENTS (1905; zitiert nach 1916) unterschied Saisonaspekte von Formationen als eigene „societies", später neben anderen Kleineinheiten als „aspect societies". Nach Vorfrühlings-, Frühlings-, Sommer- und Herbstaspekten wurden entsprechende Einheiten ausgeschieden.

Besonders gut erkennbar sind Artengruppen mit gemeinsamem Blührhythmus. Während aber die Länge der Blühperiode sehr unterschiedlich sein kann, ergibt der Zeitraum vom Blühbeginn bis zur Vollblüte recht gute Beziehungen. Da sich dieser Zeitraum bzw. der Zeitpunkt des Blühbeginns leicht feststellen läßt, er deutliche Korrelationen zum klimatischen Jahresablauf zeigt und auch für viele Tiere von Bedeutung ist, liegt es nahe, ihn zur Kennzeichnung und Abgrenzung symphänologischer Gruppen heranzuziehen, die wiederum bestimmte Phänophasen charakterisieren. Das Auffinden solcher Gruppen und Jahreszeiten geht also Hand in Hand. In der Literatur findet man entsprechende Angaben als Blühaspekte oder Blühwellen, Artengruppen oder Phänologische Jahreszeiten (z. B. BOTTLÍKOVÁ 1973, CARBIENER 1982, FALIŃSKA 1973 a/b, LAUSI & PIGNATTI 1973, NEUHÄUSL 1982 b, NEUHÄUSL & NEUHÄUSLOVÁ 1977). Letztere weisen darauf hin, daß man neben generativen auch vegetative Aspekte (Sproßaspekte) unterscheiden sollte. Sie sind für die Beurteilung des Wechselspiels der Arten eines Bestandes, also soziologisch wichtiger, aber schwerer zu erkennen und voneinander abzugrenzen.

Abb. 160 zeigte bereits einige deutliche Artengruppen gemeinsamen Blühverhaltens eines Kalkbuchenwaldes. Besonders der Blühbeginn fällt oft im Frühjahr eng zusammen, z. B. bei *Gagea lutea* bis *Pulmonaria obscura*. Mit *Leucojum vernum* und *Daphne mezereum* ist eine Gruppe davor angedeutet. Die nächste klarere Gruppe umfaßt die Arten von *Carex sylvatica* bis *Ranunculus lanuginosus*, während *Viola reichenbachiana* bis *Oxalis acetosella* eine intermediäre Gruppe mit stärkeren Überlappungen bilden. Es folgen einige weniger deutliche Gruppierungen. Klarer abgesetzt sind Mitte Juni wieder *Galium sylvaticum* bis *Circaea lutetiana*. Die im Phänospektrum angegebenen Phasen 1–10 beziehen sich auf breitere, mehrjährige Untersuchungen von Wäldern. Nicht überall und in jedem Jahr lassen sich alle Phänophasen gut unterscheiden.

In Abb. 166 sind die Gruppen und Phasen schematischer dargestellt. Die wellenartige Abfolge der Blühaspekte wird aus Abb. 167 deutlich. Bei groberer Betrachtung kann man einige zusammenfassen. So unterscheiden LAUSI & PIGNATTI (1973) nur drei Blühwellen für

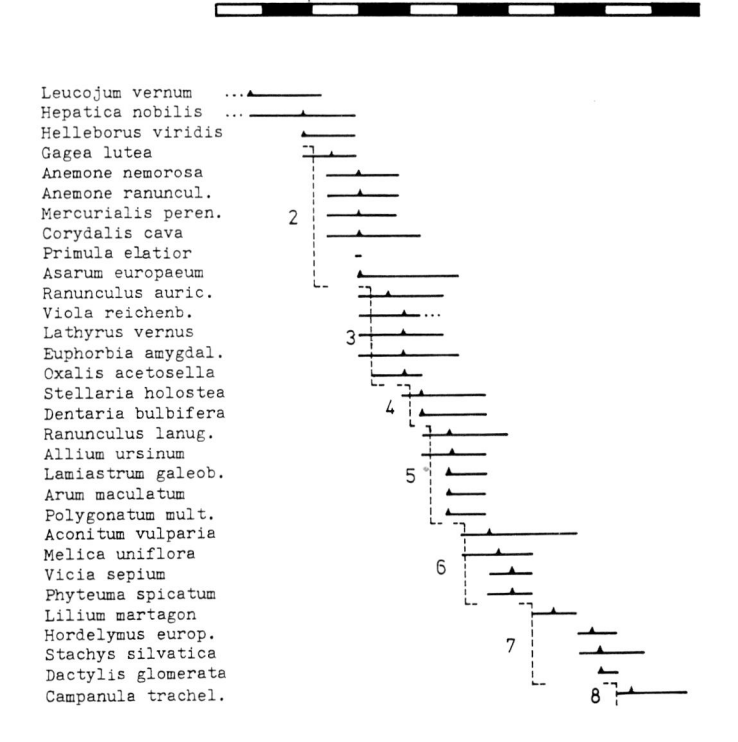

Abb. 166. Blühfolgen und Phänophasen eines Kalkbuchenwaldes. Der Beginn der Vollblüte ist besonders markiert (aus GROCHLA 1984).

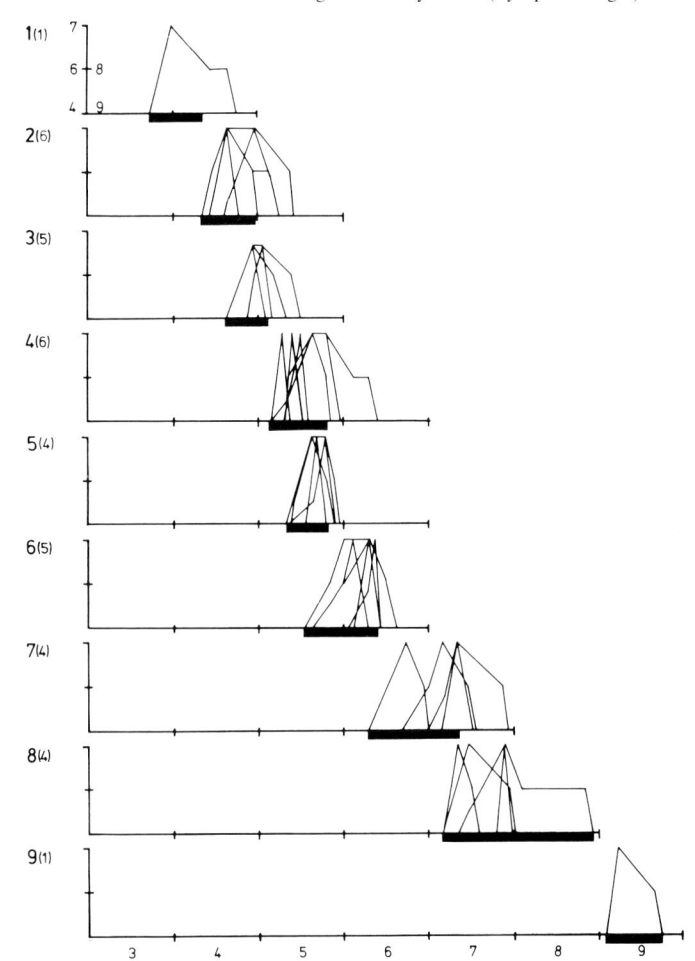

Abb. 167. Blühwellen der Krautschicht und Phänophasen (1–9) artenreicher Buchenwälder im Jahresverlauf (links in Klammern die jeweilige Artenzahl) (aus DIERSCHKE 1982e). Ordinate= Skala der Blühstufen: 4: Blühbeginn, 6: zur Hälfte erblüht, 7: Vollblüte, 8: abblühend, 9: verblüht.

Buchenwälder: eine heliophile Welle vor der Belaubung der Bäume (Phase 1–3), eine erste und zweite Welle schattenertragender Arten (etwa Phase 4–7, 8), BOTTLÍKOVÁ (1973) gliedert die Waldpflanzen in 4 phänologische Gruppen, FALIŃSKA (1973 a/b) in 6 Phänophasen, etwa entsprechend den in Kapitel 2.2 angesprochenen phänologischen Jahreszeiten der Klimatologen. CARBIENER (1982) unterscheidet für Gehölze von Auenwäldern sogar 14 Blühphasen.

Im Gegensatz zur Aufstellung ökologischer Gruppen (s. VII 6), wo viele allgemeinere Erfahrungen mit einfließen, bedarf es für die Festlegung symphänologischer Gruppen für jede Sippe genauer, mehrjähriger Beobachtungen in bestimmten Pflanzengesellschaften. Zeitliche Angaben zum Blühverhalten sind in Floren meist sehr breit und allgemein gehalten. Entscheidend ist ja nicht ein bestimmter Termin, sondern die von Jahr zu Jahr wechselnde klimatische Entwicklung, besonders im Frühjahr. Symphänologische Gruppen haben hier den Vorteil, daß sie mit geringen Abweichungen gemeinsam den Witterungsschwankungen folgen oder auch räumlich mit mikro- bis makroklimatischen Unterschieden parallel gehen (s. schon KREEB 1956). So beträgt allgemein die Verzögerung der Blütezeit in Buchenwäldern je 1° nördlicher Breite bzw. 100 m Höhe drei bis vier Tage (LAUSI & PIGNATTI 1973). Eigene Untersuchungen (DIERSCHKE 1989c) ergaben zwischen kollinen und submontanen Laubwäldern sechs bis neun Tage Verschiebung pro 100 m.

Symphänologische Gruppen gelten zunächst nur für bestimmte Pflanzengesellschaften. Vergleichende Untersuchungen haben ergeben, daß sich dieselbe Art in verschiedenen, oft sogar benachbarten Gesellschaften phänologisch unterschiedlich verhalten kann. Abb. 168 von FALIŃSKA (1973a) zeigt gewisse Unterschiede bei *Calta palustris* zwischen verschiedenen Waldgesellschaften, gleichzeitig den phänologischen Rhythmus der Phänostufen 1–6 über vier Jahre. Später (1978) hat dieselbe Autorin das Verhalten in Wäldern und Wiesen verglichen, wo noch deutlichere phänologische Unterschiede auftraten.

In Abb. 169 werden kleinräumige phänologische Unterschiede des Blühbeginns erkennbar. *Anemone nemorosa* erblüht in einem nassen Erlenwald fünf Tage später als in den umliegenden Laubmischwäldern. *Maianthemum bifolium* zeigt ein noch differenzierteres räumliches Blühmuster. Zwischen dem Blühbeginn im bodentrockenen Kiefern-Eichenwald (18.5.) und dem Erlenwald liegen drei Wochen. Als Ursachen können unterschiedliche Bodenerwärmung aber auch Unterschiede im Wasser- und Nährstoffhaushalt angesehen werden. So weisen LAUSI & PIGNATTI (1973) darauf hin, daß die Blüte mancher Pflanzen in bodensauren Buchenwäldern gegenüber solchen mittlerer Standorte verspätet einsetzt. KREEB (1956) zeigte feine Blühunterschiede in Wäldern im Vergleich von Nord- und Südhang. Besonders starke phänologische Unterschiede fand OTTE (1986) auf fluviatilen Kiesinseln. In der feinen Zonierung der Vegetation vom Wasser zu etwas höheren Bereichen gab es bei manchen Arten Abweichungen der Blütezeit von zwei bis vier Wochen. Hier dürften auch Unterschiede der Gesamtentwicklung im Zuge des zum Sommer hin erniedrigten Flußwasserspiegels mitspielen.

FALIŃSKA (1973a) hat nach mehrjährigen phänologischen Untersuchungen in Wäldern Polens einen gesellschaftsspezifischen phänologischen Kalender nach der Blütezeit der Arten aufgestellt. Abb. 170 zeigt ein daraus resultierendes Phänophasen-Spektrum. Verspätungen im Frühjahr sind eng mit der unterschiedlichen Schneeschmelze und Bodenerwärmung korreliert.

Diese Beispiele zeigen, daß es bei detaillierter Betrachtung schon auf kleinem Raum und zwischen Pflanzengesellschaften phänologische Unterschiede gibt. Der kausale Hintergrund bedarf noch der Aufklärung. Neben standortsökologischen Gegebenheiten ist auch eine genetische Sippendifferenzierung in Ökotypen denkbar. Hierauf haben z. B. SCHREIBER (1977) und PATZKE (1990) hingewiesen. Letzterer spricht bei Sippen, die in verschiedenen Pflanzengesellschaften unterschiedliches Blühverhalten zeigen, von „Geschwistersippen" und sieht hier sogar Ansätze für eine stärkere systematische Gliederung. Nach GROOTJANS (1980) gibt es z. B. bei *Rhinanthus serotinus* verschiedene Ökotypen, die mit unterschiedlicher Blüte- und Fruchtzeit entsprechenden Mahdterminen angepaßt sind.

Trotz aller Einschränkungen scheint es bei nicht zu feiner Differenzierung möglich, große Teile der Flora eines großklimatisch einheitlichen Gebietes bestimmten **symphänologischen**

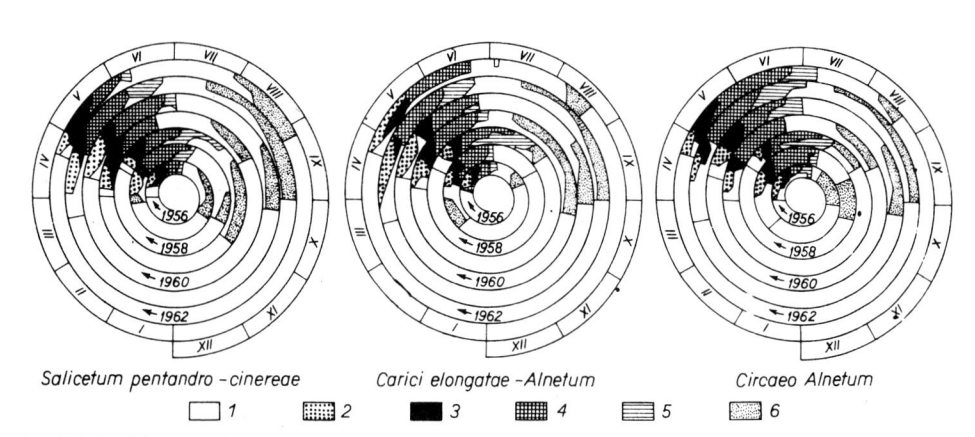

Abb. 168. Zeitliche und gesellschaftsspezifische Unterschiede der Phänostufen von *Caltha palustris* (aus FALIŃSKA 1973a).
1: vegetativ; 2: mit Blütenknospen; 3: blühend; 4: mit unreifen Früchten; 5: reife Früchte und Ausstreuen der Samen; 6: vergilbend.

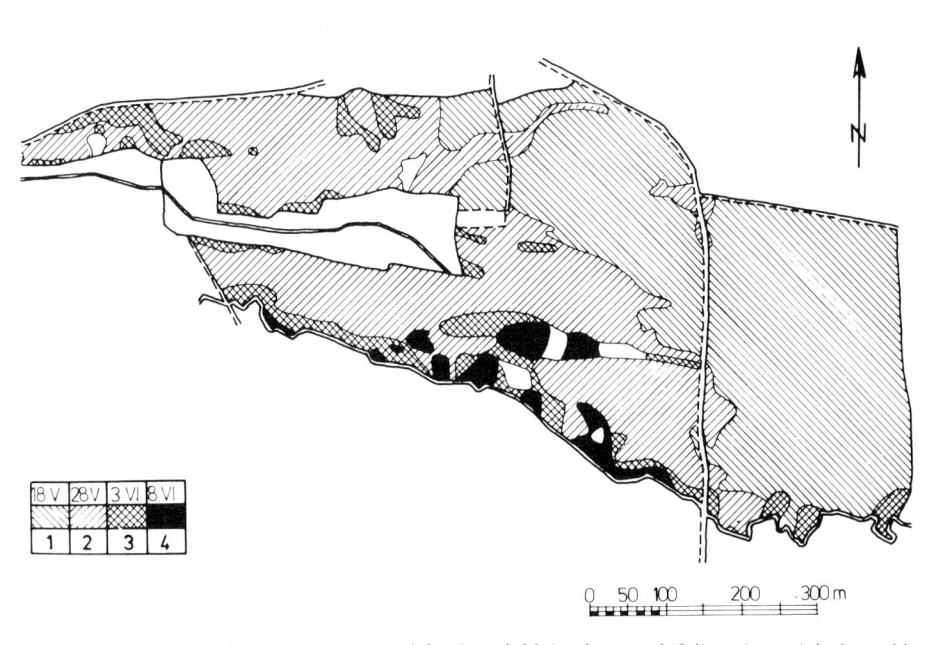

Abb. 169. Blühbeginn von *Anemone nemorosa* (oben) und *Maianthemum bifolium* (unten) in benachbarten Waldgesellschaften Mittelpolens (nach WIŁKOŃ-MICHALSKA et al. 1982, leicht verändert). Erläuterung im Text.

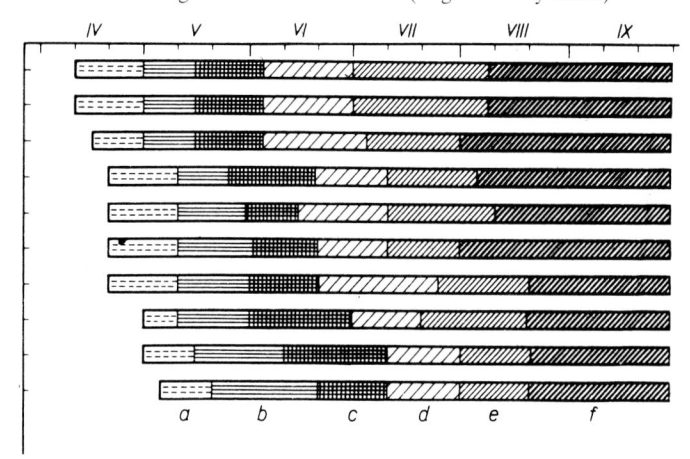

382 Veränderung von Pflanzenbeständen (Vegetationsdynamik)

Abb. 170. Phänophasen verschiedener Waldgesellschaften Ostpolens (aus FALIŃSKA 1973a).
a: Vorfrühling; b: Erstfrühling; c: Frühling; d: Frühsommer; e: Hochsommer; f: Frühherbst.
Von oben nach unten: *Tilio-Carpinetum stachyetosum, T.-C.typicum, Circaeo-Alnetum, Pino-Quercetum, Sphagnetum mediorubelli pinetosum, Vaccinio uliginosi-Pinetum, Peucedano-Pinetum, Querco-Piceetum, Salicetum pentandro-cinereae, Carici elongatae-Alnetum.*

Gruppen zuzuordnen. Ein erster Versuch für Waldpflanzen Mitteleuropas wurde bereits vorgestellt (DIERSCHKE 1982e, 1983; s. auch JURKO 1990: Einordnung der Pflanzen der Tschechoslowakei nach sieben Phänophasen). Mit Hilfe des Zeitraumes Blühbeginn bis Vollblüte, ergänzt durch einige andere Merkmale, konnten 402 Arten in neun Gruppen zusammengefaßt werden, die entsprechende Phänophasen kennzeichnen. Sie erlauben eine Verfeinerung, Präzisierung und universellere Anwendung der bisher benutzten phänologischen Jahreszeiten. Die Phänophasen sind jeweils nach einer Gehölzart und einer krautigen Waldpflanze benannt. Ein Bestimmungsschlüssel findet sich bei DIERSCHKE (1989c). Folgende elf Phasen lassen sich unterscheiden:

I   *Corylus (avellana) – Leucojum (vernum)* – Phase (Vorfrühling)
II *Acer platanoides – Anemone (nemorosa)* – Phase (Erstfrühling)
III *Prunus (avium) – Ranunculus auricomus* – Phase (Erstfrühling)
IV *Fagus (sylvatica) – Lamiastrum (galeobdolon)* – Phase (Vollfrühling)
V   *Sorbus (aucuparia) – Galium odoratum* – Phase (Vollfrühling)
VI *Cornus sanguinea – Melica uniflora* – Phase (Frühsommer)
VII *Ligustrum (vulgare) – Stachys sylvatica* – Phase (Frühsommer)
VIII *Clematis (vitalba) – Galium sylvaticum* – Phase (Hochsommer)
IX *Hedera (helix) – Solidago (virgaurea)* – Phase (Spätsommer, Frühherbst)

Zur Vervollständigung des Jahres können zwei Phasen ohne Blüten hinzugefügt werden:

X   Herbstphase (Herbst)
XI Ruhephase (Winter)

Wo die Artnamen eingeklammert sind, ist der Gattungsname allein bereits eindeutig. Entweder gibt es nur eine Art (z. B. *Fagus, Hedera*), oder mehrere Arten einer Gattung zeigen gleiches Blühverhalten (z. B. *Anemone, Prunus, Sorbus*). Interessant ist, daß sich auch die neophytischen *Solidago*-Arten bei uns der Phase IX zuordnen lassen.

Bisherige Beobachtungen haben gezeigt, daß die den Phänophasen zugrunde liegenden Artgruppen recht stabil sind. Witterungsbedingte Abweichungen einzelner Arten liegen höchstens zwischen zwei Phasen (DIERSCHKE 1982e). Mit Hilfe symphänologischer Gruppen können deshalb bestimmte Zeitabschnitte im Jahresverlauf eindeutiger festgelegt und langzeitig verglichen werden als durch einzelne Arten. Inzwischen hat sich auch gezeigt, daß die zunächst auf dem Jahresrhythmus von Waldpflanzen beruhenden Phänophasen ebenfalls für andere Arten brauchbar sind. Mit einiger Vorsicht und Vorbehalten (s.o.) lassen sich die meisten Pflanzen unserer Flora den Phasen I-IX zuordnen, zumindest im Bereich tiefer bis mittlerer Lagen. Getrennt zu behandeln sind sicher die Pflanzen der alpinen Stufe, wo es nach Abtauen des Schnees eine rasche Folge von Blühaspekten gibt (KNAPP 1958).

Mit Hilfe symphänologischer Gruppen lassen sich für jede Pflanzengesellschaft entsprechende **Gruppenspektren** aufstellen, die den Jahresrhythmus und andere Eigenheiten erkennen lassen. Einfache Präsenzspektren von Laubwäldern zeigt Abb. 171. In den Gehölzschichten gibt es deutliche Unterschiede, z. B. zwi-

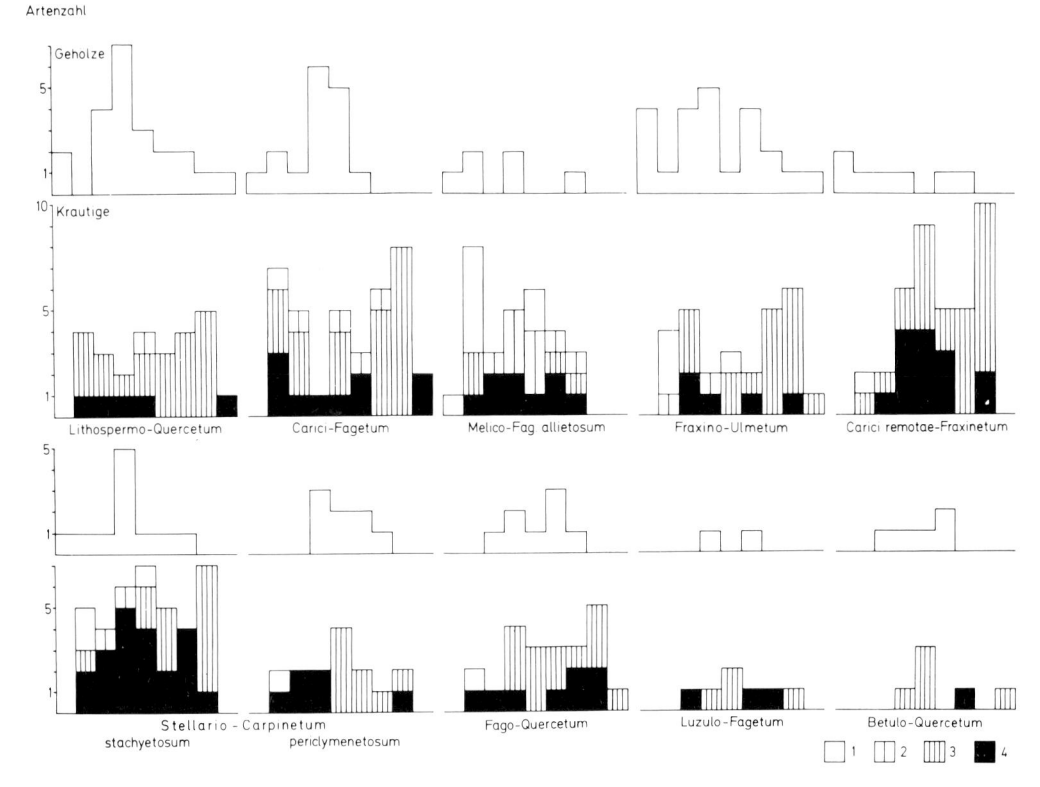

Abb. 171. Symphänologisches Gruppenspektrum für verschiedene Waldgesellschaften nach Präsenz (Artenzahl), getrennt für Gehölze und krautige Pflanzen. Für letztere sind zusätzlich phänologische Pflanzentypen nach Blattausdauer angegeben: 1: frühlingsgrün; 2: halbsommergrün; 3: sommergrün; 4: überwinternd- und immergrün (aus DIERSCHKE 1983).

schen *Lithospermo-Quercetum*, *Carici-Fagetum* und *Fraxino-Ulmetum* (mit breiter Verteilung der Arten) und den Buchenwäldern. In der Krautschicht fallen vor allem die eintönigen bodensauren Wälder heraus (*Luzulo-Fagetum*, *Betulo-Quercetum*). Auch Subassoziationen können recht unterschiedliche Gruppenspektren haben, wie das *Stellario-Carpinetum* erkennen läßt. Durch zusätzliche Differenzierung nach Blattausdauer-Typen werden weitere Unterschiede sichtbar, z. B. im Anteil frühlingsgrüner oder überwinternd-immergrüner Pflanzen.

2.5.6 Synthetische Phänospektren

Die im vorigen Kapitel vorgestellten symphänologischen Gruppenspektren sind bereits stark abgeleitete synthetische Spektren. In synthetischen Phänospektren i. e. S. werden die Merkmale nach Artengruppen gleichen Verhaltens zu bestimmten Zeitpunkten direkt zusammengefaßt. Außer absoluten qualitativen oder quantitativen Daten werden auch prozentuale Gruppenanteile dargestellt. Neben den bereits unter 2.5.4 besprochenen Phänologischen Pflanzentypen können auch weitere Strukturmerkmale (s. auch IV 2) als Grundlage benutzt werden. Denkbar sind z. B. Gruppen nach gleicher Phänostufe zu einem Zeitpunkt, gleicher vegetativer Entwicklung (Beginn des Austreibens, Zeitpunkt optimaler Entwicklung, Vergilbung), gleicher generativer Entwicklung (Blühbeginn, Blütenfarbe, Blühdauer, Fruchten, Aussamung), aber auch nach jahreszeitlichem Wechsel der Lebensformen, Bestäubungstypen, Blumentypen oder Ausbreitungstypen.

Am einfachsten sind qualitative synthetische Spektren, welche die Zahl der Arten für bestimmte phänologische Typen im Jahresverlauf angeben. Abb. 172 zeigt die Jahresrhythmik der Krautschicht verschiedener Gesellschaften des Kalkbuchenwaldes nach Dek-

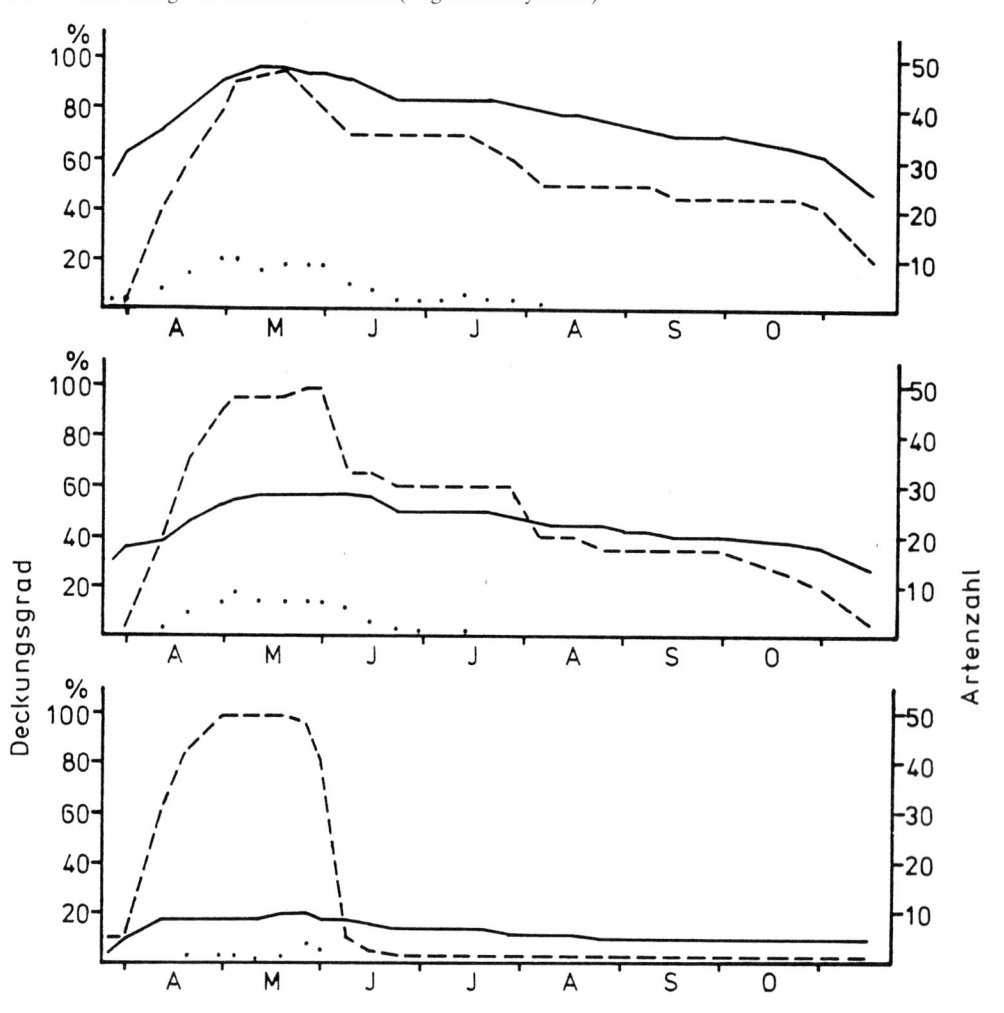

Abb. 172. Jahreszeitliche Entwicklung der Krautschicht verschiedener Typen des Kalkbuchenwaldes nach Deckungsgrad (gestrichelt), Artenzahl (durchgezogen) und der Zahl blühender Arten (gepunktet) (aus GROCHLA 1984).

kungsgrad, Artenzahl und Zahl blühender Arten. Abb. 173 gibt Einblicke in den Fruchtverlauf zweier Waldgesellschaften.

In Abb. 174 sind die Anteile der Arten gleicher Phänostufe von Auen- und Eichen-Hainbuchenwäldern dargestellt. Sie lassen deutliche Unterschiede erkennen. Abb. 175 zeigt ein synthetisches Farbspektrum mit Blühmengen, berechnet aus geschätzten Deckungsgraden der Blüten und der Stetigkeit auf drei Untersuchungsflächen einer Glatthaferwiese. Darunter folgt ein entsprechendes blütenökologisches Spektrum. Farbig dargestellte Blütenfarben-Spektren von Buchenwäldern finden sich bei

FÜLLEKRUG (1967), ebenfalls bei FALIŃSKA (1976).

Abb. 176 zeigt Fruchtkörper-Spektren nach Zahl und Dichte für verschiedene Pflanzengesellschaften.

Die beiden letzten Beispiele stammen wieder aus dem Göttinger Kalkbuchenwald und beziehen sich auf die Phänophasen bzw. Symphänologischen Gruppen von Abb. 160. Abb. 177 gibt die Anteile blühender Arten nach Lebensformen und verschiedenen phänologischen Pflanzentypen wieder. Bezeichnend ist der hohe Anteil der Geopyten bei den Frühblühern (besonders Gruppe 2). Ihr größter Teil (Gruppe

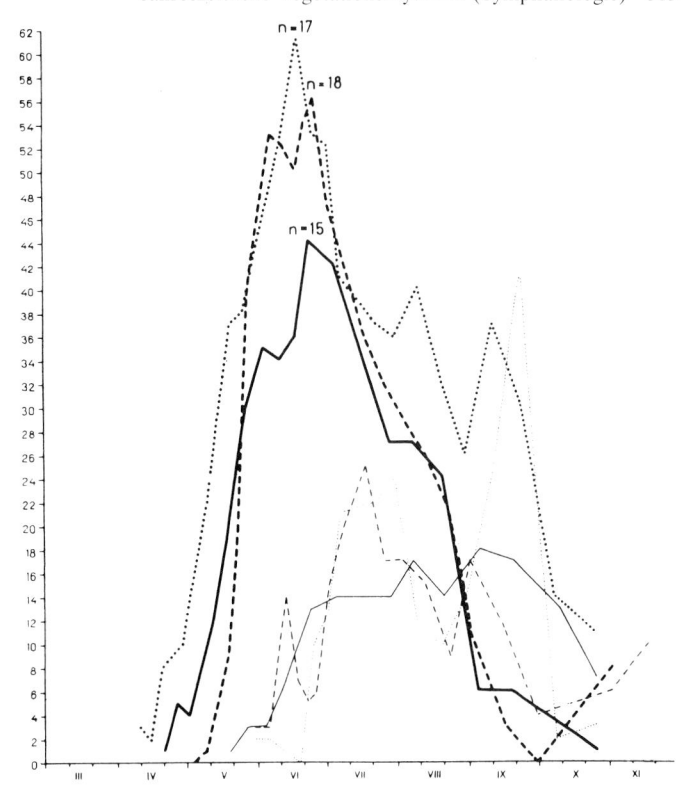

Abb. 173. Jahreskurven der Zahl fruchtender Arten in Beständen eines Eichen-Hainbuchwaldes (*Tilio-Carpinetum*) (aus FALIŃSKA 1973b).

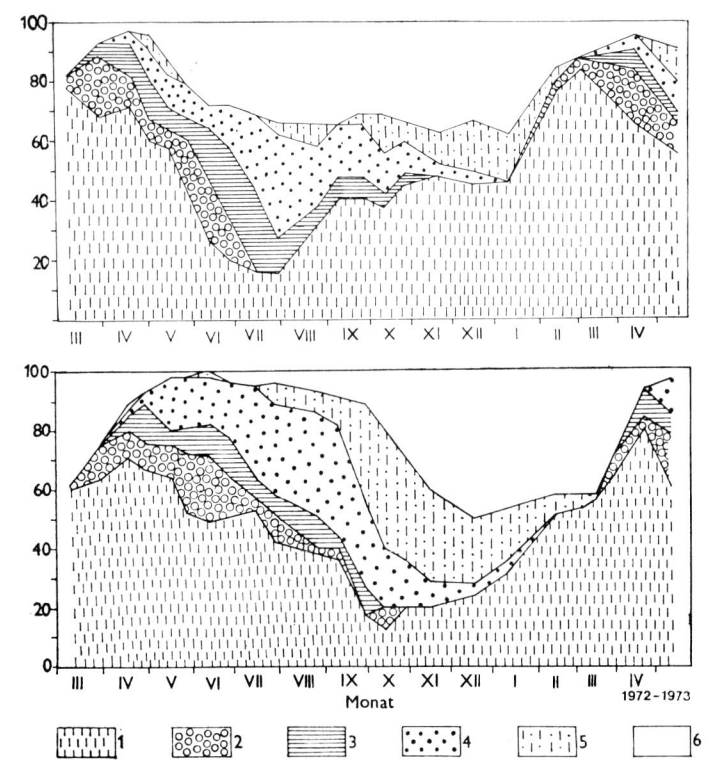

Abb. 174. Synthetische Spektren der Phänostufen aus der Krautschicht von Auenwäldern (oben: *Querco-Populetum*, unten: *Galio-Carpinetum*; aus NEUHÄUSL & NEUHÄUSLOVÁ-NOVOTNÁ 1977). 1: vegetativ; 2: blühend; 3: blühend mit Früchten; 4: fruchtend; 5: vergilbend; 6: oberirdisch verschwindend bis abgestorben.

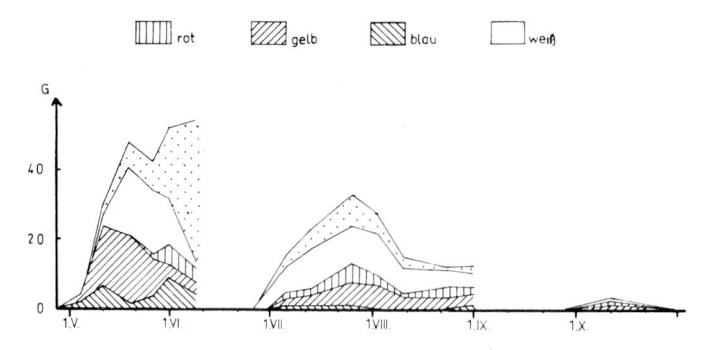

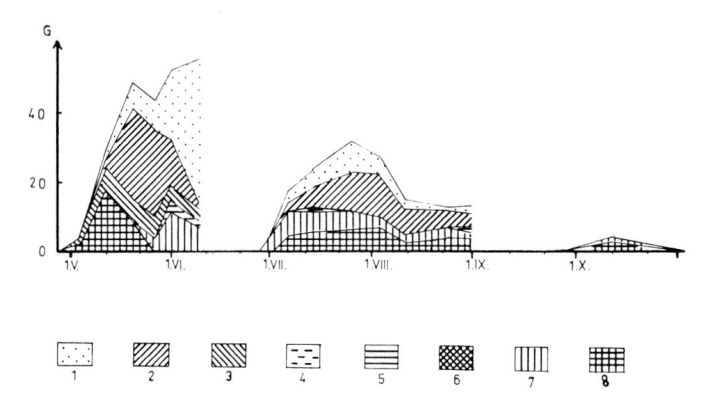

Abb. 175. Synthetisches Phänospektrum der Blütenfarben (oben) und nach blütenökologischen Merkmalen (unten) aus einer Glatthaferwiese (aus FÜLLEKRUG 1969).
1: Windblütige; 2: Scheibenblumen mit offen abgeschiedenem Nektar; 3: Scheibenblumen mit mehr oder weniger verborgenem Nektar; 4: Trichterblumen; 5: Glockenblumen; 6: Lippenblumen; 7: Schmetterlingsblumen; 8: Köpfchen und Körbchen.

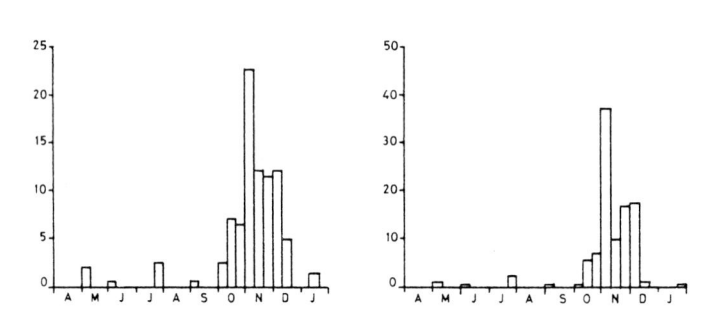

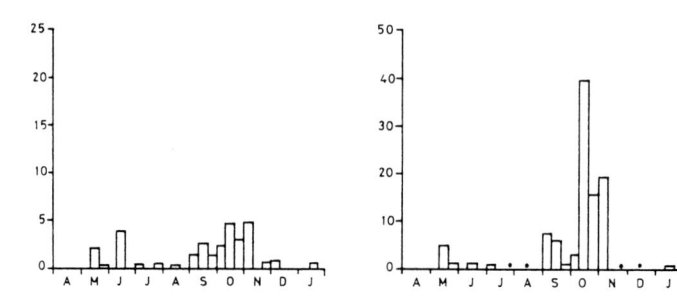

Abb. 176. Synthetische Spektren der fruchtenden terrestrischen Pilzarten (links) und der Fruchtkörperdichte (rechts) (aus ARNOLDS 1981, verändert). Oben: Sandtrockenrasen (*Spergulo-Corynephoretum*); unten: Feuchtwiese (*Calthion*).

1–3) ist frühlings- bis halbsommergrün; die Sommerblüher sind vorwiegend sommergrün. Viele Frühblüher entwickeln mit Hilfe ihrer Speicherstoffe zuerst Blüten oder Blüten und Blätter gleichzeitig, Sommerpflanzen blühen erst nach der vegetativen Entwicklung. Viele Arten blühen über zwei Phänophasen, was die Überlappung der Aspekte andeutet. Die kürzer blühenden Arten sind die besten Kennarten einzelner Phänophasen. Längerblühende Arten sind selten.

In Abb. 178 sind blütenbiologische Merkmale zusammengefaßt, wiederum bezogen auf Symphänologische Gruppen bzw. auf die blühenden Arten einer Phänophase. A und B findet man in ähnlicher Darstellung recht häufig in

Abb. 177. Synthetische qualitative Spektren aus der Krautschicht eines Kalkbuchenwaldes nach symphänologischen Gruppen 1–8 (aus DIERSCHKE 1989c). Erläuterung im Text.
A Lebensformen.
B Blattausdauer: a: immergrün; b: überwinternd-grün; c: sommergrün; d. halbsommergrün; e: frühlingsgrün.
C Beziehung zwischen Blüten und Blattentwicklung: a: Blüten vor den Blättern; b: gleichzeitig; c: Blüten nach den Blättern.
D Blühdauer: a: nur in einer Phase; b: in zwei Phasen; c: in mehreren Phasen.

Abb. 178. Blüten- und ausbreitungsbiologische qualitativ-synthetische Spektren nach symphänologischen Gruppen wie Abb. 177 (aus DIERSCHKE 1989c).
A Zahl der insgesamt und pro Phase neu (gestrichelt) blühenden Arten.
B Zahl der Arten einer Blütenfarbe (von oben nach unten: unscheinbar, weiß, gelb, rot, blau).
C Blütenökologische Gestalttypen: a: Scheiben-Schalenblumen; b: Stieltellerblumen; c: Glockenblumen; d: Schmetterlingsblumen; e: Lippenblumen; f: Körbchen/Köpfchen; g: Insektenfallenblumen; h: Anemogame.
D Ausbreitungstypen: a: autochor/myrmecochor; b: autochor; c: anemophore Flieger; d: anemophore Streuer; e: zoo-endochor; f: zoo-epichor.

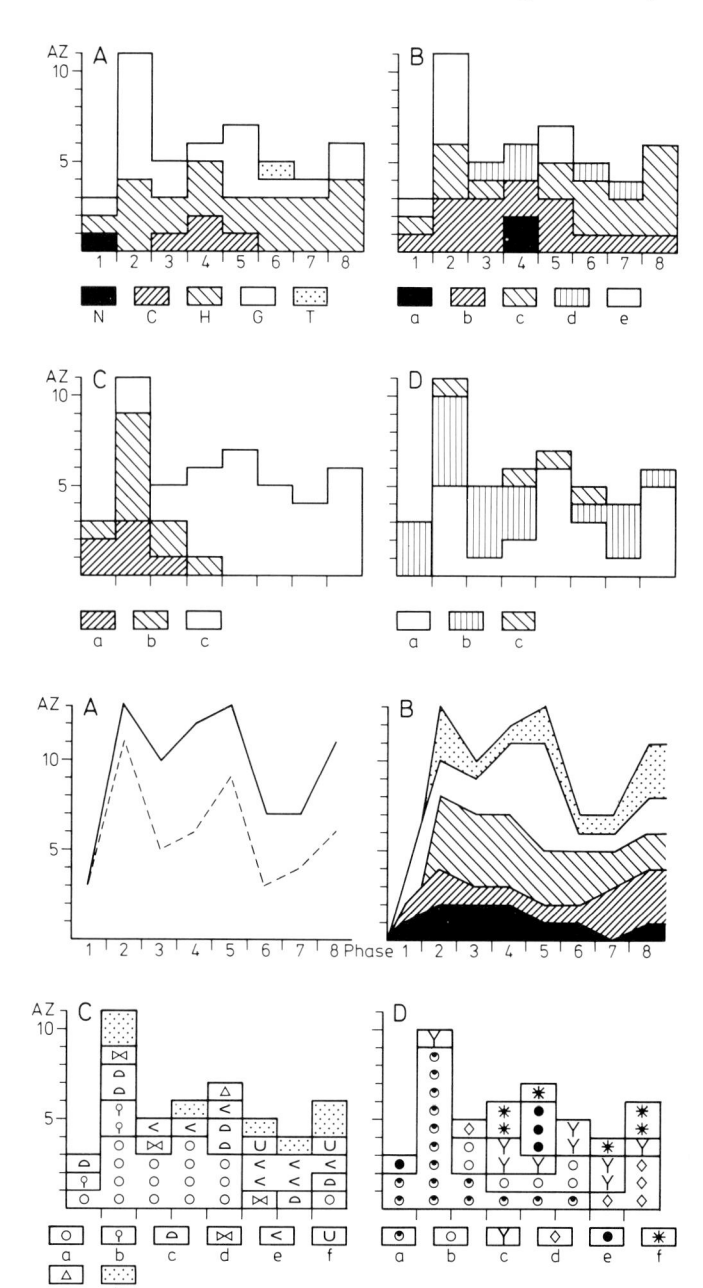

der Literatur (s. auch Abb. 172, 175). B und C sind vor allem im Zusammenhang mit blütenbesuchenden Tieren von Interesse (s. auch IV 2.3.2). In allen Phasen herrscht ein breites Spektrum entomogamer Arten (C: a-g). Anemogame spielen nur eine geringe Rolle. KRATOCHWIL (1984) vergleicht direkt Kurven der Blumentypen mit der Phänologie der Blütenbesucher. Den jahreszeitlichen Anteil der Windblütler in verschiedenen Gesellschaften zeigt KUGLER (1971). Für die Samenausbreitung (s. IV 2.3.5) sind im Buchenwald offenbar Tiere von großer Bedeutung. Nur bei Sommerblühern gibt es häufiger Windausbreitung. Jahreszeitliche Spektren der Aussamung für verschiedene Freiland-Gesellschaften beschreibt bereits MEDWECKA-KORNAS (1950).

Symphänologische Spektren zeigen sehr detailliert die feinen An- und Einpassungen der Pflanzen in einem Bestand im Jahresverlauf. Jede Pflanze muß sich in den gesellschaftsspezifischen Vegetationsrhythmus einfügen, also eine zeitliche Nische besetzen (s. auch III 2.2). Unter Sippen einer symphänologischen Gruppe herrschen vermutlich engere Wechselbeziehungen und Anpassungen als zwischen solchen verschiedener Gruppen, die sich sogar zeitlich aus dem Wege gehen können. Auch spezielle Anpassungen an ökologische Bedingungen sind teilweise im phänologischen Verhalten erkennbar. Ein gutes Beispiel sind artenreiche Laubwälder, wo zeitliche Differenzen und Ergänzungen mit gleichzeitigen Anpassungen an den Jahresrhythmus des Lichtklimas sofort ins Auge fallen. Symphänologische Untersuchungen lassen also wichtige Wesenszüge von Pflanzengesellschaften, sowohl strukturelle als auch funktionale, hervortreten, auch im Zusammenhang mit anderen Lebewesen auf Ökosystemebene. Sie zeigen das enge Wechselspiel der vegetativen und generativen Entwicklung der Pflanzen einschließlich quantitativer Änderungen (Deckungsgrad, Biomasse), auch die Länge und den Optimalbereich der Vegetationperiode. Im Zusammenhang mit ökologischen Messungen verbessern sie unsere Kenntnisse über Pflanzenwuchs und Standort.

2.5.7 Angewandte Symphänologie

Methoden und Ergebnisse der Symphänologie sind in vielfältiger Weise benutzbar und für praktische Fragen auswertbar. Sie sollen hier in Auswahl kurz angesprochen werden.

a) Pflanzensoziologie: Die Bedeutung der Symphänologie für die Charakterisierung und Unterscheidung von Pflanzengesellschaften wurde in den vorhergehenden Kapiteln behandelt. Symphänologische Kenntnisse sind auch eine wichtige Grundlage für die Festlegung der Aufnahmezeit von Beständen (s. V 2).

Bei genauer Kenntnis der spezifischen Rhythmik können bestimmte vegetative und vor allem Blühaspekte zur räumlichen Abgrenzung von Vegetationstypen benutzt werden. Hierfür wären z. B. Luftbilder in kürzeren Zeitabständen eine ideale Grundlage.

b) Pflanzenökologie: Auch für ökologische Untersuchungen sind symphänologische Phasen als vom Kalender unabhängige Zeitskala geeignete Zeitgeber für vergleichende Untersuchungen (gleicher phänologischer Zeitpunkt oder Zeittakt), z. B. für bestimmte Messungen oder die Entnahme von Pflanzenproben.

Auf den Zeigerwert symphänologischer Merkmale für Standortsbedingungen wurde bereits kurz hingewiesen. Dies gilt insbesondere für feine Unterschiede des Mikroklimas, aber möglicherweise auch für solche des Nährstoff- oder Wasserhaushaltes. So kann man z. B. in Trockenjahren am räumlichen Verlauf der Blattverfärbung von Bäumen gut Abstufungen im Bodenwasserhaushalt erkennen.

c) Floristik und Taxonomie: Genaue, gesellschaftsbezogene symphänologische Untersuchungen können Hinweise für das Vorkommen und die Unterscheidung nahe verwandter Sippen bis Ökotypen geben, bis zur Verwendung phänologischer Unterschiede als zusätzliches taxonomisches Kriterium (s. PATZKE 1990). Gerade in jüngster Zeit gibt es viele entsprechende Hinweise (z. B. HERBORG 1987: *Senecio nemorensis*-Gruppe, MÖSELER 1987: *Gymnadenia conopsea/densiflora*, HOFFMANN 1989: *Bromus benekenii/ramosus*). Allerdings müssen solche Merkmale zeitlich deutlich abgestuft sein, wenn man sie verwenden will. Man könnte z. B. festlegen, daß mindestens eine Phänophase Unterschied vorhanden sein muß, um phänologische Unterschiede mit zur Abgrenzung von Sippen heranzuziehen.

In Tabelle 41 sind eine Reihe symphänologisch unterscheidbarer Sippen nach ihrem Blühverhalten zusammengestellt, wie sie sich bei langjährigen Beobachtungen ergeben haben.

d) Populationsbiologie: Zwischen Symphänologie und Populationsbiologie bestehen viele Wechselbeziehungen. Dabei bieten die Pflan-

Tab. 41. Phänologische Unterschiede nahe verwandter Sippen nach ihrem Blühverhalten (Phänophasen)

Anthericum liliago (6)	*Salix cinerea* (2)
Anthericum ramosum (8)	*Salix aurita* (3)
Carex ericetorum (3)	*Sedum acre* (6)
Carex arenaria (5)	*Sedum sexangulare* (7)
Carex vulpina (4)	*Senecio jacobaea* (7)
Carex otrubae (5)	*Senecio erucifolius* (8)
Dactylis glomerata (6)	*Senecio nemorensis* (7)
Dactylis polygama (7)	*Senecio fuchsii* (8)
Hieracium laevigatum (7)	*Solidago virgaurea*
Hieracium lachenalii (8)	ssp. *minuta* (7)
Hieracium sabaudum (9)	ssp. *virgaurea* (9)
Luzula campestris (3)	*Valerianella carinata* (2)
Luzula multiflora (5)	*Valerianella locusta* (3)
	Valerianella rimosa (6)

zengesellschaften ein geeignetes Bezugssystem für die Untersuchung einzelner Sippen (s. WILMANNS 1985). Gerade die vorhergehenden Kapitel haben gezeigt, das zum Verständnis des Lebensrhythmus einer Pflanze ihre soziologische Einbindung sehr wichtig ist. Herkünfte aus verschiedenen Gesellschaften können verschiedene Ökotypen bilden. Die zeitliche Trennung oder Überlappung von Blütezeiten kann z. B. Bastardierungen verhindern oder fördern. Im Vergleich aut- und symphänologischer Untersuchungen werden soziologische Anpassungen sichtbar.

e) Biozönologie: Auf die engen Beziehungen zwischen Vegetationsrhythmus und Blütenbesuchern wurde schon in den vorhergehenden Kapiteln kurz eingegangen (z. B. KRATOCHWIL 1984, SCHWABE 1985). Auch die Beziehung zwischen vegetativer Entwicklung und Phytophagen sollte genauer untersucht werden. SCHWABE & MANN (1990) bewerten Fruchtaspekte im Hinblick auf Nahrungsreservoire für Vögel.

f) Wildbiologie: Anpassungen des Äsungsverhalten von Wildtieren an den Jahresrhythmus der Vegetation sind ein eigenes Forschungsgebiet (z. B. KLÖTZLI 1965). Entsprechende Erkenntnisse können zur Planung und Anlage von Wildäckern und -wiesen benutzt werden (PETRAK 1982).

g) Geographie: Der Aspektwandel von Pflanzengesellschaften im Jahresverlauf ist ein wichtiges physiognomisches Merkmal einer Landschaft und kann in verschiedenerlei Richtung ausgewertet werden (s. Dierschke 1982e: Landschaftsphänologie).

h) Naturschutz und Landschaftspflege: Phänologische Veränderungen, z. B. Abnahme der Blühintensität, können Indikatoren für Gefährdungen schutzwürdiger Arten und für die Degeneration von Pflanzengesellschaften sein. Auf Kontroll-Dauerflächen sollten deshalb auch entsprechende Untersuchungen mit erfolgen (s.u.).

Für alle Fragen von Pflegemaßnahmen sind gute symphänologische Kenntnisse über die betreffenden Gesellschaften von grundlegender Bedeutung. So muß der Mahdzeitpunkt einmal auf den gesellschaftsspezifischen Rhythmus der Pflanzen, aber auch auf das Verhalten der zugehörigen Tiere ausgerichtet werden, das wiederum oft von bestimmten Phänophasen abhängt. Für Extensivierung und Ausmagerung der Standorte können andere Zeitpunkte geeignet sein.

Neuerdings werden auch feine symphänologische Unterschiede zum Vergleich gepflegter und ungepflegter (brachliegender) Bestände oder zum Nachweis von Veränderungen auf Dauerflächen benutzt. Hier zeigen phänologische Abweichungen bereits erste feine Veränderungen an, während deutliche Unterschiede in Deckungsgrad und Artenzusammensetzung erst später erkennbar werden (z. B. KRÜSI 1981, WEBER & PFADENHAUER 1987, PFADENHAUER 1987, 1989).

In Abb. 179 werden symphänologische Vergleiche brachliegender und gemähter Feuchtwiesen gemacht. Die Ergebnisse sprechen für sich selbst. Auch ästhetische Gesichtspunkte können als Argumente für Pflegemaßnahmen bzw. Nutzungsextensivierungen herangezogen werden. Abb. 180 vermittelt deutliche Unterschiede, die zugunsten einmaliger Wiesennutzung gegenüber vielfach gemähten Rasen in einer Parkanlage sprechen. Auch SCHREIBER & SCHIEFER (1985) weisen auf Möglichkeiten zur Bewertung ästhetischer Qualitäten von Pflanzengesellschaften für das Landschaftsbild hin.

i) Ökotoxikologie: Die Untersuchung von Vegetationsschäden durch Umweltgifte ist heute schon fast ein eigenes Forschungsgebiet. Im Rahmen des passiven Biomonitoring, also der Feststellung von Schädigungen ohne Eingriffe in den Bestand, können auch symphänologische Beobachtungen auf Dauerflächen mit verwendet werden. Insbesondere Abweichungen im Austrieb, Blühen, Fruchten und Vergilben sind geeignete Merkmale (s. DIERSCHKE 1991). Auch für ökotoxikologische Experimente werden zur Feststellung von Schädigungen phänolo-

PRIMULO - SCHOENETUM
GEMÄHT   BRACH

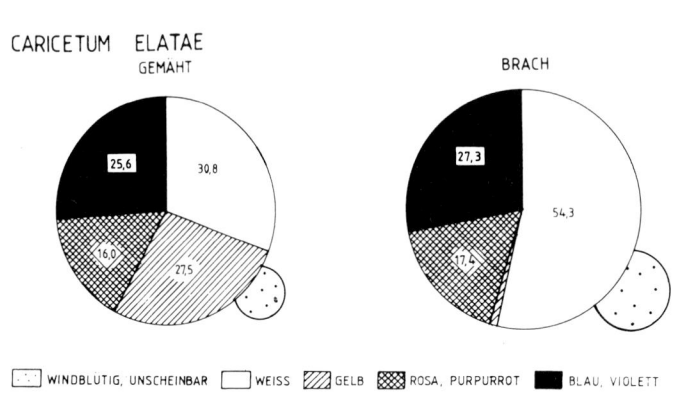

CARICETUM ELATAE
GEMÄHT   BRACH

☐ WINDBLÜTIG, UNSCHEINBAR   ☐ WEISS   ▨ GELB   ▩ ROSA, PURPURROT   ■ BLAU, VIOLETT

Abb. 179. Phänologischer Vergleich gemähter und brachliegender Feuchtwiesen (nach WEBER & PFADENHAUER 1987, verändert). Blütenmenge (nach Kreisfläche) und prozentuale Blütenfarben-Spektren.

gische Beobachtungen gemacht (ENGELBACH & FANGMEIER 1989, STEUBING & FANGMEIER 1991).

j) Allergologie: Die im Jahresverlauf unterschiedlichen Pollengehalte der Luft sind vor allem durch zunehmende Allergien des Menschen von Bedeutung. So gibt es „Pollenkalender", in denen, ähnlich wie in symphänologischen Blühspektren, die Zeiträume des Auftretens von Pollen bestimmter Arten dargestellt werden (STIX 1976, 1981). Symphänologische Untersuchungen können hier hilfreich sein, besonders die Kenntnis des Beginns und der Dauer einzelner Phänophasen (s. PULS 1983). JURKO (1990a) macht gesellschaftsbezogene Angaben über den Anteil Allergie-auslösender Arten. Sehr originell ist die Feststellung im Jahresverlauf wechselnder Bereiche hoher und niedriger Pollenproduktion einer Landschaft. FÜLLEKRUG (1991) ermittelt sie nach der Verteilung von Pflanzengesellschaften, deren Anteilen an Gräsern und Grasartigen und Zuordnung von artspezifischen Pollenwerten in Verbindung mit einem symphänologischen Blühspektrum der Arten.

k) Klimatologie: Die vielen wohl bekannteste Benutzung phänologischer Daten ist die bereits unter 2.2 besprochene Anwendung in der Klimatologie. Allerdings werden dort meist nur bestimmte Sippen, oft auch Kulturpflanzen, zur vergleichenden Beobachtung benutzt. Genauere Daten sollte man von symphänologischen Gruppen, bezogen auf bestimmte Pflanzengesellschaften, erwarten. So forderte schon WILMANNS (in DIERSCHKE 1972) ein System von Standard-Pflanzengesellschaften für phänologische Untersuchungen.

Am Rande sei hier noch auf Wärmestufen- oder Wuchsklimakarten hingewiesen, die nur im weitesten Sinne auf symphänologischen Daten fußen (s. ELLENBERG 1954a, H. & C. ELLENBERG 1974, SCHREIBER 1983, SCHREIBER et al. 1977). Hier werden relative Entwicklungsunterschiede bestimmter Arten oder Artengruppen zum gleichen Zeitpunkt benutzt, um wärmeklimatische Unterschiede flächendeckend für größere Gebiete zu kartieren.

Diese sicher unvollständigen Beispiele zeigen die große und vielfältige Bedeutung symphänologischer Untersuchungen. Sie erfordern zwar einen gewissen Zeitaufwand, können aber von jedem geobotanisch Interessierten ohne Hilfsmittel durchgeführt werden.

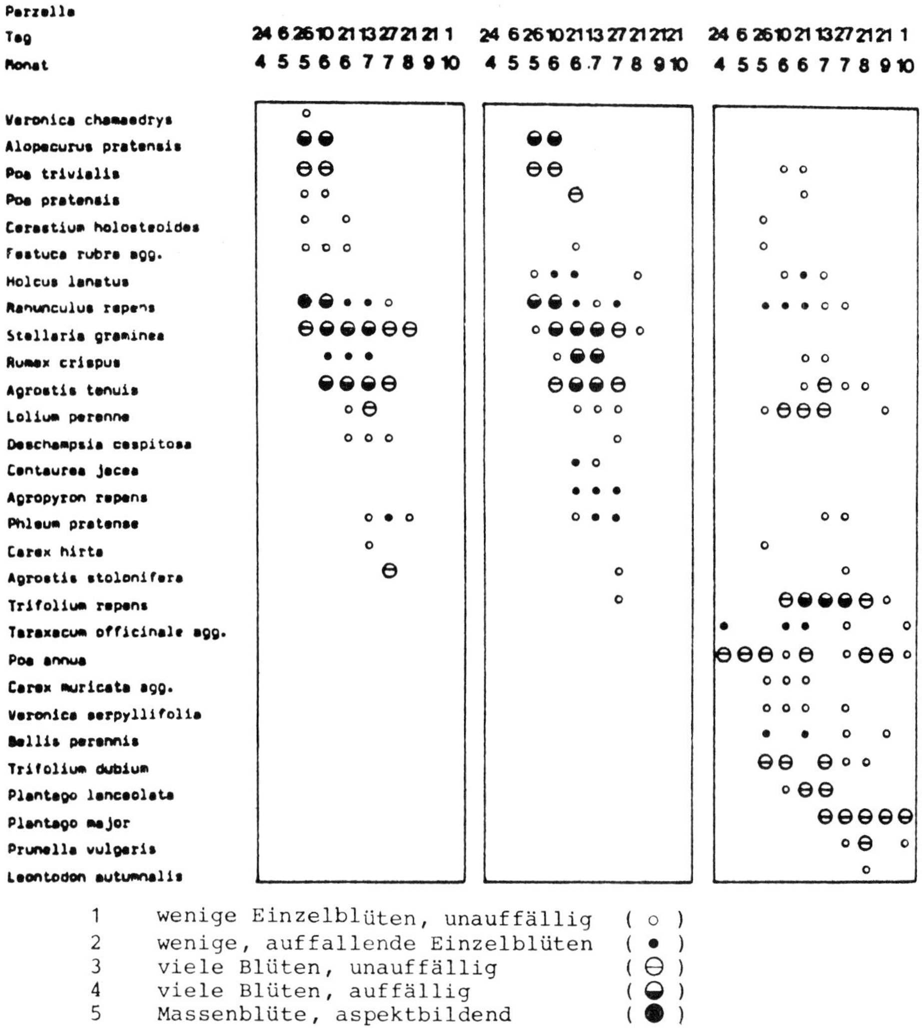

Parzelle			
Tag	24 6 26 10 21 13 27 21 21 1	24 6 26 10 21 13 27 21 21 21	24 6 26 10 21 13 27 21 21 1
Monat	4 5 5 6 6 7 7 8 9 10	4 5 5 6 6 7 7 8 9 10	4 5 5 6 6 7 7 8 9 10

Art			
Veronica chamaedrys			
Alopecurus pratensis			
Poa trivialis			
Poa pratensis			
Cerastium holosteoides			
Festuca rubra agg.			
Holcus lanatus			
Ranunculus repens			
Stellaria graminea			
Rumex crispus			
Agrostis tenuis			
Lolium perenne			
Deschampsia cespitosa			
Centaurea jacea			
Agropyron repens			
Phleum pratense			
Carex hirta			
Agrostis stolonifera			
Trifolium repens			
Taraxacum officinale agg.			
Poa annua			
Carex muricata agg.			
Veronica serpyllifolia			
Bellis perennis			
Trifolium dubium			
Plantago lanceolata			
Plantago major			
Prunella vulgaris			
Leontodon autumnalis			

1 wenige Einzelblüten, unauffällig (○)
2 wenige, auffallende Einzelblüten (•)
3 viele Blüten, unauffällig (⊖)
4 viele Blüten, auffällig (⦿)
5 Massenblüte, aspektbildend (●)

Abb. 180. Phänologischer Vergleich der optischen Wirkung von Blüten in einem häufig gemähten Parkrasen (rechts) und zwei in den letzten vier Jahren nur einmal jährlich gemähten Flächen (links und Mitte) (aus RUGEL & FISCHER 1986, leicht verändert).

3. Gerichtete Vegetations- veränderungen (Sukzession)

3.1 Allgemeines

Jede Pflanzengesellschaft ist Ausdruck eines dynamischen Gleichgewichtes zwischen Artenverbindung und Umwelt, d. h. zwischen verschiedenen Wirkungskomponenten endogener und exogener Faktoren (s. III 2). Dabei ist die Pflanzengesellschaft bzw. der Bestand nur der am besten sichtbare Teil des noch komplexeren Ökosystems. Während die Syntaxonomie Vegetationstypen vorwiegend statisch sieht (s. VII, VIII), steht bei syndynamischen Betrachtungen und Untersuchungen die zeitliche Variabilität im Vordergrund. Syndynamik ist ein wichtiger Forschungszweig aller vegetationskundlichen Richtungen, von mehr theoretischen Ansätzen bis zu eng praxisorientierten Auswertungen, ausgehend vom einzelnen Bestand über Gesellschaften und Ökosysteme bis zu Landschaftskomplexen. In der Pflanzensoziologie werden vorrangig bestimmte zeitliche Abfolgen von Pflanzengesellschaften untersucht, einschließlich ihrer kausalen Hintergründe.

Viele Begriffe, die mit syndynamischen Fragen verbunden sind, haben oft eher eine diffuse, unterschiedliche als klare, eindeutige Definition. Dies gilt auch für „Sukzession" selbst. In diesem Buch wird darunter die (meist längerfristig) gerichtete Veränderung der Vegetationsstruktur an einem Ort verstanden. Hauptmerkmale sind Veränderungen der quantitativen Relationen der Pflanzensippen eines Bestandes, mehr noch Veränderungen der Artenkombination (Artenaustausch) in Richtung auf eine mehr oder weniger regelhafte Abfolge verschiedener Pflanzengesellschaften.

Die Sukzessionsforschung ist so alt wie vegetationskundliche Forschung überhaupt. Erst die Kenntnis der zeitlichen Variabilität vermittelt tiefere Einblicke in das Wesen der Pflanzengesellschaften. Auch und noch mehr gilt dies für die übergeordneten Ökosysteme. Nicht zuletzt liegt die Bedeutung der Syndynamik in ihren vielfältigen Anwendungsmöglichkeiten. Bibliographien über syndynamische Arbeiten geben u. a. Tüxen & Wojterska (1977), Knapp (1982a).

Als Begründer und Pioniere der Sukzessionsforschung werden oft die Amerikaner H.C. Cowles und vor allem F.E. Clements genannt. Schon zu Beginn unseres Jahrhunderts wurden von ihnen allgemeine Grundlagen bis zu Versuchen einer Vegetationsklassifikation nach syndynamischen Erkenntnissen gelegt (z. B. Cowles 1901, Clements 1907, 1916). Einiges hierzu wurde bereits unter VII 9.2.2.6 angesprochen. Historische Rückblicke geben u. a. Lüdi (1930) und Moravec (1969). Das Sukzessionskonzept von Clements hatte großen Einfluß auf die weitere vegetationskundliche Forschung und Diskussion in Nordamerika und führte allgemein zu starker Beachtung syndynamischer Vorgänge.

Auch in Europa gab es frühe Ansätze. E. Warming beschrieb bereits 1896 allgemeine Züge der Sukzession als „Kampf zwischen den Pflanzenvereinen". R. Siegrist (1913, zitiert nach Braun-Blanquet 1964) untersuchte die Auenwälder der Aare vor allem unter dynamischem Aspekt. Weiter zu nennen sind J. Braun-Blanquet, E. Furrer und W. Lüdi, die ebenfalls in der Schweiz auf pflanzensoziologischer Basis wichtige theoretische und methodische Grundlagen legten (z. B. Furrer 1914, 1922, Lüdi 1919, 1921, 1930, Braun-Blanquet & Pavillard 1922, Braun-Blanquet & Jenny 1926, Braun-Blanquet 1928). Während man in Nordamerika versuchte, die Pflanzengesellschaften systematisch in ein Sukzessionskonzept einzufügen, wurden in der europäischen Pflanzensoziologie die erkennbaren Sukzessionsstadien bestimmten Vegetationstypen zugeordnet (z. B. als Subassoziation, Variante).

Lange Zeit herrschten in der Sukzessionsforschung methodische Ansätze, die aus dem Vergleich räumlich benachbarter Vegetationstypen auf deren zeitliches Nacheinander schlossen, was oft zu sehr hypothetischen Folgerungen führte. Erst in den letzten gut 20 Jahren hat sich eine deutliche Hinwendung zu exakteren methodischen Grundlagen vollzogen, die unter dem Stichwort „Daueruntersuchungsflächen" (permanent plots) zusammenfaßbar sind (s. Böttcher 1974: Bibliographie, 1975). Hierzu gingen wesentliche Impulse von der IVV aus, die 1974 eine „Arbeitsgruppe für Sukzessionsforschung auf Dauerflächen" gründete. Auf mehreren Tagungen wurden methodische Grundlagen und erste Ergebnisse diskutiert (s. Schmidt 1974b, 1983b).

Heute gehört die Untersuchung von Dauerflächen, teils auch mit experimentellem Ansatz, zum Grundgerüst der Syndynamik. Auch viele praxisnahe Fragestellungen haben diese Entwicklung gefördert. Zunehmend gibt es auch schon längerfristige Untersuchungen mit exakten Ergebnissen über zehn, 20 oder mehr Jahre (s. 3.2.2.2).

KNAPP (1982a) weist darauf hin, daß auch andere syndynamische Fragestellungen und Methoden in der Pflanzensoziologie an Gewicht gewinnen, z. B. die stärkere Beachtung natürlicher Störungen, der Einfluß des Feuers, die syndynamische Betrachtung von Mosaiken unterschiedlicher Altersgruppen in Wäldern, die Anwendung numerischer Verfahren und die Erstellung biomathematischer Modelle. Hierzu wird reichliche Literatur aus Nordamerika zitiert, in der solche Richtungen schon länger stark vertreten sind (s. z. B. auch WEST et al. 1981).

Es gibt vermutlich keinen anderen Bereich der Vegetationskunde, aus dem so viele publizierte Arbeiten mit unterschiedlichen Methoden, Ergebnissen, Meinungen und Theorien vorliegen. Obwohl hier in den folgenden Kapiteln versucht wird, wenigstens aus mitteleuropäischer Sicht einen gewissen Überblick zu geben, muß vieles auf einige Hauptlinien beschränkt bleiben. Für den an Einzelheiten Interessierten wird aber besonders viel Literatur zitiert, was ein weiteres Vordringen in diese besonders vielseitige und spannende Materie ermöglichen soll.

3.2 Methoden der Sukzessionsforschung

Wie schon kurz angesprochen, gibt es in der Sukzessionsforschung unterschiedliche Arbeitsweisen, die man als indirekte und direkte Methoden zusammenfassen kann (s. auch KNAPP 1974b). Erstere haben lange Zeit vorgeherrscht (s. schon LÜDI 1930) und sind auch teilweise noch weiter von Bedeutung. Letztere gehören heute zum normalen Rüstzeug eines Pflanzensoziologen, oder sie sollten wenigstens hierzu gehören.

Allgemein können syndynamische Untersuchungen zunächst völlig losgelöst von syntaxonomischen Einteilungen durchgeführt werden. Zur besseren Einordnung und Vergleichbarkeit der Ergebnisse ist allerdings ein Bezug auf bestimmte Pflanzengesellschaften in vielen Fällen ratsam.

3.2.1 Indirekte Methoden

Bei guter Kenntnis der Vegetation lassen sich mit gebührender Vorsicht aus dem augenblicklichen Zustand Schlüsse auf eine abgelaufene oder zukünftige Entwicklung ziehen, oft in Ergänzung durch historische Dokumente. Einige Möglichkeiten sind hier kurz beschrieben, die oft kombiniert verwendet werden.

a) Vergleichende Betrachtung von Vegetationskomplexen: Vor allem in kleinräumig gegliederten Landschaften, insbesondere bei unterschiedlichen Einwirkungen des Menschen, findet man häufig ein Mosaik verschiedener Pflanzengesellschaften, die sich bei annähernd gleichen Bodenverhältnissen in eine zeitliche Reihe (Serie) ordnen lassen. Aus dem räumlichen Nebeneinander ergibt sich gedanklich ein zeitliches Nacheinander, aus der Statik wird Dynamik (LÜDI 1930). Noch deutlicher werden solche Bezüge, wenn sich bestimmte Vegetationszustände zeitlich datieren lassen, z. B. nach der Entstehung von Lavaströmen, Flußterrassen, Bergstürzen, Lawinenbahnen, nach Sturm-, Brand- oder Überschwemmungskatastrophen, der Eindeichung einer Seemarsch oder Flußniederung, dem Beginn einer Ackerbrache u. a. Auch hier bleibt allerdings manches hypothetisch. So können z. B. klimatische Veränderungen unterschiedlich alte Entwicklungsstadien ungleich beinflußt haben.

Sehr beliebt ist die Ableitung von Sukzessionsserien aus Zonierungen quer zu ökologischen Gradienten (Zonationsschluß). Recht plausibel sind z. B. Vegetationskomplexe der Gewässerverlandung zeitlich zu interpretieren (s. 3.3.2). Etwas problematischer ist bereits die Bewertung von Zonierungen in Dünen, Salzmarschen oder an Gletscherrändern (s. 3.4). Auch mehr mosaikartige Vegetationskomplexe lassen oft bei genauer Feinuntersuchung Kleinzonierungen im Grenzbereich der Mosaikbausteine erkennen (s. auch XI 2), z. B. die Übergänge zwischen Bulten und Schlenken eines Hochmoores. Gerade hier hat sich aber erwiesen, daß alte Vorstellungen eines dynamischen Bult-Schlenken-Wechsels bestenfalls teilweise zutreffen (JAHNS 1969, JENSEN 1975). Wie Beispiele der folgenden Kapitel zeigen, können auch in anderen Fällen Zonierungen sehr langzeitig stabil sein.

Aus dem Nebeneinander verschiedener Bewirtschaftungsformen (intensiv, extensiv, brach) können ebenfalls dynamische Tendenzen erkannt werden. FALIŃSKA (1991) vergleicht verschieden alte Sukzessionsstadien brachgefallener Feuchtwiesen (Abb. 181), die, im Vergleich mit 15jährigen Daueruntersuchungen, eine Abfolge 1–5 wahrscheinlich machen. RICH-

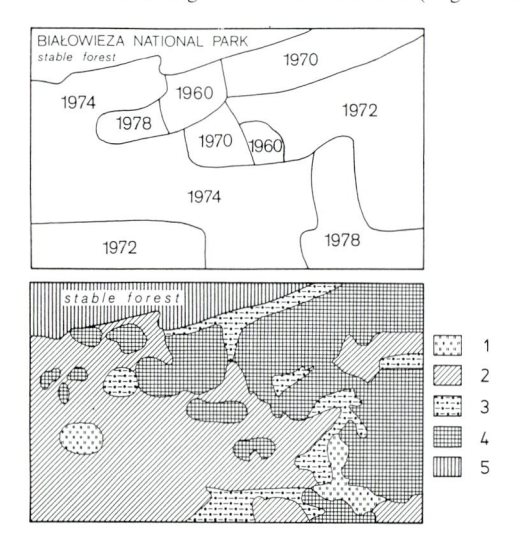

Abb. 181. Räumliches Mosaik verschieden alter Wiesenbrachen (Ostpolen) (nach FALIŃSKA 1991, verändert).
Oben: Jahre des Brachfallens.
Unten: Heutige Vegetation: 1: Wiesen; 2: Seggensumpf; 3: Hochstaudenflur; 4: Gebüsch; 5: Wald.

TER (1989) leitet aus verschieden alten Rebbrachen in Italien Entwicklungen bis zu 100 Jahren Dauer ab (Abb. 182). Immissionswirkungen können durch vergleichende Untersuchungen der Vegetation in unterschiedlichem Abstand vom Emittenden dynamisch betrachtet werden (z. B. KUBÍKOVÁ 1981 in Nähe eines Zementwerkes). STORM (1990) leitet aus dem Nebeneinander verschiedener Waldschadensstufen Entwicklungen der Krautschicht ab.

Besonders in Kombination mit anderen Methoden und bei guten allgemeinen Kenntnissen syndynamischer Vorgänge ist diese alte Methode der Sukzessionsforschung auch heute noch durchaus verwendbar.

b) Syndynamische Zeigerpflanzen: Bei allgemeiner Kenntnis von Sukzessionsserien mit der dynamischen Verknüpfung verschiedener Pflanzengesellschaften lassen sich aus dem Auftreten, der Vitalität und z. T. dem Alter mancher Arten dynamische Schlüsse ziehen. Vor allem handelt es sich um Pflanzen, die in bestimmten Entwicklungsstadien eine besondere Rolle spielen, aber auch um solche, die aufgrund starken Beharrungsvermögens als Relikte früherer Zustände erkennen lassen oder als Pioniere zukünftige Entwicklungen andeuten (s. Abb. 182). In einem Wald liefert die Gehölzverjüngung wichtige Merkmale, z. B. der Nachwuchs junger Laubbäume in einem Kiefernforst, von jungen Buchen in einem halbnatürlichen Eichen-Hainbuchenwald, von jungen Eschen in einem teilentwässerten Erlenbruch. Daß hier auch Fehlschlüsse möglich sind, zeigt ein Beispiel von LAMPRECHT (1980b), der verschieden alte, forstlich unbeeinflußte Regenerationsbestände artenreicher Buchenwälder verglichen hat:

Bestandesalter in Jahren	Anteile an der Oberschicht in %			
	Fagus	Fraxinus	Acer pseud.	Übrige
3	94	·	4	2
7	14	32	53	1
24	70	30	·	·
39	79	18	·	3

In dem siebenjährigen Bestand könnte man eine Entwicklung zu einem Ahorn-Eschenwald vermuten, die aber aus Konkurrenzgründen der sehr anspruchsvollen Baumarten ausbleibt zugunsten eines späteren Buchenwaldes.

Auch anderswo kann man einzelne Arten als syndynamische Zeiger gut verwenden. So zeigt *Ammophila arenaria* (meist mit reduzierter Vitalität) in Graudünen-Trockenrasen noch die frühere Weißdünen-Vegetation an, Großseggen in Feuchtwiesen, auch in manchen Bruchwäldern, lassen sich als Relikte früherer Seggenriede deuten. Besonders bei der Brachland-Sukzession (s. 3.6.2.1) gibt es viele solcher Zeigerarten, z. B. erste Gebüschpioniere in einer Wiese oder in einem Magerrasen. Ökologische Umwandlungen kann man bei Auftreten von Eutrophierungs-, Versauerungs-, Trockenheitszeigern u. ä. vermuten. Auch das Erscheinen von Neophyten ist oft ein Merkmal für Veränderungen. Besondere Bedeutung haben manche syndynamischen Indikatoren für die Ableitung der potentiell natürlichen Vegetation (s. 3.5.5).

c) Altersstruktur von Beständen: Eng mit der vorigen Methode verknüpft ist die Auswertung der Altersstruktur von Gehölzen (s. auch IV 5.4), meist für die zurückliegende Entwicklung, teilweise auch für Voraussagen zukünftiger Trends. VERWIJST & CRAMER (1986) rekonstruieren die Waldsukzession an der sich hebenden Ostseeküste Schwedens mit Hilfe von über 1000 Jahresring-Alterbestimmungen von Bäumen in Transekten vom Meer zum Binnenland. WIEGERS (1985) leitet u. a. aus der Altersstruktur von *Betula pubescens* Sukzessionsvorgänge in Bruchwäldern ab. HARD (1982) benutzt

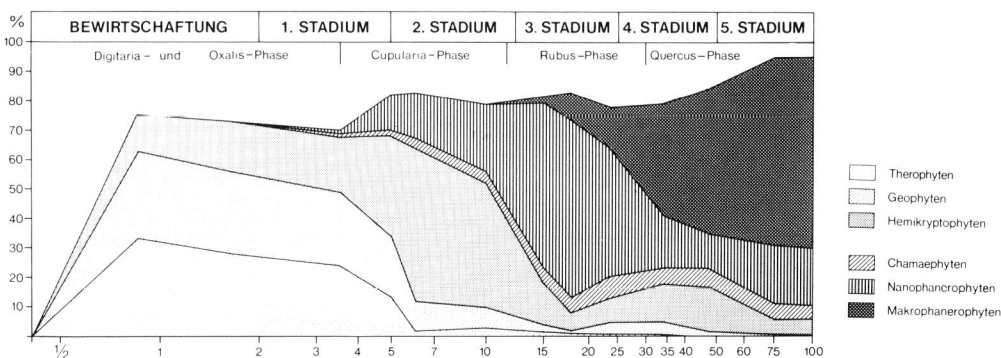

Abb. 182. Vegetationsmosaik und Sukzession in italienischen Rebbrachen (nach RICHTER 1989, verändert).
Oben: Mosaik verschieden alter Brachflächen mit verschiedenen Entwicklungsstadien (links) und Baumartenverteilung mit Wuchshöhen-Klassen (rechts).
Unten: Abgeleitete Sukzession nach Lebensformen-Spektren für 100 Jahre.

Altersbestimmungen von Kiefern und Brachäckern, um das Vorrücken des Waldes zu ermitteln. Ein computerunterstütztes Verfahren zur Rekonstruktion langzeitiger Walddynamik aus Altersstruktur, Artenkombination und Regenerationsmosaiken der Bäume beschreibt mit vielen Beispielen KOOP (1989).

A. & R. FARJON (1991) analysieren die Struktur verschiedener Laubmischwälder an einem Bodenfeuchtegradienten und ordnen die Bäume verschiedenen „Lebensphasen" zu. Sie unterscheiden Sämlinge, Nachfolgebäume (Bäume der Zukunft), Gegenwarts- und Vergangenheitsbäume sowie tote Exemplare und leiten aus der Zusammensetzung den augenblicklichen dynamischen Zustand und die zukünftige Entwicklung ab. Auch die Baumarchitektur (z. B. das Verhältnis Kronenlänge : Höhe) wird als Merkmal benutzt.

d) Diasporenvorräte im Boden: Vor allem im Zusammenhang mit populationsbiologischen Untersuchungen hat die Ermittlung entsprechender Vorräte von Diasporen und deren Keimverhalten an Gewicht gewonnen. Ihre Bedeutung für die Dynamik von Wäldern hat FISCHER (1987) herausgestellt. Für Grünland- und Ackerbrachen bestimmte BORSTEL (1974) die Samenvorräte der Böden. Ein Ergebnis zeigt Abb. 183 (s. auch SYMONIDES 1986). Hier werden die aktuelle Vegetation und der Samenvorrat in verschieden alten Ackerbrachen verglichen. Vor allem in den Anfangsstadien (1–3) ist der Samenanteil der Ackerwildkräuter und Ruderalpflanzen wesentlich höher als ihr Anteil am Bestand, was auf vergleichsweise starke Samenproduktion und Langlebigkeit hinweist. Umgekehrt ist es bei den Grünlandpflanzen. In älteren Stadien kehrt sich das Verhältnis um. Die Erhöhung der Zahl von *Nardo-Callunetea*-Arten wirkt sich im Bestand stärker aus als im Samenvorrat, während Gehölzpioniere in älteren Brachen beiderseits zunehmen.

e) Datierbare Pflanzenfunde: Für die Ermittlung langzeitiger Vegetationsentwicklungen sind erhaltene Pflanzenreste aus früheren, datierbaren Zeiten wichtige Quellen. Insbesondere Pollen und Großreste aus Boden- (vor allem Moor-) schichten lassen sich zur Rekon-

Sukzessionsstadien ungenutzter Äcker

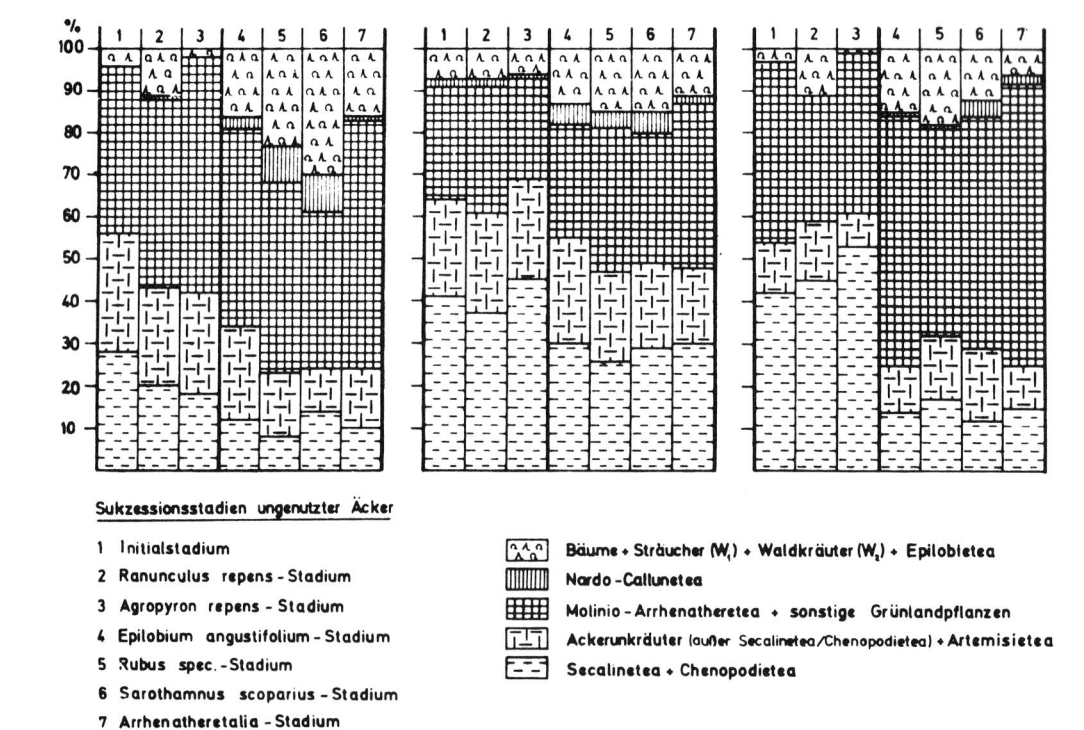

1 Initialstadium
2 Ranunculus repens - Stadium
3 Agropyron repens - Stadium
4 Epilobium angustifolium - Stadium
5 Rubus spec. - Stadium
6 Sarothamnus scoparius - Stadium
7 Arrhenatheretalia - Stadium

Bäume + Sträucher (W₁) + Waldkräuter (W₂) + Epilobietea
Nardo - Callunetea
Molinio - Arrhenatheretea + sonstige Grünlandpflanzen
Ackerunkräuter (außer Secalinetea/Chenopodietea) + Artemisietea
Secalinetea + Chenopodietea

Abb. 183. Vergleich von Artenzahl und Samenvorrat im Boden der soziologischen Artengruppen verschieden alter Ackerbrachen (1–7). Dargestellt sind Prozentanteile der Gesamtartenzahl des Bestandes (links) bzw. des Samenvorrates (Mitte) und Anteile an der Gesamtsamenzahl (rechts; aus BORSTEL 1974).

struktion bestimmter Zustände und Veränderungen benutzen (s. 5). Hinzu kommen Überbleibsel aus alten Siedlungen oder dendrochronologisch datierbare Holzreste. Für genauere pflanzensoziologische Deutungen ist aber große Vorsicht geboten. Einmal handelt es sich nur um einzelne, schwer durchschaubare Ausschnitte einer Entwicklungsreihe, außerdem findet man viele Reste nicht mehr am eigentlichen Wuchsort (z. B. weit verdriftete Pollen, Holzreste). Vor allem waren aber die klimatischen, floristischen und vielleicht auch bodenökologischen Gegebenheiten früher andere, ganz zu schweigen vom geringeren Einfluß des Menschen, so daß Rückschlüsse mit Bezug auf heutige Verhältnisse schwer möglich sind. In manchen Fällen, z. B. bei Moorablagerungen in bezug zur Verlandungssukzession, gibt es aber sehr gut deutbare Resultate.

f) Bodenprofile: Für langfristige Rückblicke und Deutungen können auch Bodenprofile eine gewisse Hilfe sein. TÜXEN (1957d, 1974a) spricht von der „Schrift des Bodens", deren Lesbarkeit allerdings genaue Kenntnisse und mancherlei Hypothesen erfordert. Insbesondere in den sandigen, altdiluvialen Böden Norddeutschlands findet man eine Reihe von Merkmalen, die Koinzidenzen zu langzeitigen Vegetationsveränderungen ergeben. So läßt sich z. B. aus der Form, Farbe, Dicke und Verteilung der Bänder in Parabraunerden manches über frühere Wälder und ihre Degradation zur Heide aussagen. Unterschiedliche Grade der Bodenentwicklung können als Argument für die Einreihung von Pflanzengesellschaften in eine Entwicklungsreihe dienen.

g) Historische Dokumente: Die bisher erörterten Möglichkeiten indirekter Schlüsse auf Sukzessionen gehen von Gegebenheiten der Natur selbst aus. Wichtig können aber auch menschliche Dokumente aus verschiedenen Zeiten sein, die Aussagen über den Zustand der Vegetation machen oder Schlüsse hierauf erlauben. Dies gilt vor allem für langlebige Pflanzengesellschaften, vor allem Wälder, wo historische Dokumente frühere Zustände erkennen lassen und teilweise auch heutige Tendenzen mit erklären. Aber auch zur Festlegung des Beginns und der Art einer Entwicklung sind zeitliche Angaben wichtig, z. B. Aufzeichnungen über Naturkatastrophen, menschliche Eingriffe bzw. das Aufhören anthropogener Einflüsse. Vieles hierzu gehört aber mehr in den Bereich der Vegetationsgeschichte und wird dort erörtert (s. 5.3.5).

Die Forstwirtschaft hat eine lange, wechselhafte Geschichte und langzeitige Wirkungen auf die Walddynamik. Ausmaß und Dauer der Waldweide, Nutzung als Hoch-, Mittel- oder Niederwald, Anpflanzungen, Entwässerung, Düngung lassen sich aus Forstakten entnehmen (s. REINHOLD 1974, HANSTEIN 1991). JAHN & RABEN (1982) leiten die heutige Waldstruktur eines Reservates aus alten forstlichen Aufzeichnungen ab und geben Hinweise auf die zukünftige Entwicklung.

Alte Kartenunterlagen wertet STRAKA (1963) für die Vegetationsentwicklung der Insel Sylt aus. VARTIAINEN (1988) dokumentiert die räumliche Entwicklung und Sukzession einer sich hebenden Insel im Bottnischen Meerbusen seit 1770 aufgrund alter Aufzeichnungen und eigener Vegetationsuntersuchungen. HAKES (1987) benutzt verschieden alte Luftbilder zur Darstellung der Verbuschung von Kalkmagerrasen. SCHWABE-BRAUN (1979, 1980) erklärt anhand älterer und neuerer Aufzeichnungen den Rückgang halbnatürlicher, durch extensive Nutzung entstandener Vegetationsmosaike im Schwarzwald. Ein gutes Beispiel vergleichender Auswertung historischer Befunde und aktueller Vegetation sind die ausführlichen Beschreibungen nordwestdeutscher Hudelandschaften von POTT & HÜPPE (1991).

h) Vegetationsaufnahmen: Den Übergang zu direkten Methoden der Sukzessionsforschung bildet der Vergleich alter und neuer Vegetationsaufnahmen eines Gebietes oder eines Vegetationstyps. Im Zuge starker Vegetationsveränderungen in den letzten Jahrzehnten gewinnt dieses Verfahren zunehmende Bedeutung. Als indirekt werden hier Vergleiche angesehen, wo sich alte Aufnahmen nicht mehr genauer lokalisieren lassen, wie es leider vielfach der Fall ist. Bestenfalls ist oft nur noch in etwa das Herkunftsgebiet zu ermitteln.

Eine entsprechende Zahl neuer Aufnahmen derselben groben Vegetationstypen (z. B. Wald, Wiese, Weide, Magerrasen, Heide, Acker) erlaubt über Tabellenvergleiche Aussagen zu langzeitiger Dynamik. Geeignet sind vor allem Stetigkeitsvergleiche der Arten, die Rückgänge, Zunahme, Aussterben oder Neuausbreitung von Pflanzen und Pflanzengesellschaften beleuchten. Ursachen sind gewöhnlich direkte oder indirekte menschliche Einflüsse (Entwässerung, Düngung, allgemeine Eutrophierungen, Bodenversauerung u. ä.; s. auch 3.7).

HILBIG (1985, 1987) vergleicht Vegetationstabellen mitteldeutscher Äcker von 1955 und 1981/82, weniger genau solche von 1937 und 1982, welche die allgemein bekannten starken Veränderungen unserer Ackerwildkraut-Gesellschaften erkennen lassen. Aus dem Vergleich etwa gleicher Zahlen von Aufnahmen pro Meßtischblattquadrant leitet er „Frequenzkarten" ab, welche die Stetigkeit einzelner Arten zu verschiedenen Zeiten angeben (s. Abb. 184). Noch grobere Angaben ergeben Stetigkeitsvergleiche größerer Gebiete (z. B. MEISEL & HÜBSCHMANN 1976, MEISEL 1979; Abb. 185). Am Beispiel von Weinbergen zeigt WILMANNS (1975) Möglichkeiten und Probleme solcher indirekter Methoden. MEISEL (1983) vergleicht alte und neue Grünland-Aufnahmen.

A. & P. PYSEK (1987) verfolgen das Gesellschaftsinventar der Ruderalvegetation von Siedlungen über 15 Jahre. WESTHOFF (1990) vergleicht für die Küstenvegetation Aufnahmen von 1937–46 und 1980–88 und zeigt Konstanz bzw. Neuentwicklungen einiger Gesellschaften.

Aktuell sind auch solche Untersuchungen in Wäldern (z. B. WITTIG et al. 1985, WILMANNS & BOGENRIEDER 1986, 1987, HERM. ELLENBERG 1989, BÜRGER 1991). Neben Versauerungs- und Eutrophierungserscheinungen geht es hier z. B. auch um Veränderungen des Grundwassers (SEIBERT 1975). Insgesamt kann man immer nur gewisse Sukzessionstrends nachweisen, die aber von allen Ergebnissen indirekter Methoden am besten zu interpretieren sind.

3.2.2 Direkte Methoden

Konkrete, gut absicherbare Ergebnisse sind in der Sukzessionsforschung nur über direkte, mehrfache, möglichst langzeitige Untersuchungen bestimmter Bestände in festliegenden räumlichen Grenzen zu erzielen. Entweder verfolgt man die in der Natur ablaufenden Prozesse und Entwicklungen (rein natürliche bis anthropogene), oder man versucht, durch gezielte experimentelle Eingriffe syndynamische Gesetzmäßigkeiten herauszufinden (s. auch Konkurrenzversuche: III 2.2.1.2). Allgemein spielen heute

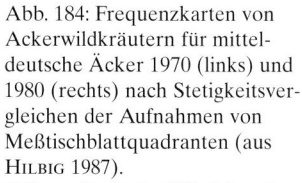

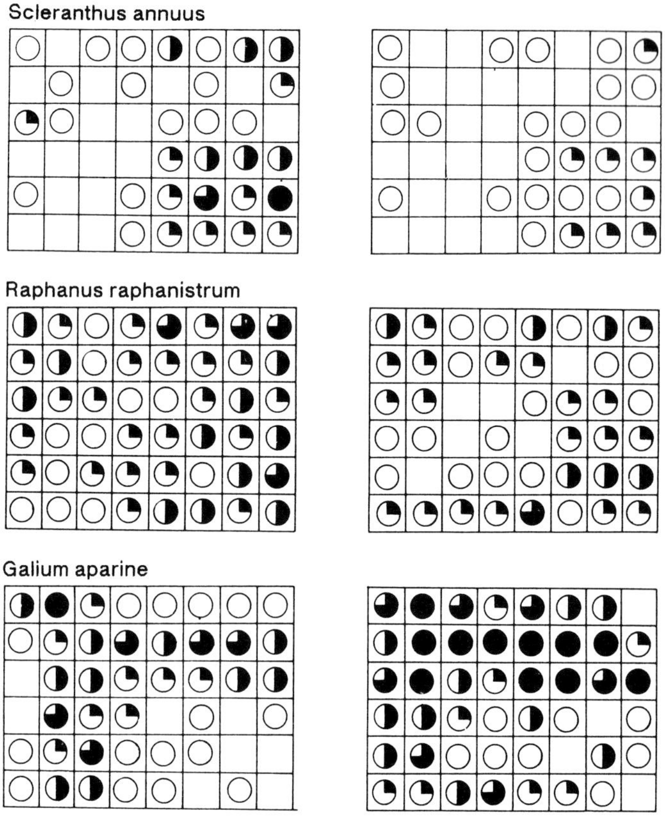

Abb. 184: Frequenzkarten von Ackerwildkräutern für mitteldeutsche Äcker 1970 (links) und 1980 (rechts) nach Stetigkeitsvergleichen der Aufnahmen von Meßtischblattquadranten (aus HILBIG 1987).
Offener Kreis: 1–20%; Viertelkreis: 21–40%; Halbkreis: 41–60%; Dreiviertelkreis: 61–80%; voller Kreis: 81–100%.

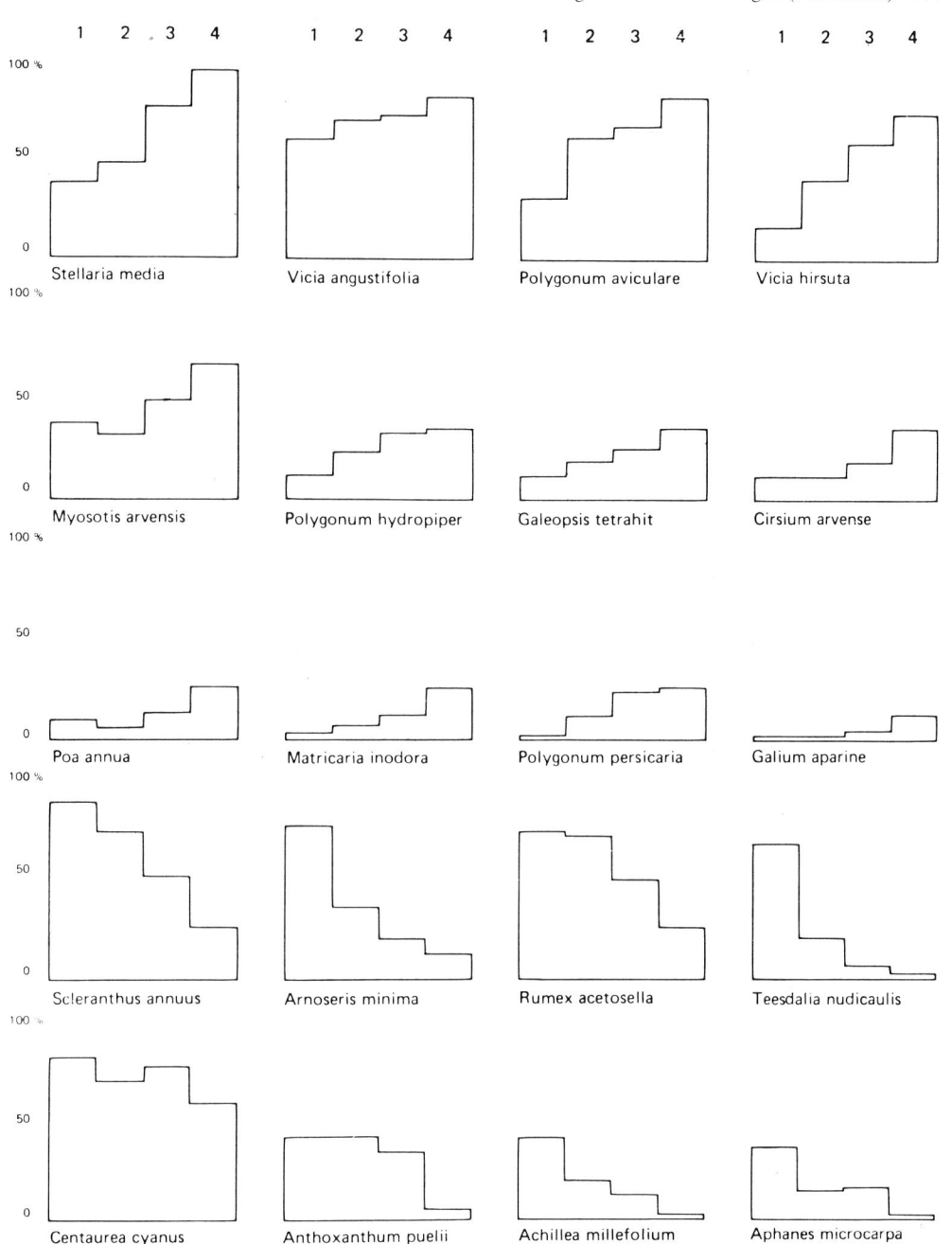

Abb. 185. Stetigkeitsdiagramme verschiedener Arten nordwestdeutscher Getreideäcker nach Aufnahmevergleichen 1937 (1), 1950–53 (2), 1960–65 (3) und 1970–75 (4) (aus MEISEL & HÜBSCHMANN 1976).

direkte Methoden eine dominierende Rolle, sei es für mehr theoretische als auch für praxisnahe Fragestellungen.

Im folgenden werden zunächst einige allgemeinere Verfahren kurz vorgestellt, bevor die Kernmethode der Dauerflächen genauer beschrieben wird. Auswertungs- und Anwendungsbeispiele finden sich in den Kapiteln 3.4.2 ff.

3.2.2.1 Allgemeinere direkte Methoden

a) Vegetationsaufnahmen: Im Unterschied zu 3.2.1 h geht es hier um wiederholte Aufnahme genau oder fast genau festgelegter Flächen zu verschiedenen Zeiten. Voraussetzung ist eine gute Dokumentation der Erstaufnahme, z. B. durch Einzeichnung der Flächen in eine großmaßstäbige Karte und/oder durch Lageskizzen. Ein Vergleich von Aufnahmepaaren oder -gruppen aus verschiedenen Zeiten liefert recht genaue Ergebnisse über Entwicklungtrends, wobei direkte Artenvergleiche oder solche von ökologischen Zeigerwerten, ökologischen, syntaxonomischen oder syndynamischen Artengruppen herangezogen werden. Gewisse methodische Ungenauigkeiten (z. B. exaktes Wiederauffinden der Aufnahmefläche, Wechsel des Bearbeiters) lassen sich durch eine möglichst große Aufnahmezahl etwas ausgleichen. Da in späteren Kapiteln noch Beispiele folgen, sollen hier einige Literaturzitate genügen. Am häufigsten ist das Verfahren wohl für Grünland-Gesellschaften angewandt worden, wo genauere Aufzeichnungen von früher zur Verfügung stehen (z. B. ELLENBERG 1952a, ROSENTHAL & MÜLLER 1988, DIERSCHKE & WITTIG 1991). Auch aus Wäldern gibt es entsprechende Vergleiche (BUCK-FEUCHT 1986). Hier findet man aber auch schon sehr alte Dauerflächen (s. 3.2.2.2).

b) Vegetationskarten: Für flächenhafte Vergleiche sind verschieden alte Vegetationskarten eines Gebietes sehr geeignet (s. auch XI 5). Allerdings sollten die Karten im gleichen Maßstab erfaßt sein, und die zugrundeliegenden Kartierungsschlüssel müssen vergleichbare Vegetationseinheiten besitzen. Vegetationskarten zeigen nur relativ deutliche Veränderungen des Inventars und der Flächenausdehnung von Pflanzengesellschaften an. Dies gilt noch mehr für vegetationskundlich interpretierbare Luftbilder, die zumindest zum Vergleich mit benutzt werden können. Sehr genau sind dagegen Rasterkarten, in denen der Vegetationsinhalt nach einer festliegenden Flächenaufteilung erfaßt und verglichen wird. Diese Methode gehört schon mehr ins nächste Kapitel.

Abb. 186 zeigt zwei Kartenausschnitte einer Grünlandkartierung von 1963 und 1988 nach gleichem bzw. ergänztem Kartierungsschlüssel. Eine Auswertung der Flächenanteile des Gesamtgebietes ergab einen Rückgang artenreicher Feuchtwiesen von etwa 18 auf knapp 6%. 10% gehörten 1988 zu neuen, sehr artenarmen Wiesentypen. Innerhalb der Weiden vollzog sich eine Umwandlung von artenreicheren Untereinheiten mit Feuchtzeigern zu monotonen, artenarmen Beständen. Der Ackeranteil stieg von 15% auf fast das Doppelte (s. DIERSCHKE & WITTIG 1991). Ähnliche Flächenauswertungen finden sich bei BERNING et al. (1987) aus dem Emsgebiet, vergleichbare Karten u. a. bei MEISEL & HÜBSCHMANN (1975), HOBOHM & SCHWABE (1985), GANZERT & PFADENHAUER (1988), SCHUBERT (1991, S. 304).

Neben dem direkten Vergleich von Vegetationskarten können auch syndynamische Karten benutzt werden, die unmittelbar flächenhaft bestimmte Entwicklungen erkennen lassen und insgesamt die dynamische Situation eines Gebietes wiedergeben (z. B. stabile gegenüber in starker Veränderung befindliche Bereiche). Bei guten syndynamischen Kenntnissen ist auch eine direkte Kartierung im Gelände möglich (s. FALIŃSKI & PEDROTTI 1990). Eine „genetisch-dynamische Vegetationskarte" stellte bereits LÜDI (1921) vor. Ein kleines Beispiel zeigt Abb. 187.

Auch andere abgeleitete Karten können syndynamisch ausgewertet werden, z. B. solche von Wasserstufen und Ertragsstufen (HUNDT 1975) oder von Hemerobiestufen bzw. Natürlichkeitsgraden (DIERSSEN 1987, DIERSCHKE & WITTIG 1991). Abb. 188 zeigt eine Karte, in der Veränderungen in einem niederländischen Waldgebiet als Trophieveränderungen interpretiert werden.

Vergleiche von Vegetationskarten gibt es in großer Zahl. Einige Beispiele werden hier kurz zusammengefaßt:

– Wälder: BÜCKING (1989), PFADENHAUER & BUCHWALD (1987), SEIBERT (1975), WIEGERS (1985).
– Wasser, Moor: LANG (1981), LONDO (1971, 1974), REICHHOFF (1982), J.& H. SUKOPP (1978), WIEGERS (1985), ZOLLER & SELLDORF (1989).
– Grünland, Magerrasen: BAKKER (1989), DIERSCHKE & WITTIG (1991), ELLENBERG

Abb. 186. Vergleich zweier Vegetationskarten aus dem Holtumer Moor von 1963 (oben) und 1988 (unten) (aus DIERSCHKE & WITTIG 1991).
1–6: artenreiche Feuchtwiesen; 7: Artenarme Wiesenfuchsschwanz-Wiese; 8–9, 11: artenreichere Feuchtweiden; 10: artenärmere Frischweiden; 12: Brachen; 13: Heiden; 14: Äcker, 15–18: Gebüsche und Wälder. Erläuterung im Text.

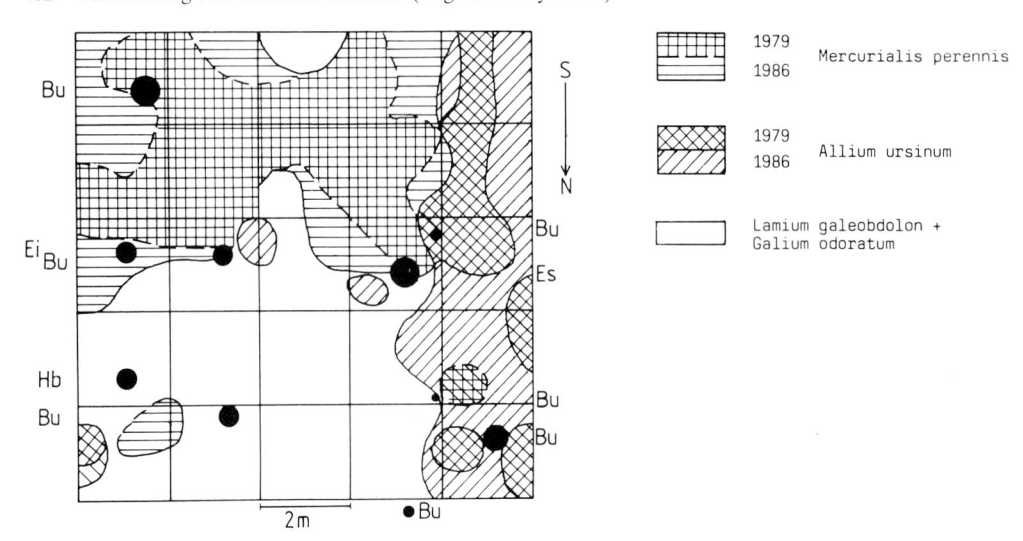

Abb. 187. Fazies-Veränderungen auf einer Rasterfläche im Buchenwald 1979–86 in direkter Darstellung (aus BUCK-FEUCHT 1989). Sowohl *Mercurialis* als auch *Allium* haben sich innerhalb von acht Jahren stärker ausgebreitet.

(1952a), FALIŃSKA (1991), GIGON & BOCHERENS (1985), SCHWABE-BRAUN (1979), WILLEMS & BOBBINK (1990), WINTERHOFF et al. (1988).
– Küstenvegetation: BAKKER & RUYTER (1981), BOOT & VAN DORP (1986), BRAUN-BLANQUET et al. (1958), STRAKA (1963).
– Mediterrane Vegetation: ILIJANIĆ & HEĆIMOVIĆ (1981).

Der Vergleich von Karten größerer Vegetationsmosaike ergibt Veränderungen ganzer Landschaften (z. B. MEISEL & HÜBSCHMANN 1975, 1976).

c) Vegetationskomplexe: Nachdem in den letzten Jahren neue Erfassungsmethoden für Vegetationskomplexe entwickelt worden sind (s. Synsoziologie, XI 3), können deren Ergebnisse aus verschiedenen Zeiten direkt verglichen und syndynamisch interpretiert werden. Dieses Verfahren wird wohl erstmals von SCHWABE (1991c) vorgestellt und bedarf weiterer beispielhafter Erprobung.

3.2.2.2 Untersuchung von Dauerflächen

Dauerbeobachtungs- oder einfacher Dauerflächen, wegen ihrer häufig quadratischen Form auch Dauerquadrate genannt, bilden die exakteste Grundlage syndynamischer Untersuchungen. Obwohl sie erst in jüngster Zeit rasch zunehmende Bedeutung erlangt haben, gibt es sie schon seit Beginn der Pflanzensoziologie. Bereits CLEMENTS (zit. nach LÜDI 1930) hatte Ende des 19. Jahrhunderts solche Flächen angelegt. In Mitteleuropa begann BRAUN-BLANQUET 1917 mit Dauerflächen-Untersuchungen im Schweizer Nationalpark (s. BRAUN-BLANQUET 1931, STÜSSI 1970). Ebenfalls im subalpin-alpinen Bereich der Alpen liegen zahlreiche Flächen von LÜDI (Schynige-Platte; s. 1930, 1936, 1940, HEGG 1984). An der südfranzösischen Küste dokumentieren BRAUN-BLANQUET et al. (1958) seit 1915 die Vegetationsentwicklung einer Lagunenverlandung (s. auch BRAUN-BLANQUET 1984, S. 630ff.). In Norddeutschland beobachtete CHRISTIANSEN (1941) die Entwicklung eingezäunter Flächen an der Schleimündung (Ostsee) seit 1927. Schon 1930 forderte er ein Netz von Dauerflächen für wichtige Vegetationstypen Schleswig-Holsteins und gab methodische Anweisungen. Sehr langzeitige Dauerflächen gibt es auch in einigen Waldreservaten Süddeutschlands. BÜCKING (1984) greift auf Ergebnisse seit 1938 zurück. In Dänemark wurden 1939 Dauerflächen in Küstendünen angelegt (BÖCHER 1952, CHRISTENSEN 1989). Auch in den Niederlanden gibt es seit langem Dauerflächen, insbesondere in Salzmarsch und Grünland (WESTHOFF 1969), aber auch schon seit 1931 in Bruchwäldern (WIEGERS 1985). In England werden seit 1936 Kalkmagerrasen untersucht (WATT 1981).

In neuerer Zeit sind viele Ergebnisse in den Tagungsberichten der internationalen Arbeitsgruppe für Sukzessionsforschung auf Dauerflä-

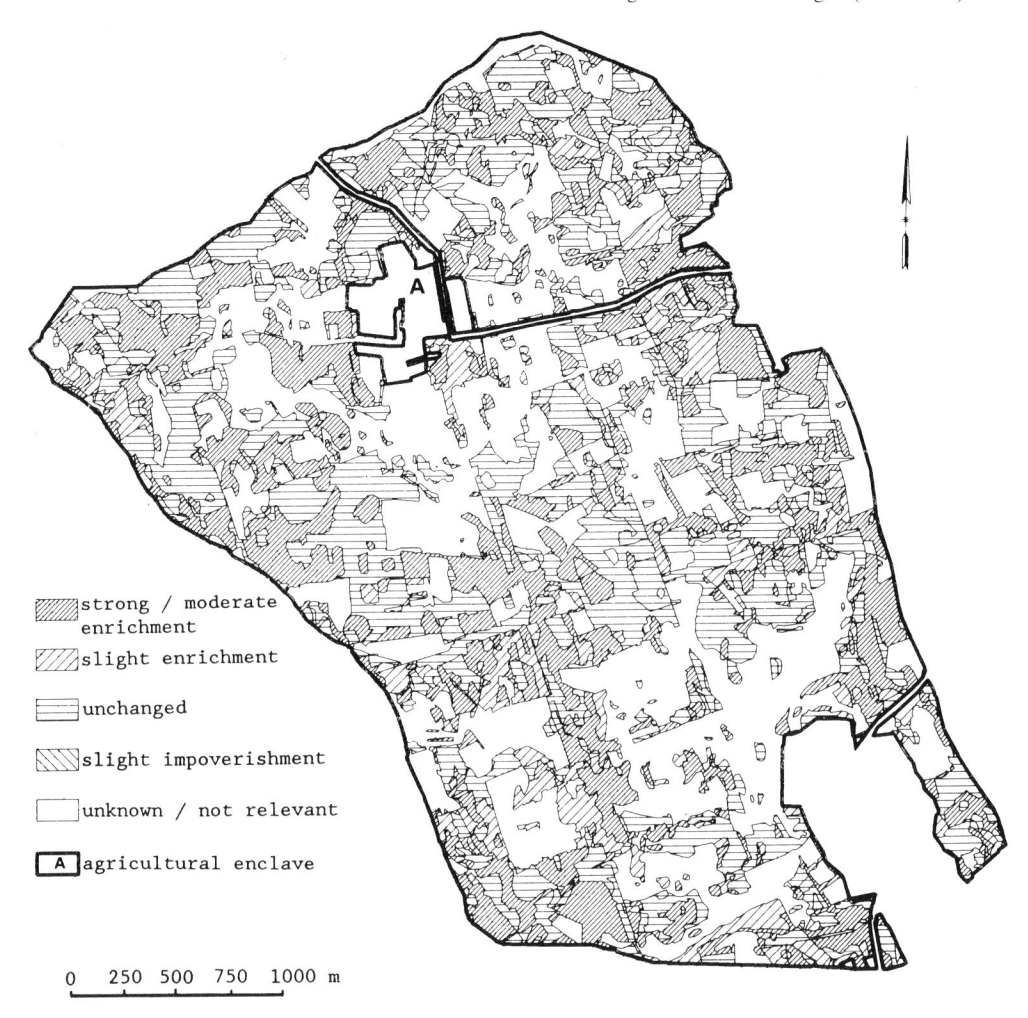

Abb. 188. Karte trophischer Standortsveränderungen, indiziert durch Vegetationsveränderungen 1958–88, in einem niederländischen Waldgebiet (aus HOMMEL et al. 1989).

chen publiziert, auf die auch in den folgenden Kapiteln häufig zurückgegriffen wird. Viele neuere Ergebnisse finden sich auch bei BAKKER (1989) und in zahlreichen Arbeiten von F. RUNGE. Eine breitere Übersicht geben PFADENHAUER et al. (1986) sowie die Bibliographie von BÖTTCHER (1974).

Methodische Grundlagen gehen teilweise schon auf LÜDI (1930) zurück. Neuere Angaben finden sich vor allem bei SCHMIDT (1974b, 1983b), auch bei GLAVAC (1972, 1975), PFADENHAUER et al. (1986), FISCHER et al. (1990) u. a. Interessante Beiträge aus jüngster Zeit liefern z. B. FISCHER (1986), PFADENHAUER & BUCHWALD (1987), NEITE (1988), BEITER (1991).

Dauerflächen dienten zunächst vorwiegend der Aufklärung natürlicher Sukzessionen, entweder ungestört oder mit bestimmten experimentellen Eingriffen. In jüngster Zeit werden sie zunehmend auch im passiven Biomonitoring oder als Kontrolle bei Eingriffen in die Vegetation verwendet (s. 3.8.2). Da Dauerflächen-Untersuchungen ohne große Hilfsmittel möglich und weitere Erkenntnisse über die Dynamik der Vegetation dringend erwünscht sind, sollte diese Methode rasch weiter ausgebaut und angewandt werden. Jeder, der sich einem solchen Projekt widmet, muß einiges an Zeit dafür investieren, wird aber in der Regel durch vielfältige Ergebnisse und tiefere Einblicke in den dynamischen Komplex von Pflanzengesellschaften belohnt. Aufzugreifen wäre die Forderung von CHRISTIANSEN (1930) nach einem Netz repräsentativer Dauerflächen in breiter Streuung über alle wichtigen Pflanzengesellschaften größerer Gebiete (s. auch ELLENBERG 1979a). Hier eröffnet sich für Institute, naturwissenschaftliche Vereine und einzelne Mitarbeiter ein weites Feld moderner vegetationskundlicher Forschung.

Die folgenden Darstellungen beschränken sich vorwiegend auf terrestrische Phanerogamen-Gesellschaften. Manche Methoden sind genauso oder leicht modifiziert für andere Vegetationstypen anwendbar. Zur Erfassung von Wasserbiotopen macht KOHLER (1978) einige Vorschläge (s. auch LANG 1981). Beispiele zur Methodik bei epiphytischen Kryptogamenbeständen gibt MUHLE (1977, 1978; s. auch BARKMAN 1958a).

a) **Auswahl, Festlegung und Gliederung von Dauerflächen:** Die Auswahl von Dauerflächen richtet sich nach Fragestellung und Vegetationstyp. Da nur punktuelle Erfassungen möglich sind, sollten syntaxonomisch möglichst repräsentative Bestände untersucht werden. Nicht immer mag die Auswahl ganz erfolgreich sein, da oft nicht vorhersehbar ist, wo sich innerhalb größerer Flächen eine erwartete oder noch fragliche Entwicklung besonders gut vollziehen wird. Deshalb ist die Verteilung mehrerer Flächen in einem Bestand sinnvoll, aber auch zeitaufwendiger. Abgesehen von speziellen Fragestellungen empfiehlt sich die Anlage von Dauerflächen im Zentrum eines Bestandestyps, möglichst mit ausreichender Pufferzone zu Nachbarbeständen. Will man gerade die Grenzsituation zweier Bestände zeitlich verfolgen, sind umgekehrt Transekte in diesem Bereich anzulegen. An Hängen sollen die Flächengrenzen parallel bzw. senkrecht zur Hauptgefällslinie liegen.

Die Auswahl im einzelnen richtet sich nach Homogenitätskriterien, eventuell auch nach dem gesellschaftsspezifisch notwendigen Minimalraum (s. V). Wichtigste Grundlage für alle Untersuchungen ist eine dauerhafte Festlegung und sorgfältige Dokumentation der Lage. Hierzu können naturgegebene Punkte (bestimmte Bäume, Büsche) oder Bauten i. w. S. (Zaunecken, Grabenknicke, Wegbiegungen u. a.) zwar gewisse Hilfe leisten, aber keine eigene Markierung der Dauerflächen (wenigstens zwei Ecken oder der Mittelpunkt einer Kreisfläche) ersetzen. Hierzu dienen haltbare Pflöcke (Metall, Kunststoff), die im Fachhandel für Vermessungen erhältlich, aber auch leicht selbst herstellbar sind. Wo irgendwelche Nutzungen (Weide, Mahd) stattfinden, sind neuerdings Dauermagneten im Boden mit zugehörigem Suchgerät einsetzbar.

Zur Dokumentation der Lage dienen genaue Skizzen mit Angaben markanter Punkte der Umgebung, eventuell zu diesen ausgemessene Abstände mit genauer Angabe der Himmelsrichtung. Sehr gut geeignet sind großmaßstäbige Flurkarten (1:5–10000), für allgemeinere Übersichten zusätzlich topographische Karten 1:25–50000. Anzugeben ist hieraus der Rechts- und Hochwert des Gauß-Krüger-Netzes.

Form, Zahl und eventuell auch Gliederung von Dauerflächen richten sich nach der gegebenen (eventuell auch zu erwartenden) Vegetation. Wegen der leichteren Markierung und meist auch quantitativen Schätzung sind quadratische oder rechteckige Formen am günstigsten, sofern nicht Geländeform und/oder Vegetationsverteilung dagegen sprechen. Bei weithin recht homogener Vegetation genügen einige bis wenige Flächen. Herrscht mehr ein Mosaik oder eine Zonierung von Pflanzengesellschaften, sind Transekte (einer bis mehrere) bzw. zufällig bis systematisch verteilte Dauerflächen sinnvoll. Einige Möglichkeiten zeigt Abb. 189 (s. auch Beispiele bei PFADENHAUER et al. 1986, SCHMIDT et al. 1991).

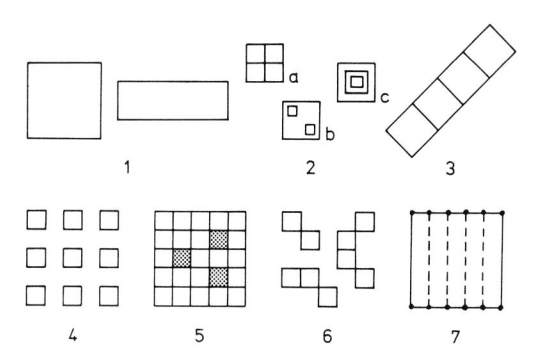

Abb. 189. Verschiedene Möglichkeiten der Anlage von Dauerflächen.
1: Einzelflächen; 2: mehrere Flächen (a: Gesamtaufnahme oder nach Quadranten; b) mit Kleinflächen für Detailuntersuchungen; c) mit unterschiedlich großen Quadraten); 3: Transekt; 4–6: Rasterflächen (4, 6: lückig, mit gleichmäßiger oder zufälliger Verteilung; 5: geschlossen, mit Teilflächen für besondere Untersuchungen); 7: Quadrat mit Linientaxierung.

Bei einem engeren Netz von Kleinflächen muß an Trittschäden gedacht werden, die durch ein Wegesystem zwischen den Flächen (in Sonderfällen durch Holzstege) vermieden werden können. Für eventuelle störende Eingriffe (Entnahme von Pflanzenteilen, Bodenproben u. a.) müssen gesonderte Teilflächen eingeplant werden (Abb. 190). Überhaupt empfiehlt sich bei größeren Flächen eine Aufteilung (z. B. in vier Quadranten oder ein feineres Raster (Abb. 189: 4–6). Eine gleichmäßige Rasterung erleichtert die Markierung, da eine dauerhafte Auspflockung der Eckpunkte genügt. Gerasterte Flächen vermitteln oft ein gutes Abbild der Horizontalstruktur der Bestände (s. auch IV 6). Außerdem ermöglicht die größere Flächenzahl statistische Auswertungen bis zur Anwendung multivariater Verfahren (s. IX). Für sehr feine Untersuchungen werden Rahmen (1x1–2x2 m²) mit Feinrasterung benutzt, die mit Hilfe von Löchern an den Ecken immer wieder genau auf entsprechende Pflöcke gesteckt werden können (s. IV 6.2.1). Ein detailliertes System von Dauerflächen für populationsbiologische Untersuchungen beschreibt FALIŃSKA (1991).

Aus dem Forstbereich stammen etwas abweichende Methoden der Dauerflächeneinrichtung, die vor allem in Bannwäldern bzw. Naturwaldreservaten eingesetzt werden (s. BÜCKING & REINHARDT 1985, GRIESE 1991, Abb. 191). Vor allem Vorkommen, Verteilung, Entwicklung und Verjüngung von Gehölzen werden in Probekreisen von 1 000 m² erfaßt, mit einem Bezugsraster von 100 × 100 m. Bestimmte Quadranten und Teilstreifen dienen unterschiedlichen Untersuchungen.

Die Flächengröße kann sich in etwa am Minimumareal (IV 8.1.3, V3) der betreffenden Gesellschaft orientieren oder sich nach speziellen Fragestellungen und technischen Möglichkeiten richten. Bei langfristigen Untersuchungen, die erhebliche Veränderungen der Vegetationsstruktur erwarten lassen, muß der Flächenbedarf späterer Entwicklungsstadien bedacht werden (z. B. Sukzession vom Brachacker zum Wald). Hier kann man sich behelfen, indem man mehrere Kleinflächen später zu größeren zusammenfaßt (s. Abb. 189: 2b). Denkbar ist auch eine parallele Erfassung verschieden großer Teilflächen (Abb. 189: 2c). Für niedrigwüchsige Bestände sind meist 1–4 m² ausreichend und gut überschaubar. Für Gehölze sind 100 m² eine brauchbare Ausgangsbasis.

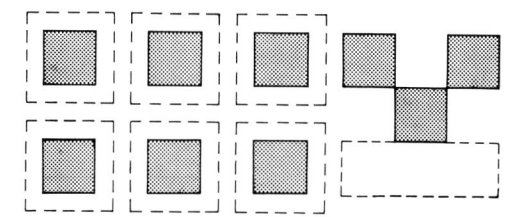

Abb. 190. Anlage eines Systems von Dauerflächen. Die schraffierten Kernbereiche sind der Vegetationsaufnahme vorbehalten, die Ränder für störende Eingriffe (Entnahme von Proben) nutzbar. Zwischenbereiche vermeiden Trittschäden in den Untersuchungsflächen.

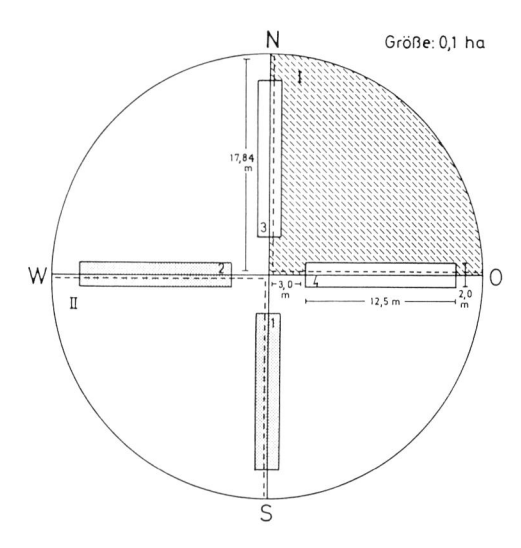

Abb. 191. Aufnahmefläche für floristische Daueruntersuchungen in Naturwaldreservaten (aus GRIESE 1991). Gestrichelt: Aufnahmequadrant für die Strauchschicht; Längsstreifen: Erfassung der Gehölzverjüngung. Die Baumschicht wird im ganzen Kreis erfaßt (Art, Wuchsort, BHD, Höhe).

b) Grundlagensammlung: Für jede Dauerfläche sollten einige allgemeine Grundlagen zu Beginn der Untersuchungen erfaßt bzw. später ergänzt werden. Hierzu gehören

– Angaben zu Klima, Gestein, Böden, Relief.
– Allgemeiner Zustand der Vegetation (Struktur, Alter, Störungen, Schäden u. ä.).
– Nutzung und Besitzverhältnisse.
– Vorhandene Karten, Luftbilder, Fotos, Literatur.
– Genaue Angaben zur Lage, Gliederung (s.o.).
– Angaben über Aufnahmemethodik, eventuelle Eingriffe, Probenahme u. a.

Alle Angaben sollten auch für andere leicht verständlich sein, um den Wechsel des Bearbeiters bzw. eine Neuaufnahme nach längerer Pause zu ermöglichen.

c) Erfassung der Vegetation: Jede Dauerfläche muß in bestimmten Abständen aufgenommen werden. Hierfür gelten die in Kapitel V erörterten Regeln und Methoden der floristischen Erfassung. Daneben können andere Merkmale erfaßt werden (s. IV). Die jährlichen Termine richten sich nach bestimmten Phänophasen (s. 2.5.5), der Abstand der Jahre (jährlich, alle zwei Jahre…) nach Fragestellung, zu erwartender Sukzessionsgeschwindigkeit, verfügbarer Zeit. Auch bei sehr langfristigen Untersuchungen sollte zumindest zu Beginn jährlich eine Aufnahme erfolgen. Sind später nur längere Abstände möglich, sollte wenigstens einmal jährlich jede Fläche allgemeiner kontrolliert werden.

Auch die Wahl der Aufnahmemethode ist von Fragestellung, Vegetationstyp und zeitlichen Möglichkeiten abhängig. Da meist mehrere bis viele Flächen zu betreuen sind, sollte die Methode hinreichend genau, gut reproduzierbar, aber nicht zu zeitaufwendig sein. Gewöhnlich wird der Deckungsgrad der Arten in unterschiedlicher Genauigkeit geschätzt (z. B. genau in Prozent, Londo- oder Braun-Blanquet-Skala). Daneben gibt es Frequenzbestimmungen bis zur Punktmethode. Letztere hat sich für sehr genaue Untersuchungen kurzzeitiger Veränderungen in artenreichen Wiesen als besonders brauchbar erwiesen (STAMPFLI 1991). Aber auch detaillierte Zählungen von Sprossen, Blüten, Messungen der Wuchshöhe u. a. sind üblich, ebenfalls genaue Kartierungen einzelner Pflanzen (naturgetreu oder in Rastern). Zu feine Erfassungen können aber auch problematisch sein, da sie auf saisonale Veränderungen stärker ansprechen (s. KRÜSI 1978).

Von wichtigen Arten sollte der phänologische Zustand (s. 2.4.5) notiert werden, um spätere vergleichende Auswertungen zu erleichtern bzw. bestimmte Zeitpunkte für Wiederholungen vorzugeben.

Neben floristischer Erfassung können andere Textur- und Strukturmerkmale herangezogen werden. Besonders für längerzeitige Daueruntersuchungen sind z. B. Veränderungen des Lebensformenspektrums, des Blattflächenindexes oder andere Blattmerkmale, Wuchshöhe, Schichtung usw. wichtig. Auch Vegetationsprofile zur Darstellung der Vertikalstruktur sind denkbar (IV 5.4.2). In Wäldern sollte zumindest die Baumschicht genauer beschrieben werden (genaue Lage der Bäume einschließlich Totholz, Brusthöhendurchmesser, Höhe, Alter, Vitalität, Schädigungsgrad, eventuell auch Verjüngung; s. hierzu auch Abb. 191; GRIESE 1991, KOOP 1991). Genaue Kronenprojektionen und Grundrisse sind weitere wichtige Grundlagen (s. die sehr detaillierten Transekt-Grundrisse von KNAPP & JESCHKE 1991).

Für die Kartierung einzelner Pflanzengruppen kommen vor allem syndynamische Zeiger-(Schlüssel-)arten in Frage, die auf Dauer für die Sukzession von Bedeutung sind (z. B. Verteilung und Größe der Gehölzpflanzen (s. Abb. 182). Auf gerasterten Flächen kann man je Rasterquadrat eine Vegetationsaufnahme machen und daraus Verteilungskarten aller oder ausgewählter Arten ableiten, zusätzlich auch Karten, welche direkt den Veränderungsgrad pro Rasterquadrat anzeigen (Zu- oder Abnahme des Deckungsgrades je Art, Ähnlichkeitskoeffizienten zwischen Aufnahmen verschiedener Jahre u. a.; s. Abb. 201, auch IV 6.2).

Schließlich sind genaue Detail- und allgemeinere Übersichtsfotos wichtige Dokumente. Bei kleinen Flächen sollten sie möglichst senkrecht von oben, sonst von Fixpunkten (z. B. Ecken) in bestimmter Richtung gemacht werden.

Für die längerzeitige Bearbeitung von Dauerflächen empfiehlt sich die Herstellung eines speziellen Aufnahmeformulars, in dem alle wichtigen Fragen zusammmengestellt sind. Die zu Beginn gefundenen Arten können z. B. als alphabetisch geordnete Liste vorgegeben werden. Mit Hilfe eines Computers wird diese Liste alljährlich rasch aktualisiert und neu ausgedruckt. Überhaupt sollte die Form der Datenerfassung den gegebenen Möglichkeiten der EDV-Auswertung angepaßt werden.

Für alle Dauerflächen-Untersuchungen muß ein methodisches und inhaltliches Minimum gegeben sein, um die Ergebnisse mit anderen vergleichen oder überhaupt sinnvoll interpretieren zu können. SCHMIDT (1974b) unterscheidet deshalb zwischen einem Minimal- und einem Intensivprogramm. Zu letzterem gehört z. B. auch die Erfassung der Kryptogamen (im ersteren nur Schätzung ihrer Gesamtdeckung).

d) Ökologische Untersuchungen: Da im Verlauf von Vegetationsveränderungen auch entsprechende Abwandlungen des Standortes (Boden, Mikroklima) zu erwarten sind, gehören zum Intensivprogramm für Dauerflächen auch ökologische Untersuchungen. Zumindest einige bodenchemische Grunddaten sollten in kürzeren oder längeren Abständen analysiert werden, z. B. pH-Wert, organischer Kohlenstoff, Stickstoff- und Humusgehalt. Bei Feucht- und Naßstandorten sind auch Grundwassermessungen u. ä. sinnvoll, allerdings wesentlich aufwendiger. Bei langzeitigen Untersuchungen können auch mikroklimatische Messungen wertvoll sein. Schließlich ergeben genauere Bestimmungen der Biomasse (zumindest der oberirdischen) tiefere Einblicke in den Sukzessionsverlauf (quantitative Verhältnisse von Arten oder Artengruppen, Stoffkreisläufe, Stoffentzug u. a.). Für alle diese Vorhaben müssen schon bei der Flächeneinteilung eigene Bereiche eingeplant werden.

Sukzessionsuntersuchungen sind aber auch ohne solche zeitaufwendigen Arbeiten möglich. Ökologisch begleitende Untersuchungen sind zwar wünschenswert, aber nicht notwendig, um die Dynamik von Pflanzengesellschaften zu erforschen.

3.2.2.3 Experimentelle Sukzessionsforschung

Gezielte Eingriffe in die Vegetation und deren Reaktion geben oft tiefere Einblicke in das dynamische Gefüge von Pflanzengesellschaften und in Gesetzmäßigkeiten von Sukzessionsabläufen. Experimentelle Ansätze sind deshalb so alt wie die Sukzessionsforschung überhaupt. Eine frühzeitige vorbildliche Versuchsanlage wurde z. B. von LÜDI 1928 auf der Schynige-Platte (Schweizer Alpen) in Borstgrasrasen eingerichtet (s. LÜDI 1930, 1936, HEGG 1984). In einem System von 340 Dauerflächen wurden die natürliche Sukzession, Reaktionen auf verschiedene Düngungen sowie die Entwicklung nach Rasenschälen, Umgraben, Entfernung oder Einbringen von Pflanzenarten untersucht. Einige Flächen sind noch heute unter Kontrolle. Ein interessantes Ergebnis ist z. B., daß sich einige Auswirkungen der Düngung vor gut 30 Jahren immer noch in der Vegetationsstruktur und in Stoffgehalten der Pflanzen nachweisen lassen.

Noch 1964 stellte BRAUN-BLANQUET allerdings fest, daß Sukzessionsexperimente recht selten sind. Dies hat sich inzwischen aber sehr zum Positiven verändert.

Als mehr wissenschaftliche Experimente wurden bereits Untersuchungen zur Konkurrenz besprochen (III 2.2.1.2). Einige Versuchsansätze werden hier erneut aufgeführt. Soweit nicht in den Beispielen der folgenden Kapitel enthalten, wird auch auf Literatur hingewiesen. Für experimentelle Ansätze ist die Dauerflächen-Untersuchung die beste Grundlage, wobei oft sehr feine Erfassungsmethoden angewendet werden. Die genannten Möglichkeiten sind sicher nicht vollständig, geben aber eine gewisse Übersicht und Anregungen für eigene Vorhaben. Oft werden mehrere Ansätze kombiniert.

a) Veränderung exogener Faktoren: Das Zusammenspiel exogener und endogener Faktoren (s. III 2) kann durch Veränderung der ersteren verdeutlicht werden. Hier gibt es eine breite Palette von Möglichkeiten:

- Auflichtung der oberen Schicht(en) oder künstliche Beschattung (MOSANDL 1984: Lochhiebe).
- Direkte Veränderung des Substrates, z. B. durch Umgraben, Abgraben, Neueinbringung, Verdichtung (BORNKAMM 1981, 1985, 1986, 1987, BORNKAMM & HENNIG 1978, FALIŃSKI 1975a, FISCHER 1987, SCHMIDT 1986, 1988, WOLF 1989).
- Künstliche Festlegung von Lockersubstraten (Sand, Schotter, Geröll).
- Be- oder Entwässerung.
- Aussüßung von Salzstandorten (BEEFTINK 1975a, WESTHOFF & SYKORA 1979).
- Düngung oder Ausmagerung.
- Mahd, Mulchen, Beweidung, Brand oder Brache vorher genutzter Flächen.
- Schutz vor Tierfraß durch Einzäunung (JAUCH 1987, MUELLER-DOMBOIS 1981, SCHMIDT 1978, 1991, WATT 1981, WESTHOFF & SYKORA 1979, WOLF 1991).
- Begasung durch Immissionsstoffe (ENGELBACH & FANGMEIER 1989, STEUBING & FANGMEIER 1991).

b) Veränderung endogener Wirkungen: Viele der obigen Eingriffe sind gleichzeitig solche in die endogenen Wechselwirkungen, sodaß sich einiges wiederholt.

- Künstliche Katastrophen: einmalige starke zerstörende Eingriffe als Auslöser einer Sekundärsukzession. Starke Veränderungen der Vegetation durch Herausnehmen einzelner Arten bis zur völligen Beseitigung einzelner Schichten, des gesamten oberirdischen Bewuchses oder sogar der unterirdischen Teile, eventuell mit Sterilisation des Bodens, auch Anwendung von Herbiziden.

- Verpflanzung von Vegetationsteilen oder Einsaat gesellschaftsfremder Arten aus benachbarten Gesellschaften oder größerer Entfernung (anderen Klimagebieten, Höhenstufen).
- Konkurrenzversuche ausgewählter Arten (s. III 2.2.1.2).

Die experimentelle Sukzessionsforschung ist eine wichtige Methode zur Untersuchung von Pflanzengesellschaften und deren Sippenpopulationen. Hier gibt es besonders enge Beziehungen zwischen Pflanzensoziologie und Populationsbiologie. Einige Beispiele solcher Versuche sollen die unterschiedlichen Dimensionen und einige Möglichkeiten kurz aufzeigen.

Einen sehr einfachen Versuchsansatz stellen langjährige Dauerflächen von nur 2 m² in einem Kalkmagerrasen (*Gentiano-Koelerietum*) dar (Bornkamm 1961, 1974, 1985, 1988). In einer Fläche wurde 1953 der oberirdische Bewuchs mit Ausnahme der beiden Hauptgräser *Bromus erectus* und *Brachypodium pinnatum* entfernt, auf einer zweiten Fläche die gesamte ober- und unterirdische Biomasse. Schließlich wurde einer dritten Fläche ein 40 cm tiefer Rasenziegel einer benachbarten Glatthaferwiese auf Auenboden eingepflanzt. Zur Auswertung werden Vegetationstabellen der jährlichen Aufnahmen, genaue Kartierungen einzelner Pflanzen, Spektren soziologischer Artengruppen und Kurven mittlerer Zeigerwerte benutzt. Insgesamt handelt es sich um eine diszessive Sukzession (s. 3.7). Abb. 192 zeigt das soziologische Spektrum für fast 30 Jahre aus dem Verpflanzungsversuch.

Zu Beginn gibt es eine größere Zahl von Artengruppen, mit hohem Anteil der Frischwiesenpflanzen (III-IV: > 80%), aber auch von kurzlebigen Unkräutern als Störungszeigern (I). Viele eigentliche Wiesenpflanzen (III) gehen rasch zurück, während sich intermediäre Arten zu den Magerrasen ausdehnen. Auch die echten *Mesobromion*-Arten (VI) wandern ein, so daß nach gut zehn Jahren größtenteils wieder ein *Gentiano-Koelerietum* gegeben ist. Nach 20 Jahren ist ein recht stabiler Zustand erreicht. Die stärkere Fluktuation zu Beginn mit allmählicher Beruhigung wird auch aus Abb. 193 sichtbar, in der Populationskurven einzelner Sippen nach ihrem Deckungsgrad aufgetragen sind. Nach fünf Jahren beginnt eine rasche Ausbreitung von *Bromus erectus*, dessen Vorherrschen später einen stabilen Zustand herbeiführt.

In der Nachbarschaft wird seit 1972 ein etwas umfangreicherer Dauerversuch durchgeführt, der eine Wiederherstellung artenreicher Kalkmagerrasen aus artenärmeren Brachen zum Ziel hat. Das System von mehreren Varianten von Mahd und Mulchen mit 2x2 m-Quadraten in vier Wiederholungen zeigt Abb. 194. In Abb. 195 werden die Entwicklungen der Artenzahlen erkennbar. Weitere Ergebnisse finden sich bei Dierschke 1985b, Dierschke & Engels 1991.

Die beschriebenen Versuche lassen sich ohne Hilfsmittel relativ leicht durchführen und ergeben recht interessante Detailergebnisse. Etwas aufwendiger ist die Untersuchung der Primärsukzession auf verschiedenen Substraten, die

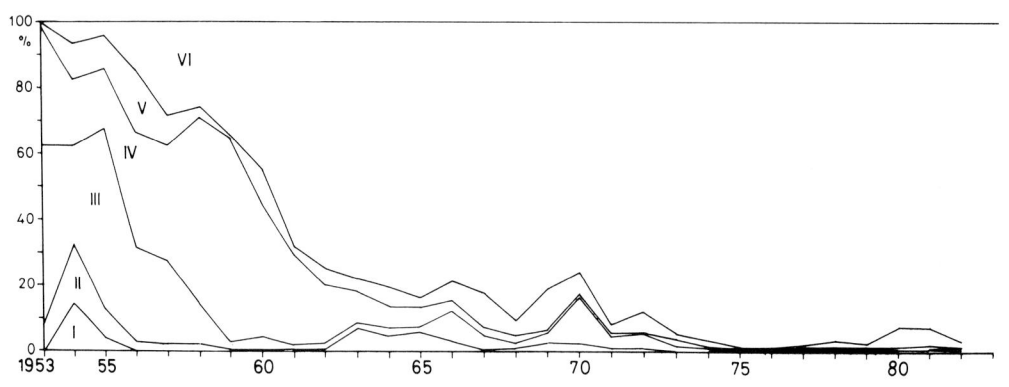

Abb. 192. Zeitlicher Wechsel soziologischer Artengruppen nach Einpflanzung des Rasenziegels eines *Arrhenatheretum* in ein *Gentiano-Koelerietum* (aus Bornkamm 1985). Erläuterung im Text.
I *Stellarietea mediae*
III *Molinio-Arrhenatheretea*
VI *Festuco-Brometea*
II, IV, V intermediäre Gruppen.

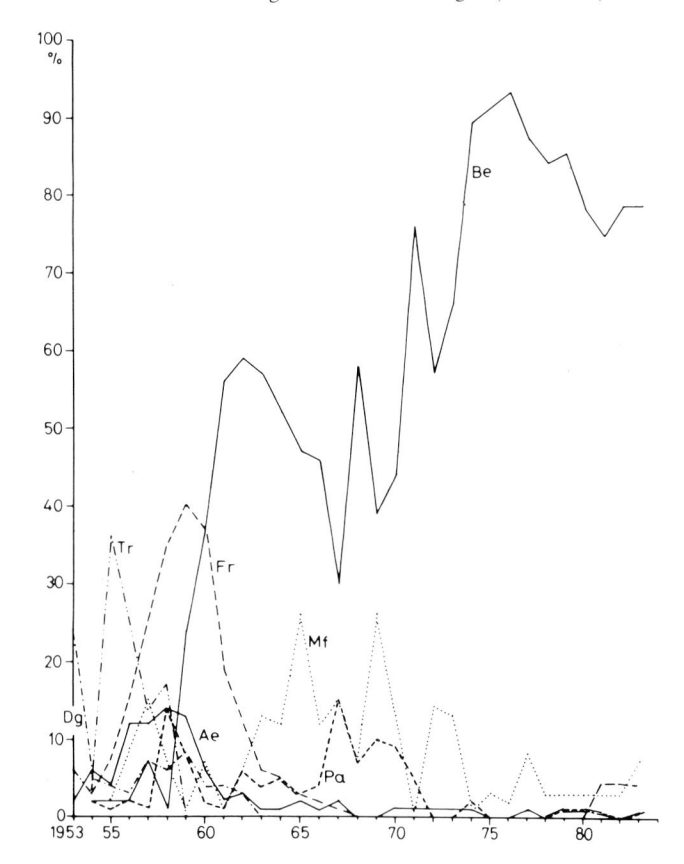

Abb. 193. Veränderung der Deckungsgrade einzelner Arten in demselben Versuch wie Abb. 192 (aus BORNKAMM 1985), Ae *Arrhenatherum elatius*, Be *Bromus erectus*, Dg *Dactylis glomerata*, Fr *Festuca rupicola*, Mf *Medicago falcata*, Pa *Poa angustifolia*, Tr *Trifolium repens*.

Abb. 194. Versuchsanordnung eines Dauerversuches in einer *Mesobromion*-Brachfläche mit 2x2 m-Quadraten in vierfacher Wiederholung (aus DIERSCHKE 1985b). Ma 1/2, 1–3: Mahd alle zwei Jahre bzw. ein- bis dreimal jährlich; Mu: Mulchen; (Brache): unbeinflußt nach Umgraben zu Versuchsbeginn.

BORNKAMM & HENNIG (1978) in Berlin durchgeführt haben (s. auch BORNKAMM 1981, 1985). Eine gewisse Vorstellung gibt Abb. 196. Auffällig ist die rasche Etablierung von Sträuchern (vor allem *Cytisus scoparius*) auf Sand, während auf Lehm langzeitig ausdauernde Ruderalpflanzen dominieren. Berechnungen verschiedener Ähnlichkeitskoeffizienten (s. VIII 2.7.2) zeigen, daß die prozentuale Ähnlichkeit, welche die Deckungsgradveränderungen mit erfaßt, deutlichere Unterschiede ergibt als der rein qualitative Soerensen-Index. Aus Abfall und Anstieg der Kurven lassen sich Beschleunigungen bzw. Verlangsamung der Sukzession erkennen.

Noch vielfältiger ist ein ähnlicher Versuch von SCHMIDT (1988), in welchem neben verschiedenen Bodenarten (Sand-Lehm) noch Nährstoffversorgung und Grundwasserstand variiert wurden.

Ein sehr arbeits- und flächenaufwendiges Experiment ist der **„Göttinger Bracheversuch"**. Im Neuen Botanischen Garten der Universität Göttingen wurde 1968 auf 3450 m² einer Talaue mit früherer Ackernutzung ein vielseitiges System von Dauerflächen angelegt. Zu Beginn wurde von Teilbereichen der Boden bis 30 cm Tiefe durch Hitzebehandlung sterilisiert, so daß im Oberboden keinerlei Pflanzenreste übrig blieben. Ein anderer Teil wurde mit einem Herbizid vorbehandelt, der Rest war eine normale Ackerbrache. Abb. 197 zeigt die gesamte Versuchsanlage. Als lenkende Maßnahmen für die Sukzession werden Fräsen (Frühling oder Sommer), Mulchen (Herbst) und Mahd (ein- bis achtmal pro Jahr) eingesetzt. Bei letzterer wird teilweise der Nährstoffentzug ausgeglichen. Eine kleinere Teilfläche diente schließlich für einige Jahre einem Beschattungsversuch.

Auch die Untersuchungsmethoden sind vielfältig. Neben alljährlichen Aufnahmen (auf je zwei bis drei Teilflächen zu zwei bis drei Terminen) mit Prozentschätzung der Deckungsgrade (bis 10% genau, darüber in 5%-Stufen) werden auf den unbeeinflußten Kontrollparzellen syndynamisch wichtige Gehölze individuell kartiert, auch z. T. Höhe, Stammdurchmesser und Kronenverteilung erfaßt. Von den Mahdflächen lassen sich oberirdische Biomasse und deren Nährstoffgehalte bestimmen. Zur Kennzeichnung der Bodenentwicklung werden einige chemische Komponenten analysiert. Eine randlich stehende Wetterstation ergibt klimatische Daten.

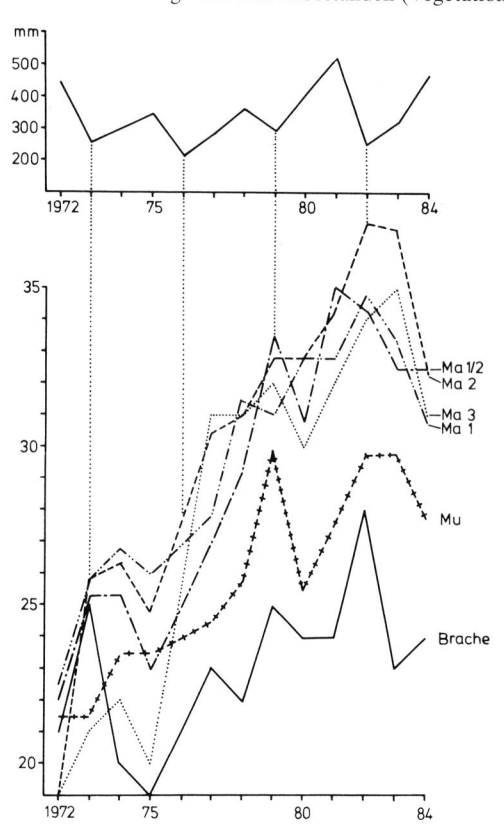

Abb. 195. Entwicklung der mittleren Artenzahl und Niederschlagssummen der Vegetationsperiode (April bis September; wie Abb. 194).

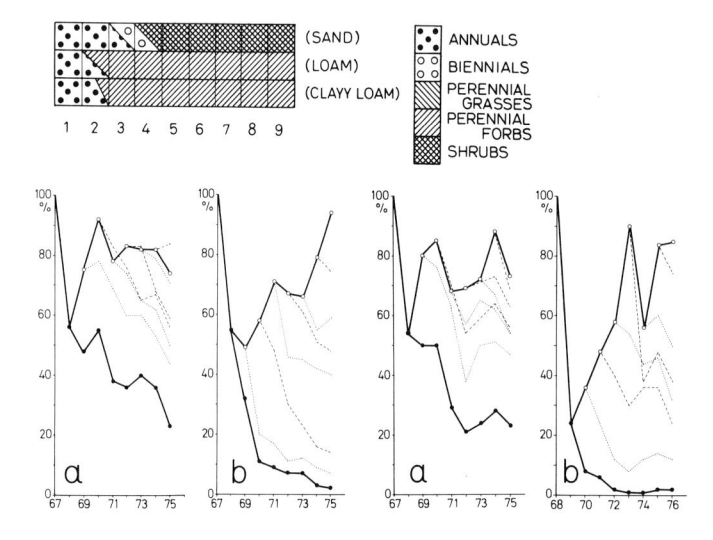

Abb. 196. Ergebnisse eines Sukzessionsexperimentes auf verschiedenen Substraten im Botanischen Garten Berlin über neun Jahre (aus BORNKAMM 1981, verändert). Erläuterung im Text.
Oben: Entwicklung vorherrschender Wuchsformen.
Unten: Kurven der Ähnlichkeit der Bestände auf Sand (links) und Lehm (rechts). (a: Soerensen-Index, b: Prozentuale Ähnlichkeit). Dicke Kurven: bezogen auf das erste oder jeweils folgende Jahr; dünne Kurven: bezogen auf andere Jahre.

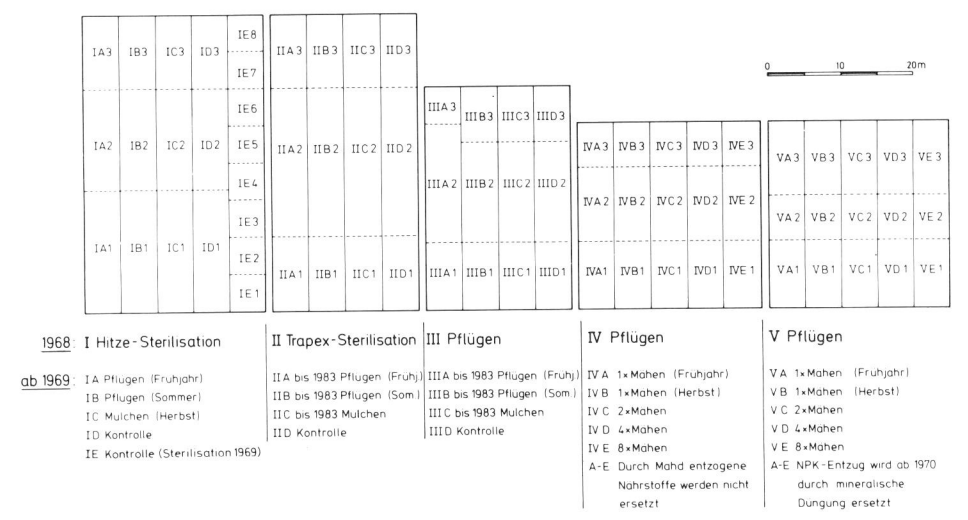

Abb. 197. Versuchsanlage des Göttinger Bracheversuches (Original W. SCHMIDT). Erläuterung im Text.

Die Daten werden in Tabellen, über Artengruppen, Gemeinschaftskoeffizienten u. a. ausgewertet, daraus Spektren von Lebensformen (nach sehr feiner Differenzierung), soziologischen Artengruppen (nach Klassen, Ordnungen) und Ausbreitungstypen der Samen abgeleitet. Die Verteilung einzelner Arten wird in Karten dargestellt, einige Arten werden in ihrem Verhalten bei unterschiedlicher Beeinflussung verglichen. Statistische Verfahren sichern manche Vergleiche ab.

Einige Ergebnisse der ungestörten Sekundärsukzession werden in Kapitel 3.6.2.1 besprochen. Hier sei nur noch mit Abb. 198 ein Auswertungsbeispiel aus dem Mahdversuch vorgestellt.

Ein so umfangreicher Versuch ist nur von größeren Instituten durchführbar, bringt dafür eine Fülle von Ergebnissen und tiefe Einblicke in dynamische Vorgänge der Vegetation einschließlich kausaler Hintergründe. Es wäre eine reizvolle und lohnende Aufgabe, in verschiedenen Klima-, Standorts- und Vegetationsbereichen ein internationales Netz ähnlicher Versuche mit vergleichbarer Anordnung, Betreuung und Auswertung einzurichten.

3.2.2.4 Auswertung und Darstellung der Ergebnisse

Je nach der Erfassungsmethode für syndynamische Vorgänge gibt es sehr vielfältige Möglichkeiten zur Auswertung der Ergebnisse. Grundlegend ist immer der Vergleich von Vegetationsdaten oder allgemeineren Angaben verschiedener Zeitpunkte. Viele Möglichkeiten sind bereits in vorhergehenden Teilen des Buches erörtert worden (vor allem III, IV, VI, VII, IX). Einzelbeispiele finden sich in den vorhergehenden und folgenden Kapiteln dieses Teiles. Sehr vielseitig waren auch schon die Auswertungen von LÜDI (1930).

Für Vegetationsaufnahmen im direkten oder indirekten Vergleich eignen sich zunächst **Tabellen** (s. VI), sei es mit Einzelaufnahmen in zeitlicher Ordnung, sei es mit Zusammenfassung von Aufnahmegruppen desselben Zeitpunktes nach Stetigkeit. Ein Ergebnis sind Syndynamische Gruppen, d. h. Artengruppen etwa gleichen syndynamischen Verhaltens (s. auch VIII 2.4: Syndynamische Differentialarten). Denkbar sind z. B. Gruppen von Pionierarten, Degenerationszeigern bezüglich eines Sukzessionsstadiums, Gruppen mit abnehmender oder zunehmender Tendenz u. a. Hieraus können Gruppenspektren zur Kennzeichnung des dynamischen Zustandes einer Gesellschaft oder zum Vergleich verschiedener Gesellschaften abgeleitet werden. Auch vielerlei andere Spektren sind denkbar, z. B. für Lebensformen, Wuchshöhe, Lebensalter, Zeigerwerte, Ausbreitungstypen, Strategietypen, Phänologisches Verhalten, Natürlichkeitsgrade/Hemerobie, für soziologische und ökologische Gruppen (s. auch VIII 2.9). Da es zumindest bei kurzzeitigeren Sukzessionsuntersuchungen oft mehr um Dominanzverschiebungen als Artenwechsel geht, sind

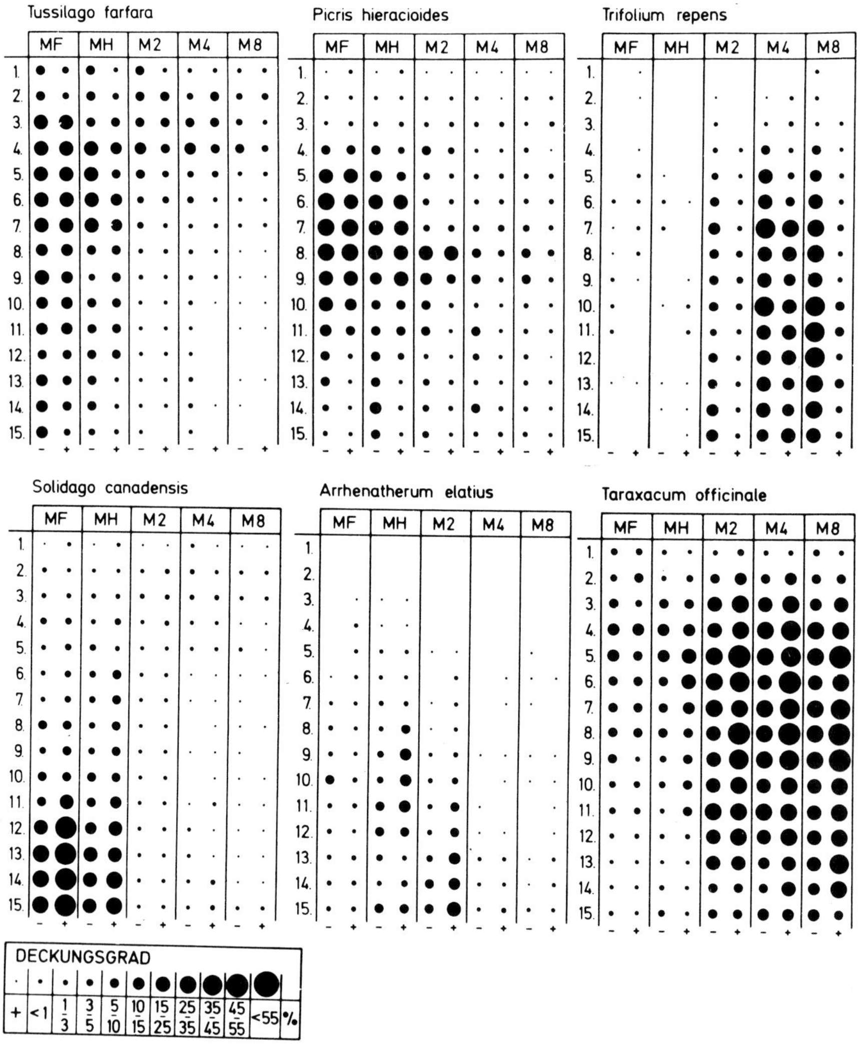

412 Veränderung von Pflanzenbeständen (Vegetationsdynamik)

Abb. 198. Veränderung der Deckungsgrade einiger Arten des Göttinger Bracheversuches über 15 Jahre bei unterschiedlich häufiger Mahd (nach SCHMIDT 1985, verändert): MF: Mahd im Frühjahr; MH: Herbst; M2: zweimal; M4: viermal; M8: achtmal jährlich. In jeder Spalte ist links die ungedüngte, rechts die gedüngte Parzelle angegeben.

quantitative Vergleiche (z. B. Berücksichtigung des Deckungsgrades) besser geeignet als rein qualitative nach Vorkommen oder Fehlen von Arten. Ein gewisser Mangel ist trotzdem das Fehlen von Vitalitätskriterien, die für die Beurteilung von Sukzessionen wichtig sein können.

Aus Tabellen oder allgemeineren Beobachtungen lassen sich Darstellungen ableiten, in denen das Vorkommen von Arten oder Artengruppen entlang der Zeitachse angegeben wird. Es handelt sich hier um eine Direkte Gradientenanalyse mit zeitlichem Transekt (s. VII 3).

Entsprechend erfolgt die Darstellung in Kurven von Populationen, Artengruppen oder in Artenprofilen (s. Abb. 192, 193).

In vorhergehenden Kapiteln bereits angesprochen wurden verschiedene Möglichkeiten flächenhafter Darstellung. Für genaue Einzeluntersuchungen können **Verteilungskarten** einzelner Arten oder **Rasterkarten** von Arten, Artengruppen, Gesellschaften aus verschiedenen Zeiten verwendet werden. Abb. 199 gibt hierzu ein besonders detailliertes Beispiel. Abb. 200 zeigt schematisch den Gang der Er-

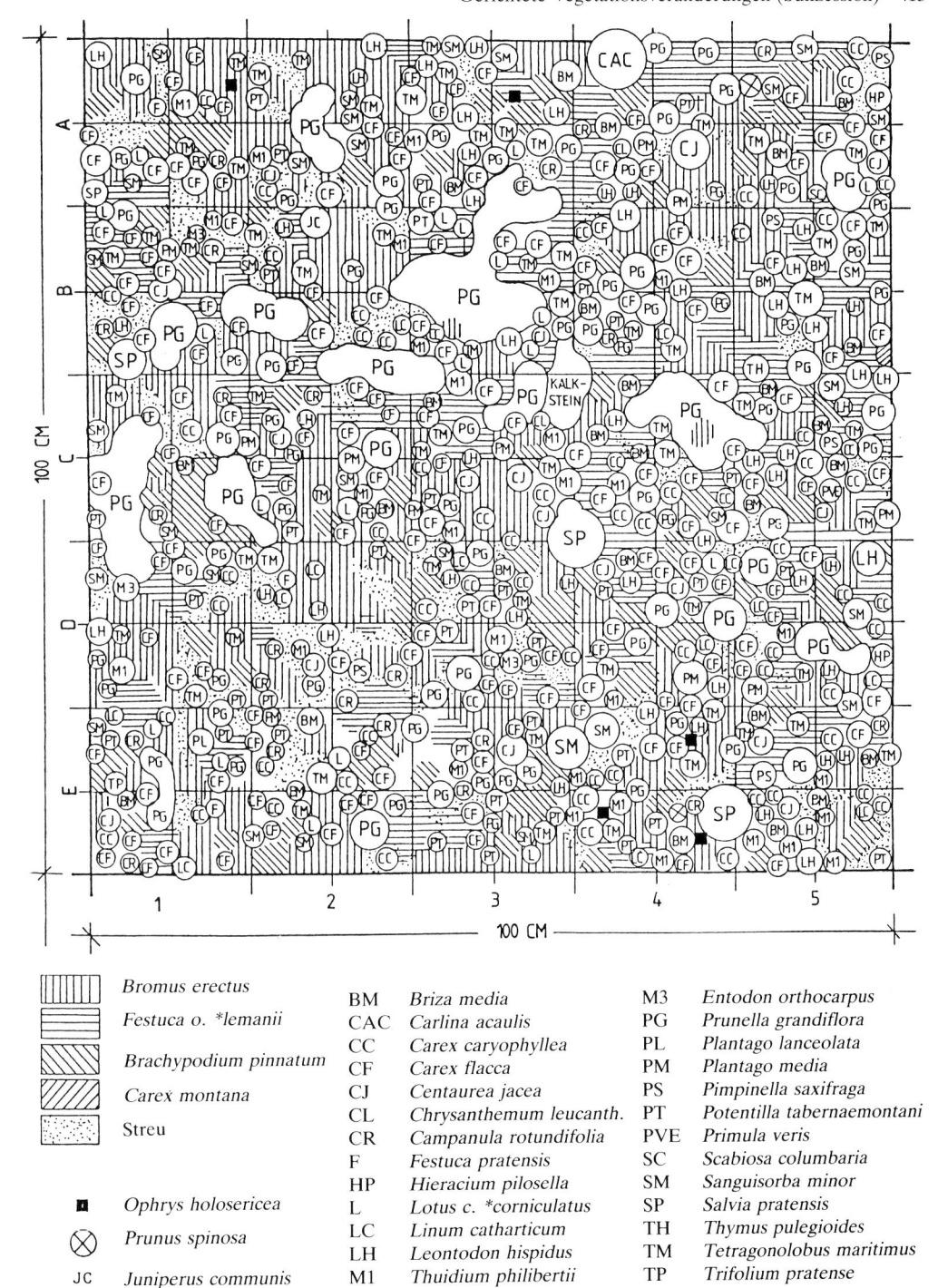

▦ Bromus erectus	BM	Briza media	M3	Entodon orthocarpus
▤ Festuca o. *lemanii	CAC	Carlina acaulis	PG	Prunella grandiflora
▧ Brachypodium pinnatum	CC	Carex caryophyllea	PL	Plantago lanceolata
▨ Carex montana	CF	Carex flacca	PM	Plantago media
⸪ Streu	CJ	Centaurea jacea	PS	Pimpinella saxifraga
	CL	Chrysanthemum leucanth.	PT	Potentilla tabernaemontani
■ Ophrys holosericea	CR	Campanula rotundifolia	PVE	Primula veris
⊗ Prunus spinosa	F	Festuca pratensis	SC	Scabiosa columbaria
JC Juniperus communis	HP	Hieracium pilosella	SM	Sanguisorba minor
	L	Lotus c. *corniculatus	SP	Salvia pratensis
	LC	Linum catharticum	TH	Thymus pulegioides
	LH	Leontodon hispidus	TM	Tetragonolobus maritimus
	M1	Thuidium philibertii	TP	Trifolium pratense

Abb. 199. Genaue Artenerfassung auf einer feingerasterten 1 m²-Dauerfläche in einem *Mesobrometum* (aus BEITER 1990).

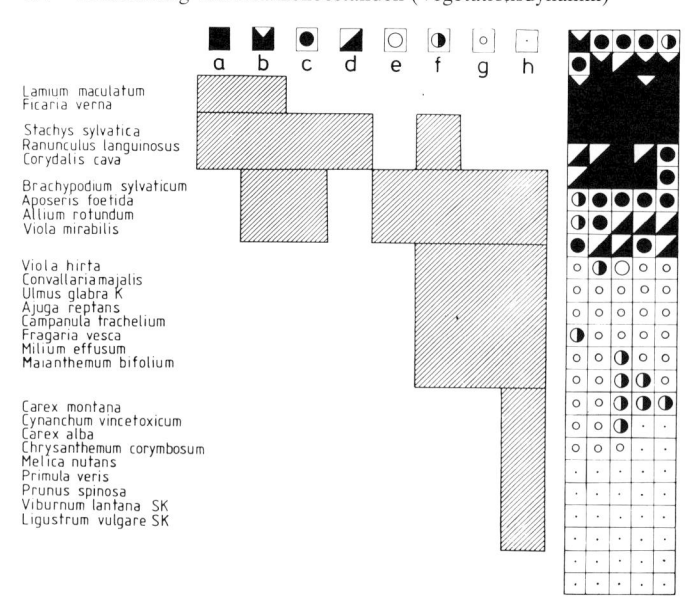

414 Veränderung von Pflanzenbeständen (Vegetationsdynamik)

Abb. 200. Erfassung eines Gesellschaftsmusters auf einer gerasterten Dauerfläche. Aus 125 Quadrat-Aufnahmen (10x10 m) eines Transektes ergeben sich nach Trennarten-Gruppen acht Einheiten (a-h), deren Verbreitung rechts kartiert ist (aus PFADENHAUER & BUCHWALD 1987, etwas verändert).

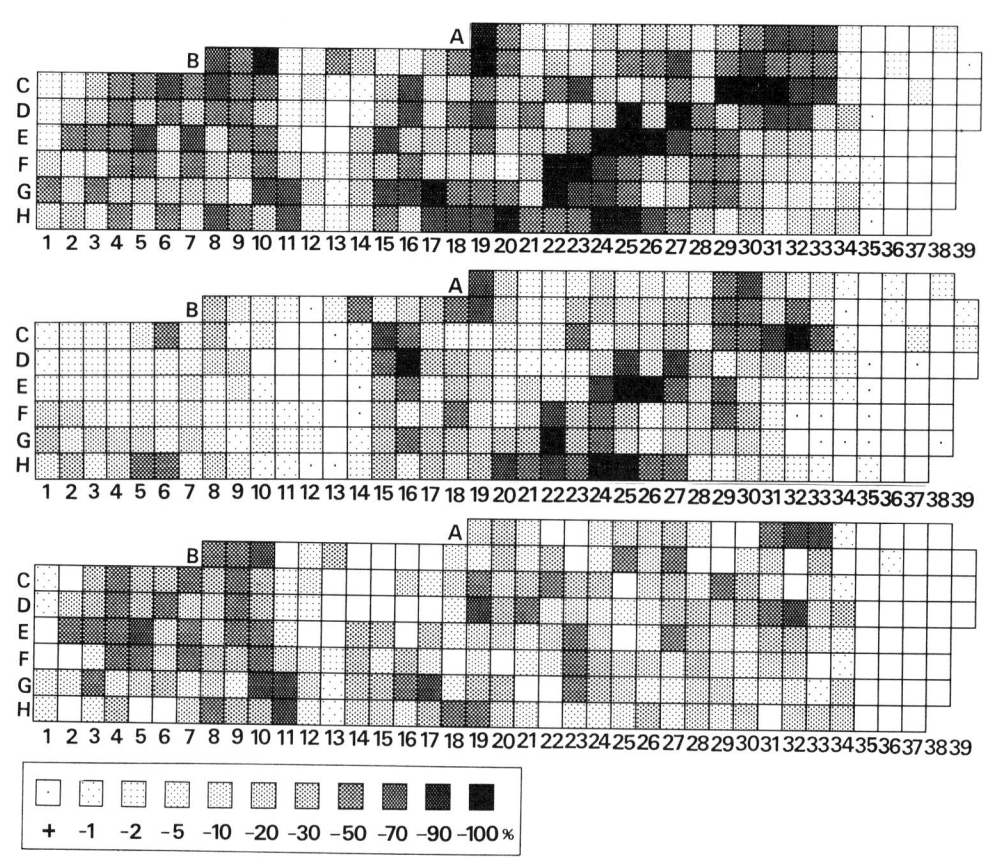

Abb. 201. Karten im 10x10 m-Raster von *Mercurialis perennis* aus einem Kalkbuchenwald (aus BRÜNN 1992). Oben: Zustand 1981; Mitte: 1991; unten: Abnahme in zehn Jahren.

arbeitung verschiedener Vegetationseinheiten mit Trennartengruppen aus Tabellen und nachfolgender Rasterkartierung. Abb. 201 enthält Ergebnisse einer wiederholten Rasteraufnahme eines Kalkbuchenwaldes. Dargestellt ist der Zustand für *Mercurialis perennis* im Abstand von zehn Jahren und auch direkt die Abnahme (s. auch Abb. 63, 64 in IV).

Für etwas großflächigere Vergleiche eignen sich **Vegetationskarten** (Abb. 186; s. auch XI 5). Neben direkter Darstellung von Pflanzengesellschaften sind abgeleitete Karten, die z. B. Abstufungen der Standorte (Abb. 188) oder direkt dynamische Vorgänge anzeigen, gebräuchlich (Abb. 187). Für langzeitige Entwicklungen lassen sich topographische Karten, Luftbilder und Fotos nutzen, eventuell auch hieraus abgeleitete Diagramme über den Wandel der Flächenanteile einzelner Pflanzengesellschaften. Eine computergestütze digitale Auswertung von Dauerflächen über Fotos beschreiben ASHDOWN & SCHALLER (1990, S. 153). Zum Vergleich der vertikalen Struktur verschiedener Sukzessionsstadien eignen sich **Vegetationsprofile**, wie sie unter IV 5.4.2 erläutert wurden.

Gern verwendet werden Rechenverfahren, die direkt oder indirekt **Sukzessionsraten**, d. h. Veränderungswerte pro Zeiteinheit ergeben. Hierfür eignen sich die verschiedenen Gemeinschafts- und Diversitätskoeffizienten (s. IV 8.2, VIII 2.7.2). Als Bezugsbasis kann ein bestimmter Zustand (z. B. erste oder letzte Aufnahme) oder jeweils derjenige des Vor- oder Folgejahres verwendet werden. Auch hier sind quantitativ ausgerichtete Koeffizienten oft besser geeignet als qualitative. Ein Beispiel zeigte bereits Abb. 196.

BORNKAMM (1981) berechnet die Geschwindigkeit der Veränderung (Ähnlichkeit) von Jahr zu Jahr und kommt zu folgender Abstufung:

sehr schnell: <35%
schnell: 35–65%
langsam: >65–95%
± stabil: >95%

Viele Beispiele für die Auswertung der **Evenness** (VIII 2.8) bei Dauerflächen-Untersuchungen gibt HAEUPLER (1982; s. auch HELMECKE 1978). Abb. 202 bringt ein Beispiel aus dem Göttinger Bracheversuch. Bei zunehmender Gesamtdeckung (N) zeigt die abfallende Kurve der Evenness (E) eine zunehmende Ordnung im Bestand, der spätere Anstieg den Beginn der Verbuschung an.

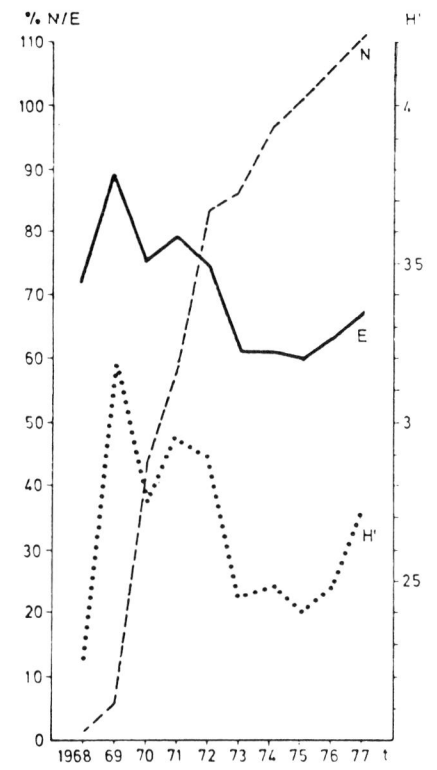

Abb. 202. Veränderungen der Dominanzstruktur im Laufe der ungestörten Sukzession des Göttinger Bracheversuches (SCHMIDT 1981a), ausgewertet von HAEUPLER (1982).
N= Gesamtdeckung, H'= Shannon-Index, E= Evenness.

Zur **statistischen Absicherung** von Vegetationsveränderungen werden verschiedene Vergleichsverfahren empfohlen, z. B. Chi-Quadrat-Test (BÖHNERT & REICHHOFF 1978), t-Test und Vorzeichentest (Wilmanns & BOGENRIEDER 1987, SCHWABE et al. 1989).

Sukzessionsdaten werden auch gern mit **multivariaten Verfahren** (s. IX) ausgewertet, oft in Richtung auf mehr modellartige Vorstellungen. Besonders bei gleichzeitiger Bestimmung ökologischer Parameter ist hier ein weites Feld von Möglichkeiten gegeben (z. B. LONDO 1971, VAN DER MAAREL & WERGER 1978, POISSONET et al. 1981, LEPŠ 1988, BAKKER 1989, MILES et al. 1989, ROSENTHAL 1992). Erörtert werden auch Verbindungen zwischen Struktur und Dynamik der Vegetation (pattern and process). Diese stärker theoretisch orientierten Auswertungen werden hier nicht weiter besprochen.

Für allgemeine, zusammenfassende, teilweise modellartige Darstellungen von Sukzessionsabläufen werden die Gesellschaften einer Entwicklungsserie mit Pfeilen in ihrer genetischen Verbundenheit aufgereiht. Verschiedene Signaturen hierzu finden sich in Kapitel 3.3. Ein Beispiel zeigt Abb. 204 in Kapitel 3.3.2. Auch Vegetationsprofile können schematisch ganze Serien zusammenfassen.

3.3 Grunderscheinungen und Begriffe der Sukzession

Veränderungen in der Pflanzendecke können lediglich auf Verschiebungen im Gewicht (Dominanz, Vitalität) einzelner Arten beruhen und sind dann meist wenig auffällig. Schon populationsbiologische Vorgänge wie Absterben und Neuentwicklung von Individuen ergeben eine feine Dynamik. KLÖTZLI (1981) spricht von einem „Sukzessionsregen" der Arten im Sinne eines zeitlichen Kontinuums des Artenwechsels. Die zeitliche Auswechselrate hängt von der Lebensdauer und Vitalität der Einzelpflanzen ab. Hier gibt es eine weite Spanne von ephemeren Therophyten bis zu extrem langlebigen Gehölzen (z. B. *Pinus longaeva* in Kalifornien mit über 4000 Jahren). Der Artenfluß kann sich über längere Zeit in insgesamt relativ stabilen Pflanzengesellschaften abspielen. Umgekehrt können langlebige, gegen Veränderungen relativ resistente Pflanzen in größeren Bereichen einer Entwicklungsreihe vorkommen. In jedem Fall gibt es im Bereich der Syndynamik besonders enge Wechselbeziehungen zwischen Pflanzensoziologie und Populationsbiologie (s. BORNKAMM 1985, WILMANNS 1985; s. auch 3.2.2.3).

Unter Sukzession i. e. S. versteht man deutlichere, vorwiegend in menschlich überschaubaren Zeiten ablaufende Entwicklungen, die durch Veränderungen der Artenverbindung zu neuen Pflanzengesellschaften führen, ausgelöst durch Veränderungen der Lebensbedingungen, sei es durch die Pflanzen selbst (endogen) oder von außen (exogen) (s. auch 3.3.1). Im ersten Fall verändert die Vegetation den Standort soweit, daß er für eine Folgegesellschaft günstiger ist als für die augenblickliche. Im zweiten Fall paßt sich die Vegetation den neuen Bedingungen an (adaptive Veränderung). Meist laufen beide Vorgänge zusammen ab und sind nur theoretisch trennbar. In der Naturlandschaft sind deutlich erkennbare Sukzessionen oft mit katastrophalen Ereignissen verbunden. In der Kulturlandschaft spielen dagegen anthropogene Sukzessionen die Hauptrolle, sowohl als klar erkennbare, oft kurzzeitige Veränderungen als auch als allmählich-langfristige (schleichende) Umwandlungen.

Allgemeine Grundzüge der Sukzession in Mitteleuropa wurden schon frühzeitig besonders von LÜDI (1919 ff.) übersichtlich dargestellt. Sein Beispiel einer Primärsukzession an Flußufern der Schweiz hat bis heute Gültigkeit (s. auch 3.4). Auch viele der heute benutzten Begriffe wurden von ihm schon klar definiert (s. auch BRAUN-BLANQUET & PAVILLARD 1922, BRAUN-BLANQUET 1928, LÜDI 1930). Neuere Übersichten zur Sukzession aus pflanzensoziologischer Sicht finden sich z. B. bei BRAUN-BLANQUET (1964), MUELLER-DOMBOIS & ELLENBERG (1974), KNAPP (1974), BORNKAMM (1985).

Vorweg sei betont, daß viele allgemeinere Vorstellungen über Sukzessionen relativ grobe Modelle darstellen. Jede Vegetationsentwicklung zeigt ihre individuellen Züge und läßt sich oft keiner allgemeinen Regel voll unterordnen. Deshalb sollte man weniger von Gesetzmäßigkeiten als eher von erkennbaren Tendenzen sprechen, die sich mehr oder weniger deutlich in syndynamischen Vorgängen widerspiegeln.

3.3.1 Einteilungen von Sukzessionen

Vegetationsveränderungen lassen sich unter verschiedenen Gesichtspunkten zusammenfassen bzw. einteilen, was allerdings lediglich ordnenden Charakter besitzt. Die meisten Begriffe stammen schon aus den Anfängen der Sukzessionsforschung (z. B. LÜDI 1930 und früher).

Der Begriff Sukzession selbst wird nicht überall gleich definiert (s. 3.1). Vielfach wird darunter jede gerichtete, nicht zu kurzfristige Vegetationsveränderung verstanden. Manche Autoren wenden den Begriff bevorzugt für Veränderungen in Richtung der soziologischen Progression (s. IV 9) an, d. h. von einfach zu komplexer strukturierten Pflanzengesellschaften. Schon TANSLEY (1920) wies aber auf rückwärts gerichtete Entwicklungen hin, die sich im Zuge einer allmählichen Standortsdegradation vollziehen. Dagegen können plötzliche, katastrophale Rückschläge als Regression bezeichnet werden (FALIŃSKI 1986). In den folgenden Erläuterungen spiegelt sich mehr eine breite Fassung des Sukzessionsbegriffes wider. Für wichtige Sukzessionsabläufe hat ELLENBERG (1979) bestimmte Zeichen vorgeschlagen.

a) Einteilung nach dem auslösenden und kontrollierenden Faktor

↑ **Endogene Sukzession** (phytogene, autogene Sukzession): unmittelbar vegetationsbedingte Veränderungen durch Einwanderung und Ausbreitung von Arten und/oder Standortsveränderungen (z. B. Humusbildung, Bodenfestigung, Mikroklima). Endogene Sukzessionen sind vorwiegend aufbauend-progressiv.

↑ **Exogene Sukzession** (ökogene, allogene Sukzession): standortbedingte Veränderungen einschließlich menschlicher Einflüsse (eventuell Unterscheidung von natürlicher und anthropogener exogener Sukzession). Exogene Sukzessionen können progressiv oder regressiv sein.

↑ **Endo-exogene Sukzession**: dieser Mischtyp ist am häufigsten, da meist endogene und exogene Faktoren gemeinsam wirken und sich gegenseitig beeinflussen.

Die bestimmenden natürlichen Faktoren sind vor allem klimatisch oder edaphisch. Ein Sonderfall sind regelmäßig auftretende Brände. Der Mensch greift sowohl in mehr exogene als auch endogene Wirkungskomplexe ein, z. B. durch Mahd, Beweidung, Düngung, Be- und Entwässerung, Rodung, Umbruch, Schaffung neuer Substrate sowie durch Einsaaten und Anpflanzungen.

b) Einteilung nach der Sukzessionsrichtung

Auslösende und kontrollierende Faktoren können stetig (gerichtet oder schwankend) wirken, nur in bestimmten Zeitabständen (zyklisch) oder kurzzeitig-katastrophal auftreten. Katastrophen (natürliche oder anthropogene) führen zu starken Rückschlägen in der Entwicklung, aber oft auch zu relativ raschen und daher gut zu beobachtenden neuen Sukzessionsabläufen. Wenig sichtbar, aber sehr häufig sind ganz allmähliche (schleichende) Veränderungen, die erst bei längerzeitigen Untersuchungen deutlicher werden. Sie spielen heute in vielen Landschaften eine wichtige, nicht immer klar erkennbare Rolle (z. B. Auswirkungen von sauren Niederschlägen, Eutrophierungen, Grundwasserabsenkungen). Nach der Sukzessionsrichtung lassen sich folgende Typen unterscheiden:

↑ **Progressive Sukzession**: Vegetationsentwicklung im Sinne der soziologischen Progression.

↑ **Primäre progressive Sukzession** (Primärsukzession): kontinuierlich fortschreitende Erstbesiedlung (mit gleichzeitig natürlicher, meist langsamer Weiterentwicklung eines Rohbodens oder Gewässers) bis zur Schlußgesellschaft mit reifem Boden und ausgeprägtem (eigenbürtigem) Bestandesklima (s. auch 3.4).

↑ **Sekundäre progressive Sukzession** (Sekundärsukzession): meist rascher verlaufende Neuentwicklung, besonders nach plötzlichen Rückschlägen (s. u.) auf mehr oder weniger gereiftem Boden mit oft vorhandenem Diasporenvorrat (s. auch 3.6.2).

↓ **Regressive Sukzession** (Regression): kurz- bis langzeitige Rückentwicklung von einem fortgeschritteneren (komplexeren, produktiveren) zu einem vorhergehenden (einfacheren, weniger leistungsfähigen) Zustand, ausgelöst durch Katastrophen (Rückschläge) oder allmählich wirkende negative Einflüsse (Degradation, Degeneration). Sie kann entsprechend als katastrophal oder adaptiv bezeichnet werden (s. auch 3.6.1).

♂ **Zyklische Sukzession**: wiederholter Wechsel von regressiver und sekundär progressiver Entwicklung (z. B. nach periodisch auftretenden Katastrophen wie Brand, Windwurf, Kahlschlag, Schädlingsbefall oder nach altersbedingtem Zusammenbruch des Waldes). Zyklische Sukzession im Kleinen, im Extremfall in Lücken durch Absterben einer Pflanze, sind Grundlage langzeitiger Erhaltung vieler Pflanzengesellschaften (s. auch 3.6.2.3).

↗↘ **Diszessive Sukzession**: innerhalb eines grobstrukturell gleichbleibenden Vegetationstyps ablaufende, z. T. richtungsneutrale Veränderungen (z. B. bei allmählicher Auflichtung eines Waldes, bei Grundwassersenkung oder Eutrophierung). Nur im weitesten Sinne als Sukzession anzusehen, aber oft langzeitig in echte Sekundärsukzession übergehend (s. auch 3.7).

c) Einteilung nach der Fläche

Mikrosukzession: kleinflächige, innerhalb einer Gesellschaft ablaufende Entwicklungen (z. B. nach Absterben einzelner Bäume eines Waldes).

Lokale Sukzession: auf überschaubarer Fläche ablaufende Entwicklungen (Sukzession i. e. S.).

Regionale Sukzession: in größeren Gebieten ablaufende Entwicklungen (Landschaftssukzession).

d) Einteilung nach der Zeit

Aktuelle Sukzession: in der Gegenwart oder jüngster Vergangenheit in wenigen Jahren bis Jahrzehnten ablaufende, meist unmittelbar zu beobachtende Entwicklungen (Sukzession i. e. S.)

Säkulare Sukzession: in großen Zeiträumen, teilweise oder ganz in früheren Zeiten ablaufende, oft nur indirekt (historisch) nachweisbare Entwicklungen (Vegetationsgeschichte). WESTHOFF (1990) unterscheidet hier zwischen Synchronologie, die langzeitige, frühere Entwicklungen vorwiegend mit Methoden der Palynologie untersucht, und Synepiontologie, die mit pflanzensoziologischen Methoden z. B. das Entstehen von Pflanzengesellschaften sowie gegenwärtige allmähliche Veränderungen verfolgt.

Die verschiedenen Einteilungen sind z. T. beliebig kombinierbar, andere Einteilungen denkbar. MORAVEC (1969) gliedert Vegetationsveränderungen z. B. zuerst nach der Art des Wechsels (plötzlich-allmählich). VAN DER MAAREL (1988a) sieht verschiedene Stufen der Sukzession von der Dynamik in kleinen Lücken durch Ausfall einzelner Pflanzen oder Pflanzengruppen (gap dynamics, patch dynamics) über Zyklische Sukzession (nach Ausfall großer Bestandesteile), Regenerative Sukzession (nach totaler Zerstörung) bis zu Sekundär- und Primärsukzession. Nach unserer Definition gehören die drei ersten Stufen zur Zyklischen Sukzession, die wiederum ein Teil der Sekundärsukzession ist. Dieses Beispiel zeigt, daß dieselben Entwicklungen recht unterschiedlich klassifiziert werden können. Mit den hier von mir unterschiedenen „Typen" der Sukzession lassen sich in Kombinationen alle syndynamischen Vorgänge einordnen und benennen.

3.3.2 Sukzessionsserien und ihre Teile

Eine langfristigere Abfolge verschiedener Vegetationstypen an demselben Ort wird seit CLEMENTS (1916 u. a.) als Serie (Entwicklungsreihe) bezeichnet. Man unterscheidet sie oft allgemein nach ihren grundlegenden exogenen Bedingungen, z. B. als Xero-, Hydro-, Halo-, Litho- und Psammoserien. Genauer sind Bezeichnungen, die sich aus der Vegetation selbst herleiten. BRAUN-BLANQUET (1964) benennt sie einmal nach allgemeineren Formationsbegriffen, z. B. als Therophyten-, Rasen-, Strauch- oder Waldserien (auch Flechten- und Moosserien), daneben als Verlandungs-, Moor- und Dünenserien, schließlich mit Namen der abschließenden und/oder Anfangsgesellschaften.

Neben **Vollserien**, die bis zu einem vorwiegend klimatisch bestimmten Endzustand gehen, gibt es **Teilserien**, die aufgrund extremer (meist edaphischer) Bedingungen nur einen Zwischenzustand erreichen. Unterscheiden kann man teilweise auch Haupt- und Nebenserien, letztere oft nur in Teilen einer Entwicklungsreihe.

Ganze Serien lassen sich selten auf kleinem Raum erkennen. Dauerbeobachtungen von Anfang bis Ende würden möglicherweise Jahrhunderte erfordern. So ist man auf gedankliche Zusammenfügung von Serienteilen angewiesen, wozu tiefere syndynamische Erkenntnisse notwendig sind (s. auch Indirekte Methoden: 3.2.1). Klar unterschieden werden muß zwischen räumlichen Zonierungen und zeitlichen Abfolgen. Rückschlüsse vom räumlichen Nebeneinander auf das zeitliche Nacheinander sind zwar oft die einzige Möglichkeit zur Aufstellung von Sukzessionsserien, bleiben aber nicht frei von mancherlei Hypothesen.

Trotz allmählicher Entwicklungen innerhalb einer Serie gibt es oft etwas deutlichere Entwicklungssprünge nach allgemein strukturellen und floristischen Merkmalen. Danach lassen sich Teile von Sukzessionsserien definieren:

– **Sukzessionsstadium**: floristisch (und physiognomisch) deutlich abgrenzbarer Abschnitt von gewisser Dauer, oft im syntaxonomischen Rang einer Assoziation (Subassoziation). Im Entwicklungsverlauf lassen sich ein Initial- (Pionier-)stadium, ein bis mehrere Übergangs oder Zwischenstadien sowie ein End- oder Terminalstadium unterscheiden.

– **Sukzessionsphase**: geringere Artenverschiebungen innerhalb eines Stadiums, oft von kürzerer Dauer. Unterschieden werden Initial-, Optimal- und Degenerationsphasen, beim Endstadium auch eine Schlußphase. (Jahreszeitliche Abschnitte im Vegetationsrhythmus werden als Phänophasen bezeichnet; s. 2.3).

Für syntaxonomische Bearbeitungen geht man möglichst von der Optimalphase aus, die oft auch eine entsprechende Assoziation am besten charakterisiert. Initial- und Degenerationsphase können bei mehrdimensionaler Untergliederung einer Assoziation neben mehr ökologisch definierte Subassoziationen u. a. Untereinheiten treten (s. auch VIII 4.2.2).

Stadien und Phasen einer Serie bilden eine gleitende Reihe von mehr oder weniger deutlichen, syngenetisch verbundenen Artenverbindungen. Die Degenerationsphase eines Stadiums bildet oft gleichzeitig die Initialphase des nächsten (s. Abb. 203). Besonders deutlich werden die verschiedenen Entwicklungsschritte bei Primärsukzessionen.

Abb. 203. Schema einer Sukzessionsserie mit Stadien (1–3) und jeweils Initial-(I), Optimal-(O) und Degenerationsphase (D). Das Endstadium zeigt nach der Optimal- eine etwas weniger produktive Schlußphase.

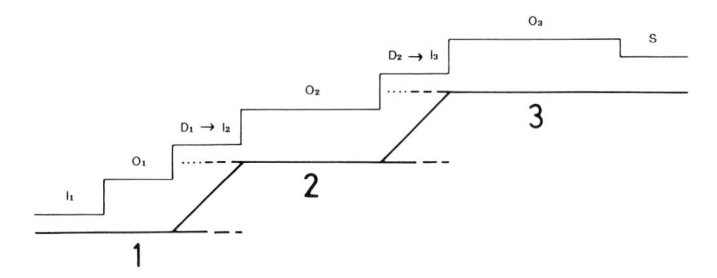

Sukzessionsphasen und -stadien ergeben sich am deutlichsten durch Tabellenvergleich entsprechender Vegetationsaufnahmen. Hierdurch lassen sich als diagnostisch wichtige Sippen **syndynamische Differentialarten** erkennen (s. auch VIII 2.4), d. h. Artengruppen annähernd gleichen dynamischen Verhaltens. FALIŃSKI (1988) unterscheidet
– permanente Arten: dauernd bzw. langzeitig vorhanden.
– Regressive Arten: zu Beginn vorhanden, allmählich verschwindend.
– Progressive Arten: zu Beginn nicht oder fast nicht vorhanden, sich ausbreitend.
– Wiederkehrende Arten: von Zeit zu Zeit auftretend.
– Übergangsarten: nur über gewisse Zeiträume vorhanden.
– Ephemere Arten: mehr zufällig, meist kurzzeitig auftretend.

KLÖTZLI (1981) spricht von persistenten, ausklingenden, nachschiebenden und fluktuierenden Arten. Durch Gruppenspektren solcher Arten kann der dynamische Zustand einer Pflanzengesellschaft verdeutlicht werden.

Wie schon ELLENBERG (1956) betont, ist der dynamische Charakter einer Art immer nur relativ, d. h. auf eine bestimmte Pflanzengesellschaft bezogen. Es müssen also vorher Vegetationstypen definiert werden, auf die dann dynamische Vorgänge bezogen werden. GRUBB (1987) schlägt eine einfache Einteilung der Arten als Glieder der Anfangs-, Zwischen- oder Endstadien vor.

Aus der Sicht einer bestimmten Gesellschaft und ihrer Entwicklung wird auch vom **Bauwert** der Pflanzen gesprochen (s. BRAUN-BLANQUET 1964, S. 621). Es gibt
– Aufbauende Arten: Arten von hohem bestandes- und standortsbildendem Vermögen (z. B. Pioniersträucher für ein Gebüsch).
– Festigende, erhaltende Arten: vor allem die Optimalphase eines Stadiums bestimmend (z. B. ausgewachsene Sträucher).
– Abbauende Arten: Degenerationszeiger (z. B. aufkommende Bäume in einem Gebüsch).
– Indifferente (neutrale) Arten.

Initialphasen haben demnach viele aufbauende Arten, die gleichzeitig abbauend für die Degenerationsphase der vorhergehenden Gesellschaft sind. Aufbauende und erhaltende Funktion können zusammenfallen, z. B. bei *Ammophila arenaria* für die Entwicklung und Erhaltung der Strandhafer-Weißdüne.

GLUCH (1973) berechnet für gemähte Vergleichsflächen von Kalkmagerrasen den Bauwert als Produkt aus Biomasse und Stetigkeit. ZIMMERMANN (1979) bringt die Arten verschiedener Gesellschaften nach diesem Wert in eine vergleichende Rangfolge.

Während Stadien und Phasen den dynamischen Aspekt in syngenetischer Verknüpfung betonen, können die erkennbaren Gesellschaften auch zu Typen zusammengefaßt werden. Man unterscheidet

a) **Pioniergesellschaften**: Anfangsglieder einer Serie, oft mit wenig regelhafter (teilweise zufälliger) Artenkombination, starker Schwankung der Artenzahl und kurzer Lebensdauer.

Ein spezieller Fall sind Dauer-Pioniergesellschaften, wenn besonders extreme Standortsbedingungen die Weiterentwicklung verhindern (s. TÜXEN 1975b). Man kann hier weiter zwischen perennierenden und migratorischen Gesellschaften unterscheiden. Erstere findet man z. B. auf extrem flachgründigen Felsstandorten mit Flechten-Pioniergesellschaften oder auf bewegtem Felsschutt mit sehr lückigen Schuttpionieren einer eigenen Klasse *Thlaspietea rotundifolii*. Auch Pioniergesellschaften mancher Dünen mit Strandhafer (*Ammophiletum*) oder Schlickgras-Wattgesellschaften (*Spartinetea*) können hierzu gerechnet werden.

Zu den migratorischen Dauer-Pioniergesellschaften gehören vor allem die Therophyten-Spülsäume an Gewässerufern und Meeresküsten (*Bidentetea, Cakiletea*), die je nach Lage des Getreibsels sich alljährlich an verschiedenen Stellen entwickeln. Räumlich etwas stabiler sind Ufergesellschaften der *Isoëto-Nanojuncetea*, aber in Abhängigkeit von Ausdehnung und Dauer der wasserfreien Periode ebenfalls räumlich fluktuierend. Schließlich kann man die frei beweglichen Wasserlinsendecken der *Lemnetea* hier einordnen. Migrierende Gesellschaften bilden oft Überlagerungen mit angrenzenden, stabileren Typen bis zur Ausbildung dauerhafter Zwillingsgesellschaften (s. VIII 4.2.4).

b) Folgegesellschaften: die Pioniergesellschaften ablösende Vegetationstypen mit stärker gefestigter Artenverbindung und oft längerer Dauer.

c) Schlußgesellschaften: Endstadien einer Serie, die sich mit ihrer Umwelt in einem relativ stabilen biologischen Gleichgewicht befinden. Zu unterscheiden ist zwischen

- **Klimaxgesellschaften** (Schlußgesellschaften i. e. S.): Endstadien, die mit dem Makroklima im Gleichgewicht stehen; in Mitteleuropa durchweg Waldgesellschaften. Klimaxgesellschaften mittlerer Standorte (tiefgründige, grundwasserfreie Böden in ebener Lage bei mittlerer Wasser- und Nährstoffversorgung) bilden die **Zonale Vegetation**, d. h. die charakteristische Vegetation einer makroklimatisch bedingten Vegetationszone (Klimax i. e. S.; s. auch 3.5.4, XII 3.2).

- **Dauergesellschaften**: Endstadien, die sich mit ihrer Umwelt in einem mehr oder weniger stabilen Gleichgewicht befinden, wobei extreme Wirkungen einzelner, gewöhnlich edaphischer Faktoren (z. B. Nährstoffarmut, Salzgehalt, Trockenheit, Nässe) die Entwicklung einer klimatisch denkbaren Schlußgesellschaft verhindern. Dauergesellschaften sind demnach Schlußglieder von Teilserien. Hierzu gehören die bereits beschriebenen Dauer-Pioniergesellschaften, aber auch solche mittlerer Entwicklungsstufe wie Trockenrasen, Wasser- und Moorvegetation, Salzmarschen, Schwermetallvegetation u. a., schließlich auch manche Gebüsche. Auch Bruch- und Auenwälder werden oft als Dauergesellschaften angesehen, können aber auch als Teile eines Polyklimax eingestuft werden, da sie zumindest die Formationsstufe der Wälder erreichen (s. hierzu 3.5.4).

Dauergesellschaften können wegen der dominanten Rolle eines Extremfaktors über weite Gebiete recht einheitlich ausgebildet sein, auch über zwei oder mehrere Klimazonen hinweg. In solchen Fällen spricht man von **Azonaler Vegetation**. Gute Beispiele sind z. B. Küstendünen, Wasser- und Wasserrandvegetation, Flußauen, Hochmoore u. a. Andere Dauergesellschaften besiedeln Extremstandorte, die in Nachbarzonen weithin verbreitet sind. Hier spricht man von **Extrazonaler Vegetation**. Hierzu gehören z. B. manche Steppenrasen oder Trockengehölze in Mitteleuropa.

Auch viele anthropogene Pflanzengesellschaften sind Dauergesellschaften i. w. S. Der bestimmende Extremfaktor ist hier die kontinuierliche Nutzung bzw. Beeinflussung (z. B. Umbruch, Mahd, Weide, Tritt). Sobald dieser Einfluß aufhört, setzt allerdings eine rasche Sekundärsukzession ein, wobei es teilweise wiederum zu oft langfristig recht stabilen Brachestadien kommt (s. 3.6.2.1).

In der Literatur findet man oft eine Gleichsetzung von Schlußgesellschaft und Klimax und entsprechend eine Unterscheidung von Schluß- und Dauergesellschaft. Die hier vorgenommene Einteilung mit Schlußgesellschaft als Oberbegriff erscheint klarer, da auch Dauergesellschaften den Abschluß einer Entwicklungsreihe bedeuten, wobei im Extremfall Initial- und Terminalstadium identisch sind.

Hier anzuschließen ist auch der Begriff der **Ersatzgesellschaft**. TÜXEN (1942, S. 125) versteht darunter „natürlich oder menschlich-tierisch (anthropo-zoogen) bedingte Pflanzengesellschaften, die anstelle der natürlichen Schlußgesellschaften (Dauer- oder Klimaxgesellschaften) treten und kürzere oder längere Zeit bestehen bleiben." Hierzu gehören sowohl Verlichtungsgesellschaften oder Pioniergesellschaften nach natürlichen Wind- oder Brandkatastrophen als vor allem auch Heiden, Wiesen, Weiden, Acker- und Ruderalfluren u. a. TÜXEN (1956) hat dann die Ersatzgesellschaften nach dem Außmaß menschlicher Wirkungen in solche 1. bis 4. Grades unterteilt (s. auch Natürlichkeitsgrade: III 8). 1. Grades sind z. B. halbnatürliche Heiden und Magerrasen, auch Seggen- und Streuwiesen u. a., 2. Grades sind artenreichere Wirtschaftswiesen mäßiger Naturferne, auch artenreiche Ackerwildkraut-Gesellschaften, 3. Grades sind intensiv genutzte, artenärmere Grünland- und Ackergesellschaften, 4. Grades stark beeinflußte Trittrasen u. a. (s.

auch J. Tüxen 1968). Wenn alle syndynamischen Beziehungen bekannt sind, kann aus der Ersatzgesellschaft die (potentielle) Schlußgesellschaft vorausgesagt werden, allerdings mit abnehmender Sicherheit von Gesellschaften 1. bis 4. Grades (s. 3.5.5, XI 4.1.1).

Jede Sukzessionsserie ist durch die Zahl und Art ihrer Stadien und Phasen charakterisiert. Im Vordergrund stehen Artenverbindungen und andere Strukturmerkmale der Vegetation. Aber auch der gesamte Komplex exogener Faktoren zeigt parallele Dynamik. Alle Pflanzengesellschaften, die genetisch-dynamisch miteinander in Beziehung stehen, also alle Phasen und Stadien der Primärsukzession (Serie i. e. S.) sowie alle sekundären Entwicklungen (Ersatzgesellschaften) im Wuchsbereich einer Schlußgesellschaft, können als **genetischer Gesellschaftskomplex** zusammengefaßt werden (Seibert 1968a, 1974). Dieser Begriff ist klarer als der von Schwickerath (1954) vorgeschlagene „Assoziationsring", der eine zyklische Sukzession andeutet. Tüxen (1961) betont, daß sekundäre Schlußgesellschaften nach zwischenzeitlicher Regression nicht der primären entsprechen müssen (s. auch 3.5.5). Er spricht neutraler von Gesellschaftsketten. Beispiele genetischer Gesellschaftskomplexe finden sich bei Preising (1954, 1956), Tüxen (1956), Trautmann (1966), Seibert (1968b), Rodi (1975), Dierschke (1974a, 1979), Bohn (1981) u. a., oft im Zusammenhang mit Gesellschaften der potentiell natürlichen Vegetation (s. 3.5.5) oder räumlicher Vegetationskomplexe (s. XI).

Da sich im Verlauf der Sukzession oft die Lebensbedingungen vereinheitlichen, z. B. kleinräumige Substratunterschiede durch Humusbildung und Bestandesklima angeglichen werden, können verschiedene Serien auf eine annähernd gleiche Schlußgesellschaft zusteuern. Alle entsprechend verbundenen Serien werden von Braun-Blanquet (z. B. 1964, S. 664) als **Klimaxkomplex** bezeichnet, dessen Areal als **Klimaxgebiet** (s. auch XI). Verwandte Serien lassen sich zu Seriengruppen zusammenfassen (s. schon Furrer 1922). Auch die Vegetationsentwicklungstypen von Aichinger (s. VII 2.2.6) beruhen auf Sukzessionsserien.

Beispiele für Sukzessionsserien sind in der Literatur vielfach, oft mit Hypothesen behaftet, zu finden (z. B. Schwickerath 1954). Oft werden nur Teilserien beschrieben, die sich eher direkt beobachten lassen. Einige kommen in den folgenden Kapiteln zur Sprache.

In Abb. 204 sind die Primärsukzession eines mesotrophen Gewässers (Hydro- oder Verlandungsserie) bis zum Erlenbruchwald sowie verschiedene Stadien der regressiven und sekundär progressiven Sukzession als Pfeilschema dargestellt. Es ist aus dem Nebeneinander verschiedener Pflanzengesellschaften einer nordwestdeutschen Moorniederung abgeleitet. Ähnliche, weniger komplexe Schemata geben auch Tüxen & Preising (1942), Ellenberg (1956).

Im linken Teil ist die Primärsukzession der Verlandung mit ihren wichtigsten Stadien zusammengefaßt, von Schwimmblatt-Gesellschaften (1,2) über verschiedene Röhrichte und Seggenriede (3–8) und ein Weidengebüsch (9) zum Erlenbruchwald (10). Nicht aufgeführt sind die vereinzelt vorkommenden migrierenden Dauer-Pionierbestände der *Lemnetea*. Während zu Beginn drei parallele Teilserien erkennbar sind, vorwiegend bedingt durch Unterschiede der Trophie und Wasserstandschwankung, ergeben die Gehölzstadien einheitlichere Bilder. Die im Zuge von Staumaßnahmen verursachte überstürzte Verlandung ließ in diesem Falle manche Entwicklungen recht gut erkennen.

Dagegen haben die im rechten Teil dargestellten Bezüge der Ersatzgesellschaften mehr hypothetischen Charakter. Eine zyklische Sukzession deutet sich oben bei stärkerer Auflichtung des Bruchwaldes über eine *Calamagrostis*-Phase an. Die mit Hilfe meliorierender Maßnahmen schon vor langer Zeit erfolgte Entwicklung zu Grünland-Gesellschaften (11–22), insgesamt eine regressive Sukzession, ist im einzelnen mehr eine dissessive Veränderung, besonders der Übergang von Wiese zu Weide. Denkbar ist eine Entwicklung über halbnatürliche Kleinseggen-Sumpfwiesen (14–16), die noch teilweise in Resten erhalten sind, zu naturferneren Wirtschaftswiesen und -weiden.

Bei Nutzungsaufgabe beginnt eine Sekundärsukzession zu Dominanzbeständen hochwüchsiger Ried- und Röhrichtarten, in denen erste Gehölzpioniere die Weiterentwicklung andeuten. Allerdings ist die Schlußgesellschaft heute vermutlich etwas anders zusammengesetzt als die ursprüngliche, da die Grünlandstandorte eutrophiert sind. Bei stärkerer Entwässerung ist eher ein *Alno-Ulmion*-Wald zu erwarten, wie es auch anderswo beobachtet wurde (Dierschke 1968). Generell muß heute damit gerechnet werden, daß langanhaltende menschliche Einflüsse zu irreversiblen Standortsveränderungen führen, sodaß bei Sekundärsukzessio-

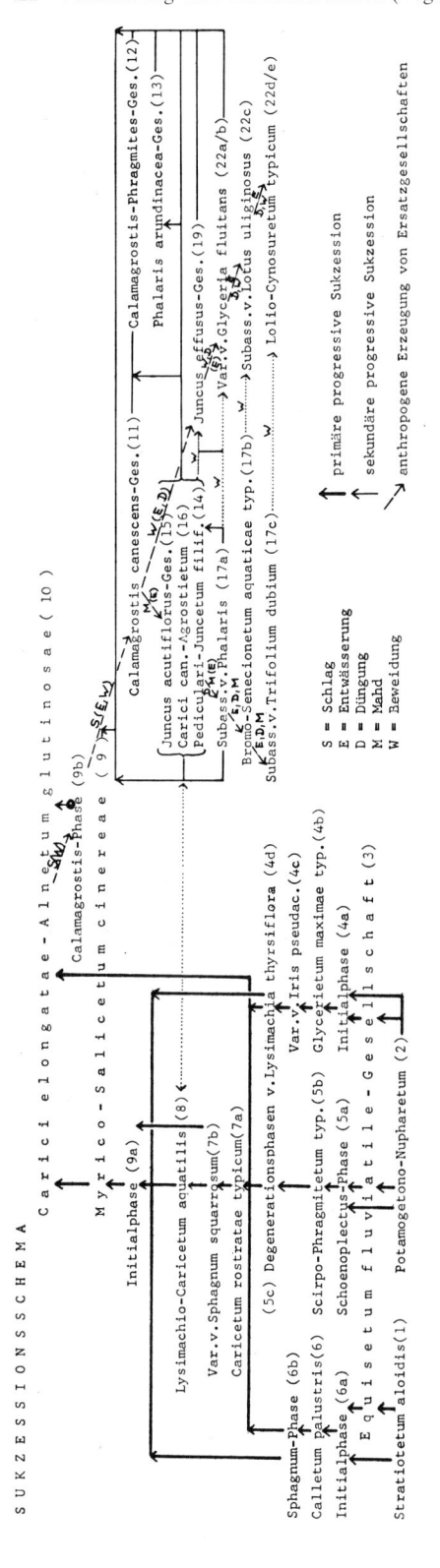

3.4 Primärsukzessionen

3.4.1 Allgemeines

Jede Sukzession zeigt gewisse allgemeine Tendenzen und Eigenheiten des Verlaufes, bedingt durch bestimmte exogene und endogene Wirkungen. Wenn in diesem Buch auch die Vegetation im Vordergrund der Betrachtung steht, handelt es sich doch vor allem um die Entwicklung ganzer Ökosysteme, von denen die Pflanzengesellschaften nur einen leicht erkennbaren Teilaspekt darstellen. Entsprechend gelten viele modellartige Vorstellungen von Ökosystemen auch für die Syndynamik der Pflanzendecke (z. B. ODUM 1980).

Primärsukzessionen sind nicht leicht zu beobachten, da sie allgemein recht langsam ablaufen. Außerdem gibt es wenige Bereiche, wo heute noch solche Vorgänge erkennbar sind. Voraussetzung ist das Entstehen neuer Substrate, die vorher weder eine Bodenbildung noch eine Pflanzendecke aufwiesen. Primärsukzessionen finden sich überall dort, wo stärkere Erosions- oder Akkumulationsprozesse von Substraten ablaufen, z. B. an Fließgewässern, Meeresküsten, auf Dünen, Schuttkegeln, Blockhalden, jungen Moränen, auf neuen Inseln oder auf vulkanischen Ablagerungen. Auch im Wasser spielen sich primäre Entwicklungen ab. Dagegen enthalten Bergstürze, Lawinenbahnen, Schlickablagerungen u. ä. oft schon Reste ehemaliger Böden und Vegetation. Ihre Vegetationsentwicklung kann nur mit Einschränkung als primär angesehen werden.

Auch der Mensch schafft gelegentlich neue Standorte für Primärsukzessionen: Sandabgrabungen, Steinbrüche, Abraumhalden. Auch freiwerdende Uferbereiche durch Entwässerung oder frisch eingedeichte Wattflächen können hier genannt werden.

Gut dokumentierte Ergebnisse von Primärsukzessionen gibt es recht wenig. Einige Beispiele werden hier vorgestellt, gefolgt von einem allgemeineren Modell. Kurz hingewiesen nen eine neue Schlußgesellschaft entsteht (s. J. TÜXEN 1968).

◁ Abb. 204. Sukzessionschema des genetischen Gesellschaftskomplexes einer nordwestdeutschen Niedermoor-Niederung (aus DIERSCHKE & TÜXEN 1975: Langholter und Rhauder Meer). Erläuterung im Text.

sei vorweg noch auf Kryptogamen-Sukzessionen auf sich zersetzenden Pflanzenresten. A. RUNGE (1982) schildert z. B. die Pilzsukzession auf Baumstümpfen, die teilweise spezifisch für einzelne Gehölzarten abläuft. GRUBB (1987) beschreibt sieben Typen der Pilzsukzession auf verschiedenen Substraten. MUHLE (1977a) untersuchte die Kryptogamen-Sukzession auf totem Holz.

3.4.2 Beispiele für Primärsukzessionen
a) Langsame natürliche Primärsukzessionen

Primärsukzessionen vom Pionierstadium bis zur Schlußgesellschaft benötigen oft mehrere 100 Jahre. KLAUSING (1959) schildert die Entwicklung auf Lava in San Salvador. Auf 300 Jahre alten Ablagerungen hat sich erst eine Buschsavanne entwickelt. Die als Klimax angesehene geschlossene Baumsavanne findet sich erst auf wesentlich älteren Lavaströmen. MIYAWAKI (in TÜXEN 1975b) gibt für die Entwicklung eines immergrünen warmtemperierten Laubwaldes auf vulkanischem Substrat in Japan 500–700 Jahre an. Bei so langzeitigen Entwicklungen müssen Klimaänderungen mit in Betracht gezogen werden, möglicherweise auch evolutionsbiologische Vorgänge, welche die Sukzession beeinflussen können. So finden sich konkrete Angaben oft nur für die Anfangsentwicklung auf neuen Substraten.

Über die Primärentwicklung auf **vulkanischen Ablagerungen** gibt es verschiedene Untersuchungen. G. SCHWABE (1975) schildert einige allgemeinere Grundzüge der „Ökogenese" am Beispiel der 1963 bei Island neu entstandenen Vulkaninsel Surtsey. MUELLER-DOMBOIS & SMATHERS (1975) dokumentieren den Sukzessionsbeginn nach einem Vulkanausbruch 1959 auf Hawaii im klimatischen Wuchsbereich tropischer Regenwälder. Auf transektartig vom Krater nach außen angelegten Dauerflächen läßt sich eine rasche Artenzunahme feststellen. In den drei Jahren zu Beginn gibt es ein sehr lockeres Kryptogamenstadium, danach ein Kryptogamen-Phanerophyten-Stadium. Krautige Phanerogamen treffen nur zögernd ein und werden teilweise von Neophyten gestellt. Frequenzuntersuchungen von 1 445 Kleinquadraten ergaben im 9. Jahr ein deutliches Vorherrschen der Algen ($>40\%$), Flechten ($>30\%$) und Moose (um 10%). Die übrigen Arten erreichten meist nur Werte bis knapp 3%. Die Primärinvasion und Etablierung von Pflanzen vollzieht sich oft in Gruppen (Aggregation) auf relativ günstigen Kleinstandorten. Ähnliches beobachtete SCHWABE (1975: „Pionieroasen"). Schon nach wenigen Jahren ist eine Integration im Sinne des Zusammenwachsens verschiedener Lebensformen erkennbar, damit auch die zunehmende Wirkung endogener Faktoren.

Alter in Jahren	1	2	3	4	7	9
Algen	1	2	4	4	5	5
Moose	2	2	3	3	4	6
Farne	1	2	2	3	4	5
Flechten	.	.	1	2	2	2
Holzpflanzen	.	.	.	4	6	8
Kräuter	.	.	.	1	1	2
Gräser	.	.	.	.	1	3
Artenzahl	4	6	10	17	23	31

RAUS (1986, 1988) beschreibt und vergleicht die Floren- und Vegetationsentwicklung zweier direkt benachbarter kleiner Vulkaninseln des Santorin-Archipels (Ägäis). Die ältere ist über 2 000 Jahre relativ ungestört und trägt heute teilweise eine windbeeinflußte Schlußgesellschaft niedriger immergrüner Gebüsche. Auf der jüngeren, bis 1950 durch Vulkanausbrüche beeinflußten Insel zeigt die Lava von 1570 nur eine lockere Grassteppe, die von 1707 inselartige Pionierrasen. Jüngere Lava ist noch fast vegetationslos. Unter den klimatisch und geologisch extremen Bedingungen vollzieht sich auch die Einwanderung von Pflanzenarten trotz der Nachbarschaft anderer Inseln äußerst langsam.

Auch andere **Inseln** sind geeignete Objekte für Sukzessionsstudien. BRAUN-BLANQUET (1964, S. 610) schildert Untersuchungen auf 1882–86 durch Seespiegelsenkung neu entstandenen Inseln im Hjälmarsee (Schweden). Neue Untersuchungen in Transekten von 1927 und heute (RYDIN & BORGEGARD 1988) zeigen die rasch fortgeschrittene Sukzession zu dichteren Wäldern (Zunahme der Baumschicht-Deckung von 19,6 auf 92,3%). Frequenzaufnahmen belegen eine starke Dynamik der Flora.

Eine besondere, echt endogene Primärsukzession läßt sich in humid-milden Küstengebieten Südwestnorwegens beobachten. Auf den **offenen Felsen**, vor allem in kleineren Mulden mit etwas Gesteinszersatz, siedeln sich kleine Moospolster an. Allmählich bilden die unten absterbenden Moose ein etwas tieferes Substrat, so daß erste Gräser Lebensmöglichkeiten finden. Die Moospolster dehnen sich nach außen aus, bilden ausgedehnte Decken mit höheren, unten bereits abgestorbenen Polstern. Hier können auch erste Zwergsträucher u. a. Fuß fassen. Einige Aufnahmen eines als Sukzession deutbaren Nebeneinanders zeigt Tabelle 42.

Tab. 42. Phasen einer endogenen Sukzession auf einer Felskuppe an der norwegischen Küste bei Bergen.

Aufnahme-Nr.	1	2	3	4
Artenzahl	2	1	7	12
Polytrichum piliferum	3	.	.	.
Rhacomitrium lanuginosum	2	4	5	5
Festuca vivipara	.	.	2	1
Agrostis canina	.	.	+	+
Juniperus communis	.	.	2	2
Molinia caerulea	.	.	+	1
Empetrum nigrum	.	.	+	2
Calluna vulgaris	.	.	2	3
Carex panicea	.	.	.	+
Carex pilulifera	.	.	.	+
Potentilla erecta	.	.	.	+
Succisa pratensis	.	.	.	1
Trichophorum cespitosum	.	.	.	1

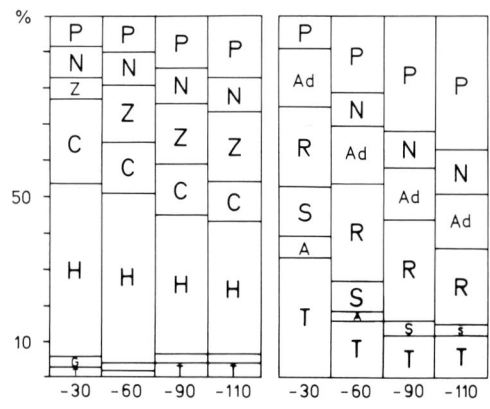

Abb. 205. Prozentuale Spektren der Lebensformen (links) und soziologischen Gruppen (rechts) für die Sukzessionsfolge am Aletschgletscher (nach Angaben von RICHARD 1975; Lebensformen nach ELLENBERG 1979).

T: *Thlaspietea rotundifolii*
A: *Androsacetalia alpini*
S: *Salicetea herbaceae*
R: Rasen (*Caricetea curvulae, Seslerietea, Molinio-Arrhenatheretea*)
Ad: *Adenostyletea*
N: *Nardo-Callunetea*
P: *Vaccinio-Piceetea*

Großflächige Primärsukzessionen ergaben sich mit dem Rückgang der Gletscher nach den Eiszeiten. Hier mußten vor allem große Teile der Flora erst wieder oder neu einwandern. Dagegen sind heutige Entwicklungen am **Rande zurückweichender Gletscher** sicher schneller. Ein gut dokumentiertes Beispiel ist die Primärsukzession am Aletsch-Gletscher in der subalpinen Stufe der Schweizer Alpen. RICHARD (1968, 1975) hat aus dem Nebeneinander der Vegetation verschieden alter Moränen und nach Aufnahmen in Dauerflächen unterschiedlichen Alters einige Ergebnisse übersichtlich dargestellt (s. auch schon BRAUN-BLANQUET & JENNY 1926). Einige Daten sind in Tabelle 43 und Abb. 205 neu zusammengefaßt.

RICHARD unterscheidet fünf Stadien im Alter von fünf bis zehn Jahren bis zu 100 Jahren (älteste Moräne von 1860). Die Initialphase beginnt drei bis vier Jahre nach Abschmelzen des Eises. Nach gut 30 Jahren sind bereits viele Arten der folgenden Stadien zumindest als Jungpflanzen vorhanden. Erst allmählich beginnt eine Verdrängung der Pioniere durch Ausbreitung langlebiger Rasenpflanzen, Zwergsträucher und Gehölze. Damit einher geht eine verstärkte Bodenbildung, insbesondere eine Humusanrei-

cherung in einem zwischenzeitlichen Rasenstadium. Dieses wird durch ein lockeres Pioniergehölz aus *Betula pendula*, *Populus tremula* und *Larix decidua* abgelöst. In ihm sind als Vorboten des Klimaxwaldes bereits einzelne Jungbäume von *Picea abies* und *Pinus cembra* vorhanden. Dagegen fehlen nach 110 Jahren noch etliche andere Arten der vermuteten Schlußgesellschaft.

Die einwandernden Pflanzen kommen wohl durchweg aus der näheren Umgebung. Auf dem groben, wenig gefestigten Moränenmaterial spielen offenbar Kryptogamen keine Rolle. Therophyten sind schon aus Boden- und Klimagründen selten. So herrschen von Beginn an Hemikryptophyten und krautige Chamaephyten, später stärker durchsetzt mit Zwergsträuchern und Gehölzen (Abb. 205). *Betula pendula* ist bereits in der Pionierphase vorhanden (Tab. 43). In der Abb. sind außerdem die Arten zu soziologischen Gruppen zusammengefaßt. Zu Beginn herrschen Arten der Schutt- und Schneeboden-Gesellschaften (*Thlaspietea rotundifoliae, Salicetea herbaceae*). Es folgen Arten alpiner Rasen und niedriger Weidengebüsche (*Betulo-Adenostyletea*), später dann Arten der Zwergstrauchheiden (*Nardo-Callunetea*) und Wälder (*Vacci-

Tab. 43. Vorkommen von Pflanzen auf verschieden alten Moränen im Vorfeld des Aletsch-Gletschers (nach Angaben von RICHARD 1975).

	Jahre		30	60	90	110	
	Artenzahl	39		59	53	42	42
Gnaphalium supinum	H,C	—					
Cerastium uniflorum	C	—					
Arabis alpina	C	—					
Sagina saginoides	H,C	—					
Veronica alpina	G,H	—					
Artemisia mutellina	C	—					
Viola biflora	H	——					
Polygonum viviparum	H	——					
Saxifraga aizoides	C	————					
Oxyria digyna	H	————					
Rumex scutatus	H	————					
Linaria alpina	G,H	————					
Epilobium fleischeri	C	———————————————————					
Saxifraga bryoides	C	———————————————————					
Cardamine resedifolia	G,H	———————————————————					
Agrostis rupestris	H	———————————————————					
Salix appendiculata	N	———————————————————					
Betula pendula	P	———————————————————					
Salix hastata	N,Z	———————————————————					
Salix nigricans	N	———————————————————					
Poa alpina	H	———————————————————					
Hieracium staticifolium	H	———————————————————					
Campanula cochleariifolia	H	———————————————————					
Rhacomitrium canescens	M	———————————————————					
Salix helvetica	N	———————————————————					
Vaccinium uliginosum	Z	———————————————————					
Larix decidua	P		——————————————				
Picea abies	P		——————————————				
Huperzia selago	C			—————————			
Salix herbacea	Z			—————————			
Juncus trifidus	H			—————————			
Hieracium alpinum	H			—————————			
Silene excapa	C			—————————			
Trifolium pallescens	H			————————————————			
Trifolium badium	H			————————————————			
Lotus corniculatus	H			————————————————			
Dryas octopetala	Z			————————————————			
Antennaria dioica	C			————————————————			
Calluna vulgaris	Z			————————————————			
Pyrola minor	H,C			————————————————			
Populus tremula	P			————————————————			
Rhododendron ferrugineum	Z			————————————————			
Luzula sylvatia	H			————————————————			
Homogyne alpina	H			————————————————			
Vaccinium myrtillus	Z			————————————————			
Empetrum hermaphroditum	Z			————————————————			
Avenella flexuosa	H				———————————		
Pinus cembra	P				———————————		
Melampyrum sylvaticum	T					————————	
Sorbus aucuparia	P					————————	
Calamagrostis villosa	H,G					————————	

nio-Piceetea). Schon im Pionierstadium sind bereits bis auf Arten der Heiden alle Gesellschaften vertreten.

Allerdings hängt die Entwicklung im einzelnen auch stark von den jeweiligen Standortsbedingungen ab (JOCHIMSEN 1970). In der alpinen Stufe sind die Sukzessionen noch wesentlich langsamer. AMMANN (1979) beschreibt die Vegetation im Vorfeld des Oberaargletschers, wo erst nach etwa 100 Jahren Anfänge eines geschlossenen Borstgrasrasens erkennbar sind, der lockere Pionier-Schuttfluren ablöst. Weitere Angaben z. B. bei ELLENBERG (1978, S. 581 ff.).

Die Primärsukzession auf alpin-subalpinen **Felsschutthängen** untersucht ZÖTTL (1951). Solange der Schutt in Bewegung ist, halten sich sehr konstant bestimmte Pionierstadien als Dauergesellschaften. Erst nach Festlegung finden sich Rasenpflanzen ein. Mit zunehmender Ansammlung von Feinmaterial und Humusbildung entstehen dichte Rasen, die sich teilweise bis zu Latschengebüschen (*Pinus mugo*) weiterentwickeln. Als Mindestzeit werden 190 Jahre angegeben.

Recht gut untersucht ist die Primärsukzession auf **Dünensand**. An der Küste läßt sich aus der Zonation von der niedrigen Primärdüne über die hohe Weißdüne zur Grau-, Braun- und Buschdüne leicht ein allgemeineres Sukzessionsschema ableiten. Allerdings vollzieht sich die denkbare Sukzession sehr langsam. CHRISTENSEN (1989; s. auch BÖCHER 1952) beschreibt die Entwicklung von Dauerquadraten (seit 1939) einer dänischen Dünenheide an der Grenze zu offenen Silbergras-Rasen der Graudüne. Trotz mancher Veränderungen hat sich die Heide insgesamt bis 1984 erhalten und auch nicht in Richtung Graudüne ausgebreitet. Kurzzeitigere Daueruntersuchungen in Dünenrasen beschreibt RUNGE (1979, 1984). LOHMEYER (1975) leitet aus dem Vegetationsmosaik eine Sukzession ab, in der Sproßkolonien (Polycormone) von *Empetrum nigrum* die Intialphase einer Heide bilden. Weiter landeinwärts können Polycormone von *Populus tremula* die Bewaldung einleiten. Ähnliche Xero- oder Psammoserien beschreiben auch WESTHOFF (1990, 1991; s. auch WESTHOFF & VAN OOSTEN 1991), TÜXEN & BÖCKELMANN (1957). Eine Übersicht gibt ELLENBERG (1978, S. 490 ff.). Man kann diese Entwicklungsreihe als azonale Serie bezeichnen, da sie im Grunprinzip auf der ganzen Erde sehr ähnlich abläuft (s. z. B. PIOTROWSKA 1988: Ostsee, GÉHU et al. 1987: Mittelmeer, OHBA et al. 1973: Japan, KOHLER 1970: Chile; Band über Dünenvegetation von GÉHU 1975a).

Über die beginnende Primärsukzession von **Binnendünen** finden sich z. B. genauere Daten bei SYMONIDES (1958a; s. auch ELLENBERG 1978, S. 508 ff., SCHRÖDER 1989). Die erste Besiedlungsphase vollzieht sich recht langsam, mit starker Selektion durch den Extremstandort. Wichtig ist in der Initialphase eine genügend große Samenanreicherung vor allem des Silbergrases (*Corynephorus canescens*). Die ersten Grashorste festigen das Substrat und schützen die engere Umgebung vor Überhitzung und Austrocknung. Rasch siedelt sich auch der Therophyt *Spergula morisonii* an. Wie Abb. 206 zeigt, geht die Weiterentwicklung von diesen Pionierflecken aus, wobei Fleckengröße und Bewuchsdichte zunehmen. Während diese Pionierphase längere Zeit anhält, sammeln sich im Boden bereits die Samen von Arten späterer Phasen und Stadien; auch eine leichte Anreicherung von Humus und Nährstoffen beginnt, was die Ansiedlung neuer Arten ermöglicht. Auf dem festliegenden Sand können sich nun auch Kryptogamen festsetzen und ausbreiten. Syntaxonomisch vollzieht sich eine Sukzession vom *Spergulo-Corynephoretum typicum* zum *S.-C. cladonietosum*. Für letzteres haben DANIELS et al. (1987) in Dauerflächen mit 20x20 cm-Raster die Veränderungen von Kryptogamen-Mikrogesellschaften über vier Jahre untersucht. Abb. 207 zeigt die Veränderungen nach der jeweils dominierenden Gesellschaft pro Kleinquadrat. Bei gleichbleibender Makrogesellschaft lassen sich feine interne Veränderungen nachweisen, ein Beispiel sehr detaillierter Sukzessionsuntersuchung. DANIELS (1990) stellt in der gleichen Gesellschaft insgesamt aber eine hohe Stabilität im Sinne einer Dauergesellschaft fest, die nur kleine zyklische Veränderungen aufweist.

Ein Standardbeispiel der Primärsukzession ist die vorwiegend endogene **Verlandung von Stillgewässern**. Wie Analysen der Großreste von Torfen zeigen, ist hier ein Schluß vom räumlichen Nebeneinander der Wasser- und Uferzonen auf ein zeitliches Nacheinander mit gewisser Vorsicht möglich (s. auch 5). Allerdings gilt die in manchen Lehrbüchern zu findende Standardreihe von Laichkraut- und Schwimmblatt-Gesellschaften über Röhrichte und Seggenriede zu Weidegebüsch und Erlenbruchwald nur für vorwiegend mesotrophe bis eutrophe

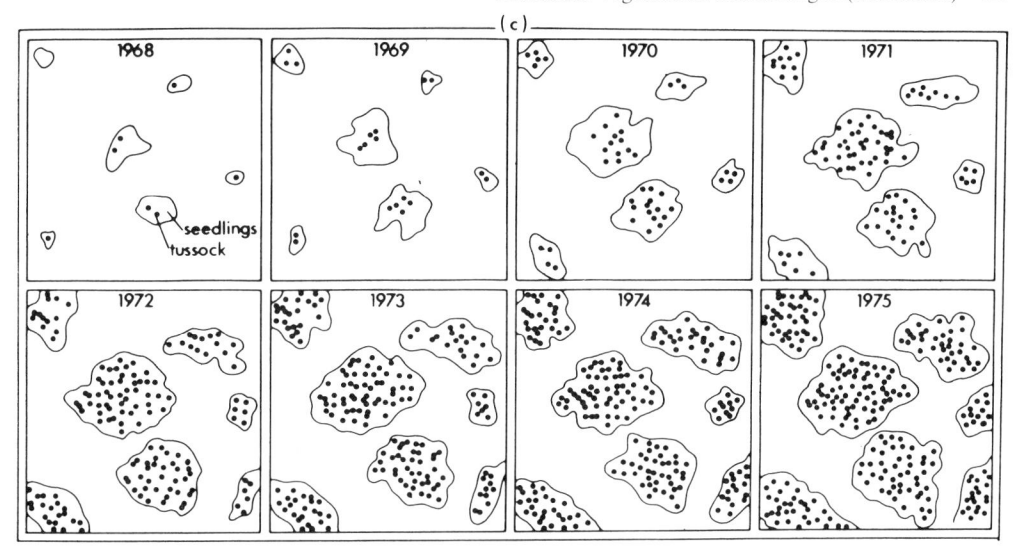

Abb. 206. Initialphase der Sukzession auf Dünensand in einem Dauerquadrat (aus SYMONIDES 1985a). Die Horste von *Corynephorus canescens* (Punkte) bilden erste Aggregationen zusammen mit *Spergula morisonii* (umrandete Flecken) mit zunehmender Ausbreitung und Verdichtung.

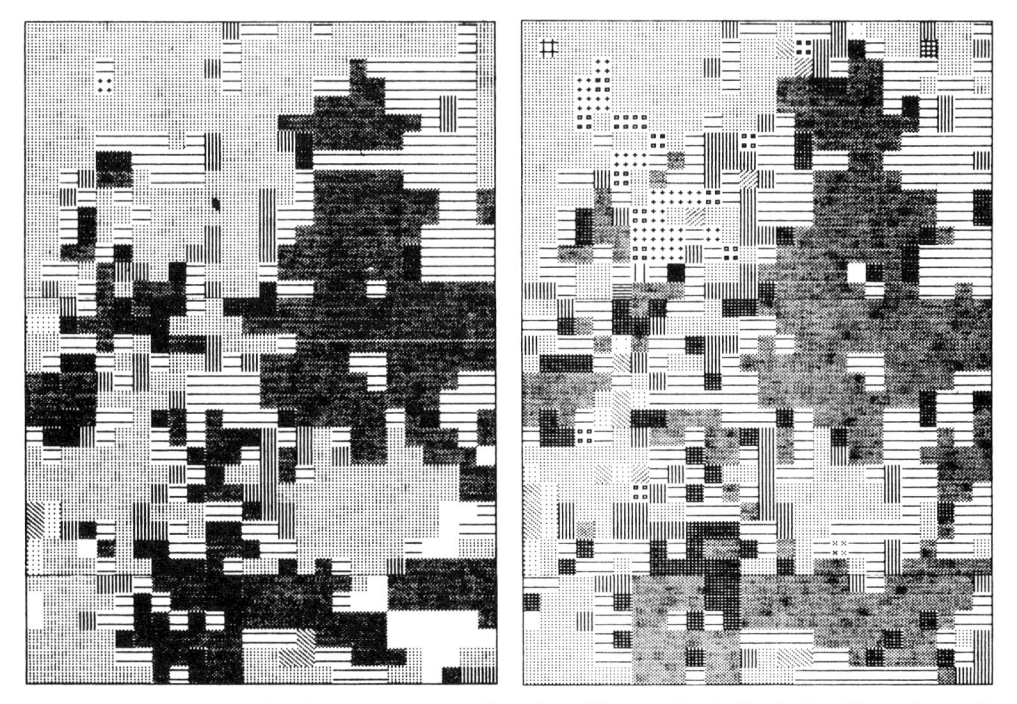

Abb. 207. Veränderungen der Kryptogamenvegetation einer Silbergrasflur holländischer Binnendünen. Im 20x20 cm-Raster (links 1981, rechts 1984) sind die jeweils dominierenden Mikrogesellschaften dargestellt (aus DANIELS et al. 1987).

Gewässer. Ein Beispiel wurde schon kurz besprochen (3.3.2; Abb. 204). Allgemeine Grundzüge der Sukzession in Gewässern hat SEGAL (1970) zusammengestellt. Eine Übersicht verschiedener Verlandungsserien gibt POTT (1983; s. auch ELLENBERG 1978, S. 389 ff.). Einige typische Seezonierungen zeigt Abb. 208.

b) Raschere natürliche Primärsukzessionen
Die bisher beschriebenen Primärsukzessionen verlaufen sehr langsam. Raschere Entwicklungen findet man, wenn bereits vorgebildetes, feineres Bodenmaterial neu abgelagert wird, möglicherweise schon durchsetzt mit Diasporen. Hier handelt es sich nur noch im weitesten Sinne um primäre Vorgänge, wenn auch gerade diese wegen ihrer leichteren Beobachtbarkeit oft als Standardserien beschrieben werden.

Dies gilt z. B. für die von LÜDI (1921) erörterte **Sukzession an Flußufern**, zumal die dort beobachteten Zonierungen nicht immer einer zeitlichen Abfolge entsprechen. Auch neuere Untersuchungen zeigen für diesen sehr dynamischen Bereich rasche Entwicklungen, vor allem der Anfangsstadien. Das mit nährstoffhaltigem Schlick angereicherte Substrat ermöglicht die rasche Ansiedlung zahlreicher Pflanzen, wobei in der Initialphase vor allem Therophyten zur vollen Entwicklung gelangen, aber sich auch schon viele Jungpflanzen späterer Stadien bis zu Gehölzkeimlingen einfinden (s. DIERSCHKE 1984b). Bei ständiger Störung durch Schwankungen des Flußwasserspiegels und Umlagerungen bei Überflutungen bleiben diese Bestände als (teilweise migrierende) Dauer-Pioniergesellschaften langzeitig erhalten, bzw. sie entwickeln sich jährlich neu. Entsprechend ihres instabilen, floristisch ungesättigten Charakters sind sie auch offen für die Einwanderung von Neophyten (s. III 6/7). Handelt es sich nur um einmalige Störungen, ergibt sich eine Sukzession zu langlebigeren Gesellschaften bis zu Ufergehölzen. Daueruntersuchungen von KRAUSE (1983) an der Ahrmündung ergaben für die Initialphase recht regellose Artenverbindungen mit 80–100 Arten pro 100 m². Sie geht bald in eine Hochstaudenphase über, der nach etwa fünf Jahren ein Rasen mit *Agropyron repens* folgt, der länger andauert (s. auch LOHMEYER 1970).

Sehr eingehend hat SEIBERT (1958, 1962, 1968) die Auenvegetation an der Isar und ihre syndynamische Verknüpfung dargestellt. Er entwirft ein Sukzessionsschema nach der erkennbaren Zonierung, dem Zustand der Bodenreifung, älteren Luftbildern und Karten mit folgenden Grundzügen:

0–5 Jahre: Krautiges Stadium aus einem Gemisch kurz- und langlebiger Arten.
5–25 Jahre: Weichholz-Aue (*Salicetum albae*).
25–50 Jahre: Grauerlen-Aue (*Alnetum incanae*).
50–200 Jahre: Eschen-Aue (*Alnetum incanae*).
>200–>4300 Jahre: Eschen-Ulmen-Aue (*Fraxino-Ulmetum*).

Als Schlußgesellschaft wird ein Eichen-Hainbuchenwald vermutet, der sich aber bis heute nicht eingestellt hat.

Relativ rasch können Primärsukzessionen auch in **Watt und Marsch** der Meeresküsten ablaufen, wo durch teilweise vegetationsbedingte Aufschlickung eine Abfolge denkbar ist, die sich in der Zonierung vom Meer landeinwärts ausdrückt (s. ELLENBERG 1978, S. 465 ff.). Dauerflächen von SCHWABE (1975) auf der Insel Trischen zeigen z. B. die Entwicklung vom *Salicornietum* zum *Puccinellietum* innerhalb von vier Jahren. Als abschließende Dauergesellschaft ist das *Juncetum gerardii* anzusehen. Allerdings gibt es durch mancherlei Störungen ein feines Mosaik progressiver und regressiver Entwicklungen. Die Dauerflächen-Untersuchungen von RUNGE (1972, 1978, 1979, 1984) auf den Ostfriesischen Inseln zeigen teilweise ähnliche Tendenzen, oft aber auch mehr einen kurzzeitigen Wechsel im Zuge von Anlandung und Abspülung.

Tabelle 44 faßt einige Ergebnisse zusammen. Im Watt der Insel Langeoog wurde seit 1965 ein Dauerquadrat (1x1 m) sehr genau untersucht (Deckungsgrad in %, Zählung der Individuen und der blühenden Exemplare). Nach der Länge der aus dem Boden herausragenden Grenzstäbe ergibt sich eine Aufschlickung bis 1973 von 2–3 cm. Sie genügt, um die Entwicklung von einer Therophyten-Pionierflur zu einem dauerhaften Andelrasen einzuleiten, der allerdings nach 1973 durch anthropogene Überschlickung vernichtet wurde. 1965 handelt es sich um die Degenerationsphase des *Puccinellio-Salicornietum ramosissimae*, von TÜXEN (1974) als ephemere Dauer-Initialgesellschaft von wechselhaftem Auftreten beschrieben. Schon zwei Jahre später nimmt *Puccinellia maritima* über die Hälfte der Fläche ein. 1969 kann man bereits vom *Puccinellietum maritimae* (Initialphase mit Resten der Vorgesellschaft) sprechen, das 1973 wohl schon den Anfang der

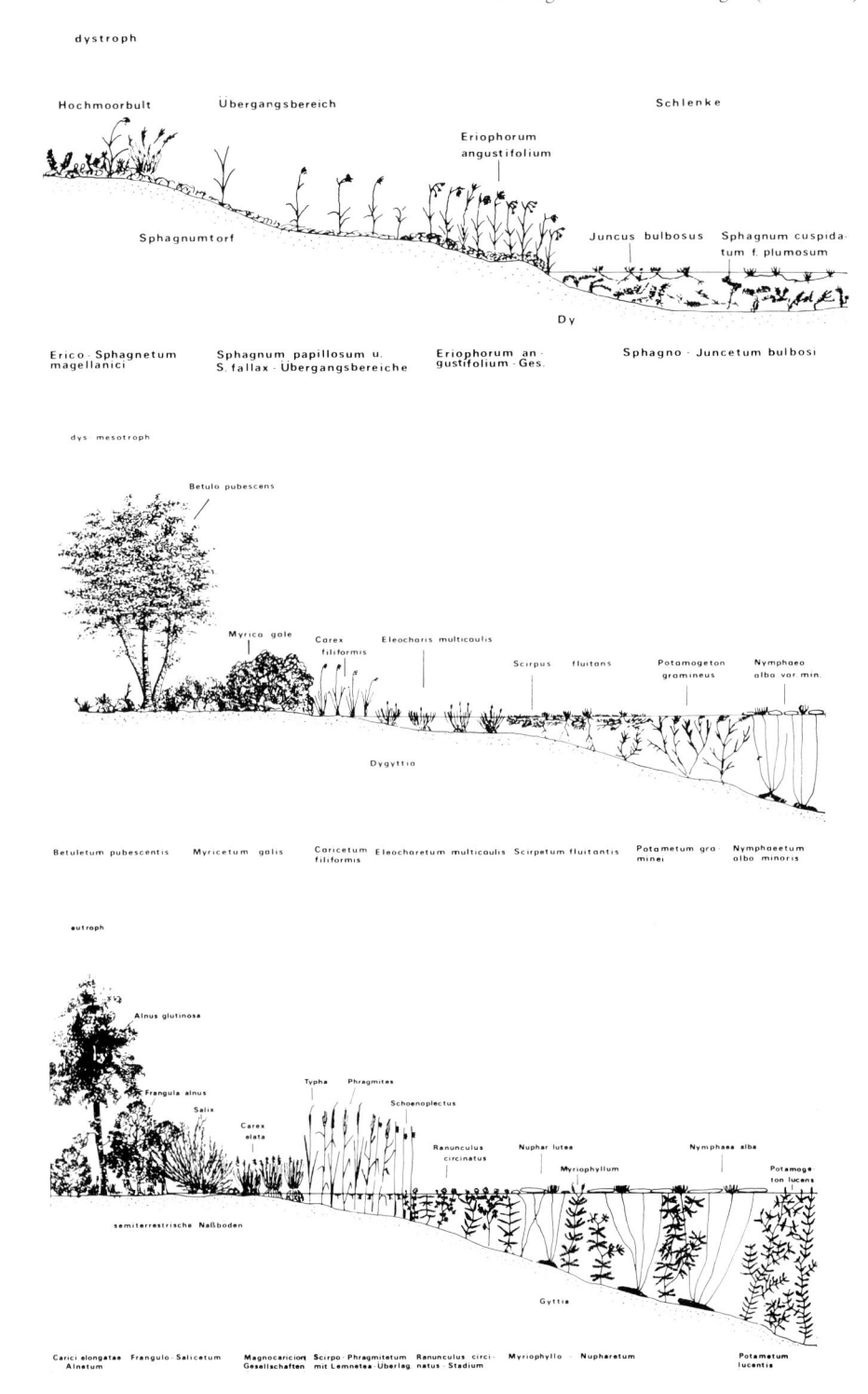

Abb. 208. Verschiedene Vegetationszonierungen an Ufern von Seen unterschiedlicher Trophie (aus Pott 1983). Oben: dystrophe Moorschlenke; Mitte: dystroph-mesotropher Heideweiher; unten: eutropher See.

Tab. 44. Vegetationsentwicklung eines 1 m²-Dauerquadrates im Watt der Insel Langeoog
(nach Angaben von RUNGE 1972, 1979a).

Aufnahmejahr	1965	67	69	71	73
Länge von drei Grenzstäben in cm	5	4	3–4	3–4	2–3
Deckungsgrad Phanerogamen %	20	55	95	100	100
Grünalgen %	100	80	70	60	60
Deckungsgrad in %					
Suaeda maritima	2	1	+	+	+
Spergularia media	2	2	1	+	+
Salicornia ramosissima	1	2	10	20	5
Puccinellia maritima	15	55	90	80	80
Plantago maritima	1	+	1	3	8
Aster tripolium	1	1	1	5	20
Limonium vulgare	+	1	3	10	20
Triglochin maritimum	+	1	2	3	3
Halimione portulacoides	+	+	+	+	+
Individuenzahl					
Suaeda maritima	162	17	6	3	2
Spergularia media	58	33	19	7	2
Salicornia ramosissima	156	111	440	1200	230
Plantago maritima	7	4	8	9	15
Aster tripolium	11	13	14	36	57
Limonium vulgare	1	1	3	14	31
Triglochin maritimum	1	1	1	3	4
Halimione portulacoides	1	1	4	1	1
Zahl blühender Pflanzen					
Spergularia media	18	30	12	6	1
Plantago maritima	3	3	6	7	15
Aster tripolium	0	4	6	8	27
Triglochin maritimum	0	1	1	3	4
Halimione portulacoides	0	1	1	1	1

Optimalphase aufweist. Die Individuenzahlen zeigen noch deutlicher den raschen Rückgang kurzlebiger Arten mit Ausnahme von *Salicornia* und die entsprechende Vermehrung ausdauernder Arten. Die Zahl blühender Pflanzen sagt etwas aus über die Vitalität und Fertilität.

TÜXEN (1957c) faßt alle Gesellschaften von Marsch, Dünen und Gewässern des Außendeichlandes von Neuwerk in einem dynamischen Schema zusammen. Die Haloserie westfriesischer Inseln beschreiben WESTHOFF & VAN OOSTEN (1991). Allerdings ergaben fast 30jährige Daueruntersuchungen auf Terschelling deutlichere Veränderungen nur innerhalb der groben Vegetationszonen, nicht aber von einer Zone zur anderen (ROOZEN & WESTHOFF 1985).

Aus dem Nebeneinander verschiedener Pflanzengesellschaften an Meeresufern finnischer Inseln mit relativ rascher Landhebung leitet VARTIAINEN (1988) verschiedene, substratspezifische Sukzessionsserien ab.

c) Primärsukzessionen auf anthropogenem Substrat

Hierunter werden Entwicklungen auf Substraten verstanden, die entweder vom Menschen freigelegt oder neu geschaffen sind. Die Sukzession entspricht weitgehend den bereits beschriebenen Vorgängen. Anthropogene Primärsukzessionen sind oft weniger auffällig, aber doch häufig zumindest kleinflächig zu finden.

Die Primärsukzession von Sandgruben beschreibt HEINKEN (1990). Eine sehr vielseitige und detaillierte Analyse der Primärsukzession auf kiesig-sandigen Rohböden im Rheinischen Braunkohlenrevier findet sich bei WOLF (1985). Innerhalb von 18 Jahren wurden vier Stadien beobachtet:

1.– 4. Jahr: Therophyten-Stadium mit vielen kurzlebigen, aber auch bereits mit Ansiedlung ausdauernder Pflanzen.

–13. Jahr: Geophyten-Hemikryptophyten-Stadium, noch mit einigen Therophyten

und bereits mit locker eingestreuten Birken bis 5 m Höhe.
- 18. Jahr: Moos- und Flechten-reiches Phanerophyten-Stadium; erste Birken bis 10 m hoch. Sproßkolonien von *Populus tremula* und *Robinia pseudacacia*. In der dichten Kryptogamenschicht hat sich der Neophyt *Campylopus introflexus* stärker eingebürgert.

Im Gegensatz zu manchen anderen armen Sandböden verläuft hier die Sukzession relativ rasch, unter anfänglicher Beteiligung vieler, vorwiegend windverbreiteter (anemochorer) Arten oder solchen mit vegetativer Ausbreitung. Folgende Artenzahlen wurden festgestellt:

Jahr	1	2	3	4	5	6	7	13	16	17	18
Artenzahl	43	44	54	50	53	52	51	35	33	37	31
Gehölzarten	4	5	6	7	9	8	8	10	10	11	9

Die Entwicklung der Lebensformen und der Kryptogamenschicht zeigt Abb. 209.

PRACH (1988) hat die Primärsukzession auf Braunkohle-Abraumhalden über 30 Jahre untersucht und geht besonders auf die Samenproduktion ein. Nach etwa 15 Jahren fand er über 200 000 Samen pro m² und Jahr, später einen Rückgang auf unter die Hälfte. In den Anfangsjahren keimten etwa 70% aller Samen, später nur noch 20–25%. Entsprechend kam es zu Beginn zu sehr hohen Keimlingsdichten (*Atriplex prostrata* mit 6 350 Keimlingen pro 0,01 m²).

Die Primärsukzession von Bergbauhalden untersucht auch JOCHIMSEN (1987), Entwicklungen auf neuen Lößböschungen bei Rebumlegungen FISCHER (1982). Mit der Anfangsbesiedlung feuchter Sandabgrabungen befaßt sich BERNHARDT (1990). Sehr artenreich ist die Initialphase auf Spülfeldern von Hafenausbaggerungen (BERNHARDT & HANDKE 1988). Die Primärsukzession in Kalksteinbrüchen beschreiben POSCHLOD & MUHLE (1985).

Auch im Wasser gibt es anthropogene Primärsukzessionen, z. B. in neu geschaffenen Kleingewässern (PARDEY & SCHMIDT 1988, PARDEY 1991) oder in Stauseen (KRAHULEC et al. 1980).

Zum Schluß sei auf eine originelle Untersuchung von BORNKAMM (1961d) hingewiesen, der die Vegetationsentwicklung neuer bis fast 100 Jahre alter Kiesdächer analysiert hat. Nach einem lockeren Pionierstadium mit kurzlebigen Arten ergibt sich nach zehn Jahren eine noch lückige, wiesenartige Pflanzendecke, nach 30–50 Jahren eine dichte Wiese als Dauergesellschaft.

3.4.3 Grundzüge der Primärsukzession

Trotz vieler Eigenheiten lassen die Beispiele im vorhergehenden Kapitel doch manche Gemeinsamkeiten erkennen. Man sollte aber vorsichtig nur von allgemeinen Tendenzen, nicht von Gesetzmäßigkeiten sprechen. Viele Grundzüge der Primärsukzession gelten auch für sekundäre Entwicklungen oder sind dort sogar klarer erkennbar, da rascher ablaufend. Allgemeine Darstellungen, teilweise mit modellartigem Charakter finden sich schon bei WARMING (1896), Lüdi (1921, 1930), BRAUN-BLANQUET (1928, 1964), neuerdings z. B. bei KNAPP (1974), WHITTAKER (1975), SEGAL (1979), GRIME (1979), ODUM (1980), GRUBB (1987), PARDEY (1991) u. a. Einiges davon wird hier kurz (und damit teilweise schon zu allgemein) zusammengefaßt und in Abb. 210 dargestellt.

Auf neuem Substrat sind zunächst exogene Faktoren für die Auswahl der Pflanzen entscheidend. Diese stammen bevorzugt aus der Umgebung (Nahausbreitung), können aber auch von weither kommen (Fernausbreitung). Umgekehrt gesehen hängt die Erreichbarkeit eines neuen Wuchsortes für eine Art von ihren Ausbreitungsmöglichkeiten sowie der Entfernung und Größe des neuen Wuchsortes ab. Am deutlichsten wird dies bei neuen Inseln, die von Diasporenquellen weit entfernt sind. Genau genommen stellt auch jedes neue Substrat inmitten langzeitig entwickelter Vegetation eine ökologische Insel dar, die neu besiedelt wird. Allgemeine Überlegungen hierzu („Inseltheorie") haben MAC ARTHUR & WILSON (1967) formuliert (s. auch VAN DER MAAREL 1988a). Fragen der Ausbreitung und Wanderung von Arten spielen neuerdings auch bei Naturschutzüberlegungen für Biotopverbundsysteme eine große Rolle (z. B. JEDICKE 1990).

Wenn Diasporen einer Pflanzenart einen neuen Standort erreichen, hängt ihre Etablierung von den Standortsgegebenheiten ab. Bei der weiteren Ausbreitung oder auch bei Rückgang bis Verschwinden sind dann verstärkt endogene Faktoren wirksam. Alle für das Erreichen, die Etablierung und Durchsetzung einer Art wichtigen Eigenschaften werden auch als „Strategie" bezeichnet (s. 3.5.1). Für Pionierpflanzen sind andere Eigenschaften wichtig als für Arten späterer Sukzessionsstadien.

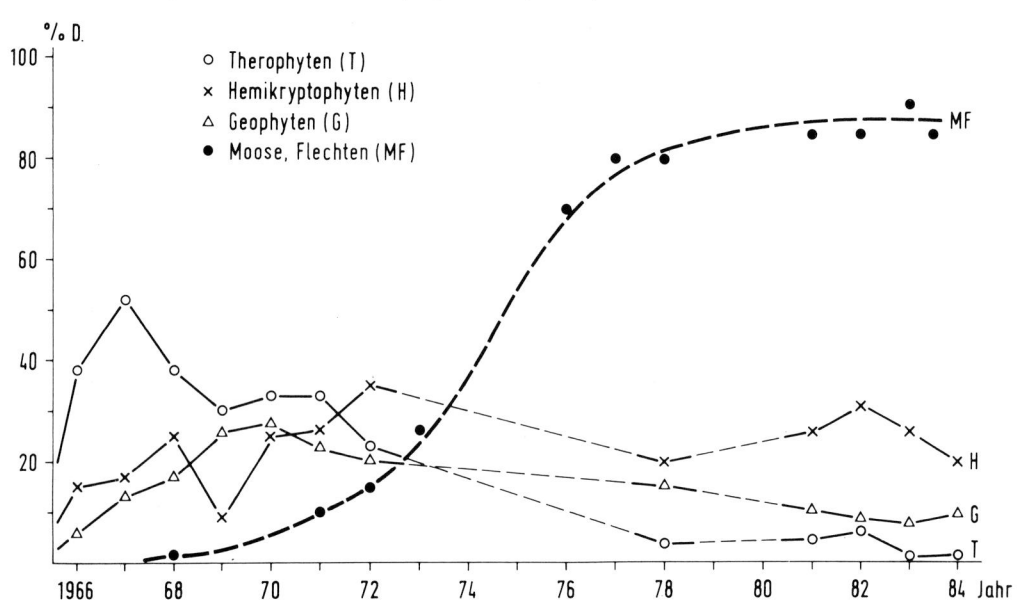

432 Veränderung von Pflanzenbeständen (Vegetationsdynamik)

Abb. 209. Kurven der Deckungsgradentwicklung verschiedener Lebensformen der Phanerogamen sowie der Kryptogamen auf offenem Rohboden einer Abraumkippe im Rheinischen Braunkohlenrevier (aus Wolf 1985).

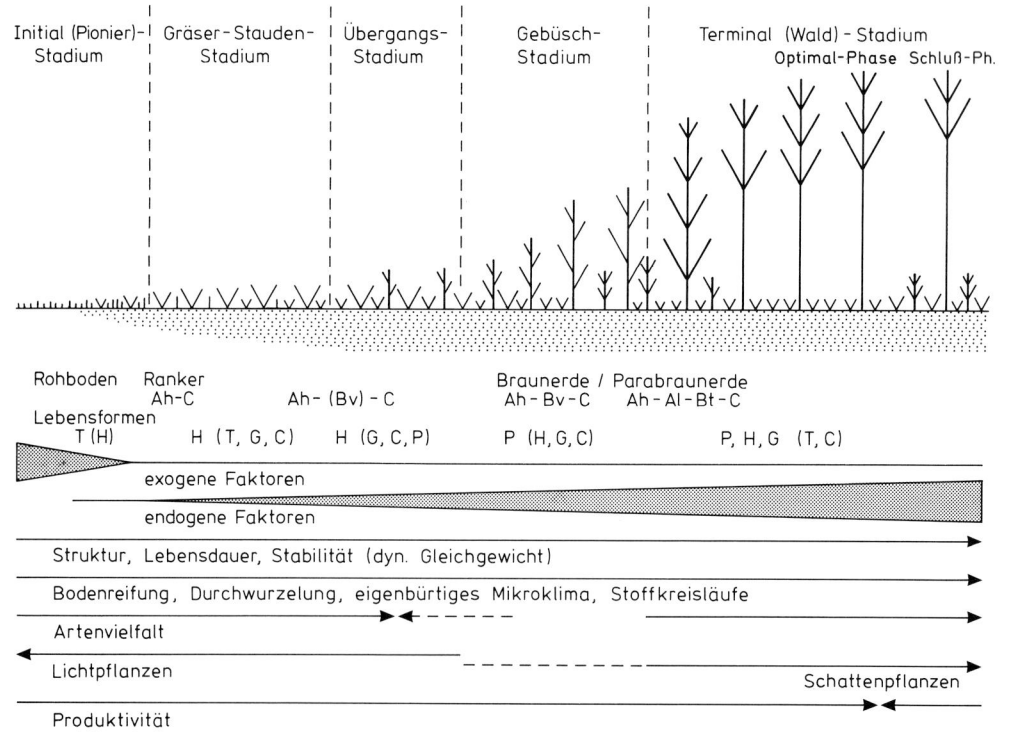

Abb. 210. Einige Grundzüge des Ablaufes von Primärsukzessionen auf einem mittleren Silikat-Standort unter subatlantischem Klima. Erläuterung im Text.

Standort und Flora sind also bestimmend für die Pionierphase jeder Primärsukzession, sowohl die Artenkombination betreffend als auch die Geschwindigkeit. Pionierpflanzen sind allgemein solche, die die Fähigkeit haben, sich vor anderen Arten anzusiedeln. Auf manchen Substraten bilden Kryptogamen (Algen, Moose, Flechten) die Erstbesiedler. Auf gründigen Substraten werden sie bald von Phanerogamen abgelöst, auf festem Gestein bilden sie dagegen oft langzeitige Dauergesellschaften. Kurzlebige Pionierpflanzen der Phanerogamen findet man vor allem bei stabilerem Substrat mit guter Wasser- und Nährstoffversorgung. Auf stärker bewegten Rohböden (z. B. Dünensand, Wattböden, Flußschotter, Felsschutt) sind dagegen langlebige Phanerogamen, oft mit starker vegetativer Vermehrung und Ausbreitung, von vornherein bestimmend. Kryptogamen stellen sich oft erst ein, wenn das Substrat festgelegt ist.

Im Verlauf der Sukzession gewinnen endogene Wechselwirkungen in den sich schließenden, höherwüchsigen und langlebigeren Beständen rasch an Bedeutung. Zugleich wächst der Einfluß der Pflanzen auf Bodenbildung und Mikroklima. Die Pflanzen selbst erzeugen günstigere Lebensbedingungen und fördern damit konkurrenzfähigere Arten. Während in der ersten Initialphase teilweise mehr zufällige Ansammlungen von wenigen bis sehr vielen Pionierpflanzen bestehen, kommt es später zu regelhafteren Artenkombinationen im Sinne gefestigter Pflanzengesellschaften mit zunehmender floristischer Sättigung. Entsprechend verlangsamt sich die Sukzessionsgeschwindigkeit, da neue Pflanzen schwerer einwandern können. Manche Arten sind aber schon seit Beginn präsent und warten in einer verlängerten jugendlichen Entwicklungsstufe auf günstigere Bedingungen (z. B. junge Gehölzpflanzen). Auch die Horizontalstruktur ist anfangs regellos. Etwas wuchskräftigere Arten, vor allem solche mit vegetativer Ausbreitung, bilden Flecken (Mikrofazies) bis zu großen Herden. Später stellt sich mehr eine feinkörnige Verteilung koexistierender Pflanzen mit Nischendifferenzierung ein, d. h. die zunächst vorherrschende Konkurrenz wird durch gegenseitiges Tolerieren in eigenen Nischen gemindert.

Bei der Einwanderung von Arten lassen sich verschiedene Verhaltensweisen unterscheiden: Einpassung und Auffüllung unter floristisch ungesättigten Bedingungen oder Verdrängung. Im ersten Fall ergeben sich mehr allmähliche, im zweiten Fall raschere Veränderungen (s. auch III 7.4). Als wichtige Mechanismen der Sukzession sieht GRUBB (1987) Toleranz oder Hinderung (Ausschluß), aber auch Förderung einer Art durch eine vorhergehende. Zu beachten ist auch die Durchdringungsgeschwindigkeit (BORNKAMM 1962), die von der artspezifischen Entwicklungszeit für die Ausfüllung eines potentiellen Wuchsortes abhängt.

Die Artenzahl kann im Laufe der Sukzession zu- oder abnehmen, oft auch im Wechsel verschiedener Stadien fluktuieren. Viele Pionierstadien sind relativ artenarm. Auch die Schlußgesellschaft ist oft artenärmer als vorhergehende Stadien.

Die engeren Wechselwirkungen zwischen Vegetation und Standort führen allmählich zum Ausgleich oder der Minderung ursprünglich vorhandener physikalischer und chemischer Inhomogenitäten des Substrates und zu ihrer Überlagerung durch ein einheitliches (eigenbürtiges) Bestandesklima. Für die Weiterentwicklung gewinnen Meso- und Makroklima an Bedeutung. Aus einem Kleinstmosaik unterschiedlicher Artenkombinationen entwickeln sich wenige (bis eine) großflächigere Pflanzengesellschaften. Im Terminalstadium stehen alle exogenen und endogenen Faktoren in einem dynamischen biologischen Gleichgewicht.

Die Primärsukzession folgt in etwa der Soziologischen Progression (IV 9). Auf strukturell (und floristisch) einfach organisierte, z. T. kurzlebige Phasen und Stadien mit niedrigwüchsig-offener Vegetation folgen zunehmend strukturierte und flächendeckende, hochwüchsigere und langlebigere Gesellschaften mit verbesserter Ausnutzung der standörtlichen Gegebenheiten. Einschichtige werden von mehrschichtigen Beständen abgelöst. Auch die Differenzierung der Wurzelschichten nimmt zu. Die Schlußgesellschaft kann strukturell etwas weniger gegliedert sein (z. B. ein Buchen-Hallenwald) als vorhergehende Stadien. Im Lebensformenspektrum geht zumindest auf günstigeren Standorten die Reihe von kurzlebigen Therophyten über lichtbedürftige Hemikryptophyten (Geophyten, Chamaephyten) zu langlebigen Phanerophyten mit Unterwuchs aus schattenertragenden, meist ausdauernden Arten.

Pioniergesellschaften sind oft kurzlebig, floristisch ungesättigt, entsprechend instabil und variabel in ihrer Artenzusammensetzung, auch besonders anfällig gegen Neophyten (s. auch III 6/7, VIII 5.4). Schlußgesellschaften sind floristisch gesättigte, relativ stabile, oft langzeitig sich selbst erhaltende (regulierende) Vegetationstypen, oft mit zyklischen Regenerationsvorgängen. Ihre deutlich ausgeprägte Horizontal- und Vertikalstruktur ist Ausdruck gegenseitiger An- und Einpassungen ihrer Pflanzen.

In Pioniergesellschaften ist die Netto-Biomasseproduktion unterschiedlich, oft nur gering. Sie nimmt im Laufe der Primärsukzession zu bis zur Optimalphase der Schlußgesellschaft. Hat diese einen gewissen Gleichgewichtszustand erreicht, findet mehr ein Ausgleich von Zuwachs und Verlust statt; die Gesamtbilanz ist bei sehr hohem Vorrat geringer.

In Abb. 210 sind auch einige Grundzüge der Entwicklung von Silikatböden vom Ranker bis zur Braunerde bzw. Parabraunerde skizziert. Besonders BRAUN-BLANQUET (z. B. 1964, S. 665 ff.) hat vielfach auf solche parallelen Entwicklungen hingewiesen. Sein Beispiel einer Abfolge vom alpinen Kalkrasen (*Caricetum firmae*) bis zum bodensauren Krummseggenrasen (*Caricetum curvulae*) bei zunehmender, zum Teil vegetationsbedingter Bodenversauerung (schon bei BRAUN-BLANQUT & JENNY 1926) ist allerdings auf Widerspruch gestoßen (ELLENBERG 1953a, 1956), was wiederum zur Vorsicht vor Verallgemeinerungen mahnt. Generelle Versauerungstendenzen bei der Bodenbildung sind allerdings in Mitteleuropa feststellbar. TANSLEY (1920) betrachtete solche Vorgänge sogar als langzeitige Degradation, d. h. also als regressive Sukzession. Unter natürlichen Bedingungen gehören sie aber zur normalen Primärsukzession im Gegensatz zu heutigen anthropogenen Versauerungstendenzen.

Viele Vorgänge der Primärsukzession sind hier sehr stark verallgemeinert zusammengefaßt, aber als modellartige Denkansätze nützlich. Oft sind primäre und sekundäre Entwicklungen eng verbunden, einschließlich zyklischer Abläufe, in denen sich verschiedenerlei Elemente vermischen (s. 3.6.2.3)

3.4.4 Polycormon-Sukzession

Schon mehrfach erwähnt wurde die Bedeutung vegetativer Ausbreitung für Sukzessionsabläufe. Viele Arten können mit Hilfe ober- oder unterirdischer Ausläufer mit Tochtersprossen wesentlich rascher und dichter an Raum gewinnen als durch Samen. Vor allem in floristisch gesättigten Gesellschaften ist vegetative Ausbreitung oft vorherrschend. Hier fehlen entsprechend kurzlebige Pflanzen fast ganz.

Die Gesamtheit aller selbständig lebensfähigen, aber aktuell oder ursprünglich mit einer Mutterpflanze durch Seitensprosse verbundenen (von ihr abstammenden) Triebe wird als Sproßkolonie bezeichnet. PENZES (1961) sieht im Polycormus einen entsprechenden pflanzlichen Grundtyp (im Gegensatz zu Monocormus) und spricht vom Polycormon als Gesamtheit der vegetativ gebildeten Sprosse einer Pflanze (s. auch Lebensformen: IV 3.4.d). Er unterscheidet drei Typen:
- dichte Sproßkolonien: jährlicher Zuwachs mehrfach kleiner als Höhe der Pflanzen.
- Mitteldichte Sproßkolonien: Seitensprosse mehr oder weniger deutlich von einander entfernt, zwei- bis dreimal kürzer als die Durchschnittshöhe der Pflanzen.
- lockere Sproßkolonien: Entfernung der Einzeltriebe so groß oder größer als die Höhe der Pflanzen.

Aus dem Jahreszuwachs und der Größe kann auf das Alter eines Polycormons geschlossen werden. PENZES errechnete z. B. für einen Fleck von *Sambucus ebulus* mindestens 330 Jahre, für eine Gruppe von *Schoenoplectus lacustris* über 80 Jahre.

Die Bedeutung der Sproßkolonien für die Sukzession hat vor allem JAKUCS (1969) hervorgehoben. Er schildert die Polycormon-Sukzession am Beispiel der Serie xerothermer Wälder in Ungarn, wie sie im Prinzip auch für andere Entwicklungen denkbar ist. Abb. 211 zeigt die von JAKUCS beschriebenen Phasen in Umsetzung von HARD (1985) für mitteleuropäische Verhältnisse in folgendem Ablauf:

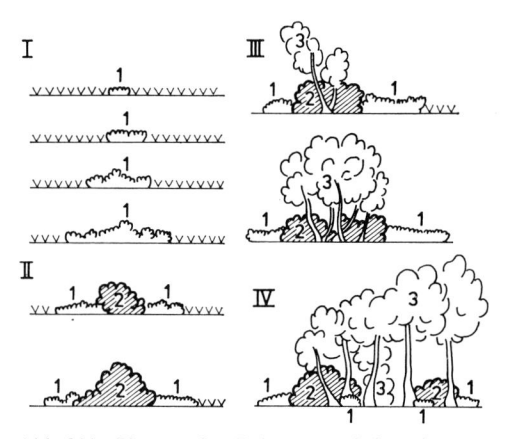

Abb. 211: Phasen der Polycormon-Sukzession von Gehölzen in einem Rasen (aus HARD 1975). Erläuterung im Text.

1. Phase: Ansiedlung einer Gehölzart (z. B. *Prunus spinosa*). Beginn der Entwicklung einer Sproßkolonie mit fleckiger (ringförmiger) Ausbreitung durch seitlichen Zuwachs. Rasche Veränderung des Mikroklimas, allmähliche Bodenbildung.

2. Phase: Ansiedlung höherwüchsiger Arten (z. B. *Cornus sanguinea*, *Crataegus*) im Innern des Polycormonflecks. Die primäre Sproßkolonie wird innen aufgelockert, durch ein sekundäres Polycormon nach außen gedrängt, wo es neue Bereiche erobert. Die Bodenbildung schreitet voran, das Mikroklima wird ausgeglichener.

3. Phase: Aufgrund verbesserter Lebensbedingungen (eventuell auch Schutz vor Tierfraß) siedeln sich im Innern erste Bäume an (z. B. *Acer*, *Fraxinus*, *Quercus*, *Sorbus*) und wachsen langsam empor. Die bereits vorhandenen Polycormone breiten sich wellenförmig weiter aus. Ihr ehemaliges Zentrum degeneriert und verschwindet. Es entsteht eine feine Zonierung mit waldartigem Kern über Gürtel strauchiger und krautiger Pflanzen. Die Umwandlung des Standortes geht parallel weiter.

4. Phase: Bildung eines Waldflecken (Polycormon-Klimax). Die Reste der ehemaligen Sproßkolonien passen sich ein oder bleiben als Waldmantel übrig. Erst jetzt können bei etwas aufgelockerter Baumstruktur echte Waldpflanzen der Krautschicht Fuß fassen.

Die Polycormon-Sukzession ist also eine echte endogene Vegetationsentwicklung. Bei genauer Analyse von Pflanzenbeständen zeigt sie sich eher als grundlegender denn als besonderer Fall bei dynamischen Vorgängen, wenn auch nicht so klar, wie hier dargestellt. LOHMEYER (1975) schildert z. B. die Polycormon-Sukzession für Heiden von Küstendünen. Oft sind verschiedene Phasen mosaikartig verknüpft oder nur Einzelphasen erkennbar. Je nach Art der Pflanzen und Standorte werden einzelne Phasen rasch durchlaufen oder bilden sehr dauerhafte Pflanzengesellschaften. So ist z. B. der Übergang von Phase 2 zu 3 in obigem Beispiel oft erst sehr langzeitig erreichbar, da im dunklen Gebüsch schwer andere Pflanzen Fuß fassen. In der heutigen Kulturlandschaft ist Polycormon-Sukzession ein wichtiges Element, vor allem bei der sekundären Brachland-Sukzession (s. 3.6.2.1).

Bei Gehölzen spielt neben der Ausbreitung durch Ausläufer (*Cornus sanguinea*, *Ligustrum*, *Populus tremula*, *Prunus spinosa*, *Robinia*, *Rubus idaeus* u. a.) auch die Bewurzelung von am Boden liegenden Zweigen eine Rolle. LOHMEYER & BOHN (1973) beschreiben dies z. B. für *Salix*-Arten, *Prunus padus* und *Ilex aquifolium*. Bekannt ist es auch von Nadelhölzern (*Picea*, *Pinus*).

Die Polycormonbildung kann als **zentrifugale Sukzession** bezeichnet werden (s. auch LÜDI 1930), wo aufgrund verbesserter Wuchsbedingungen im Zentrum allmählich zunehmend konkurrenzkräftigere Arten erscheinen, die ihre Vorläufer nach außen drängen. Der umgekehrte Fall, d. h. ein geschlossenes Vordringen bestimmter Phasen und Stadien nach innen (z. B. Verlandung von Seen) läßt sich als **zentripetale Sukzession** einstufen.

Polycormone einzelner wuchskräftiger Arten bilden teilweise langzeitig recht stabile Fazies oder eigenständige Gesellschaften. GRÜTTNER (1990) weist auf syntaxonomische Probleme solcher meist artenarmer Dominanztypen hin (z. B. Bestände von *Phalaris arundinacea*, *Agropyron repens*, *Cirsium arvense*, *Pteridium aquilinum*). Hier ließen sich viele weitere anschließen, auch solche von konkurrenzstarken Neophyten. Viele zeigen ein großes Beharrungsvermögen, selbst unter inzwischen veränderten Standortsbedingungen, wo sie sich nicht mehr neu ansiedeln würden (z. B. Seggen in entwässerten Niederungen). Auf solche Polycormon-Gesellschaften wurde schon unter VIII 5.3 (Fragmentgesellschaften) kurz eingegangen. Gute Beispiele finden sich auch bei FALIŃSKA (1991).

3.5 Theorien und Modelle

Verschiedene Beispiele der Primärsukzession haben gezeigt, daß kaum zwei Serien ganz gleichartig verlaufen, daß aber doch gewisse Grundzüge und Tendenzen zumindest bei etwas groberer Betrachtung sehr ähnlich sind. So gibt es seit Beginn der Sukzessionsforschung mancherlei Theorien und damit verbundene Modellvorstellungen, von feinen Abläufen bis zu ganzen Serien und deren Endzustand, auch über die Veränderbarkeit bzw. Stabilität. Hierzu gehören auch Überlegungen über Strategietypen von Pflanzen zur Eroberung von Wuchsorten und zur Behauptung in bestimmten Pflanzengesellschaften.

Modelle eignen sich vor allem zur Darstellung relativ extremer Gegebenheiten als klarer erkennbare Eckpunkte. Solche Extreme kommen aber in der Natur seltener vor als intermediäre Zustände und Prozesse. Als Beispiele wurden bereits verschiedene Typen der Sukzession (3.3.1) und von Entwicklungsserien (3.3.2) besprochen. Entsprechendes gilt für manche Einteilungen der folgenden Kapitel. Wenn auch Modelle selten vollständig in der Natur verwirklicht sind, bilden sie doch wertvolle Denkansätze zur Durchleuchtung und leichteren Erfassung bestimmter Gegebenheiten. Dies gilt in besonderem Maße auch für die sehr komplexen syndynamischen Vorgänge. Einige solcher Theorien und Modelle werden hier kurz erörtert.

3.5.1 Pflanzliche Strategien

Der Begriff „Strategie" bedeutet allgemein laut DUDEN „genau geplantes Vorgehen". Bei Pflanzen versteht man darunter die Summe oder bestimmte Teile der genetisch festgelegten physiologischen und anatomisch-morphologischen Anpassungen zur Eroberung und Behauptung eines gegebenen Wuchsortes unter möglichst optimaler Ressourcennutzung. Es handelt sich also vorwiegend um Konkurrenzeigenschaften, die bereits unter III 2.2.1 besprochen wurden. Sie haben sich im Laufe der Stammesgeschichte entwickelt, sind also „Prädispositionen" für heutige Bedingungen (WILMANNS 1989a). Obwohl der Strategiebegriff gelegentlich wegen seiner breit auslegbaren Definition oder militärischer Hintergründe kritisiert wird, hat er sich doch weithin vor allem in der Populationsbiologie durchgesetzt. BARKMAN (1990) spricht von „plant tactics".

Strategien werden oft dynamisch gesehen, d. h. als Anpassungen, welche die Rolle einer Sippe im Sukzessionsablauf bestimmen. Hierauf gründen sich auch zwei Modelle, die zur Betrachtung syndynamischer Vorgänge nützlich sein können.

Häufig zitiert wird die Theorie der **r- und K-Selektion** von MAC ARTHUR & WILSON (1967), zunächst für die Tier- und Pflanzenbesiedlung von Inseln entwickelt. Im Vordergrund stehen Anpassungen der Reproduktion an bestimmte Umweltbedingungen, z. B. nach Anteil der reproduktiven Organe an der Nettoproduktion, Zahl der gebildeten Diasporen, Länge des Lebenszyklus u. a. Entsprechend angepaßte Pflanzen werden als r- bzw. K-Strategen bezeichnet. „r" steht für die Wachstums- bzw. Fortpflanzungsrate einer Population, „K" für die maximale Populationsgröße einer Sippe entsprechend der Kapazität (Tragfähigkeit) eines Lebensraumes. Folgende Eigenschaften kennzeichnen die beiden als Extreme zu sehenden Strategietypen:

r–Strategen sind kurzlebige, oft schnellwüchsige, aber konkurrenzschwache Pflanzen mit einer bis mehreren Generationen pro Vegetationsperiode. Sie treiben einen hohen Reproduktionsaufwand, d. h. die zahlreichen, meist kleinen Samen haben einen relativ großen Anteil an der Biomasse. Viele Samen sind an gute Ausbreitung angepaßt, bilden oft im Boden einen langlebigen Vorrat, der bei Störungen rasch aktiviert werden kann. r-Strategen sind typische Pionierpflanzen unter relativ günstigen, veränderlichen Bedingungen, mit raschen Ausbreitungs- und Eroberungsmöglichkeiten für neuentstehende konkurrenzarme, floristisch ungesättigte Wuchsbereiche.

K–Strategen sind länger- bis langlebige, oft langsamwüchsige, mehr oder weniger konkurrenzkräftige Pflanzen mit Tendenz zur Erreichung eines standorts- und gesellschaftsspezifischen Sättigungsniveaus. Sie sichern ihren Wuchsort vor allem durch hohes Lebensalter und kommen deshalb mit geringem Reproduktionsaufwand aus. Es genügen wenige schwere Samen, teilweise erst nach langer Entwicklungszeit und dann nur im Abstand mehrerer Jahre ausgebildet. K-Strategen sind besonders charakteristisch für längerzeitig wenig wandelbare Lebensräume, also für mittlere bis späte Stadien einer Sukzessionsserie mit vielfältig differenzierten, floristisch mehr oder weniger gesättigten Pflanzengesellschaften.

Ein zweites Strategiemodell geht mehr von den Etablierungsmöglichkeiten der Pflanzen aus. Die von GRIME (z. B. 1979, 1985) entwickelten Vorstellungen können als **Dreiecksmodell ökologischer Primärstrategien** bezeichnet werden. GRIME kritisiert das r-K-Modell, da ihm die Streßtoleranz als Anpassung an ungünstige Standorte fehlt. Wie schon Beispiele der Primärsukzession zeigten, sind unter solchen Bedingungen kleinwüchsige, langausdauernde Pflanzen als Pioniere zu finden, eher also besondere Ausbildungen von K-Strategen oder intermediäre Typen. GRIME betrachtet Streß und Störungen als wesentliche Grundfaktoren, welche die Evolution mitbestimmt haben.

Streß bedeutet hier jede Einschränkung optimaler Wuchsbedingungen, sei es durch Ressourcenbegrenzung (Nährstoffe, Wasser, Licht, Wärme) oder durch relativ extreme Wirkung einzelner exogener Faktoren (z. B. hohe Salz- oder Schwermetallgehalte der Böden, starke Bodenversauerung).

Störungen können sehr unterschiedlich sein. Schon der Begriff wird verschieden verwendet. VAN ANDEL & VAN DEN BERGH (1987) setzen sich ausführlich damit auseinander. Störung bedeutet demnach den Wechsel von Bedingungen, die mit dem normalen Funktionieren eines biologischen Systems verbunden sind. VAN DER MAAREL (1988) definiert sie als Auftreten standörtlicher Ereignisse, die zum Verlust von Biomasse führen. Störungen lassen sich nach ihrer Art, Intensität, Dauer und Häufigkeit aufgliedern. Das Ergebnis von Störung sind Veränderungen, meist im Sinne von Regression, eventuell auch von progressiver Entwicklung.

GRIME sieht als die drei entwickelten Primärstrategien der Pflanzen Konkurrenzkraft, Streßtoleranz und Reaktionsfähigkeit auf Störungen. Abb. 212 zeigt sein Dreiecksmodell mit den drei Primärstrategien in den Ecken und verschiedenen Zwischentypen, die er als Sekundärstrategien bezeichnet. Im rechten Teil ist für jeden Typ das Wachstumsverhalten während einer Vegetationsperiode angedeutet. Die drei Primärstrategien lassen sich folgendermaßen kennzeichnen:

Konkurrenz–Strategen (C: competitive): Arten mit hoher Konkurrenzkraft, die bei guter Ressourcennutzung dichte, hochwüchsige Bestände ausbilden. Sie kommen vor allem auf günstigen Standorten (ohne Streß) höchstens geringfügiger Störung vor. Hierzu lassen sich viele Gehölze, Hochstauden und -gräser rechnen. C-Strategen kommen vorwiegend in mittleren bis späten Sukzessionsstadien vor.

Ruderal–Strategen (R: ruderal): Einjährige bis kurzlebige, krautige Pflanzen mit raschem Wachstum, großer Samenproduktion, hoher Reproduktionsrate sowie der Fähigkeit, rasch neue, günstige Standorte oder Vegetationslücken zu besiedeln. Sie ertragen Störungen oder profitieren von ihnen und können als Störungstolerante bzw. Störungszeiger angesehen werden. Ihre Konkurrenzkraft ist gering, ihr Anspruch an gute Lebensbedingungen hoch. R-Strategen sind also vor allem Pionierpflanzen, z. B. in Spülsäumen, an Flußufern, auf Trittflächen oder Äckern.

Streßtoleranz–Strategen (S: stress-tolerant): Meist langlebige, aber kleinwüchsige Arten auf Standorten mit ungünstigen Lebensbedingungen (Streß). Produktivität und Reproduktionsrate sind niedrig. Teilweise hohes Speichervermögen für Reservestoffe, rasche Ressourcennutzung bei zeitweise günstigeren Bedingungen. Anpassungen an ungünstige Standorte (Nährstoffarmut, Trockenheit, Lichtmangel, niedrige Temperaturen) oder an besonders intensiv wirkende Faktoren (Salz- oder Schwermetallgehalt, Bodenversauerung u. a.). Hierzu kann man auch die Symbiose-Strategien der Leguminosen u. a. zur Luftstickstoffnutzung

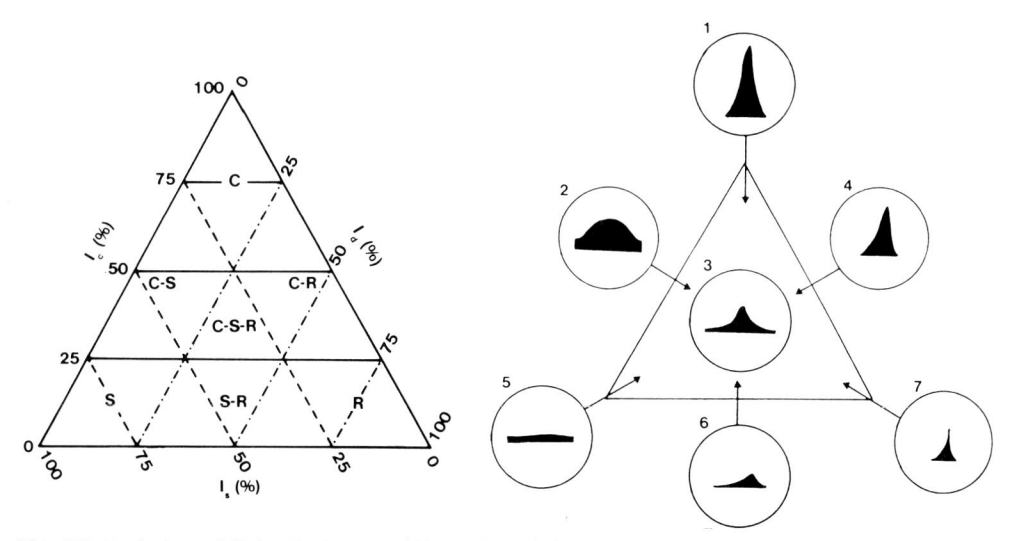

Abb. 212. Dreiecksmodell der Konkurrenz (C)-, Ruderal (R)- und Streßtoleranz (S)-Strategie mit intermediären Typen.
Links: Verteilung der Typen; rechts: Wuchsverhalten während einer Vegetationsperiode (aus GRIME 1985).

rechnen. S-Strategen kommen vor allem in konkurrenzarmen Situationen mit lückiger Vegetation vor, z. B. in Dauergesellschaften wie Trockenrasen, Magerrasen, Schwermetall- und Salzvegetation, sehr schattigen Bereichen von Wäldern u. a. Extreme S-Typen sind viele Flechten trockener und/oder kalter Standorte.

C-, R-, und S-Pflanzen sind spezielle Typen, die relativ geringe Anteile an der Vegetation haben. Häufiger sind intermediäre Anpassungen:

Konkurrenz–Ruderal–Strategen (CR): Konkurrenzstarke Ruderale bzw. Ruderale Konkurrenten auf günstigen Standorten (wenig Streß) mit mäßigen Störungen. Hierzu gehören hochwüchsige Stauden und Gräser des Wirtschaftsgrünlandes, auch kurzlebigere, aber hochwüchsige Ruderalpflanzen. In Sukzessionsserien sind sie oft charakteristisch für Folgestadien der Erstbesiedlung, auch für plötzliche Störungen (z. B. Kahlschlagvegetation).

Konkurrenz–Streß–Strategen (CS): Streßtolerante Konkurrenten bei schlechteren Lebensbedingungen, z. B. auf nährstoffärmeren, trockeneren oder nassen Standorten. Vorwiegend langlebigere Arten etwas eingeschränkter Wuchskraft. Hierzu gehören höherwüchsige Arten der Mager- und Trockenrasen, viele Grünlandpflanzen, Arten der Röhrichte und Großseggenriede, auch wuchskräftige Pioniere wie der Strandhafer, viele Zwergsträucher sowie Stauden von Wäldern bis Waldrändern.

Streß–Ruderal–Strategen (SR): Streßtolerante Ruderale auf gestörten, ungünstigen Standorten. Hierzu gehören kleinwüchsige, z. T. kurzlebige Arten offener Magerrasen, nährstoffarmer Äcker u. a.

Intermediärer Typ (CSR): Kleinwüchsige, meist längerlebige Arten, z. B. in Magerrasen, Weiden, aber auch viele Arten der Krautschicht von Wäldern.

Für eine große Zahl von Pflanzen haben erstmals FRANK et al. (1990) die Strategien nach GRIME angegeben. Allerdings kommen sie teilweise zu anderen Einstufungen. Dies zeigt recht deutlich, daß der Strategiebegriff zwar nützlich, aber wenig klar definierbar ist. Die Einordnung der meist intermediären Pflanzen hängt sehr davon ab, welchen Eigenschaften und Merkmalen man besonderes Gewicht einräumt. Eine Auswertung für 2022 Sippen ergibt folgende Anteile (s. oben).

Den „reinen Typen" gehört also nur ein gutes Drittel unserer Flora an. Streßtolerante Arten

C	24,5%	CR	11,3%	CSR	27,2%
R	9,7%	CS	5,8%		
S	3,1%	SR	18,4%		

umfassen nur gut ein Viertel. Bei vorwiegend günstigeren Standorten herrschen mehr oder weniger konkurrenzkräftige Arten mit etwa 70% vor. VAN DER MAAREL (1988b) ordnet die Flora der Trockenrasen Ölands nach Strategietypen und weist auf enge Verbindungen zu Lebensformen und ökologischen Zeigerwerten hin.

Da bestimmte Strategien bei der Sukzession eine wichtige Rolle spielen, bietet es sich an, einzelne Phasen und Stadien durch **Strategiespektren** zu kennzeichnen und zu vergleichen. Oft findet man allgemeinere Angaben, z. B. über den Wechsel von r- zu K-Strategen im Laufe einer Vegetationsentwicklung.

Grime (1979) stellt verschiedene Sukzessionsreihen nach der Abfolge von Strategietypen auf, vorwiegend abhängig von der Produktivität des Standortes. Denkbar sind z. B.

R → C – C/CS (sehr produktive Standorte mit hohen, dichten Wäldern als Endstadium).
R → CS (weniger produktive Standorte mit weniger wüchsigen Gehölzen als Endstadium).
SR/S → S (unproduktive Standorte mit Entwicklung von Dauergesellschaften).

VAN ANDEL & VAN DEN BERGH (1987) weisen darauf hin, daß spätere Stadien der Sukzession zwar weniger störanfällig sind, auf Störungen aber auch weniger gut und rasch reagieren. Dies geht überein mit hohen Anteilen von K-Strategen bzw. dem Fehlen von Ruderal-Strategen.

KLOTZ (1987a) benutzt Spektren der ökologischen Strategietypen von GRIME zur Charakterisierung langzeitiger Florenveränderungen der Stadt Halle. Vor allem Konkurrenten und Konkurrenzstarke Ruderale haben zugenommen, ein Zeichen allgemeiner Eutrophierungen. BERG & MAHN (1990) fanden ähnliche Tendenzen an Straßenrändern. VAN DER MAAREL (1988b) berechnet Spektren für drei Rasentypen Ölands.

CLÉMENT & TOUFFET (1981) erörtern diese Strategietypen für die Sekundärsukzession abgebrannter Heiden nach Art und Geschwindigkeit des Eintreffens der Pflanzen (Diasporen- und Ausbreitungseigenschaften), Etablierungsfähigkeit und Wachstum bis zur Reife. Hier ist die Abfolge von R- zu S-Strategen bezeichnend.

Neben diesen beiden Strategie-Theorien werden auch andere Eigenschaften und Merkmale der Pflanzen mit bewertet. GRIME (1979) weist selbst darauf hin, daß auch die vegetative Ausbreitung eine wichtige Rolle spielt. Als regenerative Strategien über Samen unterscheidet er saisonale Regeneration nach Störungen, Regeneration aus einem dauerhaften Samenspeicher im Boden, Regeneration durch windverbreitete Diasporen und Regeneration aus lange ausdauernden Jungpflanzen (z. B. bei Bäumen).

FALIŃSKA (1991, S. 160) stellt pflanzliche Eigenschaften von Wiesenpflanzen zusammen, die für die Sekundärsukzession von Bedeutung sind. Neben den Strategietypen von GRIME werden ausgewertet: Wuchsformen und Architekturtypen (Mono-Polycormone), Klontyp, Besiedlungsstrategie, Art der Raumausfüllung, regenerative Strategien und Reproduktionstypen (generativ-vegetativ).

WILMANNS et al. (1979) beschreiben Strategien von Schlaggesellschaften mit r- und K-Strategen. Hinzu kommen Invasions- und Substitutionsstrategien, wo bestimmte Arten rasch oder allmählich über Polycormone einwandern und sich ausbreiten. Auf Kahlschlägen gilt dieses z. B. für *Pteridium aquilinum*.

FISCHER (1982) verbindet r- und K-Strategien mit Lebensformen zur Analyse der Sukzession auf neuen Lößböschungen. Abb. 213 zeigt Strategiespektren in zeitlicher Veränderung. Es ergibt sich eine Abfolge T – B – P/Pv.

WILMANNS (1989b) untersucht genauer die Überdauerungsstrategien der Wildpflanzen in Rebkulturen, mehr im Sinne feiner differenzierter Lebensformen. In einer anderen Arbeit (1983) werden die Strategien mitteleuropäischer Lianen diskutiert. BERNHARD (1989) erörtert pflanzliche Strategien bei der Pionierbesiedlung offener Sandstandorte und angrenzender Wasserflächen unter besonderer Berücksichtigung des Samenspeichers und der Samenausbreitung. Sehr eingehend wird die Bedeutung von Samenvorräten in Waldböden für Sekundärsukzessionen bei FISCHER (1987) beschrieben.

Als letztes Beispiel vorwiegend ausbreitungsbiologischer Strategien sind in Abb. 214 Angaben von Müller-Schneider (1964) für eine denkbare Sukzessionsserie an Flußufern zusammengefaßt. In der offenen Pioniervegetation (1) und im ersten Gebüschstadium (2) herrschen anemochore Arten (a) mit über 80%. Der geschlossene Randwald (3) und der angrenzende Fichtenwald (4) haben dagegen höhere

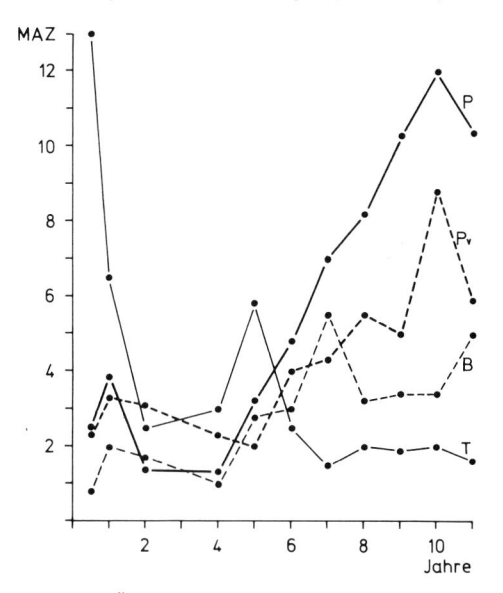

Abb. 213. Änderungen im Strategietypen-Spektrum im Verlauf einer Primärsukzession auf Lößböschungen (nach Angaben von FISCHER 1982). T: Therophyten (typische r-Strategen); B: Bienne (r-Strategen i. w. S.); P: Perenne (± K-Strategen); Pv: zusätzlich vegetative Ausbreitung.

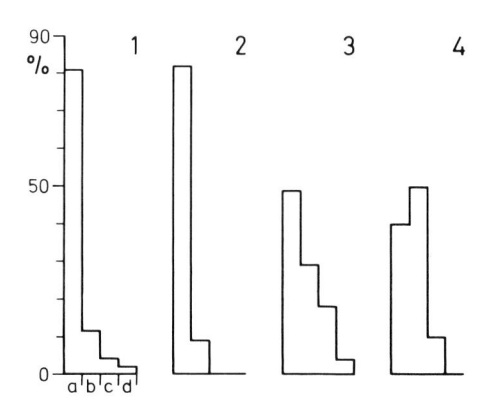

Abb. 214. Spektrum der Ausbreitungsstrategien von Pflanzengesellschaften auf und an Flußalluvionen des Alpenrheins (nach Angaben von MÜLLER-SCHNEIDER 1964). 1: *Myricario-Chondrilletum*; 2: *Hippophao-Salicetum*; 3: *Alnetum incanae*; 4: *Piceetum*.
a) Anemochore; b) Zoochore; c) Autochore; d) Hemerochore. Erläuterung im Text.

Anteile mit Tier- (besonders Ameisen-) Ausbreitung.

Strategien und Strategiespektren von Moosen untersuchten FREY & KÜRSCHNER (1991) in einem Transekt durch die Judäische Wüste.

3.5.2 Anfängliche Artenkombination oder Artenablösung

Für die Präsenz von Arten in bestimmten Sukzessionsstadien gibt es zwei Möglichkeiten: entweder sie wandern neu ein oder sie stammen bereits aus vorhergehenden Stadien. Dies wird grundlegend von EGLER (1954) diskutiert, vor allem für Sekundärsukzessionen im Brachland. Die daraus resultierenden Denkmodelle lassen sich aber generell anwenden (s. auch Abb. 215):

Prinzip der floristischen Ablösung (relay floristics): Im Laufe der Sukzession lösen sich bestimmte Artengruppen ab. Ihre Einwanderung hängt davon ab, daß die vorhergehende Vegetation entsprechend günstige Lebensbedingungen (Bodenreifung, Humusbildung, Mikroklima u. a.) vorbereitet hat. Es ergibt sich ein „Staffellauf" einander ablösender Gruppen bis zu einem relativ stabilen Endstadium.

Prinzip der anfänglichen Artenkombination (initial floristic composition): Zu Beginn der Entwicklung sind schon alle oder viele der für die weitere Sukzession wichtigen Arten vorhanden, zumindest als Diasporen.

Das erste Prinzip gilt vor allem für Primärsukzessionen auf ungünstigen Standorten, wo durch die Pflanzen selbst allmählich günstigere Bedingungen im Sinne einer endogenen Sukzession geschaffen werden. Bestes Beispiel sind Verlandungsserien in und an Gewässern.

Das zweite Prinzip gilt allgemein für Sekundärsukzessionen, wo noch Reste der ehemaligen Vegetation, eventuell im Samenspeicher auch Reste früherer Stadien vorhanden sind. Auch bei Primärsukzessionen wurde dieser Fall aber bereits erkennbar, z. B. auf Gletschermoränen, wo frühzeitig junge Gehölzpflanzen zunächst kleinwüchsig auftreten. Auf Pionierstandorten an Flußufern sind oft bereits viele ausdauernde Pflanzen der Folgestadien mit reduzierter Vitalität (kleinen Jungpflanzen, Blattrosetten) vorhanden, die sich nur weiterentwickeln, wenn günstigere Bedingungen (z. B. ausbleibende Überflutung) eintreten (s. DIERSCHKE 1984b).

Die beiden Prinzipien zeigen gut den Wert allgemeiner Modelle. Sie zerlegen die Vielfalt biologischer Erscheinungen in gedanklich über-

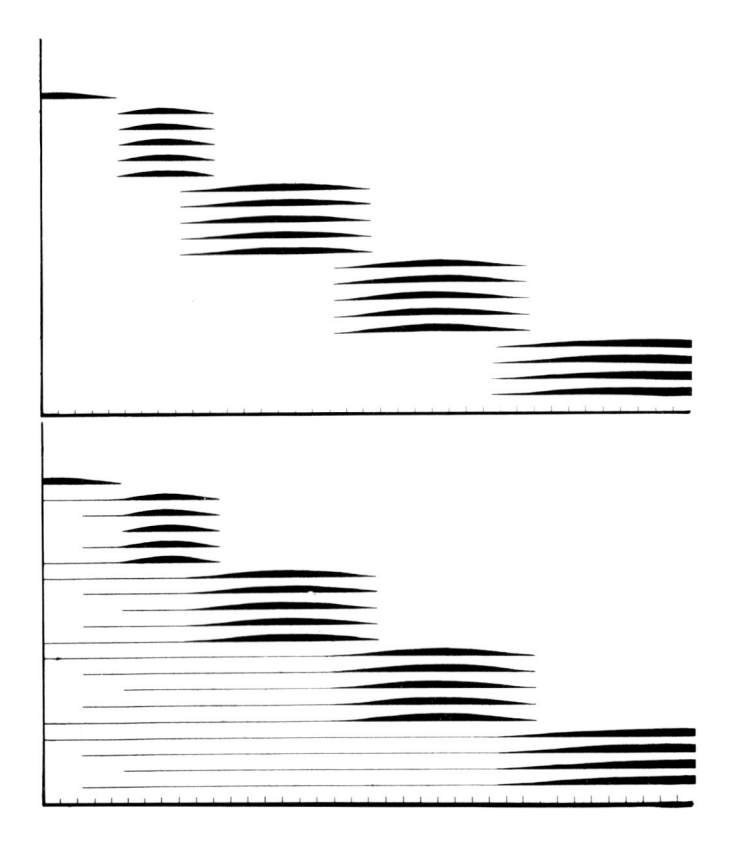

Abb. 215. Schema der floristischen Ablösung (oben) und der anfänglichen Artenkombination (unten) als Grundprinzipien einer Sukzessionsserie (aus EGLER 1954). Erläuterung im Text.

schaubare Teile und tragen so zur Analyse und zum Verständnis komplexer Vorgänge bei. Wie schon bei den Strategietypen gilt aber auch hier, daß die Realitäten eher zwischen diesen Extremen zu finden sind.

Hier anschließbar sind Sukzessionsmodelle von CONNELL & SLATYER (1977; zit. nach FALIŃSKA 1991):

a) Modell der Ansiedlungsermöglichung (facilitation model): Die frühen Besiedler schaffen Bedingungen für später folgende Arten.

b) Modell der Duldung (tolerance model): Die Artenfolge entspricht unterschiedlichen Strategien der Ressourcen-Nutzung, d. h. z. B. Toleranz geringer Nährstoffversorgung.

c) Modell der Verhinderung (inhibition model): Spätere Besiedler können sich nicht voll entwickeln, solange Pflanzen früherer Stadien noch vorhanden sind.

FALIŃSKA (1991) unterscheidet allgemeiner die Sukzession fördernde, hindernde und neutrale Arten, wofür verschiedene Eigenschaften (Strategien) von Bedeutung sind.

3.5.3 Stabilitätsfragen

Eine viel diskutierte Frage in der Biologie ist die Stabilität von Systemen. Sie stellt eigentlich einen undynamischen (stationären) Zustand des Beharrungsvermögen dar, wird aber oft dynamisch gesehen. Es gibt in biologischen Systemen nämlich kaum Stabilität i. e. S., sondern eher Entwicklungen in Richtung auf diesen Zustand oder von ihm weg. Schon häufiger wurde in vorhergehenden Kapiteln allerdings von relativ stabilen oder instabilen Pflanzengesellschaften gesprochen, wobei unter stabil länger andauernde, innerhalb geringer Schwankungen gleichbleibende Artenkombinationen verstanden wurden, meist im Zusammenhang mit floristischer Sättigung. Stabile Pflanzengesellschaften i. e. S. sind demnach solche, die ihre Struktur und Artenverbindung in engen Grenzen über längere Zeit aufrecht erhalten, solange die Außenbedingungen sich entsprechend wenig verändern. Dabei kann es innerhalb der Gesellschaft durchaus dynamisch zugehen, z. B. auf Populationsebene. Stabilität auf einer Ebene kann mit Instabilität auf einer anderen verbunden sein. Somit ist die Beurteilung sehr vom Betrachtungsmaßstab abhängig. Die häufig gemeinte Stabilität ist diejenige von Ökosystemen, die selbst Resultat vieler interner Abläufe sind.

Komplex organisierte Ökosysteme mit zahlreichen Nischen und Wechselwirkungen, entsprechend auch artenreichen Pflanzengesellschaften, werden oft als besonders stabil (konstant, persistent) bezeichnet, da hier ein fein geregeltes Wechselspiel vorliegt. Hieraus werden allgemeine Beziehungen zwischen Diversität (besonders Artenvielfalt; s. IV 8.2) und Stabilität hergeleitet. Reichtum an Struktur soll mit einem niedrigen Grad zeitlicher Differenz zusammengehen (VAN LEUWEN 1970). Es gibt aber auch sehr artenarme, trotzdem sehr stabile Pflanzengesellschaften und Ökosysteme. Die in Mitteleuropa weit verbreitete Klimax-Waldgesellschaft des *Luzulo-Fagetum* ist ein Beispiel, die Dauergesellschaft des *Phragmitetum* ein anderes (s. auch ELLENBERG 1973a). Andererseits sind manche instabilen Pioniergesellschaften besonders artenreich. Eine einfache Diversitäts-Stabilitätsbeziehung gibt es also nicht (WHITTAKER 1975a). Solche und ähnliche Fragen werden für Pflanzengesellschaften z. B. auch bei BRAAKHEKKE (1980), ELLENBERG (1973a), HABER (1979), MUELLER-DOMBOIS & ELLENBERG (1974) zusammenfassend erörtert.

Unter Stabilität i. w. S. wird auch stärkeres Fluktuieren um einen mittleren Zustand, im Extremfall auch die Rückkehr in diesen Zustand nach störungsbedingter zeitweiser Veränderung verstanden. Diese Regenerationsfähigkeit bezeichnet man als Elastizität (Resilienz). Sie ist bei relativ konstanten Gesellschaften weniger realisiert als bei instabileren, variablen Typen (s. Van ANDEL & VAN DEN BERGH 1987). Nach dem entsprechenden Vorherrschen von Strategietypen (s. 3.5.1) spricht man dann auch von K- und r-Stabilität. Auch für sehr langlebige Vegetationstypen wie Wälder, die zum ersteren Typ gehören, ist Elastizität im Sinne einer Verjüngung in altersbedingten Lücken aber ein charakteristisches Merkmal.

Eine sehr stabile Artenkombination kann auf räumlich heterogenen Bedingungen aufbauen, wo Arten verschiedene Mikrostandorte nutzen. Räumliche und zeitliche Strukturen (pattern and process) sind also ebenfalls eng verbunden. Bei etwas gröberer Betrachtung bildet z. B. auch das Mosaik verschiedener Altersphasen eines Waldes insgesamt ein stabiles Ökosystem (s. auch Mosaik-Zyklus-Konzept: 3.5.4). Stabilität läßt sich schließlich auch durch langfristige Synevolution erklären, wo sich feine gegenseitige Anpassungen zwischen Pflanzensippen im Sinne einer Koexistenz entwickelt haben (s. auch III 2.2.3).

Wie diese kurzen Erörterungen zeigen, ist Stabilität weder ein fester Begriff noch bedeutet sie einen statischen Zustand. Sie kann unter ganz verschiedenem Blickwinkel und Maßstab auf verschiedenen Systemebenen betrachtet werden. Vor allem für praktische Anwendungen ist der Begriff eher verwirrend als nützlich (s. DIERSSEN 1990, S. 136). Wie alle Modelle regt er aber zum Nachdenken an und ist gerade bei syndynamischen Betrachtungen kaum ganz wegzulassen.

Sehr eingehend hat sich GIGON (1983, 1984 u. a.) mit Stabilitätsfragen beschäftigt. Er zeigt einmal den vielfältigen, teilweise widersprüchlichen Gebrauch mancher „emotionaler Zauberwörter" und versucht eine pragmatisch-praxisorientierte Gliederung und Nomenklatur mit möglichst leicht verständlichen Begriffen, denen hier gefolgt wird (s. auch Abb. 216).

Allgemein unterscheiden kann man
- **ökologische Stabilität**: Bestehenbleiben eines ökologischen Systems und Fähigkeit, nach Veränderungen wieder in die Ausgangslage zurückzukehren.
- **Ökologische Instabilität**: Gegenteil von Stabilität, also Veränderungen, die nicht rückgängig gemacht werden können (z. B. viele Erscheinungen der Sukzession).
- **Ökologische Labilität**: Starke Neigung (Disposition) zur Veränderung (Instabilität) durch Fremdfaktoren, die nicht zum normalen Haushalt gehören (natürliche oder anthropogene Faktoren).

GIGON teilt Stabilität und Instabilität weiter auf nach dem dynamischen Verhalten des Systems und dem Auftreten oder Fehlen von Fremdfaktoren:

a) Stabilität
- Mehr oder weniger unverändertes Bestehenbleiben (nur geringe Schwankungen oder Veränderungen):
  - **Konstanz**: ohne Fremdfaktoren (bes. Schlußgesellschaften).
  - **Resistenz**: mit Fremdfaktoren (z. B. Abpufferung saurer Niederschläge).
- Nach Veränderung von selbst in die Ausgangslage zurückkehrend:
  - **Zyklizität** (zyklische Fluktuation): ohne Fremdfaktoren. Regelmäßige, große endogene Schwankungen (z. B. endogene Waldregeneration, zyklische Sukzession p. p.).
  - **Elastizität**: mit Fremdfaktoren (z. B. Waldregeneration nach Schlag, Feuer, Windbruch; zyklische und sekundär progressive Sukzessionen).

b) Instabilität
Die Begriffe entsprechen weitgehend denen der Syndynamik (s. 3.4.3):
- Veränderungen
  - **Endogene Veränderung** (z. B. progressive endogene Sukzession).

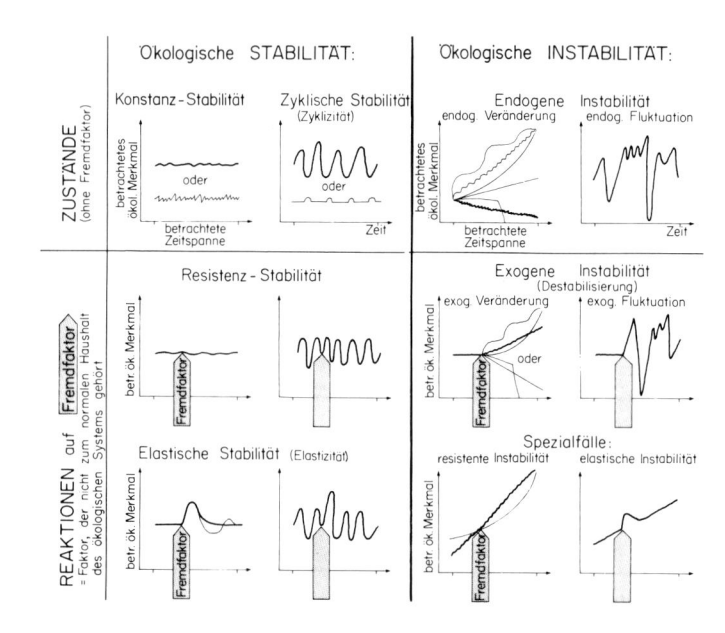

Abb. 216. Grundtypen ökologischer Stabilität und Instabilität (aus GIGON 1984, verändert). Erläuterung im Text.

– – **Exogene Veränderung** (z. B. regressive Sukzession).
– Fluktuationen (s. auch 4.)
– – **Endogene Fluktuation**
– – **Exogene Fluktuation**

Je nach räumlichem und zeitlichem Maßstab oder bezüglich verschiedener Organisationsebenen kann ein System mehrere Typen nebeneinander aufweisen oder auch gleichzeitig als stabil und instabil eingestuft werden.

Abschließend sei bemerkt, daß hier Stabilität vorrangig aus Sicht der Vegetation betrachtet wurde. Bei ökosystemaren Modellen gibt es wesentlich komplexere, teilweise mehr auf Boden und Stoffbilanzen aufbauende Überlegungen (z. B. ULRICH 1981,1991).

3.5.4 Klimaxtheorien

Endstadien einer Entwicklungsserie werden oft als (die) Klimax bezeichnet (von griechisch: climax: Leiter, Treppe; englisch: Gipfel, Höhepunkt; s. auch KREEB 1983, S. 50). Sie ist eine der meistdiskutierten Hypothesen in der Vegetationskunde und Ökosystemforschung. WHITTAKER (1962) erwähnt etwa 35 verschiedene Begriffe mit „Klimax". Sie ist gewissermaßen der Höhepunkt natürlichen Entwicklungs- und Differenzierungsvermögens in einem dynamischen Gleichgewichtszustand. WHITTAKER (1974) gibt eine ausführliche Zusammenfassung der Klimaxtheorien und sieht drei Hauptrichtungen der Betrachtung: die stabile, sich selbst erhaltende, reife Pflanzengesellschaft, das Endstadium von Sukzessionsserien und die räumlich vorherrschende, mit dem Klima in Einklang stehende Schlußgesellschaft.

Die Pioniere der Sukzessionsforschung COWLES und CLEMENTS gingen davon aus, daß sich über lange Zeit hinweg in einem Gebiet eine bestimmte Klimaxvegetation einstellen würde, unter einheitlichem Klima also alle Böden und Vegetationsserien einem etwa gleichartigen, mittleren Zustand zustreben (z. B. Hydro- bis Xeroserien). Diese **Monoklimax-Theorie** von CLEMENTS läßt sich am ehesten bei mehr formationskundlich-physiognomischer Betrachtung in wenig reliefierten Gebieten nachvollziehen (z. B. Prärien Nordamerikas).

In Europa wurde diese Theorie frühzeitig kritisiert (z. B. GAMS 1918, DU RIETZ 1930, LÜDI 1930). Schon TANSLEY (1920) erkannte, daß es ein standortsbedingtes Nebeneinander mehrerer Klimax-Gesellschaften geben müßte, entsprechend der Variabilität von Gesteinen, Relief und Böden. Andernfalls müßte man sehr allgemein vom Sommergrünen Laubwald als Klimaxformation Mitteleuropas sprechen. TÜXEN & DIEMONT (1937) unterscheiden **Klimaxgruppe** und **Klimaxschwarm**. Erstere besteht aus bodenbedingt nebeneinander vorkommenden Schlußgesellschaften eines wenig reliefierten Gebietes (z. B. Nordwestdeutsches Tiefland), letzterer beinhaltet die gesteins- und reliefbedingten Abwandlungen im Bergland, die z. B. schon auf einem Berg in verschiedener Exposition oder Höhenlage auftreten. Jedes Klimax-Gebiet ist durch eine bestimmte Gruppe oder einen Schwarm gekennzeichnet. Schon 1932 und 1933 hatte TÜXEN für Schlußgesellschaften, die aufgrund extremer Bodenverhältnisse das klimatisch mögliche Endstadium nicht erreichen, den Begriff **Paraklimax** (Scheinklimax) eingeführt, allerdings nicht allgemein im Sinne von Dauergesellschaft (s. 3.4.3), sondern für Wälder wie den nordwestdeutschen Birken-Eichenwald auf stark ausgewaschenen Sandböden. Insgesamt läßt sich das in Europa entwickelte Konzept als **Polyklimax-Theorie** bezeichnen (s. auch MUELLER-DOMBOIS & ELLENBERG 1974, WHITTAKER 1974).

Als Kompromiß zwischen Mono- und Polyklimax-Theorie betrachtet ODUM (1980) die Unterscheidung von

– **klimatischer Klimax:** vorrangig unter gegebenem Makroklima denkbare Schlußgesellschaft mittlerer Standorte.
– **Edaphischer Klimax:** vorrangig durch Topographie, Boden, Wasser, aber auch durch Störungen wie Feuer bedingte Schlußgesellschaften in unterschiedlicher Anzahl.

WHITTAKER (1974 und früher) formuliert räumlich ausgerichtet eine Klimaxmuster-Hypothese (climax pattern hypothesis), die besagt, daß jede ungestörte Landschaft aus einem Mosaik von Klimaxgesellschaften zusammengesetzt ist, entsprechend ihrem komplexen Muster von Standortsgradienten. Gewöhnlich gibt es eine vorherrschende Klimaxgesellschaft. Solche räumlich dominanten Schlußgesellschaften sind zur Charakterisierung von Landschaftstypen geeignet (s. Leitgesellschaft: XI 4.1.1).

Remmert (1985, 1989, 1991 u. a.) hat das **Mosaik-Zyklus-Konzept** für Klimaxgesellschaften in verschiedenen Arbeiten vertreten. Demnach besteht das ökologische Gleichgewicht z. B. in Klimaxwäldern aus ungleich alten, unterschiedlich artenreichen Entwicklungsphasen (Optimal-, Zerfalls- und Verjüngungsphase), die sich an einem Ort im Verlaufe mehrerer Jahrhunderte ablösen, insgesamt aber mosaikartig den Raum ausfüllen (s. Beispiel in 3.6.2.3). Diese Feinstruktur ist für tropische Wälder seit langem bekannt und wird auch für naturnahe Wälder anderer Klimagebiete wahrscheinlich gemacht. Urwälder sind demnach ein Mosaik asynchroner Stadien einer zyklischen Sukzession; Stabilität entsteht durch Dynamik. Dies gilt möglicherweise auch für andere Ökosysteme.

In allen Klimax-Konzepten bleibt die Unterscheidung zwischen Klimax- und Dauergesellschaften unklar. Es erscheint sinnvoll, alle dem gleichen klimatischen Formationstyp, d. h. dem Formationstyp der zonalen Vegetation angehörigen Terminalstadien von Sukzessionsserien (z. B. Wälder in Mitteleuropa) als Gesellschaften des Polyklimax einzustufen (z. B. auch azonale Bruchwälder, extrazonale Nadelwälder) und den Begriff Dauergesellschaft nur für solche Gesellschaften zu verwenden, die diesen Formationstyp nicht erreichen (z. B. Trockenrasen, Felsfluren, Hochmoore, Salzmarschen). Zum klimatischen Klimax Mitteleuropas gehören danach die Buchenwälder, die übrigen eher zum edaphischen oder Paraklimax.

Heute wird der Klimaxbegriff in der Pflanzensoziologie eher als veraltet abgelehnt. Man spricht besser neutral von Schlußgesellschaften. MILES (1979) betont, daß letztere, selbst wenn sie über ein Menschenalter hinweg (knapp 100 Jahre) stabil bleiben und der unmittelbaren Anschauung des Menschen unterliegen, keine Klimaxgesellschaften sein müssen. Auch KREEB (1973) spricht lieber von stabilen Dauerzuständen über nicht zu lange Zeiträume hinweg. REMMERT (1989, S. 216) weist darauf hin, daß manche als Klimax angesehene Wälder sich möglicherweise aus klimatisch abweichender Zeit erhalten haben (z. B. nordamerikanische *Sequoia*-Wälder mit über 1000jährigen Bäumen). Auch in Mitteleuropa gibt es sehr alte (z. B. Eichen-) Wälder. Allerdings mag sich in beiden Fällen zumindest die Krautschicht neuartigen Klimabedingungen angepaßt haben.

Genau genommen ist die Klimax i. e. S. nur bei sehr langfristig gleichbleibenden Klimabedingungen über Jahrhunderte hinweg erreichbar und damit ein wenig ergiebiger Diskussionsstoff. ELLENBERG (1956) empfiehlt stattdessen mehr synchorologische Einstufungen als zonale, extrazonale und azonale Vegetation (s. auch XII).

3.5.5 Potentiell natürliche Vegetation

Vielen Problemen von Klimax und Dauergesellschaften geht das von Tüxen (1956ff.) entwickelte Konzept der Potentiell(en) Natürlichen Vegetation (PNV) aus dem Wege. „Das bunte und reiche Mosaik der in einem Gebiet wachsenden Pflanzengesellschaften läßt sich nach diesen Vorstellungen... auf Grund seiner räumlichen Kontakt-Möglichkeiten (Kontakt-Gesellschaften) und seiner zeitlichen und genetischen Beziehungen (Folge- und Ersatzgesellschaften) auf eine beschränkte Anzahl von natürlichen Schlußgesellschaften... zurückführen, die als der lebendige biotische Ausdruck der natürlichen hier herrschenden anorganischen Standortskräfte und Lebensbedingungen und ihres Wechselspiels das biotische Potential dieser Landschaft bedeuten. Diese natürlichen Schlußgesellschaften sind nichts anderes als die heutige potentielle natürliche Vegetation" (TÜXEN 1956, S. 10).

Die PNV eines Gebietes ist demnach die Summe aller denkbaren natürlichen Klimax- und Dauer-Gesellschaften, denen sich bestimmte Ersatzgesellschaften (natürliche und anthropogene) syndynamisch im Sinne genetischer Gesellschaftskomplexe (s. 3.3.2) zuordnen lassen. Man stellt sich dabei vor, daß Ersatzgesellschaften schlagartig, alle Stadien einer Sekundärsukzession überspringend, das Endstadium erreichen. Die PNV ist also nicht diejenige Schluß- oder Dauergesellschaft, die sich in notwendiger Zeit (oft mehrere 100 Jahre) aus der augenblicklichen realen Vegetation entwickeln würde. Hierbei müßten ja z. B. Klima-, Boden- und Florenveränderungen mit einbezogen werden. Vielmehr stellt sie die theoretisch aus syndynamischen Kenntnissen konstruierbaren Schlußgesellschaften dar, die Ausdruck augenblicklicher Standortsverhältnisse sind. In Mitteleuropa sind dies meist Waldgesellschaften. Zur PNV gehören auch natürliche Stadien der Primärsukzession auf noch nicht ausgereiften Böden. Die PNV kann für die Gegenwart, bestimmte Zeiten der Vergangenheit, eventuell auch für die Zukunft konstruiert werden.

Die Gesellschaften der PNV haben also hypothetischen Charakter. Selbst wenn in Nachbarschaft auf vergleichbaren Standorten noch reale naturnahe Vegetation vorhanden ist, (die oft auch nicht mehr der ursprünglichen Naturlandschaft entspricht), kann z. B. eine längere Acker- oder Wiesennutzung zu Standortsveränderungen geführt haben, die eine etwas abweichende Schlußgesellschaft bedingen. Gewöhnlich werden die Gesellschaften der PNV aber relativ breit gesehen, so daß solche feinen Veränderungen nicht stärker ins Gewicht fallen (s. TRAUTMANN 1966). Dagegen sind stärkere ökologische Abwandlungen einbezogen, z. B. Erosion, Akkumulation, Entwässerung, Ausbleiben von Überflutungen, Entsalzung, Podsolierung, Eutrophierung, Abgrabungen, Abtorfung, Bildung von Eschböden durch Plaggendüngung, Abraumhalden, Siedlungsflächen u. a. Langfristig müssen auch Klimaveränderungen und/oder Abwandlungen der Flora (z. B. Neophyten, gebietsweises Aussterben bestimmter Arten) berücksichtigt werden. Schließlich sind die heute weithin erkennbaren Wirkungen langanhaltender Immissionen in dieses Konzept einzuordnen. In jedem Falle ist die heutige PNV nicht unbedingt gleichzusetzen mit der ursprünglichen Naturvegetation vor menschlichen Eingriffen. TÜXEN (1961) unterscheidet deshalb zwischen primären (ursprünglichen) Schlußgesellschaften vor Beginn menschlicher Eingriffe und späteren (sekundären, tertiären...) realen und potentiellen natürlichen Schlußgesellschaften.

Ein großflächiges Beispiel sind die stark erosionsgeprägten mediterranen Gebiete, wo die heutige PNV sicher oft kein immergrüner Hartlaubwald ist, selbst wenn sich dieser über Jahrhunderte hinweg wieder entwickeln könnte. SCHMITHÜSEN (1958) weist auf erhebliche Veränderungen der PNV nach langzeitigem Bodenabtrag auch in Mitteleuropa hin. Umgekehrt sind die oft mächtigen Auelehmdecken unserer Flußtäler großenteils erst nach Entwaldung und Erosion ihrer Einzugsgebiete entstanden (WILLERDING 1960). FUKAREK (1969) beschreibt eine durch Aussüßung verursachte Änderung der natürlichen und somit auch der potentiell natürlichen Vegetation an der Boddenküste der Ostsee von einem Salzrasen zu einem Schilfröhricht hin. LOHMEYER (1963) schildert die durch langzeitige Eutrophierung veränderte PNV in und um ländliche Siedlungen nordwestdeutscher Sandgebiete vom Birken-Eichen- zum Eichen-Hainbuchenwald. Noch stärker sind die zu berücksichtigenden anthropogenen Veränderungen in dichten Siedlungsräumen (KOWARIK 1987). Schon in Parkanlagen entwickeln sich neuartige Waldgesellschaften (PASSARGE 1990). JAHN et al. (1990) erörtern für niederschlagsreiche Hochlagen des Nordschwarzwaldes die heutige PNV. Durch langzeitigen Fichtenanbau und dadurch veränderte Standortsbedingungen wird anstelle des früheren Buchen-Tannenwaldes heute ein Fichtenwald als natürlich angesehen.

In entwässerten und/oder eingedeichten Flußniederungen tritt an die Stelle eines Auenwaldes oder Bruchwaldes oft ein Eichen-Hainbuchenwald (real oder als PNV; s. TRAUTMANN 1966, DIERSCHKE 1979a). Hier könnte man daran denken, daß nach Aufhören menschlicher Einflüsse das Entwässerungssystem verfallen oder Deiche abgetragen würden, dadurch wieder echte Auenwälder entstünden. Diese sind dann aber Bestandteile nicht der heutigen sondern einer zukünftigen potentiell natürlichen Vegetation.

Schließlich sei noch auf Veränderungen des Florenbestandes hingewiesen. TÜXEN (1961) nennt das denkbare Beispiel eines kleinräumig vorkommenden extrazonalen xerothermen Waldes. Nach seiner Vernichtung samt einiger weit vom Hauptareal entfernter Arten könnte die heutige PNV nicht mehr der vorhergehenden natürlichen Vegetation entsprechen. Im positiven Sinne sind neu eingebürgerte Arten, die sich in natürlicher Vegetation behaupten können (Agriophyten; s. III 7.2), zu berücksichtigen, z. B. manche wuchskräftigen Neophyten in natürlichen Ufergesellschaften. Noch deutlicher wird dies bei anthropogener Ausbreitung bzw. Neuansiedlung von Gehölzen, die im Zuge der nacheiszeitlichen Vegetationsgeschichte nicht alle standörtlich geeigneten Gebiete erreichen konnten (z. B. *Fagus sylvatica* in Irland; DIERSCHKE 1982c).

Trotz des hypothetischen Charakters hat sich der Begriff der PNV rasch ausgebreitet und vielfache Anwendung gefunden. „In der Pflanzensoziologie hat der Begriff der potentiell natürlichen Vegetation... die ehemalige Klimax-Vorstellung weitgehend ersetzt... Sie ist...das Richtmaß für die Beurteilung der syndynamischen Vorgänge in den Pflanzengesellschaften" (Tüxen 1974a, S. 36). „Wird der Erfolg eines theoretischen Konzepts am Ausmaß seiner Anwendung gemessen, gehört das der PNV ohne Zweifel zu den erfolgreichsten Neuerungen innerhalb der Vegetationskunde" (Kowarik 1987, S. 54). NEUHÄUSL (1984) versucht eine Präzisierung des nicht immer ganz klar verwendeten Begriffes der PNV. Er unterscheidet

– Rekonstruierte natürliche Vegetation: heutige natürliche Vegetation, wenn der Mensch nie eingegriffen hätte.

- Heutige potentiell natürliche Vegetation: heutige natürliche Vegetation, die sich schlagartig einstellen würde, wenn der menschliche Einfluß aufhörte, unter Berücksichtigung irreversibler Standortsveränderungen durch den Menschen.
- Umweltgemäße natürliche Vegetation: heutige natürliche Vegetation unter zusätzlicher Berücksichtigung reversibler anthropogener Wirkungen wie Luftverunreinigung, Lufttrockenheit und -erwärmung in Siedlungen, Bodenversauerung oder -versalzung, Vergiftung u. a. Sie kann auch in gewissen Grenzen für die Zukunft vorausgesagt werden.

Die letztere Vegetation wird vor allem für Stadt- und Industriebiotope gesehen. Allerdings sind auch dort viele anthropogenen Einflüsse irreversibel. Eher ergibt sich das Problem, in solchen Bereichen überhaupt noch eine natürliche Vegetation zu erkennen bzw. zu konstruieren, da es hierfür keine natürlichen Vorbilder gibt.

Zu den oft verschwommenen oder falsch verwendeten Inhalten der PNV und möglichen Fehlinterpretationen hat KOWARIK (1987) ausführlich und kritisch Stellung genommen (s. auch HÄRDTLE 1989). Er betont die folgenden Punkte:

a) Zeitlicher Bezug: jede konstruierte PNV muß eindeutig auf einen bestimmten Zeitpunkt bezogen werden.

b) Ausschluß des Zeitfaktors: Die PNV ist nicht Resultat einer erst einsetzenden realen Sukzession, sondern das schlagartig vorhandene Endstadium einer nur gedanklich konstruierbaren, mit den augenblicklichen Standortsbedingungen in Einklang stehenden Entwicklung. Entscheidend sind Kenntnisse über syndynamische Beziehungen von realen und potentiellen Gesellschaften, nicht aber Überlegungen über mögliche Vegetationsveränderungen nach Aufhören menschlicher Einflüsse.

c) Berücksichtigung vorhergehender anthropogener Einflüsse: Die Entscheidung, welche Einflüsse reversibel oder irreversibel sind, hängt von der Genauigkeit und dem Zeitmaßstab der Betrachtung ab. Vernachlässigbar sind eigentlich nur unmittelbar die Vegetation beeinflussende Maßnahmen wie Mahd oder Beweidung, die keine nachhaltigen Wirkungen haben, und solche Komponenten, die erst durch Existenz oder Entwicklung der hypothetischen Schlußgesellschaft selbst entstehen (neue Humusbildung, anderes Mikroklima u. a.).

d) Berücksichtigung von Florenveränderungen: Alle in der heutigen Naturvegetation einzuordnenden Pflanzensippen einschließlich von Agriophyten müssen für die Konstruktion der PNV in Erwägung gezogen werden.

e) Berücksichtigung stark anthropogen veränderter Standorte: Zur Zeit der ersten Definition der PNV (1956) spielten großflächige und nachhaltige Immissionswirkungen keine Rolle oder waren zumindest noch nicht klar erkannt. Außerdem richteten sich entsprechende Untersuchungen und Kartierungen vorwiegend auf die bäuerlich-forstwirtschaftlich beeinflußte Kulturlandschaft. Das Konzept der PNV muß heute soweit modifiziert werden, daß es auch für urban-industrielle Ballungsgebiete anwendbar ist.

Aus allem Gesagten läßt sich folgende Definition formulieren: Die **Potentiell Natürliche Vegetation** eines bestimmten Zeitpunktes ist die gedanklich festgelegte (schlagartig vorhandene), höchstentwickelte Vegetation (Schlußgesellschaft oder Stadium der Primärsukzession), die den zu diesem Zeitpunkt gegebenen Standortsbedingungen entspricht, d. h. mit ihnen in einem biologischen Gleichgewicht steht. Zu diesen Bedingungen gehören auch anthropogene Standortsbeeinflussungen und Florenveränderungen. Ausgenommen sind lediglich kurzfristig reversible Wirkungen sowie direkt auf die reale Vegetation gerichtete Eingriffe wie Mahd, Weide, Pflügen, Tritt u. ä. Die PNV ist ein Denkprodukt auf der Grundlage weiter und tiefer Kenntnisse der syndynamischen Beziehungen innerhalb genetischer Gesellschaftskomplexe.

Die PNV ist der biologische Ausdruck des Standortspotentials einer bestimmten Fläche. Karten der PNV sind deshalb gleichzeitig umfassende Standortskarten und so eine wichtige Grundlage der Angewandten Pflanzensoziologie. Auch für landschaftsökologische Raumgliederungen und für die Zusammenfassung genetisch-räumlicher Vegetationskomplexe ist die PNV benutzbar. Näheres hierzu findet sich unter XI 3/4.

3.6 Regressive und sekundär progressive Sukzessionen

Primärsukzessionen können durch starke exogene Wirkungen unterbrochen oder rückwärts gekehrt werden. Im ersten Fall entstehen Dauergesellschaften, im zweiten Fall weniger komplexe Vegetationstypen, im Sinne der soziologischen Progression also regressive Stadien. Solche Rückschläge können durch kurzfristig-katastrophale Störungen wie Feuer, Sturm, Überschwemmung, Erdrutsche, Lawinen, Dürre, Insektenbefall u. a. rasch entstehen oder sich durch langfristige, aber weniger stark wirkende Einflüsse ganz allmählich vollziehen. Hier spricht man häufig von Degradation oder Degeneration, z. B. durch Grundwassersenkung, langsame Erosion, Immissionen. Dazwischen stehen menschliche Nutzungsformen der Vegetation wie Holzschlag, Weide, Mahd, Ackerbau, die sowohl plötzlich als auch allmählich zu regressiven Entwicklungen führen.

Sobald die extremen Wirkungen aufhören, setzt eine sekundäre progressive Sukzession ein, die sich wieder auf eine bestimmte Schlußgesellschaft richtet. Wie in Kapitel 3.5.5 erläutert, kann diese der ehemaligen gleichen, aber aufgrund irreversibler Standortsveränderungen auch anders aussehen. Je nach Ausmaß regressiver Wirkungen erfolgt die Sekundärsukzession relativ rasch (z. B. nach Feuer) oder auch sehr langsam (z. B. nach starker Bodenerosion). Im ersten Fall ergeben sich besonders gute Möglichkeiten der Sukzessionsforschung, oft noch gefördert durch geplante Eingriffe (s. 3.2.2.3).

Im Gegensatz zur Primärsukzession ist in der Regel bereits ein mehr oder weniger gereifter Boden gegeben. Außerdem sind oft Pflanzenreste, zumindest Diasporen, im Boden vorhanden. FALIŃSKA (1986, 1988) unterscheidet **Regeneration** (eigenständige Erneuerung aus noch teilweise bestehenden Resten einer Pflanzengesellschaft nach weniger starken Störungen) und **Rekreative (Regenerative) Sukzession** (echte Neubildung, z. B. durch Samen oder vegetativ einwandernde Pflanzen aus Nachbargebieten). Zumindest im weiteren Sinne ist aber jede Regeneration auch eine Sekundärsukzession, auch wenn sie sich, oft wenig bemerkbar, nur auf kleinstem Raum abspielt. Sekundärsukzessionen sind nicht nur von den allgemeinen Wuchsbedingungen abhängig, sondern auch sehr stark von der Ausgangssituation, insbesondere den zu Beginn vorhandenen Pflanzen und Pflanzengesellschaften.

Sekundärsukzessionen gehören zum normalen Bild jeder Naturlandschaft, angefangen bei kleinflächig-zyklischen Entwicklungen der Regeneration (z. B. nach Absterben einzelner Bäume oder Baumgruppen) bis zu großflächigen Neuentwicklungen nach Naturkatastrophen. In der vom Menschen geprägten Kulturlandschaft sind Sekundärsukzessionen überall präsent, wenn auch nicht immer sofort erkennbar. Einmalige, plötzliche Wirkungen wie Kahlschlag, Umbruch führen zu neuen Sukzessionsserien. Sehr weit verbreitet ist die BrachlandSukzession, sei es auf brachfallenden Nutzflächen, sei es auf wenig beeinflußten Ruderalflächen im Siedlungs- und Industriebereich. Hierzu gibt es heute besonders viele Untersuchungen. Einige Beispiele werden in den folgenden Kapiteln vorgestellt.

3.6.1 Regressive Sukzession

Regressive Sukzessionen lassen sich schwer dokumentieren. Entweder verlaufen sie sehr rasch im Sinne starker Störung bis Zerstörung, so daß man nur das Endresultat festhalten kann, oder sie verlaufen sehr langsam, sodaß nur langfristige Daueruntersuchungen klare Ergebnisse bringen. Häufig wird hier die Methode der Auswertung des räumlichen Nebeneinanders (s. 3.2.1) benutzt.

Ein gutes Beispiel ist die Ableitung der Regression mediterraner Hartlaubwälder über Macchien und Heiden bis zu offenen Felsfluren, die sich über viele Jahrhunderte hinweg ergeben hat. Die häufig verwendete Darstellung von BRAUN-BLANQUET (1936a) zeigt Abb. 217. Abb. 218 enthält ein denkbares Sukzessionsschema, wobei die Regenerative Sukzession von der Therophytenflur zum Hartlaubwald mit paralleler Neubildung des Bodens viele Jahrhunderte dauern dürfte (s. auch BRAUN-BLANQUET 1964, S. 652, KORNAŚ 1958, E. & S. PIGNATTI 1968, POLI MARCHESE et al. 1988).

Ein Beispiel starker Degradation in Mitteleuropa ist die Verheidung altdiluvialer Gebiete (s. ELLENBERG 1978, S. 45). Starker Stoffentzug hat auf den armen Böden im Zusammenhang mit der weidebedingten Entwicklung von Zwergstrauchheiden zur Bodenverschlechterung (Podsolierung) geführt. Hier kann zwar eine rasche Sekundärsukzession einsetzen, die aber sicher zu einer neuartigen Schlußgesellschaft führt. Auch innerhalb von Weidegebieten selbst kann sehr starke Nutzung (Überweidung) zu regressiven Entwicklungen führen (z. B. Salzmarschen: BAKKER & RUYTER 1981). Weniger stark ist die Degradation von Wäldern durch langfristige Nieder- oder Mittelwaldnutzung (s. POTT 1985). Entsprechend geht hier die Entwicklung zur Schlußgesellschaft rascher vor sich. Ganz ähnlich verläuft z. B. die Walddegra-

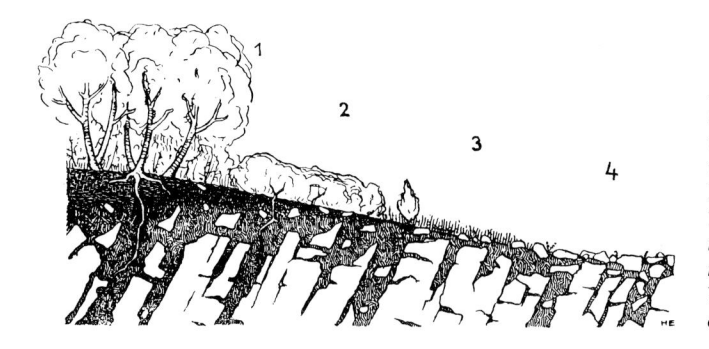

Abb. 217. Regressive Sukzession (Degradation) von Vegetation und Boden im Gebiet des mediterranen Steineichenwaldes (aus BRAUN-BLANQUET 1936a).
1: *Quercetum ilicis*; 2: *Quercetum cocciferae*; 3: *Brachypodietum ramosi*; 4: überweidete Ausbildung von *Euphorbia characias*.

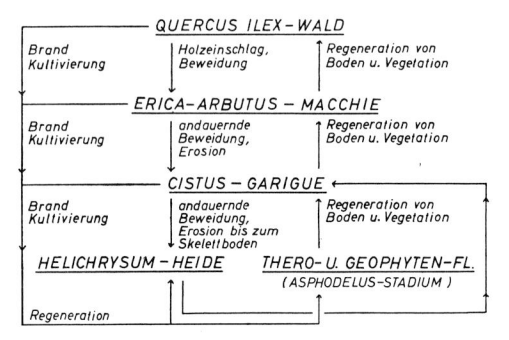

Abb. 218. Schema der regressiven und sekundär progressiven Sukzession im Bereich des mediterranen Steineichenwaldes auf Korsika (aus BURRICHTER 1961).

dation in sommergrünen Wäldern Japans (MIYAWAKI 1982). Einen Sonderfall der Regression beschreibt PIOTROWSKA (1988) von Küstenwäldern in Polen, die von Wanderdünen allmählich zerstört werden.

In vielen Gebieten vollziehen sich heute schleichende Regressionen im Zuge allmählicher Umweltveränderungen. Sie bestehen oft nur aus der Zu- oder Abnahme oder dem Auswechseln einzelner Arten, bleiben also innerhalb desselben Vegetationstyps. Hierauf wird im Kapitel über Diszessive Sukzessionen (5.7) eingegangen.

3.6.2 Sekundär progressive Sukzession

Wie schon erläutert, gibt es in der Natur- und Kulturlandschaft mannigfache Abläufe von Sekundärsukzessionen, von kleinsten Regenerationsvorgängen bis zu großflächigen Entwicklungen. Einige Beispiele sollen dies näher beleuchten.

3.6.2.1 Brachland-Sukzession

Probleme der „Sozialbrache" haben in vergangenen Jahrzehnten den Blick der Öffentlichkeit und Wissenschaft auf entsprechende Fragen der Sekundärsukzession gerichtet. Mit zunehmender Intensivierung und Konzentration der Landwirtschaft waren Grenzertragsböden nicht mehr rentabel zu nutzen, wurden deshalb aufgeforstet oder blieben ungenutzt liegen. Bald stellte sich heraus, daß die Biologen wenig konkrete Vorstellungen über die zu erwartenden Sukzessionen besaßen, so daß dringender Forschungsbedarf bestand und teilweise weiter besteht. Zumindest gibt es jetzt eine große Zahl von Einzelarbeiten, welche die Vielzahl von Tendenzen verdeutlichen. Gleichzeitig wurden Vorschläge entwickelt, wie man die Sukzession in wünschbare Richtung lenken oder ganz aufhalten bzw. rückgängig machen kann (s. auch 3.8). Hierbei wuchs rasch die Erkenntnis, daß es kein allgemeines Modell der Brachland-Sukzession geben kann, daß vielmehr standorts- und gesellschaftsspezifische Entwicklungen ablaufen. Übersichten hierzu finden sich z. B. bei ELLENBERG (1978), FALIŃSKA (1991), MEISEL & HÜBSCHMANN (1973), NEUHÄUSL (1987), SCHIEFER (1980), SCHMIDT (1981a), SCHREIBER (1980, 1987), SCHREIBER & SCHIEFER (1985).

Allgemein lassen sich einige Grundtypen der Brachland-Sukzession im landwirtschaftlichen Bereich unterscheiden (mit einigen Literaturbeispielen):

– Brache nach Ackerland, Weinfeldern u. ä. (BORSTEL 1974, HARD 1982, 1985, MEISEL & HÜBSCHMANN 1973, REIF & LÖSCH 1979, RICHTER 1989, SCHMIDT 1981a).

– Brache nach produktivem Frischgrünland (ARENS 1989, BORSTEL 1974, HARD 1975, MEISEL & HÜBSCHMANN 1973, NEUHÄUSL & NEUHÄUSLOVÁ 1985, SCHIEFER 1980, SPATZ & SPRINGER 1987, SPATZ & WEIS 1980).

– Brache nach produktivem Feuchtgrünland (BORSTEL 1974, FALIŃSKA 1991, GIGON & BOCHERENS 1985, KIENZLE 1979, J. MÜLLER

et al. 1992, ROSENTHAL 1992, ROSENTHAL & MÜLLER 1988, SCHIEFER 1980, SCHWARTZE 1992, WOLF 1979, WOLF et al. 1984).
- Brache nach extensiv genutztem, magerem Grünland (ARENS 1989, BORSTEL 1974, DIERSCHKE & ENGELS 1991, HAKES 1987, KIENZLE 1979, REICHHOFF & BÖHNERT 1978, SCHIEFER 1980, SCHWABE-BRAUN 1980, WILMANNS 1989d, ZOLLER et al. 1984).

Die Sukzessionsforschung im Brachland hat teilweise zu neuen Begriffen geführt oder ältere hervorgeholt, die bestimmte allgemeine Vorgänge kennzeichnen. Hierzu gehören Vergrasung, Verstaudung, Versaumung, Verbuschung und Verwaldung.

a) Sukzession auf Ackerbrachen

Äcker stellen Sonderbiotope der Brachland-Sukzession dar, da hier zu Beginn fast freie Konkurrenz zwischen Pflanzen aus Diasporen im Boden und Neueinwanderern aus der Umgebung herrscht. Vieles ähnelt deshalb der Primärsuzession auf nährstoffreicheren Substraten (s. 3.4.2). Meist gibt es eine allgemeine Abfolge von einem kurzlebigen Therophytenstadium zu langlebigeren Gras- und Kräuterstadien, in die dann erste Gehölze eindringen. Ein Beispiel

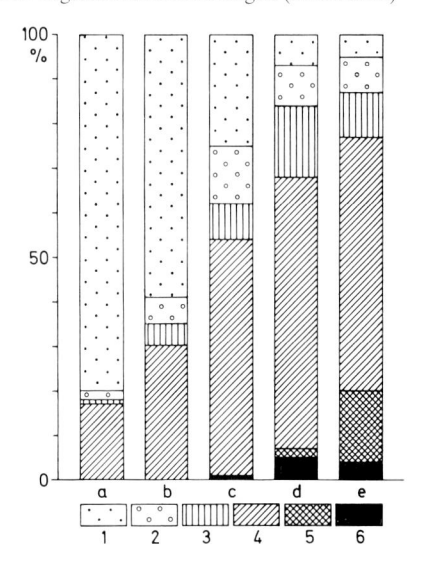

Abb. 219. Lebensformenspektren von Äckern und ihren Brachestadien aus dem Gebiet von Bacharach/Mittelrhein (aus MEISEL & HÜBSCHMANN 1973).
1: Einjährige; 2: Zweijährige; 3: ausdauernde Gräser; 4: ausdauernde Kräuter; 5: Gehölze; 6: Moose.
a: bewirtschaftete Äcker; b-e: Brachen (b: ein bis zwei Jahre alt; c: 3–4; d: 5–10; e: älter als zehn Jahre).

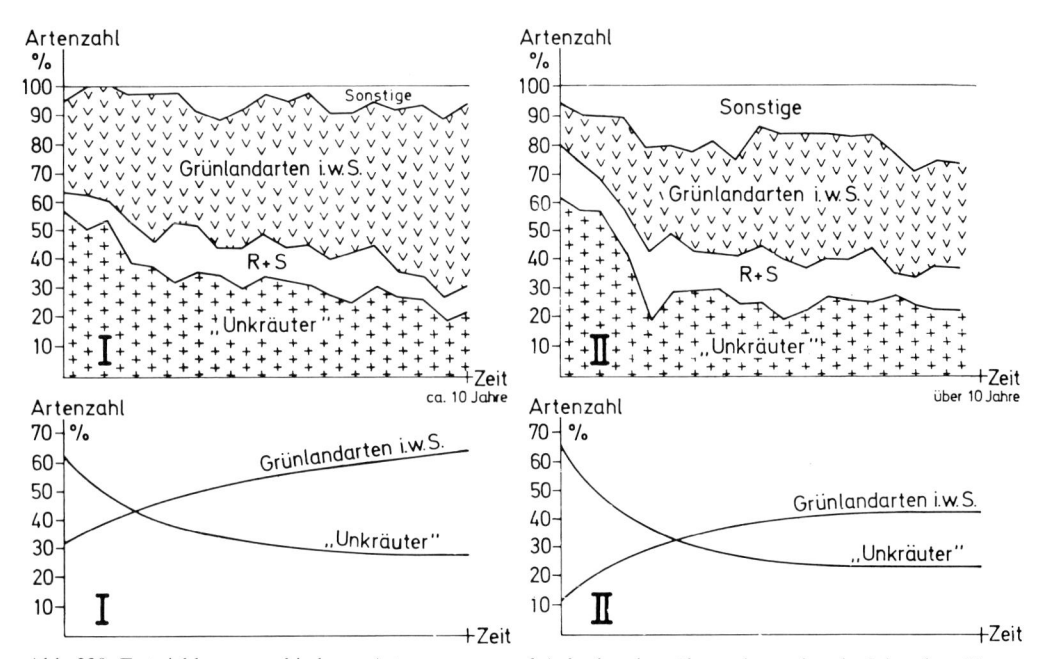

Abb. 220. Entwicklung verschiedener Artengruppen auf Ackerbrachen über zehn und mehr Jahre (aus HARD 1975).
I: Tiefgründige, frische bis wechselfeuchte Böden.
II: Flachgründigere und relativ trockene Böden.
R+S: Ruderal- und Schlagpflanzen.

vom Mittelrhein zeigt die Lebensformenspektren verschiedener Stadien (Abb. 219). Die Entwicklung von Artengruppen über etwa zehn Jahre ergibt sich aus Abb. 220. Hier werden auch Unterschiede verschiedener Böden erkennbar. Genaue Untersuchungen zur Biomassenentwicklung und Ökologie bis 25 Jahre alter Ackerbrachen machten SYMONIDES (1985), SYMONIDES & WIERZCHOWSKA (1990).

An dieser Stelle soll auf den **Göttinger Bracheversuch** (Schmidt 1981a) näher eingegangen werden, der bereits in Kapitel 3.2.2.3 vorgestellt wurde (nur die ungestörte Sukzession). Er weicht insofern von der normalen Brachland-Sukzession ab, als zu Beginn der Boden von Diasporen befreit, d. h. sterilisiert war, also noch stärkere Anteile einer Primärsukzession aufweist. In vielem ist der Sukzessionsverlauf ein Modell für die Vegetationsentwicklung auf Substraten mit guter Wasser- und Nährstoffversorgung. Er folgt großenteils dem Prinzip der anfänglichen Artenkombination (s. 3.5.2), d. h. viele Arten auch der späteren Stadien sind schon frühzeitig anwesend.

Die folgenden Abbildungen (221–224) illustrieren einige Hauptzüge der Entwicklung, gleichzeitig verschiedene Auswertungsmöglichkeiten von Sukzessionsergebnissen. Am leichtesten überschaubar ist die Veränderung der Deckungsgrade verschiedener Schichten (Abb. 221). Es wird eine zunächst rasche Entwicklung der Krautschicht erkennbar, mit besonders starken Veränderungen im zweiten Versuchsjahr. Schon nach drei bis vier Jahren war ein Höchstwert erreicht, der rasch zunehmende endogene Wechselwirkungen vermuten läßt. Zu dieser Zeit beginnt auch schon die Ausbildung einer Strauchschicht, die nach zehn Jahren bis 70% Deckung erreicht. Eine zweigipflige Kurve zeigt die Moosschicht. Im fünften bis siebten Jahr war sie durch eine sehr dichte Krautschicht, verbunden mit trockenen Perioden, stark eingeengt. Der spätere erneute Anstieg ist vermutlich eine Folge der Entwicklung anderer Moosarten im Schatten der aufkommenden Gehölze.

Abb. 222 enthält prozentuale Spektren der Lebensformen und soziologischer Artengruppen. Die Lebensformen zeigen in ihren Deckungsanteilen ähnliche Tendenzen wie Abb. 219. In den ersten Jahren herrscht ein rascher Wechsel, zunächst vor allem im Wettbewerb von Therophyten und Hemikryptophyten, später zwischen letzteren und Phanerophyten.

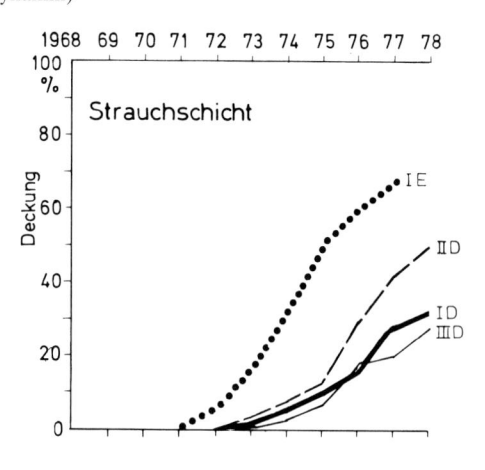

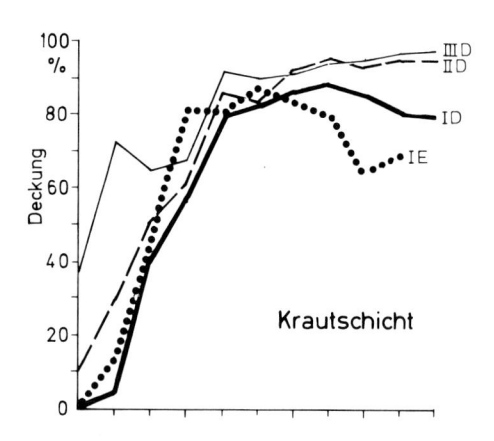

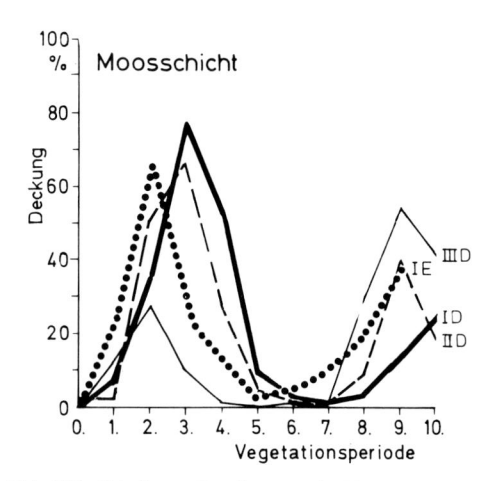

Abb. 221. Göttinger Bracheversuch: Veränderungen der Deckungsgrade verschiedener Schichten der Parzellen mit ungestörter Sukzession eines sterilisierten Ackerbodens (aus SCHMIDT 1981a)

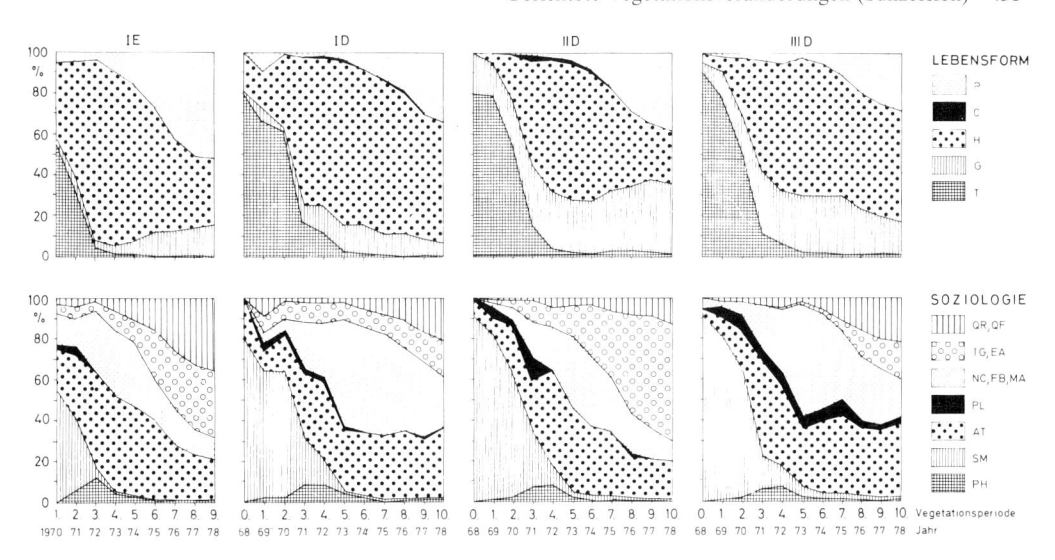

Abb. 222. Göttinger Bracheversuch: Prozentuale Spektren verschiedener Parzellen im Laufe der ungestörten Sukzession mit Berücksichtigung des Deckungsgrades (aus SCHMIDT 1981a).
Oben: Lebensformen: P: Phanerophyten; C: Chamaephyten; H: Hemikryptophyten; G: Geophyten; T: Therophyten.
Unten: Soziologische Gruppen: QR, QF: *Quercetea robori-petraeae, Querco-Fagetea*; TG, EA: *Trifolio-Geranietea, Epilobietea*; NC, FB, MA: *Nardo-Callunetea; Festuco-Brometea, Molinio-Arrhenatheretea*; PL: *Plantaginetea*; AT: *Artemisietea*; SM: *Stellarietea*; PH: *Phragmitetea*.

Eine feinere Differenzierung der Therophyten ergibt zu Beginn weitere Unterschiede (s. Schmidt 1981a, S. 33). Auch der Wechsel soziologischer Artengruppen folgt allgemeineren Prinzipien: zu Beginn haben Ackerwildkräuter hohe Deckungsanteile, gefolgt von Arten ausdauernder Ruderalfluren und des Grünlandes. Im Zuge sich ausbreitender Gehölze gewinnen teilweise auch Saum- und Schlagpflanzen an Gewicht.

Wichtige floristische Veränderungen läßt Abb. 223 erkennen. Hier wurden die Ergebnisse von drei Parzellen mit statistischen Methoden verglichen. Differentialarten sind solche mit signifikant höherem Deckungsgrad in einem Jahr gegenüber anderen Jahren. Als Dominanzarten werden die drei Arten eines Jahres bezeichnet, die jeweils die höchsten Deckungsgrade auf einer Parzelle erreichen. Wie schon früher betont, sind für Sukzessionsuntersuchungen oft Verschiebungen des Deckungsgrades wichtiger als der reine Artenwechsel. Etwa 2/3 aller Arten ergaben keine statistisch sicherbaren Unterschiede. Die Abbildung enthält aber immer noch 47 brauchbare Arten.

Abb. 224 faßt schließlich einige Daten der Gehölzentwicklung zusammen. Schon zu Beginn der Sukzession waren erste Jungpflanzen von *Salix caprea*, *Betula pendula* und *Fraxinus excelsior*, also von Arten mit gut flugfähigen Samen vorhanden. Sie spielen auch in der weiteren Sukzession eine wichtige Rolle. Innerhalb von 15 Jahren wurden 28 Gehölzarten gefunden, die überwiegend aus der unmittelbaren Umgebung stammen (Einzelheiten bei SCHMIDT 1983b). Eine Zusammenfassung mit neueren Daten gibt Tabelle 45. Inzwischen hat sich ein breites Spektrum von Gehölzen eingestellt. Jungpflanzen von *Quercus robur* traten erstmals nach 17 Jahren auf. Obwohl der nächste Buchenwald nicht weit entfernt ist, war *Fagus sylvatica* bisher nur nach 20 Jahren einmal als Keimling vorhanden.

b) Sukzession auf Grünlandbrachen

Auf Grünlandbrachen ist zu Beginn der Sekundärsukzession bereits eine dichte Pflanzendecke vorhanden. Meist kommt es zunächst nur zu Umschichtungen innerhalb der Bestände, oft mit Dominanzverschiebungen zugunsten einiger wuchskräftiger Arten (**Verstaudung**, **Vergrasung**), die vorher durch Mahd oder Beweidung eingeengt waren. GIGON & BOCHERENS (1985) sprechen auch von einer „Auteutrophierung" nach Entfall der Stoffentnahme. Dichter, hoher

452 Veränderung von Pflanzenbeständen (Vegetationsdynamik)

LF SZ VB	Vegetationsperiode Jahr		1. 69	2. 70	3. 71	4. 72	5. 73	6. 74	7. 75	8. 76	9. 77	10. 78
TA CH AN	Chenopodium album	FF	●	·								
TA SM AZ	Polygonum persicaria	FF	◐	·								
TE CH AN	Senecio vulgaris	FS	●	·	·							
TA CH AN	Sonchus oleraceus	X	○	·	·							
TA CH AN	Atriplex patula	FF	○	·	·							
TE CH AZ	Capsella bursa-pastoris	FS	○	·	·							
TE SM AN	Stellaria media	FS	◐	·	·							
TA SM ZM	Fallopia convolvulus	FF	●	·	·	·						
TH SM AN	Arenaria serpyllifolia	FS	●	·	·	·	·	·	·		·	
TA CH AN	Sonchus asper	FS	●	◐	·	·	·					
TH SE AN	Papaver rhoeas	K,MU,FS	○	○	·	·	·	·	·		·	
TA SE AN	Anagallis arvensis	FF	●	◐	·	·	·					
TA SM ZP	Sinapis arvensis	FF	●	◐	◐	·	·					
TH SM AU	Viola arvensis	F	●	●	◐	·	·		·			
TB CH AN	Conyza canadensis	X	·	●	·	·	·					
TH AT ZP	Galium aparine	FF	·	●	·	·	·		·			
HS MA AN	Trifolium pratense	MU	·	◐	·	·	·		·			
TA SM AN	Tripleurospermum inodorum	X	·	·	◐	·	·					
HS AT AN	Epilobium adenocaulon	K	·	·	○	●	·	·	·	·	·	
HS PH AN	Epilobium parviflorum	K	·	·	○	●	·	·				
HS AT AN	Epilobium tetragonum	K	·	·	○	●	·	·				
CR MA AN	Cerastium holosteoides	MU	·	·	·	◐	◐	◐	·			
HS MO AN	Epilobium hirsutum	K,MU	·	·	·	◐	◐	·	·			
TH SM ZP	Myosotis arvensis	FS	·	·	·	◐	·	·				
GK SM AN	Cirsium arvense	FS	·	·	●	◐	·	·	·		·	
HS AR AN	Taraxacum officinale	MU	○	○	·	○	○	·	○	○	·	
AS EA AN	Epilobium angustifolium	K	○	○	○	·	◐	·	·	◐	·	
GK AT AN	Tussilago farfara	FF	○	○	○	·	●	●	●	●	●	○
HS AT AN	Solidago canadensis	K	·	○	○	○	○	○	○	○	·	●
HS AR AN	Senecio jaccobea	MU	·	·	·	◐	◐	◐	◐	·	·	
HR MA AN	Poa trivialis	MU,FS	·	·	·	·	○	○	·	·	·	
HS AR AN	Picris hieracioides	MU	·	·	·	·	·	·	●	●	○	·
GR MA AN	Poa pratensis	MU	·	·	·	·	·	◐	◐	◐	·	·
GR EA AN	Calamagrostis epigejos	K,MU	·	·	·	·	·	·	○	○	○	○
HS AR AN	Crepis biennis	K,MU	·	·	·	·	·	·	·	◐	·	·
MP FA AN	Acer platanoides S,K	K	·	·	·	·	·	·	·	◐	◐	●
NP EA AN	Salix caprea S,K	K	·	·	·	·	·	·	·	○	○	●
MP FA AN	Fraxinus excelsior S,K	K	○	·	·	·	·	·	·	·	○	●
NP PR AN	Clematis vitalba S,K	K	·	·	·	·	·	·	·	·	·	●
NP PR ZN	Rosa canina S,K	K	·	·	·	·	·	·	·	·	◐	◐
HS FA ZP	Geum urbanum	K	·	·	·	·	·	·	·	·	◐	◐
MP QR ZN	Sorbus aucuparia S,K	K	·	·	·	·	·	·	·	·	◐	◐
TA FB AN	Trifolium campestre	X	·	·	·	·	·	·	·	·	◐	·
MP QR ZN	Betula pendula S,K	K	·	·	·	·	·	·	·	·	·	●
HC MA AN	Dactylis glomerata	K	·	·	·	·	·	·	·	·	·	·
HR EA ZN	Fragaria vesca	K	·	·	·	·	·	·	·	·	·	◐
NP PR ZN	Cornus sanguinea S,K	K	·	·	·	·	·	·	·	·	·	●

Abb. 223. Göttinger Bracheversuch: Floristische Verschiebungen bei ungestörter Sukzession (aus Schmidt 1981a).
Ausgefüllte Ovale: Differential- und Dominanzart; halbgefüllt: Differentialart; mit Strich: nur Dominanzart. Einfacher Punkt: ohne differenzierenden Wert. Erläuterung im Text.

Wuchs, teilweise begleitet von Streuansammlung, führt zum Rückgang kleinwüchsiger Arten und zu allgemeiner Artenverarmung. Nach Schiefer (1980) gehen vor allem Horst- und Rosetten-Hemikryptophyten sowie Chamaephyten mit oberirdischen Ausläufern zurück, zugunsten von Geophyten und anderen Lebensformen mit unterirdischen Ausläufern. Kurzlebige Arten werden durch langlebigere verdrängt. Das Ganze ist zunächst mehr eine dissezessive Sukzession, die in produktiveren Beständen rascher verläuft als in wuchsschwachen.

Sehr extrem kann die Artenverarmung in Naßwiesen sein, wenn sich hochwüchsige Seggen mit starker Streuproduktion ausbreiten. Abb. 225 zeigt dies am Beispiel von *Carex acutiformis*. 1974 herrschte in der noch genutzten Wiese eine bunte Mischung verschiedener Pflanzenarten mit eingestreuten Individuen der Segge. Nach drei Jahren Brache hatte sich noch wenig verändert. Danach folgte eine rasche Ausbreitung und Verdichtung durch Polycormonbildung. Gleichzeitig wuchs die Streumenge. Nach zehn Jahren war ein artenarmes Seggenried entstanden. Auch J. Müller et al. (1992) stellen eine rasche Artenabnahme in Feuchtwiesen fest. Es erfolgt eine rasche Ausbreitung hochwüchsiger Rhizompflanzen mit starkem Nähr-

Gerichtete Vegetationsveränderungen (Sukzession) 453

Verbreitung	Lebensform	Soziologie	Vegetationsperiode	1	2	3	4	5	6	7	8	9	10	11	12	13	14
			Jahr (1969 - 1982)	69	70	71	72	73	74	75	76	77	78	79	80	81	82
			Baum- u. Strauchschicht, Deckung (%)						2	6	12	17	28	33	33	39	40	43
			Krautschicht, Deckung (%)	5	43	58	80	83	87	89	86	81	80	80	78	84	85
			Artenzahl (Phanerogamen)	36	40	43	51	56	60	57	53	58	63	58	61	63	62
			Artenzahl (Gehölze)	3	4	6	10	9	11	12	12	12	14	16	17	19	19
A	N	EA	Salix caprea ●	+	+	1	1	2	4	6	10	15	16	16	19	19	18
A	P	QR	Betula pendula ○	+	+	1	1	1	2	5	6	9	14	12	13	13	13
A	P	FA	Fraxinus excelsior □	+	+	+	1	1	2	2	4	3	4	6	6	6	6
A	P	FA	Acer platanoides △		+	+	+	+	+	+	+	+	+	+	1	1	1
A	L	PR	Clematis vitalba			+	+	+	1	1	+	2	1	1	2	2	2
Z	P	FA	Prunus avium ×			+	+						+	+	+	+	1
Z*	N	PR	Rosa canina ■					+	+	+	+	1	1	2	3	3	4
Z*	N	PR	Cornus sanguinea ∧					+	+	+	+	1	1	2	3	5	5
Z	P	QR	Sorbus aucuparia ∨					+	+	+	+	+	1	1	1	1	1
A	P	FA	Acer pseudoplatanus					+				+	+	+	+	+	+
Z*	N	EA	Rubus fruticosus agg. ▲						+	+	+	+	+	+	1	1	3
Z	N	PR	Crataegus monogyna ▽							+	+	+	1	1	1	1	1
Z*	N	PR	Prunus spinosa								+	+	+	+	+	+	+
Z*	N	EA	Rubus idaeus							+				+	+	+	+
A	P	VP	Picea abies										+	+	+	+	+
A	P	QF	Acer campestre										+	+	+	+	+
Z	N	QF	Viburnum opulus										+	1	1		
Z	N	PR	Viburnum lantana											+	+		
Z	N	PR	Rhamnus catharticus ▼											+	+		
Z	N	?	Cotoneaster divaricatus												+	+	
Z	N	QF	Lonicera xylosteum													+	

Abb. 224. Göttinger Bracheversuch: Deckungsgrad- und Höhenentwicklung der Gehölze und Verteilung einzelner Arten auf einer Parzellen in verschiedenen Jahren (aus SCHMIDT 1983b). Deckungsgrade in Prozent (+ = < 0,5%). Unterstrichen: über 0,5 m hoch; doppelt unterstrichen: über 5 m hoch.

Tab. 45. Göttinger Bracheversuch (1968–1990)
Erstes längeres Auftreten von Gehölzen in der Kraut- und Strauchschicht in mindestens zwei von vier Parzellen (Jahre nach Versuchsbeginn bei ungestörter Sukzession; nach Angaben von W. SCHMIDT)

	Kr	St		Kr	St
Betula pendula	1–2	5	*Acer campestre*	6-8	.
Sambucus nigra	1–2	5	*Prunus spinosa*	7-9	11–17
Fraxinus excelsior	1–2	5-6	*Picea abies*	9–17	.
Acer platanoides	1–2	5-7	*Viburnum opulus*	10–12	14–20
Salix caprea	1–3	5	*Lonicera xylosteum*	11–13	20
Clematis vitalba	1–3	6-9	*Rubus caesius*	11–16	15
Rosa canina	2–4	5-7	*Euonymus europaeus*	12–13	19–21
Acer pseudoplatanus	2–4	5–11	*Carpinus betulus*	12–21	.
Prunus avium	3–6	5–10	*Rhamnus catharticus*	13	17–20
Rubus fruticosus agg.	3–6	6–10	*Viburnum lantana*	13–14	16–21
Cornus sanguinea	4	6	*Ligustrum vulgare*	16–21	.
Sorbus aucuparia	4–5	8-9	*Quercus robur*	17–22	.
Crataegus monogyna	6–8	8–11	(*Fagus sylvatica*)	1 Klg. (1988)	

stoffanreicherungsvermögen, innerem Nährstoffkreislauf und guter Umsetzung der Nährstoffe in Biomasse, z. B. bei *Filipendula ulmaria*, *Glyceria maxima*, *Phalaris arundinacea*.

Stärker progressiv ist der Vorgang der **Versaumung**, bei dem schnittempfindliche Saumpflanzen in Wiesen und Magerrasen eindringen.

Grünlandbrachen zeigen teilweise ein verändertes phänologisches Verhalten: Dichte Streulagen erschweren im Frühjahr die Bodenerwärmung, wodurch sich der Blühbeginn mancher Arten verzögert. Allgemein spielen oft später blühende Stauden eine stärkere Rolle, so daß wichtige Aspekte erst im Hoch- bis Spätsommer liegen können.

Syntaxonomisch sind solche Brachestadien schwer einzuordnen, da die an ehemalige Nutzung angepaßten Charakterarten teilweise ver-

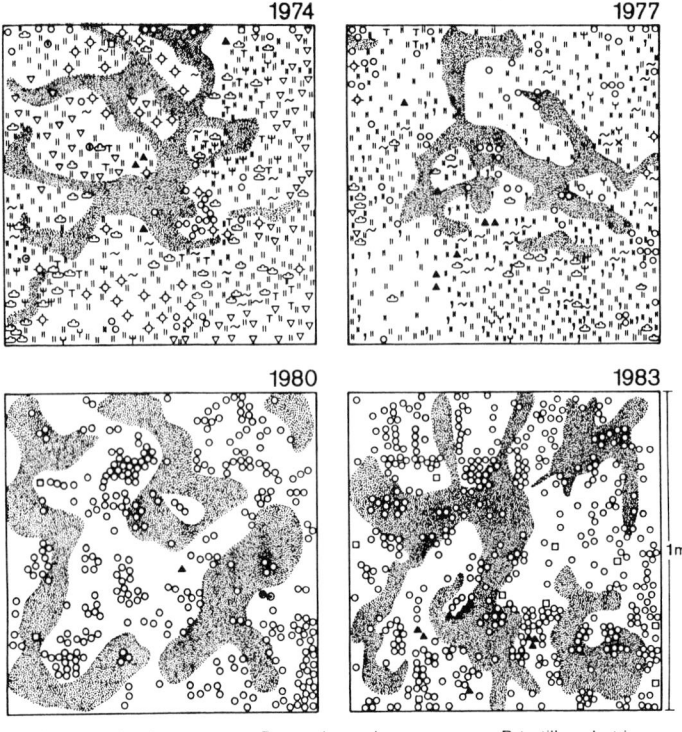

Abb. 225. Veränderungen in einer brachen Naßwiese mit Entwicklung zu einem *Carex acutiformis*-Seggenried innerhalb von zehn Jahren (aus FALIŃSKA 1991). Erläuterung im Text.

o Carex acutiformis
ıı Gramineae
⌒ Lychnis flos-cuculi
◇ Cirsium rivulare
⊚ Cirsium palustre
Y Ranunculus acris
⋎ Ranunculus repens
▽ Geum rivale
~ Myosotis scorpioides
T Galium uliginosum
ı Potentilla palustris
▲ Lythrum salicaria
□ Lysimachia vulgaris
× Polygonum bistorta
⬕ necrosis of parts

schwinden. Dominanzverschiebungen sind ohnehin nur ein sehr untergeordnetes Kriterium. Durch Spektren soziologischer Artengruppen (bzw. Auszählung von Arten solcher Gruppen in Aufnahmen und Tabellen) wird jedoch der syntaxonomische Anschluß, aber auch mancher Zwischenzustand erkennbar. Meist kann man noch Degenerationsphasen von Assoziationen finden oder eine Zuordnung als Basal- und Derivatgesellschaften durchführen (s. VIII 5.3).

Ein weiterer Sukzessionsschritt ist die **Verbuschung**. Inzwischen hat sich gezeigt, daß diese oft unerwünschte Entwicklung teilweise extrem langsam abläuft oder über Jahrzehnte hinweg ausbleibt. In den dichten Beständen und Streulagen der Brachen haben es Gehölze sehr schwer, sich festzusetzen und zu entwickeln. Dies gilt vor allem für Brachen von Feucht- und Naßwiesen, z. B. Dominanzbestände von *Filipendula ulmaria*, *Phalaris arundinacea* oder Großseggen. Eventuell geben Maulwurfs- und Ameisenhaufen Platz für Pioniergehölze. Nur wenn in Nachbarschaft Polycormon-bildende Arten vorkommen, kann es eine raschere Verbuschung geben (s. 3.4.4). Auch standörtliche Unterschiede spielen bei ähnlichen Brachen eine differenzierende Rolle für die Gehölzansiedlung (s. ZOLLER et al. 1984).

Abb. 226 zeigt ein Beispiel geringer Gebüschentwicklung über lange Zeit in einer brachliegenden Extensivweide. Aus Altersbestimmungen der Sträucher und dem Vergleich verschieden alter Luftbilder wird erkennbar, daß die meisten Sträucher aus den Übergangsjahren Weide-Brache stammen. Die weitere Zunahme des Deckungsgrades beruht vor allem auf dem Kronenwachstum dieser Exemplare.

Bis zur **Wiederbewaldung** („Verwaldung") ist es dann immer noch ein sehr weiter Schritt. FALIŃSKI (1988) rechnet für die Entwicklung eines Weidengebüsches bis zur Schlußgesellschaft des Linden- Hainbuchenwaldes in Ostpolen etwa 350 Jahre. Dagegen beschreibt RUNGE (1985) für eine Dauerfläche in einer aufgelassenen Viehweide, die nur 20 m von einem Erlenwald entfernt ist, schon nach vier Jahren ein

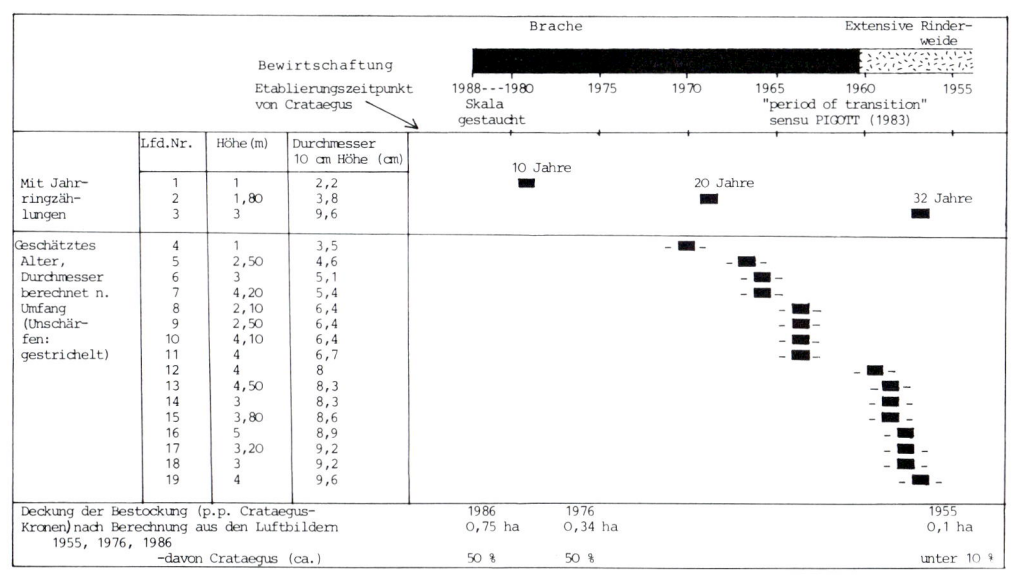

	Lfd.Nr.	Höhe (m)	Durchmesser 10 cm Höhe (cm)						
Mit Jahr-ringzäh-lungen	1	1	2,2						
	2	1,80	3,8						
	3	3	9,6						
Geschätztes Alter, Durchmesser berechnet n. Umfang (Unschär-fen: gestrichelt)	4	1	3,5						
	5	2,50	4,6						
	6	3	5,1						
	7	4,20	5,4						
	8	2,10	6,4						
	9	2,50	6,4						
	10	4,10	6,4						
	11	4	6,7						
	12	4	8						
	13	4,50	8,3						
	14	3	8,3						
	15	3,80	8,6						
	16	5	8,9						
	17	3,20	9,2						
	18	3	9,2						
	19	4	9,6						
Deckung der Bestockung (p.p. Crataegus-Kronen) nach Berechnung aus den Luftbildern 1955, 1976, 1986				1986 0,75 ha	1976 0,34 ha				1955 0,1 ha
-davon Crataegus (ca.)				50 %	50 %				unter 10 %

Abb. 226. Gebüschentwicklung bei Brachfallen einer extensiven Rinderweide im Schwarzwald nach Ermittlung oder Schätzung des Alters von *Crataegus monogyna* (aus SCHWABE et al. 1989). Erläuterung im Text.

niedriges Erlengebüsch und nach 21 Jahren einen 10 m hohen Wald. Eine ähnliche Weide zeigte allerdings nach 17 Jahren Brache noch fast den alten Vegetationstyp.

FALIŃSKA (1991) hat sehr eingehend eine waldnahe *Calthion*-Feuchtwiese über 15 Jahre Brache untersucht. Sie entwickelte sich zu einem hohen Weidengebüsch, während ein benachbarter Großseggenbestand fast unverändert blieb. Eine Zusammenfassung für die Feuchtwiese gibt Abb. 227. Die noch genutzte Wiese ist artenreich und bunt gemischt (O-Phase). Mit beginnender Brache (I: erstes bis drittes Jahr) wird die Oberschicht durch einige Hochstauden verstärkt (Degenerationsphase des *Cirsietum rivularis*), gefolgt von einem eigenen Hochstauden-Stadium bis zum zehnten Jahr (II), das bei Vorherrschen von *Filipendula ulmaria* als eigene Assoziation eingestuft wird. Es findet eine Entmischung zu Individuengruppen einzelner Arten statt; die kleinwüchsigen Pflanzen der unteren Schichten verschwinden, die Artenzahl erreicht ein Minimum. Gegen Ende des Stadiums erscheinen in Lücken sich auflösender Polycormone die ersten Weiden, die eine Buschdickicht-Übergangsphase (III) von etwa fünf Jahren einleiten. Das Schwergewicht der Vertikalstruktur verschiebt sich weiter nach oben. Nach 15 Jahren beginnt das eigentliche Gebüschstadium, das vermutlich lange anhält.

Diese Beispiele mögen zeigen, daß der genaue Sukzessionsverlauf sehr stark von den lokalen Standorts- und Vegetationverhältnissen abhängt. Vor zu allgemeinen Modellen muß eher gewarnt werden. Die meisten Untersuchungen setzen auch nicht beim Ausgangszustand ein, sondern vergleichen eher räumlich benachbarte genutzte und ungenutzte Bereiche. Viele Arbeiten sind außerdem mehr auf die Rückentwicklung brachliegender Bereiche durch geeignete Pflegemaßnahmen ausgerichtet (s. 3.8.3).

3.6.2.2 Sukzession nach Katastrophen

In anderen Gebieten der Erde spielen Naturkatastrophen wie Vulkanausbrüche, Stürme, Feuer, Erdbeben u. a. eine oft wesentlich größere Rolle als in Mitteleuropa, wo vergleichbare Ereignisse eher vom Menschen ausgelöst werden.

Sehr gravierend können sich **Brände** auf die Vegetation auswirken, bis zur völligen Vernichtung aller oberirdischen Pflanzenteile und der Humusschicht. In manchen Trockengebieten der Erde gehören Brände zum normalen Naturhaushalt oder werden bewußt zur Schaffung oder Erhaltung bestimmter Vegetationszustände eingesetzt. Eine Bibliographie zu Arbeiten über den Einfluß von Feuer auf die Vegetation geben ECKELS et al. (1984). Bei uns gibt es relativ wenige Untersuchungen über die Sekundär-

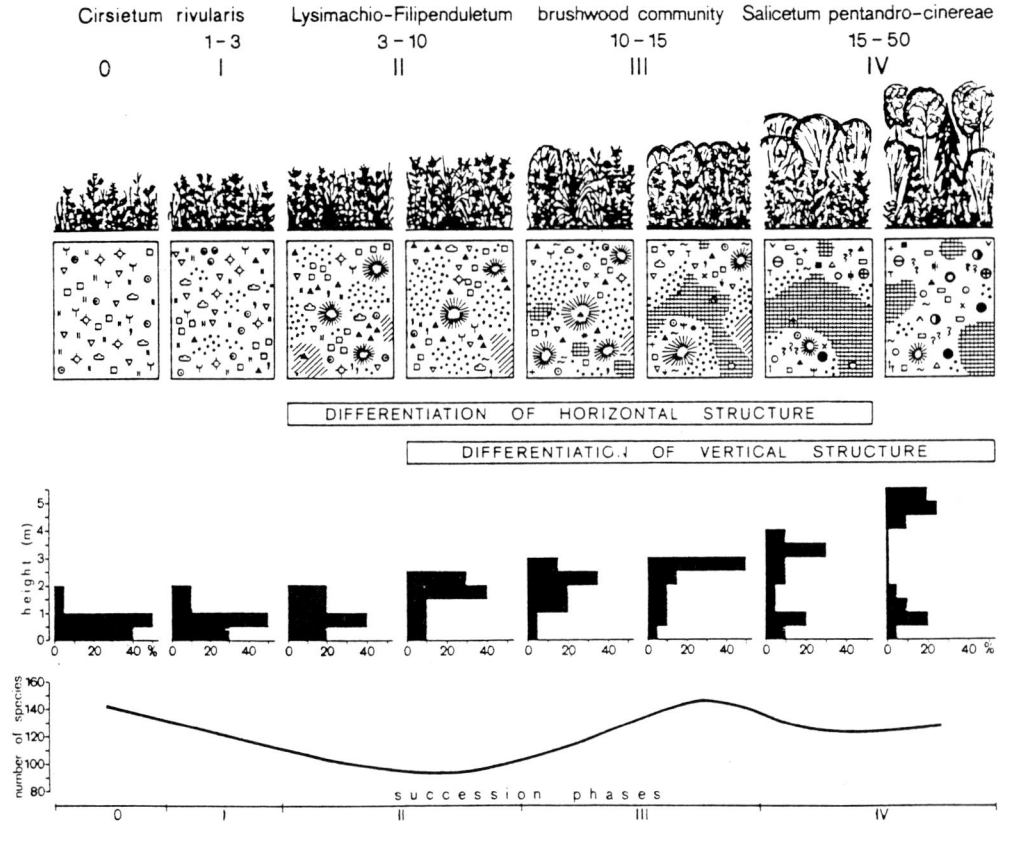

456 Veränderung von Pflanzenbeständen (Vegetationsdynamik)

Cirsietum rivularis	Lysimachio-Filipenduletum	brushwood community	Salicetum pentandro-cinereae
1–3	3–10	10–15	15–50
0 I	II	III	IV

DIFFERENTIATION OF HORIZONTAL STRUCTURE

DIFFERENTIATION OF VERTICAL STRUCTURE

Abb. 227. Sekundärsukzession einer brachgefallenen Feuchtwiese über 50 Jahre (aus FALIŃSKA 1991). Erläuterung im Text.
Oben: Vertikal- und Horizontalstruktur. Darunter Schichtungsdiagramme und Kurve der Artenzahlen.

sukzession nach Brand. In atlantischen Gebieten hat man Erfahrungen über die Wirkung von Heidebränden gewonnen (z. B. CLÉMENT & TOUFFET 1981, FROMENT 1981, GIMINGHAM 1972, GIMINGHAM et al. 1981, GLOAGUEN 1990, MILES 1981).

Tabelle 46 zeigt die Sekundärsukzession nach einem tiefgreifenden Heidebrand in Westfalen (RUNGE 1979b, 1982). In der Initialphase herrschten Kryptogamen einschließlich typischer Brandpilze. Ab dem vierten Jahr entwickelte sich ein Silikattrockenrasen, schon durchsetzt mit einigen Birken, die ab 1965 mehrfach wieder abgeschlagen bzw. abgetötet wurden. So konnte ab dem sechsten Jahr *Calluna vulgaris* sich wieder in der Fläche festsetzen und allmählich ausbreiten. Eine ähnliche Entwicklung einer abgebrannten Bergheide im Sauerland schildert RUNGE (1968, 1974). Eine sehr detaillierte Dauerflächenkartierung (3 840 Kleinquadrate) zeigt Abb. 228 nach einem Heidebrand in der Bretagne. Hier geht ein Moosstadium mit sich abwechselnden Phasen verschiedener *Polytrichum*-Arten der neuen Heideentwicklung vorweg. Genauere Daueruntersuchungen nach Brand vermitteln auch Arbeiten von MAHN (1966: Trockenrasen), JECKEL (1989: Moorvegetation) und RUNGE (1969: Wegraine).

Abschließend sei noch auf Untersuchungen von JAHN (1980) nach der großen Brandkatastrophe in nordwestdeutschen Kiefernforsten kurz eingegangen. Hier entwickelte sich ebenfalls kurzfristig ein Anfangstadium typischer Brandmoose (*Marchantia polymorpha*, *Funaria hygrometrica*), im zweiten bis dritten Jahr abgelöst von Schlagpflanzen der *Epilobietea*. Ab dem vierten Jahr begann bereits ein Vorwaldstadium aus *Salix caprea* und *Populus tremula*.

Ein Beispiel für die Vegetationsentwicklung nach einem **Bergsturz** zeigt Abb. 229. Für die

Tab. 46. Vegetationsentwicklung nach Brand einer *Calluna*-Heide im NSG Heiliges Meer nach Angaben von RUNGE 1979b, 1982).

Aufnahmejahr	1962	63	64	65	66	69	72	75	78	81
Gesamtdeckung in %	10	25	95	99	100	100	99	100	100	100
Pilze (Zahl der Fruchtkörper)										
Lyophyllum carbonaria	91									
Pholiota carbonarium	4									
Moose und Flechten (%)										
Funaria hygrometrica	7	25	25	25	10	.	.	.	.	.
Bryum argenteum	.	1	10	1	.	.	.	.	.	.
Ceratodon purpureus	.	.	.	1	20	.	.	.	.	.
Pleurozium schreberi	.	.	1	1	1	3	2	10	30	30
Dicranum scoparium	.	.	1	3	1	2	1	1	2	
Polytrichum formosum	.	.	.	.	+	1	+	+	+	
Hypnum ericetorum	.	.	.	.	.	1	1	1	1	
Lichenes	.	.	.	.	.	.	.	.	+	1
Blütenpflanzen										
Betula pendula	1	2	45	35	45	80	1	.	.	.
Epilobium angustifolium	.	2	25	10	5	1	.	.	.	.
Rumex acetosella	.	+	1	1	1	2	3	2	5	2
Taraxacum officinale	.	1	1	2	.	3	2	2	2	2
Agrostis tenuis	.	.	2	20	25	15	10	20	10	20
Festuca tenuifolia	.	.	1	15	25	30	80	80	70	40
Anthoxanthum odoratum	.	.	.	1	5	2	.	.	.	.
Cerastium caespitosum	.	.	.	10	20	5	2	2	1	1
Luzula multiflora	.	.	.	+	+	5	2	2	1	2
Calluna vulgaris	.	.	.	.	.	+	1	5	10	20
Festuca rubra	.	.	.	.	.	.	1	2	2	2
Aira praecox	.	.	.	.	.	.	.	.	+	.
Cirsium vulgare	.	.	.	.	.	.	.	.	+	.

Übergang   Übergang

Geopyxidetum carbonariae
  Funarietum hygrometricae
          Airo-Festucetum
          Initial-Ph.   Degen.-Ph.
                  Initial-Ph.
                  Genisto-Callunetum

sehr detaillierte Vegetationskartierung wurden lokale Vegetationstypen und -komplexe unterschieden, unabhängig von syntaxonomischen Bewertungen. Der Bergsturz ergab eine Schutt- und Blockhalde aus Muschelkalk (rechts), nach unten (links) in eine Fließzunge aus Röt-Mergel übergehend. Der Laubwald wurde weitgehend zerstört, Teile des Waldbodens mit seiner Krautschicht blieben fleckenweise erhalten. 1962 waren große Flächen noch fast pflanzenfrei oder von lockerer Pioniervegetation bedeckt. 1975 zeigte die offene Schutthalde im Oberteil Anfänge einer neuen (primären) Sukzession offener Schuttgesellschaften. Der untere Bereich mit bereits größeren Gebüschkomplexen ist eher eine Sekundärsukzession auf bereits vorgebildetem Bodenmaterial, mit rascher Vereinheitlichung aus einem zunächst kleinräumigen Mosaik von Pioniergesellschaften.

Auch Sukzessionen auf **Lawinenbahnen** verlaufen je nach Substrat sehr unterschiedlich. LÜDI (1954) untersuchte sie in den Schweizer Alpen und fand nach über 30 Jahren nur locker verteilt bis 4 m hohe Nadelbäume.

Nach Naturkatastrophen, die nur Teile der Vegetation vernichten (z. B. durch Sturm), vollzieht sich eine rasche Sekundärsukzession im Sinne einer Regeneration. Hierauf wird im nächsten Kapitel eingegangen.

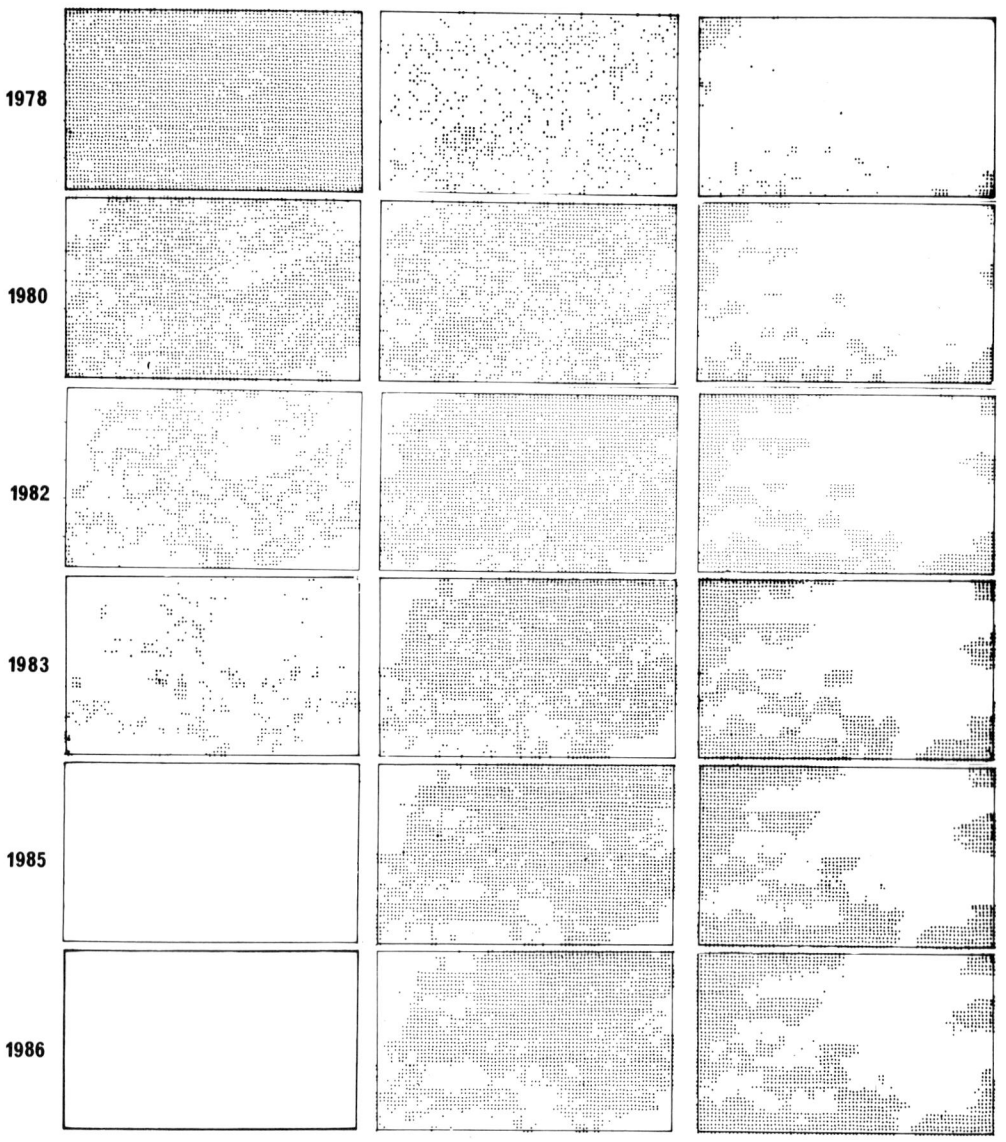

458 Veränderung von Pflanzenbeständen (Vegetationsdynamik)

Abb. 228. Veränderungen des Vorkommens einiger Arten nach Brand einer *Ulex*-Heide in der Bretagne (nach GLOAGUEN 1990, verändert). Die Dauerfläche von 128 m² ist in ein feines Raster von 20x20 cm unterteilt. Links: *Polytrichum piliferum*; Mitte: *P. formosum/commune*; rechts: *Ulex minor*.

3.6.2.3 Regeneration von Wäldern (Zyklische Sukzession)

Als Beispiel zyklischer Sukzessionen kann die Regeneration von Wäldern angeführt werden. Insbesondere bei Kahlschlagwirtschaft läßt sie sich großflächig untersuchen. Ähnliche, meist rasche Entwicklungen ergeben sich auch nach Naturkatastrophen. Oft bleiben viele Pflanzen des vorhergehenden Waldbestandes erhalten.

Das Eindringen und die Ausbreitung waldfremder Elemente hängt von den jeweiligen Bedingungen (z. B. Bodenstörungen, Streuabbau, Aktivierung der Samenvorräte im Boden) ab. Das plötzliche Auftreten mancher Arten nach Kahlschlag, oft auch schon bei kleinflächigen Störungen (Windwurf einzelner Bäume), zeigt, daß viele Arten im Boden bereits als Samen präsent sind (s. FISCHER 1987). Lichtstellung, günstige-

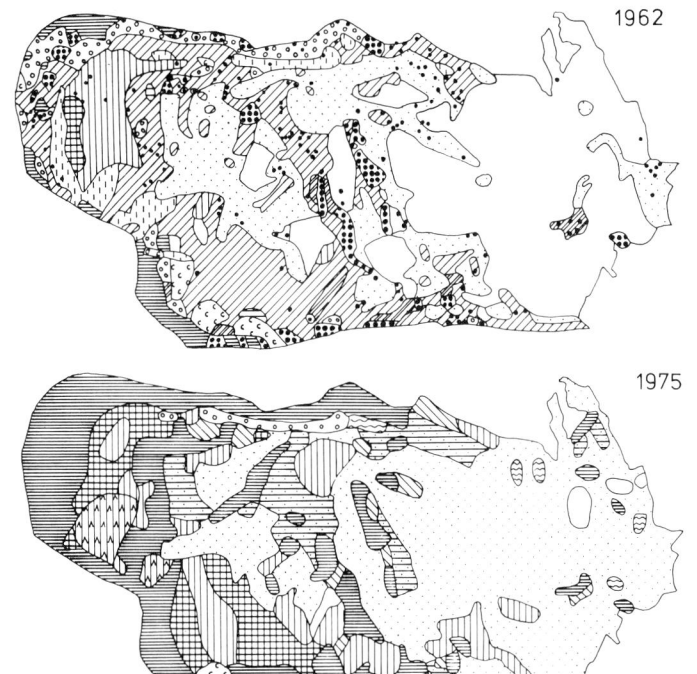

Abb. 229. Vegetationsentwicklung 1962–1975 nach einem Bergsturz am Schickeberg (Nordhessen) (aus WINTERHOFF 1975a). Erläuterung im Text. 1: fast vegetationsloser Kalkschutt; 2–3: Schutt-Gesellschaften; 4: Rohboden-Ges.; 5: *Carex flacca*-Ges.; 6: *Tussilago*-Ges.; 7: *Atropa*-Ges.; 8: *Euphorbia-Picris*-Ges. im Komplex mit 2 und 4; 9: Schlag-Ges.; 10: Komplex aus *Sesleria*-Rasen mit 2 und 4; 11: *Sesleria*-Rasen mit *Pinus sylvestris*; 12: *Sesleria*-Rasen mit Sträuchern; 13: einzelne *Sambucus racemosa*; 14: *Sambucus racemosa*-Gebüsch; 15: *Clematis vitalba*-Decken; 16: *Cornus sanguinea-Salix caprea*-Gebüsch.

res Wärmeklima, beschleunigte Mineralisation von Nährstoffen, auch bessere Wasserversorgung durch Wegfall der Baumkonkurrenz fördern kurz- bis längerlebige, oft nitrophile Lichtpflanzen. Dies macht sogar syntaxonomisch die Abgrenzung einer Klasse von Kahlschlag-Gesellschaften (*Epilobietea angustifolii*) möglich. Allerdings sind manche damit verbundenen Sukzessionsschemata (z. B. OBERDORFER 1973) recht hypothetisch. Im einzelnen zeigt sich nämlich eine große Vielfalt von Initial- und Folgestadien (s. auch WILMANNS et al. 1979).

Langjährige Dauerflächen-Untersuchungen auf Buchenwald-Kahlschlägen des *Galio odorati-Fagetum* (DIERSCHKE 1988c) ergaben innerhalb von 18 Jahren folgende Stadien:

a) **Krautiges Pionierstadium** (4–5 Jahre) mit raschem Wechsel der Arten bei hohem Anteil lichtbedürftiger Pflanzen, durchsetzt mit Waldpflanzen, die auch z. T. von der Lichtstellung profitieren.

b) **Himbeer–Brombeer–Gebüschstadium** (3–4 Jahre) aus schwer durchdringbaren Dickichten mit allmählichem Aufwuchs langlebiger Gehölze.

c) **Vorwald–Stadium** mit allmählicher Bildung einer bis gut 10 m hohen Baumschicht, Rückgang lichtbedürftiger Sträucher und Kräuter und Zunahme krautiger Waldpflanzen.

Einige Ergebnisse zeigt Abb. 230. Wie häufig bei Sekundärsukzessionen herrscht auch hier das Prinzip der anfänglichen Artenkombination: viele Arten sind schon in der Pionierphase (noch oder wieder) vorhanden, entsprechend auch das ganze Spektrum der Lebensformen und soziologischen Gruppen. Der Rückgang der Deckungsgrade im mittleren Teil kennzeichnet das dichte, für den Unterwuchs lichtarme *Rubus*-Dickicht.

In Polen wurden von PIOTROWSKA (1978) in verschiedenen Waldgesellschaften ähnliche Untersuchungen mit entsprechenden Ergebnissen

460 Veränderung von Pflanzenbeständen (Vegetationsdynamik)

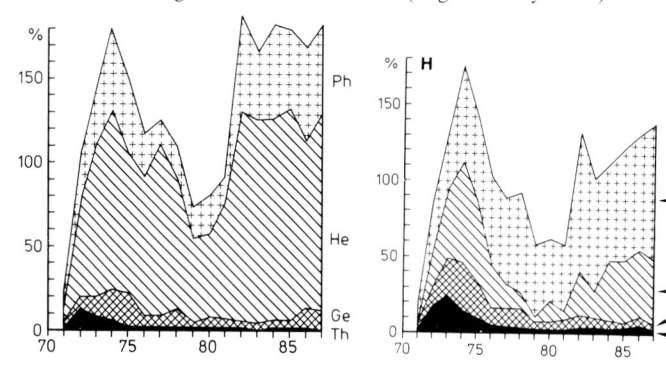

Abb. 230. Entwicklung der Spektren von Lebensformen (links) und soziologischen Gruppen (rechts) nach Gruppenmengen für die Sekundärsukzession eines Buchenwald-Kahlschlages (aus DIERSCHKE 1988c, verändert). Erläuterung im Text.
M: *Molinio-Arrhenatheretea*; A: *Artemisietea/Stellarietea*; E: *Epilobietea*; Q: *Querco-Fagetea*.

durchgeführt. Verschieden alte Entwicklungsstadien nebeneinander vergleichen WERNER et al. (1989). Abb. 231 zeigt eine neuartige Darstellungsweise. Die Pflanzen sind in vier soziologischen Gruppen mit je einem Symbol zusammengefaßt und in je einem Quadranten mit Deckungswerten dargestellt. Die Untersuchungen ergeben sowohl Unterschiede zwischen den Jahren 1984–87 als auch im Jahresverlauf. In den beiden oberen Flächen bleiben auch nach Kahlschlag die Waldpflanzen dominant, in den beiden unteren ist die Vegetation zu Beginn sehr offen und wird in der Folgezeit von Schlagpflanzen bestimmt, mit allmählicher Zunahme von Pioniergehölzen.

Ein letztes Beispiel (Abb. 232) zeigt Regenerationszyklen des mediterranen Steineichenwaldes mit teilweise ähnlichen Zügen wie in sommergrünen Laubwäldern. Der linke Teil bildet einen mehr oder weniger geschlossenen Zyklus von 18 Jahren zurück zu einem Steineichen-Niederwald. Rechts ist dagegen die Degradation durch kurzzeitig aufeinanderfolgende Brände angegeben. Im Zusammenhang mit Beweidung führt sie langzeitig zu den in Abb. 217 gezeigten Regressionen. In Zeiten von Nieder- und Mittelwaldwirtschaft waren solche kürzeren Zyklen auch in Mitteleuropa weithin vorhanden, teilweise auch ähnliche Degradationen bis zu Heiden oder Magerrasen (s. POTT 1985).

Zyklische Sukzessionen sind typisch für interne Vorgänge in Pflanzengesellschaften zur Selbsterhaltung (s. auch Mosaik-Zyklus-Konzept; 3.5.4). Kahlschläge und ähnliche großflächige Störungen ergeben klar erkennbare Sekundärsukzessionen, die in sehr ähnlicher Weise auch weniger auffällig in Waldbeständen ablaufen, insbesondere dort, wo kein wirtschaftsbedingter Wald mit oft gleichaltriger Baumschicht herrscht.

Eine internationale **Urwaldforschung** i. e. S. hat erst, oft im Zusammenhang mit Fragen der

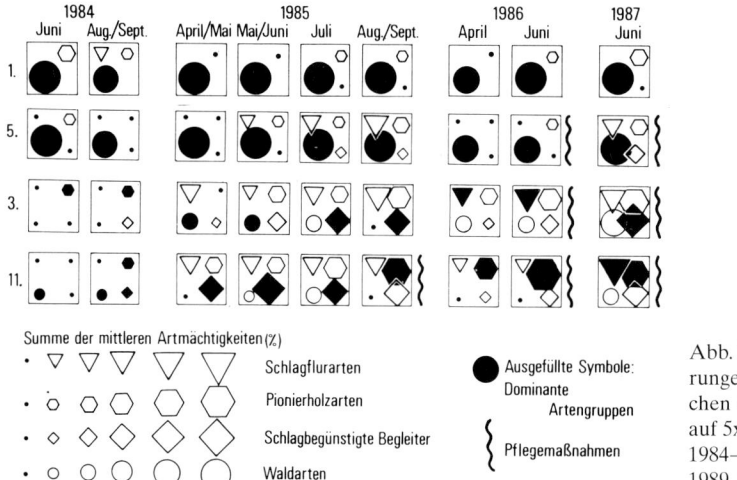

Abb. 231. Vegetationsveränderungen verschiedener Schlagflächen eines Kalkbuchenwaldes auf 5x5 m-Dauerflächen 1984–87 (aus WERNER et al. 1989, verändert). Erläuterung im Text.

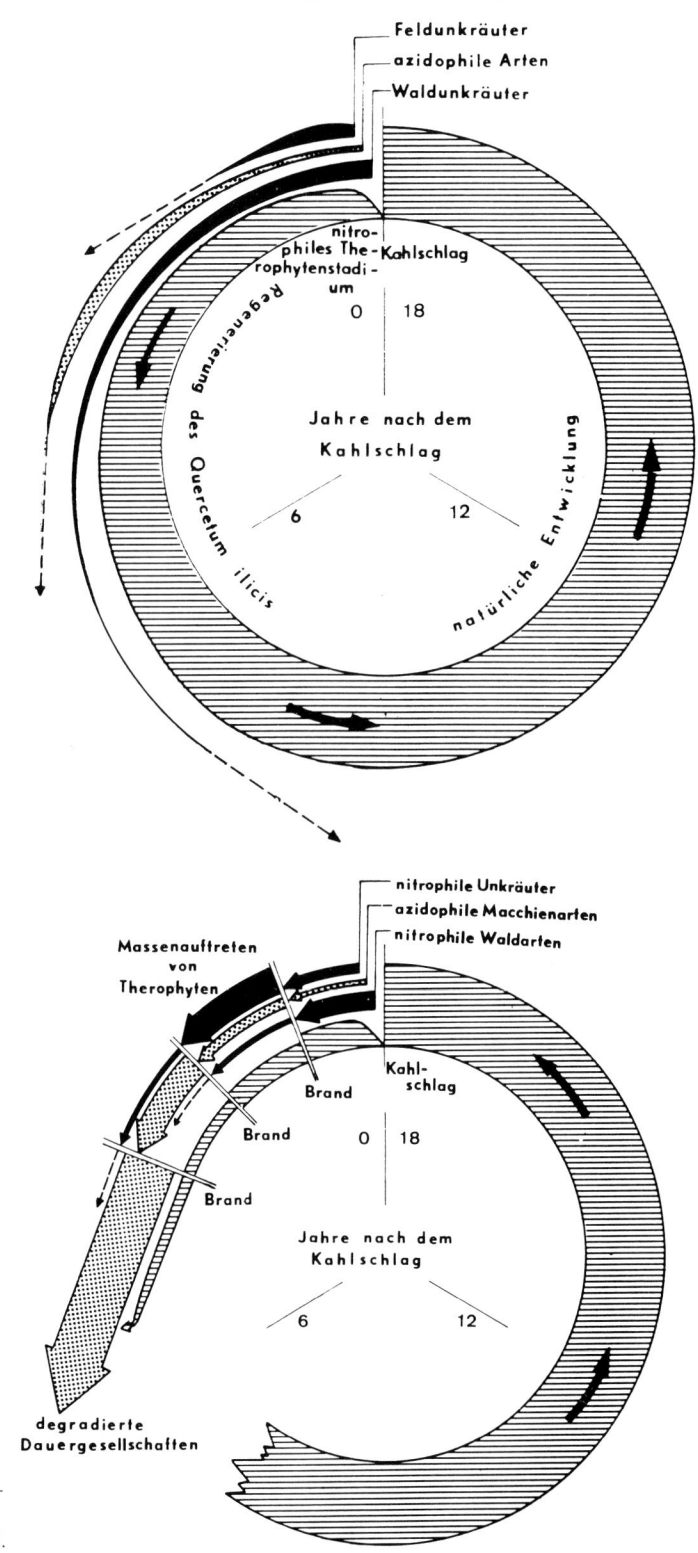

Abb. 232. Sukzession im mediterranen Steineichenwald (aus E. & S. Pignatti 1968): Oben: Zyklische Sukzession nach Kahlschlag. Unten: Regressive Sukzession nach mehrfachem Brand.

Forstwirtschaft, nach dem 2. Weltkrieg stärker eingesetzt (LEIBUNDGUT 1978; s. auch andere Arbeiten in demselben Heft; FISCHER et al. 1990). Gerade in den letzten Jahren mehren sich die Anzeichen, daß nicht nur in tropischen Wäldern, sondern auch in mitteleuropäischen Naturwäldern eine Mosaikstruktur unterschiedlicher Altersphasen vorkommt (s. auch KNAPP 1974c). Am Beispiel langzeitig ungenutzter „Urwälder" zeigt KOOP (1982) Mosaike von Verjüngungs- bis Altersphasen (Abb. 233; s. auch KNAPP 1982b). Sehr genau beschreibt NEUMANN (1979) die Phasen von Fichten-Tannen-Buchenwäldern im Rothwald (nördliche Kalkalpen) und in Kroatien mit einer ununterbrochenen Verjüngung in ungleichaltrigen Naturbeständen (Abb. 234, 235). Die Verjüngungsphase dauert durchschnittlich 25–50 Jahre, die Optimalphase 120–170 Jahre, die Terminalphase 170–200 Jahre und die Zerfallsphase 80–130 Jahre. Die einzelnen Bäume werden etwa bis zu 600 Jahre alt.

Auch für Buchenwälder Mecklenburgs lassen sich ähnliche Zyklen nachweisen (H.D. KNAPP & JESCHKE 1991). Hier bildet ein ungeschichteter Hallenwald mit dichtem Kronenschluß die Optimalphase. In der Terminal-(Alters-)phase erreichen die 100–300 Jahre alten Buchen ihre größte Höhe und Stammstärke. In der Zerfallsphase beginnt die allmähliche Auflichtung mit Pilzbefall alter Bäume, Herabbrechen einzelner größerer Äste bis ganzer Baumkronen. Kleinere Lücken werden durch Windwurf erweitert, wodurch Bodenstörungen hinzukommen. Es beginnt der fließende Übergang zur Verjüngungsphase mit höchster biologischer Diversität. Kleine Lücken können aber auch durch Nachbarbäume rasch wieder geschlossen werden. Hier gibt es mancherlei Übergänge zwischen zyklischer Sukzession und Fluktuation (s. RUNGE 1969a; 4).

Abb. 236 zeigt die mosaikartige Verteilung verschiedener Phasen für einen Urwald in Kroatien. Demnach muß man sich das natürliche Waldbild wesentlich abwechslungsreicher vorstellen, als man es im heutigen Wirtschaftswald gewohnt ist. Allerdings steckt die Urwaldforschung mangels geeigneter Objekte erst in den Anfängen, und manche Vorstellungen von Mosaikstrukturen sind noch umstritten.

Zyklische Sukzessionen sind auch aus anderen Vegetationsbereichen bekannt (s. auch KNAPP 1974c). Hierzu gehört der Bult-Schlenken-Komplex von Hochmooren, der allerdings nicht immer dynamisch zu deuten ist (s. JAHNS 1969; JENSEN 1975). Für Zwergstrauch-Heiden beschreibt GIMINGHAM (1972, 1988) zyklische Veränderungen, gesteuert durch Alterung und Verjüngung von *Calluna vulgaris*. Er unterscheidet eine Pionierphase von drei bis zehn Jahren, eine Aufbau- (7.-13.), Reife- (12.-28.) und Degenerationsphase (16.-29. Jahr) (s. hierzu auch die Diskussionen in RUNGE 1979b). Selbst in der eher als Pioniergesellschaft anzusehenden Silbergrasflur (*Spergulo-Corynephoretum*) beschreibt DANIELS (1990) feine zyklische Verän-

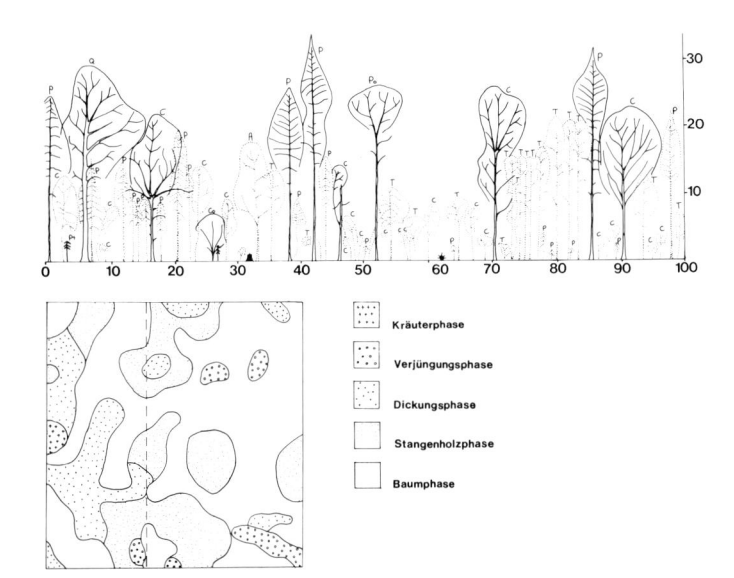

Abb. 233. Vertikales Strukturprofil und räumliches Mosaik der dynamischen Phasen eines Eichen-Hainbuchenwaldes (aus KOOP 1982).

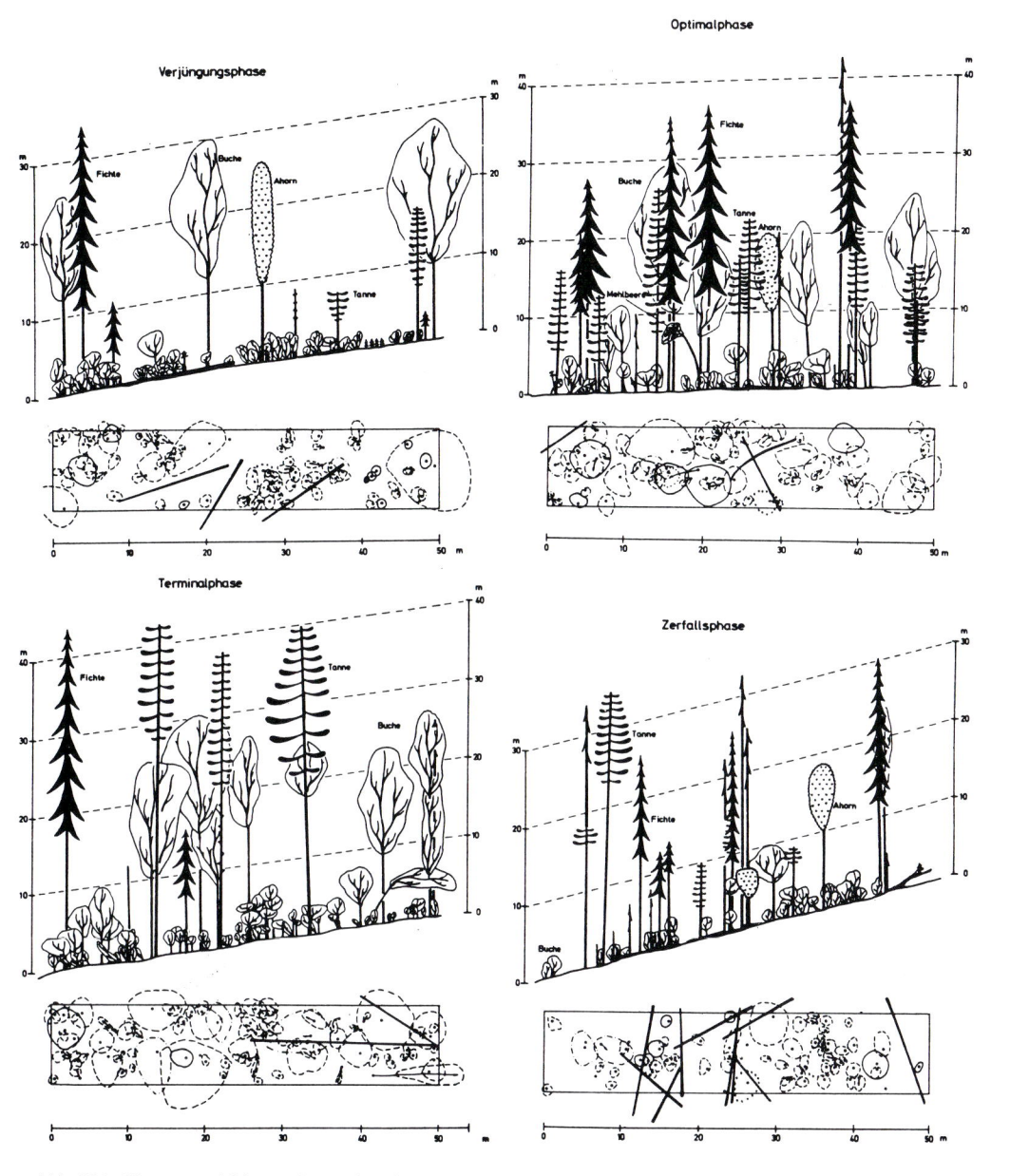

Abb. 234. Hauptentwicklungsphasen in Fichten-Tannen-Buchenwäldern des Rothwaldes (Niederösterreich) (aus NEUMANN 1979, verändert). Erläuterung im Text.

derungen. So geht man wohl nicht fehl, zyklische Vorgänge als biologisches Grundphänomen anzusehen, wenn auch viele Einzelheiten noch nicht bekannt sind.

3.7 Diszessive Sukzessionen

ELLENBERG (1979) spricht bei Vegetationsveränderungen, die innerhalb der gleichen Formation ablaufen, d. h. im Sinne der soziologischen Progression weder progressiv noch regressiv, also richtungsneutral sind, von Diszessiver Sukzession. Wenn man den Formationsbegriff nicht zu

464 Veränderung von Pflanzenbeständen (Vegetationsdynamik)

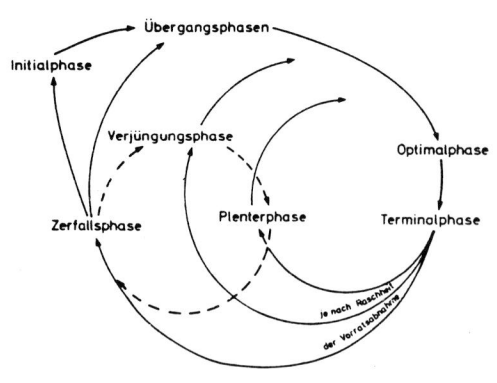

Abb. 235. Entwicklungsdynamik in Fichten-Tannen-Buchenwäldern des Rothwaldes (aus NEUMANN 1979).

hoch ansetzt, d. h. etwa im Bereich von Formation und Subformation im Sinne von ELLENBERG & MUELLER-DOMBOIS (1967a; s. VII 9.2.2.2) bleibt, kann man diese Definition recht gut verwenden. Im Einzelfall ist es allerdings schwer, zwischen progressiver, regressiver und diszessiver Sukzession zu unterscheiden. Eine zunächst diszessive, wenig deutliche Entwicklung kann längerzeitig in eine klarer erkennbare Veränderung übergehen, z. B. von Abwandlungen innerhalb einer Pflanzengesellschaft zur Umwandlung in eine andere.

Aus pflanzensoziologischer Sicht kann man eine diszessive Sukzession als gerichtete Entwicklung innerhalb von floristisch und strukturell nahe verwandten Vegetationstypen (z. B. zwischen Untereinheiten einer Assoziation und ihren Fragmenten oder zwischen ähnlichen Assoziationen) definieren, die sich nur durch Verschiebungen der Dominanzverhältnisse zwischen bereits vorhandenen Arten oder durch geringfügige Artenverschiebungen (Hinzukommen oder Ausfall einzelner Arten) zu erkennen gibt. Diszessive Sukzessionen sind schwer erkennbar, da sich Effekte oft erst über längere Zeit bemerkbar machen und auch eine Abgrenzung von Fluktuationen (s. 4) problematisch sein kann.

Beispiele diszessiver Sukzessionen gibt es vor allem in der heutigen Kulturlandschaft, wo langzeitige, aber nicht sehr starke exogene Wirkungen wie Grundwassersenkung oder schleichende Eutrophierung bzw. Versauerung zu ganz allmählichen Veränderungen führen, ohne daß sich zunächst die Pflanzengesellschaft völlig ändert. Beispiele sollen dies erläutern.

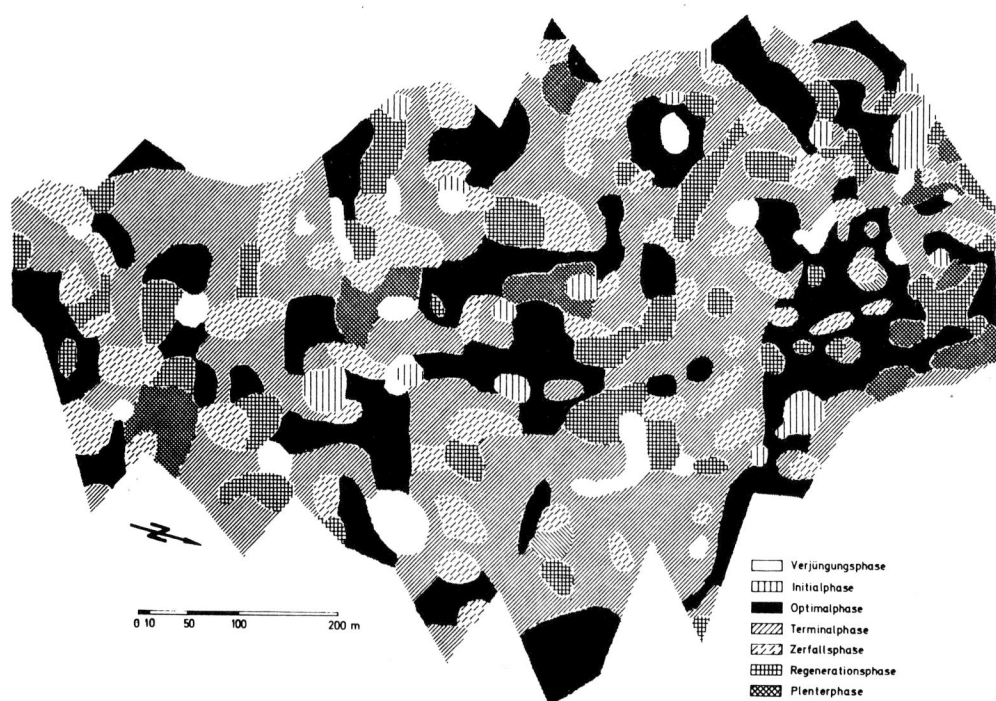

Abb. 236. Mosaikartige Verteilung verschiedener Waldphasen eines Tannen-Buchen-Urwaldes in Kroatien (aus NEUMANN 1979).

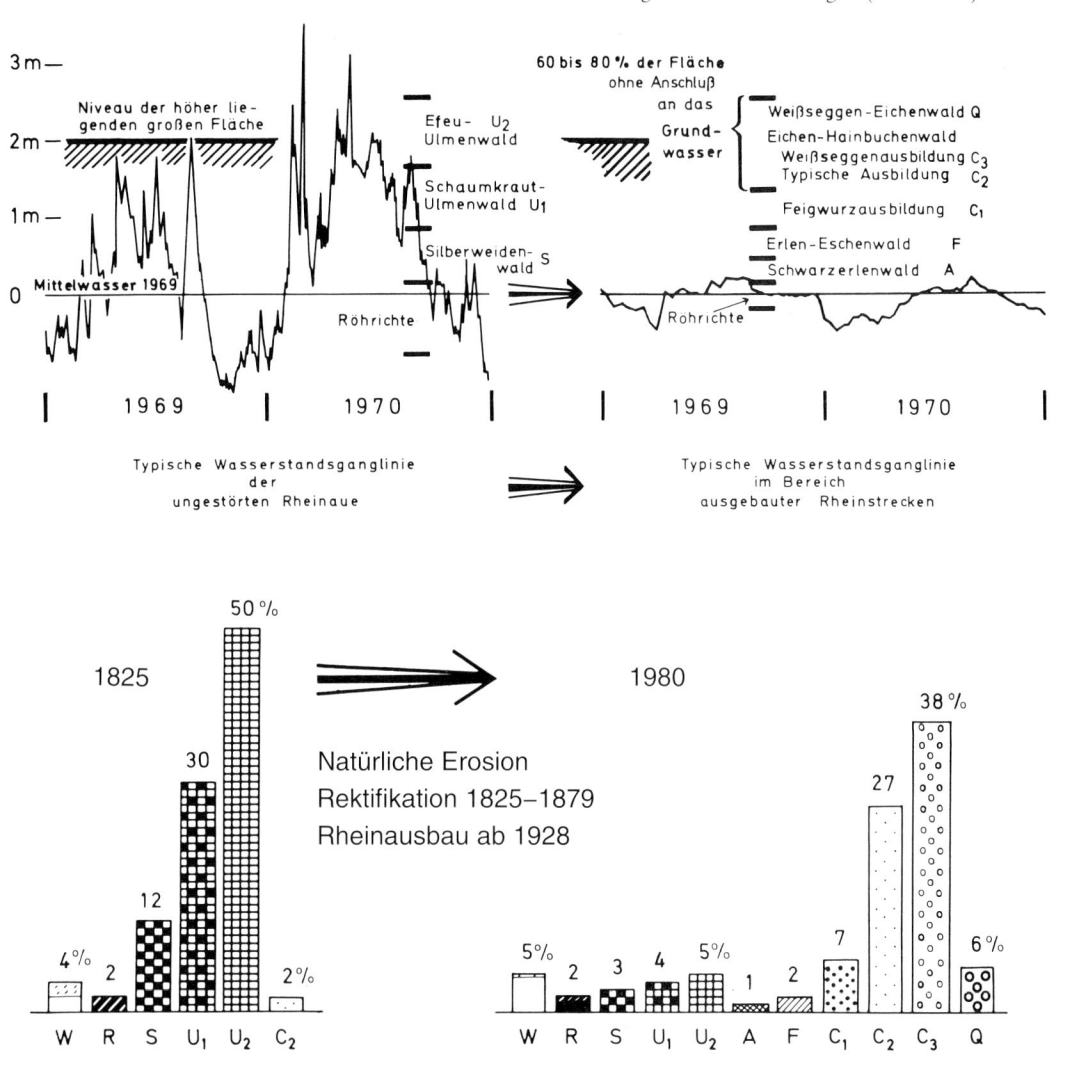

Abb. 237. Veränderungen von Wasserregime und Vegetation am Oberrhein in ausgebauten Bereichen (rechts) im Vergleich mit der ungestörten bzw. früheren Rheinaue (links) (aus HÜGIN 1981).
Oben: Wasserstandsganglinien und Wuchsbereiche naturnaher Pflanzengesellschaften. Unten: Anteile der potentiell natürlichen Vegetationseinheiten an der Pflanzendecke 1825–1980. Karierte Signaturen = intakte Gesellschaften. Punkte, Kreise, Schrägschraffuren: Störungs- und Umwandlungsphasen. W: mehr oder weniger dauernd mit Wasser bedeckt; R: Röhrichte und Riede; S: Silberweidenwald; $U_{1/2}$: Ulmen-Eichenwald; C_{1-3}: Eichen-Hainbuchenwald; A: Schwarzerlenwald; F: Erlen-Eschenwald; Q: Weißseggen-Eichenwald.

Am Oberrhein verwandeln sich infolge veränderter Überflutungs- und Grundwasserverhältnisse im Zusammenhang mit dem Rheinausbau seit 1928 die Auenwälder allmählich in Eichen-Hainbuchenwälder (s. PHILIPPI 1978, HÜGIN 1981). Abb. 237 zeigt einige Entwicklungstendenzen. In der Freiburger Bucht verschwanden in Erlen-Eschenwäldern bei Grundwassersenkung in den ersten 20 Jahren nur einige Nässezeiger. Einige neue Arten wanderten aus der Nachbarschaft ein, u. a. auch der Neophyt *Solidago gigantea*. Nach 50 Jahren ist das allge-

466   Veränderung von Pflanzenbeständen (Vegetationsdynamik)

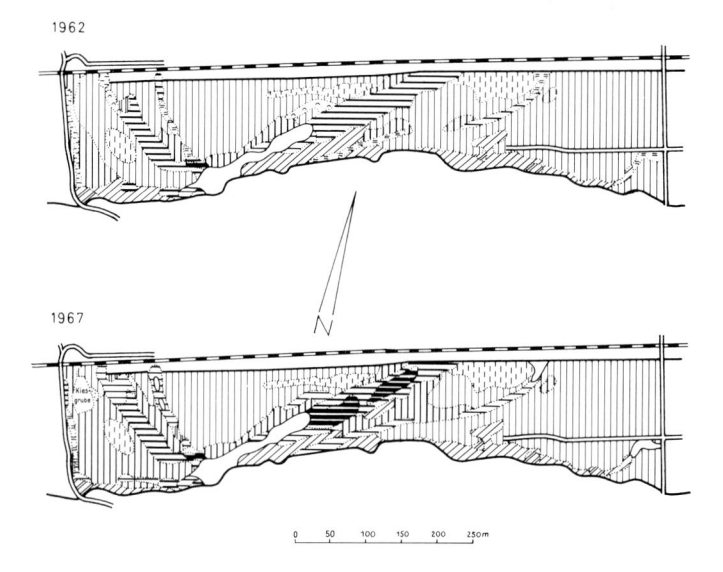

Eschen-Ulmenwald
- Carex alba - Ausbildung
- Reine Brachypodium pinnatum - Ausbildung
- Reine Ausbildung
- Carex acutiformis - Ausb.
- Iris - Ausbildung

Riesenschachtelhalm-Eschenwald
- Reine Ausbildung
- Iris - Ausbildung

- Steifseggenried
- Uferseggenried
- Rohrglanzgrasröhricht
- Wasserschwadenröhricht
- Schilfröhricht
- Flechtsimsen-, Igelkolben- u. Teichschachtelhalmröhricht
- Wasserflächen

Abb. 238. Veränderung der Auenvegetation an der Donau durch Grundwasser-Anhebung seit 1963 (aus Seibert 1975).

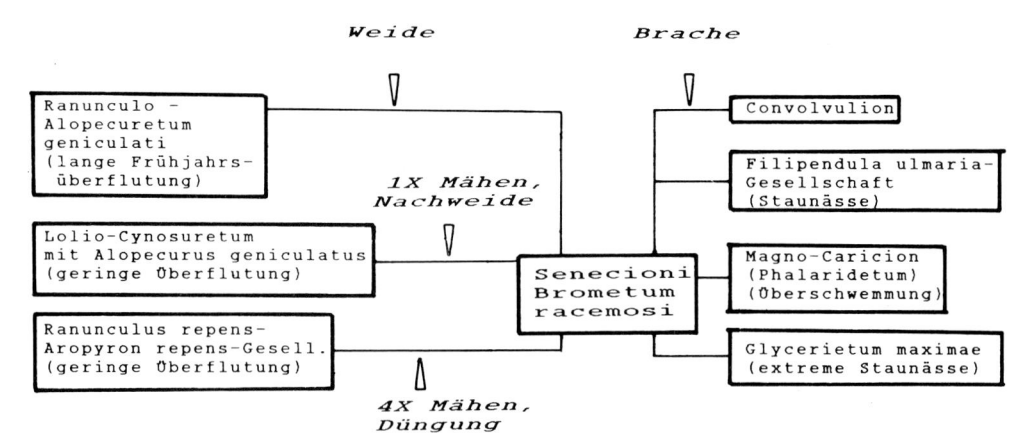

Abb. 239. Veränderungen einer artenreichen *Calthion*-Wiese im Ostetal über 35 Jahre durch veränderte Nutzung bzw. Brache (aus Rosenthal & Müller 1988).

meine Waldbild immer noch wenig verändert (HÜGIN 1982). WIEGERS (1985) beschreibt nach Daueruntersuchungen in Erlenbrüchern seit 1931 Veränderungen zwischen verschiedenen Subassoziationen des *Carici elongatae-Alnetum*. Ähnliche dissessive Sukzessionen fanden DINTER (1987) und DÖRING-MEDERAKE (1991). SCHRAUTZER et al. (1991) schildern bei Entwässerung und/oder Eutrophierung von Bruchwäldern sowohl dissessive wie auch mehr progressive Entwicklungen (z. B. zum *Alno-Ulmion*). SEIBERT (1975) zeigt umgekehrt an zwei Vegetationskarten vor und nach Grundwasseranhebung an der Donau die Zunahme nässebeeinflußter Ausbildungen des Eschen-Ulmenwaldes und von Röhrichten (Abb. 238). Auch die allmähliche Waldverdichtung bei Aufhören von Mittel- und Niederwaldwirtschaft führt zu allmählichen Umwandlungen mit Rückgang lichtbedürftiger Arten (WESTHUS & HAUPT 1990).

Auch im Grünland spielen sich nutzungsbedingt viele dissessive Veränderungen ab, meist in Richtung auf artenärmere Zustände (s. DIERSSEN 1987, HUNDT 1987, BÖTTCHER & SCHLÜTER 1989, DIERSCHKE & WITTIG 1991). Abb. 239 zeigt schematisch die Entwicklungen einer ehemals artenreichen Feuchtwiese in verschiedene Richtungen. Ähnliche Beispiele wurden schon bei der Verbrachung von Grünland besprochen (3.6.2.1). Als Vergleichsmethode über längere Zeit eignen sich verschieden alte Vegetationsaufnahmen oder Karten (s. 3.2.1 g/h, 3.2.2.1), ebenfalls für den Nachweis der Veränderungen von Ackerwildkraut-Gesellschaften.

Heute zeigen oft auch ganze Landschaften Entwicklungen mit dissessiven bis regressiven Tendenzen. Ein Kartierungsbeispiel sind die Vegetationskarten aus einer nordwestdeutschen Niederung im Vergleich verschiedener Jahre (Abb. 240). 1962 gab es noch ein Mosaik verschiedener, vorwiegend Grundwasser-beeinflußter Grünland-Gesellschaften. Zwölf Jahre später herrschte Grünland frischer Standorte und Ackerland (s. auch DIERSCHKE & WITTIG 1991, SCHUBERT 1991, S. 304).

Abschließend sei noch auf dissessive Entwicklungen in Gewässern hingewiesen, wie sie z. B. aus Veränderungen der Wasservegetation des Bodensees zu erkennen sind (Abb. 241; s. auch REICHHOFF 1982).

3.8 Angewandte Sukzessionsforschung

3.8.1 Allgemeines

Pflanzengesellschaften sind Ausdruck eines fein ausbalancierten dynamischen Gleichgewichtes von Wirkungen exogener und endogener Faktoren. Jede Veränderung eines Faktors bewirkt auch eine Veränderung des Bestandes, sei es in feiner, schwer feststellbarer Reaktion, sei es durch deutlichere Umstrukturierungen nach Vorkommen, Vitalität und Deckungsgrad bestimmter Pflanzenarten. Im letzteren Falle ergeben sich vielseitige Möglichkeiten der **Bioindikation** i. w. S., d. h. der Anzeige abiotischer und biotischer Wirkungen durch biologische Systeme (SCHREIBER 1983a, SCHUBERT 1985). Heute wird der Begriff teilweise eingeengt auf die Anzeige von Umweltbelastungen (s. ARNDT et al. 1987, STÖCKER 1980).

Eine weitere Anwendung syndynamischer Erkenntnisse liegt in der dynamischen Funktion der Pflanzen und Pflanzengesellschaften selbst. So können für eine Landschaft oder Teilbereiche günstige Entwicklungen eingeleitet oder gefördert werden, indem z. B. geeignete, standortsspezifische Pionierpflanzen oder geeignete Rasenmischungen eingebracht werden. TÜXEN (1961b u. a.) spricht von lebendigem **Bau- und Gestaltungsstoff**. BUCHWALD & ENGELHARDT (1969) stellen Lebendbaumethoden genauer dar. Schon in Kap. 3.3.2 wurde vom Bauwert der Pflanzen gesprochen.

Schließlich erlauben die Kenntnisse über Sukzessionsserien und ihre Stadien und Phasen die Planung von Eingriffen im Sinne einer **gelenkten Sukzession** bzw. der Erhaltung eines bestimmten Stadiums.

Unter Angewandter Sukzessionsforschung lassen sich u. a. folgende Fragestellungen und Verfahren anführen:
– Allgemeine Feststellung von Vegetations- und Standortsveränderungen durch nachträglichen Vergleich von Unterlagen aus verschiedenen Zeiten.
– Genaue Untersuchung von Vegetationsveränderungen (vor allem auf Dauerflächen) zur Verfolgung vermutbarer Entwicklungen oder zur Kontrolle bestimmter Eingriffe.
– Sukzessionslenkung aufgrund syndynamischer Erkenntnisse.
– Vorhersage von Entwicklungen der Vegetation bei bestimmten Standortsveränderungen.

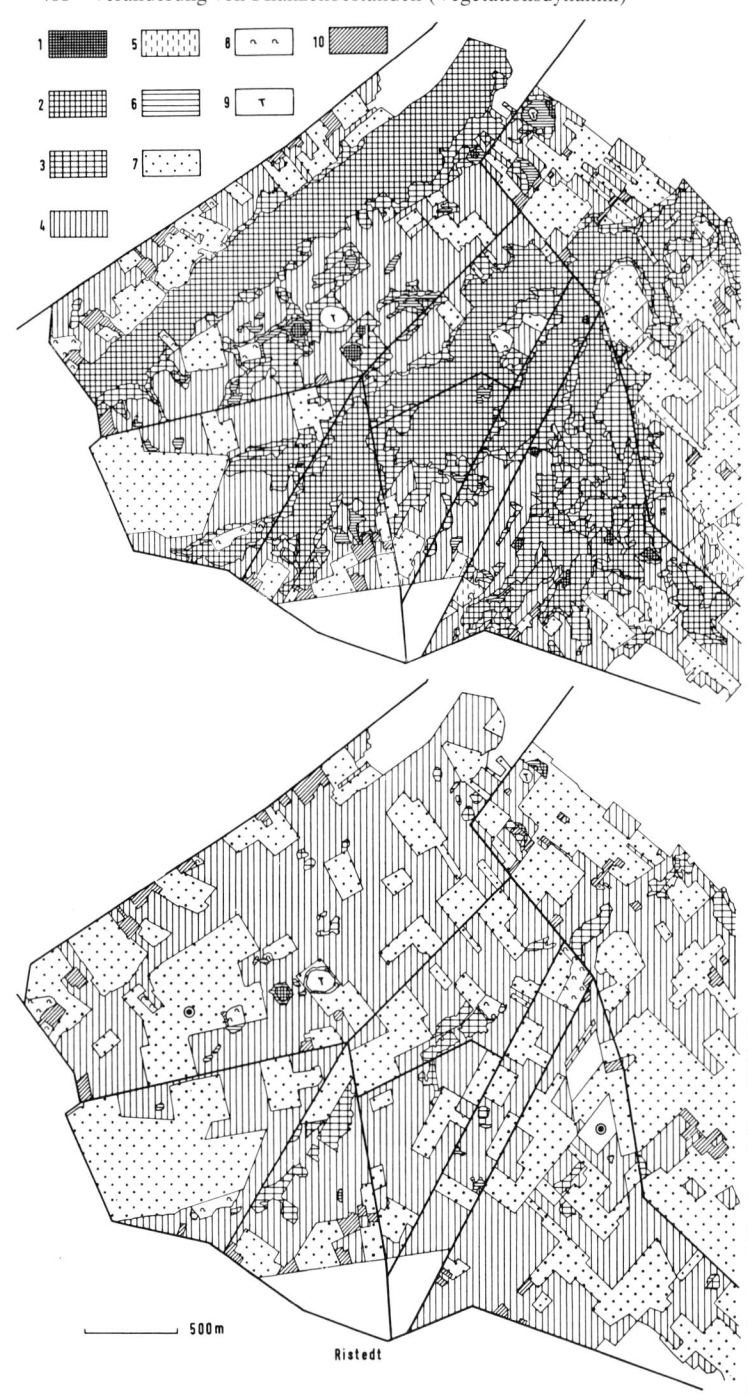

468   Veränderung von Pflanzenbeständen (Vegetationsdynamik)

Abb. 240. Flächenhafte diszessive bis regressive Veränderungen der Vegetation auf der Syker Vorgeest 1962 (oben) – 1974 (unten) (aus MEISEL & HÜBSCHMANN 1976). Erläuterung im Text.
1: Seggenriede; 2: Wiesen und Weiden feucht-nasser Böden; 3: desgl. auf feucht-frischen Böden; 4: desgl. auf frischen Böden; 5: Magerweiden frisch-trockener Böden; 6: Flutrasen; 7: Äcker; 8: Gehölze; 9: offenes Wasser; 10: Siedlungen und gestörte Flächen.

Abb. 241. Veränderungen submerser Makrophytenvegetation des Bodensees 1967–78 nach Luftbildern und Geländeerkundungen im Quadratraster (aus LANG 1981).

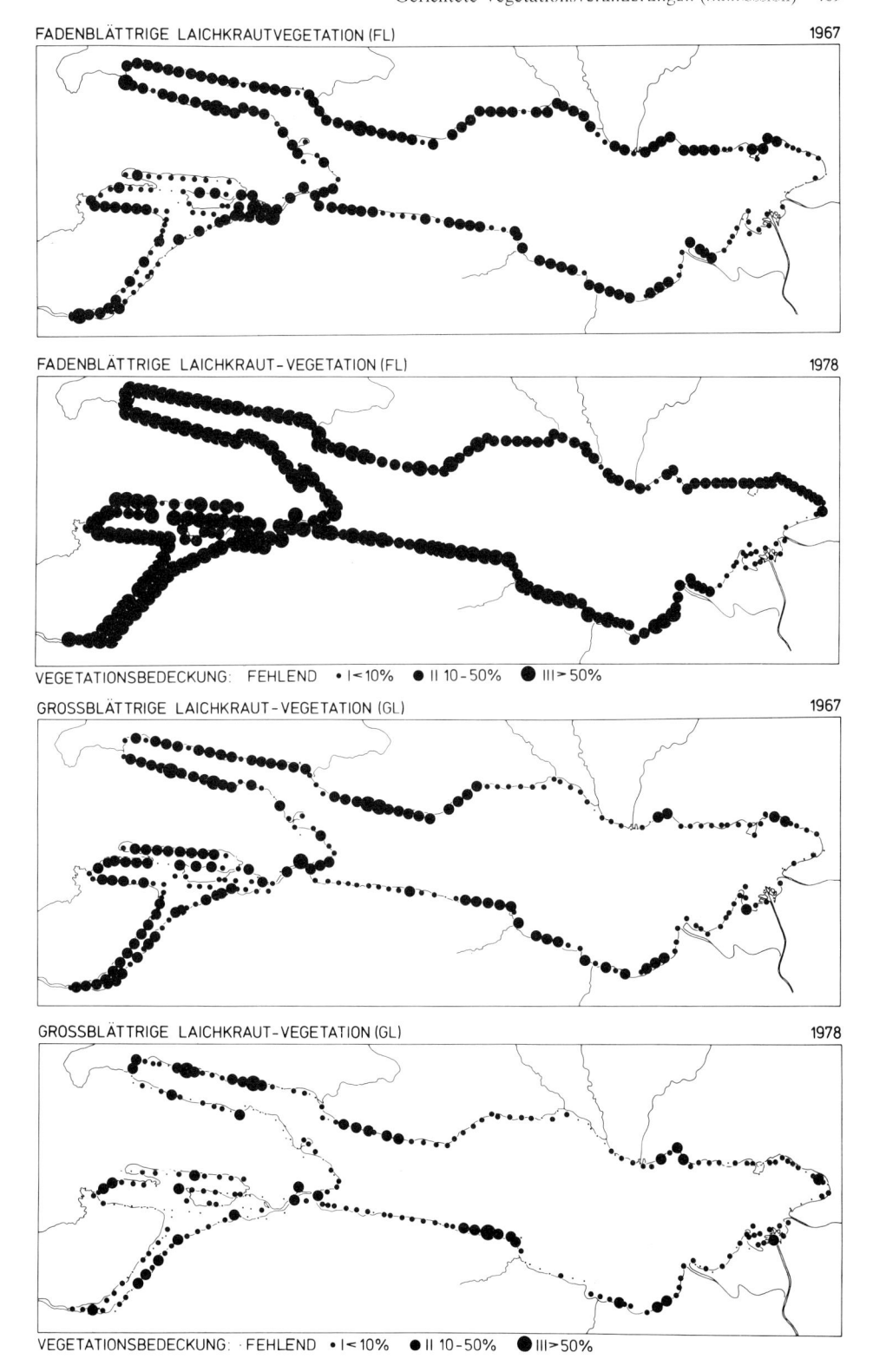

Gerichtete Vegetationsveränderungen (Sukzession) 469

FADENBLÄTTRIGE LAICHKRAUTVEGETATION (FL) — 1967

FADENBLÄTTRIGE LAICHKRAUT-VEGETATION (FL) — 1978

VEGETATIONSBEDECKUNG: FEHLEND • I < 10% ● II 10 – 50% ● III > 50%

GROSSBLÄTTRIGE LAICHKRAUT-VEGETATION (GL) — 1967

GROSSBLÄTTRIGE LAICHKRAUT-VEGETATION (GL) — 1978

VEGETATIONSBEDECKUNG: FEHLEND • I < 10% ● II 10 – 50% ● III > 50%

- Erkennen bzw. Nachweis von Umweltbelastungen.
- Vorschläge für naturgemäße Nutzungen in der Land und Forstwirtschaft.
- Benutzung syndynamischer Erkenntnisse zur Landschaftsgestaltung und -entwicklung.
- – Hilfe bei der Neubegründung bestimmter Pflanzengesellschaften, z. B. durch Aussaaten, Anpflanzungen.
- – Benutzung des Bauwertes der Pflanzen für ingenieurbiologische Zwecke.
- Populationsbiologische Untersuchungen syndynamischer Schlüsselarten für praktische Verwendungen.

Einige Teilaspekte werden in den nächsten Kapiteln kurz besprochen.

3.8.2 Biomonitoring

Syndynamische Vorgänge können zur Anzeige von Veränderungen der Pflanzengesellschaften selbst und ihrer Lebensbedingungen benutzt werden. Heute spricht man oft von Biomonitoring (s. PLACHTER 1991, SCHMIDT 1991b) im Sinne von Daueruntersuchungen von Pflanzen und Pflanzengesellschaften, vor allem zum Erkennen von Umwelteinflüssen, entweder durch Beobachtung von Dauerflächen oder durch genauere, langzeitige Messungen. Während im aktiven Biomonitoring direkt Testpflanzen (Exponate) an bestimmten Stellen aufgestellt oder angebracht werden, geschieht das passive Biomonitoring durch Daueruntersuchungen von Pflanzenbeständen (s. UMLAUFF-ZIMMERMANN & KÜHL 1991). Hierdurch sollen Störungen und Veränderungen möglichst frühzeitig erkannt werden, im Sinne eines „Frühwarnsystems" (PLACHTER 1991, S. 197). Insbesondere bei der Erfassung schädlicher Umweltwirkungen bis zu Fragen globaler Veränderungen gewinnen Verfahren des Biomonitoring zunehmend an Bedeutung, sind aber nur ein spezieller Fall der Bioindikation. Genau genommen handelt es sich bei jeder syndynamischen Untersuchung um passives Biomonitoring.

Ein seit langem in der Praxis verwandtes Verfahren ist die **Beweissicherung** bei Eingriffen in den Landschaftshaushalt. Sind Veränderungen bei bestimmten Maßnahmen absehbar, können vor deren Beginn auf Testflächen Vegetationsaufnahmen bis zu großflächigen Kartierungen möglichst fein differenzierter Pflanzengesellschaften (s. XI 5.7.4) durchgeführt werden. Eine Wiederholung nach Ende oder noch während der Eingriffe ergibt bei Vegetationsveränderungen Beweise für entsprechende Standortsveränderungen (z. B. Grundwasserabsenkung oder -anhebung, Eutrophierung, Wirkung schädlicher Immissionen). BRAUN & HEINZMANN (1988) beschreiben vegetationskundliche Methoden eines Beweissicherungsverfahrens zur Trinkwasserentnahme. Weitere Beispiele hierfür sind die Arbeiten von ELLENBERG (1952a), der die Landwirtschaft beeinflussende Grundwassersenkungen im Zuge eines Kanalbaus nachwies, oder von HUNDT (1975, 1981), der umgekehrt den Grundwasseranstieg und seine Auswirkungen in der Umgebung eines Rückhaltebeckens erkannte (s. auch KIENER 1984). Einen anschaulichen Bericht gibt TÜXEN (1978b): Im Zuge der Schadensersatzklage eines Grundbesitzers gegen ein Wasserwerk wurden im Grün- und Ackerland und in Wäldern der Umgebung Vegetationsaufnahmen gemacht und syndynamisch-ökologisch interpretiert. Die Vermutung von Ertragseinbußen durch Grundwassersenkung wurde nicht bestätigt. Einige Schadstellen konnten als Folgen einer Neueinsaat interpretiert werden.

Für Naturschutz, Landschaftspflege, Land- und Forstwirtschaft, Wasser- und Straßenbau u. a. sind hier also vielfältige Möglichkeiten angewandter Sukzessionsforschung gegeben. Grundlagen sind Dauerflächen-Untersuchungen, Vegetationskartierung (s. XI 5.4) und daraus ableitbare Ergebnisse von Veränderungen der Artenzusammensetzung oder ökologischer Zeigerwerte, sowie flächenhafter Veränderungen von Gesellschaften. Bilanzierungen ergeben eingriffsbedingte, meist negative Wirkungen, die möglicherweise in gewissem Maße ausgleichbar sind. Besser wären frühzeitig einsetzende Gegenmaßnahmen, die sich aus der Kenntnis der bestehenden Vegetation und Einschätzung ihrer dynamischen Eigenschaften (z. B. Stabilität oder Labilität; s. 3.5.3) vorschlagen lassen.

Auch mehr auf den augenblicklichen Zustand gerichtete Bewertungen von Landschaftsteilen für den Naturschutz, z. B. bei Biotopkartierungen, müssen syndynamische Fragen einbeziehen, sei es als Aussagen zur derzeitigen dynamischen Situation oder zur Vorhersage möglicher Entwicklungen. In Schutzregionen selbst können Daueruntersuchungen auf Kontrollflächen rechtzeitig unerwünschte Tendenzen sichtbar machen. Schon im Kapitel 3.2.2.2 wurde auf ein wünschbares allgemeineres Monitoringsystem von weit gestreuten Dauerflächen in möglichst vielen Vegetationstypen hingewiesen (s. auch DIERSSEN 1990a, KAULE 1991, S. 487). Generell kann jede gut dokumentierte Vegetationsaufnahme Grundlagen für spätere Vergleiche liefern. Hierzu wurden in den vorhergehenden Kapiteln schon viele Beispiele gegeben.

Ein spezieller Fall des Biomonitoring ist der **Nachweis von Schadstoffbelastungen**, von großräumigen und globalen Wirkungen bis zu kleinräumigen Effekten. Durch Vegetationserfassungen um Emittenten kann z. B. aus dem räumlichen Vergleich auf zeitliche Veränderungen geschlossen werden (z. B. KUBIKOVÁ 1981, MONTAG 1975, TRAUTMANN et al. 1970). Über experimentelle Ansätze kann die Empfindlichkeit und Eignung von bestimmten Arten herausgefunden werden (ENGELBACH & FANGMEIER 1989, STEUBING & FANGMEIER 1991: Begasungsversuche der Krautschicht von Wäldern). Bestandesreaktion und Empfindlichkeit einzelner Arten gegen Pestizide untersuchten WERNER & STIKKAN (1983), WERNER (1987) auf Grünlandflächen. In Erprobung sind auch standardisierte Indikationssysteme künstlicher Pflanzenbestände im aktiven Biomonitoring (WERNER et al. 1983).

In vorhergehenden Kapiteln wurde bereits mehrfach auf passives Biomonitoring zur Erfassung von Bodenversauerungen und Eutrophierungen hingewiesen. Meist geht es hierbei um neuartige Waldschäden (z. B. BÜRGER 1991, ROST-SIEBERT 1988, WITTIG et al. 1985) oder um Eutrophierungen (HERM. ELLENBERG 1989, KUHN et al. 1987, MEDWECKA-KORNAŚ & GAWROŃSKI 1991, SOKOLOWSKI 1991).

HUNDT (1983) stellt genauer Eutrophierungswirkungen im Grünland dar. Abb. 242 zeigt langfristige Vergleiche von schweizer Wäldern über mittlere Zeigerwerte, die eine Stickstoffanreicherung und eine daraus resultierende dichtere Kronenschicht der Bäume vermuten lassen.

3.8.3 Erhaltung, Wiederherstellung oder Neuschaffung von Pflanzengesellschaften

Vielen Naturschutzfragen liegen syndynamische Überlegungen zugrunde. Geht es doch in unserer heutigen Kulturlandschaft oft weniger um den Schutz naturnaher Vegetation als vielmehr um halbnatürliche bis naturnahe, durch früher übliche extensive bis mäßig intensive Nutzung entstandene Pflanzengesellschaften.

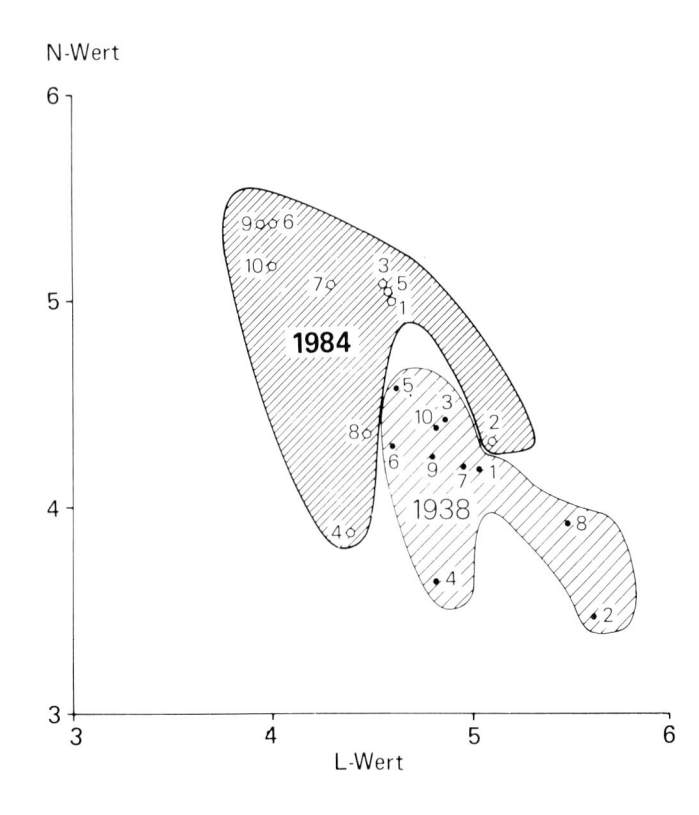

Abb. 242. Veränderungen mittlerer Zeigerwerte in einem Stickstoff-Licht-Ökogramm für zehn Waldbestände des *Betulo-Quercetum* der Nordschweiz innerhalb von 50 Jahren (aus KUHN et al. 1987).

Hierzu gehören Heiden, Magerrasen, heute auch schon viele stärker beeinflußte, artenreiche Grünland- und sogar Ackerwildkraut-Gesellschaften (s. KAULE 1991, S. 471). Die negativen Effekte der Verbrachung wurden schon erörtert (3.6.2.1). Vielfach müssen Pflegemaßnahmen zum Erhalt bestimmter gewünschter Entwicklungsstadien eingesetzt werden. Vorschläge hierzu bedürfen guter Kenntnisse der gesellschafts- und standortsspezifischen Sukzession mit und ohne Eingriffe. Ein weiterer Schritt ist das Rückgängigmachen bereits vorhandener Entwicklungen, sei es der Verbrachung, aber auch von Intensivierungen der Nutzung (Extensivierung), auch als Renaturierung, Restauration oder Regeneration bezeichnet. Letzterer Begriff sollte besser der eigenständigen Regulierung von Ökosystemen vorbehalten bleiben (s. 3.6.2.3), ersterer ist mehr für naturnahe, ungestörte Entwicklungen (z. B. Brachland-Sukzession; s. auch BOHN 1989: Moor-Renaturierung) brauchbar. Im hier erwähnten Fall geht es lediglich um eine gelenkte Sukzession, eine Pflege oder Entwicklung von Ökosystemen auf einen jeweilig bestimmbaren (nicht natürlichen) Zustand hin. Naturschutzmanagement bedeutet in erster Linie Wiederaufnahme früherer (historischer) Nutzungsweisen oder Simulation derselben durch möglichst zeit- und kostensparende Eingriffe (s. auch KAULE 1991, S. 468, PLACHTER 1991, S. 336).

Angewandte Sukzessionsforschung im Naturschutz ist einmal die Erstellung zielgerichteter **Pflegepläne**, aber auch die **Erfolgskontrolle** laufender Maßnahmen, vor allem durch wissenschaftliche Begleitung mit Dauerflächen-Untersuchungen. Eigentlich sollten in jedem Naturschutzgebiet und bei allen Pflegemaßnahmen solche Dauerflächen eingerichtet werden, um unliebsame Entwicklungen abzuwenden und vor allem auch weitere Erkenntnisse über die Dynamik von Pflanzengesellschaften zu gewinnen. Oft stellt sich nämlich heraus, daß es an Grundkenntnissen mangelt, oder daß allgemeinere Modelle für bestimmte Einzelfälle nicht zutreffen. LÜDERWALD (1990) sieht z. B. großen Bedarf an naturschutzbezogener Sukzessions-, Renaturierungs- und Regenerationsforschung sowie an Methodenentwicklung zur Erfolgskontrolle bei Eingriffsregelungen und Pflegemaßnahmen.

Nachdem sich im Naturschutz die Ansicht durchgesetzt hat, daß man nicht nur erhalten, sondern auch pflegen oder entwickeln muß, haben wissenschaftliche Untersuchungen mit syndynamischem Hintergrund rasch zugenommen. Sehr umfangreiche und wertvolle Ergebnisse lieferte ein zehnjähriger Pflegeversuch in verschiedenen Grünland-Gesellschaften in Baden-Württemberg (SCHIEFER 1980, SCHREIBER & SCHIEFER 1985, SCHREIBER 1987). Für nordwestdeutsche Feuchtgebiete fassen Kölbel et al. (1990) gesellschaftsspezifisch Erhaltungs- und Rückführungsmöglichkeiten zusammen. Sehr detaillierte Pflegehinweise auf Assoziationsniveau geben für viele Gesellschaften BÖHNERT & HEMPEL (1987). Breiten Raum nehmen Pflegemaßnahmen und deren Wirkungen auch bei BAKKER (1989) ein. Hinzu kommen viele Einzeluntersuchungen. Besonders gilt dies für artenreiche Magerrasen, Feucht- und Bergwiesen (z. B. ARENS 1989, BOBBINK & WILLEMS 1988, BRIEMLE 1988, DIERSCHKE 1980a, 1985b, HAKES 1987, J. MÜLLER et al. 1992, REICHHOFF & BÖHNERT 1978, WILMANNS 1989a: S. 191, 1989d, WILMANNS & MÜLLER 1977, WOLF et al. 1984, ZIMMERMANN 1979), aber auch für anderes Wirtschaftsgrünland (GERTH 1978 u. a.). WESTHUS & HAUPT (1990) stellen Überlegungen zur Erhaltung historischer Waldstrukturen (Mittel- und Niederwald) an, um den Rückgang relativ lichtbedürftiger Wald-, Saum- und Schlagpflanzen zu verhindern. In engem Bezug zu gepflegten Beständen stehen auch biozönologische Untersuchungen der Tiere (z. B. ERHARDT 1985, HANDKE & SCHREIBER 1985, KRATOCHWIL 1983, 1984, OPPERMANN 1987, PFADENHAUER 1987, STEFFNY et al. 1984, WILMANNS 1989d, ZOLLER et al. 1984). Sie zeigen, daß oft ein Mosaik unterschiedlich gepflegter bzw. ein Nebeneinander gepflegter und der natürlichen Sekundärsukzession unterworfener Flächen die beste Lösung darstellt. WITTIG & RÜCKERT (1985) geben ein Beispiel für die Erstellung eines vegetationsbezogenen Pflegeplans des Naturschutzgebietes „Hildener Heide" mit Vegetations-, Bewertungs-, Ziel- und Maßnahmenkarte (s. XI 5.7.3). Ausschnitte des vegetionskundlich-ökologischen Fragenkomplexes, der bei Brachfallen und Pflege von Feuchtwiesen zu bedenken ist, ergeben sich aus Abb. 243. Ein Sonderfall sind Pflegemaßnahmen an Verkehrswegen als Möglichkeiten für artenreichere Restbiotope (z. B. MEDERAKE 1991, SCHMIDT 1987).

Noch wenig klar sind die Erfolgsaussichten für **Extensivierungen** von Grünland, d. h. vor allem Aufgabe der Nährstoffzufuhr (z. B. BAKKER 1987, KAPFER 1987, OOMES & MOOI 1985,

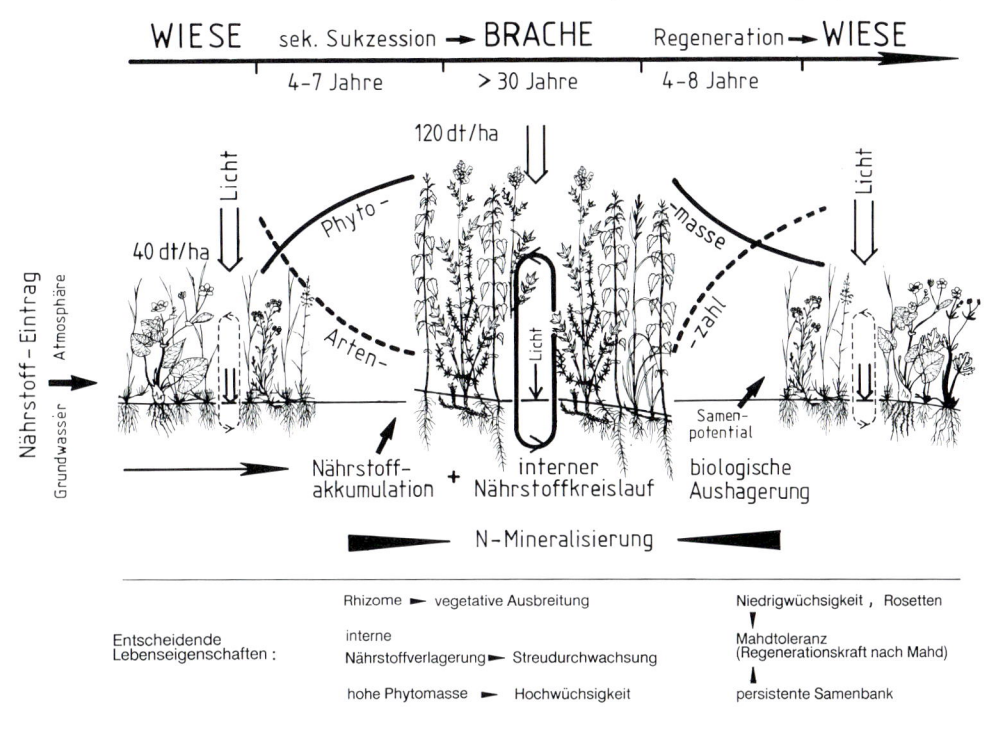

Abb. 243. Modell der Sekundärsukzession nach Brachfallen einer *Calthion*-Feuchtwiese und deren Wiederherstellung durch erneute Mahd (aus J. MÜLLER et al. 1952).

SCHMIDT 1981a, SCHWARTZE 1992) oder extensivere Nutzung durch Mahdreduzierung (N. MÜLLER 1988, RUGEL & FISCHER 1986), Wiederaufnahme extensiver Beweidung (SCHWABE 1990, WILMANNS & MÜLLER 1977). RUTHSATZ (1990) gibt Beispiele zur Einrichtung eines Kontrollsystems von Dauerflächen mit entsprechenden Untersuchungsmethoden. Auch zur Extensivierung von Ackerflächen einschließlich der Entwicklung ungespritzter und ungedüngter Randstreifen findet man Untersuchungen (z. B. ELSEN 1989). OTTE (1990) vergleicht direkt Dauerflächen mit und ohne Herbizidanwendung.

Ein weiteres Gebiet syndynamischer Anwendungen sind gesetzlich geforderte Wiederherstellung oder Neuschaffung von Biotopen (PLACHTER 1991, S. 341), also **Ausgleichs- und Ersatzmaßnahmen**. Aus Kenntnis von Sukzessionsserien wird aber deutlich, daß Primärsukzessionen auf neuem Substrat sehr lange dauern und auch Sekundärsukzessionen aus menschlicher Sicht viel Zeit erfordern. Ein rascher Ausgleich oder gar Ersatz ist selten möglich, schon gar nicht für halbnatürliche Pflanzengesellschaften, bei denen sich über Jahrhunderte hinweg unter bestimmter Nutzung ein feines Gleichgewicht der Arten und ihres Standortes entwickelt hat.

Ein spezieller Fall ist schließlich die **Verpflanzung** ganzer Pflanzenbestände. KLÖTZLI (1981) beschreibt einen solchen Versuch im Zuge der Ausbaumaßnahmen des Züricher Flugplatzes. Die verpflanzten Feuchtwiesenflächen zeigten nach einer anfänglichen Labilphase über fünf bis acht Jahre mit Eindringen von Störungszeigern eine Rekonstitutionsphase, in der die Störungszeiger verschwanden und fehlende Arten wieder auftraten. Erwartet wird eine anschließende Stabilphase.

Als allgemeinere Anwendung syndynamischer Kenntnisse, vor allem der diszessiven bis regressiven Sukzession, sind noch die **Roten Listen von Pflanzengesellschaften** zu nennen, die verschiedentlich aufgestellt werden (z. B. BOHN 1986, DIERSSEN 1983, KNAPP et al. 1985, PREISING et al. 1990 ff., WALENTOWSKI et al. 1990/91).

Alle Beispiele zeigen, daß zur Erhaltung, Wiederherstellung oder Neuschaffung von Pflanzengesellschaften gute syndynamische Kenntnisse unverzichtbar sind. Hier fehlt es noch an vielen Grundlagen, vor allem auch über die zugehörigen Tiere, die bei allen Überlegungen einbezogen werden müssen. Deutlich verstärkt hat sich gerade in letzter Zeit die Tendenz, im amtlichen Naturschutz auch Biologen einzustellen. Allerdings sind hier wesentlich mehr Stellen notwendig, um biologisch fundierte Schutzkonzepte zu erstellen und ihren Erfolg zu überwachen.

3.8.4 Meliorationen in Land- und Forstwirtschaft

Auch für Ziele einer optimalen Landnutzung werden syndynamische Erfahrungen und Untersuchungsmethoden eingesetzt. Einmal geht es darum, mögliche Meliorationen auszuprobieren (z. B. Ent- oder Bewässerung, Düngung, Herbizidanwendung), oder bereits durchgeführte Maßnahmen zu kontrollieren.

Bei der heute üblichen Intensivlandwirtschaft mit Überproduktion sind in Europa eher Extensivierungen im Gespräch, was aber Versuche zur besseren Nutzung nicht ausschließt. Wichtiger sind zur Zeit Daueruntersuchungen zu Schadschwellen von Wildkräutern, Grünbrachen, Ackerrandstreifen u. ä. sowie zu extensiverer Grünlandnutzung (s. 3.8.3).

Bei der Entwicklung unserer Landwirtschaft haben syndynamische Untersuchungen in Versuchsanstalten und an Hochschulen eine große Rolle gespielt. Einen Überblick gibt KLAPP (1965). Einzelbeispiele finden sich vorwiegend in der landwirtschaftlichen Literatur (s. auch ELLENBERG et al. 1986, PARK 1985, WILLEMS 1980). Die Veränderung der Wildkrautvegetation bei Herbizidanwendung untersuchten auf Dauerflächen HELMECKE et al. (1977).

Auch in der Forstwirtschaft werden düngende Eingriffe vorgenommen. RODENKIRCHEN (1982) beschreibt die Auswirkungen von Düngungen auf die Bodenvegetation eines Kiefernforstes in Süddeutschland, PERSSON (1981) die Wirkung von Düngung und Bewässerung auf schwedische Kiefernwälder. Untersuchungen über die Reaktion der Bodenvegetation auf die umfangreichen Kalkungen unserer Wälder stehen noch aus.

Allgemeiner lassen sich syndynamische Grundkenntnisse vielfältig benutzen, z. B. zur Beratung bei Umstellungen auf andere landwirtschaftliche Maßnahmen oder bei Vorschlägen für geeignete, standortsgemäße Holzarten. Auch Vorhersagen (Prognosen) über zukünftige Entwicklungen sind in gewissen Grenzen möglich.

3.8.5 Pflanzen als lebendiger Baustoff

Kenntnisse über den Bauwert der Pflanzen in bestimmten syndynamischen Situationen bilden eine wichtige Grundlage für ihren naturgemäßen Einsatz in der Landschaftspflege und -gestaltung sowie in der Ingenieurbiologie. Durch gezieltes Einbringen (Einsaat oder Anpflanzung) können gewünschte Entwicklungen in Gang gesetzt oder gefördert werden, sei es zur Stabilisierung erosionsgefährdeter Bereiche oder zur Schaffung von Schutzwäldern und -gebüschen, zur Entwicklung bestimmter Vegetation oder einfach zur Schaffung landschaftsgestaltender Elemente.

Die auf vegetationskundlicher Grundlage erarbeiteten Vorschläge und Richtlinien haben heute in viele entsprechende Lehr- und Handbücher Eingang gefunden (z. B. BUCHWALD & ENGELHARDT 1969, KLAUSING 1973, SCHIECHTL 1973). Einer der ersten Wegbereiter war R. TÜXEN, der schon in den 30er Jahren Vorschläge für naturgemäße Begrünungen und Bepflanzungen der ersten Autobahnen machte. Später (1961) spricht er von „Pflanzen und Pflanzengesellschaften als lebendigem Bau- und Gestaltungsstoff in der Landschaft". TÜXEN betonte stets die engen Verbindungen zur natürlichen Dynamik der Vegetation.

Gute Naturbeobachtung läßt in vielen Fällen geeignete Pflanzen für eine naturgemäße, deshalb meist erfolgreiche und kostengünstige Entwicklung erkennen. Wenn sich auch diese Ansicht heute teilweise durchgesetzt hat, findet man doch immer noch recht merkwürdige Versuche, mit irgendwelchen standortsfremden, oft exotischen, vielleicht gerade in der Baumschule vorhandenen Arten zu arbeiten.

Ein Beispiel des Einsatzes syndynamischer Kenntnisse ist die Festlegung von Binnendünen und anderen Flugsandbereichen. Frühere Versuche mit dem Strandhafer (*Ammophila*), der in Küstenbereichen sehr erfolgreich eingesetzt wird, schlugen fehl, was einen Vegetationskundler nicht wundert. Durch genauere Untersuchungen und Versuche von LUX (1964, 1969) mit dem als Pionierpflanze geeigneten Silbergras (*Corynephorus*) konnten genaue Vorschläge für den Dünenschutz erarbeitet werden. Auch für den Küstenschutz sind dynamische Kenntnisse der Dünenentwicklung wichtig (VAN DER MEULEN & VAN DER MAAREL 1989).

Große Bedeutung kommt Lebendbaumethoden beim Uferschutz zu (z. B. BITTMANN 1965). Für jede Sicherung von Böschungen aller Art sind Kenntnisse über Primärsukzessionen und Pflanzen mit typischen Pioniereigenschaften wichtig, wobei langlebigere Arten bevorzugt werden. Hier setzt auch die experimentelle Sukzessionsforschung ein, die geeignete Aussaatmischungen für bestimmte Substrate erprobt (TÜXEN 1961, LOHMEYER 1964, WALTHER 1964, TRAUTMANN 1968, TRAUTMANN & LOHMEYER 1975, WEGELIN 1984, KRAUSE 1989). Erwünscht sind meist anspruchslose Pioniergräser mit starker Wurzelbildung. Abb. 244 zeigt einen Ansaatversuch mit einer Mischung von fünf Gräsern und seiner Entwicklung über fünf Jahre. Als besonders geeignet erweist sich in diesem Fall *Festuca rubra*. Mehr in landwirtschaftliche Richtung gehen syndynamische Versuche von KLAPP (1965). Weitere Beispiele des Lebendverbaues sind Sicherungsmaßnahmen für rutschgefährdete Hänge, Lawinenbahnen u. a., wo bevorzugt Gehölze benutzt werden.

Weniger mit natürlicher Sukzession, wohl aber mit syndynamischen Experimenten verbunden sind Arbeiten zur Begrünung von Bergbauhalden und anderen künstlichen Hängen. Hier müssen den speziellen Bedingungen angepaßte Vorschläge gemacht werden. Entweder werden bestimmte Arten auf ihre Eignung getestet, sei es als eigenständige Begrüner oder als Wegbereiter für Folgepflanzen, oder es wird die spontane Sukzession beobachtet (z. B. HUNDT 1978, JOCHIMSEN 1987, PÖSER & JOCHIMSEN 1989, WOLF 1985, 1989).

Ein weiteres Beispiel der engen Beziehung zwischen Syndynamik und Landschaftspflege sind Bepflanzungen, z. B. an Verkehrswegen, Böschungen, als Windschutz oder der biologischen Vielfalt und Vernetzung dienende Gehölze. Hier wird oft auf die potentiell natürliche Vegetation (s. 3.5.5) zurückgegriffen, die gleichzeitig Kenntnisse des mit jeder Einheit verbundenen genetischen Gesellschaftskomplexes beinhaltet, aus dem man sich für beliebige Entwicklungsstadien geeignete Pflanzen heraussuchen kann. Listen von brauchbaren Gehölzen zu Einheiten der PNV geben z. B. TRAUTMANN (1966, 1968) u. a. sowie die einschlägigen, oben zitierten Handbücher. Im Sinne einer biologischen Aufwertung einer Landschaft sollten auch krautige Pflanzen, z. B. aus Saumgesellschaften der Gebüsch- und Waldränder, mit eingebracht werden (s. DIERSCHKE 1981c).

Aus botanischer Sicht ist es wichtig darauf hinzuweisen, daß für solche Bepflanzungen oder Einsaaten möglichst Herkünfte aus der Nachbarschaft verwendet werden sollten, um Florenverfälschungen zu vermeiden. Hier ist ein weites Feld für weitere Versuche, aber auch für Baumschulen und Gartenbetriebe, um genügend brauchbares Pflanzenmaterial zur Verfügung zu stellen.

Eine konsequente Anwendung der Ideen von Tüxen und seinen Mitarbeitern für naturgemäße Begrünungen in Bezug zur PNV hat MIYAWAKI (1975, 1982a u. a.) in Japan sehr erfolgreich erprobt und für Schutzpflanzungen um Industrieanlagen und an Verkehrswegen eingesetzt, angefangen von eigenständiger Anzucht von Gehölzen aus gesammelten Samen in der Umgebung bis zur Entwicklung vielfältiger Bestände nach syndynamischen Regeln (s. Abb. 245). MIYAWAKI & OKUDA (1977) schlagen auf der Grundlage von Karten der realen und potentiell natürlichen Vegetation sowie der Natürlichkeitsgrade naturgemäße neue Grüngürtel für Tokio vor. Ein grundlegendes Arbeitsschema zeigt Abb. 246.

Diese Beispiele mögen hier genügen, um die große praktische Bedeutung der Syndynamik mit ihren Methoden und Ergebnissen herauszustellen (s. auch die Anwendung von Vegetationskarten: XI 5). Ausführlicher wird hierauf z. B. im Handbuch von BUCHWALD & ENGELHARDT (1969) eingegangen.

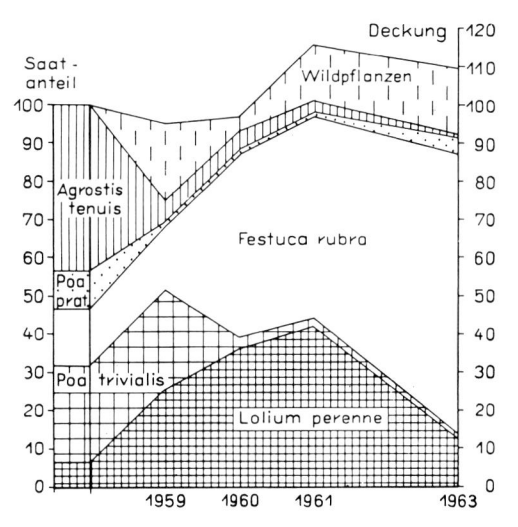

Abb. 244. Aussaatversuch mit einer Mischung aus fünf Grasarten für Begrünungsmaßnahmen (aus WALTHER 1964).

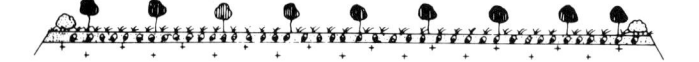

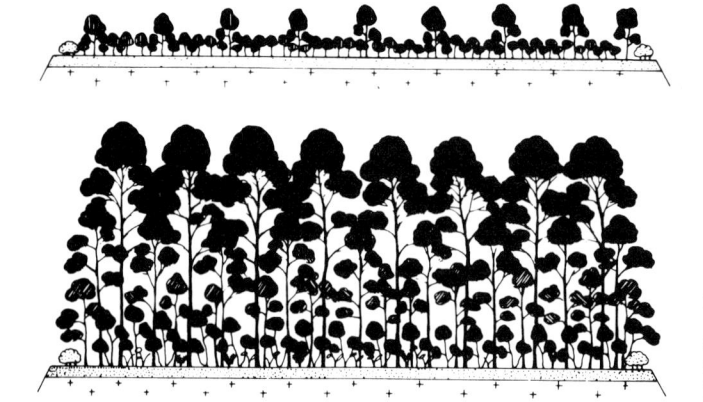

476 Veränderung von Pflanzenbeständen (Vegetationsdynamik)

Abb. 245. Entwicklung eines Umweltschutz-Waldes in Japan mit Gehölzen der potentiell natürlichen Vegetation (aus MIYAWAKI 1975).

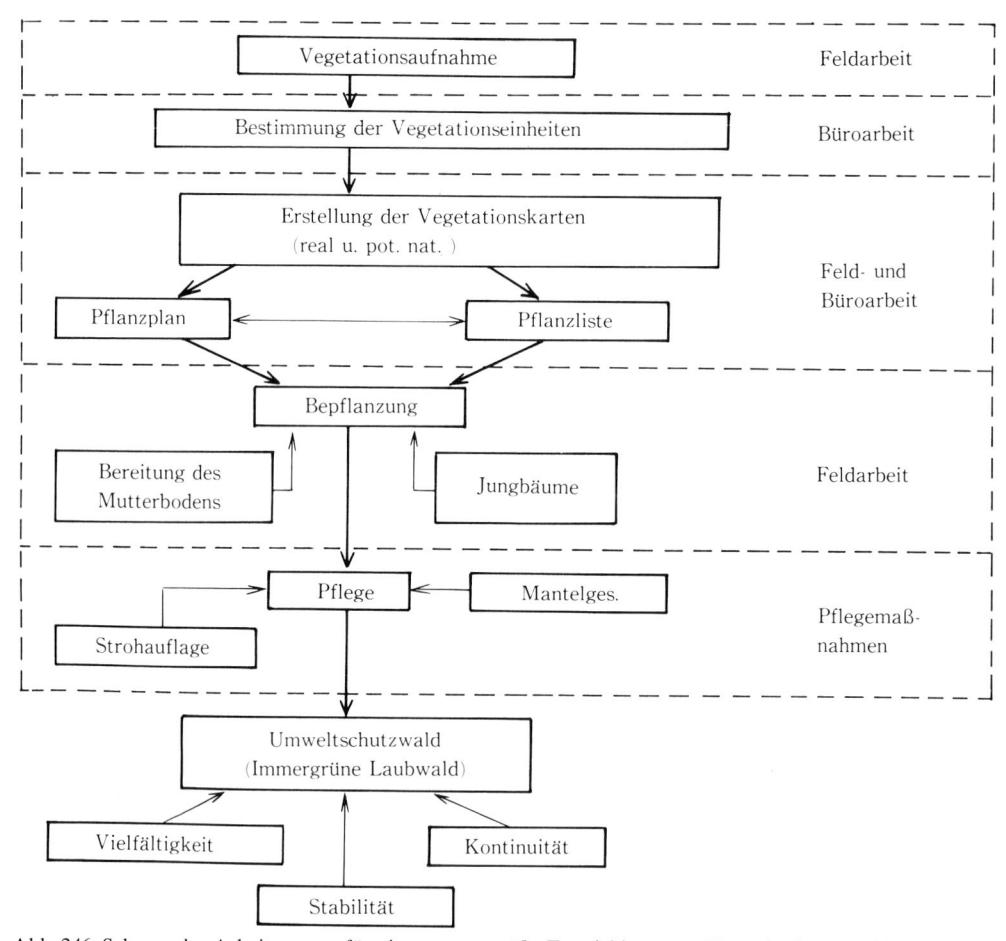

Abb. 246. Schema des Arbeitsganges für eine naturgemäße Entwicklung von Umweltschutz-Wäldern in Japan (aus MIYAWAKI 1982a).

4 Vegetationsschwankungen (Fluktuation)

4.1 Allgemeines

Als Vegetationsschwankungen werden hier nur relativ kurzzeitige, d. h. zwischen zwei bis einigen (etwa zehn) Jahren ablaufende Veränderungen der Pflanzendecke gesehen, die um einen mittleren Zustand herum pendeln. Eine klare Abgrenzung von zyklischen oder anderen (besonders diszessiven) Sukzessionen, also etwas langzeitiger gerichteten Entwicklungen, ist allerdings schwierig. Manche als Sukzession gedeutete Veränderungen erweisen sich bei Untersuchungen über mehrere Jahre nur als Schwankungen, manche Fluktuationen können in Sukzession übergehen. Außerdem sind Sukzessionen oft von Fluktuationen überlagert, mit hemmender, fördernder oder neutraler Wirkung.

Vegetationsschwankungen sind genauso charakteristische Eigenschaften von Pflanzengesellschaften wie ihr phänologischer Jahresrhythmus. Je nach Betrachtungsmaßstab treten sie deutlich oder fast gar nicht in Erscheinung. Besonders für relativ stabile Typen ist Fluktuation um einen Mittelzustand bezeichnend (s. 3.5.3). Schon auf Populationsebene gibt es oft stärkere Schwankungen, vor allem bei kurzlebigen Arten. RABOTNOV (1969) spricht von „Coenopopulationen" als Summe der Individuen einer Sippe innerhalb einer Gesellschaft. Dieselbe Art kann in verschiedenen Vegetationstypen in unterschiedlicher Verteilung individueller Entwicklungsstufen (z. B. junge, optimal entwickelte, alte Pflanzen, Keimlinge, Samen) vertreten sein. Diese Stufen können auch kurzzeitig schwanken. Auffällig sind vor allem Massenentwicklungen in bestimmten Zeiten oder besonders blüten- und fruchtreiche Jahre. Bekannt sind die stark fluktuierenden Pilzaspekte. Manche Bäume haben einen deutlichen Wechsel der Blüten- und Fruchtbildung (z. B. Mastjahre der Buche) mit entsprechenden Auswirkungen auf die Verjüngung. Über die Ursachen solcher populationsbiologischen Schwankungen ist meist recht wenig bekannt.

Als Hintergrund vieler Vegetationsschwankungen werden oft wechselhafte Lebensbedingungen vermutet. Nachgewiesen sind meist nur Koinzidenzen. Bevorzugt denkt man an Witterungsschwankungen, vor allem Unterschiede der Niederschläge und ihrer zeitlichen Verteilung von Jahr zu Jahr, aber z. B. auch Unterschiede der Erwärmung zu Beginn der Vegetationsperiode. Allgemein sind Vegetationsschwankungen dort besonders auffällig, wo ein relativ extrem wirkender Faktor fluktuiert. Dies gilt für Situationen des Wasserhaushaltes (Trockenheit bis Vernässung, z. T. im Wechsel, Grundwasserschwankungen, Häufigkeit und Dauer von Überschwemmungen), bodenchemischer Verhältnisse (besonders süß – salzig) oder des Lichtangebotes im Unterwuchs von Gehölzen. Ein spezieller Fall ist die wechselnde Aperzeit bei alpinen Gesellschaften.

Wo räumlich zwei Faktorenextreme zusammenstoßen, also entlang stark ausgeprägter ökologischer Gradienten, sind Fluktuationen ein sehr bezeichnendes Merkmal. WESTHOFF & VAN LEEUWEN (1966) haben diese „Kontaktgürtel" von „Störstandorten" genauer dargestellt. Hier herrscht ein ständiges Hin und Her innerhalb einer oder zwischen benachbarten Gesellschaften. TÜXEN (1950a) spricht von „Harmonika-Sukzession" (besser Harmonika-Fluktuation). Beispiele sind Meeresküsten (Kontakt Salzmarsch – Düne) und Binnenland-Salzstellen, Flußauen (Wasser – Land, Moor – Düne, Flutmulden – Umgebung), Hochmoorränder (Laggzone) oder Quellbereiche in trockener Umgebung, auch Kontaktflächen anthropogen unterschiedlich stark gestörter Standorte (z. B. Weg- und Straßenränder). In diesen Kontaktgürteln findet man bevorzugt Gesellschaften der *Agrostietea stoloniferae* oder *Plantaginetea* mit vielen Arten, die durch rasche, meist vegetative Ausbreitung an solche Störstandorte angepaßt sind. Im Kontaktbereich Salzmarsch –Küstendüne wurde sogar eine eigene Klasse *Saginetea maritimae* aufgestellt (TÜXEN & WESTHOFF 1963).

RABOTNOV (1974) versucht, Vegetationsschwankungen zu typisieren. Merkmale sind Veränderungen der Produktivität, der quantitativen Beziehungen zwischen den Arten, auch ihrer Vitalität und der gesamten Vegetationsstruktur. Nach dem auslösenden Faktor lassen sich unterscheiden:

- standortsbedingte Fluktuationen, verbunden mit entsprechenden Schwankungen eines oder mehrerer exogener Faktoren;
- anthropogene Fluktuationen durch wechselnde menschliche Aktivitäten;
- zoogene Fluktuationen, z. B. bei Zu- oder Abnahme herbivorer Tiere;
- populationsbedingte Fluktuationen, verbunden mit Besonderheiten des Lebenszyklus

478 Veränderung von Pflanzenbeständen (Vegetationsdynamik)

oder der Reproduktion bestimmter Pflanzensippen;
- parasitische Fluktuationen bei starker Entwicklung parasitischer Pflanzen und Pilze.

Nach Art der Schwankung unterscheidet RABOTNOV
- verborgene Fluktuationen: nur geringe Veränderungen der Quantitäten der Arten;
- oszillierende Fluktuationen: kurzfristiger (ein- bis dreijähriger) Wechsel von Produktivität und Artenanteilen; wiederholter, reversibler Austausch der Dominanten und ihrer Vitalität;
- zyklische Fluktuationen: periodische Dominanz von ein oder zwei Arten; üppige Entwicklung der Individuen, gefolgt von Massensterben bei Vollendung des Lebenszyklus;
- digressive Fluktuationen: Massensterben einzelner Dominanten durch langzeitigere Abweichungen exogener Faktoren (Klima, Hydrologie) oder nach starker Zunahme von Pflanzenfressern.

4.2 Beispiele für Vegetationsschwankungen

RABOTNOV (1974) sieht Fluktuationen besonders ausgeprägt im Grasland, während die insgesamt ausgeglicheneren Waldökosysteme nur geringe Schwankungen zeigen sollen. Dies stimmt aber nur bei grober Betrachtung. FALIŃSKI (1986, 1988) hält Fluktuationen sogar für den bestimmenden Prozeß in naturnahen Wäldern. Detailuntersuchungen ergaben nämlich sehr vielfältige Schwankungen. Allgemeiner beschrieben werden sie z. B. von KORCHAGIN & KARPOV (1974) für Nadelwälder der russischen Taiga. RUNGE (1969a) untersuchte auf einer Buchenwald-Dauerfläche die Veränderungen der Krautschicht infolge Kronenverlichtung nach Dürre und Schlag einzelner Bäume, die teilweise schon mehr einer zyklischen Sukzession entspricht (s. 3.6.2.3). Eine weitere Untersuchung (1981a) wurde in einem *Stellario-Carpinetum* auf Pseudogley über 21 Jahre durchgeführt. Hier schwankten die Mengen der Arten von Jahr zu Jahr. Außerdem wurde eine allgemeine Abnahmetendenz infolge Verdichtung der Kronenschicht festgestellt. Abb. 247 zeigt Biomasse-Schwankungen krautiger Waldpflanzen in einem polnischen *Tilio-Carpinetum*. 1972 gab es einen Massenbefall der Hainbuchen durch Raupen bis zur völligen Verkahlung. Vom erhöhten Lichtgenuß profitierte die Krautschicht, unterirdisch mit einjähriger Verzögerung. 1974 herrschten wieder normale Bedingungen; spätere Schwankungen werden auf klimatische Fluktuationen zurückgeführt.

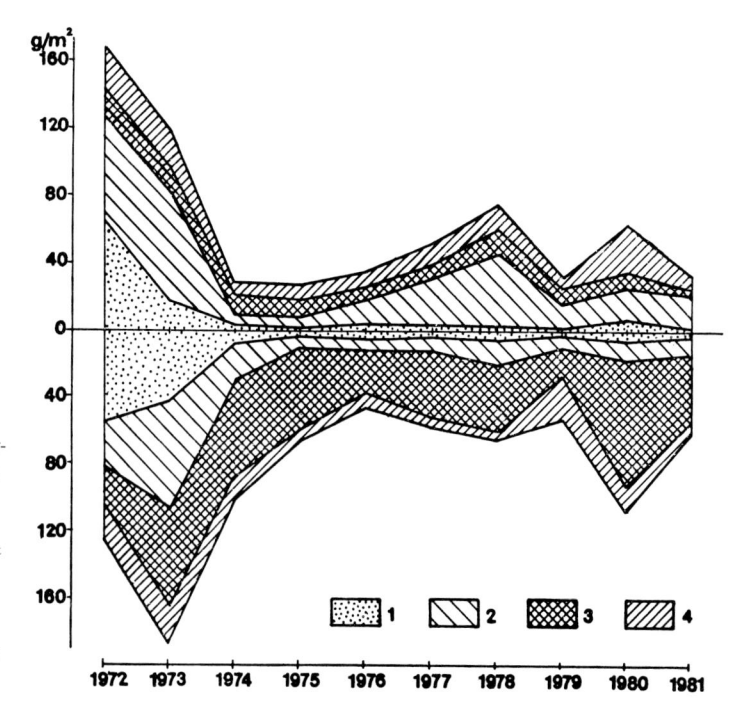

Abb. 247. Schwankung der ober- und unterirdischen Biomasse in der Krautschicht eines Linden-Hainbuchenwaldes bei Krakau über zehn Jahre (aus TOWPASZ & TUMIDAJOWICZ 1989). Erläuterung im Text.
1: *Milium effusum*; 2: *Lamiastrum galeobdolon*; 3: *Anemone nemorosa*; 4: andere Arten.

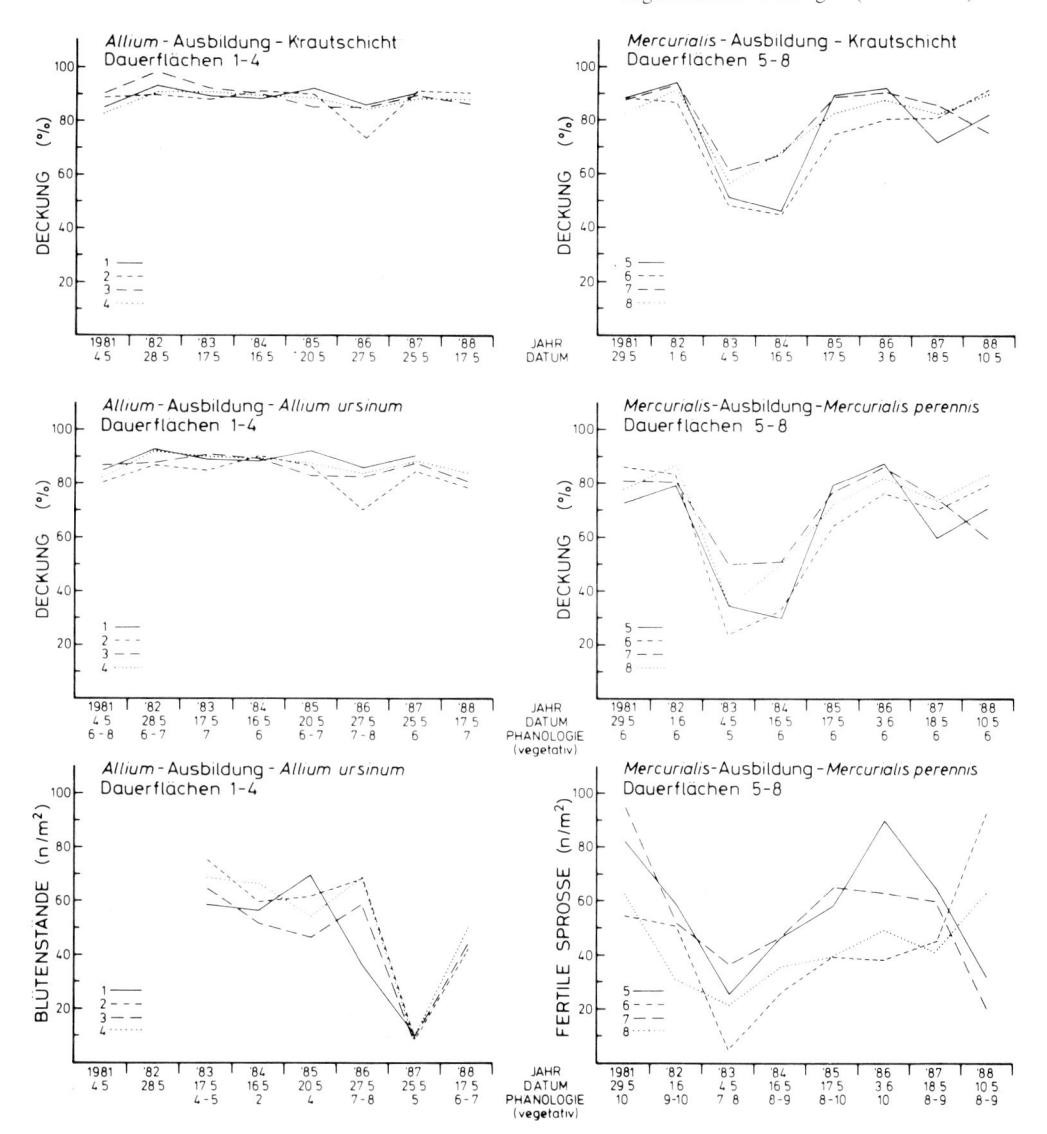

Abb. 248. Schwankungen des Deckungsgrades der Krautschicht zweier Kalkbuchenwälder (oben), ihrer dominierenden Arten *Allium ursinum* bzw. *Mercurialis perennis* (Mitte) sowie der Zahl der Blütenstände (unten) (aus Schmidt 1991a).

Sehr genau sind Daueruntersuchungen (1x1 m-Quadrate) in einem Kalkbuchenwald von Schmidt (1988a, 1991a u. a.). Im Wechsel von Auflichtung durch Ausfall einzelner Bäume und raschem Kronenschluß durch Nachbarbäume kann es zu Fluktuationen innerhalb weniger Jahre kommen, bei größeren Auflichtungen zu zyklischer Sukzession. Abb. 248 zeigt Schwankungen zweier Typen des Kalkbuchenwaldes, bestimmt durch ihre Dominanten *Allium ursinum* bzw. *Mercurialis perennis*. Der Bärlauch weist recht gleichbleibende Deckung über acht Jahre auf, aber einen starken Einbruch der Blüte 1987, möglicherweise bedingt durch frühzeitiges, kältebedingtes Vergilben im Vorjahr (s. Genaueres bei Schmidt 1988a). Abb. 249 ergibt ähnliche Schwankungen in einem 7 m langen Transekt in anderer Darstellung. Dagegen zeigt der Bingelkraut-Buchenwald starke Schwankungen, mit Minima 1983–84. Etwa parallel verläuft die Zahl blühender Sprosse mit Minimum 1983. Das sommer-

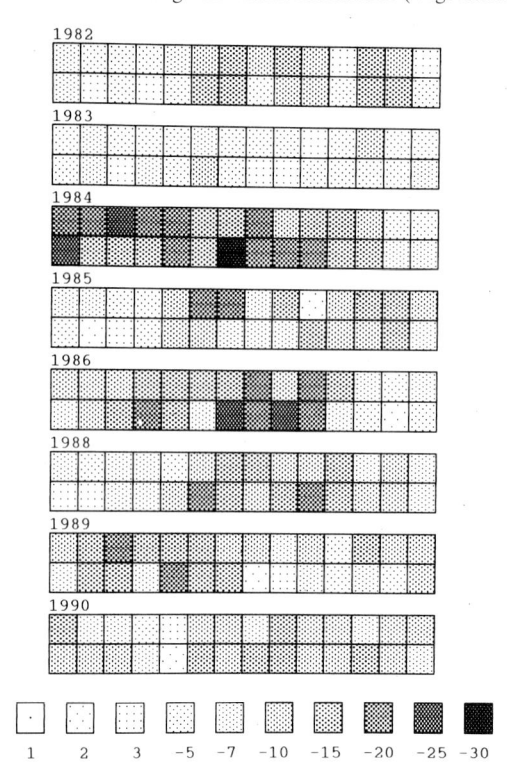

480 Veränderung von Pflanzenbeständen (Vegetationsdynamik)

Abb. 249: Schwankungen der Zahl der Blütenstände von *Allium ursinum* im Transekt (je 0,25 m²) eines Kalkbuchenwaldes über neun Jahre (aus DIERSCHKE 1991).

grüne Bingelkraut reagiert offensichtlich stärker auf wechselnde Sommerwitterung, z. B. negativ auf den trockenen Sommer 1982, in dem viele Pflanzen frühzeitig oberirdisch abstarben. Der Rückgang 1983–84 beruht demnach auf geringeren Stoffreserven, der leichte Einbruch 1987 läßt sich hingegen auf Pilzbefall im kühl-feuchten Frühsommer zurückführen.

Eine größere Zahl von Beobachtungen und Untersuchungen zur Fluktuation gibt es aus Trockenrasen. Hier bedeuten Schwankungen des ohnehin extremen Wasserhaushaltes stärkere Veränderungen. RUNGE (1987a) untersuchte über 20 Jahre eine Dauerfläche im *Gentiano-Koelerietum*. Es ergaben sich stärkere Schwankungen vieler Arten, teilweise zurückführbar auf den Wechsel feuchter und trockener Jahre. Einige Arten schwankten auch infolge des mehrfachen Auftretens der Kaninchenseuche (Myxomatose), d. h. durch den Ausfall eines wichtigen Pflanzenfressers. Fluktuierende Veränderungen in und nach Dürrejahren beschreiben auch LÜDI & ZOLLER (1949), KNAPP (1977a) für das *Mesobromion*, HROUDOVA & PRACH (1986) für das *Festucion valesiacae*, ebenfalls ROSÉN (1985) für Trockenrasen auf Öland. Fluktuationen in Sandtrockenrasen untersuchten u. a. SYMONIDES (1985a) und VAN DER MAAREL (1981a). Abb. 250 zeigt eine Auswertung des Dauerversuches von BORNKAMM (s. 3.2.2.3) nach Parametern der Dominanzstruktur (s. IV 8.2.2). Bei fast gleichbleibender Deckung (N) ergeben sich starke Schwankungen von H' und E. Die Evenness pendelt um einen Mittelwert und wird wesentlich bestimmt von Deckungsgradschwankungen des Hauptgrases *Bromus erectus*.

Abb. 251 zeigt deutliche Schwankungen der Biomasseproduktion eines einmal jährlich gemähten *Mesobromion*-Bestandes sowie der

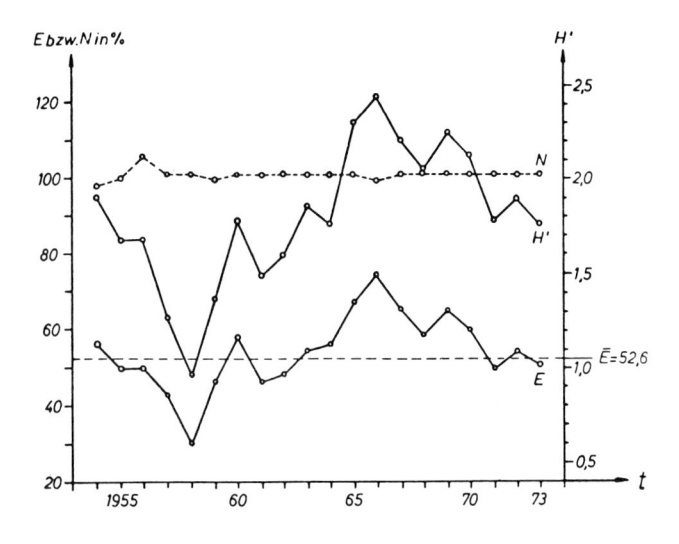

Abb. 250. Deckungsgrad (N), Shannon-Index (H') und Evenness (E) im Verlauf eines Dauerflächenversuchs in Halbtrockenrasen (aus HAEUPLER 1982). Erläuterung im Text.

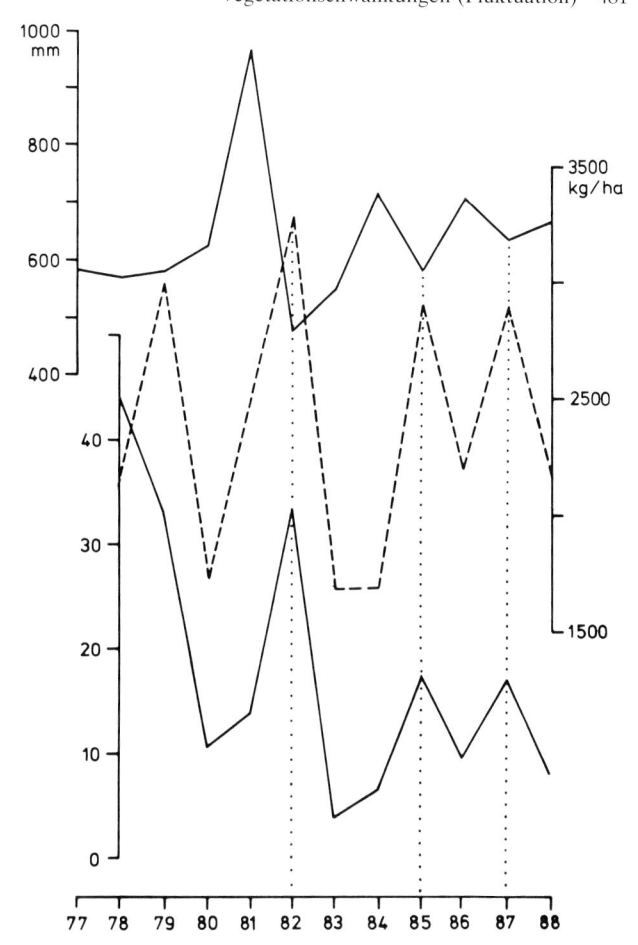

Abb. 251. Jährliche Schwankungen der Biomasse (gestrichelt, rechte Skala) eines Kalkmagerrasens und der Zahl der Blütenhalme (unten) bei *Bromus erectus* im Vergleich mit dem Jahresniederschlag (oben).

Abb. 252. Populationsschwankungen von *Gentianella germanica* (—), *G. ciliata* (– –) und *Gymnadenia conopsea* (...) in einem Kalkmagerrasen bei Göttingen. Unten sind die Trockenjahre gekennzeichnet.

Zahl der Blütenhalme von *Bromus erectus* nach einem schon in Kapitel 3.2.2.3 beschriebenen Mahdversuch (s. auch DIERSCHKE 1985b). Die Reaktion auf feuchte und trockene Jahre erfolgt oft erst mit einem Jahr Verzögerung. Besonders stark wirken sich Dürrejahre auf kurzlebigere Arten aus (s. auch DIERSCHKE 1986d, RUNGE 1978a). In Abb. 252 erkennt man solche Schwankungen bei *Gentianella*-Arten.

Die zweijährigen Pflanzen des Deutschen Enzians werden in und nach Trockenjahren in ihrer Individuenzahl stark reduziert. Der Fransenenzian tritt überhaupt nur gelegentlich auf. Sehr auffällige Enzian-Blühaspekte gab es auch anderswo 1978, 81, 85–87. Parallel variierte auch die Größe und Blütenzahl der Pflanzen. Weniger gut erklärbar ist das Fluktuieren von *Gymnadenia conopsea*. Bei Orchideen sind sol-

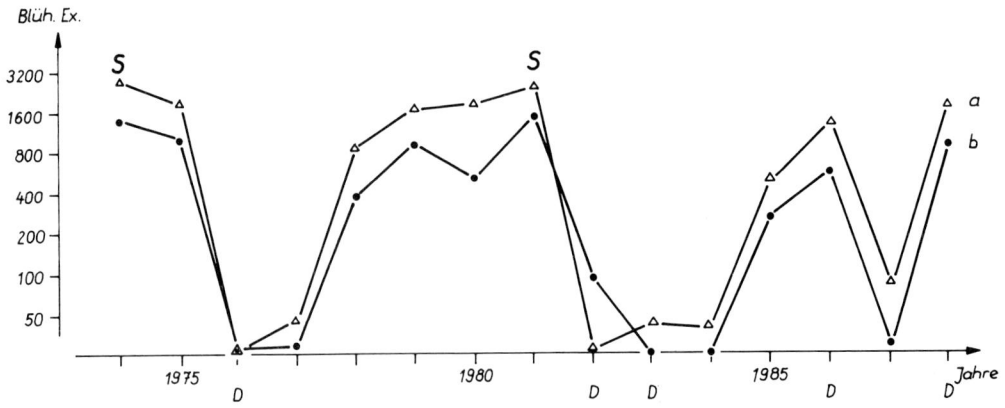

Abb. 253. Schwankungen im Auftreten blühender Exemplare von *Herminium monorchis* in zwei Halbtrockenrasen (aus KÜMPEL et al. 1989). D: dürre Sommer.

che Erscheinungen seit langem bekannt, wie sie auch Abb. 253 für *Herminium monorchis* zeigt, vorwiegend als Reaktion auf trockene Sommer.

Auch im Wirtschaftsgrünland gibt es Vegetationsschwankungen. ELLENBERG et al. (1986, S. 162) weisen auf solche der Biomasse in einer Bergwiese hin, ohne sie richtig erklären zu können. Sie beschreiben auch den verschiedentlich beobachteten „Kleezyklus" (s. auch KLAPP 1965, S. 79, RABOTNOV 1969, SCHMIDT 1981a). Hier geht es um fluktuierenden Wechsel von Ausbreitung und Rückgang einiger Leguminosen, die durch Symbionten Luftstickstoff binden und im Boden anreichern. Die verbesserte N-Versorgung fördert konkurrenzkräftige Gräser, welche die Leguminosen zurückdrängen, bis der Stickstoffvorrat verbraucht ist und eine rückläufige Entwicklung einsetzt.

Allgemeinere Fluktuationen im Grünland der Niederlande beschreibt VAN DEN BERGH (1981). In Glatthaferwiesen können ebenfalls trockenheitsbedingte Veränderungen vorkommen (LÜDI & ZOLLER 1949). Gegenteilig untersuchte TÜXEN (1979a) Auswirkungen periodischer Überflutungen im Wesertal. Seit 1945 wurden zwei Dauerflächen in einer Flutmulde fast jedes Jahr aufgenommen. Bis 1970 gab es regelmäßige Überschwemmungen, nach denen das Wasser in der Mulde besonders lange blieb und feinen Schlick absetzte. Später hörten die Überschwemmungen auf, und das Grünland wurde durch Dünger und Herbizidanwendung beeinflußt. Abb. 254 zeigt sowohl eine diszessive Sukzession (Artenverarmung) seit den 60er Jahren als auch eine Fluktuation, vor allem in den frühen Jahren. Sie ergeben eine Harmonika-Fluktuation, d. h. ein ständiges Hin und Her von Flutrasen und Wiesenpflanzen. Besonders letztere haben in der Mulde starke Schwankungen, je nach Länge der jährlichen Überflutung. Noch deutlicher wird dieses gegenläufige Verhalten bei Auswertung von Gruppenwerten. Eine kartographische Darstellung über viele Jahre gibt MEISEL (1977).

Stärkere Fluktuationen findet man auch an Flußufern, wo sich kurzlebige Dauer-Pioniergesellschaften der *Bidentetea* entwickeln, sobald der Flußwasserspiegel sinkt. TÜXEN (1979) beschreibt hier auch jahreszeitliche Abwandlungen aufeinander folgender Vegetationsbänder, nicht nur hinsichtlich altersbedingter Wüchsigkeit sondern auch als floristische Unterschiede, die aus verschiedenen Keimungszeiten mancher Arten resultieren. Hier sind Übergänge zwischen Phänologie und Fluktuation erkennbar.

Schließlich sind auch Vegetationschwankungen an flachen Stillgewässern erwähnenswert. Beispiele aus oligotrophen Heideseen und Moorkolken gibt RUNGE (1978b, 1979b), auch aus einer Talsperre (1975a). Aus dem *Rhynchosporetum* einer Moorschlenke beschreibt RUNGE (1974a, 1981) außerdem eine kurzzeitige Eutrophierungsphase durch Anreicherungen in einem benachbarten See infolge riesiger Starenschwärme, die nach eins bis fünf Jahren wieder rückgängig war. VAN DER LAAN (1978) untersuchte Dauerflächen in nassen Mulden von Küstendünen. Er konnte permanente Arten von solchen mit Schwankungs- oder Sukzessionstendenz unterscheiden. WESTHUS (1992) beschreibt eine von Fluktuationen überlagerte Sukzession durch genaue Transektkartierungen an einem neuen Stausee. Die Verhältnisse zahl-

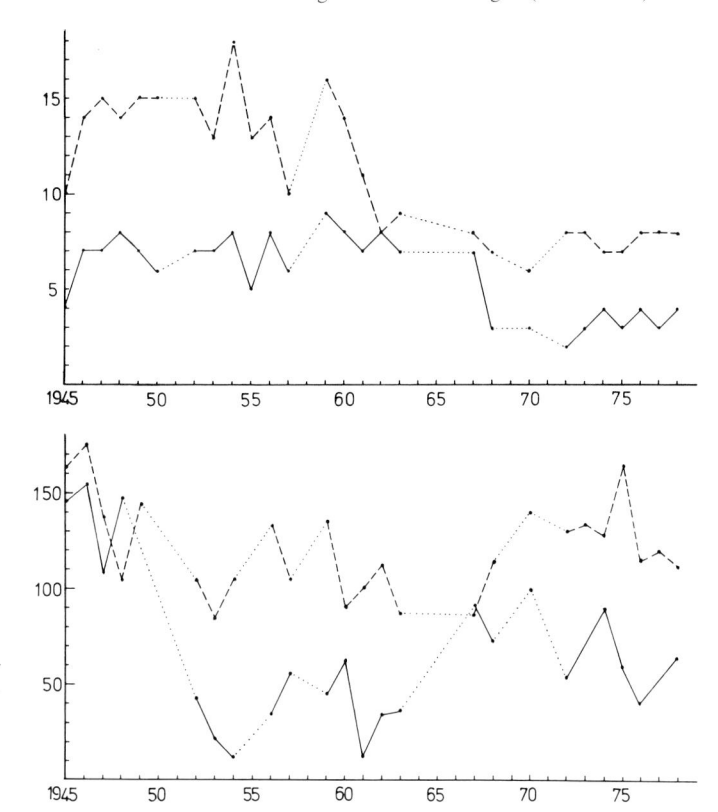

Abb. 254. Schwankungen der Artenzahl (oben) und der Gruppenmenge (unten) in einer Flutmulden-Dauerfläche (aus TÜXEN 1979a).
— *Potentillion anserinae*
-- *Molinio-Arrhenatheretea*

reicher Kleingewässer in Schleswig-Holstein hat MIERWALD (1988) untersucht.

Wie alle diese Beispiele zeigen, beruhen Vegetationsschwankungen auf sehr komplexen Vorgängen, angefangen von populationsinternen Zyklen über fluktuierende Standortsbedingungen bis zu menschlichen Eingriffen, die das feine endogene Wechselspiel der Arten beeinflussen.

5 Vegetationsgeschichte (Synchronologie)

5.1 Allgemeines

Schon im Kapitel 3.3.1 wurde Vegetationsgeschichte kurz als säkulare Sukzession vorgestellt. Viele Ergebnisse vegetationsgeschichtlicher Forschung sind allerdings nicht als Sukzession im Sinne einer Abfolge von Pflanzengesellschaften darstellbar. Oft handelt es sich nur um allgemeine Deutungen des langfristig feststellbaren Wechsels vorherrschender Arten und Artengruppen infolge von Evolution und Wanderungen, deren Florenlisten im aktualistischen Vergleich mit heutigen Vegetationstypen als Gesellschaftsfolge interpretiert werden.

Ein grundsätzlicher Unterschied zur Sukzessionsforschung besteht in den vorhandenen Untersuchungsobjekten und -methoden. Die Synchronologie muß sich mit erhaltenen, teilweise zufälligen Gemischen fossiler bis subfossiler Pflanzenreste verschiedener Zeiten begnügen, die nur im groben zeitlichen und räumlichen Raster die Rekonstruktion von Vegetationstypen erlauben. Fundquellen sind Torfe, See- und Meeressedimente, Humushorizonte früherer Böden, Kohle und Gesteine, die in Profilen oder Bohrkernen bei ungestörter Lagerung eine zeitliche Abfolge ergeben. Hinzu kommen vom Menschen vor allem in vor- bis frühgeschichtlicher Zeit zusammengetragene Pflanzenreste. Je weiter man zurückgeht, desto gröber wird das Raster und desto allgemeiner sind die Deutungen. Neben Pflanzenresten selbst können auch geologische und bodenkundliche Ergebnisse sowie Zeugnisse menschlicher Tätigkeit als Hilfsquellen dienen. Somit ist die Synchronologie ein interdisziplinäres Feld zwischen eigentlich biologischen Fragen und solchen der Paläontologie, Geologie, Geomorphologie, Moor- und Bodenkunde, Archäologie, Ur- und Frühgeschichte, auch neuerer Geschichte. Enge Bezüge gibt es auch zur Klimatologie, wobei oft gerade aus synchronologischen Ergebnissen Hinweise auf langfristigere Klimaentwicklungen gewonnen werden.

Obwohl mit pflanzensoziologischen Fragen eng verbunden, stellt die Synchronologie doch eine sehr eigenständige Wissenschaft dar. Ihre Entstehung und Entwicklung ist teilweise losgelöst von der Vegetationskunde; manche ihrer namhaften Vertreter haben keine oder nur lose Kontakte zur aktuellen Vegetationsforschung, was aber Wechselbeziehungen nicht ausschließt. „Die richtige Entzerrung und Deutung der Pollendiagramme gelingt um so besser, je gründlicher der Bearbeiter auch pflanzensoziologisch und ökologisch geschult ist" (FIRBAS 1954, S. 194).

Leider gibt es kein modernes, deutschsprachiges Lehrbuch der Synchronologie. Viele neuere Ergebnisse finden sich weit verstreut. Wichtige Grundlagen lassen sich in einigen spezielleren oder unter anderen Schwerpunkten verfaßten Lehrbüchern nachschlagen (z. B. FIRBAS 1949/1952, WALTER & STRAKA 1970, OVERBECK 1975, FAEGRI & IVERSEN 1989). Den breitesten Überblick vermittelt Band 7 des Handbuches für Vegetationskunde (HUNTLEY & WEBB 1988). Aus pflanzensoziologischer Sicht gibt TÜXEN (1974a/b) einen Überblick. Viele hier interessierende Einzelarbeiten finden sich in Symposium-Bänden der IVV, vor allem denen über „Pflanzensoziologie und Palynologie" (1967) und „Werden und Vergehen von Pflanzengesellschaften" (1979), von denen einige hier zitiert und verwendet werden. Eine Bibliographie über vegetationsgeschichtliche Arbeiten geben TÜXEN & WOJTERSKA (1979).

Eine klare Grenze zwischen Synchronologie und Sukzessionsforschung i. e. S. gibt es trotz verschiedener methodischer Ansätze nicht. Man kann sie etwa dort ziehen, wo zurückblickend konkrete vegetationskundliche Daten, d. h. wenigstens komplette Artenlisten von Pflanzenbeständen noch nicht zur Verfügung stehen. Einige bereits als indirekte Methoden der Sukzessionsforschung vorgestellte Möglichkeiten (s. 3.2.1), insbesondere die Auswertung historischer Dokumente, datierbarer Pflanzenfunde und von Bodenprofilen, gehören schon mehr in den Bereich der Vegetationsgeschichte.

Aus pflanzensoziologischer Sicht sind vor allem Ergebnisse interessant, die eine Erklärung der heutigen bzw. unmittelbar zugänglichen Vegetation fördern. Dies gilt einmal für Fragen der Synevolution (s. WILMANNS 1989a), d. h. der Entstehung und Entwicklung bestimmter Pflanzengesellschaften. Soweit diese mit direkten und indirekten pflanzensoziologischen Methoden untersucht werden, spricht WESTHOFF (1990) von Synepiontologie (s. auch III 7.4). Außerdem interessiert, wie sich heutige Gesellschaften im Zuge einer säkularen Sukzession entwickelt haben, wie ihre Vorgänger aussahen, ab wann bestimmte Gesellschaften nachweisbar sind und unter welchen Bedingungen sie gelebt haben. Hierfür gibt vor allem die Vegetationsgeschichte der Spät- und Nacheiszeit konkrete Hinweise.

5.2 Floren und Lebensbilder zurückliegender geologischer Perioden

Vegetationszustände älterer Zeiten gehören vorwiegend in den Bereich der Paläobotanik (Paläobiologie), wo nur sehr allgemein auswertbare Pflanzenfunde vorliegen. Tabelle 47 gibt einen Überblick der geologischen Perioden, ihre zeitliche Abstufung und Stichworte zur Evolution des Pflanzenreiches. Aus dem Mesozoikum und früher lassen sich bestenfalls Florenlisten und sehr allgemeine Lebensbilder, wie z. B. der karbonische Steinkohlenwald, rekonstruieren (s. MÄGDEFRAU 1953, VOGELLEHNER 1979, WALTER & STRAKA 1970). Aus dem Tertiär gibt es schon etwas genauere, wenn auch noch nicht pflanzensoziologisch interpretierbare Ergebnisse. Sie sind vor allem zur Erklärung heutiger arealkundlicher (synchorologischer) Fragen von Bedeutung (s. auch XII). Manche Arten unserer heutigen Flora lassen sich als Relikte einer immergrünen, tropisch-subtropischen Vegetation deuten, z. B. *Buxus*, *Hedera*, *Ilex*. Wichtiger sind die Elemente einer arktotertiären Flora. Viele sommergrüne Gehölzgattungen (z. B. *Acer, Alnus, Betula, Carpinus, Fagus, Populus, Quercus, Salix, Tilia*), ebenfalls viele Vorfahren unserer heutigen krautigen Flora haben sich im Tertiär in arktischen Bereichen entwickelt (s. MAI 1981). Mit zunehmender Klimaverschlechterung wanderten sie nach Süden und wurden in den sich differenzierenden Erdteilen isoliert. Hieraus resultieren heute erdteilübergreifende Vegetationsklassen oder Klassengruppen (s. VIII 6.2/6.3). WILMANNS (1989c) hat dies am Beispiel von *Fagus* näher beleuchtet.

Aus dem Quartär gibt es erstmals komplettere Ablagerungen von Pflanzenresten. So können über Flora und Vegetation der sich abwechselnden Kalt- und Warmzeiten genauere Angaben gemacht werden (z. B. FRENZEL 1967). Die entsprechende Forschungsrichtung wird auch als Quartärbotanik bezeichnet.

Tab. 47: Übersicht der geologischen Perioden (nach WALTER & STRAKA 1970).

Ära	Periode	Unter-Abschnitte (besonders in Europa)		ungefähres absolutes Alter in Millionen Jahren	Einteilung nach der Entwicklung d. Pflanzenwelt
Neozoikum (Känozoikum)	Quartär	Holozän Pleistozän		½–1–2	Neophytikum (Angiospermenzeit)
	Tertiär	Neogen	Pliozän Miozän	25	
		Paläogen	Oligozän Eozän Paleozän	60–63–70	
Mesozoikum	Kreide			125–**135**–140	Mesophytikum (Gymnospermenzeit)
	Jura	Malm Dogger Lias		150–**180**	
	Trias	Keuper Muschelkalk Buntsandstein		180–**230**	
Paläozoikum	Perm	Zechstein Rotliegendes		205–**280**	Paläophytikum (Pteridophytenzeit)
	Karbon			250–**350**	
	Devon			313–**405**	
	Silur (Gotlandium)			350–**430**–440	
	Ordovizium			430–**500**	
	Kambrium			500–**600**	
Präkambrium	Algonkium Archaikum Katarchaikum			2000–**3300**–>5000	Eophytikum (Algenzeit)

Nur auf Methoden und Ergebnisse für Spät- und Nacheiszeit (Holozän) wird in den folgenden Kapiteln näher eingegangen.

5.3 Vegetationsgeschichte Mitteleuropas nach der letzten Vereisung

Mit dem bis heute letztmaligen Rückzug der von Skandinavien und aus den Alpen kommenden Gletscher vollzog sich innerhalb von etwa 13 000 Jahren eine ununterbrochene, allmähliche Klima-, Boden-, Floren- und Vegetationsentwicklung bis zum heutigen Zustand, wobei in den letzten 6000 Jahren, d. h. seit dem Neolithikum, zunehmend menschliche Einflüsse wirksam wurden. Die Vegetationsgeschichte des Holozän ist für Mitteleuropa recht gut erforscht. Ihre Kenntnis wird ständig durch neue Untersuchungen mit ausgefeilteren Methoden weiter differenziert und vervollständigt. Zu unterscheiden ist zwischen Nachweisen allgemeinerer, dafür zeitlich relativ vollständiger Abfolgen grober Vegetationstypen, wie sie vor allem die Pollenanalyse liefert, und konkreter Entwicklungen an einem Ort (säkulare Sukzession), die sich aus in situ abgelagerten Großresten von Pflanzen (Makrofossilien) ergeben. Eine ausführliche Zusammenfassung vieler Detailstudien geben WALTER & STRAKA (1970).

5.3.1 Ergebnisse von Pollenanalysen

Die Methoden der Analyse und Auswertung von pflanzlichen Mikrofossilien (Pollen und Sporen) wurden zunächst in Skandinavien entwickelt (zur Geschichte s. STRAKA 1966) und finden heute in verfeinerter Weise weltweite Anwendung. Sie sind ein wichtiger Teil der Palynologie (Pollenkunde), die sich allgemein mit Bildung, Bau, Ausbreitung, Ablagerung von Pollen und Sporen u. ä. Fragen beschäftigt. Grundlage der Pollenanalyse ist die Bestimmbarkeit nach Form und Struktur der sehr zersetzungsresistenten Außenwand (Exine) vieler Pollen und Sporen. Allerdings ist oft nicht die Art, sondern nur die Gattung oder Familie nachweisbar.

Nach Aufbereitung entsprechender Ablagerungen (vor allem Torfe und Seesedimente) im Labor werden Pollenproben unter dem Mikroskop bestimmt und ausgezählt. Jede Probe ergibt ein Pollenspektrum mit prozentualen Anteilen der bestimmbaren Sippen. Als Bezugsgrundlage (100 %) dient die Gesamtsumme der Pollen, häufig die Summe der Baumpollen (BP) oder auch getrennt der BP und Nichtbaumpollen (NBP). Die graphische Darstellung einer zeitlichen Folge von Pollenspektren ergibt ein Pollendiagramm, in dem einzelne Sippen oder bestimmte Gruppen als Kurven oder Blöcke dargestellt werden. Meist sind auch die Stratigraphie, d. h. der Schichtenaufbau der entsprechenden Ablagerungen, und zeitliche (bis historische) Abstufungen mit einbezogen.

In den meisten Pollendiagrammen spielen die relativ gut erhaltenen und bestimmbaren Baumpollen die Hauptrolle. Gerne werden die Spektren im aktualistischen Vergleich auf heutige Pflanzengesellschaften bezogen. Hier müssen aber viele Einschränkungen gemacht werden, die eine vegetationskundliche Interpretation erschweren (s. z. B. JANSSEN 1970, LANG 1967):

– Die Pollen können aus ganz unterschiedlichen Pflanzengesellschaften stammen, die in kleinräumigem Mosaik vorkamen oder über Ferntransport Pollen lieferten. Es ist schwierig, zwischen autochthonem und allochthonem Material zu unterscheiden. Somit läßt sich aus Pollenspektren bestenfalls ein grober Zustand regional vorherrschender Vegetationstypen rekonstruieren. Der standörtlich-kleinräumigen Variabilität werden am ehesten Analysen aus Kleinstmooren oder anderer lokaler Fundorte gerecht.

– Die Pollenproduktion der Pflanzenarten ist sehr unterschiedlich und kann außerdem von Jahr zu Jahr schwanken. Sehr produktiv und entsprechend überrepräsentiert sind z. B. *Alnus, Betula, Corylus* und *Pinus*. Sehr wenig Pollen erzeugen *Acer, Fagus, Fraxinus, Quercus, Tilia, Ulmus* u. a., was sie wesentlich schwerer nachweisbar macht.

– Die Pollenausbreitung hängt auch von der Wuchshöhe der Pflanzen ab. Pollen großer Bäume können sehr weit verbreitet werden, NBP oft nur über kurze Strecken.

– Die Abfolgen pollenführender Schichten eines Profils oder Bohrkerns sind oft unregelmäßig bis gestört, z. B. durch zeitlich verringertes Torfwachstum, Ausbleiben der Sedimentation oder durch nachträgliche Vermischungen, auch durch zeitweise unterschiedliche Konservierung.

– Da die Resistenz der Exine gegen Zersetzung artspezifisch unterschiedlich ist, muß mit einer entsprechenden Auslese und Ungleichwertigkeit gerechnet werden.

– Ein Vergleich mit heutigen Pflanzengesellschaften kann zu Mißdeutungen führen, da in früheren Zeiten nicht nur andere klimatische sondern auch bodenkundliche Verhältnisse herrschten und auch eine andere Flora abweichende endogene Wirkungen in der Pflanzendecke bewirkte.

Zur besseren Interpretation fossiler Pollenfunde sind aktuelle Vergleiche von Interesse, die den Pollenniederschlag bestimmter Vegetationstypen untersuchen. TÜXEN (1974a) spricht von einer pflanzensoziologischen Eichung der Pollendiagramme. MENKE (1969) hat Oberflächenproben von Salzmarschen untersucht und ihre Pollenspektren mit der Vegetation verglichen. Es ergaben sich recht gute Übereinstimmungen von Artengruppen der Pollenanalyse mit bestimmten Assoziationen. Auch bei anderen Pflanzengesellschaften von Grünland und Heiden finden sich brauchbare Korrelationen (s. Abb. 255; MENKE 1963). Selbst wenn diese nicht immer gegeben sein mögen, kommt man aber ohne aktualistische Bezüge bei der Rekonstruktion früherer Vegetationszustände nicht aus.

Für Mitteleuropa gibt es heute zahlreiche Arbeiten, die pollenanalytische Auswertungen zur Vegetations-, bevorzugt der Waldgeschichte liefern. Hier werden nur sehr kurz einige grundlegende Ergebnisse für die Entwicklung der Spät- und Nacheiszeit zusammengefaßt, wie sie in Grundzügen und vielen Einzelheiten bereits von FIRBAS (1949/1952) erläutert wurden. Weitere Literatur vermitteln die unter 5.1 zitierten Arbeiten.

Mit Ende der letzten (Weichsel- bzw. Würm-) Vereisung begann eine erneute Einwanderung vieler Pflanzen aus ihren glazialen Refugien in Südeuropa und Nordafrika. In den meisten Pollendiagrammen zeigt sich eine immer wieder auftretende „mitteleuropäische Grundfolge der Waldentwicklung" (FIRBAS 1949, S. 54), zunächst ein Vorherrschen von Birke und Kiefer, gefolgt von einer Massenausbreitung der

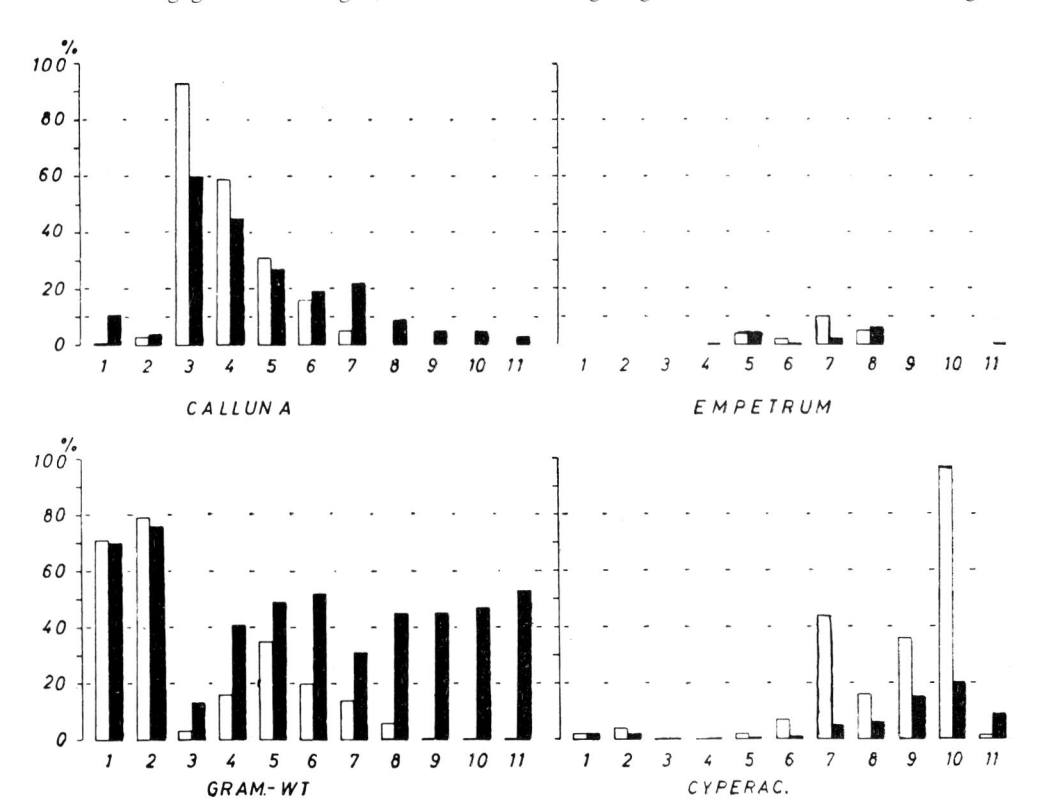

Abb. 255. Vergleich der Dekungsgrade einiger Pflanzen (hell) und der Nichtbaumpollenanteile aus Oberflächenproben (schwarz) in verschiedenen Pflanzengesellschaften (aus MENKE 1963).
1: *Junco-Molinietum*; 2: *Nardo-Gentianetum*; 3–4: *Genisto-Callunetum*; 5–6: *Ericetum tetralicis*; 7–9: *Sphagnetum magellanici*; 10: *Rhynchosporetum*; 11: *Scheuchzerietum*.

Hasel und bald hinzukommenden Baumarten eines sommergrünen Laubmischwaldes, der schließliche von der Buche abgelöst wird. Eingeschaltet sind regional höhere Anteile von Fichte, Tanne und Hainbuche. Für diese Abfolge, die eigentlich nur eine Einwanderungsfolge pollenanalytisch gut repräsentierbarer Baumarten darstellt, wird oft der Begriff „mitteleuropäische Grundsukzession" verwendet. Er suggeriert Kenntnisse über die genauere Vegetationsentwicklung einer Serie von Pflanzengesellschaften, über die aber kaum etwas bekannt ist (s. auch KÜSTER 1990).

Pollenanalysen ergeben also zunächst nur genauere Daten über Eintreffen und Ausbreitung bestimmter Arten, mit zeitlicher Verzögerung von Süden nach Norden. BURRICHTER et al. (1988) und POTT (1985) haben die Daten für *Fagus sylvatica* aus Norddeutschland zusammengestellt. Während die Buche im Bereich von Kassel seit etwa 4000 v. Chr. nachgewiesen ist und sich ab 900 v.Chr. stärker ausbreitete, sind die Zeitangaben für den Bremer Raum 1900/150 v.Chr., für das Gebiet um Osnabrück sogar erst 625 v.Chr./400 n.Chr. KÜSTER (1990) weist noch kleinräumigere zeitliche Unterschiede für das Auftreten mancher Arten nach. Entsprechende Datierungen aus Pollendiagrammen für große Gebiete können über Isolinien von Pollenfunden kartographisch für bestimmte Zeiten dargestellt werden und ergeben Anhaltspunkte für Ausbreitungszentren und -verlauf von Arten (s. Karten bei FIRBAS 1949, WALTER & STRAKA 1970, S. 236, HUNTLEY & BIRKS 1983 u. a.). Ein Beispiel für die Buche zeigt Abb. 256. Im aktualistischen Vergleich können auch entsprechende Vegetationskarten bestimmter Zeiten konstruiert werden. HUNTLEY & BIRKS (1983), HUNTLEY & WEBB (1988, S. 346) und HUNTLEY (1990) stellen solche Karten vor, auf der Grundlage multivariater Computerauswertungen zahlreicher Pollendiagramme aus ganz Europa. Den natürlichen Vegetationszustand Mitteleuropas vor stärkerem menschlichen Eingreifen zeigt Abb. 257. Solche Karten und andere Auswertungen können dazu beitragen, die heutige großräumige Vegetationsverteilung zu verstehen. Sie bilden deshalb mancherlei Deutungsmöglichkeiten für aktuelle synchorologische Fragen (s. XII). So hat POTT (1990a) die Ausbreitung von *Ilex aquifolium* aus pollenanalytischen Funden rekonstruiert und mit seinem heutigen Areal sowie dem soziologischen Verhalten in Beziehung gesetzt (Abb. 258).

Zur Gliederung des vegetationsgeschichtlichen Ablaufes im Spät- und Postglazial werden „Pollenzonen" benutzt, die sich in vielen Untersuchungen in etwa paralleler Folge erkennen lassen. Sie beruhen auf palynologisch nachweisbaren Artengruppen und Mengenanteilen bestimmter Arten (Pollenspektren), die einander ablösen. Mit Hilfe verschiedener Datierungsmethoden (s. 5.3.4) kann man den Zonen grobe Zeitspannen zuweisen. Leider entsprechen sich die Zonen verschiedener Autoren nur teilweise, was einige Verwirrung stiftet. Die folgende, häufig benutzte Gliederung geht auf FIRBAS (1949) zurück (in Klammern die Gliederung nach OVERBECK 1950, 1975; s. auch WALTER & STRAKA 1970, S. 185). Ein Zeitschema gibt Abb. 259.

Spätglazial, Späteiszeit
Ausklang der letzten (Weichsel-, Würm-) Vereisung mit allmählichem, oszillierendem Rückgang der Gletscher. Viele Arten infolge Ungunst des Klimas oder ungenügender Zeit für die Einwanderung noch fehlend.

I (I-II) Ältere Tundrenzeit (Dryas-Zeit)
– 10000 v.Chr.
Vorherrschen einer mehr oder weniger baumfreien Tundra unter arktischen Klimabedingungen (a: Älteste waldlose Zeit) mit später allmählicher Erwärmung und Ausbreitung baumförmiger *Betula* und *Pinus* (b: Ältere subarktische Zeit).

II (III) Erste Birken-Kiefernzeit (Mittlere subarktische Zeit; Alleröd)
- 8800 v.Chr.
Im Verlauf einer raschen Klimaverbesserung schnelle Zunahme lichter Wälder von *Betula*, gefolgt von *Pinus*. Wärmster Teil des Spätglazials; beginnende Moorbildung.

III (IV) Jüngere Tundrenzeit (Dryas-Zeit)
– 8200 v.Chr.
Infolge eines Kälterückschlages Auflichtung und Rückgang der Wälder (Paläo- bis Mesolithikum).

Postglazial, Nacheiszeit
Endgültige Wiederbewaldung nach der letzten Vereisung, zunehmendes Auftreten wärmebedürftiger Arten.

IV (V) Zweite Birken-Kiefernzeit (Vorwärmezeit, Präboreal)
– 7500 v.Chr.
Klimatische Übergangszeit mit raschem Anstieg der Temperaturen. Entwicklung sich zunehmend verdichtender kiefernreicher Birkenwälder; später erste Hinweise auf *Corylus, Quercus, Ulmus* (Mesolithikum).

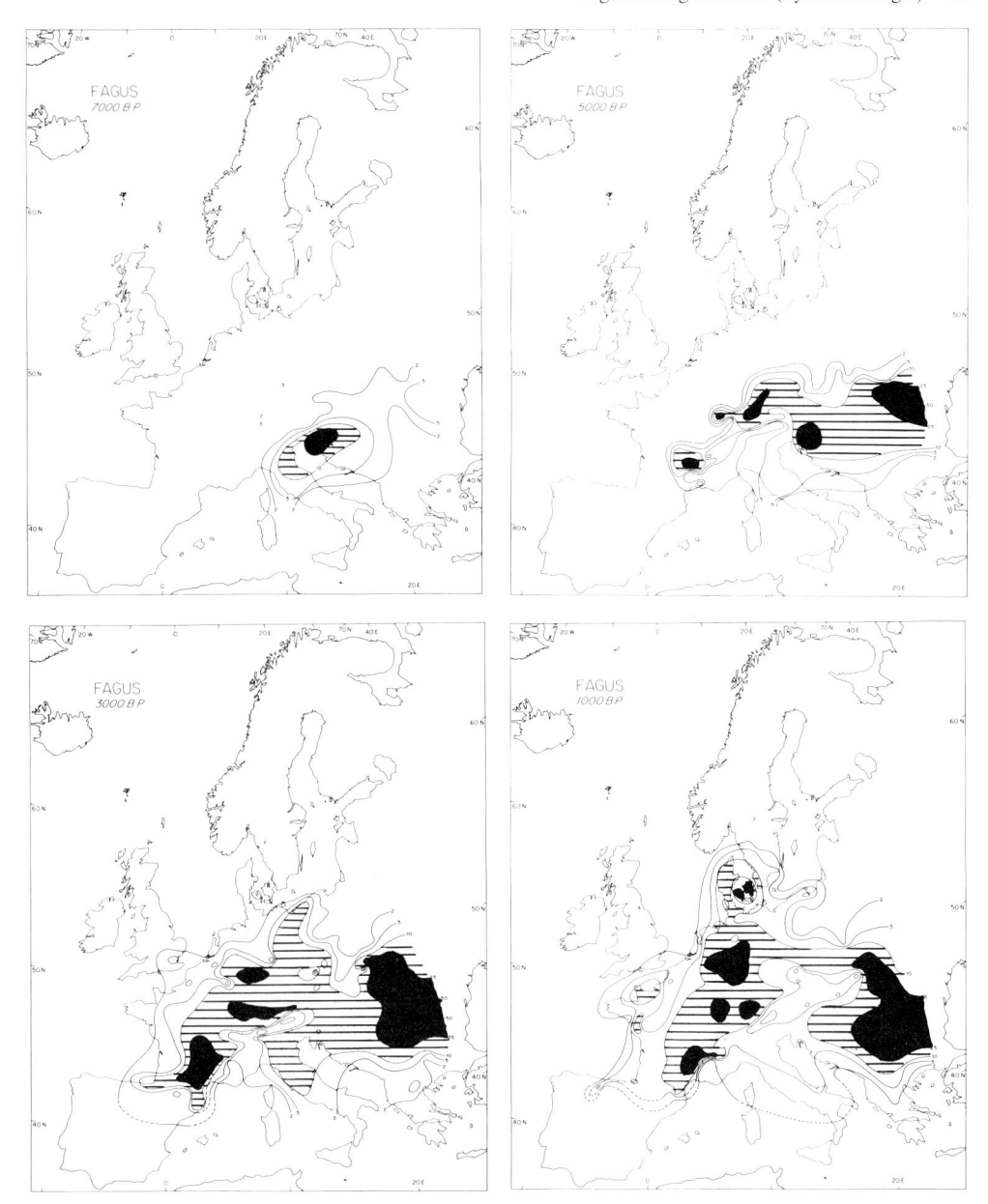

Abb. 256. Isopollenkarten zur nacheiszeitlichen Ausbreitung von *Fagus sylvatica* (nach HUNTLEY & BIRKS 1983, verändert). Die Isolinien zeigen Prozentanteile der Buchenpollen in entsprechenden Pollenspektren. Bereiche mit Werten über 25% sind schwarz, über 10% schraffiert.

V (VI-VII) Haselzeit (Frühe Wärmezeit, Boreal) – 5500 v.Chr.
Rasche Erwärmung zu höheren Temperaturen als heute; das thermisch günstige Klima reicht entsprechend weiter nord- und höhenwärts. Starker Anstieg von Pollen des windblütigen *Corylus*, zu Beginn noch mit viel *Pinus* (a: Kiefern-Haselzeit). Später zunehmende Ausbreitung wärmebedürftiger Laubhölzer, vor allem *Quercus*, *Ulmus*, außerdem *Alnus*, *Fraxinus*, *Tilia*, im Südosten auch *Picea* (b: Hasel-Erlenmischwaldzeit). Die Abfolge der Arten entspricht der Wärmezunahme und/oder ihrem Wanderungsvermögen.

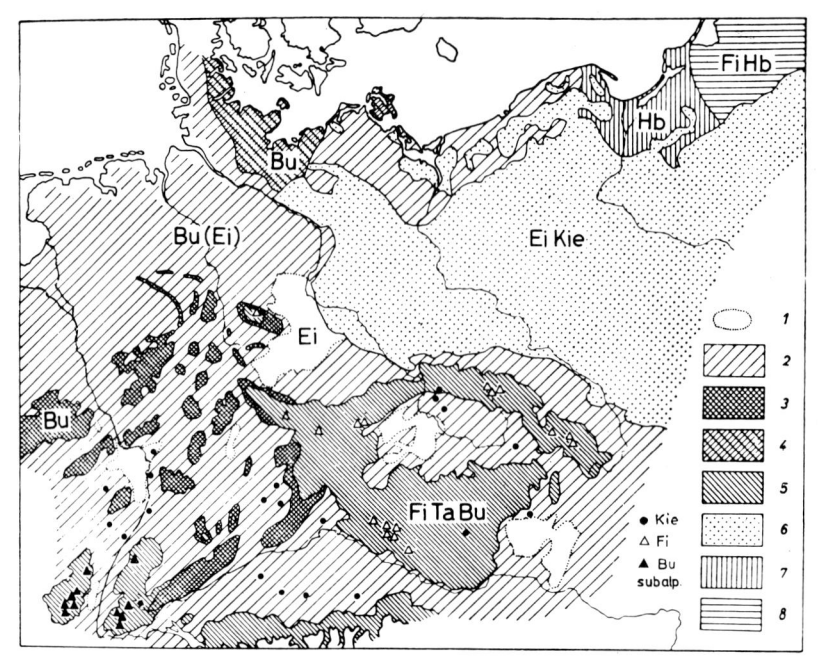

490 Veränderung von Pflanzenbeständen (Vegetationsdynamik)

Abb. 257. Grobe Verteilung natürlicher Wälder in Mitteleuropa vor Beginn der historischen Zeit nach pollenanalytischen Daten (nach FIRBAS aus ELLENBERG 1978).
1: Eichenmischwälder in Trockengebieten; 2: Buchen-Eichenwälder tieferer Lagen; 3: montane Buchenwälder; 4: Jungmoränen-Buchenwälder; 5: Tannen-Buchenwälder höherer Berglagen; 6: Kiefernwälder mit Eiche; 7: Hainbuchen-Mischwälder; 8: Hainbuchen-Fichten-Mischwälder.

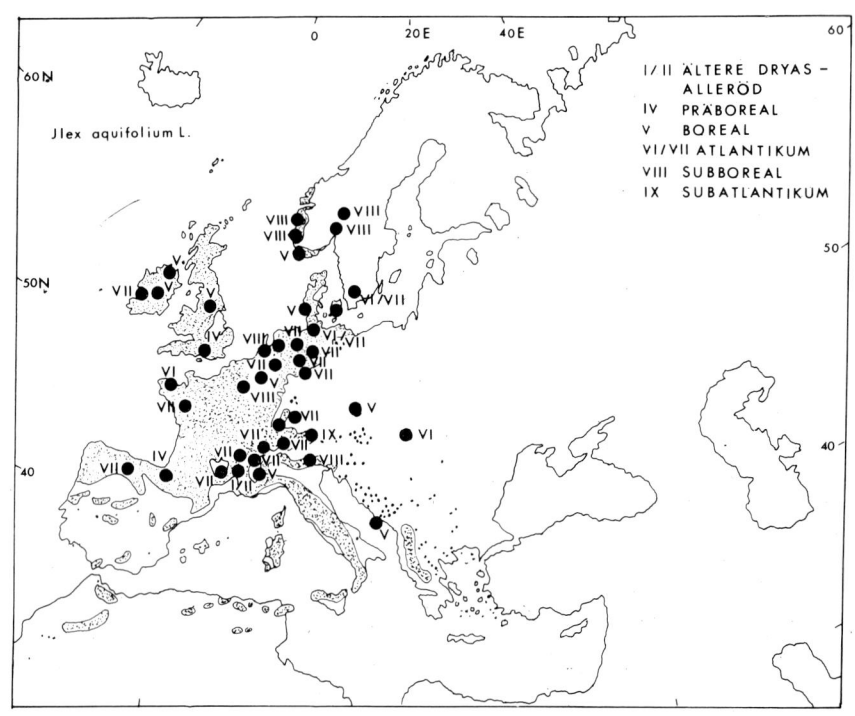

Abb. 258. Heutiges Areal von *Ilex aquifolium* und nacheiszeitliche Ausbreitung, rekonstruiert aus Pollenanalysen (aus POTT 1990a).

	ungefähres Alter	Abschnitte nach FIRBAS		Abschnitte nach BLYTT-SERNANDER	KULTUREN	VEGETATIONSENTWICKLUNG	
					NEUZEIT	KULTURFORSTEN	
	1000	X	b 1500 jungere	SUBATLANTIKUM	1500 MITTELALTER	Eichenforderung	BUCHENZEIT
	Chr.Geb.		a 800 NACH-WARMEZEIT		600 VWZ / 400 RKZ / 0 EISENZEIT	BUCHENWÄLDER	
HOLOZÄN (Nacheiszeit)		IX	ältere		800		
	1000		800		BRONZEZEIT	BUCHEN-EICHEN-MISCH-WÄLDER	EICHEN-MISCH-WALD-BUCHEN-ZEIT
	2000	VIII	späte WARMEZEIT	SUBBOREAL	1800	EICHEN-MISCH-WÄLDER (EMW) mit Eiche, Ulme, Linde, Esche	
	3000		2500		NEOLITHIKUM		EICHEN-MISCH-WALD-ZEIT
	4000	VII	mittlere WARMEZEIT	ATLANTIKUM		Beginn des Ackerbaus	
	5000	VI	4000		4500		
	6000		5500		MESOLITHIKUM	KIEFERN-HASEL-HAINE (im jüngeren Teil mit Eiche) und Ulme	HASELZEIT
	7000	V	frühe WARMEZEIT	BOREAL			
	8000	IV	7500 VORWARMEZEIT	PRABOREAL		BIRKEN-KIEFERN-WÄLDER	BIRKEN-KIEFERN-ZEIT
SPÄTGLAZIAL	8000	III	8200 jüngere SUBARKTISCHE-ZEIT	jüngere TUNDRENZEIT		baumarme TUNDREN	jüngere DRYAS-ZEIT
	9000	II	8800 mittlere SUBARKTISCHE-ZEIT	ALLERÖD	jüngstes PALÄOLITHIKUM	BIRKEN-KIEFERN-WÄLDER	ALLERÖD-ZEIT
	10000	I	10000 ältere SUBARKTISCHE-ZEIT	ältere TUNDRENZEIT		baumlose TUNDREN	ältere DRYAS-ZEIT

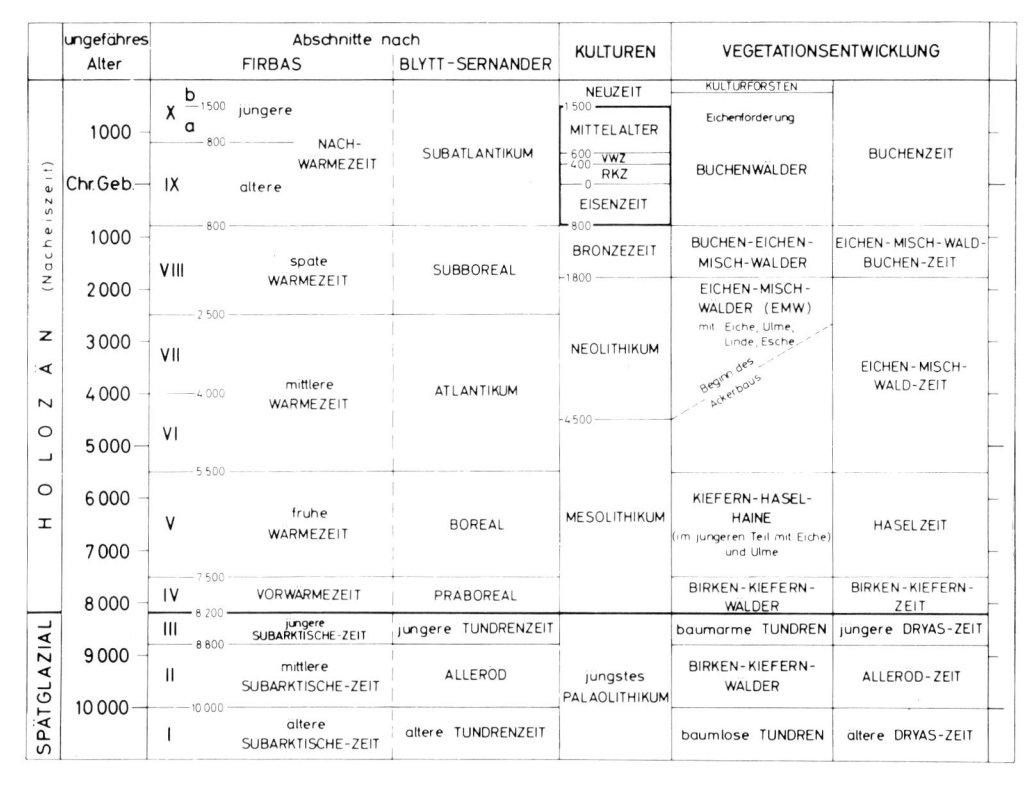

Abb. 259. Zeitschema der spät- und postglazialen Vegetationsabfolge (aus WILLERDING 1977).

Deutlicher Anstieg des Meeresspiegels durch Abschmelzen der Gletscher mit zunehmender Überflutung des heutigen Nordseebereiches. Im landwärtigen Rückstau größere Vermoorungen (Mesolithikum).

VI (VIII p.p.) Ältere Eichenmischwaldzeit (Mittlere Wärmezeit, Atlantikum p.p.)
- 4000 v.Chr.

Vorherrschen von Laubmischwäldern (EMW), vor allem mit *Quercus, Tilia, Ulmus*. Im Osten noch viel *Pinus*, in östlichen Mittelgebirgen *Picea* (Mesolithikum).

VII (VIII p.p.) Jüngere Eichenmischwaldzeit (Mittlere Wärmezeit, Atlantikum p.p.)
- 2500 v.Chr.

Wärmste Periode der Nacheiszeit mit günstigen Feuchtebedingungen. EMW vorherrschend, in Niederungen große Bruch- und Auenwälder (besonders *Alnus, Fraxinus*), Beginn der Hochmoorentwicklung. Vor allem im Südwesten Mitteleuropas Ausbreitung von *Abies* und *Fagus*, z. T. *Picea*.
(Meso- bis Neolithikum: Übergang zu seßhaften Ackerbauern; erster Nachweis von Getreidepollen).

VIII (IX-X) Eichenmischwald-Buchenzeit (Späte Wärmezeit, Subboreal)
- 800 v.Chr.

Ausklingen der postglazialen Wärmezeit mit teilweise kontinentaleren Klimazügen (kältere Winter, stärker schwankende Feuchte). Allmählicher Rückgang des EMW (z. B. Ulmenabfall, wärmeliebende Arten) zugunsten von *Abies, Carpinus, Fagus*, im Norden und Nordosten auch *Picea*.
(Neolithikum bis Bronzezeit: zunehmender menschlicher Einfluß auf die Vegetation; in Altsiedelgebieten Anstieg der Getreidepollen).

IX (X-XI) Buchenzeit (Ältere Nachwärmezeit, Subatlantikum p.p.)
– 800/1200 n.Chr.

Allgemein kühleres, gleichmäßiger feuchtes Klima. Starke Ausbreitung von *Fagus*, z. T. *Abies, Carpinus*, starkes Zurücktreten der EMW-Arten und von *Corylus*. Die heutigen Konkurrenzbedingungen der Waldbäume sind in etwa erreicht.
(Eisenzeit bis Mittelalter: Mäßige Zunahme der Nichtbaumpollen).

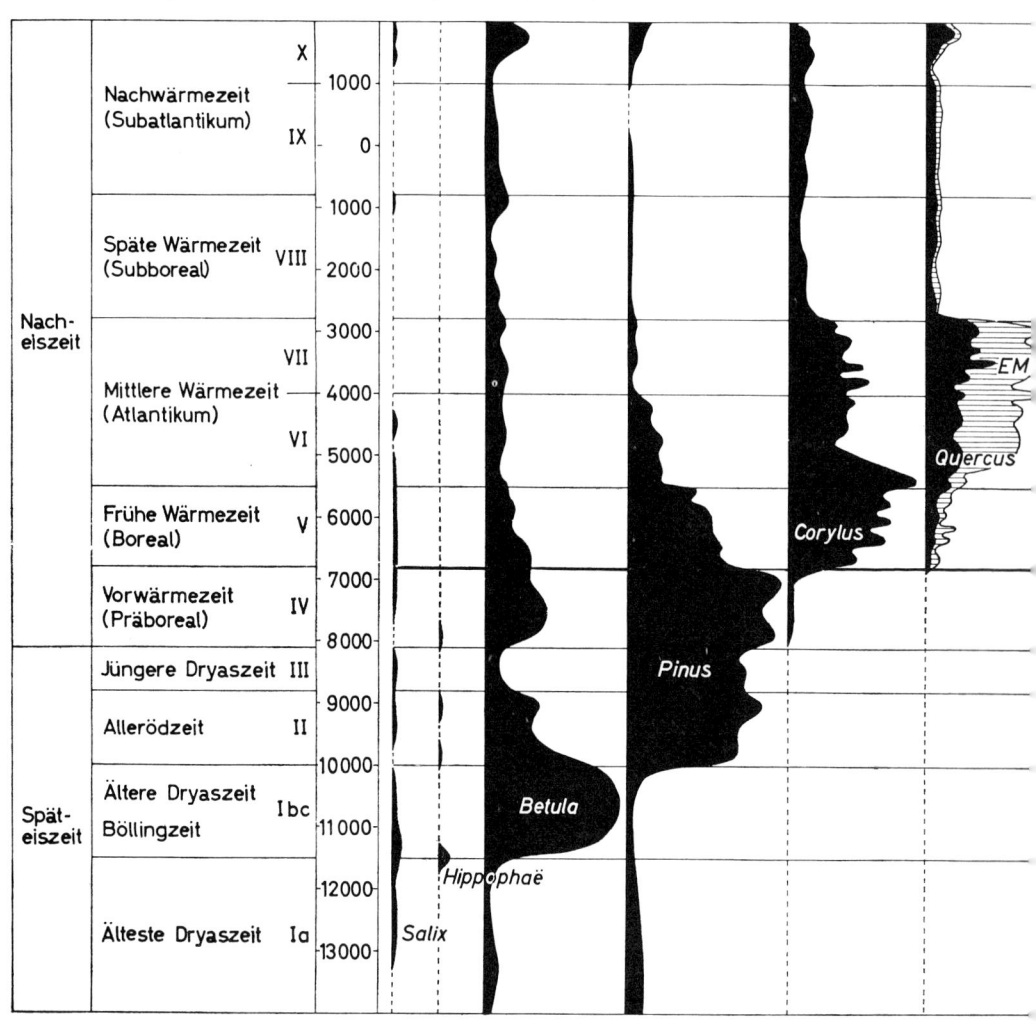

Abb. 260. Vereinfachtes Pollendiagramm aus dem Horbacher Moor (Südschwarzwald, 950 m NN) (aus LANG 1967).

X (XII) Zeit stark genutzter Wälder und Forsten (Jüngere Nachwärmezeit, Subatlantikum p.p.)

Allgemein kühl-feuchtes Klima mit gewissen Schwankungen (z. B. wärmeres Hochmittelalter mit folgender Klimaverschlechterung). Starke anthropogene Beeinflussung der Wälder bis Waldverwüstung, Beginn der großen Rodungen. Abnahme von *Alnus, Fagus*, z. T. Anstieg von *Quercus*, später auch von *Pinus, Picea* (Aufforstungen). Rasche Zunahme der Nichtbaumpollen (Getreide, Kulturbegleiter, Arten von Heiden und Magerrasen). (Mittelalter bis Gegenwart).

Besonders aus den jüngeren Zeiten gibt es auch mancherlei Hinweise für etwas kürzere, nicht so gravierende Klimaschwankungen, wie eine Übersicht von WILLERDING (1977) erkennen läßt.

Das Pollendiagramm in Abb. 260 läßt die langzeitige Waldentwicklung im Südschwarzwald erkennen, nämlich den Wechsel vom Birken-Kiefern- über Eichenmischwald zur Vorherrschaft von Tanne und Buche bis in unsere Zeit. Menschliche Einflüsse sind im Diagramm entsprechend der noch heute vorherrschenden Wälder weniger sichtbar. Diese erkennt man besser in Abb. 261, einem Pollendiagramm in Blockform aus einem kleinen Hangmoor im Rothaargebirge (s. auch POTT 1985a). Hier lassen sich vor- und frühgeschichtliche Epochen, vor allem die erste große Rodungsperiode ab 6–800 n.Chr. verdeutlichen. Abb. 262 zeigt einen weiteren Ausschnitt mit Hinweisen auf zunehmende Niederwaldwirtschaft durch Rückgang der Buche zugunsten der Eiche.

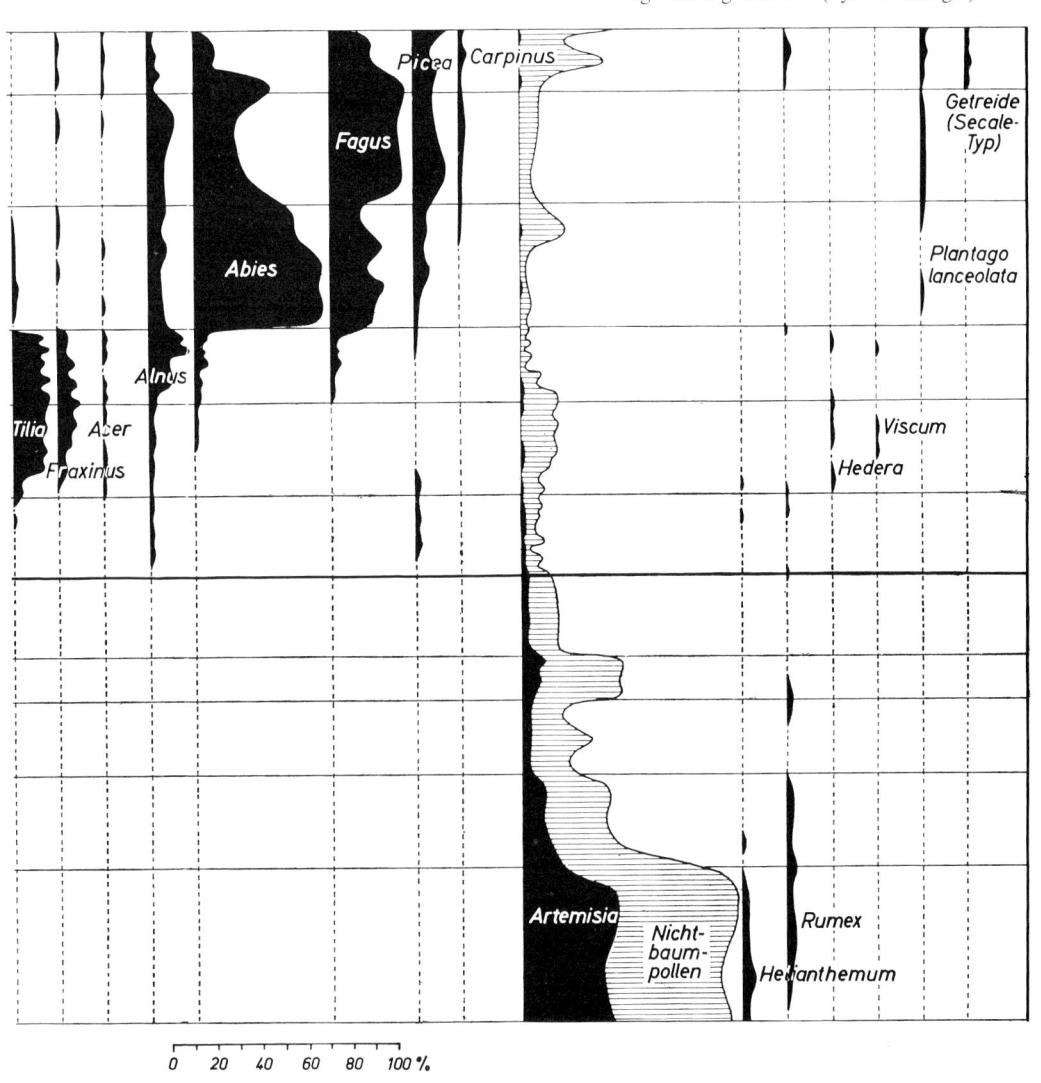

Über Zeugnisse menschlicher Aktivitäten wird in vielen palynologischen Arbeiten berichtet (z. B. BURRICHTER 1970, POTT 1985, 1985a; s. auch Kap. 5.3.3). Zusammenfassungen gibt BEHRE (1981, 1986, 1988a). Pollenanalytische Befunde über Siedlungszeiger, Kulturpflanzen und ihre Begleiter sowie Heide- und Grünlandpflanzen geben Hinweise auf Entstehung und Entwicklung heutiger Pflanzengesellschaften.

Eine stärker pflanzensoziologisch ausgerichtete Bewertung jüngerer Pollendiagramme von der Nordseeküste Schleswig-Holsteins findet sich bei MENKE (1968). In Tabellen sind die Pollenanteile nach Spektrengruppen im Sinne aktueller soziologischer Artengruppen zusammengestellt (z. B. Heide-, Ried-, Röhricht-, Waldgruppe, z. T. mit Untergruppen). Hieraus lassen sich autogene und allogene Entwicklungsreihen ableiten, z. B. Versumpfungsphasen infolge von Anstieg des Meeresspiegels im Atlantikum in einer Abfolge Erlenbruch-Röhricht-Seggenried und späterem Wechsel von Moorbildung und mariner Überschlickung. Hier zeigt sich, daß die frühere natürliche Vegetation der Mar-

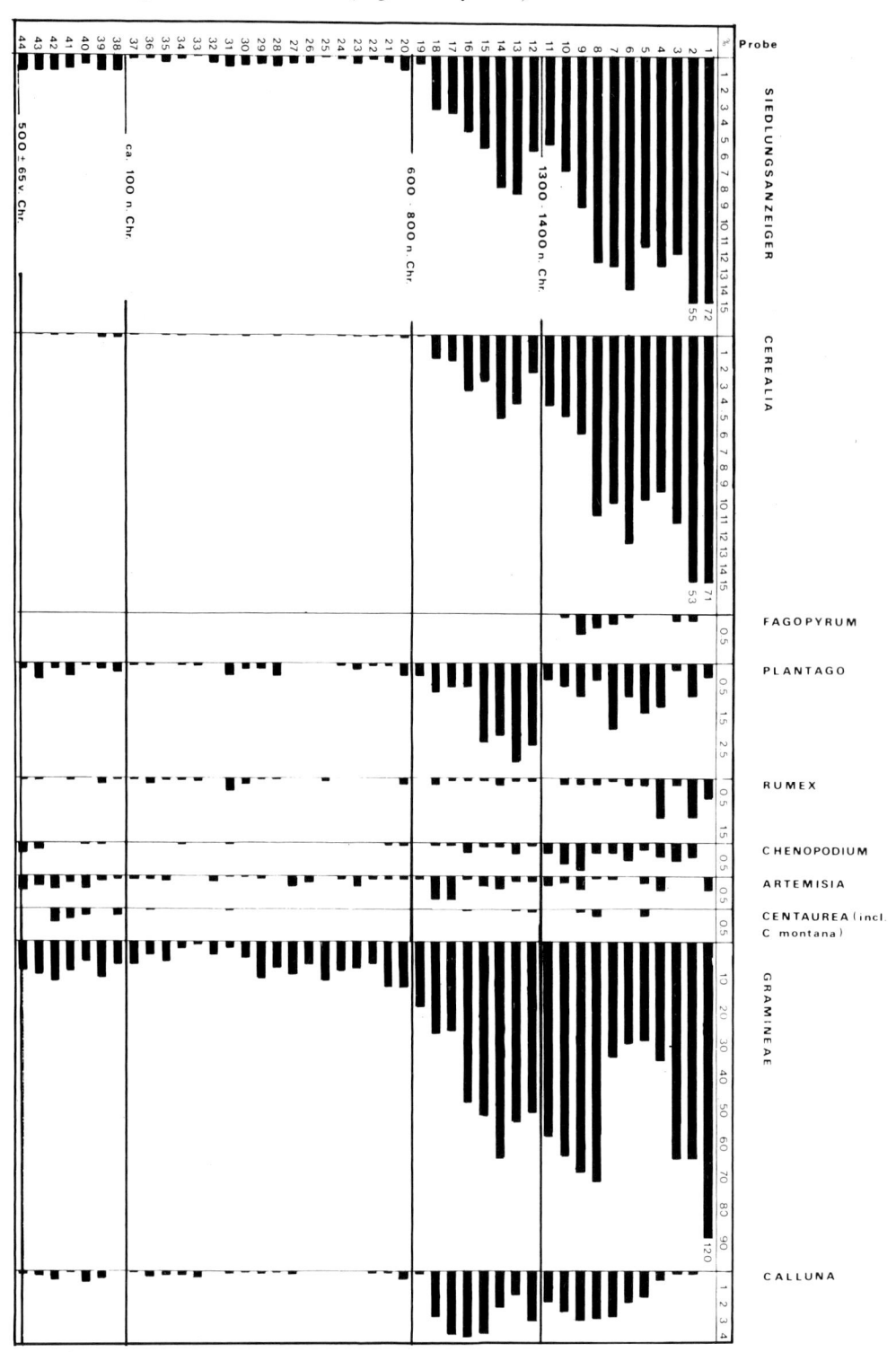

Abb. 261. Ausschnitt eines Pollen-Blockdiagramms aus einem Kleinstmoor im Rothaargebirge (600 m NN) mit Zeigern menschlicher Einwirkungen (aus POTT 1985).

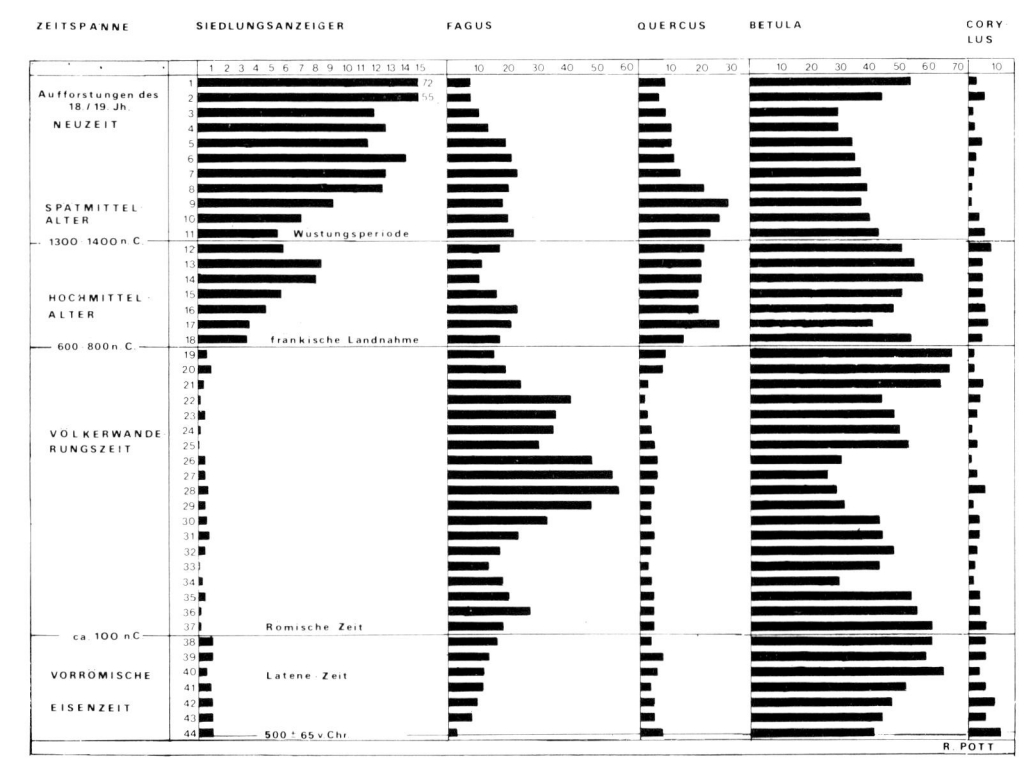

Abb. 262. Pollenspektren waldbildender Gehölze und Siedlungszeiger (wie Abb. 261).

schenrandgebiete großenteils baumfrei war und wohl eine Heimat vieler heutiger Grünlandpflanzen darstellte.

Die sehr zusammengefaßte Vegetationsgeschichte des Holozän, eigentlich mehr der Nachweis einer Abfolge bestimmter Gehölze, ist natürlich von Ort zu Ort unterschiedlich, vor allem zeitlich verschoben. Dies gilt insbesondere auch für höhenbedingte Abwandlungen. So hat die alpine Waldgrenze in Mitteleuropa erheblich geschwankt. Hierüber gibt es u. a. genauere Untersuchungen aus der Schweiz (z. B. LÜDI 1955, WELTEN 1952). Ein zusammenfassendes Schema zeigt Abb. 263.

Auch die Vegetationsgeschichte Südeuropas ist für die Erklärung der hiesigen Vegetation von Bedeutung. Liegen doch dort oder noch weiter südlich die Refugien, aus denen die heutige Flora wieder nach Mitteleuropa einwandern konnte (s. auch Abb. 256). Neuere Untersuchungen haben gezeigt, daß entgegen früheren Auffassungen weite Teile des Mediterrangebietes in der letzten Eiszeit waldfrei waren, sodaß Refugien unserer Flora nur kleinräumig-reliktartig existiert haben (BEUG 1967). HUNT-LEY & WEBB (1988, S. 375) nehmen Mischwälder in mittleren Bereichen verschiedener Gebirge an, die weder zu trocken noch zu kalt waren (südliche Bereiche von Spanien, Italien, Balkan, eventuell auch der Türkei). Auch geschützte Standorte in Nähe des Atlantik in Westeuropa kommen als Refugien in Frage.

5.3.2 Dendrochronologie

Nur kurz sei hier auf eine spezielle Auswertung von Holzresten eingegangen, die zeitliche Datierungen und daraus folgend eine Rekonstruktion von Wäldern erlaubt. Jahresringe der Stammquerschnitte unserer Bäume sind ein allgemein bekanntes Merkmal. Nach der Zahl der Ringe kann man das Alter eines Baumes bestimmen, worauf auch in der Sukzessionsforschung zurückgegriffen wird (s. 3.2). Da der jährliche Zuwachs ungleichmäßig verläuft, abhängig vor allem von klimatischen Fluktuationen, findet man bestimmte Abfolgen unterschiedlicher Jahresringbreiten, die in Rückschau bestimmte Jahresfolgen ergeben. Durch Überlappung von Holzfunden verschiedenen Alters läßt sich eine Jahresringchronologie aufbauen, die zumindest

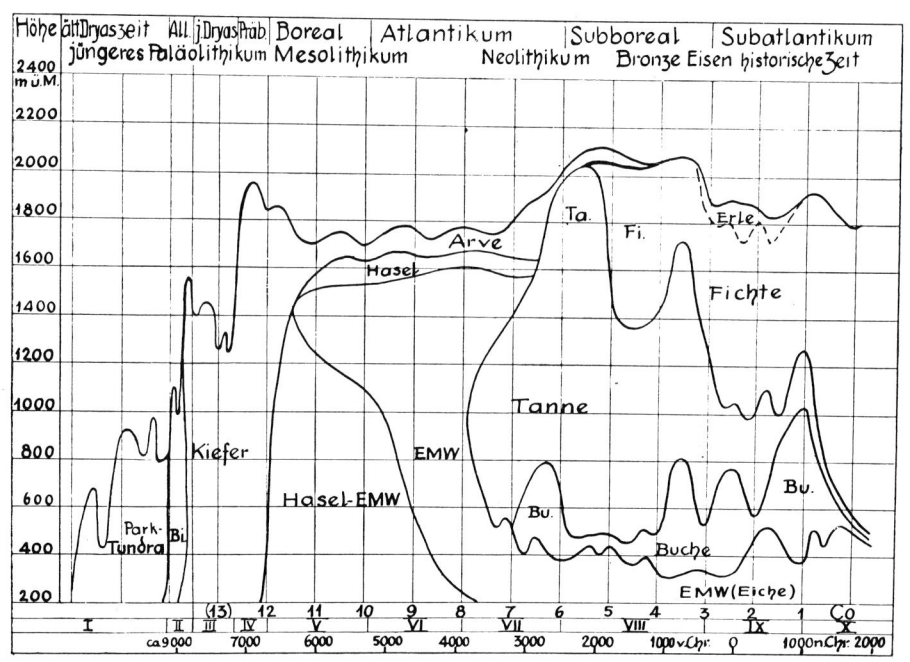

Abb. 263. Entwicklung der dominierenden Holzarten in einem Höhen-Zeit-Diagramm aus dem Simmental/Schweiz (aus WELTEN 1952).

regional gültig ist. In sie können dann weitere Holzfunde eingeordnet werden. Eine Reihe von Arbeiten hierzu findet sich bei FRENZEL (1977).

Eine vegetationskundliche Auswertungsmöglichkeit zeigen DELORME et al. (1981). Aus der synchronen Häufung von Absterbedaten bei Bäumen, erkennbar an subfossilen Eichenstämmen in nordwestdeutschen Mooren, wird eine Übergangsphase von Bruchwäldern zu Hochmoor im Zeitraum 280–80 v. Chr. rekonstruiert.

5.3.3 Ergebnisse von Großrestanalysen

Auch für die Untersuchung und Deutung von Makrofossilien oder Großresten gelten viele der für Pollenanalysen gemachten Einschränkungen. Allerdings läßt sich deutlicher zwischen autochthonen Ablagerungen in situ (am Wuchsort; besonders in Mooren) und allochthonen Mischungen (z. B. Ausschwemmungen, anthropogene Sammlungen) unterscheiden. Nur im ersten Fall kann man eine säkulare Sukzession klarer nachweisen, z. B. Verlandungsserien. Noch schlechter als bei Pollen ist aber oft der Erhaltungszustand der Pflanzenreste (Blätter, Stengel, Knospenschuppen, Blütenreste, Rhizome, Wurzeln, Holz, Rinde, Früchte, Samen). Auswertbar sind vor allem Moore und Seesedimente, an trockeneren Standorten eher verkohlte Reste. Hinzu kommen verschiedene Großreste aus alten Siedlungen und anderen Bereichen menschlicher Tätigkeit (s. auch KÖRBER-GROHNE 1979).

Methodische Grundlagen einer vegetationskundlich orientierten Untersuchung pflanzlicher Großreste hat vor allem GROSSE-BRAUCKMANN (1963ff.) gelegt (s. auch SCHWAAR 1984). Einzelne Proben werden als (unvollständige) „Bestände" angesehen, deren Analyse „Aufnahmen" ergibt. Nach Mengenanteilen an der Probe werden nach einem Schlüssel auch quantitative Abstufungen gemacht, bei mehreren Parallelproben Stetigkeiten der Arten angegeben. Die weitere Tabellenarbeit folgt dem üblichen Verfahren (s. VI). Gefundene Artengruppen werden im aktualistischen Vergleich bewertet. Es ergeben sich verschiedene „Gesellschaften" zu bestimmter Zeit durch weiträumigen Vergleich oder Sukzessionen nach aufeinander folgenden Proben in einem Profil.

Inzwischen gibt es eine größere Zahl solcher Untersuchungen, vor allem von GROSSE-BRAUCKMANN selbst (z. B. 1963, 1976, 1979), GROSSE-BRAUCKMANN & DIERSSEN (1973) und von SCHWAAR (z. B. 1982, 1986, 1989).

Tab. 48. Tabelle der Sippenstetigkeit von Pflanzenresten verschieden alter Torfproben aus dem Poggenpohlsmoor (1–5) im Vergleich mit der heutigen Vegetation (6) nach Tabellen von GROSSE-BRAUCKMANN & DIERSSEN (1973). Erläuterung im Text.

Laufende Nr.	1	2	3	4	5	6
Pollenzone nach OVERBECK	IV	V	VI	VII	XII	akt.
Probenzahl	11	42	21	20	40	36
Hippuris vulgaris	+	.	.	.	.	.
Batrachium spec.	+	.	.	.	.	.
Myriophyllum spec.	+	.	.	.	.	.
Pediastrum spec.	IV	+	.	.	.	.
Calliergon giganteum	III	II	.	+	.	.
Drepanocladus exannulatus	II	I	.	.	.	.
Comarum palustre	II	I	.	.	.	.
Menyanthes trifoliata	II	II	+	.	.	+
Carex rostrata	II	II	.	.	+	+
Calliergon stramineum	I	II	+	+	+	+
Sphagnum teres	IV	III	I	.	+	I
Empetrum nigrum	IV	.	I	.	+	II
Betula nana	III	II	.	.	+	.
Betula pubescens/pendula	IV	III	I	I	II	II
Homalothecium nitens	II	III	II	I	I	(r)
Carex paniculata – Typ	.	II	II	.	I	.
Typha latifolia	.	+	+	.	.	.
Equisetum fluviatile	.	+	+	.	+	.
Eupatorium cannabinum	.	+	+	.	+	.
Thelypteris palustris	.	III	III	II	+	.
Phragmites australis	.	III	IV	IV	I	V
Cladium mariscus	.	+	II	V	II	.
Sphagnum palustre	.	II	IV	III	IV	+
Pinus sylvestris	.	I	I	I	+	+
Sphagnum sect. *cuspidata*	.	I	.	I	I	I
Sphagnum sect. *acutifolia*	.	+	II	II	II	+
Polytrichum strictum	.	+	I	II	+	+
Aulacomnium palustre	+	+	II	II	+	IV
Sphagnum imbricatum	.	I	+	II	IV	+
Scorpidium scorpidioides	+	+	.	II	III	II
Alnus glutinosa	.	.	+	III	+	(r)
Potentilla erecta	.	.	.	+	IV	II
Calluna vulgaris	.	+	+	I	III	I
Erica tetralix	.	+	.	.	III	IV
Eriophorum vaginatum	.	.	.	+	II	.
Sphagnum magellanicum	.	.	.	+	I	+
Hydrocotyle vulgaris	.	.	.	+	+	+
Oxycoccus palustris	.	.	.	+	+	IV
Carex echinata	.	.	.	.	II	.
Carex flava	.	.	.	.	II	II
Carex pulicaris	.	.	.	.	+	(r)
Carex davalliana	.	.	.	.	+	.
Carex dioica	.	.	.	.	+	I
Carex flacca	.	.	.	.	+	+
Juncus articulatus – Typ	.	.	.	.	II	I
Rhynchospora alba	.	.	.	.	+	+
Andromeda polifolia	.	.	.	.	+	II
Molinia caerulea	.	.	.	.	+	II

Eine Zusammenfassung der Ergebnisse aus einem kleinen nordwestdeutschen Niedermoor im Vergleich fossiler Pflanzenreste und aktueller Vegetation gibt Tabelle 48. Sie vermittelt ein gewisses Bild der Entwicklung seit der Jüngeren Tundrenzeit (Spalte 1), wo in kleineren Wasseransammlungen eine schwimmende bis submerse Vegetation existierte, die noch in dieser Zeit verlandete zu einer moosreichen semiterrestrischen Pflanzendecke mit Zwergsträuchern. In der Vorwärmezeit (Spalte 2) gab es Riede bis Kleinröhrichte mit Entwicklung zu höheren Röhrichten, die in der Frühen Wärmezeit (Spalte 3–4) optimal entwickelt waren, wobei später *Cladium* eine stärkere Rolle spielte, aber auch Zwergsträucher und Moose der Hochmoore Kleinstandorte besiedelten. Danach wuchs das Moor kaum weiter, so daß die nächsten brauchbaren Proben schon aus einer neuen Wachstumsphase der Nachwärmezeit (Spalte 5) stammen. Hier gibt es eine Mischung von Arten der Kalksümpfe mit ombrotrophen Elementen, wie sie auch noch heute in Resten erhalten ist, nämlich ein Übergangsmoor mit ombrotrophen Bulten (*Erico-Sphagnion*) und minerotrophen Schlenken (*Caricion davallianae*). Insgesamt wurden 70 Pflanzenarten in sechs Moorprofilen nachgewiesen, von denen heute noch 40 vorhanden sind. Offenbar ist die Artenverbindung seit mehreren Jahrhunderten recht konstant.

Hier anzuschließen sind Untersuchungen von SCHWAAR (1986), der in einer Niederung moosreiche Kleinseggenriede seit 6 500 Jahren nachweist. In mehreren weiteren Arbeiten hat er die säkulare Sukzession von Moorgesellschaften in aktualistischer Deutung vermittelt und durch parallele Datierungen zeitlich eingeordnet. Beispiele zeigen Abb. 264, 265.

J. TÜXEN (1979) beschreibt die Entwicklung und Verbreitung verschiedener *Sphagnum*-Gesellschaften bis zu Subassoziationen. In einer weiteren Arbeit (1980) wird erörtert, daß solche Gesellschaften zwar schon seit über 3 000 Jahren existieren, aber erst in den letzten Jahrhunderten deutlich artenreicher geworden sind.

Weniger genaue Hinweise auf frühere Vegetationszustände liefert die **Paläo-Ethnobotanik**, die sich mit den Beziehungen Mensch-Pflanzen und ihrer Entwicklung im Laufe der Vergangenheit befaßt (s. WILLERDING 1978, 1987). Als wichtige Quellen dienen wieder fossile Pflanzenreste, hier aber vorwiegend aus anthropogenen Ansammlungen, die bei archäologischen Ausgrabungen und anderen siedlungshistorischen Untersuchungen zutage treten (s. auch KNÖRZER 1984). Hinzu kommen weitere direkte oder indirekte Hinweise auf Besiedlung und Bewirtschaftung bestimmter Gebiete. Die Nachteile bei der Deutung solcher Funde sind klar. Oft ergeben sie aber ein wesentlich breiteres Artenspektrum als autochthones Material und erlauben bei gebührender Vorsicht im aktualistischen Vergleich Hinweise auf mehrere Pflanzengesellschaften. Viele Pflanzen gehören zur Ruderalvegetation, aber auch Heiden und Grünland sind oft vertreten, so daß man teilweise höhere Syntaxa (Verbände bis Klassen) rekontruieren kann.

Als Fundquelle von Makroresten kommen vor allem feuchte Ablagerungen in Frage, z. B. alte Vorrats- und Abfallgruben, Kloaken, Brunnen und Gräben, abgedeckte Mist- und Heulagen, auch manche Gräber, überdeckte Kulturschichten oder Soden künstlicher Erhöhungen (z. B. Eschböden, Grabhügel, Wurten). In Trockenböden sind vorwiegend verkohlte Pflanzenreste erhalten, auch auf Brandflächen, Feuerplätzen und um ehemalige Kohlenmeiler. Schließlich können Pflanzenabdrücke auf Lehm oder Keramik helfen. In jüngerer Zeit sind Bilder und schriftliche Zeugnisse wesentliche Quellen.

Die gemeinsam auffindbaren, vom Menschen zusammengetragenen Pflanzenreste werden als „Taphozönose" (von Taphos = Begräbnis) bezeichnet. WILLERDING (1979) unterscheidet

- Paläobiozönosen: Pflanzengemische vorwiegend aus einem Vegetationstyp; die Originalkombination ist nur durch Zersetzungsauslese verändert.
- – autochthon: in situ abgelagerte Reste, vor allem unter feucht-nassen Bedingungen (Torfe, See- und Auensedimente, feuchte Ackerböden).
- – allochthon: umgelagerte Reste wie Stroh, Heu, Flachsreste, Dreschrückstände, Mist.
- Thanatozönosen: aus verschiedenen Gesellschaften zusammengetragene Reste, vor allem in Siedlungsbereichen abgelagert. Breites Spektrum der Pflanzengesellschaften der Umgebung.

Um Paläobiozönosen handelt es sich bei den bereits besprochenen Beispielen aus Mooranalysen. Für Thanatozönosen macht WILLERDING (1979 u. a.) viele Angaben. Sie werden z. B. über „Sozio-Diagramme" ausgewertet, wo für

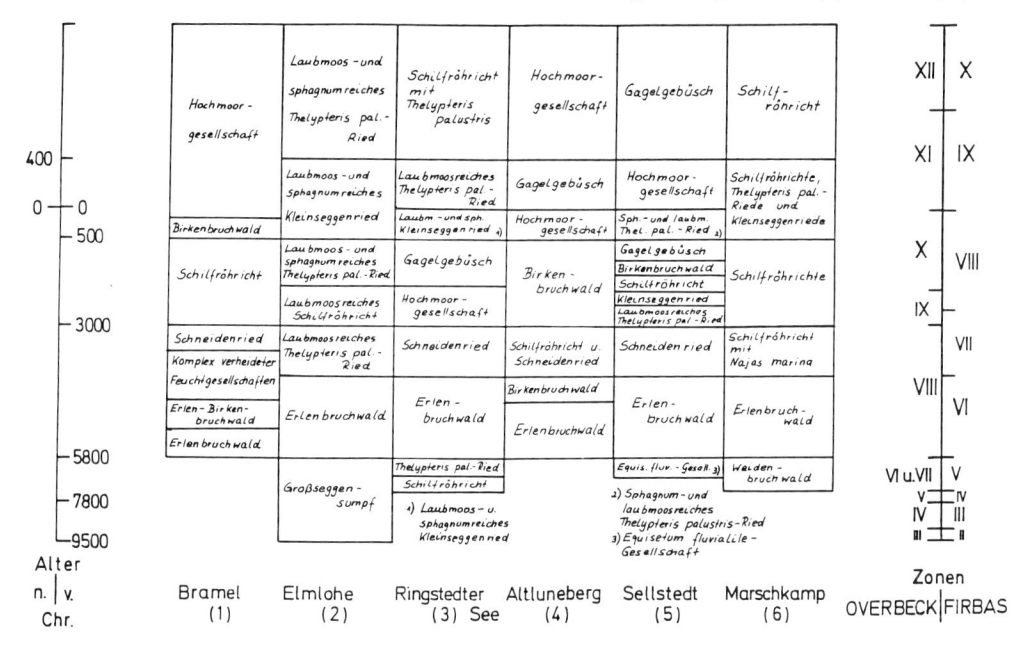

Abb. 264. Rekonstruierte säkulare Sukzession in verschiedenen Mooren Nordwestdeutschlands mit Zeitskala und Pollenzonen (aus Schwaar 1989).

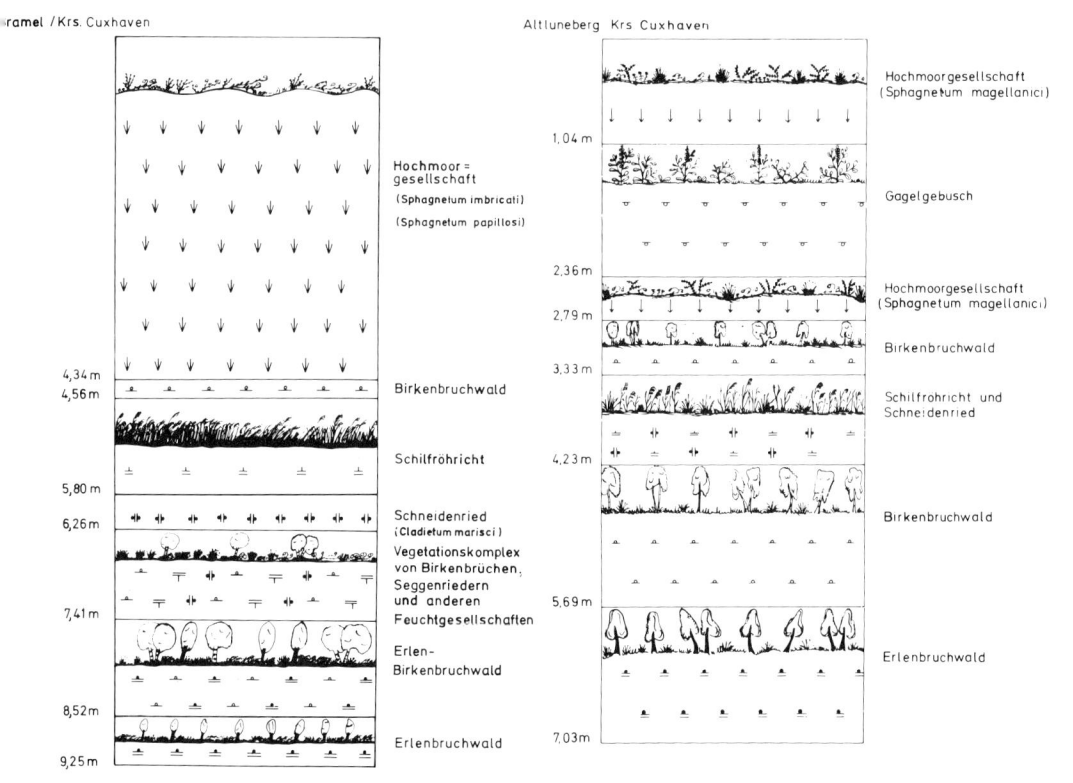

Abb. 265. Bildliche Darstellung der Torfprofile und Pflanzengesellschaften aus zwei nordwestdeutschen Mooren (aus Schwaar 1989; s. auch Abb. 264).

bestimmte Zeiten die Artenzahlen soziologischer Gruppen aufgeführt sind. Über ökologische Zeigerwerte können auch vorsichtige Standortsaussagen gemacht werden.

Großrestuntersuchungen alleine oder in Kombination mit anderen Methoden erlauben eine Rekonstruktion der Entstehung und Entwicklung von Pflanzengesellschaften, zumindest auf Verbands- bis Klassenebene. Eine Übersicht solcher Arbeiten gibt TÜXEN (1974b). Bezeichnenderweise findet man besonders viele Angaben über Gesellschaften nasser bis feuchter Standorte (*Potamogetonetea*, *Littorelletea*, *Phragmitetea*, *Scheuchzerio-Caricetea*, *Oxycocco-Sphagnetea*, *Alnetea*) sowie über *Nardo-Callunetea* und *Stellarietea*.

Eine naturnahe, etwa 200 Jahre alte Thanatozönose beschreibt WILLERDING (1967) aus erhaltenen Pflanzenresten in einer Kiesgrube unter Auelehm. Aus den 107 nachgewiesenen Blütenpflanzen (+ 5 Moose) ergibt sich folgendes Lebensformenspektrum.

	36%	Therophyten
	31%	Hemikryptophyten
	3%	Geophyten
	3%	Chamaephyten
	16%	Phanerophyten
	7%	Helophyten
	4%	Hydrophyten

Elf Arten gehören zu Wasser- und Röhrichtgesellschaften, 47 zu Ufer-, Ruderal- und Unkrautgesellschaften, zehn zu Grünland und Moor, nur sieben zu den Laubwäldern. Aus Holzresten und dem Fehlen von Torfen läßt sich ein erlenreicher Auenwald (*Alno-Ulmion*) ableiten, aus Blattresten verschiedener *Salix*-Arten eine Weiden-Weichholzaue. Am Auenrand gab es wahrscheinlich Mischwälder aus *Fraxinus*, *Quercus*, *Carpinus*, *Acer*, in der Umgebung herrschten Wälder mit *Fagus*. Die vielen kurzlebigen Arten stammen wohl teilweise aus Uferspülsäumen der *Bidentetea*, können aber auch von umliegenden Äckern (*Stellarietea*) eingespült sein.

Sehr umfangreiche Rekonstruktionen der Vegetation im Bereich der Nordseeküste und ihres Hinterlandes hat BEHRE durchgeführt (zusammenfassende Darstellungen z. B. 1979, 1985, 1988b). Aus Holzresten und Baumstubben in ehemaligen, später von Ton überdeckten Siedlungen werden für die Uferwälle der unteren Ems eisenzeitliche Hartholz-Auenwälder rekonstruiert, mit hohen Anteilen von *Alnus*, *Fraxinus*, *Ulmus* und *Quercus*. Sie waren schon seit dem frühen Subboreal vorhanden. Auch ihr späterer Rückgang durch Rodungen läßt sich feststellen. Noch detaillierter deutbar sind die Thanatozönosen der verschieden alten Siedlungsschichten. Sehr häufig sind Arten des *Phragmition* und *Bidention*. *Molinietalia*-Arten bezeugen eine frühe Grünlandnutzung oder auch naturnahe Bestände. Auf Äckern herrschten wegen der häufigen winterlichen Überschwemmungen Sommerfrüchte und deren Wildkräuter. Im vermoorten Hinterland sind auch verschiedene Vernässungs- und Verlandungsfolgen nachweisbar, die durch Schwankungen des Meeresspiegels verursacht wurden.

Sehr ergiebig sind die nach und nach aufgelagerten Schichten von prähistorischen Seemarsch-Wurten (s. auch KÖRBER-GROHNE 1967). Die tabellarisch ausgewerteten Pflanzenfunde aus Mistschichten des Zeitraumes 800–1000 n.Chr. ergeben deutlich die Salzmarschgesellschaft des *Juncetum gerardii*, sogar mit drei Subassoziationen, die noch heute ähnlich zu finden sind.

Insgesamt lassen sich aus ethnobotanischen Untersuchungen sowohl die Vegetationszustände im Umfeld alter Siedlungen, aber auch die damit verbundenen Lebensverhältnisse und landwirtschaftlichen Maßnahmen des Menschen ableiten. Damit wird auch die Rolle des Menschen in der jüngeren Vegetationsgeschichte bis zur Rückwärtsverfolgung heutiger Pflanzengesellschaften klarer erkennbar, die durch Pollenanalysen zwar umfassender, aber weniger detailliert nachzuweisen ist (s. 5.3.1). Als weitere Beispiele seien genannt: Der Nachweis römerzeitlicher Wirtschaftswiesen aus Resten der Brunnenfüllung eines Römerkastells (KÖRBER-GROHNE 1979); frühneolithische Ackerwildkraut-Gesellschaften (z. B. *Bromo-Lapsanetum praehistoricum*), neolithische bis römerzeitliche Grünlandvegetation und Magerrasen vom Niederrhein (KNÖRZER 1975, 1984); Überlegungen von WILMANNS (1988) zum Vorkommen von Saumgesellschaften. Sehr interessant ist auch die botanische Auswertung von Soden aus einem hallstattzeitlichen Grabhügel, wo besonders die gut erhaltenen Moose (30 Sippen) genau untersucht wurden (FRITZ & WILMANNS 1982). Sie ergaben unter Einbezug gefundener Phanerogamenreste enge floristische Beziehungen zu noch heute existierenden Kalkmagerrasen.

Abschließend sei noch auf sehr umfangreiche vegetations- und landschaftsgeschichtliche Rekonstruktionen für die gesamte Insel Rügen hingewiesen (H.D. KNAPP et al. 1988, LANGE et al. 1986). In enger Verbindung von Pollen- und Großrestanalysen sowie vorgeschichtlichen bis historischen Daten über die Aktivitäten des Menschen werden Deutungen der Vegetation und ihrer Entwicklung im Spät- und Postglazial vorgenommen, einschließlich der Rekonstruktion von Vegetationskarten aus verschiedenen Zeiten im Vergleich mit dem aktuellen Zustand. Hier führen besonders enge Beziehungen zwischen vegetationsgeschichtlicher Forschung und Pflanzensoziologie in Teamarbeit verschiedener Fachleute zu weitreichenden Ergebnissen.

5.3.4 Datierungsmethoden

Schon in den vorhergehenden Kapiteln wurden Möglichkeiten einer zeitlichen Einordnung vegetationsgeschichtlicher Befunde angedeutet. Meist handelt es sich um relative Abstufungen nach räumlichen Lagerungsfolgen der Fundproben (Pollen- und Großrestanalysen) oder z. B. dendrochronologischen Zeitskalen. Eine ähnliche Methode ist die **Bänderton-Chronologie** über Auswertung jährlich schwankender Ablagerungsschichten („Warwen") glazialer Sedimente und anderer Seeablagerungen (s. WALTER & STRAKA 1970, S. 181). Aufschlüsse über feuchtere und trockenere Phasen bei der Moorentwicklung gibt die **Rhizopodenanalyse** (GROSPIETSCH 1967). Die bestimmbaren Reste beschalter Amöben in Torfen lassen eine zeitliche Folge von Arten erkennen, die unter mehr oder weniger feuchten Bedingungen leben. Gleiche Sequenzen lassen gleiche Zeitskalen erwarten.

Auch zeitlich genauer festlegbare Sonderereignisse können zur Datierung benutzt werden. Ein Beispiel sind die Tuffeinlagerungen aus vul-

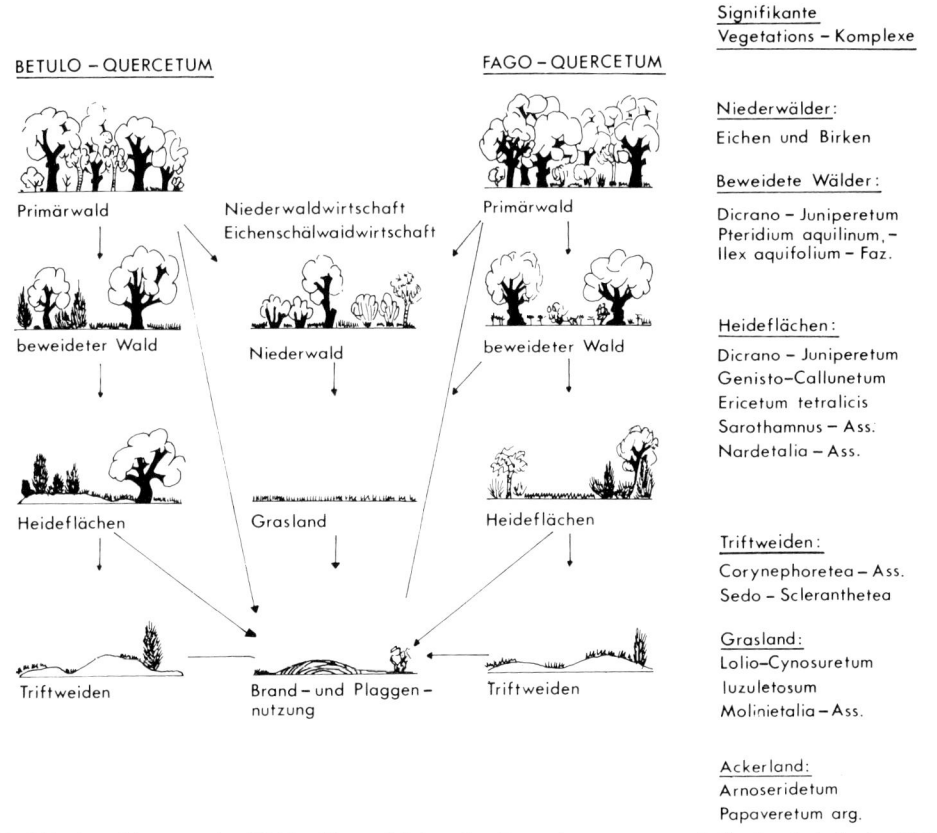

Abb. 266. Auswirkungen der Waldweide und folgender Extensivnutzungen auf die Landschaft des Birken-Eichenwaldes in Nordwestdeutschland (aus POTT & HÜPPE 1991).

kanischen Ausbrüchen der Eifel (**Tephrochronologie**). Ihr Alter wurde zunächst durch Pollenanalysen aus der Nähe festgelegt. Danach lassen sich entsprechende Ablagerungen in weiteren Teilen Mitteleuropas als zeitgleich einordnen (s. WALTER & STRAKA 1970, S. 205, HUNTLEY & WEBB 1988, S. 101).

Über kulturhistorisch einzuordnende archäologische Funde sind auch die ethnobotanischen Ergebnisse datierbar, über Siedlungs- und Kulturzeiger auch Pollendiagramme.

Das genaueste Verfahren einer echten Datierung ist die **Radiokarbonmethode**. Sie benutzt ein im CO_2 der Atmosphäre als relativ konstant vorausgesetztes Verhältnis des normalen Kohlenstoffs ^{12}C zum radioaktiven Isotop ^{14}C (etwa $10^{12}:1$). Bei der Photosynthese werden beide Isotope in entsprechender Mischung in Pflanzenmaterial eingebaut, solange die Pflanze lebt. Danach beginnt mit dem Zerfall von ^{14}C zu ^{14}N (Halbwertzeit 5730 ± 40 Jahre) die allmähliche Abnahme. Eine genaue Analyse des heutigen

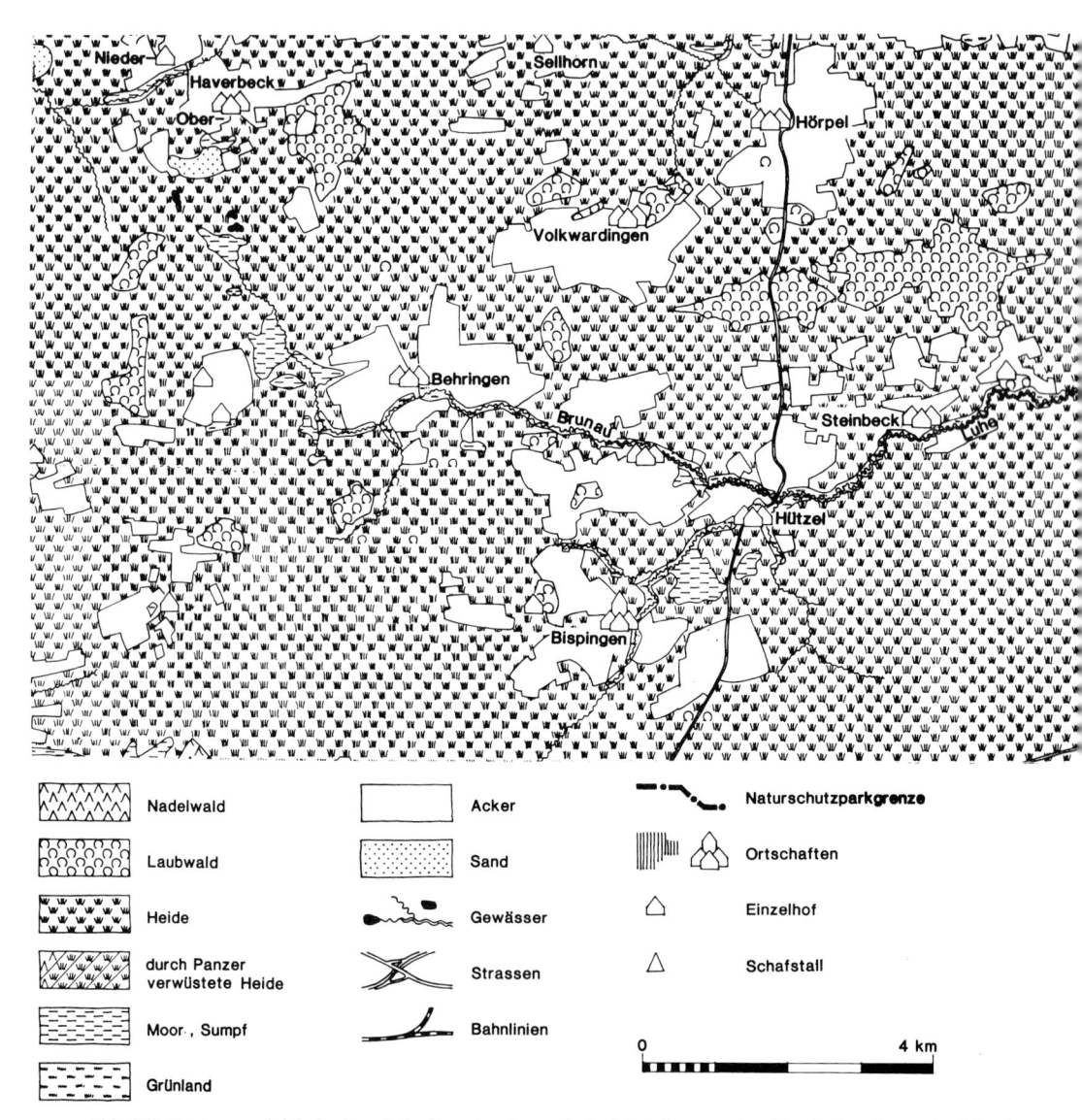

Abb. 267. Kartenvergleich des Landschaftszustandes nach der Verteilung grober Vegetationstypen der Lüneburger Heide um 1775, 1900 und 1982 (Ausschnitte nach BUCHWALD 1984).

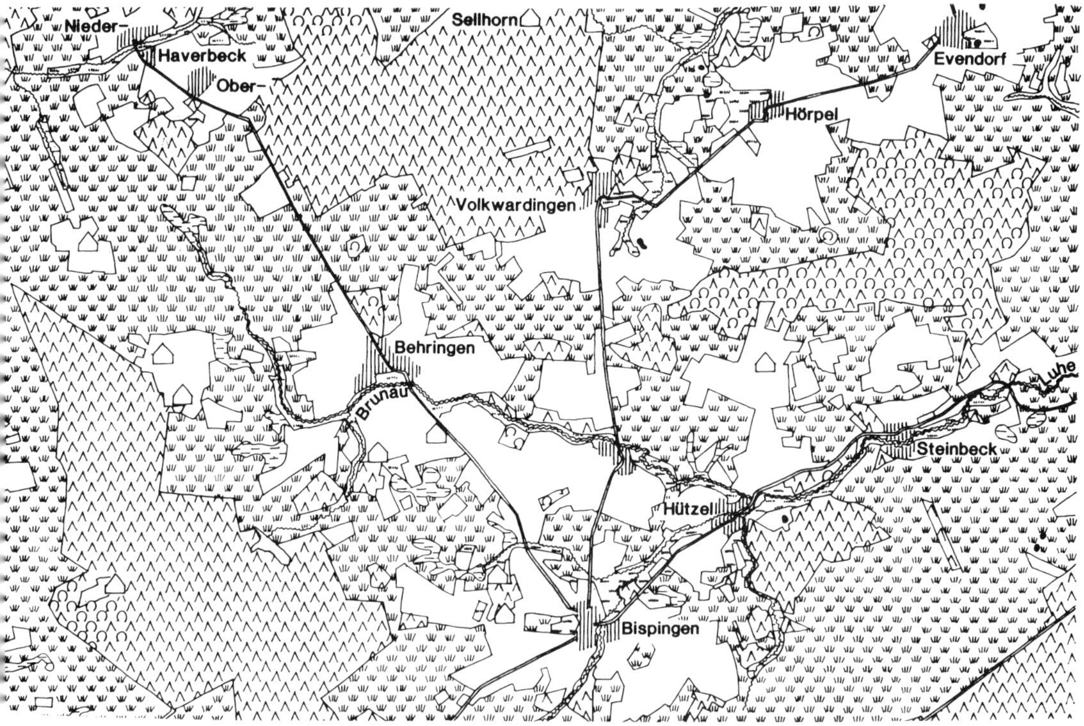
Nieder-
Haverbeck
Ober-
Sellhorn
Evendorf
Hörpel
Volkwardingen
Behringen
Brunau
Luhe
Steinbeck
Hützel
Bispingen

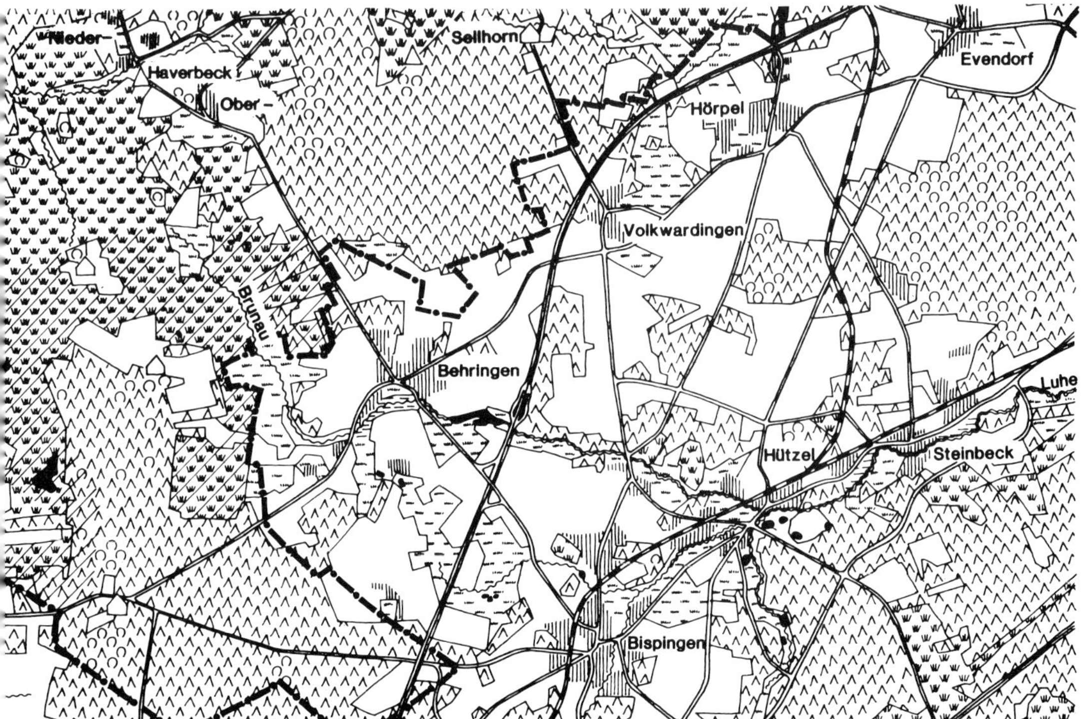
Nieder-
Haverbeck
Ober-
Sellhorn
Evendorf
Hörpel
Volkwardingen
Brunau
Behringen
Luhe
Hützel
Steinbeck
Bispingen

^{14}C-Anteils in organischen Resten läßt so eine Altersschätzung relativ hoher Genauigkeit zu, zurückgehend bis auf 70 000 Jahre.

Weitere Methoden finden sich bei HUNTLEY & WEBB (1988, S. 77 ff.). In der Regel werden für Datierungen mehrere kombiniert, um ein Zeitschema für vegetations- und kulturgeschichtliche Abfolgen zu erstellen.

5.3.5 Vegetationsgeschichte in historischer Zeit

Aus historischer Zeit gibt es zahlreiche Quellen, die genauere Rekonstruktionen über Vegetationszustände und Pflanzengesellschaften ermöglichen. Neben den bereits in den vorhergehenden Kapiteln (5.3.1 – 5.3.4) dargestellten Möglichkeiten gewinnen menschliche Dokumente an Bedeutung. Schriftliche Zeugnisse (Akten, Statistiken, Berichte), alte Karten, auch Gemälde, in jüngster Zeit Fotos und Luftbilder sind wichtige Unterlagen. Die Synchronologie wandelt sich von der Labor- zur Archivforschung (s. auch 3.2.1g).

Viele Quellen zeigen die allmähliche Entwicklung unserer Kulturlandschaft mit jeweils charakteristischen Pflanzengesellschaften, z. B. die Umwandlung der Wälder in Heiden, Grünland, Ackerland. Allerdings fehlen oft noch genauere floristische Angaben mit Ausnahme der Gehölze. Immerhin läßt sich über die nutzungsbedingte Waldentwicklung, über Mittel- und Niederwälder bis zur Waldverwüstung, oder spezielle Waldfeldbausysteme recht viel aussagen, ebenfalls über Auswirkungen der im 18. Jahrhundert einsetzenden modernen Forstwirtschaft. Genauere Beispiele geben z. B. HESMER & SCHROEDER (1963), POTT (1985, 1990b u. a.), POTT & HÜPPE (1991), SCHUBART (1966), vorwiegend für tiefere Lagen. Eine sehr ausführliche Archivstudie zur Waldgeschichte des Harzes nach den starken Verwüstungen durch mittelalterliche Bergbau- und Metallverhüttungsbetriebe liefert SCHUBART (1978), mit einer rekonstruierten Waldvegetationskarte für das 15. Jahrhundert. Einen allgemeinen Überblick der menschlich beeinflußten Vegetationsgeschichte Mitteleuropas gibt ELLENBERG (1978, S. 34 ff.).

Die Vegetations- und Landschaftsgeschichte des Schraden, einer großen Moorniederung im Magdeburger Urstromtal, beschreibt HAN-

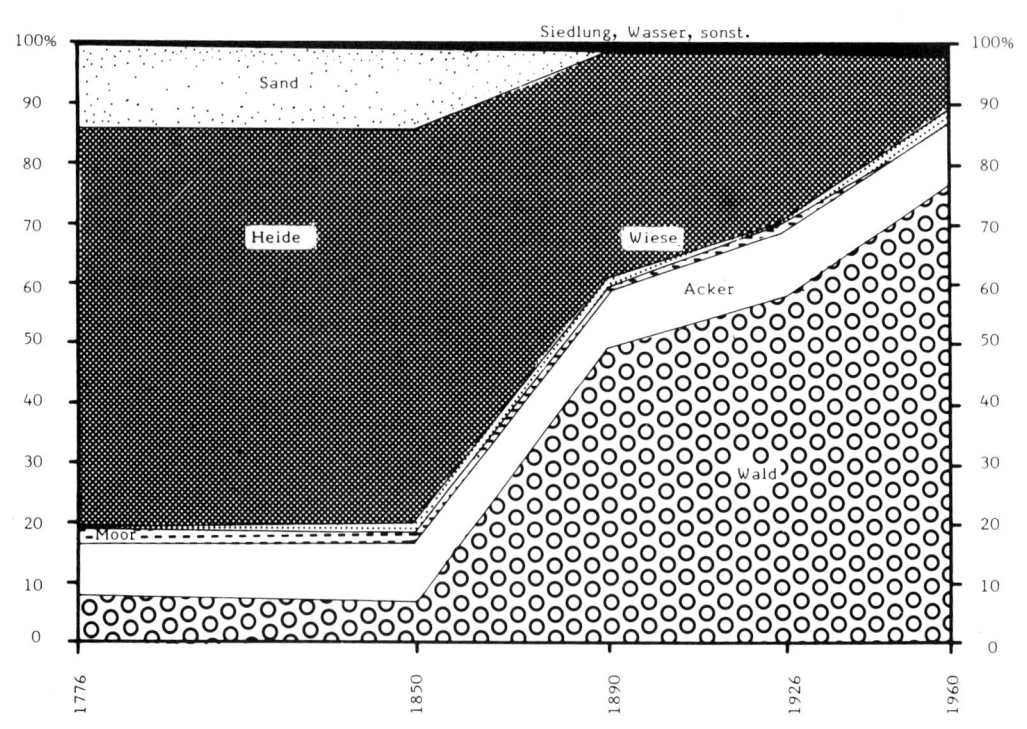

Abb. 268. Nutzungsdiagramm der Gemarkung Undeloh (Lüneburger Heide) nach Auswertung verschiedener Karten (aus BUCHWALD 1984).

Abb. 269. Durch extensive Weide, Schneiteln und Holznutzung gekennzeichnete Landschaft aus dem 17. Jahrhundert. Zeichnung von PAULUS POTTER von 1644 (aus CATE 1972).

SPACH (1988, 1989a). Aus der ehemals vorwiegend von Erlenbrüchern eingenommenen Naturlandschaft hat sich bis heute eine waldarme Kulturlandschaft entwickelt. Bei Archivauswertungen werden auch alte Orts-, Flur- und Gewässernamen mit herangezogen (HANSPACH 1989b).

Ein grobes Schema der Vegetationsveränderung im Zuge extensiver Wald- und Weidewirtschaft zeigt Abb. 266. Über frühere, oft parkartige Landschaftsbilder unterrichten alte Gemälde (Abb. 269). Für die jüngere Vegetationsgeschichte bilden Kartenvergleiche gewisse Hinweise. Sie zeigen allerdings meist nur sehr grobe Vegetationstypen. Abb. 267 enthält Ausschnitte dreier topographischer Karten aus der Lüneburger Heide für 1775, 1900 und 1982. Man erkennt die unterschiedliche Verteilung und Flächenausdehnung von Laubwald, Nadelholzforsten, Heiden, Moor, Grünland, Acker u. a., auch die starke Zersiedelung im 20. Jahrhundert. Die früher vorherrschenden Heiden haben stark abgenommen zugunsten von Kiefernforsten und Ackerland. Eine flächenbezogene Zusammenfassung der Entwicklungstendenzen gibt Abb. 268.

XI Räumliche Beziehungen zwischen Pflanzengesellschaften (Vegetationskomplexe)

1 Allgemeines

So wie sich Pflanzensippen in gewisser Regelhaftigkeit in Pflanzengesellschaften zusammenfinden und in deren Beständen räumlich anordnen, gibt es auf nächsthöherer Ebene auch Vergesellschaftungen von Vegetationstypen. Die Untersuchung räumlicher Sippenmuster gehört in den Bereich der Symmorphologie oder Strukturforschung (s. IV), diejeniger der Gesellschaftsmuster ist grundlegende Fragestellung der Vegetationskomplexforschung oder Synsoziologie. Obwohl Vegetationskomplexe seit jeher bei pflanzensoziologischen Betrachtungen eine Rolle gespielt haben (z. B. DU RIETZ 1921, BRAUN-BLANQUET 1928), gibt es eine eigene Arbeitsrichtung mit eigenständigen Methoden erst seit knapp 20 Jahren. Raumgliederungen mit Hilfe der Vegetation sind schon seit langem üblich.

Unter Vegetationskomplexen oder Gesellschaftskomplexen versteht man zunächst räumliche Anordnungsmuster von Pflanzengesellschaften (auch von physiognomischen Typen), aber auch daraus abgeleitet das Gesellschaftsinventar eines Landschaftsausschnittes. Räumlich denkt man gewöhnlich an das mehr oder weniger regelhafte Nebeneinander. Es gibt aber auch vertikale Komplexe sich überlagernder Vegetationstypen (z. B. Wasservegetation, Epiphytengesellschaften) bis zur Höhenstufung.

In der Erforschung von Vegetationskomplexen verbinden sich vegetationskundliche und geographische Aspekte. Aus geographischer Sicht spricht man von **Vegetationsgeographie** als „Lehre von der Ausstattung der Erdräume mit Pflanzenwuchs" (SCHMITHÜSEN 1968, S. 13; s. auch 1957). Sie sucht u. a. nach vegetationskundlichen Raumtypen und erforscht deren Verknüpfung zu größeren Landschaftseinheiten (naturräumliche Gliederung). Hierfür sind pflanzensoziologische und formationskundliche Einheiten samt ihrer ökologischen Bezüge grundlegend. Stehen letztere als ökologisches Wirkungsgefüge einer Landschaft mehr im Blickpunkt, spricht man von **Landschaftsökologie** (s. TROLL 1968). Allerdings geht die Vegetationsgeographie oft mehr deduktiv vor, bei den großen Vegetationszonen beginnend (s. auch VII 9.2.2.3). Demgegenüber steht die induktive Komplexforschung der Pflanzensoziologie (s. 3). Beides kombiniert ergibt neue Ansätze für eine vegetationskundlich begründete Landschaftsgliederung, wie sie SCHMITHÜSEN in seinem zitierten Buch (1968) und anderen Arbeiten maßgeblich gefordert hat.

Auch zwischen Pflanzensoziologie und Pflanzengeographie im Sinne chorologischer Fragen der Pflanzenverbreitung gibt es bei stärker räumlicher Betrachtung der Vegetation viele Wechselbeziehungen, worauf MEUSEL (1954) besonders hingewiesen hat (s. auch XII).

Besonders in den 50er und 60er Jahren haben sich die Methoden der Vegetationsanalyse in der Pflanzensoziologie zunehmend verfeinert. Manche früher als einheitliche Vegetationstypen oder nur als Übergänge zwischen zwei Typen angesehenen Bereiche ließen sich in enger gefaßte Gesellschaften auflösen. Entsprechend wurden auch zunehmend neue Vegetationskomplexe erkannt. In der Syntaxonomie gibt es teilweise Meinungsunterschiede über die Bewertung neuer Typen (z. B. als Makro- und Mikrogesellschaften oder Synusien; s. VIII 7). Für die räumliche Gliederung selbst sind solche Diskussionen weniger bedeutsam. Jede irgendwie floristisch oder physiognomisch erkennbare Einheit kann als Element eines Komplexes angesehen werden, wobei allerdings Synusien eher als Strukturelemente *einer* Gesellschaft aufzufassen sind (s. IV 7.2).

Wie bereits HOFMANN (1965) betonte, umschreibt der Begriff des Vegetationskomplexes allgemein keine klar definierbare höhere Vegetationseinheit. Er ist vielmehr je nach Blickrichtung und Zweck der Zusammenfassung sehr unterschiedlich anwendbar (s. 2), in weiterem Sinne auch klein- bis großräumig zu sehen. Heute versteht man unter Vegetationskomplex mehr das kleinräumige, oft regelhafte Neben- und Durcheinander verschiedener, mehr oder weniger selbständiger Vegetationstypen. Bei großräumiger Betrachtung, wo es meist weniger um Anordnung als Inhalt geht, spricht man besser allgemeiner vom Gesellschaftsinventar einer Landschaft.

Für die Vegetationskomplexforschung i. w. S. gibt es keinen allgemeinen Oberbegriff. Ältere Ansätze gehören teilweise mehr in den Bereich der Vegetationsgeographie, eine noch junge Richtung ist die Synsoziologie. Für die Darstellung von Komplexen eignen sich besonders Vegetationskarten. So wird in Kapitel 5 die Vegetationskartierung erörtert. Enge Beziehungen gibt es zur Synchorologie als Lehre der Gesellschaftsareale. Ihnen ist ein eigener Teil gewidmet (XII).

2 Typen von Vegetationskomplexen

Je nach Betrachtungsrichtung und -maßstab sowie soziologischer Differenzierung können Vegetationskomplexe unterschiedlich definiert und abgegrenzt sein. Dennoch lassen sich für kleinräumige Gesellschaftsgruppierungen, d. h. Komplexe i. e. S., gewisse Grundtypen erkennen. Schon BRAUN-BLANQUET (1928) unterschied Mosaik- und Gürtelkomplexe. Die hier vorgenommene Gliederung folgt Vorschlägen von PFEIFFER (1958), TH. MÜLLER (1970), SEIBERT (1974), SCHWABE-BRAUN & TÜXEN (1981), MIERWALD (1988) u. a.

Nach ihrer räumlichen Anordnung und Zusammensetzung werden verschiedene Typen von Vegetationskomplexen unterschieden (s. auch Abb. 270).

2.1 Mosaikkomplexe

Unregelmäßige, aber regelhafte Muster verschiedener Vegetationstypen auf engem Raum werden als Mosaikkomplexe bezeichnet. Jeder Baustein besitzt einen größeren Anteil und ist über die ganze Fläche verteilt. Zugrunde liegen oft entsprechende Standortsmosaike (Bodenmosaik, vom Kleinrelief abhängiger Grundwassereinfluß, Expositionsunterschiede u. a.), aber auch ein Nebeneinander verschiedener Sukzessionsphasen und -stadien oder anthropogener Einflüsse (z. B. Nutzungsmosaik einer Agrar-

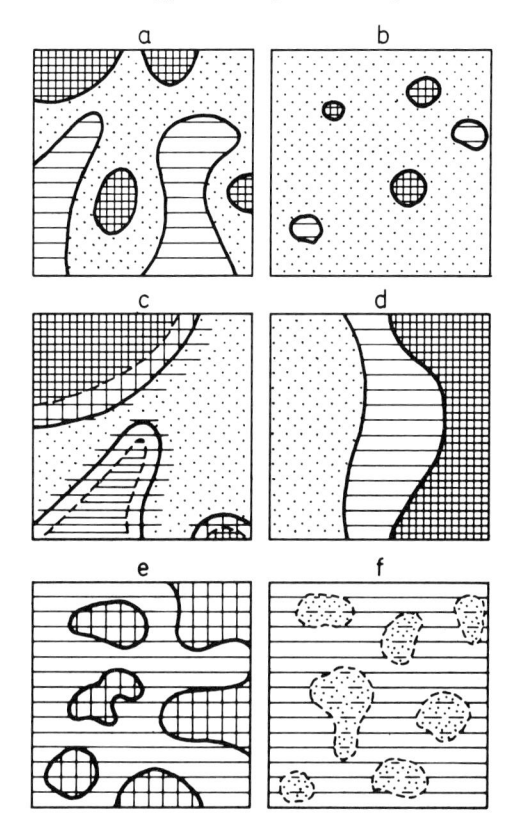

Abb. 270. Typen räumlicher Anordnung von Pflanzengesellschaften in Vegetationskomplexen. a) Mosaikkomplex; b) Dominanzkomplex; c) Auflösung eines Mosaikes in Feinzonierungen; d) Zonationskomplex; e) Durchdringungskomplex; f) Überlagerungskomplex.

landschaft). Je nach Gefälle der entscheidenden Standortsgradienten kommt es zu schärferen oder mehr verschwommenen Strukturen. Bei menschlichen Wirkungen gibt es oft scharfe, geradlinige Grenzen.

BRAUN-BLANQUET (1964, S. 733) bezeichnet nur diese Mosaike als Gesellschaftskomplexe und unterscheidet solche im großräumigeren Zusammenhang im Sinne größerer Landschaften (z. B. Oberrheinische Tiefebene, Mitteldeutsches Trockengebiet) von lokalen Komplexen, wie sie hier als Komplexe i. e. S. aufgefaßt werden.

Natürliche Vegetationskomplexe stellen viele Hochmoore dar. Schon OSVALD (1923) hat mehrere Komplextypen (z. B. Wachstums-, Stillstands-, Erosionskomplex) unterschieden. Verfeinerte Untersuchungen zum Bult-Schlenken-Gefüge finden sich z. B. bei B. & K. DIERSSEN

(1984; Abb. 271). Auch quellige Bereiche bilden teilweise feine Mosaikkomplexe, ebenfalls andere Bereiche mit kleinflächig wechselndem Grundwassereinfluß. Natürliche Mosaikkomplexe ergeben sich auch in periglazialen Klimabereichen alpiner und subarktischer Gebiete mit Strukturböden und Solifluktionserscheinungen. Für Mitteleuropa beschreibt CARBIENER (1970) aus den Hochvogesen solche Erscheinungen (Abb. 272). Bereits besprochen wurde die mosaikartige Struktur der Regenerationskomplexe naturnaher Wälder (X 3.6.2.3).

Nur teilweise natürlich sind in Mitteleuropa Mosaikkomplexe trockener Standorte. Im Grenzbereich des Waldes kann es zu Mosaiken von Rasen, Stauden- und Gebüschgruppen kommen, die früher als Steppenheide bezeichnet wurden. Oft gibt es ähnliche Erscheinungen in extensiv beweideten Bereichen, insbesondere heute bei zunehmender Nutzungsaufgabe. Ähnliches gilt für andere Brachlandgebiete, wo sich mosaikartige Mischungen unterschiedlicher Sukzessionsstadien entwickeln können (s. auch X 3.6.2.1). Ein bekanntes Beispiel sind auch Rasen-Gebüsch-Mosaike mediterraner Landschaften.

Eine Sonderform des Mosaikkomplexes sind Vegetationsmuster, in denen ein Typ deutlich vorherrscht, andere nur kleinflächig eingefügt sind. Solche **Dominanzkomplexe** sind z. B. zu finden, wo bei großflächig relativ einheitlichen Bedingungen kleine Sonderstandorte (Quellen, Felsbrocken, Totholz, Ameisenhügel u. ä.) zur Ausbildung von Mikrogesellschaften führen (s.

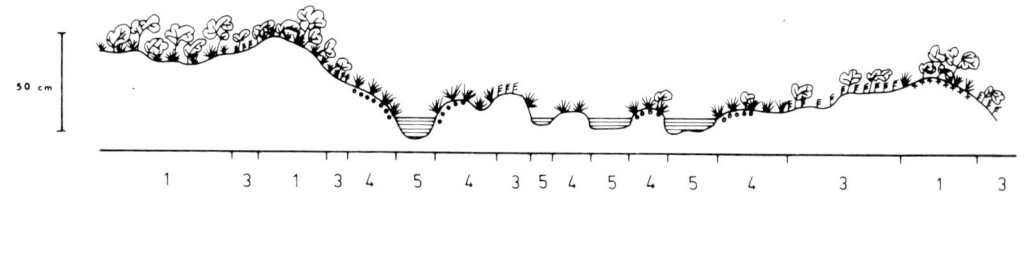

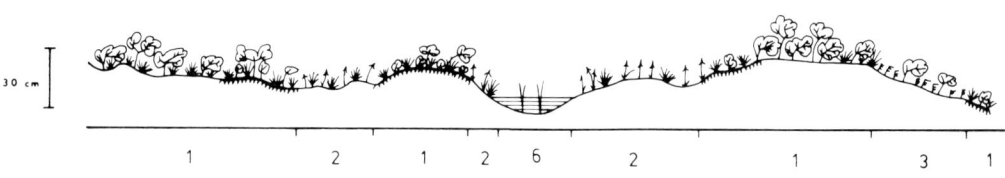

Abb. 271. Hochmoor-Mosaikkomplexe aus dem Schwarzwald (aus B. & K. DIERSSEN 1984).

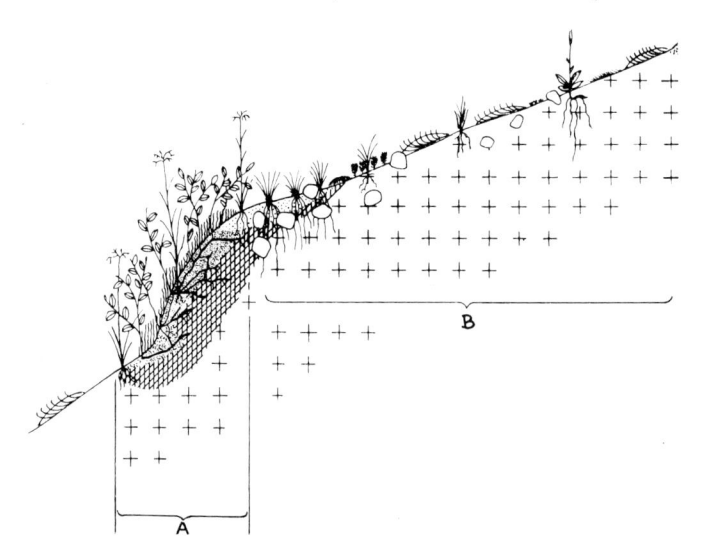

Abb. 272. Vegetations-Kleinmosaik der solifluktionsbedingten Treppenstruktur eines Hanges in den Hochvogesen (aus CARBIENER 1970). A: Wulstartige Stufenkante mit Zwergstrauchheide; B: Stufe mit lückiger Moos-Pioniergesellschaft.

auch IV 7). Bei Vorherrschen einer Gesellschaft ist der notwendige Raum (Minimumareal) zur vollständigen Entwicklung anderer Gesellschaften oft nicht ausreichend. Hier spricht TH. MÜLLER (1970) von **Fragmentkomplex**. Ein Beispiel wären sehr enge Bachtälchen eines Waldgebietes, in denen oft nur die Krautschicht einigermaßen entwickelt ist, für die zugehörige Baumschicht aber kein Platz bleibt (s. DIERSCHKE 1988a). SCAMONI (1965) unterscheidet von Mosaikkomplexen i. e. S. solche mit abhängigen Gesellschaften (s. VIII 7), z. B. auch Wälder mit ihren randlichen Ausbildungen von Mänteln und Säumen.

2.2 Gürtel- oder Zonationskomplexe

Häufig folgen Gesellschaften in ihrer räumlichen Anordnung bestimmten ökologischen Gradienten, indem sie sich quer zu diesen in unterschiedlich breiten Streifen erstrecken (s. auch Gradientenanalyse: VII 3). Regelhafte Abfolgen werden als Gürtel-(Zonations-)komplexe bezeichnet. Als auffällige Gradienten findet man häufiger

Feuchtegradienten: Bodenfeuchte, Grundwasserstand und -schwankung, Dauer von Überflutungen (i. w. S. auch Wassertiefe). Gute Beispiele sind die Gürtelkomplexe der Verlandung von Stillgewässern (s. X 3.4.2) oder mehr fluktuierende Abfolgen in Flutmulden (X 4.2).

Salz / Feuchtegradienten: Salzgehalte des Bodens und ihr jahreszeitlicher Wechsel, meist im Zusammenhang mit Grundwasserschwankungen oder Überflutungsrhythmus. Hierher gehören vor allem die Zonierungen an Meeresküsten (Watt, Marsch), z. T. Küstenfelsen und Binnenland-Salzstellen, teilweise in Mosaike übergehend. Bekannt ist z. B. die Abfolge Queller-Gesellschaft, Andelrasen, Strandnelkenrasen, auch die Feinzonierung von Algen im Tidebereich und der Spritzwasserzone von Felsen.

Basen / Nährstoffgradienten: Übergangsbereiche von Standorten unterschiedlicher bodenchemischer Eigenschaften, z. B. Randzonierungen von Hochmooren (Lagg), Abfolgen verschieden alter Küstendünen, Spülsäume an Gewässern.

Lichtgradienten: Übergangsbereiche von stark beschatteten zu offenen Bereichen, z. B. an

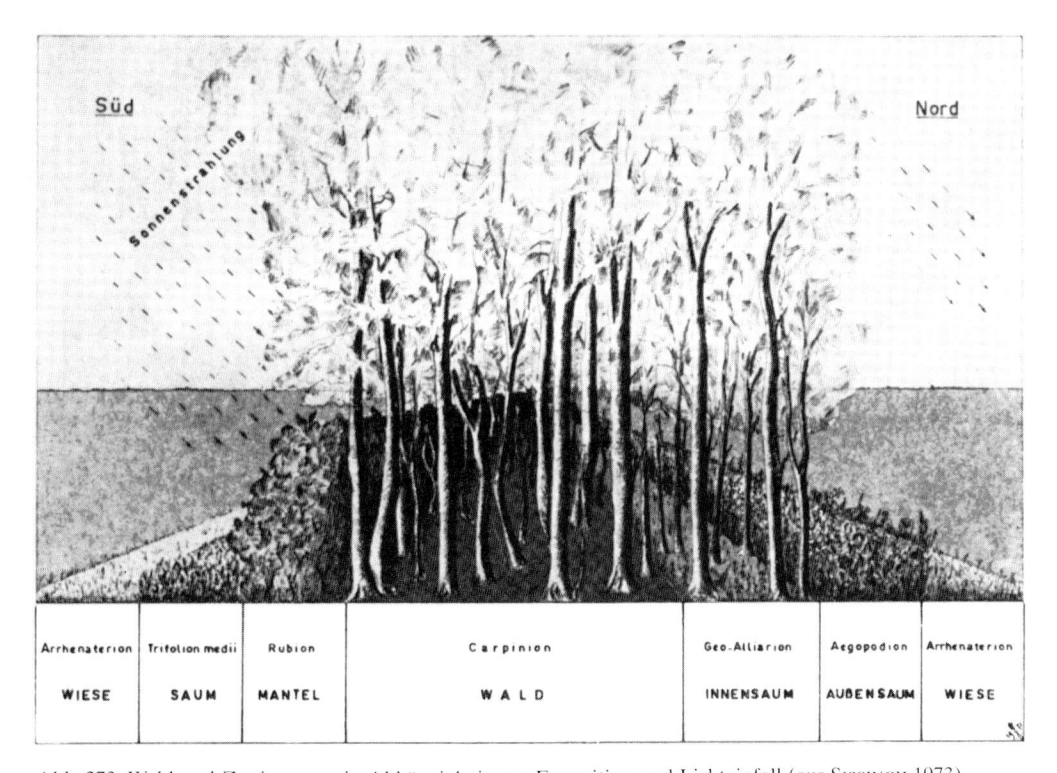

Abb. 273: Waldrand-Zonierungen in Abhängigkeit von Exposition und Lichteinfall (aus SISSINGH 1973).

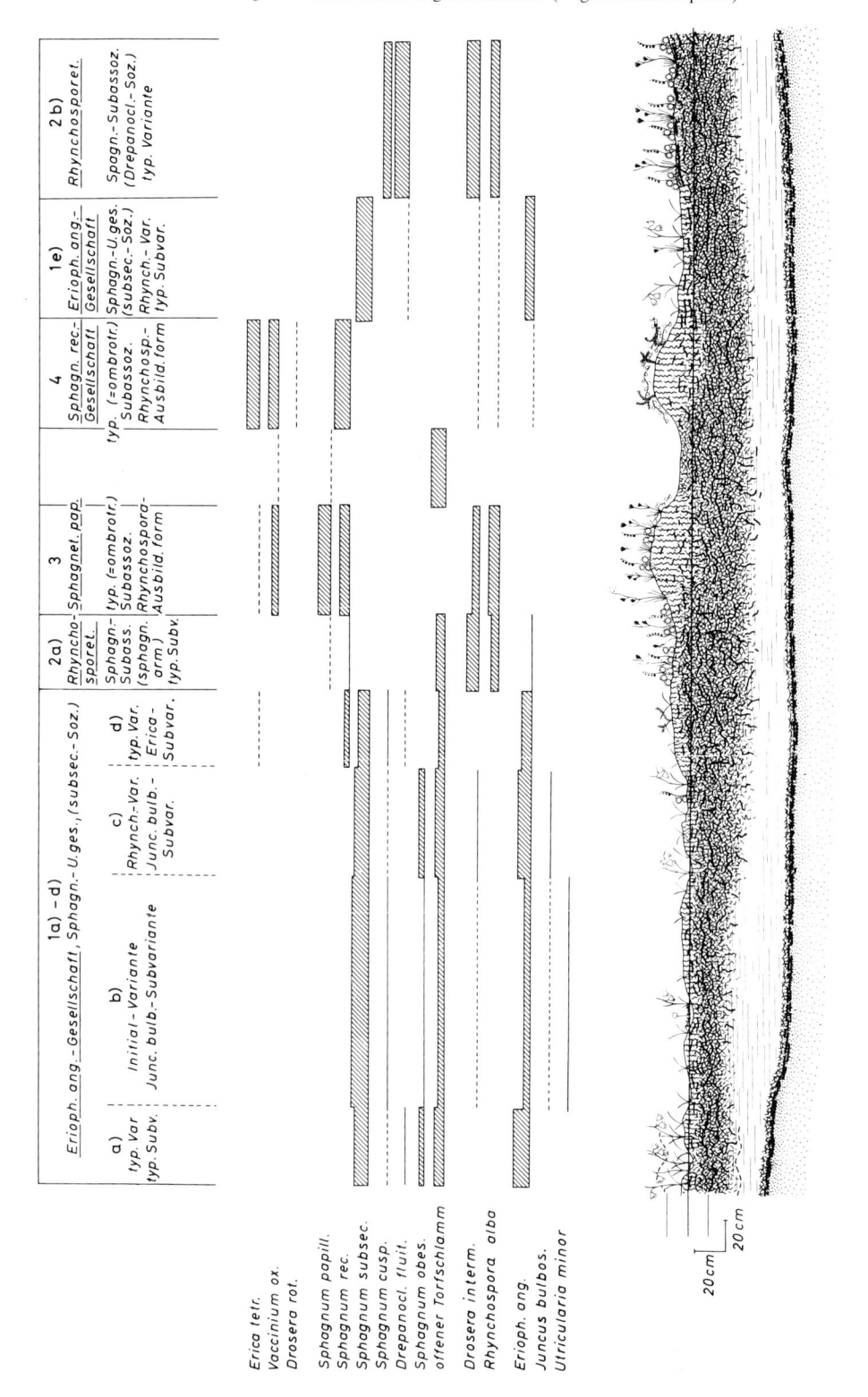

Abb. 274. Vegetationsprofil eines jungen Schwingrasens als Teil des Zonationskomplexes an einem Moorweiher (aus COENEN 1981). Linker Teil mit Zonierung, rechts Übergang zu Kleinmosaik.

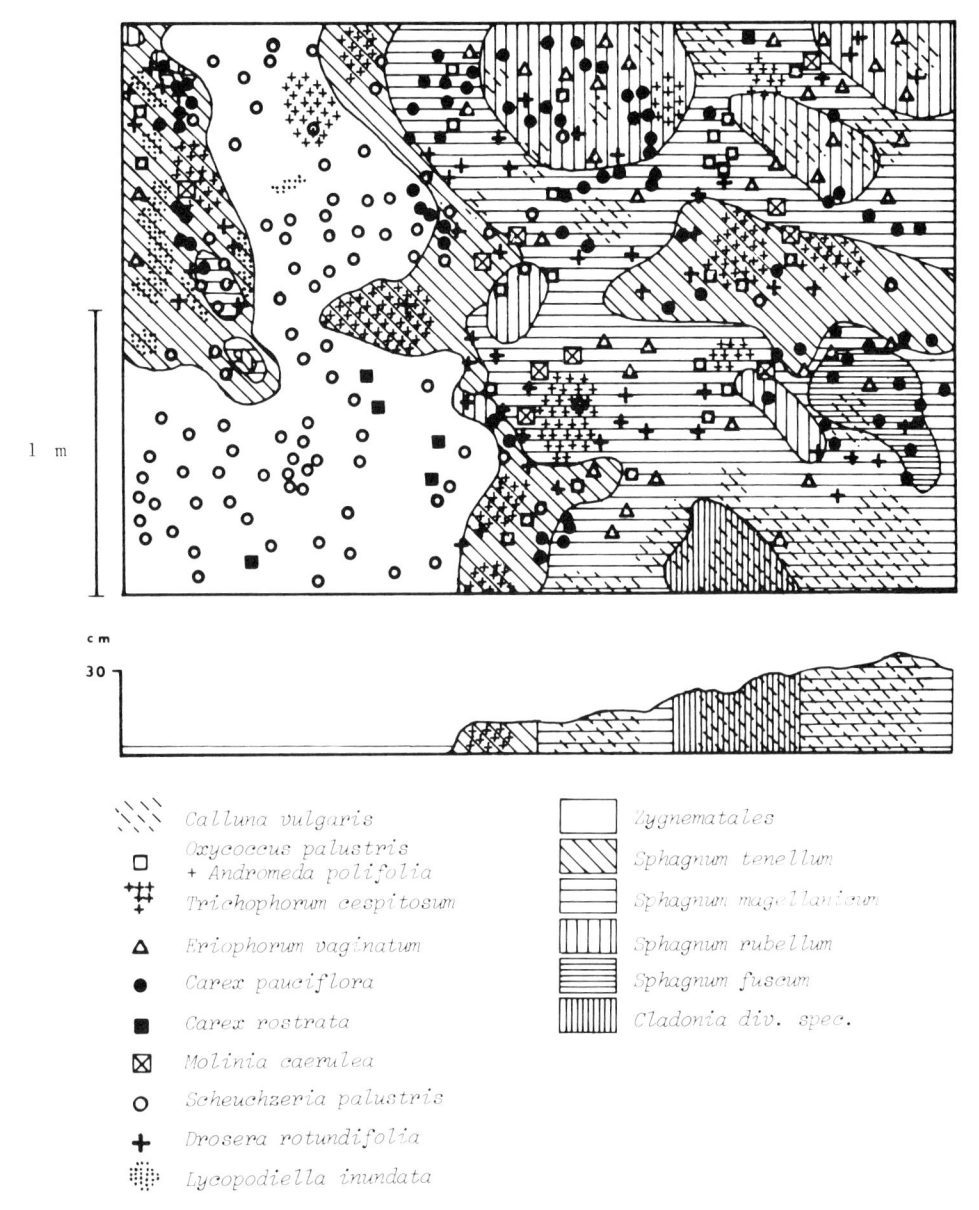

Abb. 275. Feinkartierung eines Hochmoor-Mosaikkomplexes mit *Caricetum limosae* (Schlenke: weiß) und *Eriophoro-Trichophoretum* (Bulte: gestrichelt) in verschiedenen Untereinheiten. Der Grenzbereich ist in Feinzonen aufgelöst (aus B.&K. DIERSSEN 1984).

Waldrändern (Abb. 273) oder in Höhlen. Im Zusammenhang von Lichtabnahme und Wassertiefe steht teilweise auch die Zonierung in Seen und Teichen.
Temperatur(Licht)gradienten: Bereiche langer Schneebedeckung (Schneeböden, Schneetälchen) im Hochgebirge. Bei allmählicher Ausaperung von außen nach innen ergeben sich einmal Feinzonierungen phänologischer Entwicklung, aber auch infolge verkürzter Vegetationsperiode Abfolgen verschiedener Gesellschaften.
Windgradienten: in Gebieten starker Windbelastung mit Teilbereichen geschützterer Lagen, z. B. in offenen Dünen oder an Windeken im Gebirge.

Mechanische Belastungsgradienten: Ausmaß von mechanischen Schädigungen, z. B. an Flußufern, Weg- und Straßenrändern, in Randbereichen von Wiesen (nur gelegentliche Mahd) oder Weiden.

Schadstoffgradienten: Abnahme von Immissionen mit zunehmendem Abstand von natürlichen oder anthropogenen Emittenden (Vulkane, Fumarolen, Industriebetriebe).

Bei genauer Betrachtung besteht die Natur vorwiegend aus solchen und ähnlichen Gradienten. Deshalb sind Gürtelkomplexe eine Grunderscheinung der Vegetationsanordnung. Bei sehr detaillierter Untersuchung lassen sich die Grenzbereiche von Mosaikelementen ebenfalls in Feinzonierungen gliedern. Syntaxonomisch handelt es sich dann oft um Subassoziationen oder Varianten der Kontaktgesellschaften (s. VIII 4.2.4) oder sogar um eigene Assoziationen, wie z. B. bei den Mantel- und Saumgesellschaften.

Ein Beispiel sind die schon erwähnten Mosaikkomplexe der Hochmoore. Bulten und Schlenken stellen keine scharf abgesetzten Gebilde dar, sondern sie sind über Feinzonierungen miteinander verbunden (Abb. 274, 275). Auch der Trockenrasen-Trockenwaldkomplex läßt sich ähnlich auflösen (Abb. 276).

2.3 Überlagerungs- und Durchdringungskomplexe

In den bereits beschriebenen Komplexen sind die Bausteine mehr oder weniger gut abgrenzbar, wenn auch durch Übergänge verbunden. Wo sich Standorte sehr kleinräumig verzahnen oder die Bedingungen stärker fluktuieren, kommt es zu schwer differenzierbaren Vermischungen und Überlagerungen von Pflanzengesellschaften, die bei groberer Betrachtung eher eine eigene Einheit darstellen. PFEIFFER (1958) hat hierfür den Begriff „Durchdringungskomplex" eingeführt, weist auch darauf hin, daß es für seine syntaxonomische Bewertung keine klaren Regeln gibt. TÜXEN & LOHMEYER (1962) sprechen von Zwillingsgesellschaften und führen als Beispiele Mantel-, Saum-, Schleier- und Teppichgesellschaften an (s. auch VIII 4.2.4). MIERWALD (1988) unterscheidet Überlagerungen und Durchdringungen als mehr ephemere bzw. stabile Verzahnungen von Gesellschaften.

Überlagerungskomplexe haben danach eine relativ stabile Komponente, die mit Bestandteilen einer mehr flüchtigen Gesellschaft (oft nur zeitweise) vermischt ist. Ein gutes Beispiel sind die in wurzelnde Wasser- und Sumpfgesellschaften eingeschwemmten Wasserlinsendecken, also Komplexe von *Potamogetonetea* und *Phragmitetea* mit *Lemnetea*. Unter terrestrischen bis semiterrestrischen Bedingungen kommt es zu Überlagerungen von kurzlebigen Pioniergesellschaften mit ausdauernden Gesellschaften, z. B. *Salicornia* in Salzrasen, Spülsaumelemente der *Bidentetea* in Flutrasen bis Auenwäldern (z. T. in nur saisonalen Komplexen), solche der *Cakiletea* in Küstendünen-Gesellschaften. Auch manche Pflanzen der *Epilobietea* sind nur relativ kurzzeitig unter Kronenauflichtungen des Waldes zu finden.

Durchdringungskomplexe sind mehr oder weniger stabile Verzahnungen von Gesellschaften in Raum und Zeit. Hier ist der Begriff Zwillingsgesellschaft (Komplexgesellschaft: GROSSER 1965) teilweise angebracht, z. B. bei engen Durchdringungen verschiedener Gesellschaften von Flußufern (DIERSCHKE et al. 1983). Enge Verzahnungen gibt es oft bei bultigen Strukturen, wo durch wechselnden Abstand zum Grundwasser zwei Vegetationstypen eng benachbart ein Mosaik, aber auch Feinzonierungen ausbilden (z. B. DÖRING 1987). Während man im Hochmoor eigenständige Gesellschaften unterscheidet (s. Mosaikkomplexe), sieht man z. B. bei Großseggen- und Bruchwaldgesellschaften nur einen etwas komplexeren Vegetationstyp (s. DIERSCHKE 1988a). Als Durchdringungskomplex können auch manche langlebigen Sukzessionsstadien oder -phasen angesehen werden, z. B. von Röhrichtpflanzen durchsetzte Wasservegetation (s. PASSARGE 1965) oder versaumte Kalkmagerrasen.

Ein umstrittener Fall sind Gemische kurz- und langlebiger Arten, wie sie vor allem in Trockengebieten häufig zu finden sind. Hier werden

Abb. 276. Waldsteppen-Mosaikkomplex in Ungarn (aus JAKUCS 1972). Oben: Grobkartierung mit 1: Felsrasen, 2: Flaumeichen-Buschwald, 3: Mantel/Saum, 4: Flaumeichen-Hochwald.
Unten: Feinkartierung im Quadratmeter-Raster eines Buschwald-Fleckes. a_1: Xerothermrasen; a_2: Saum; a_3: Mantel; a_4: Buschwald; c_2: Außenrand der Strauchschicht; c_3: Außenrand der Baumschicht. F.Q: Stämme von *Fraxinus ornus*, *Quercus pubescens*.

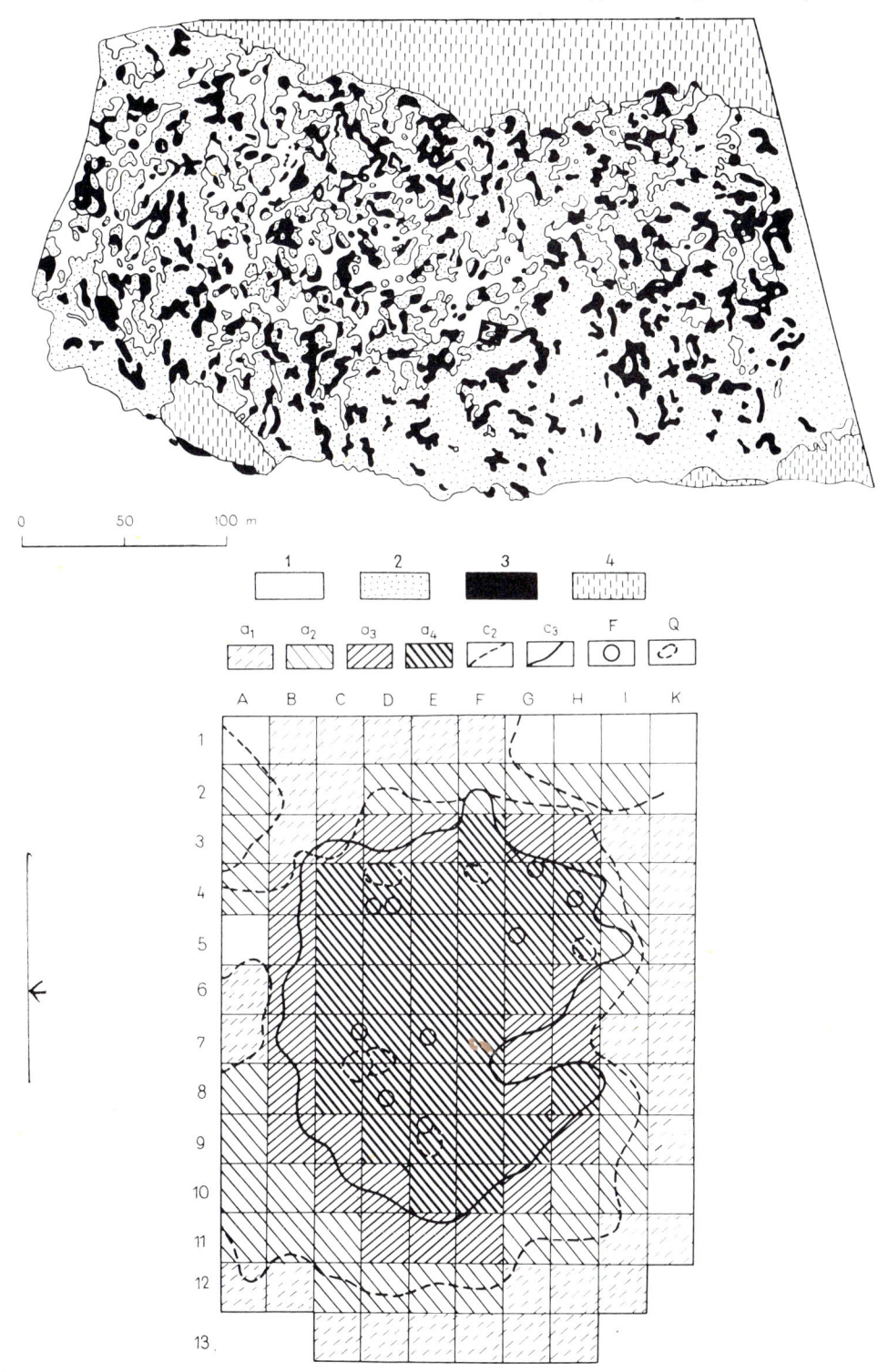

Typen von Vegetationskomplexen 513

die in sehr offenen Beständen nach Niederschlägen auftretenden Therophyten entweder als Einsprengsel eigener, kurzlebiger Gesellschaften angesehen oder nur als Saisonaspekte einer komplexeren Gesellschaft (z. B. OBERDORFER 1970; s. auch VIII 8.3).

2.4 Andere Komplextypen

Die Typisierung von Vegetationskomplexen nach der räumlichen Anordnung ihrer Elemente ist naheliegend und wird am meisten benutzt. Daneben hat vor allem SEIBERT (1974) auf andere Möglichkeiten der Zusammenfassung hingewiesen. Er unterscheidet

Topographische Gesellschaftskomplexe (Kontaktgesellschafts-Komplexe): Komplexe nach räumlichem Anordnungsmuster in einem Landschaftsausschnitt. Es wird jeweils das Gesellschaftsinventar und die Art der Anordnung festgestellt. Bei tabellarischem Vergleich ergeben sich Kenn- und Trenngesellschaften von Komplextypen, räumlich gesehen Vegetationsgebiete (s. 3–4). SCHRÖDER (1989) stellt Komplexe von Sandtrockenrasen als Spektren der Kontaktgesellschaften dar, in denen die Anzahl der festgestellten Kontakte verschiedener Gesellschaften zu einer Bezugsgesellschaft erfaßt ist.

Ökologische Gesellschaftskomplexe: Zusammenfassung von Gesellschaften, die ähnliche Standortsbedingungen anzeigen (z. B. Wasser- oder Nährstoffstufen, Nutzungsformen, Gesellschaften auf Kalk- oder Silikatgestein einer Schlucht, einer Geröllhalde). Sie entsprechen teilweise topographischen Komplexen, haben aber primär eine andere Grundlage. Als Beispiel seien die Stufenkomplexe von Mooren unterschiedlicher Basenversorgung genannt (s. JENSEN 1961, KAULE 1974).

Formationskomplexe: Zusammenfassung nach physiognomisch-strukturellen Kriterien (z. B. Wald-, Heide-, Acker-Komplexe).

Syntaxonomische Gesellschaftskomplexe: Zusammenfassung nach höheren syntaxonomischen Einheiten, z. B. nach vorherrschenden Gesellschaften (*Fagion-*, *Carpinion-*Komplex) (s. auch Wuchslandschaften, 4).

Genetische Gesellschaftskomplexe: Zusammenfassung nach dynamisch-genetischen Beziehungen, z. B. als Sukzessionsserie, Gesellschaftsring, Ersatzgesellschaften derselben potentiell natürlichen Vegetation (s. X 3.3.2, 3.5.5).

KNAPP (1975) unterscheidet vier Haupttypen von Gesellschaftskomplexen nach Stabilität und menschlicher Beeinflussung:

stabile, natürliche Komplexe: vorwiegend aus natürlichen Schlußgesellschaften aufgebaut.

Stabile, anthropogene Komplexe: aus anthropogenen Dauergesellschaften aufgebaut; in Gebieten mit langfristig mehr oder weniger gleichbleibender Nutzung.

Instabile natürliche Komplexe: aus mehr oder weniger kurzlebigen, natürlichen, sich rasch verändernden Sukzessionsstadien zusammengesetzt (z. B. Küsten, Flußauen, Hochgebirge, Sturmgebiete, Vulkane).

Instabile anthropogene Komplexe: aus mehr oder weniger kurzlebigen, anthropogenen Sukzessionsstadien bestehend, z. B. in Gebieten mit starker Änderung bis Aufgabe der Nutzung.

In ähnlicher Weise unterscheidet RODI (1970) Mosaikkomplexe natürlicher Schlußgesellschaften bzw. der potentiell natürlichen Vegetation und solche in der vom Menschen differenzierten Kulturlandschaft (Schluß- und Ersatzgesellschaften).

3 Soziologische Erfassung und Auswertung von Vegetationskomplexen (Synsoziologie)

Das vorhergehende Kapitel hat gezeigt, daß man sich seit langem mit Vegetationskomplexen befaßt hat, aber vorwiegend allgemeiner beschreibend bis typisierend, mehr deduktiv als induktiv. Eine Methodik der Erfassung gab es gar nicht. Mit gewissem Recht wurde von Vegetationsgeographen kritisiert, daß die Syntaxonomie keinerlei räumliche Gesichtspunkte berücksichtigt, vielmehr eng zusammen vorkommende Pflanzengesellschaften im System weit verstreut sein können (z. B. TROLL 1968). Dies ist natürlich kein entscheidender Kritikpunkt. Auch das Sippensystem ergibt keinerlei geographische Ansätze. Erst mit der Entwicklung der Vegetationskomplexforschung als eigenem Zweig der Pflanzensoziologie wird hier Abhilfe geschaffen.

3.1 Entwicklung der Synsoziologie

Obwohl erst seit knapp 20 Jahren existent, hat die Vegetationskomplexforschung i. e. S. doch schon weit zurückliegende Vorläufer. Bemerkenswert sind Gedanken von DU RIETZ (1921, S. 213): „Es hat sich gezeigt, daß die Assoziationskomplexe fixe und natürlich begrenzte Einheiten sind, und künftige Untersuchungen werden über das bereits Festgestellte hinaus ganz sicher die weitestgehenden Gesetzmäßigkeiten in ihrem Bau zu Tage fördern." DU RIETZ deutete bereits Möglichkeiten einer planmäßigen Erfassung von Komplexen und ihre Auswertung über „konstante Assoziationen" an.

Dieser Ansatz ist wesentliche Grundlage einer methodisch und begrifflich selbständigeren Vegetationskomplexforschung, die als Synsoziologie (Symphytosoziologie, Sigmasoziologie) bezeichnet wird. Der als Summenzeichen benutzte griechische Buchstabe Sigma (Σ) findet sich in vielen Begriffen wieder, wurde aber zumindest in den Anfängen auch kritisiert (s. PIGNATTI 1978, DOING 1979). Die Lehre von der Vergesellschaftung von Gesellschaften baut auf Grundlagen auf, die auch für die Bestandeserfassung und Gesellschaftsgliederung wichtig sind, sie ist teilweise das gleiche auf höherer Organisationsebene („höhere Pflanzensoziologie"; TÜXEN 1978).

Als Geburtsjahr der Synsoziologie wird 1973 angesehen, als TÜXEN erstmals, auf Anregungen von SCHMITHÜSEN zurückgehend, ein Konzept entwickelte (s. auch SCHWABE 1990a). Er machte genauere Vorschläge zur qualitativen und quantitativen Erfassung von Vegetationskomplexen (Komplex- oder Sigma-Aufnahmen), die zunächst zögernd, später rasch zunehmend angewandt und weiterentwickelt wurden (s. BÉGUIN et al. 1979, TÜXEN 1979b). Erste Andeutungen wurden von TÜXEN bereits auf dem Rintelner Symposium 1968 gemacht (s. Diskussionsbemerkung in SEIBERT 1974). Auf dem Rintelner Symposium 1977 über „Assoziationskomplexe (Sigmeten) und ihre praktische Anwendung" wurde der bisherige Wissensstand vorgetragen und teilweise kontrovers diskutiert (s. TÜXEN 1978). Ein weiteres Symposium gab es 1988 in Versailles (GÉHU 1991). Eine neuere Übersicht vermittelt SCHWABE (1990a; Bibliographie 1991a).

Wenn man heute die Literatur durchsieht, lassen sich mancherlei Ansätze erkennen, die zwar gewisse grundlegende Gemeinsamkeiten aufweisen, aber doch auch recht unterschiedlich sind, vor allem was die Auswertung der Ergebnisse anbelangt. Die Methoden werden ebenfalls der jeweiligen Fragestellung angepaßt. So unterscheidet SCHWABE (1990a) mehrere Hauptrichtungen (s. auch GÉHU 1991, S. 13 ff.). Sie lassen sich zu zwei grundlegenden Ansätzen zusammenfassen:

a) **Systematisierender Ansatz**: Aufnahme des Gesellschaftsinventars in ökologisch homogenen Landschaftsteilen, Herausarbeitung von Komplextypen (Sigma-Syntaxa) durch Aufnahmevergleich (mit Kenn- und Trenngesellschaften) und induktiver Aufbau eines Systems. Dieses Verfahren (Sigma-Syntaxonomie) lehnt sich eng an die syntaxonomische Arbeitsweise und Nomenklatur (s. VIII) an. Grundeinheit ist das Sigmetum.

b) **Naturräumlicher Ansatz**: Erfassung und Kartierung von Vegetationskomplexen als Grundlage für eine naturräumliche (landschaftsökologische) Gliederung (Geo-Synsoziologie). Die Aufnahme des Gesellschaftsinventars geht von (z. T. am Schreibtisch abgegrenzten) Raumeinheiten (Landschaftselementen) aus, die geomorphologisch, nach Höhenlage, Vegetations- und Nutzungsstruktur weitgehend homogen sind, aber oft schon Standortskomplexe umfassen, oder sie benutzt vorgegebene Flächenraster. Auch hier wird nach Komplextypen (Sigmeten) gesucht, die aber zu größeren Komplexen (Geosigmeten) zusammengefaßt sind.

Zwischen diesen Ansätzen steht ein mehr praxisorientiertes Verfahren, in dem vorwiegend Sigma-Aufnahmen ökologisch nicht immer einheitlicher Landschaftsteile (z. B. Hangbereiche mit standörtlichem Kleinmosaik, Flußuferzonen) zur Herausarbeitung von Komplextypen dienen. Diese werden zu mehr pragmatisch orientierten Komplexgruppen zusammengefaßt und dienen der Landschaftsgliederung, aber auch mancherlei weiteren Anwendungsbereichen (s. 3.4).

Die sigmasyntaxonomische Richtung wird von verschiedenen namhaften Vertretern der Synsoziologie vorgestellt (z. B. GÉHU 1991 und früher, RIVAS-MARTINEZ 1976, TÜXEN 1977 ff.). Die Geo-Synsoziologie hat mehrere Vertreter in der Schweiz („Schweizer Schule"; z. B. BÉGUIN & HEGG 1975, BÉGUIN & THEURILLAT 1984, HEGG & SCHNEITER 1978, THEURILLAT 1991, ZOLLER et al. 1978), findet aber auch in anderen Ländern zunehmend Anhänger (z. B. GÉHU 1991). Der pragmatische Ansatz ist vor allem von SCHWABE (1987 ff.) gefördert worden.

3.2 Erfassung von Vegetationskomplexen

Die Erfassung von Vegetationskomplexen lehnt sich eng an die Vegetationsaufnahme von Pflanzenbeständen an. Viele Grundfragen sind in entsprechend höherer Komplexität und räumlicher Größenordnung auch hier von Bedeutung (s. V). Eine viel diskutierte Frage ist die Auswahl homogener Aufnahmeflächen, von denen schließlich das Ergebnis wesentlich beeinflußt wird. Auch die Aufnahmemethodik ist nicht ganz einheitlich, was die Vergleichbarkeit der Ergebnisse erschwert.

3.2.1 Auswahl und Abgrenzung von Aufnahmeflächen

Einigkeit herrscht darüber, daß die Aufnahmeflächen relativ homogen sein sollen, wobei hiermit ein relativ gleichmäßiges Muster von Inhomogenitäten von Standort und Vegetation zu verstehen ist. Letztlich ist es aber die gleiche Beziehung wie zwischen Bestand und Sippenpopulationen auf nächsthöherem Integrationsniveau. Aus der Sicht des Bearbeiters sind allerdings Komplexflächen noch schwerer zu überblicken. So werden teilweise auch topographische Karten und Luftbilder zur Abgrenzung herangezogen. Hilfsmittel im Gelände sind grobere physiognomische Strukturen der Vegetation (Art und Flächenverteilung von Formationen), Reliefausprägungen (z. B. Hänge, Täler, Kuppen), Expositionen, Höhenlage, auch Nutzungsstrukturen.

Für die Definition von Sigma-Aufnahmeflächen eignen sich landschaftsökologische Raumeinheiten, die nach ihrer natürlichen Ausstattung festgelegt und abgegrenzt werden. Allerdings gibt es hier zahlreiche, teilweise synonyme oder ähnliche Typen und Begriffe. Geeignet erscheint eine Gliederung in Ökotope und Physiotope, wie sie KLINK (1966) und DIERSCHKE (1969) vorgeschlagen haben.

Ökotope sind landschaftliche Grundeinheiten, die auf dem einheitlichen Zusammenwirken aller abiotischen und biotischen Faktoren beruhen (s. auch TROLL 1968 u. a.). Der Ökotop bildet die Fläche eines natürlichen Ökosystems bzw. einer Schlußgesellschaft und deren Ersatzgesellschaften, also auch die Fläche einer Einheit der potentiell natürlichen Vegetation (s. X 3.5.5). Dem Ökotop entspricht der neuerdings in die Synsoziologie eingebrachte Begriff Tessella oder Tesela (Schachbrettfläche) (s. SCHWABE 1990 a).

Physiotope sind Geländeabschnitte annähernd gleicher abiotischer Naturausstattung in Hinblick auf ihre Eignung als Wuchsort für Pflanzen, d. h. topographisch relativ einheitliche Bereiche (Morphotope) mit bestimmtem Standortpotential, beruhend auf Gestein, Relief, Wasser- und Nährstoffhaushalt sowie Kleinklima.

Physiotop und Ökotop werden teilweise als deckungsgleich angesehen. Physiotope können aber auch als etwas komplexere, oft mehr geomorphologisch definierte Raumeinheiten verstanden werden, die durch vorherrschende abiotische Faktoren bestimmt sind und mehrere Ökotope (als Mosaik, Zonierung, Catena) enthalten (z. B. Uferbereiche, Talabschnitte, Hangbereiche, Mulden, Plateaus, Felswände, Schutthalden, Dünenzüge, Salzmarschen u. a.). In diesem Sinne entspricht der Physiotop der Landschaftsparzelle (THEURILLAT 1991), wohl auch teilweise der Fliese von SCHMITHÜSEN (1968 u. a.). In Bereichen ohne Vegetation bildet der Physiotop die kleinste Landschaftseinheit (WERNER 1968: Junge Lavabereiche des Ätna). In großräumig sehr einheitlichem Gebiet sind Ökotop und Physiotop z. T. deckungsgleich.

Für die Diskussion über homogene Sigma-Aufnahmeflächen ist die Unterscheidung von Ökotopen und Physiotopen sehr nützlich. Vor allem bei sehr kleinräumiger Struktur der Vegetationskomplexe, bedingt durch feine Standortsabwandlungen oder syndynamische Prozesse, ist der Physiotop für die Komplexaufnahme besser geeignet als der Ökotop (s. 3.1 b). Besonders in neueren synsoziologischen Arbeiten wird in dieser Richtung gearbeitet (z. B. MIERWALD 1988, SCHWABE 1987). Von anderer Seite, vor allem Vertretern der Sigmasyntaxonomie (s. 3.1 a), wird als Bezug der Ökotop gefordert.

Noch mehr als bei Bestandsaufnahmen bleibt also bei Komplexaufnahmen dem Bearbeiter ein subjektiver Spielraum bei der Auswahl seiner Flächen. Von der eigentlichen Geländearbeit sollten Begehungen und Erkenntnisse geographischer Zusammenhänge für einen guten Überblick der zu untersuchenden Landschaften sorgen. Da meist der Komplexaufnahme ohnehin eine genaue Gesellschaftsanalyse vorausgehen muß, dürfte sich der Überblick fast von selbst ergeben.

Ökotop und Physiotop verlieren ihre Grundlagen dort, wo der Mensch als Hauptfaktor wirkt. So müssen in Siedlungen und Industriegebieten andere Kriterien zur Flächenauswahl dienen. Als brauchbar haben sich grobe Typen von Siedlungsstrukturen (Quartiertypen) erwiesen (z. B. HÜLBUSCH et al. 1979, KIENAST 1978, OTTE & LUDWIG 1990).

Wenig konkrete Angaben gibt es bisher über notwendige Flächengrößen. Sie hängen sehr stark vom Komplextyp ab, können ein bis mehrere Hektar, aber auch kleinere Flächen umfassen (zur Bestimmung des Minimumareals und der Homogenität s. KNAPP 1975).

Auch die Flächenform kann sehr unterschiedlich sein. Soweit nicht von den Ökotopen oder Physiotopen bestimmte Formen vorgegeben sind, kann man quadratische bis rechteckige, aber auch unregelmäßig abgegrenzte Bereiche oder Transekte benutzen.

3.2.2 Aufnahmeformular

Für die Komplexaufnahme ist ein ausführlicher, zweckgerichteter Fragebogen sinnvoll, neben dem Platz für die eigentliche Aufnahme der Pflanzengesellschaften. Denkbar sind z. B.
– Aufnahme-Nummer, Datum,
– Gebietsbezeichnung, Lage (nach Karten), Höhe, grobe Komplexbezeichnung,
– Flächengröße, Flächenanteile von Grobstrukturen (Skizze, Foto),
– Flächenform (Länge, Breite),
– Aktuelle (und historische) Nutzung, Nutzungsstuktur,
– Groß- und Kleinrelief, Exposition, Hangneigung,
– Standort: Gesteine, Böden, Kleinklima, Lage zu Gewässern u. ä. Geschlossenheit/ Lückigkeit der Pflanzendecke (Anteile freier Stellen),
– Anordnung der Elemente (gleichmäßig, aggregiert; punktförmig, linear, flächig),
– Höhe der Elemente (besonders Gehölze),
– Auffällige Arten, Blühaspekte,
– Natürliche und anthropogene Besonderheiten (Einzelbäume, Felsblöcke, Lesestein-, Misthaufen, Schuttablagerungen, Hütten, Wege u. a.),
– Störungen (Erosion, Windwurf u. a.),
– Kontaktgesellschaften und -komplexe,
– Zahl der Gesellschaften.

3.2.3 Gesellschaftsliste und quantitative Angaben

Für die Aufnahme von Vegetationskomplexen ist eine flächendeckende Kenntnis der vorkommenden Gesellschaften unbedingte Voraussetzung. Es hat sich als wichtig erwiesen, hierunter nicht nur gut charakterisierte Assoziationen und ihre Untereinheiten zu sehen, sondern auch Fragmente jeder Art mit zu berücksichtigen, die sich floristisch typisieren lassen. Eine Sigma-Aufnahme führt deshalb auch zu einer sehr intensiven Bestandeserfassung und syntaxonomischen Übersicht eines Gebietes bzw. setzt diese voraus. Teilweise werden auch Strukturen unterhalb des Gesellschaftsniveaus mit aufgenommen, z. B. einzelne Bäume und Büsche (mit Angabe des Namens), Einzelpflanzen in sehr offener Vegetation, eventuell auch spezifische Wuchsformen (Spalierbildung, Verbißformen, Windschur) (SCHWABE & KÖPPLER 1990) oder abiotische Strukturen wie Felshänge, Lesesteinhaufen (SCHWABE & MANN 1990).

In jeder Aufnahmefläche wird zunächst eine Liste aller Gesellschaften und eventuell weiterer Erscheinungen erstellt. Ähnliche Listen, in mehr deduktiver Weise erstellt, gibt es schon länger, z. B. für Einheiten der potentiell natürlichen Vegetation bzw. als genetische Gesellschaftskomplexe (s. X 3.3.2, 3.5.5). Die Summe

518 Räumliche Beziehungen zwischen Pflanzengesellschaften (Vegetationskomplexe)

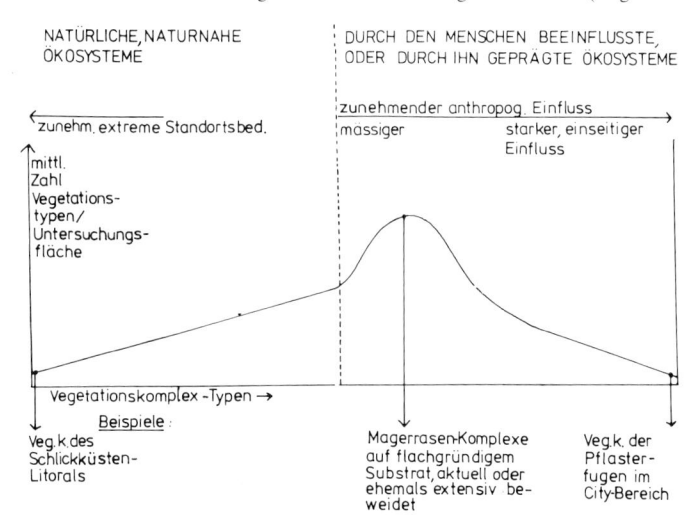

```
NATÜRLICHE, NATURNAHE          DURCH DEN MENSCHEN BEEINFLUSSTE,
ÖKOSYSTEME                     ODER DURCH IHN GEPRÄGTE ÖKOSYSTEME

←zunehm. extreme Standortsbed.  zunehmender anthropog. Einfluss →
                                mässiger         starker, einseitiger
↑                                                Einfluss
mittl.
Zahl
Vegetations-
typen/
Untersuchungs-
fläche


     Vegetationskomplex-Typen →
         Beispiele:
Veg.k.des        Magerrasen-Komplexe    Veg.k.der
Schlickküsten-   auf flachgründigem     Pflaster-
Litorals         Substrat, aktuell oder fugen im
                 ehemals extensiv be-   City-Bereich
                 weidet
```

Abb. 277. Hypothetische Kurve der Gesellschaftszahl von Vegetationskomplexen bei unterschiedlich extremen natürlichen und anthropogenen Wuchsbedingungen (aus SCHWABE 1990a).

aller vorkommenden Vegetationstypen (Gesellschaftszahl) ist für jeden Komplextyp in gewissen Grenzen gleich, wie SCHWABE (1990a) gezeigt hat. Nach Abb. 277 ist die höchste Gesellschafts-Diversität (γ-Diversität; s. IV 8.2.1) im Bereich mäßiger (extensiver) menschlicher Einflüsse zu suchen, also in Kulturlandschaften mit vielen halbnatürlichen Gesellschaften.

Wie bei Bestandesaufnahmen wird auch für Komplexaufnahmen die Artmächtigkeitsskala von BRAUN-BLANQUET in abgewandelter Form verwendet. Vorschläge hierzu gehen zurück auf TÜXEN (1973), WILMANNS & TÜXEN (1978).

r : < 5%, 1–2 Kleinbestände oder Standardteilflächen
+ : < 5%, 3–5 Kleinbestände oder Standardteilflächen
1 : < 5%, 6–50 Kleinbestände oder Standardteilflächen
2 : 5–25%
3 : 26–50%
4 : 51–75%
5 : 76–100%

SCHWABE & KRATOCHWIL (1984) unterteilen die Stufe 2, wie auch bei Bestandesaufnahmen, in 2 m (> 50 Kleinbestände, < 5%), 2 a (5–15%), 2 b (16–25%). GÉHU (1991, S. 14) unterteilt auch noch Stufe 3.

SCHWABE & MANN (1990) benutzen eine ähnliche Skala auch zur Schätzung einzelner Gehölze und abiotischer Kleinstrukturen: r = 1 Exemplar, + = 2–5 Ex., 1 = 6–50 Ex., 2 m = > 50 Ex., < 5% usw.

Bei Aufnahmen in Siedlungsgebieten wird zunächst der vegetationsfähige Flächenanteil geschätzt, d. h. der Bereich, der überhaupt für Pflanzen in Frage kommt (einschließlich Pflaster mit Ritzen u. ä.). Auf diese Fläche wird dann der Deckungsgrad einzelner Vegetationstypen bezogen.

Für Kleinbestände oder entsprechende Standardteilflächen werden folgende Obergrenzen festgelegt:

Moos- und Flechtengesellschaften:	1 m²
Niedrigwüchsige Phanerogamengesellschaften:	10 m²
Höherwüchsige Phanerogamengesellschaften:	100 m²
Waldgesellschaften:	1000 m²

Außer der Menge wird, etwa vergleichbar der Soziabilität bei Bestandsaufnahmen, die Flächenform und -größe angegeben. Das entsprechende Symbol wird hinter die Menge (teilweise auch davor) gesetzt. SCHWABE-BRAUN (1980) verwendet folgende Buchstaben:

	Klein-bestand	Groß-bestand
Flächige Strukturen (Länge < 10 × Breite)	f	F
Lineare Strukturen (Länge > 10 × Breite)	l	L

WILMANNS & TÜXEN (1978) schlugen weniger gut in Tabellen wiedergebbare Zeichen vor, die in anderer Form von GÉHU (1991 u. a.) benutzt werden:

○	flächig
/	linear
⌀	flächig-linear
;	linear-unterbrochen
.	punktförmig

KIENAST (1978) benutzt hierfür fünf Ziffern. THEURILLAT (1991) verwendet neun Typen räumlicher Verteilung.

3.3 Auswertung der Ergebnisse

3.3.1 Grundauswertung

Wie die Geländeaufnahme ist auch die Datenauswertung teilweise derjenigen von Pflanzengesellschaften angeglichen. Alle Sigma-Aufnahmen werden in Tabellen (2. Grades) zusammengestellt und nach gemeinsamem Vorkommen oder Fehlen von Gesellschaften bzw. Gesellschaftsgruppen geordnet (vgl. VI 3). Ein Beispiel zeigt Tabelle 49. Aufnahmen eines Typs können weiter in synthetischen Tabellen mit Stetigkeitsklassen vereinigt werden (Tab. 50). TÜXEN (1977) hat gezeigt, daß auch andere synthetische Merkmale wie Homotonität, mittlere und vollständige Gesellschaftszahl verwendbar sind.

Die aus Tabellenvergleich erkennbaren Typen mit verwandtem Gesellschaftsinventar werden als Sigma-Syntaxa bezeichnet (s. weitere Begriffe in Tab. 51). Mit ihnen kann ohne weitere Einstufung praktisch gearbeitet werden (s. 3.4). Auch für Vegetationskartierungen sind solche Komplextypen eine gute Grundlage (Abb. 278). SCAMONI (1965) beschrieb solche Grundtypen bereits als Synchorium. Für die Sigma-Syntaxonomie heißt die Grundeinheit Sigmetum (Sigmaassoziation, Synassoziation). Sie soll wenigstens eine Kenn-Gesellschaft besitzen. Durch Trenngesellschaften können Subsigmeten abgetrennt werden. Bei zusätzlicher Berücksichtigung der Tiere spricht man von Bio-Sigmeten (im Gegensatz zu Phyto-Sigmeten).

TÜXEN (1978) unterscheidet nach Entstehung und menschlichem Einfluß drei Grundtypen von Sigmeten:

Primär-Sigmeten: Komplexe natürlicher Gesellschaften ungestörter Naturlandschaften.
Sekundär-Sigmeten: Komplexe von Ersatzgesellschaften und Resten naturnaher Vegetation in der bäuerlichen Kulturlandschaft. Die Fläche entspricht jeweils derjenigen einer Einheit der potentiell natürlichen Vegetation.
Tertiär-Sigmeten: Komplexe auf vom Menschen stark (irreversibel) veränderten oder neu geschaffenen Standorten ohne Beziehung zum natürlichen Ausgangszustand; bezeichnend für Siedlungs und Industriegebiete, Verkehrswege u. ä.

Inzwischen liegen aus verschiedenen Landschafts- und Vegetationsbereichen Ergebnisse synsoziologischer Geländearbeit vor. Auffällig häufig sind Arbeiten von Meeresküsten, wo Zonierungen und Mosaike oft deutlich erkennbar sind (z. B. GÉHU 1977, 1991, GÉHU et al. 1991, GÉHU & GÉHU-FRANCK 1989, IKEMEYER 1986, SCHWABE & KRATOCHWIL 1984, THANNHEISER (1986, 1988), WOJTERSKI (1978). Komplexe Flußufer analysieren ASMUS (1987), SCHWABE (1987 u. a.), TÜXEN (1978a), Moore B. & K. DIERSSEN (1984), J. TÜXEN (1978). Komplexere Kulturlandschaften gliedern z. B. PIGNATTI (1980), SCHWABE-BRAUN (1980), WILMANNS & TÜXEN (1978). Ein wichtiger Arbeitsbereich der Synsoziologie sind Siedlungen (BRUN-HOOL 1978, HARD 1982, HÜLBUSCH et al. 1979, KIENAST 1978, KOHL 1986 u. a.). BRANDES (1983) beschreibt Sigmeten mitteleuropäischer Bahnhöfe. Weitere Arbeiten werden unter 3.4 besprochen.

Bis zur synsoziologischen Grundeinheit (bei etwas unterschiedlicher Auffassung der Aufnahmefläche und -methode) sind die verschiedenen Ansätze annähernd gleich. Die weitere Auswertung geht, wie schon unter 3.1 kurz erwähnt, in vorwiegend zwei Richtungen.

3.3.2 Sigma-Syntaxonomie

Die Sigma-Syntaxonomie geht von Ökotopen mit Einheiten der natürlichen oder potentiell natürlichen Vegetation aus. Die Sigmeten als Grundtypen können über verbindende Kenn- (Charakter-)gesellschaften und differenzierende Trenn- (Differential-) gesellschaften zu höheren Einheiten induktiv zusammengefaßt werden. Es ergibt sich ein System ähnlich dem der Syntaxonomie (s. VIII) mit Verbänden, Ordnungen, Klassen. Auch die Nomenklatur folgt den syntaxonomischen Vorgaben. Benutzt wird eine bezeichnende Charaktergesellschaft (die steteste, möglichst vorherrschende) mit dem Zusatz der Rangstufe. Ein Beispiel gibt TÜXEN (1978a) für mitteleuropäische Flußufervegetation:

Klasse: *Phalarideto arundinaceae – Sigmetea*
O₁ *Saliceto fragilis – Sigmetalia*
V₁ *Saliceto triandro-viminalis – Sigmion*
S *Saliceto triandro-viminalis – Sigmetum*
V₂ *Petasito-Saliceto fragilis – Sigmion*
S *Alneto incanae – Sigmetum*
   Stellario-Alneto-Sigmetum
   Filipendulo-Geranieto-Sigmetum
O₂ *Saliceto albae – Sigmetalia*
V₃ *Saliceto albae – Sigmion*

Die erste Ordnung enthält Gesellschaftskomplexe relativ kühler Bereiche, V₁ für das Tiefland, V₂ für das Bergland. Die zweite Ordnung umfaßt Uferkomplexe sommerwarmer Stromtäler. Im Zusammenhang mit Übersichtstabellen ist dieses System ein stark konzentrierter Ausdruck der räumlichen Komplexität der auch syndynamisch vielfältigen Uferzonen von Fließgewässern.

Einen noch größeren Bogen spannt GÉHU (1978), der eine sigmasyntaxonomische Gliederung der holarktischen Küstendünen-Vegetation mit fünf Klassen (Sigmetea) in einer großen Übersichtstabelle vorstellt.

Bis heute hat sich die Sigma-Syntaxonomie über gewisse Ansätze hinaus kaum weiterent-

Tab. 49: Sigma-Tabelle von Weidfeld-Komplexen des Schwarzwaldes (Ausschnitt aus SCHWABE-BRAUN 1980).

Tab. 50: Synthetische Tabelle der Geosigmeten der Bachalp (aus Hegg & Schneiter 1978).

Nummer	1	2	3	4	5	6	7	8	9	10	11	12
Anzahl Aufnahmen	18	8	5	8	16	12	11	30	13	11	9	14
Seslerio-Caricetum sempervirentis	V^3	IV^2										
Caricetum ferrugineae typicum	V^2	V^2	I^+									
heracleetosum	II^1	I^1										
Alnetum viridis		III^+	V^4		I^+							
Adenostylo-Cicerbitetum		V^+	V^1	III^1	II^+							
Piceetum subalpinum	I^+	III^+	IV^1									
Rhododendro-Vaccinietum typicum		I^+	V^1	V^3	II^+	I^+						
calamagrostietosum		II^1	V^1	V^2	I^1							
Arctostaphylo-Juniperetum				V^1	I^+	III^+						
Empetro-Vaccinietum				IV^1	I^+	IV^1	II^+	I^+	I^1	II^+	I^+	
Cetrario-Loiseleurietum						III^+	I^1	II^1	I^+	III^+	II^+	I^+
Sieversio-Nardetum typicum				IV^1	V^1	V^3	IV^1	IV^2	III^1	V^2	V^1	V^2
caricetosum sempervirentis	I^2	I^2		V^1	II^1	V^3	III^2	IV^2	I^1	III^2	II^2	II^2
Crepidi-Festucetum rubrae					I^1			V^3	II^2	I^1	II^1	
Caricetum curvulae						I^+	I^+	V^3	IV^3		III^3	I^1
Salicetum herbaceae							V^+		V^1		I^+	
Poetum alpinae	II^1	I^+		III^+	V^3	IV^1	V^2	I^+		V^3	IV^2	IV^2
Rumicetum alpini	I^1				III^3	I^+						
Junco triglumis-Caricetum davallianae	I^1	I^1			I^+		I^+			I^+		V^1
Caricetum fuscae typicum					I^+					II^1	III^2	IV^2
trichophoretosum					I^+					III^+	IV^1	IV^1
nardetosum	I^+									II^+	IV^2	IV^2
Eriophoretum scheuchzeri											II^+	I^+
Cratoneuro-Arabidetum jacquini	I^+	I^+						I^+		I^+		IV^+
Caricetum rostrato-vesicariae										I^+		
Callitricho-Sparganietum										I^+		
Sphagno-Trichophoretum							I^+			II^+	I^+	III^+
Polygono-Ranunculetum aconitifolii		I^+			II^+						II^+	III^+
Potentillo-Hieracietum humilis	III^+	II^+		IV^1	I^+							
Asplenio-Primuletum viscosae		I^+	I^+	II^+	II^+	III^+	IV^+	IV^1	IV^+	III^+		II^+
Dryopteridetum robertianae	IV^+	III^+	I^+	I^1	I^+			I^+	II^+	I^+		
Nummer des Landschaftstyps	4.1		4.2		4.3.1 + 2					4.4		
	1	2	1	2	1	2	3	1	2	1	2	3

Tab. 51. Begriffe verschiedener Gliederungssysteme für Pflanzengesellschaften(Sippen).

	Taxonomie	**Syntaxonomie**	**Sigma-Syntaxonomie**	**Geo-Synsoziologie**
Objekt	Pflanze	Bestand	Vegetationskomplex	Komplexgruppe
Geländemethode	Sammeln	Bestandesaufnahme Gesellschaftsaufnahme	Komplexaufnahme Sigma-Aufnahme	Komplexgruppen-aufnahme
Flächeneinheit		Bestandesfläche	Ökotop, Tessella	Physiotop, Parzelle
Rangloser Typus	Taxon Sippe	Syntaxon Gesellschaft	Sigma-Syntaxon Sigma-Gesellschaft Gesellschaftskomplex	Geo-Syntaxon
Grundeinheit	Art, Species	Assoziation	Sigmetum	Geosigmetum
Höhere Einheiten	Gattung Familie Ordnung Klasse	Verband Ordnung Klasse	Sigmion Sigmetalia Sigmetea	(Geosigmion) Meso-Geosigmetum Holo-Geosigmetum

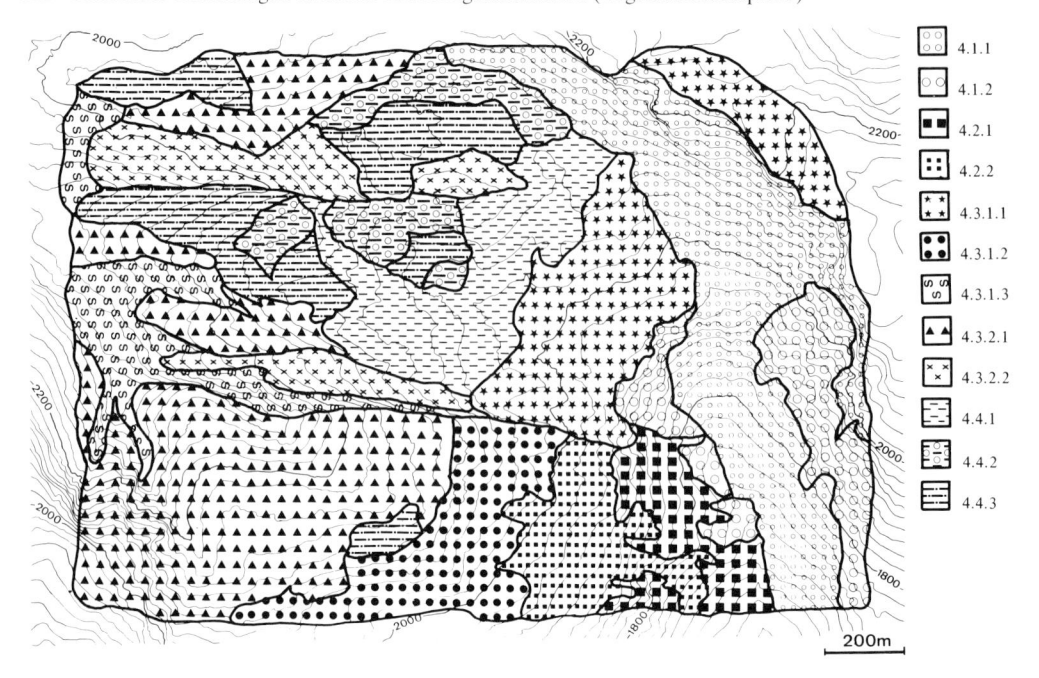

Abb. 278. Karte von Landschaftstypen (Geosigmeten) der Bachalp bei Grindelwald (aus HEGG & SCHNEITER 1978; s. auch Tab. 50).
4.1: *Carici ferrugineae-Seslerio*-Geosigmetum
4.2: *Alno viridi-Piceo subalpini*-Geosigmetum
4.3: *Sieversio-Nardo-Poo*-Geosigmetum
4.4: *Sieversio-Nardo-Carici fuscae*-Geosigmetum

wickelt (z. B. GÉHU 1991 und früher, HARD 1982, HÜLBUSCH et al. 1979, RIVAS-MARTINEZ 1976, TÜXEN 1978a, 1979b). Es erscheint auch fraglich, ob ein System von Sigmeten anzustreben ist (s. DOING 1979). Kommt man hier doch teilweise wieder vom räumlichen Ansatz weg zu abstrakten, nicht räumlich benachbarten Einheiten. Ein weiterer Grund ist das Fehlen umfassender Daten für größere Gebiete, was eine gebührende Zurückhaltung bei der Aufstellung von Sigmasyntaxa ratsam erscheinen läßt.

3.3.3 Geo-Synsoziologie

Der nicht immer gleichartig gebrauchte Begriff wird hier auf den Ansatz beschränkt, der eine Zusammenfassung von Sigmeten zu komplexeren Raumeinheiten vornimmt, ausmündend in eine naturräumliche Landschaftsgliederung auf vegetationskundlicher Basis. Grundlage der Sigmeten sind Komplexaufnahmen von Ökotopen oder Physiotopen.

So wie sich Gesellschaftskomplexe als Sigmeten typisieren lassen, kann man bei bestimmtem Nebeneinander (Mosaiken) oder Abfolgen (Catenen) von Sigmeten Komplexgruppen ausgliedern, die als Geosigmeten (auch Geoserien) bezeichnet werden (s. KNAPP 1975, TÜXEN 1978, Abb. 279). Ihre Erfassung kann wieder durch Geländeaufnahmen erfolgen, geschieht aber oft mehr deduktiv, indem man bekannte Gesellschaftskomplexe diesen großräumigen Typen zuordnet. Zur Benennung schlägt TÜXEN (1979b) eine bezeichnende Gesellschaft (Assoziation) vor. THEURILLAT (1991) möchte lieber zwei Assoziationen nennen, um auf diese Weise den Unterschied von Geosigmetum und Sigmetum zu verdeutlichen. Hierdurch werden die Namen aber sehr lang und sind schwerer einprägsam.

Geosigmeten entsprechen oft den schon lange gebräuchlichen Wuchs- oder Vegetationsgebieten (s. 4.1.1), die nach einer vorherrschenden (potentiell) natürlichen Gesellschaft benannt sind und einen Landschaftskomplex von Natur- und Ersatzgesellschaften umfassen. Ein Beispiel gibt TÜXEN (1979b), wie es ähnlich schon 1956 als Gesellschaftsinventar beschrieben wurde.

GEOSIGMETUM

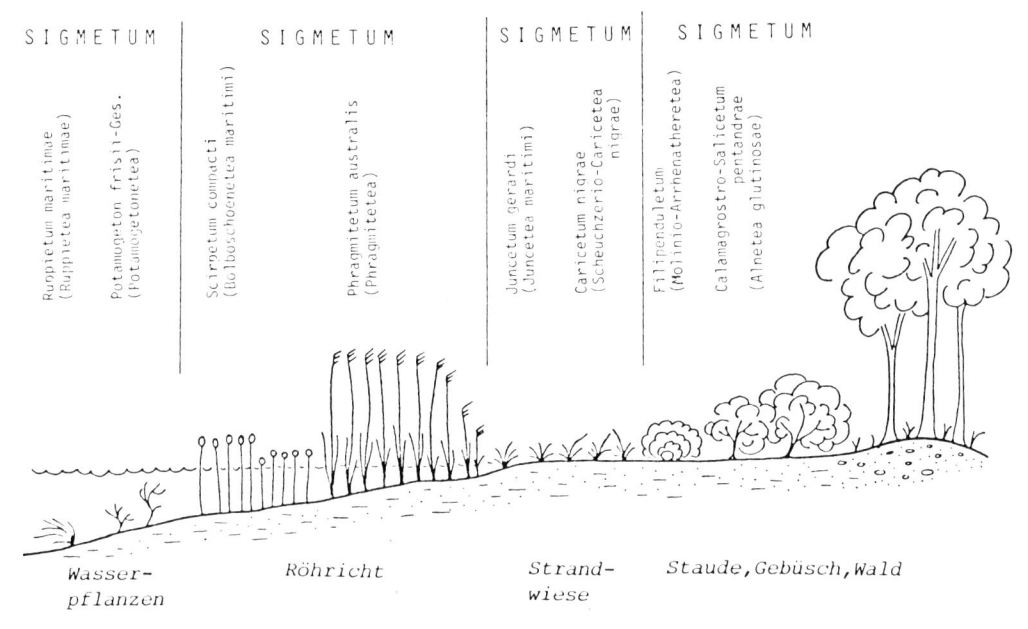

Abb. 279. Geosigmetum aus vier Sigmeten an der Ostseeküste (aus THANNHEISER 1986).

Das *Betulo-Querceto-Geosigmetum* der nordwestdeutschen Altmoränengebiete (Birken-Eichenwald-Landschaft) enthält folgende Sigmeten:

Betulo-Querceto-S.
Violo-Querceto-S.
Querco-Carpineto-S.
Fraxino-Ulmeto-S.
Saliceto triandro-viminalis-S.
Carici elongatae-Alneto-S.
Scirpo-Phragmiteto-S.
Potameto-S.
Sphagneto magellanici-S.

Als weitere Geosigmeten Norddeutschlands werden genannt:

Ammophileto arenariae-GS. (Küstendünen-Landschaften)
Puccinellieto maritimae-GS. (Salzmarsch-Landschaften)
Carpino-Querceto-GS. (Eichen-Hainbuchen-wald-Landschaften)
Fageto-GS. (Buchenwald-Landschaften)
Piceeto-GS. (Fichtenwald-Landschaften)

GÉHU (1991, S. 35) unterteilt die Küstendünen-Komplexe Frankreichs in vier Geosigmeten, teilweise mit Subgeosigmeten. TÜXEN (1979b) deutet weitere Möglichkeiten zunehmender räumlicher Zusammenfassung in einem „geographischen System" an, z. B. die *Quercion robori-petraeae*-Landschaften Nordwesteuropas oder die Höhenstufenfolgen der Gebirge, die sich mit pflanzensoziologischen Raumeinheiten decken. Als Systemebenen werden Geosigmetum, Meso-Geosigmetum und Holo-Geosigmetum genannt. DEIL (1989) weist auf vikariierende Geosyntaxa hin, deren Gesellschaften aus nahe verwandten Sippen bestehen (z. B. Salzmarschen verschiedener Gebiete).

Dagegen erscheint eine Geo-Syntaxonomie, wie sie ebenfalls TÜXEN (1979b) andeutet, mit Kenn- und Trenn-Komplexgruppen zu Geosigmetum, Geosigmion usw., wenig praktikabel. Der obige Anschluß an geographische Landschaftsgliederungen oder ältere vegetationskundliche Raumeinheiten (s. 4) ist sicher der erfolgreichere Weg.

Versuche zur Landschaftsgliederung über Geosigmeten gibt es aus verschiedenen Gebieten. Außer bei den schweizer Vertretern (s. 3.1) finden sich Arbeiten zur Gliederung von Küstenlandschaften z. B. bei GÉHU (1991 und früher) und THANNHEISER (1986, 1988). SCHWABE beschreibt in mehreren Arbeiten (besonders 1987) die Komplexgliederung von

Flußuferbereichen. Auch in Polen geht man auf verwandten Wegen (z. B. J. M. MATUSZKIEWICZ 1979). Eine stark deduktive Methode beschreiben W. MATUSZKIEWICZ & PLIT (1985), wo aus Vegetationskarten Gesellschaftskomplexe erkannt und nachträglich inhaltlich definiert werden. NEUHÄUSL & NEUHÄUSLOVÁ (1979) arbeiten mit Komplexen von Einheiten der potentiell natürlichen Vegetation, die durch Leitgesellschaften (dominierende Charaktergesellschaften) bestimmte Landschaften definieren.

3.4 Anwendung synsoziologischer Ergebnisse

Schon unter 3.1 wurde auf pragmatische Ansätze der Synsoziologie hingewiesen. Hier werden die Methoden flexibel den jeweiligen Fragestellungen angepaßt, was zwar die Vergleichbarkeit der Ergebnisse mindert, für viele konkrete Fragen aber neue Grundlagen schafft.

Erwähnt wurden schon Möglichkeiten einer maßstabgerechten **Vegetationskartierung**. Besonders in Kulturlandschaften kann die reale Vegetation nur in sehr großem Maßstab kartiert werden (s. 5). Für Karten mittlerer Maßstäbe bieten Vegetationskomplexe (Sigmeten, Geosigmeten) sehr gute Kartierungseinheiten, die bei entsprechendem Begleittext (mit synsoziologischen Tabellen) auch die Feinheiten der Vegetationsgliederung wiedergeben. Für stadtökologische Karten sind Gesellschaftskomplexe ebenfalls geeignete Grundeinheiten. Ein Kartierungsbeispiel zeigte bereits Abb. 278, ein weiteres geben Abb. 280 und 281. Hier werden allgemeinere Tendenzen der Höhenstufung, Abfolgen und Verzahnungen der Gesellschaften und Gesellschaftskomplexe übersichtlich darstellbar.

Eine weitere vegetationskundliche Anwendung ist für **syndynamische Fragen** gegeben, wenn nicht nur normale Dauerflächen von Gesellschaftsausschnitten sondern in größerer Ausdehnung Teile von Komplexen in bestimmten Abständen aufgenommen werden (s. SCHWABE 1991c, auch X 3.2). Hierdurch lassen sich großräumigere Veränderungen im Sinne einer Landschaftssukzession feststellen und dokumentieren. Viele der im Kapitel 3.8 aufgezeigten Anwendungsmöglichkeiten gelten auch für synsoziologisch-dynamische Untersuchungen.

Über Vegetationskomplexe einer Landschaft können direkt oder indirekt **ökologische Bewertungen** vorgenommen werden, die sich aus dem Zeigerwert der Gesellschaften, aber auch aus bei Sigma-Aufnahmen gewonnenen Erkenntnissen herleiten. Ein Beispiel für Flußufer in tabellarischer Form gibt SCHWABE (1988).

Ähnliche Bewertungen von Landschaften können zum **Natürlichkeits-** bzw. **Hemerobiegrad** gemacht werden, indem man Zahl und Flächenanteile von Gesellschaften entsprechender Grade auswertet (s. auch III 8; XI 4.1.1).

Über die Möglichkeiten zur **Landschaftsgliederung** ist bereits unter 3.3.3 gesprochen worden. Sigmeten und Geosigmeten sind Ausdruck relativ einheitlicher naturräumlicher Potentiale sowie menschlicher Wirkungen. Für landschaftsökologische Fragestellungen bilden sie die universellste Auswertungsgrundlage. Vor allem entsprechende Vegetationskarten lassen sich unmittelbar in Landschaftskarten umsetzen und vielfältig interpretieren. Ökotope und/ oder Physiotope als naturräumliche Grundeinheiten sind aus Karten mit Sigmeten direkt ablesbar (s. KLINK 1966, DIERSCHKE 1969, auch MATUSZKIEWICZ & PLIT 1985, PIGNATTI 1980, SCHWABE 1987, THANNHEISER 1988 u. a.). Landschaftsgliederungen französischer Küsten über Geosigmeten geben GÉHU (1991), GÉHU & GÉHU-FRANCK (1989). Als wertvoll hat sich die Synsoziologie auch für eine pflanzensoziologisch begründbare Moortypologie erwiesen (B. & K. DIERSSEN 1984, GRÜTTNER 1990), ebenfalls für eine Typisierung von Fließgewässern (WEBER-OLDECOP 1978). Auch für eine genauere Höhenstufen-Gliederung (s. auch 4.2) bieten sich neue Möglichkeiten. RIVAS-MARTINEZ & GÉHU (1978) beschreiben für subalpin-alpine Bereiche im Wallis zehn Sigmeten unterschiedlicher Höhenlage. Ein Beispiel gab bereits Abb. 280 aus der Hohen Tatra (BALCERKIEWICZ & WOJTERSKA 1978).

Wichtige neue Impulse bringt die Synsoziologie für die **Siedlungsökologie**. Die durch feine Erfassung von oft fragmentarischen Vegetationstypen auffindbaren Sigmeten ermöglichen eine Gliederung in ökologische Quartiertypen und ergeben Grundlagen für Stadt- und Dorfplanung (s. HARD 1982, HÜLBUSCH et al. 1979, KIENAST 1978 u. a.).

Einen wichtigen Beitrag bilden synsoziologische Untersuchungen zur **Biozönologie**, einem ebenfalls noch jungen Forschungszweig mit interdisziplinärem Charakter. Obwohl der Begriff schon von GAMS (1918) geprägt wurde bei DU RIETZ 1921: Biosoziologie), gibt es erst

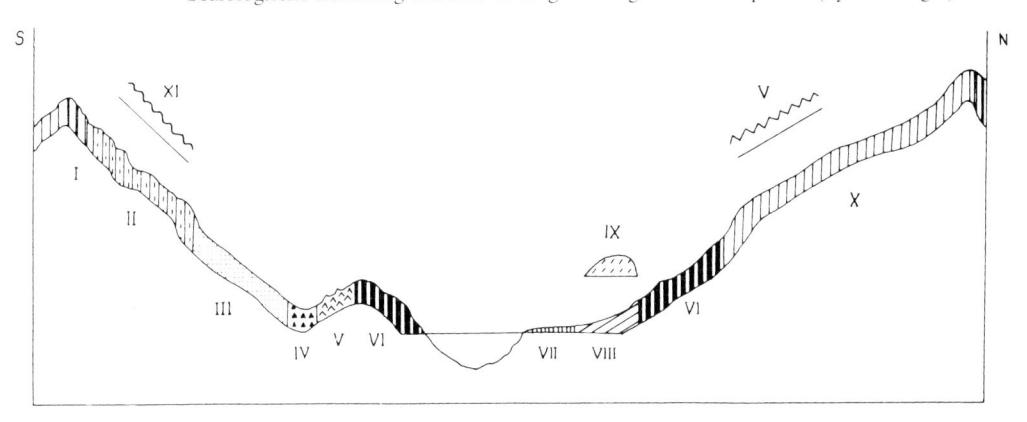

I. Disticheto subnivale-Sigmassoziation
II. Trifido-Disticheto sphagnetosum-Sigmassoziation
III. Oxyrio-Sagifrageto-Sigmassoziation
IV. Polytricheto sexangularis-Sigmassoziation
V. Umbilicarieto cylindricae-Sigmassoziation
VI. Pineto mugi - Sigmassoziation
VII. Cariceto fuscae subalpinum-Sigmassoziation
VIII. Meo-Deschampsieto cespitosae-Sigmassoziation
IX. Trifido-Disticheto agrostetosum-Sigmassoziation
X. Trifido-Disticheto cetrarietosum-Sigmassoziation
XI. Versicolori-Agrostieto-Sigmassoziation

Abb. 280. Talprofil der Sigmeten aus der Hohen Tatra (aus BALCERKIEWICZ & WOJTERSKA 1978). Erkennbar sind Abfolgen (Catenen) nach Höhenstufen und expositionsbedingte Unterschiede.

neuerdings verstärkt Untersuchungen der Lebensgemeinschaften von Pflanzen und Tieren (Biozönosen) als Synthese pflanzensoziologischer und zoozönologischer Forschungsansätze (s. KRATOCHWIL 1987, 1991, WILMANNS 1987). Früher wurde vereinzelt versucht, parallel zu Pflanzengesellschaften auch Tiergesellschaften im Sinne von Zootaxozönosen (Gesellschaften bestimmter Tiergruppen, z. B. Vögel, Schmetterlinge, Bienen, Käfer) zu finden, wie es z. B. RABELER (1937, 1962 u. a.) konsequent getan hat (s. auch Beiträge des IVV-Symposiums Biosoziologie; TÜXEN 1965 a). PASSARGE (1981) hat diesen Ansatz weiterentwickelt im Sinne einer eng an pflanzensoziologische Grundlagen und Nomenklatur angelehnten Zoozönologie bis hin zur Syntaxonomie von Zoosyntaxa (z. B. 1981: Regenwürmer, 1982 a: Mausartige, 1988, 1991: Vögel).

Von zoologischer Seite wird kritisiert, daß die Tiere oft nicht auf einen Vegetationstyp beschränkt sind, vielmehr sich zwischen verschiedenen Gesellschaften bewegen und oft sogar komplexere Strukturen benötigen (s. KRATOCHWIL 1987, MIOTK 1980, 1986, SCHWABE 1988, SCHREIBER 1991/92). So sind die Bedürfnisse für bestimmte Lebenssituationen oft sehr unterschiedlich, z. B. für Nahrungsquellen, Balzplätze, Laich- und Nistplätze, Bereiche zur Aufzucht der Jungen, für Unterschlupf, Ruhe, Schlaf und Überwinterung. Deshalb bilden oft nicht einzelne Pflanzengesellschaften, sondern Vegetationskomplexe und Nahrungsnetze die Bezugsbasis für Tiere und Tiergemeinschaften. Nachdem die Synsoziologie hierfür eine festere Grundlage geschaffen hat, gibt es bereits etliche Arbeiten mit enger Verbindung von pflanzensoziologischen und zoozönologischen Untersuchungen, z. B. für Vögel von MATTES (1988), SCHWABE & MANN (1990), SEITZ (1988), für blütenbesuchende Insekten von KRATOCHWIL (1984, 1987). Abb. 283 zeigt einige Bindungen von Schmetterlingen an eine bis mehrere Pflanzengesellschaften.

SCHREIBER (1991/92) sieht verschiedene Probleme bei der Anwendung der Synsoziologie für die Biozönologie: Es gibt nur wenige Vegetationskundler, die sich mit dem Gebiet befassen, das sehr umfangreiches Wissen voraussetzt. Die Sigma-Syntaxonomie löst den einzelnen Gesell-

1. Erosionsflächen
2. Rhizocarpetum alpicolo-tinei
3. Felsen
4. Trifido-Distichetum
5. Luzuletum spadiceae
6. dto. mit Festuca picta
7. Distichetum subnivale
8. Oxyrio-Saxifragetum
9. Calamagrostietum villosae
10. Pinetum mugi
11. Empetro Vaxxinietum
12. Vaccinietum myrtilli
13. Philonotido-Cardaminetum
14. Violo-Scapanietum
15. Salicetum herbaceae
16. Polytrichetum sexangularis
17. Meo-Deschampsietum cespitosae
18. Adenostyletum alliariae

schaftskomplex aus seiner landschaftlichen Bindung. Der zweite Punkt wurde bereits widerlegt, da Sigma-Syntaxonomie nur *einen* Weg der Synsoziologie darstellt. Der erste Punkt ist ernster zu nehmen. Gute biozönologische Untersuchungen auf soziologischer Basis sind nur bei weitgehender Kenntnis der Pflanzengesellschaften möglich. Enge Zusammenarbeit zwischen Botanikern und Zoologen ist notwendig. SCHREIBER bevorzugt für biozönologische Un-

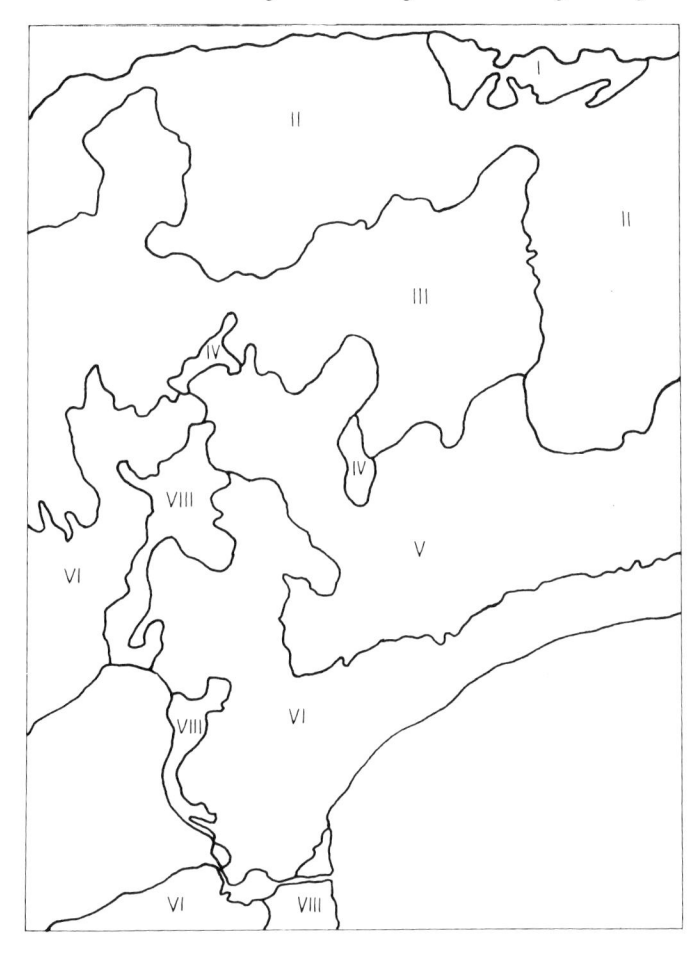

Abb. 281. Karten der Pflanzengesellschaften und Sigmeten für einen Hang der Hohen Tatra (aus BALCERKIEWICZ & WOJTERSKA 1978).

```
  I. Disticheto subnivale-Sigmassoziation
 II. Trifido-Disticheto sphagnetosum-Sigmassoziation
III. Oxyrio-Saxifrageto-Sigmassoziation
 IV. Polytricheto sexangularis-Sigmassoziation
  V. Umbilicarieto cylindricae-Sigmassoziation
 VI. Pineto mugi-Sigmassoziation
VIII. Meo-Deschampsieto cespitosae-Sigmassoziation
```

tersuchungen die unmittelbare Erfassung von Vegetationsstrukturen und gibt hierfür ein Beispiel.

Mit diesen kurzen Hinweisen soll hier der eng mit der Pflanzensoziologie verknüpfte Forschungszweig der Biozönologie wenigstens angesprochen sein. Er wird sich in Zukunft sicher rasch weiterentwickeln.

Schon die vorhergehenden Beispiele deuten manche Möglichkeiten zur Verwendung synsoziologischer Ergebnisse im **Naturschutz** an.

Nachdem früher das Schutzziel teilweise in der Erhaltung bestimmter Tier- und Pflanzenarten gesehen wurde, später die Bedeutung von Pflanzengesellschaften erkannt war, sind heute komplexere Strukturen bis zu Biotopverbundsystemen im Gespräch, die erst einen wirksamen, möglichst universellen Schutz gewährleisten. Zur Inventarisierung solcher Komplexe, sei es in bestehenden Schutzgebieten oder als Vorarbeit zur Ausweisung neuer Bereiche, sind synsoziologische Methoden besonders geeignet. Für

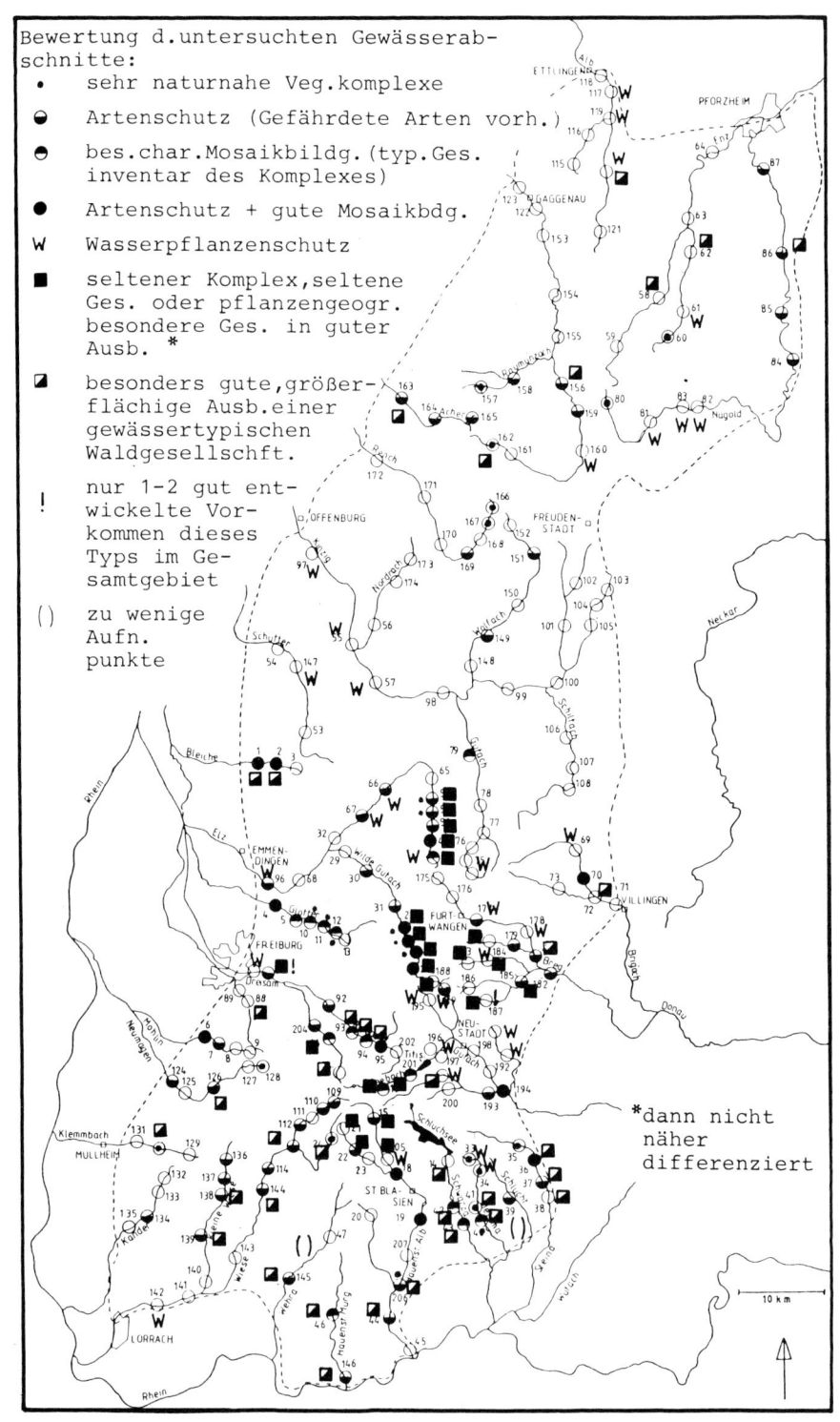

Abb. 282. Bewertung von Gewässerabschnitten im Schwarzwald nach ihren Vegetationskomplexen (aus SCHWABE 1987).

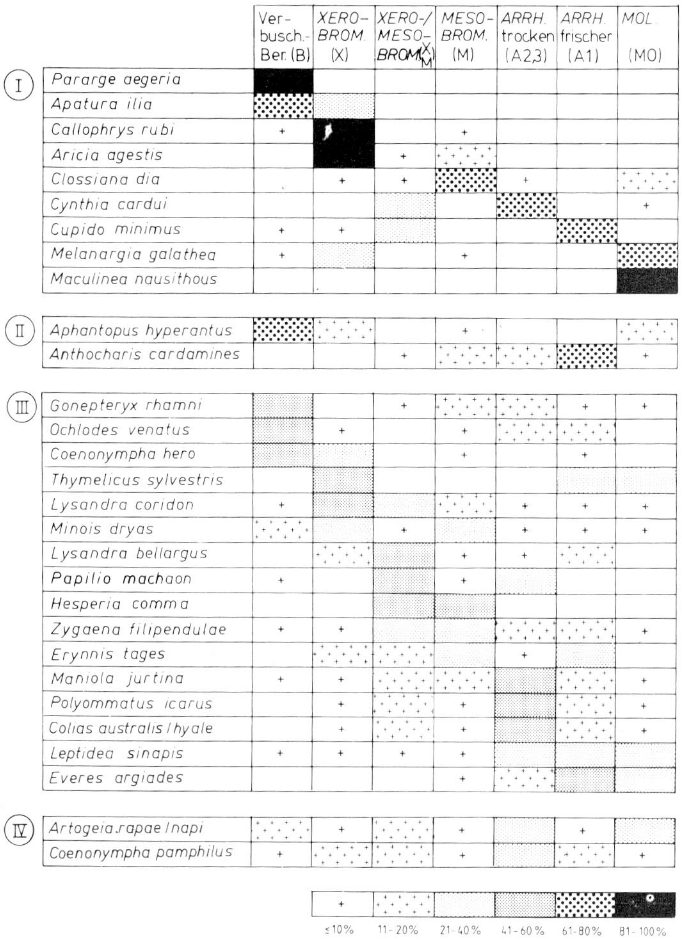

	Ver-busch.-Ber.(B)	XERO-BROM. (X)	XERO-/MESO-BROM. (XM)	MESO-BROM. (M)	ARRH. trocken (A2,3)	ARRH. frischer (A1)	MOL (MO)
I							
Pararge aegeria	███						
Apatura ilia	███						
Callophrys rubi	+	███		+			
Aricia agestis		███	+	··			
Clossiana dia	·	+	+	███	+		··
Cynthia cardui				███	███		+
Cupido minimus	+	+				███	
Melanargia galathea		+					███
Maculinea nausithous							███
II							
Aphantopus hyperantus	███	··		+	·		··
Anthocharis cardamines			+	··	███		+
III							
Gonepteryx rhamni			+	··		+	+
Ochlodes venatus		+		+	··	+	
Coenonympha hero				+		+	
Thymelicus sylvestris							
Lysandra coridon		+			+	+	
Minois dryas	··		+		+	+	
Lysandra bellargus			··			··	
Papilio machaon	+			+			
Hesperia comma							
Zygaena filipendulae	+	+			··	+	
Erynnis tages		··	··		+		
Maniola jurtina	+	+	··	··	··	+	
Polyommatus icarus			··		··	··	
Colias australis/hyale			··				
Leptidea sinapis	+	+	+	+			
Everes argiades				+	··		
IV							
Artogeia rapae/napi	··	+	··	+		+	
Coenonympha pamphilus	+	··	··	+		··	+
	+	··	░░	▒▒	███	███	●
	≤10%	11–20%	21–40%	41–60%	61–80%	81–100%	

Abb. 283. Bindung von Tagfaltern an Pflanzengesellschaften nach Untersuchung eines Vegetationskomplexes im NSG Taubergießen (aus KRATOCHWIL 1987).
I–II: Deutlicher Schwerpunkt in einer Assoziation; III: Schwerpunkt in ein bis zwei Assoziationen; IV: mehr oder weniger gleichmäßig verteilt.

die Bewertung der Schutzwürdigkeit ergibt die Gesellschaftsdiversität eines Sigmetum oder Geosigmetum wichtige Hinweise, entweder als absolute Zahl oder als Anteil an der potentiell möglichen Zahl von Gesellschaften eines Vegetationskomplexes (s. z. B. SCHWABE 1987, S. 328, TÜXEN 1977). Auch das Zahlen- und Flächenverhältnis von Gehölzen und krautigen Gesellschaften kann von Interesse sein, ebenfalls die Zahl der pro Komplex vorhandenen Gesellschaften von Roten Listen. Ein Beispiel zeigt Abb. 282. Hinzu kommen die oben dargelegten biozönologischen Bezüge. Erst über sie werden Vorschläge für die Größe und Abgrenzung von Schutzgebieten den Schutzzielen gerecht. Schließlich sind synsoziologische Erkenntnisse wichtig für die Aufstellung von Pflege- und Entwicklungsplänen, die beabsichtigen, bestimmte Komplexstrukturen zu erhalten oder neu zu schaffen.

4 Größere vegetationsräumliche Einheiten

Die im vorhergehenden Kapitel besprochene Synsoziologie bietet Grundlagen für eine stärker geographisch ausgerichtete Vegetationskunde mit induktiv-pflanzensoziologischem Vorgehen. Ihr Hauptarbeitsbereich sind kleinere Räume mit mehr oder weniger direkt erkennbaren Gesellschaftskomplexen. Die auf Sigmeten aufbauende Gliederung größerer Landschaftsbereiche erscheint erfolgversprechend, ist aber noch wenig versucht worden. Einmal fehlen genügend flächendeckende Kenntnisse, außerdem interessieren sich viele Sigmasoziologen mehr für andere, z. B. praxisnahe Auswertungen (s. 3.4). Auch bei der Intensivierung synsoziologischer Forschung sind großräumigere Landschaftsgliederungen bestenfalls ein Fernziel. In der Geographie selbst scheint das Interesse an vegetationskundlich-ökologisch begründeten Gliederungen eher nachzulassen (s. THANNHEISER 1988). Während sich die Landschaftsökologie (Geoökologie) zunehmend biologischer Ökosystemforschung annähert (z. B. LESER 1991), gibt es aus der Pflanzensoziologie neue Ansätze zu vegetationsgeographischen Fragen.

Wer sich heute hierfür interessiert, muß aber auf oft mehr deduktive, ältere Ansätze zurückgreifen, die in enger Verbindung von Vegetationskunde, Chorologie und Geographie entwickelt worden sind. Sie unterscheiden sich somit methodisch von der Synsoziologie, kommen aber zumindest bei niederen Raumeinheiten zu sehr ähnlichen Ergebnissen.

4.1 Horizontale Vegetationsgliederung

4.1.1 Wuchslandschaften und Vegetationsgebiete

Schon lange sind von vegetationskundlicher Seite Landschaften abgegrenzt worden, die sich durch bestimmte, meist vorherrschende natürliche Pflanzengesellschaften (vorwiegend Schlußgesellschaften) auszeichnen. SCHRETZENMAYR (1961) prägte hierfür den Begriff **Leitgesellschaft**. Sie ist eine Einheit unterschiedlichen Ranges (oft Assoziation, Subassoziation), die innerhalb eines geographisch abgrenzbaren Raumes vorherrscht und somit die durchschnittlichen Verhältnisse am besten widerspiegelt. Leitgesellschaften eignen sich zur Benennung von „natürlichen Vegetationsgebieten" (TÜXEN 1956 u. a.), auch als Wuchsgebiete bezeichnet. KNAPP (1971 und früher) unterscheidet hiervon Wuchslandschaften als Raumeinheit einer natürlichen oder potentiell natürlichen Schlußgesellschaft. Sie entspricht demnach Sigmetum und Ökotop (s. 3.2.1).

Eine **Wuchslandschaft** wird also in natürlichem Zustand von einer Pflanzengesellschaft beherrscht, in der Kulturlandschaft von einem genetischen Gesellschaftskomplex (s. X 3.3.2, XI 2), der sich unter einer Einheit der potentiell natürlichen Vegetation (PNV, s. X 3.5.5) zusammenfassen läßt. Für diese gibt es, meist im Zusammenhang mit Kartierungen, Listen von Gesellschaftsinventaren (Klimax-, Dauer- und Ersatzgesellschaften), die teilweise deduktiv, wenn auch auf induktiv gewonnenen Geländeerfahrungen aufbauend, der PNV zugeordnet werden (z. B. BOHN 1981, RODI 1975, SEIBERT 1968b, TRAUTMANN 1966). Bei kleineren Gebieten und differenzierter Gliederung der realen Vegetation kommen solche Listen synsoziologischen Tabellen recht nahe (DIERSCHKE 1974a, 1979; s. Beispiele in 5.4.2).

Den **natürlichen Vegetationsgebieten** entsprechen meist Geosigmeten. Besonders TÜXEN hat schon frühzeitig (z. B. 1931) solche Landschaften beschrieben und nach Leitgesellschaften benannt. Eine genauere Analyse Nordwestdeutschlands (1956) ergab acht Vegetationsgebiete mit bestimmtem Gesellschaftsinventar, die weitgehend den in Kapitel 3.3.3 aufgeführten Geosigmeten entsprechen. Einige wichtige Daten sind in Tabelle 52 zusammengestellt. Auf das Gesamtgebiet bezogen hat jedes Teilgebiet eigene Charaktergesellschaften. Die Tabelle enthält Zahlen entsprechender Assoziationen nach damaliger Auffassung. Besonders eigenständig sind die Küstengebiete (1, 2), im Binnenland das Eichen-Hainbuchenwald-Gebiet. Nimmt man den Prozentanteil der Charaktergesellschaften an der jeweiligen Gesellschaftszahl, erscheint auch das Fichtenwald-Gebiet des Oberharzes als sehr eigentümlich. Die Anzahl anthropogener Ersatzgesellschaften ist ein Maß des Natürlichkeits- bzw. Hemerobiegrades (s. III 8). Hier erscheinen alle Wald-Vegetationsgebiete mit Ausnahme des Fichtenwald-Gebietes stärker menschlich beeinflußt. Allerdings würden vermutlich die Buchenwald-Gebiete (6, 7) bei Berücksichtigung der Flächenanteile etwas naturnäher erscheinen. Schließlich ergibt die Summe der Assoziationen Hinweise auf die Gesellschaftsvielfalt (s. auch Diversität: IV 8.2) der einzelnen Vegetationsgebiete. Ähnliche, etwas allgemeinere Zusammenstellungen geben auch KRAUSE (1955) und PREISING (1954). Ein Beispiel zeigt Abb. 284.

Räumlich-induktiv hat TRAUTMANN (1966) natürliche Vegetationsgebiete nach Karten der PNV zusammengefaßt. Für das Kartenblatt Minden werden vier Gebiete unterschieden: Eichen-Birkenwald-, Eichen-Hainbuchenwald-, Eschen-Auenwald- und Buchenwald-Gebiet. Hingewiesen wird auf enge Beziehungen zu geographischen Raumeinheiten der naturräumlichen Gliederung. RODI (1975) unterscheidet im Tertiärhügelland Oberbayerns Kiefern-Eichenwald-, Hainsimsen- (Eichen-) Buchenwald-, Eichen-Hainbuchenwald- und Erlen-Eschenwald-Gebiet. SEIBERT (1968b) gibt für Bayern

Tab. 52. Vegetationsgebiete Nordwestdeutschlands und ihr Gesellschaftsinventar
(nach Angaben von TÜXEN 1956)

1 Küstendünen-Gebiet	5 Eichen-Hainbuchenwald-Gebiet
2 Salzwiesen-Gebiet	6 Hainsimsen-Buchenwald-Gebiet
3 Birken-Stieleichenwald-Gebiet	7 Perlgras- und Orchideen-Buchenwald-Gebiet
4 Buchen-Traubeneichenwald-Gebiet	8 Fichtenwald-Gebiet

	1	2	3	4	5	6	7	8
Zahl der Charakter-Gesellschaftn	**22**	**18**	9	6	**23**	7	9	6
in Prozent der Assoziationen	**69**	**82**	15	7	29	15	21	**55**
Zahl der anthropogenen Ersatzgesellschaften	5	0	21	26	33	22	17	3
in Prozent der Assoziationen	16	0	35	32	37	44	40	27
Summe der Assoziationen	32	22	60	81	89	50	42	11

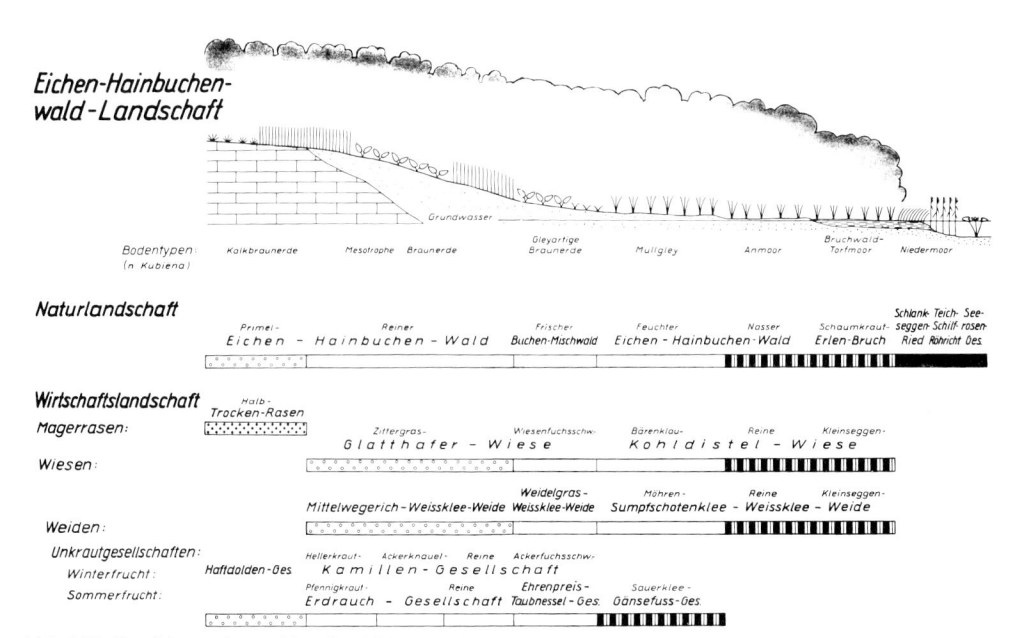

Abb. 284. Das Vegetationsgebiet des Eichen-Hainbuchenwaldes in Nordwestdeutschland mit seinem natürlichen Gesellschaftskomplex und Ersatzgesellschaften unterschiedlicher Nutzung (aus PREISING 1954).

eine Übersichtskarte der natürlichen Vegetationsgebiete und faßt sie weiter zu größeren Landschaftseinheiten zusammen (s. auch SEIBERT 1968c; 4.1.2).

Aus dem Bereich Mittel- und Ostdeutschlands gibt SCHLÜTER (1975) Beispiele für eine Gliederung in Vegetationslandschaften vergleichbarer Größenordnung. Ähnlich sind auch die Vegetationslandschaften, die HEGG et al. (1987) nach mehr oder weniger homogenem Inventar von Böden und Pflanzengesellschaften sowie etwa gleichen geologischen, topographischen und klimatischen Verhältnissen für die Schweiz abgrenzen (z. B. VG der Kalkbuchenwälder, VG der Flußauen, VG supalpiner Nadelwälder).

Den Vegetationsgebieten verwandt sind auch die **forstlichen Wuchsräume** (Wuchsgebiete und -bezirke) als „Gebiete mit möglichst gleicher Gesamtwirkung aller Standortsfaktoren auf das Pflanzenleben und damit auf die Existenzmöglichkeit und die Leistung forstwirtschaftlich erwünschter Baumarten" (JAHN 1972, S. 1), die nach der Vegetation und abiotischen Faktoren abgegrenzt werden. JAHN gliedert die Nordeifel in vier Wuchsbezirke, gekennzeichnet durch Leitgesellschaften, und untergliedert sie in Höhenstufen (Teilbezirke). HOFMANN (1957) unterscheidet in Südthüringen acht Wuchsbezirke nach Flora, Vegetation, Klima, geologischen und geomorphologischen Kriterien. Gebiete mit derselben Leitgesellschaft werden nach mehr geographischen Gesichtspunkten unterteilt. Noch stärker geographisch geprägt sind die Wuchsgebiete und -bezirke Baden-Württembergs (z. B. HÜBNER & MÜHLHÄUSSER 1987).

Die bisherigen Beispiele gründen sich vorwiegend auf die (potentiell) natürliche Vegetation. Daneben gibt es Versuche zur Landschaftsgliederung mit Hilfe von Ersatzgesellschaften der bäuerlichen Kulturlandschaft. So haben HUNDT et al. (1976) die DDR in sechs Grünlandgebiete unterteilt, abgeleitet aus der aktuellen und potentiellen (bei entsprechender Nutzung denkbaren) Grünlandvegetation. HILBIG (1966) gliedert Thüringen nach dem Vorkommen verschiedener Ackerwildkraut-Gesellschaften (Assoziationen und Geographische Rassen) in 18 Wuchsbezirke unter Einbezug anderer floristischer und vegetationskundlicher Daten.

Wie schon oben angedeutet, sind Vegetationsgebiete nicht nur horizontal abgrenzbar, sondern auch als vegetationsräumliche Einheiten der Vertikalgliederung. Dies zeigen z. B. die Grünlandwuchsgebiete, die HUNDT (1964) für mehrere Mittelgebirge unterschieden hat (s. 4.2.3).

4.1.2 Vegetationsreiche und Teilgebiete

Größere vegetationsräumliche Einheiten lassen sich aus verwandten, räumlich benachbarten Vegetationsgebieten aufstellen, die gebietseigene Pflanzengesellschaften und -komplexe zunehmend höherer Rangstufen aufweisen, entsprechende floristische Eigentümlichkeiten (z. B. Endemiten, s. XII 2) zeigen und auch physiognomische Merkmale im Sinne verwandter Formationen besitzen. Schon BRAUN-BLANQUET (1919, 1922) unterschied eine Hierarchie von Gebietseinheiten (s. auch BRAUN-BLANQUET & PAVILLARD 1922, 1928). Sie finden sich etwas abgewandelt auch 1964 (S. 750). In neuerer Zeit haben sich KNAPP (1971) und SCHMITHÜSEN (1968) hiermit beschäftigt. Im Kern sind diese Einheiten gut verständlich, im einzelnen dürfte aber eine klare Abgrenzung oft schwierig sein. Je nach Bevorzugung von enger pflanzensoziologisch definierbaren Räumen oder allgemeiner charakterisierten Gebieten fallen die Einheiten unterschiedlich aus. Besonders die großräumigen Bereiche spielen auch in der Syntaxonomie, vor allem zur Abgrenzung der Gültigkeitsbereiche von Charakterarten eine Rolle (s. VIII 2.5.3). Folgendes System vegetationsräumlicher Einheiten ist denkbar (nach BRAUN-BLANQUET und SCHMITHÜSEN):

Vegetationsdistrikt (Wuchsdistrikt): in der Landschaft räumlich zusammenhängender Komplex von (potentiell) natürlichen Schlußgesellschaften (genetischen Gesellschaftskomplexen), nur mit eigenen Gesellschaften niederen Ranges (z. B. Varianten, Gebietsausbildungen). Sie entsprechen etwa Teilen der unter 4.1.1 genannten Vegetationsgebiete bzw. von Geosigmeten.

Vegetationsbezirk (-sektor): Gebiet mit Regionalassoziationen bzw. Geographischen Rassen (s. VIII 4.2.5), eigenen Endemiten. Leitgesellschaften im Range von Assoziationen oder Subassoziationen, entsprechend etwa den Vegetationsgebieten bzw. Geosigmeten (z. B. Nordwestdeutsches Altmoränengebiet, Mitteldeutsches Trockengebiet, Oberrheinebene; = Wuchsgebiete von KNAPP). Ein Beispiel für die Abgrenzung des Mitteldeutschen Trockengebietes zeigt Abb. 285. Abb. 286 vermittelt die Gliederung Bayerns in sieben Vegetationsbezirke mit jeweils verschiedenen Vegetationsdistrikten auf stärker pflanzensoziologischer Grundlage.

Vegetationsprovinz (-domäne): Gebiet mit wenigstens einer eigenen Klimaxgesellschaft und Altendemiten (z. B. Mitteleuropäische-, Atlantische-, Nordeuropäische Provinz). Nach SCHMITHÜSEN mit eigenen Verbänden (Ordnungen), z. B. *Quercion robori-petraeae*: Westeuropäisch-atlantische Provinz, *Quercion ilicis, Rosmarinetalia*: Westmediterrane Provinz. Höhenstufen eventuell als Unterprovinzen (z. B. Fichtenwald-Unterprovinz der Mitteleuropäischen Provinz; s. auch 4.2.1). Etwa vergleichbar sind die von HORVAT et al. (1974) für Südosteuropa unterschiedenen „Vegetationszonen".

Vegetationskreis (-region): Gebiet mit mehreren eigenen Klimaxgesellschaften und Altendemiten höheren Ranges (Gattung, Familie) und entsprechender florengeschichtlicher Verwandtschaft. Das Gesellschaftsinventar bildet einen Gesellschaftskreis. Große natürliche Floren- und Vegetationsbereiche mit reichem Bestand spezifischer Sippen und Gesellschaften, eigenen hochrangigen Syntaxa (Ordnungen, Klassen), z. B.

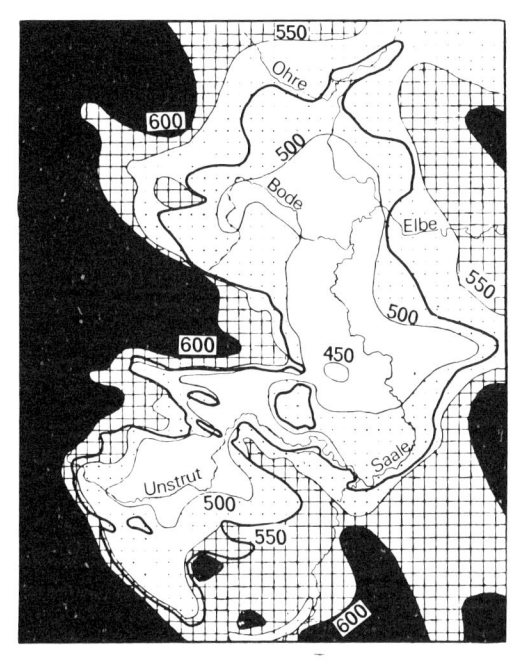

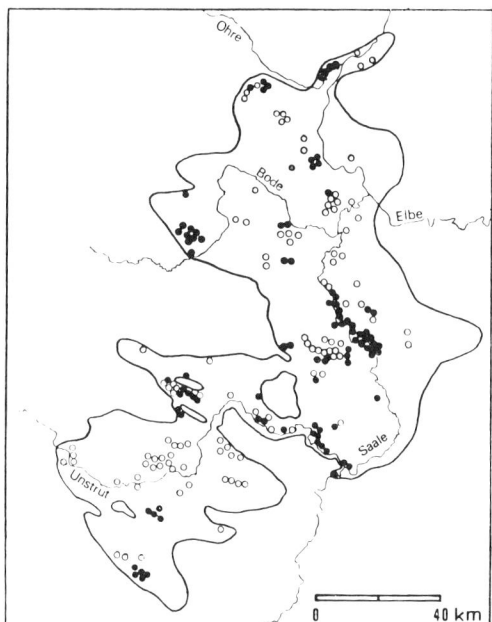

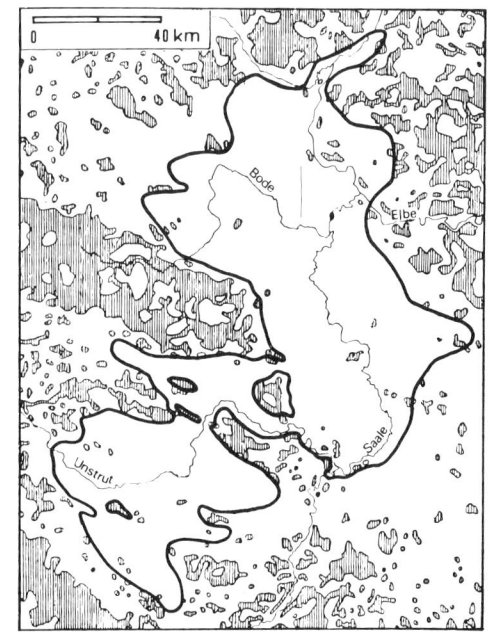

Abb. 285. Abgrenzung des Mitteldeutschen Trockengebietes nach Niederschlag, Verbreitung kontinentaler Steppenrasen (*Astragalo-Stipetum*: ● Aufnahmen, ○ Vorkommen von Charakterarten) sowie heutiger Bewaldung (schraffiert) (aus KNAPP 1971).

– Eurosibirischer Vegetationskreis: *Festuco-Brometea, Nardo-Callunetea, Querco-Fagetea*.
– Mediterraner Vegetationskreis: *Cisto-Lavanduletea, Ononido-Rosmarinetea, Quercetea ilicis*.
– Zirkumpolar-hochnordischer Vegetationskreis: *Salicetea herbaceae, Juncetea trifidi, Seslerietea variae, Carici ruspestris-Kobresietea*.

Höhere Gebirgsbereiche können als Exklaven anderer Vegetationskreise angesehen werden, z. B. der alpine Bereich des Eurosibirischen Kreises. Die Gliederung Europas in verschiedene vegetationsräumliche Einheiten zeigt Abb. 287.

Vegetationsreich: Diese höchste Raumeinheit wird nur von SCHMITHÜSEN vorgeschlagen. Sie fällt mit je einem Florenreich zusammen und

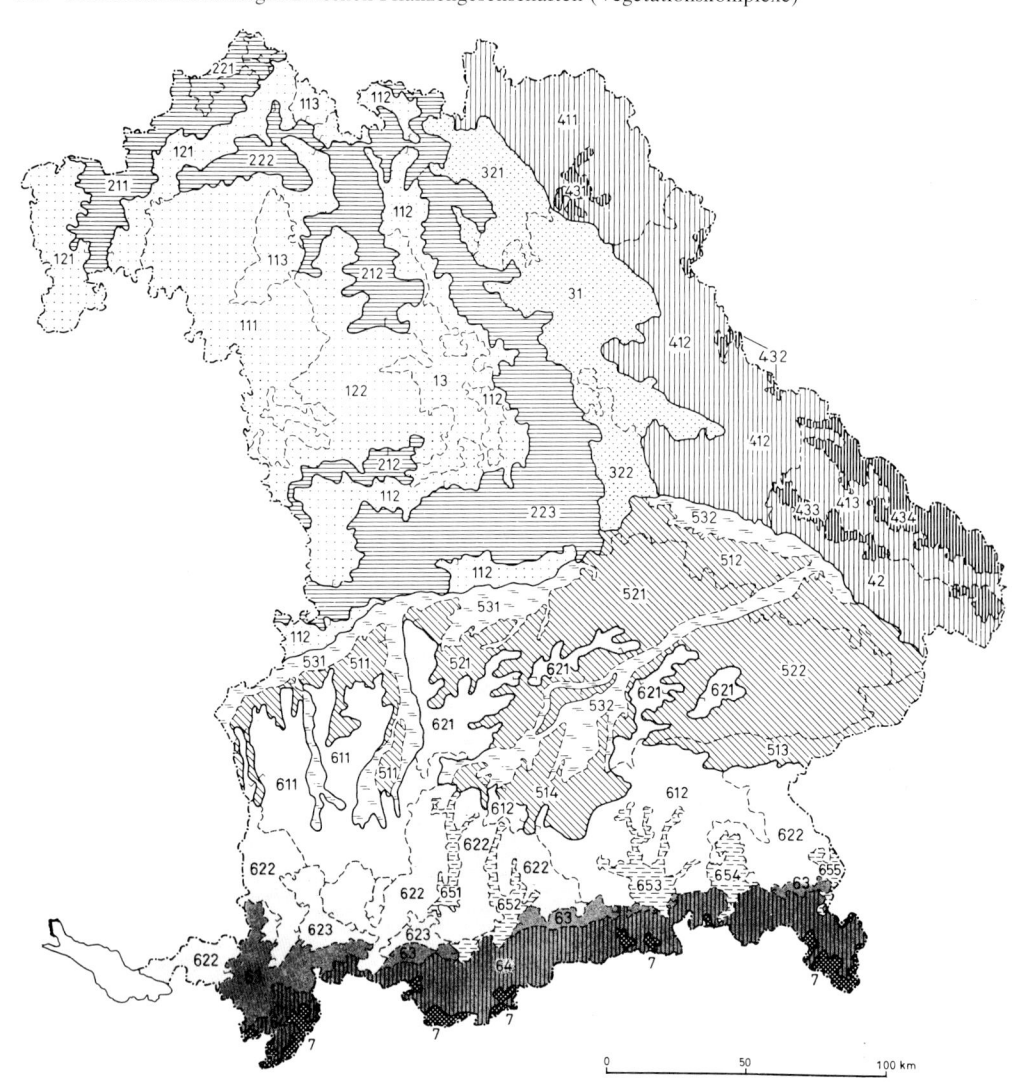

Abb. 286. Gliederung Bayerns in Vegetationsbezirke (erste Ziffer: 1–7), Vegetationsdistrikte (erste und zweite Ziffer) und deren Teilgebiete (dritte Ziffer) auf Grundlage der Karte der PNV (aus SEIBERT 1968c).
1: Fränkische Eichenwald-Landschaft; 2: Fränkische Buchenwald-L.; 3: Oberpfälzisch-Obermainische Kiefern- und Eichenwald-L.; 4: Nordostbayerische Nadelwald-L.; 5: Südbayerische Eichen-Hainbuchenwald-L.; 6: Südbayerische Buchen- und Tannen-Buchenwald-L.; 7: Subalpin-alpine L.

besitzt eigene Klassen bis Klassengruppen. (BRAUN-BLANQUET 1964, S. 140, bezeichnet die Klassengruppe als Gesellschaftsreich; s. auch VIII 6.3). Das Holarktische Vegetationsreich mit zahlreichen verwandten Elementen einer gemeinsamen arktotertiären Flora (s. X 5.2) kennzeichnen z. B. *Ammophiletea, Scheuchzerio-Caricetea, Oxycocco-Sphagnetea, Vaccinio-Piceetea* und die Gruppe der *Querco-Fagea*. Abb. 288 zeigt die Florenreiche der Erde (s. auch XII 2.3).

Neben diesen zumindest teilweise induktiv abgeleiteten vegetationsräumlichen Einheiten stehen mehr vegetationsgeographische, vorwiegend deduktive Einteilungen in erdumspannende Vegetationszonen und Teilgebiete, abgeleitet aus vorherrschenden Formationen und mit ihnen verbundenen klimatischen und anderen Faktoren. Eine verwandte Gliederung gibt SCHMITHÜSEN (1968, S. 315) mit klimatischen Vegetationsgürteln und Gebieten von Vegetationsdivisionen. Andere Beispiele wurden be-

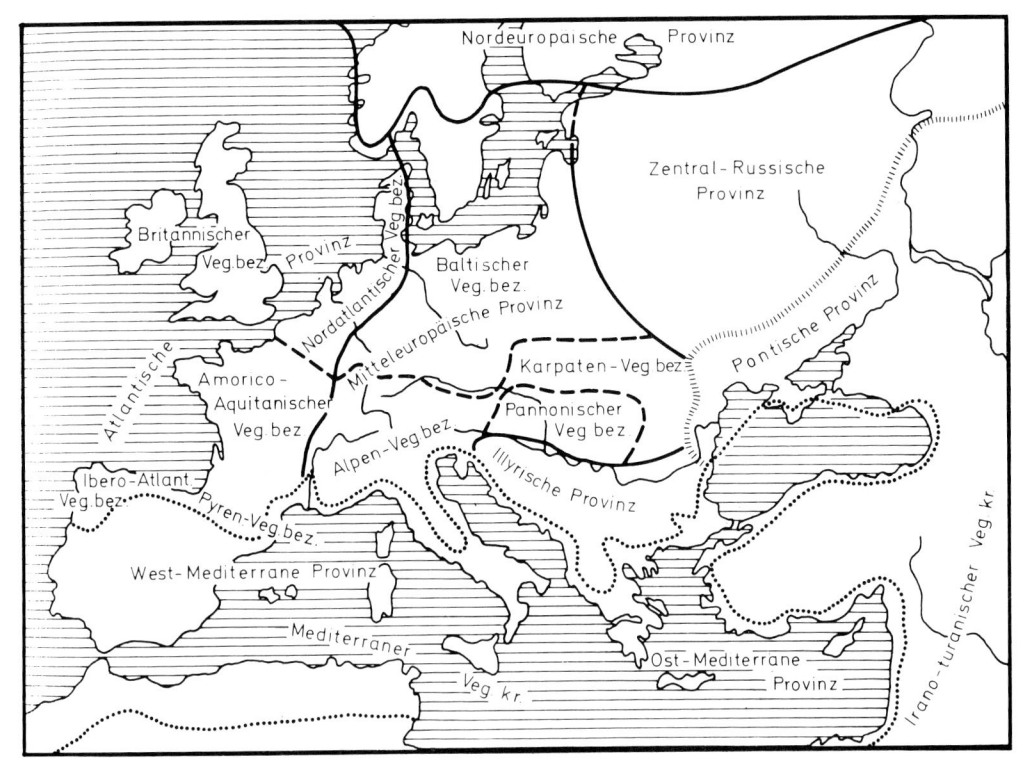

Abb. 287. Vegetationskreise, -provinzen, -bezirke und -distrikte Europas (nach BRAUN-BLANQUET aus SCHUBERT 1991).

reits unter VII 9.2.2.3 besprochen (Vegetationszonen, Zonobiome, Ökozonen). Auf mehr floristisch-chorologische Einteilungen wird im Teil XII eingegangen.

4.2 Vertikale Vegetationsgliederung

4.2.1 Höhenstufung und Höhenstufen

Die klimatisch bedingte Vertikalabfolge von Pflanzen und Pflanzengesellschaften wird Höhenstufung (Etagierung) genannt. Die Begriffe Gürtelung und Zonation sollten dagegen besser nur für horizonzale Abfolgen benutzt werden. Obwohl schon FLAHAULT & SCHRÖTER zum Internationalen Botanikerkongreß in Brüssel (1910) eine Präzisierung der Begriffe Stufe, Zone, Gürtel in diesem Sinne vorgeschlagen haben, werden sie noch heute recht unterschiedlich verwendet. Vegetationsräumliche Einheit höhenbedingter Gesellschaftskomplexe ist die **Höhenstufe**.

Wie der Name andeutet, handelt es sich nicht um kontinuierliche floristische Gradienten, sondern um gestufte Abfolgen, d. h. es gibt ein mehr oder weniger deutliches Zusammenfallen der Höhengrenzen von Sippen und der entsprechenden Vegetationstypen. Als ökologischer Primärgradient wirkt meist die Wärmeabnahme mit der Höhe, die zu ungünstigeren Bedingungen während der Vegetationsperiode und zur Verkürzung derselben führt. Vor allem in allgemein trockenen Gebieten macht sich parallel der Feuchtegradient bemerkbar, der durch Wolkenstau nach oben zunehmenden Niederschlag und höhere Luftfeuchte bewirkt. In allgemein humiden Gebieten fördert er in Hochlagen Vermoorungen und Auswaschung, auch die Erosion, ist über Nebel zusätzlich strahlungshemmend. Unterlagert werden diese Gradienten durch Wechsel der Gesteine und Böden sowie Reliefunterschiede. Hinzu kommen schließlich menschliche Eingriffe. Diese kurze Aufzählung zeigt bereits, daß die Höhenstufung auf einem im einzelnen schwer auflösbaren Komplex von Faktorengradienten beruht, der aber oft zu recht klarer Vertikalgliederung der Pflanzendecke führt, die man schon bei Tageswanderungen im Gebirge erkennen kann.

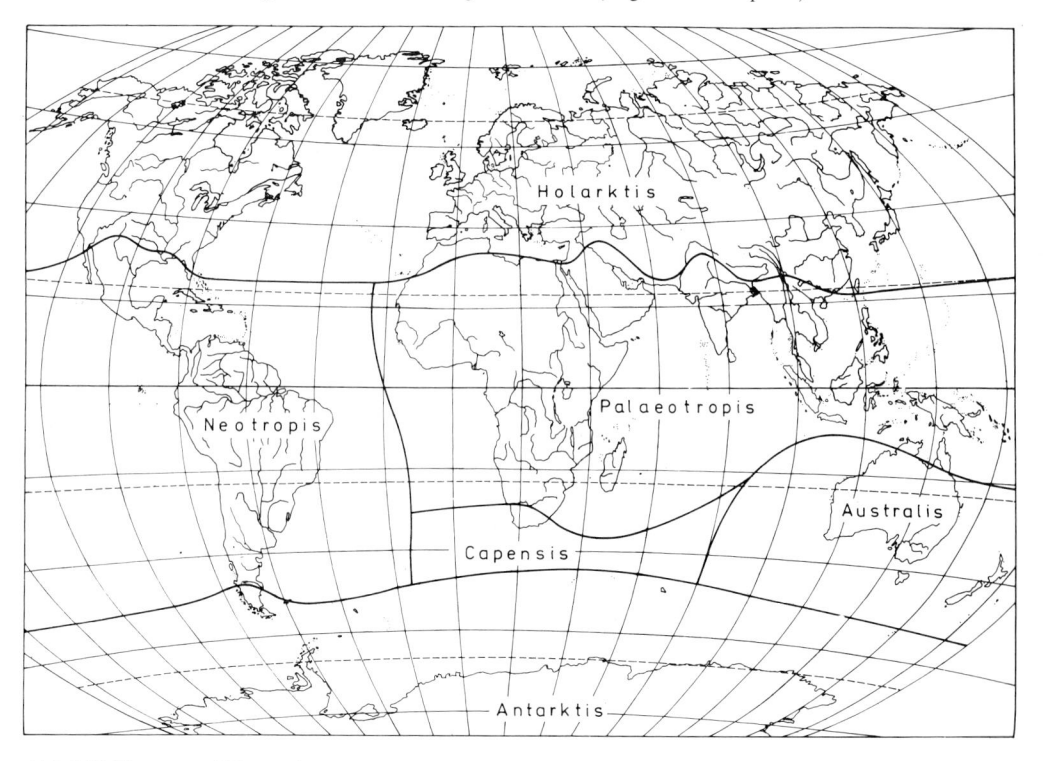

Abb. 288. Floren- und Vegetationsreiche der Erde (nach MEUSEL et al. aus SCHUBERT 1991).

Die Höhenstufung hat von jeher das Interesse von Biologen, Geographen und anderen Naturbetrachtern geweckt, wie es u. a. SCHMITHÜSEN (1968, S. 7) zusammenfassend darstellt (s. auch BRAUN-BLANQUET 1964, S. 721, LANDOLT 1983). Schon 1555 unterschied CONRAD VON GESNER in der Schweiz klimatische Höhenstufen, im 18. Jahrhundert beschrieb ALBRECHT VON HALLER dort ebenfalls die Vertikalgliederung. Über ALEXANDER VON HUMBOLDT mit weiträumigen Betrachtungen (z. B. 1805, 1807), AUGUST GRISEBACH (1872 u. a.) und weitere Pflanzengeographen vollzog sich der Übergang zu den Vorläufern und Pionieren der Pflanzensoziologie (s. auch II 1). Eine Zusammenfassung früherer Ansätze zur Höhenstufung der Alpen gab SCHROETER (1903/1926). Neuere Übersichten findet man z. B. bei HAEUPLER (1970), ELLENBERG (1978), LANDOLT (1983), OZENDA (1988). Als besonders auffälliges Merkmal der Höhenstufung ist der Bereich der Waldgrenze vielfach von vegetationskundlicher und ökologischer Seite untersucht und diskutiert worden (z. B. ELLENBERG 1966, 1978, HOLTMEIER 1989).

Sehr großräumig ist die vertikale Vegetationsgliederung von geographischer Seite dargestellt worden (z. B. SCHMITHÜSEN 1968, TROLL 1948, 1961). Abb. 289 vermittelt ein entsprechendes Nord-Süd-Profil der dreidimensionalen Gliederung der Erde. Es läßt eine gewisse Asymmetrie der beiden Hemisphären erkennen, auch Ähnlichkeiten zwischen horizontal-zonalen und vertikal-etagalen Abfolgen. Allgemein gilt die Regel, daß bestimmte grobe Vegetationstypen, die in hohen Breiten im Tiefland vorkommen, sich äquatorwärts nach oben verschieben und allmählich ausfallen. Viele Elemente borealer Nadelwälder findet man z. B. in höheren Berglagen Mitteleuropas wieder, manche hier weit verbreitete Pflanzen und Gesellschaften wachsen im Mittelmeergebiet noch in höheren Lagen. Umgekehrt sind submediterrane Sippen und Vegetationstypen in Mitteleuropa auf besonders warme Tieflagen beschränkt. Eine generelle Gleichsetzung, z. B. borealer Nadelwälder mit solchen der Gebirge Mitteleuropas oder gar der waldfreien Tundra und der alpinen Stufe, ist allerdings nicht möglich. Ähnlich ist nur der Temperaturgradient hinsichtlich der Länge der

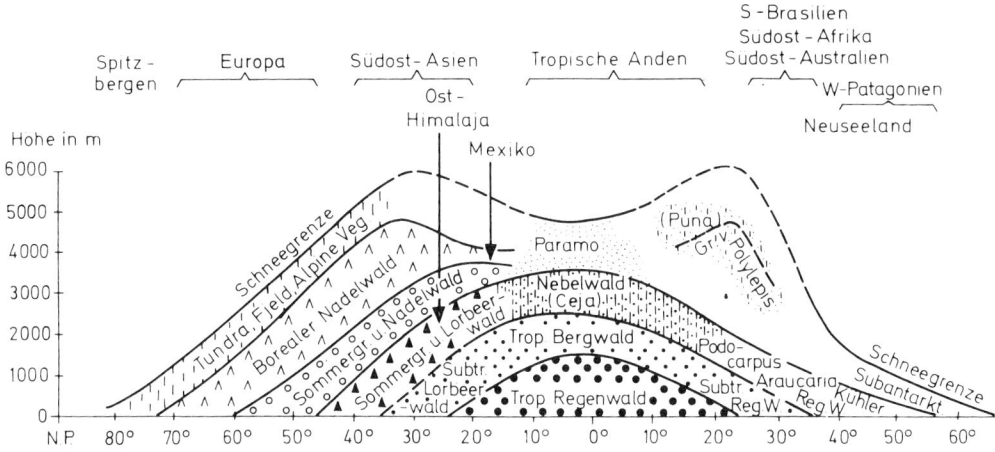

Abb. 289. Höhenstufen und Vegetationszonen der Erde in einem Nord-Süd-Profil für humide Bereiche (nach TROLL und WALTER aus SCHUBERT 1991).

Vegetationsperiode. Schon die Tageslänge, der Temperaturwechsel Tag-Nacht und die Intensität der Einstrahlung sind verschieden. Die Grundcharakteristik des Klimas ist primär von der Zugehörigkeit zu einer Klimazone abhängig (z. B. Jahreszeitenklima höherer und Tageszeitenklima niederer Breiten). Außerdem gibt es florengeschichtliche Unterschiede.

Während die Höhenstufung ein Phänomen vertikaler floristischer Gradienten ist, sind Höhenstufen ihr räumlicher Ausdruck. Jede Stufe ist gekennzeichnet durch ein bestimmtes Inventar an Sippen und Pflanzengesellschaften. Sie können auf eine Stufe beschränkt sein oder breiter überlappend zwei bis mehrere Stufen verbinden. Als Charaktergesellschaften einer Höhenstufe gibt es Assoziationen und höhere Syntaxa, oder auch nur Höhenformen als Untereinheiten einer Assoziation (s. VIII 4.2.5). Der jeweilige Vegetationskomplex ist ein „durch ähnliche ökologische Ansprüche in der gleichen Höhe zusammengehöriges System von Pflanzengesellschaften" (OZENDA 1988, S. 68). Bestimmende Faktoren sind Mesoklima, Gestein, Relief und menschlicher Einfluß. Neben standörtlichen und Nutzungsunterschieden spielen dynamische Vorgänge, vor allem in höheren Gebirgslagen, eine größere Rolle.

Jede Höhenstufe ist also aus botanischer Sicht floristisch, pflanzensoziologisch und nach der Landschaftsphysiognomie definierbar und abgrenzbar. Ihre Größenordnung nach der Raumerstreckung kann einem natürlichen Vegetationsgebiet (z. B. Fichtenwald-Gebiet Nordwestdeutschlands; s. 4.1.1) entsprechen, aber auch als Unterprovinz (z. B. Fichtenwald-Unterprovinz der Mitteleuropäischen Provinz; s. 4.1.2) angesehen werden. Schließlich sind auch die Vegetationsgürtel von E. SCHMID teilweise als Höhenstufen interpretierbar (s. VII 9.2.2.7), ebenfalls die Wohnräume von HORVAT (1963) (s. 4.1.2).

Als Untereinheiten von Höhenstufen kann man **Unterstufen** in vertikaler Gliederung und **Teilstufen** im horizontalen Nebeneinander unterscheiden. BRAUN-BLANQUET (1964) spricht bei kleinräumigen (schmaleren) Abstufungen von Horizonten.

4.2.2 Großräumige (allgemeine) Höhenstufung

Für allgemeinere, großräumig gültige Vertikalgliederungen werden grundlegende Höhenstufen mit bestimmten Begriffen festgelegt, die meist in Mitteleuropa erkannt bzw. entwickelt wurden. Hier läßt sich aus dem floristischen Inventar, den vorherrschenden Schlußgesellschaften (Leitgesellschaften) bzw. der potentiell natürlichen Vegetation, kombiniert mit allgemeinen Klimaangaben, eine weithin erkennbare Stufenfolge festlegen, zusätzlich charakterisiert durch bestimmte Bilder der Kulturlandschaft. Die folgende Kurzdarstellung für Mitteleuropa richtet sich vor allem nach MEUSEL et al. (1965), HAEUPLER (1970), ELLENBERG (1978).

Planare Stufe: Laubmischwald-Stufe der weiten, mehr oder weniger ebenen Tieflagen (unter 100 m) mit relativ einheitlichem (meist relativ ausgeglichenem) Klima. Vorherrschende (potentiell) natürliche Vegetation bilden *Carpinion* und *Quercion robori-petraeae* (im Osten auch *Dicrano-Pinion*), durchsetzt mit *Fagion*, *Luzulo-Fagion*. Große Niederungen mit *Alnion glutinosae* und *Alno-Ulmion* sowie Hochmooren (*Oxycocco-Sphagnetea*). Frühzeitige menschliche Besiedlung hat zu einer vielfältigen Kulturlandschaft mit Acker, Grünland und Waldresten bzw. Forsten geführt.

Kolline (colline) Stufe: Laubmischwald-Stufe des Hügellandes und unteren Berglandes mit oft kleinräumiger Reliefierung und entsprechender Standortsvielfalt. Kuppen, Mulden und verschiedene Hangexpositionen schaffen ein abwechslungsreiches Mesoklima mit allgemein günstigen Wuchsbedingungen bis zu besonders warmen Lagen. Neben der Vegetation der planaren Stufe zusätzlich *Cephalanthero-Fagion* und *Quercion pubescenti-petraeae*. Frühzeitiger menschlicher Siedlungsraum, heute oft eine weiträumig offene Kulturlandschaft, bevorzugt mit Ackernutzung, teilweise mit Anbau kälteempfindlicher Kulturpflanzen bis zu Obst- und Weinbau.

Beide Stufen sind oft als schwer trennbarer planar-kolliner Stufenkomplex entwickelt.

Submontane Stufe: Übergangsbereich geringer bis deutlicherer Ausprägung, oft ohne eigene Pflanzengesellschaften, aber mit Vorwiegen buchenreicher Wälder. Überlappung von Arten mit Verbreitungsschwerpunkt in tieferen und höheren Lagen. Trotz etwas kühlerem Klima noch starke menschliche Nutzung als Acker- und Grünland.

Montane Stufe: Untere Bergwaldstufe, beherrscht von Buchenwäldern unter kühl-humiden Bedingungen im Wolkenstau (*Fagion*, *Luzulo-Fagion*). Vermehrte Beimischung von Nadelhölzern (Fichte, Tanne). Die klimatische Ungunst verhindert intensive landwirtschaftliche Nutzung. Neben größeren Forstbereichen vor allem Grünland.

Oreale Stufe: (supramontane, altomontane Stufe): Obere Bergwald- oder Wolkenstufe höherer Mittelgebirge und der Alpen mit Laub- und Nadelwäldern (ozeanisch: *Fagetalia*; subkontinental: *Piceetalia abietis*). Das wolken-/nebelreiche, kühl-feuchte Gebirgsklima gibt wenig Möglichkeiten für landwirtschaftliche Nutzungen (vor allem Almwirtschaft u. a. extensive Viehhaltung). Neben vorherrschenden Wäldern gibt es in extremen Klimabereichen exponierter Gipfel natürlich waldfreie Bereiche mit arktisch-alpinen Reliktpflanzen.

Die oreale Stufe wird teilweise nur als Unterstufe des montanen Bereichs oder auch zur subalpinen Stufe gehörig betrachtet (z. B. mit dem „*Piceetum subalpinum*" der Alpen).

Subalpine Stufe: Kampfzone des Waldes unter ungünstigen Klimabedingungen und verkürzter Vegetationsperiode. Oberste sich auflichtende Nadelwälder (*Piceetalia abietis*, besonders Lärche und Arve) sowie Gebüsche aus *Pinus mugo* und *Alnus viridis*, durchsetzt mit alpinen Gesellschaften. In stark ozeanischen Gebirgen noch Buchenwälder und -gebüsche. Bereich bis zur klimatischen Wald- und Baumgrenze, die bei Almwirtschaft schwer zu erkennen ist.

Alpine Stufe: Wald- und baumfreie Hochgebirgsstufe mit niedrigwüchsiger, großenteils im Schneeschutz überwinternder, oft vielfältiger Vegetation. Hohe Eigenständigkeit durch alpine Vegetationsklassen (*Seslerieta, Juncetea trifidi, Salicetea herbaceae, Loiseleurio-Vaccinietea* u. a.). Die Verteilung der noch vorwiegend dichtgeschlossenen Pflanzengesellschaften ermöglicht eine Gliederung in zwei bis drei Unterstufen, außerdem oft eine klare Unterscheidung von Teilstufen basenreicher und -armer Gesteine.

Subnivale Stufe: Übergangsbereich mit starken Verzahnungen nach oben und unten. Steile Felsen, Schuttfluren und Periglazialerscheinungen (Bodenfließen u. a.) bedingen eine lückige bis inselförmige Pflanzendecke aus Pionierrasen, Polstern, Felsspalten- und Schuttgesellschaften sowie reichlicher Kryptogamenvegetation.

Nivale Stufe: Stufe des ewigen Schnees oberhalb der klimatischen Schneegrenze. Phanerogamen oft nur noch einzeln an kleinklimatisch begünstigten Sonderstandorten oder in Fragmenten von Rasen-, Schutt- und Felsspalten-Gesellschaften. Offene, steile Felswände mit Kryptogamen.

Aus der Nivalstufe werden Höhenrekorde einzelner Blütenpflanzen gemeldet. BRAUN-BLANQUET (1958) fand im Schweizer Nationalpark bei 3200 m noch verschiedene *Saxifraga*-Arten. Allgemein sind die weniger schroff verwitternden Silikatbereiche dort etwas artenreicher als Kalkgesteine (über 3000 m: 53 zu 31 Sippen). REISIGL & PITSCHMANN (1958) geben eine breitere Übersicht der Funde aus der subnival-nivalen Stufe. Besonders hoch steigt oft *Ranunculus glacialis* (Westalpen: 4270 m, Ostalpen: 3680 m). Als neuer Rekord kann die Angabe über *Saxifraga biflora* mit 4450 m im Wallis gelten (ANCHISI 1985).

Eine abweichende Definition der Höhenstufen der Alpen gibt LANDOLT (1983). Er grenzt die Stufen nach Höhengrenzen von Bäumen bzw. krautigen Arten oberhalb des Waldes ab (z. B. *Quercus*-kollin, *Fagus*-montan, *Picea*-subalpin), was nur teilweise mit obiger Gliederung übereingeht.

Die grundlegende Stufenfolge ist in allen Gebirgen Mitteleuropas nachweisbar, allerdings in unterschiedlicher Klarheit bzw. Verzahnung. Bei starken Kaltluftansammlungen oder in sehr schattigen Schluchten kann es kleinräumig zur **Stufenumkehr** kommen. Bekannt sind die tiefen Karstdolinen Südosteuropas, wo unterhalb der Buchenwälder ein Fichtenwald wächst (HORVAT et al. 1974, s. auch BRAUN-BLANQUET 1964, S. 724).

Über eine allgemeine Anwendung der Stufenbegriffe gehen die Meinungen auseinander. MEUSEL et al. (1965 ff.) benutzen die Stufung planar-kollin-montan-subalpin-alpin weltweit, um hierauf aufbauend Pflanzenareale genauer und allgemein definieren zu können (s. auch XII 2.2). ELLENBERG (1975) verwendet dieselben Begriffe z. B. auch für die Höhenstufen der Anden, FRAHM (1990) für tropische Regenwaldgebiete (mit Abgrenzung der Stufen durch Moose). Besonders für das klimatisch und floristisch deutlich abweichende Mediterrangebiet werden dagegen häufig andere Begriffe verwendet. RIVAS-MARTINEZ (1981) bedauert die Verwirrung, welche die Anwendung mitteleuropäischer Begriffe hervorrufen kann (s. auch PIGNATTI 1980a).

Verfolgt man die mitteleuropäische Höhenstufung über die Alpen nach Süden, muß man den thermischen Gradienten nach unten verlängern und findet am Alpensüdfuß eine **submediterrane** und **mediterrane Stufe** (s. MAYER 1984, OZENDA 1988). Im Mediterrangebiet selbst machen sich neben dem Wärmegradienten auch höhen- und expositionsbedingte Feuchteunterschiede stärker bemerkbar, was zur Unterscheidung von Unter- und Teilstufen führt. Außerdem weicht vor allem in tiefen und sehr hohen Lagen der Floren- und Vegetationscharakter deutlich vom mitteleuropäischen ab.

WALTER & BRECKLE (1991) unterscheiden für das Mediterrangebiet eine humide Höhenstufung, die oberhalb des mediterranen Tieflandes noch den Vegetationsstufen Mitteleuropas ähnelt, und die eigentliche mediterrane Stufenfolge mehr arider Bereiche, in denen die Sommer bis in die höchsten Stufen trocken sind. Hier folgen über der unteren Hartlaubstufe immergrüne Wälder aus *Pinus*- und *Abies*- (*Cedrus*-, *Cupressus*-) Arten.

Aus pflanzensoziologischer Sicht erscheint es durchaus sinnvoll, die Höhenstufen verschiedener Vegetationskreise (s. 4.1.2) auch namentlich zu differenzieren. So hat OZENDA (1975) nach breiter Analyse der Höhenstufung in verschiedenen Gebieten Südeuropas bis Nordafrikas folgende Stufen unterschieden (s. auch RIVAS-MARTINEZ 1981, 1982):

Thermomediterrane Stufe: sehr sommerwarm-wintermilde und trockene Küstenbereiche, vorwiegend im mittleren bis südlichen Mediterrangebiet. Immergrüne Ölbaum-Johannisbrotbaum-Stufe des *Oleo-Ceratonion*.

Mesomediterrane Stufe: weit verbreitete untere Stufe der immergrünen Eichenwälder (*Quercion ilicis*) sowie einiger Kiefernwälder unter sommertrockenem Klima.

Supramediterrane Stufe: sommergrüne bis immergrüne Eichenstufe (*Quercetalia pubescenti-petraeae*, z. T. *Quercion ilicis*) unter etwas feuchteren und kühleren Klimabedingungen.

Oromediterrane Stufe: Laub-/Nadelwaldstufe mit stärkerer geographischer und kleinräumiger Differenzierung in hygrische Teilstufen. *Fagetalia*, *Piceetalia* und andere Nadelwälder.

Altimediterrane Stufe: Dornpolster-Rasen-Stufe oberhalb der Waldgrenze mit vielen Endemiten und entsprechender pflanzensoziologisch-räumlicher Differenzierung auf hoher syntaxonomischer Ebene (z. B. *Astragaletalia sempervirentis*, *Erinacetalia*).

RIVAS-MARTINEZ (1981, 1982) unterscheidet zwei Grundtypen der Höhenstufung für Europa nach Vegetationskreisen (Regionen):

– Eurosibirischer Kreis: Kollin-montan-subalpin-alpin.

– Mediterraner Kreis: thermo-, meso-, supra-, oro-, cryoromediterran.

Er spricht von bioklimatischen Vegetationsstufen, die mit Klimadaten untermauert werden (mittlere Jahrestemperatur und mittleres Minimum des kältesten Monats). Für die Iberische Halbinsel werden sechs Feuchtetypen von arid bis perhumid nach der Niederschlagshöhe unterschieden, woraus sich entsprechende Teilstufen ableiten lassen, die durch bestimmte Syntaxa gekennzeichnet sind. In Abb. 290 werden Gesellschaften der (potentiell) natürlichen Vegetation nach Temperatur- und Feuchtegradienten geordnet. Das Ökogramm läßt Gruppierungen erkennen, die man bestimmten Höhenstufen und Teilstufen zuordnen kann. Ein ent-

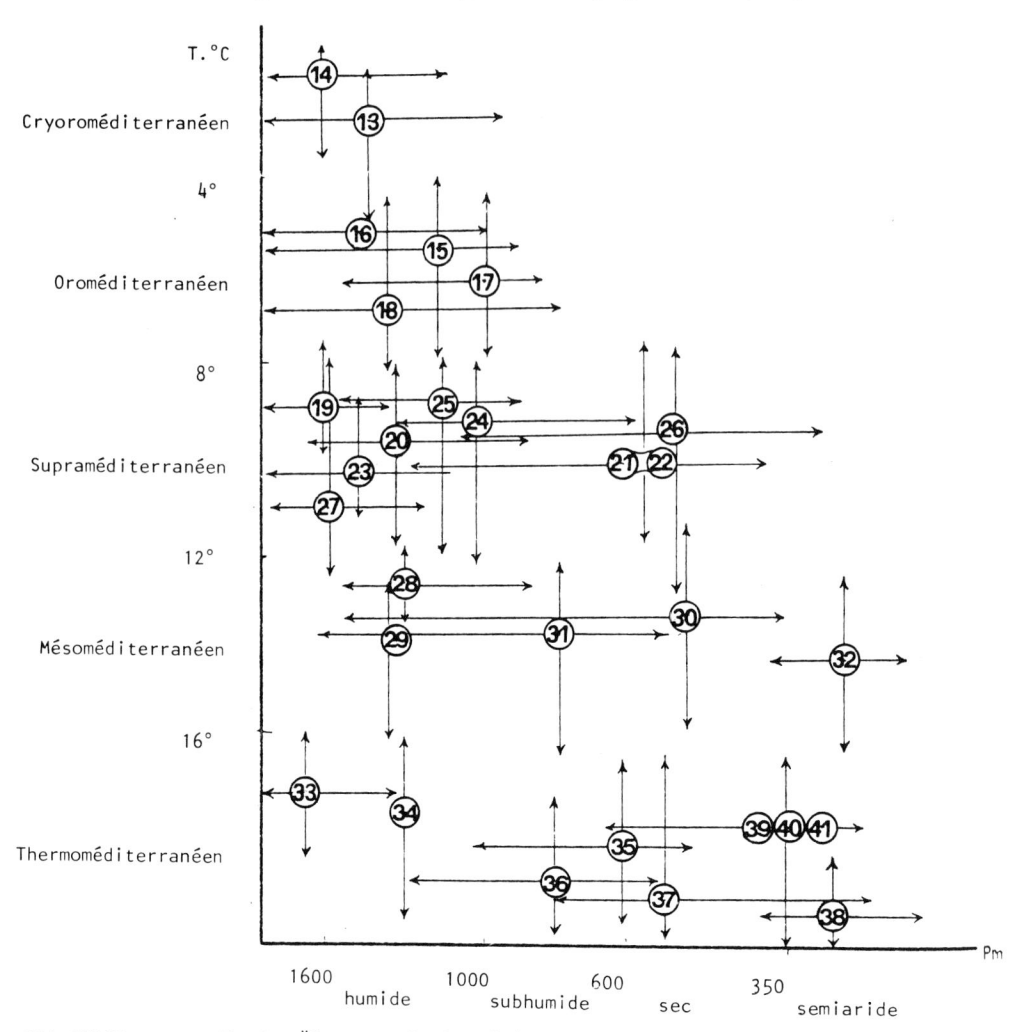

Abb. 290. Temperatur-Feuchte-Ökogramm der thermischen Höhenstufen und hygrischen Teilstufen der Vegetation Spaniens (aus RIVAS-MARTINEZ 1982). Der Temperaturgradient enthält die Jahresmitteltemperatur, der Feuchtegradient den Jahresniederschlag. Die Ziffern bezeichnen dynamische Serien bzw. Sigmeten.

sprechendes Schema hat ELLENBERG (1975) für Höhenstufen der tropischen Anden von perhumiden bis zu perariden Verhältnissen entworfen.

Durch hygrische Unterschiede des Klimas ergeben sich also Teilstufen, die von OZENDA (1988) auch für die Alpen als hygrophile, mesophile und xerophile Teiltypen Verwendung finden. Im Mediterrangebiet ist diese Differenzierung wesentlich schärfer, oft schon auf kleinerem Raum erkennbar, wie es ERN (1966) für Iberien, ELLENBERG (1964) und DIERSCHKE (1981d) für Korsika, BERGMEIER (1990) und RAUS (1979) für Griechenland dargestellt haben (s. Abb. 291).

In Nordeuropa sind die Höhenstufen und Zonen bzw. Unterzonen besonders ähnlich, entsprechend auch das Begriffssystem. AHTI et al. (1968) und HÄMET-AHTI (1979) benutzen die Zonenbegriffe mit dem Zusatz „oro", z. B. arktisch-oroarktisch, boreal-oroboreal.

Wenn auch die begrifflichen Unterschiede mehr oder weniger sinnvoll oder verwirrend sein mögen, sollte auf jeden Fall klar zwischen horizontalen Vegetationszonen und vertikalen Höhenstufen unterschieden werden (s. auch PIGNATTI 1980a). Erstere werden durch die klimazonale Vegetation mittlerer Standorte der Tieflagen charakterisiert, letzere durch höhenklima-

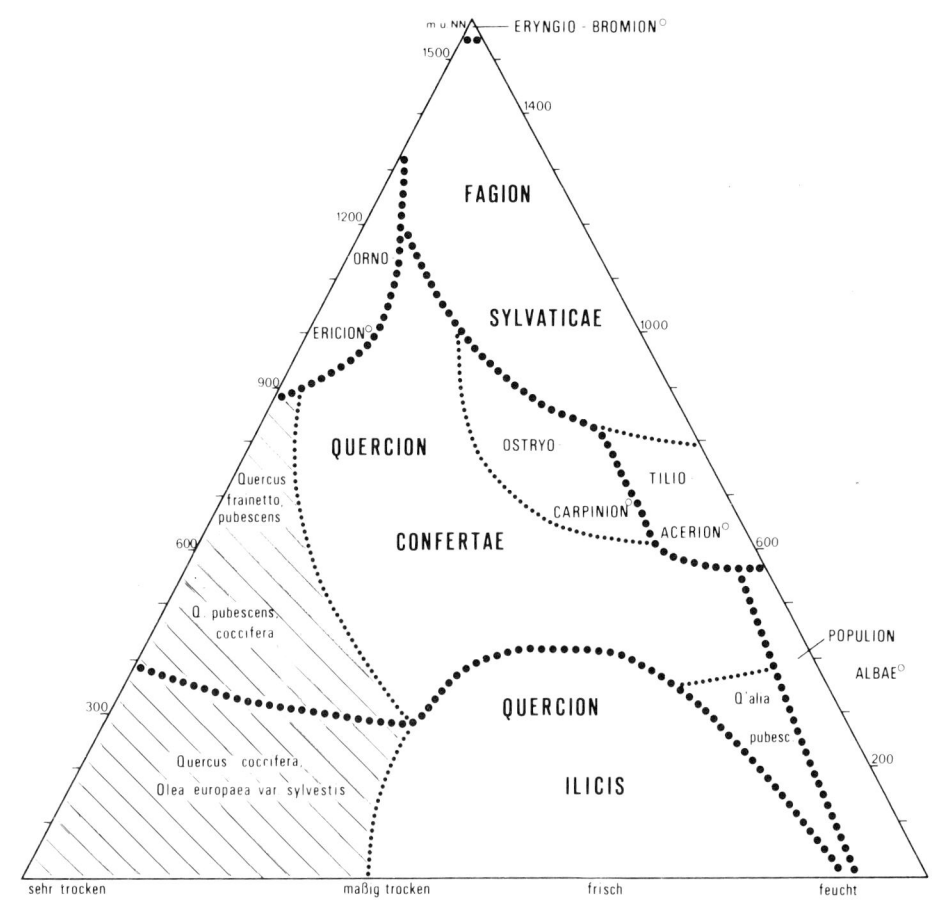

Abb. 291. Verbreitung von Vegetationsverbänden des Niederen Olymp (Griechenland) in einem Höhen-Feuchte-Ökogramm (aus BERGMEIER 1990). Der schraffierte Bereich ist heute ohne naturnahe Vegetation.

tisch bedingte, aber gleichfalls dem Großklima unterliegende, vorherrschende Vegetationstypen. In großräumigen Gebirgsbereichen gibt es demnach keine zonale Vegetation i. e. S. (s. auch XII 3.2). In der Literatur werden nicht selten Zonalität und Etagierung wenig übersichtlich verbunden oder verwechselt.

Auf die Höhenstufung anderer Gebiete wird hier nicht näher eingegangen. Viele Beispiele der Waldstufen Europas geben JAHN (1991), MAYER (1984), für die Alpen und Nachbargebiete OZENDA (1988). Über Höhenstufen in anderen Erdteilen unterrichten u. a. ELLENBERG (1975), KLINK & MAYER (1983), SCHMITHÜSEN (1968), SCHROEDER (1983), STOCKER (1963), TROLL (1948, 1961) WALTER & BRECKLE (1984, 1991).

4.2.3 Pflanzensoziologisch begründete Höhenstufen

Die im vorigen Kapitel dargestellte Höhenstufung ist sehr allgemein, mehr vegetationsgeographisch ausgerichtet und subjektiv anwendbar. Sie kann sowohl floristisch-vegetationskundlich als auch mehr ökologisch-klimatisch definiert werden. Begriffe wie kollin oder montan sagen zunächst nur etwas über die relative Lage eines Höhenbereiches innerhalb der Gesamtstufung aus, wenn auch meist damit schon mancherlei Vorstellungen verknüpft sind. Für genauere pflanzensoziologische Analysen ergeben sich hieraus nur grobe Richtlinien. Im Detail hat jedes Gebirge, vielleicht sogar jeder Berg seine Eigenheiten (s. auch OBERDORFER 1950, GLAVAC & BOHN 1970). Bestimmte Stufen können besonders deutlich hervortreten oder ganz unterdrückt sein. Die Grenzen zwischen zwei Stufen variieren oft schon stärker nach der Hangexposition. Häufig sind überhaupt mehr gleitende Übergänge und Verzahnungen als deutliche Stufen vorhanden. Das Gesellschaftsinventar ist abhängig von lokalen Gesteins-, Relief- und Klimabedingungen sowie von anthropogenen Einflüssen, großräumiger auch von florengeschichtlichen Grundlagen. So warnt BRAUN-BLANQUET (1964, S. 724) vor Versuchen, die Vegetationsstufen weit entfernter Gebirge vergleichend zu parallelisieren. Bei genaueren Untersuchungen gilt dies auch für kleinere Gebiete.

Durch Auswertung von etwa 50 Einzelbeschreibungen der Höhenstufung hat HAEUPLER (1970) eine Typisierung von Vegetationsabfolgen für Mitteleuropa und angrenzende Gebiete versucht, wobei die noch ungenügende Datenbasis betont wird. Als Hauptmerkmale werden die Art der Waldgrenze und die Ausbildung der Montanstufe benutzt. Es ergibt sich eine Grundgliederung in stärker ozeanisch beeinflußte Gebirge, in denen *Fagus sylvatica* die Waldgrenze bildet, und mehr subkontinental getönte Gebirge mit einer oberen Nadelwaldstufe. Abb. 292 und 293 zeigen Querschnitte durch Mitteleuropa und die Verteilung der acht gefundenen Typen, für die Mittelgebirge mit dem ozeanischen Vogesen- und dem subkontinentalen Hercynischen Typ, letzterer mit zwei Untertypen (mit und ohne *Abies alba*).

Zumindest für Gebietsbetrachtungen ist also die alleinige Kennzeichnung von Höhenstufen durch allgemeine Begriffe wenig aussagekräftig, wenn auch übersichtlich. Es empfiehlt sich, diese Begriffe mit pflanzensoziologischen Inhalten zu verbinden, um die individuellen Züge der Stufen besser kenntlich zu machen. Hierfür eignen sich herrschende Formationen oder Schlußgesellschaften, in stärker anthropogen geprägten Bereichen auch Gesellschaften der potentiell natürlichen Vegetation. BRAUN(-BLANQUET) hat bereits 1913 für die Hochalpen Graubündens eine untere und obere alpine Stufe als Zwergstrauch- und Rasengürtel unterschieden, in der Nivalstufe eine Abfolge Pionierrasen-, Dikotylen-, Kryptogamengürtel. Dies zeigt schon die besseren Variationsmöglichkeiten in Anpassung an die Verhältnisse eines Gebietes. 1915 beschrieb BRAUN für die Cevennen eine Steineichen-, Flaumeichen- und Buchenstufe. LÜDI (1921) benutzte bereits Gesellschaftsnamen (*Nardetum-*, *Curvuletum*-Gürtel). BRAUN-BLANQUET (1928) wies auf zahlreiche gebietsspezifische Unterschiede der Höhenstufen hin.

Pflanzensoziologische Kenntnisse lassen sich in verschiedener Genauigkeit für die Definition und Abgrenzung von Höhenstufen verwenden. Oft werden die zuvor mehr allgemein erkannten Stufen im Nachhinein mit Angaben vorkommender Pflanzengesellschaften unterlegt. Abb. 294 zeigt Hauptverbreitung und Gesamt-Höhenamplitude verschiedener Pflanzengesellschaften, aus deren gruppenweisen Schwerpunkten Höhenstufen zu erkennen sind. Eine ähnliche Darstellung gibt LANDOLT (1983) für die Höhenamplituden wichtiger Baumarten.

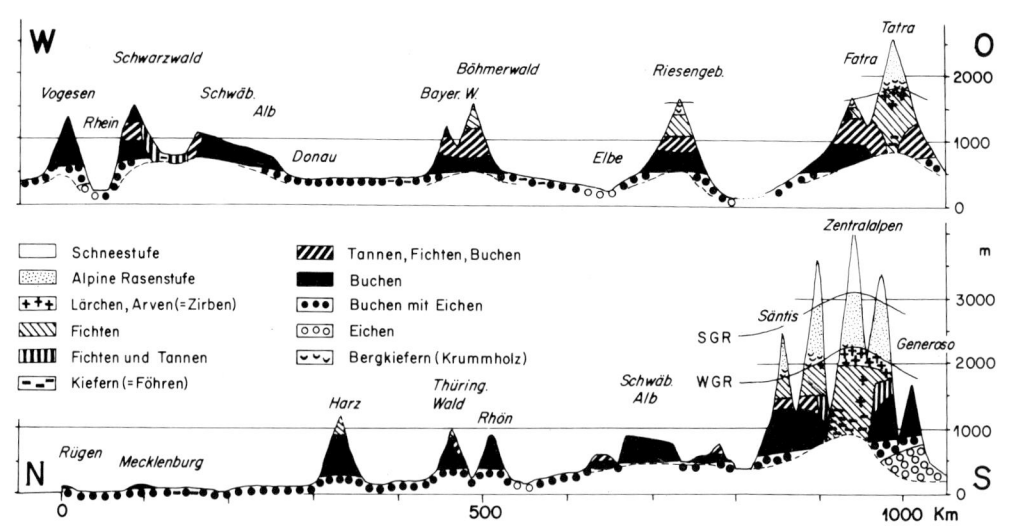

Abb. 292. Höhenstufen der Vegetation in zwei Querschnitten West-Ost und Nord-Süd durch Mitteleuropa (aus ELLENBERG 1978).

Größere vegetationsräumliche Einheiten   543

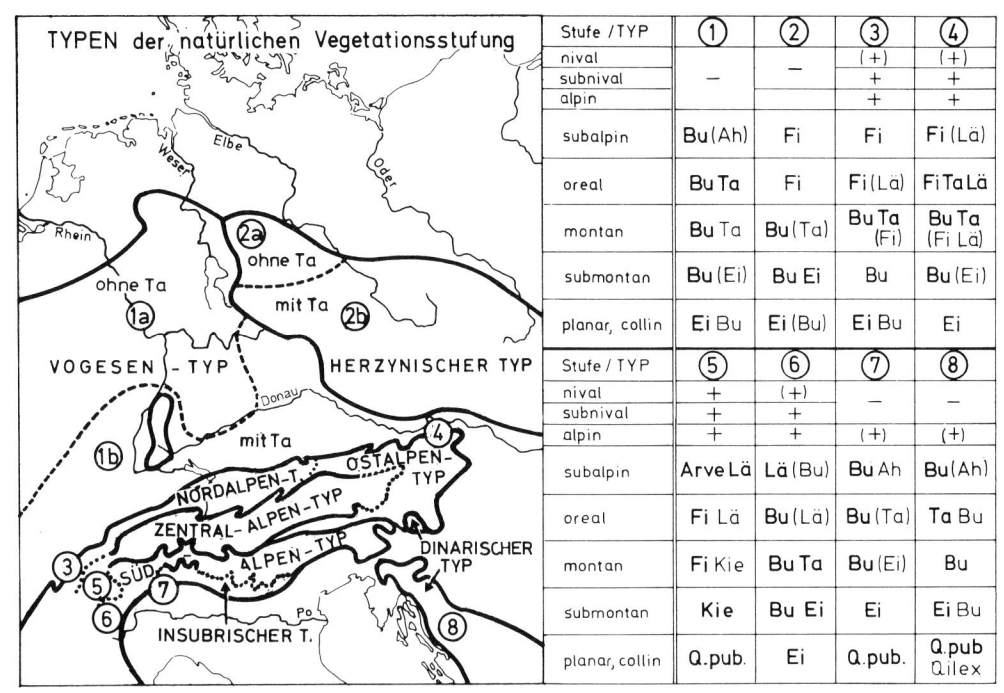

Stufe / TYP	①	②	③	④
nival			(+)	(+)
subnival	−	−	+	+
alpin			+	+
subalpin	Bu(Ah)	Fi	Fi	Fi(Lä)
oreal	Bu Ta	Fi	Fi(Lä)	Fi Ta Lä
montan	Bu Ta	Bu(Ta)	Bu Ta (Fi)	Bu Ta (Fi Lä)
submontan	Bu(Ei)	Bu Ei	Bu	Bu(Ei)
planar, collin	Ei Bu	Ei(Bu)	Ei Bu	Ei

Stufe / TYP	⑤	⑥	⑦	⑧
nival	+	(+)	−	−
subnival	+	+		
alpin	+	+	(+)	(+)
subalpin	Arve Lä	Lä(Bu)	Bu Ah	Bu(Ah)
oreal	Fi Lä	Bu(Lä)	Bu(Ta)	Ta Bu
montan	Fi Kie	Bu Ta	Bu(Ei)	Bu
submontan	Kie	Bu Ei	Ei	Ei Bu
planar, collin	Q.pub.	Ei	Q.pub.	Q.pub. Q.ilex

Abb. 293. Typen der Höhenstufung in Mitteleuropa und umliegenden Gebieten (nach HAEUPLER aus ELLENBERG 1978). 1, 6–8: ozeanischer Grundtyp; 2–5: subkontinentaler Grundtyp.

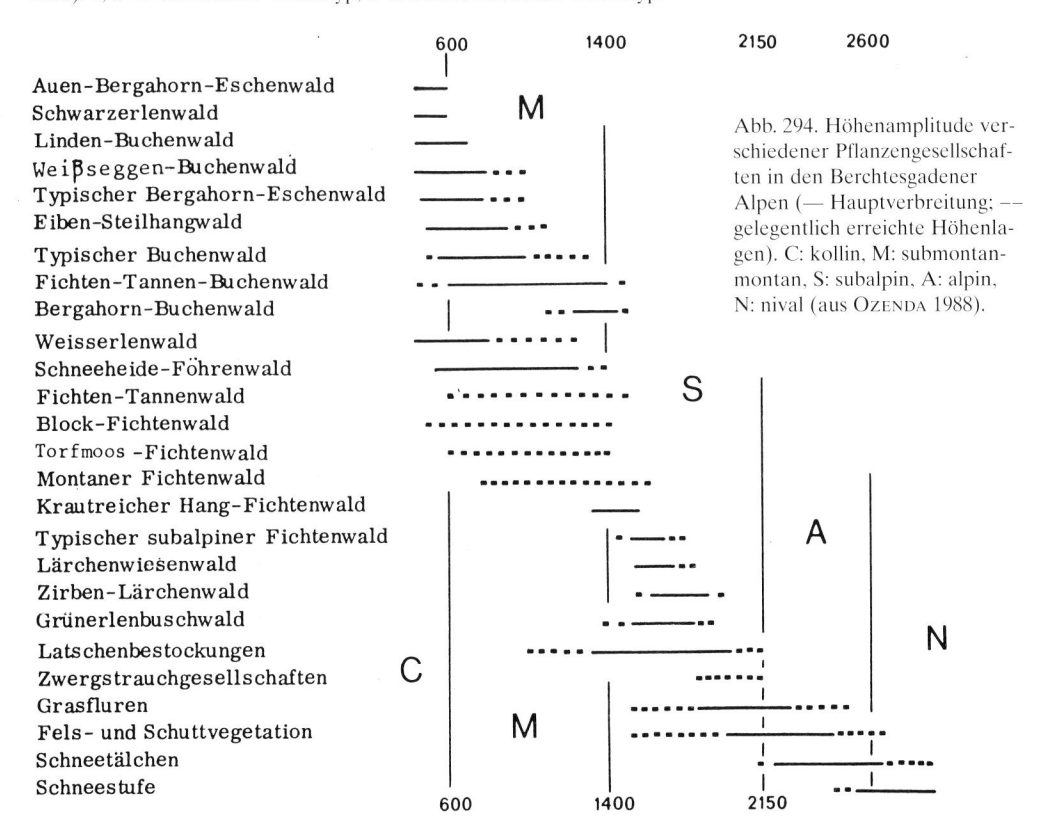

Abb. 294. Höhenamplitude verschiedener Pflanzengesellschaften in den Berchtesgadener Alpen (— Hauptverbreitung; -- gelegentlich erreichte Höhenlagen). C: kollin, M: submontan-montan, S: subalpin, A: alpin, N: nival (aus OZENDA 1988).

Auen-Bergahorn-Eschenwald
Schwarzerlenwald
Linden-Buchenwald
Weißseggen-Buchenwald
Typischer Bergahorn-Eschenwald
Eiben-Steilhangwald
Typischer Buchenwald
Fichten-Tannen-Buchenwald
Bergahorn-Buchenwald
Weisserlenwald
Schneeheide-Föhrenwald
Fichten-Tannenwald
Block-Fichtenwald
Torfmoos-Fichtenwald
Montaner Fichtenwald
Krautreicher Hang-Fichtenwald
Typischer subalpiner Fichtenwald
Lärchenwiesenwald
Zirben-Lärchenwald
Grünerlenbuschwald
Latschenbestockungen
Zwergstrauchgesellschaften
Grasfluren
Fels- und Schuttvegetation
Schneetälchen
Schneestufe

Abb. 295 vermittelt einen Überblick der Stufung von Nord nach Süd durch die Schweizer Alpen. Hier lassen sich sowohl Höhenstufen mit bestimmten Leitgesellschaften und charakteristischen Arten in ihren Höhenamplituden als auch bestimmte Typen der Stufung quer zur Längserstreckung der Alpen erkennen. MAYER (1983) spricht von Waldgebieten (Wuchsräumen, Landschaftsgebieten), die als enger begrenzte Räume mit einheitlicher Klimaxgesellschaft und übereinstimmendem Waldgesellschafts-Komplex, ähnlichen ökologischen (besonders klimatischen) Bedingungen und vergleichbarer Waldgeschichte definiert werden. Sie entsprechen demnach den in Kapitel 4.1.1 besprochenen natürlichen Vegetationsgebieten bzw. Vegetationsbezirken (4.1.2), wenn auch hier die anthropogenen Ersatzgesellschaften nicht erwähnt sind. Für das Allgäu hat OBERDORFER schon 1950 solche Vegetationsbezirke einer Höhenstufung beschrieben, differenziert nach der Gesamtheit vorkommender Pflanzengesellschaften. In enger Verbindung von horizontaler und vertikaler Gliederung kommt MAYER zu einer Gliederung der Alpen in drei Waldgebiete mit jeweils mehreren „Wuchsbezirken" (etwa Vegetationsdistrikte nach 4.1.2).

In Tabelle 53 ist das Gesellschaftsinventar des Fimbertales in den Zentralalpen zusammengestellt, wie es auf einer mehrtägigen Exkursion mit Studenten ermittelt wurde. Die Gesellschaften sind im nachhinein den grob erkennbaren Höhenstufen zugeordnet, diese werden entsprechend nach physiognomischen und pflanzensoziologischen Kriterien benannt. Es ergeben sich mehr oder weniger deutliche Gesellschaftsgruppen mit Charakter- und Begleitgesellschaften folgender Höhenstufen:

1. Oreale Fichtenwald-Stufe (bis 2050 m): Vorherrschend Fichtenwälder, auf Verebnungen und flacheren Hängen durchsetzt mit Wiesen und Weiden. Eingestreut sind Hochstauden-, Quell- und Lägerfluren.

2. Subalpine Arvenwald/Rhododendron/Grünerlen-Stufe (bis 2300 m): Parklandschaft mit Mosaik von Waldresten, Einzelbäumen, Grünerlengebüschen, Zwergstrauchheiden, Wiesen und Weiden, Hochstauden-, Quell- und Lägerfluren sowie einzelnen Schuttkegeln. Stark von Almwirtschaft geprägt.

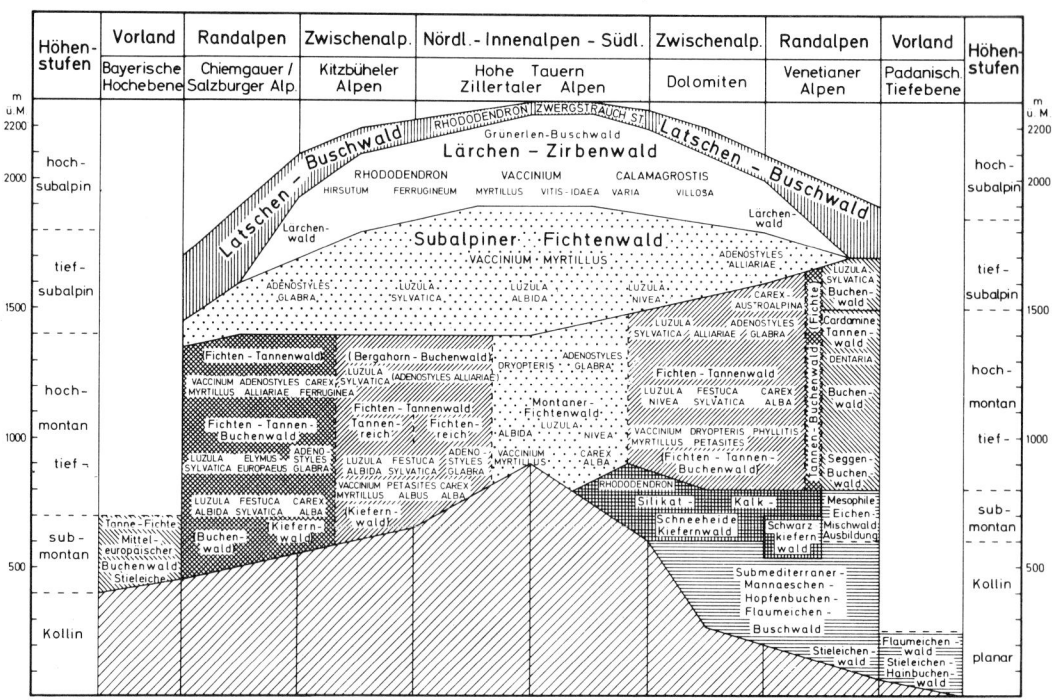

Abb. 295. Vegetationsprofil der Waldgesellschaften durch die Schweizer Alpen (aus MAYER 1983). Erläuterung im Text.

Tab. 53. Höhenstufen und Verbreitung wichtiger Pflanzengesellschaften im Fimbertal (Zentralalpen). Nomenklatur der Gesellschaften nach OBERDORFER 1990. Erläuterung im Text.

	1	2	3	4	5
Homogyno-Piceetum	●				
Astrantio-Trisetetum	○	+			
Rumicetum alpini	○	○			
Cicerbitetum alpinae	○	○	+		
Caricetum davallianae	○	○	+		
Cratoneuretum falcati	○	○	○		
Bryo-Philonotidetum seriatae	+	○	○		
Alnetum viridis	+	●	+		
Aveno versicoloris-Nardetum	+	○	○		
Vaccinio-Pinetum cembrae		●			
Vaccinio-Rhododendretum		●	+		
Arctostaphylo-Juniperetum nanae		○	●		
Cetrario-Loiseleurietum		+	●	○	
Peucedano-Cirsietum spinosissimi			○		
Caricetum fuscae			○		
Primulo-Caricetum curvulae			+	●	+
Seslerio-Caricetum curvulae			+	●	+
Salicetum herbaceae			+	●	+
Elynetum			+	○	+
Oxyrietum digynae			+	+	○
Androsacetum alpinae					○
Cryptogrammetum					○
Campanulo-Saxifragetum					○
Androsacetum helveticae					○

● Schwerpunkt, oft großflächig
○ Schwerpunkt, beigemengt
+ randlich übergreifend

3. Unteralpine Heide-Rasen-Stufe (bis 2400 m): Vorherrschend Weiderasen, durchsetzt von Zwergstrauchheiden, Quellfluren, Sümpfen und Schneemulden.
4. Oberalpine Krummseggenrasen-(Blaugras-)Stufe (bis 2550/2750 m): Vorherrschend Weiderasen und Schneeboden-Gesellschaften, auf Kalk Blaugras- und Nacktriedrasen. Vereinzelt offene Schuttfluren.
5. Hochalpin-subnivale Rasenflecken-Schuttflur-Stufe: Auflösung der Rasen zu kleineren Flecken zwischen Schutthalden und Schneefeldern.

Diese Darstellung ergibt zusammen mit Vegetationstabellen der Pflanzengesellschaften einen guten Einblick in die horizontale und vertikale Struktur der Vegetationsmosaike. Eine ähnliche Gebietsgliederung in Höhenstufen nach zahlreichen Pflanzengesellschaften beschreibt HERTER (1990) für ein Tal der Allgäuer Alpen.

Mit diesen Beispielen ist der Übergang zur Synsoziologie gegeben. Während hier mehr deduktiv Gesellschaften den Höhenstufen zugeordnet werden, verspräche ein induktives Vorgehen über Sigma-Aufnahmen und deren Auswertung (s. 3.2) noch klarere Ergebnisse und eine schärfere Definition der Stufen. Ein Beispiel aus der Tatra wurde bereits in Kapitel 3.4 vorgestellt (BALCERKIEWICZ & WOJTERSKA 1978; s. auch RIVAS-MARTINEZ & GÉHU 1978). Dieser Ansatz sollte daher weiter verfolgt werden.

Bei synsoziologischen Untersuchungen kommt es sehr auf die Feinheit der unterschiedenen Vegetationseinheiten an. In obiger Tabelle würden bei Erfassung aller Vegetationstypen einschließlich kennartenloser Gesellschaften und Fragmente vermutlich die Höhenstufen noch deutlicher hervortreten. Auch eine feinere Untergliederung von Assoziationen, vor allem nach Höhenformen, wäre hilfreich. Hierzu wurden bereits Beispiele unter VIII 4.2.5 gegeben.

HOFMANN (1964) ordnete bereits Stetigkeitsspalten von Waldgesellschaften der Rhön nach ihrer Höhenlage in einer Übersichtstabelle und fand Artengruppen zur Differenzierung von drei Höhenstufen. Auch in Ökogrammen läßt sich die Höhenstufung einbauen. So hat HERTER (1990) für montane bis alpine Rasengesellschaften auf einer Achse die Höhenstufen, auf der zweiten Nutzungstyp und Wasserhaushalt dargestellt. Angaben zur Gesellschaftsdiversität und zum Natürlichkeitsgrad ergeben ebenfalls stufenspezifische Unterschiede.

Schließlich sei noch auf ein vegetationskundlich-induktives Verfahren zur Ermittlung und Abgrenzung von Höhenstufen hingewiesen, das GLAVAC & BOHN (1970) für die Buchenwälder des Vogelsberges darlegen. Sie benutzten über 2000 Vegetationsaufnahmen mit Höhenangaben und suchten nach Arten mit bestimmten Höhenschwerpunkten, indem sie für jede geeignet erscheinende Sippe ihre Verteilung in 50-m-Stufen auswerteten (Stetigkeit bezogen auf alle Aufnahmen einer Stufe). Für jede Art ergibt sich eine Kurve, die ihren Verbreitungsschwerpunkt erkennen läßt. Eine Zusammenfassung zeigt Abb. 296. Eine schärfere floristische Höhengrenze deutet sich etwa bei 500 m an, gleichzeitig eine Artengruppe für Tieflagen und eine für Hochlagen. Mit weiteren statistischen Vergleichen ergibt sich für die Höhengrenze der Wert 474 m. Die beiden Stufen können grob als submontane und montane Buchenwald-Stufe eingeordnet werden. Entsprechend

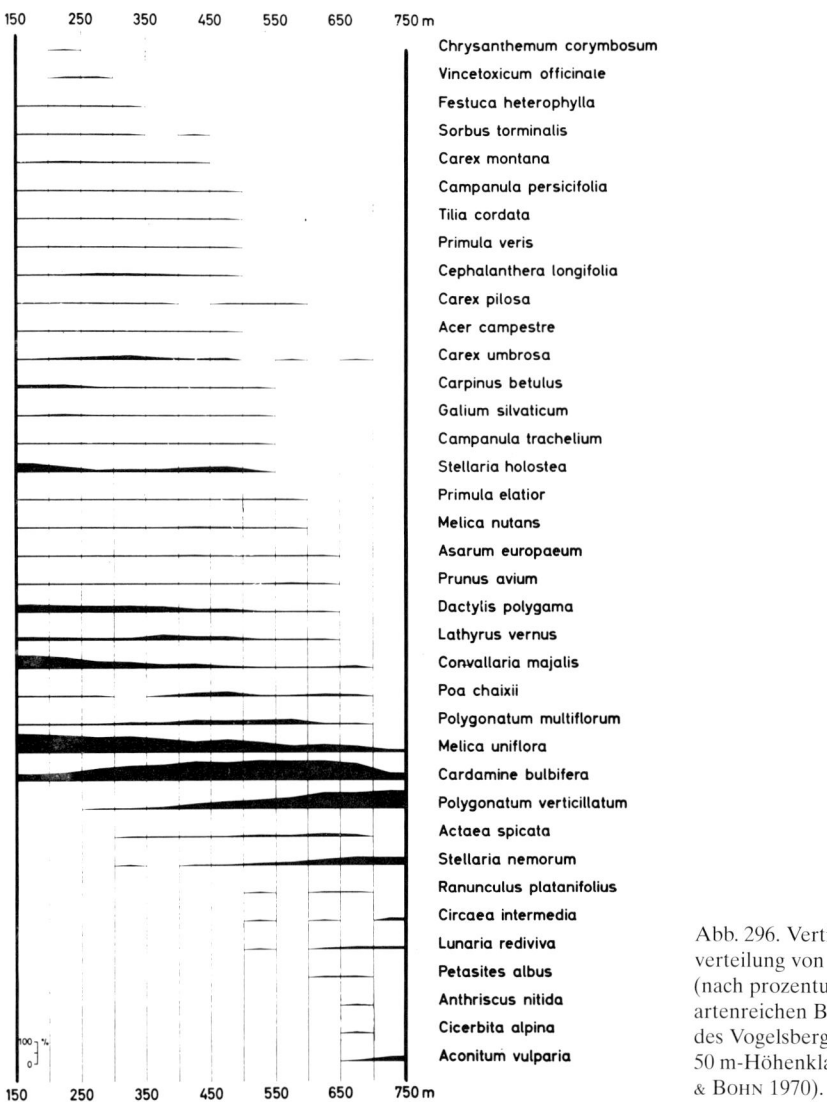

Abb. 296. Vertikale Häufigkeitsverteilung von Pflanzenarten (nach prozentualer Stetigkeit) in artenreichen Buchenwäldern des Vogelsberges, gegliedert in 50 m-Höhenklassen (aus GLAVAC & BOHN 1970).

hat HUNDT (1985) Bergwiesen der Schweiz nach Höhenklassen von 100 m analysiert und Trennarten für Höhenformen gefunden. Wenn Höhenstufen in irgendeiner Weise festgelegt sind, kann man umgekehrt Höhenspektren für bestimmte Gesellschaften erstellen (s. XII 3.5).

5 Vegetationskartierung und Vegetationskarten

5.1 Allgemeines

Räumliche Beziehungen von Pflanzengesellschaften sind am klarsten in Vegetationskarten darstellbar. In vorhergehenden Kapiteln wurden schon Beispiele gebracht, ohne auf Methoden der Kartierung und Kartentypen näher einzugehen (z. B. Abb. 93, 229, 239, 278). Während bei anderen Blickrichtungen der Pflanzensoziologie Inhalt und Verhalten (Artenkombination, Struktur, Rhythmik, Dynamik u. a.) von Beständen und Gesellschaften mehr punktuell analysiert werden, man sich bevorzugt homogene Bestandesflächen im räumlichen Kernbereich eines Vegetationstyps heraussucht, wird bei der Vegetationskartierung flächendeckend gearbeitet.

Für eine Kartierung müssen folgende Grundbedingungen erfüllt sein:
– Die Vegetation muß sich in Typen gliedern lassen. Hierzu wurde in Teil VII/VIII ausführlich und positiv Stellung genommen.
– Die erkennbaren Vegetationstypen müssen sich voneinander abgrenzen lassen, d. h. in nicht zu breiten Übergängen aneinander grenzen. Dieser kontrovers diskutierten Frage wird unter 5.3 nachgegangen.
– Das zu kartierende Gebiet muß vollständig pflanzensoziologisch erfaßt sein, einschließlich aller Fragmente, Randerscheinungen, Durchdringungen und Überlagerungen.

Inhalt und Darstellungsweise von Vegetationskarten hängen von vielen Einzelheiten ab, z. B. vom Kenntnisstand über die Vegetation selbst, von der Art der Kartierungseinheiten, von der Kartierungsmethode, vom Maßstab und nicht zuletzt vom Ziel der zu erstellenden Karte. In jedem Fall ist die Karte Endprodukt oft umfangreicher Vorarbeiten oder zumindest breiter Vorkenntnisse, ein Ergebnis echter Forschungsarbeit.

Die folgende Darstellung konzentriert sich auf pflanzensoziologische Karten, d. h. Karten von Pflanzengesellschaften im Sinne von BRAUN-BLANQUET und daraus mögliche Ableitungen. Vielfach wird analytisch-induktiv vorgegangen, mit der unmittelbaren Geländekartierung beginnend. Sie führ zu sehr genauen Darstellungen räumlicher Vegetationskomplexe, kann über Generalisierung und Verkleinerung auch größere Übersichten vermitteln. Daneben gibt es Karten, die mehr deduktiv am Schreibtisch entworfen werden, durch Synthese verschiedener Unterlagen und großer Erfahrung des Bearbeiters. Meist sind aber Analyse und Synthese eng verbunden, zumindest im Kopf des Kartierers.

Vegetationskarten i. w. S. gibt es schon, solange überhaupt Karten hergestellt werden. Auch in alten mehr topographischen Karten sind oft grobe Vegetationstypen eingetragen (z. B. Wald, Heide, Moor, Kulturland). Einige nähere Angaben zu alten Karten machen BRAUN-BLANQUET (1964, S. 757 ff.), SCHMITHÜSEN (1968), KÜCHLER & ZONNEVELD (1988, S. 3). Bereits 1872 stellte GRISEBACH den ersten Entwurf einer Formationskarte der Erde vor. Eigentliche pflanzensoziologische Karten, die auf genauer Kenntnis der Pflanzengesellschaften aufbauen, gibt es seit den 20er Jahren, z. B. von LÜDI (1921; 1:50 000), SZAFER et al. (1923; 1:37 500). Auch die pflanzengeographische Karte 1:50 000 von RÜBEL (1912) aus dem Berninagebiet zeigt schon in diese Richtung. Die Zahl der Karten hat bald rasch zugenommen, einmal als wissenschaftliches Ergebnis, vor allem aber als Grundlage vieler Fragen der Angewandten Pflanzensoziologie (s. 5.7).

Frühe Entwicklungszentren pflanzensoziologischer Karten liegen in Europa. An erster Stelle ist die **Stolzenauer Schule** zu nennen, wo in der Bundesanstalt für Vegetationskartierung und Vorläufern unter Leitung von R. TÜXEN viele Erfahrungen gesammelt und Grundlagen gelegt wurden. Diese strahlten in weite Teile Europas aus. Erwähnt seien hierzu entsprechende Bibliographien von KÜCHLER (1966: Europa), TÜXEN & STRAUB (1966: Deutschland), A. MATUSZKIEWICZ (1986: Polen), NEUHÄUSLOVÁ & NEUHÄUSL (1982: Tschechoslowakei). Ein sehr wichtiger Ableger hat sich in Japan unter Leitung von A. MIYAWAKI ergeben, wo viele Stolzenauer Grundlagen weiterentwickelt wurden und heute ein wohl einmaliges Netz von Vegetationskarten verschiedenster Art besteht (MIYAWAKI 1971).

Ein weiteres Zentrum kann als **Südfranzösische Schule** bezeichnet werden, verbunden mit den Namen L. EMBERGER, H. GAUSSEN, R. MOLINIER, P. OZENDA. Die Karten sind größtenteils weniger eng pflanzensoziologisch ausgerichtet, stärker verbunden mit formationskundlichen und syndynamischen Elementen. Zwei Symposien über Vegetationskartierung in Stolzenau

(1959; s. TÜXEN 1963) und Toulouse (1960; s. GAUSSEN 1961) ergaben viele gemeinsame Grundlagendiskussionen und eine Zwischenbilanz, ebenfalls eine internationale Kartenausstellung 1959 in Montreal (s. KÜCHLER 1960).

Auch in Rußland gibt es eine lange Tradition der Vegetationskartierung (s. SOTCHAVA 1961). Außerhalb Europas ist vor allem Nordamerika zu nennen (KÜCHLER & MC CORMICK 1967). Hier handelt es sich aber vorwiegend um formationskundliche Karten, die nicht Thema dieses Kapitels sein sollen. Näheres hierzu findet man im Kartierungsband des Handbuches für Vegetationskunde (KÜCHLER & ZONNEVELD 1988).

5.2 Typen von Vegetationskarten

Jede Karte ist ein von der Pflanzendecke nach vorgegebenen Gesichtspunkten abgeleitetes Modell, das der Realität mehr oder weniger nahe kommt. Grundlage einer Vegetationskarte können floristisch definierte Pflanzengesellschaften oder physiognomisch abgrenzbare Formationen, aber auch andere Erscheinungen (z. B. symphänologische Karten, Karten der Vegetationsdynamik) sein. Je nach Darstellungsmaßstab treten Feinheiten von Vegetationskomplexen oder nur sehr grobe Strukturen in Erscheinung. Neben eigentlichen Vegetationskarten gibt es mancherlei abgeleitete Karten, die für bestimmte, oft angewandte Fragestellungen den Zeigerwert der Vegetation ausnutzen. Für allgemeine Übersichten lassen sich Vegetationskarten nach verschiedenen Gesichtspunkten zusammenfassen:

a) Kartentypen nach Inhalt und Definition der Einheiten

Grundlegend unterscheidbar sind
- Gesellschaftskarten (Karten von Syntaxa und Geosyntaxa).
- Formationskarten.
- Karten anderen Inhalts.

Gesellschaftskarten als pflanzensoziologische Karten i. e. S. kann man gliedern in
- analytische (induktive) Karten: unmittelbar und nur aus der Vegetation (dirckt im Gelände) erarbeitete Kartierungseinheiten und Karten.
-- Karten der realen (aktuellen) Vegetation.
- Synthetische (deduktive) Karten: aus Vegetation und anderen Landschaftsmerkmalen (teilweise am Schreibtisch) konstruierte Kartierungseinheiten und Karten.
-- Karten der ursprünglichen Vegetation.
-- Karten der potentiell natürlichen Vegetation (zu einer bestimmten Zeit).
-- Abgeleitete (thematische) Karten (z. B. Standortskarten, Zeigerwertkarten, Wasserstufenkarten, Wuchsklimakarten, Karten des Natürlichkeitsgrades, Eignungs- und Planungskarten).

Nach der Art der Darstellung gibt es
- flächendeckende Karten und
- Punktkarten,

letztere oft, erstere gelegentlich mit einem Gitternetz (Raster). Punktkarten sind vor allem für synchorologische Auswertungen nutzbar und werden in Kapitel XII 3.4 besprochen. Sie können im Gegensatz zu den flächendeckenden Vegetationskarten i. e. S. als Synchorologische Karten bezeichnet werden.

Unterscheiden kann man auch Karten mit und ohne topographischem oder anderem Hintergrund, farbige und Schwarzweißkarten u. a.

b) Kartentypen nach dem Maßstab: Häufig werden Karten nach ihrem Darstellungsmaßstab gruppiert, da man hiermit auch ihren Inhalt, die Kartierungsmethode und ihre Auswertungsmöglichkeiten anspricht. Die Gruppen sind oft ähnlich, die Grenzmaßstäbe unterschiedlich (s. z. B. MUELLER-DOMBOIS & ELLENBERG 1974, ZONNEVELD 1974, ZONNEVELD et al. 1979, DOING 1979, OZENDA 1986, KÜCHLER & ZONNEVELD 1988, S. 97).

Pflanzensoziologische Detailkarten

(bis 1:10000; 1 cm auf der Karte = 100 m, 1 cm^2 = 1 ha).

Nur in sehr großem Maßstab sind die Feinheiten der Vegetationsgliederung annähernd exakt kartierbar und darstellbar. Groß- und kleinräumige Einheiten (Assoziationen und Untereinheiten) können hier einzeln erfaßt werden, wobei an der Obergrenze oft schon eine Generalisierung notwendig wird. In der Regel werden nur flächig entwickelte Vegetationstypen erfaßt. Linien- bis bandförmige oder kleinflächig verteilte Gesellschaften sind selten mit enthalten. Fast durchweg handelt es sich um Karten der realen Vegetation, oft im Maßstab 1:5–10000 (vereinzelt bis 1:20000). Sie sind für viele angewandte Fragestellungen eine gute und vielbenutzte Grundlage.

Als Beispiele für Detailkarten seien genannt:

1:1000: Salzmarsch (RAABE 1981).

1:1500: Rotes Moor/Rhön (REIMANN et al. 1985).

1:2500: Küstendünen (VAN DER MAAREL & WESTHOFF 1964), Neeracher Ried (ELLENBERG &

KLÖTZLI 1967), Hohe Tauern (KARRER 1980).
1:5000: Elbetal (WALTHER 1957), Balksee (WEBER 1978), Aletsch-Reservat (RICHARD 1968), Großglockner (FRIEDEL 1956), Schweizer Alpen (DIETL 1972).
1:10000: Baltrum (TÜXEN 1956a), Wesertal (TÜXEN et al. 1961), Grünland Göttingen (RUTHSATZ 1970), Eilenriede (ELLENBERG 1971), Schweizer Nationalpark (CAMPBELL & TREPP 1968).
Besonders genau sind **Rasterkarten**, die auf einem eingemessenen Quadratnetz aufbauen. Ein Beispiel ist die Karte des Sonnenberger Moores, wo das kleinräumige Gesellschaftsmosaik in einem 30×30 m-Raster erfaßt wurde (JENSEN 1961). Die Feinkartierung in Wäldern im 10×10 m-Raster für Daueruntersuchungen wurde bereits erwähnt (s. X 3.2.2.4). KAULE & PFADENHAUER (1972) benutzten zur Kartierung eines Quellkomplexes ein 5×5 m-Raster.

Karten großer Maßstäbe
(>1:10000–1:100000; 1 cm = > 100–1000 m, 1 cm^2 = > 1 ha–1 km^2).
In diesem Maßstabsbereich lassen sich noch induktive Karten der realen Vegetation mit gewissen Einschränkungen erstellen, bei großflächigerer Ausbildung bis zur Assoziation oder Subassoziation, bei anderen Gesellschaften als Komplexe (Sigmeten, Geosigmeten; s. 2–3). Die Karten geben einen Überblick größerer Landschaftsbereiche in noch relativ großer Genauigkeit und Differenzierung. Die Grenzlinien sind bereits stärker generalisiert, folgen oft geomorphologischen Leitlinien.
1:25000: Reale Vegetation: Tauberbischofsheim (PHILIPPI 1983a), Bayerischer Wald (PETERMANN & SEIBERT 1979), Feldberg (OBERDORFER 1982), Davos (LANDOLT et al. 1986). PNV: Owschlag (HÄRDTLE 1989), Göttingen (PREISING 1956), Schrobenhausen (RODI 1975).
1:50000: Reale Vegetation: Grünland Rhön (SPEIDEL 1970/72).
PNV: Verdener Geest (DIERSCHKE 1969), Solling (KRAUSE & TRAUTMANN 1970), ehemalige DDR (SCAMONI 1964).
1:100000: Taubergebiet (PHILIPPI 1983b), Tirol (SCHIECHTL et al. 1988 und früher), Französische Alpen (BARBERO & LOISEL 1974 u. a. in derselben Reihe).

Karten mittlerer Maßstäbe
(> 1:100000–< 1:1 Million; 1 cm = >1–<10 km, 1 cm^2 = > 1–< 100 km^2).

In diesen Karten läßt sich nur noch die großräumige (potentiell) natürliche Vegetation, oft auch nur noch im Rahmen höherrangiger Syntaxa (Verbände bis Klassen) darstellen. Als Einheiten sind auch Wuchslandschaften, Geosigmeten nach ihren Leitgesellschaften oder Formationen brauchbar. Die Karten können induktiv durch Generalisierung großmaßstäblicher Geländekartierungen entstehen (z. B. MATUSZKIEWICZ 1979), werden aber oft auch deduktiv-synthetisch aus Geländeunterlagen, Luftbildern und Karten von Böden, Gesteinen u. a. konstruiert (s. SEIBERT 1968b, 1974a). Die Grenzziehung erfolgt nach entsprechenden geographischen Gegebenheiten. Einen Vergleich von Karten verschiedener Maßstäbe (1:200000–1:500000) zieht FALIŃSKI (1972) am Beispiel Masurens.

Als Beispiele können verschiedene Karten und Kartenserien der PNV genannt werden:
1:200000: Karten der Bundesrepublik Deutschland (TRAUTMANN 1966 u. a.), Karten der ehemaligen ČSFR (MIKYSKA et al. 1968, MICHALKO et al. 1987), Karten Frankreichs (DUPIAS et al. 1963, GAUSSEN 1946, Übersicht bei OZENDA 1986, S. 56), Westfälische Bucht (BURRICHTER 1973), Mittelfranken (HOHENESTER 1978).
1:250000: Nordfrankreich (GÉHU 1979).
1:500000: Bayern (SEIBERT 1968b), Nordrhein-Westfalen (TRAUTMANN 1972).
1:900000: Baden-Württemberg (MÜLLER et al. 1974).
Die Karten geben großräumige Übersichten, vorwiegend nutzbar für entsprechende vegetationsgeographische Gliederungen und Planungen.

Karten kleiner Maßstäbe
(ab 1:1 Million; 1 cm ≥ 10 km, 1 cm^2 ≥ 100 km^2).
Karten kleiner Maßstäbe sind für pflanzensoziologische Darstellungen nur noch stärker abstrahiert nutzbar. Im Maßstab 1:1 Million gibt es z. B. die Geobotanische Karte der ehemaligen ČSFR (MORAVEC & NEUHÄUSL 1976), die Karte der natürlichen Vegetation Österreichs (WAGNER 1971) und eine Karte der ehemaligen DDR (SCAMONI et al. 1958). Auch die Vegetationskarte Polens 1:2 Millionen (W. MATUSZKIEWICZ 1984) basiert noch auf pflanzensoziologischer Geländekartierung. Stärker generalisiert ist die Karte der Donauländer (NIKLFELD 1974) sowie die Karte der Vegetation Südosteuropas (HORVAT et al. 1974: 1:3 Millionen).

Geplant ist auch seit langem eine pflanzensoziologische Karte Europas. Erste Überlegungen gehen schon auf den Botanikerkongreß 1930 in Cambridge zurück. Sie wurden von HORVAT und TÜXEN auf dem Symposium über Vegetationskartierung in Stolzenau (1959) und Toulouse (1960) wieder aufgegriffen. Erst auf dem Kongreß in Leningrad (1975) begannen konkrete internationale Absprachen, 1979 fand die erste Tagung in Liblice statt. Der von R. NEUHÄUSL (1980) redigierte Bericht vermittelt auch allgemeinere Konzepte und Beispiele zur Herstellung kleinmaßstäbiger Karten. Die in der Endphase befindliche Europakarte 1 : 2,5 Millionen wird eine Mischung pflanzensoziologischer, formationskundlicher und vegetationsgeographischer Kenntnisse sein (NEUHÄUSL 1987a).

In noch kleineren Maßstäben gibt es nur noch **Formationskarten**, die deduktiv, oft basierend auf abiotischen, insbesondere Klimadaten entwickelt werden. Viele Beispiele gibt der Atlas zur Biogeographie von SCHMITHÜSEN (1976). Eine neue Erdkarte entwickelte SCHROEDER (1983). Box (1981) benutzte Klimamodelle zur Herstellung einer Weltkarte durch den Computer.

5.3 Vegetationsgrenzen

Grenzen sind mehr oder weniger enge Ränder zwischen Merkmalsbereichen, wo sich qualitative und/oder quantitative Änderungen von Einzelmerkmalen häufen, d. h. wo ein Merkmalsgradient ein besonders steiles Gefälle aufweist. Vegetationsgrenzen können also je nach benutzten Kriterien unterschiedlich definiert sein, z. B. nach strukturellen oder floristischen Merkmalen, also zwischen Formationen oder Gesellschaften. Man kann verschiedene Grundtypen unterscheiden (s. auch WESTHOFF 1974, ZONNENVELD 1974):
- Konkrete Grenzen im Gelände, meist mehr oder weniger breite Übergangsbereiche.
- Abstrakte Grenzlinien in Vegetationskarten.
- Syntaxonomische Grenzen, definiert durch Gruppen von Differentialarten oder Ähnlichkeitskoeffizienten.

Hier wird nur der erste Fall angesprochen. Neben Bestandes- oder **Gesellschaftsgrenzen** entlang eines floristischen Gradienten (Sippengefälle) gibt es auch gesellschaftsinterne Grenzen von Populationen oder von Individuengruppen einer Sippe, die man als **Mikrogrenzen**

bezeichnen kann. Außerdem gibt es **Arealgrenzen,** die den ganzen Verbreitungsbereich einer Sippe oder Gesellschaft umfassen, unabhängig von der Raumausfüllung.

Schon in Kapitel VII 3 wurde über floristische Gradienten gesprochen, d. h. mehr oder weniger allmähliche floristische (und ökologische) Übergänge zwischen zwei Gesellschaften. Denkbar sind verschiedene Möglichkeiten des Überganges (s. Abb. 297). Folgt man der **Kontinuum**-Theorie, die von einer individuellen, unabhängigen Verteilung aller Arten ausgeht (GLEASON 1926; s. auch III 1), gibt es weder floristisch klar unterscheidbare Vegetationstypen noch Vegetationsgrenzen. Jede Sippe bzw. Population hat ihre eigenen Mikrogrenzen, im Idealfall mit etwa gleichen Abständen zueinander (Abb. 297a). Auch die Individuendichte einer Population kann gleichmäßig im Raum zu- oder abnehmen.

Ein zweites Extrem sind scharfe Grenzen, d. h. das plötzliche Aufhören oder Beginnen vieler Sippen auf engstem Raum (Abb. 297c). Ein solches **Diskontinuum** ist nur dort gegeben, wo auch sehr scharfe Standortsgrenzen auftreten (z. B. Wasser-Steilufer, Plateau-Steilabfall, Zusammentreffen verschiedener Gesteine) oder wo der Mensch solche Grenzen geschaffen hat.

Schon die physiognomisch oft scharfe Grenze zwischen Wald und Freiland ist bei genauer Analyse ein Grenzraum mit feiner Gürtelung verschiedener Gesellschaften (s. 2.2). Ähnliches dürfte für (fast) alle anderen Diskontinuitäten gelten, die nur bei grober Betrachtung als solche einstufbar sind. Schärfere Grenzen

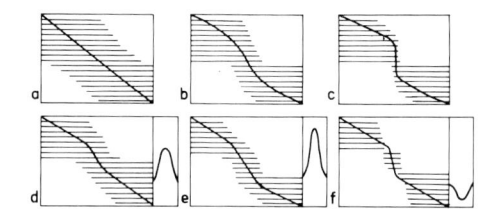

Abb. 297. Floristische Gradienten in Grenzbereichen von Pflanzengesellschaften (aus DIERSCHKE 1974).
a) Kontinuum; b) Gestuftes Kontinuum; c): Diskontinuum.
d-f) Beispiele von Waldrändern mit Kurven der Artenzahl: d) Gestuftes Kontinuum mit Überlappung von Arten der Kontaktgesellschaften. e) desgl. mit zusätzlich eigenen Arten im Grenzbereich. f) Diskontinuum mit drei deutlich abgrenzbaren Pflanzengesellschaften.

betreffen teilweise auch nur eine Bestandesschicht, z. B. die Baumschicht von Wäldern mit mehr allmählichen Abwandlungen des Unterwuchses oder umgekehrt von Synusien und Mikrogesellschaften der Kraut- und Kryptogamenschicht unter gleicher Baumschicht. So ist die Grenzschärfe häufig mehr eine Frage des Betrachtungsmaßstabes als der Realität.

In der Naturlandschaft sind weder Kontinuum noch Diskontinuum die Regel, sondern intermediäre Situationen, die man als **Gestuftes Kontinuum** bezeichnen kann (DIERSCHKE 1974; Abb. 297 b, d–e). Solche Grenzbereiche treten vor allem in geomorphologisch und geologisch reichgegliederten Landschaften mit entsprechendem Wechsel der Böden und Klimate auf, wie sie für Europa weithin charakteristisch sind. Für Kontinuum-Situationen wird dagegen oft die weite nordamerikanische Prärie genannt, wo sehr allmähliche Übergänge eine größere Rolle spielen. Das gestufte Kontinuum ist durch Bereiche gekennzeichnet, wo sich Mikrogrenzen mehrerer bis zahlreicher Sippen zusammenscharen und dadurch einen mehr oder weniger deutlichen Grenzbereich anzeigen, wobei der Grenzbereich kleiner ist als die Flächen der Kontaktgesellschaften.

Gegen das Kontinuum spricht die Tatsache, daß mit jedem Hinzutreten oder Ausfallen von Pflanzenarten an einem ökologischen Gradienten sich schlagartig die endogenen Wirkungen im Bestand verändern, damit möglicherweise stärkerer Veränderungen diskontinuierlich auftreten, die wiederum den Effekt der Zusammenscharung von Grenzen verstärken. Vegetationsgrenzen sind keine rein exogen gesteuerten Erscheinungen, sondern, wie die Bestände selbst, Ausdruck der sehr komplexen Wechselwirkungen aller abiotischen und biotischen Faktoren.

Jeder Übergang von einer Gesellschaft zur anderen erzeugt einen meist positiven Randeffekt durch Überlappung beidseitiger Arten. Ist der Randbereich breiter, läßt er sich oft noch in Untereinheiten der betreffenden Gesellschaften auflösen, indem übergreifende Sippen der Nachbargesellschaft als Trennarten verwendet werden (s. VIII 4.2.4). Ist die oft besonders hohe Artdiversität von Übergängen noch durch eigene Arten erhöht, gibt es sogar eigenständige Gesellschaften, bei Säumen und Gebüschmänteln bis zum Klassenniveau. Für letztere gilt allerdings häufig nicht die hohe Artenvielfalt (eher für Tiere), da durch Lichtmangel die Krautschicht extrem artenarm sein kann (endogenes Diskontinuum!).

Neben räumlichen Unterschieden der Grenzbereiche gibt es auch zeitliche. Manche sind langdauernd stabil, für andere liegt gerade in der Instabilität bzw. Veränderlichkeit ein charakteristisches Merkmal, wenn nämlich allgemein fluktuierende Bedingungen herrschen (s. X 4).

Obwohl man zunächst annehmen sollte, daß Vegetationsgrenzen ein allgemein akzeptiertes Phänomen darstellen, gibt es viele Diskussionen und Theorien über ihre Existenz und ihre Eigenheiten. So wurde solchen Fragen ein eigenes Symposium der IVV gewidmet (SOMMER & TÜXEN 1974). Allgemeinere Betrachtungen zu Grenzfragen im raum-zeitlichen Zusammenhang haben besonders einige Holländer angestellt (z. B. VAN DER MAAREL 1966, 1976, VAN LEEUWEN 1966, 1970, WESTHOFF 1968 b, 1974). Sie unterscheiden zwei grundlegende Situationen:

Der **Limes divergens** kennzeichnet Grenzbereiche zwischen relativ stabilen, artenreichen Gesellschaften mit vielen internen Mikrogrenzen und wenig ausgeprägten externen Grenzen bei allmählichen ökologischen Übergängen.

Der **Limes convergens** ist in mehr fluktuierend-instabilen Grenzbereichen zu finden. Hier bilden meist artenärmere, aber individuenreiche Bestände schärfer umgrenzte interne Teilstrukturen (z. B. Herdenbildung, Polycormone) und deutlichere externe Grenzen.

Für solche Übergangsbereiche werden oft bestimmte englische Begriffe benutzt, für den Limes divergens ecocline (Ökokline), für den Limes convergens ecotone (Ökoton; von tonus = Streß). Die Begriffe haben aber auch andere Bedeutung (s. VAN DER MAAREL 1990 b), z. B. Ökoton allgemein für floristisch-ökologische Übergänge (s. VII 3). Für den Limes divergens werden als Beispiele vor allem Grenzbereiche Wald-Freiland oder zwischen Graslandtypen genannt, was aber nur teilweise zutrifft (s. DIERSCHKE 1974). Für den zweiten Fall sind Ufervegetation und Flutrasen zu nennen. Wie auch bei anderen Theorien ergeben sich hier gute Denkansätze, bei Betrachtung der Vegetation im einzelnen aber viele Abweichungen und Ausnahmen.

Zur Aufklärung der Grenzstruktur von Pflanzengesellschaften eignet sich besonders die **Direkte Gradientenanalyse** (s. VII 3). Entlang von Linien oder in Quadrat-Transekten senk-

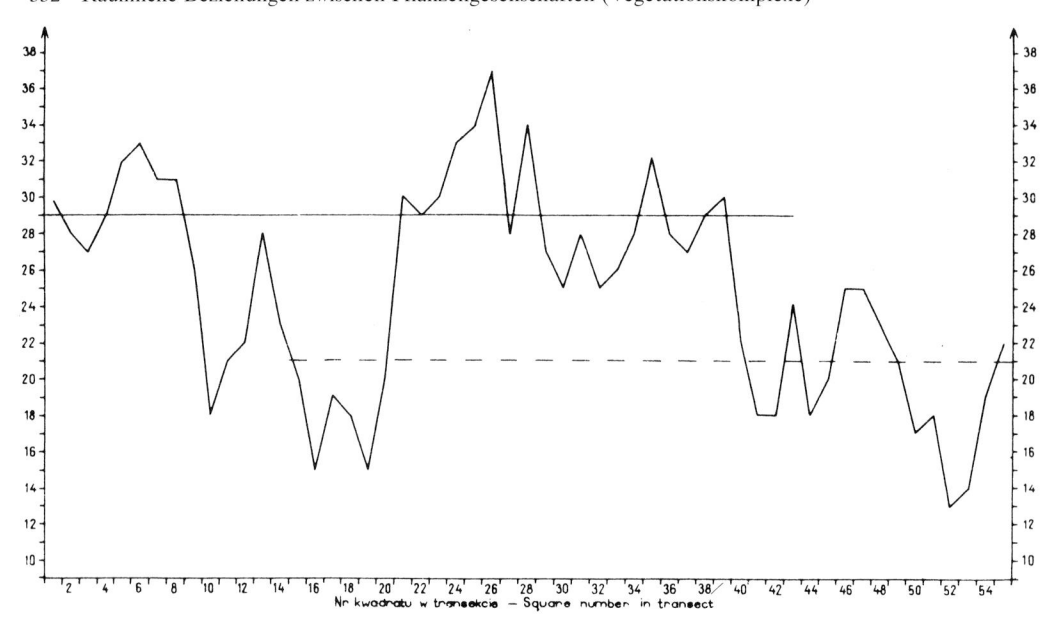

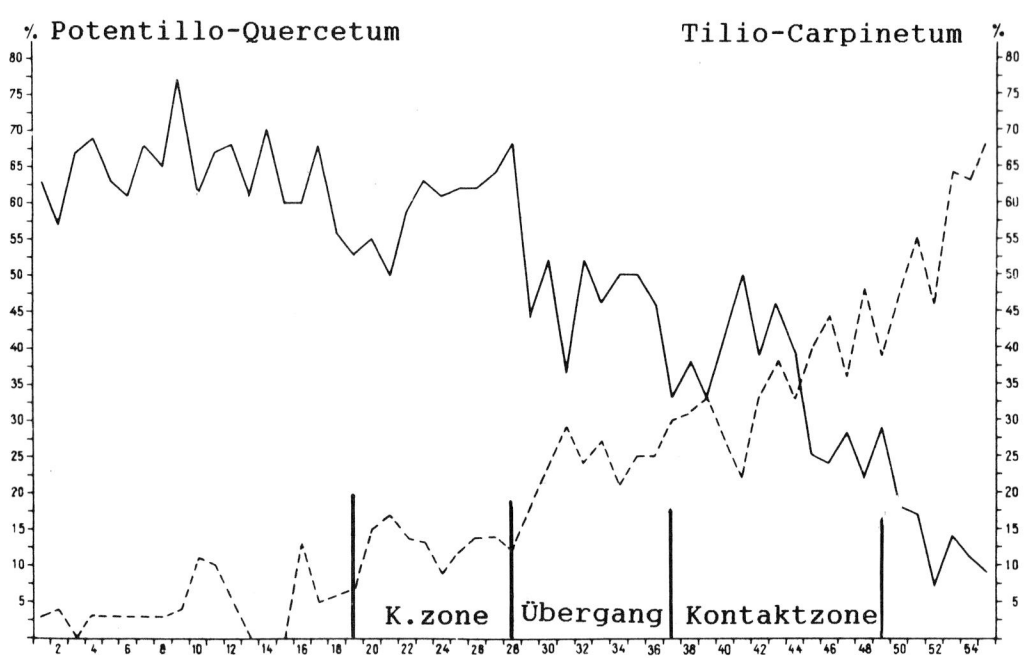

Abb. 298. Übergangsbereich zwischen zwei Waldgesellschaften (nach J.M. MATUSZKIEWICZ 1972, verändert). Oben: Artenzahl pro Quadrat; unten: Prozentanteil der lokalen Differentialarten der Kontaktgesellschaften. Erläuterung im Text.

recht zum Grenzverlauf läßt sich der Übergangsraum fein auflösen. Die Verteilung der Sippen wird über Tabellen, Kurven, Profile oder Quadratkarten dargestellt (s. VII 4). Durch Ähnlichkeitsberechnungen (s. VIII 2.7.2) läßt sich die Grenzschärfe bzw. die Steilheit des floristischen Gradienten aufzeigen (s. auch VAN DER MAAREL 1976). Zusätzliche ökologische Messungen (auch Zeigerwerte) geben den kausalen Hintergrund.

Aus Polen gibt es mehrere Arbeiten, die sich mit dem Kontaktbereich von Waldgesellschaften in ähnlicher Methodik befassen. Als erster untersuchte J. M. MATUSZKIEWICZ (1972) den Übergang zwischen *Potentillo-Quercetum* und *Tilio-Carpinetum* (s. Abb. 298). Durch Vergleich von Aufnahmen aus dem Kernbereich der Assoziation werden lokale Differentialarten gefunden. Es folgt eine Transektaufnahme in Quadraten. Für jedes Quadrat wird der Prozentanteil der Trennarten beider Gesellschaften in Kurven dargestellt. Die Abbildung zeigt einen weiteren Kontaktbereich (den man jeweils als Untereinheit der entsprechenden Assoziation ansehen kann) und den engeren Übergang, wo sich die Anteile der Differentialarten etwa gleichen. Er ist hier 16 m breit. LORENS (1984) fand einen nur 4 m breiten Übergang zwischen einem Kiefern- und einem Fichtenwald, KIMSA (1991) eine 16 m breite Grenzzone zwischen Buchen- und Tannenwald. In allen Arbeiten werden weitere Vergleichsberechnungen angestellt und auch einige ökologische Aussagen gemacht.

Abb. 299 zeigt einen Transekt durch alpine Pflanzengesellschaften der Fatra auf verschiedenen Gesteinen. Der pH-Gradient ergibt allmähliche Übergänge, der Ca-Gradient ist mehr

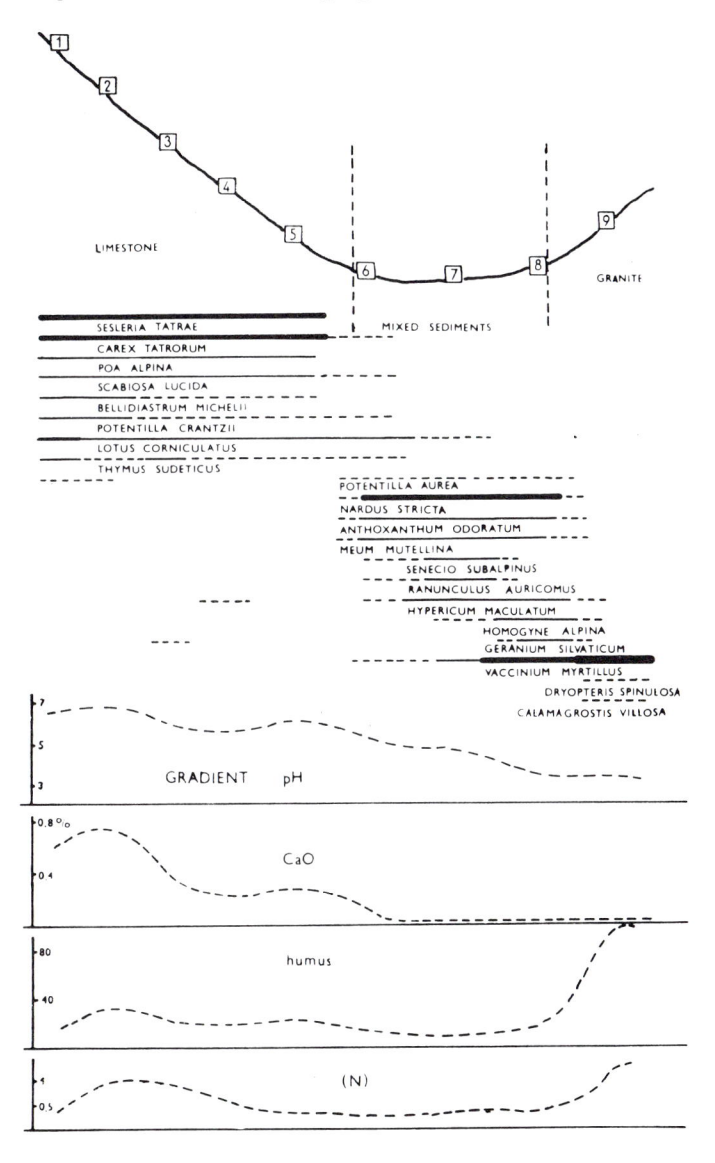

Abb. 299. Transekt im Übergangsbereich Kalk-Granit der alpinen Stufe der Fatra (aus KUBÍKOVÁ 1973). Erläuterung im Text.

Sehr detaillierte Untersuchungen hat THALEN (1971) im Grenzbereich Düne/Salzmarsch an der niederländischen Küste durchgeführt. Mit Aufnahmen von Kleinquadraten werden über verschiedene floristische Vergleiche und Berechnungen die Feinheiten herausgearbeitet. Abb. 300 zeigt Ausschnitte der Kartierung einer Dünenmulde, die teil- und zeitweise im Winter überflutet wird. Die beiden oberen Arten zeigen den tieferen (*Mentha aquatica*) bzw. höheren Teil (*Potentilla erecta*) an. *Salix repens* vertritt eine Gruppe weiter verbreiteter Arten, *Linum catharticum* ist auf den engeren Übergang beschränkt.

Als Konsequenz für die Vegetationskartierung ergibt sich, daß je nach Maßstab abstrakte Kartengrenzen als Linie relativ enge Grenzbereiche recht genau nachzeichnen oder nur einen (subjektiv festlegbaren) Mittelbereich eines breiten Überganges wiedergeben, der sich möglicherweise bei feinerer Analyse in einen Gürtel von mehreren Gesellschaften differenziert. In jedem Fall setzt eine Kartierung aber irgendwelche Vegetationsgrenzen voraus. Neben Grenzen einzelner Pflanzengesellschaften können auch solche von Vegetationskomplexen (Sigmeten; s. 2–3) kartiert werden. Bei kleineren Maßstäben sind diese eher als Kartierungseinheiten brauchbar (s. SEIBERT 1974). Bei noch stärkerer Verkleinerung kommen Landschaftstypen (z. B. Wuchslandschaften) oder physiognomische Typen (Formationen) in Frage. Eine relativ naturnahe Abgrenzung ist nur in Detailkarten (s. 5.1) möglich. Bei Karten mittlerer bis kleiner Maßstäbe werden die Grenzen nur noch sehr grob im Gelände gezogen oder erst am Schreibtisch konstruiert (s. SEIBERT 1974a).

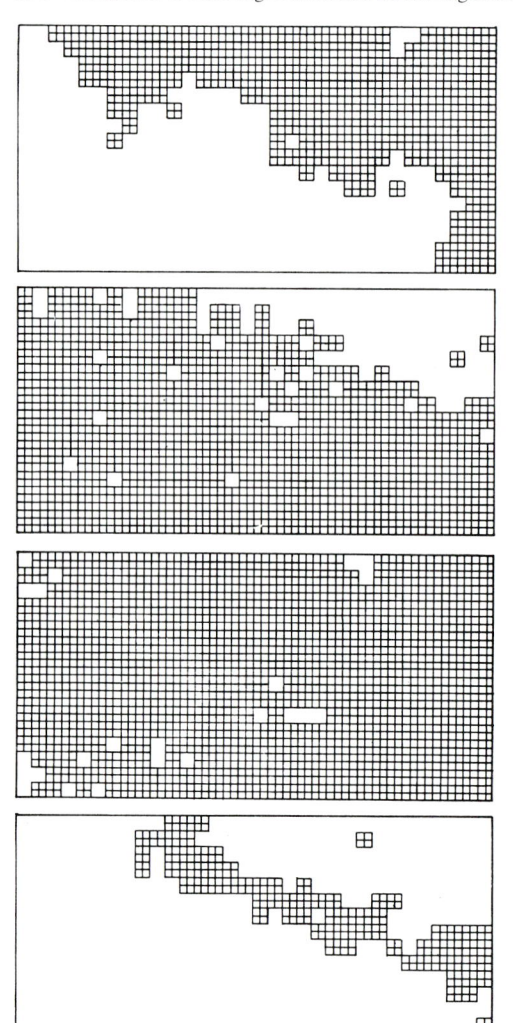

Abb. 300. Verteilungsmuster der Arten eines Dünentales in einer 4x8 m-Fläche mit Feinrasterung (aus THALEN 1971).
Von oben nach unten: *Mentha aquatica, Potentilla erecta, Salix repens, Linum catharticum.* Erläuterung im Text.

5.4 Pflanzensoziologische Kartierungsmethoden

Für jede Vegetationskarte sind umfangreiche Vorarbeiten oder Vorkenntnisse notwendig. Jede gute Karte ist Ausdruck einer mehr oder weniger intensiven wissenschaftlichen Untersuchung, eine echte Forschungsleistung (s. TRAUTMANN 1963, TÜXEN 1965b). Während für die unmittelbare, analytische Kartierung der realen Vegetation gute floristische Kenntnisse, Beherrschung der Aufnahme- und Tabellentechnik sowie Erfahrungen im Umgang mit Karten, Orientierung im Gelände, Umsetzung von Maßstäben u. ä. erforderlich sind, benötigt man für

gestuft. Der Humusgehalt steigt auf saurem Gestein rasch an, eine endogene Verstärkung des Gradienten. Die Vegetation ergibt zwischen Kalkgestein (1–5: *Seslerion tatrae*) und dem übrigen Substrat eine scharfe Grenze durch viele neu auftretende Arten. Dagegen besteht zwischen dem Borstgrasrasen der Mulde und der Heide auf Granit ein gleitender Übergang.

synthetische Karten weitreichende Kenntnisse und Erfahrungen über die betreffenden Pflanzengesellschaften, ihre Dynamik und ihre ökologischen Bezüge. Analytische Karten sind, zumindest grob gesehen, objektive Darstellungen von Vegetationskomplexen, synthetische Karten eher mit subjektiven Entscheidungen des Bearbeiters behaftet. Für rein praktische Fragen kann der Arbeitsaufwand teilweise reduziert werden, indem man z. B. lediglich grobe Vegetationstypen nach allgemeinen Kenntnissen kartiert. Im Folgenden werden vor allem pflanzensoziologische Kartierungsmethoden i. e. S. besprochen.

5.4.1 Großmaßstäbige Kartierung der realen Vegetation

Wie schon kurz besprochen, wurden viele Grundlagen für eine sehr detaillierte pflanzensoziologische Kartierung in der ehemaligen Zentralstelle/Bundesanstalt für Vegetationskartierung in Stolzenau entwickelt, oft im Zusammenhang mit praktischen Fragen. Ein anschauliches Beispiel gibt WALTHER (1963; s. auch ELLENBERG 1956, REICHELT & WILMANNS 1973, TRAUTMANN 1963, TÜXEN & PREISING 1951).

Von der ersten Geländebesichtigung bis zur fertigen Karte gibt es bestimmte Arbeitsschritte, die in unterschiedlicher Intensität notwendig sind, wenn man eine wirklich gute und genaue Vegetationsdarstellung erreichen will. Für weniger exakte Unterlagen genügen oft auch entsprechende Kenntnisse aus vergleichbaren Gebieten. Betont sei, daß eine Vegetationskartierung völlig unabhängig von syntaxonomischen Einstufungen erfolgen kann. Die Kartierungseinheiten bleiben zunächst ganz lokal, eventuell von vornherein auf bestimmte Fragestellungen ausgerichtet. Ihre Einordnung in das pflanzensoziologische System erhöht allerdings ihren Aussagewert hinsichtlich allgemeiner Vergleiche.

a) Vegetationsaufnahme: Als Grundlage jeder analytischen Kartierung ist zunächst eine gründliche Erfassung aller erkennbaren Bestandestypen notwendig, einschließlich sehr kleinflächiger, fragmentarischer, gestörter oder sonstwie ungewohnter Bestände. Hierfür gelten die im Teil V vorgestellten Verfahren.

b) Herausarbeitung floristischer Vegetationstypen: Das Aufnahmematerial wird in Tabellen zusammengestellt und gemäß Teil VI geordnet. Endziel ist eine lokale Vegetationsgliederung in Typen (= Kartierungseinheiten), die durch Differentialarten (s. VIII 2.4) unterscheidbar sind. Für die eigentliche Kartierung wird lediglich eine Geordnete Teiltabelle (s. VI 3.3.2) benötigt.

c) Aufstellung eines Kartierungsschlüssels: Der Kartierungsschlüssel (Kartierungsanweisung) ist eine veränderte Fassung der Geordneten Teiltabelle. Er zeigt die Gruppen der Differentialarten und ihre Verzahnungen in untereinander folgenden Blöcken, oben mit einer Leiste mit Ziffern, Buchstaben, Signaturen oder Farben der Kartierungseinheiten versehen. Ein Beispiel gibt Abb. 301 für Wiesen des Harzes. Der obere Teil vermittelt eine Übersicht höherer syntaxonomischer Einheiten, ist also zur groben Bestimmung des jeweiligen Typs gedacht. Für die eigentliche Kartierung wird der untere Teil benötigt. Hier sind die Assoziationen und ihre Untereinheiten floristisch aufgeschlüsselt. Jede Kartierungseinheit hat eine Nummer, die für die Geländearbeit benutzt wird. Werden Pflanzengesellschaften sehr unterschiedlicher Struktur und Artenverbindung kartiert, sollte für jeden groben Typ ein eigener Schlüssel hergestellt werden.

d) Hilfsmittel für die Kartierung: Schon für die Vegetationsaufnahme, spätestens aber für die Kartierung selbst sind topographische Karten oder ähnliche Unterlagen notwendig. Sind überhaupt keine entsprechenden Grundlagen vorhanden oder unzureichend, muß man sich selbst ein Flächennetz ausmessen, was z. B. oft für sehr großmaßstäbige Karten sinnvoll ist (s. Rasterkarten in 5.2b). In Deutschland gibt es fast überall die Deutsche Grundkarte 1:5000 der Katasterämter, im forstlichen Bereich Planungskarten 1:10 000. Sie bilden eine meist hinreichend genaue Grundlage. Ideal ist eine Kombination mit Luftbildern, die vor allem die Orientierung im Gelände erleichtern, aber auch schon manche (gröbere) Kartierungseinheiten mit ihren Grenzen erkennen lassen (s. 5.4.3). Für weniger genaue, vor allem mehr synthetische Kartierungen sind auch Topographische Karten 1:25–50 000 verwendbar. Für die Geländearbeiten werden Kopien angefertigt und in handliche Teile zerschnitten.

Weiter werden für die Kartierung benötigt: Schreibunterlage (mit Regenschutz), Bleistift, Radiergummi, (Buntstifte), eventuell Kompaß, Entfernungs- und Höhenmesser, Lineal). Da während der Kartierungsarbeit oft Korrekturen notwendig sind, ist die Verwendung eines weichen Bleistiftes zu empfehlen, dessen Grenzlinien rasch ausradiert werden können.

I Kartierungsschlüssel zur Unterscheidung höherer Vegetationseinheiten

Kleinseggen-Sümpfe	Feuchtwiesen		Frischwiesen		Magerrasen
Caricetalia nigrae	Molinietalia		Arrhenatheretalia		Nardetalia
Caricion canescenti-nigrae	Calthion Molinion		Arrhenatherion	Polygono-Trisetion	Violion caninae
Carex canescens, C. echinata. Eriphorum angustifolium, Comarum palustre					
Carex nigra, C. panicea. Viola palustris, Epilobium palustre, Cirsium palustre. Juncus effusus, J. conglomeratus. Lythrum salicaria. Galium palustre. G. uliginosum, Lysimachia vulgaris, Filipendula ulmaria, Valeriana dioica					
	Caltha palustris. Crepis paludosa, Myosotis palustris, Lotus uliginosus, Lychnis flos-cuculi, Equisetum palustre. Achillea ptarmica, Ajuga reptans				
	Poa trivialis, Alopecurus pratensis, Lathyrus pratensis, Holcus lanatus, Poa pratensis, Festuca pratensis, Cardamine pratensis, Vicia cracca				
			Alchemilla vulgaris, Galium mollugo, Trifolium repens, T. pratense. Dactylis glomerata. Vicia sepium, Leontodon autumnalis		
			Achillea millefolium, Chrysanthemum leucanthemum. Trisetum flavescens, Knautia arvensis. Campanula rotundifolia		
			Heracleum sphondylium, Bellis perennis, Pimpinella major Taraxacum officinale. Anthriscus sylvestris, Arrhenatherum elatius, Centaurea jacea, Lolium perenne. Trifolium dubium, Bromus hordeaceus, Crepis biennis, Veronica arvensis, Agropyron repens, Leontodon hispidus, Tragopogon pratense		
				Phyteuma spicatum, Crepis mollis, Ph. nigrum, Silene dioica	
				Agrostis tenuis, Poa chaixii, Geranium sylvaticum, Meum athamanticum, Cardaminopsis halleri, Centaurea pseudophrygia. Anemone nemorosa. Hypericum maculatum, Lathyrus limifolius, Viola tricolor. Hieracium laevigatum	
					Nardus stricta. Veronica officinalis, Carex pilulifera Festuca ovina. Danthonia procumbens, Hieracium pilosella Viola canina. Arnica montana Luzula luzuloides

II Kartierungsschlüssel der Assoziationen und ihrer Untereinheiten

2–5: Feuchtwiesen (Molinietalia) (z. T. nach Dominanz einer Art)

2 Crepido-Juncetum	3 Scirpetum sylvatici	4 Junco-Molinietum	5 Polygono-Cirsietum
Juncus acutiflorus	Scirpus sylvaticus	Molinia caerulea Succisa pratensis Selinum carvifolium Hypericum maculatum	Cirsium oleraceum

6–8: Kolline Frischwiesen (Arrhenatheretum)

6 Subass. von Alpopecurus pratensis	7 Typische Subass.	8 Subass. von Ranunculus bulbosus
Alopecurus pratensis, Ranunculus repens, Glechoma hederacea, Ajuga reptans		Ranunculus bulbosus, Primula veris, Plantago media, Lotus corniculatus, Pimpinella saxifraga, Daucus carota, Briza media, Medicago lupulina, Centaurea scabiosa, Rhinanthus minor, Bromus erectus, Sanguisorba minor, Senecio jacobaea

9–12: Montane Frischwiesen (Geranio-Trisetetum)

Typische Subassoziation		Subassoziation von Potentilla erecta	
9 Typische Variante	10 Var. von Polygonum	11 Var. von Polygonum	12 Typische Variante
Anthriseus sylvestris, Poa trivialis, Taraxacum officinale, Cardamine pratensis (alle mit geringer Stetigkeit)	Polygonum bistorta, Deschampsia cespitosa, Cirsium palustre	Potentilla erecta, Holcus mollis, Galium harcynicum, Avenella flexuosa, Luzula campestris L. luzuloides, Veronica officinalis	

13–14: Montane Silikat-Magerrasen (Polygalo-Nardetum)

13 Subass. von Polygonum bistorta	14 Subass. von Genista tinctoria
Polygonum bistorta, Deschampsia cespitosa Cirsium palustre, Succisa pratensis, Lotus uliginosus	Genista tinctoria, Vaccinium myrtillus, Polygala vulgaris, Dianthus deltoides, Galium pumilum

Abb. 301. Kartierungsschlüssel für Wiesengesellschaften des Harzes (aus DIERSCHKE 1980a). Erläuterung im Text.

e) Kartierung der Vegetation: Die Vorarbeiten für eine Kartierung können recht langwierig sein. Zumindest bei großen, stark strukturierten Gebieten muß man damit rechnen, daß die Kartierung erst in der zweiten Vegetationsperiode erfolgen kann, insbesondere bei solchen Gesellschaften, die ganz oder teilweise nur im Frühjahr vorhanden sind. Schon aus Gründen der phänologischen Entwicklung ist die günstigste **Kartierungszeit** unterschiedlich. Allerdings ist sie breiter als diejenige für Vegetationsaufnahmen (s. V 2). Bei genügender Erfahrung kann man große Teile des Jahres nutzen (s. Übersicht in TÜXEN 1965 b). Sehr hilfreich zur Ansprache und Abgrenzung mancher Gesellschaften können bezeichnende Blühaspekte sein (z. B. *Allium ursinum*-Buchenwald, *Caltha*-Feuchtwiese, *Anthriscus*-Frischwiese).

Die eigentliche Kartierung beginnt mit einer Groborientierung im Gebiet (soweit nicht schon durch Vorarbeiten vorhanden). Hierbei können bereits mehr physiognomische Teilbereiche abgegrenzt werden (Wiesen, Weiden, Magerrasen, Heiden, Äcker usw.). Gleichzeitig wird der Kartierungsschlüssel auf seine Brauchbarkeit überprüft und eventuell korrigiert. Für die eigentliche Kartierung können auch Hilfskräfte eingesetzt werden, die mit dem Kartierungsschlüssel eng vertraut sein müssen und stets unter Aufsicht eines erfahrenen Pflanzensoziologen stehen sollten. TÜXEN & PREISING (1951) rechnen für die Ausbildung entsprechender Fachleute mindestens zwei Vegetationsperioden.

Sowohl für Experten, besonders aber für Anfänger ergibt die praktische Kartierungsarbeit eine Reihe von Problemen allgemeiner und gebietsspezifischer Art. Ein grundlegendes ist die genaue **Lokalisierung** des jeweiligen Standpunktes auf dem Kartierungsblatt, eng verbunden mit der **maßstabsgerechten Umsetzung** von Flächengrößen und Entfernungen. Oft gibt es Festpunkte, die auch in Karten (besser noch in Luftbildern) enthalten sind. Wege, Besitzgrenzen, Nutzungsgrenzen u. a. bilden wertvolle Leitlinien. Manchmal hilft nur das Ausmessen oder Abschreiten bestimmter Strecken. Hierfür empfiehlt sich eine vorherige Bestimmung der normalen Schrittlänge an einer Meßstrecke. Subjektive Fehler sind aber selten ganz auszuschließen.

Zweites Problem ist die **Gesellschaftsbestimmung** an jedem Punkt. Auch wenn die Vorarbeiten sehr gründlich waren, sind die Kartierungseinheiten des Schlüssels nicht überall voll erkennbar. Kleinere Abweichungen, Übergänge oder Fragmente lassen sich aber meist einordnen. Treten stärkere Abweichungen oder noch unbekannte Bestandestypen auf, müssen zunächst neue Aufnahmen gemacht und in den Schlüssel eingebaut werden. Jede Kartierung ist somit die beste Kontrolle für die vorgeleistete pflanzensoziologische Arbeit. Kartierung, Kontrolle und Berichtigung oder Ergänzung sind wechselseitig sich beeinflussende Arbeitsgänge.

Nächstes Problem ist die **Abgrenzung** der Kartierungseinheiten. Wie unter 5.3 erörtert, gibt es engere und breitere Übergangsbereiche, in denen die Grenzlinien nur ein Darstellungsmittel mit gewisser Subjektivität darstellen.

Für die Abgrenzung ist zunächst die Bestimmung beider Kontaktgesellschaften notwendig. Durch systematisches oder mehr zufälliges Durchqueren der Kartierungsfläche kann man die Einheiten festlegen, z. B. durch Eintragung entsprechender Ziffern. Irgendwo dazwischen müssen dann die Grenzen liegen. Man kann auch die Grenzen direkt suchen, an ihnen entlang (im Zickzack) gehen und dann Linien eintragen, zuerst die deutlicher erkennbaren, später diejenigen für feinere Teilflächen. Beginnen sollte man dort, wo klare Strukturen und/oder gute Orientierungsmöglichkeiten vorhanden sind.

Bei engen Verflechtungen mehrerer Einheiten ist zu entscheiden, ob sie überhaupt einzeln kartierbar sind, ob sie als Komplex abgegrenzt werden oder ganz entfallen. Karten voller kleiner Flecken erschweren den Überblick. Regelhafte „Fleckungen" werden besser im Text erklärt. Großflächigere „Gemische" können mit entsprechender Mischsignatur zusammengefaßt werden. Abgegrenzte Flächen in einer Karte sollten allgemein wenigstens 5 mm Durchmesser haben, längliche Strukturen wenigstens 2–3 mm breit sein (s. auch ZONNENVELD et al. 1979).

Nicht selten muß man seine ersten Grenzlinien im Laufe der Arbeit korrigieren. Schon eine umgekehrte Gangrichtung kann zu neuen Einsichten führen. Kommt man von artenärmeren bzw. lockeren in artenreichere bzw. dichtere Bestände, fallen Grenzen relativ deutlich aus. In umgekehrter Richtung sind Grenzen weniger leicht erkennbar. Auch andere Wahrnehmungseffekte wie verschiedene Farbmuster, helle und dunkle Strukturen u. a. können eine Rolle spielen.

Trotz etlicher Schwierigkeiten beschleunigt sich mit zunehmender Erfahrung die Kartierungsleistung. Den Kartierungsschlüssel hat man bald im Kopf. Zusätzlich fügen sich bestimmte physiognomisch-strukturelle Züge, eventuell verbunden mit Reliefsituationen und anderen Landschaftsmerkmalen, zu einem Gesamtbild zusammen, das jeder Kartierungseinheit ihr eigenes Gesicht verleiht (s. auch Vahle & Dettmar 1988). Es gibt wohl kaum eine engere Vertrautheit mit einer Landschaft und ihrer Vegetation als diejenige aus einer gründlichen Vegetationskartierung.

Mit Abschluß der Feldarbeiten liegt eine oft größere Zahl von Einzelergebnissen vor, die am Schreibtisch weiter auszuwerten sind. Siehe hierzu Kapitel 5.5.

Die hier vorgestellte Methodik ist für viele Vegetationskomplexe anwendbar, grundsätzlich auch für Komplextypen selbst (s. Synsoziologie: 3.2–3.4). Dies schließt nicht aus, daß für bestimmte Vegetationstypen abgewandelte oder andere Kartierungsverfahren notwendig sind. So werden in Fließgewässern besser ganze Flußabschnitte nach ihrer Vegetation abgegrenzt (Kohler 1978). Spezielle Fragen der Kartierung epiphytischer Kryptogamengesellschaften diskutieren Wilmanns & Bibinger (1966).

5.4.2 Kartierung der potentiell natürlichen Vegetation

Als Beispiel mehr synthetischer Kartierungen sei die Erfassung der heutigen potentiell natürlichen Vegetation kurz besprochen. Wie schon in Kapitel X 3.5.5 erläutert, ist die PNV eine gedankliche Konstruktion, aufbauend auf weitreichenden Kenntnissen über die Syndynamik der Pflanzengesellschaften im Sinne genetischer Gesellschaftskomplexe und über die komplexen Beziehungen zum Standort. Die Kartierung der PNV ist eigentlich eine Standortskartierung unter stark pflanzensoziologischen Vorzeichen. In unterschiedlicher Gewichtung werden alle irgendwie auswertbaren Landschaftsmerkmale erfaßt und im Kopf des Kartierers unmittelbar zusammengesetzt. Das Ergebnis der gedanklichen Synthese wird in die Karte eingetragen. Die abgegrenzten Raumeinheiten der PNV entsprechen dem Ökotop der Geographen (s. 3.2.1).

Für die Ermittlung und Abgrenzung von Einheiten der PNV können u. a. folgende Merkmale mit abnehmender Aussagekraft benutzt werden (s. auch Tüxen 1956, Trautmann 1966, Dierschke 1974a, W. Matuszkiewicz 1979, Janssen & Seibert 1991):

- Reste naturnaher Vegetation als beste Grundlage.
- Ersatzgesellschaften und ihre Komplexe (nach Kenntnis ihrer syndynamischen Beziehungen zur Schlußgesellschaft).
- Charakteristische physiognomische (einschließlich phänologische) Merkmale.
- Syndynamische Zeigerarten (spontan aufkommende oder übriggebliebene Gehölze u. a.).
- Synökologische Zeigerarten (z. B. für bestimmte Feuchte- oder Nährstoffstufen).
- Böden (und Gesteine), besonders bei engeren Koinzidenzen von Profilausprägungen und Pflanzengesellschaften; auch bestimmte Färbungen von Ackerflächen.
- Reliefformen oder bestimmte Lagesituationen in Toposequenzen.
- Landnutzung, besonders in nicht zu intensiv bewirtschafteten Kulturlandschaften; z. T. auch Vorkommen bestimmter Kulturpflanzen. (Hierzu auch Auswertung von Topographischen Karten und Luftbildern.)
- Klimatische Verhältnisse und Sippenareale (besonders bei großräumigeren Karten).
- Ökologische Meßdaten (wegen geringer und meist nur punktueller Verfügbarkeit kaum auswertbar).

In der Regel werden möglichst viele solcher Merkmale und Daten zur Konstruktion der PNV herangezogen. Die Kartierung kann im Maßstab 1:25–50000 erfolgen. Größere Maßstäbe entsprechen kaum der relativ groben Grenzziehung im Gelände.

Einige Beispiele der Grundlagen der PNV für ein kleines Moor/Geestgebiet Nordwestdeutschlands geben Abb. 302, 303 und Tabelle 54. Zur Zeit der Kartierung Anfang der 60er Jahre stand die landwirtschaftliche Nutzung noch im Einklang mit den natürlichen Gegebenheiten, so daß die jeweilige Nutzungsweise mit der PNV recht gute Übereinstimmungen zeigt (Abb. 302). Aus den in der Landschaft verteilten Gehölzen lassen sich ebenfalls gewisse Grundmuster der PNV ableiten (Abb. 303). Am genauesten auswertbar ist die Beziehung zwischen Ersatzgesellschaften und PNV aus der Tabelle, vor allem wenn die Gesellschaften feiner gegliedert sind (Subassoziationen und Varianten). Mit der heute zunehmend erkennbaren uniformen Intensivierung fallen viele dieser Merkmale weg, wohl auch manche der

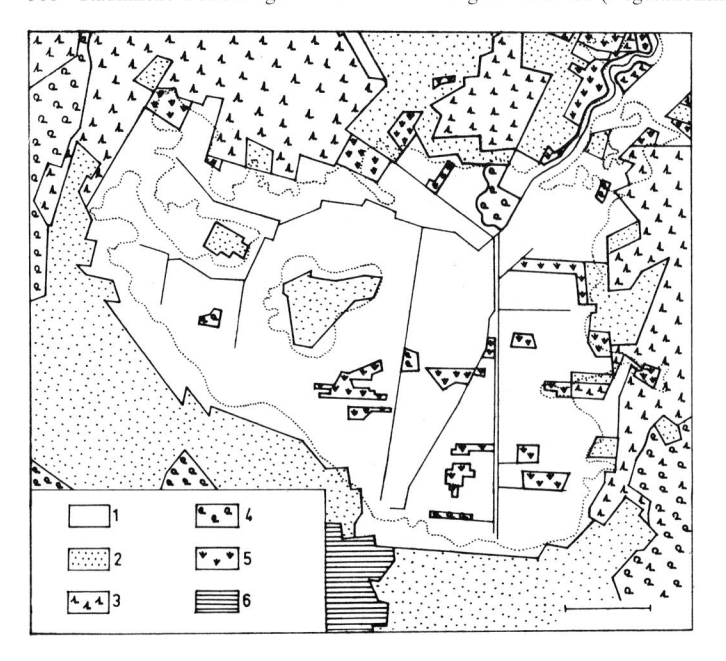

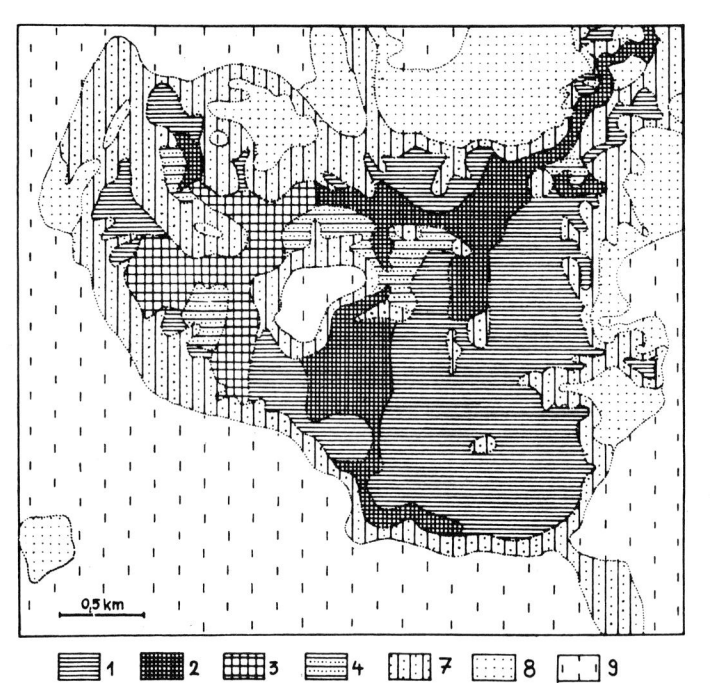

560   Räumliche Beziehungen zwischen Pflanzengesellschaften (Vegetationskomplexe)

Abb. 302. Karten aus dem Holtumer Moor und Umgebung.
Oben: heutige Nutzung. 1: Grünland; 2: Acker; 3: Nadelholzforsten; 4: Laubwald; 5: Moorreste; 6: Siedlung.
Unten: Heutige potentiell natürliche Vegetation (aus DIERSCHKE 1979). Ziffern der Einheiten wie Tabelle 54.

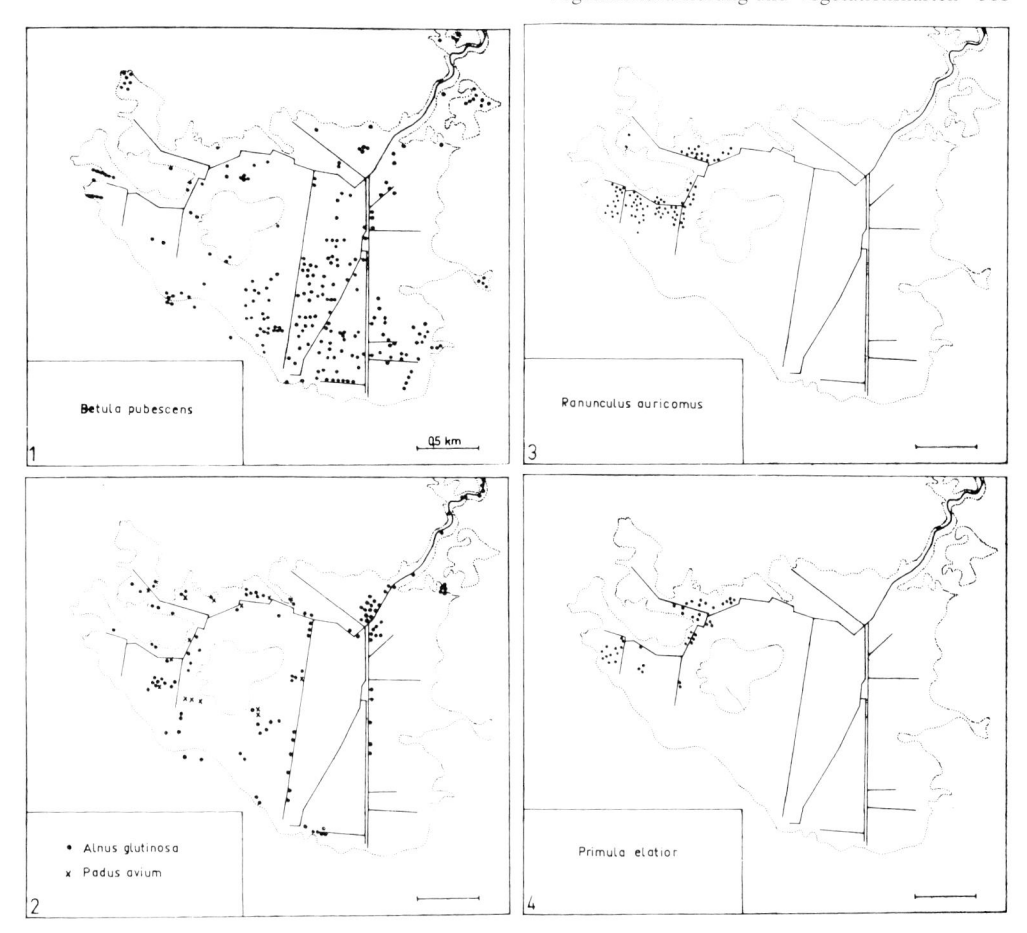

Abb. 303. Verteilungskarten einiger Zeigerpflanzen der PNV aus dem Holtumer Moor (aus DIERSCHKE 1974a).

potentiellen Pflanzengesellschaften (s. hierzu DIERSCHKE & WITTIG 1991 aus demselben Gebiet).

Nach der Geländekartierung im großen Maßstab werden für die endgültige Karte meist noch Reduzierungen auf 1:100000 oder kleiner vorgenommen. W. MATUSZKIEWICZ (1979) beschreibt eine noch brauchbare Generalisierung auf 1:300000 (s. auch 5.2).

Eine deduktive Ableitung von Karten der PNV aus vorhandenen vegetationskundlichen Daten und anderen Unterlagen benutzte SEIBERT (1968b; s. auch 1974a) für eine Übersicht Bayerns im Maßstab 1:500000. Nachträglich wurden 56 möglichst repräsentative Transekte (je 2×10 km) im Maßstab 1:25000 im Gelände kartiert. Hiermit konnten manche Vorstellungen bestätigt, andere deduktive Ergebnisse korrigiert werden (JANSSEN & SEIBERT 1991).

Für die Bundesrepublik Deutschland war von TÜXEN eine Karte 1:200000 geplant worden. Als erstes Beispiel erschien das Blatt Minden (TRAUTMANN 1966), nach Geländekartierung 1:25000. Bisher folgten leider nur drei weitere Karten mit umfangreicheren Textbänden (TRAUTMANN et al. 1973: Köln, KRAUSE & SCHRÖDER 1979: Hamburg-West, BOHN 1981: Fulda). Kartiert wurden bisher etwa 30% der Fläche der ehemaligen BRD (s. Übersicht von SCHRÖDER 1984). Für die ehemalige DDR gibt es eine Karte 1:50000 (SCAMONI 1964).

5.4.3 Auswertung von Luftbildern

Schon seit langem werden Luftbilder als Hilfsmittel der Vegetationskartierung benutzt, wie eine Bibliographie von KNAPP (1980c) zeigt. Einmal bilden sie eine gute Kartierungsgrundlage, außerdem kann man ihren Inhalt direkt in

Tab. 54: Beziehungen zwischen der realen Vegetation des Holtumer Moores und Einheiten der potentiell natürlichen Vegetation (aus DIERSCHKE 1979).

1 Moorbirken-Wald und Birken-Bruchwald (Betuletum pubescentis)
2 Erlen-Bruchwald (Carici elongatae-Alnetum)
3 Traubenkirschen-Erlen-Eschenwald (Pruno-Fraxinetum)
4 Nasser Birken-Stieleichen-Wald (Betulo-Quercetum alnetosum)
5 Feuchter Eichen-Hainbuchen-Wald (Stellario-Carpinetum periclymenetosum)
6 Feuchter Buchen-Traubeneichen-Wald (Fago-Quercetum molinietosum)
7 Feuchter Birken-Stieleichenwald (Betulo-Quercetum molinietosum)
8 Trockener Birken-Stieleichen-Wald (Betulo-Quercetum typicum)
9 Trockener Buchen-Traubeneichen-Wald (Fago-Quercetum typicum)

	1	2	3	4	5	6	7	8	9
Betula pubescens-Gesellschaft (Tab.20)	●								
Myricetum gale ericetosum (20)	o								
Erica-Molinia-Gesellschaft (17)	●								
Ericetum sphagnetosum (14)	o								
Erico-Sphagnetum magellanici (15)	o								
Rhynchosporetum albae (16)	o								
Carici canescentis-Agrostietum caninae (5)	o	o							
Juncus effusus-Gesellschaft (3)		●	o						
Bromo-Senecionetum comaretosum (1)		o	o						
Bromo-Senecionetum typicum (1)		●	●	●					
Lolio-Cynosuretum lot.,Var.v.Glyceria fluitans (7)		o	o	o	●				
Lolio-Cynosuretum lot.,Typische Variante (7)			o		o	o	●	●	●
Carici elongatae-Alnetum (21)		o							
Frangulo-Salicetum cinereae (20)		o							
Myricetum gale peucedanetosum (20)		o							
Juncus acutiflorus-Gesellschaft (4)		o							
Calamagrostis canescens-Gesellschaft		o							
Cardaminetum amarae			o						
Glycerio-Sparganion (8)			o						
Bromo-Senecionetum phalaridetosum (1)			o	o					
Filipendulion (9)			o	o					
Junco-Molinietum (2)			o	o			o		
Bromo-Senecionetum ranunculetosum auricomi (1)				●					
Nardo-Gentianetum hydrocotyletosum (12)				o	o				
Dauco-Arrhenatheretum lychnetosum (6)						●			
Bromo-Senecionetum brometosum (1)							●	●	
Lolio-Cynosuretum typicum (7)							●	●	o
Genisto-Callunetum danthonietosum,Var.v.Molinia							o		
Nardo-Gentianetum typicum (12)							o	o	
Spergulo-Echinochloetum + Anchusetum,V.v.Gnaphalium(19)							o	o	
Teesdalio-Arnoseretum,Var.v.Juncus bufonius (18)							o	o	
Fichten-Forsten							o	o	●
Kiefern-Forsten							o	o	●
Lolio-Cynosuretum luzuletosum (7)							o	●	o	o
Ericetum typicum et cladonietosum (14)								o	
Genisto-Callunetum cladonietosum,Var.v.Molinia (13)								o	
Betulo-Quercetum typicum (22)								o	
Genisto-Callunetum cladonietosum,Typ.V. et empetretosum								●	
Spergulo morisonii-Corynephoretum (10)								o	
Artenarme Chenopodietalia- u. Aperetalia-Ges.								●	
Airo-Festucetum ovinae (11)								o	o
Teesdalio-Arnoseretum,Typische Variante (18)								o	●
Fago-Quercetum typicum et leucobryetosum (22)									●
Genisto-Callunetum danthonietosum,Var.v.Cladonia (13)									o
Spergulo-Echinochloetum + Anchusetum,Typische Var. (19)									●

● Gesellschaften mit größerem Flächenanteil
o Gesellschaften mit geringem Flächenanteil

Vegetationstypen umsetzten. Letztere Möglichkeit hat zugenommen, nachdem sich die Luftaufnahmetechnik rasch entwickelte, insbesondere durch Ausweitung auf Strahlungsbereiche außerhalb des menschlichen Blickfeldes (Infrarot, Radar, Gammastrahlung, Laser u. a.), und vor allem auch durch zunehmend scharfe, fein auflösbare Satellitenbilder. Allerdings ist die Auswertung solcher Fotos meist nur mit Spezialkenntnissen und -geräten möglich, auf die hier nicht weiter eingegangen werden kann. Für vegetationskundliche Zwecke ist aber auch geobotanischer Sachverstand unbedingt notwendig. Viele Möglichkeiten der Luftbildauswertung und ihr methodisches Rüstzeug werden von SCHNEIDER (1984) dargestellt, allerdings kaum mit botanischen Beispielen. Allgemeinere Einblicke für vegetationskundliche und landschaftsökologische Fragestellungen geben z. B. KNAPP (1971), ZONNEVELD et al. (1979), KÜCHLER & ZONNEVELD (1988).

Luftbilder sind heute in Deutschland und vielen anderen Ländern in verschiedenen Maßstäben erhältlich. Bezugsquellen und Adressen von Luftbildsammlungen gibt SCHNEIDER (1984, S. 255).

Für pflanzensoziologische großmaßstäbigere Karten sind Luftbilder eine oft sehr geeignete Grundlage. Sie geben wesentlich mehr Orientierungspunkte und -linien für die Geländearbeit. Oft kann man bereits an verschiedenen Grau- oder Farbtönungen und Strukturen bestimmte Pflanzengesellschaften ausmachen und vorläufig abgrenzen. Im Gelände müssen dann (am besten auf handlich zerschnittenen Kopien) die „Typen" überprüft („geeicht") werden. Erkannte Gesellschaften oder Gesellschaftskomplexe können darauf maßstabsgerecht abgegrenzt werden, wobei feinere Untereinheiten sicher oft erst durch Geländekartierung zu erfassen sind. Ideal wären Farbbilder zu verschiedenen Zeiten der Vegetationsperiode, die gesellschaftsspezifische Farbaspekte einzelner Phänophasen wiedergeben (z. B. Wachstumsaspekte, Blühaspekte, Laubverfärbung). In jedem Fall sollte ein Kartierungsschlüssel erstellt werden, der bestimmte Tönungen des Luftbildes und andere Merkmale pflanzensoziologisch erklärt. Ein Beispiel zur Interpretation von Infrarotbildern geben SEGER & HARTL (1978). Luftbildauswertung erfordert viel Geländeerfahrung des Kartierers, was nicht ausschließt, daß Luftbilder auch für Anfänger ihren Wert haben.

In der Bundesanstalt für Vegetationskartierung in Stolzenau und ihren Vorläufern wurden Luftbilder schon seit 1932 eingesetzt (LOHMEYER 1963a). So ist z. B. die bereits erwähnte, sehr detaillierte Vegetationskarte der Insel Baltrum (TÜXEN 1956a) so entstanden. Vor allem in Bereichen, wo die Geländeorientierung sehr erschwert ist, können Luftbilder wesentlich zur Aufklärung von Vegetationsstrukturen beitragen. DIETL (1972) benutzte Luftbilder zur Erstellung einer Detailkarte subalpin-alpiner Weidegebiete. Ein weiteres Beispiel ist die Kartierung der Ufervegetation des Bodensees von LANG (1967a, 1981), teilweise mit selbst angefertigten Farbfotos. Sie dienten einmal der grundlegenden Vegetationskartierung der Uferzonen, dann auch zum Nachweis von Veränderungen (s. auch X 3.7). Vegetationskarten eines Altrheinarmes kartierte DISTER (1977), Brachestadien eines Feuchtgebietes SCHWAAR (1972; s. auch SCHNEIDER 1984, S. 180). Mit einem Ballon machte H. ULLMANN (1971) farbige Luftfotos eines Hochmoores aus bis 240 m Höhe und konnte danach sehr detaillierte Vegetationskarten erstellen (s. Abb. 304).

Großen Wert haben Luftbilder auch für synsoziologische Kartierungen und für die räumliche Erfassung der potentiell natürlichen Vegetation. Gesetzmäßige Gesellschaftskomplexe, die im Gelände schwer unmittelbar zu überblicken sind, können bei guter Kenntnis der räumlichen und dynamischen Zusammenhänge in Luftbildern identifiziert und abgegrenzt werden. Hierauf ist schon KRAUSE (1955) ausführlich eingegangen (s. auch LOHMEYER 1963a).

Eine Beschleunigung und Wertsteigerung erfährt die Luftbildauswertung durch Computerunterstützung. Hierdurch können z. B. feinere Farbtöne in Vegetationseinheiten direkt umgesetzt werden, wie es HEISELMAYER et al. (1982) für alpine Pflanzengesellschaften gezeigt haben. Wieder ist eine enge Abstimmung zwischen verfügbaren Luftbildern und eigener Geländearbeit notwendige Grundlage (s. auch 5.5).

Insgesamt sind die Möglichkeiten der Luftbildauswertung für pflanzensoziologische Untersuchungen und Auswertungen noch wenig ausgeschöpft. Viele entsprechende Arbeiten gehen eher in formationskundliche und landschaftsökologische Richtung, wie auch der Handbuchband über Vegetationskartierung zeigt (KÜCHLER & ZONNEVELD 1988), ebenfalls die Bibliographie von KNAPP (1980c).

5.4.4 Verwandte ökologische Karten und Vergleich

Vegetationskarten sind oft kein Selbstzweck, sondern sie dienen als flächige Indikatoren des gesamten Standortsmosaiks eines Landschaftsausschnittes. Ähnlich wie Pflanzengesellschaften sind auch Bodentypen Ausdruck des gesamten Wechselspiels abiotischer und biotischer Faktoren. **Vegetations- und Bodenkarten** haben somit ähnlichen ökologischen Aussagewert mit jeweils anderen Schwerpunkten. Vorteil der Vegetationskartierung ist die Möglichkeit, Flächen und Grenzen direkt erkennen zu können, während für Böden Bohrungen oder Aufgrabungen notwendig sind, die nur punktuelle Daten ergeben. Grenzen auf Bodenkarten sind oft nur durch Interpolation zwischen einzelnen

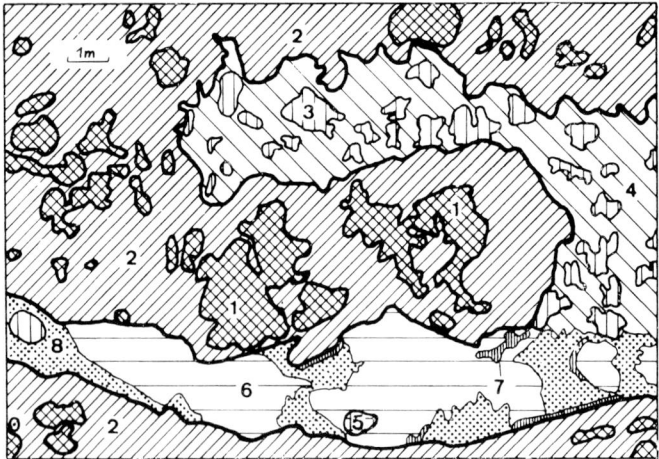

Abb. 304. Ballonfoto eines Hochmoor-Ausschnittes aus 40 m Höhe und daraus abgeleitete Vegetationskarte (aus ULLMANN 1971).
1–2: Bultenvegetation (1 mit *Pinus mugo*), 3–8 Schlenkenvegetation verschiedener Ausbildung.

Untersuchungspunkten entstanden, die Karten entsprechend grober strukturiert. Auch sind die Möglichkeiten floristischer Differenzierung von Pflanzengesellschaften wesentlich feiner als die Gliederung nach Bodentypen, zumal die Bodentypologie mehr mit bodengenetischen Merkmalen arbeitet. Dennoch gibt es oft sehr enge Beziehungen zwischen Pflanzengesellschaften und Böden (TÜXEN 1957 d).

In verschiedenen Arbeiten werden Vegetations- und Bodenkarten näher verglichen. MEISEL (1958) untersucht Karten im Maßstab 1:5000 für ein Grünlandgebiet mit Grundwassereinfluß und findet wenig Übereinstimmung. In der Diskussion wird der Vorteil von (stabileren) Bodenkarten im Forstbereich hervorgehoben, da die Bodenvegetation in verschiedenen Altersphasen von Wäldern sehr unterschiedlich sein kann. Auch Karten von BOEDELTJE & BAKKER (1980) für ein niederländisches Feuchtgebiet ergeben in der Vegetationskarte wesentlich stärkere Differenzierungen als in der Bodenkarte. Dies trifft auch für Vergleiche von HILBIG & MORGENSTERN (1967) von Grünland- und Ackergebieten zu. Dagegen finden LOHMEYER & ZEZSCHWITZ (1982) in Laubwäldern eine gute Korrelation zwischen Karten der Pflanzengesellschaften und fein differenzierten Bodentypen unter Einschluß der Humusformen, allerdings nicht im Verlauf der Grenzen. PAHLKE & WOLF (1990) vergleichen in einer Naturwaldzelle Karten der Waldgesellschaften, Böden und pH-Bereiche und stellen meist gute Übereinstimmung fest.

Insgesamt haben Boden- und Vegetationskarten als zeitlich stabilere bzw. dynamischere Grundlage für ökologische Beurteilungen ihren Wert, am besten beide nebeneinander. Dagegen sind geologische Karten bestenfalls als allgemeiner ökologischer Hintergrund nutzbar (s. Beispiele bei KNAPP 1971, S. 231). Auf dieser Feststellung beruht auch die **Standortskartierung**, die zur Beurteilung des Standortspotentials hinsichtlich der Wuchs- und Anbaumöglichkeiten von Nutzpflanzen in Forst- und Landwirtschaft verwendbar ist. ELLENBERG & ZELLER (1951) und ELLENBERG (1954a) entwickelten eine breit verwendbare „Pflanzenstandortskarte", die möglichst viele ökologische Merkmale von Boden, Klima und Vegetation kombiniert erfaßt und benutzerfreundlich erklärt. Eine Fortführung ist z. B. die Ökologische Standortseignungskarte (WELLER et al. 1980). Die forstliche Standortskarte beruht auf der Zusammenschau geologischer, bodenkundlicher, klimatologischer, geomorphologischer, vegetationskundlicher und geschichtlicher Tatsachen (s. ARBEITSGEMEINSCHAFT STANDORTSKARTIERUNG 1980, MÜHLHÄUSSER et al. 1983 u. a.). Beide Karten benutzen Pflanzen und Pflanzengesellschaften als Zeiger, sind aber ganz unabhängig von syntaxonomischer Klassifikation. Die Kartierung der potentiell natürlichen Vegetation (s. 5.4.2) ist eine stärker pflanzensoziologisch ausgerichtete Methode auf ähnlicher Grundlage.

Alle hier genannten Kartentypen ermöglichen für die Praxis ähnliche ökologische Aussagen. Es stellt sich deshalb die Frage der Effektivität von Karten und Kartierungsmethoden. So wurde in der Schweiz Anfang der 60er Jahre ein Methodenvergleich mit Fachleuten verschiedener Arbeitsrichtungen durchgeführt (s. ELLENBERG 1967). Es fanden parallel in einem Waldgebiet Kartierungen samt notwendiger Vorarbeiten statt:
– Pflanzensoziologische Kartierung nach BRAUN-BLANQUET.
– Pflanzensoziologisch-dynamische Kartierung nach AICHINGER (s. VII 9.2.2.6).
– Pflanzensoziologisch-arealgeographische Kartierung nach E. SCHMID (s. VII 9.2.2.7).
– Kombinierte Standortskartierung.

Eine internationale Kommission begutachtete die Ergebnisse unter dem Aspekt der Brauchbarkeit für die forstliche Anbaupraxis und des Zeitbedarfes. Die kombinierte Standortskartierung wurde zwar als am besten geeignet eingeschätzt, die Braun-Blanquet-Kartierung war aber dreimal so schnell. Die beiden anderen Methoden blieben in ihrer Brauchbarkeit deutlich zurück.

5.5 Kartographische Darstellung

Feldkarten oder andere Kartenentwürfe bedürfen zur endgültigen Darstellung einer Überarbeitung. Sie ist abhängig vom Ziel der Darstellung, den maßstabsgerechten Möglichkeiten, auch von der zur Verfügung stehenden Vervielfältigungs- oder Drucktechnik sowie von den vorhandenen finanziellen Mitteln. Die Feldkarte enthält neben Grenzlinien, Ziffern oder anderen Kennzeichen der Kartierungseinheiten oft weitere Angaben, ergänzt durch getrennte Notizen, Detailskizzen u. a. Für die Reinzeichnung sind technische und inhaltliche Überlegungen notwendig. Hierfür wird ein Umsetzungsschlüssel aufgestellt, der für jede Einheit das Kartierungssymbol (Ziffer, Buchstabe, Signatur, Farbe) und die endgültige Darstellungsweise nebeneinander enthält, eventuell auch schon Namen der Einheiten und andere Angaben. Der Schlüssel ist gleichzeitig der erste Entwurf für die Kartenlegende (s. u.).

Die Reinzeichnung beginnt mit der Übertragung der Grenzlinien. Hier können kleine Unebenheiten ausgeglichen, zu kleine Fleckchen weggelassen oder zusammengefaßt werden. Soll die fertige Karte einen kleineren Maßstab haben, muß über sinnvolle Zusammenfassungen in Vegetationskomplexen nachgedacht werden. Die Karte soll die wesentlichen Züge der Vegetationsgliederung eines Gebietes klar wiedergeben, unabhängig von Einzelkenntnissen des Bearbeiters, aber auch die Vielfalt der Differenzierung widerspiegeln. Dafür gibt es verschiedene Darstellungsmöglichkeiten.

Zur besseren Orientierung ist es günstig, den topographischen Hintergrund ganz oder teilweise aus entsprechenden Karten zu übernehmen. Für manche Zwecke eignet sich ein Quadratraster als Hintergrund. Eine einfache, aber wenig aussagende Möglichkeit ist die Einsetzung von Ziffern; sie ist eher zusätzlich zu anderen Verfahren zu gebrauchen. Ideal ist eine Kombination von Farben und Signaturen. In jedem Fall ist eine sinnvolle Auswahl anzustreben, die bereits ohne nähere Kenntnisse gewisse vegetationskundlich-ökologische Verwandtschaften oder der Fragestellung entsprechende Zusammenhänge sichtbar macht.

Allgemeine Regeln für die Darstellung gibt es nicht, wohl aber gewisse Tendenzen. Dies gilt vor allem für die Farbauswahl, die zumindest für größere Kartenwerke einheitlich sein muß. Hier sind verschiedene Grundstrukturen denkbar (s. z. B. GAUSSEN 1961, 1963, TRAUTMANN 1966, TÜXEN 1965b, WAGNER 1981, KÜCHLER & ZONNENVELD 1988, S. 111).

a) Farben nach ökologischer Verwandtschaft
Unter farbpsychologischen Aspekten lassen sich Farben gradientenartig ökologisch abstufen. Häufig verwendet werden Temperatur-, Feuchte- und Basengradienten, z. B.

rot	trocken (warm)	basenarm (trocken)
gelb	mäßig trocken (warm)	mäßig basenreich (frisch)
grün	mittel	basenreich, frisch bis feucht
blau-violett	feucht-naß (kühl-kalt)	basenreich, feucht bis naß

Das linke Beispiel entspricht etwa den Farben der Südfranzösischen Schule, wo mit Ausblick auf das Mediterrangebiet der Wasserhaushalt eine stark differenzierende Rolle spielt. Die rechte Farbskala findet man teilweise in Mitteleuropa, mit vielen Feinheiten und Abwandlungen.

b) Farben nach soziologischer Verwandtschaft
Die Stolzenauer Schule betont stärker die syntaxonomischen Zusammenhänge, z. B. eine Farbwahl nach Klassen, die aber wiederum teilweise obigen ökologischen Abstufungen folgt (z. B. TÜXEN & PREISING 1951, TRAUTMANN 1966, SEIBERT 1968b) Schon TÜXEN (1937) gab entsprechende Anweisungen für die Pflanzengesellschaften Nordwestdeutschlands. Auch eine Farbgebung nach mehr physiognomischen Vegetationstypen ist denkbar, z. B.

dunkelgrün	Wälder	rot	Heiden
hellgrün	Feuchtwiesen	hellbraun	Äcker
gelb	Frischwiesen und -weiden	dunkelbraun	Moore
orange	Trockenrasen	blau	Sumpf u. Wasser

Unterscheiden kann man weiter zwischen naturnaher Vegetation (volle bzw. dunklere Farbtöne) und Ersatzgesellschaften (heller oder schraffiert), zusammenfassen auch nach syndynamischen Gesichtspunkten (Serien) u. a. Für Untereinheiten oder zur Darstellung von Einzelelementen (z. B. Bäumen) eignen sich eher Signaturen, die wiederum bestimmten Grundüberlegungen folgen (s. u.).

Ist für größere Kartenwerke eine einheitliche Farbgebung wünschenswert, sind doch allgemeine Regeln nur sehr grob von Nutzen. Sie würden z. B. dazu führen, daß Gebiete mit einheitlichem Grundtyp der Vegetation (z. B. Grünland, Ackerland, Wald) mit nur einer Farbe zu versehen wären (sogenannte monochromatische Karten). Hier ist es sinnvoller, die breite Farbpalette möglichst optimal zu nutzen, z. B. zur differenzierten Darstellung von Assoziationen und deren Untereinheiten. Eine Tafel mit vielen feinen Farbabstufungen gibt PUNCER (1984).

Farben erhöhen die Klarheit und erleichtern die Lesbarkeit von Karten, wenn sie gut durchdacht sind. Man kann sogar von einer Farbästhetik von Vegetationskarten sprechen, nach Auswahl und Ausgewogenheit (Harmonie) der Farbkombinationen. Die Stolzenauer Karten sind hierfür ein gutes Beispiel, wenn auch gröbere Kontraste auf den ersten Blick leichter überschaubar sind.

c) Kartensignaturen: Farbige oder schwarze Signaturen können als Zusatz zu Farben benutzt werden, bilden aber oft die alleinige Grundlage. Abb. 305 zeigt verschiedene Möglichkeiten von Schraffuren und Zeichen, die weiter kombinierbar sind. Sie lassen sich mit Lineal und Schablone eintragen (s. auch WENZEL 1963). Außerdem gibt es Folien, welche die Arbeit erleichtern und vereinheitlichen.

Auch Signaturen sollten gewissen Regeln folgen, um die Lesbarkeit zu erleichtern. Es kann z. B. eine ökologische Abstufung von basenarm und/oder trocken nach basenreich und/oder naß von hell (locker) nach dunkel (dicht) erfolgen. Für floristisch verwandte Gesellschaften kann dieselbe Grundsignatur gewählt werden (z. B. Wiesen: senkrecht, Weiden: waagerecht schraffiert, Trockenrasen: gepunktet). Ein einfaches Beispiel zeigt Abb. 306 (s. auch TÜXEN 1965b), eine differenziertere Karte Abb. 307.

d) Kartenlegenden: Zu jeder Karte gehört eine Legende, die den Karteninhalt näher erläutert. Sie ist der Schlüssel zur Karte und macht sie erst lesbar und auswertbar. Die Legende i. e. S. kann kurz sein, im Extremfall nur aus den Farben und Signaturen und einer Ziffer bestehen. Auch ein Maßstab sollte immer vorhanden sein. Genauere Erläuterungen sind meist besser in einem Begleittext (z. B. als eigenes Erläuterungsheft) unterzubringen, angereichert mit

Vegetationskartierung und Vegetationskarten 567

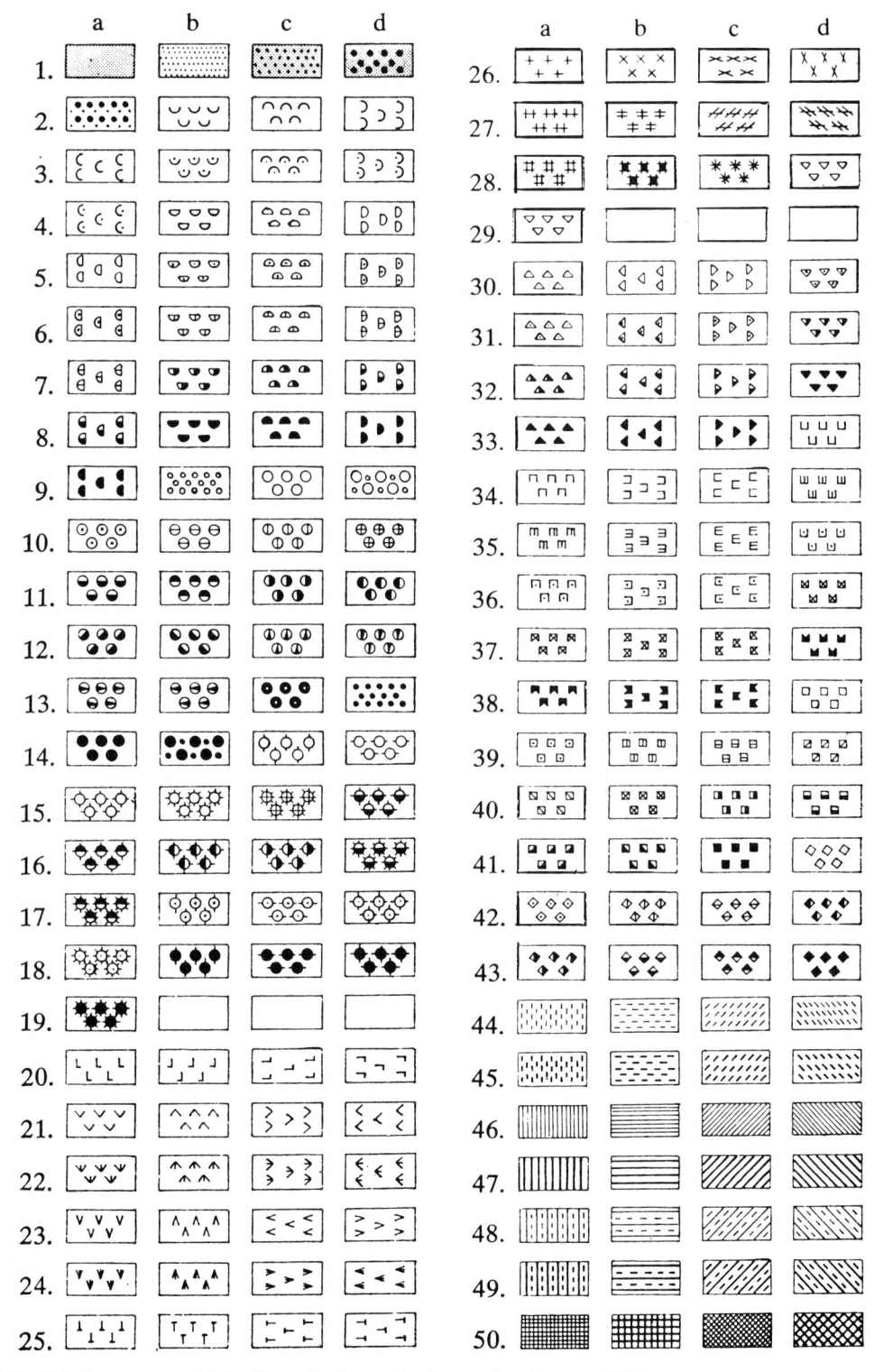

Abb. 305: Signaturen und Schraffuren für Vegetationskarten (aus PUNCER 1984).

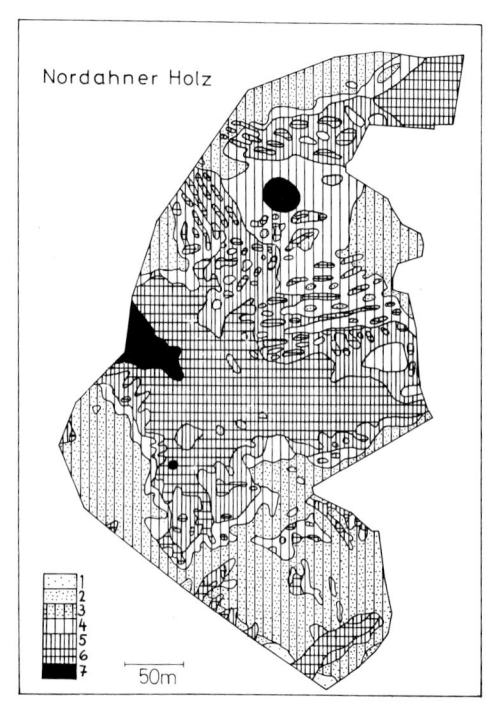

Abb. 306. Vegetationskarte eines kleinen Waldgebietes Nordwestdeutschlands (aus WOLTER & DIERSCHKE 1975). Die Signaturen sind nach syntaxonomischer Verwandtschaft und ökologischen Zusammenhängen ausgewählt: 1–3 *Fago-Quercetum* (gepunktet) in drei Basen- und Feuchtestufen (1: *leucobryetosum*, 2: *typicum*, 3: *milietosum*); 4–6 *Stellario-Carpinetum* (nur Striche) in ähnlicher Abstufung; 7 *Pruno-Fraxinetum/ Carici elongatae-Alnetum* (Komplex).

Vegetationstabellen, eventuell großmaßstäbigeren Ausschnitten und Vegetationsprofilen. Auch die linearen oder sehr kleinflächigen, in der Karte nicht vorhandenen Gesellschaften können hier erläutert werden. Bei angewandter Fragestellung ist eine entsprechende Interpretation der Karteneinheiten erforderlich, eventuell ergänzt durch abgeleitete Karten (s. auch 5.7). Zum besseren Verständnis der Karten ist es wichtig, auf die Methoden und den Arbeitsgang der Kartierung bis zur fertigen Karte einzugehen (s. BURNAND et al. 1986). Erst Karte und Begleittext zusammen ergeben ein abgerundetes Bild der Vegetationsgliederung eines Gebietes.

5.6 Computerkarten

Der hohe technische Aufwand zur Erstellung von Vegetationskarten drängt die Frage nach computerunterstützten Verfahren geradezu auf. Inzwischen gibt es auch verschiedene Ansätze hierzu, meist aber noch in der Erprobungsphase, oft auch nicht speziell nur für Vegetationskarten gedacht. Verschiedene Möglichkeiten sind denkbar:
– Umsetzung von Feld- in Reinkarten, eventuell mit verändertem Maßstab.
– Direkte Ableitung von Vegetationskarten aus Luftbildern.
– Indirekte Erstellung von Vegetationskarten durch flächige Auswertung anderer Landschaftsmerkmale und ökologischer Daten.
– Herstellung abgeleiteter (thematischer) Karten.

Computergestützte vegetationskundliche Flächenauswertungen können als Teil der in den letzten Jahren rasch entwickelten Geographischen Informationssysteme (GIS) gesehen werden. Es sind EDV-Systeme, die flächenbezogene Daten erheben, speichern und vielfältig auswerten. Einen zusammenfassenden Überblick für grundlegende und angewandte Fragen geben ASHDOWN & SCHALLER (1990; s. auch KOEPPEL 1982, SCHALLER 1985, VAN DER ZEE & HUIZING 1988). Daneben gibt es direkte Entwicklungen für Vegetationskarten. Allgemein kann man unterscheiden zwischen flächentreuen Karten mit entsprechend echten Grenzlinien und Rasterkarten.

Im einfachsten Fall wird der Computer nur als technische Hilfe zur Herstellung der farbigen Karte benutzt. Hier müssen Flächen und Grenzen der Feldkarte computergerecht umgesetzt (digitalisiert) werden. Nach Zuordnung der Flächen zu Vegetationstypen sind Signaturen und Farben festzulegen. Ein entsprechendes Erfassungs- und Verarbeitungsprogramm und geeignete Drucktechnik bestimmen das Ergebnis unter maßgeblicher Entscheidung des Bearbeiters. Beispiele geben M. MÜLLER et al. (1982) und A. ULRICH et al. (1984). Mit Hilfe der im GIS gespeicherten Daten lassen sich vielseitige Auswertungen vornehmen, z. B. die Herstellung abgeleiteter Karten, Vergleiche von Wiederholungskartierungen.

Die computergesteuerte Auswertung von Luftbildern wurde bereits kurz angesprochen (s. 5.4.3). Ein neues Verfahren beschreiben KÜBLER & AMMER (1992). Sie benutzen multispektrale Scannerdaten aus 4000 m Flughöhe zur Erkennung von Vegetationstypen (z. B. Magerrasen, Wiesen, Niedermoor, verschiedene Wälder) nach ihren jeweils charakteristischen spek-

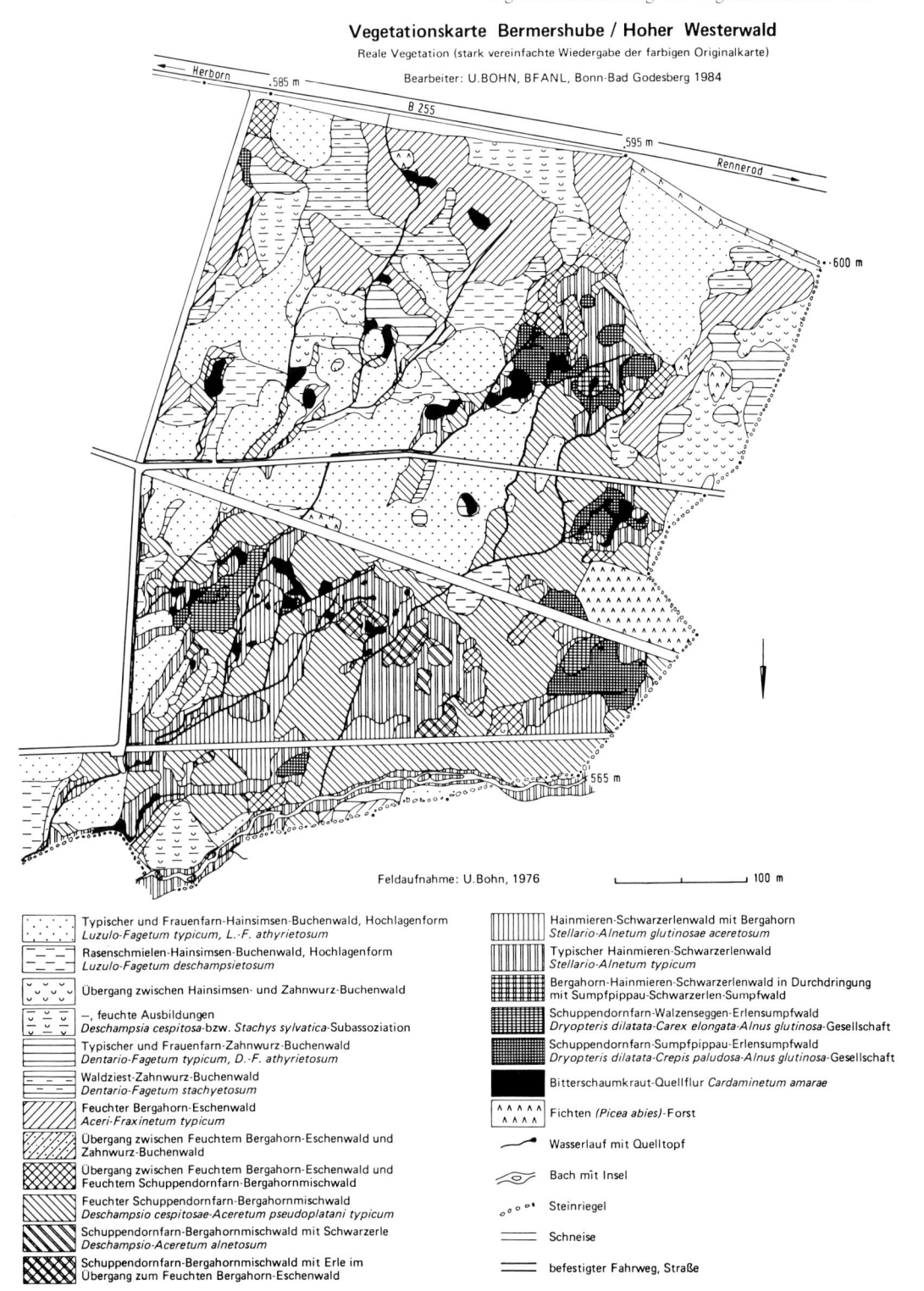

Vegetationskarte Bermershube / Hoher Westerwald

Reale Vegetation (stark vereinfachte Wiedergabe der farbigen Originalkarte)

Bearbeiter: U. BOHN, BFANL, Bonn-Bad Godesberg 1984

Feldaufnahme: U. Bohn, 1976

- Typischer und Frauenfarn-Hainsimsen-Buchenwald, Hochlagenform
  Luzulo-Fagetum typicum, L.-F. athyrietosum
- Rasenschmielen-Hainsimsen-Buchenwald, Hochlagenform
  Luzulo-Fagetum deschampsietosum
- Übergang zwischen Hainsimsen- und Zahnwurz-Buchenwald
- –, feuchte Ausbildungen
  Deschampsia cespitosa-bzw. *Stachys sylvatica*-Subassoziation
- Typischer und Frauenfarn-Zahnwurz-Buchenwald
  Dentario-Fagetum typicum, D.-F. athyrietosum
- Waldziest-Zahnwurz-Buchenwald
  Dentario-Fagetum stachyetosum
- Feuchter Bergahorn-Eschenwald
  Aceri-Fraxinetum typicum
- Übergang zwischen Feuchtem Bergahorn-Eschenwald und Zahnwurz-Buchenwald
- Übergang zwischen Feuchtem Bergahorn-Eschenwald und Feuchtem Schuppendornfarn-Bergahornmischwald
- Feuchter Schuppendornfarn-Bergahornmischwald
  Deschampsio cespitosae-Aceretum pseudoplatani typicum
- Schuppendornfarn-Bergahornmischwald mit Schwarzerle
  Deschampsio-Aceretum alnetosum
- Schuppendornfarn-Bergahornmischwald mit Erle im Übergang zum Feuchten Bergahorn-Eschenwald
- Hainmieren-Schwarzerlenwald mit Bergahorn
  Stellario-Alnetum glutinosae aceretosum
- Typischer Hainmieren-Schwarzerlenwald
  Stellario-Alnetum typicum
- Bergahorn-Hainmieren-Schwarzerlenwald in Durchdringung mit Sumpfpippau-Schwarzerlen-Sumpfwald
- Schuppendornfarn-Walzenseggen-Erlensumpfwald
  Dryopteris dilatata-Carex elongata-Alnus glutinosa-Gesellschaft
- Schuppendornfarn-Sumpfpippau-Erlensumpfwald
  Dryopteris dilatata-Crepis paludosa-Alnus glutinosa-Gesellschaft
- Bitterschaumkraut-Quellflur *Cardaminetum amarae*
- Fichten *(Picea abies)*-Forst
- Wasserlauf mit Quelltopf
- Bach mit Insel
- Steinriegel
- Schneise
- befestigter Fahrweg, Straße

Abb. 307. Pflanzensoziologische Detailkarte eines Waldgebietes (aus BOHN 1984).

tralen Merkmalen. Unter Auswertung von 44 Stichproben mit Geländevergleich ließen sich 15 Typen meist gut zuordnen.

Es gibt auch Versuche, mit Hilfe vegetationsbezogener Geländedaten Vegetationskarten zu konstruieren. HEHL & LANGE (1988) haben eine Vegetationskarte 1:40000 für alpine Rasengesellschaften entworfen. Nach 269 Stichproben wurde eine Zuordnungsmatrix von topographischen Landschaftsmerkmalen zu Pflanzengesellschaften erstellt. Als Grundlagen dienten Luftbilder und topographische Karten für Basiskarten der GIS. Die Kontrolle im Gelände ergab eine Übereinstimmung von 59%. H. FISCHER (1990) wertete per Computer verschiedene Landschaftsmerkmale multivariat aus und ermittelte die Wahrscheinlichkeit des Vorkommens von 63 Vegetationstypen, die in Rasterkarten eingetragen ist. Die Übereinstimmung mit Geländeuntersuchungen betrug 70%. In ähnlicher Weise lassen sich auch kleinmaßstäbige Karten großer Gebiete herstellen; erwähnt wurde bereits eine Erdkarte nach Klimadaten von Box (1981).

Über allgemeine Grundlagen zur Herstellung thematischer Karten mit dem Computer berichtet LAUSI (1980). Eine fein gerasterte Vegetationskarte diente als Grundlage zur Ableitung einer Hemerobiestufenkarte. Eine andere Möglichkeit ist die computergesteuerte Kombination verschiedener Karten (z. B. Vegetations- und Bodenkarte), wie sie im Prinzip von HEISS et al. (1988) erklärt wird.

Bei allen technischen Hilfsverfahren bleibt die Notwendigkeit genauer pflanzensoziologischer Geländeuntersuchungen erhalten. Gerade für die Auswertung vegetationsfremder Daten ist viel vegetationskundliche Erfahrung des Bearbeiters erforderlich. Eine enge Zusammenarbeit von Pflanzensoziologen und EDV-Fachleuten läßt für die Zukunft mancherlei Arbeitserleichterung und Neuentwicklung für die Erstellung von Vegetationskarten erwarten.

5.7 Verwendung von Vegetationskarten

5.7.1 Allgemeines

Manche Aspekte der Angewandten Pflanzensoziologie wurden bereits in vorhergehenden Kapiteln angesprochen. Sie gelten auch für Vegetationskarten, die für planerische Zwecke am besten geeignet sind, da sie punktuell gewonnene Ergebnisse und Erfahrungen der Pflanzensoziologie flächenhaft umsetzen. Allgemein ermöglichen Karten einen leichteren Zugang des Anwenders zu komplexen Forschungsresultaten. „Die Karte wird sozusagen einem Röntgenbild vergleichbar, indem sie alle vorhandenen Glieder der Pflanzendecke zeigt und zugleich durch sie hindurch die standörtlichen Ursachen ihres Daseins wie Boden und Wasser-Eigenschaften, menschlich-tierische Einwirkungen usf. im langen Durchschnitt ihrer Wirkung ebenso abzulesen gestattet, wie sie das Erzeugungspotential der dargestellten Gesellschaften enthält" (TÜXEN 1965 b, S. 155).

Generell haben Karten der realen Vegetation den größten Aussagewert. Karten der PNV geben allgemeinere Vegetations- und Standortsgliederungen wieder und sind eher für großräumigere Betrachtungen auswertbar. Sie lassen das stabilere ökologische Grundgerüst einer Landschaft erkennen, während die reale Vegetation rascheren Schwankungen unterliegen kann, also auch die kurzzeitige Dynamik, augenblickliche Nutzungsintensität u. a. dokumentiert.

In vielen Fällen werden Vegetationskarten nicht direkt benutzt, sondern aus ihnen abgeleitete, auf bestimmte Fragestellungen (Faktoren) zugeschnittene Auswertungskarten. Über entsprechende Koinzidenzen und die Eichung von Artengruppen und Kartierungseinheiten auf bestimmte Gegebenheiten als „Stufen" wurde bereits unter VII 5 eingegangen (z. B. Wasserstufenkarten). Da hier verschiedene Pflanzengesellschaften nach ihrem ökologischen Hintergrund zu größeren Raumeinheiten zusammengefaßt sind, spricht MEISEL (1977) von „landschaftsökologischen Karten". Auch über ökologische Zeigerwerte von Vegetationsaufnahmen kann man standörtliche Grundlagen kenntlich machen (s. VII 7.2.3).

Vegetationskarten haben stets integralen Charakter. Mit Erfahrung kann man aus ihnen eingeengte ökologische oder andere Karten ableiten. Natürlich haben daneben auch speziellere Karten einzelner Faktoren (Hydrologie, Gesteine, Böden, Klima u. a.) ihren Wert, sind aber oft weniger differenziert und schwerer im Gelände erfaßbar (s. auch 5.4.4). Der Wert einer Vegetationskarte ist wesentlich abhängig von der Legende bzw. den beigefügten textlichen Erläuterungen, d. h. einer Übersetzung pflanzensoziologischer Erkenntnisse für den Nutznießer.

In vielen Arbeiten mit Vegetationskarten, vor allem solchen großer bis mittlerer Maßstäbe, werden Angaben zur praktischen Auswertbarkeit gemacht, oder Karten sind unmittelbar hierfür angefertigt. Dies gilt sowohl für Karten der realen als auch der potentiell natürlichen Vegetation. Anwendungsbeispiele gibt es in vielen praxisnahen Arbeiten, z. B. aus Naturschutz und Landesplanung. Hier muß eine kurze Zusammenstellung einiger Möglichkeiten und Beispiele genügen. Viele Fragen der Auswertung von Vegetationskarten sind mit syndynamischen Kenntnissen verbunden. Entsprechende Grundlagen und Beispiele finden sich unter X 3.8. Eine breitere Übersicht der Verwendung verschiedener Karten für die Landschaftsplanung geben C. KRAUSE et al. (1977). Die Verbindung von Vegetationskarten mit abgeleiteten Karten stellt OZENDA (1986) mit vielen Beispielen dar.

5.7.2 Vegetationskarten in der Geobotanik und Nachbarwissenschaften

Vegetationskarten sind zunächst einmal Dokumente des Inventars und der flächenhaften Beziehungen von Pflanzengesellschaften eines Gebietes zu einem bestimmten Zeitpunkt, gleichzeitig Ausdruck eingehender wissenschaftlicher Vorarbeit und ein notwendiges Glied in der Erforschung der Pflanzendecke überhaupt. Direkt erkennbar sind Raumausdehnung, Flächenform, Häufigkeit von Vegetationstypen, Kontaktgesellschaften, regelhafte Komplexe und Gesellschaftsvielfalt. Aus Detailkarten können komplexere Einheiten (Sigmeten, Geosigmeten, Wuchslandschaften u. a.) abgegrenzt werden. Über begleitende Vegetationstabellen wird der floristische Inhalt sichtbar, mit entsprechend vielfältigen bioindikatorischen Eigenschaften (z. B. Zeigerwerte, s. VII 7). Vegetationskarten lassen sich mit Karten anderer Landschaftsfaktoren vergleichen (z. B. Böden, Gesteine, Relief, Hydrologie, Klima, Landnutzung) und ergeben so Beiträge zur kausalen Aufklärung der Vegetationsgliederung. Beispiele für die Verwendung von Vegetationskarten für kausale Fragestellungen gab schon W. KRAUSE (1950). Großräumig bilden sie die Grundlage für arealkundliche Fragestellungen.

Mit Hilfe von Vegetationskarten können geeignete Untersuchungsflächen für andere geobotanische Forschungen ausgewählt werden. Dies gilt für alle ökologischen Bereiche bis zur Ökosystemforschung. Auch Planungen für biozönologische Untersuchungen werden durch solche Karten erleichtert.

Eingegangen wurde bereits auf die Bedeutung von Vegetationskarten für syndynamische Untersuchungen (s. X 3.2.2 u. a.). Im Gegensatz zu anderen Vergleichen werden hier auch flächige Veränderungen einzelner Gesellschaften erkennbar. Abgeleitete Karten machen direkt die Dynamik sichtbar, z. B. durch Kennzeichnung von Gebieten starker oder geringer Veränderungen, deutlicher Fluktuation, allgemein stabiler oder instabiler Bereiche.

Auch die Möglichkeiten von Vegetationskarten als Grundlage der naturräumlichen Landschaftsgliederung wurden bereits kurz besprochen (3.4; s. auch DIERSCHKE 1985 e). Ein spezielles Anwendungsbeispiel von Vegetationskarten für archäologisch-siedlungsgeographische Fragen gibt BURRICHTER (1976), der Beziehungen prähistorischer bis mittelalterlicher Siedlungsgebiete zu Einheiten der PNV herstellt.

5.7.3 Vegetationskarten in der Planung

Da Landschaftsplanung i. w. S. flächenbezogen arbeitet, kommt hier Vegetationskarten eine entsprechend große Bedeutung zu. Ausgewertet werden sowohl die biologischen Inhalte der Pflanzengesellschaften selbst als auch ihr vielfältiger Indikatorwert. Außerdem gibt jede Kartierungseinheit gewissermaßen eine Anleitung zur standortsgerechten Nutzung von Pflanzenarten als Bau- und Gestaltungsstoff (s. X 3.8.5).

Am engsten ist die Beziehung von Vegetationskarten zum **Naturschutz**, wo es unmittelbar um Vegetation als Schutzobjekt geht. Hier ist ein Ersatz durch andere Karten am wenigsten denkbar. Bei Kartierungsarbeiten ergeben sich oft schutzwürdige Bereiche fast von selbst (z. B. BOHN 1981, LANDOLT et al. 1986). Nach großmaßstäbigen pflanzensoziologischen Unterlagen können unmittelbar naturschutzrelevante Aussagen gemacht werden. Außerdem gibt es eine Vielzahl abgeleiteter Karten, z. B. nach Natürlichkeitsgrad, Vielfalt, Gefährdung, Repräsentanz, Bedeutung für Tiergruppen u. a., aus denen sich wiederum Bewertungskarten für die Schutzwürdigkeit entwickeln lassen (s. EDELHOFF 1983). Hiernach können schutzwürdige Bereiche von flächenhaften Naturdenkmalen bis zu Nationalparken und Biosphärenreservaten festgelegt und abgegrenzt werden.

Vegetationskarten von Schutzgebieten lassen sehr genau das Gesellschaftsinventar, Vegeta-

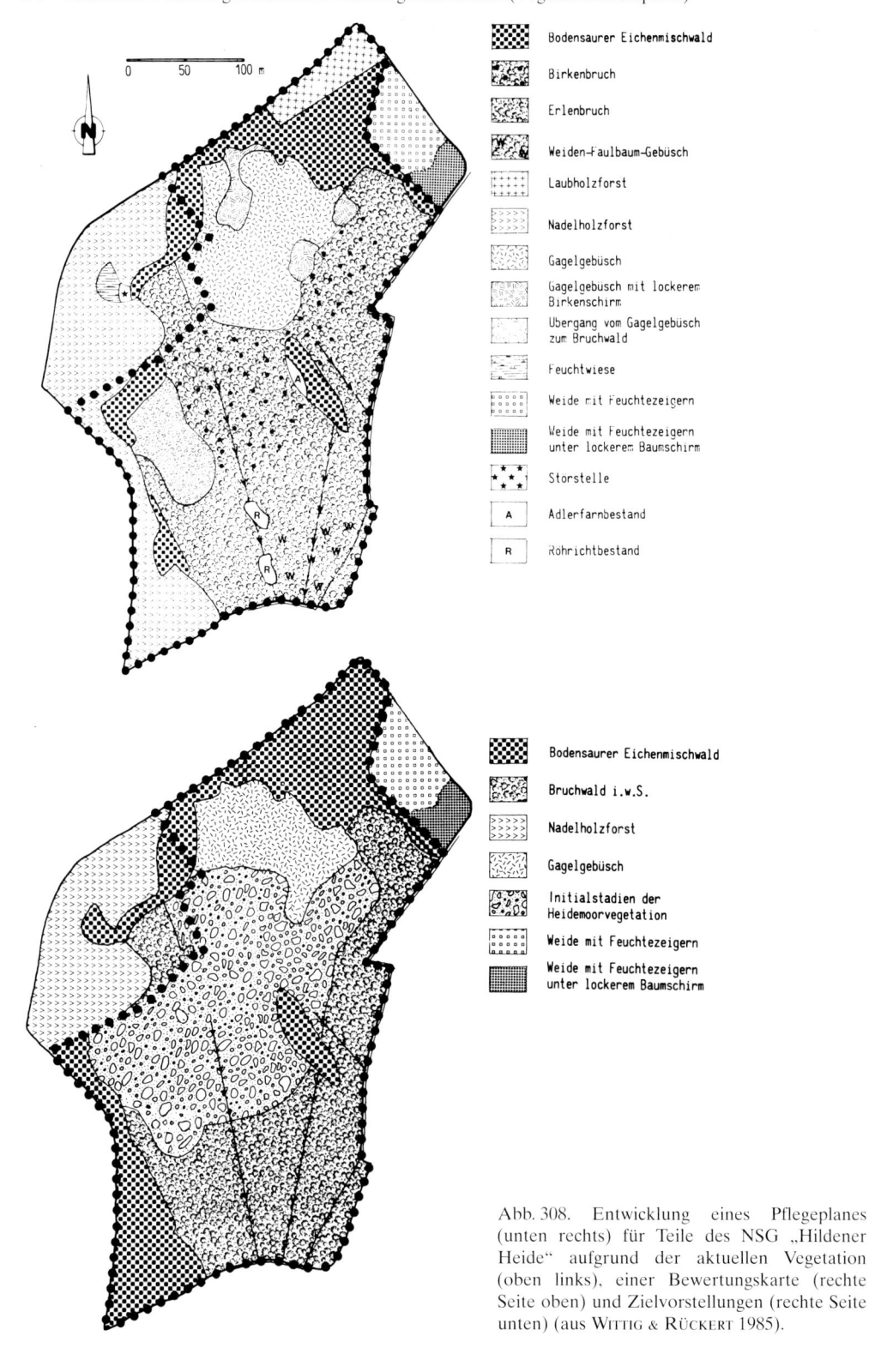

572 Räumliche Beziehungen zwischen Pflanzengesellschaften (Vegetationskomplexe)

	Bodensaurer Eichenmischwald
	Birkenbruch
	Erlenbruch
	Weiden-Faulbaum-Gebüsch
	Laubholzforst
	Nadelholzforst
	Gagelgebüsch
	Gagelgebüsch mit lockerem Birkenschirm
	Übergang vom Gagelgebüsch zum Bruchwald
	Feuchtwiese
	Weide mit Feuchtezeigern
	Weide mit Feuchtezeigern unter lockerem Baumschirm
	Storstelle
A	Adlerfarnbestand
R	Röhrichtbestand

	Bodensaurer Eichenmischwald
	Bruchwald i.w.S.
	Nadelholzforst
	Gagelgebüsch
	Initialstadien der Heidemoorvegetation
	Weide mit Feuchtezeigern
	Weide mit Feuchtezeigern unter lockerem Baumschirm

Abb. 308. Entwicklung eines Pflegeplanes (unten rechts) für Teile des NSG „Hildener Heide" aufgrund der aktuellen Vegetation (oben links), einer Bewertungskarte (rechte Seite oben) und Zielvorstellungen (rechte Seite unten) (aus WITTIG & RÜCKERT 1985).

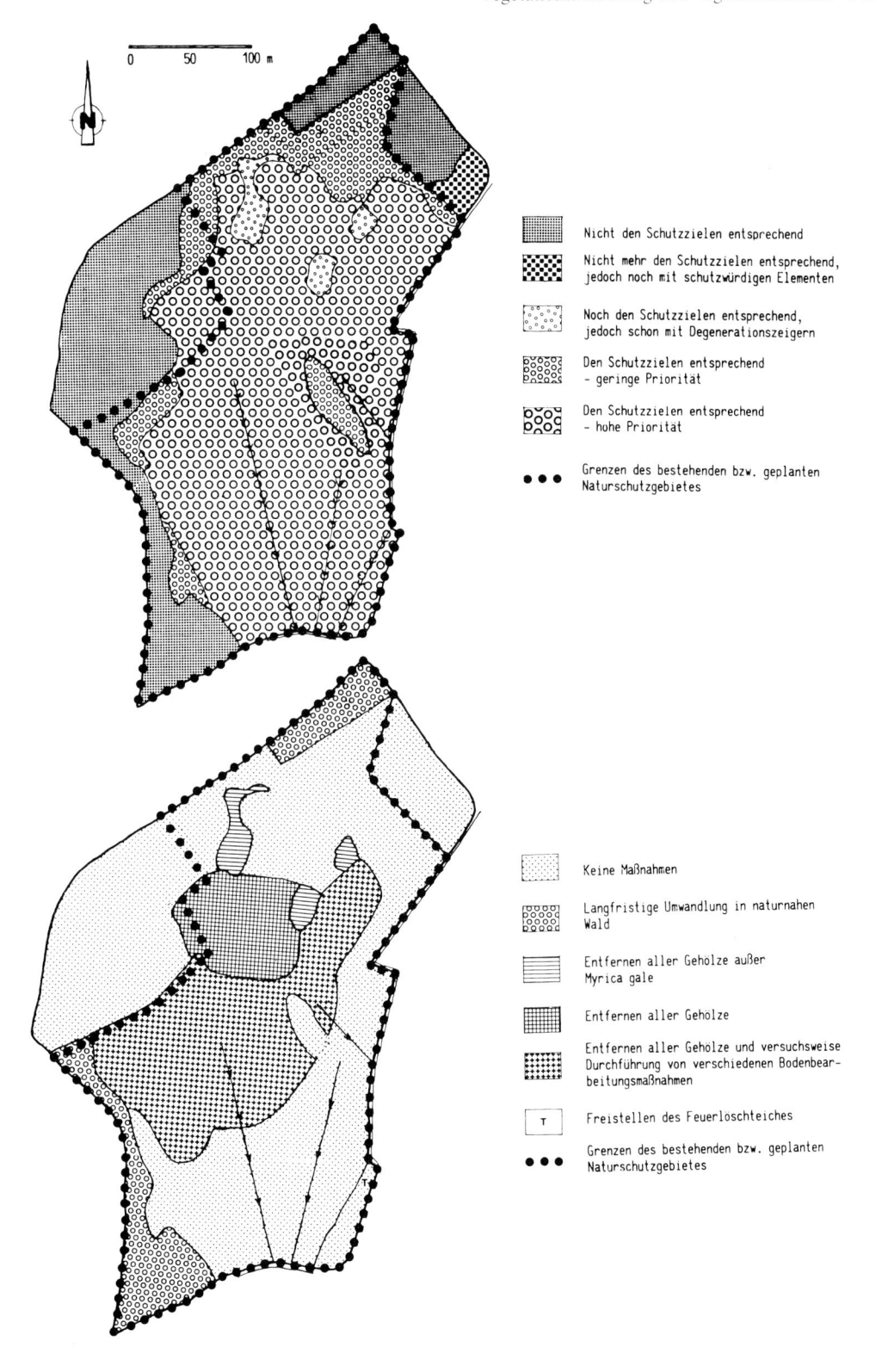

Vegetationskartierung und Vegetationskarten 573

	Nicht den Schutzzielen entsprechend
	Nicht mehr den Schutzzielen entsprechend, jedoch noch mit schutzwürdigen Elementen
	Noch den Schutzzielen entsprechend, jedoch schon mit Degenerationszeigern
	Den Schutzzielen entsprechend – geringe Priorität
	Den Schutzzielen entsprechend – hohe Priorität
•••	Grenzen des bestehenden bzw. geplanten Naturschutzgebietes

	Keine Maßnahmen
	Langfristige Umwandlung in naturnahen Wald
	Entfernen aller Gehölze außer Myrica gale
	Entfernen aller Gehölze
	Entfernen aller Gehölze und versuchsweise Durchführung von verschiedenen Bodenbearbeitungsmaßnahmen
T	Freistellen des Feuerlöschteiches
•••	Grenzen des bestehenden bzw. geplanten Naturschutzgebietes

tionskomplexe, eventuell auch Nutzungs- und Erhaltungszustand erkennen. So sind entsprechende Detailplanungen, auch für bestimmte Tiergruppen möglich, z. B. die Ausweisung von Kern- und Pufferzonen, von geeigneten Bereichen für Forschungs- und Lehrzwecke, die Aufstellung flächenbezogener Ziel-, Pflege- und Entwicklungspläne (Abb. 308, s. auch ODZUCK 1987, BOHN 1989 u. a.). Schließlich ist die Vegetationskarte beste Kontrollgrundlage für erwünschte oder unerwünschte Veränderungen. Einiges hierzu wurde bereits unter X 3.8 erörtert.

Etwas gröber sind die Beziehungen von Vegetationskarten zur breiteren **Landesplanung**. Hier sind andere ökologische Karten eher gleichwertig, für speziellere Fragestellungen möglicherweise besser nutzbar. Allgemein geht es oft um Fragen der Eignung oder Belastbarkeit von Flächen für bestimmte Nutzungen bzw. um Fragen der Erhaltung oder Entwicklung bestimmter Strukturen und Zustände. Über die Vegetation läßt sich eine „synoptische Eignungsbewertung" (SEIBERT 1975 a) durchführen. Eine breite Bewertung nordwestdeutscher Grünlandgesellschaften gibt MEISEL (1977).

In allen **Bereichen biologischer Produktion** sind die natürlichen Gegebenheiten Ausgangspunkt einer nachhaltigen, pfleglichen Landnutzung. Vegetationskarten lassen hier das Standortpotential (s. Abb. 309) und andere unmittelbar nutzungsrelevante Raumeinheiten erkennen (z. B. derzeitige Nutzung, Nutzungsintensität, Wuchs- und Ertragspotentiale, Belastbarkeit). LANDOLT et al. (1986) entwerfen z. B. eine Karte landwirtschaftlichen Ertrages nach einer Vegetationskarte subalpin-alpiner Rasengesellschaften. In früheren Zeiten ging es vorwiegend um Fragen der Verbesserung von Produktionspotential und -bedingungen (Melioration), die heute in vielen Ländern immer noch von großer Bedeutung sind (s. Beispiele in KÜCHLER & ZONNEVELD 1988, S. 487 ff.). In Europa trifft dies nur noch in manchen Gebieten oder für bestimmte Vegetationsbereiche zu (z. B. DIETL 1972, W. KRAUSE 1979, MEISEL 1977). Oft stehen heute mehr Fragen einer Rückführung der Intensivlandwirtschaft auf naturgerechte Möglichkeiten im Vordergrund (z. B. Extensivierung, ökologischer Landbau, Nutzungsaufgabe, Aufforstung). Auch hier bilden Vegetationskarten eine breite Planungsgrundlage für zielgerichtete Entwicklungen, z. B. für Flurbereinigungsverfahren, die sich teilweise von nutzungsorientierten in biologische Richtungen gewendet haben. Vorschläge für geschützte Bereiche, biologische Strukturverbesserungen, geeignete Nutzungsweisen, Konzepte der Waldentwicklung u. a. sind ableitbar, ebenfalls Angaben für standorts- und landschaftsbezogene Anpflanzungen und Aussaaten (s. auch X 3.8.5).

Auch im **Wasserbau** scheint ein Umdenken Platz zu greifen. Hier gibt die Vegetationskarte Leitlinien zur Renaturierung von Fließgewässern und deren Ufern, Ausweisung von Überflutungsbereichen und Vernässungsgebieten, Hinweise für Gehölzpflanzungen u. a.

Aus Vegetationskarten lassen sich Karten über labile (störanfällige) Landschaftsbereiche erstellen und entsprechende **biologische Schutzmaßnahmen** vorschlagen. CHRISTIANSEN (1951) leitet z. B. eine Karte winderosionsgefährdeter Böden ab, SEIBERT (1968 d) kennzeichnet rutschgefährdete Hänge nach der Vegetationskarte (s. auch PFADENHAUER 1974). ZIELONKOWSKI (1975) gibt nach der Vegetationskarte Nutzungshinweise für Gebirgslagen im Sinne des Erosionsschutzes. RICHARD et al. (1988) entwickeln Karten der ökologischen Empfindlichkeit für subalpin-alpine Gebiete. BOULLET & GÉHU (1988) entwerfen nach der Vegetation Karten des Brandrisikos in mediterranen Gebieten.

Auch für zunehmende **Freizeitnutzung** der Landschaft bieten Vegetationskarten Möglichkeiten der Auswertung, z. B. zur Planung von Erholungsgebieten, Lehrpfaden, Wegenetzen unter Aussparung störungsempfindlicher Bereiche (z. B. WOJTERSKI 1981). Dies gilt auch für Freizeitsport wie Bootsfahren, Angeln, Wandern, Skifahren u. a.

Ein weites Planungsfeld mit ökologischem Hintergrund sind **Siedlungs-, Gewerbe- und Industriegebiete** sowie **Verkehrsanlagen.** Hier geht es um die Auswahl geeigneter bzw. wenig empfindlicher Bereiche, Fragen der Umweltverträglichkeit von Eingriffen, Vorschläge für landschaftsgebundene Begrünungen mit Erhaltungs- und Schutzfunktion, Pflege oder Neuschaffung biologisch wertvoller Lebensräume einschließlich siedlungstypischer Ruderalvegetation. Ähnliches gilt bei der **Rekultivierung** von Materialabbau- oder -aufschüttungsflächen (Tagebaue, Sand-, Kiesgruben, Steinbrüche, Halden u. a.). Hier sind vor allem syndynamisch-standörtliche Interpretationen der Vegetationskarten von grundlegender Bedeutung.

Beispiele für die angeführten und weitere Problemlösungen gibt es heute vielfach in Land-

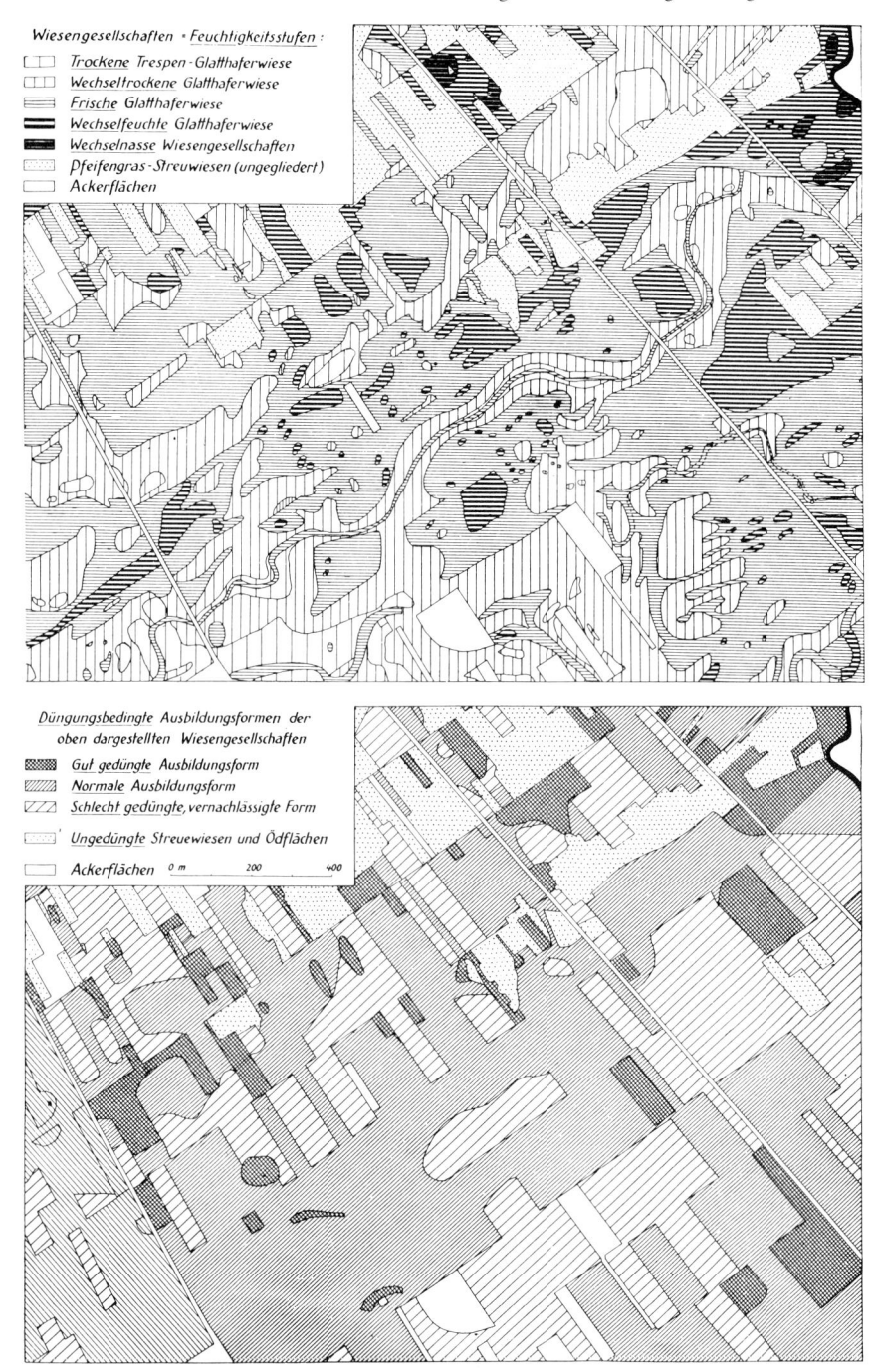

Abb. 309. Nach Feuchte- und Düngungstufen zusammengefaßte Karten der Grünlandvegetation im Donautal (aus ELLENBERG 1952).

schaftsplänen, Unterlagen zur Umweltverträglichkeitsprüfung oder ähnlichen Arbeiten. Meist muß man sich allerdings auf recht grobe vegetationskundliche Unterlagen beschränken, die in kurzer Zeit erstellbar sind. Für planungsrelevante Karten sei noch einmal auf C. KRAUSE et al. (1977) verwiesen. Aus pflanzensoziologischer Sicht liefern die Erläuterungsbände zur PNV 1:200 000 der Bundesrepublik eine Reihe von Auswertungsmöglichkeiten. TRAUTMANN (1966) leitet Eignungskarten für land- und forstwirtschaftliche Nutzung, zur Anpflanzung standortsgerechter Gehölze, Karten der Ertragssicherheit und für wasserwirtschaftliche Meliorationen ab. BOHN (1981) stellt außerdem auf einer Übersichtskarte die botanisch wertvollen Gebiete dar. Eine Bibliographie über pflanzensoziologische Arbeiten als Grundlage für den Naturschutz gibt KNAPP (1983a).

5.7.4 Vegetationskarten für Beweissicherung und Monitoring

Durch Vegetationskarten oder daraus abgeleitete thematische Karten läßt sich am genauesten der biologische Zustand eines Gebietes zu einem bestimmten Zeitpunkt flächenhaft darstellen. Auswertungen einer Karte oder noch besser mehrerer Karten aus verschiedenen Zeiten ergeben Hinweise auf Veränderungen im Landschaftshaushalt, meist als Schäden interpretierbar und bei genauen pflanzensoziologischen Vorarbeiten auch in gewisser Weise quantifizierbar (s. auch X 3.8.2). Zu denken ist z. B. an Veränderungen des Wasserhaushaltes (Senkung oder Anstieg, Schwankungsamplitude des Grundwassers, Auftreten und Dauer von Überflutungen), Erosionsschäden, unmittelbare Strukturverluste durch Flurbereinigungen, bodenchemische Veränderungen durch Immissionen (Eutrophierung, Versauerung, toxische Wirkungen), Belastungen durch Tourismus u. a. Im Rahmen der Beweissicherung bis zu gerichtlichen Auseinandersetzungen kommt hier Vegetationskarten vorrangige Bedeutung zu, wie viele Beispiele zeigen (z. B. BRAUN & HEINZMANN 1988, MEISEL 1963, 1983, TRAUTMANN 1968, TÜXEN 1954b, 1978b). ELLENBERG (1952a) vergleicht Karten der Grünlandvegetation vor und nach einer Grundwassersenkung und entwickelt daraus eine Karte der Wertänderung für landwirtschaftliche Nutzung. HUNDT (1975, 1981) stellt in einer Wasserstufendifferenzen-Karte direkt die Veränderungen des Feuchtezustandes in einem Wasserrückhaltebecken dar, berechnet aus vergleichenden Vegetationsaufnahmen Veränderungen des landwirtschaftlichen Wertes der Grünlandvegetation, die auch räumlich in Ertragsstufenkarten erkennbar werden.

Voraussetzung für solche Verfahren ist die gleiche Methodik bei Wiederholungsuntersuchungen und eine genaue Dokumentation der grundlegenden Vegetationsaufnahmen. In diesen Rahmen gehören auch kartierte Dauerflächen für langfristige Monitoringprogramme, wie sie heute zunehmend zur Dokumentation und Überwachung eingerichtet werden, um Störungen im Naturhaushalt möglichst frühzeitig zu erkennen (s. auch X 3.2.2.2).

Karten, in denen bestimmte Veränderungen erkennbar sind, bilden dann auch Unterlagen zur Planung von Gegenmaßnahmen. Bei guter Kenntnis der Vegetation lassen sich im Vorfeld von Eingriffen nach Kartierungen schon Voraussagen über drohende Beeinträchtigungen machen und die Eingriffe selbst eventuell minimieren. So sind Vegetationskarten auch wichtige Grundlagen für Umweltverträglichkeitsprüfungen.

XII Gesellschafts-Areale (Synchorologie)

1 Allgemeines

Unter dem Begriff der Synchorologie werden oft alle Fragestellungen zusammengefaßt, die sich mit räumlichen Beziehungen von Pflanzengesellschaften beschäftigen, also auch vieles, was im Teil XI besprochen wurde, wie Vegetationskomplexe und Höhenstufen oder die Vegetationskartierung (z. B. bei BRAUN-BLANQUET 1964). Auch Fragen der Ausbreitung von Pflanzen können hierunter verstanden werden, wie sie in diesem Buch unter III 7, IV 2.3.5 und X 3.5.1 behandelt sind. So spricht BARKMAN (1958) von dynamischer und statischer Chorologie. In der Tat sind die Übergänge der Raumbeziehungen zwischen und innerhalb von Pflanzengesellschaften gleitend. Erstere werden, sobald sich synsoziologische Methoden und Betrachtungsweisen stärker entwickelt und durchgesetzt haben, besser als Synsoziologie zusammengefaßt.

Mit dieser Abgrenzung ist Synchorologie die Wissenschaft der Gesellschaftsareale, d. h. der Verbreitung bestimmter Syntaxa und deren Ursachen, genauso wie Chorologie sich mit Sippenarealen befaßt. Chorologie und Synchorologie sind Teile einer alle Lebewesen umfassenden Biogeographie (FREITAG 1962, P. MÜLLER 1981).

Während über Sippenareale schon lange genauere Vorstellungen bestehen, ist die Kenntnis der Gesellschaftsareale noch relativ gering. Im Gegensatz zur taxonomischen Abgrenzung der Sippen ist schon die syntaxonomische Fassung und Unterscheidung von Gesellschaften weniger klar und eindeutig. So sind auch deren Areale, vor allem die Arealgrenzen schwerer erkennbar. Im Grenzbereich eines Vegetationstyps können z. B. bezeichnende Arten ganz allmählich, d. h. in einem breiten Gürtel nach und nach aufhören und sich mit Sippen benachbarter Typen überlappen (z. B. KRAHULEC 1985). Eine Sippe ist entweder vorhanden oder fehlt, eine Gesellschaft kann mit mehr oder weniger abgewandelter Artenkombination vorkommen. So sind Areal-Kerngebiete wesentlich leichter festzulegen als Arealgrenzen. Schon die Erörterungen über Regionalassoziationen (VIII 4.1) und Geographische Rassen (VIII 4.2.5) zeigen unterschiedliche Möglichkeiten synchorologischer Bewertungen.

Im Gegensatz zur Synsoziologie, wo man mit teilweise lokalen Vegetationstypen arbeiten kann (s. XI 3.2), ist für synchorologische Fragen ein klares syntaxonomisches, für weite Gebiete gültiges Bezugssystem erforderlich. Entsprechende Fragen lassen sich deshalb oft erst am Ende großräumiger pflanzensoziologischer Untersuchungen beantworten.

Für eine weitreichende synchorologische Bearbeitung von Pflanzengesellschaften, z. B. im Rahmen Europas, fehlt es oft noch an ausreichenden Unterlagen. Während es in der Floristischen Geobotanik zunehmend genauere, flächendeckende Kartierungen gibt (2.5), kann dies für Pflanzengesellschaften nur ein Wunsch für die Zukunft sein (s. 3.4). Deshalb greift man für synchorologische Bewertungen gerne auf vorhandene Erkenntnisse der Chorologie zurück. Dieses Verfahren mitsamt einiger Grundlagen nimmt in dem folgenden Teil entsprechend größeren Raum ein (s. 2).

Eine breite allgemeine Übersicht synchorologischer Fragen gibt es noch nicht, dagegen verschiedene chorologische Werke wie MEUSEL (1943), MEUSEL et al. (1965 ff.), SCHUBERT (1979), WALTER & STRAKA (1970) (s. auch ELLENBERG 1968, FREITAG 1962, P. MÜLLER 1981, G. SCHMIDT 1969, SCHMITHÜSEN 1968, WALTER 1973 u. a.). Ein Symposium der IVV in Prag über synchorologische Fragen (s. NEUHÄUSL et al. 1985) brachte viele Einzelheiten, aber wenig Grundlegendes.

Die folgenden Kapitel beschränken sich auf Gefäßpflanzen und deren Gesellschaften, vorwiegend aus (mittel)europäischer Sicht, worüber am meisten arealkundliche Ergebnisse vorliegen. Über Kryptogamengesellschaften gibt es noch wenig genauere Angaben. Für Epiphytenvegetation hat BARKMAN (1958) allgemeine Erörterungen und spezielle Angaben recht ausführlich zusammengestellt.

2 Synchorologische Kennzeichnung auf chorologischer Grundlage

2.1 Einige Grundlagen der Arealkunde

Die Arealkunde der Pflanzen (Chorologie) hat wesentliche Impulse aus Mitteleuropa erhalten. Insbesondere die Hallesche Schule von H. MEUSEL und seinen Schülern hat die Chorologie maßgeblich beeinflußt. Ihre Vorstellungen bilden auch den Kern dieses Kapitels. Die „Vergleichende Arealkunde" von MEUSEL (1943) enthält bereits viele Grundlagen, die später weiterentwickelt wurden, ausmündend in das dreiteilige Florenwerk von MEUSEL et al. (1965 ff.).

Die Arealkunde der Pflanzen fußt auf der alten Pflanzengeographie, die u. a. versuchte, die Erde in Teilgebiete floristischer Verwandtschaft zu gliedern. Hierzu waren Verbreitungsbereiche (Areale) der Sippen eine geeignete Basis. Einen geschichtlichen Überblick gibt MEUSEL (1943). Manche Pflanzengeographen spielen auch in der Vorgeschichte der Pflanzensoziologie eine Rolle (s. II). MEUSEL betont den beschreibend-vergleichenden Charakter der großräumig arbeitenden, nach Zusammenhängen suchenden floristischen Pflanzengeographie im Gegensatz zu mehr lokal-singulär ansetzender kausaler Forschung. Dies schließt eine nachträgliche ursächliche (historische und ökologische) Deutung von Arealbildern nicht aus. Hier bestehen enge Beziehungen zur Vegetationsgeschichte (s. X 5.3.1). HUNDT (1985 a) weist auf die enge Verwandtschaft chorologischer und pflanzensoziologischer Arbeitsmethoden hin. In beiden Fällen kommt man durch Datenvergleich zu bestimmten Typen als Grundlage weiterer Untersuchungen und Auswertungen.

Unter **Areal** versteht man das sämtliche Vorkommen einer Sippe einschließende „Wohngebiet". Neben Arealen von Arten gibt es auch solche von Gattungen, Familien oder niederen Rangstufen. Jede Pflanzensippe hat ein bestimmtes Areal, oft auf Erdteile oder kleinere Bereiche beschränkt. Es ist abhängig von Entwicklungszentren, Ausbreitungsfähigkeit, ökologischen Bedürfnissen, Einpassungsvermögen der Pflanzen, aber auch von phylogenetischen, floren- und vegetationsgeschichtlichen Vorgängen im Zusammenhang mit der Erdgeschichte und den hieraus resultierenden Landformen. Es gibt natürliche (primäre) Areale, seit stärkeren Eingriffen des Menschen zunehmend anthropogen überformte oder neugeschaffene (synanthrope, sekundäre) Areale. Wie das Beispiel sich neu ausbreitender Neophyten (s. III 7) zeigt, konnten viele Sippen ihr potentielles Areal aufgrund von Ausbreitungsschranken nicht ausfüllen. Dies gilt auch für einheimische Arten Europas. So haben *Fagus sylvatica* und *Acer pseudoplatanus* nach der letzten Eiszeit die Insel Irland nicht mehr erreicht. Nach Anpflanzung breiten sie sich heute in Wäldern weiter aus (DIERSCHKE 1982 c, 1985 c). Ohne Zutun des Menschen ist *Picea abies* in Skandinavien noch auf dem Vormarsch (AUNE 1982). Allerdings spielen sich zur Zeit auch viele negative Arealveränderungen unter Einfluß des Menschen ab, erkennbar z. B. aus den Roten Listen gefährdeter Arten.

Pflanzensippen, die fast in allen Erdteilen vorkommen, werden als **Kosmopoliten** bezeichnet, solche mit zumindest sehr weiter Verbreitung als eurychore Sippen. Hierzu gehören bei den Gefäßpflanzen eine Reihe von Sumpf- und Wasserpflanzen, erklärbar aufgrund weithin sehr ähnlicher Standorte und der Ausbreitungsmöglichkeit durch ziehende Wasservögel. Zu nennen sind u. a. *Lemna minor, Ceratophyllum demersum, Potamogeton*-Arten, *Hippuris vulgaris, Cladium mariscus, Phragmites australis, Schoenoplectus lacustris, Typha latifolia*. Auch deren Vegetationsklassen *Potamogetonetea* und *Phragmitetea* sind entsprechend weit verbreitet. Kosmopoliten sind auch die Farne *Polypodium vulgare* und *Pteridium aquilinum*, deren kleine Sporen weit verdriftet werden können. Manche Arten haben durch anthropogene Förderung kosmopolitischen Charakter bekommen, z. B. Trittpflanzen wie *Plantago major, Polygonum aviculare, Poa annua* oder weiter verbreitete Ruderalpflanzen wie *Chenopodium album, Capsella bursa-pastoris*. JEHLIK (1986) unterscheidet hier noch echte Kosmopoliten und Subkosmopoliten, die wenigstens teilweise und stellenweise in vier bis fünf Erdteilen eingebürgert sind. Zu letzteren gehören Unkräuter wie *Conyza canadensis, Senecio vulgaris, Viola* *arvensis*, auch Grünlandpflanzen i. w. S. wie *Agrostis stolonifera, Anthoxanthum odoratum, Trifolium repens*.

Das andere Extrem von Verbreitungstypen sind **Endemiten**. Allgemein handelt es sich um Arten, die auf ein bestimmtes Gebiet beschränkt sind. Meist denkt man an kleinere Wuchsbereiche; es gibt aber auch endemische Sippen für große Gebiete bis zu ganzen Erdteilen (z. B. Alpen, Mitteleuropa, Australien). Eng begrenzt sind Lokalendemiten, die vor allem in abgelegenen, langzeitig isolierten Gebieten mit geringem floristisch-genetischem Austausch vorkommen. Viel zitierte Beispiele sind Inseln und einzelne Hochgebirge oder Teile von ihnen. Auch extreme ökologische Sonderstandorte, z. B. weit, aber nur kleinflächig verteilte Schwermetallstandorte, können Kleinareale von Endemiten bedingen. Auf der Iberischen Halbinsel sind etwa 27% aller Sippen von Gefäßpflanzen endemisch, auf den Kanaren etwa 37%, auf Neuseeland sogar 92% (SCHUBERT 1979).

Aus historischer Sicht unterscheidet man Palaeo- und Neoendemiten. Erstere werden auch Reliktendemiten genannt. Häufig sind Sippen, die in vergangenen Zeiten weiter verbreitet waren, heute nur noch recht isoliert in kleineren Arealen vorkommen. Oft handelt es sich um auch taxonomisch isoliert stehende Pflanzen, teilweise im Aussterben begriffen. Beispiele sind die bis zum Tertiär weit verbreiteten Gattungen *Gingko* und *Sequoiadendron*, die mit je einer Art kleine natürliche Restareale in China bzw. Kalifornien besitzen. Die Gattung *Ramonda* kommt nur noch an konkurrenzarmen Felsstandorten des nordwestlichen Balkan vor. Neoendemiten haben sich dagegen als oft relativ junge Kleinarten in isolierten Gebieten neu entwickelt. In den Alpen gibt es z. B. etwa 200 Neoendemiten, vor allem aus den Gattungen *Androsace, Daphne, Gentiana, Primula, Saxifraga* (FREITAG 1962, SCHUBERT 1979). Solche endemischen Sippen sind oft auch gute Charakterarten von Syntaxa verschiedener Ranges (s. VIII 2.5.2). Häufig handelt es sich um Klein- oder Unterarten, wie Beispiele von SCHÖNFELDER (1970, 1972) zeigen.

Nach der **Arealform** kann man geschlossene (kontinuierliche) und zerstückelte (disjunkte) Areale unterscheiden. Erstere werden von der betreffenden Sippe mehr oder weniger gleichmäßig ausgefüllt, was eine sehr lockere bis lückige Verbreitung einschließt. Ist das Gesamtareal so stark zerteilt, daß ein genetischer Austausch zwischen den Teilen nicht mehr möglich ist, handelt es sich um eine Disjunktion. Ein Beispiel sind die vielen arktisch-alpin verbreiteten Arten, die sowohl in nordischen Tundren als auch in der alpinen Stufe mitteleuropäischer Gebirge zu finden sind. Es liegt nahe, hier eine frühere Verbindung unter allgemein kälterem Klima zu sehen. Dies gilt noch weiter zurückliegend für disjunkte Gattungs- und Familienareale, die alte erdgeschichtliche Zusammenhänge aufzeigen.

Disjunkte Areale von Gattungen bestehen aus Arealen vikariierender, d. h. sich gegenseitig ersetzender, nahe verwandter Arten, z. B. von *Fagus* in verschiedenen Erdteilen der Nordhalbkugel. Ihre Bedeutung für die Syntaxonomie wurde bereits erörtert (s. Klassengruppen; VIII 6.3). Vikariierende Arten gibt es aber auch als Lokalendemiten von Gebirgszügen (s. o.) oder sogar im kleinräumigen Wechsel verschiedener Standorte (z. B. *Rhododendron ferrugineum* auf Silikatgestein, *R. hirsutum* auf Kalk). Besonders in Gebirgen kommen häufiger vikariierende Sippen sich entsprechender Vegetationstypen vor, wie sie BRAUN-BLANQUET (1964, S. 746) für Europa aufzählt, z. B. *Festuca halleri* (Alpen, Karpaten), *F. supina* (Pyrenäen), *F. riloensis* (Balkan). SCHÖNFELDER (1972) weist auf die syntaxonomische Bedeutung vikariierender Kleinarten alpiner Rasen hin. Allgemein hat die Zahl vikariierender Sippen durch taxonomische Aufspaltung in Klein- und Unterarten stark zugenommen (s. PIGNATTI 1968 b).

Geschlossene Hauptareale haben oft randliche Lücken und/oder Ausläufer (Exklaven), die entweder als Relikte früher größerer Areale oder als Vorposten einer Arealerweiterung anzusehen sind. Dies gilt z. B. für Glazialrelikte, die sich auf Sonderstandorten außerhalb des heutigen Verbreitungsschwerpunktes erhalten haben. Beispiele sind Arten standörtlich kalter Quellen und Moore, auch Arten einiger warmtrockener, waldfreier Flächen, z. B. *Sesleria varia*. Auf letzteren Standorten kommen auch Relikte warmzeitlicher Steppenvegetation gehäuft vor.

Alle diese Beispiele zeigen, daß zunächst einmal die heute vorhandenen Areale betrachtet und verglichen werden, daraus aber mancherlei Schlüsse und Hypothesen in zurückliegender und zukünftiger Richtung zu begründen sind. Grundlage chorologischer Deutungen und Gliederungen sind **Arealkarten** verschiedenster Entstehung und Darstellung. Sie können induktiv entwickelt werden, aufbauend auf Einzelfunden, oder auch deduktiv entstehen, indem man nach allgemeineren Kenntnissen Arealgrenzen einträgt. Letztere sind reine Umrißkarten, die über das Verhalten der Sippen selbst wenig aussagen, aber zum Vergleich verschiedener Sippen gut geeignet sind. In Flächenkarten werden einzelne Wohngebiete genauer, oft halbquantitativ (nach Häufigkeit, Dichte) gekennzeichnet. Noch detaillierter sind Punktkarten, die jeden Wuchsort oder Gruppen benachbarter Wuchsorte durch einen Punkt (oder eine andere Signatur) markieren. Schließlich gibt es Gitternetzkarten, die etwas schematischer, in Hinsicht auf Vollständigkeit noch genauer zu Arealbildern führen. In einem bestimmten Raster (z. B. nach Meßtischblättern oder deren Quadranten) wird die Flora erfaßt, wobei jeder Punkt zunächst nur das Vorkommen einer Sippe in diesem Bereich erkennen läßt. Durch verschiedene Zeichen können aber die Angaben weiter differenziert werden, z. B. nach Häufigkeit, Vorkommen zu bestimmten Zeiten, Einbürgerungsstatus. Oft sind verschiedene Möglichkeiten der Darstellung kombiniert, z. B. Punkt-Umrißkarten. Beispiele verschiedener Kartentypen gibt SCHUBERT (1979).

Aufgrund vergleichender Arealbetrachtungen ergeben sich gewisse Grundformen ähnlicher Verbreitungsbilder, die als **Arealtypen** bezeichnet werden. Ein solcher Typus enthält demnach alle Sippen mit ähnlicher Gebietsbindung, wobei als Kriterien sowohl die Arealgrenzen als auch (oft stärker) die Häufungszentren benutzt werden. Während MEUSEL (1943) eine allgemeine Typisierung von Arealformen eher ablehnte (z. B. S. 169), haben MEUSEL et al. (1965 ff.) aufgrund wesentlich breiterer Kenntnisse formelhafte **Arealdiagnosen** entwickelt, die grundlegenden Ordnungsprinzipien folgen. Sie lassen sich kurz als Zonalität, Ozeanität bzw. Kontinentalität und Höhenstufung (Etagierung) bezeichnen und bilden ein dreidimensionales biogeographisches Bezugssystem zur chorologischen Einordnung.

Für pflanzensoziologische Auswertungen sind chorologische Daten von großem Wert, wie bereits anfangs betont wurde. Insbesondere Arealdiagnosen, Arealtypen, aber auch Verbreitungskarten aus Teil- oder Gesamtarealen einzelner Sippen sind nutzbar, um Pflanzengesellschaften näher zu kennzeichnen. Hierauf wird in den folgenden Kapiteln eingegangen.

2.2 Arealdiagnosen

Arealdiagnosen bilden die Grundlage zur Aufstellung von Arealtypenspektren von Pflanzengesellschaften (s. 2.4). Je nach den Bezugsgrundlagen sind solche Angaben relativ allgemein oder auch sehr differenziert. Entsprechende Einstufungen findet man in vielen Gebietsfloren (z. B. OBERDORFER 1990, ROTHMALER et al. 1984). Hier werden nur Arealdiagnosen von MEUSEL et al. (1965ff.) etwas näher erläutert. Sie beruhen auf folgenden florengeographischen Kriterien:

a) Verbreitung in Florenzonen

Flora und Vegetation der Erde lassen sich in Gürteln klima-(wärme-)zonaler Prägung zusammenfassen bzw. gliedern (s. auch VII 9.2.2). MEUSEL et al. (1965) unterscheiden für ihre Arealdiagnosen folgende Abfolge von Florenzonen (s. auch SCHUBERT 1979, WALTER & STRAKA 1970, Abb. 310):

arct	Arktische (kalte) Zone: Tundrengebiete nördlich der polaren Waldgrenze.
b	Boreale (kühle) Zone: Nördliche Nadelwaldgebiete (südliche = subboreale, nördliche = euboreale Unterzone).
temp	Temperate (kühlgemäßigte) Zone (= boreomeridionale oder nemorale Zone): Gebiete mit Vorherrschen sommergrüner Laubwälder (bis Steppen).
sm	Submeridionale (warmgemäßigte) Zone: Sommergrüne Trockenwald- und Steppengebiete.
m	Meridionale (warme) Zone: Bereiche immergrüner Laub- und Nadelwälder, Steppen bis Wüsten.
strop	Subtropische (wintertrockene) Zone: Bereiche trockenkahler Wälder, Savannen und Steppen.
trop	Tropische (immerfeuchte) Zone: Bereiche immergrüner Regenwälder.

Auf der Südhalbkugel gibt es stärkere Zusammenfassungen in der australen (warm- bis kühlgemäßigten) und der antarktischen (kühlen bis kalten) Zone.

Abb. 311 zeigt die Florenzonen für Europa mit ihren höhenbedingten Ausläufern. Sie bilden eine Grundlage für die Gliederung der Florengebiete (s. 2.3).

b) Verbreitung im Ozeanitätsgradienten

Innerhalb einzelner Erdteile ändert sich das Klima von meernahen (relativ ausgeglichenen) zu meerfernen (relativ extremen) Gebieten und entsprechend auch Flora und Vegetation. Ent-

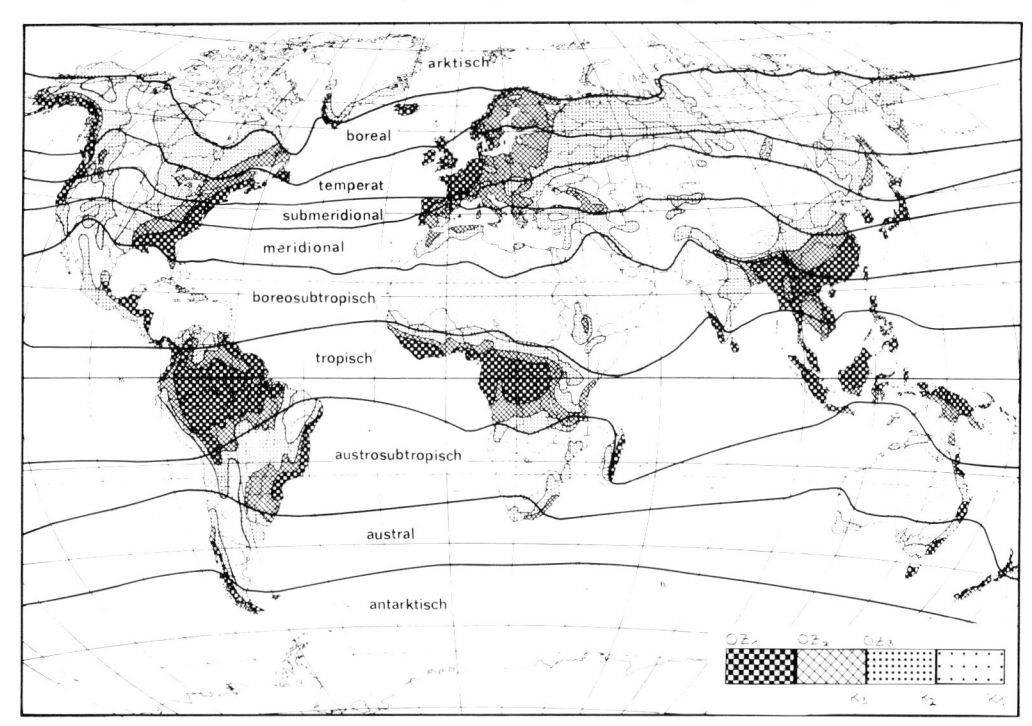

Abb. 310. Gliederung der Erde in Florenzonen und Ozeanitätsbereiche (nach JÄGER aus MEUSEL & KNAPP 1983). Erläuterung im Text.

scheidende Faktoren sind die Temperaturunterschiede Sommer–Winter sowie Höhe und jahreszeitliche Verteilung der Niederschläge. Danach lassen sich die Florenzonen entlang des Ozeanitäts- bzw. Kontinentalitätsgradienten untergliedern. MEUSEL et al. (1965) unterscheiden mehrere Ozeanitätsstufen (besser: Bereiche) (Abfolge oz 1–3, k 3–1 mit Zwischenbereichen; s. Abb. 310). ROTHMALER et al. (1984) benutzen folgende Bezeichnungen:

euoz	Euozeanischer Bereich: Gebiete mit extrem ausgeglichenem Seeklima in Nähe der Meeresküsten.
oz	Ozeanischer Bereich: meernahe, aber weiter ins Binnenland reichende Areale.
suboz	Subozeanischer Bereich: größere Areale mit ozeanischer Tendenz, nicht in euozeanische oder kontinentale Gebiete reichend.
subk	Subkontinentaler Bereich: wie voriger, mit kontinentaler Tendenz.
k	Kontinentaler Bereich: auf meerferne Gebiete mit starker Differenz von Sommer und Winter beschränkte Areale.
euk	Eukontinentaler Bereich: auf extrem meerferne Gebiete beschränkt.

Weitreichende Betrachtungen zur Ozeanitätsgliederung der Nordhalbkugel mit zahlreichen Beispielen hat JÄGER (1968) angestellt. Aus seiner farbigen Karte haben HORVAT et al. (1974) für Europa eine Karte mit zehn Ozeanitätsbereichen entnommen (Abb. 312). In 1 und 2 kommen atlantisch (ozeanisch) verbreitete Sippen mehr oder weniger zahlreich vor. Bereich 3 reicht bis zur Ostgrenze vieler atlantischer Sippen. 4 und 5 bilden den Übergang zu mehr kontinentalen Bereichen mit Ausklingen subatlantischer Pflanzen. 7–9 sind durch weitere Zunahme kontinentaler Arten und das Auftreten von Wüstenpflanzen gekennzeichnet, Bereich 10 enthält vorwiegend letztere. MEUSEL & JÄGER (1992) betonen jedoch, daß die Ozeanitätseinstufung mit vom Ort des Bearbeiters abhängen kann. Gilt z. B. *Hepatica nobilis* bei uns als subkontinental, wird sie in Rußland eher als ozeanisch angesehen.

c) Verbreitung in Höhenstufen

Höhenstufen wurden bereits unter XI 4.2 ausführlich erörtert. MEUSEL et al. (1965) bevorzugen eine geographisch weite Definition der Abfolge planar/kollin – montan (mo) – subal-

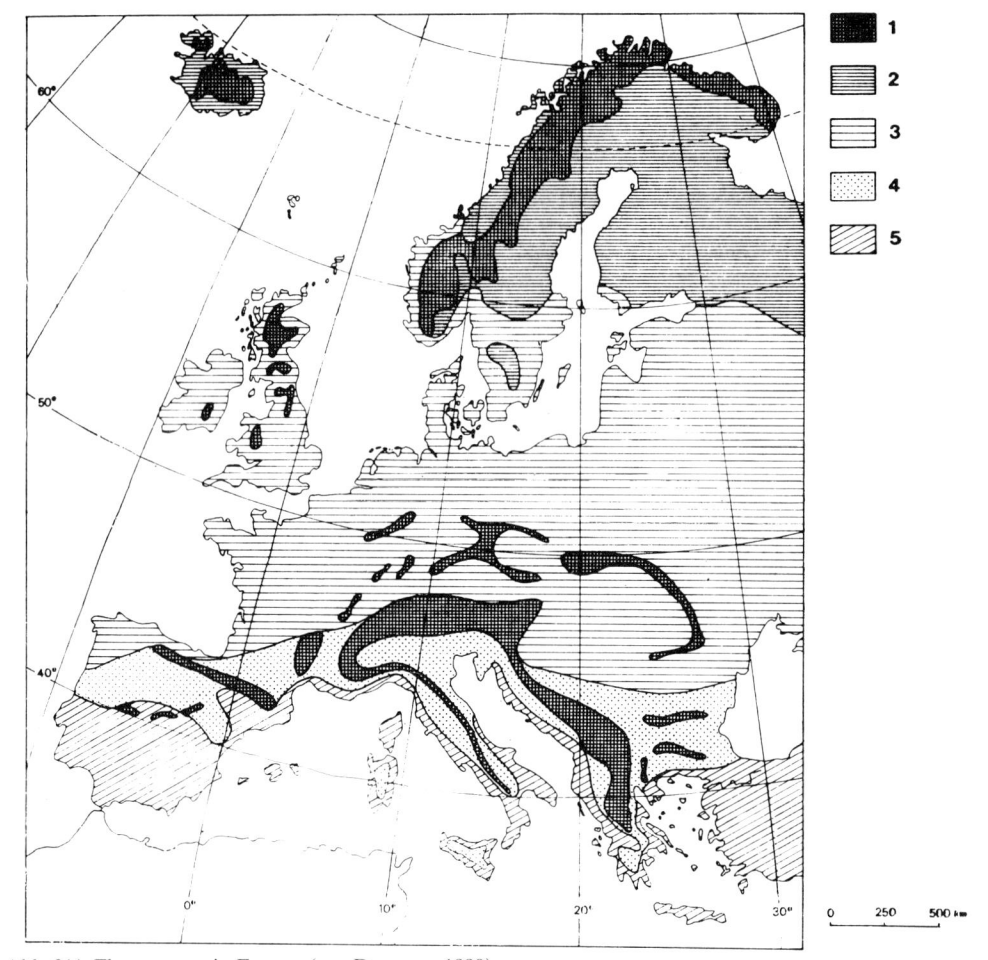

Abb. 311. Florenzonen in Europa (aus DIERSSEN 1990).
1: Arktisch-alpine Bereiche; 2: boreale, 3: temperate, 4: submeridionale, 5: meridionale Zone.

pin (salp) – alpin (alp), was für allgemeinere Arealformeln sinnvoll ist. Die Höhenstufen sind jeweils eng bezogen auf eine Florenzone. So kann z. B. die temperat-montane Stufe einen ganz anderen Charakter haben als die submeridional-montane Stufe. Montan bedeutet lediglich die relative Lage innerhalb der gesamten Stufenfolge.

Als besondere Begriffe, teilweise mehr der horizontalen Verbreitung zugehörig, werden vorgeschlagen:

dealp	Dealpine Hochgebirgspflanzen, die bis ins Vorland heruntersteigen.
demo	Demontane Bergpflanzen, die noch weiter in tiefere Lagen reichen.
präalp	Präalpine Arten mit Hauptverbreitung im Randbereich der Hochgebirge.
perialp	Perialpine Arten mit Hauptverbreitung im Umkreis niedriger Gebirgsstufen.

SCHÖNFELDER (1968) beschäftigt sich mit diesen und verwandten Begriffen. Er möchte dealp mehr historisch verwenden für alpine Sippen, die aus ihrem Hauptareal ins Vorland vorgedrungen sind (umgekehrt adalpin für außeralpine Sippen, die in subalpin-alpine Bereiche vorgedrungen sind).

Nach a–c läßt sich das Areal jeder Pflanzensippe formelhaft kennzeichnen, wobei randliches oder wenig ausgeprägtes Verhalten in Klammern gesetzt ist, disjunkte Areale durch + verbunden werden. Die Ozeanitätsangabe ist durch einen Punkt (hier durch × ersetzt) getrennt. So ergibt sich z. B. (Zone/Höhenstufe) – Zone/Höhenstufe × Ozeanität. Für

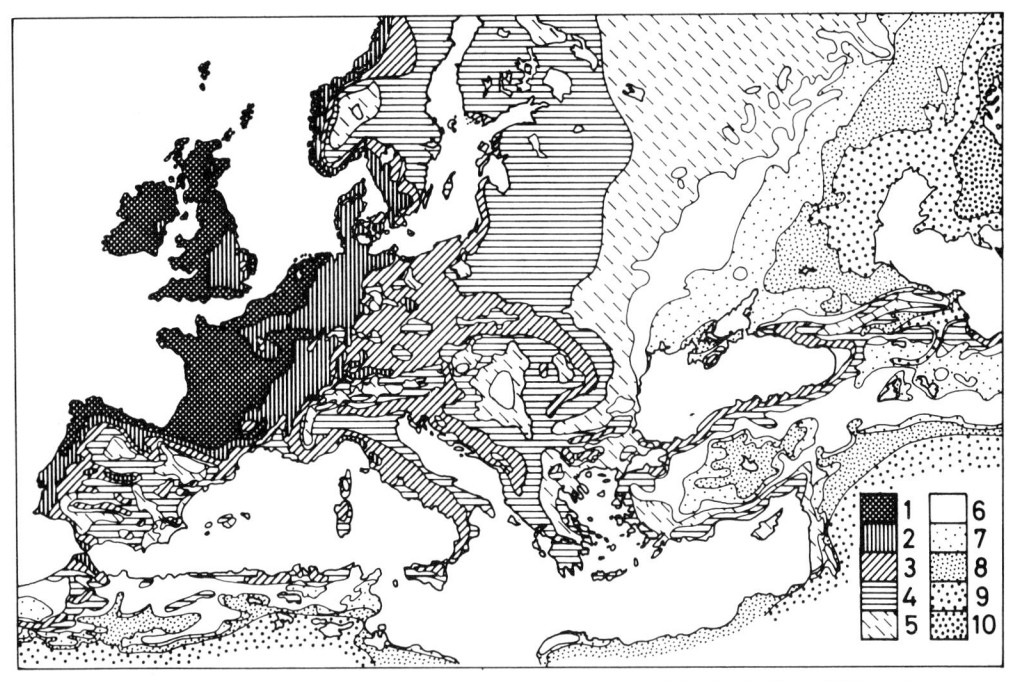

Abb. 312. Gliederung Europas nach dem Ozeanitätsgefälle in zehn Bereiche (nach JÄGER 1968 aus ELLENBERG 1982). Erläuterung im Text.

erdweite Kennzeichnung wird am Ende der Kontinent angegeben. Diese **Arealdiagnosen** finden sich bei MEUSEL et al. (1965 ff.), etwas abgewandelt auch in ROTHMALER et al. (1984), als Einzelangaben bei FRANK et al. (1990). Da die Formeln das Gesamtareal kennzeichnen sollen, sind sie oft recht kompliziert zusammengesetzt. Leichter vorstellbare, dafür weniger detaillierte chorologische Angaben macht OBERDORFER (1990). Arealdiagnosen für Flechten hat WIRTH (1980) zusammengestellt. Etwas vereinfachte Angaben für Moose liefern DÜLL & MEINUNGER (1989).

Pflanzensippen annähernd gleicher Arealdiagnosen bilden einen **Arealtyp**. Einige Beispiele aus mitteleuropäischer Sicht zeigen folgende Gruppen:

Bäume
Vorwiegend submediterran:
Castanea sativa	m/mo – sm × oz EUR
Quercus pubescens	m/mo – (temp) × suboz EUR

Temperater Schwerpunkt:
Fagus sylvatica	m/mo – temp × oz EUR
Acer pseudoplatanus	m/mo – temp/demo × suboz EUR
Ulmus glabra	m/mo – temp × (oz) EUR
Alnus glutinosa	m/mo – b × (oz) EUR
Quercus robur	sm/mo – temp × (oz) EUR
Acer platanoides	sm/mo – temp × suboz EUR
Carpinus betulus	sm/mo – temp × suboz EUR
Betula pendula	sm – b

Vorwiegend im Gebirge:
Abies alba	m/mo – temp/demo × suboz EUR
Picea abies	sm/mo – b × (subk) EUR
Larix decidua	sm/mo – temp/mo × subk EUR
Pinus cembra	(sm/mo) – b × (k) EURAS

Zwergsträucher der Ericaceen
Vorwiegend atlantisch:
Erica cinerea	sm – b × euoz EUR
Erica tetralix	sm – b × euoz EUR
Calluna vulgaris	m – b × (oz) EUR

Vorwiegend kontinental:
Ledum palustre	temp – arct × (k) CIRCPOL

Hochmoorpflanzen:
Andromeda polifolia	sm/mo – arct × (subk) CIRCPOL
Oxycoccus palustris	sm/mo – arct × (suboz) CIRCPOL

Subalpin-alpine Pflanzen:
Rhododendron ferrugineum	sm/salp – temp/salp × suboz EUR
Loiseleuria procumbens	sm/alp – arct × (oz) CIRCPOL
Arctostaphylos alpina	sm/alp – arct × (subk) CIRCPOL

Arealdiagnosen beruhen vorwiegend auf visueller Auswertung verfügbarer Verbreitungsbilder und auf der Erfahrung der Bearbeiter. Sie sind deshalb nicht in allen chorologischen Arbeiten und Florenwerken gleich. Mit den heute zunehmend verfügbaren Punktrasterkarten nach flächendeckenden floristischen Kartierungen (s. 2.5) stehen neue, exaktere Grundlagen für die Arealeinschätzung zur Verfügung, welche auch die Arealdiagnosen präzisieren und das räumliche Verhalten in kleineren Gebieten verdeutlichen können. Auch kausale Hintergründe werden durch Vergleich mit standörtlichen Rasterkarten aufgehellt.

Zumindest für höhere Syntaxa, deren allgemeine Verbreitung einigermaßen bekannt ist, kann man die Arealformeln mit gewisser Vorsicht benutzen, wie folgende Beispiele zeigen:

Quercetalia ilicis	m (–sm) × oz – suboz
Quercetalia pubescentis	m/mo – (temp) × suboz – subk
Fagetalia sylvaticae	m/mo – temp × oz – suboz
Vaccinio-Piceetalia	sm/mo (salp) – b × subk – k
Rosmarinetalia	m × oz – suboz
Brometalia erecti	sm – temp × suboz
Festucetalia valesiacae	sm – temp × subk – k
Erico-Sphagnetalia	temp – b × oz

Vorwiegend für Gehölze hat SCHROEDER (1976) Arealformeln entwickelt, die für Praktiker leichter anwendbar sein sollen. Sie werden auch in den neuesten Auflagen der Gehölzflora von FITSCHEN (1990) verwendet. SCHROEDER kritisiert die Verwendung des Ozeanitätsgradienten als wenig brauchbares Kriterium, da er nur in Europa ein einheitliches Gefälle der Teilkomponenten (Niederschlag, Temperaturdifferenz) aufweist. Er benutzt die großräumige Gliederung der Vegetation nach thermischen Zonen und hygrischen Teilgebieten als Bezugssystem (s. auch SCHROEDER 1983). Hiernach werden zunächst die Vegetationsgebiete selbst mit Arealformeln charakterisiert, davon ausgehend dann die natürliche Heimat der Gehölzarten gekennzeichnet. Die Formel besteht im einfachsten Fall nur aus drei Elementen: Großbuchstabe (Zone), Kleinbuchstabe (Stufe der Feuchte oder Sommerwärme, eventuell zusätzliche Angaben) und Ziffer (Erdteil), z. B.

L	Immergrüne Laubwälder		
	Lf Lorbeerwälder		
	Lt Hartlaubwälder	Lt–3	Mittelmeergebiet
S	Sommergrüne Laubwälder		
	Sf Feucht-Sommerwälder		
	Sfk Sommerkühle F.-S.	Sfk–3	Europäische Sommerwälder
B	Boreale Nadelwälder	B–3	Skandinavien
		Bg–3	Gebirgswälder der Alpen, Pyrenäen u. a.

Entsprechend ihrer formationskundlichen Grundlage sind diese Formeln nur recht grob anwendbar, für den mit Gehölzen umgehenden Praktiker sicher ausreichend. Für eine genauere synchorologische Auswertung von Pflanzengesellschaften sind sie nicht gedacht.

2.3 Arealtypen und Florenelemente

Aus etwa gleichen Arealdiagnosen bzw. ähnlichen Verbreitungsbildern ergeben sich Arealtypen bzw. chorologische Artengruppen. Nach Abschluß der Chorologie Mitteleuropas haben MEUSEL & JÄGER (1992) eine breit angelegte Einteilung in **Arealtypen** vorgenommen. Unterschieden werden für die mediterran-mitteleuropäische Flora zwölf Arealtypengruppen mit insgesamt 130 Arealtypen, jeweils nach einer bezeichnenden Art benannt und durch eine Arealformel (s. 2.2) charakterisiert z. B.

8. submediterran/montane)-mitteleuropäische Arealtypengruppe

8.0 *Tilia cordata*-Typ: submed/mo-atl-sarm-(sibir)

8.1 *Ulex*-Typ: lusit-atl

8.2 *Erica tetralix*-Typ: lusit-(zentralsubmed)-atl-subatl-(balt)

8.3 *Calluna*-Typ: lusit-zentralsubmed-eux

Die vergleichende Arealforschung ermöglicht also eine sehr differenzierte Aufstellung chorologischer Artengruppen. Wie die Beispiele zeigen, sind sie aber für einen allgemeineren, leicht einprägsamen Überblick (auch für synchorologische Anwendungen) eher zu speziell, wenn auch für rein chorologische Interpretationen von grundlegendem Wert. Überschaubarer ist die etwas grobere Einstufung der Arten nach Verbreitungsschwerpunkten in bestimmten Florengebieten. Entsprechende Gruppen werden als **Florenelemente** oder **Geoelemente** bezeichnet. Da diese Gruppen häufig auch für synchorologische Auswertungen Verwendung finden, sollen sie etwas näher beleuchtet werden.

Mit Hilfe der Pflanzenareale kann die Erde in **pflanzengeographische Gebiete** gegliedert werden. Eine vergleichende Betrachtung von Flora und Vegetation ergibt zusätzliche Kriterien. Florenzonen wurden bereits im vorigen Kapitel vorgestellt, eine Karte der Florenreiche unter XI 4.1.2 (Abb. 288) gezeigt. Florenreiche sind zunächst klimatisch begründbar, in enger Verbindung mit erdgeschichtlichen Vorgängen (z. B. Trennung der Erdteile). Die großenteils langzeitig zusammenhängende Landmasse der Nordhalbkugel ist durch entsprechend langen floristischen Austausch gekennzeichnet und gehört deshalb außer dem tropischen Bereich zur Holarktis. Die übrigen fünf Florenreiche konzentrieren sich auf die seit langem stärker gegliederten Landgebiete der Südhalbkugel: Neotropis, Paläotropis, Australis, Kapensis und Antarktis sind floristisch relativ eigenständig (s. SCHMITHÜSEN 1968, SCHUBERT 1979 u. a.).

Die Untergliederung der Florenreiche ähnelt derjenigen vegetationsräumlicher Einheiten (XI 4.1), ist aber klarer, da es meist bessere floristische als pflanzensoziologische Unterlagen gibt. MEUSEL et al. (1965) unterscheiden Florenregionen, -provinzen und -bezirke. So liegt z. B. der Bezirk des Thüringischen Hügellandes in der Zentraleuropäischen Provinz innerhalb der Mitteleuropäischen Region der Holarktis. Bezirke und Provinzen entsprechen in etwa den Vegetationsbezirken und -provinzen, die Region dem Vegetationskreis. Vegetations- und Florenreiche sind identisch.

MEUSEL et al. (1965) unterscheiden aus europäischer Sicht folgende Florengebiete der Holarktis (s. dort auch Karten):

Zirkumarktische Region (Lapponische Provinz).
Zirkumboreale Region / Nordeuropäisch-Westsibirische Unterregion (Boreoatlantische und Skandinavische Provinz).
Mitteleuropäische Region / Mitteleuropäische Unterregion s. str. (Atlantische, Subatlantische, Zentraleuropäische, Sarmatische Provinz).
Alpische Unterregion (vier Provinzen).
Karpatische Unterregion (fünf Provinzen).
Pontisch-südsibirische Region / Südsibirisch-Pannonische Unterregion (fünf Provinzen).
Makaronesisch-Mediterrane Region / vier Unterregionen (zahlreiche Provinzen).

Das Beispiel zeigt, daß die Florengebiete sich an Prinzipien von Zonalität und Ozeanität anlehnen, aber mehr auf Eigenheiten nach botanischen und geographischen Merkmalen Rücksicht nehmen. Eine feine Gebietsgliederung Mitteldeutschlands nach Verbreitungskarten charakteristischer Sippen gibt MEUSEL (1955), eine Gliederung der polnischen Ostkarpaten nach floristischen Gegebenheiten beschreibt DUBIEL (1991).

Jedes Florengebiet verschiedener Größenordnung hat bestimmte Sippen, die es nach ihrer Verbreitung kennzeichnen. In solche Florenelemente (Geoelemente) hat bereits MEUSEL (1943) die europäische Flora gegliedert (s. auch KNAPP 1971, SCHUBERT 1979, WALTER 1973). FREITAG (1962) bezieht auch Tiere in Geoelementgruppen ein. Die folgenden Beispiele zeigen Möglichkeiten einer chorologischen Kennzeichnung europäischer Pflanzengesellschaften nach Angaben von WALTER & STRAKA (1970). Einige Arealbilder vermittelt Abb. 313.

Arktisches Florenelement: Nur in der arktischen Tundra verbreitete Sippen, z. B. *Carex lapponica, Cassiope hypnoides, Luzula arctica, Polemonium boreale, Ranunculus nivalis.*

Eine Untergruppe bilden die disjunkt arktisch-alpin verbreiteten Pflanzen wie *Antennaria carpatica, Diphasium alpinum, Dryas octopetala, Elyna myosuroides, Eriophorum scheuchzeri, Juncus arcticus, J. trifidus, Leucorchis albida, Loiseleuria procumbens, Luzula spicata, Oxyria digyna, Phleum alpinum, Polygonum viviparum, Ranunculus glacialis, Salix herbacea, S. reticulata, Saxifraga aizoon, S. oppositifolia, S. stellaris, Sibbaldia procumbens, Silene acaulis.*

Diese Beispiele zeigen bereits die soziologisch breite Amplitude solcher Arten. Alle alpin vorkommenden Vegetationsklassen sind vertreten, ein Hinweis auf hohes Alter vieler alpiner Pflanzengesellschaften. Einige Sippen haben reliktische Exklaven auf baumfreien Gipfeln von Mittelgebirgen.

Boreales Florenelement: Verbreitungsschwerpunkt im Wuchsbereich nordischer Nadelwälder und Moore, viele gleichfalls in mitteleuropäischen bis südlicheren Gebirgen (boreal-montan). Die Areale folgen teilweise dem Ozeanitätsgradienten. Typische Bäume sind *Alnus incana, Larix decidua, Picea abies, Pinus cembra*. Kleinwüchsige Arten sind z. B. *Angelica archangelica, Arctostaphylos uva-ursi, Calamagrostis neglecta, Calla palustris, Carex pauciflora, C. limosa, Cirsium heterophyllum, Drosera rotundifolia, Eriophorum vaginatum, Geranium sylvaticum, Goodyera repens, Isoetes lacustris, Ledum palustre, Linnaea borealis, Listera cordata, Lycopodium annotinum,*

586   Gesellschafts-Areale (Synchorologie)

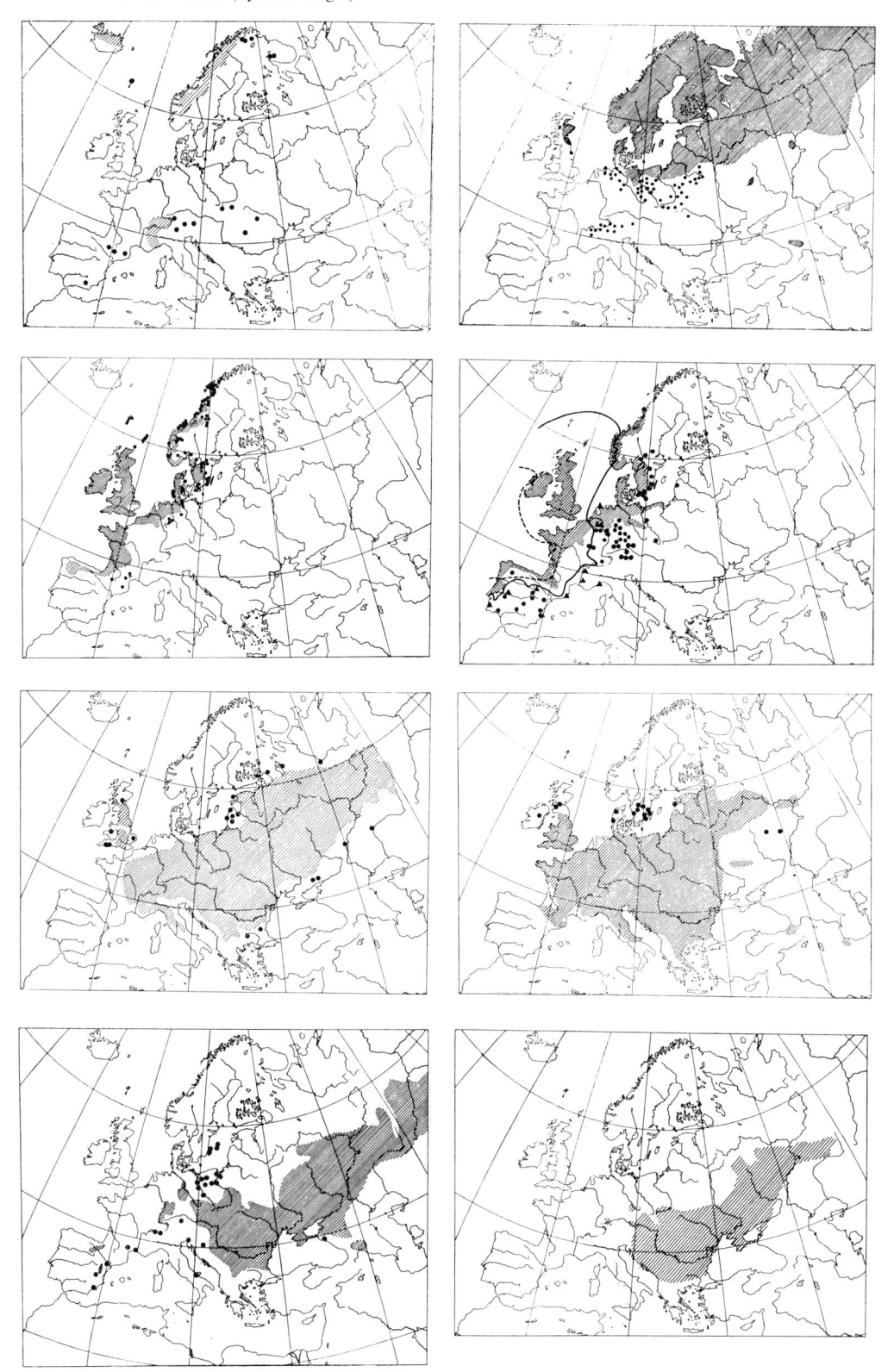

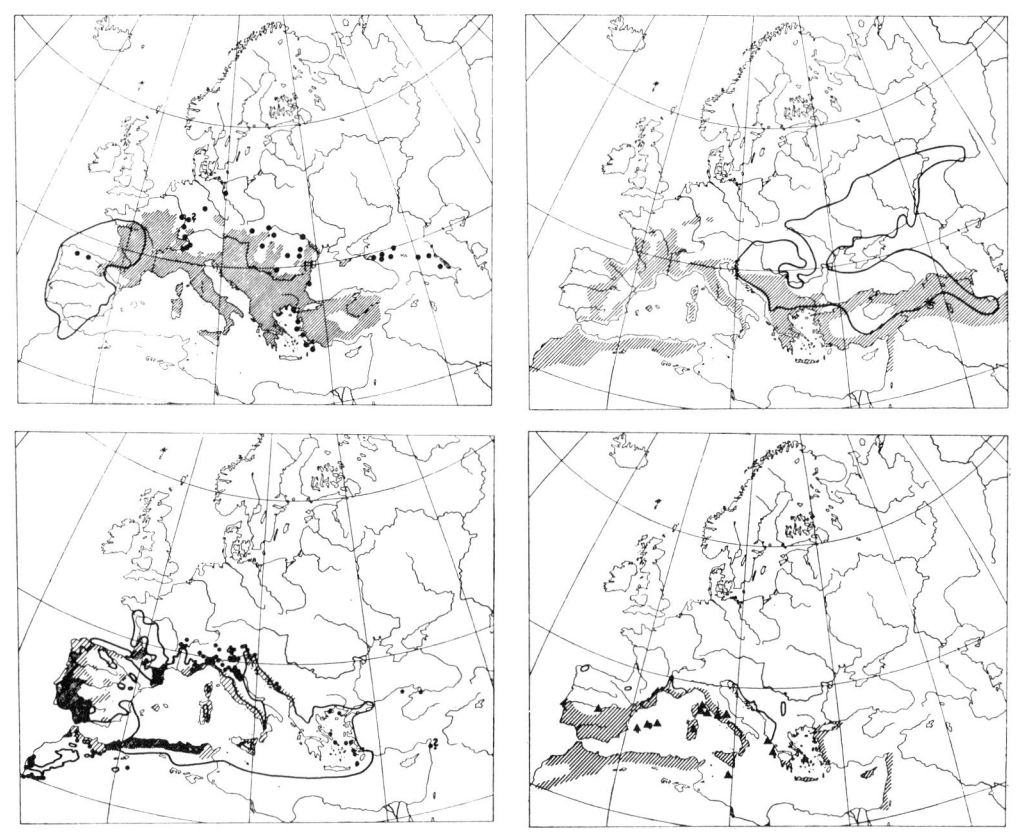

Abb. 313. Verbreitungsbilder verschiedener Florenelemente in Europa (aus WALTER & STRAKA 1970).
1. Reihe: arktisch-alpin: *Ranunculus glacialis*; boreal: *Linnaea borealis*. 2. Reihe: atlantisch: *Narthecium ossifragum*; rechts: *Erica tetralix* (schraffiert + Punkte), *E. cinerea* (Linie + Dreiecke) und *Daboecia cantabrica* (gestrichelte Linie). 3. Reihe: mitteleuropäisch i. w. S.: *Asarum europaeum*, *Lamiastrum galeobdolon*. 4. Reihe: pontisch: *Adonis vernalis*, *Linum flavum*. 5. Reihe: submediterran: *Quercus pubescens* (schraffiert + Punkte) und *Q. pyrenaica* (Linie); *Acer monspessulanum* (schraffiert) und *A. tataricum* (Linie). 6. Reihe: mediterran: *Quercus ilex* (Linie + Punkte) und *Q. suber* (schraffiert); *Lavandula stoechas* (schraffiert) und *Salvia officinalis* (Linie + Dreiecke).

Melampyrum sylvaticum, Menyanthes trifoliata, Nymphaea candida, Poa remota, Scheuchzeria palustris, Senecio nemorensis, Trientalis europaea, Trollius europaeus, Vaccinium-Arten, *Veronica longifolia.*

Eine weitere Verbreitung haben subboreale Sippen wie *Pinus sylvestris, Populus tremula, Sorbus aucuparia, Juniperus communis; Caltha palustris, Filipendula ulmaria, Geum rivale, Polygonum bistorta, Scirpus sylvaticus.*

In Mitteleuropa findet man boreale Elemente ebenfalls häufig in Nadelwäldern und Mooren, auch in montan-subalpinen Hochstaudenfluren, von wo aus sich manche in Bergwiesen ausgebreitet haben. Auch einige Pflanzen montaner Heiden sind vertreten.

Mitteleuropäisches Florenelement: In der kühlgemäßigten Zone macht sich die Ozeanitätswirkung noch stärker bemerkbar. Eine weitere Verbreitung haben Arten, die den gesamten sommergrünen Laubwaldbereich abdecken. Sie reichen teilweise in Gebirgsbereichen der submeridional-meridionalen Zonen weit nach Süden. Daneben gibt es zahlreiche Sippen, die sich auf eine der folgenden Gruppen konzentrieren. Als mitteleuropäisch lassen sich u. a. einstufen: *Acer pseudoplatanus, Alnus glutinosa, Berberis vulgaris, Carpinus betulus, Euonymus europaeus, Fagus sylvatica, Fraxinus excelsior, Prunus avium, Quercus petraea, Tilia platiphyllos, Ulmus glabra; Allium ursinum, Arum maculatum, Asarum europaeum, Atropa belladonna,*

Carlina vulgaris, Cephalanthera damasonium, Corydalis cava, Dentaria bulbifera, Festuca heterophylla, Galium sylvaticum, Hordelymus europaeus, Luzula sylvatica, Melica uniflora, Phyteuma spicatum, Polygonatum multiflorum, Rumex sanguineus, Stellaria holostea, Veronica montana, Viola reichenbachiana.

Viele Arten sind mehr oder weniger echte Waldpflanzen. Arten der Ersatzgesellschaften gehören vielfach zu Florenelementen ursprünglich engerer Verbreitung oder sie stammen aus anderen Florenzonen (s. u.).

Atlantisches Florenelement: Diese Artengruppe konzentriert sich auf küstennahe Bereiche von Laubwäldern, Mooren, Heiden und Gewässern von Mittelnorwegen bis Portugal. Eine genauere Analyse gibt ROISIN (1969). Zu nennen sind Zwergsträucher und Krautige wie *Anagallis tenella, Carex arenaria, C. binervis, C. laevigata, Cirsium anglicum, Corydalis claviculata, Erica cinerea, E. tetralix, Koeleria albescens, Genista anglica, Hypericum elodes, Lobelia dortmanna, Myrica gale, Narthecium ossifragum, Saxifraga hirsuta, Scilla non-scripta, Sedum anglicum, Ulex gallii, Vicia orobus, Wahlenbergia hederacea.*

Etwas weiter verbreitet sind subatlantische Arten wie *Aira praecox, Alisma natans, Calluna vulgaris, Centaurea nigra, Chrysosplenium oppositifolium, Cytisus scoparius, Digitalis purpurea, Eleocharis multicaulis, Galium hercynicum, Hypericum pulchrum, Jasione perennis, Lonicera periclymenum, Lysimachia nemorum, Pedicularis sylvatica, Pilularia globulifera, Potentilla sterilis, Scutellaria minor, Senecio aquaticus, Teucrium scorodonia, Ulex europaeus.*

Subatlantisch-submediterrane Verbreitung zeigen unter den Gehölzen *Ilex aquifolium*, weiter z. B. *Apium inundatum, Carex strigosa, Cicendia filiformis, Corynephorus canescens, Daphne laureola, Helianthemum apenninum, Helleborus foetidus, Illecebrum verticillatum, Luzula forsteri, Ornithopus perpusillus, Osmunda regalis, Phleum arenarium, Primula vulgaris, Tamus communis.*

Pontisches Florenelement: Als kontinentale Gegengruppe zur vorigen sind Arten zu nennen, die ihre Hauptverbreitung in Waldsteppen und Steppen Osteuropas haben, auf warm-trockenen Standorten reliktisch nach Mitteleuropa ausstrahlen. Unter den Gehölzen gehört hierzu *Prunus fruticosa*. Viele Pflanzen unserer Trokkenwälder, Trockenrasen und -säume sind zu nennen, z. B. *Adonis vernalis, Artemisia pontica, Astragalus cicer, Carex supina, Chamaecytisus ratisbonensis, Cytisus nigricans, Festuca rupicola, F. valesiaca, Gagea bohemica, Galium glaucum, Helianthemum canum, Inula hirta, I. germanica, Iris pumila, Jurinea cyanoides, Onobrychis arenaria, Potentilla arenaria, Pulsatilla vulgaris, Scabiosa ochroleuca, Stipa stenophylla, Thesium linophyllon, Verbascum phoeniceum, Vicia cassubica.*

Subpontisch verbreitet sind z. B. *Anemone sylvestris, Cynanchum vincetoxicum, Filipendula vulgaris, Geranium sanguineum, Koeleria gracilis, Phleum phleoides, Potentilla alba, Trifolium montanum.*

Pontisch-submediterrane Schwerpunkte zeigen u. a. *Alyssum saxatile, Asparagus officinalis, Aster linosyris, Brachypodium pinnatum, Chondrilla juncea, Dictamnus albus, Euphorbia segueriana, Fumana procumbens, Linum tenuifolium, Peucedanum cervaria, Stachys germanica, Stipa capillata, S. pennata* sowie *Prunus mahaleb*.

Submediterranes Florenelement: Aus mehr südlichen bis südwestlichen (wintermilderen) Gebieten mit Trockenwäldern stammen Arten, die ähnliche Standorte wie vorige Gruppe in Mitteleuropa einnehmen und sich teilweise mit jenen mischen, z. B. Gehölze wie *Acer monspessulanum, Amelanchier ovalis, Buxus sempervirens, Castanea sativa, Cornus mas, Coronilla emerus, Fraxinus ornus, Ostrya carpinifolia, Pinus nigra, Quercus pubescens, Sorbus torminalis*. Hierzu kommen viele Krautige wie *Aristolochia clematitis, Arabis turrita, Bromus erectus, Buglossoides purpurocaerulea, Ceterach officinarum, Coronilla coronata, Inula conyza, Iris germanica, Muscari comosum, Nigella arvensis, Ononis natrix, Teucrium chamaedrys, Trinia glauca*, viele Orchideen.

Mediterranes Florenelement: Echte mediterrane Pflanzen konzentrieren sich auf sommertrockene, mehr oder weniger frostfreie Gebiete der meridionalen Zone, vor allem küstennahe Bereiche um das Mittelmeer. Sie haben wegen geringer Frostresistenz kaum Exklaven in nördlichen Bereichen. Hierzu gehören viele Immergrüne, u. a. *Arbutus unedo, Calycotome spinosa, Chamaerops humilis, Erica arborea, Juniperus oxycedrus, J. phoenicea, Myrtus communis, Nerium oleander, Olea europaea, Pistacia lentiscus, Quercus ilex, Q. suber, Rhamnus alaternus, Viburnum tinus*. Unter den niedrigwüchsigeren

Pflanzen gibt es viele Chamaephyten und Geophyten wie *Asparagus acutifolius, Asphodelus*-Arten, *Daphne gnidium, Fumana ericoides, Lavandula stoechas, Rosmarinus officinalis, Thymus vulgaris* u. v. a.

Zum Schluß seien noch zwei Artengruppen weiter Verbreitung angeführt, die ihren Schwerpunkt im Osten haben:

Subsibirisches Florenelement: *Daphne mezereum, Hypericum maculatum, Inula salicina, Lilium martagon, Lychnis flos-cuculi, Orchis militaris, Pimpinella saxifraga, Polygonatum odoratum, Primula elatior, Viola hirta* u. a. Diese Arten wachsen im Übergangsbereich zwischen borealen Nadelwäldern und Steppen im Osten, sind aber auch in vielen anderen Gebieten Europas zu finden.

Turanisches Florenelement: In den aralokaspischen Halbwüsten gibt es viele Spezialisten, vor allem salztolerante Arten, von denen einige auch in Mitteleuropa auf Sonderstandorten vorkommen: *Artemisia maritima, Atriplex*-Arten, *Salicornia*-Arten, *Salsoka kali* u. a. Auch der Sanddorn (*Hippophae rhamnoides*) wird hier eingeordnet.

Die meisten Florenelemente beziehen sich auf größere Räume, die sich durch ein breites Sippenspektrum spezifischer Verbreitung auszeichnen. Neuerdings bieten sich über Punktrasterkarten und EDV neue Möglichkeiten feiner Gruppierungen. Für Gesamtareale fehlen meist noch ausreichende Daten. Für Teilgebiete gibt es dagegen Unterlagen für statistisch-quantitative Auswertungen. HAEUPLER (1974, 1986) hat hierfür ein Beispiel vorgeführt. Faßt man alle Arten eines Rasterfeldes als „Vegetationsaufnahme" auf, kann man entsprechende pflanzensoziologische Ordinations- und Klassifikationsverfahren anwenden, um Artengruppen mit ähnlicher Verbreitung samt ihrem standörtlichen Bezug herauszuarbeiten. Für einen Teil der Flora Südniedersachsens hat HAEUPLER zehn, später 20 chorologisch-ökologische Typen (regionale Arealtypen) gefunden (z. B. *Juncus bufonius-Gnaphalium uliginosum*-Typ für wintermilde Gebiete, *Milium effusum-Poa nemoralis*-Typ für gut bis mittel basenversorgte Standorte des Hügellandes, *Melica uniflora-Senecio fuchsii*-Typ mit Schwerpunkt in sumontan-montanen Bereichen).

Auch für pflanzensoziologische Auswertungen können solche Vergleiche des Arealverhaltens in kleineren Gebieten von Wert sein. Sie bringen die Eigenheiten und speziellen Verteilungsmuster der Pflanzengesellschaften zum Ausdruck und beleuchten kausale Zusammenhänge. Allerdings muß das Verhalten der Sippen in Teilarealen nicht mit demjenigen im Gesamtareal übereinstimmen.

Innerhalb kleinerer Gebiete kann man Pflanzensippen auch nach ihrer etagalen Verbreitung zu Florenelementen zusammenfassen. Wie schon obige Beispiele zeigen, handelt es sich oft um Ausläufer der jeweils nordwärts anschließenden Zonen (s. auch XI 4.2), aber teilweise auch um eigene Sippen. Eine typische montane Art Mitteleuropas ist z. B. *Abies alba*. Subalpin verbreitet sind *Adenostyles alliaria, Alnus viridis, Homogyne alpina, Pinus mugo, Sorbus chamaemespilus* u. a. Temperat-alpine Elemente sind *Biscutella laevigata, Linaria alpina, Primula auricula, Rhododendron ferrugineum, R. hirsutum, Soldanella alpina* u. a. Hier gibt es auch häufig vikariierende Arten einzelner Gebirge oder Gebirgsteile (s. auch 3.3).

2.4 Arealtypenspektren von Pflanzengesellschaften

Jedes Florengebiet und auch jede Pflanzengesellschaft besitzt ein jeweils charakteristisches Inventar von Pflanzensippen bestimmter Florenelemente bzw. Arealtypen (chorologischer Gruppen). Ihre Anteile lassen sich als Spektren darstellen, die allgemein als Arealtypenspektren (= chorologische Gruppenspektren) bezeichnet werden. Es gibt gemäß der unter VIII 2.9 besprochenen Grundlagen qualitative und quantitative Möglichkeiten. Oft werden erstere bevorzugt, da es hier weniger um endogene Wechselwirkungen, sondern um gebietsweises Vorkommen oder Fehlen von Pflanzensippen geht.

Arealtypenspektren werden meist als Säulen oder Kreisdiagramme dargestellt, entweder summarisch oder getrennt nach Zonen-, Ozeanitäts- und Höhenbindung der Arten. Sie dienen einmal der synchorologischen Charakterisierung einzelner Syntaxa, mehr noch dem Vergleich verschiedener Gesellschaften oder geographischer Untereinheiten, sei es innerhalb eines Gebietes oder zwischen verschiedenen Landschaften. Spektren erlauben gewisse Rückschlüsse auf Gesellschaftsareale, vor allem bei kleinräumigeren Vergleichen auch auf standörtliche Gegebenheiten, vor allem solche mit meso- bis mikroklimatischen Unterschieden. Auch syndynamische Ergebnisse können synchorologisch gedeutet werden. Arealtypenspektren kennzeichnen oft auch synchorologisch-genetische Beziehungen von Vegetationstypen.

Für die Aufstellung eines Arealtypenspektrums wird für jede Sippe der betreffenden Gesellschaft (meist nach einer Vegetationstabelle; eventuell begrenzt auf Sippen bestimmter Stetigkeit) die Zugehörigkeit zu einem Florenelement bzw. Arealtyp notiert. Als Vorlage dienen Floren und ähnliche Werke (z. B. FRANK et al. 1990, MEUSEL et al. 1965ff., OBERDORFER 1990, ROTHMALER et al. 1984). Auch die Zeigerwerte von ELLENBERG et al. (1991) lassen sich teilweise synchorologisch auswerten, vor allem Temperatur- und Kontinentalitätszahl (s. VII 7.2). Qualitative Spektren geben den absoluten oder prozentualen Anteil der Arten einzelner chorologischer Gruppen an. Gehört eine Sippe zu zwei Arealtypen, können beide einfach in die Rechnung eingehen, wenn die Sippen eines einziges Arealtyps doppelt gewertet sind (s. SUCK 1991).

Für quantitative Spektren wird oft der Systematische Gruppenwert (VIII 2.9.1) oder einfach die Sippenstetigkeit als Multiplikationsfaktor benutzt. Deckungsgrade sind für arealgeographische Betrachtungen weniger geeignet.

Schon kleinräumig können Gesellschaften mit recht unterschiedlichen Arealtypenspektren vorkommen, wenn entsprechende standörtliche Mosaike gegeben sind. Ein Beispiel gibt MARSTALLER (1970) für die Wöllmisse bei Jena. Einige Spektren vermittelt Tabelle 55. Die Laubwälder mesophiler Standorte (*Luzulo*- und *Hordelymo-Fagetum*) zeichnen sich durch stark mitteleuropäisches Gepräge aus, sind mehr oder weniger vom Boden bestimmt. Dagegen stellen *Potentillo*- und *Lithospermo-Querce-* *tum* Vorposten aus wärmeren Gebieten dar, mit entsprechend höheren Anteilen anderer Florenelemente. Das *Carici-Fagetum* zeigt eine intermediäre Stellung.

Ähnliche Spektren gibt z. B. OBERDORFER (1971) für Gesellschaften der Wutachschlucht im Schwarzwald (Abb. 314). Wegen ihrer hohen Anteile an submediterranen, subkontinentalen und alpischen Arten werden *Valeriano-Seslerietum* und *Cytiso-Pinetum* als reliktische Typen gedeutet. Gebietstypischer sind eher die Buchenwälder und das *Aceri-Fraxinetum* mit einem Grundgerüst subatlantischer Arten. Allgemein läßt aber der relativ hohe Anteil nordisch-kontinentaler und subkontinentaler Sippen das kontinental getönte Klima des Ostschwarzwaldes erkennen.

Zahlreiche Arealtypenspektren von Wäldern findet man bei WELSS (1985) für den Steigerwald. Es ergeben sich gewisse Beziehungen zur mittleren Kontinentalitätszahl nach ELLENBERG. MEUSEL (1969) bildet chorologische Gruppen für Eichen-Hainbuchenwälder und benutzt ihre Spektren zur synchorologischen Differenzierung dieser Wälder in verschiedenen Gebieten Europas, kleinräumiger auch für Mitteldeutschland. SUCK (1991) vergleicht Arealtypenspektren geographischer Untereinheiten von Buchenwäldern (Abb. 315). Die montanen Höhenformen (2a, 3a, 5) zeigen z. B. höhere Anteile präalpiner und subatlantisch-ozeanischer Florenelemente. Innerhalb einer Höhenstufe sind Südniedersachsen und Eifel (1, 2) am stärksten subatlantisch geprägt, subkontinental die Wälder der Hessischen Rhön, Unterfrankens und der Südlichen Frankenalb (3b, 4, 7). OBERDORFER (1950) vergleicht Arealtypenspektren alpiner Rasengesellschaften des Allgäu. HERTER (1989) errechnet Spektren für alle

Tab. 55. Arealtypenspektren verschiedener Waldgesellschaften der Wöllmisse bei Jena (nach MARSTALLER 1970).

	1	2	3	4	5	6	7
Luzulo-Fagetum	**55,0**	**19,8**	17,3	2,1	3,3	2,5	.
Hordelymo-Fagetum	**51,3**	**17,8**	20,4	4,7	1,6	4,2	.
Carici-Fagetum	42,3	11,9	18,2	**11,5**	3,5	**11,9**	0,7
Potentillo-Quercetum	47,3	5,4	13,4	**16,0**	12,5	4,5	0,9
Lithospermo-Quercetum	26,3	4,6	16,2	**11,2**	17,7	15,1	8,9

1 weit verbreitet
2 süd- bis mitteleuropäisch-subatlantisch
3 südeuropäisch-montan bis mitteleuropäisch
4 süd- bis mitteleuropäisch-subkontinental
5 europäisch bis eurasiatisch-kontinental
6 süd- bis mitteleuropäisch (z.T. dealpin)
7 südeuropäisch-ozeanisch

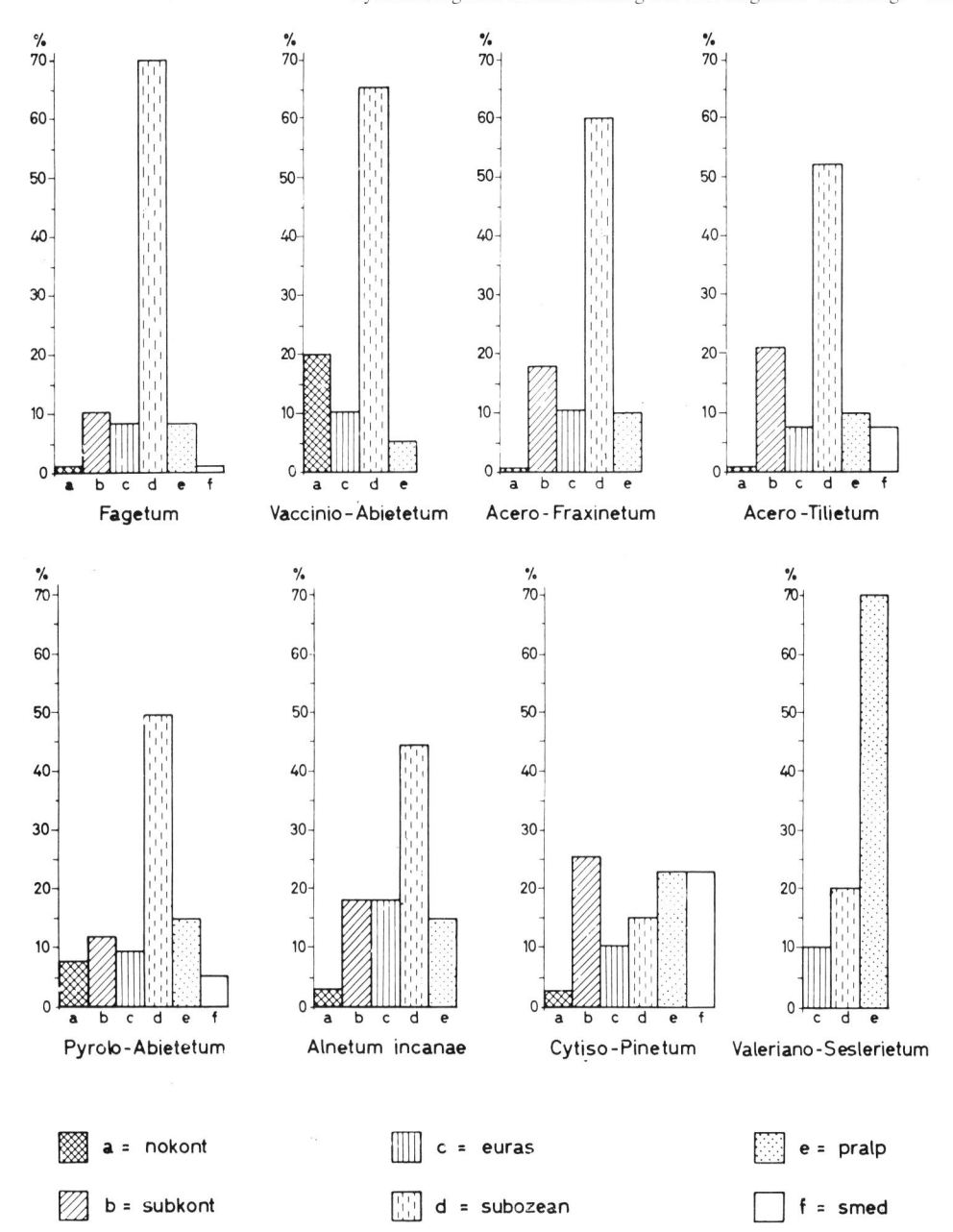

Abb. 314. Qualitative Arealtypenspektren eng benachbarter Pflanzengesellschaften der Wutachschlucht nach Florenelementen (aus OBERDORFER 1971). Erläuterung im Text.

a = nokont   c = euras   e = pralp
b = subkont d = subozean f = smed

Gesellschaften eines Alpentales. KARRER (1985) benutzt Arealtypenspektren zum chorologischen Vergleich von Wäldern und Trockenrasen im Wienerwald.

Geben schon Vergleiche von solchen Spektren in kleineren Gebieten oft deutliche Unterschiede, kann man sie noch verstärkt bei großräumigeren Vergleichen erwarten. HUNDT (1985a) untersucht z. B. Grünland-Gesellschaften aus verschiedenen Teilen Europas anhand von Ozeanitäts- und Zonalitätsspektren. Abb. 316 gibt ein Beispiel für die synchorologische

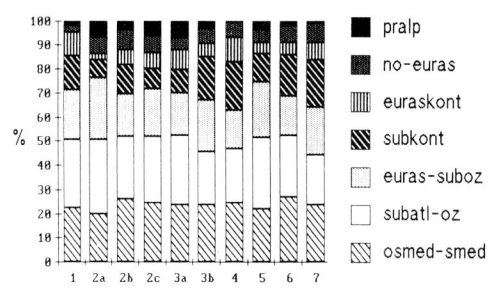

Abb. 315. Quantitative Arealtypenspektren nach Sippenstetigkeit verschiedener Vikarianten des *Hordelymo-Fagetum* (aus Suck 1991). Erläuterung im Text.

Differenzierung der Glatthaferwiesen aus verschiedenen Teilen ihres Gesamtareals. Deutlich nimmt der Anteil ozeanischer Sippen von Ungarn nach Südengland zu, derjenige kontinentaler Elemente ab. Das meernahe Südfrankreich ähnelt stark der englischen Gebietsausbildung. Im Zonalitätsspektrum zeigt Montpellier stärkere Verwandtschaft zum Mecsek-Gebiet. Ein genauer syntaxonomischer Tabellenvergleich läßt mehrere Geographische Rassen erwarten. Weitere Beispiele bei Hundt (1985a) zeigen, daß auch Subassoziationen des *Arrhenatheretum* in einem kleineren Gebiet unterschiedliche Spektren aufweisen. Selbst nutzungsbedingte Veränderungen können sich im Arealtypenspektrum widerspiegeln. In einem anderen Beispiel ergeben sich markante Unterschiede der Stadien einer Küstendünen-Serie.

Hundt hat in mehreren weiteren Arbeiten die chorologischen Grundlagen der Halleschen Schule angewendet, z. B. auch für einen Vergleich mitteleuropäischer Bergwiesen (1980). Abb. 317 vermittelt eine profilartige Darstellung der Zonalitätsspektren des *Polygono-Trisetion* als Beispiel einer großräumigen Übersicht. Die synchorologische Struktur ist überall sehr ähnlich, mit tendenzieller Zu- oder Abnahme einzelner Artengruppen. Ellenberg (1978, S. 144) gibt eine ähnliche Darstellung für Waldgesellschaften der Alpen.

Besondere Probleme bieten stark anthropogen beeinflußte Pflanzengesellschaften. Ihre

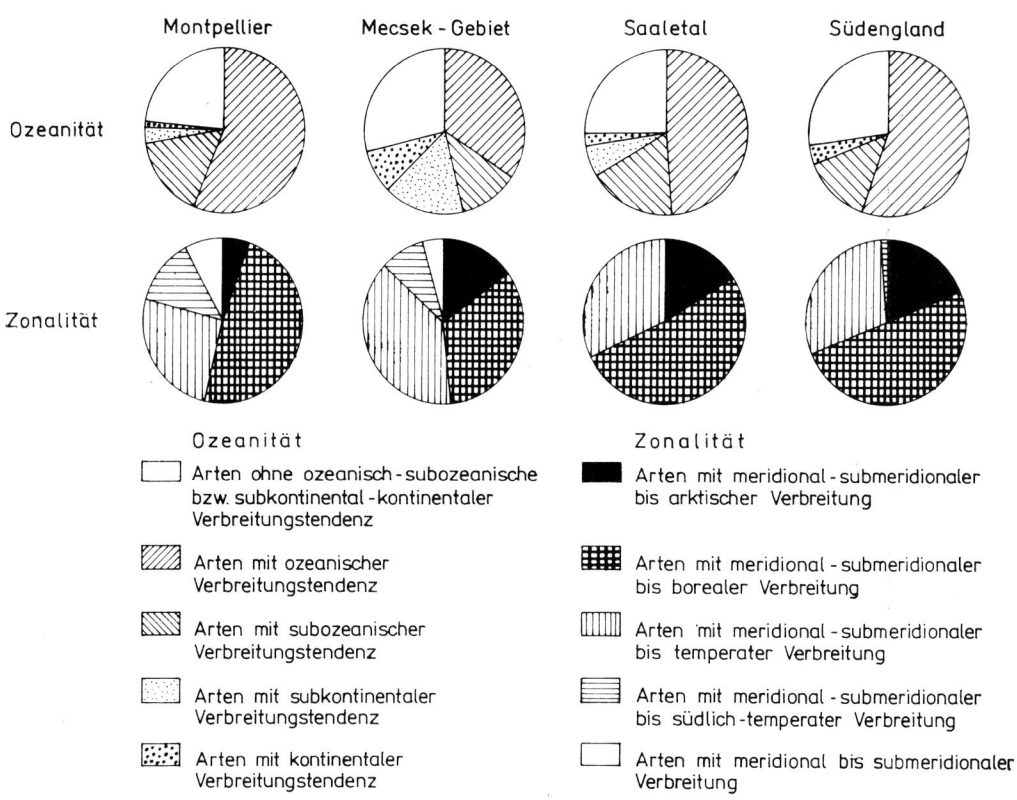

Abb. 316. Qualitative Ozeanitäts- und Zonalitätsspektren des *Arrhenatheretum* aus verschiedenen Gebieten Europas (aus Hundt 1985a). Erläuterung im Text.

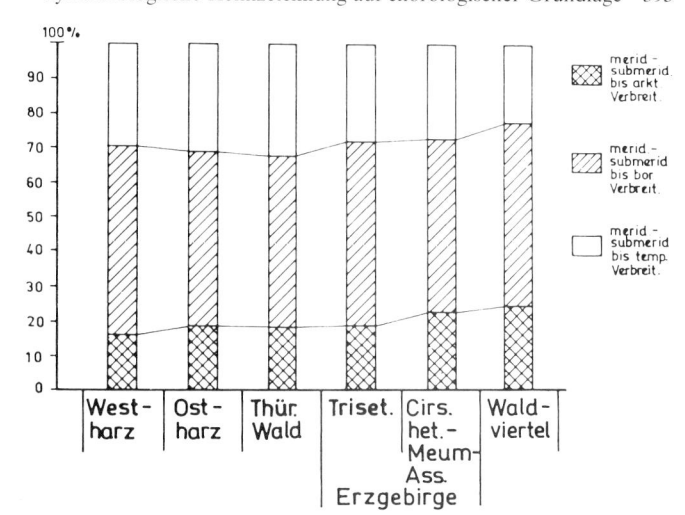

Abb. 317. Zonalitätsspektren-Profil der Bergwiesen einiger Mittelgebirge und Österreichs (aus HUNDT 1980).

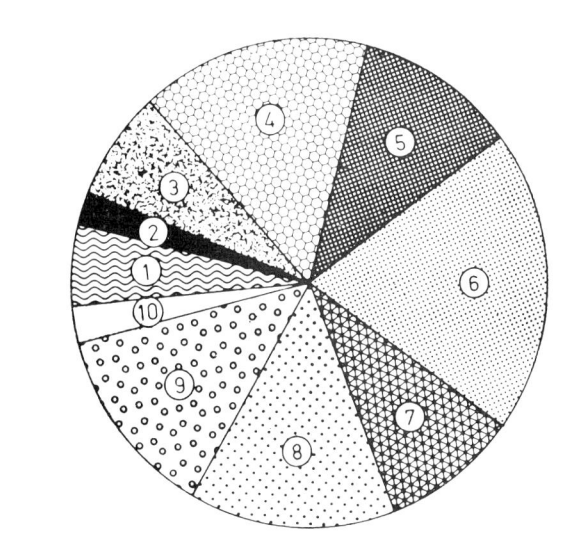

Schematische prozentuale Darstellung des chorologischen Spektrums des Voras-Gebirges (Gr+Ju)

Geoelement		Artenzahl	Prozent %
1. kosmopolitisches	(kosm)	72	5.4
2. arkto-alpisches	(arct-alp, arct-alt-alp)	29	2.2
3. boreal-subboreales	(incl. no-euras, circ)	97	7.3
4. eurasiatisches	(eigtl. euro-sib)	207	15.6
5. europäisches	(eumi, miru, alp-praealp subatl, med-atl, carp-alp)	146	11.0
6. submediterranes	(submed)	267	20.2
7. mediterranes	(med)	121	9.2
8. O-mediterranes & O-submediterranes	(O-med, O-submed incl. eux, po)	187	14.1
9. balkanisches	(balc incl. hell)	170	12.8
10. endemisches	(endem. eigtl. maked)	29	2.2
		Gesamt 1325	100.0

Abb. 318. Arealtypenspektren des Voras-Gebirges in Griechenland nach 1331 Sippen (aus VOLIOTIS 1979).

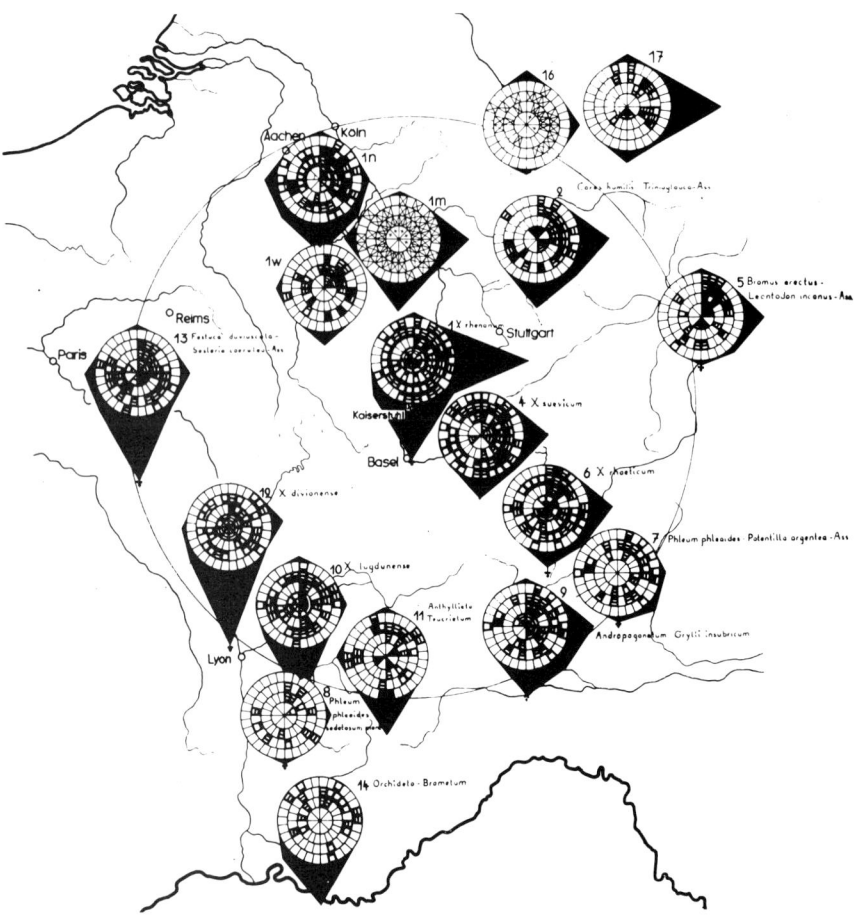

Abb. 319. Assoziationsdiagramme des *Xerobrometum* aus verschiedenen Gebieten Mittel- und Westeuropas (aus SCHWICKERATH 1963). Erläuterung im Text.

Pflanzen haben oft sekundär erweiterte oder ganz neue Areale, die zudem stärker in Entwicklung begriffen sein können. JEHLIK (1986) hat für sie eigene chorologische Einstufungen vorgeschlagen und unterscheidet aus europäischer Sicht vier Gruppen mit insgesamt 18 Arealtypen: 1. mehr oder weniger natürliche Areale (mit 4 Typen), 2.–4. mehr oder weniger synanthrope Areale (2: holarktisch, 3: subkosmopolitisch, 4: kosmopolitisch). Beispiele solcher Spektren für verschiedene Assoziationen finden sich bei ihm in einer Tabelle.

Arealtypenspektren sind auch zur pflanzengeographischen Kennzeichnung bestimmter Vegetationsgebiete nützlich. HERTER (1989) stellt z. B. ein Gesamtspektrum eines Alpentales auf. VOLIOTIS (1979 u. a.) hat Spektren bestimmter griechischer Gebiete errechnet. Ein Beispiel zeigt Abb. 318.

Die Vorarbeiten zur Aufstellung von Arealtypenspektren kosten einige Zeit. Hier sind EDV-Grundlagen eine wesentliche Hilfe, vor allem wenn die Arealformeln oder ähnliche Angaben für die Flora eines Gebietes einmal gespeichert vorliegen. Neben einfacher Computerhilfe bei der Erstellung der Grafiken oder Tabellen können auch multivariate Vergleiche angestellt werden, wie LAUSI & NIMIS (1985) am Beispiel kanadischer Vegetationstypen gezeigt haben.

Zum Schluß sei noch eine originelle chorologische Darstellung von SCHWICKERATH (1963 u. a.) vorgestellt. Seine „Assoziationsdiagramme" (Abb. 319) beinhalten sowohl floristisch-syntaxonomische als auch synchorologische Angaben. In den Ringen werden diagnostische Arten mit Stetigkeitsklassen I–V (I = weiß, V = schwarz) dargestellt. Das Beispiel enthält in Sektoren von innen nach außen 8 AC, 20 VC

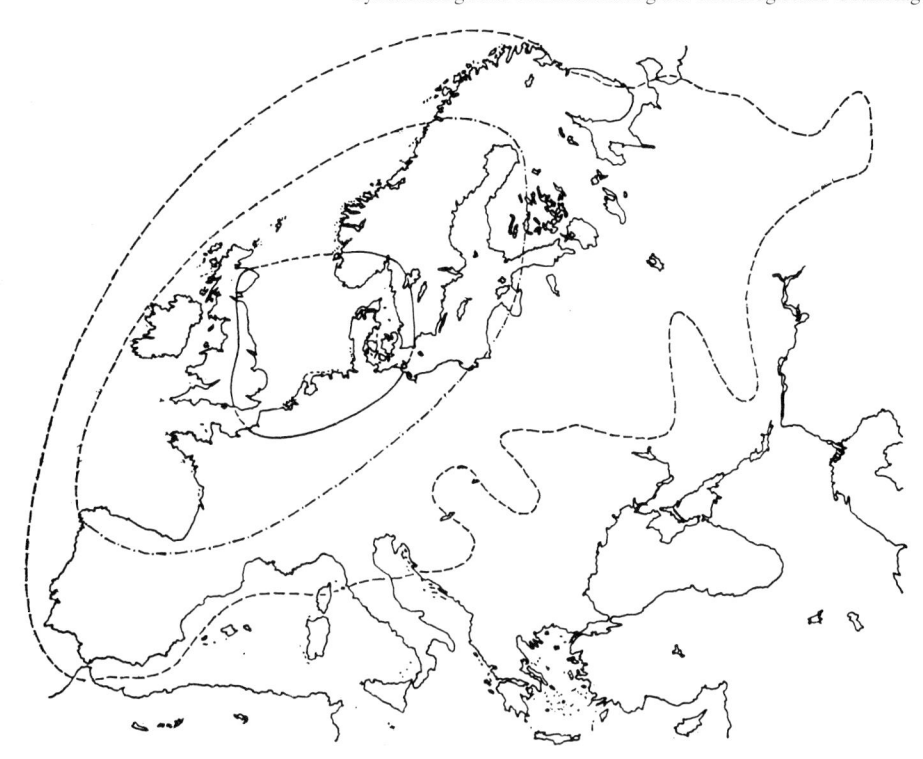

Abb. 320. Verbreitungsgebiet von *Calluna vulgaris* (aus GIMINGHAM 1972). Äußere Grenze = Gesamtareal, nach innen Bereich mit *Calluna* als gesellschaftsbestimmender Pflanze und Grenze optimalen Wachstums.

und 55 OC (2 Kreise). Die synchorologischen Differentialartengruppen sind als Vektoren außen angesetzt. Ihre Richtung deutet die chorologischen Schwerpunkte, ihre Länge die Zahl der Arten an. Eine ähnliche Darstellung in Areal-Vektordiagrammen benutzt PEPPLER (1992) für Borstgrasrasen.

2.5 Synchorologische Auswertung floristischer Karten

In den letzten Jahren hat die floristische Kartierung größerer Bereiche Europas einen großen Aufschwung genommen. Erste Anfänge gab es bereits in den 20er Jahren (s. z. B. MATTFELD 1931, HAEUPLER 1974). Zunächst erfolgten Publikationen von Verbreitungskarten einzelner Arten aus kleineren Gebieten (z. B. MEUSEL 1940, 1942). Neuerdings liegen mehr oder weniger vollständige Florenatlanten ganzer Länder vor, beginnend mit den Punktkarten von PERRING & WALTERS (1962) für die Britischen Inseln. Es folgten Skandinavien (HULTÉN 1971), Belgien/Luxemburg (VON ROMPAEY & DELVOSALLE 1972), Niederlande (MENNEMA et al. 1980), Schweiz (WELTEN & SUTTER 1982), schließlich der Atlas der Bundesrepublik Deutschland (HAEUPLER & SCHÖNFELDER 1988). Inzwischen gibt es auch erste Atlanten einzelner Bundesländer und kleinerer Gebiete. Für ganz Mitteleuropa ist eine Übersicht geplant (NIKLFELD 1971), für Europa hat eine Übersicht begonnen (JALAS & SUOMINEN 1972 ff.). Auch für Kryptogamen gibt es heute Atlanten, z. B. für Lebermoose der Britischen Inseln (HILL et al. 1991), Moose Deutschlands (DÜLL & MEININGER 1989), Flechten Baden-Württembergs (WIRTH 1987). Die Florenatlanten beruhen auf mehr oder weniger flächendeckenden Kartierungen auf Rasterbasis, wo vorwiegend qualitative Angaben (Vorkommen/Fehlen, Vorkommen zu bestimmten Zeiten, Einbürgerungsstatus u. ä.) durch Punkte oder andere Zeichen vermerkt werden. Mit zunehmendem EDV-Einsatz bieten sich vielfältige Auswertungsmöglichkeiten (s. HAEUPLER 1974, HAEUPLER & SCHÖNFELDER 1975, Vorwort von ELLENBERG zum BRD-Atlas).

Auch gerade für synchorologische Fragestellungen sind diese Atlanten und Einzelkarten

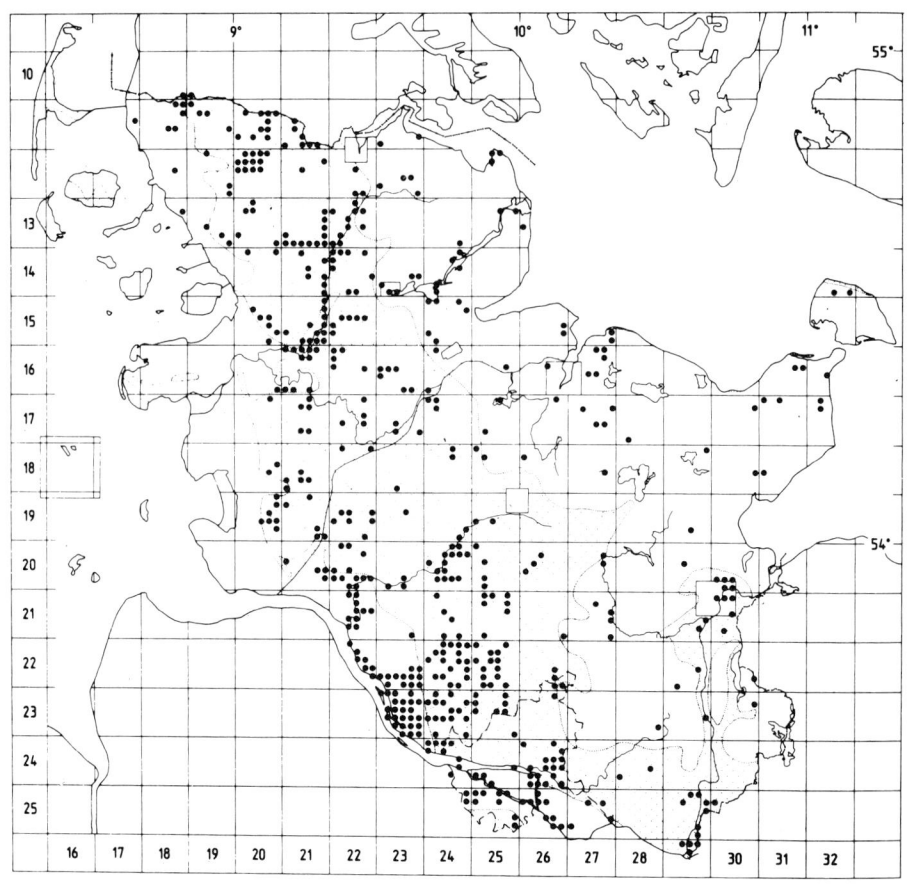

Abb. 321. Punktrasterkarte von *Senecio aquaticus* in Schleswig-Holstein (aus SCHRAUTZER 1988). Die Verbreitung kennzeichnet in etwa Vorkommen des *Bromo-Senecionetum aquaticae* in Niederungen der westlichen Geestgebiete.

eine unersetzliche Fundgrube, zumal es bisher kaum vergleichbare Verbreitungskarten von Pflanzengesellschaften gibt (s. 3.4). Für großräumigere pflanzensoziologische Übersichten oder kleinere Gebietsanalysen werden im Nachhinein chorologische Zusammenhänge oder Differenzen aufgeschlüsselt. Verbreitungskarten bezeichnender Arten (besonders Kenn- und Trennarten) erlauben grobe Schlüsse auf Vorkommen und Arealgrenzen bestimmter Syntaxa, besonders wenn sich die Verbreitungsbilder mehrerer Arten in etwa decken. Auch Geographische Rassen, die induktiv durch Aufnahmevergleich erkannt werden (s. VIII 4.2.5), lassen sich genauer interpretieren und abgrenzen.

Allerdings sind solche Auswertungen floristischer Karten mit Vorsicht zu betrachten. Es gibt wenige Charakterarten, die auf ein Syntaxon beschränkt sind (s. VIII 2.5). Viele Sippen zeigen in verschiedenen Gebieten abweichendes soziologisches Verhalten (s. Relative Standortskonstanz: III 2.1). Auch sind die Gesellschaftsareale oft enger als diejenigen ihrer Kennarten, oder diese kommen nur in Teilen des Gesellschaftsareals vor (Abb. 320). Chorologische Karten ergeben deshalb nur Hinweise auf einen potentiellen Verbreitungsraum bzw. den Suchraum von Pflanzengesellschaften, der durch Vegetationsaufnahmen zu verifizieren ist. Unter diesen Vorbehalten benutzt SCHRAUTZER (1988) Punktkarten von Charakterarten zur groben Lokalisierung von Feuchtwiesen-Gesellschaften in Schleswig-Holstein (s. Abb. 321).

Die folgenden Abbildungen geben einige Beispiele für denkbare Auswertungen. Zu den Arten werden hier jeweils die Arealdiagnosen nach ROTHMALER et al. (1984) angefügt. Die Verbreitung von *Spergula morisonii* (sm/mo – temp x suboz EUR) in Europa (Abb. 322) spiegelt in etwa das Areal offener Sandtrockenra-

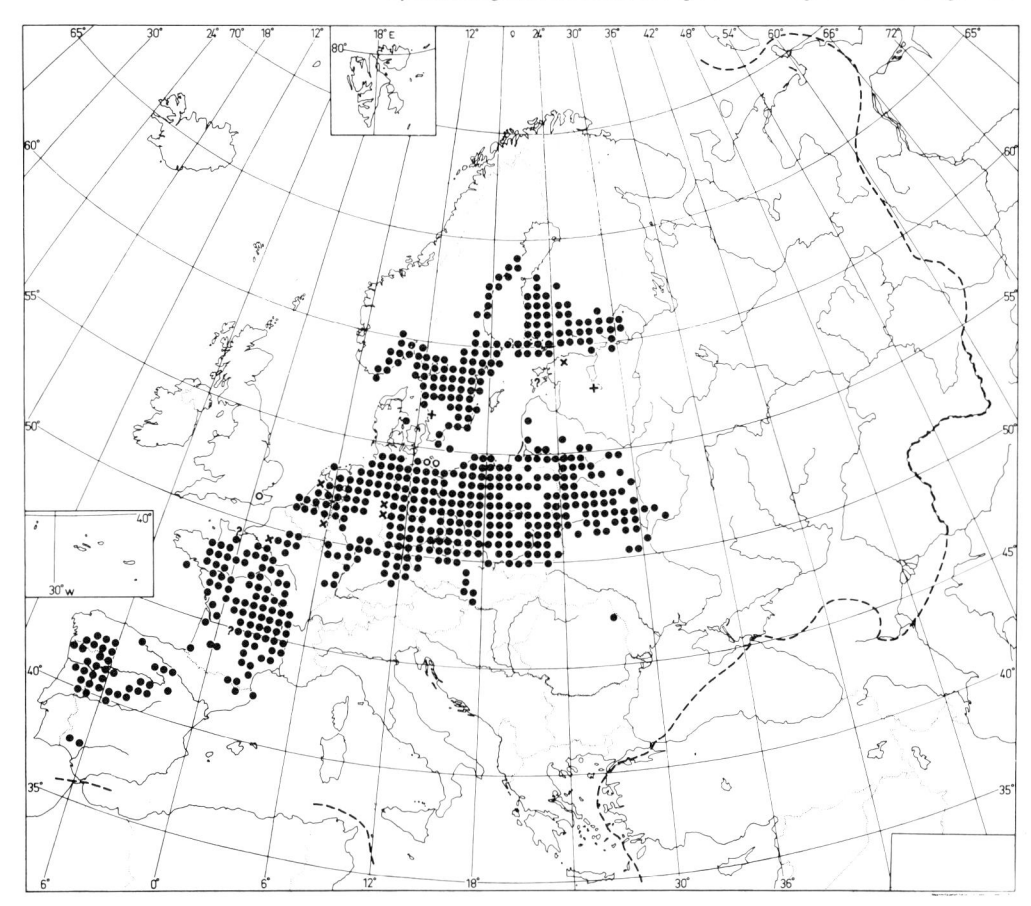

Abb. 322. Punktrasterkarte von *Spergula morisonii* in Europa (aus JALAS & SUOMINEN 1983).

sen des *Corynephorion canescentis* wider, mit Übergängen zum *Thero-Airion*. Die weiteren Beispiele gelten nur für die Bundesrepublik.

Abb. 323 enthält drei *Geranium*-Arten ganz unterschiedlicher Verbreitung und soziologischen Anschlusses. *G. palustre* (sm/mo – temp x suboz EUR) ist Charakterart des *Filipendulo-Geranietum palustris*, einer aus mitteleuropäischer Sicht leicht subkontinentalen Hochstaudengesellschaft. OBERDORFER (1990) stuft die Art entsprechend als eurasisch-kontinentales Florenelement ein. *Geranium sylvaticum* (sm/mo – b x suboz EUR-WSIB) ist bei uns in den Mittelgebirgen Kennart des *Geranio-Trisetetum*, im Alpenraum auch in den Hochstaudengesellschaften der *Betulo-Adenostyletea* häufig. Die Punktkarte gibt diese Bereiche recht gut wieder. *Geranium sanguineum* (m/mo – temp x suboz EUR) gilt dagegen in Mitteleuropa als Charakterart warm-trockener Waldsäume (*Ge-*

ranion sanguinei), deren Areal sich in der Punktkarte zumindest andeutet. Recht ähnlich ist das Verbreitungsbild des soziologisch verwandten *Peucedanum cervaria* (m/mo – stemp x suboz EUR).

Abb. 324 zeigt recht unterschiedlich verbreitete Arten. *Andromeda polifolia* (sm/mo – arct x (subk) CIRCPOL) gibt in etwa den Raum von Hochmoor-Bultengesellschaften der *Oxycocco-Sphagnetea* an. Während diese Syntaxa sowohl im Nordwesten als auch im Alpenvorland sowie in einzelnen Mittelgebirgen vorkommen, sind die nahe verwandten Feuchtheiden des *Ericetum tetralicis* auf den atlantisch beeinflußten Nordwesten beschränkt, wie die Karte der namengebenden Kennart (sm – b x euoz EUR) zeigt. Sehr gut repräsentiert wird das Areal salzresistenter Rasen der *Asteretea tripolii* durch die gleichnamige Klassenkennart (m – b x k + lit EURAS). Interessant ist auch die Karte von *Lit-*

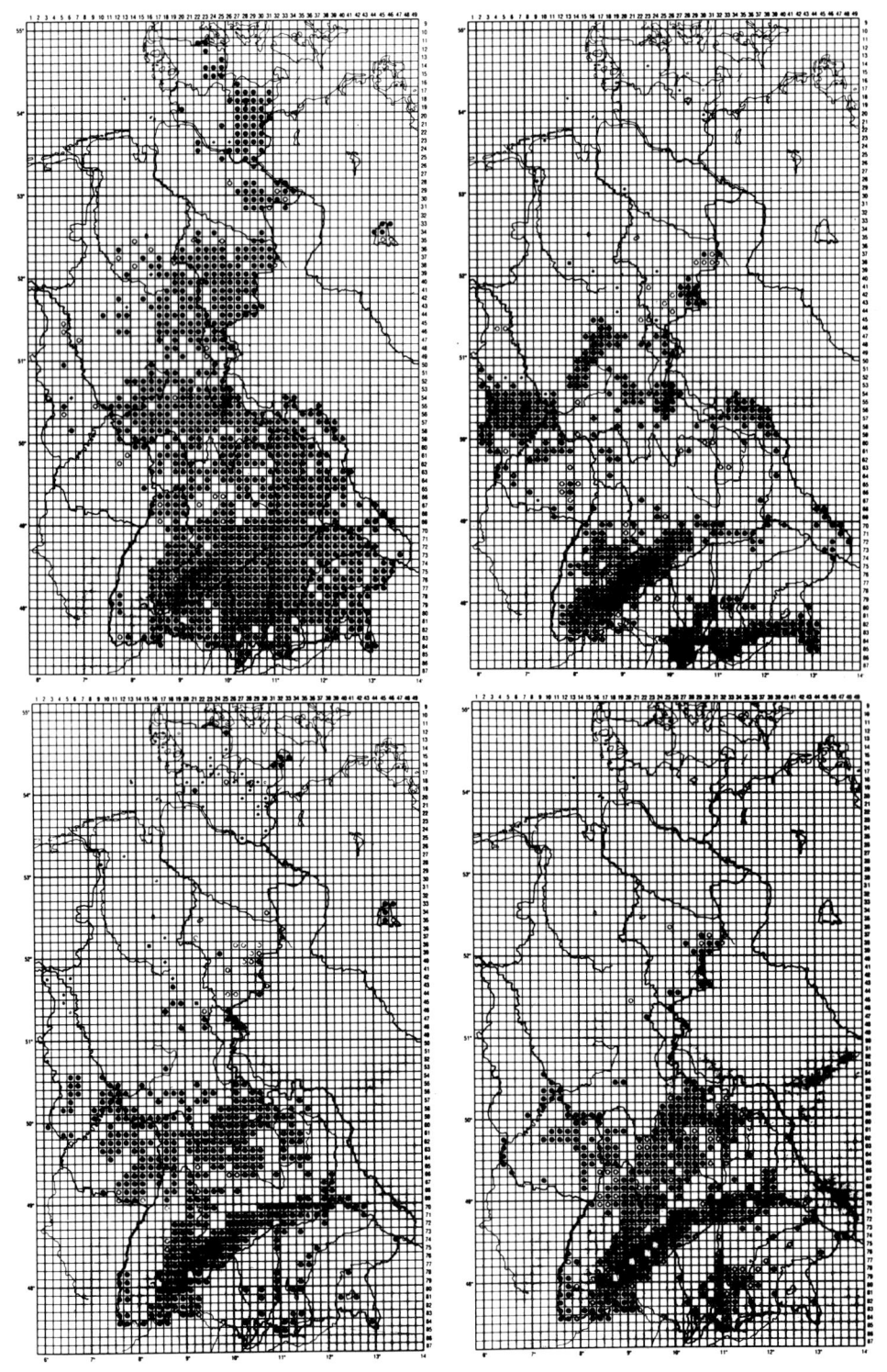

Abb. 323. Punktrasterkarten diagnostisch wichtiger Arten verschiedener Syntaxa (aus HAEUPLER & SCHÖNFELDER 1988). Erläuterung im Text. Oben: *Geranium palustre, G. sylvaticum*; unten: *G. sanguineum, Peucedanum cervaria*.

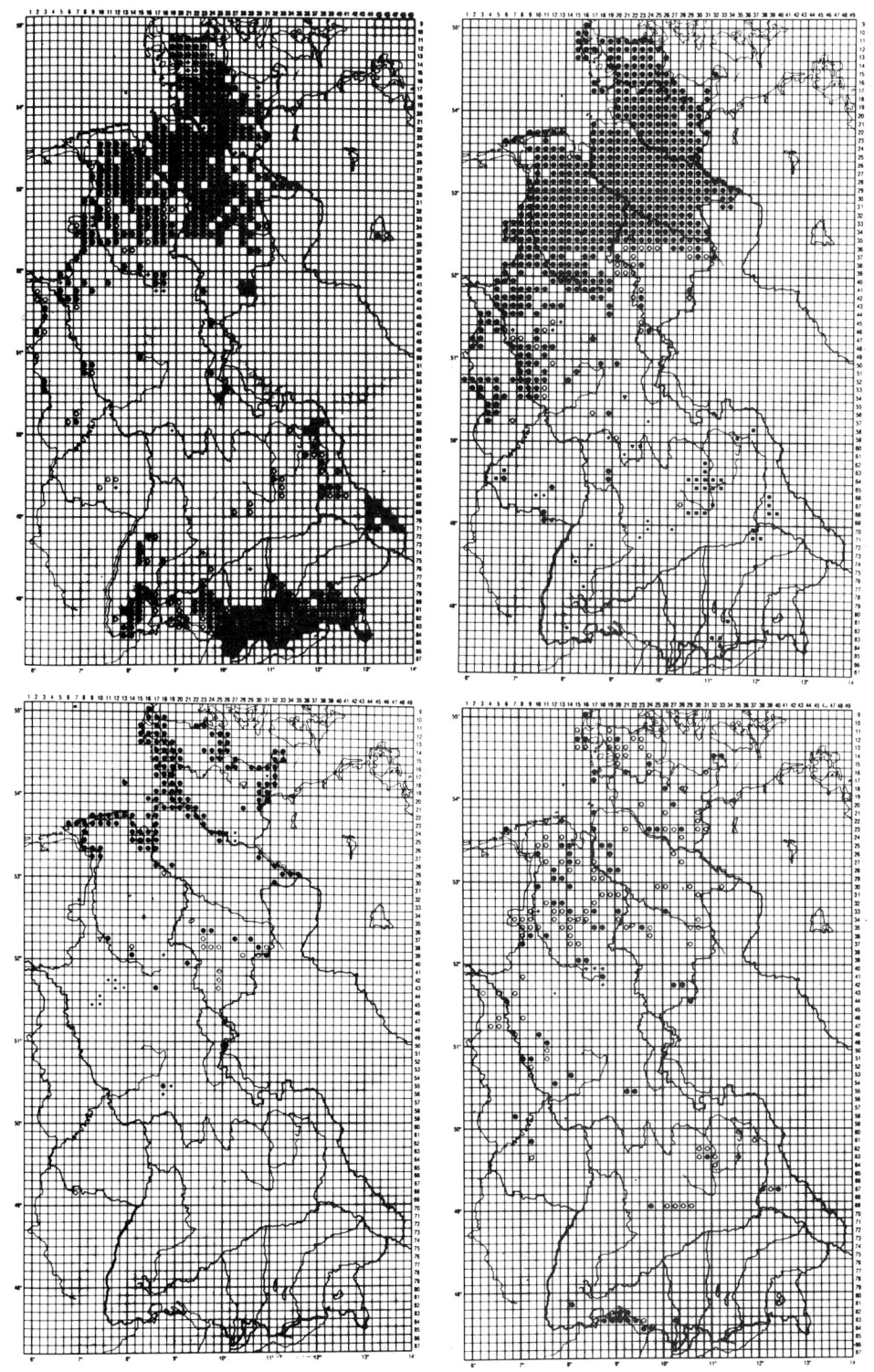

Abb. 324. Wie vorige Abbildung. Oben: *Andromeda polifolia, Erica tetralix*; unten: *Aster tripolium, Littorella uniflora*.

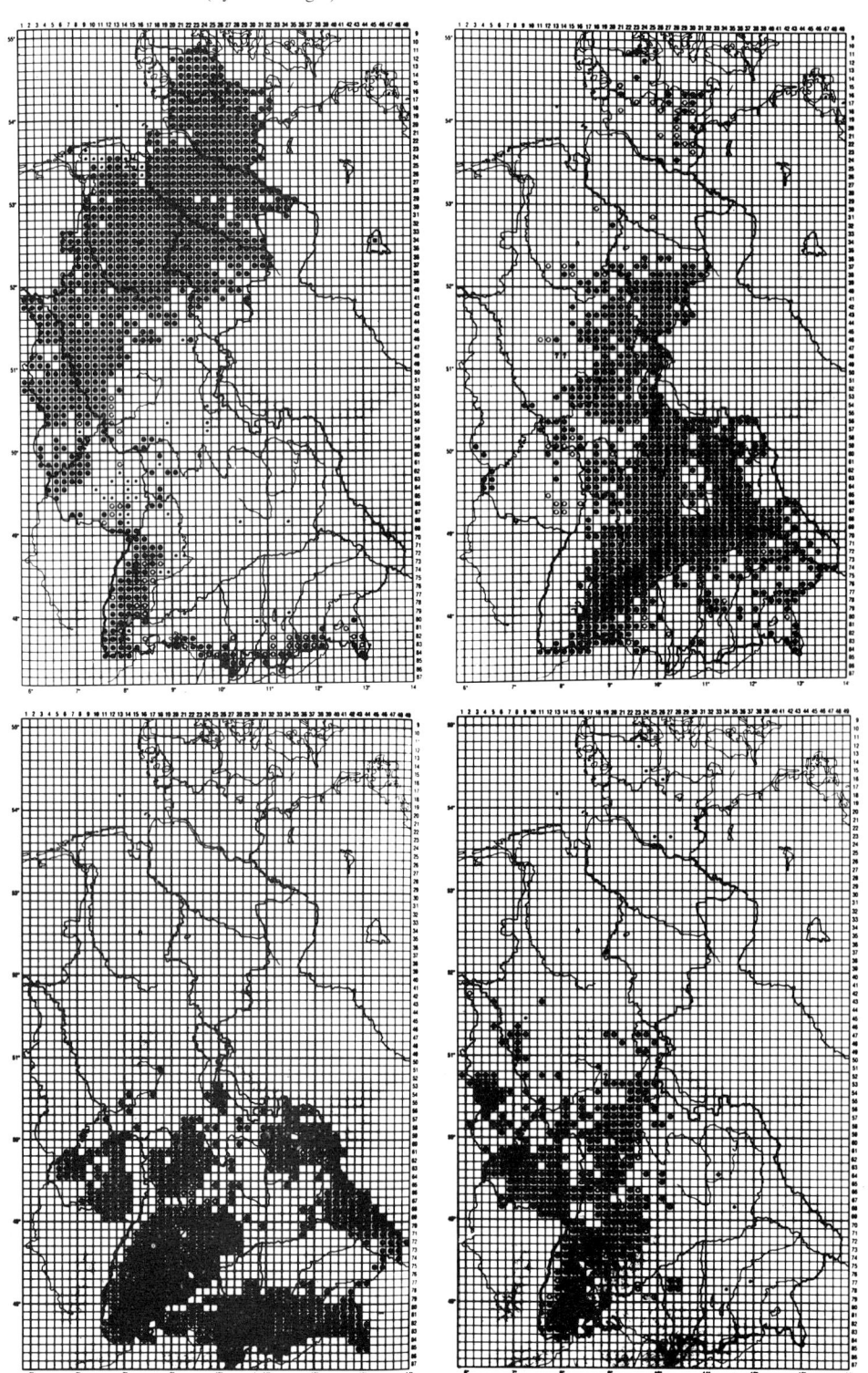

Abb. 325. Wie vorige Abbildung. Oben: *Ilex aquifolium, Lathyrus vernus*; unten: *Prenanthes purpurea, Centaurea nigra*.

torella uniflora (sm – b x oz EUR). Die Klassenkennart der *Littorelletea* war vor 1945 (offene Kreise) in Nordwestdeutschland recht weit verbreitet. Der starke Rückgang ist bezeichnend für den entsprechenden Rückgang der zugehörigen, auf kalkarm-oligotrophe Gewässer beschränkten Wasservegetation. So haben floristische Karten auch große Bedeutung für die Aufstellung Roter Listen von Pflanzengesellschaften und allgemein für die Beurteilung von Vegetationstypen aus Sicht des Naturschutzes.

Abb. 325 soll einige Möglichkeiten des Erkennens bzw. der Deutung von geographischen Untereinheiten (Rassen u. ä.) aufzeigen. *Ilex aquifolium* (m/mo - temp x oz EUR) ist eine gute (wenn auch oft wenig stete) geographische Trennart bodensaurer, atlantisch beeinflußter Wälder. *Lathyrus vernus* (sm/mo – b x suboz EUR) ist das subkontinentale Gegenstück mitteleuropäischer artenreicher Laubwälder (nach OBERDORFER 1990 gemäßigt-kontinental). *Prenanthes purpurea* (stemp/mo x suboz EUR) trennt süddeutsche von norddeutschen Laubwäldern, insbesondere Buchenwälder. *Centaurea nigra* (sm/mo – b x oz EUR) ist in Mitteleuropa eine Trennart westlicher Gebietsausbildungen magerer Wiesen und Rasen des *Polygono-Trisetion* und *Violion caninae*.

Ein gutes Beispiel weitreichender pflanzensoziologischer Untersuchungen in Verbindung mit chorologischen Kenntnissen aus floristischen Karten gibt H. D. KNAPP (1979/80). Hier werden mitteldeutsche naturnahe Waldrand-Vegetationskomplexe nach ihren Pflanzengesellschaften analysiert und synchorologisch eingeordnet. Als Pionierarbeit dieser Richtung kann die synchorologische Analyse mitteleuropäischer Trockenrasen („Grasheiden") von MEUSEL (1940) angesehen werden. Auch für die Übersicht europäischer Zwergstrauchheiden sind Arealkarten bezeichnender Sippen eine gute Grundlage (SCHUBERT 1960).

Auf eine vergleichende Computerauswertung von Rasterkarten wurde bereits hingewiesen (2.3). Die Fortführung großräumiger floristischer Kartierungen wird weitere Erkenntnisse bringen. Florenatlanten sind nicht nur für Floristen und Taxonomen von großer Bedeutung, sondern sie können auf für Pflanzensoziologen eine sehr spannende Lektüre ergeben, die manches grob Bekannte präzisiert und viel Neues zu Tage fördert. Gleiches gilt in abgeschwächter Weise auch für großräumige Areal-Umrißkarten (MEUSEL et al. 1965ff.). Wo sich Arealgrenzen zahlreicher Sippen scharen, kann man auch Grenzbereiche bestimmter Syntaxa vorwiegend höheren Ranges vermuten, noch mehr solche von Vegetationsgebieten (s. XI 4.1.2). Für weit verbreitete Klassen und Klassengruppen sind solche Karten ein besonders guter chorologischer Hintergrund.

Auf der Auswertung von Arealkarten beruht auch der Disjunktionskoeffizient von KARRER (1985, 1988). Hierfür wird die Gesamtfläche F eines Areals ermittelt und die Zahl der Teilareale T (größere Arealteile mit Inseln, isolierte Punkte oder Punktgruppen) festgestellt. Es ergibt sich

$$DQ = \frac{T}{F}$$

KARRER ermittelt über Millimeterpapier die Arealflächen von 366 Sippen des Alpenvorlandes (vorwiegend nach MEUSEL et al. 1965ff.) und bezieht die Werte in cm² auf die Europakarte 1:50 Millionen. Es zeigt sich, daß weit verbreitete Schlußgesellschaften, teilweise auch entsprechende Ersatzgesellschaften, viele Arten mit niedrigem DQ aufweisen. In Eichen-Hainbuchenwäldern liegen die Werte oft unter 5, ebenfalls in Magerwiesen und Halbtrockenrasen. Dagegen zeigen azonale bis extrazonale Gesellschaften (s. 3.2), z. B. Schwarzkiefernwälder und Felsfluren, eine breitere Amplitude bis zu sehr hohen DQ-Werten über 100. Dies wird aus DQ-Spektren einzelner Gesellschaften deutlich, auch über Mittelwerte (z. B. Eichen-Hainbuchenwald 5,5, Schwarzkiefernwald 27,1). Außerdem lassen sich nach Verbreitungs-

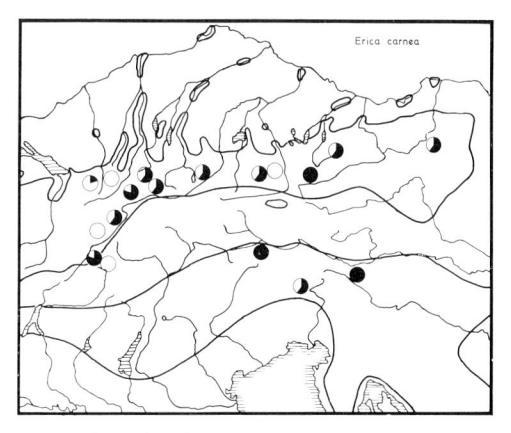

Abb. 326. Stetigkeitskartogramm von *Erica herbacea* im *Seslerio-Caricetum sempervirentis* (aus SCHÖNFELDER 1972). Erläuterung im Text.

bild und Disjunktionskoeffizienten chorologische Artengruppen bilden. Hiermit ist ein Ansatz zur Quantifizierung arealkundlicher Unterlagen gegeben, der sich gut synchorologisch auswerten läßt.

Die vorhergehenden Beispiele zeigen einige Möglichkeiten der Nutzung floristischer Karten für synchorologische Fragestellungen. Umgekehrt kann man pflanzensoziologische Angaben für chorologische Karten verwenden. SCHÖNFELDER (1970, 1972) entwickelte für Arten des alpinen *Seslerio-Caricetum sempervirentis* „Stetigkeitskartogramme" (s. Abb. 326). In Karten geben Kreise die Herkunftsorte von Vegetationstabellen wieder, deren Ausfüllungsgrad die jeweilige Stetigkeit einer Sippe anzeigt. Hiermit ist gleichzeitig das soziologische Verhalten der Sippe innerhalb des Assoziationsareals darstellbar, wenn genügend pflanzensoziologische Erhebungen vorliegen.

3 Gesellschafts-Areale

3.1 Allgemeines

Während Sippenareale teilweise schon seit langem zumindest grob bekannt sind, läßt sich über Gesellschaftsareale oft noch wenig aussagen, wenn man nicht die im vorigen Kapitel angeführten floristischen Grundlagen zu Hilfe nimmt. Zunächst muß eine Gesellschaft aus ihrem Gesamtareal mit Aufnahmen belegt sein. Auch über vikariierende Syntaxa sollte Genaueres bekannt sein. Überhaupt muß man sich für ein bestimmtes System niederrangiger Einheiten entscheiden, wie schon die Diskussion über Gebietsassoziationen (VIII 4.1) gezeigt hat. Synchorologische Betrachtungen gehören zwar zu jeder kompletten Vegetationsanalyse von Gesellschaften bzw. Gebieten, vollständige Arealdarstellungen stehen aber eher am Ende der pflanzensoziologischen Erforschung größerer Gebiete. Für viele Syntaxa Europas wird dies erst möglich sein, wenn eine entsprechende Übersicht vorliegt. Heute vorhandene Arbeiten liefern hierzu nur erste Bausteine.

Somit ist die Feststellung von BRAUN-BLANQUET (1959/78) weiterhin gültig, daß über die Gesellschaftsverbreitung noch recht wenig Genaueres bekannt sei. Auch 1964 kommt bei ihm die Synchorologie relativ kurz zur Sprache. Die Erarbeitung von Gesellschaftsarealen ist dabei kein Selbstzweck, sondern sie vermittelt tiefere Einblicke in Fragen der Gesellschaftsbildung, -geschichte, -dynamik, auch in ökologische Zusammenhänge.

3.2 Allgemeine arealgeographische Ordnung von Pflanzengesellschaften

Entsprechend mehrdimensionaler chorologischer Gruppierung von Pflanzensippen können auch Pflanzengesellschaften geordnet werden. Man stellt fest, in welchen Zonen, Höhenstufen oder Teilzonen nach Ozeanität oder Humidität bestimmte Vegetationstypen ihren Schwerpunkt oder ihre Gesamtverbreitung haben. Beispiele grober Arealdiagnosen im Sinne von MEUSEL et al. (1965) wurden bereits unter 2.2 gegeben. Auch der Einteilung von SCHROEDER (1976) läßt sich folgen. Andere großräumige Formationsgliederungen können ebenfalls Grundlagen synchorologischer Ordnung sein (s. VII 9.2.2). Von vornherein eng arealgeographisch begründet sind die Vegetationsgürtel von E. SCHMID (VII 9.2.2.7). Für bestimmte Gebiete werden gerne auch Ozeanitätsbezeichnungen verwendet, z. B. das atlantische *Ericetum tetralicis*, das subkontinentale *Potentillo albae-Quercetum*, die subatlantisch-submediterranen *Brometalia erecti* im Gegensatz zu den subkontinentalen *Festucetalia valesiacae*.

Sehr häufig benutzt werden einige Begriffe, die das Zonalitätsverhalten von Pflanzengesellschaften kennzeichnen. Sie wurden von hier schon, besonders im Zusammenhang mit syndynamischen Fragen gebraucht (X 3.3.2). Vor allem WALTER (z. B. 1954, 1974, 1976) hat sich, teilweise in Anlehnung an russische Arbeiten, mit diesen Begriffen befaßt. Er unterscheidet für natürliche Schlußgesellschaften folgende Vegetationstypen:

Zonale Vegetation: In ebenen Gebieten mittlerer Bodenverhältnisse entwickelte Pflanzengesellschaften, die voll dem zonalen Klima unterliegen, wobei gewisse lokale Standortsunterschiede eine Reihe verwandter Vegetationstypen (z. B. Assoziationen) bedingen können. Unter natürlichen Bedingungen nimmt die zonale Vegetation große Flächenanteile ein, kann aber in Sonderfällen auch gegenüber nichtzonaler Vegetation zurücktreten. Wo sehr extreme edaphische Faktoren wirken, kann die zonale Vegetation sogar ganz fehlen.

Extrazonale Vegetation: Die verbreiteten Klimabedingungen einer Zone können auch außerhalb derselben an Sonderstandorten realisiert sein, z. B. kühl-feuchte Bedingungen einer nördlichen Zone weiter südlich an Schatthängen oder in Schluchten und Mulden, relativ warm-trockene Bedingungen südlicher Zonen weiter nördlich an steilen sonnexponierten Hängen. Entsprechend treten an solchen Stellen Vegetationstypen auch außerhalb ihrer Zone auf, oft in Exklaven mit Reliktcharakter.

Azonale Vegetation: Wo extreme nichtklimatische, also besonders bodenökologische Faktoren die Vegetation stark beeinflussen, können klimatische Wirkungen von untergeordneter Bedeutung sein. Hier gibt es Pflanzengesellschaften, die in zwei oder mehr Zonen relativ gleichartig (meist mit geringen geographisch-floristischen Abwandlungen) auftreten. Hiervon abgetrennt werden gelegentlich noch Gesellschaften als intrazonal, die nur in einer Zone auf Sonderstandorten vorkommen.

Die zonale Vegetation Mitteleuropas besteht allgemein gesehen aus sommergrünen Laubwäldern der *Fagetalia sylvaticae*, vor allem solchen des *Fagion* und *Carpinion*, die auf mittleren Standorten weithin vorherrschen. Typisch azonal sind vor allem Vegetationstypen nasser Standorte (*Alnetea glutinosae, Phragmitetea, Potamogetonetea, Oxycocco-Sphagnetea* u. a.) oder anderer Extrembereiche wie der Küsten (*Ammophiletea, Asteretea tripolii*). Beispiele extrazonaler Vegetation sind die Trockenwälder des *Quercion pubescenti-petraeae* oder Ausläufer kontinentaler Steppen des *Festucion valesiacae*.

Zonalitätsfragen sind oft mit solchen des Vegetationsklimax verbunden worden (s. auch X 3.5.4). WALTER (1954) sieht in den Zonalitätsbegriffen eine klarere Grundlage, allerdings nur für großräumige Betrachtungen. Dagegen verwenden andere Autoren dieselben Begriffe auch kleinräumiger. HORVAT et al. (1974) definieren sie zunächst so wie WALTER, beschreiben aber für jede Höhenstufe zonale Pflanzengesellschaften (s. auch ELLENBERG 1978, S. 73). Man kann z. B. die Gebirgsnadelwälder Mitteleuropas entweder als zonale Vegetation entsprechender Höhenstufen (auf mehr oder weniger ebenen Flächen mit Höhenklima) oder als extrazonale Vegetation der borealen Zone einstufen. Da die Vegetationszonen zunächst durch Tieflagenklimate und deren Vegetation charakterisiert werden, erscheint die zweite Version sinnvoller. Große Gebirgsbereiche ohne Tieflagen besäßen dann allerdings keine zonale Vegetation. So bieten also auch diese zunächst recht klar erscheinenden Begriffe im Einzelfall Probleme, sollten zumindest jeweils für den Gebrauch erklärt werden.

Der Unterschied zwischen azonaler und extrazonaler Vegetation ist ohnehin nicht immer klar. Hochmoore sind z. B. zunächst als azonale Vegetation wegen ihrer extremen Bodenbedingungen für die temperate und boreale Zone einzustufen. Aufgrund ihres kühlen Meso- bis Mikroklimas, können sie in Mitteleuropa auch als extrazonale Ausläufer interpretiert werden. Die alpine Vegetation Mitteleuropas kann man teilweise, je nach Definition der Begriffe, sogar als zonal, azonal oder extrazonal ansehen.

3.3 Synchorologische Gesellschaftseinheiten (Vikarianten)

Schon mehrfach wurden vegetationsräumliche Einheiten der Vegetation angesprochen. Hier interessieren nur die Vikarianten, d. h. Gesellschaften, die floristisch eng verwandt, aber räumlich mehr oder weniger deutlich getrennt sind. Man spricht auch von korrespondierenden (sich entsprechenden) Typen verschiedener Gebiete. Ihre Areale können völlig getrennt sein (z. B. in verschiedenen Erdteilen) oder mit Übergangsbereichen sich überlappender Arten aneinander grenzen. Genauer besprochen wurden bereits unter VIII 4.2.5 Geographische Rassen und Höhenformen von Assoziationen, mit Hinweis auf die Existenz anderer vikariierender Syntaxa. Grundsätzlich gibt es Vikarianz auf allen Ebenen des Gesellschaftssystems. Deshalb ist es nicht angebracht, Rasse und Vikariante als Synonyme zu verwenden. Andererseits sollte „Rasse" auf Untereinheiten von Assoziationen begrenzt bleiben (s. dagegen NEZADAL 1989). Zu unterscheiden sind demnach

Geographische Rassen: durch geographische Differentialarten bestimmter horizontaler Verbreitung (nach Zonalität, Ozeanität) abtrennbare Untereinheiten von Assoziationen, die meist größere Arealteile einnehmen. Als Teil- oder Untereinheiten gibt es Unterrassen, Gebiets- und Lokalausbildungen, auch relativ artenarme Randausbildungen am Arealrand. Außer Untereinheiten, die durch Trennarten abzugliedern sind, kommen teilweise auch Zentrale oder Typische Rassen vor. Nahe verwandte Rassen können zu Rassengruppen zusammengefaßt werden.

Höhenformen: durch geographische Differentialarten bestimmter vertikaler (etagaler) Verbreitung abtrennbare Untereinheiten von Assoziationen. Sie lassen sich teilweise in Unterformen und Höhenausbildungen untergliedern. Höhenformen können im ganzen Areal der Assoziation fleckenhaft verteilt sein oder sich auf bestimmte Teilareale konzentrieren.

Vikariierende Assoziationen: durch eigene Charakterarten bestimmter Verbreitung abtrennbare Gesellschaften. Diese Typen sind stark abhängig von der unterschiedlich gehandhabten räumlichen Gültigkeit von Charakterarten (s. VIII 2.5.3, 4.1, 8.4.1). Zwischen vikariierenden Assoziationen, Rassen und Höhenformen gibt es oft keine klaren floristischen Grenzen.

Vikariierende Verbände, Ordnungen, Klassen: meist deutlicher durch eigene Charakterarten bestimmter Verbreitung abtrennbare Gesellschaften, vorwiegend bei Vergleich großer Bereiche von Kontinenten bzw. der Erde. Vikariierende Untereinheiten dieser Syntaxa können als Unterverbände usw. mit geographischen Differentialarten abgetrennt werden (s. VIII 6). Vikariierende Klassen werden in Klassengruppen zusammengefaßt (VIII 6.3).

Zur induktiven Auffindung synchorologischer Gesellschaftseinheiten werden Vegetationstabellen benutzt, in denen die Aufnahmen bzw. Stetigkeitsspalten geographisch (z. B. nach Ozeanitäts- oder Höhengradienten, Zonalität) geordnet sind. Hieraus ergeben sich echte **synchorologische Gruppen** (s. Beispiele unter VIII 8.4.1). Mehr deduktiv sind Ansätze, die von chorologischen Gruppen (Arealtypen, Florenelementen) ausgehen und hiernach die Aufnahmen gruppieren (z. B. PEPPLER 1992).

Vikarianten sind meist synchronologisch-genetisch zu erklären (s. auch X 5). Oft bilden vikariierende (endemische) Sippen die Gruppe der Differential- oder Charakterarten.

Vikariierende Assoziationen und höherrangige Syntaxa werden in vielen Arbeiten erwähnt. BRAUN-BLANQUET (1964, S. 744) zitiert vikariierende Verbände alpiner Rasengesellschaften der europäischen Hochgebirge mit teilweise taxonomisch nahe verwandten Kennarten. Räumlich weit getrennte Vikarianten können auf reliktischen Sonderstandorten vorkommen. Erwähnt wurden schon die verschiedenen Schwermetallboden-Gesellschaften Europas (s. ERNST 1976), auch Gesellschaften sickerfeuchter Standorte arider Gebiete (DEIL 1989). Für benachbarte Vikarianten können die Syntaxa der Meeresküsten als gutes Beispiel dienen, die sich in azonal-bandartiger Erstreckung als Gesellschaften und Vegetationskomplexe ablösen (z. B. BEEFTINK & GÉHU 1973, GÉHU et al. 1987, GÉHU & Franck 1985, GÉHU & TÜXEN 1975, THANNHEISER 1987).

Von neueren Arbeiten seien weiter als Beispiele genannt:

Vikariierende Assoziationen: Buchen- und Fichtenwälder (JAHN 1985), Feuchtwiesen (BALÁTOVÁ 1985), nordisch-alpine Rieselfluren (K. & B. DIERSSEN 1985).

Vikariierende Verbände und Unterverbände: Laubwälder (DIERSCHKE 1990a, JAHN 1985, TH. MÜLLER 1990), Bergwiesen (DIERSCHKE 1981a).

Vikariierende Ordnungen: Magerrasen (ROYER 1991), Ackerwildkrautvegetation (NEZADAL 1989), Nadelwälder (MEDWECKA-KORNAŚ 1961).

Vikariierende Klassen: Küstendünen (THANNHEISER 1987; s. auch Klassengruppen: VIII 6.3).

Einige Beispiele werden im nächsten Kapitel mit Karten belegt.

3.4 Synchorologische Karten

Bereits unter XI 5 wurden Vegetationskarten im Sinne flächendeckender Darstellung von Gesellschaftsmustern besprochen. Vor allem kleinmaßstäbige Karten dieser Art lassen sich auch synchorologisch auswerten. Große Areale von Pflanzengesellschaften sind aber schon mangels flächendeckender Kenntnisse so nicht genauer darstellbar. Synchorologische Karten i. e. S. beruhen deshalb auf denselben Grundlagen wie Arealkarten von Pflanzensippen (s. 2.1). Es gibt auch hier Punkt-, Punktraster-, Flächen- und Umrißkarten, jeweils bezogen auf eine oder wenige Vegetationstypen.

Am genauesten sind **Punktkarten,** die jede Vegetationsaufnahme auf der Karte markieren (**analytische Fundortskarten**). Bei ausreichender Aufnahmezahl kann hierdurch sowohl die kleinräumige Verteilung als auch das Gesamtareal einer Pflanzengesellschaft sichtbar gemacht werden. Solche Karten entstehen schon als Feldkarten bei der Vegetationsaufnahme im Gelände, werden aber selten detailliert publiziert. Beispiele gibt die zweite Auflage der Pflanzengesellschaften Nordwestdeutschlands (TÜXEN 1974, 1979), wie Abb. 327 zeigt. Noch genauer wäre die zusätzliche

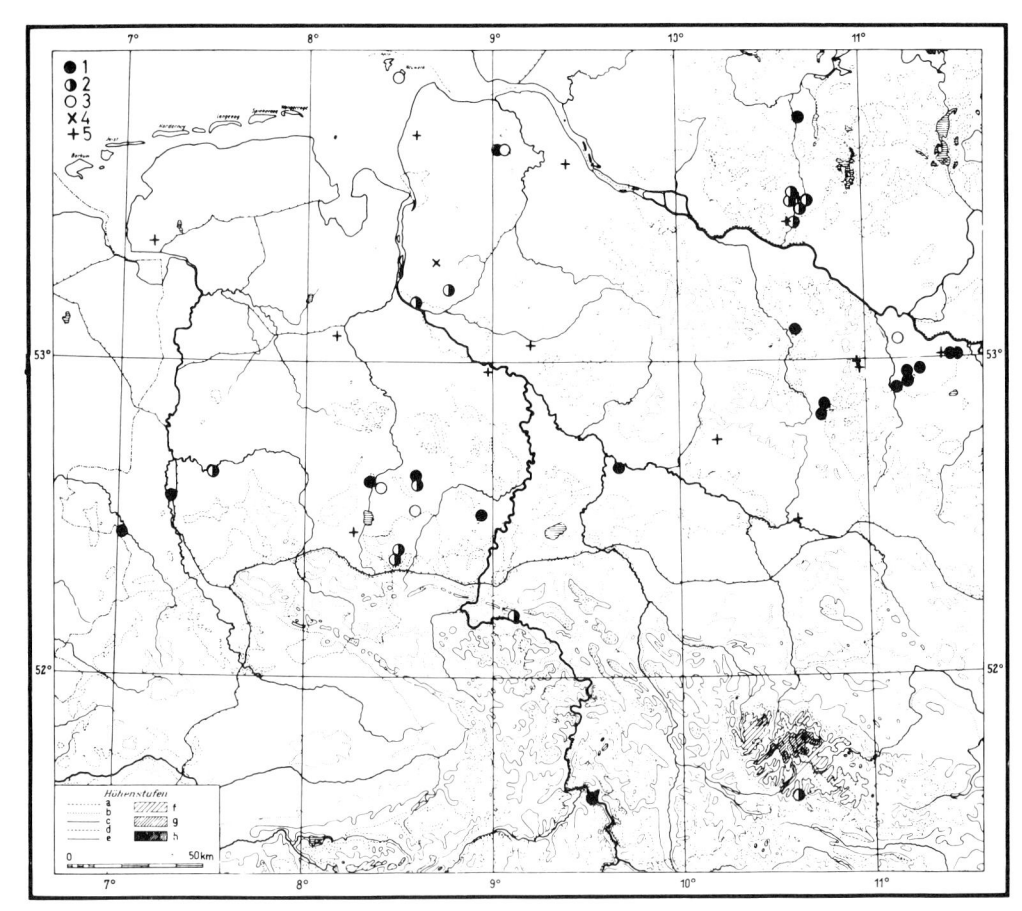

Abb. 327. Analytische Fundortskarte der Vegetationsaufnahmen des *Bidenti-Polygonetum hydropiperis* in Nordwestdeutschland (aus TÜXEN 1979). Jede Aufnahme ist einzeln lokalisiert. Die Signaturen kennzeichnen verschiedene Subassoziationen.

Angabe der Aufnahmenummer aus der zugehörigen Tabelle. Abb. 328 vermittelt die Herkunft von Aufnahmen einer Ackerwildkraut-Assoziation aus Spanien mit Geographischen Rassen.

Solche detaillierten Fundortskarten sind selten darstellbar, sowohl wegen des notwendigen relativ großen Maßstabes, vor allem aber wegen meist zu hoher Aufnahmezahlen. So findet man häufiger **synthetische Fundortskarten**, in denen ein Punkt den Herkunftsbereich von Aufnahmegruppen bis zu ganzen Tabellen kennzeichnet. Für großräumige Darstellungen können die Punkte ohnehin nur sehr grob die Fundgebiete wiedergeben. Sie lassen dafür oft auch das Gesamtareal in etwa erkennen. Abb. 329 zeigt das ungefähre Areal der Moorschlenken-Vegetation des *Caricetum limosae*, entstanden aus einer gründlichen Auswertung bisher publizier-

ter und eigener Unterlagen von DIERSSEN & REICHELT (1988). Hier wird in etwa das Arealbild sichtbar, auch die Verteilung mehrerer Subassoziationen. Solche Karten sind zur begleitenden räumlichen Darstellung bei syntaxonomischen Synthesen eine gute Ergänzung.

Besonders gut und fast flächendeckend sind die Küstendünen-Gesellschaften Europas untersucht. Sie wurden bereits im vorigen Kapitel als Beispiel vikariierender Syntaxa und Sigmeten erwähnt. Abb. 330 läßt diese Vikarianten in ihrer Verteilung recht gut erkennen (s. auch TÜXEN & GÉHU 1976).

Analytische und synthetische Fundortskarten sind die wohl am häufigsten verwendeten synchorologischen Karten. Erwünscht wären flächendeckende **Rasterkarten** mit systematischer Kartierung großer Gebiete. Hierfür sind

606 Gesellschafts-Areale (Synchorologie)

Karte 14 Verteilung der
Vegetationsaufnahmen des

Malcolmio-Hypecoetum

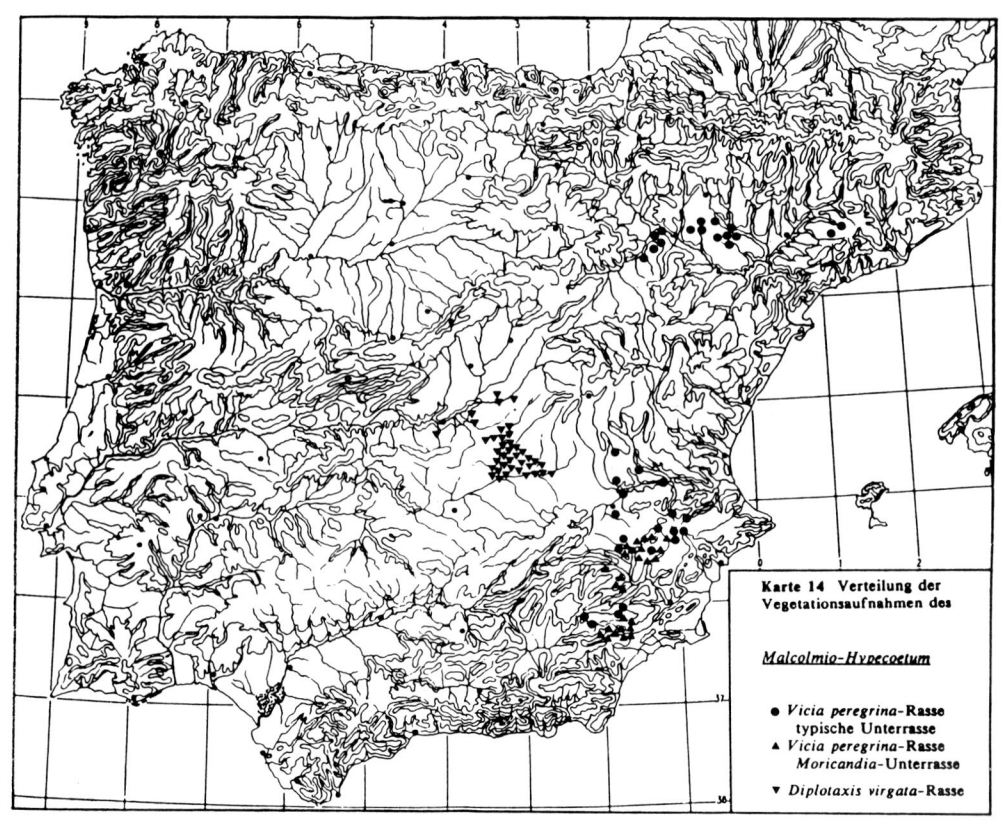

● *Vicia peregrina*-Rasse
typische Unterrasse
▲ *Vicia peregrina*-Rasse
Moricandia-Unterrasse
▼ *Diplotaxis virgata*-Rasse

Abb. 328. Analytische Fundortskarte der Aufnahmen des *Malcolmio-Hypecoetum* mit Kennzeichnung Geographischer Rassen und Unterrassen (aus NEZADAL 1989).

klare syntaxonomische Grundlagen notwendig, an denen es großräumig oft noch mangelt. Einige weitere Probleme wurden bereits in der Einführung (1) kurz angesprochen, die Möglichkeiten der Auswertung von floristischen Rasterkarten unter 2.5. Der Wunsch nach synchorologischen Rasterkarten wird sich wohl vorerst nur für kleinere Teilareale von Syntaxa erfüllen lassen.

Über Anfänge, Entwicklung, Methoden und Anwendungsmöglichkeiten der pflanzensoziologischen Gitternetzkartierung berichtet GÉHU (1984). Wie bei floristischen Karten wird vorwiegend das Vorkommen einer Gesellschaft pro Rasterfeld durch Punkte oder andere Signaturen vermerkt. Im Gegensatz zu flächenhaften Vegetationskarten können auch sehr kleinräumige Vegetationstypen dargestellt werden. Neben synchorologischen Fragen lassen sich auch viele andere Probleme der Pflanzensoziologie bearbeiten. Im Vergleich mit Rasterkarten von Landschaftsfaktoren (z. B. Gesteine,

Böden, Klima) ergeben sich ökologische Zusammenhänge. Mit Karten verschiedener Zeiten sind dynamische Vorgänge, heute meist Verarmungen oder Rückgänge erkennbar. Auch für andere angewandte Fragen des Naturschutzes geben Rasterkarten gute Grundlagen, z. B. über Vorkommen schutzwürdiger Gesellschaften oder überhaupt erst zur Beurteilung der Schutzwürdigkeit, daraus abgeleitet die Ermittlung schutzwürdiger Landschaftsteile usw. In gleicher Richtung arbeitet teilweise die etwas allgemeinere Biotopkartierung (z. B. DRACHENFELS et al. 1984).

Durch Rasterkarten kann das Areal einer Gesellschaft, aber auch ihre Verteilung innerhalb des Areals recht genau dargestellt werden. Mit als erster hat wohl GÉHU (1969, 1972) solche Karten publiziert. Abb. 331 zeigt ein Beispiel sich ausschließender Küstendünen-Gesellschaften. In Abb. 332 sind verschiedene Subassoziationen und Geographische Rassen einer Ackerwildkraut-Gesellschaft für die Westfäli-

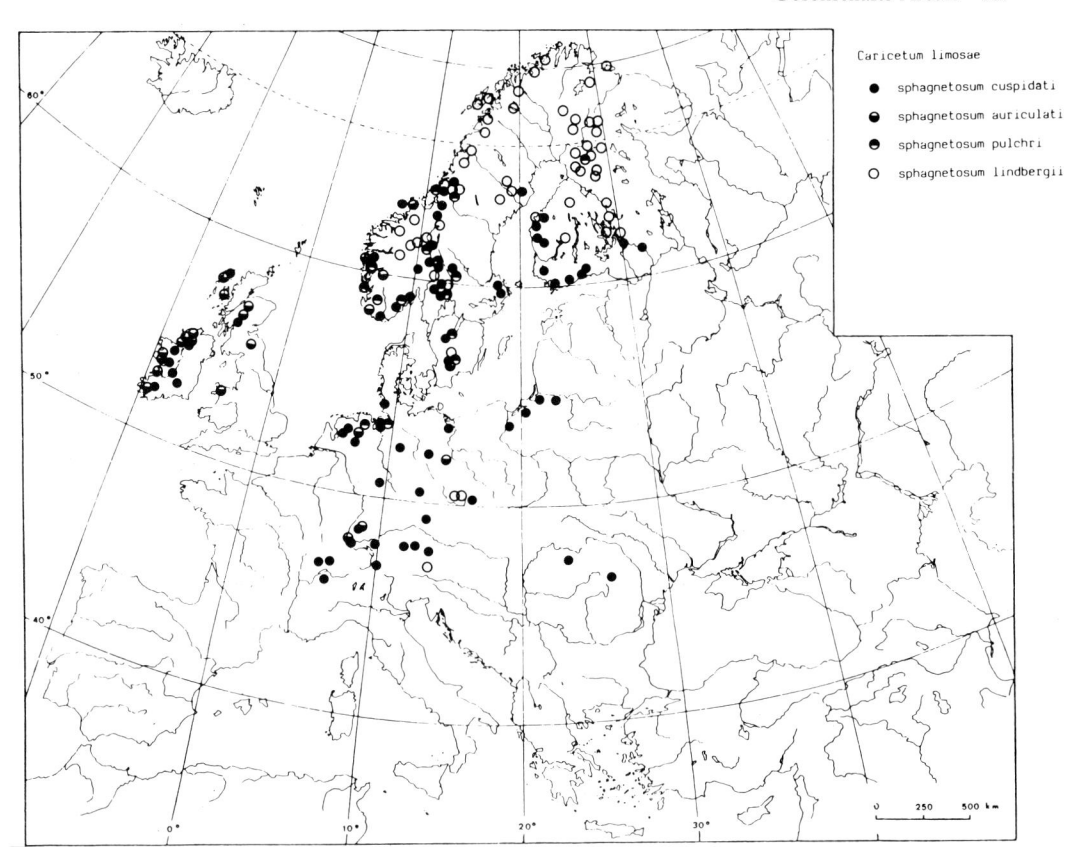

Abb. 329. Synthetische Fundortskarte der Herkunft von pflanzensoziologischen Tabellen des *Caricetum limosae* in Europa (aus DIERSSEN & REICHELT 1988).

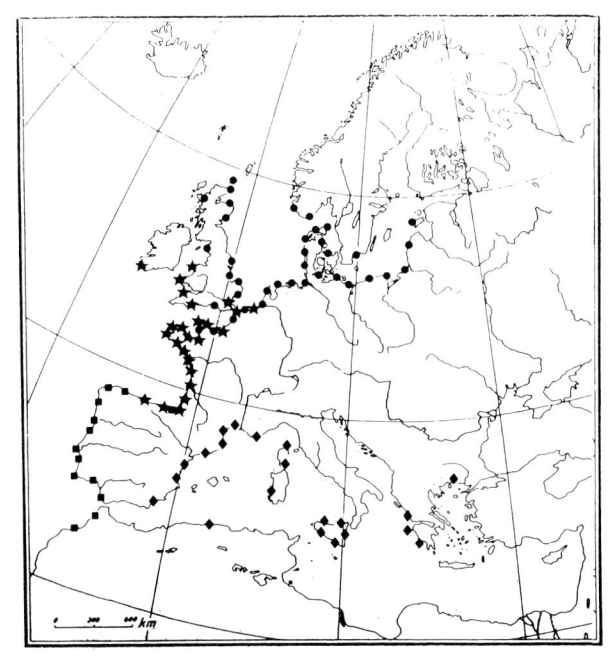

Abb. 330. Verbreitung vikariierender Assoziationen der Küstendünen Europas (aus GÉHU & FRANCK 1985). Punkte: *Elymo-Ammophiletum*, Stern: *Euphorbio-Ammophiletum*, Quadrate: *Otantho-Ammophiletum*, Rhomben: *Echinophoro-Ammophiletum*.

608 Gesellschafts-Areale (Synchorologie)

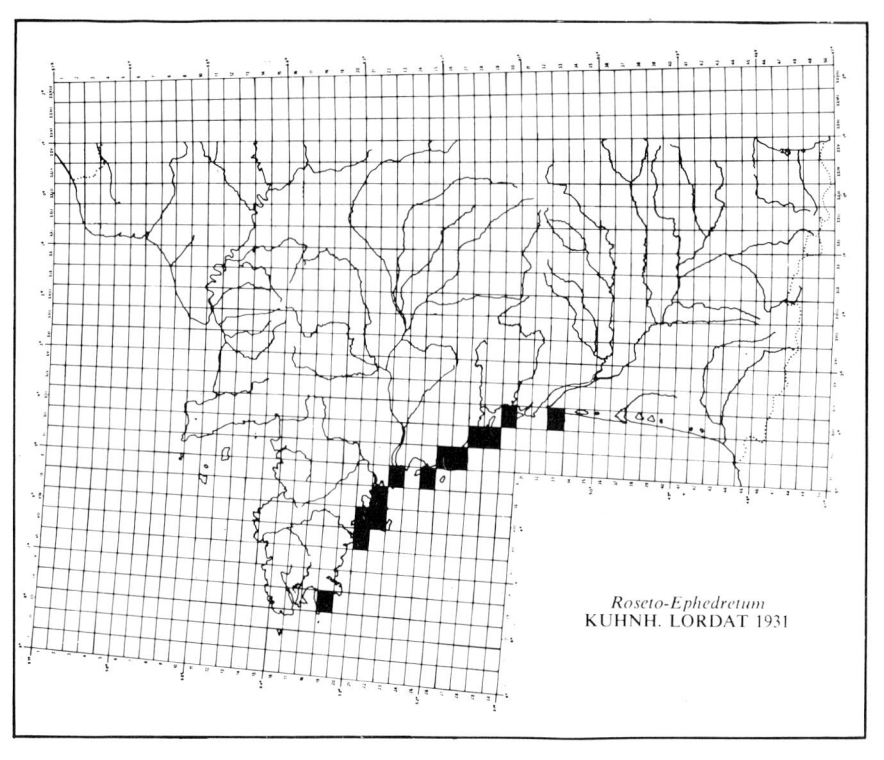

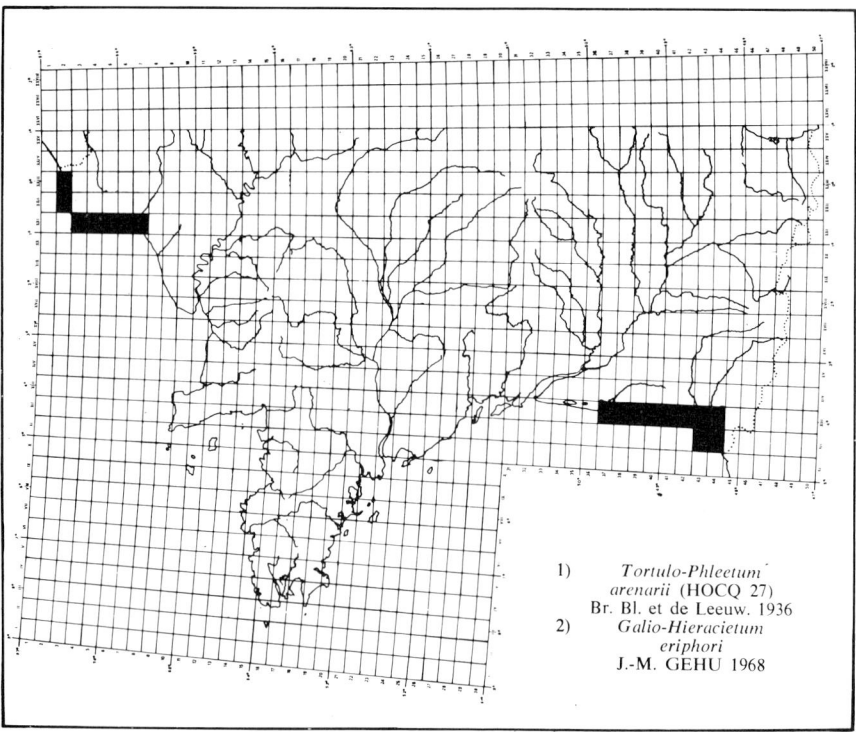

Abb. 331. Rasterkarten von drei vikariierenden Assoziationen der Küsten-Graudünen in Frankreich (aus Géhu 1972). Die Rechtecke entsprechen Feldern von 24x10km.

sche Bucht dargestellt. Für verwandte Gesellschaften des Erzgebirges läßt Abb. 333 die Veränderungen innerhalb von gut zehn Jahren durch Intensivierung der Landwirtschaft erkennen.

Einen relativ großräumigen, bisher wohl einmaligen Ansatz bilden die nur als Manuskript vervielfältigten Rasterkarten schutzwürdiger Vegetationstypen der Schweiz (HEGG et al. 1987). In einem 1×1 km²-Gitternetz werden, vorwiegend deduktiv, nach Luftbildern, verschiedenen Karten und Literatur 118 Vegetationseinheiten (meist Verbände) eingetragen, nach ihrer Flächendeckung noch in vier Stufen gegliedert (s. auch BÉGUIN et al. 1975, 1978). Mit Computerhilfe sind Verbreitungskarten dieser Gesellschaften, zusätzlich Diversitätskarten (Zahl der Gesellschaften pro km²), Karten des menschlichen Einflusses und der Vegetationslandschaften entstanden. Ein Beispiel für alpine Rasen und Kalkgestein zeigt Abb. 334. Damit kehren wir zu stärker synchorologischen Fragen zurück.

Für Buchenwald-Gesellschaften der Eifel und Unterfrankens stellt SUCK (1991) die Verbreitung in Rasterkarten dar, in Anlehnung an die floristischen Karten der Bundesrepublik. Abb. 335 läßt verschiedene Geographische Rassen bzw. Gebietsgliederungen des *Carici-Fagetum* erkennen.

Eine europaweite Punktrasterkarte auf der Basis des UTM-Gitternetzes, das auch für die floristische Kartierung Europas benutzt wird, hat MUCINA (1989) für *Onopordon acanthium*-Gesellschaften erstellt (Abb. 336), nach tabellarischer und multivariater Auswertung aller verfügbaren Unterlagen. Sie zeigt das in Europa weit verbreitete *Carduo acanthoides-Onopordetum* in einer westlichen und östlichen Rasse (offene und gefüllte Kreise), das auf Täler der Alpen und Pyrenäen konzentrierte *Onopordetum* s. str. (Quadrate) sowie drei vikariierende Assoziationen der Iberischen Halbinsel.

Rasterkarten sind besonders geeignet für EDV-Auswertungen pflanzensoziologischer Daten. Wenn bei der Speicherung von Aufnahmen in einer Datenbank auf ein Gitternetz bezogene Koordinaten mit erfaßt sind, können später beliebige Karten ausgedruckt werden. Ein Beispiel für die Wälder der Schweiz geben SOM-

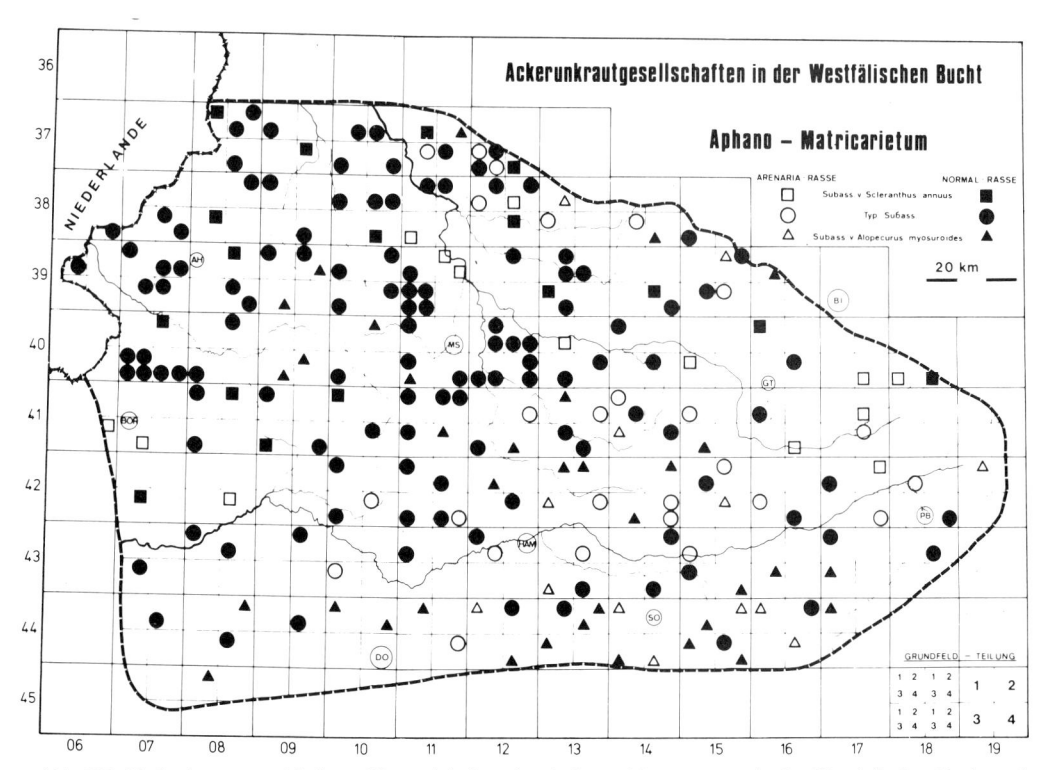

Abb. 332. Verbreitung verschiedener Untereinheiten des *Aphano-Matricarietum* in der Westfälischen Bucht auf der Basis von Meßtischblatt-Quadranten (aus HÜPPE 1987).

610 Gesellschafts-Areale (Synchorologie)

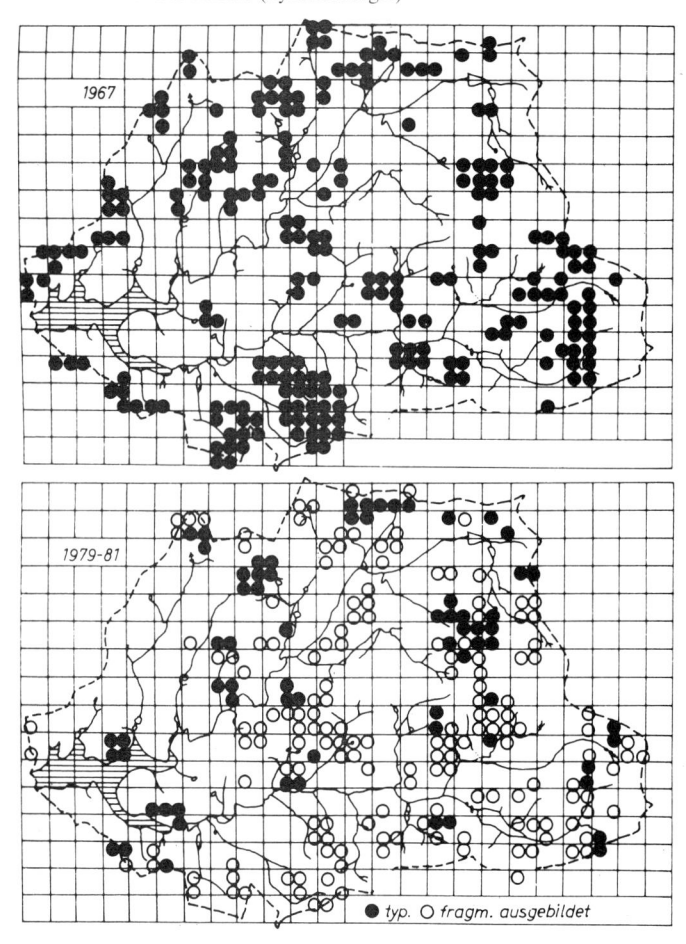

Abb. 333. Vorkommen des *Aphano-Matricarietum scleranthetosum* 1967–1979/81 in einem Gebiet des Erzgebirges (aus Köck 1984). Die Rasterfelder entsprechen 250x250 m = 6,25ha.

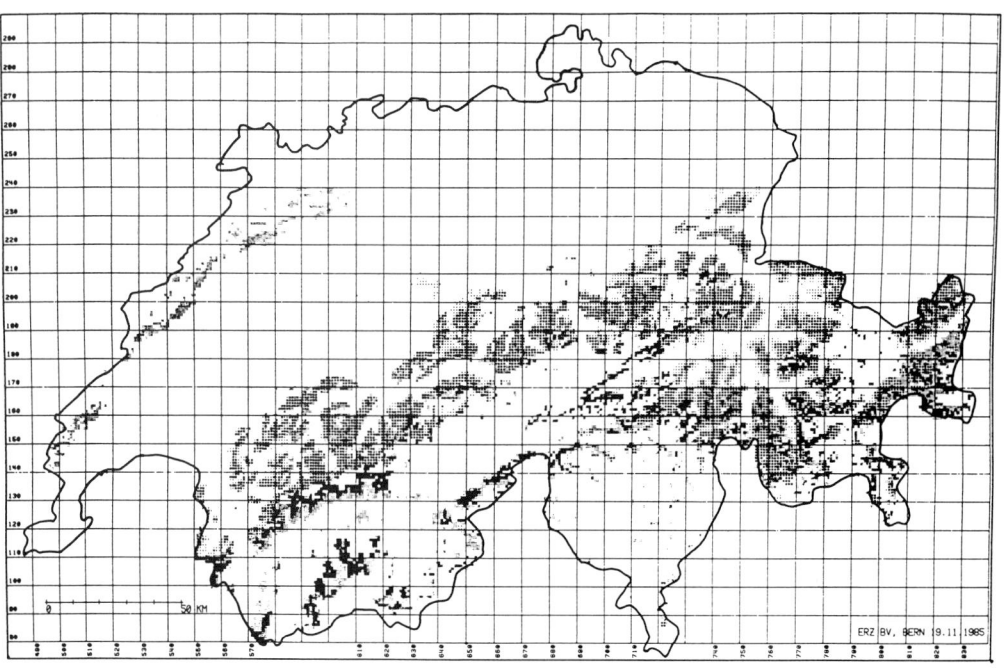

Abb. 334. Rasterkarte verschiedener Gesellschaften alpiner Kalkrasen der Schweiz nach einem 1x1km–Gitternetz (aus Hegg et al. 1987).

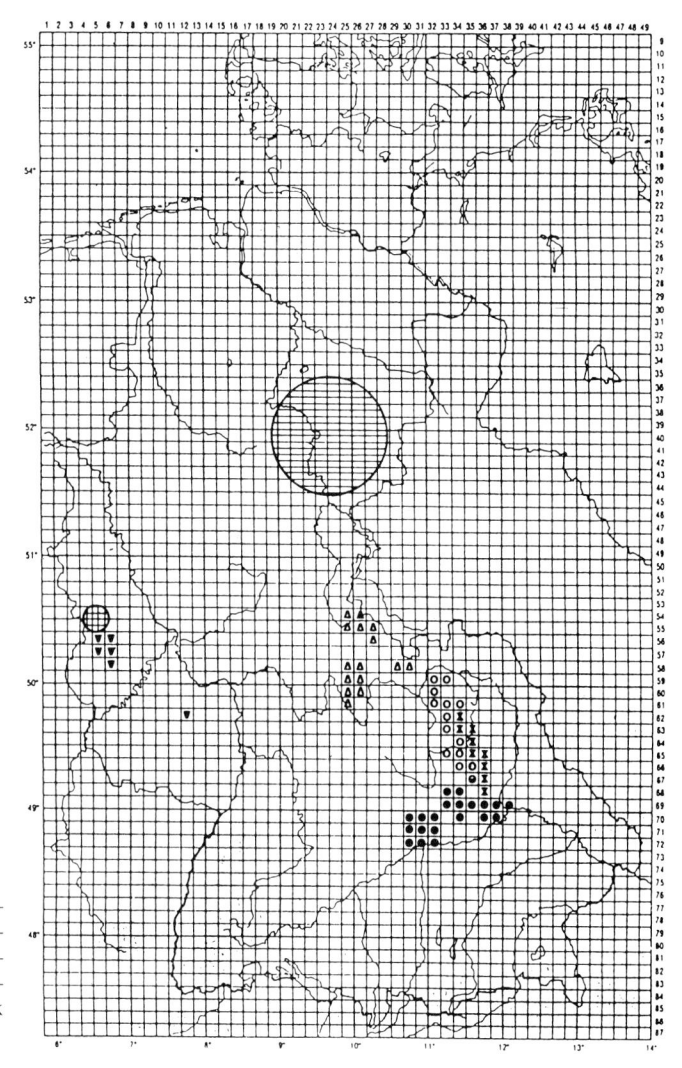

Abb. 335. Rasterkarte verschiedener Gebietsausbildungen des *Carici-Fagetum* in der Eifel und Unterfranken (große Kreise = Aufnahmebereiche anderer Autoren) (aus SUCK 1991).

MERHALDER et al. (1986). ZUMBÜHL (1986) stellt mit Computerhilfe Verbreitungskarten von Vegetationstypen eines kleineren Gebietes dar. Im Zuge der Bearbeitung einer syntaxonomischen Übersicht Europas (s. II) werden hoffentlich auch synchorologische Fragen der Gesellschaftsareale geklärt werden können.

Im Gegensatz zur Sippenchorologie sind **Flächen- und Umrißkarten** für Pflanzengesellschaften noch wenig vorhanden. Am leichtesten lassen sie sich für Vegetationstypen räumlich eng begrenzter Sonderstandorte ableiten, vor allem aus Vegetationskarten ihrer (meist endemischen) Kennarten. So entspricht z. B. die Karte von *Armeria halleri* in HAEUPLER & SCHÖNFELDER (1988) der Karte des *Armerietum halleri* (s.

auch 2.5). Die Gesellschaften der Meeresküsten wurden schon mehrfach angesprochen.

Ein pflanzensoziologisch-induktiver Weg geht über Fundorts-Punktkarten oder Rasterkarten. Bei genügender Punktdichte können Verbreitungsgebiete flächenhaft dargestellt und Arealgrenzen eingetragen werden. Ein Beispiel verschiedener Eichenwälder Mitteleuropas gibt KNAPP (1971, S. 240). DIERSCHKE (1977) publizierte eine Punktkarte aller Literaturnachweise der *Trifolio-Geranietea*, die in etwa die Umrisse der Klasse erahnen läßt. Auch einige der hier wiedergegebenen Abbildungen lassen Areale bestimmter Gesellschaften erkennen (Abb. 328–331). Ein weiteres Beispiel gibt Abb. 337 nach umfangreicher syntaxonomischer

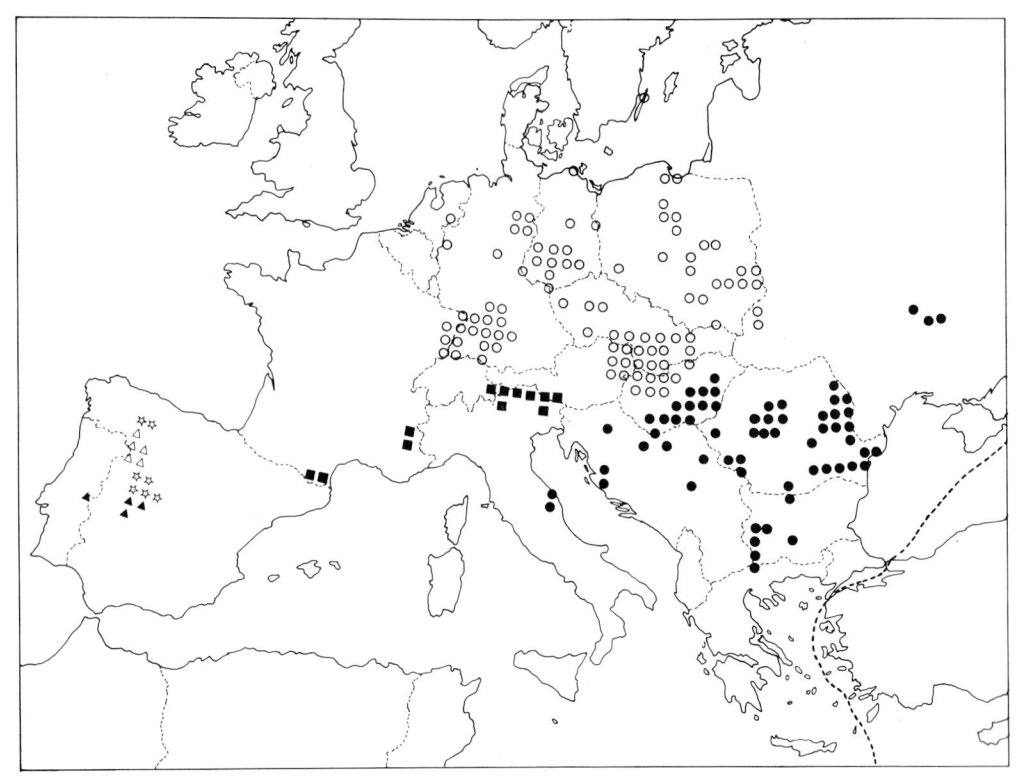

Abb. 336. Verbreitungskarte auf UTM-Gitternetzbasis für Ruderalgesellschaften mit *Onopordon acanthium* in Europa (aus MUCINA 1989). Erläuterung im Text.

Bearbeitung von europäischen Salzmarschen. Auch großräumige Kartierungen, z. B. der potentiell natürlichen Vegetation, können zu Flächenkarten führen, wie Abb. 338 für polnische Eichen-Hainbuchenwälder zeigt.

Häufiger sind allgemeinere, mehr deduktive Arealkarten, vorwiegend für höherrangige Syntaxa. KRAHULEC (1985) lokalisiert verschiedene Verbände europäischer und nordafrikanischer Borstgrasrasen, SCHUBERT (1960) publiziert eine Karte der Verbände, Ordnungen und Klassen europäischer Heiden. Abb. 339 zeigt die Arealbereiche und Verzahnungen zweier Küstendünen-Klassen. DIERSCHKE (1990a) zeigt die Verbreitung der Unterverbände artenreicher Buchenwälder in Mittel- und Westeuropa (Abb. 150 in VIII 8.4.1). NEUHÄUSL (1981) skizziert die Areale verschiedener *Carpinion*-Assoziationen. Recht detailliert erscheint die Flächenkarte trockenheitsertragender Eichenmischwälder Europas (Abb. 340).

Synchorologische Karten gibt es in verschiedenster Form in vielen pflanzensoziologischen Arbeiten. Eine Übersicht vermittelt TÜXEN (1959/63). Die Mehrzahl der Karten sind reine Fundortskarten. Echte Arealkarten bilden bis heute noch eher die Ausnahme.

3.5 Räumliches Verhalten von Gesellschaften innerhalb ihres Areals

Synchorologische Untersuchungen können auf das Gesamtareal gerichtet sein, aber auch das kleinräumige Verhalten in Teilgebieten näher analysieren. Vieles hierzu wurde bereits in vorhergehenden Kapiteln erörtert, z. B. Arealtypenspektren (2.4), floristische (2.5), synchorologische (3.4) und Vegetationskarten (XI 5), Stetigkeitskartogramme (2.5), auch Höhenformen und Geographische Rassen (3.3).

Noch genauer sind Gesellschaftsauswertungen hinsichtlich ihres Verhaltens zum Relief, also nach Höhenlage, Hangexposition und -nei-

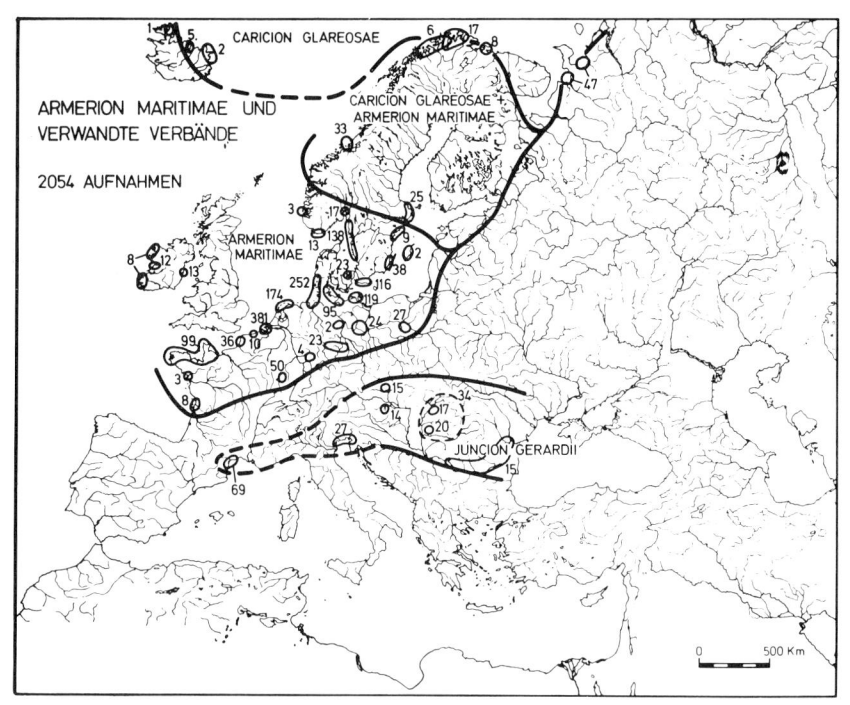

Abb. 337. Ungefähre Areale von Verbänden europäischer Salzmarsch-Gesellschaften (aus Beeftink 1972).

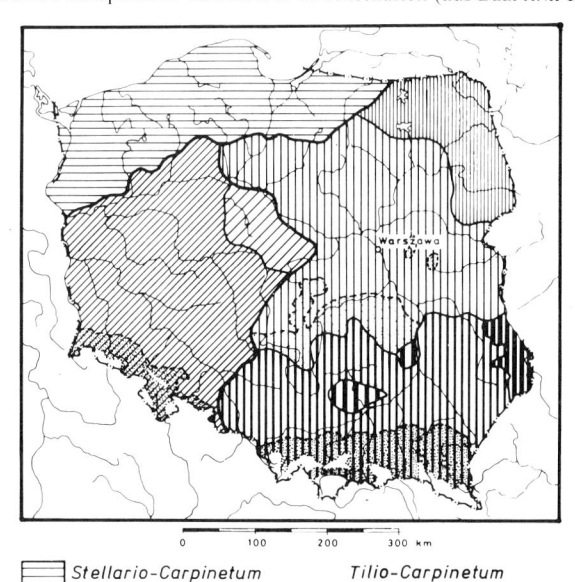

Abb. 338. Verbreitungsgebiete verschiedener Assoziationen und synchorologischer Untereinheiten von Eichen-Hainbuchenwäldern in Polen (aus W. & A. Matuszkiewicz 1981).

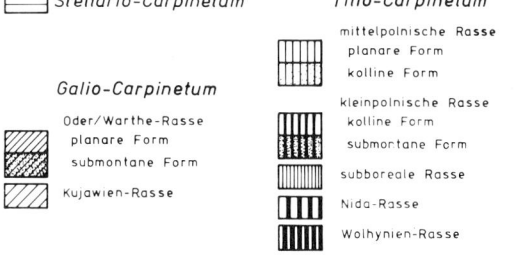

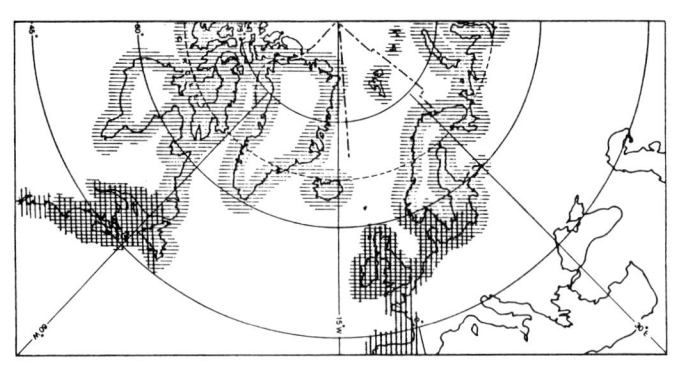

614 Gesellschafts-Areale (Synchorologie)

≡ Honckenyo-Elymetea arenarii
||||||| Ammophiletea arenariae
▦ Verzahnungsgebiet von Honckenyo-Elymetea arenarii und Ammophiletea arenariae

Abb. 339. Verbreitung und Verzahnung der Klassen der Küstendünenvegetation am Nordatlantik (aus THANNHEISER 1987).

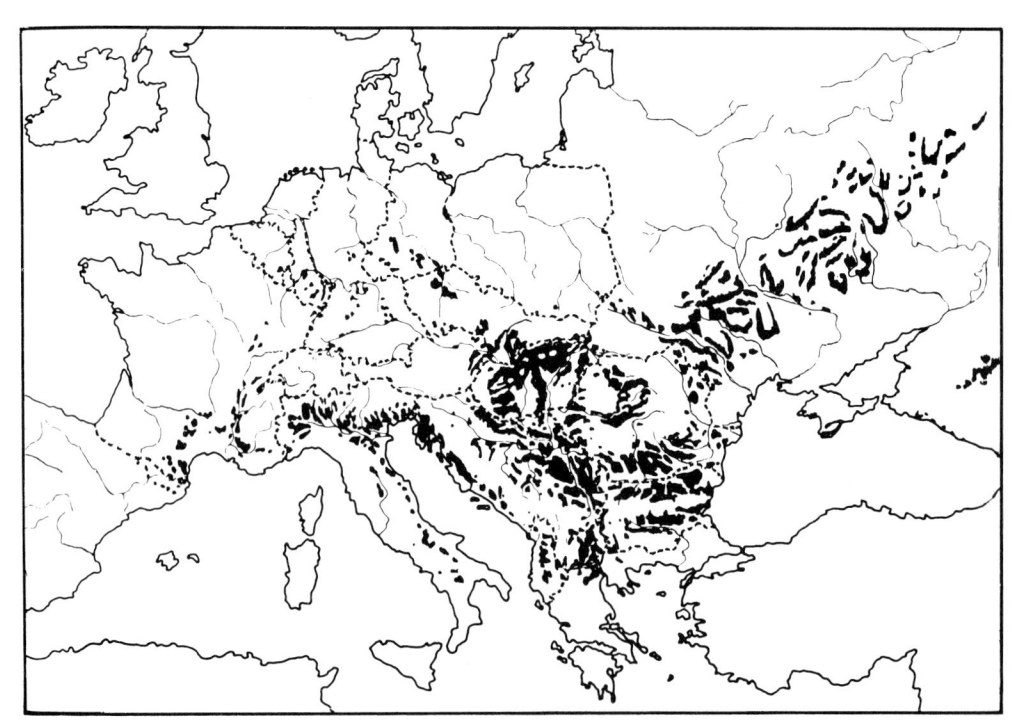

Abb. 340. Verbreitung von Wäldern der *Quercetalia pubescentis-petraeae* in Europa (nach JAKUCS aus ELLENBERG 1978).

gung u. ä. Solche Angaben gehören zu jeder Vegetationsaufnahme (s. V 4), sind teilweise auch im Kopf von Tabellen vorhanden und können als gesellschaftstypische (synthetische) Merkmale angesehen werden (s. auch VIII 1). Wenn man diese Werte in Klassen aufteilt, lassen sich Spektren der Anteile von Beständen oder entsprechende Grafiken erstellen. Ähnlich wie Reliefspektren und -diagramme können auch andere Verteilungsweisen von Gesellschaften übersichtlich dargestellt werden. Als Beispiel seien Vektordiagramme der Waldrandexposition von Saumgesellschaften genannt (DIERSCHKE 1974).

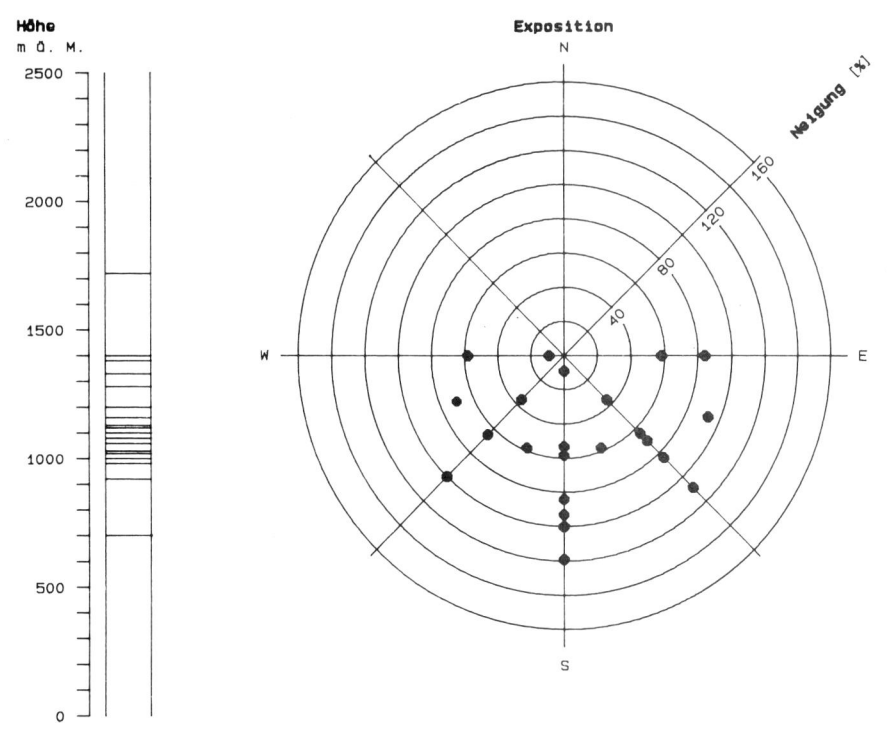

Abb. 341. Höhenverteilung und Reliefverhalten von 34 Beständen des *Ononido-Pinetum* aus Graubünden (aus SOMMERHALDER et al. 1986).

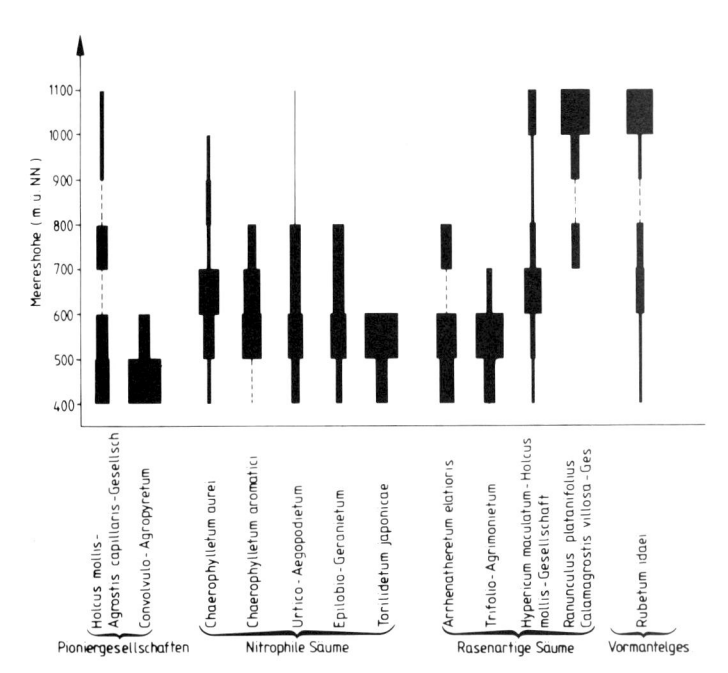

Abb. 342. Relative Häufigkeit verschiedener Saumgesellschaften von Heiden in Teilbereichen des Bayerischen Waldes (aus REIF 1987).

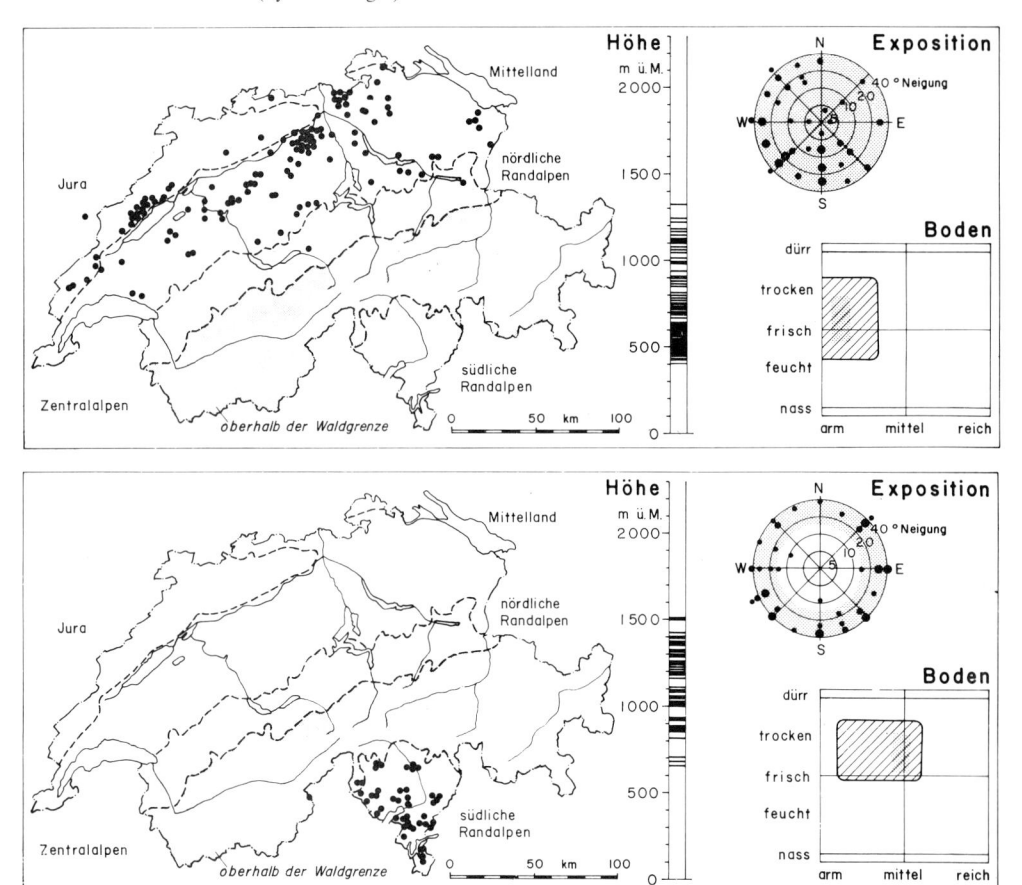

Abb. 343. Kombinierte Darstellung von horizontaler und vertikaler Verteilung, Reliefverhalten und ökologischer Amplitude zweier vikariierender Waldgesellschaften der Schweiz (aus ELLENBERG & KLÖTZLI 1972). Oben: *Luzulo sylvaticae-Fagetum*, unten: *Luzulo niveae-Fagetum*.

Abb. 341 zeigt eine Kombination direkter Angaben zur Höhenverteilung und zum Reliefverhalten einer Waldgesellschaft der Schweiz, erstellt mit einem Computerprogramm aus Angaben einer pflanzensoziologischen Datenbank. Abb. 342 enthält Höhenspektren verschiedener Heckensäume. HUNDT (1964) gibt eine tabellarische Übersicht der Höhenbindung verschiedener Wiesengesellschaften in 100-Meter-Klassen.

In zusammengefaßter, sehr übersichtlicher Form haben ELLENBERG & KLÖTZLI (1972) wichtige räumliche und ökologische Verhaltensweisen für Schweizer Waldgesellschaften dargestellt (Abb. 343). Die Fundortskarte zeigt, vorausgesetzt eine gründliche Durchforschung des Gebietes, das Schweizer Teilareal, in unserem Beispiel deutlich zwei vikariierende Assoziationen bodensaurer Buchenwälder. Auch im Höhenspektrum ergeben sich gewisse Unterschiede, ebenfalls im Ökogramm. Damit ist eine steckbriefartige Übersicht wichtiger synchorologischer und ökologischer Daten von Gesellschaften gegeben, die zusammen mit Tabellen und Text eine vielseitige Beschreibung ermöglicht.

Literaturverzeichnis

AARSSEN, L. W. & EPP, G. A. (1990): Neighbour manipulations in natural vegetation: a review. – J. Veg. Sci. 1 (1): 13–30. Uppsala.

ADJANOHOUN, E. (1964): Végétation des savanes et des rochers découvertes en Côte d'Ivoire centrale. – ORSTOM. Paris. 219 S.

ADOLPHI, K. (1985): Die häufigsten Fehlerquellen bei der Bildung der Namen von Syntaxa. – Tuexenia 5: 555–559. Göttingen.

AHTI, T., HÄMET-AHTI, L. & JALAS, J. (1968): Vegetation zones and their sections in northwestern Europe. – Ann. Bot. Fenn. 5: 169–211. Helsinki.

AICHINGER, E. (1951): Soziationen, Assoziationen und Waldentwicklungstypen. – Angew. Pflanzensoziol. 1: 21–68. Wien.

AICHINGER, E. (1954): Statische und dynamische Betrachtung in der pflanzensoziologischen Forschung. – Veröff. Geobot. Inst. Rübel Zürich 29: 9–28. Bern.

AKSOY, H. (1978): Untersuchungen über Waldgesellschaften und ihre waldbaulichen Eigenschaften im Versuchswald Büyükdüz bei Karabük. – Istanbul Üniv. Orman Fakült. Yayin. 237. Istanbul. 136 S. ‹Türkisch mit deutsch. Zusammenfassung›.

ALEKSANDROVA, V. D. (1973): Russian approaches to classification of vegetation. – In: WHITTAKER, R. H. (Ed.): Ordination and classification of vegetation. Handbook Veg. Sci. 5: 493–527. The Hague.

ALTROCK, M. (1987): Vegetationskundliche Untersuchungen am Vollstedter See unter besonderer Berücksichtigung der Verlandungs-, Niedermoor- und Feuchtgrünland-Gesellschaften. – Mitt. Arbeitsgem. Geobot. Schl.-Holst. Hamburg 37: 1–128. Kiel.

AMMANN, K. (1979): Gletschernahe Vegetation in der Oberaar einst und jetzt. – In: WILMANNS, O. & TÜXEN, R. (Red.): Werden und Vergehen von Pflanzengesellschaften. Ber. Int. Symp. IVV Rinteln 1978: 227–251. Cramer. Vaduz.

ANCHISI, E. (1985): Quartième contribution à l'étude de la flore valaisanne. – Bull. Murith. Soc. Valais, Sci. Nat. 102: 115–126. Sion.

ANTONOVICS, J., BRADSHAW, A. D. & TURNER, R. G. (1971): Heavy metal tolerance in plants. – Advances Ecol. Res. 7: 1–85. London, New York.

APINIS, A. E. (1970): Das Verhalten der Pilze in bestimmten Grasland-Gesellschaften. – In: TÜXEN, R. (Hrsg.): Gesellschaftsmorphologie (Strukturforschung). Ber. Int. Symp. IVV Rinteln 1966: 172–186. Junk. Den Haag.

ARBEITSKREIS STANDORTSKARTIERUNG (1980): Forstliche Standortskartierung. 4. Aufl. – Münster-Hiltrup. 188 S.

ARENS, R. (1989): Versuche zur Erhaltung und Wiederherstellung von Extensivwiesen. – Telma Beih. 2: 215–232. Hannover.

ARENTZ, L. & WALLOSSEK, C. (1985): Artengruppierung, Standortstypisierung und ökologische Charakterisierung von Vegetationstransekten mit Hilfe der EDV. – Verh. Ges. Ökol. 13: 429–436. Göttingen.

ARNDT, U., NOBEL, W. & SCHWEIZER, B. (1987): Bioindikatoren. Möglichkeiten, Grenzen und neue Erkenntnisse. – Ulmer. Stuttgart. 388 S.

ARNOLDS, E. (1981): Ecology and coenology of macrofungi in grasslands and moist heathlands in Drenthe, the Netherlands. – Proefschrift Univ. Utrecht. 410 S.

ARNOLDS, E. (1988): Status and classification of fungal communities. – In: BARKMAN, J. J., SYKORA, K. V. (Eds.): Dependent plant communities: 153–165. Acad. Publishing. The Hague.

ASHDOWN, M. & SCHALLER, J. (1990): Geographische Informationssysteme und ihre Anwendung in MAB-Projekten, Ökosystemforschung und Umweltbeobachtung. – MAB-Mitt. 34: 1–250. Bonn.

ASMUS, U. (1987): Die Vegetation der Fließgewässerränder im Einzugsgebiet der Regnitz. Eine pflanzen- und gesellschaftssoziologische Untersuchung zum Zustand der Ufervegetation an ausgewählten Gewässerabschnitten. – Hoppea 45: 23–276. Regensburg.

ASMUS, U. (1988): Das Eindringen von Neophyten in anthropogen geschaffene Standorte und ihre Vergesellschaftung am Beispiel von Senecio inaequidens DC. – Flora 180: 133–138. Jena.

AUNE, E. J. (1982): Structure and dynamics of the forests at the western distribution limit of spruce (Picea abies) in central Norway. – In: DIERSCHKE, H. (Red.): Struktur und Dynamik von Wäldern. Ber. Int. Symp. IVV Rinteln 1981: 383–399. Cramer. Vaduz.

BACH, R., KUOCH, R. & MOOR, M. (1962): Die Nomenklatur der Pflanzengesellschaften. – Mitt. Florist.-Soziol. Arbeitsgem. N. F. 9: 301–308. Stolzenau.

BAEUMER, K., BÖTTGER, W. & RAUBER, R. (1983): Methodische Ansätze zur Erforschung des Konkurrenzverhaltens der Gemeinen Quecke (Agropyron repens (L.) P. B.) in Getreidebeständen. – Verh. Ges. Ökol. 11: 27–34. Göttingen.

BAKKER, J. P. (1987): Restoration of species-rich grassland after a period of fertilizer application. – In: VAN ANDEL, J. et al. (Eds.): Disturbance in grasslands: 185–200. Junk. Dordrecht.

BAKKER, J. P. (1989): Nature management by grazing and cutting. On the ecological significance of grazing and cutting regimes applied to restore former species-rich grassland communities in the Netherlands. – Geobotany 14: 1–400. Kluwer. Dordrecht etc.

BAKKER, J. P. & RUYTER, J. C. (1981): Effects of five years of grazing on a salt-marsh vegetation. – Vegetatio 44: 81–100. The Hague.

BAKKER, J. P. & DE VRIES, Y. (1985): The results of different cutting regimes in grassland taken out of the agricultural system. – In: SCHREIBER, K.-F. (Hrsg.): Sukzession auf Grünlandbrachen. Münstersche Geogr. Arb. 20: 51–57. Paderborn.

BAKKER, J. P. & DE VRIES, Y. (1987): Restoration of heathland from reclaimed grassland. – In SCHUBERT, R., HILBIG, W. (Hrsg.): Erfassung und Bewertung anthropogener Vegetationsveränderungen. Teil 2. Wiss. Beitr. Martin-Luther-Univ. Halle–Wittenberg: 285–310. Halle.

BALÁTOVÁ-TULÁČKOVÁ, E. (1970): Beitrag zur Methodik der phänologischen Beobachtungen. – In: TÜXEN, R. (Hrsg.): Gesellschaftsmorphologie. Ber. Int. Symp. IVV Rinteln 1966: 108–121. Junk. Den Haag.

BALÁTOVÁ-TULÁČKOVÁ, E. (1985): Chorological phenomena of the Molinietalia communities in Czechoslovakia. – Vegetatio 59: 111–117. Dordrecht.

BALCERKIEWICZ, S. & WOJTERSKA, M. (1978): Sigmassoziationen in der Hohen Tatra. – In: TÜXEN, R. (Hrsg.): Assoziationskomplexe (Sigmeten). Ber. Int. Symp. IVV Rinteln 1977: 161–175. Cramer. Vaduz.

BARBERO, M. & LOISEL, R. (1974): Carte écologique des Alpes en 1:100000. Feulle de Cannes (Q 22). – Docum. Cartogr. Ecol. 14: 81–100. Grenoble.

BARENDREGT, A. (1982): The coastal heathland vegetation of the Netherlands and notes on inland Empetrum heathlands. –Phytocoenologia 10 (4): 425–462. Stuttgart, Braunschweig.

BARKMAN, J. J. (1953): Comments on the rules of phytosociological nomenclatur proposed by E. Meyer Drees. –Vegetatio 4 (4): 215–221. Den Haag.

BARKMAN, J. J. (1958a): Phytosociology and ecology of cryptogamic epiphytes (including a taxonomic survey and description of their vegetation units in Europe). – Van Gorcum, Hak, Prakke. Assen. 628 S.

BARKMAN, J. J. (1958b): La structure du Rosmarineto – Lithospermetum helianthemetosum en Bas – Languedoc. – Blumea, Suppl. 4: 113–136.

BARKMAN, J. J. (1962): Bibliographia phytosociologica cryptogamica I: Epiphyta. – Excerpta Bot. Sect. B. 4: 59–86. Stuttgart.

BARKMAN, J. J. (1966): Bibliographia phytosociologica Cryptogamica I: Epiphyta. Suppl. I. – Excerpta Bot. Sect. B. 7: 5–17. Stuttgart.

BARKMAN, J. J. (1968): Das synsystematische Problem der Mikrogesellschaften innerhalb der Biozönosen. – In: TÜXEN, R.(Hrsg.): Pflanzensoziologische Systematik. Ber. Int. Symp. IVV Stolzenau 1964: 21–53. Junk. Den Haag.

BARKMAN, J. J. (1970): Enige nieuwe aspecten inzake het probleem van synusiae en microgezelschappen. – Miscellaneous Papers Landbouwhogeschool 5: 85–116. Wageningen.

BARKMAN, J. J. (1972): Einige Bemerkungen zur Synsystematik der Hochmoorgesellschaften. – In: VAN DER MAAREL, E. & TÜXEN, R. (Red.): Grundfragen und Methoden in der Pflanzensoziologie. Ber. Int. Symp. IVV Rinteln 1970: 469–479. Junk. Den Haag.

BARKMAN, J. J. (1973): Synusial approaches to classification. – In: WHITTAKER, R. H. (Ed.): Ordination and classification of vegetation. Handbook Veg. Sci. 5: 435–491. Junk. The Hague.

BARKMAN, J. J. (1979): The investigation of vegetation texture and structure. – In: WERGER, M. J. A. (Ed.): The study of vegetation.: 123–160. Junk. The Hague.

BARKMAN, J. J. (1984): Biologische minimumarealen en de eilandtheorie. – Vakbl. Biol. 64 (9): 162–167.

BARKMAN, J. J. (1987): Methods and results of mycocoenological research in the Netherlands. – In: PACIONI, G. (Ed.): Studies on fungal communities. L' Aquila: 7–38.

BARKMAN, J. J. (1988a): New system of plant growth forms and phenological plant types. – In WERGER, M. J. A. et al. (Eds.): Plant form and vegetation structure: 9–44. The Hague.

BARKMAN, J. J. (1988b): A new method to determine some characters of vegetation structure. – Vegetatio 78: 81–90. Dordrecht.

BARKMAN, J. J. (1989): A tentative typology of European scrub and forest communities based on vegetation texture and structure (Abstract). – Stud. Pl. Ecol. 18: 23–24. Uppsala.

BARKMAN, J. J. (1989a): A critical evaluation of minimum area concepts. – Vegetatio 85: 89–104. Dordrecht.

BARKMAN, J. J. (1989b): Fidelity and character-species, a critical evaluation. – Vegetatio 85: 105–116. Dordrecht.

BARKMAN, J. J. (1990): Controversies and perspectives in plant ecology and vegetation science. – Phytocoenologia 18 (4): 565–589. Berlin, Stuttgart.

BARKMAN, J. J. (1990a): A tentative typology of European scrub and forest communities based on vegetation texture and structure. – Vegetatio 86: 131–141. Dordrecht.

BARKMAN, J. J., DOING, H. & SEGAL, S. (1964): Kritische Bemerkungen und Vorschläge zur quantitativen Vegetationsanalyse. – Acta Bot. Neerl. 13: 394–419. Amsterdam.

BARKMAN, J. J., MORAVEC, J. & RAUSCHERT, S. (1976): Code der pflanzensoziologischen Nomenklatur. – Vegetatio 32 (3): 131–185. The Hague.

BARKMAN, J. J., MORAVEC, J. & RAUSCHERT, S. (1986): Code of the phytosociological nomenclature. 2nd. ed. – Vegetatio 67: 145–195. Dordrecht.

BEARD, J. S. (1973): The physiognomic approach. – In: WHITTAKER, R. H. (Ed.): Ordination and classification of communities. Handb. Veg. Sci. 5: 355–386. The Hague.

BEARD, J. S. (1981): Vegetation survey of Western Australia 1: 1 000 000. Sheet 7: Swan. Explanatory Notes. – University of WA Press. Perth. 222 S.

BECKER, M. (1973): Contribution à l'étude expérimentale de l'écologie de cinq espèces herbacées forestières: Molinia caerulea, Carex brizoides, Deschampsia caespitosa, Luzula albida, Poa chaixii. – Oecol. Pl. 8 (2): 99–124. Paris.

BEEFTINK, W. G. (1972): Übersicht über die Anzahl der Aufnahmen europäischer und nordafrikanischer Salzpflanzengesellschaften für das Projekt der Arbeitsgruppe für Datenverarbeitung. – In: VAN DER MAAREL, E. & TÜXEN, R. (Red.): Grundfragen und Methoden in der Pflanzensoziologie. Ber. Int. Symp. IVV Rinteln 1970: 371–396. Junk. Den Haag.

BEEFTINK, W. G. (1975a): The ecological significance of embarkment and drainage with respect to the vegetation of the south-west Netherlands. – J. Ecol. 63: 423–458. Oxford etc.

BEEFTINK, W. G. (1975b): Vegetationskundliche Dauerquadratforschung auf periodisch überschwemmten und eingedeichten Salzböden im Südwesten der Niederlande. – In SCHMIDT, W. (Red.): Sukzessionsforschung. Ber. Int. Symp. IVV Rinteln 1973: 567–578. Cramer. Vaduz.

BEEFTINK, W. G. (Ed.) (1980): Vegetation Dynamics. – Proceed. 2nd Sympos. Working Group on Succession Res. on Permanent Plots. Yerseke 1975. Junk. The Hague etc. 134 S.

BEEFTINK, W. G. & GÉHU, J.-M. (1973): Spartinetea maritimae. – In: TÜXEN, R. (Ed.) Prodrome des groupements végétaux d'Europe. 1. Lf. Cramer. Lehre. 48 S.

BÉGUIN, C., GÉHU, J.-M. & HEGG, O. (1979): La symphytosociologie: une approche nouvelle des paysage végétaux. – Docum. Phytosociol. N. S. 4: 49–68. Vaduz.

BÉGUIN, C. & HEGG, O. (1975): Quelques associations d'associations (sigmassociations) sur les anticlinaux jurassiens recouverts d'une végétation naturelle potentielle (essai d'analyse scientifique du paysage). – Docum. Phytosociol. 9–14: 9–18. Lille.

BÉGUIN, C., HEGG, O. & ZOLLER, H. (1975): Landschaftsökologisch-vegetationskundliche Bestandesaufnahme der Schweiz zu Naturschutzwecken. – Verh. Ges. Ökol. 4: 245–251. The Hague.

BÉGUIN, C., HEGG, O. & ZOLLER, H. (1978): Kartierung der Vegetation der Schweiz nach einem Kilometer-Raster. – Geographica Helvetica 1978 (1): 45–48.

BÉGUIN, C. & THEURILLAT, J.-P. (1984): Landschaftsökologische Studien in der Region Aletsch (MAB 6) nach einer modifizierten symphytosoziologischen Methode. – Verh. Ges. Ökol. 12: 149–157. Göttingen.

BEHRE, K.-E. (1979): Rekonstruktion ehemaliger Pflanzengesellschaften an der deutschen Nordseeküste. – In WILMANNS, O. & TÜXEN, R. (Red.): Werden und Vergehen von Pflanzengesellschaften. Ber. Int. Symp. IVV Rinteln 1978: 181–214. Cramer. Vaduz.

BEHRE, K.-E. (1981): The interpretation auf anthropogenic indicators in pollen diagrams. – Pollen Spores 23: 225–245. Paris.

BEHRE, K.-E. (1985): Die ursprüngliche Vegetation in den deutschen Marschgebieten und deren Veränderungen durch prähistorische Besiedlung und Meeresspiegelsenkungen. – Verh. Ges. Ökol. 13: 85–96. Göttingen.

BEHRE, K.-E. (ed.) (1986): Anthropogenic indicators in pollen diagrams. – Balkema. Rotterdam, Boston. 282 S.

BEHRE, K.-E. (1988a): The rôle of man in European vegetation history. – In: HUNTLY, B. & WEBB, T. (Eds.): Vegetation history. Handb. Veg. Sci. 7: 633–672. Kluwer. Dordrecht.

BEHRE, K.-E. (1988b): Die Umwelt prähistorischer und mittelalterlicher Siedlungen. Rekonstruktion aus botanischen Untersuchungen an archäologischem Material. – Siedlungsforschung 6: 57–80. Bonn.

BEITER, M. (1991): Dauerbeobachtungsflächen in Naturschutzgebieten der schwäbischen Alb. – Veröff. Natursch. Landschaftspfl. Bad.-Württ. 66: 31–106. Karlsruhe.

BEMMERLEIN, F. & FISCHER, H. (1985): Das pflanzensoziologische Programmsystem am Regionalen Rechenzentrum Erlangen. – Hoppea 44: 373–378. Regensburg.

BEMMERLEIN, F. A., LINDACHER, R. & BÖCKER, R. (1990): Standard-Datenschlüssel Flora und Vegetation. Symbole für die Dokumentation und automatische Datenverarbeitung floristisch-vegetationskundlicher Daten. – Veröff. Bund Ökol. Bayerns 2: 1–87. Röttenbach.

BENZLER, J.-H., FINNERN, H., MÜLLER, W., ROESCHMANN, G., WILL, K. H. & WITTMANN, O. (1982): Bodenkundliche Kartieranleitung. 3. verb. u. erw. Aufl. – Schweizerbart'sche Verlagsbuchhandlung. Stuttgart. 331 S.

BERG, C. & MAHN, E.-G. (1990): Anthropogene Vegetationsveränderungen der Straßenrandvegetation in den letzten 30 Jahren – die Glatthaferwiesen des Raumes Halle/Saale. – Tuexenia 10: 185–195. Göttingen.

BERGMEIER, E. (1990): Wälder und Gebüsche des Niederen Olymp (Káto Olimbos, NO-Thessalien). Ein Beitrag zur systematischen und orographischen Vegetationsgliederung Griechenlands. – Phytocoenologia 18 (2/3): 161–342. Berlin, Stuttgart.

BERGMEIER, E., HÄRDTLE, W., MIERWALD, U., NOWAK, B. & PEPPLER, C. (1990): Vorschläge zur syntaxonomischen Arbeitsweise in der Pflanzensoziologie. –

Kieler Not. z. Pflanzenk. Schleswig-Holst. Hamburg 20 (4): 92–103. Kiel.

BERNHARDT, K.-G. (1989): Pflanzliche Strategien der Pionierbesiedlung terrestrischer und limnischer Sandstandorte in Nordwestdeutschland. – Drosera 1989 (1/2): 113–124. Oldenburg.

BERNHARDT, K.-G. (1990): Die Pioniervegetation der Ufer nordwestdeutscher Sandabgrabungsflächen. – Tuexenia 10: 83–97. Göttingen.

BERNHARDT, K.-G. & HANDKE, P. (1988): Zur Vegetationsdynamik von Schlickspülflächen in der Umgebung von Bremen. – Tuexenia 8: 239–246. Göttingen.

BERNING, A., STELZIG, V. & VOGEL, A. (1987): Nutzungsbedingte Vegetationsveränderungen an der mittleren Ems. –In: SCHUBERT, R., HILBIG, W. (Hrsg.): Erfassung und Bewertung anthropogener Vegetationsveränderungen. Teil 2. Wiss. Beitr. Martin-Luther-Univ. Halle–Wittenberg, 1987/25: 98–109. Halle.

BEUG, H.-J. (1967): Probleme der Vegetationsgeschichte in Südeuropa. – Ber. Deutsch. Bot. Ges. 80 (10): 682–689. Stuttgart.

BHARUCHA, F. R. (1932): Étude écologique et phytosociologique de l'association à Brachypodium ramosum et Phlomis lynchnitis des garigues languedociennes. – Beih. Bot. Centralbl. (Ergänzungsband) 50: 247–379.

BITTMANN, E. (1965): Grundlagen und Methoden des biologischen Wasserbaus. – In: Der biologische Wasserbau an den Bundeswasserstraßen: 17–78. Ulmer. Stuttgart.

BLUME, P. & SUKOPP, H. (1976): Ökologische Bedeutung anthropogener Bodenveränderungen. – Schriftenr. Vegetationsk. 10:7–89. Bonn–Bad Godesberg.

BOBBINK, R. & WILLEMS, J. H. (1988): Effects of management and nutrient availability on vegetation structure of chalk grassland. – In: DURING, H. J., WERGER, M. J. A. & WILLEMS, H. J. (eds.): Diversity and pattern in plant communities: 183–193. SPB Acad. Publishing. The Hague.

BÖCHER, T. W. (1952): Lichen – heath and plant succession at Österby on the isle of Laesö in the Kattegat. – Dansk. Biol. Skr. 7 (4): 1–24. Köbenhaven.

BÖCKER, R., KOWARIK, J. & BORNKAMM, R. (1983): Untersuchungen zur Anwendung der Zeigerwerte nach Ellenberg. –Verh. Ges. Ökol. 11: 35–56. Göttingen.

BOEDELTJE, G. & BAKKER, J. P. (1980): Vegetation, soil, hydrology and management in a Drenthian brookland (The Netherlands). – Acta Bot. Neerl. 29 (5/6): 509–522. Amsterdam.

BÖHM, W. (1979): Methods of studying root systems. – Ecolog. Studies 33: 1–188. Berlin, Heidelberg, New York.

BÖHNERT, W. & HEMPEL, W. (1987): Nutzungs- und Pflegehinweise für die geschützte Vegetation des Graslandes und der Zwergstraucheiden Sachsens. – Naturschutzarb. Sachsen 29: 3–14. Dresden.

BÖHNERT, W. & REICHOFF, L. (1978): Statistische Auswertung von Dauerquadraten. – Zur Anwendung des Chi-Quadrat-Tests. –Phytocoenosis 7: 245–256. Warszawa, Bialowieza.

BÖTTCHER, H. (1968): Die Artenzahl-Kurve, ein einfaches Hilfsmittel zur Bestimmung der Homogenität pflanzensoziologischer Tabellen. – Mitt. Florist.-Soziol. Arbeitsgem. N. F. 13: 225–226. Todenmann/ Rinteln.

BÖTTCHER, H. (1974): Bibliographie zum Problem der Sukzessionsforschung mit Hilfe von Dauerquadraten und der Vegetationskartierung. – Excerpta Bot. Sect. B. 14: 35–56. Stuttgart.

BÖTTCHER, H. (1975): Stand der Dauerquadrat – Forschung in Mitteleuropa. – In: SCHMIDT, W. (Red.): Sukzessionsforschung. Ber. Int. Symp. IVV Rinteln 1973: 31–37. Cramer. Vaduz.

BÖTTCHER, H. (1979): Zur Entstehungsgeschichte isländischer Grünlandgesellschaften. – In: WILMANNS, O. & TÜXEN, R. (Red.): Werden und Vergehen von Pflanzengesellschaften. Ber. Int. Symp. IVV Rinteln 1978: 469–482. Cramer. Vaduz.

BÖTTCHER, H. (1980): Die soziologische Progression als Anordnungsprinzip der Gesellschaften im pflanzensoziologischen System. – Phytocoenologia 7: 8–20. Stuttgart, Braunschweig.

BÖTTCHER, W. & SCHLÜTER, H. (1989): Vegetationsveränderung im Grünland einer Flußaue des Sächsischen Hügellandes durch Nutzungsintensivierung. – Flora 182: 385–418. Jena.

BOHN, U. (1981): Vegetationskarte der Bundesrepublik Deutschland 1:200 000. – Potentielle natürliche Vegetation – Blatt CC 5518 Fulda. – Schriftenr. Vegetationsk. 15: 1–330. Bonn–Bad Godesberg.

BOHN, U. (1984): Der Feuchte Schuppendornfarn-Bergahornmischwald und seine besonders schutzwürdigen Vorkommen im Hohen Westerwald. – Natur Landschaft 59 (7/8): 293–301. Köln.

BOHN, U. (1986): Konzept und Richtlinien zur Erarbeitung einer Roten Liste der Pflanzengesellschaften der Bundesrepublik Deutschland und West-Berlins. – Schriftenr. Vegetationsk. 18: 41–48. Bonn–Bad Godesberg.

BOHN, U. (1989): Zielsetzung, Konzept und Durchführung des Renaturierungsprojektes „Naturschutzgebiete Rotes Moor" in der hessischen Rhön. – Telma Beih. 2: 17–35. Hannover.

BOLÒS, O. DE (1981): De vegetatione notulae. III. 37. Sinúsia i associació. Aplicació a les communitats terofítiques mediterrànies. – Collect. Bot. 12 (2): 63–68. Barcelona.

BOOT, R. G. A. & VAN DORP, D. (1986): De plantengroei van de duinen van Oostvoorne in 1980 en veranderingen sinds 1934. – Stichting Het Zuidhollands Landschap. – Rotterdam. 120 S.

BORHIDI, A., MUÑIZ, O. & DEL RISCO, E. (1979): Clasificación fitocenológica de la vegetación de Cuba. – Acta Bot. Akad. Sci. Hung. 25 (3–4): 263–301. Budapest.

BORNKAMM, R. (1960): Die Trespen-Halbtrockenrasen im oberen Leinegebiet. – Mitt. Florist.-Soziol. Arbeitsgem. N. F. 8: 181–208. Stolzenau/Weser.

Bornkamm, R. (1961 a): Zur Lichtkonkurrenz von Akkerunkräutern. – Flora 151: 126–143. Jena.

Bornkamm, R. (1961 b): Zur quantitativen Bestimmung von Konkurrenzkraft und Wettbewerbsspannung – Ber. Deutsch. Bot. Ges. 74: 75–83. Stuttgart.

Bornkamm, R. (1961 c): Zur Konkurrenzkraft von Bromus erectus. Ein sechsjähriger Dauerversuch. – Bot. Jahrb. 80 (4): 466–479. Stuttgart.

Bornkamm, R. (1961 d): Vegetation und Vegetations-Entwicklung auf Kiesdächern. – Vegetatio 10 (1): 1–24. Den Haag.

Bornkamm, R. (1962): Über die Rolle der Durchdringungsgeschwindigkeit bei Klein-Sukzessionen. – Veröff. Geobot. Inst. ETH Stift. Rübel 37: 15–26 Zürich.

Bornkamm, R. (1963): Erscheinungen der Konkurrenz zwischen höheren Pflanzen und ihre begriffliche Fassung. – Ber. Geobot. Inst. ETH Stift. Rübel 34: 83–107. Zürich.

Bornkamm, R. (1970): Über den Einfluß der Konkurrenz auf die Substanzproduktion und den N-Gehalt der Wettbewerbspartner. – Flora 159: 84–104. Jena.

Bornkamm, R. (1974): Zur Konkurrenzkraft von Bromus erectus II. Ein zwanzigjähriger Dauerversuch. – Bot. Jahrb. Syst. 94: 391–412. Stuttgart.

Bornkamm, R. (1980): Hemerobie und Landschaftsplanung. – Landschaft + Stadt 12 (2): 49–55. Stuttgart.

Bornkamm, R. (1981): Rates of change in vegetation during secondary succession. – Vegetatio 47: 213–220. The Hague.

Bornkamm, R. (1985): Vegetation changes in herbeceous communities. – In: White, J. (ed.): The population structure of vegetation science. Handb. of Veg. Sci. 3: 89–109. Junk. Dordrecht etc.

Bornkamm, R. (1986): Ruderal succession starting at different seasons. – Acta Soc. Bot. Poloniae 55 (3): 403–419. Warszawa.

Bornkamm, R. (1987): Veränderungen der Phytomasse in den ersten zwei Jahren einer Sukzession auf unterschiedlichen Böden. – Flora 179 (3): 179–192. Jena.

Bornkamm, R. (1988): Mechanisms of succession on fallow lands. – Vegetatio 77: 95–101. Dordrecht.

Bornkamm, R. & Henning, U. (1978): Zur Sukzession von Ruderalgesellschaften auf verschiedenen Böden. – Phytocoenosis 7: 129–150. Warszawa, Bialowieza.

Bornkamm, R. & Meyer, G. (1977): Ökologische Untersuchungen an Pflanzengesellschaften unterschiedlicher Trittbelastung mit Hilfe der Gradientenanalyse. – Mitt. Florist.-Soziol. Arbeitsgem. N. F. 19/20: 225–240. Todenmann, Göttingen.

Borstel, U.-O. von (1974): Untersuchungen zur Vegetationsentwicklung auf ökologisch verschiedenen Gründland- und Ackerbrachen hessischer Mittelgebirge (Westerwald, Rhön, Vogelsberg). – Dissert. Univ. Gießen. Fotodruck Gießen. 159 S.

Bottlíková, A. (1973): Phänologische Charakteristik der Waldphytocoenosen der Tiefebene von Záhorie. – Biologické Práce 19 (2): 1–75. Bratislava.

Boullet, V. & Géhu, J.-M. (1988): Carte des risques d'incendie méditerranéen. – Cahiers Phytosoc. Sér. Appliquée 1–3. Bailleul.

Box, E. O. (1981): Macroclimate and plant forms: An introduction to predictive modeling in phytogeography. – Junk. The Hague, Boston, London. 258 S.

Braakhekke, W. G. (1980): On coexistence: a causal approach to diversity and stability in grassland vegetation. – Agricult. Res. Reports 902: 1–164. Wageningen.

Brandes, D. (1983): Flora und Vegetation der Bahnhöfe Mitteleuropas. – Phytocoenologia 11 (1): 31–115. Berlin, Stuttgart.

Brandes, D. (1990 a): Verzeichnis der in Excerpta Botanica Sectio B (Band 1–27) erschienenen Bibliographien. – Excerpta Bot. Sect. B. 28 (1): 1–29. Stuttgart, New York.

Brandes, D. (1990 b): Verbreitung und Vergesellschaftung von Sisymbrium altissimum in Nordwestdeutschland. – Tuexenia 10: 67–82. Göttingen.

Braun, J. [= Braun-Blanquet] (1913): Die Vegetationsverhältnisse der Schneestufe in den Rhätisch-Lepontischen Alpen. – Neue Denkschr. Schweiz. Nat. Ges. 48: 1–348.

Braun, J. [= Braun-Blanquet] (1915): Les Cévennes méridionales (Massif de l'Aigoual). – Arch. Sci. Phys. Nat. Genève 48: 1–208. Genève.

Braun, J. [= Braun-Blanquet, J.] & Furrer, E. (1913): Remarques sur l'étude des groupements des plantes. – Bull. Soc. Languedoc. Géogr. 36: 20–41. Montpellier.

Braun, W. & Heinzmann, K. (1988): Auswirkungen der Münchner Trinkwassergewinnung im oberen Loisachtal. – Gas- und Wasserfach 129 (3): 135–146. München.

Braun-Blanquet, J. (1918): Eine pflanzensoziologische Exkursion durchs Unterengadin und in den schweizerischen Nationalpark. – Beitr. geobot. Landesaufn. 4: 1–80. Zürich.

Braun-Blanquet, J. (1919): Essai sur les notions d'„element" et de „territoire" phytogéographiques. – Arch. Sci. Phys. Nat. Genève 5 (4): 497–512. Genève.

Braun-Blanquet, J. (1921): Prinzipien einer Systematik der Pflanzengesellschaften auf floristischer Grundlage. – Jahrb. St. Gallischen Naturwiss. Ges. 57 (2): 305–351. St. Gallen.

Braun-Blanquet, J. (1925): Zur Wertung der Gesellschaftstreue in der Pflanzensoziologie. – Vierteljahrsschr. Naturf. Ges. Zürich 70: 122–149. Zürich.

Braun-Blanquet, J. (1928): Pflanzensoziologie. Grundzüge der Vegetationskunde. – In: Schoenichen, W. (Hrsg.): Biologische Studienbücher 7. Springer. Berlin. 330 S.

Braun-Blanquet, J. (1931): Vegetationsentwicklung im Schweizer Nationalpark. – Dokum. Erforsch. Schweiz. Nationalpark 1931: 1–82. Chur.

BRAUN-BLANQUET, J. (1933): Prodromus der Pflanzengesellschaften. 1. Ammophiletalia et Salicornietalia méditerranéenne. – Montpellier. 23 S.

BRAUN-BLANQUET, J. (1936): L' unification des conceptions phytosociologiques fondamentales au congrès international de botanique d'Amsterdam. – Compte Rendu Sommaire Sci. Soc. Biogéogr. 105: 61–62. Mesnil.

BRAUN-BLANQUET, J. (1936a): La chênaie d'Yeuse méditerranéenne. – Mem. Soc. Sci. Nat. Nîmes 5: 1–147. Montpellier.

BRAUN-BLANQUET, J. (1939): Lineares oder vieldimensionales System der Pflanzensoziologie?. – Chron. Bot. 5: 391–395.

BRAUN-BLANQUET, J. (1948–1950): Übersicht der Pflanzengesellschaften Rätiens. – Vegetatio 1–2: 29–41, 129–146, 285–316 / 20–37, 214–237, 341–360. Den Haag.

BRAUN-BLANQUET, J. (1951a): Pflanzensoziologie. Grundzüge der Vegetationskunde. 2. umgearb. und verb. Aufl. – Springer. Wien. 631 S.

BRAUN-BLANQUET, J. (1951b): Pflanzensoziologische Einheiten und ihre Klassifizierung. – Vegetatio 3 (1–2): 126–133. Den Haag.

BRAUN-BLANQUET, J. (1955): Zur Systematik der Pflanzengesellschaften. – Mitt. Florist.-Soziol. Arbeitsgem. N. F. 5: 151–154. Stolzenau/Weser.

BRAUN-BLANQUET, J. (1958): Über die oberste Grenze pflanzlichen Lebens im Gipfelbereich des schweizerischen Nationalparks. – Ergebn. Wiss. Unters. Schweiz. Nationalpark N. F. 6: 119–142. Liestal.

BRAUN-BLANQUET, J. (1959, 1978): Grundfragen und Aufgaben der Pflanzensoziologie. – In: TURRILL, W. B. (ed.): Vistas in Botany. A Volume in Honour of the Bicentenary of the Royal Botanic Gardens: 145–171. London etc. (= Commun. Stat. Int. Géobot. Médit. Montpellier 147). Nachdruck 1978 in: Lauer, W. & Klink, H.-J. (Hrsg.): Pflanzengeographie. Wege der Forschung 130: 122–157. Wiss. Buchgesellschaft. Darmstadt.

BRAUN-BLANQUET, J. (1964): Pflanzensoziologie. Grundzüge der Vegetationskunde. 3. neu bearb. Aufl. – Springer. Berlin, Wien, New York. 865 S.

BRAUN-BLANQUET, J. (1968): L' école phytosociologique Zuricho-Montpellieraine et la SIGMA. – Vegetatio 16: 1–78. Den Haag.

BRAUN-BLANQUET, J. (1973): Fragmenta Phytosociologica Mediteranea I. – Vegetatio 27: 101–113. The Hague.

BRAUN-BLANQUET, J. (1974): Die höheren Gesellschaftseinheiten der Vegetation des südeuropäisch-westmediterranen Raumes. – Commun. Stat. Int. Géobot. Médit. Montpellier 204: 1–8. Montpellier.

BRAUN-BLANQUET, J. & JENNY, H. (1926): Vegetations-Entwicklung und Bodenbildung in der alpinen Stufe der Zentralalpen. – Denkschr. Schweiz. Naturforsch. Ges. 63 (2): 181–349. Zürich.

BRAUN-BLANQUET, J. & MOOR, M. (1938): Prodromus der Pflanzengesellschaften 5: Verband des Bromion erecti. – Montpellier. 64 S.

BRAUN-BLANQUET, J. & PAVILLARD, J. (1922): Vocabulaire de Sociologie Végétale (3. Aufl. 1928, 23 S.). – Montpellier. 16 S.

BRAUN-BLANQUET, J., ROUSSINE, N. & NÈGRE, R. (1952): Les groupements de la France Méditerranéenne. – Centre Nat. de la Rech. Sci. 297 S.

BRAUN-BLANQUET, J., SISSINGH, G. & VLIEGER, J. (1939): Prodromus der Pflanzengesellschaften. 6. Klasse der Vaccinio-Piceetea. – 123 S.

BRAUN-BLANQUET, J. & TÜXEN, R. (1943): Übersicht der höheren Vegetationseinheiten Mitteleuropas. – Commun. Stat. Int. Géobot. Médit. Montpellier 84: 1–11. Montpellier.

BRAUN-BLANQUET, J. & TÜXEN, R. (1952): Irische Pflanzengesellschaften. – Veröff. Geobot. Inst. Rübel Zürich 25: 224–421. Zürich.

BRAUN-BLANQUET, J., WIKUS, E., SUTTER, R. & BRAUN-BLANQUET, G. (1958): Lagunenverlandung und Vegetationsentwicklung an der französischen Mittelmeerküste bei Palavas, ein Sukzessionsexperiment. – Veröff. Geobot. Inst. Rübel 33: 9–32. Bern.

BRAY, J. R. & CURTIS, J. T. (1957): An ordination of the upland forest communities of southern Wisconsin. – Ecol. Monogr. 27: 325–349. Durham.

BRIDGEWATER, P. B. & BACKSHALL, D. J. (1981): Dynamics of some Western Australian ligneous formations with special reference to the invasion of exotic species. – In: POISSONET, P. et al. (eds.): Vegetation dynamics in grasslands, heathlands and mediterranean ligneous formations. Advances in Vegetation Sci. 4: 141–148. Junk. The Hague.

BRIDGEWATER, P. B. & KAESHAGEN, D. (1979): Changes induced by adventive species in Australian plant communities. – In: WILMANNS, O. & TÜXEN, R. (Red.): Werden und Vergehen von Pflanzengesellschaften. Ber. Int. Symp. IVV Rinteln 1978: 561–579. Cramer. Vaduz.

BRIEMLE, G. (1988): Erfolge und Mißerfolge bei der Pflege eines Feuchtbiotops. – Anwendbarkeit ökolog. Wertzahlen. –Telma 18: 311–332. Hannover.

BRIEMLE, G. (1992): Methodik der quantitativen Vegetationsaufnahme im Grünland. – Naturschutz Landschaftsplanung 1/92: 31–34.

BROCKMANN-JEROSCH, H. (1907): Die Pflanzengesellschaften der Schweizeralpen. I. Teil. Die Flora des Puschlav (Bezirk Bernina, Kanton Graubünden) und ihre Pflanzengesellschaften. – Engelmann. Leipzig. 438 S.

BROCKMANN-JEROSCH, H. & RÜBEL, E. (1912): Die Einteilung der Pflanzengesellschaften nach ökologisch-physiognomischen Gesichtspunkten. – Leipzig. 72 S.

BRÜNN, S. (1992): Kleinräumige Vegetations- und Standortsdifferenzierung in einem Kalkbuchenwald. – Diplom-Arbeit Syst. Geobot. Inst. Univ. Göttingen. 112 S.

BRUN-HOOL, J. (1966): Ackerunkraut-Fragmentgesellschaften. –In: TÜXEN, R. (Hrsg.): Anthropogene Vegetation. Ber. Internat. Sympos. IVV Stolzenau 1961: 38–50. Junk. Den Haag.

BRUN-HOOL, J. (1978): Sigmassoziationen in Siedlungen der Schweiz. – In: TÜXEN, R. (Hrsg.): Assoziationskomplexe (Sigmeten).Ber. Int. Symp. IVV Rinteln 1977: 309–320. Cramer. Vaduz.

BRUNNER, J. (1987): Pilzökologische Untersuchungen in Wiesen und Brachland in der Nordschweiz (Schaffhauser Jura). – Veröff. Geobot. Inst. ETH Stiftung Rübel 92: 1–241. Zürich.

BUCHWALD, K. (1984): Zum Schutze des Gesellschaftsinventars vorindustriell geprägter Kulturlandschaften in Industriestaaten. – Fallstudie Naturschutzgebiet Lüneburger Heide. – Phytocoenologia 12 (2/3): 395–432. Stuttgart, Braunschweig.

BUCHWALD, K. & ENGELHARDT, W. (Hrsg.) (1969): Handbuch für Landschaftspflege und Naturschutz. Bd. 4: Planung und Ausführung. – BLV. München etc. 252 S.

BUCK-FEUCHT, G. (1986): Vergleich alter und neuer Wald-Vegetationsaufnahmen im Forstbezirk Kirchheim unter Teck. – Mitt. Ver. Forstl. Standortsk. Forstpflanzenzücht. 32: 43–49. Stuttgart.

BUCK-FEUCHT, G. (1989): Vegetationskundliche Dauerbeobachtung in den Schonwäldern „Hohes Reisach" und „Saulach" bei Kirchheim unter Teck. – Mitt. Forstl. Versuchs- u. Forschungsanst. Baden-Württ. 4: 267–306. Freiburg.

BÜCKING, W. (1984): Vegetationskundliche Forschung im Bannwald Untereck. – Veröff. Natursch. Landschaftspfl. Baden-Württ. 57/58: 157–170. Karlsruhe.

BÜCKING, W. (1989): Bannwald Bechtaler Wald. Dauerbeobachtungen 1970–1988. – Natur Landschaft 64 (12): 574–577. Köln.

BÜCKING, W. & REINHARDT, W. (1985): Vegetationskundliche Forschungen im neuen Bannwald im Naturschutzgebiet Taubergießen. –Veröff. Natursch. Landschaftspfl. Baden-Württ. 59/60: 143–174. Karlsruhe.

BÜRGER, R. (1991): Immissionen und Kronenverlichtung als Ursachen für Veränderungen der Waldbodenvegetation im Schwarzwald. – Tuexenia 11: 407–424. Göttingen.

BUJAKIEWICZ, A. (1982): Macromycetes as an element of forest structure on the Babia Góra Massif. – In: DIERSCHKE, H. (Red.): Struktur und Dynamik von Wäldern. Ber. Int. Symp. IVV Rinteln 1981: 654–657. Cramer. Vaduz.

BURGEFF, H. (1936): Samenkeimung der Orchideen und Entwicklung der Keimpflanzen. – Fischer. Jena. 312 S.

BURGEFF, H. (1961): Mikrobiologie des Hochmoores mit besonderer Berücksichtigung der Erikazeen-Pilz-Symbiose. – Fischer. Stuttgart. 197 S.

BURNAND, J., ZÜST, S. & DICKENMANN, R. (1986): Einige Aspekte der praktischen Vegetationskartierung. – Veröff. Geobot. Inst. ETH Stiftung Rübel 87: 216–227. Zürich.

BURRICHTER, E. (1961): Steineichenwald, Macchie und Garigue auf Korsika. – Ber. Geobot. Inst. ETH Stift. Rübel 32: 32–69. Zürich.

BURRICHTER, E. (1970): Beziehungen zwischen Vegetations- und Siedlungsgeschichte im nordwestlichen Münsterland. – Vegetatio 20 (1–4): 199–209. The Hague.

BURRICHTER, E. (1973): Die potentielle natürliche Vegetation in der Westfälischen Bucht. Erläuterungen zur Übersichtskarte 1:200000. – Landeskundl. Karten und Hefte, Reihe Siedlung und Landschaft in Westfalen 8: 1–58. Münster.

BURRICHTER, E. (1976): Vegetationsräumliche und siedlungsgeschichtliche Beziehungen in der Westfälischen Bucht. –Abh. Landesmus. Naturk. Münster Westfalen 38 (1): 3–14. Münster.

BURRICHTER, E., POTT, R. & FURCH, H. (1988): Die potentielle natürliche Vegetation. – Geographisch-landeskundlicher Atlas von Westfalen. Lf 4, Doppelblatt 1. Aschendorf. Münster. 42 S.

CAIN, S. A. (1938): The species-area curve. – Ann. Midland Naturalist 19: 573–581.

CAJANDER, A. K. (1909): Über Waldtypen. – Acta Forest. Fenn. 1 (1): 1–175. Helsingfors.

CALLAUCH, R. & AUSTERMÜHL, G. (1984): PST – Ein Computerprogramm zur Anfertigung pflanzensoziologischer Tabellen im Digitalbetrieb. – Tuexenia 4: 297–301. Göttingen.

CALLAUCH, R. & STALLMANN, G. (1987): Die Anfertigung pflanzensoziologischer Tabellen mit der neuen PST Version 2.0. – Tuexenia 7: 497–498. Göttingen.

CAMIZ, S., PIGNATTI, S. & UBRIZSY, A. (1984): Numerical syntaxonomy of the class Agrostietea stoloniferae Oberdorfer. – Ann. Bot. 42: 135–147. Roma.

CAMPBELL, E. & TREPP, W. (1968): Vegetationskarte des schweizerischen Nationalparks. – Ergebn. Wiss. Untersuchungen Schweiz. Nationalparks 11: 1–42. Liestal.

CARBIENER, R. (1970): Frostmusterböden, Solifluktion, Pflanzengesellschafts-Mosaik und -Struktur, erläutert am Beispiel der Hochvogesen. – In: TÜXEN, R. (Hrsg.): Gesellschaftsmorphologie. Ber. Int. Symp. IVV Rinteln 1966: 187–217. Junk. Den Haag.

CARBIENER, R. (1981): Der Beitrag der Hutpilze zur soziologischen und synökologischen Gliederung von Auen- und Feuchtwäldern. Ein Beispiel aus der Oberrheinebene. – In: DIERSCHKE, H. (Red.): Syntaxonomie. Ber. Int. Symp. IVV Rinteln 1980: 497–531. Cramer. Vaduz.

CARBIENER, R. (1982): L'imbrication de la phénologie générative des espèces ligneuses dans le Querco-Ulmetum rhénan d'Alcace centrale. – In: DIERSCHKE, H. (Red.): Struktur und Dynamik von Wäldern. Ber. Int. Symp. IVV Rinteln 1981: 557–590. Cramer. Vaduz.

CARBIENER, R. & ORTSCHEIT, A. (1987): Wasserpflanzengesellschaften als Hilfe zur Qualitätsüberwachung eines der größten Grundwasservorkommen Europas (Oberrheinebene). – In: MIYAWAKI, A. et al. (eds.): Vegetation ecology and creation of new environments: 283–312. Tokai Univ. Press. Tokyo.

CARBIENER, R., OURISSON, N. & BERNARD, A. (1975): Erfahrungen über die Beziehungen zwischen Großpilzen und Pflanzengesellschaften in der Rheinebene und den Vogesen. – Beitr. Naturk. Forsch. Südwestdeutschl. 34: 37–56. Karlsruhe.

CATE, C. L. TEN (1972): Wan god mast gift… Bilder aus der Geschichte der Schweinezucht im Walde. – Pudoc. Wageningen. 300 S.

CERNUSCA, A., SEEBER, M., MAYR, R. & HORVATH, A. (1978): Bestandesstruktur, Mikroklima und Energiehaushalt von bewirtschafteten und aufgelassenen Almflächen in Badgastein. – Veröff. Österr. MAB-Hochgebirgsprogramm Hohe Tauern 2: 47–66. Innsbruck.

CESKA, A. (1966): Estimation of the mean floristic similarity beetween and within sets of vegetation relevés. –Folia Geobot. Phytotax. 1: 93–101. Praha.

CESKA, A. & ROEMER, H. (1971): A computer program for identifying species – relevé groups in vegetation studies. –Vegetatio 23 (3–4): 255–277. The Hague.

CHRISTENSEN, S. N. (1989): Floristik and vegetational changes in a permanent plot in a Danish coastal dune heath. – Ann. Bot. Fenn. 26 (4): 389–397. Helsinki.

CHRISTIANSEN, W. (1930): Arbeitsplan zur Untersuchung von Dauerquadraten (Sukzessionsforschung). – Repert. Spec. Nov. Regni Veg. Beih. 61: 178–180. Berlin–Dahlem.

CHRISTIANSEN, W. (1941): Beobachtungen an Dauerquadraten auf der Lotseninsel Schleimünde. – Schriften Naturwiss. Ver. Schleswig-Holstein 22 (1): 69–88. Kiel.

CHRISTIANSEN, W. (1951): Die Pflanzendecke als Zeiger für winderosionsgefährdete Böden. – Schriften Naturwiss. Ver. Schleswig-Holstein 25: 152–156. Kiel.

CHRISTOFOLINI, C., LAUSI, D. & PIGNATTI, S. (1970): Über statistische Eigenschaften der Charakterarten und deren Verwertung zur Aufstellung einer empirischen Systematik der Pflanzengesellschaften. – In: TÜXEN, R. (Hrsg.): Gesellschaftsmorphologie. Ber. Int. Symp. IVV Rinteln 1966: 8–25. Junk. Den Haag.

CLÉMENT, B. & TOUFFET, J. (1981): Vegetation dynamics in Brittany heathlands after fire. – Vegetatio 46: 157–166. The Hague.

CLEMENTS, F. E. (1916): Plant succession: An analysis of the development of vegetation. – Washington. 515 S. – Neudruck (1963): Plant succession and indicators. Hafner Pupl. Comp. New York, London. 453 S.

CLOT, F. (1990): Les érablaies européennes: essai de synthèse. – Phytocoenologia 18 (4): 409–564. Berlin, Stuttgart.

COENEN, H. (1981): Flora und Vegetation der Heidegewässer und -moore auf den Maasterrassen im deutsch-niederländischen Grenzgebiet. – Arb. Rhein. Landesk. 48: 1–217. Bonn.

COOPER, D. J. (1986): Arctic-alpine tundra vegetation of the Arrigetch Creek Valley, Brooks Range, Alaska. – Phytocoenologia 14 (4): 467–555. Stuttgart, Braunschweig.

DAHL, E. & HADAČ, E. (1941): Strandgesellschaften der Insel Ostoy im Oslofjord. Eine pflanzensoziologische Studie. – Nytt. Mag. Naturvidensk. 82: 251–312. Oslo.

DAMMAN, A. W. H. (1979): Amphi-atlantic correlations in the Oxycocco-Shpagnetea: a critical evaluation. – Docum. phytosoc. N. S. 4: 187–196. Lille.

DAMMAN, A. W. H. & KERSHNER, B. (1977): Floristic compostition and topographical distribution of the forest communities of the gneiss area of western Connecticut. – Naturaliste can. 104: 23–45.

DANIELS, F. J. A. (1982): Vegetation of the Angmagssalik District, Southeast Greenland. IV. Shrub, dwarf shrub and terricolous lichens. – Biosci. 10: 1–78. Copenhagen.

DANIELS, F. J. A. (1983): Lichen communities on stumps of Pinus sylvestris L. in the Netherlands. – Phytocoenologia 11 (3): 431–444. Stuttgart, Braunschweig.

DANIELS, F. J. A. (1990): Changes in dry grassland after cutting of Scots pine in inland dunes near Kootwijk, the Netherlands. – In: KRAHULEC, F. et al. (eds.): Spatial processes in plant communities: 215–325. SPB Acad. Publishing The Hague.

DANIELS, F. J. A., KOELEWIJN, H., MENSINK, H. & MOREL, S.(1985): Een overizcht van terrestrische microgemeenschappen in heide- en stuifzandvegetaties in het nationale park „De Hoge Veluwe". – Utrecht Plant. Ecol. News Report 1: 77–83. Utrecht.

DANIELS, F. J. A., SLOOF, J. E. & VAN DE WETERING, H. T. J. (1987): Veränderungen in der Vegetation der Binnendünen in den Niederlanden. – In: SCHUBERT, R. & HILBIG, W. (Hrsg.): Erfassung und Bewertung anthropogener Vegetationsänderungen. Ber. Int. Symp. IVV Halle 1986 (3): 24–44. Halle (Saale).

DANSEREAU, P. (1951): Description and recording of vegetation upon a structural basis. – Ecology 32 (2): 172–229. Lancaster, PA.

DANSEREAU, P. & ARROS, J. (1959): Essais d'application de la dimension structurale en phytosociologie. I. Quelques exemples européens. – Vegetatio 9: 48–99. Den Haag.

DEGÓRSKI, M. L. (1982): Usefullness of Ellenberg bioindicators in charakterizing plant communities and forest habitats on the basis of data from the range „Grabowy" in Kampinos forest. – Ekol. Polska 30 (3–4): 453–477. Warszawa, Lódz.

DEIL, U. (1989): Adiantetea-Gesellschaften auf der Arabischen Halbinsel, Coenosyntaxa in dieser Klasse sowie allgemeine Überlegungen zur Phylogenie von Pflanzengesellschaften. – Flora 182: 247–264. Jena.

DELEUIL, M. G. (1950): Mise en évidence de substances toxiques pour les thérophytes dans les associations du Rosmarino-Ericion. – C. R. Acad. Sci. 230: 1362–1364. Paris.

DELEUIL, M. G. (1951): Origine des substances toxiques du sol des associations sans thérophytes du

Rosmarino-Ericion. – C. R. Akad. Sci. 232: 2038–2039. Paris.

Delorme, A., Leuschner, H.-H., Höfle, H.-C. & Tüxen, J. (1981): Über die Anwendung der Dendrochronologie in der Moorforschung am Beispiel subfossiler Eichenstämme aus niedersächsischen Mooren. – Eiszeitalter u. Gegenwart 31: 135–158. Hannover.

Diekjobst, H. (1983): Zur gegenwärtigen Verbreitung von Lemna minuscula HERTER in der unteren Erft. – Göttinger Florist. Rundbr. 17 (3/4): 168–173. Göttingen.

Diels, L. (1918): Das Verhältnis von Rhythmik und Verbreitung bei den Perennen des europäischen Sommerwaldes. – Ber. Deutsch. Bot. Ges. 36: 337–351.

Dierschke, H. (1968): Zur synsystematischen und syndynamischen Stellung einiger Calthion-Wiesen mit Ranunculus auricomus L. und Primula elatior (L.) Hill im Wümme-Gebiet. – Mitt. Florist.-Soziol. Arbeitsgem. N. F. 13: 59–70. Todenmann / Rinteln.

Dierschke, H. (1969): Die naturräumliche Gliederung der Verdener Geest. Landschaftsökologische Untersuchungen im nordwestdeutschen Altmoränengebiet. – Forschungen Deutsch. Landesk. 177: 1–113. Bonn–Bad Godesberg.

Dierschke, H. (1971): Stand und Aufgaben der pflanzensoziologischen Systematik in Europa. – Vegetatio 22 (4–5): 255–264. Den Haag.

Dierschke, H. (1972): Zur Aufnahme und Darstellung phänologischer Erscheinungen in Pflanzengesellschaften. – In: Van der Maarel, E. & Tüxen, R. (Red.): Grundfragen und Methoden in der Pflanzensoziologie. Ber. Int. Symp. IVV Rinteln 1970: 291–311. Junk. Den Haag.

Dierschke, H. (1974): Saumgesellschaften im Vegetations- und Standortsgefälle an Waldrändern. – Scripta Geobot. 6: 1–146. Göttingen.

Dierschke, H. (1974a): Zur Abgrenzung von Einheiten der heutigen potentiell natürlichen Vegetation in waldarmen Gebieten Nordwest-Deutschlands. – In: Sommer, W. H. & Tüxen, R. (Red.): Tatsachen und Probleme der Grenzen in der Vegetation. Ber. Int. Symp. IVV Rinteln 1968: 305–325. Cramer. Lehre.

Dierschke, H. (1974b): Zur Syntaxonomie der Klasse Trifolio-Geranietea. – Mitt. Florist.-soziol. Arbeitsgem. N. F. 17: 27–38. Todenmann, Göttingen.

Dierschke, H. (1977): Sind die Trifolio-Geranietea-Gesellschaften thermophil?. – In: Dierschke, H. (Red.): Vegetation und Klima. Ber. Int. Symp. IVV Rinteln 1975: 317–339. Vaduz.

Dierschke, H. (1978): Vegetationsentwicklung auf Kahlschlägen verschiedener Laubwälder bei Göttingen. I. Dauerflächen-Untersuchungen 1971–1977. – Phytocoenosis 7: 29–42. Warszawa, Bialowieza.

Dierschke, H. (1979): Die Pflanzengesellschaften des Holtumer Moores und seiner Randgebiete. – Mitt. Florist.-Soziol. Arbeitsgem. N. F. 21: 111–143. Göttingen.

Dierschke, H. (1979a): Laubwald-Gesellschaften im Bereich der unteren Aller und Leine (NW-Deutschland). – Docum. Phytosociol. N. S. 4: 235–252. Lille.

Dierschke, H. (1980): Reinhold Tüxen (1899–1980). – Mitt. Florist.-Soziol. Arbeitsgem. N. F. 22: 3–7. Göttingen.

Dierschke, H. (1980a): Erstellung eines Pflegeplanes für Wiesenbrachen des Westharzes auf pflanzensoziologischer Grundlage. – Verh. Ges. Ökol. 8: 205–212. Göttingen.

Dierschke, H. (1981a): Syntaxonomische Gliederung der Bergwiesen Mitteleuropas (Polygono-Trisetion). – In: Dierschke, H. (Red.): Syntaxonomie. Ber. Int. Symp. IVV Rinteln 1980: 311–341. Cramer. Vaduz.

Dierschke, H. (1981b): Zur syntaxonomischen Bewertung schwach gekennzeichneter Pflanzengesellschaften. – In: Dierschke, H. (Red.): Syntaxonomie. Ber. Int. Symp. IVV Rinteln 1980: 109–122. Cramer. Vaduz.

Dierschke, H. (1981c): Vegetations-Zonierung am Waldrand als Modell für Gehölzpflanzungen in der offenen Landschaft. –Mitt. Ergänzungsstud. Ökol. Umweltsicherung 7: 39–59. Kassel, Witzenhausen.

Dierschke, H. (1981d): Vorkommen, Gefährdung und Erhaltungsmöglichkeiten natürlicher Vegetation auf Korsika.– In: Schwabe-Braun, A. (Red.): Gefährdete Vegetation und ihre Erhaltung. Ber. Int. Symp. IVV Rinteln 1972: 521–532. Cramer. Vaduz.

Dierschke, H. (1982a): 25 Symposien der Internationalen Vereinigung für Vegetationskunde. – Rückschau und Ausblick. – In: Dierschke, H. (Red.): Struktur und Dynamik von Wäldern. Ber. Int. Symp. IVV Rinteln 1981: 31–38. Cramer. Vaduz.

Dierschke, H. (1982b): Internationale Vereinigung für Vegetationskunde (IVV). Bericht vom 26. Internationalen Symposium in Prag, 6.–8. April 1982. – Phytocoenologia 10 (3): 385–390. Stuttgart, Braunschweig.

Dierschke, H. (1982c): The significance of some introduced European broadleaved trees for the present potential natural vegetation of Ireland. – J. Life Sci. Royal Dublin Soc. 3 (1): 199–207. Dublin.

Dierschke, H. (Red.) (1982d): Struktur und Dynamik von Wäldern. – Ber. Int. Symp. IVV Rinteln 1981. Cramer. Vaduz. 736 S.

Dierschke, H. (1982e): Pflanzensoziologische und ökologische Untersuchungen in Wäldern Südniedersachsens. I. Phänologischer Jahresrhythmus sommergrüner Laubwälder. – Tuexenia 2: 173–194. Göttingen.

Dierschke, H. (1983): Symphänologische Artengruppen sommergrüner Laubwälder und verwandter Gesellschaften Mitteleuropas. – Verh. Ges. Ökol. 11: 71–85. Göttingen.

Dierschke, H. (1984a): Zur syntaxonomischen Stellung und Gliederung der Ufer- und Auenwälder

Südeuropas. – Colloques Phytosoc. 9: 115–129. Vaduz.
DIERSCHKE, H. (1984b): Auswirkungen des Frühjahrshochwassers 1981 auf die Ufervegetation im südwestlichen Harzvorland mit besonderer Berücksichtigung kurzlebiger Pioniergesellschaften. – Braunschweig. Naturkundl. Schriften 2 (1): 19–39. Braunschweig.
DIERSCHKE, H. (1984c): Natürlichkeitsgrade von Pflanzengesellschaften unter besonderer Berücksichtigung der Vegetation Mitteleuropas. – Phytocoenologia 12 (2/3): 173–184. Stuttgart, Braunschweig.
DIERSCHKE, H. (1985a): Aufgaben pflanzensoziologischer Forschung in Mitteleuropa. – Tuexenia 5: 561–563. Göttingen.
DIERSCHKE, H. (1985b): Experimentelle Untersuchungen zur Bestandesdynamik von Kalkmagerrasen (Mesobromion) in Südniedersachsen. Vegetationsentwicklung auf Dauerflächen 1972–1984. – In: SCHREIBER, K.-F. (Hrsg.): Sukzession auf Grünlandbrachen. – Münster. Geogr. Arbeiten 20: 9–24. Paderborn.
DIERSCHKE, H. (1985c): Anthropogenous areal extension of central European woody species on the British Isles and its significance for the judgement of the present potential natural vegetation. – In: NEUHÄUSL, R., DIERSCHKE, H. & BARKMAN, J. J.(eds.): Chorological phenomena in plant communities. Proceed. 26 th. Int. Symp. Int. Ass. Vegetation Sci. Prague 1982: 171–175, 259–261. Junk. Dordrecht, Boston, Lancaster.
DIERSCHKE, H. (1985d): Pflanzensoziologische und ökologische Untersuchungen in Wäldern Süd-Niedersachsens. II. Syntaxonomische Übersicht der Laubwald-Gesellschaften und Gliederung der Buchenwälder. – Tuexenia 5: 491–521. Göttingen.
DIERSCHKE, H. (1985e): Landschaftsökologische Feingliederung nordwestdeutscher Lößgebiete mit Hilfe der potentiell natürlichen Vegetation. – Ber. naturhist. Ges. Hannover 128: 207–216. Hannover.
DIERSCHKE, H. (1986a): Entwicklung und heutiger Stand der Syntaxonomie von Silikat-Trockenrasen und verwandten Gesellschaften in Mitteleuropa. – Phytocoenologia 14 (3): 399–416. Stuttgart, Braunschweig.
DIERSCHKE, H. (1986b): Vegetationsdifferenzierung im Mikrorelief nordwestdeutscher sandiger Flußtäler am Beispiel der Meppener Kuhweide (Ems). – Colloqu. Phytosoc. 8: 613–631. Berlin, Stuttgart.
DIERSCHKE, H. (1986c): Pflanzensoziologische und ökologische Untersuchungen in Wäldern Süd-Niedersachsens. III. Syntaxonomische Gliederung der Eichen-Hainbuchenwälder, zugleich eine Übersicht der Carpinion-Gesellschaften NW-Deutschlands. – Tuexenia 6: 299–323. Göttingen.
DIERSCHKE, H. (1986d): Untersuchungen zur Populationsdynamik der Gentianella-Arten in einem Enzian-Zwenken-Kalkmagerrasen. – Natur Heimat 46 (3): 73–81. Münster.

DIERSCHKE, H. (1988a): Methodische und syntaxonomische Probleme bei der Untersuchung und Bewertung nasser Mikrostandorte in Laubwäldern. – In: BARKMAN, J. J. & SYKORA, K. V. (eds.): Dependent plant communities: 43–57. SPB Acad. Publishing The Hague.
DIERSCHKE, H. (1988b): Zur Benennung zentraler Syntaxa ohne eigene Kenn- und Trennarten. – Tuexenia 8: 381–382. Göttingen.
DIERSCHKE, H. (1988c): Pflanzensoziologische und ökologische Untersuchungen in Wäldern Süd-Niedersachsens. IV. Vegetationsentwicklung auf längerfristigen Dauerflächen von Buchenwald-Kahlschlägen. – Tuexenia 8: 307–326. Göttingen.
DIERSCHKE, H. (1989a): Kleinräumige Vegetationsstruktur und phänologischer Rhythmus eines Kalkbuchenwaldes. – Verh. Ges. Ökol. 17: 131–143. Göttingen.
DIERSCHKE, H. (1989b): Artenreiche Buchenwald-Gesellschaften Nordwest-Deutschlands. – Ber. Reinh. Tüxen-Ges. 1: 107–147. Hannover.
DIERSCHKE, H. (1989c): Symphänologischer Aufnahme- und Bestimmungsschlüssel für Blütenpflanzen und ihre Gesellschaften in Mitteleuropa. – Tuexenia 9: 477–484. Göttingen.
DIERSCHKE, H. (1990a): Species-rich beech woods in mesic habitats in central and western Europe: a regional classification into suballiances. – Vegetatio 87: 1–10. Dordrecht etc.
DIERSCHKE, H. (1990b): Syntaxonomische Gliederung des Wirtschaftsgrünlandes und verwandter Gesellschaften (Molinio-Arrhenatheretea) in Westdeutschland. – Ber. Reinhold Tüxen-Ges. 2: 83–89. Hannover.
DIERSCHKE, H. (1990c): Bibliographia Symphaenologica. – Excerpta Bot. Sect. B. 28 (1): 49–87. Stuttgart, New York.
DIERSCHKE, H. (1991): Phytophänologische Untersuchungen in Wäldern: Methodische Grundlagen und Anwendungsmöglichkeiten im passiven Biomonitoring. – Veröff. Natursch. Landschaftspfl. Bad.-Württ. Beih. 64: 76–86. Karlsruhe.
DIERSCHKE, H. (1992): Zur Begrenzung des Gültigkeitsbereiches von Charakterarten. Neue Vorschläge und Konsequenzen für die Syntaxonomie. – Tuexenia 12: 3–11. Göttingen.
DIERSCHKE, H. (1992a): European Vegetation Survey – ein neuer Anlauf für eine Übersicht der Pflanzengesellschaften Europas. – Tuexenia 12: 381–383. Göttingen.
DIERSCHKE, H., DÖRING, U. & HÜNERS, G. (1987): Der Traubenkirschen-Erlen-Eschenwald (Pruno-Fraxinetum Oberd. 1953) im nordöstlichen Niedersachsen. – Tuexenia 7: 367–379. Göttingen.
DIERSCHKE, H. & ENGELS, M. (1991): Response of a Bromus erectus grassland (Mesobromion) to abandonment and different cutting regimes. – In: ESSER, G. & OVERDIECK, D. (eds.): Modern Ecology: Basic and applied aspects: 375–397. Elsevier. Amsterdam etc.

DIERSCHKE, H., HÜLBUSCH, K.-H. & TÜXEN, R. (1973): Eschen-Erlen-Quellwälder am Südwestrand der Bückeberge bei Bad Eilsen, zugleich ein Beitrag zur pflanzensoziologischen Arbeitsweise. –Mitt. Florist.-Soziol. Arbeitsgem. N. F. 15/16: 153–164. Todenmann, Göttingen.

DIERSCHKE, H., OTTE, A. & NORDMANN, H. (1983): Die Ufervegetation der Fließgewässer des Westharzes und seines Vorlandes. – Natursch. Landschaftspfl. Nieders. Beih. 4: 1–83. Hannover.

DIERSCHKE, H. & SONG, Yongchang (1982): Vegetationsgliederung und kleinräumige Horizontalstruktur eines submontanen Kalkbuchenwaldes. – In: DIERSCHKE, H. (Red.): Struktur und Dynamik von Wäldern. Ber. Int. Symp. IVV Rinteln 1981: 513–539. Cramer. Vaduz.

DIERSCHKE, H. & TÜXEN, R. (1975): Die Vegetation des Langholter- und Rhauder Meeres und seiner Randgebiete. – Mitt. Florist.-Soziol. Arbeitsgem. N. F. 18: 157–202. Todenmann, Göttingen.

DIERSCHKE, H. & VOGEL, A. (1981): Wiesen- und Magerrasen-Gesellschaften des Westharzes. – Tuexenia 1: 139–183. Göttingen.

DIERSCHKE, H. & WITTIG, B. (1991): Die Vegetation des Holtumer Moores (Nordwest-Deutschland). Veränderungen in 25 Jahren (1963–1988). – Tuexenia 11: 171–190. Göttingen.

DIERSSEN, B. & DIERSSEN, K. (1984): Vegetation und Flora der Schwarzwaldmoore. – Veröff. Natursch. Landschaftspfl. Bad.-Württ. Beih. 39: 1–510. Karlsruhe.

DIERSSEN, K. (1975): Littorelletea uniflorae. – In: TÜXEN, R. (Ed.): Prodromus der europäischen Pflanzengesellschaften. Lf. 2. – Cramer. Vaduz. 149 S.

DIERSSEN, K. (1977): Klasse Oxycocco-Sphagnetea Br.-Bl et R. Tx. 43. – In: OBERDORFER, E. (Hrsg.): Süddeutsche Pflanzengesellschaften. 2. Aufl. Teil I. Pflanzensoz. 10: 273–292. Jena.

DIERSSEN, K. (1982): Die wichtigsten Pflanzengesellschaften der Moore NW-Europas. – Conservatoire Jardin Bot. Genève. 382 S.

DIERSSEN, K. (1983): Rote Liste der Pflanzengesellschaften Schleswig-Holsteins (2. Aufl. 1988). – Schriftenr. Landesamt Natursch. Landschaftspfl. Schl.-Holstein 6: 1–159. Kiel.

DIERSSEN, K. (1986): Anmerkung zum Gesellschaftsanschluß von Carex heleonasten EHRH. – Abh. Westfäl. Mus. Naturk. 48 (2/3): 281–290. Münster.

DIERSSEN, K. (1987): Hemerobiestufen des Feuchtgrünlandes in Schleswig-Holstein. – In: SCHUBERT, R. & HILBIG, W. (Hrsg.): Erfassung und Bewertung anthropogener Vegetationsveränderungen. Teil 2. Wiss. Beitr. Martin-Luther-Univ. Halle-Wittenberg 1987/25: 4–25. Halle.

DIERSSEN, K. (1990a): Leitlinien für die Einrichtung von Dauerbeobachtungsflächen zur Kontrolle der Effektivität des Naturschutzes in Schleswig-Holstein. – In: LANDESNATURSCHUTZVERB. SCHLESWIG-HOLSTEIN (Hrsg.): Grüne Mappe 1990: 9–13. Neumünster.

DIERSSEN, K. (1990b): Einführung in die Pflanzensoziologie (Vegetationskunde). – Wiss. Buchgesellschaft. Darmstadt. 241 S.

DIERSSEN, K. & DIERSSEN, B. (1982): Kiefernreiche Phytozönosen oligotropher Moore im mittleren und nordwestlichen Europa. – Überlegungen zur Problematik ihrer Zuordnung zu höheren synsystematischen Einheiten. – In: DIERSCHKE, H. (Red.): Struktur und Dynamik von Wäldern. Ber. Int. Symp. IVV Rinteln 1981: 299–311. Cramer. Vaduz.

DIERSSEN, K. & DIERSSEN, B. (1985): Corresponding Caricion bicoloris-atrofuscae communities in western Greenland, northern Europe and the central European mountains. – Vegetatio 59: 151–157. Dordrecht.

DIERSSEN, K., MIERWALD, U. & SCHRAUTZER, J. (1985): Hemerobiestufen bei Niedermoorgesellschaften. – Tuexenia 5: 317–329. Göttingen.

DIERSSEN, K. & REICHELT, H. (1988): Zur Gliederung des Rhynchosporion albae W. Koch 1926 in Europa. – Phytocoenologia 16 (1): 37–104. Stuttgart–Braunschweig.

DIETL, W. (1972): Die Vegetationskartierung als Grundlage für die Planung einer umfassenden Alpverbesserung im Raume von Glaubenbüelen (Obwalden). – Diss. ETH Zürich. 150 S.

DIETVORST, P., VAN DER MAAREL, E. & VAN DER PUTTEN, H. (1982): A new approach to the minimal area of a plant community. – Vegetatio 50: 77–91. The Hague.

DINTER, W. (1987): Zum Einfluß anthropogener Standortsveränderungen auf die Artenzusammensetzung niederrheinischer Erlenwälder. – In: SCHUBERT, R. & HILBIG, W. (Hrsg.): Erfassung und Bewertung anthropogener Vegetationsveränderungen. Teil 3. Wiss. Beitr. Martin-Luther-Univ. Halle-Wittenberg 1987/46: 131–141. Halle.

DISTER, E. (1977): Naturschutzgebiet „Lampertheimer Altrhein". – Landeskundl. Luftbildauswert. Mitteleurop. Raum 13: 71–76. Bonn–Bad Godesberg.

DÖRING, UTE (1987): Zur Feinstruktur amphibischer Erlenbruchwälder. Kleinstandörtliche Differenzierung in der Bodenvegetation des Carici elongatae-Alnetum im Hannoverschen Wendland. – Tuexenia 7: 347–366. Göttingen.

DÖRING-MEDERAKE, U. (1991): Feuchtwälder im nordwestdeutschen Tiefland. Gliederung – Ökologie – Schutz. – Scripta Geobot. 19. Göttingen. 122 S.

DOING, H. (1963): Übersicht der floristischen Zusammensetzung, der Struktur und der dynamischen Beziehungen niederländischer Wald- und Gebüschgesellschaften. – Med. Landbouwhogeschool 63 (2): 1–60. Wageningen.

DOING, H. (1969): Assoziationstabellen von niederländischen Wäldern und Gebüschen. Wageningen. 63 S.

DOING, H. (1972): Proposals for an objectivation of phytosociological methods. – In: VAN DER MAAREL, E. & TÜXEN, R. (Red.): Grundfragen und Methoden in der Pflanzensoziologie. Ber. Int. Symp. IVV Rinteln 1970: 59–74. Junk. Den Haag.

DOING, H. (1979): Gesellschaftskomplexe und Landschaftskartierung. Methodische und praktische Überlegungen. –Ber. Geobot. Inst. ETH Stift. Rübel 46: 31–61. Zürich.

DONITA, N. (1971): Cercetari asupra straturilor inferioare si asupra fenologiei asociatiilor de padure. – In: POPESCU-ZELETIN, J. (Red.): Cercetari ecologice in podisul Babadag: 197–234. Bucuresti.

DRACHENFELS, O. VON, MEY, H. & MIOTK, P. (1984): Naturschutzatlas Niedersachsen. Erfassung der für den Naturschutz wertvollen Bereiche. – Natursch. Landschaftspfl. Nieders. 13: 1–267. Hannover.

DREHWALD, U. & PREISING, E. (1991): Die Pflanzengesellschaften Niedersachsens. Bestandsentwicklung, Gefährdung und Schutzprobleme. Moosgesellschaften. – Naturschutz Landschaftspfl. Nieders. 20 (9): 1–202. Hannover.

DRUDE, O. (1896): Deutschlands Pflanzengeographie. 1. Teil. - Engelhorn. Stuttgart. 502 S.

DRUDE, O. (1902): Der Hercynische Florenbezirk. Grundzüge der Pflanzenverbreitung. – In: ENGLER, A. & DRUDE, O. (Hrsg.): Die Vegetation der Erde. 6. Engelmann. Leipzig. 671 S.

DUBIEL, B. (1991): The phytogeographical division of the Polish East Carpathians. – Prace Bot. 22: 81–119. Warszawa, Kraków.

DÜLL, R. (1969): Moosflora von Südwestdeutschland. Allgemeiner Teil. I. Die Lebermoose. – Mitt. Bad. Landesvereins Naturk. Natursch. 10: 39–138. Freiburg.

DÜLL, R. & KUTZELNIGG, H. (1986): Neues botanisch-ökologisches Exkursionstaschenbuch. 2. erw. Auflage – IDH. Rheurdt. 255 S. (3. Aufl. 1988: Quelle und Meyer. Heidelberg, Wiesbaden. 411 S.).

DÜLL, R. & MEINUNGER, L. (1989): Deutschlands Moose. Die Verbreitung der deutschen Moose in der BR Deutschland und in der DDR, ihre Höhenverbreitung, ihre Arealtypen, sowie Angaben zum Rückgang der Arten. - IDH. Bad Münstereifel-Ohlerath. 368 S.

DUPIAS, G., GAUSSEN, H., IZARD, M. & REY, P. (1963): Corse. – Carte de la végétation de la France 1:200000 80/81 + Notice sommaire. – Toulouse. 21 S.

DU RIETZ, G. E. (1921): Zur methodischen Grundlage der modernen Pflanzensoziologie. – Dissert. Univ. Uppsala. Holzhausen. Wien. 272 S.

DU RIETZ, G. E. (1930): Vegetationsforschung auf soziationsanalytischer Grundlage. – In: ABDERHALDEN, E. (Hrsg.): Handb. biol. Arbeitsmeth. Abt. XI 5 (2): 293–480. Urban & Schwarzenberg. Berlin, Wien.

DU RIETZ, G. E. (1931): Life-forms of terrestrial flowering plants. – Acta Phytogeogr. Suec. 3 (1): 1–95. Uppsala.

DU RIETZ, G. E. (1936): Classification and nomenclature of vegetation units 1930–1935. – Svensk. Bot. Tidskr. 30 (3): 580–589. Stockholm.

DU RIETZ, G. E. (1965): Biozönosen und Synusien in der Pflanzensoziologie. – In: TÜXEN, R. (Hrsg.) Biozönologie. Ber. Int. Symp. IVV Stolzenau 1960: 23–42. Junk. Den Haag.

DURING, H. J. & VERSCHUREN, G. A. C. M. (1988): Influence of the tree canopy on terrestrial bryophyte communities: microclimate and chemistry of throughfall. – In: BARKMAN, J. J. & SYKORA, K. V. (eds.): Dependent plant communities: 99–110. SPB Acad. Publishing. The Hague.

DURWEN, K.-J. (1982): Zur Nutzung von Zeigerwerten und artspezifischen Merkmalen der Gefäßpflanzen Mitteleuropas für Zwecke der Landschaftsökologie und -planung mit Hilfe der EDV. Voraussetzungen, Instrumentarien, Methoden und Möglichkeiten. – Arbeitsber. Lehrstuhl Landschaftsökol. Münster 5: 1–138. Münster.

DURWEN, K.-J. (1983): Bioindikation im Dienste des Umweltschutzes. – Beitr. Landschaftspfl. Rheinl.-Pfalz 9: 133–160. Oppenheim.

DZWONKO, Z. (1986): Numerical classification of the Polish carpathian forest communities. – Fragm. Florist. Geobot. 30 (2): 93–167. Warszawa, Kraków. ‹Poln./Engl.›

EBBEN, U., GLADEN, S., GLAVAC, V., KOLMANN, U., LAUTERBACH, W., PULLMANN, C. & QUICK, J. (1983): Gradientenanalyse der Grünlandgesellschaften des Landschafts- und Naturschutzgebiets „Dönche" bei Kassel (Nordhessen). – Philippia 5 (2): 151–162. Kassel.

EBER, W. (1972): Über das Lichtklima von Wäldern bei Göttingen und seinen Einfluß auf die Bodenvegetation. – Scripta Geobot. 3: 1–150. Göttingen.

EBER, W. (1982): Struktur und Dynamik der Bodenvegetation im Luzulo-Fagetum. – In: DIERSCHKE, H. (Red.): Struktur und Dynamik von Wäldern. Ber. Int. Symp. IVV Rinteln 1981: 495–511. Cramer. Vaduz.

EBERHARDT, E., KOPP, D. & PASSARGE, H. (1967): Standorte und Vegetation des Kirchleerauer Waldes im Schweizerischen Mittelland. – Veröff. Geobot Inst. ETH Stiftg. Rübel 39: 13–134. Zürich.

ECKELS, E., RIESS, W. & KNAPP, R. (1984): Bibliographie der Arbeiten über den Einfluß des Feuers auf die Vegetation. VIII. – Excerpta Bot. Sect. B. 24 (1): 1–9. Stuttgart.

EDELHOFF, A. (1983): Auebiotope an der Salzach zwischen Laufen und Saalachmündung – eine Bewertung aus der Sicht des Landschafts- und Naturschutzes. – Ber. Akad. Natursch. Landschaftspfl. 7: 4–36. Laufen/Salzach.

EGLER, F. E. (1954): Vegetation science concepts. I. Initial floristic composition, a factor in old-field vegetation development. – Vegetatio 4: 412–417. Den Haag.

EHRENDORFER, F. (Hrsg.) (1973): Liste der Gefäßpflanzen Mitteleuropas. 2. Aufl. – Gustav Fischer. Stuttgart. 318 S.

EITEN, G. (1987): Physiognomic categories of vegetation. –In: MIYAWAKI, H. et al. (eds.): Vegetation Ecology and Creation of New Environment. Proceed. Int. Symp. Tokyo 1984: 387–403. Maruzen. Tokyo.

ELLENBERG, H. (1939): Über Zusammensetzung, Standort und Stoffproduktion bodenfeuchter Eichen- und Buchen-Mischwaldgesellschaften Nordwestdeutschlands. – Mitt. Florist.-Soziol. Arbeitsgem. Nieders.: 1–135. Hannover.

ELLENBERG, H. (1948): Unkrautgesellschaften als Maß für den Säuregrad, die Verdichtung und andere Eigenschaften des Ackerbodens. – Ber. Landtechnik 4: 1–18. Wolfratshausen.

ELLENBERG, H. (1950): Unkrautgemeinschaften als Zeiger für Klima und Boden. – Landwirtschaftl. Pflanzensoz. 1: 1–141. Ulmer. Ludwigsburg.

ELLENBERG, H. (1952): Wiesen und Weiden und ihre standörtliche Bewertung. – Landwirtschaftl. Pflanzensoz. 2: 1–143. Ulmer. Ludwigsburg.

ELLENBERG, H. (1952a): Auswirkungen der Grundwassersenkung auf die Wiesengesellschaften am Seitenkanal westlich Braunschweig. – Angew. Pflanzensoz. 6: 1–46. Stolzenau/Weser.

ELLENBERG, H. (1953): Physiologisches und ökologisches Verhalten derselben Pflanzenarten. – Ber. Deutsch. Bot. Ges. 65: 351–362. Stuttgart.

ELLENBERG, H. (1953a): Führt die alpine Vegetations- und Bodenentwicklung auch auf reinen Karbonatgesteinen zum Krummseggenrasen (Caricetum curvulae)? – Ber. Deutsch. Bot. Ges. 66: 241–246. Stuttgart.

ELLENBERG, H. (1954a): Naturgemäße Anbauplanung, Melioration und Landespflege. – Landwirtschaftl. Pflanzensoz. 3: 1–109. Ulmer. Stuttgart, Ludwigsburg.

ELLENBERG, H. (1954b): Zur Entwicklung der Vegetationssystematik in Mitteleuropa. – Angew. Pflanzensoz. 1: 133–143. Wien.

ELLENBERG, H. (1956): Aufgaben und Methoden der Vegetationskunde. – In: WALTER, H. (Hrsg.): Einführung in die Phytologie, Bd. 4, Teil 1. Ulmer. Stuttgart. 136 S.

ELLENBERG, H. (1963): Vegetation Mitteleuropas mit den Alpen. – In: WALTER, H. (Hrsg.): Einführung in die Phytologie. Bd. 4, Teil 2. Ulmer. Stuttgart. 943 S.

ELLENBERG, H. (1964): „Eigenbürtige" und „fremdbürtige" Vegetationsstufung auf Korsika. – Beitr. Phytologie (Festschr. H. Walter): 1–10. Stuttgart.

ELLENBERG, H. (1966): Leben und Kampf an den Baumgrenzen der Erde. – Naturwiss. Rundschau 19: 133–139. Stuttgart.

ELLENBERG, H. (Hrsg.) (1967): Vegetations- und bodenkundliche Methoden der forstlichen Standortskartierung. – Veröff. Geobot. Inst. ETH Stiftg. Rübel 39: 1–296. Zürich.

ELLENBERG, H. (1968): Wege der Geobotanik zum Verständnis der Pflanzendecke. – Naturwissenschaften 55 (10): 462–470. Berlin, Heidelberg, New York.

ELLENBERG, H. (1971): Die natürlichen Waldgesellschaften der Eilenriede in ökologischer Sicht (mit Vegetationskarte von 1946). – Ber. Naturh. Ges. Beih. 7: 121–127. Hannover.

ELLENBERG, H. (1973a): Ziele und Stand der Ökosystem-Forschung. – In: ELLENBERG, H. (Hrsg.): Ökosystemforschung. Ergebnisse Symp. Deutsch. Bot. Ges. u. Ges. f. Angew. Bot. Innsbruck 1971: 1–31. Springer. Berlin, Heidelberg, New York.

ELLENBERG, H. (1973b): Versuch einer Klassifikation der Ökosysteme nach funktionalen Gesichtspunkten. – Ebenda: 235–265.

ELLENBERG, H. (1974/79): Zeigerwerte der Gefäßpflanzen Mitteleuropas. 2. Aufl. (1. Aufl. 1974). – Scripta Geobot. 9: 1–106. Göttingen.

ELLENBERG, H. (1975): Vegetationsstudien in perhumiden bis perariden Bereichen der Anden. – Phytocoenologia 2 (3/4): 368–387. Stuttgart, Lehre.

ELLENBERG, H. (1978): Vegetation Mitteleuropas mit den Alpen in ökologischer Sicht. 2. völlig neu bearb. Aufl. (3. Aufl. 1982). – Ulmer. Stuttgart. 989 S.

ELLENBERG, H. (1979): Begriffe der Sukzessionsforschung. – In: TÜXEN, R. & SOMMER, W.-H. (Red.): Gesellschaftsentwicklung (Syndynamik). Ber. Int. Symp. IVV Rinteln 1967: 5–10. Cramer, Vaduz.

ELLENBERG, H. (1979a): Ökologische Sukzessionsforschung – Beobachtungen und Theorien. – Jahrb. Akad. Wiss. Göttingen 1979: 75–80. Göttingen.

ELLENBERG, H. (1982a): J. Braun-Blanquet (3. 8. 1884–16. 5. 1980), R. Tüxen (21. 5. 1899–16. 5. 1980) – 50 Jahre Pflanzensoziologie. – Ber. Deutsch. Bot. Ges. 95: 387–391. Stuttgart.

ELLENBERG, H. (1982b): Aus dem Lebenswerk von Robert Whittaker. – In: DIERSCHKE, H. (Red.): Struktur und Dynamik von Wäldern. Ber. Int. Symp. IVV Rinteln 1981: 19–29. Cramer. Vaduz.

ELLENBERG, H. (1985): Unter welchen Bedingungen haben Blätter sogenannte „Träufelspitzen". – Flora 176: 169–188. Jena.

ELLENBERG, H. & CRISTOFOLINI, G. (1964): Sichtlochkarten als Hilfsmittel zur Ordnung und Auswertung von Vegetationsaufnahmen. – Ber. Geobot. Inst. ETH Stift. Rübel 35: 124–134. Zürich.

ELLENBERG, H. & ELLENBERG, C. (1974): Wuchsklima-Gliederung von Hessen 1:200000 auf pflanzenphänologischer Grundlage. – Hess. Minister für Landwirtschaft und Umwelt, Abt. Landentwicklung. Wiesbaden.

ELLENBERG, H. & KLÖTZLI, F. (1967): Vegetation und Bewirtschaftung des Vogelreservates Neeracher Riet. – Ber. Geobot. Inst. ETH Stiftung Rübel 37: 88–112. Zürich.

ELLENBERG, H. & KLÖTZLI, F. (1972): Waldgesellschaften und Waldstandorte der Schweiz. – Mitt. Schweizer. Anstalt Forstl. Versuchswesen 48 (4): 1–334. Birmensdorf.

ELLENBERG, H., MAYER, R. & SCHAUERMANN, J. (1986): Ökosystemforschung. Ergebnisse des Solling-Projekts. – Ulmer. Stuttgart. 507 S.

ELLENBERG, H., MÜLLER, K. & STOTTELE, T. (1981): Straßen-Ökologie. Auswirkungen von Autobahnen und Straßen auf Ökosysteme deutscher Landschaften. – Ökologie u. Straße. Broschürenreihe Deutsch. Straßenliga 3: 19–122. Bonn.

ELLENBERG, H. & MUELLER-DOMBOIS, D. (1967a): Tentative physiognomic-ecological classification of

plant formations of the earth. – Ber. Geobot. Inst. ETH Stiftg. Rübel 37: 21–55. Zürich.
ELLENBERG, H. & MUELLER-DOMBOIS, D. (1967b): A key to Raunkiaer plant life forms with revised subdivisions. – Ber. Geobot. Inst. ETH Stift. Rübel 37: 56–73. Zürich.
ELLENBERG, H., WEBER, H. E., DÜLL, R., WIRTH, V., WERNER, W. & PAULISSEN, D. (1991): Zeigerwerte von Pflanzen in Mitteleuropa. – Scripta Geobot. 18: 1–248. Göttingen.
ELLENBERG, H. & ZELLER, O. (1951): Die Pflanzenstandortkarte. Am Beispiel des Kreises Leonberg. – Forsch. Sitzungsber. Akad. Raumforsch. Landesplan. 2: 11–49. Hannover.
ELLENBERG, H. [Hermann] (1983): Gefährdung wildlebender Pflanzenarten in der Bundesrepublik Deutschland. Versuch einer ökologischen Betrachtung. – Forstarchiv 54 (4): 127–133. Hannover.
ELLENBERG, H. [Hermann] (1989): Eutrophierungsveränderungen der Waldvegetation: Folgen für und Rückwirkungen durch Rehverbiß. – Verh. Ges. Ökol. 17: 425–435. Göttingen.
ELSEN, T. VAN (1989): Ackerwildkraut-Gesellschaften herbizidfreier Ackerränder und des herbizidbehandelten Bestandesinnern im Vergleich. – Tuexenia 9: 75–105. Göttingen.
ENGELBACH, G. & FANGMEIER, A. (1989): Wirkungen von SO_2, NO_2, und O_3 auf die saisonale Entwicklung der Krautschicht eines Perlgras-Buchenwaldes im Gießener Stadtwald. – Verh. Ges. Ökol. 18: 379–385. Göttingen.
EPP, G. A. & AARSSEN, L. W. (1988): Attributes of competitive ability in herbaceous plants. – In: WERGER, M. J. A. et al. (eds.): Plant form and vegetation structure: 71–76. SPB Acad. Publ. The Hague.
ERHARDT, A. (1985): Diurnal Lepidoptera: sensitive indicators of cultivated and abandoned grassland. – J. Appl. Ecol. 22: 849–861. Oxford etc.
ERN, H. (1966): Die dreidimensionale Anordnung der Gebirgsvegetation auf der Iberischen Halbinsel. – Bonner Geogr. Abh. 37: 1–136. Bonn.
ERNST, W. (1976): Violetea calaminariae. – In: TÜXEN, R. (Ed.): Prodromus Europ. Pflanzenges. 3: 1–132. Cramer. Vaduz.
ERNST, W. (1978): Discrepancy between ecological and physiological optima of plant species. A re-interpretation. –Oecol. Pl. 13 (2): 175–189. Paris.
ERNST, W. H. O. (1979): Population biology of Allium ursinum in Northern Germany. – J. Ecol. 67 (1): 347–362. Oxford etc.
ERNST, W. H. O. (1986): Die Wirkung chemischer Komponenten der Laubstreu auf das Wald-Greiskraut, Senecio sylvaticus. – Abh. Westfäl. Mus. Naturk. 48 (2/3): 291–301. Münster.
ERSCHBAMER, B. (1990): Substratabhängigkeit alpiner Rasengesellschaften. – Flora 184 (6): 389–403. Jena.
ESKUCHE, U. (1968a): Fisionomía y sociología de los bosques de Nothofagus dombeyi en la región de Nahuel Huapí. – Vegetatio 16: 192–204. Den Haag.
ESKUCHE, U. (1968b): Wasserstufen und potentieller Wasserumsatz von Pflanzengesellschaften. – In: TÜXEN, R. (Hrsg.): Pflanzensoziologie und Landschaftsökologie. Ber. Int. Symp. IVV Stolzenau 1963: 210–222. Junk. Den Haag.
ESKUCHE, U. (1982): Struktur und Wirkungsgefüge eines subtropischen Waldes Südamerikas. – In: DIERSCHKE, H. (Red.): Struktur und Dynamik von Wäldern. Ber. Int. Symp. IVV Rinteln 1981: 49–68. Cramer. Vaduz.
ESKUCHE, U. (1986): Bericht über die 17. Internationale Pflanzengeographische Exkursion durch Nordargentinien (1983). – Veröff. Geobot. Inst. ETH Stift. Rübel 91: 12–117. Zürich.
FAEGRI, K. & IVERSEN, J. (1989): Textbook of pollen analysis. 4. Ed. – J. Wiley & Sons. Chichester etc. 328 S.
FAJMONOVÁ, E. (1983): Die Überprüfung der syntaxonomischen Klassifikation einiger Waldgesellschaften des Slowakischen Paradieses mittels der Berechnung des Ähnlichkeitskoeffizienten. – Preslia 55 (3): 207–221. Praha. ‹Tschech./Deutsch›
FALIŃSKA, K. (1973a): Flowering rhythms in forest communities in the Bialowieza national park in relation to seasonal changes. – Ekol. Polska 21: 827–867. Warszawa.
FALIŃSKA, K. (1973b): Seasonal dynamics of herb layer in forest communities of Bialowieza National Park. – Phytocoenosis 2 (1): 1–121. Warszawa. ‹Poln./Engl.›
FALIŃSKA, K. (1976): Seasonal variability of colour aspects in the forest plant communities of the Bialowieza National Park. – Phytocoenosis 5 (2): 69–84. Warszawa, Bialowieza.
FALIŃSKA, K. (1978): Behaviour of Caltha palustris L. populations in forest and meadow ecosystems of the Bialowieza National Park. – Ekol. Polska 26 (1): 85–109. Warszawa.
FALIŃSKA, K. (1979): Modifications of plant populations in forest ecosystems and their ecotones. – Polish Ecol. Stud. 5 (1): 89–150.
FALIŃSKA, K. (1991): Plant demography in vegetation succession. – Task for vegetation science 26. Kluwer. Dordrecht etc. 210 S.
FALIŃSKI, J. B. (1972): Potencjalna roslinnosc naturalna pojezierza mazurskiego. – Phytocoenosis 1 (1): 79–94. Warszawa, Bialowieza.
FALIŃSKI, J. B. (1975a): Sukzession auf fremden, in den Boden eingeführten Substraten im Eichen-Hainbuchenwald. – In: SCHMIDT, W. (Red.): Sukzessionsforschung. Ber. Int. Symp. IVV Rinteln 1973: 447–470. Cramer. Vaduz.
FALIŃSKI, J. B. (1975b): Anthropogenic changes of the vegetation of Poland. – Phytocoenosis 4 (2): 97–142. Warszawa, Bialowieza.
FALIŃSKI, J. B. (1986): Vegetation dynamics in temperate lowland primeval forests. Ecological studies in Bialowieza forests. – Geobotany 8: 1–537. Kluwer. Dordrecht.
FALIŃSKI, J. B. (1988): Succession, regeneration and fluctuation in the Bialowieza Forest (NE Poland). – Vegetatio 77: 115–128. Dordrecht etc.

FALIŃSKI, J. B. & PEDROTTI, F. (1990): The vegetation and dynamical tendencies of Bosco Quarto, Promontorio del Gargano, Italy. – Braun-Blanquetia 5: 1–36. Camerino, Bailleul.

FARJON, A. & FARJON, R. (1991): Naturnahe Laubwaldreste um Westerstede in der ostfriesisch-oldenburgischen Geest: Eine Vegetationsanalyse mit Berücksichtigung des Naturschutzes. –Tuexenia 11: 359–379. Göttingen.

FEOLI, E., PIGNATTI, E. & PIGNATTI, S. (1981): Successione indotta dal fuoco nel Genisto-Callunetum del Carso triestino. – Stud. Trentini Sci. Nat. 58: 231–240. Trento.

FERRARI, C. (1988): Specific saturation of community tables. An optimation method and some inferences. – Ann. Bot. 46: 97–102. Roma.

FIRBAS, F. (1949/52): Waldgeschichte Mitteleuropas I–II. – Fischer. Jena. 480 + 256 S.

FIRBAS, F. (1954): Über einige Beziehungen der jüngeren Waldgeschichte zur Pflanzensoziologie vornehmlich in Deutschland. – Vegetatio 5/6: 194–198. Den Haag.

FISCHER, A. (1982): Mosaik und Syndynamik der Pflanzengesellschaften von Lößböschungen im Kaiserstuhl (Südbaden). – Phytocoenologia 10 (1/2): 73–256. Stuttgart, Braunschweig.

FISCHER, A. (1986): Feinanalytische Sukzessionsuntersuchungen in Grünlandbrachen – Vegetationsentwicklung ungelenkt und nach Begrünung. – Veröff. Natursch. Landschaftspfl. Bad.-Württ. 61: 349–390. Karlsruhe.

FISCHER, A. (1987): Untersuchungen zur Populationsdynamik am Beginn von Sekundärsukzessionen. Die Bedeutung von Samenbank und Samenniederschlag für die Wiederbesiedlung vegetationsfreier Flächen in Wald- und Gründlandgesellschaften. – Diss. Bot. 110: 1–234. Berlin, Stuttgart.

FISCHER, A., ABS, G. & LENZ, F. (1990): Natürliche Entwicklung von Waldbeständen nach Windwurf. Ansätze einer „Urwaldforschung" in der Bundesrepublik. – Forstw. Cbl. 109: 309–326. Hamburg, Berlin.

FISCHER, H. (1990): Simulating the distribution of plant communities in an alpine landscape. – Coenoses 5 (1): 37–43. Trieste.

FISCHER, H. & BEMMERLEIN, F. (1986): Numerische Methoden in der Ökologie. – Kursskript. 2. Aufl. Erlangen. 122 S.

FITSCHEN, J. [Begr.]; MEYER, F. H., HECKER, U., HÖSTER, H.-R. & SCHROEDER, F.-G. (1990): Gehölzflora. 9. Aufl. – Quelle & Meyer. Heidelberg, Wiesbaden.

FLAHAULT, C. & SCHRÖTER, C. (Hrsg.) (1910): Phytogeographische Nomenklatur. Berichte und Vorschläge. – 3. Congrès Int. Bot. Bruxelles 14–22 Mai 1910. Zürich. 40 S.

FLIERVOET, L. (1984): Canopy structure of Dutch grasslands. – Proefschrift Univ. Utrecht. Nijmegen. 256 S.

FLIERVOET, L. M. & WERGER, M. J. A. (1984): Canopy structure and microclimate of two wet grassland communities. – New Phytol. 96: 115–130.

FLINTROP, T. (1984): Die Aussagekraft von Stetigkeitsangaben. – Tuexenia 4: 293–295. Göttingen.

FOSBERG, F. R. (1961): A classification of vegetation for general purposes. – Trop. Ecol. 2: 1–28.

FOSBERG, F. R. (1967): A classification of vegetation for general purposes. – In: PETERKEN, G. F. (ed.): Guide to the check sheet for IBP areas. IBP Handbook 4: 73–120. Oxford, Edinburgh.

FOUCAULT, B. DE (1981): Réflexions sur l'appauvrissement des syntaxons aux limites chorologiques des unités phytosociologiques supérieurs et quelquesunes de leur consequences. – Lazaroa 3: 75–100. Madrid.

FRAHM, J.-P. (1990): The altitudinal zonation of bryophytes on Mt. Kinabalu. – Nova Hedwigia 51 (1–2): 133–149. Stuttgart.

FRAHM, J.-P. & FREY, W. (1987): Moosflora. 2 Aufl. – Ulmer. Stuttgart. 525 S.

FRANK, D., KLOTZ, S. & WESTHUS, W. (1990): Botanisch-ökologische Daten zur Flora der DDR. 2. neu bearbeitete Aufl. –Wiss. Beitr. Martin-Luther-Univ. Halle–Wittenberg 1990 (32) [P41]: 1–167. Halle/Saale.

FREITAG, H. (1962): Einführung in die Biogeographie von Mitteleuropa unter besonderer Berücksichtigung von Deutschland. – Gustav Fischer. Stuttgart. 214 S.

FREITAG, H. (1971): Die natürliche Vegetation Afghanistans. – Vegetatio 22 (4–5): 285–344. Den Haag.

FRENZEL, B. (1967): Die Klimaschwankungen des Eiszeitalters. – Die Wissenschaft 129: Vieweg. Braunschweig. 296 S.

FRENZEL, B. (Hrsg.) (1977): Dendrochronologie und postglaziale Klimaschwankungen in Europa. – Franz Steiner. Wiesbaden. 330 S.

FREY, T. E. A. (1973): The Finnish school and forest site-types. – In: WHITTAKER, R. H. (ed.): Ordination and classification of communities. Handbook Veg. Sci. 5: 403–433. The Hague.

FREY, W. & KÜRSCHNER, H. (1991): Lebensstrategien von terrestrischen Bryophyten in der Judäischen Wüste. - Bot. Acta 104 (3): 172–182. Stuttgart, New York.

FRIEDEL, H. (1956): Vegetation des obersten Mölltales (Hohe Tauern). Erläuterung zur Vegetationskarte der Pasterze (Großglockner). – Wiss. Alpenvereinshefte 16: 1–153. Innsbruck.

FRIEDERICHS, K. (1967): Über den Gebrauch der Worte und Begriffe „Gesellschaft" und „Soziologie" in verschiedenen Sparten der Wissenschaft. – In: TÜXEN, R. (Hrsg.): Pflanzensoziologie und Palynologie. Ber. Int. Symp. IVV Stolzenau 1962: 1–13. Junk. Den Haag.

FRITZ, W. & WILMANNS, O. (1982): Die Aussagekraft subfossiler Moos-Synusien bei der Rekonstruktion eines keltischen Lebensraumes – Das Beispiel des Fürstengrabhügels Magdalenenberg bei Villingen. – Ber. Deutsch. Bot. Ges. 95: 1–18. Stuttgart.

FROMENT, A. (1981): Conservation of Calluno-Vaccinietum heathland in the Belgian Ardennes. – Vegetatio 47: 193–200. The Hague.

FÜLLEKRUG, E. (1967): Phänologische Diagramme aus einem Melico-Fagetum. – Mitt. Florist.-Soziol. Arbeitsgem. N. F. 11/12: 143–158. Todenmann.

FÜLLEKRUG, E. (1969): Phänologische Diagramme von Glatthaferwiesen und Halbtrockenrasen. – Mitt. Florist.-Soziol. Arbeitsgem. N. F. 14: 255–273. Todenmann.

FÜLLEKRUG, E. (1971): Über den Jahresgang der Bodenfeuchtigkeit in verschiedenen Buchenwaldgesellschaften in der Umgebung Bad Gandersheims. – Diss. Bot. 13. Cramer. Lehre. 137 S.

FÜLLEKRUG, E. (1991): Die Erzeugung von Graspollen in verschiedenen Landschaftsräumen. – Tuexenia 11: 425–433. Göttingen.

FUKAREK, F. (1964): Pflanzensoziologie. – Akademie-Verlag. Berlin. 160 S.

FUKAREK, F. (1969): Ein Beitrag zur potentiellen natürlichen Vegetation von Mecklenburg. – Mitt. Florist.-Soziol. Arbeitsgem. N. F. 14: 231–237. Todenmann/Rinteln.

FURRER, E. (1914): Vegetationsstudien im Bormiesischen. – Vierteljahrsschr. Naturf. Ges. Zürich 59: 1–78. Zürich.

FURRER, E. (1922): Begriff und System der Pflanzensukzession. – Vierteljahrsschr. Naturf. Ges. Zürich 67: 132–156. Zürich.

FURRER, E. & LANDOLT, E. (1969): 50 Jahre Geobotanisches Institut Rübel. – Ber. Geobot. Inst. ETH Stift. Rübel 39: 1–31. Zürich.

GAMISANS, J. (1991): La végétation de la Corse. – In: JEANMONOD, D. & BURDET, H. M. (eds.): Complément au prodrome de la flore Corse. Annexe 2: 1–391. Genève.

GAMS, H. (1918): Prinzipienfragen der Vegetationsforschung. Ein Beitrag zur Begriffsklärung und Methodik der Biocoenologie. –Diss. Univ. Zürich. Vierteljahrsschr. Naturf. Ges. Zürich 63: 1–205. Zürich.

GANZERT, C. & PFADENHAUER, J. (1988): Vegetation und Nutzung des Grünlandes am Dümmer. – Natursch. Landschaftspfl. Nieders 16: 1–61. Hannover.

GAUCH, H. G. (1982): Multivariate analysis in community ecology. – Cambridge Univ. Press. 298 S.

GAUSSEN, H. (1946): Carte de la végétation de la France: Perpignan. – Toulouse.

GAUSSEN, H. (ed.) (1961): Méthodes de la cartographie de la végétation. – Colloque Int. CNRS 97 (Toulouse 1960) Paris. 322 S.

GAUSSEN, H. (1963): Le choix des couleurs dans les cartes de végétation. – In: TÜXEN, R. (Hrsg.): Bericht über das Internationale Symposium für Vegetationskartierung in Stolzenau 1959: 109–118. Weinheim.

GEHLKER, H. (1977): Eine Hilfstafel zur Schätzung von Deckungsgrad und Artmächtigkeit. – Mitt. Florist.-Soziol. Arbeitsgem. N. F. 19/20: 427–429. Todenmann, Götttingen.

GÉHU, J.-M. (1969): Essai synthétique sur la végétation des dunes armoricaines. – Penn ar bed 7 (57): 81–104.

GÉHU, J.-M. (1972): Cartographie en réseaux et phytosociologie. – In: VAN DER MAAREL, E. & TÜXEN, R. (Red.): Grundfragen und Methoden in der Pflanzensoziologie. Ber. Int. Symp. IVV Rinteln 1970: 263–277. Junk. Den Haag.

GÉHU, J.-M. (1973): Unites taxonomiques et végétation potentielle naturelle du Nord de la France. – Doc. Phytosoc. 4: 1–22. Lille–Bailleul.

GÉHU, J.-M. (1975): Approche phytosociologique synthétique de la végétation des vases salées du littoral atlantique français (synsystématique et synchorologie). – Colloques Phytosoc. 4: 395–462. Cramer. Vaduz.

GÉHU, J.-M. (ed.) (1975a): La végétation des dunes maritimes. – Colloques Phytosoc. 1: 1–283. Cramer. Vaduz.

GÉHU, J.-M. (1977): Le concept de sigmassociation et son application a l'étude du paysage végétal des falaises atlantiques. – Vegetatio 34 (2): 117–125. The Hague.

GÉHU, J.-M. (1978): Premiers éléments pour un sigmasysteme des dunes sèches holarctiques. – In: TÜXEN, R. (Red.): Assoziationskomplexe (Sigmeten). Ber. Int. Symp. IVV Rinteln 1977: 267–272. Cramer. Vaduz.

GÉHU, J.-M. (1979): Carte phytosociologique de la végétation naturelle potentielle du Nord de la France au 1–250 000. – Bavay.

GÉHU, J.-M. (1984): La cartographie en réseau et l'analyse de la végétation. – In: KNAPP, R. (Ed.): Sampling methods in vegetation science. Handb. Veg. Sci. 4: 121–128. The Hague.

GÉHU, J.-M. (1991): L'analyse symphytosociologique et géosymphytosociologique de l'espace. Théorie et méthodologie. – Colloques Phytosoc. 17: 11–46. Berlin, Stuttgart.

GÉHU, J.-M. (Red.) (1991): Phytosociologie et paysage. –Colloques Phytosoc. 17: 1–519. Berlin, Stuttgart.

GÉHU, J.-M., BIONDI, E., COSTA, M. & GÉHU-FRANCK, J. (1987): Les systèmes végétaux des contacts sédimentaires terre/mer (dunes et vases salées) de l'Europe méditerranéenne. – Bull. Ecol. 18 (2): 189–199.

GÉHU, J.-M., BOUZILLE, J.-B., BIORET, F., GODEAU, M., BOTINEAU, M., CLEMENT, B., TOUFFET, J. & LAHONDERE, C. (1991): Approche paysagère symphytosociologique des marais littoraux du centre-ouest de la France. – Colloques Phytosoc. 17: 109–127. Berlin, Stuttgart.

GÉHU, J.-M. & FRANCK, J. (1985): Données synchorologiques sur la végétation littoral européenne. – Vegetatio 59: 73–83. Dordrecht.

GÉHU, J.-M. & GÉHU-FRANCK, J. (1989): Phytosociologie paysagère des prairies salées des côtes atlantiques françaises. – Colloques Phytosoc. 16: 143–156. Berlin, Stuttgart.

GÉHU, J.-M. & TÜXEN, R. (1975): Essai de synthèse phytosociologique des dunes atlantiques européennes. – Colloques Phytosoc. 1: 60–70. Vaduz.

GERTH, H. (1978): Wirkungen einiger Landschaftspflegeverfahren auf die Pflanzenbestände und Möglichkeiten der Schafweide auf feuchten Grünlandbrachen. – Diss. Agr. Univ. Kiel. 204 S.

GEYGER, E. (1964): Methodische Untersuchungen zur Erfassung der assimilierenden Gesamtoberflächen von Wiesen. – Ber. Geobot. Inst. ETH Stift. Rübel 35: 41–112. Zürich.

GEYGER, E. (1977): Leaf area and productivitiy in grasslands. – In: KRAUSE, W. (Ed.): Application of vegetation science to grassland husbandry. Handbook Veg. Sci. 13: 499–520. Junk. The Hague.

GIGON, A. (1981): Koexistenz von Pflanzenarten, dargelegt am Beispiel alpiner Rasen. – Verh. Ges. Ökol. 9: 165–172. Göttingen.

GIGON, A. (1983): Über das biologische Gleichgewicht und seine Beziehungen zur ökologischen Stabilität. – Ber. Geobot. Inst. ETH Stift. Rübel 50: 149–177. Zürich.

GIGON, A. (1984): Typologie und Erfassung der ökologischen Stabilität und Instabilität mit Beispielen aus Gebirgsökosystemen. – Verh. Ges. Ökol. 12: 13–29. Göttingen.

GIGON, A. & BOCHERENS, Y. (1985): Wie rasch verändert sich ein nicht mehr gemähtes Ried im Schweizer Mittelland?. – Ber. Geobot. Inst. ETH Stift. Rübel 52: 53–65. Zürich.

GIGON, A. & RYSER, P. (1986): Positive Interaktionen zwischen Pflanzenarten. I. Definition und Beispiele aus Grünland-Ökosystemen. – Veröff. Geobot. Inst. ETH Stift. Rübel 87: 372–387. Zürich.

GILLI, A. (1969): Afghanische Pflanzengesellschaften. – Vegetatio 16 (5–6): 307–375. Den Haag.

GILLNER, V. (1960): Vegetations- und Standortsuntersuchungen in den Salzwiesen der schwedischen Westküste. – Acta Phytogeogr. Suec. 43: 1–198. Uppsala.

GIMINGHAM, C. H. (1972): Ecology of heathlands. – Chapmann & Hall. London. 266 S.

GIMINGHAM, C. H. (1988): A reappraisal of cyclic processes in Calluna heath. – Vegetatio 77: 61–64. Dordrecht.

GIMINGHAM, C. H., HOBBS, R. J. & MALLIK, A. U. (1981): Community dynamics in relation to management of heathland vegetation in Scotland. – Vegetation 46: 149–155. The Hague.

GISI, U. (1982): Symbiose: Strategie des Zusammenlebens. – Bauhinia 7 (3): 213–226. Basel.

GLAHN, H. VON (1968): Der Begriff des Vegetationstyps im Rahmen eines allgemeinen naturwissenschaftlichen Typenbegriffes. – In: TÜXEN, R. (Hrsg.): Pflanzensoziologische Systematik. Ber. Int. Symp. IVV Stolzenau 1964: 1–14. Junk. Den Haag.

GLAHN, H. VON & TÜXEN, J. (1963): Salzpflanzen-Gesellschaften und ihre Böden im Lüneburger Kalkbruch vor dem Bardowicker Tore. – Jahrb. Nat. Vereins Fürstentum Lüneburg 28: 1–32. Lüneburg.

GLAVAC, V. (1972): Planung von geobotanischen Dauerbeobachtungsflächen in Waldschutzgebieten. – Natur Landschaft 47: 139–143. Stuttgart.

GLAVAC, V. (1975): Zur Methodik der vegetationskundlichen Untersuchungen auf Dauerprobeflächen. – In: SCHMIDT, W. (Red.): Sukzessionsforschung. Ber. Int. Symp. IVV Rinteln 1973: 619–622. Cramer. Vaduz.

GLAVAC, V. & BOHN, U. (1970): Quantitative vegetationskundliche Untersuchungen zur Höhengliederung der Buchenwälder im Vogelsberg. – Schriftenr. Vegetionsk. 5: 135–186. Bonn–Bad Godesbg.

GLAWION, R. (1985): Die natürliche Vegetation Islands als Ausdruck des ökologischen Raumpotentials. – Bochumer Geogr. Arb. 45: 1–220. Paderborn.

GLEASON, H. A. (1920): Some application of the quadrat method. – Bull. Torrey Bot. Club 47: 21–33.

GLEASON, H. A. (1926): The individualistic concept of the plant association. – Bull. Torrey Bot. Club 53: 7–26.

GLOAGUEN, J. C. (1990): Post-burn succession on Brittany heathlands. – J. Veg. Sci. 1 (2): 147–152. Uppsala.

GLUCH, W. (1973): Die oberirdische Netto-Primärproduktion in drei Halbtrockenrasen des Naturschutzgebietes „Leutratal" bei Jena. – Arch. Natursch. Landschaftsf. 13 (1): 21–42. Berlin.

GÖDDE, M. (1986): Vergleichende Untersuchung der Ruderalvegetation der Großstädte Düsseldorf, Essen und Münster. – Diss. Univ. Düsseldorf. Fotodruck. Düsseldorf. 273 S.

GÖNNERT, T. (1989): Ökologische Bedingungen verschiedener Laubwaldgesellschaften des Norddeutschen Tieflandes. – Diss. Bot. 136: 1–224. Berlin, Stuttgart.

GOLUBIĆ, S. (1967): Algenvegetation der Felsen. Eine ökologische Algenstudie im dinarischen Karstgebiet. – Die Binnengewässer 23. Schweizerbart. Stuttgart. 183 S.

GOODALL, D. W. (1973a): Sample similarity and species correlation. – In: WHITTAKER, R. H. (ed.): Ordination and classification of communities. Handb. Veg. Sci. 5: 105–156. Junk. The Hague.

GOODALL, D. W. (1973b): Numerical classification. – Ebenda: 575–615.

GOODALL, D. W. (1986): Classification and ordination: their nature and role in taxonomy and community studies. – Coenoses 1: 3–9. Trieste.

GRABHERR, G. (1982): Die Analyse alpiner Pflanzengesellschaften mit Hilfe numerischer Ordinations- und Klassifikationsverfahren. – Stapfia 10: 149–160. Linz.

GRABHERR, G. (1985): Numerische Klassifikation und Ordination in der alpinen Vegetationsökologie als Beitrag zur Verknüpfung moderner „Computermethoden" mit der pflanzensoziologischen Tradition. – Tuexenia 5: 181–190. Göttingen.

GRADMANN, R. (1909): Über Begriffsbildung in der Lehre von Pflanzenformationen. – Englers Bot. Jahrb. 43, Beibl. 99: 1–20. Leipzig.

GREIG-SMITH, P. (1979): Pattern in vegetation. – J. Ecol. 67 (3): 755–779. Oxford etc.

GRIESE, F. (1991): Zu den Bestandesinventuren der Naturwälder „Meninger Holz" und „Staufenberg" im Jahre 1988. – NNA-Ber. 4 (2): 123–131. Schneverdingen.

GRIESSER, B. (1992): Mykosoziologie der Grauerlen- und Sanddorn-Auen (Alnetum incanae, Hippophaetum) am Hinterrhein (Domleschg, Graubünden, Schweiz). – Veröff. Geobot. Inst. ETH Stift. Rübel 109: 1–235. Zürich.

GRIME, J. P. (1979): Plant strategies and vegetation processes. – Wiley. London. 222 S.

GRIME, J. P. (1985): Towards a functional description of vegetation. – In: WHITE, J. (ed.): The population structure of vegetation. Handb. Veg. Sci 3: 503–514. Junk. Dordrecht etc.

GRISEBACH, A. (1838): Über den Einfluß des Klimas auf die Begrenzung der natürlichen Floren. – Linnaea 12. (Nachdruck in: Gesammelte Abhandlungen und kleine Schriften zur Pflanzengeographie von A. Grisebach: 1–29. Leipzig 1880).

GRISEBACH, A. (1866): Der gegenwärtige Standpunkt der Geographie der Pflanzen. – Geogr. Jahrb. 1: 373–402.

GRISEBACH, A. (1872): Die Vegetation der Erde nach ihrer klimatischen Anordnung. Ein Abriß der vergleichenden Geographie der Pflanzen. 2 Bde. – Engelmann. Leipzig, 603 und 635 S.

GROCHLA, R. (1984): Phänologische Untersuchungen zum Jahresrhythmus kolliner und submontaner Kalkbuchenwälder. –Diplomarb. Syst. Geobot. Inst. Univ. Göttingen. 148 S.

GRODZINSKIJ, A. M. (1985): Ökologische Mechanismen der Allelopathie und ihre Rolle bei der Entwicklung der Pflanzengesellschaften. – Feddes Repert. 96 (1–2): 121–138. Berlin.

GROENEWOUD, H. VAN (1983): Cluster analysis of simulated vegetation data. – Tuexenia 3: 523–528. Göttingen.

GROOTJANS, A. P. (1980): Distribution of plant communities along rivulets in relation to hydrology and management. – In: WILMANNS, O. & TÜXEN, R. (Red.): Epharmonie. Ber. Int. Symp. IVV Rinteln 1979: 143–170. Cramer. Vaduz.

GROSPIETSCH, T. (1967): Die Rhizopodenanalyse der Moore und ihre Anwendungsmöglichkeiten. – In: TÜXEN, R. (Hrsg.): Pflanzensoziologie und Palynologie. Ber. Int. Symp. IVV Stolzenau 1962: 181–192. Junk. Den Haag.

GROSSE-BRAUCKMANN, G. (1963): Über die Artenzusammensetzung von Torfen aus dem nordwestdeutschen Marschen-Randgebiet. –Vegetatio 11 (5–6): 325–341. Den Haag.

GROSSE-BRAUCKMANN, G. (1976): Zum Verlauf der Verlandung bei einem eutrophen Flachsee (nach quatärbotanischen Untersuchungen am Steinhuder Meer). II. Die Sukzession, ihr Ablauf und ihre Bedingungen. – Flora 165 (5): 415–455. Jena.

GROSSE-BRAUCKMANN, G. (1979): Sukzession bei einigen torfbildenden Pflanzengesellschaften (nach Ergebnissen von Großrest-Untersuchungen an Torfen). – In: TRÜXEN, R. & SOMMER, W.-H. (Red.): Gesellschaftsentwicklung (Syndynamik). Ber. Int. Symp. IVV Rinteln 1967: 393–412. Cramer. Vaduz.

GROSSE-BRAUCKMANN, G. & DIERSSEN, K. (1973): Zur historischen und aktuellen Vegetation im Poggenpohlsmoor bei Dötlingen (Oldenburg). – Mitt. Florist.-Soziol. Arbeitsgem. N. F. 15/16: 109–145. Todenmann, Göttingen.

GROSSER, K. H. (1965): Vegetationskomplexe und Komplexgesellschaften in Mooren und Sümpfen. – Feddes Repert. Beih. 142: 208–216. Berlin.

GRUBB, P. J. (1982): Control of relative abundance in roadside Arrhenatheretum: Results of a long-term garden experiment. – J. Ecol. 70 (3): 845–861. Oxford etc.

GRUBB, P. J. (1985a): Plant populations and vegetation in relation to habitat, disturbance and competition: problems of generalization. – In: WHITE, J. (Ed.): The population structure of vegetation. Handb. Veg. Sci. 3: 595–621. Junk. Dordrecht etc.

GRUBB, P. J. (1985b): Problems posed by sparse and patchily distributed species in species-rich plant communities. – In: Case & Diamond (eds.): Community ecology: 207–225. Harper & Row. New York.

GRUBB, P. J. (1987): Some generalizing ideas about colonization and succession in green plants and fungi. – In: GRAY, A. J., CRAWLEY, M. J. & EDWARDS, P. J. (eds.): Colonization, succession and stability. 26th. Symp. British Ecol. Soc.: 81–102. Blackwell. Oxford etc.

GRÜMMER, G. (1955): Die gegenseitige Beeinflussung höherer Pflanzen – Allelopathie. – Gustav Fischer. Jena. 162 S.

GRÜTTNER, A. (1990): Die Pflanzengesellschaften und Vegetationskomplexe der Moore des westlichen Bodenseegebietes. –Diss. Bot. 157: 1–323. Stuttgart, Berlin.

GUTTE, P. (1978): Beitrag zur Kenntnis zentralperuanischer Pflanzengesellschaften. I. Ruderalgesellschaften von Lima und Humanaco. – Feddes Repert. 89 (1): 75–97. Berlin.

GUTTE, P. (1986): Dynamik der Ruderalgesellschaften in Siedlungsbereichen. – Arch. Naturschutz Landschaftsforsch. 26 (2): 99–104. Berlin.

GUTTE, P., KLOTZ, S., LAHR, C. & TREFFLICH, A. (1987): Ailanthus altissima (Mill.) Swingle – eine vergleichende pflanzengeographische Studie. – Folia Geobot. Phytotax. 22: 241–262. Praha.

HABER, W. (1979): Theorethische Anmerkungen zur „ökologischen Planung". – Verh. Ges. Ökol. 7: 19–30. Göttingen.

HADAČ, E. (1967): On the highest units in the system of plant communities. – Folia Geobot. Phytotax. 2 (4): 429–432. Praha.

HADAČ, E. (1969): Die Pflanzengesellschaften des Tales „Dolina Siedmich pramenov" in der Belaer Tatra. – Vegetácia CSSR B 2: 1–343. Bratislava.

HADAČ, E. & HADAČOVÁ, V. (1971): The association Blechno serrulati-Acoelorapheetum wrightii in the remates de Guane, W. Cuba, and its ecology. – Folia Geobot. Phytotax. 6: 369–388. Praha.

HÄMET-AHTI, L. (1979): The dangers of using the timberline as the „zero line" in comparative studies on altitudinal vegetation zones. – Phytocoenologia 6: 49–54. Stuttgart, Braunschweig.

HÄRDTLE, W. (1989): Potentielle natürliche Vegetation. Ein Beitrag zur Kartierungsmethode am Beispiel der Topographischen Karte 1623 Owschlag. – Mitt. Arbeitsgem. Schleswig-Holst. Hamburg 40: 1–72. Kiel.

HÄRDTLE, W. (1990): Buchenwälder auf Mergelhängen in Schleswig-Holstein. – Tuexenia 10: 475–486. Göttingen.

HAEUPLER, H. (1970): Vorschläge zur Abgrenzung der Höhenstufen der Vegetation im Rahmen der Mitteleuropakartierung. – Göttinger Florist. Rundbr. 4: 3–15, 54–62. Göttingen.

HAEUPLER, H. (1974): Statistische Auswertung von Punktrasterkarten der Gefäßpflanzenflora Süd-Niedersachsens. – Scripta Geobot. 8: 1–141. Göttingen.

HAEUPLER, H. (1976): Atlas zur Flora von Südniedersachsen. Verbreitung der Gefäßpflanzen. – Scripta Geobot. 10: 1–367. Göttingen.

HAEUPLER, H. (1982): Evenness als Ausdruck der Vielfalt in der Vegetation. – Untersuchungen zum Diversitäts-Begriff. – Diss. Bot. 65: 1–268. Vaduz.

HAEUPLER, H. (1986): Typisierung gerasteter Verbreitungskarten von Pflanzen mit Hilfe der EDV. – Computers in Biogeography: 1–13. Linz.

HAEUPLER, H. & SCHÖNFELDER, P. (1975): Arealkundliche Gesichtspunkte im Rahmen der Kartierung der Flora Mitteleuropas in der Bundesrepublik Deutschland. – Ber. Deutsch. Bot. Ges. 88: 451–468. Stuttgart.

HAEUPLER, H. & SCHÖNFELDER, P. (1988): Atlas der Farn- und Blütenpflanzen der Bundesrepublik Deutschland. – Ulmer. Stuttgart. 768 S.

HAGEMANN, I. (1989): Wuchsformen einiger Hypericum-Arten, ein Beitrag zum morphologischen Anliegen der Wuchsformen-Forschung. – Flora 183 (3/4): 225–309. Jena.

HAKES, W. (1987): Einfluß von Wiederbewaldungsvorgängen in Kalkmagerrasen auf die floristische Artenvielfalt und Möglichkeiten der Steuerung durch Pflegemaßnahmen. – Diss. Bot. 109: 1–151. Berlin, Stuttgart.

HALLBERG, H. P. (1971): Vegetation auf den Schalenablagerungen in Bohuslän, Schweden. – Acta Phytogeogr. Suec. 56: 1–136. Uppsala.

HALLÉ, F., OLDEMANN, R. A. A. & TOMLINSON, P. B. (1978): Tropical trees and forests. An architectural analysis. – Springer. Berlin etc. 441 S.

HANDKE, K. & SCHREIBER, K.-F. (1985): Faunistisch-ökologische Untersuchungen auf unterschiedlich gepflegten Parzellen einer Brachfläche im Taubergebiet. – In: SCHREIBER, K.-F. (Hrsg.): Sukzession auf Grünlandbrachen. Münstersche Geogr. Arb. 20: 155–186. Paderborn.

HANSPACH, D. (1988): Untersuchungen zur Landschafts- und Vegetationsgeschichte des Schraden. – Abh. Ber. Naturkundemuseum Görlitz 62 (9): 1–63. Görlitz.

HANSPACH, D. (1989a): Untersuchungen zur Vegetations- und Landschaftsgeschichte sowie zur aktuellen Vegetation des Schraden (Bezirk Cottbus). – Hercynia N. F. 26 (3): 227–252. Leipzig.

HANSPACH, D. (1989b): Landschafts- und Vegetationsgeschichte des Schraden im Lichte der Orts-, Flur- und Gewässernamen. – Geschichte u. Gegenwart Bez. Cottbus 23: 92–104. Cottbus.

HANSTEIN, U. (1991): Die Bedeutung der Bestandesgeschichte für die Naturwaldforschung. Das Beispiel „Meninger Holz". – NNA-Ber. 4 (2): 119–123. Schneverdingen.

HARD, G. (1972): Wald gegen Driesch. Das Vorrücken des Waldes auf Flächen junger „Sozialbrache". – Ber. Deutsch. Landesk. 46 (1): 49–80. Bonn–Bad Godesberg.

HARD, G. (1975): Vegetationsdynamik und Verwaldungsprozesse auf den Brachflächen Mitteleuropas. – Die Erde 106 (4): 243–276.

HARD, G. (1982): Die spontane Vegetation der Wohn- und Gewerbequartiere von Osnabrück (I). – Osnabrück. Naturwiss. Mitt. 9: 151–203. Osnabrück.

HARPER, J. L. (1977): Population biology of plants. – Academic Press. London etc. 892 S.

HARTMANN, W. (1969): Kulturlandschaftswandel im Raum der Mittleren Wümme seit 1970. – Untersuchungen zum Einfluß von Standort und Agrarstrukturwandel auf die Landschaft. – Landschaft und Stadt Beih. 2: 1–55. Stuttgart.

HARTOG, C. DEN (1967, 1975): Bibliographia phytosociologica marina bentica. – Excerpta Bot. Sect. B. 14: 140–203. Stuttgart.

HARTOG, C. DEN & SEGAL, S. (1964): A new classification of the waterplant communities. – Acta Bot. Neerl. 13: 367–393. Amsterdam.

HARTOG, C. DEN & VAN DER VELDE, G. (1988): Structural aspects of aquatic plant communities. – In: SYMOENS, J. J. (ed.): Vegetation of inland waters. Handb. Veg. Sci. 15 (1): 113–153. Dordrecht.

HEGG, O. (1965): Untersuchungen zur Pflanzensoziologie und Ökologie im Naturschutzgebiet Hohgant (Berner Voralpen). – Beitr. Geobot. Landesaufn. Schweiz 46: 1–188. Bern.

HEGG, O. (1984): 50jährige Dauerflächenbeobachtungen im Nardetum auf der Schynige Platte ob Interlaken. – Verh. Ges. Ökol. 12: 159–166. Göttingen.

HEGG, O., BÉGUIN, C. & ZOLLER, H. (1987): Atlas schutzwürdiger Vegetationstypen der Schweiz. – Vervielf. Mskr. Bern.

HEGG, O. & SCHNEITER, R. (1978): Vegetationskarte der Bachalp ob Grindelwald. – Mitt. Naturforsch. Ges. Bern N. F. 35: 55–67. Bern.

HEIL, S. & LANGE, E. (1988): Erstellen und Überprüfen EDV-erzeugter Vegetationskarten am Beispiel der alpinen Stufe im Nationalpark Berchtesgaden. – Landschaftsentw. Umweltforsch. TU Berlin. Sonderh. 2: 1–81. Berlin.

HEIL, G. W. (1988): LAI of grasslands and their roughness length. – In: VERHOEVEN, J. T. A., HEIL, G. W. & WERGER, M. J. A. (eds.): Vegetation struc-

HEINKEN, T. (1990): Pflanzensoziologische und ökologische Untersuchungen offener Sandstandorte im östlichen Aller-Flachland (Ost-Niedersachsen). – Tuexenia 10: 223–257. Göttingen.

HEISELMAYER, P., SCHNEIDER, W. & PLANK, H. (1982): Vegetationskundliche Luftbildauswertung am Beispiel der Umgebung des Glocknerhauses. – Carinthia II 172/92: 225–240. Klagenfurt.

HEISS, M., SCHREIBER, K.-F. & THÖLE, R. (1988): Automatical production of maps for site evaluation. – Geol. Jahrb. A 104: 347–356. Hannover.

HELMECKE, K. (1978): Auswertung von Dauerflächenbeobachtungen mittels mathematisch-statistischer Methoden. – Phytocoenosis 7: 227–244. Warszawa, Bialowieza.

HELMECKE, K., HICKISCH, B., MAHN, E.-G., PRASSE, J. & STERNKOPF, G. (1977): Beiträge zur Wirkung des Herbizideinsatzes auf Struktur und Stoffhaushalt von Agro-Ökosystemen. – Hercynia N. F. 14 (4): 375–398. Leipzig.

HEMPEL, W. (1990): Untersuchungen zur Einbürgerung anthropochorer Arten im sächsischen Raum – Introduktionsverhalten und Klassifizierung. – Gleditschia 18 (1): 135–141. Berlin.

HERBEN, T. (1990): Sociology of communities invaded by Orthodontium lineare (Bryophyta) in Europe (excl. the British Isles). – Preslia 62 (3): 215–220. Praha.

HERBORG, J. (1987): Die Variabilität und Sippenabgrenzung in der Senecio nemorensis-Gruppe (Compositae) im europäischen Teilareal. – Diss. Bot. 107: 1–262. Berlin, Stuttgart.

HERTEL, E. (1974): Epilithische Moose und Moosgesellschaften im nordöstlichen Bayern. – Beih. Ber. Naturwiss. Ges. Bayreuth 1: 1–489. Bayreuth.

HERTER, W. (1989): Zur aktuellen Vegetation der Allgäuer Alpen. Die Pflanzengesellschaften des Hintersteiner Tales. – Diss. Bot. 147: 1–240. Berlin, Stuttgart.

HESMER, H. & SCHROEDER, F.-G. (1963): Waldzusammensetzung und Waldbehandlung im Niedersächsischen Tiefland westlich der Weser und in der Münsterschen Bucht bis zum Ende des 18. Jahrhunderts. – Decheniana Beih. 11: 1–304. Bonn.

HILBIG, W. (1966): Die Bedeutung der Ackerunkrautgesellschaften für die pflanzengeographische Gliederung Thüringens. – Feddes Repert. 73 (2): 108–140. Berlin.

HILBIG, W. (1985): Die Ackerunkrautvegetation der Querfurter Platte und ihre Veränderung in den letzten Jahrzehnten. – Wiss. Z. Univ. Halle 34 (4): 94–117. Halle.

HILBIG, W. (1987): Wandlungen der Segetalvegetation unter den Bedingungen der industriemäßigen Landwirtschaft. – Arch. Natursch. Landschaftsforsch. 27 (4): 229–249. Berlin.

HILBIG, W. (1990): Zur Klassifizierung der Vegetation der Mongolischen Volksrepublik durch B. M. Mirkin et al. 1982–1986. –Feddes Repert. 101 (9/10): 571–576. Berlin.

HILBIG. W. & MORGENSTERN, H. (1967): Ein Vergleich bodenkundlicher und vegetationskundlicher Kartierung landwirtschaftlicher Nutzflächen im Bereich des Mittelsächsischen Lößlehmhügellandes. – Arch. Natursch. Landschaftsforsch. 7: 281–314. Berlin.

HILL, M. O. (1979a): DECORANA – a FORTRAN program for detrended correspondence analysis and reciprocal averaging. – Cornell Univ. Ithaca N. Y. 52 S.

HILL, M. O. (1979b): TWINSPAN – a FORTRAN program for arranging multivariate data in an ordered two-way table by classification of individuals and attributes. – Cornell Univ. Ithaca N. Y. 48 S.

HILL, M. O., PRESTON, C. D. & SMITH, A. J. E. (1991): Atlas of the bryophytes of Britain and Ireland. 1. Liverworts. – Harley Books. Colchester, Essex. 351 S.

HOBOHM, C. & SCHWABE, A. (1985): Bestandsaufnahme von Feuchtvegetation und Borstgrasrasen bei Freiburg i. Br. – ein Vergleich mit dem Zustand von 1954–55. – Ber. Naturf. Ges. Freiburg 75: 5–51. Freiburg.

HÖFLER, K. (1954): Über Pilzaspekte. – Vegetatio 5/6: 373–380. Den Haag.

HÖFLER, K. (1955): Über Pilzsoziologie. – Verh. Zool.-Bot. Ges. Wien 95: 58–75. Wien.

HOFF, M. & BRISSE, H. (1985): Proposition d'un schéma synthétique des végétations secondaires intertropicales. – Colloques Phytosoc. 12: 249–267. Berlin, Stuttgart.

HOFFMANN, A. (1989): Zyto- und ökotaxonomische Untersuchungen über Bromus ramosus Huds. und Bromus benekenii (Lange) Trimen. – Tuexenia 9: 3–28. Göttingen.

HOFMANN, G. (1957): Zur forstlichen Wuchsbezirksgliederung Südthüringens. – Arch. Forstwesen 6 (9): 679–686. Berlin.

HOFMANN, G. (1964): Die Höhenstufengliederung in den Wäldern des nordöstlichen Rhön-Gebirges. – Arch. Natursch. Landschaftsf. 4 (4): 191–206. Berlin.

HOFMANN, G. (1965): Über Vegetationskomplexe unter besonderer Berücksichtigung der Trockenwaldkomplexe. – Feddes Repert. Beih. 142: 216–222. Berlin.

HOFMANN, G. & PASSARGE, H. (1964): Über Homogenität und Affinität in der Vegetationskunde. – Arch. Forstwesen 13 (11): 1119–1138. Berlin.

HOHENESTER, A. (1978): Die potentielle natürliche Vegetation im östlichen Mittelfranken (Region 7). – Mitt. Fränk. Geogr. Ges. 23–24: 1–70. Erlangen.

HOLOWNIA, J. (1985): Phenology of fruit-bodies of fungi in the Las Piwnicki reserve in the period 1972–1975. – Acta Univ. Nicolai Copernici Biol. 27 (59): 47–55. Torún. ⟨Poln./Engl.⟩

HOLTMEIER, F.-K. (1989): Ökologie und Geographie der oberen Waldgrenze. – Ber. Reinh. Tüxen-Ges. 1: 15–45. Göttingen.

HOLUB, J., HEJNÝ, S., MORAVEC, J. & NEUHÄUSL, R. (1967): Übersicht der höheren Vegetationseinheiten der Tschechoslovakei. – Rozpravy Cesk. Akad. Ved. Rada Mat. Prirodn. Ved 77 (3): 1–75. Praha.

HOLZNER, W., WERGER, M. J. A. & ELLENBROEK, G. A. (1978): Automatic classification of phytosociological data on the basis of species groups. – Vegetatio 38 (3): 157–164. The Hague.

HOMMEL, P. W. F. M., LEETERS, E. J. M., MEKKING, P. & VRIELING, J. G. (1989): Vegetation changes in the Speulderbos 1958–1988. – Stud. Pl. Ecol. 18: 109–112. Uppsala.

HOMMEL, P. W. F. M. & VAN REULER, H. (1989): Forest types of Ujung Kulon (West Java, Indonesia). – Stud. Pl. Ecol. 18: 113–116. Uppsala.

HORVAT, I. (1963): Leitende Gesichtspunkte für eine pflanzensoziologische Gliederung Europas. – In: TÜXEN, R. (Hrsg.): Ber. Int. Symp. Vegetationskartierung Stolzenau 1959: 61–94. Cramer. Weinheim.

HORVAT, I., GLAVAC, V. & ELLENBERG, H. (1974): Vegetation Südosteuropas. – Gustav Fischer. Stuttgart. 768 S.

HROUDOVA, Z. & PRACH, K. (1986): Vegetational change on permanent plots in a steppe community. – Preslia 58 (1): 55–62. Praha.

HRUSKA, K. (1987): Chorological and historic-geographical evaluation of the synanthropic flora in Italy. – In: SCHUBERT, R. & HILBIG, W. (Hrsg.): Erfassung und Bewertung anthropogener Vegetationsveränderungen. Teil 1. Wiss. Beitr. Martin-Luther-Univ. Halle-Wittenberg 1987/4: 54–65. Halle.

HÜBNER, W. (1989): Die ökologischen Artengruppen nach Schönhar 1954/1988. Mitt. Ver. Forstl. Standortsk. Forstpflanzenzücht. 34: 25–38. Freiburg.

HÜBNER, W. & MÜHLHÄUSSER, G. (1987): Fortschritte in der regionalen und vertikal-zonalen Gliederung im Wuchsgebiet Schwarzwald. – Mitt. Ver. Forstl. Standortsk. Forstpflanzenzücht. 33: 27–35. Stuttgart.

HÜBSCHMANN, A. VON (1975): Ein Massenvorkommen von Campylopus introflexus. – Mitt. Florist.-Soziol. Arbeitsgem. N. F. 18: 23–25. Todenmann, Göttingen.

HÜBSCHMANN, A. VON (1984): Überblick über die epilithischen Moosgesellschaften Zentraleuropas. – Phytocoenologia 12 (4): 495–538. Stuttgart, Braunschweig.

HÜBSCHMANN, A. VON (1986): Prodromus der Moosgesellschaften Zentraleuropas. – Bryophytorum Bibliotheca 23: 1–413. Berlin.

HÜBSCHMANN, A. VON & TÜXEN, R. (1965/1978): Bibliographia phytosciologica cryptogamica. – Excerpta Bot. Sect. B. 6: 179–207; 17: 276–308. Stuttgart.

HUECK, K. (1929): Die Vegetation und die Entwicklungsgeschichte des Hochmoores am Plötzendiebel (Uckermark). – Beitr. Naturdenkmalpfl. 13: 1–230. Berlin–Lichterfelde.

HÜGIN, G. (1981): Die Auenwälder des südlichen Oberrheintals. – Ihre Veränderung und Gefährdung durch den Rheinausbau. – Landschaft und Stadt 13 (2): 78–91. Stuttgart.

HÜGIN, G. (1982): Die Mooswälder der Freiburger Bucht. Wahrzeichen einer alten Kulturlandschaft gestern – heute… und morgen?. – Veröff. Natursch. Landschaftspfl. Bad.-Württ. Beih. 29: 1–88. Karlsruhe.

HÜLBUSCH, K. H. (1986): Eine pflanzensoziologische „Spurensicherung" zur Geschichte eines „Stücks Landschaft". –Landschaft und Stadt 18 (2): 60–72. Stuttgart.

HÜLBUSCH, K. H., BÄUERLE, H., HESSE, F. & KIENAST, D. (1979): Freiraum- und landschaftsplanerische Analyse des Stadtgebietes von Schleswig. – Urbs et Regio 11: 1–216. Kassel.

HÜLBUSCH, K. H. & KUHBIER, H. (1979): Zur Soziologie von Senecio inaequidens DC. – Abh. Naturwiss. Vereins Bremen 39: 47–54. Bremen.

HÜPPE, J. (1987): Die Ackerunkrautgesellschaften in der Westfälischen Bucht. – Abh. Westfäl. Mus. Naturk. 49 (1): 1–119. Münster.

HÜPPE, J. & HOFMEISTER, H. (1990): Syntaxonomische Fassung und Übersicht über die Ackerunkrautgesellschaften der Bundesrepublik Deutschland. – Ber. Reinhold Tüxen-Ges. 2: 61–81. Hannover.

HULTÉN, E. (1971): Atlas of the distribution of vascular plants in northwestern Europe. 2. Aufl. – Stockholm. 531 S.

HUMBOLDT, A. VON (1806): Ideen zu einer Physiognomik der Gewächse. (Neudruck 1957). – Akad. Verlagsgesellschaft. Leipzig. 19 S.

HUMBOLDT, A. VON (1807): Ideen zu einer Geographie der Pflanzen nebst einem Naturgemälde der Tropenländer. (Neudruck 1960). – Akad. Verlagsgesellschaft. Leipzig. 139 S.

HUNDT, R. (1964): Die Bergwiesen des Harzes, Thüringer Waldes und Erzgebirges. – Pflanzensoz. 14: 1–284. Jena.

HUNDT, R. (1966a): Ökologisch-geobotanische Untersuchungen an Pflanzen der mitteleuropäischen Wiesenvegetation. – Geobot. Studien 16: 1–176. Jena.

HUNDT, R. (1966b): Über die soziologische Wertung der Wiesenpflanzen und ihre Bindung an einige Geländefaktoren. – In: TÜXEN, R. (Hrsg.): Anthropogene Vegetation. Ber. Int. Symp. IVV Rinteln 1961: 223–250. Junk. Den Haag.

HUNDT, R. (1975): Bestands- und Standortsveränderungen des Grünlandes in einem Rückhaltebecken als Folge des periodischen Wasserstaus. – Arch. Natursch. Landschaftsforsch. 15 (3): 171–197. Berlin.

HUNDT, R. (1978): Untersuchung zur Entwicklung von Gehölz-Aufforstungen auf Bergbaukippen in der Dübener Heide (DDR). – Vegetatio 38 (1): 1–12. The Hague.

HUNDT, R. (1980): Die Bergwiesen des herzynischen niederösterreichischen Waldviertels in vergleichender Betrachtung mit der Wiesenvegetation der herzynischen Mittelgebirge der DDR (Harz, Thüringer Wald, Erzgebirge). – Phytocoenologia 7: 364–391. Stuttgart, Braunschweig.

HUNDT, R. (1981): Phytozönosen als Indikatoren für die Standortveränderung im Unstrut-Rückhaltebecken bei Straußfurt durch den periodischen Wasserstau. – Hercynia 18 (2): 105–133. Leipzig.

HUNDT, R. (1983): Zur Eutrophierung der Wiesenvegetation unter soziologischen, ökologischen, pflanzengeographischen und landwirtschaftlichen Aspekten. – Verh. Ges. Ökol. 11: 195–206. Göttingen.

HUNDT, R. (1985): Untersuchungen zur Höhendifferenzierung der Polygono-Trisetion-Gesellschaften im Gebiet von Davos. – Ber. Geobot. Inst. ETH Stiftung Rübel 52: 74–116. Zürich.

HUNDT, R. (1985 a): Zur Nutzung der Arealdiagnosen nach Meusel, Jäger und Weinert zur pflanzengeographischen Charakterisierung von Phytozönosen. – Flora 176 (3/4): 325–340. Jena.

HUNDT, R. (1987): Untersuchungen zur Veränderung eutropher Grasland-Ökosysteme durch industriemäßige Methoden der Grünlandbewirtschaftung im Altpleistozän der Dübener Heide. – In: SCHUBERT, R. & HILBIG, W. (Hrsg.): Erfassung und Bewertung anthropogener Vegetationsveränderungen. Teil 2. Wiss. Beitr. Martin-Luther-Univ. Halle–Wittenberg 1987/25: 122–151. Halle.

HUNDT, R. u. Mitarb. (1976): Grünlandvegetation. – Atlas DDR 14. 1. Gotha, Leipzig.

HUNTLEY, B. (1990): European post-glacial forests: compositional changes in response to climatic change. – J. Veg. Sci. 1 (4): 507–518. Uppsala.

HUNTLEY, B. & BIRKS, H. J. (1983): An atlas of past and present pollen maps for Europe 0–13 000 years ago. – Cambridge Univ. Press. Cambridge etc. 667 S.

HUNTLEY, B. & WEBB III. T. (1988): Vegetation history. – Handb. Veg. Sci. 7: 1–803. Kluwer. Dordrecht.

IKEMEYER, M. (1986): Die Dünenvegetation der Insel Wangerooge. – Hamburger Vegetationsgeogr. Mitt. 1: 1–58. Hamburg.

ILIJANIĆ, L. & HEĆIMOVIĆ, S. (1981): Zur Sukzession der mediterranen Vegetation auf der Insel Lokrum bei Dubrovnik. – Vegetatio 46: 75–81. The Hague.

IVAN, D. & DONITA, N. (1980): Zur ökologischen Auffassung der Pflanzengesellschaft. – Phytocoenologia 7: 21–25. Stuttgart, Braunschweig.

IVERSEN, J. (1936): Biologische Pflanzentypen als Hilfsmittel in der Vegetationsforschung. Ein Beitrag zur ökologischen Charakterisierung und Anordnung der Pflanzengesellschaften. – Kopenhagen. 224 S.

JACCARD, P. (1901): Étude comparative de la distribution florale dans une portion des Alpes et du Jura. – Bull. Soc. Vaud. Sci. Nat. 37: 547–579.

JACCARD, P. (1902): Gesetze der Pflanzenverteilung in der alpinen Region. – Flora 90 (3): 349–377.

JÄGER, E. J. (1968): Die pflanzengeographische Ozeanitätsgliederung der Pflanzenareale. – Feddes Report. 79: 157–335. Berlin.

JÄGER, E. J. (1986): Epilobium ciliatum RAF. (E. adenocaulon HAUSSKN.) in Europa. – Wiss. Z. Martin-Luther-Univ. Halle–Wittenberg 35 (5): 122–134. Halle.

JÄGER, E. J. (1988): Möglichkeiten der Prognose synanthroper Pflanzenausbreitungen. – Flora 180 (1/2): 101–131. Jena.

JAHN, G. (1972): Forstliche Wuchsraumgliederung und waldbauliche Rahmenplanung in der Nordeifel auf vegetationskundlich-standörtlicher Grundlage. – Diss. Bot. 16: 1–294. Lehre.

JAHN, G. (1977): Die Fichtenwaldgesellschaften in Europa. – In: SCHMIDT-VOGT, H. (Ed.): Die Fichte: 468–560. Parey. Hamburg, Berlin.

JAHN, G. (1980): Die natürliche Wiederbesiedlung von Waldbrandflächen in der Lüneburger Heide mit Moosen und Gefäßpflanzen. – Forstw. Cbl. 99 (5/6): 297–324. Hamburg, Berlin.

JAHN, G. (1985): Chorological phenomena in spruce and beech communities. – In: NEUHÄUSL, R., DIERSCHKE, H. & BARKMAN, J. J. (Ed.): Chorological phenomena in plant communities. Proceed. 26th Int. Symp. Int. Ass. Veg. Sci. Prague 1982: 21–37. Dordrecht, Boston, Lancaster.

JAHN, G. (1991): Temperate deciduous forests of Europe. – In: RÖHRIG, E. & ULRICH, B. (eds.): Temperate deciduous forests of the world 7: 377–502. Amsterdam etc.

JAHN, G., MÜHLHÄUSSER, G., HÜBNER, W. & BÜCKING, W. (1990): Zur Frage der Veränderung der natürlichen Waldgesellschaften am Beispiel der montanen und hochmontanen Höhenstufe des westlichen Nordschwarzwaldes. – Mitt. Ver. Forstl. Standortskde. Forstpflanzenzüchtg. 35: 15–25. Stuttgart.

JAHN, G. & RABEN, G. (1982): Über den Einfluß der Bewirtschaftung auf Struktur und Dynamik der Wälder. – In: DIERSCHKE, H. (Red.): Struktur und Dynamik von Wäldern. Ber. Int. Symp. IVV Rinteln 1981: 717–734. Cramer. Vaduz.

JAHN, H. (1986): Der „Satanspilzhang" bei Glesse (Ottenstein), Süd-Niedersachsen. Zur Pilzvegetation des Seggen-Hangbuchenwaldes (Carici-Fagetum) im Weserbergland und außerhalb. – Westfäl. Pilzbriefe 10/11 (8 b): 289–351. Detmold.

JAHN, H., NESPIAK, A. & TÜXEN, R. (1967): Pilzsoziologische Untersuchungen in Buchenwäldern (Carici-Fagetum, Melico-Fagetum und Luzulo-Fagetum) des Wesergebirges. – Mitt. Florist.-Soziol. Arbeitsgem. N. F. 11/12: 159–197. Todenmann.

JAHNS, W. (1969): Torfmoos-Gesellschaften der Esterweger Dose. – Schriftenr. Vegetationsk. 4: 49–74. Bad Godesberg.

JAKUCS, P. (1961): Die phytozönologischen Verhältnisse der Flaumeichen-Buschwälder Südostmitteleuropas. – Akadémiai Kiadó. Budapest. 314 S.

JAKUCS, P. (1967 a): Bemerkungen zur Klassifizierung der Eichenwaldgesellschaften und zum Mantel – Saum – Problem. – Guide Exk, Int. Geobot. Symp. Ungarn: 77–80. Eger, Vácrátót.

JAKUCS, P. (1967 b): Bemerkungen zur höheren Systematik der europäischen Laubwälder. – Contr. Bot.: 159–166. Cluj.

JAKUCS, P. (1969): Die Sproßkolonien und ihre Bedeutung in der dynamischen Vegetationsentwicklung

(Polycormonsukzession). – Acta. Bot. Croat. 28: 161–170. Zagreb.

JAKUCS, P. (1970): Bemerkungen zur Saum – Mantel – Frage. – Vegetatio 21: 29–47. Den Haag.

JAKUCS, P. (1972): Dynamische Verbindung der Wälder und Rasen. Quantitative und qualitative Untersuchung über die synökologischen, phytozönologischen und strukturellen Verhältnisse der Waldsäume. – Akadémiai Kiadó. Budapest. 228 S.

JALAS, J. (1955): Hemerobe und hemerochore Pflanzenarten. Ein terminologischer Reformversuch. – Acta Soc. Fauna Fl. Fenn. 72: 1–15. Helsinki.

JALAS, J. & SUOMINEN, J. (1972 ff.): Atlas Florae Europaeae. – Helsinki.

JANSEN, A. E. (1984): Vegetation and macrofungi of acid oakwoods in the north-east of the Netherlands. – Agricult. Res. Rep. Univ. Wageningen 923: 1–162. Wageningen.

JANSSEN, A. (1986): Flora und Vegetation der Savannen von Humaitá und ihre Standortsbedingungen. – Diss. Bot. 93: 1–321. Berlin, Stuttgart.

JANSSEN, A. & SEIBERT, P. (1991): Potentielle natürliche Vegetation in Bayern. – Hoppea 50: 151–188. Regensburg.

JANSSEN, C. R. (1970): Problems in the recognition of plant communities in pollen diagrams. – Vegetatio 20 (1–4): 187–198. The Hague.

JAUCH, E. (1987): Der Einfluß des Rehwildes auf die Waldvegetation in verschiedenen Forstrevieren Baden-Württembergs. – Diss. Agrarwiss. Fakult. Univ. Hohenheim. Fotodruck. 187 S.

JECKEL, G. (1984): Syntaxonomische Gliederung, Verbreitung und Lebensbedingungen nordwestdeutscher Sandtrockenrasen (Sedo-Scleranthetea). – Phytocoenologia 12 (1): 9–153. Stuttgart, Braunschweig.

JECKEL, G. (1986): Kleinräumige Vegetationstransekte im Extensivgrünland alter Dünengebiete in nordwestdeutschen Flußtälern. – Coll. Phytosoc. 8: 431–445. Vaduz.

JECKEL, G. (1987): Einschränkung der Düngung – ökologische Begründung. – Seminararb. Naturschutzzentrum Nordrhein-Westf. 1 (3): 15–18. Recklinghausen.

JECKEL, G. (1989): Vegetationsentwicklung in nordwestdeutschen Heidemooren nach Entwaldung bzw. Waldbrand. – Verh. Ges. Ökol. 17: 677–682. Göttingen.

JEDICKE, E. (1990): Biotopverbund. Grundlagen und Maßnahmen einer neuen Naturschutzstrategie. – Ulmer. Stuttgart. 254 S.

JEHLÍK, V. (1981): Beitrag zur synanthropen (besonders Adventiv-) Flora des Hamburger Hafens. – Tuexenia 1: 81–97. Göttingen.

JEHLÍK, V. (1986): Konstruktion chorologischer Spektren von synanthropen Pflanzengesellschaften nach der Synanthropie ihrer Komponenten. – Tuexenia 6: 99–103. Göttingen.

JENÍK, J. & HALL, J. B. (1976): Plant communities of the Accra Plains, Ghana. – Folia Geobot. Phytotax, 11: 163–212. Praha.

JENSEN, U. (1961): Die Vegetation des Sonnenberger Moores im Oberharz und ihre ökologischen Bedingungen. – Natursch. Landschaftspfl. Niedersachs. 1: 1–85. Hannover.

JENSEN, U. (1972): Das System der europäischen Oxycocco-Sphagnetea. Ein Diskussionsbeitrag. – In: VAN DER MAAREL, E. & TÜXEN, R. (Red.): Grundfragen und Methoden in der Pflanzensoziologie. Ber. Int. Symp. IVV Rinteln 1970: 481–496. Junk. Den Haag.

JENSEN, U. (1975): Über Bulte und Schlenken in Mooren. – In: SCHMIDT, W. (Red.): Sukzessionsforschung. Ber. Int. Symp. IVV Rinteln 1973: 71–87. Cramer. Vaduz.

JENSEN, U., EVERTS, K. & KRONER, M. (1979): Die Mikrovegetation der Oberharzer Moore. – Phytocoenologia 6: 134–151. Stuttgart, Braunschweig.

JOCHHEIM, H. (1985): Der Einfluß des Stammablaufwassers auf den chemischen Bodenzustand und die Vegetationsdecke in Altbuchenbeständen verschiedener Waldbestände. – Ber. Forschungszentr. Waldökosysteme / Waldsterben 13: 1–226. Göttingen.

JOCHIMSEN, M. (1970): Die Vegetationsentwicklung auf Moränenböden in Abhängigkeit von einigen Umweltfaktoren. – Veröff. Univ. Innsbruck 6: 1–22. Innsbruck.

JOCHIMSEN, M. (1987): Vegetation development on mine spoil heaps – a contribution to the improvement of derelict land based on natural succession. – In: MIYAWAKI, A. et al. (eds.): Vegetation ecology and creation of new environment. Proceed Int. Symp. Tokyo 1984: 245–252. Tokai Univ. Press. Tokyo.

JONASSON, S. (1983): The point intercept method for non-destructive estimation of biomass. – Phytocoenologia 11 (3): 385–388. Stuttgart, Braunschweig.

JONGMAN, R. H. G., TER BRAAK C. J. F. & VAN TONGEREN, O. F. R.(1987): Data analysis in community and landscape ecology. – Pudoc. Wageningen. 299 S.

JURKO, A. (1973): Multilaterale Differenziation als Gliederungsprinzip der Pflanzengesellschaften. – Preslia 45 (1): 41–69. Praha.

JURKO, A. (1983 a): Ecomorphological survey of the leaf characteristic in selected Central European plant communities. – Folia Geobot. Phytotax. 18: 287–300. Praha.

JURKO, A. (1983 b): Survey of habitat indication by plants and leaf categories in forest ecosystem types of Little Carpathian mountains. – Ekológia (CSSR) 2 (1): 49–74.

JURKO, A. (1986): Plant communities and some questions of their taxonomical diversity. – Ekológia (CSSR) 5 (1): 3–32.

JURKO, A. (1987): Verbreitungspotential von Diasporen in Pflanzengesellschaften. – Biológia 42 (5): 477–485. Bratislava.

JURKO, A. (1990): Ökologische und soziökonomische Bewertung der Vegetation. – Ochrana prírody. Bratislava. 195 S. ‹Tschech./Deutsch›

Jurko, A. (1990a): Seasonality of plant flowering and pollen allergens in our vegetation. – Biológia 45: 367–374. Bratislava. ‹Tschech./Engl.›

Kapfer, A. (1987): Untersuchungen zur Renaturierung ehemaliger Streuwiesen im südwestdeutschen Alpenvorland. – In: Schubert, R. & Hilbig, W. (Hrsg.): Erfassung und Bewertung anthropogener Vegetationsveränderungen. Teil 2. Wiss. Beitr. Univ. Halle–Wittenberg 1987/25: 179–215.

Kappen, L. (1986): Flechtenstandorte als Kleinoasen in der Antarktis. – Düsseldorfer Geobot. Kolloqu. 3: 71–76. Düsseldorf.

Karataglis, S. S. (1978): Studies on heavy metal tolerance in populations of Anthoxanthum odoratum. – Ber. Deutsch. Bot. Ges. 91 (1): 205–216. Stuttgart.

Karrer, G. (1980): Die Vegetation im Einzugsgebiet des Grantenbaches südwestlich des Hochtores (Hohe Tauern). – Veröff. Österr. MaB-Hochgebirgsprogramms Hohe Tauern 3: 35–67. Innsbruck.

Karrer, G. (1985): Contribution to the sociology and chorology of contrasting plant communities in the southern part of the ‚Wienerwald‘ (Austria). – Vegetatio 59: 199–209. Dordrecht.

Karrer, G. (1988): Quantitative Analyse von Arealgröße und Disktjunktionsgrad an Artengarnituren von Pflanzengesellschaften des Alpenostrandes. – Sauteria 1: 89–134. Salzburg.

Kaule, G. (1974): Zur Abgrenzung von Übergangsmoor-Komplexen. – In: Sommer, W. H. & Tüxen, R. (Red.): Tatsachen und Probleme der Grenzen in der Vegetation. Ber. Int. Symp. IVV Rinteln 1968: 341–364. Cramer. Lehre.

Kaule, G. (1991): Arten- und Biotopschutz. 2. Aufl. – Ulmer. Stuttgart. 519 S.

Kaule, G. & Pfadenhauer, J. (1972): Die Vegetation eines Wald-Quellgebietes im Inn-Chiemseevorland. – Ber. Bayer. Bot. Ges. 43: 85–96. München.

Kienast, D. (1987): Die spontane Vegetation der Stadt Kassel in Abhängigkeit von bau- und stadtstrukturellen Quartierstypen. – Urbs et Regio 10: 1–411. Kassel.

Kiener, J. (1984): Veränderungen der Auenvegetation durch die Anhebung des Grundwasserspiegels im Bereich der Staustufe Ingolstadt. – Ber. Akad. Natursch. Landschaftspfl. 8: 104–129. Laufen/Salzach.

Kienzle, U. (1979): Sukzessionen in brachliegenden Magerwiesen des Jura und des Napfgebiets. – Diss. Univ. Basel. Sarnen. 104 S.

Kimsa, T. (1991): Floristic-statistical analysis of the herb layer in the contact zone between Dentario glandulosae-Fagetum and Abietetum polonicum in central Rostocze (SE Poland). – Fragm. Florist. Geobot. 35 (1–2): 165–171. Kraków.

Klapp, E. (1965): Grünlandvegetation und Standort. – Nach Beispielen aus West-, Mittel- und Süddeutschland. – Parey. Berlin, Hamburg. 384 S.

Klapp, E. & Stählin, A. (1936): Standorte, Pflanzengesellschaften und Leistung des Grünlandes. – Ulmer. Stuttgart. 122 S.

Klauck, E.-J. (1986): Robinien-Gesellschaften im mittleren Saartal. – Tuexenia 6: 325–333. Göttingen.

Klausing, O. (1959): Untersuchungen über Vegetation und Wasserhaushalt am Volcan de San Salvador. – Ber. Dt. Bot. Ges. 71: 439–452. Stuttgart.

Klausing, O. (1973): Vegetationsbau an Gewässern. – Hess. Landesanstalt f. Umwelt. Wiesbaden. 123 S.

Klement, O. (1955): Prodromus der mitteleuropäischen Flechtengesellschaften. – Feddes Repert. Beih. 135: 5–194. Berlin.

Klement, O. (1958): Die Stellung der Flechten in der Pflanzensoziologie. – Vegetatio 8: 43–56. Den Haag.

Klika, J. (1929): Ein Beitrag zur geobotanischen Durchforschung des Steppengebietes im Böhmischen Mittelgebirge. – Bot. Centralbl. Beih. 45 (2): 495–539. Dresden.

Klink, H.-J. (1966): Naturräumliche Gliederung des Ith-Hils-Berglandes. Art und Anordnung der Physiotope und Ökotope. – Forsch. Deutsch. Landesk. 159: 1–257. Bad Godesberg.

Klink, H.-J. & Mayer, E. (1983): Vegetationsgeographie. –Westermann. Braunschweig. 278 S.

Klötzli, F. (1965): Qualität und Quantität der Rehäsung in Wald- und Grünland-Gesellschaften des nördlichen Schweizer Mittellandes. – Veröff. Geobot. Inst. ETH Stift. Rübel 38: 1–186. Zürich.

Klötzli, F. (1972): Grundsätzliches zur Systematik von Pflanzengesellschaften. – Ber. Geobot. Inst. ETH Stift. Rübel 41: 35–47. Zürich.

Klötzli, F. (1981): Zur Reaktion verpflanzter Ökosysteme der Feuchtgebiete. – Daten, Dokum. Umweltsch. Sonderreihe Umwelttagung Univ. Hohenheim 31: 107–117. Hohenheim.

Klotz, S. (1987): Struktur und Dynamik städtischer Vegetation. – Hercynia N. F. 24 (3): 350–357. Leipzig.

Klotz, S. (1987a): Floristische und vegetationskundliche Untersuchungen in Städten der DDR. – Düsseldorfer Geobot. Kolloqu. 4: 61–69. Düsseldorf.

Klotz, S. & Köck, U.-V. (1984): Vergleichende geobotanische Untersuchungen in der Baschkirischen ASSR. 3. Teil: Wasserpflanzen-, Flußufer- und Halophytenvegetation. – Feddes Repert. 95 (5/6): 381–408. Berlin.

Klotz, S. & Köck, U.-V. (1986): Vergleichende geobotanische Untersuchungen in der Baschkirischen ASSR. 4. Teil: Wiesen- und Saumgesellschaften. – Feddes Repert. 97 (7/8): 527–546. Berlin.

Knapp, H. D. (1979/80): Geobotanische Studien an Waldgrenzstandorten des hercynischen Florengebietes. – Flora 168: 276–319, 468–510; 169: 177–215. Jena.

Knapp, H. D. (1988): Xerotherme Säume und Buschwälder an natürlichen Waldgrenzstandorten. – In: Barkman, J. J. & Sykora, K. V. (eds.): Dependent Plant Communities: 17–27. Acad. Publ. The Hague.

Knapp, H. D. & Jage, H. (1978): Zur Ausbreitungsgeschichte von Lactuca tatarica (L.) C. A. Meyer in Mitteleuropa. – Feddes Repert. 89 (7–8): 453–474. Berlin.

KNAPP, H. D. & JESCHKE, L. (1991): Naturwaldreservate und Naturwaldforschung in den ostdeutschen Bundesländern. – Schriftenr. Vegetationsk. 21: 21–54. Bonn–Bad Godesberg.

KNAPP, H. D., JESCHKE, L. & SUCCOW, M. (1985): Gefährdete Pflanzengesellschaften auf dem Territorium der DDR. – Kulturbund DDR, Zentralvorstand Ges. Natur Umwelt, Zentraler Fachausschuß Botanik. Cottbus. 128 S.

KNAPP, H. D., LANGE, E. & JESCHKE, L. (1988): Landschaftsgeschichte als interdisziplinäre Arbeitsrichtung, dargestellt am Beispiel der Insel Rügen. – Flora 180 (1/2): 59–76. Jena.

KNAPP, R. (1942): Zur Systematik der Wälder, Zwergstrauchheiden und Trockenrasen des eurosibirischen Vegetationskreises. – Mskr. vervielf. (Beilage z. 12 Rdbr. der Zentralstelle f. Vegetationskartierung) Hannover. 102 S.

KNAPP, R. (1948): Einführung in die Pflanzensoziologie. Heft 1: Arbeitsmethoden der Pflanzensoziologie und die Eigenschaften der Pflanzengesellschaften. – Ulmer. Stuttgart. 100 S.

KNAPP, R. (1949): Angewandte Pflanzensoziologie. – Ulmer. Stuttgart, Ludwigsburg. 132 S.

KNAPP, R. (1957): Über die Gliederung der Vegetation von Nordamerika. – Geobot. Mitt. 4: 1–63. Köln.

KNAPP, R. (1958): Untersuchungen über die Entwicklung der Pflanzengesellschaften nach dem Abschmelzen des Schnees. – Ber. Bayer. Bot. Ges. 32: 44–47. München.

KNAPP, R. (1959): Vorschläge zur Gesamt-Gliederung der holarktischen Waldvegetation. 2. Aufl. – Geobot. Mitt. 7: 1–27. Gießen.

KNAPP, R. (1967): Experimentelle Soziologie und gegenseitige Beeinflussung der Pflanzen. 2. Aufl. – Ulmer. Stuttgart. 266 S.

KNAPP, R. (1971): Einführung in die Pflanzensoziologie. Neubearb. 3. Aufl. – Ulmer. Stuttgart. 388 S.

KNAPP, R. (ed.) (1974): Vegetation dynamics. – Handb. Veg. Sci 8: 1–364. Junk. The Hague.

KNAPP, R. (1974a): Mutual influences between plants, allelopathy, competition and vegetation changes. – Ebenda: 111–122.

KNAPP, R. (1974b): Syndynamical analysis and conclusions by means of the present vegetation status, of earlier records and of repeated studies on permanent plots. – Ebenda: 45–57.

KNAPP, R. (1974c): Cyclic successions and ecosystem approaches in vegetation dynamics. – Ebenda: 91–100.

KNAPP, R. (1975): Zur Methodik der Untersuchung von Gesellschaftskomplexen mit Beispielen aus Hessen und Afrika. – Phytocoenologia 2 (3/4): 401–416. Berlin etc.

KNAPP, R. (1977): Bibliographie zur Diversität in der Pflanzensoziologie. – Excerpta Bot. Sect. B. 16 (4): 296–305. Stuttgart.

KNAPP, R. (1977a): Dauerflächen-Untersuchungen über die Einwirkung von Haustieren und Wild während trockener und feuchter Zeiten in Mesobromion-Halbtrockenrasen in Hessen. – Mitt. Florist.-Soziol. Arbeitsgem. N. F. 19/20: 269–274. Todenmann, Göttingen.

KNAPP, R. (1980a): Eigenschaften, Wirkungen und Methodik der Allelopathie. – Angew. Bot. 54 (3/4): 125–138. Hamburg.

KNAPP, R. (1980b): Grundlagen gegenseitiger Beeinflussungen zwischen Gesellschaften, Arten und Individuen von Pflanzen. – In: WILMANNS, O. & TÜXEN, R. (Red.): Epharmonie. Ber. Int. Symp. IVV Rinteln 1979: 37–52. Cramer. Vaduz.

KNAPP, R. (1980c): Fern-Erkundung und Luftbildaufnahmen in der Vegetations-Kartierung. – Excerpta Bot. Sect. B. 20 (2): 97–124. Stuttgart, New York.

KNAPP, R. (1981): Allelopathie, Competition und ähnliche Beeinflussungen zwischen Pflanzen: Perspektiven am Beginn des neuen Jahrzehnts (1980/1981). – Excerpta Bot. Sect. B. 21 (3): 199–230. Stuttgart, New York.

KNAPP, R. (1982a): Einige Perspektiven gegenwärtiger Sukzessions-Untersuchungen und Bibliographie zur Vegetationsdynamik V. – Excerpta Bot. Sect. B. 22 (3): 189–234. Stuttgart, New York.

KNAPP, R. (1982b): Struktur und Dynamik in Wäldern verschiedener Klimazonen im Zusammenhang mit Vorgängen der Regeneration und Fluktuation. – In: DIERSCHKE, H. (Red.): Struktur und Dynamik von Wäldern. Ber. Int. Symp. IVV Rinteln 1981: 39–48. Cramer. Vaduz.

KNAPP, R. (1983): Möglichkeiten quantitativer Präzisierung bei Bestandes-Analysen von Pflanzengesellschaften. – Tuexenia 3: 477–483. Göttingen.

KNAPP, R. (1983a): Pflanzensoziologie und Vegetationskunde als Grundlage für den Naturschutz. Bibliographie 1972–1982. – Excerpta Bot. Sect. B 23 (2): 73–102. Stuttgart.

KNAPP, R. (1984): Sampling methods and taxon analysis in vegetation science. – Handb. Veg. Sci 4: 1–370. Junk. The Hague.

KNAPP, R. & FURTHMANN, S. (1953): Experimentelle Untersuchungen über die Bedeutung von Hemmstoffen für das Wachstum und die Vergesellschaftung höherer Pflanzen. – Ber. Deutsch. Bot. Ges. 66: 252–269. Stuttgart.

KNAUER, N. (1969): Veränderungen der Artenzusammensetzung verschiedener Grünland-Pflanzengesellschaften durch Düngung mit Phosphat, Kali oder Kalk. – In: TÜXEN, R. (Hrsg.): Experimentelle Pflanzensoziologie. Ber. Int. Symp. IVV Rinteln 1965: 63–74. Junk. Den Haag.

KNÖRZER, K.-H. (1975): Entstehung und Entwicklung der Grünlandvegetation im Rheinland: – Decheniana 127: 195–214. Bonn.

KNÖRZER, K.-H. (1984): Pflanzensoziologische Untersuchung von subfossilen Pflanzenresten aus anthropogener Vegetation. – In: KNAPP, R. (ed.): Sampling methods and taxon analysis in vegetation science. Handb. Veg. Sci. 4: 249–258. Junk. The Hague.

KOCH, W. (1926): Die Vegetationseinheiten der

Linthebene unter Berücksichtigung der Verhältnisse in der Nordostschweiz. –Jahrb. St. Gallische Naturwiss. Ges. 61 (2): 1–144. St. Gallen.

Köck, U.-V. (1984): Intensivierungsbedingte Veränderungen der Segetalvegetation des mittleren Erzgebirges. – Arch. Natursch. Landschaftspfl. 24 (2): 105–133. Berlin.

Köck, U.-V. (1986): Verbreitung, Soziologie und Ökologie von Corispermum leptopterum (Aschers.) Iljin in der DDR. I. Verbreitung und Ausbreitungsgeschichte. – Gleditschia 14 (2): 305–325. Berlin.

Kölbel, A., Dierssen, K., Grell, H. & Voss, K. (1990): Zur Veränderung grundwasserbeeinflußter Niedermoor- und Grünland-Vegetationstypen des nordwestdeutschen Tieflandes – Konsequenzen für „Extensivierung" und „Flächenstillegung". – Kieler Notizen Pflanzenk. Schleswig-Holst. Hamburg 20 (3): 67–89. Kiel.

König, D. (1948): Spartina townsendii an der Westküste von Schleswig-Holstein. – Planta 36: 34–70. Berlin, Göttingen, Heidelberg.

Koeppel, H.-W. (1982): Landschafts-Informationssystem – Inhalt und Methodik. – Natur Landschaft 57 (12): 417–421. Köln.

Körber-Grohne, U. (1967): Geobotanische Untersuchungen auf der Feddersen Wierde. – Feddersen Wierde 1: 1–358. Steiner. Wiesbaden.

Körber-Grohne, U. (1979): Einige allgemeine Bemerkungen zu einer pflanzensoziologischen Zuordnung subfossiler Floren des Postglazials. – In: Wilmanns, O. & Tüxen, R. (Red): Werden und Vergehen von Pflanzengesellschaften. Ber. Int. Symp. IVV Rinteln 1978: 43–59. Cramer. Vaduz.

Köstner, B. & Lange, O. L. (1986): Epiphytische Flechten in Bayerischen Waldschadensgebieten des nördlichen Alpenraumes: Floristisch-soziologische Untersuchungen und Vitalitätstests durch Photosynthesemessungen. – Ber. Akad. Natursch. Landschaftspfl. 10: 185–210. Laufen/Salzach.

Kohl, A. (1986): Die spontane Vegetation in verschiedenen Quartierstypen der Stadt Freiburg. – Ber. Naturf. Ges. Freiburg 76: 135–191. Freiburg.

Kohler, A. (1965): Über den Einfluß von Aesculus hippocastanum-Inhaltsstoffen auf Keimung und Entwicklung höherer Pflanzen. – Ber. Deutsch. Bot. Ges. 78 (2): 58–67. Stuttgart.

Kohler, A. (1969): Möglichkeiten zur Klärung von Allelopathieerscheinungen bei Aesculus hippocastanum L. – In: Tüxen, R. (Hrsg.): Experimentelle Pflanzensoziologie. Ber. Int. Symp. IVV Rinteln 1965: 156–160. Junk. Den Haag.

Kohler, A. (1970): Geobotanische Untersuchungen an Küstendünen Chiles zwischen 27 und 42 Grad südl. Breite. – Bot. Jahrb. 90 (1/2): 55–200. Stuttgart.

Kohler, A. (1978): Methoden der Kartierung von Flora und Vegetation von Süßwasserbiotopen. – Landschaft und Stadt 10 (2): 73–85. Stuttgart.

Kohler, A., Vollrath, H. & Beisl, E. (1971): Zur Verbreitung, Vergesellschaftung und Ökologie der Ge-
fäß-Makrophyten im Fließwassersystem Moosach (Münchener Ebene). – Arch. Hydrobiol. 69 (3): 333–365. Stuttgart.

Komárková, V. (1979): Alpine vegetation of the Indian Peaks area, Front Range, Colorado Mountains. – Flora et vegetatio mundi 7: 1–591. Cramer. Vaduz.

Komárková, V. (1981): Holarctic alpine and arctic vegetation: circumpolar relationships and floristic-sociological, high-level units. – In: Dierschke, H. (Red.): Syntaxonomie. Ber. Int. Symp. IVV Rinteln 1980: 451–476. Cramer. Vaduz.

Koop, H. (1982): Waldverjüngung, Sukzessionsmosaik und kleinstandörtliche Differenzierung infolge spontaner Waldentwicklung. – In: Dierschke, H. (Red.): Struktur und Dynamik von Wäldern. Ber. Int. Symp. IVV Rinteln 1981: 235–273. Cramer. Vaduz.

Koop, H. (1989): Forest dynamics. Silvi-Star: A comprehensive monitoring system. – Springer. Berlin etc. 229 S.

Koop, H. (1991): Untersuchungen der Waldstruktur und der Vegetation in Kernflächen niederländischer Naturwaldreservate. – Schriftenr. Vegetationsk. 21: 67–76. Bonn–Bad Godesberg.

Kopecký, K. (1967): Die flußbegleitende Neophytengesellschaft Impatienti-Solidaginetum in Mittelmähren. – Preslia 39: 151–166. Praha.

Kopecký, K. (1978): Die straßenbegleitenden Rasengesellschaften im Gebirge Orlické und seinem Vorlande. –Vegetace CSSR A 10: 1–258. Academia Verlag. Praha.

Kopecký, K. (1980): Die Ruderalpflanzengesellschaften im südwestlichen Teil von Praha (1). – Preslia 52 (3): 241–267. Praha.

Kopecký, K. (1986): Versuch einer Klassifizierung der ruderalen Agropyron repens- und Calamagrostis epigejos-Gesellschaften unter Anwendung der deduktiven Methode. – Folia Geobot. Phytotax. 21 (2): 225–242. Praha.

Kopecký, K. (1988): Use of the so-called deductive method of syntaxonomic classification in phytocoenological literature. – Preslia 60 (2): 177–184. Praha. ‹Tschech./Engl.›

Kopecký, K. (1992): Die syntaxonomische Klassifizierung der Pflanzengesellschaften unter Anwendung der deduktiven Methode. – Tuexenia 12: 13–24. Göttingen.

Kopecký, K. & Hejný, S. (1971): Nitrophile Saumgesellschaften mehrjähriger Pflanzen Nordost- und Mittelböhmens. – Rozp. Ceskoslovenske Akad. Ved, Rada Mat. Prirod. Ved 81 (9): 1–125. Praha. ‹Tschech./Deutsch.›

Kopecký, K. & Hejný, S. (1978): Die Anwendung einer „deduktiven Methode syntaxonomischer Klassifikation" bei der Bearbeitung der straßenbegleitenden Pflanzengesellschaften Nordostböhmens. – Vegetatio 36 (1): 43–51. The Hague.

Kopecký, K. & Hejný, S. (1990): Die stauden- und grasreichen Ruderalgesellschaften Böhmens unter Anwendung der deduktiven Methode der syntaxonomischen Klassifikation. – Folia Geobot. Phytotax. 25 (4): 357–380. Praha.

KORCHAGIN, A. A. & KARPOV, V. G. (1974): Fluctuations in coniferous taiga communities. – In: KNAPP, R. (ed.): Vegetation dynamics. Handb. Veg. Sci. 8: 225–231. Junk. The Hague.

KORNAŚ, J. (1958): Succession régressive de la végétation de la garrigue sur calcaires compacts dans la Montagne de la Gardiole près de Montpellier. – Acta Soc. Bot. Polon. 27 (4): 563–596.

KORNAŚ, J. (1972): Distribution and dispersal ecology of weeds in segetal plant communities in the Gorce Mts. (Polish Western Carpathians). – Acta Agrobot. 25 (1): 1–67. Warszawa. ‹Poln./Engl.›

KORNAŚ, J. (1982): Man's impact upon the flora: processes and effects. – Memorabilia Zool. 37: 11–30.

KORNAŚ, J. (1990): Plant invasions in Central Europe: historical and ecological aspects. – In: DI CASTRI, F., HANSEN, A. J. & DEBUSSCHE, M. (eds.): Biological invasions in Europe and the Mediterranean basin: 19–36. Kluwer. Dordrecht.

KORNAŚ, J. & MEDWECKA-KORNAŚ, A. (1950): Associations végétales sousmarines dans la Golfe de Gdansk. – Vegetatio 2: 120–127. Den Haag.

KORNECK, D. (1975): Beitrag zur Kenntnis mitteleuropäischer Felsgrus-Gesellschaften (Sedo-Scleranthetalia). – Mitt. Florist.-Soziol. Arbeitsgem. N. F. 18: 45–102. Todenmann, Göttingen.

KOROTKOV, K. O., MOROZOVA, O. V. & BELONOVSKAJA, E. A. (1991): The USSR vegetation syntaxa prodromus. – Moscow. 346 S.

KORTEKAAS, W. M., VAN DER MAAREL, E. & BEEFTINK, W. G. (1976): A numerical classification of European Spartina communities. – Vegetatio 33 (1): 51–60. The Hague.

KOTAŃSKA, M. (1970): Morphology and biomass of the underground organs of plants in grassland communities of the Ojców National Park. – Zaklad Ochrony Przyrody Polsk. Akad. Nauk. Stud. Nat. A 4: 1–107. Kraków. ‹Poln./Engl.›

KOVÁR, P. & LEPŠ, J. (1986): Ruderal communities of the railway station Ceská Trebová (Eastern Bohemia, Czechoslovakia) – remarks on the application of classical and numerical methods of classification. – Preslia 58 (2): 141–163. Praha.

KOWARIK, J. (1985): Zum Begriff „Wildpflanzen" und zu den Bedingungen und Auswirkungen der Einbürgerung hemerober Arten. – Publ. Naturhist. Gen. Limburg 35 (3–4): 8–25. Limburg.

KOWARIK, J. (1987): Kritische Anmerkungen zum theoretischen Konzept der potentiellen natürlichen Vegetation mit Anregungen zu einer zeitgemäßen Modifikation. – Tuexenia 7: 53–67. Göttingen.

KOWARIK, J. (1988): Zum menschlichen Einfluß auf Flora und Vegetation. Theoretische Konzepte und ein Quantifizierungsansatz am Beispiel von Berlin (West). – Landschaftsentw. Umweltforsch. 56: 1–280. Berlin.

KOWARIK, J. & BÖCKER, R. (1984): Zur Verbreitung, Vergesellschaftung und Einbürgerung des Götterbaumes (Ailanthus altissima [Mill.] Swingle) in Mitteleuropa. – Tuexenia 4: 9–29. Göttingen.

KOWARIK, J. & SEIDLING, W. (1989): Zeigerwertberechnung nach Ellenberg. – Zu Problemen und Einschränkungen einer sinnvollen Methode. – Landschaft und Stadt 21 (4): 132–143. Stuttgart.

KOWARIK, J. & SUKOPP, H. (1984): Auswirkungen von Luftverunreinigungen auf die spontane Vegetation (Farn- und Blütenpflanzen). – Angew. Bot. 58: 157–170. Göttingen.

KOWARIK, J. & SUKOPP, H. (1986): Unerwartete Auswirkungen von eingeführten Pflanzenarten. – Universitas 41 (8): 828–845.

KRAHULEC, F. (1985): the chorologic pattern of European Nardus-rich communities. – Vegetatio 59: 119–123. Dordrecht.

KRAHULEC, F., LEPŠ, J. & RAUCH, O. (1980): Vegetation of the Rozkos reservoir near Ceská Skalice (East Bohemia). 1. The vegetation development during the first five years after its filling. – Folia Geobot. Phytotax. 15 (4): 321–362. Praha.

KRAL, F., MAYER, H. & ZUKRIGL, K. (1975): Die geographischen Rassen der Waldgesellschaften in vegetationskundlicher, waldgeschichtlicher und waldbaulicher Sicht. – Beitr. Naturk. Forsch. Südwest-Deutschl. 34: 167–185. Karlsruhe.

KRATOCHWIL, A. (1983): Zur Phänologie von Pflanzen und blütenbesuchenden Insekten (Hymenoptera, Lepidoptera, Diptera, Coleoptera) eines versäumten Halbtrockenrasens im Kaiserstuhl – ein Beitrag zur Erhaltung brachliegender Wiesen als Lizenz-Biotop gefährdeter Tierarten. – Veröff. Natursch. Landschaftspfl. Bad.-Württ. Beih. 34: 57–108. Karlsruhe.

KRATOCHWIL, A. (1984): Pflanzengesellschaften und Blütenbesucher-Gemeinschaften: biozönologische Untersuchungen in einem nicht mehr bewirtschafteten Halbtrockenrasen (Mesobrometum) im Kaiserstuhl (Südwestdeutschland). – Phytocoenologia 11 (4): 455–669. Stuttgart, Braunschweig.

KRATOCHWIL, W. (1987): Zoologische Untersuchungen auf pflanzensoziologischem Raster – Methoden, Probleme und Beispiele biozönologischer Forschung. – Tuexenia 7: 13–51. Göttingen.

KRATOCHWIL, A. (1991): Die Stellung der Biozönologie in der Biologie, ihre Teildisziplinen und ihre methodischen Ansätze. – Verh. Ges. Ökol. Beih. 2: 9–44. Freiburg.

KRAUSE, A. (1983): Zur Entwicklung des Seifenkraut-Queckenrasens (Saponaria officinalis-Agropyron repens-Gesellschaft) im Mündungsgebiet der Ahr. – Dechemiana 136: 20–29. Bonn.

KRAUSE, A. (1989): Rasenansaaten und ihre Fortentwicklung an Autobahnen. Beobachtungen zwischen 1970 und 1988. – Schriftenr. Vegetationsk. 20: 1–125. Bonn– Bad Godesberg.

KRAUSE, A. & SCHRÖDER, L. (1979): Vegetationskarte der Bundesrepublik Deutschland 1:200000. – Potentielle natürliche Vegetation – Blatt CC 3118

Hamburg–West. – Schriftenr. Vegetationsk. 14: 1–138. Bonn–Bad Godesberg.
Krause, A. & Trautmann, W. (1970): Erläuterungen zur Karte der potentiellen natürlichen Vegetation des Solling. – Schriftenr. Vegetationsk. 5: 121–131. Bonn–Bad Godesberg.
Krause, C. L. et al. (1977): Ökologische Grundlagen der Planung. – Schriftenr. Natursch. 14: 1–204. Bonn–Bad Godesberg.
Krause, W. (1950): Über Vegetationskarten als Hilfsmittel kausalanalytischer Untersuchungen der Pflanzendecke. – Planta 38 (3): 296–323. Berlin etc.
Krause, W. (1955): Pflanzensoziologische Luftbildauswertung. – Angew. Pflanzensoz. 10: 1–60. Stolzenau/Weser.
Krause, W. (1969): Zur Characeenvegetation der Oberrheinebene. – Arch. Hydrobiol. Suppl. 35 (2): 202–253. Stuttgart.
Krause, W. (1979): Vegetationskartierung als Beitrag zur Planung landwirtschaftlicher Melioration im Schwarzwald. – Docum. Phytosoc. N. S. 4: 549–555. Vaduz.
Kreeb, K.-H. (1956): Phänologisch-pflanzensoziologische Untersuchungen in einem Eichen-Hainbuchenwald im Neckargebiet. –Ber. Deutsch. Bot. Ges. 69: 361–374. Stuttgart.
Kreeb, K.-H. (1974): Ökophysiologie der Pflanzen. – Fischer. Jena. 221 S.
Kreeb, K.-H. (1983): Vegetationskunde. Methoden und Vegetationsformen unter Berücksichtigung ökosystemischer Aspekte. – Ulmer. Stuttgart. 331 S.
Kreh, W. (1951): Die Besiedlung des Trümmerschutts durch die Pflanzenwelt. – Nat. Rundschau 7: 298–303. Stuttgart.
Kriebitzsch, U. & Hasemann, A. (1983): Standortsverhältnisse von Waldgesellschaften auf Keuper im südlichen Leinetal. – Verh. Ges. Ökol. 11: 221–237. Göttingen.
Krippelová, T. (1978): Beitrag zur Klassifikation synanthroper Pflanzengesellschaften. – Acta. Bot. Slovak. Acad. Sci. Ser. A 3: 395–399. Bratislava.
Krüsi, B. (1978): Grenzen der Aussagekraft von Vegetationsaufnahmen. – Ber. Geobot. Inst. ETH Stift. Rübel 45: 134–155. Zürich.
Krüsi, B. (1981): Phenological methods in permanent plot research. – Veröff. Geobot. Inst. ETH Stift. Rübel 75: 1–115. Zürich.
Kubíková, J. (1973): Vegetational and ecological gradients above timberline in the Krivánská Malá Fatra Mts. – Preslia 45: 327–337. Praha. ⟨Tschech./Engl.⟩
Kubíková, J. (1981): The effect of cement factory air pollution on thermophilous rocky grassland. – Vegetatio 47: 279–283. The Hague.
Kubíková, J. & Rejmánek, M. (1973): Notes on some quantitative methods in the study of plant community structure. – Preslia 45: 154–164. Praha. ⟨Tschech./Engl.⟩
Kübler, K. & Ammer, U. (1992): Der Einsatz von Fernerkundungsverfahren zur automatischen Klassifizierung von Biotoptypen. – Natur Landschaft 67 (2): 51–55. Stuttgart.
Küchler, A. W. (1960): Vergleichende Vegetationskartierung. – Vegetatio 9: 208–216. Den Haag.
Küchler, A. W. (1963): Die Zusammenstellung von Vegetationskarten kleinen Maßstabes. – In: Tüxen, R. (Hrsg.): Bericht über das Internationale Symposium für Vegetationskartierung, Stolzenau 1959: 39–46. Weinheim.
Küchler, A. W. (ed.) (1966): International bibliography of vegetation maps. 2. Europe. – Univ. Kansas Publ., Library Series 26. Lawrence. 584 S.
Küchler, A. W. (1974): Boundaries on vegetation maps. – In: Sommer, W. H. & Tüxen, R. (Red.): Tatsachen und Probleme der Grenzen in der Vegetation. Ber. Int. Symp. IVV Rinteln 1968: 415–427. Cramer. Lehre.
Küchler, A. W. & Mc Cormick, J. (1967): Bibliographie of vegetation maps of North America. – Excerpta Bot. Sect. B. 8 (2–4): 145–289. Stuttgart.
Küchler, A. W. & Zonneveld, J. S. (eds.) (1988): Vegetation mapping. – Handb. Veg. Sci 10: 1–635. Kluwer. Dordrecht etc.
Kühl, U. et al. (1988/89): Immissionsökologisches Wirkungskataster Baden-Württemberg. – Jahresber. 1987 + 1988: 240/154 S. Karlsruhe.
Kümpel, H., Eccarius, W., Heinrich, W. & Westhus, W. (1989): Die vom Aussterben bedrohten Orchideenarten Thüringens. – Landschaftspfl. Natursch. Thüringen 26 (Sonderheft): 1–16. Halle/Saale.
Küppers, M. (1984): Kohlenstoffhaushalt, Wasserhaushalt, Wachstum und Wuchsform von Holzgewächsen im Konkurrenzgefüge eines Heckenstandortes. – Ber. Akad. Natursch. Landschaftspfl. Beih. 3 (1): 10–102. Laufen/Salzach.
Küster, H. (1990): Gedanken zur Entstehung von Waldtypen in Süddeutschland. – Ber. Reinhold Tüxen-Ges. 2: 25–43. Hannover.
Kugler, H. (1970): Blütenökologie. 2. Aufl. – Fischer. Stuttgart. 345 S.
Kugler, H. (1971): Verbreitung der Anemogamie in mitteleuropäischen Pflanzengesellschaften. – Ber. Deutsch. Bot. Ges. 84 (5): 197–209. Stuttgart.
Kuhbier, H. (1977): Senecio inaequidens DC. – Ein Neubürger der nordwestdeutschen Flora. – Abh. Naturwiss. Ver. Bremen 38 (21): 383–396. Bremen.
Kuhn, C. & Otto, A. (1988): EVA – Empirisch-vegetationskundliches Auswertungssystem. Ein praxisorientiertes Computerprogramm. – Florist. Rundbr. 22 (1): 55–67. Bochum.
Kuhn, J. (1988): Die Vegetation des Schmiechener Sees. –Jahresh. Ges. Naturk. Württ. 144: 69–118. Stuttgart.
Kuhn, N. (1983): VEGTAB, ein Computer-Programm als Hilfe zur tabellarischen Vegetationsgliederung. – Tuexenia 3: 499–522. Göttingen.
Kuhn, N., Amiet, R. & Hufschmid, N. (1987): Veränderungen in der Waldvegetation der Schweiz infolge Nährstoffanreicherungen aus der Atmosphäre. – Allg. Forst-Jagdzeitung 158 (5/6): 77–84.

KUITERS, A. T. (1987): Phenolic acids and plant growth in forest ecosystems. – Acad. Proefschrift Vrije Univ. Amsterdam. 150 S.

KUITERS, A. T., VAN BECKHOFEN, K. & ERNST, W. H. O. (1986): Chemical influences of tree litters on herbaceous vegetation. –In: FANTA, J. (ed.): Forest dynamics research in western and central Europe: 103–111. Pudoc. Wageningen.

KULCZYNSKI, S. (1928): Die Pflanzenassoziationen der Pieninen. – Bull. Acad. Polon. Sci. et Lettr. Cl. Sci. Math. Nat. B: 57–203. Cracovie.

KUNICK, W. (1974): Veränderungen von Flora und Vegetation einer Großstadt, dargestellt am Beispiel von Berlin (West). – Dissert. Techn. Univ. Berlin. Fotodruck. Berlin. 472 S.

KUNKEL, G. (1972): Über einige Unkräuter auf Gran Canaria (Kanarische Inseln) und deren Verbindung. – Vegetatio 24 (1–3): 177–191. Den Haag.

KUNZMANN, G. (1989): Der ökologische Feuchtegrad als Kriterium zur Beurteilung von Grünlandstandorten, ein Vergleich bodenkundlicher und vegetationskundlicher Standortmerkmale. – Diss. Bot. 134: 1–277. Berlin, Stuttgart.

KUTSCHERA, L. (1960): Wurzelatlas mitteleuropäischer Ackerunkräuter und Kulturpflanzen. – DLG-Verlag. Frankfurt. 574 S.

KUTSCHERA, L., LICHTENEGGER, E. & SOBOTIK, M. (1982): Wurzelatlas mitteleuropäischer Grünlandpflanzen. Bd. 1: Monocotyledoneae. – Fischer. Stuttgart, New York. 516 S.

KUTSCHERA, L., LICHTENEGGER, E. & SOBOTIK, M. (1992): Wurzelatlas mitteleuropäischer Grünlandpflanzen. Bd. 2: Pteridophyta und Dicotyledoneae (Magnoliopsida). – Fischer. Stuttgart etc. 851 und 261 S.

KUTSCHERA-MITTER, L (1984): Untersuchung der Wurzeln und der unterirdischen Teile von Sproß-Systemen. – In: KNAPP, R. (ed.): Sampling methods and taxon analysis in vegetation science. Handb. Veg. Sci. 4: 129–160. Junk. The Hague etc.

LAMPRECHT, H. (1980a): Zur Methodik waldkundlicher Untersuchungen in Naturwaldreservaten. – Natur Landschaft 55 (4): 146–147. Köln.

LAMPRECHT, H. (1980b): Waldbaulich-vegetationskundliche Überlegungen zur Bestandesdynamik. – Forst- u. Holzwirt 35 (1): 3–5. Hannover.

LANDOLT, E. (1977a): Ökologische Zeigerwerte zur Schweizer Flora. – Veröff. Geobot. Inst. ETH Stift. Rübel 64: 1–208. Zürich.

LANDOLT, E. (1977b): The importance of closely related taxa for the delimination of phytosociological units. – Vegetatio 34 (3): 179–189. The Hague.

LANDOLT, E. (1979): Lemna minuscula Herter (= L. minima Phil.), eine in Europa neu eingebürgerte amerikanische Wasserpflanze. – Ber. Geobot. Inst. ETH Stift. Rübel 46: 86–89. Zürich.

LANDOLT, E. (1983): Probleme der Höhenstufen in den Alpen. – Bot. Helvetica 93 (2): 255–268.

LANDOLT, E., KLÖTZLI, F., URBANSKA, K., GIGON, A., HORAK, E. & BALTISBERGER, M. (1990): Das Geobotanische Institut an der ETHZ, Stiftung Rübel. – Vierteljahrsschr. Naturf. Ges. Zürich 135 (2): 97–116. Zürich.

LANDOLT, E., KRÜSI, O. & ZUMBÜHL, G. (1986): Vegetationskartierung und Untersuchungen zum landwirtschaftlichen Ertrag im MaB 6 – Gebiet Davos. – Veröff. Geobot. Inst. ETH Stift. Rübel 88b: Karten. Zürich.

LANG, G. (1967): Über die Geschichte von Pflanzengesellschaften aufgrund quartärbotanischer Untersuchungen. – In: TÜXEN, R. (Hrsg.): Pflanzensoziologie und Palynologie. Ber. Int. Symp. IVV Stolzenau 1962: 24–37. Junk. Den Haag.

LANG, G. (1967a): Die Ufervegetation des westlichen Bodensees. – Arch. Hydrobiol. Suppl. 32 (4): 437–574. Stuttgart.

LANG, G. (1970): Die Vegetation der Brindabella Range bei Canberra. – Abh. Akad. Wiss. Lit. Mainz, Math.-Nat. Kl. 1970 (1): 1–98. Wiesbaden.

LANG, G. (1981): Die submersen Makrophyten des Bodensees – 1978 im Vergleich mit 1967. – Ber. Int. Gewässerschutzkommiss. Bodensee 26: 1–64.

LANGE, E., JESCHKE, L. & KNAPP, H. D. (1986): Die Landschaftsgeschichte der Insel Rügen seit dem Spätglazial. – Schr. Ur- u. Frühgesch. 38: 1–175. Berlin.

LANGE, O. L. & KANZOW, H. (1965): Wachstumshemmung an höheren Pflanzen durch abgetötete Blätter und Zwiebeln von Allium ursinum. – Flora 156 94–101. Jena.

LARCHER, W. (1980): Ökologie der Pflanzen. 3. Aufl. – UTB 232. Ulmer. Stuttgart. 399 S.

LAUSI, D. (1980): Numerische Auswertung des Informationsgehaltes der pflanzensoziologischen Karten mit dem Computer. – Mitt. 16. Tagung Ostalpin-Dinar. Ges. Vegetationsk.: Vegetationskartierung im Gebirge. Klagenfurt 1979. Docum. Cartogr. Écol. 23: 10–14. Grenoble.

LAUSI, D. & FEOLI, E. (1979): Hierarchical classification of European salt marsh vegetation based on numerical methods. – Vegetatio 39 (3): 171–184. The Hague.

LAUSI, D. & NIMIS, P. L. (1985): Quantitative phytogeography of the Yukon territory (NW Canada) on a chorological-phytosociological basis. – Vegetatio 59: 9–20. Dordrecht.

LAUSI, D. & PIGNATTI, S. (1973): Die Phänologie der europäischen Buchenwälder auf pflanzensoziologischer Grundlage. – Phytocoenologia 1: 1–63. Stuttgart, Lehre.

LEBRUN, J. (1947): La végétation de la plaine alluviale au sud du Lac Edouard. – Explor. Parc Nat. Albert 1: 1–800. Bruxelles.

LEIBUNDGUT, H. (1978): Über Zweck und Probleme der Urwaldforschung. – Allg. Forstzeitschr. 33 (24): 683. München.

LEIK, E. & STEUBING, L. (1957): Lactuca tatarica (L.) C. A. Meyer als Wanderpflanze und Insel-Endemit. – Feddes Repert. 59 (3): 179–189. Berlin.

LEPŠ, J. (1988): Mathematical modelling of ecological

succession. A review. – Folia Geobot. Phytotax. 23 (1): 79–94. Praha.

LESER, H. (1991): Landschaftsökologie. 3. Aufl. – UTB 521. Ulmer. Stuttgart. 647 S.

LIETH, H. & ELLENBERG, H. (1958): Konkurrenz und Zuwanderung von Wiesenpflanzen. – Z. Acker- und Pflanzenbau 106: 205–223. Berlin, Hamburg.

LÖTSCHERT, W. (1969): Pflanzen an Grenzstandorten. – Fischer. Stuttgart. 167 S.

LOHMEYER, W. (1962): Zur Gliederung der Zwiebelzahnwurz (Cardamine bulbifera)-Buchenwälder im nördlichen Rheinischen Schiefergebirge. – Mitt. Florist.-Soziol. Arbeitsgem. N. F. 9: 187–193. Stolzenau / Weser.

LOHMEYER, W. (1963): Alte Siedlungen der oberen Wümme-Niederung in ihren Beziehungen zu Vegetation und Boden. – Ber. Naturhist. Ges. Hannover 107: 57–62. Hannover.

LOHMEYER, W. (1963 a): Erfahrungen bei der Verwendung von Luftbildern für die Vegetationskartierung. – In: TÜXEN, R. (Hrsg.): Bericht über das Internationale Symposium für Vegetationskartierung in Stolzenau 1959: 129–137. Weinheim.

LOHMEYER, W. (1964): Über die künstliche Begrünung offener Quarzsandhalden im Bergbaugelände bei Mechernich. – Angew. Pflanzensoz. 20: 61–71. Stolzenau / Weser.

LOHMEYER, W. (1970): Über das Polygono-Chenopodietum in Westdeutschland unter besonderer Berücksichtigung seiner Vorkommen am Rhein und im Mündungsgebiet der Ahr. – Schriftenr. Vegetationsk. 5: 7–28. Bonn–Bad Godesberg.

LOHMEYER, W. (1971): Über einige Neophyten als Bestandesglieder der bach- und flußbegleitenden nitrophilen Staudenfluren in Westdeutschland. – Natur Landschaft 46 (6): 166–168. Stuttgart.

LOHMEYER, W. (1972): Einwanderung von Neubürgern in die einheimische Flora und Probleme der Wiedereinbürgerung bodenständiger Gehölze. – Schriftenr. Landschaftspfl. Natursch. 7: 87–89. Bonn–Bad Godesberg.

LOHMEYER, W. (1975): Über Sproßkolonien auf Flugsand- und Kiesböden. – Natur Landschaft 50 (2): 39–42. Stuttgart.

LOHMEYER, W. (1976): Verwilderte Zier- und Nutzgehölze als Neuheimische (Agriophyten) unter besonderer Berücksichtigung ihrer Vorkommen am Mittelrhein. – Natur Landschaft 51 (10): 275–283. Stuttgart.

LOHMEYER, W. & BOHN, U. (1973): Wildsträucher-Sproßkolonien (Polycormone) und ihre Bedeutung für die Vegetationsentwicklung auf brachgefallenem Grünland. – Natur Landschaft 48 (3): 75–79. Stuttgart.

LOHMEYER, W. & ZEZSCHWITZ, E. VON (1982): Einfluß von Reliefform und Exposition auf Vegetation, Humusform und Humusqualität. – Geol. Jahrb. 11: 33–70. Hannover.

LONDO, G. (1971): Patroon en proces in duinvalleivegetaties langs een gegraven meer in de Kennerduinen. – Pattern and process in dune slack vegetations along an excavated lake in the Kennemer dunes (The Netherlands): – Verh. Rijksinst. Natuurbeheer 2: 1–279. Cuyk.

LONDO, G. (1974): Successive mapping of dune slack vegetation. – Vegetatio 29 (1): 51–61. The Hague.

LONDO, G. (1975): Dezimalskala für die vegetationskundliche Aufnahme von Dauerquadraten. – In: SCHMIDT, W. (Red.): Sukzessionsforschung. Ber. Int. Symp. IVV Rinteln 1973: 613–617. Cramer. Vaduz.

LONDO, G. (1984): The decimal scale for relevés of permanent quadrats. – In: KNAPP, R. (ed.): Sampling methods and taxon analysis in vegetation science. Handb. Veg. Sci. 4: 45–49. Junk. The Hague.

LONG, G., POISSONET, P., POISSONET, J., GODRON, M. & DAGET, P. (1970): Méthodes d'analyse par points de la végétation prairiale dense. Comparaison avec d'autres méthodes. – Docum. CNRS 55: 1–32. Montpellier.

LOOMAN, J. (1969): The fescue grasslands of western Canada. – Vegetatio 19: 128–145. Den Haag.

LOOMAN, J. (1986): The vegetation of the Canadian prairie provinces. IV. The woody vegetation. Part 2. Wetland shrubbery. – Phytocoenologia 14 (4): 439–466. Stuttgart, Braunschweig.

LOOMAN, J. (1987): The vegetation of the Canadian prairie provinces. IV. The woody vegetation. Part 4. Coniferous forests. – Phytocoenologia 15 (3): 289–327. Stuttgart, Braunschweig.

LORENS, B. (1984): Ecological and statistical analysis of herb layer in the contact zone of associations Peucedano-Pinetum Mat. (1962) 1973 and Querco-Piceetum (Mat. et. Pol. 1955). – Ekol. Pol. 32 (2): 271–287. Warszawa, Lódz.

LOUPPEN, J. M. W. & VAN DER MAAREL, E. (1979): Clusla: a computer program for the clustering of large phytosociological data sets. – Vegetatio 40: 107–114. The Hague.

LÜDERWALDT, D. (1990): Naturschutzplanung und Naturschutzforschung in Niedersachsen (aus der Sicht der Fachbehörde für Naturschutz). – Ber. Nieders. Natursch. Akad. 3 (3): 131–135. Schneverdingen.

LÜDI, W. (1919): Die Sukzession der Pflanzenvereine. – Mitt. Naturf. Ges. Bern 1919: 1–80. Bern.

LÜDI, W. (1921): Die Pflanzengesellschaften des Lauterbrunnentales und ihre Sukzession. – Beitr. Geobot. Landesaufnahme 9: 1–364. Zürich.

LÜDI, W. (1930): Die Methoden der Sukzessionsforschung in der Pflanzensoziologie. – Handb. biol. Arbeitsmeth. 11 (5): 527–728. Berlin, Wien.

LÜDI, W. (1936): Experimentelle Untersuchungen an alpiner Vegetation. – Ber. Schweizer Bot. Ges. 46: 632–681. Bern.

LÜDI, W. (1940): Die Veränderungen von Dauerflächen in der Vegetation des Alpengartens Schinigeplatte innerhalb des Jahrzehnts 1928/29–1938/39. – Ber. Geobot. Inst. ETH Stift. Rübel 1939: 93–148. Zürich.

LÜDI, W. (1954): Die Neubildung des Waldes im Lavinar der Alp La Schera im Schweizerischen Nationalpark. – Ergebn. Wiss. Unters. Schweiz. Nationalpark N. F. 4 (30): 279–296. Liestal.

Lüdi, W. (1955): Die Vegetationsentwicklung seit dem Rückzug der Gletscher in den mittleren Alpen und ihrem nördlichem Vorland. – Ber. Geobot. Inst. ETH Stift. Rübel 1954: 36–38. Zürich.

Lüdi, W. & Zoller, H. (1949): Einige Bemerkungen über die Dürreschäden des Sommers 1947 in der Nordschweiz und am schweizerischen Jurarand. – Ber. Geobot. Inst. ETH Stift. Rübel 1948: 69–84. Zürich.

Luftensteiner, H. W. (1982): Untersuchungen zur Verbreitungsbiologie von Pflanzengemeinschaften an vier Standorten in Niederösterreich. – Bibliotheca Bot. 135: 1–68. Stuttgart.

Luftensteiner, H. W. (1984): Analysis and classification of dispersal units in plant communities. – In: Knapp, R. (ed.): Sampling methods and taxon analysis in vegetation science. Handb. Veg. Sci. 4: 185–193. Junk. The Hague.

Lux, H. (1964): Die biologischen Grundlagen der Strandhaferpflanzung und Silbergrassaat im Dünenbau. – Angew. Pflanzensoz. 20: 5–53. Stolzenau/Weser.

Lux, H. (1969): Zur Biologie des Strandhafers (Ammophila arenaria) und seiner technischen Anwendung im Dünenbau. – In: Tüxen, R. (Hrsg.): Experimentelle Pflanzensoziologie. Ber. Int. Symp. IVV Rinteln 1965: 138–145. Junk. Den Haag.

Mac Arthur, R. H. & Wilson, E. O. (1967): Biogeographie von Inseln. – Wiss. Taschenb. Goldmann. München. 201 S.

Mägdefrau, K. (1953): Paläobiologie der Pflanzen. 2. Aufl. – Fischer. Jena. 438 S.

Mäkirinta, U. (1978): Ein neues ökomorphologisches Lebensformen-System der aquatischen Makrophyten. – Phytocoenologia 4 (4): 446–470. Stuttgart, Lehre.

Mäkirinta, U. (1989): Classification of South Swedish Isoetid vegetation with the help of numerical methods. – Vegetatio 81: 145–157. The Hague.

Mahn, E.-G. (1966): Beobachtungen über die Vegetations- und Bodenentwicklung eines durch Brand gestörten Silikattrockenrasenstandortes. – Arch. Natursch. Landschaftsf. 6 (1/2): 61–90. Berlin.

Mahn, E.-G. (1989): Anpassungen annueller Pflanzenpopulationen an anthropogen veränderte Umweltvariable. –Verh. Ges. Ökol. 18: 655–663. Göttingen.

Mai, D. H. (1981): Entwicklung und klimatische Differenzierung der Laubwaldflora Mitteleuropas im Tertiär. – Flora 171 (6): 525–582. Jena.

Major, J. (1963): Vegetation mapping in California. – In: Tüxen, R. (Hrsg.): Bericht über das Internat. Sympos. Vegetationskartierung Stolzenau 1959: 195–218. Cramer. Weinheim.

Marcello, A. & Pignatti, S. (1963): Fenoantesi caratteristica sulle barene nella laguna di Venezia. – Über den besonderen Blührhythmus der Salzpflanzenvegetation in der Lagune von Venedig. – Mem. Biogeogr. Adriatica 5: 189–256. Venezia.

Marstaller, R. (1970): Die naturnahen Laubwälder der Wöllmisse bei Jena. – Arch. Naturschutz Landschaftsf. 10 (2/3): 145–189. Berlin.

Marstaller, R. (1987): Die Moosgesellschaften auf morschem Holz und Rohhumus. 25. Beitrag zur Moosvegetation Thüringens. – Gleditschia 15 (1): 73–138. Berlin.

Martensen, H. O., Pedersen, A. & Weber, H. E. (1983): Atlas der Brombeeren von Dänemark, Schleswig-Holstein und dem benachbarten Niedersachsen. – Natursch. Landschaftspfl. Nieders. Beih. 5: 1–150. Hannover.

Mattes, H. (1988): Zur Beziehung zwischen Vegetation und Avizönosen – Übereinstimmungen und Möglichkeiten der Klassifikation. – Mitt. Badischen Landesver. Naturk. Natursch. N. F. 14: 581–586. Freiburg.

Mattfeld, H. (1931): Berichte über die pflanzengeographische Kartierung Deutschlands. III. – Feddes Repert. Beih. 62: 133–156. Berlin.

Matuszkiewicz, A. (1986): Bibliographie der Vegetationskarten von Polen. 3. Teil. – Excerpta Bot. Sect. B. 24 (3): 191–215. Stuttgart, New York.

Matuszkiewicz, J. M. (1972): Analysis of the spatial variation of the field layer in the contact zone of two phytocoenoses. – Phytocoenosis 1 (2): 121–150. Warszawa, Bialowieza. ‹Poln./Engl.›

Matuszkiewicz, J. M. (1979): Landscape phytocomplexes and vegetation landscapes, real and typological landscape units of vegetation. – Docum. Phytosociol. N. S. 4: 663–672. Vaduz.

Matuszkiewicz, W. (1962): Zur Systematik der natürlichen Kiefernwälder des mittel- und osteuropäischen Flachlandes. – Mitt. Florist.-Soziol. Arbeitsgem. N. F. 9: 145–186. Stolzenau-Weser.

Matuszkiewicz, W. (1979): Über die Vorbereitung der Übersichtskarte der potentiell natürlichen Vegetation in Polen. – Docum. Phytosociol. N. S. 4: 673–693. Vaduz.

Matuszkiewicz, W. (1980): Synopsis und geographische Analyse der Pflanzengesellschaften von Polen. – Mitt. Florist.-Soziol. Arbeitsgem. N. F. 22: 19–50. Göttingen.

Matuszkiewicz, W. (1981): Przewodnik do oznaczania zbiorowisk róslinnych Polski. – Warszawa. 298 S.

Matuszkiewicz, W. (1984): Die Karte der potentiellen natürlichen Vegetation von Polen. – Braun-Blanquetia 1: 1–99. Camerino, Bailleul.

Matuszkiewicz, W. & Matuszkiewicz, A. (1973): Pflanzensoziologische Übersicht der Waldgesellschaften von Polen. Teil 1. Die Buchenwälder. – Phytocoenosis 2 (2): Warsawa, Bialowieza.

Matuszkiewicz, W. & Matuszkiewicz, A. (1981): Das Prinzip der mehrdimensionalen Gliederung der Vegetationseinheiten, erläutert am Beispiel der Eichen-Hainbuchenwälder in Polen. – In: Dierschke, H. (Red.): Syntaxonomie. Ber. Int. Symp. IVV Rinteln 1980: 123–148. Cramer. Vaduz.

MATUSZKIEWICZ, W. & PLIT, J. (1985): Versuch einer typologischen und regionalen Landschaftsgliederung aufgrund der Karte der potentiellen natürlichen Vegetation (am Beispiel eines südpolnischen Hügellandes). – Phytocoenologia 12 (2): 161–180. Stuttgart, Braunschweig.

MAYER, H. (1977): Waldbau. – Fischer. Stuttgart. 483 S.

MAYER, H. (1983): Waldgebiete der Alpen. – Tuexenia 3: 307–318. Göttingen.

MAYER, H. (1984): Wälder Europas. – Fischer. Stuttgart. 691 S.

MC INTOSH, R. P. (1973): Matrix and plexus techniques. – In: WHITTAKER, R. H. (ed.): Ordination and classification of communities. Handb. Veg. Sci. 5: 157–191. Junk. The Hague.

MC PHERSON, J. K. & MULLER, C. H. (1969): Allelopathic effects of Adenostoma fasciculatum, „chamise", in the California chaparral. – Ecol. Monogr. 39: 177–198.

MEDERAKE, R. (1991): Vegetationsentwicklung und Standortsbedingungen von Straßenbegleitflächen bei unterschiedlicher Pflege. – Diss. Univ. Göttingen. Fotodruck. Göttingen. 371 S.

MEDWECKA-KORNAŚ, A. (1950): Biologie de la dissémination des associations végétales des rochers du Jura Cracovien. – Bull. Acad. Polon. Sci. Lettres, Cl. Mat. Nat. B 1: 151–167. Cracovie.

MEDWECKA-KORNAŚ, A. (1961): Some floristically and sociologically corresponding forest associations in the Montreal Region of Canada and Central Europe. – Bull. Acad. Polon. Sci. 9 (6): 255–260.

MEDWECKA-KORNAŚ, A. & GAWRONSKI, S. (1991): Acidophilous mixed forests in the Ojcow National Park: thirty years pressure of air pollution. – Veröff. Geobot. Inst. ETH Stift. Rübel 106: 174–207. Zürich.

MEIJER DREES, E. (1953): A tentative design for rules of phytosociological nomenclature. – Vegetatio 4: 205–214. Den Haag.

MEIJER DREES, E. (1954): The minimum area in tropical rain forest with special reference to some types in Bangka (Indonesia). – Vegetatio 5/6: 517–523. Den Haag.

MEISEL, K. (1954): Wasserstufenkarte des Emslandes zwischen Dalum und Kl. Hesepe 1:5000. – Beilage in Angew. Pflanzensoziol. 8. Stolzenau/Weser.

MEISEL, K. (1958): Vergleich zwischen Boden- und Vegetationskarte. – In: TÜXEN, R. (Hrsg.): Bericht über das Internationale Symposion Pflanzensoziologie-Bodenkunde vom 18. bis 22. 9. 1956 in Stolzenau/Weser. Angew. Pflanzensoziol. 15: 118–130. Stolzenau/Weser.

MEISEL, K. (1963): Die Vegetationskarte als Grundlage für die Beurteilung von Wasserschäden. – In: TÜXEN, R. (Hrsg.): Bericht über das Internationale Symposium für Vegetationskartierung in Stolzenau 1959: 423–430. Weinheim.

MEISEL, K. (1968): Ackerunkrautgesellschaften als Hilfsmittel für die Landschaftsökologie. – In: TÜXEN, R. (Hrsg.): Pflanzensoziologie und Landschaftsökologie. Ber. Int. Symp. IVV Stolzenau 1963: 111–122. Junk. Den Haag.

MEISEL, K. (1969): Zur Gliederung und Ökologie der Wiesen im nordwestdeutschen Flachland. – Schriftenr. Vegetationsk. 4: 23–48. Bad Godesberg.

MEISEL, K. (1970): Über die Artenverbindungen der Weiden im nordwestdeutschen Flachland. – Schriftenr. Vegetationsk. 5: 45–56. Bonn–Bad Godesberg.

MEISEL, K. (1977): Die Grünlandvegetation nordwestdeutscher Flußtäler und die Eignung der von ihr besiedelten Standorte für einige wesentliche Nutzungsansprüche. – Schriftenr. Vegetationsk. 11: 1–121. Bonn–Bad Godesberg.

MEISEL, K. (1979): Veränderungen der Segetalflora in der Stolzenauer Weser-Marsch seit 1945. – Phytocoenologia 6: 118–130. Berlin, Stuttgart.

MEISEL, K. (1983): Zum Nachweis von Grünlandveränderungen durch Vegetationserhebungen. – Tuexenia 3: 407–415. Göttingen.

MEISEL, K. & HÜBSCHMANN, A. VON (1973): Grundzüge der Vegetationsentwicklung auf Brachflächen. – Natur Landschaft 48 (3): 70–74. Stuttgart.

MEISEL, K. & HÜBSCHMANN, A. VON (1975): Zum Rückgang von Naß- und Feuchtbiotopen im Emstal. – Natur Landschaft 50 (2): 33–38. Stuttgart.

MEISEL, K. & HÜBSCHMANN, A. VON (1976): Veränderungen der Acker- und Grünlandvegetation im nordwestdeutschen Flachland in jüngerer Zeit. – Schriftenr. Vegetationsk. 10: 109–124. Bonn–Bad Godesberg.

MEISEL, K. & WATTENDORFF, J. (1962): Über eine von der Wirtschaftsart unabhängige Wasserstufenkarte. – Mitt. Florist.-Soziol. Arbeitsgem. N. F. 9: 230–238. Stolzenau/Weser.

MEISEL-JAHN, S. (1955): Die Kiefern-Forstgesellschaften des nordwestdeutschen Flachlandes. – Angew. Pflanzensoziol. 11: 1–126. Stolzenau/Weser.

MELZER, H. (1990): Lactuca tatarica (L.) C. A. Meyer, der Tataren-Milchlattich – ein Neophyt der österreichischen Flora? – Verh. Zool. Bot. Ges. Österr. 127: 155–159. Wien.

MENKE, B. (1963): Beiträge zur Geschichte der Erica-Heiden NW-Deutschlands. Flora 153: 521–548. Jena.

MENKE, B. (1968): Beitrag zur pflanzensoziologischen Auswertung von Pollendiagrammen, zur Kenntnis früherer Pflanzengesellschaften in den Marschenrandgebieten der schleswig-holsteinischen Westküste und zur Anwendung auf die Frage der Küstenentwicklung. – Mitt. Florist.-Soziol. Arbeitsgem. N. F.- 13: 195–224. Todenmann/Rinteln.

MENKE, B. (1969): Vegetationskundliche und vegetationsgeschichtliche Untersuchungen an Strandwällen. (Mit Beiträgen zur Vegetationsgeschichte sowie zur Erd- und Siedlungsgeschichte West-Eiderstedts.). – Mitt. Florist.-Soziol. Arbeitsgem. N. F. 14: 95–120. Todenmann.

MENNEMA, J., QUENÉ-BOTERENBROOD, A. J. & PLATE, C. L. (1980): Atlas of the Netherlands flora. 1. Extinct and very rare species. – Junk. The Hague etc. 226 S.

MEUSEL, H. (1940): Die Grasheiden Mitteleuropas. Versuch einer vergleichend-pflanzengeographischen Gliederung. Bot. Arch. 41: 357–519. Leipzig.

MEUSEL, H. (1942): Verbreitungskarten mitteldeutscher Leitpflanzen, 5. Reihe. – Hercynia 3 (6): 310–337. Berlin.

MEUSEL, H. (1943): Vergleichende Arealkunde. Einführung in die Lehre von der Verbreitung der Gewächse mit besonderer Berücksichtigung der mitteleuropäischen Flora. 2 Bde. – Borntraeger. Berlin–Zehlendorf. 466 und 92 S.

MEUSEL, H. (1954): Über die umfassende Aufgabe der Pflanzengeographie. – Veröff. Geobot. Inst. ETH Stift. Rübel 29: 68–80. Bern.

MEUSEL, H. (1955): Entwurf zu einer Gliederung Mitteldeutschlands und seiner Umgebung in pflanzengeographische Bezirke. – Wiss. Z. Martin-Luther-Univ. Halle–Wittenberg 4 (3): 637–642. Halle/Saale.

MEUSEL, H. (1969): Chorologische Artengruppen der mitteleuropäischen Eichen-Hainbuchenwälder. – Feddes Repert. 80 (2–3): 113–132. Berlin.

MEUSEL, H. & JÄGER, E. J. (Hrsg.) (1992): Vergleichende Chorologie der zentraleuropäischen Flora. Bd. III. – Fischer. Jena etc. 333 und 265 S.

MEUSEL, H., JÄGER, E. & WEINERT, E. (1965): Vergleichende Chorologie der zentraleuropäischen Flora. 1. Teil. – Fischer. Jena. 583 und 258 S.

MEUSEL, H., JÄGER, E., WEINERT, E. & RAUSCHERT, S. (1978): Vergleichende Chorologie der Zentraleuropäischen Flora. 2. Teil. – Fischer. Jena. 418 und 163 S.

MEUSEL, H. & KNAPP, H. D. (1983): Ökogeographische Analyse der Areale einiger mediterraner und mediterran-mitteleuropäischer Orchideen. – Jahresber. Nat. Ver. Wuppertal 36: 80–94. Wuppertal.

MEYER, F. H. (1957): Über Wasser- und Stickstoffhaushalt der Röhrichte und Wiesen im Elballuvium bei Hamburg. – Mitt. Staatsinst. Allg. Bot. Hamburg 11: 137–203. Hamburg.

MEYER, F. H. (1966): Pilzsymbiosen bei land- und forstwirtschaftlichen Kulturpflanzen. – Landwirtschaftl. Forsch. Sonderh. 20: 106–116. Frankfurt.

MEYER, F. H. (1973): Distribution of ectomycorrhizae in native and manmade forests. – Ectomycorrhizae: 79–105. Acad. Press. New York, London.

MEYER, F. H. (1989): Eutrophierung und Mykorrhizen. – Ber. Nieders. Naturseh. Akad. 2 (1): 35–38. Schneverdingen.

MICHAEL, E. & HENNIG, B. (1971): Handbuch für Pilzfreunde. Bd. 2: Nichtblätterpilze. – Fischer. Jena. 467 S.

MICHALKO, J., MAGIC, D., BERTA, J., RYBNÍČEK, K. & RYBNÍČKOVÁ, E. (1987): Geobotanical map of Czechoslovakia, Slovak Socialist Republic. 1:200000. – Veda, Publishing House of the Slovak Academy of Sciences. Bratislava. 167 S. ‹Tschech./Engl.›

MIEHE, G. (1990): Langtang Himal. Flora und Vegetation als Klimazeiger und -zeugen im Himalaya. – Diss. Bot. 158: 1–494. Stuttgart.

MIERWALD, U. (1988): Die Vegetation der Kleingewässer landwirtschaftlich genutzter Flächen. Eine pflanzensoziologische Studie aus Schleswig-Holstein. – Mitt. Arbeitsgem. Geobot. Schleswig-Holst. Hamburg 39: 1–286. Kiel.

MIKYŠKA, R. et al. (1968): Geobotanische Karte der Tschechoslowakei. 1. Böhmische Länder. – Vegetace CSSR A 2. Praha. 204 S. ‹Tschech./Deutsch›

MILES, J. (1979): Vegetation Dynamics. – Chapman & Hall. London, New York. 80 S.

MILES, J. (1981): Problems in heathland and grassland dynamics. – Vegetatio 46: 61–74. The Hague.

MILES, J. (1987): Soil variation caused by plants: a mechanism of floristic change in grasslands?. – In: VAN ANDEL, J. et al. (eds.): Disturbance of grasslands. Geobotany 10: 37–49. Dordrecht etc.

MILES, J., SCHMIDT, W. & VAN DER MAAREL, E. (eds.) (1989): Temporal and spatial patterns of vegetation dynamics. – Kluwer. Dordrecht. 200 S.

MIOTK, P. (1980): Zur Problematik der Tierartensicherung durch Flächenschutzmaßnahmen. – Phytocoenologia 7: 183–194. Stuttgart, Braunschweig.

MIOTK, P. (1986): Situation, Problematik und Möglichkeiten im zoologischen Naturschutz. – Schriftenr. Vegetationsk. 18: 49–66. Bonn-Bad Godesberg.

MIRKIN, B. M., GOGOLEVA, P. A. & KONONOV, K. E. (1985): The vegetation of central Yacutian alases. – Folia Geobot. Phytotax. 20 (4): 345–395. Praha.

MITCHLEY, J. & GRUBB, P. J. (1986): Control of relative abundance of perennials in chalk grassland in southern England. I. Constancy of rank order and results of pot- and field-experiments on the role of interference. – J. Ecol. 74: 1139–1166. Oxford etc.

MIYAWAKI, A. (1971): Bibliographie der Vegetationskarten Japans. II. – Excerpta Bot. Sect. B. 11 (3/4): 238–245. Stuttgart.

MIYAWAKI, A. (1975): Entwicklung der Umweltschutz-Pflanzungen und -Ansaaten in Japan. – In: SCHMIDT, W. (Red.): Sukzessionsforschung. Ber. Int. Symp. IVV Rinteln 1973: 237–254. Cramer. Vaduz.

MIYAWAKI, A. (1980): Vegetation of Japan. Vol. 1: Yakushima. – Shibundo. Tokyo. 376 S.

MIYAWAKI, A. (1981): Das System der Lorbeerwälder (Camellietea japonicae) Japans. – In: DIERSCHKE, H. (Red.): Syntaxonomie. Ber. Int. Symp. IVV Rinteln 1980: 589–597. Cramer. Vaduz.

MIYAWAKI, A. (1982): Anthropogene Veränderungen der Struktur und Dynamik immer- und sommergrüner Laubwälder auf den Japanischen Inseln. – In: DIERSCHKE, H. (Red.): Struktur und Dynamik von Wäldern. Ber. Int. Symp. IVV Rinteln 1981: 659–679. Cramer. Vaduz.

MIYAWAKI, A. (1982a): Umweltschutz in Japan auf vegetationskundlicher Grundlage. – Bull. Inst. Envir. Sci. Technol. Yokohama National Univ. 8 (1): 107–120. Yokohama.

MIYAWAKI, A. & FUJIWARA, K. (1970): Vegetationskundliche Untersuchungen im Ozegahara-Moor, Mittel-Japan. – Tokyo. 152 S.

MIYAWAKI, A. & FUJIWARA, K. (1975): Ein Versuch zur Kartierung des Natürlichkeitsgrades der Vegetation und Anwendungsmöglichkeiten dieser Karte für den Umwelt- und Naturschutz am Beispiel der Stadt Fujisawa. – Phytocoenologia 2 (3/4): 430–437. Berlin etc.

MIYAWAKI, A. & OKUDA, S. (1977): Diagnose und Vorschläge aufgrund der Vegetationskunde für künftige Maßnahmen für den Umweltschutz für die Umgebung von Tokyo. – In: MIYAWAKI, A. & TÜXEN, R. (eds.): Vegetation science and envirommental protection: 361–367. Maruzen. Tokyo.

MIYAWAKI, A. & OKUDA, S. (1979): Vegetation und Landschaft Japans. Festschrift für Prof. Dr. Drs. h. c. Reinhold Tüxen. – Bull. Yokohama Phytosoc. Soc. 16: 1–495. Yokohama.

MIYAWAKI, A. & TÜXEN, J. (1960): Über Lemnetea-Gesellschaften in Europa und Japan. – Mitt. Florist.-Soziol. Arbeitsgem. N. F. 8: 127–135. Stolzenau/Weser.

MÖLLER, H. (1987): Wege zur Ansprache der aktuellen Bodenazidität auf der Basis der Reaktionszahlen von Ellenberg ohne arithmetisches Mitteln dieser Werte. – Tuexenia 7: 499–505. Göttingen.

MÖSELER, B. M. (1987): Zur morphologischen, phänologischen und standörtlichen Charakterisierung von Gymnadenia conopsea (L.) R. Br. ssp. densiflora (Wahlenb.) K. Richter. – Göttinger Florist. Rundbr. 21 (1): 8–18. Göttingen, Bochum.

MÖSELER, B. M. & RINAST, K. (1986): Erstellung pflanzensoziologischer Tabellen mit Hilfe von Mikro-Computern. – Tuexenia 6: 415–418. Göttingen.

MOLISCH, H. (1937): Der Einfluß einer Pflanze auf die andere. Allelopathie. – Fischer. Jena. 106 S.

MONTAG, A. (1975): Der Einfluß von Zementofenstaub-Immissionen auf die Vegetation verschiedener Wald- und Moorgesellschaften im Misburger Raum. – In: DIERSCHKE, H. (Red.): Vegetation und Substrat. Ber. Int. Symp. IVV Rinteln 1969: 67–72. Cramer. Vaduz.

MOOR, M. (1977): Le rôle de l'erable, du frêne, de l'orme et du tilleul dans la synsystématique des forêts feuillues riches. – Docum. Phytosociol. N. S. 1: 183–188. Vaduz.

MOORE, J. J. (1972): An outline of computer-based methods for the analysis of phytosociological data. – In: VAN DER MAAREL. E. & TÜXEN, R. (Red.): Grundfragen und Methoden in der Pflanzensoziologie. Ber. Int. Symp. IVV Rinteln 1970: 29–38. Junk. Den Haag.

MOORE, J. J., FITZSIMONS, S. J. P., LAMBE, E. & WHITE, J. (1970): A comparison and evaluation of some phytosociological techniques. – Vegetatio 20 (1–4): 1–20. The Hague.

MOORE, J. J. & O' SULLIVAN, A. (1970): A comparison between the results of the Braun-Blanquet method and those of „cluster analysis". – In: TÜXEN, R. (Hrsg.): Gesellschaftsmorphologie. Ber. Int. Symp. IVV Rinteln 1966: 26–30. Junk. Den Haag.

MOORE, J. J., & O' SULLIVAN, A. M. (1978): A phytosociological survey of the Irish Molinio-Arrhenatheretea using computer techniques. – Vegetatio 38 (2): 89–93. The Hague.

MORAVEC, J. (1968): Zu den Problemen der pflanzensoziologischen Nomenklatur. – In: TÜXEN, R. (Hrsg.): Pflanzensoziologische Systematik. Ber. Int. Symp. IVV Stolzenau 1964: 142–154. Junk. Den Haag.

MORAVEC, J. (1969): Succession of plant communities and soil development. – Folia Geobot. Phytotax. 4: 133–164. Praha.

MORAVEC, J. (1972): Einfache Methode zur Bestimmung des Homogenitäts-Grades eines Aufnahme-Materials. – In: VAN DER MAAREL. E. & TÜXEN, R. (Red.): Grundfragen und Methoden in der Pflanzensoziologie. Ber. Int. Symp. IVV Rinteln 1970: 193–210. Junk. Den Haag.

MORAVEC, J. (1973): The determination of the minimal area of phytocoenoses. – Folia Geobot. Phytotax. 8: 23–47. Praha.

MORAVEC, J. (1975a): Pflanzensoziologische Nomenklatur. – Excerpta Bot. Sect. B. 14 (3): 204–208. Stuttgart.

MORAVEC, J. (1975b): Die Untereinheiten der Assoziation. – Beitr. Naturk. Forsch. Südwest-Deutschl. 34: 225–232. Karlsruhe.

MORAVEC, J. (1981): Die Logik des pflanzensoziologischen Klassifikationssystems. – In: DIERSCHKE, H. (Red.): Syntaxonomie. Ber. Int. Symp. IVV Rinteln 1980: 43–63. Cramer. Vaduz.

MORAVEC, J. (1983): The ecological indication of herbrich beech forest associations in Czech Socialist Republic (Czechoslovakia). – Verh. Ges. Ökol. 11: 290–304. Göttingen.

MORAVEC, J. et coll. (1983): Survey of the higher vegetation units of the Czech Socialist Republic. – Preslia 55: 97–122. Praha. ‹Tschech./Engl.›

MORAVEC, J. & NEUHÄUSL, R. (1976): Geobotanical map of the Czech Socialist Republic. Map of the reconstructed natural vegetation 1:1000000. – Praha.

MOSANDL, R. (1984): Löcherhiebe im Bergmischwald. – Forstl. Forschungsber. München 61: 1–298. München.

MOTYKA, J., DOBRZANSKI, B. & ZAWADSKI, S. (1950): Preliminary studies on meadows in the southeast of the province Lublin. – Ann. Univ. M. Curie-Sklodowska E 5 (13): 367–447. ‹Poln./Engl.›

MUCINA, L. (1982): Numerical classification and ordination of ruderal plant communities (Sisymbrietalia, Onopordetalia) in the western part of Slovakia. – Vegetatio 48: 267–275. The Hague.

MUCINA, L. (1989): Syntaxonomy of the Onopordum acanthium communities in temperate and continental Europe. – Vegetatio 81: 107–115. Dordrecht.

MUCINA, L. & BRANDES, D. (1985): Communities of Berteroa incana in Europe and their geographical differentiation. – Vegetatio 59: 125–136. Dordrecht.

MUCINA, L. & DALE, M. B. (1989): Numerical syntaxonomy. – Advances Veg. Sci. 10: 1–215. Kluwer. Dordrecht etc.

MUCINA, L. & JAROLÍMEK, J. (1986): On the syntaxonomic position of Plantaginetea majoris and Agrostietalia stoloniferae. – Preslia 58 (4): 349–352. Praha.

MUCINA, L. & MAGLOCKÝ, Š. (1984): A list of higher syntaxonomical units of Slovakia. – Tuexenia 4: 31–39. Göttingen.

MUCINA, L. & VAN DER MAAREL, E. (1989): Twenty years of numerical syntaxonomy. – Vegetatio 81: 1–15. Dordrecht etc.

MÜHLHÄUSSER, G., HÜBNER, W. & STUMMER, G. (1983): Die Forstliche Standortskarte 1:10000 nach dem baden-württembergischen Verfahren. – Mitt. Ver. Forstl. Standortsk. Forstpflanzenzücht. 30: 3–13. Stuttgart.

MÜLLER, A. VON (1956): Über die Bodenwasser-Bewegung unter einigen Grünland-Gesellschaften des mittleren Wesertales und seiner Randgebiete. – Angew. Pflanzensoziol. 12: 1–85. Stolzenau/Weser.

MÜLLER, G. K. (1985): Die Pflanzengesellschaften der Loma-Gebiete Zentralperus. – Wiss. Z. Univ. Leipzig, Math.-Nat. R. 34. (4): 317–356. Leipzig.

MÜLLER, H. L. (Hrsg.) (1984): Ökologie. – Fischer. Jena. 395 S.

MÜLLER, J., ROSENTHAL, G. & UCHTMANN, H. (1992): Vegetationsveränderungen und Ökologie nordwestdeutscher Feuchtgrünlandbrachen. – Tuexenia 12: 223–244. Göttingen.

MÜLLER, M., ULRICH, A. & HENRICHFREISE, A. (1982): Datenerfassung am Beispiel vegetationskundlicher Karten der badischen Rheinaue. – Natur Landschaft 57 (12): 447–453. Köln.

MÜLLER, N. (1988): Südbayerische Parkrasen – Soziologie und Dynamik bei unterschiedlicher Pflege. – Diss. Bot. 123: 1–176. Berlin, Stuttgart.

MÜLLER, P. (1981): Arealsysteme und Biogeographie. – Ulmer. Stuttgart. 704 S.

MÜLLER, TH. (1962): Die Saumgesellschaften der Klasse Trifolio-Geranietea sanguinei. – Mitt. Florist.-Soziol. Arbeitsgem. N. F. 9: 95–140. Stolzenau/Weser.

MÜLLER, TH. (1965): Die Wald-, Gebüsch-, Saum-, Trocken- und Halbtrockenrasengesellschaften des Spitzbergs. – Natur- u. Landschaftsschutzgeb. Baden-Württ. 3: 278–475. Ludwigsburg.

MÜLLER, TH. (1967): Die geographische Gliederung des Galio-Carpinetum und des Stellario-Carpinetum in Südwestdeutschland. – Beitr. Naturkundl. Forsch. SW-Deutschl. 26 (1): 47–65. Karlsruhe.

MÜLLER, TH. (1968): Die Gliederung von Pflanzengesellschaften in Rassen und Formen als Beitrag zur Landschaftsökologie, dargestellt am Beispiel von wärmeliebenden Eichen-Hainbuchenwäldern in Südwestdeutschland. – In: TÜXEN, R. (Hrsg.): Pflanzensoziologie und Landschaftsökologie. Ber. Int. Symp. IVV Stolzenau 1963: 60–64. Junk. Den Haag.

MÜLLER, TH. (1970): Mosaikkomplexe und Fragmentkomplexe. – In: TÜXEN, R. (Hrsg.): Gesellschaftsmorphologie. Ber. Int. Symp. IVV Rinteln 1966: 69–75. Junk. Den Haag.

MÜLLER, TH. (1983): Artemisietea vulgaris. – In: OBERDORFER, E. (Hrsg.): Süddeutsche Pflanzengesellschaften. 2. Aufl. Teil III: 135–277. Fischer. Stuttgart.

MÜLLER, TH. (1989): Die artenreichen Rotbuchenwälder Süddeutschlands. – Ber. Reinhold Tüxen-Ges. 1: 149–163. Göttingen.

MÜLLER, TH. (1990): Die Eichen-Hainbuchen-Wälder (Verband Carpinion betuli Issl. 31 em. Oberd. 53) Süddeutschlands. – Ber. Reinhold Tüxen-Ges. 2: 121–184. Hannover.

MÜLLER, TH. & GÖRS, S. (1958): Zur Kenntnis einiger Auenwaldgesellschaften im württembergischen Oberland. – Beitr. Naturk. Forsch. Südwest-Deutschl. 17 (2): 8–165. Karlsruhe.

MÜLLER, TH., OBERDORFER, E. & PHILIPPI, G. (1974): Die potentielle natürliche Vegetation von Baden-Württemberg. – Veröff. Landesstelle Natursch. Landschaftspfl. Bad.-Württ. Beih. 6: 1–46. Ludwigsburg.

MUELLER-DOMBOIS, D. (1981): Vegetation dynamics in a coastal grassland of Hawaii. – Vegetatio 46: 131–140. The Hague.

MUELLER-DOMBOIS, D. & ELLENBERG, H. (1974): Aims and methods of vegetation ecology. – Whiley & Sons. New York etc. 547 S.

MUELLER-DOMBOIS, D. & SMATHERS, G. G. (1975): Sukzession nach einem Vulkanausbruch auf der Insel Hawaii. – In: SCHMIDT, W. (Red.): Sukzessionsforschung. Ber. Int. Symp. IVV Rinteln 1973: 159–188. Cramer. Vaduz.

MÜLLER-HOHENSTEIN, K. (1978): Die ostmarokkanischen Hochplateus. – Erlanger Geogr. Arb. Sonderband 7: 1–186. Erlangen.

MÜLLER-SCHNEIDER, P. (1964): Verbreitungsbiologie und Pflanzengesellschaften. – Acta Bot. Croat. Vol. Extraord. (= Mitt. Ostalpin-Dinar. Sektion IVV 4): 79–87. Zagreb.

MÜLLER-SCHNEIDER, P. (1977): Verbreitungsbiologie (Diasporologie) der Blütenpflanzen. 2. neubearb. Aufl. – Veröff. Geobot. Inst. ETH Stift. Rübel 61: 1–226. Zürich.

MÜLLER-SCHNEIDER, P. & LHOTSKA, M. (1971): Zur Terminologie der Verbreitungsbiologie der Blütenpflanzen. – Folia Geobot. Phytotax. 6: 407–417. Praha.

MUHLE, H. (1977): Ein Epiphytenkataster niedersächsischer Naturwaldreservate. – Mitt. Florist.-Soziol. Arbeitsgem. N. F. 19/20: 47–62. Todenmann, Göttingen.

MUHLE, H. (1977a): Sukzession auf Totholz entlang von Klimagradienten im östlichen Kanada. – In: DIERSCHKE, H. (Red.): Vegetation und Klima. Ber. Int. Symp. IVV Rinteln 1975: 83–97. Cramer. Vaduz.

MUHLE, H. (1978): Probleme der Datenerhebung und Auswertung von Dauerprobeflächen von Kryptogamen-Synusien. – Phytocoenosis 7: 213–225. Warszawa, Bialowieza.

MULLER, C. H. (1969): Allelopathy as a factor in ecological process. – Vegetatio 18: 348–357. The Hague.

MULLER, C. H. (1974): Allelopathy in the environmental complex. – In: STRAIN, B. R. & BILLINGS, W. D.

(ed.): Vegetation and environment. Handb. Veg. Sci. 6: 71–85. Junk. The Hague.

MURMANN-KRISTEN, L. (1991): Vitalitätsuntersuchungen in der Krautschicht von Wäldern. – Veröff. Natursch. Landschaftspfl. Bad.-Württ. Beih. 64: 87–96. Karlsruhe.

NAGEL, P. (1976): Die Darstellung der Diversität von Biozönosen. – Schriftenr. Vegetationsk. 10: 381–391. Bonn–Bad Godesberg.

NEITE, H. (1988): Untersuchungen zur Anlage und Beobachtung von Dauerprobeflächen in der Krautschicht von Buchenwäldern. – Tuexenia 8: 295–305. Göttingen.

NEUHÄUSL, R. (1970): Wertung der strukturellen Merkmale der Waldhochmoor-Vegetation. – In: TÜXEN, R. (Hrsg.): Gesellschaftsmorphologie (Strukturforschung). Ber. Int. Symp. IVV Rinteln 1966: 240–252. Junk. Den Haag.

NEUHÄUSL, R. (1977): Delimitation and ranking of floristic-sociological units on the basis of relevé similarity. – Vegetatio 35 (2): 115–122. The Hague.

NEUHÄUSL, R. (1977a): Auswertungsmöglichkeiten phänologischer Merkmale in Pflanzengesellschaften. – Docum. Phytosoc. N. S. 1: 195–204. Vaduz.

NEUHÄUSL, R. (Red.) (1980): Das 1. internationale Kolloquium über die geplante Vegetationskarte Europas. – Folia Geobot. Phytotax. 15: 155–206. Praha.

NEUHÄUSL, R. (1981): Entwurf der syntaxonomischen Gliederung mitteleuropäischer Eichen-Hainbuchenwälder. – In: DIERSCHKE, H. (Red.): Syntaxonomie. Ber. Int. Symp. IVV Rinteln 1980: 533–546. Cramer. Vaduz.

NEUHÄUSL, R. (1982a): Das 2. Internationale Kolloquium über die Vegetationskarte Europas. – Folia Geobot. Phytotax. 17: 207–219. Praha.

NEUHÄUSL, R. (1982b): Blüh- und Sproßaspekte in Auenwäldern und mesophytischen Laubwäldern. – In: DIERSCHKE, H. (Red.): Struktur und Dynamik von Wäldern. Ber. Int. Symp. IVV Rinteln 1981: 591–599. Cramer. Vaduz.

NEUHÄUSL, R. (1984): Umweltgemäße natürliche Vegetation, ihre Kartierung und Nutzung für den Umweltschutz. – Preslia 56: 205–212. Praha.

NEUHÄUSL, R. (1987): Anthropogene und quasianthropogene Änderungen von Wiesengesellschaften. – In: SCHUBERT, R. & HILBIG, W. (Hrsg.): Erfassung und Bewertung anthropogener Vegetationsveränderungen. Teil 2. Wiss. Beitr. Martin-Luther-Univ. Halle–Wittenberg 1987/25: 110–121. Halle.

NEUHÄUSL, R. (1987a): Fortschritte der Arbeiten am Projekt der Vegetationskarte Europas. – Folia Geobot. Phytotax. 22: 89–95. Praha.

NEUHÄUSL, R., DIERSCHKE, H. & BARKMAN, J. J. (eds.) (1985): Chorological phenomena in plant communities. – Proceed. 26th Internat. Sympos. Int. Ass. Veg. Sci. Prag 1982: 1–270. Junk. Dordrecht etc.

NEUHÄUSL, R. & NEUHÄUSLOVÁ-NOVOTNÁ, Z. (1972): Eine einfache Orientierungsmethode zur Beurteilung des Assoziationsranges. – In: VAN DER MAAREL, E. & TÜXEN, R. (Red.): Grundfragen und Methoden in der Pflanzensoziologie. Ber. Int. Symp. IVV Rinteln 1970: 211–223. Junk. Den Haag.

NEUHÄUSL, R. & NEUHÄUSLOVÁ-NOVOTNÁ, Z. (1977): Jahreszeitliche Dynamik in Auen- und Eichen-Hainbuchenwäldern. –Preslia 49: 237–280. Praha.

NEUHÄUSL, R. & NEUHÄUSLOVÁ-NOVOTNÁ, Z. (1979): Pflanzengesellschaften und Landschaftstypen am Beispiel des Gebirges Zelezné hory. – Docum. Phytosociol. N. S. 4: 757–766. Vaduz.

NEUHÄUSL, R. & NEUHÄUSLOVÁ-NOVOTNÁ, Z. (1985): Verstaudung von aufgelassenen Rasen am Beispiel von Arrhenatherion-Gesellschaften. – Tuexenia 5: 249–258. Göttingen.

NEUHÄUSLOVÁ-NOVOTNÁ, Z. & NEUHÄUSL, R. (1982): Bibliographie der Vegetationskarten der Tschechoslowakei. Pars III. – Excerpta Bot. Sect. B. 22 (1): 9–28. Stuttgart, New York.

NEUMANN, M. (1979): Bestandesstruktur und Entwicklungsdynamik im Urwald Rothwald/NÖ und im Urwald Corkova Uvala/Kroatien. – Diss. Univ. Bodenkultur Wien 10: 1–143. Verband Wiss. Ges. Österreichs. Wien.

NEZADAL, W. (1989): Unkrautgesellschaften der Getreide- und Frühjahrshackfruchtkulturen (Stellarietea mediae) im mediterranen Iberien. – Diss. Bot. 143: 1–205. Cramer. Berlin, Stuttgart.

NIEMANN, E. (1963): Beziehungen zwischen Vegetation und Grundwasser. Ein Beitrag zur Präzisierung des ökologischen Zeigerwertes von Pflanzen und Pflanzengesellschaften. – Arch. Naturschutz 3 (1): 3–36. Berlin.

NIEMANN, E. (1970): Vegetationsdifferenzierung und Wasserfaktor. Bemerkungen zur Koinzidenz im Blickfeld der ökologischen Untersuchungsmethodik. – Arch. Natursch. Landschaftsf. 10 (2/3): 111–130. Berlin.

NIKLFELD, H. (1971): Bericht über die Kartierung der Flora Mitteleuropas. – Taxon 20 (4): 545–571. Utrecht.

NIKLFELD, H. (1974): Natürliche Vegetation 1:2 000 000. Atlas der Donauländer, Karte 171. – Wien.

NOIRFALISE, A. (1952): Étude d'une biocénose. La frênaie à Carex (Cariceto remotae-Fraxinetum Koch 1926). – Mém. Inst. Roy. Sci. Nat. Belg. 122: 1–185. Bruxelles.

NOWACK, K.-H. (1990): Phosphorversorgung biologisch bewirtschafteter Äcker und Möglichkeiten der Bioindikation. –Göttinger Diss. 8: 1–138. Konstanz.

NUMATA, M. (1984): Analysis of seeds in the soil. – In: KNAPP, R. (ed.): Sampling methods and taxon analysis in vegetation science. Handb. Veg. Sci. 4: 161–169. Junk. The Hague.

OBERDORFER, E. (1950): Beitrag zur Vegetationskunde des Allgäu. – Beitr. Naturk. Forsch. Südwestdeutschl. 9 (2): 29–98. Karlsruhe.

OBERDORFER, E. (1953): Zur Nomenklaturfrage in der Pflanzensoziologie. – Vegetatio 4: 222–224. Den Haag.

OBERDORFER, E. (1957): Süddeutsche Pflanzengesellschaften. – Pflanzensoz. 10: 1–564. Jena.

OBERDORFER, E. (1960): Pflanzensoziologische Vegetationsstudien in Chile. – Ein Vergleich mit Europa. –In: TÜXEN, R. (ed.): Flora et vegetatio mundi 2: 1–208. Cramer. Weinheim.

OBERDORFER, E. (1968): Assoziation, Gebietsassoziation, Geographische Rasse. – In: TÜXEN, R. (Hrsg.): Pflanzensoziologische Systematik. Ber. Int. Symp. IVV Stolzenau 1964: 124–141. Junk. Den Haag.

OBERDORFER, E. (1970): Pflanzensoziologische Strukturprobleme am Beispiel kanarischer Pflanzengesellschaften. – In: TÜXEN, R. (Hrsg.): Gesellschaftsmorphologie (Strukturforschung). Ber. Int. Symp. IVV Rinteln 1966: 273–281. Junk. Den Haag.

OBERDORFER, E. (1971): Die Pflanzenwelt des Wutachgebietes. – Die Wutach: 261–321. Freiburg.

OBERDORFER, E. (1973): Die Gliederung der Epilobietea angustifolii-Gesellschaften am Beispiel süddeutscher Vegetationsaufnahmen. – Acta Bot. Acad. Sci. Hung. 19 (1–4): 235–253. Budapest.

OBERDORFER, E. (1977 ff.): Süddeutsche Pflanzengesellschaften. 2. stark bearb. Aufl. Teil I (1977); Teil II (1978); Teil III (1983); Teil IV (1992). – Fischer. Jena etc. 311/355/455/282+580 S.

OBERDORFER, E. (1980): Neue Entwicklungen und Strömungen in der pflanzensoziologischen Systematik. – Mitt. Florist.-Soziol. Arbeitsgem. N. F. 22: 11–18. Göttingen.

OBERDORFER, E. (1982): Erläuterungen zur vegetationskundlichen Karte Feldberg 1 : 25 000. – Beih. Veröff. Naturschutz. Landschaftspfl. Baden-Württ. 27: 1–86. Karlsruhe.

OBERDORFER, E. (1988): Gedanken zur Umgrenzung der Klasse Querco-Fagetea und zur Verknüpfung der Pflanzensoziologie mit der Formationskunde auf der Grundlage der Kennartenmethode. –Tuexenia 8: 375–379. Göttingen.

OBERDORFER, E. (1990): Pflanzensoziologische Exkursionsflora. 6. Aufl. – Ulmer. Stuttgart. 1050 S.

OBERDORFER, E. et al. (1967): Systematische Übersicht der westdeutschen Phanerogamen- und Gefäßkryptogamen-Gesellschaften. Ein Diskussionsentwurf. – Schriftenr. Vegetationsk. 2: 7–62. Bad Godesberg.

OBERDORFER, E. & MÜLLER, TH. (1984): Zur Synsystematik artenreicher Buchenwälder, insbesondere im praealpinen Nordsaum der Alpen. – Phytocoenologia 12 (4): 539–562. Stuttgart, Braunschweig.

OCHSNER, F. (1954): Die Bedeutung der Moose in alpinen Pflanzengesellschaften. – Vegetatio 5/6: 279–291. Den Haag.

ODUM, E. P. (1980): Grundlagen der Ökologie. I. – Thieme. Stuttgart, New York. 476 S.

ODUM, E. P. & REICHHOFF, J. (1980): Ökologie. Grundbegriffe, Verknüpfungen, Perspektiven. Brücke zwischen den Natur- und Sozialwissenschaften. 4. Aufl. – BLV. München, Wien, Zürich. 208 S.

ODZUCK, W. (1987): Die Vegetationsaufnahme eines Quadranten (8037/1 Glonn, bayer. Alpenvorland) als Grundlage für Maßnahmen im Sinne des Naturschutzes. – Verh. Ges. Ökol. 15: 111–119. Göttingen.

OEFELEIN, H. (1963): Das Kastaniensterben und die Waldbauprobleme Insubriens. – Schweizer. Lehrerzeitung 108 (7): 1–8.

OHBA, T. (1974): Vergleichende Studien über die alpine Vegetation Japans. 1. Carici rupestris-Kobresietea bellardii. – Phytocoenologia 1 (3): 339–401. Stuttgart, Lehre.

OHBA, T. (1980): Die Kontaktgesellschafts-Gruppe, eine neue Aufnahme-Methode der Synsoziologie. – In: WILMANNS, O. & TÜXEN, R. (Red.): Epharmonie. Ber. Int. Symp. IVV Rinteln 1979: 373–383. Cramer. Vaduz.

OHBA, T., MIYAWAKI, A. & TÜXEN, R. (1973): Pflanzengesellschaften der japanischen Dünen-Küsten. – Vegetatio 26 (1–3): 3–143. Den Haag.

OHBA, T. & SUGAWARA, H. (1981): Über Synsystematik artenarmer Pflanzenges. an extremen Standorten: Zosteretea marinae und Podostemonetea class. nov. – Hikobia Suppl. 1: 183–188. Hiroshima.

OLSCHOWY, G. (Hrsg.) (1978): Natur- und Umweltschutz in der Bundesrepublik Deutschland. – Parey. Berlin. 926 S.

OOMES, M. J. M. & MOOI, H. (1981): The effect of cutting and fertilizing on the floristic composition and production of an Arrhenatherion elatioris grassland. – In: POISSONET, P. et al. (eds.): Vegetation dynamics in grasslands, heathlands and mediterranean ligneous formations. Advances Veg. Sci. 4: 233–239. Junk. The Hague.

OOMES, M. J. M. & MOOI, H. (1985): The effect of management of succession and production of formerly agricultural grassland after stopping fertilization. – In: SCHREIBER, K.-F. (Hrsg.): Sukzession auf Grünlandbrachen. Münstersche Geogr. Arb. 20: 59–67. Paderborn.

OPPERMANN, R. (1987): Tierökologische Untersuchungen zum Biotopmanagement in Feuchtwiesen. – Natur Landschaft 62 (6): 235–241. Köln–Marsdorf.

OPPERMANN, R. (1989): Ein Meßinstrument zur Ermittlung der Vegetationsdichte in grasig-krautigen Pflanzenbeständen. – Natur Landschaft 64 (7/8): 332–338. Stuttgart.

ORLÓCI, L. (1978): Multivariate analysis in vegetation research. 2. Ed. – Junk. The Hague. 451 S.

ORSHAN, G. (ed.) (1989): Plant pheno-morphological studies in mediterranean type ecosystems. – Kluwer. Dordrecht. 416 S.

OSVALD, H. (1923): Die Vegetation des Hochmoores Komosse. –Svenska Växtsoc. Sällskapets Handlinger 1: 1–436. Uppsala.

OTTE, A. (1986): Phänologische Beobachtungen in Hochstaudenfluren auf Kiesinseln in der Oder (SW-Harzrand). – Tuexenia 6: 105–125. Göttingen.

OTTE, A. (1990): Die Entwicklung von Ackerwildkraut-Gesellschaften auf Böden mit guter Ertragsfähigkeit nach dem Aussetzen von Unkrautregulierungsmaßnahmen. – Phytocoenlogia 19 (1): 43–92. Berlin, Stuttgart.

OTTE, A. & LUDWIG, T. (1990): Planungsindikator dörfliche Ruderalvegetation – ein Beitrag zur Fachplanung Grünordnung / Dorfökologie. – Materialien Ländl. Neuordnung Bayer. Staatsminist. Ernähr. Landw. Forst. 18: 1–105; 19: 1–273. München.

OVERBECK, F. (1950): Die Moore. 2. Aufl. – Veröff. Nieders. Amt. Landesplan. Statistik A I 3 (4): 1–112. Bremen–Horn.

OVERBECK, F. (1975): Botanisch-geologische Moorkunde. – Wacholtz. Neumünster. 719 S.

OZENDA, P. (1975): Sur les étages de végétation dans les montagnes du bassin méditerranéen. – Docum. Cartogr. Écol. 16: 1–32. Grenoble.

OZENDA, P. (1986): La cartographie écologique et ses applications. – Écol. Appliquée. Sci. Envir. 7: 1–160. Masson. Paris etc.

OZENDA, P. (1988): Die Vegetation der Alpen im europäischen Gebirgsraum. – Fischer. Stuttgart, New York. 353 S.

PAHLKE, U. & WOLF, G. (1990): Bodenkundliche Spezialuntersuchungen und Vegetationskartierung in der Naturwaldzelle Amselbüren (Kernmünsterland). – Schriftenr. Landesanst. Ökol. Landschaftsentw. Forstplanung Nordrhein-Westf. 12: 73–79. Recklinghausen.

PARDEY, A. (1991): Die Vegetation sekundärer Kleingewässer in Nordwestdeutschland – Syndynamische und synökologische Aspekte. – Diss. Univ. Hannover. 211 S. (= Diss. Bot. 195/1992).

PARDEY, A. & SCHMIDT, W. (1988): Vegetationsentwicklung und Umweltbedingungen neuangelegter Kleingewässer im Oberharz. – Tuexenia 8: 17–30. Gött.

PARK, G. J. (1985): Ökologische und pflanzensoziologische Untersuchungen von Almweiden der Bayerischen Alpen unter besonderer Berücksichtigung der Möglichkeiten ihrer Verbesserung. – Diss. Landw.-Gartenbau Fak. Techn. Univ. München. Fotodruck. München.

PASSARGE, H. (1958): Vergleichende Betrachtungen über das soziologische Verhalten einiger Waldpflanzen. – Arch. Forstw. 7: 302–315. Berlin.

PASSARGE, H. (1964): Die Pflanzengesellschaften des nordostdeutschen Flachlandes. I. – Pflanzensoz. 13: 1–324. Jena.

PASSARGE, H. (1965): Zur Frage der Probeflächenwahl bei Gesellschaftskomplexen im Bereich der Wasser- und Verlandungsvegetation. – Feddes Repert. Beih. 142: 203–208. Berlin.

PASSARGE, H. (1966): Die Formationen als höchste Einheiten der soziologischen Vegetationssystematik. – Feddes Repert. 73 (3): 226–235. Berlin.

PASSARGE, H. (1973): Moderne Vegetationsbetrachtung und ihre Anwendungsmöglichkeiten. – Biológia 28 (4): 289–300. Bratislava.

PASSARGE, H. (1978): Die Wuchshöhe, ein wichtiges Strukturmerkmal der Vegetation. – Arch. Natursch. Landschaftsf. 18 (1): 31–41. Berlin.

PASSARGE, H. (1979): Über vikariierende Trifolio-Geranietea-Gesellschaften in Mitteleuropa. – Feddes Repert. 90 (1/2): 51–83. Berlin.

PASSARGE, H. (1981): Gedanken zur Biozönoseforschung. – Tuexenia 1: 243–247. Göttingen.

PASSARGE, H. (1982): Hydrophyten-Vegetationsaufnahmen. – Tuexenia 2: 13–21. Göttingen.

PASSARGE, H. (1982a): Phyto- und Zoozönosen am Beispiel mausartiger Kleinsäuger. – Tuexenia 2: 257–286. Göttingen.

PASSARGE, H. (1983): Zur großräumigen Konstanz coenologischer Artengruppen. – Tuexenia 3: 485–498. Göttingen.

PASSARGE, H. (1985): Syntaxonomische Wertung chorologischer Phänomene. – In: NEUHÄUSL, R. et al. (eds.): Chorological phenomena in plant communities. Proceed. 26th Int. Symp. Int. Ass. Veg. Sci. Prag 1982: 137–144. Dordrecht etc.

PASSARGE, H. (1988): Avicoenosen in planaren Salicetea purpureae. – Tuexenia 8: 359–374. Göttingen.

PASSARGE, H. (1990): Ortsnahe Ahorn-Gehölze und Ahorn-Parkwaldgesellschaften. – Tuexenia 10: 369–384. Göttingen.

PASSARGE, H. (1991): Avizönosen in Mitteleuropa. – Ber. Akad. Natursch. Landschaftspfl. Beih. 8: 1–128. Laufen / Salzach.

PASSARGE, H. & HOFMANN, G. (1967): Grundlagen zur objektiven Analyse und Systematik der Waldvegetation. – Arch. Forstwesen 16 (6/9): 647–652. Berlin.

PASSARGE, H. & HOFMANN, G. (1968): Pflanzengesellschaften des nordostdeutschen Flachlandes II. – Pflanzensoz. 16: 1–298. Jena.

PATZKE, E. (1990): Das Problem der Identität. Was kartieren wir eigentlich?. – Florist. Rundbr. 12 (2): 135–140. Bochum.

PEMASADA, M. A. & LOVELL, P. H. (1974): Interference in populations of some dune annuals. – J. Ecol. 62 (3): 855–868. Oxford etc.

PENZES, A. (1961): Über Morphologie, Dynamik und zönologische Rolle der sproßkolonienbildenden Pflanzen (Polycormone). – Fragm. Flor. Geobot. 6 (4): 501–515. Kraków.

PEPPLER, C. (1988): TAB – Ein Computerprogramm für die pflanzensoziologische Tabellenarbeit. – Tuexenia 8: 383–406. Göttingen.

PEPPLER, C. (1989): Anleitung zur Benutzung des Programmes „TAB" zum Sortieren und bearbeiten pflanzensoziologischer Tabellen. Version 2. – Manuskr. unveröff. Göttingen. 18 S.

PEPPLER, C. (1992): Die Borstgrasrasen (Nardetalia) Westdeutschlands. – Diss. Bot. 193: 1–404. Cramer. Berlin, Stuttgart.

PÉREZ CARRO, F. J. & DÍAS GONZÁLES, T. E. (1987): Aportaciones al conocimiento de los hayedos basófilos cantábricos. – Lazaroa 7: 175–196. Madrid.

PERRING, F. H. & WALTERS, S. M. (eds.) (1962): Atlas of the British flora (2. edition 1976). – Thomas Nelson & Sons. London, Edingburgh. 432 S.

PERSSON, H. (1981): The effect of fertilization and irrigation on the vegetation dynamics of a pine-heath ecosystem. – Vegetatio 46: 181–192. The Hague.

PETERMANN, R. & SEIBERT, P. (1979): Die Pflanzengesellschaften des Nationalparkes Bayerischer Wald mit einer farbigen Vegetationskarte. – Nationalpark Bayer. Wald 4: 1–142. Grafenau.

PETRAK, M. (1982): Phänologische Beobachtungstechnik. Eine biologische Meßmethode zur Erfassung der natürlichen Jahreszeiten. – Allg. Forstzeitung 37: 1560–1561.

PFADENHAUER, J. (1974): Versuch einer Kennzeichnung rutschgefährdeter Hänge im Flysch mit Hilfe von Vegetation und Hangneigung, dargestellt am Beispiel des Teisenberg. – Forstw. Centralbl. 93 (3): 156–166. Hamburg, Berlin.

PFADENHAUER, J. (1976): Arten- und Biotopschutz für Pflanzen – ein landeskulturelles Problem. – Landschaft und Stadt 8 (1): 37–44. Stuttgart.

PFADENHAUER, J. (1987): Indikatoren zur Erfassung anthropogener Vegetationsveränderungen in Streuwiesen des Alpenvorlandes. – In: SCHUBERT, R. & HILBIG, W. (Hrsg.): Erfassung und Bewertung anthropogener Vegetationsveränderungen. Teil 2. Wiss. Beitr. Martin-Luther-Univ. Halle–Wittenberg 1987/25: 163–178. Halle.

PFADENHAUER, J. (1989): Gedanken zur Pflege und Bewirtschaftung voralpiner Streuwiesen aus vegetationskundlicher Sicht. – Schriftenr. Bayer. Landesanst. Umweltsch. 95: 25–42. München.

PFADENHAUER, J. & BUCHWALD, R. (1987): Anlage und Aufnahme einer geobotanischen Dauerbeobachtungsfläche im Naturschutzgebiet Echinger Lohe, Lkrs. Freising. – Ber. Akad. Natursch. Landschaftspfl. 11: 9–26. Laufen/Salzach.

PFADENHAUER, J. & MAAS, D. (1987): Samenpotential in Niedermoorböden des Alpenvorlandes bei Grünlandnutzung unterschiedlicher Intensität. – Flora 179 (2): 85–97. Jena.

PFADENHAUER, J., POSCHLOD, P. & BUCHWALD, R. (1986): Überlegungen zu einem Konzept geobotanischer Dauerbeobachtungsflächen für Bayern. Teil I. Methodik der Anlage und Aufnahme. – Ber. Akad. Natursch. Landschaftspfl. 10: 41–60. Laufen/Salzach.

PFEIFFER, H. H. (1944): Von der pflanzensoziologischen Bedeutung der Kleinsippen. – Mitt. Thüring. Bot. Ver. N. F. 51 (2): 325–330. Weimar.

PFEIFFER, H. H. (1957): Betrachtungen zum Homogenitätsproblem in der Pflanzensoziologie. – Mitt. Florist.-Soziol. Arbeitsgem. N. F. 6/7: 103–111. Stolzenau/Weser.

PFEIFFER, H. H. (1958): Über das Zusammentreten von Pflanzengesellschaften in Komplexen. – Phyton 7 (4): 288–295. Horn.

PFEIFFER, H. H. (1962): Über die Bewertung der Geselligkeitszahlen bei pflanzensoziologischen Aufnahmen. – Mitt. Florist.-Soziol. Arbeitsgem. N. F. 9: 43–50. Stolzenau/Weser.

PHILIPPI, G. (1976): Einfluß des Menschen auf die Moosflora in der Bundesrepublik Deutschland. –Schriftenr. Vegetationsk. 10: 163–168. Bonn–Bad Godesberg.

PHILIPPI, G. (1978): Die Vegetation des Altrheingebietes bei Rußheim. – In: DER RUSSHEIMER ALTRHEIN, eine nordbadische Auenlandschaft. Natur- u. Landschaftsschutzgebiete Baden-Württ. 10: 103–267. Karlsruhe.

PHILIPPI, G. (1982): Zur Kenntnis der Moosvegetation des Harzes. – Herzogia 6: 85–181. Lehre.

PHILIPPI, G. (1983a): Erläuterungen zur vegetationskundlichen Karte 1:25000: 6323 Tauberbischofsheim-West. – Landesvermessungsamt Baden-Württ. Stuttgart. 200 S.

PHILIPPI, G. (1983b): Erläuterungen zur Karte der potentiellen natürlichen Vegetation des unteren Taubergebietes. – Stuttgart. 83 S.

PHILIPPI, G. (1986): Die Moosvegetation auf Buntsandsteinblöcken im östlichen Odenwald und südlichen Spessart. – Carolinea 44: 67–86. Karlsruhe.

PIETSCH, W. (1987): Zur Vegetation der Charetea-Gesellschaften der Mitteleuropäischen Tiefebene. – Studia Phytologica Nova: 69–86. Pécs.

PIETSCHMANN, M. & WIRTH, V. (1989): Kritik der pflanzensoziologischen Klassifikation am Beispiel calciphytisch-saxicoler Flechten- und Moosgemeinschaften im Bereich des Frankendolomits. – Bibliotheca Lichenol. 33: 1–155. Berlin, Stuttgart.

PIGNATTI, E. & PIGNATTI, S. (1968): Die Auswirkungen von Kahlschlag und Brand auf das Quercetum ilicis von Süd-Toskana, Italien. – Folia Geobot. Phytotax. 3: 17–46. Praha.

PIGNATTI, E. & PIGNATTI, S. (1981): Josias Braun-Blanquet †. Die Lehre Braun-Blanquets gestern und heute und ihre Bedeutung für die Zukunft. – Phytocoenologia 9 (4): 417–442. Stuttgart, Braunschweig.

PIGNATTI, E. & PIGNATTI, S. (1984): Zur Syntaxonomie der Kalkschuttgesellschaften der südlichen Ostalpen. – Acta Bot. Croat. 43: 243–255. Zagreb.

PIGNATTI, S. (1962): Associazioni di alghe marine sulla costa veneziana. – Memorie Inst. Veneto Sci., Lettere, Arti, Cl. Sci. Mat. Nat 32 (3): 1–134. Venezia.

PIGNATTI, S. (1968a): Die Inflation der höheren pflanzensoziologischen Einheiten. – In: TÜXEN, R. (Hrsg.): Pflanzensoziologische Systematik. Ber. Int. Symp. IVV Stolzenau 1964: 85–97. Junk. Den Haag.

PIGNATTI, S. (1968b): Die Verwertung der sogenannten Gesamtarten für die floristische Systematik. – In: TÜXEN, R. (Hrsg.): Pflanzensoziologische Systematik. Ber. Int. Symp. IVV Stolzenau 1964: 71–77. Junk. Den Haag.

PIGNATTI, S. (1976): A system for coding plant species for data-processing in phytosociology. – Vegetatio 33 (1): 23–32. The Hague.

PIGNATTI, S. (1978): Zur Methodik der Aufnahme von Gesellschaftskomplexen. – In: TÜXEN, R. (Hrsg.): Assoziationskomplexe (Sigmeten). Ber. Int. Symp. IVV Rintelen 1977: 27–41. Cramer. Vaduz.

PIGNATTI, S. (1980): I complessi vegetazionali del Triestino. – Studia Geobot. 1 (1): 131–147.

PIGNATTI, S. (1980a): Zum Problem der Höhenstufen und Vegetationszonen. – Phytocoenologia 7: 52–64. Stuttgart, Braunschweig.

PIGNATTI, S. (1981): Die Syntaxonomie einiger endemitenreicher Vegetationstypen im Mittelmeergebiet. – In: DIERSCHKE, H. (Red.): Syntaxonomie. Ber. Int. Symp. IVV Rintein 1980: 403–425. Cramer. Vaduz.

PIGNATTI, S., CAMIZ, S., SQUARTINI, P. & SQUARTINI, V. (1989): Chorological and ecological information as basis for the syntaxonomy of beech forests in Italy. – Ber. Reinhold Tüxen-Ges. 1: 73–83. Göttingen.

PIGNATTI, S., PIGNATTI, E., AVANZINI, A. & NIMIS, P. (1977): Die klimatisch bedingte Dornpolster-Vegetation der Gebirge Süditaliens, Siziliens und Sardiniens. – In: DIERSCHKE, H. (Red.): Vegetation und Klima. Ber. Int. Symp. IVV Rinteln 1975: 373–390. Cramer. Vaduz.

PIOTROWSKA, H. (1978): Zu methodischen Problemen der Sukzessionsuntersuchung auf Dauerflächen (Erfahrungsbericht). – Phytocoenosis 7: 177–189. Warszawa, Bialowieza.

PIOTROWSKA, H. (1988): The dynamics of the dune vegetation on the Polish Baltic coast. – Vegetatio 77: 169–175. Dordrecht.

PIRK, W. & TÜXEN, R. (1957): Das Trametetum gibbosae, eine Pilzgesellschaft moderner Buchenstümpfe. – Mitt. Florist.-Soziol. Arbeitsgem. N. F. 6/7: 120–126. Stolzenau/Weser.

PLACHTER, H. (1991): Naturschutz. – Fischer. Stuttgart. 463 S.

PLAŠILOVÁ, J. (1970): A study of the root system and root ecology of perennial herbs in the undergrowth of deciduous forests. – Preslia 42: 136–152. Praha.

PLETL, L. (1980): Biometrische Klassifikation und Ordination von vegetationskundlichen Bestandsaufnahmen und Standortsmerkmalen auf Allgäuer Alpweiden. – Diss. Techn. Univ. München. München. 247 S.

POELT, J. (1985): Über auf Moosen parasitierende Flechten. – Sydowia, Annal. Mycol. Ser. II 38: 241–254. Horn.

PÖSER, A. & JOCHIMSEN, M. (1989): Vegetationskundliche Analyse einer landespflegerisch begrünten Bergehalde (Halde Hoppenbruch, Herten). – Verh. Ges. Ökol. 18: 93–99. Göttingen.

POGREBNJAK, P. S. (1929/30): Über die Methodik von Standortsuntersuchungen in Verbindung mit Waldtypen. – Verh. Int. Congr. Forstl. Versuchsanstalten 1929. Stockholm.

POISSONET, J., POISSONET, P. & THIAULT, M. (1981): Development of flora, vegetation and grazing value of experimental plots of a Quercus coccifera garrigue. – Vegetatio 46: 93–104. The Hague.

POISSONET, P. & POISSONET, J. (1969): Étude comparée de diverses méthodes d'analyse de la végétation des formations herbacées denses et permanentes. – Docum. CNRS 50: 1–150. Montpellier.

POISSONET, P., ROMANE, F., AUSTIN, M. A., VAN DER MAAREL, E. & SCHMIDT, W. (1981): Vegetation dynamics in grasslands, heathlands and mediterranean ligneous formations. – Symp. Working Groups for Succession Res. on Perm. Plots and Data-Processing in Phytosoc. of the Int. Soc. Veg. Sci. Montpellier 1980: 1–286. Junk. The Hague.

POLI MARCHESE, E., BENEDETTO, L. DI & MAUGERI, G. (1988): Successional pathways of Mediterranean evergreen vegetation on Sicily. – Vegetatio 77: 185–191. Dordrecht.

POORE, M. E. D. (1964): Integration in the plant community. – J. Ecol. 52 Suppl.: 213–226. Oxford.

POSCHLOD, P. & MUHLE, H. (1985): Beobachtungen zur Vegetations- und Bodenentwicklung in Kalksteinbrüchen der Schwäbischen Alb. – In: SCHREIBER, K.-F. (Hrsg.): Sukzession auf Grünlandbrachen. Münstersche Geogr. Arb. 20: 199–212. Paderborn.

POTT, R. (1980): Die Wasser- und Sumpfvegetation eutropher Gewässer in der Westfälischen Bucht. Pflanzensoziologische und hydrochemische Untersuchungen. – Abh. Landesmus. Naturk. Münster/Westfalen 42 (2): 1–156. Münster.

POTT, R. (1983): Die Vegetationsabfolgen unterschiedlicher Gewässertypen Nordwestdeutschlands und ihre Abhängigkeit vom Nährstoffgehalt des Wassers. – Phytocoenologia 11 (3): 407–430. Stuttgart, Braunschweig.

POTT, R. (1985): Vegetationsgeschichtliche und pflanzensoziologische Untersuchungen zur Niederwaldwirtschaft in Westfalen. – Abh. Westfäl. Mus. Naturk. 47 (4): 1–75. Münster.

POTT, R. (1985a): Beiträge zur Wald- und Siedlungsentwicklung des Westfälischen Berg- und Hügellandes aufgrund neuer pollenanalytischer Untersuchungen. – Siedlung u. Landschaft 17: 1–38. Münster.

POTT, R. (1990a): Die nacheiszeitliche Ausbreitung und heutige pflanzensoziologische Stellung von Ilex aquifolium L. –Tuexenia 10: 497–512. Göttingen.

POTT, R. (1990b): Veränderungen von Waldlandschaften unter dem Einfluß des Menschen. – Ber. Nieders. Naturesch. Akad. 3 (3): 117–131. Schneverdingen.

POTT, R. & HÜPPE, J. (1990): Informationen zur Reinhold-Tüxen-Gesellschaft e. V. – Tuexenia 10: 533–534. Göttingen.

POTT, R. & HÜPPE, J. (1991): Die Hudelandschaften Nordwestdeutschlands. – Abh. Westfäl. Mus. Naturk. 53 (1/2): 1–313. Münster.

PRACH, K. (1988): Life-cycles of plants in relation to temporal variation of populations and communities. – Preslia 60 (1): 23–40. Praha. ‹Tschech./Engl.›

PREISING, E. (1954): Übersicht über die wichtigen Akker- und Grünlandgesellschaften Nordwestdeutschlands unter Berücksichtigung ihrer Abhängigkeit vom Wasser und ihres Wirtschaftswertes. – Angew. Pflanzensoz 8: 19–30. Stolzenau/Weser.

PREISING, E. (1956): Erläuterungen zur Karte der natürlichen Vegetation der Umgebung von Göttingen. – Angew. Pflanzensoz. 13: 43–55. Stolzenau/Weser.

PREISING, E. et al. (1990ff.): Die Pflanzengesellschaften Niedersachsens. Bestandesentwicklung, Gefährdung und Schutzprobleme. – Natursch. Landschaftspfl. Nieders. 20 (1–10). Hannover.

PÜMPEL, B. (1977): Bestandesschutz, Phytomassevorrat und Produktion verschiedener Pflanzengesellschaften im Glocknergebiet. – In: CERNUSCA, A. (Hrsg.): Alpine Grasheide Hohe Tauern. Ergebnisse der Ökosystemstudie 1976. –Hochgebirgsprogr. Hohe Tauern 1: 83–101. Innsbruck.

PULS, K. E. (1983): Die Phänologie als Baustein der Pollenflugvorhersage. – Mitt. Deutsch. Meteorolog. Ges. 3 (83): 37–41. Traben-Trarbach.

PUNCER, J. (1984): Vegetationskartierung und Vegetationsgeographie. – Ttolmač veget. kartam 1: 1–51. Ljubljana. ‹Serbokroatisch/Deutsch›

PYŠEK, A. & PYŠEK, P. (1987): Quantitative Bewertung der Vegetationsdynamik in westböhmischen Siedlungsgebieten in den letzten 15 Jahren. – In: SCHUBERT, R. & HILBIG, W. (Hrsg.): Erfassung und Bewertung anthropogener Vegetationsveränderungen. Teil 1. Wiss. Beitr. Martin-Luther-Univ. Halle–Wittenberg 1987/4: 176–188. Halle.

QUÉZEL, P. (1965): La végétation du Sahara. – Geobotanica selecta 2: 1–333. Fischer. Stuttgart.

RAABE, E.-W. (1950): Über die „Charakteristische Arten-Kombination" in der Pflanzensoziologie. – Schr. Nat. Ver. Schleswig-Holst. 24 (2): 8–14. Kiel.

RAABE, E.-W. (1952): Über den „Affinitätswert" in der Pflanzensoziologie. – Vegetatio 4 (1): 53–68. Den Haag.

RAABE, E.-W. (1981): Über das Vorland der östlichen Nordsee-Küste. – Mitt. Arbeitsgem. Schleswig-Holst. Hamburg 31: 1–118. Kiel.

RABE, R. (1981): Zur Problematik der Interpretation von Flechten/Luftverunreinigungs-Karten. – Verh. Ges. Ökol. 9: 241–254. Göttingen.

RABELER, W. (1937): Die planmäßige Untersuchung der Soziologie, Ökologie und Geographie der heimischen Tiere, besonders der land- und forstwirtschaftlich wichtigen Arten. – Mitt. Florist.-Soziol. Arbeitsgem. Niedersachsen 3: 236–247. Hannover.

RABELER, W. (1962): Die Tiergesellschaften von Laubwäldern (Querco-Fagetea) im oberen und mittleren Wesergebiet. – Mitt. Florist.-Soziol. Arbeitsgem. N. F. 9: 200–229. Stolzenau/Weser.

RABOTNOV, T. A. (1969): On coenopopulations of perennial herbaceous plants in natural coenoses. – Vegetatio 19: 87–95. Den Haag.

RABOTNOV, T. A. (1974): Differences between fluctuations and successions. – In: KNAPP, R. (ed.): Vegetation dynamics. Handb. Veg. Sci. 8: 19–24. The Hague.

RADEMACHER, B. (1959): Gegenseitige Beeinflussung höherer Pflanzen. – Handb. Pflanzenphys. 11: 655–706. Berlin, Göttingen, Heidelberg.

RAMENSKIJ, L. G. (1930): Zur Methodik der vergleichenden Bearbeitung und Ordnung von Pflanzenlisten und anderen Objekten, die durch mehrere verschiedenartig wirkende Faktoren bestimmt werden. – Beitr. Biol. Pflanzen 18: 259–304. Breslau.

RAUNKIAER, C. (1907/1937): Planterigets Livsformer og deres Betydning for Geografien. – Kjøbenhavn, Kristiania. (Engl. Übers. 1937 von H. GILBERT-CARTER: Plant life forms. Clarendon Press. Oxford. 104 S.).

RAUNKIAER, C. (1913): Formationsstatistiske Undersøgelser paa Skagens Odde. – Bot. Tidskr. 33. København.

RAUS, T. (1979): Die Vegetation Ostthessaliens (Griechenland). I. Vegetationszonen und Höhenstufen. – Bot. Jahrb. Syst. 100 (4): 564–601. Stuttgart.

RAUS, T. (1986): Floren- und Vegetationsdynamik auf der Vulkaninsel Nea Kaimeni (Santorin-Archipel, Kykladen, Griechenland). – Abh. Landesmus. Naturk. Münster 48 (2/3): 372–394. Münster.

RAUS, T. (1988): Vascular plant colonization and vegetation development on sea-born volcanic islands in the Aegean (Greece). – Vegetatio 77: 139–147. Dordrecht.

RAUSCHERT, S. (1969): Über einige Probleme der Vegetationsanalyse und Vegetationssystematik. – Arch. Natursch. Landschaftsforsch. 9 (2): 153–174. Berlin.

REBELE, F., WERNER, P. & BORNKAMM, R. (1982): Wirkung von Lichtqualität und Lichtquantität auf die Konkurrenz zwischen der Schattenpflanze Lamium galeobdolon (L.) Crantz und der Halbschattenpflanze Stellaria holostea L. – Flora 172 (3): 251–266. Jena.

REICHELT, G. & WILMANNS, O. (1973): Vegetationsgeographie. – Westermann. Braunschweig. 210 S.

REICHHOFF, L. (1973): Homogenitäts- und Strukturuntersuchungen an xerothermen Rasengesellschaften und trockenen Ausbildungen der Glatthaferwiese im NSG „Leutratal" bei Jena. – Arch. Natursch. Landschaftsf. 13 (1): 43–59. Berlin.

REICHHOFF, L. (1978): Die Wasser- und Röhrichtpflanzengesellschaften des Mittelelbegebiets zwischen Wittenberg und Aken. – Limnologica 11 (2): 409–455. Berlin.

REICHHOFF, L. (1982): Endangering of higher waterplant communities as result of eutrophication of lakes. – Memorabilia Zool. Polish. Akad. Sci. 37: 113–123.

REICHHOFF, L. & BÖHNERT, W. (1978): Zur Pflegeproblematik von Festuco-Brometea-, Sedo-Scleranthetea- und Corynephoretea-Gesellschaften in Naturschutzgebieten im Süden der DDR. – Arch. Natursch. Landschaftsf. 18 (2): 81–102. Berlin.

REIF, A. (1987): Vegetation der Heckensäume des Hinteren und Südlichen Bayerischen Waldes. – Hoppea 45: 277–343. Regensburg.

REIF, A. & ALLEN, R. B. (1988): Plant communities of the steepland conifer-broadleaved hardwood forests of central Westland, South Island, New Zealand. – Phytocoenologia 16 (2): 145–224. Stuttgart, Braunschweig.

REIF, A., BAUMGARTL, T. & BREITENBACH, I. (1989): Die Pflanzengesellschaften des Grünlandes zwischen Mauth und Finsterau (Hinterer Bayerischer Wald) und die Geschichte ihrer Entstehung. – Hoppea 47: 149–256. Regensburg.

REIF, A. & LÖSCH, R. (1979): Sukzessionen auf Sozialbrachen und in Jungfichtenpflanzungen im nördlichen Spessart. – Mitt. Florist.-Soziol. Arbeitsgem. N. F. 21: 75–96. Göttingen.

REIMANN, S., GROSSE-BRAUCKMANN, G. & STREITZ, B. (1985): Die Pflanzendecke des Roten Moores in der Rhön. – Beitr. Naturk. Osthessen 21: 99–148. Fulda.

REINHOLD, F. (1974): Die Bedeutung der Forstwirtschafts-Geschichte in Mitteleuropa und Frankreich für die syndynamische Vegetationskunde. – In: KNAPP, R. (ed.): Vegetation dynamics. Handb. Veg. Sci. 8: 81–89. Junk. The Hague.

REISIGL, H. & PITSCHMANN, H. (1958): Obere Grenze von Flora und Vegetation in der Nivalstufe der zentralen Ötztaler Alpen (Tirol). – Vegetatio 8 (2): 93–129. Den Haag.

REMMERT, H. (1985): Was geschieht im Klimax-Stadium? Ökologisches Gleichgewicht aus desynchronen Zyklen. – Naturwiss. 10: 505–511. Heidelberg.

REMMERT, H. (1989): Ökologie. 4. Aufl. – Springer. Berlin etc. 374 S.

REMMERT, H. (1991): Das Mosaik-Zyklus-Konzept und seine Bedeutung für den Naturschutz: Eine Übersicht. – Laufener Seminarbeitr. 5/91: 5–15. Laufen.

RICE, E. L. (1974): Allelopathy. – Academic Press. New York etc. 353 S.

RICHARD, J. L. (1968): Les groupements végétaux de la réserve d'Aletsch (Valais, Suisse). – Beitr. Geobot. Landesaufnahme 51: 1–30. Bern.

RICHARD, J. L. (1975): Dynamique de la végétation au bord du grand glacier d'Aletsch (Alpes Suisses). – In: SCHMIDT, W. (Red.): Sukzessionsforschung. Ber. Int. Symp. IVV Rinteln 1973: 189–209. Cramer. Vaduz.

RICHARD, L., ARQUILLIERE, S., DORIOZ, J.-M., GILLOT, P. & PARTY, J.-P. (1988): Les groupements végétaux indicateurs de sensibilité, applications aux études d'impact en montagne. – Colloqu. Phytosoc. 15: 127–155. Berlin, Stuttgart.

RICHTER, M. (1979): Geoökologische Untersuchungen in einem Tessiner Hochgebirgstal. – Bonner Geogr. Abh. 63: 1–209. Bonn.

RICHTER, M. (1989): Untersuchungen zur Vegetationsentwicklung und zum Standortwandel auf mediterranen Rebbrachen. – Braun-Blanquetia 4: 1–196. Camerino, Bailleul.

RITTER, G. (1980): Zur Verbreitung von Saprophytismus und Symbiose bei Blätterpilzen und Röhrlingen (Agaricales sensu lato). – Mykol. Mitteilungsbl. 24 (1): 1–9. Halle.

RIVAS-MARTINEZ, S. (1973): Ensayo sintaxonomico de la vegetacion cormofitica de la peninsula Iberica, Baleares y Canarias hasta el rango de subalianza. – Trab. Dep. Bot. Fisiol. Veg. 6: 31–43. Madrid.

RIVAS-MARTINEZ, S. (1975): Sobre la nueva clase Polygono-Poetea annuae. – Phytocoenologia 2 (1/2): 123–140. Stuttgart, Lehre.

RIVAS-MARTINEZ, S. (1976): Sinfitosociologia, una nueva metodologia para el estudio del paisaje vegetal. – Anal. Inst. Bot. Cavanilles 33: 179–188. Madrid.

RIVAS-MARTINEZ, S. (1981): Les étages bioclimatiques de la végétation de la péninsule Ibérique. – Anal. Jard. Bot. Madrid 37 (2): 251–268. Madrid.

RIVAS-MARTINEZ, S. (1982): Etages bioclimatiques, secteurs chorologiques et séries de végétation de l'Espagne méditerranéenne. – In: QUEZEL, P. (ed.): Définition et localisation des écosystèmes méditerranéens terrestres. Ecol. Medit. 8 (1/2): 275–288. Marseille.

RIVAS-MARTINEZ, S., FERNÁNDEZ GONZÁLEZ, F. & SÁNCHEZ-MATA, D. (1986): Datos sobre la vegetacion del Sistema Central y Sierra Nevada. – Opuscula Bot. 2: 1–136. Madrid.

RIVAS-MARTINEZ, S. & GÉHU, J.-M. (1978): Apport de l'excursion de l'Association Amicale Francophone de Phytosociologie à la connaissance des synassociations de l'étage subalpin du Valais Suisse. – In: TÜXEN, R. (Hrsg.): Assoziationskomplexe (Sigmeten). Ber. Int. Symp. IVV Rinteln 1977: 151–159. Cramer. Vaduz.

RODENKIRCHEN, H. (1982): Wirkungen von Meliorationsmaßnahmen auf die Bodenvegetation eines ehemals streugenutzten Kiefernstandortes in der Oberpfalz. – Forstl. Forschungsber. München 53: 1–215. München.

RODI, D. (1970): Das Vegetations- und Bodenmosaik einer Waldinsel auf Mineralboden im Donaumoos. – In: TÜXEN, R.(Hrsg.): Gesellschaftsmorphologie. Ber. Int. Symp. IVV Rinteln 1966: 253–265. Junk. Den Haag.

RODI, D. (1975): Die Vegetation des nordwestlichen Tertiär-Hügellandes (Oberbayern). – Schriftenr. Vegetationsk. 8: 21–78. Bonn–Bad Godesberg.

RODWELL, J. S. (ed.) (1991 ff.): British plant communities. 5 volumes. – Univ. Press. Cambridge.

RÖDEL, D. (1987): Vegetationsentwicklung nach Grundwasserabsenkungen, dargestellt am Beispiel des Fuhrberger Feldes in Niedersachsen. – Landschaftsentw. Umweltf. Sonderh. 1: 1–245. Berlin.

ROGISTER, J. E. (1981): Rangschikking van de belangrijkste boskruidsoorten volgens humuskwaliteit en bodemvochtigheid. – Proefstation Waters en Bossen Groenendaal-Hoeilaart. – Werken-R. A. 25: 1–22. Belgie.

ROISIN, P. (1969): Le domaine phytogéographique atlantique d'Europe. – Duculot. Gembloux. 262 S.

ROLOFF, A. (1988): Morphologie der Kronenentwicklung von Fagus sylvatica L. (Rotbuche) unter besonderer Berücksichtigung neuartiger Veränderungen. II: Strategie der Luftraumeroberung und Veränderung durch Umwelteinflüsse. – Flora 180 (3/4): 297–338. Jena.

ROOZEN, A. J. M. & WESTHOFF, V. (1985): A study on long-term salt-marsh succession using permanent plots. – Vegetatio 61: 23–32. Dordrecht.

ROO-ZIELINSKA, E. & SOLON, J. (1988): Phytosociological typology and bioindicator values of plant communities, as exemplified by meadows in the Nida valley, Southern Poland. – Docum. Phytosociol. N. S. 11: 543–554. Camerino.

Rosén, E. (1985): Succession and fluctuation in species composition in the limestone grasslands of south Öland. – In: Schreiber, K.-F. (Hrsg.): Sukzession auf Grünlandbrachen. Münstersche Geogr. Arb. 20: 25–33. Paderborn.

Rosenkranz, F. (1951): Grundzüge der Phänologie. – Fromme. Wien. 69 S.

Rosenthal, G. (1992): Erhaltung und Regeneration von Feuchtwiesen. Vegetationsökologische Untersuchungen auf Dauerflächen. – Diss. Bot. 182: 1–283. Berlin, Stuttgart.

Rosenthal, G. & Müller, J. (1988): Wandel der Grünlandvegetation im mittleren Ostetal. Ein Vergleich 1952–1987. – Tuexenia 8: 79–99. Göttingen.

Rost-Siebert, K. (1988): Ergebnisse vegetationskundlicher und bodenchemischer Vergleichsuntersuchungen zur Feststellung immissionsbedingter Veränderungen während der letzten Jahrzehnte. – Ber. Forschungszentrum Waldökosysteme/Waldsterben B 8: 1–158. Göttingen.

Rothmaler, W. [Begr.]; Schubert, R., Werner, K. & Meusel, H. (Bearb.) (1984): Exkursionsflora für die Gebiete der DDR und BRD. Band 2: Gefäßpflanzen. 12. Aufl. – Volk u. Wissen. Berlin. 640 S.

Royer, J. M. (1985): Liens entre chorologie et différenciation de quelques associations du Mesobromion erecti d'Europe occidentale et centrale. – Vegetatio 59: 85–96. Dordrecht.

Royer, J. M. (1991): Synthèse eurosibérienne, phytosociologique et phytogéographique de la classe Festuco-Brometea. – Diss. Bot. 178: 1–296. Berlin, Stuttgart.

Rübel, E. (1912): Pflanzengeographische Monographie des Berninagebietes. – Englers Bot. Jahrb. 47 (19): 1–615. Leipzig.

Rübel, E. (1917): Anfänge und Ziele der Geobotanik. – Vierteljahrsschr. Naturf. Ges. Zürich 62: 629–650. Zürich.

Rübel, E. (1930): Pflanzengesellschaften der Erde. – Hans Huber. Bern, Berlin. 464 S.

Rübel, E. (1933): Geographie der Pflanzen. 3. Soziologie. – In: Dittler, R. et al. (Hrsg.): Handwörterb. Naturwiss. 2. Aufl.: 1044–1071. Fischer. Jena.

Rüdenauer, B., Rüdenauer, K. & Seybold, S. (1974): Über die Ausbreitung von Helianthus- und Solidago-Arten in Württemberg. – Jahresh. Ges. Naturk. Württemb. 129: 65–77. Stuttgart.

Rugel, O. & Fischer, A. (1986): Vegetationsentwicklung von Parkrasen zu blumenreichen Wiesen. Untersuchungen über die Auswirkungen verminderter Mähintensitäten. – Kolloqu. Abfallwirtsch. Stadtökol. Univ. Gießen: 257–275. Gießen.

Runge, A. (1982): Pilzsukzessionen auf den Stümpfen verschiedener Holzarten. – In: Dierschke, H. (Red.): Struktur und Dynamik von Wäldern. Ber. Int. Symp. IVV Rinteln 1981: 631–643. Cramer. Vaduz.

Runge, F. (1968): Vegetationsänderungen in einer Bergheide. – Natur Heimat 28 (2): 74–75. Münster.

Runge, F. (1969): Über die Wirkung des Abflämmens von Wegrainen (Dauerquadrat-Beobachtungen). – In: Tüxen, R. (Hrsg.): Experimentelle Pflanzensoziologie. Ber. Int. Symp. IVV Rinteln 1965: 212–224. Junk. Den Haag.

Runge, F. (1969a): Vegetationsschwankungen in einem Melico-Fagetum. – Vegetatio 17: 151–156. The Hague.

Runge, F. (1972): Dauerquadratbeobachtungen bei Salzwiesen-Assoziationen. – In: Van der Maarel, E. & Tüxen, R. (Red.): Grundfragen und Methoden in der Pflanzensoziologie. Ber. Int. Symp. IVV Rinteln 1970: 419–434. Junk. Den Haag.

Runge, F. (1974): Vegetationsänderungen in einer Bergheide II. – Natur Heimat 34 (2): 56–58. Münster.

Runge, F. (1974a): Vegetationsschwankungen im Rhynchosporetum II. – Mitt. Florist.-Soziol. Arbeitsgem. N. F. 17: 23–26. Todenmann, Göttingen.

Runge, F. (1975): 18jährige Erfahrungen mit Dauerquadraten. – In: Schmidt, W. (Red.): Sukzessionsforschung. Ber. Int. Symp. IVV Rinteln 1973: 39–51. Cramer. Vaduz.

Runge, F. (1975a): Vegetationsschwankungen in der Hennetalsperre (Sauerland). – Mitt. Florist.-Soziol. Arbeitsgem. N. F. 18: 129–132. Todenmann, Göttingen.

Runge, F. (1978): Sukzessionsstudien an einigen Pflanzengesellschaften Wangerooges. – Oldenburger Jahrb. 75/76: 203–213. Oldenburg.

Runge, F. (1978a): Vegetationsschwankungen in einem nordwestdeutschen Enzian-Zwenkenrasen. – Natur Heimat 38 (1/2): 59–62. Münster.

Runge, F. (1978b): Schwankungen der Vegetation in nordwestdeutschen Moorkolken II. – Ber. Naturhist. Ges. Hannover 121: 29–34. Hannover.

Runge, F. (1979a): Dauerquadrat-Untersuchungen von Küsten-Assoziationen. – Mitt. Florist.-Soziol. Arbeitsgem. N. F. 21: 59–73. Göttingen.

Runge, F. (1979b): Vegetationszyklen bei nordwestdeutschen Pflanzengesellschaften. – In: Tüxen, R. & Sommer, W.-H. (Red.): Gesellschaftsentwicklung (Syndynamik). Ber. Int. Symp. IVV Rinteln 1967: 379–392. Cramer. Vaduz.

Runge, F. (1981): Vegetationsschwankungen im Rhynchosporetum III. – Tuexenia 1: 211–212. Göttingen.

Runge, F. (1981a): Änderungen der Krautschicht in einem Eichen-Hainbuchenwald im Laufe von 21 Jahren. – Natur Heimat 41 (3): 89–93. Münster.

Runge, F. (1982): Der Vegetationswechsel nach einem tiefgreifenden Heidebrande. – Natur Heimat 41 (3): 82–84. Münster.

Runge, F. (1984): Dauerquadrat-Untersuchungen von Küsten-Gesellschaften. – Tuexenia 4: 153–161. Göttingen.

Runge, F. (1985): 21-, 10- und 8jährige Dauerquadratuntersuchungen in aufgelassenen Grünländereien.

– In: Schreiber, K.-F. (Hrsg.): Sukzession auf Grünlandbrachen. Münstersche Geogr. Arb. 20: 45–49. Paderborn.

Runge, F. (1987): 10. und letzter Bericht über die neuerliche Ausbreitung des Moorkreuzkrautes in Mitteleuropas. – Natur Heimat 47 (2): 81–86. Münster.

Runge, F. (1990): Die Pflanzengesellschaften Mitteleuropas. 10/11. Aufl. – Aschendorff. Münster. 309 S.

Runhaar, J., Groen, C. L. G., Van der Meijden, R. & Stevers, R. A. M. (1987): Een nieuwe indeling in ekologische groepen binnen de nederlandse flora. – Gorteria 13 (11/12): 277–359. Leiden.

Ruthsatz, B. (1970): Die Grünlandgesellschaften um Göttingen. – Scripta Geobot. 2: 1–31. Göttingen.

Ruthsatz, B. (1977): Pflanzengesellschaften in den Andinen Halbwüsten Nordwest-Argentiniens. – Diss. Bot. 39: 1–195. Vaduz.

Ruthsatz, B. (1990): Vegetationskundlich-ökologische Nachweis- und Voraussagemöglichkeiten für den Erfolg von Extensivierungsmaßnahmen in Feuchtgrünlandgebieten. – Angew. Bot. 64: 69–98. Hamburg.

Rydin, H. & Borgegard, S.-O. (1988): Primary succession over sixty years on hundred-year old islets in Lake Hjälmaren, Sweden. – Vegetatio 77: 159–168. Dordrecht.

Ryser, P. & Gigon, A. (1985): Influence of seed bank and small mammals on the floristic composition of limestone grassland (Mesobrometum) in Northern Switzerland. – Ber. Geobot. Inst. ETH Stift. Rübel 52: 41–52. Zürich.

Salinger, S. & Strehlow, H. (1987): Ergebnisse von Untersuchungen zur Konkurrenz zwischen verschiedenen Gräsern I. –Flora 179 (4): 271–280. Jena.

Sasaki, Y. (1970): Versuch zur systematischen und geographischen Gliederung der japanischen Buchenwaldgesellschaften. – Vegetatio 20 (1–4): 214–249. Den Haag.

Saxer, A. (1967): Eine Waldkartierung im aargauischen Suhrental nach der Methode von E. Schmid. – Veröff. Geobot. Inst. ETH Stift. Rübel 39: 149–185. Zürich.

Scamoni, A. (1964): Vegetationskarte der Deutschen Demokratischen Republik (1:500000) mit Erläuterungen. – Feddes Repert. Beih. 141: 1–114. Berlin.

Scamoni, A. (1965): Zur Frage der Vegetationskomplexe. – Feddes Repert. Beih. 142: 236–238. Berlin.

Scamoni, A. et al. (1958): Karte der natürlichen Vegetation. – In: Klima-Atlas der Deutschen Demokratischen Republik. 1. Ergänzungsband. Akademie-Verlag. Berlin.

Scamoni, A. & Passarge, H. (1959): Gedanken zu einer natürlichen Ordnung der Waldgesellschaften. – Arch. Forstwesen 8: 386–426. Berlin.

Scamoni, A. & Passarge, H. (1963): Einführung in die praktische Vegetationskunde. 2. Aufl. – Fischer. Jena. 236 S.

Scandrett, E. & Gimingham, C. H. (1989): Experimental investigation of bryophyte interactions on a dry heathland. – J. Ecol. 77 (3): 838–852. Oxford etc.

Schaede, R. (1962): Die pflanzlichen Symbiosen. 3. Aufl. – Fischer. Stuttgart. 238 S.

Schaefer, M. & Tischler, W. (1983): Wörterbücher der Biologie: Ökologie. 2. Aufl. – Fischer. Stuttgart. 354 S.

Schaefer, O. (1986): Profils de végétation sur vase exondée dans les étangs de Bresse Comtoise (Jura). – Colloqu. Phytosoc. 13: 749–765. Berlin, Stuttgart.

Schaller, J. (1985): Anwendung geographischer Informationssysteme an Beispielen landschaftsökologischer Forschung und Lehre. – Verh. Ges. Ökol. 13: 443–464. Göttingen.

Schaminée, J. H. J. & Hermans, J. T. (1989): Dwergkroos (Lemna minuscula Herter) nieuw voor Nederland. – Gorteria 15: 62–64. Leiden.

Scharfetter, R. (1922): Klimarhythmik, Vegetationsrhythmik und Formationsrhythmik. – Österr. Bot. Z. 71 (7–9): 153–171. Wien.

Schennikow, A. P. (1932): Phänologische Spektra der Pflanzengesellschaften. – In: Abderhalden, E. (Hrsg.): Handb. Biol. Arbeitsmeth. Abt. 11, Teil 6 (2): 251–266. Berlin, Wien.

Scherfose, V. (1990): Salz-Zeigerwerte von Gefäßpflanzen der Salzmarschen, Tideröhrichte und Salzwassertümpel an der deutschen Nord- und Ostseeküste. – Jahresber. Forschungsstelle Küste 39: 31–82. Norderney.

Schiechtl, H. M. (1973): Sicherungsarbeiten im Landschaftsbau. Grundlagen, Lebende Baustoffe, Methoden. – Callwey. München. 244 S.

Schiechtl, H. M., Stern, R. & Meisel, K. (1988): Karte der aktuellen Vegetation von Tirol 1:100000. 12. Teil: Blatt 1, Lechtaler und Allgäuer Alpen. – Docum. Cartogr. Ecol. 31: 3–24. Grenoble.

Schiefer, J. (1980): Bracheversuche in Baden-Württemberg. Vegetations- und Standortsentwicklung auf 16 verschiedenen Versuchsflächen mit unterschiedlichen Behandlungen (Beweidung, Mulchen, kontrolliertes Brennen, ungestörte Sukzession). – Diss. Univ. Hohenheim. Beih. Veröff. Natursch. Landschaftspfl. Bad.-Württ. 22: 1–325. Karlsruhe.

Schiefer, J. (1982a): Einfluß der Streuzersetzung auf die Vegetationsentwicklung brachliegender Rasengesellschaften. – Tuexenia 2: 209–218. Göttingen.

Schiefer, J. (1982b): Kontrolliertes Brennen als Landschaftsschutzmaßnahme? – Natur Landschaft 57 (7/8): 264–268. Stuttgart.

Schiefer, J. (1983): Auswirkungen des kontrollierten Brennens auf Vegetation und Standort auf verschiedenen Brache-Versuchsflächen. – In: Goldammer, J. G. (Hrsg.): DFG-Symposion „Feuerökologie". Freiburger Waldschutz-Abh. 4: 259–276. Freiburg.

Schimper, A. F. W. (1898): Pflanzen-Geographie auf ökologischer Grundlage. – Fischer. Jena. 1612 S.

Schlee, D., Krauss, G.-J., Miersch, J. & Müller-Uri, C. (1989): Allelopathie. Chemische Wechselwirkungen zwischen höheren Pflanzen. – Bibliographie. – Terrestr. Ökol. Sonderh. 8: 1–255. Halle/Saale.

Schlenker, G. (1950): Forstliche Standortskartierung in Württemberg. – Allg. Forstzeitschr. 40/41: 1–4. München.

SCHLICHTING, E. & BLUME, H.-P. (1966): Bodenkundliches Praktikum. – Parey. Hamburg, Berlin. 209 S.

SCHLÜTER, H. (1975): Zur Bedeutung der Vegetationskunde für die naturräumliche Gliederung. – Peterm. Geogr. Mitt. 119 (3): 184–191. Gotha, Leipzig.

SCHLÜTER, H. (1985): Kartographische Darstellung und Interpretation des Natürlichkeitsgrades der Vegetation in verschiedenen Maßstabsbereichen. – Wiss. Abh. Geogr. Ges. DDR 18: 105–116. Gotha.

SCHLÜTER, H. (1987): Der Natürlichkeitsgrad der Vegetation als Kriterium der ökologischen Stabilität der Landschaft. – In: MIYAWAKI, A. et al. (eds.): Vegetation Ecology and Creation of New Environment. Proceed. Int. Symp. Tokyo 1984: 93–102. Tokai Univ. Press. Tokyo.

SCHMID, E. (1914): Vegetationsgürtel und Biocoenose. – Ber. Schweiz. Bot. Ges. 51: 461–474. Bern.

SCHMID, E. (1961): Erläuterungen zur Vegetationskarte der Schweiz. – Beitr. Geobot. Landesaufnahme Schweiz 39: 1–25. Bern.

SCHMIDT, G. (1969): Vegetationsgeographie auf ökologisch-soziologischer Grundlage. – Teubner. Leipzig. 596 S.

SCHMIDT, W. (1970): Untersuchungen über die Phosphorversorgung niedersächs. Buchenwaldgesellschaften. – Scripta Geobot. 1: 1–120. Gött.

SCHMIDT, W. (1974a): Bericht über die Arbeitsgruppe für Sukzessionsforschung auf Dauerflächen der Internationalen Vereinigung für Vegetationskunde. – Vegetatio 29 (1): 69–73. Den Haag.

SCHMIDT, W. (1974b): Die vegetationskundliche Untersuchung von Dauerprobeflächen. – Mitt. Florist.-Soziol. Arbeitsgem. N. F. 17: 103–106. Todenmann, Göttingen.

SCHMIDT, W. (1978): Einfluß einer Rehpopulation auf die Waldvegetation. – Ergebnisse von Dauerflächenversuchen im Rehgatter Stammham 1972–1976. – Phytocoenosis 7: 43–59. Warszawa, Bialowieza.

SCHMIDT, W. (1981a): Ungestörte und gelenkte Sukzession auf Brachäckern. – Scripta Geobot. 15: 1–199. Göttingen.

SCHMIDT, W. (1981b): Über das Konkurrenzverhalten von Solidago canadensis und Urtica dioica. – Verh. Ges. Ökol. 9: 173–188. Göttingen.

SCHMIDT, W. (1983a): Über das Konkurrenzverhalten von Solidago canadensis und Urtica dioica. II. Biomasse und Streu. –Verh. Ges. Ökol. 11: 373–384. Göttingen.

SCHMIDT, W. (1983b): Experimentelle Syndynamik. – Neue Wege zu einer exakten Sukzessionsforschung, dargestellt am Beispiel der Gehölzentwicklung auf Ackerbrachen. – Ber. Deutsch. Bot. Ges. 96: 511–533. Stuttgart.

SCHMIDT, W. (1985): Mahd ohne Düngung. – Vegetationskundliche und ökologische Ergebnisse aus Dauerflächenuntersuchungen zur Pflege von Brachflächen. – In: SCHREIBER, K.-F. (Hrsg.): Sukzession auf Grünlandbrachen. Müntersche Geogr. Arb. 20: 81–99. Paderborn.

SCHMIDT, W. (1986): Über die Dynamik der Vegetation auf bodenbearbeiteten Flächen. – Tuexenia 6: 53–74. Göttingen.

SCHMIDT, W. (1987): Straßenbegleitende Vegetation. – Zur Erfassung, Bewertung und Lenkung einer extrem anthropogenen Vegetation. – In: SCHUBERT, R. & HILBIG, W. (Hrsg.): Erfassung und Bewertung anthropogener Vegetationsveränderungen. Teil 1. Wiss. Beitr. Martin-Luther-Univ. 1987/4: 227–250. Halle.

SCHMIDT, W. (1988): An experimental study of old-field succession in relation to different environmental factors. –Vegetatio 77: 103–114. Dordrecht.

SCHMIDT, W. (1988a): Langjährige Veränderungen der Krautschicht eines Kalkbuchenwaldes (Dauerflächenuntersuchungen). – Tuexenia 8: 327–338. Göttingen.

SCHMIDT, W. (1991): Die Veränderung der Krautschicht in Wäldern und ihre Eignung als pflanzlicher Bioindikator. – Schriftenr. Vegetationsk. 21: 77–96. Bonn–Bad Godesberg.

SCHMIDT, W. (1991a): Die Bodenvegetation im Wald und das Mosaik-Zyklus-Konzept. – Laufener Seminarbeitr. 5/91: 16–29. Laufen/Salzach.

SCHMIDT, W. (1991b): Fluktuation und Sukzession in der Waldbodenvegetation – Beispiele zum Einsatz von Dauerbeobachtungsflächen beim passiven Monitoring. – Veröff. Natursch. Landschaftspfl. Bad.-Württ. Beih. 64: 59–75. Karlsruhe.

SCHMIDT, W., KOHLS, K. & GARBITZ, D. (1991): Die Untersuchung von Flora und Bodenvegetation in niedersächsischen Naturwäldern. – Ber. Nieders. Natursch. Akad. 4 (2): 138–144. Schneverdingen.

SCHMITHÜSEN, J. (1954): Waldgesellschaften des nördlichen Mittelchile. – Vegetatio 5/6: 479–486. Den Haag.

SCHMITHÜSEN, J. (1957): Anfänge und Ziele der Vegetationsgeographie. – Mitt. Florist.-Soziol. Arbeitsgem. N. F. 6/7: 57–78. Stolzenau/Weser.

SCHMITHÜSEN, J. (1958): Bemerkungen zu dem Problem der Bodenabtragung in der Kulturlandschaft. – Angew. Pflanzensoziol. 15: 165–168. Stolzenau/Weser.

SCHMITHÜSEN, J. (1968): Allgemeine Vegetationsgraphie. 3. Aufl. – De Gruyter. Berlin 463 S.

SCHMITHÜSEN, J. (1976): Atlas zur Biogeographie. – Meyers Physischer Weltatlas. Bd. 3. – Meyers Bibliographisches Institut. Mannheim. 80 S.

SCHNEIDER, S. (1984): Angewandte Fernerkundung. Methoden und Beispiele. – Vincents. Hannover. 285 S.

SCHNEIDER, U. & KEHL, H. (1987): Samenbank und Vegetationsaufnahmen ostmediterraner Therophytenfluren im Vergleich. – Flora 179 (5): 345–354. Jena.

SCHNELLE, F. (1955): Pflanzen-Phänologie. – Akad. Verlagsges. Geest & Portig. Leipzig. 299 S.

SCHNELLE, W. (1973): Bestockungsuntersuchungen in waldbestockten Naturschutzgebieten – eine methodische Anleitung. – Natursch. Naturkundl. Heimatf. Bez. Halle Magdeburg 10 (1/2): 20–34.

SCHÖNFELDER, P. (1968): Adalpin – dealpin, ein historisch-chorologisches Begriffspaar. – Mitt. Florist.-Soziol. Arbeitsgem. N. F. 13: 5–9. Todenmann.

SCHÖNFELDER, P. (1970): Die Blaugras-Horstseggenhalde und ihre arealgeographische Gliederung in den Ostalpen. – Jahrb. Ver. Schutz Alpenpflanzen u. Tiere 35: 1–10. München.

SCHÖNFELDER, P. (1972): Systematisch-arealkundliche Gesichtspunkte bei der Erfassung historisch-geographischer Kausalitäten der Vegetation, erläutert am Beispiel des Seslerio-Caricetum sempervirentis in den Ostalpen. – In: VAN DER MAAREL, E. & TÜXEN, R. (Red.): Grundfragen und Methoden in der Pflanzensoziologie. Ber. Int. Symp. IVV Rinteln 1970: 279–290. Junk. Den Haag.

SCHÖNHAR, S. (1952): Untersuchungen über die Korrelation zwischen der floristischen Zusammensetzung der Bodenvegetation und der Bodenazidität sowie anderen chemischen Bodenfaktoren. – Mitt. Ver. Forstl. Standortskart. 2: 1–23. Ludwigsburg.

SCHÖNHAR, S. (1954): Die Bodenvegetation als Standortsweiser. – Allg. Forst-Jagdz. 125: 259–265. Frkf.

SCHRAUTZER, J. (1988): Pflanzensoziologische und standörtliche Charakteristik von Seggenriedern und Feuchtwiesen in Schleswig-Holstein. – Mitt. Arbeitsgem. Schleswig.-Holst. Hamburg 38: 1–189. Kiel.

SCHRAUTZER, J., HÄRDTLE, W., HEMPRICH, G. & WIEBE, C. (1991): Zur Synökologie und Synsystematik gestörter Erlenwälder im Gebiet der Bornhöveder Seenkette (Schleswig-Holstein). –Tuexenia 11: 293–307. Göttingen.

SCHREIBER, K.-F. (1977): Über einige methodische Probleme und Ergebnisse der phänologischen Kartierung der Schweiz. – In: DIERSCHKE, H. (Red.): Vegetation und Klima. Ber. Int. Symp. IVV Rinteln 1975: 271–287. Cramer. Vaduz.

SCHREIBER, K.-F. (1980): Brachflächen in der Kulturlandschaft. – Daten Dokum. Umweltsch. Sonderreihe Umwelttagung Nr. 30: Ökologische Probleme in Agrarlandschaften: 61–93. Hohenheim.

SCHREIBER, K.-F. (1983): Die phänologische Entwicklung der Pflanzendecke als Bioindikator für natürliche und anthropogen bedingte Differenzierungen der Wärmeverhältnisse in Stadt und Land. – Verh. Ges. Ökol. 11: 385–396. Göttingen.

SCHREIBER, K.-F. (Hrsg.) (1985): Sukzession auf Grünlandbrachen. – Symp. Arbeitsgruppe Sukzessinsforschung d. IVV 1984. Münstersche Geogr. Arb. 20: 1–230. Paderborn.

SCHREIBER, K.-F. (1987): Sukkzessionsuntersuchungen auf Grünlandbrachen und ihre Bewertung für die Landschaftspflege. –In: SCHUBERT, R. & HILBIG, W. (Hrsg.): Erfassung und Bewertung anthropogener Vegetationsveränderungen. Teil 2. Wiss. Beitr. Martin-Luther-Univ. Halle–Wittenberg 1987/25: 275–284. Halle.

SCHREIBER, K.-F. (1991/92): Aktuelle Probleme der Biozönologie aus landschaftsökologischer Sicht. –Naturschutzforum 5/6: 115–130. Kornwestheim.

SCHREIBER, K.-F., KUHN, N., HUG, C., HÄBERLI, R. & SCHREIBER, C. (1977): Wärmegliederung der Schweiz aufgrund von phänologischen Geländeaufnahmen in den Jahren 1969–1973 1:200000. – Eidgen. Landestopographie. Bern. 64 S.

SCHREIBER, K.-F. & SCHIEFER, J. (1985): Vegetations- und Stoffdynamik in Grünlandbrachen. – 10 Jahre Bracheversuche in Baden-Württemberg. – In: SCHREIBER, K.-F. (Hrsg.): Sukzession auf Grünlandbrachen. Münster. Geogr. Arb. 20: 111–153. Paderborn.

SCHREIER, K. (1955): Die Vegetation auf Trümmerschutt zerstörter Stadtteile in Darmstadt und ihre Entwicklung in pflanzensoziologischer Betrachtung. – Schriftenr. Naturschutzstelle 3 (1): 1–49. Darmstadt.

SCHRETZENMAYR, M. (1961): Die Leitgesellschaft. Eine vegetationskundliche Arbeitshypothese im Rahmen der forstlichen Standortskartierung. – Arch. Forstwesen 10 (11/12): 1269–1278. Berlin.

SCHRÖDER, E. (1989): Der Vegetationskomplex der Sandtrockenrasen in der Westfälischen Bucht. – Abh. Westfäl. Mus. Natkurk. 51 (2): 1–94. Münster.

SCHROEDER, F.-G. (1969): Zur Klassifizierung der Anthropochoren. – Vegetatio 16 (5/6): 225–238. Den Haag.

SCHROEDER, F.-G. (1974 a): Waldvegetation und Gehölzflora in den Südappalachen (USA). – Mitt. Deutsch. Dendrol. Ges. 67: 128–163. Stuttgart.

SCHROEDER, F.-G. (1974 b): Zu den Statusangaben bei der floristischen Kartierung Mitteleuropas. – Göttinger Florist. Rundbr. 8 (3): 71–79. Göttingen.

SCHROEDER, F.-G. (1976): Arealformeln für Gehölze auf vegetationskundlicher Grundlage. – Mitt. Deutsch. Dendrol. Ges. 68: 7–21. Stuttgart.

SCHROEDER, F.-G. (1983): Die thermischen Vegetationszonen der Erde. Ein Beitrag zur Präzisierung der geobotanischen Terminologie. – Tuexenia 3: 31–46. Göttingen.

SCHRÖDER, L. (1984): Kartenübersicht zur potentiellen natürlichen Vegetation und realen Waldvegetation in der Bundesrepublik Deutschland. – Natur Landschaft 59 (7/8): 280–283. Köln.

SCHROETER, C. (1926): Das Pflanzenleben der Alpen. 2. Aufl. (1. Aufl. 1903). – Raustein. Zürich. 844 S.

SCHROEVERS, P. J. (1973): Bibliographie der Algengesellschaften (mit Ausschluß derjenigen des Salzwassers). –Excerpta Bot. Sect. B. 12 (4): 241–309. Stuttgart.

SCHUBART, W. (1966): Die Entwicklung des Laubwaldes als Wirtschaftswald zwischen Elbe, Saale und Weser. – Aus dem Walde 14: 1–213. Hannover.

SCHUBERT, R. (1960): Die zwergstrauchreichen azidiphilen Pflanzengesellschaften Mitteldeutschlands. – Pflanzensoziologie 11: 1–235. Jena.

SCHUBERT, R. (1979): Pflanzengeographie. 2. Aufl. – Akademie-Verlag. Berlin. 307 S.

SCHUBERT, R. (1983): Die Bedeutung der Kenntnis von Wurzelprofilen für Vegetationsanalysen. – In: BÖHM, W., KUTSCHERA, L. & LICHTENEGGER, E.

(Eds.): Wurzelökologie und ihre Nutzanwendung. Int. Symp. Gumpenstein 1982: 389–395. Irdning.

SCHUBERT, R. (Hrsg.): Bioindikation in terrestrischen Ökosystemen. – Fischer. Stuttgart. 327 S.

SCHUBERT, R. (Hrsg.) (1991): Lehrbuch der Ökologie. 3. Aufl. – Fischer. Jena. 657 S.

SCHUBERT, R. & MAHN, E.-G. (1968): Übersicht über die Ackerunkrautgesellschaften Mitteldeutschlands. – Feddes Repert. 80 (2/3): 133–304. Berlin.

SCHÜTT, P. & BLASCHKE, H. (1980): Jahreszeitliche Verschiedenheiten in der allelopathischen Wirkung von Salix caprea-Blättern. – Flora 169 (4): 316–328. Jena.

SCHUHWERK, F. (1986): Kryptogamengemeinschaften in Waldassoziationen – ein methodischer Vorschlag zur Synthese. –Phytocoenologia 14 (1): 79–108. Stuttgart, Braunschweig.

SCHUHWERK, F. (1990): Relikte und Endemiten in Pflanzengesellschaften Bayerns – eine vorläufige Übersicht. – Ber. Bayer. Bot. Ges. 61: 303–323. München.

SCHULTZ, J. (1988): Die Ökozonen der Erde. Die ökologische Gliederung der Geosphäre. – Ulmer. Stuttgart. 488 S.

SCHWAAR, J. (1972): Sozialbrache im Luftbild. – Umschau Wiss. Techn. 72 (10): 328–329. Frankfurt.

SCHWAAR, J. (1982): Rezente und subfossile Birkenbruchbestände in Nordwestdeutschland. – Tuexenia 2: 163–172. Göttingen.

SCHWAAR, J. (1984): Untersuchung und Rekonstruktion von fossilen, torfbildenden Pflanzengesellschaften. – In: KNAPP, R. (ed.): Sampling methods and taxon analysis in vegetation science. Handb. Veg. Sci. 4: 259–275. Junk. Den Haag.

SCHWAAR, J. (1986): Subfossile Kleinseggenriede im Geeste-Mündungstrichter bei Laven/Krs. Cuxhaven. – Tuexenia 6: 205–218. Göttingen.

SCHWAAR, J. (1989): Syndynamik von Schilfröhrichten, Großseggensümpfen, Erlenbruchwäldern und anderen Feuchtgesellschaften. – Phytocoenologia 17 (4): 507–568. Berlin, Stuttgart.

SCHWABE, A. (1975): Dauerquadrat-Beobachtungen in den Salzwiesen der Nordseeinsel Trischen. – Mitt. Florist.-Soziol. Arbeitsgem. N. F. 18: 111–128. Todenman, Göttingen.

SCHWABE, A. (1985a): Monographie Alnus incana-reicher Waldgesellschaften in Europa. Variabilität und Ähnlichkeiten einer azonal verbreiteten Gesellschaftsgruppe. – Phytocoenologia 13 (2): 197–302. Stuttgart, Braunschweig.

SCHWABE, A. (1985b): Zur Soziologie Alnus incana-reicher Waldgesellschaften im Schwarzwald unter besonderer Berücksichtigung der Phänologie. – Tuexenia 5: 413–446. Göttingen.

SCHWABE, A. (1987): Fluß- und bachbegleitende Pflanzengesellschaften u. Vegetationskomplexe im Schwarzwald. – Diss. Bot. 102: 1–368. Berlin, Stgt.

SCHWABE, A. (1988): Erfassung von Kompartimentierungsmustern mit Hilfe von Vegetationskomplexen und ihre Bedeutung für zoozönologische Untersuchungen. – Mitt. Bad. Landesver. Naturk. Natursch. N. F. 14 (3): 621–629. Freiburg.

SCHWABE, A. (1990): Syndynamische Prozesse in Borstgrasrasen: Reaktionsmuster von Brachen nach erneuter Rinderbeweidung und Lebensrhythmus von Arnica montana L. – Carolinea 48: 45–68. Karlsruhe.

SCHWABE, A. (1990a): Stand und Perspektiven der Vegetationskomplexforschung. – Ber. Reinhold Tüxen-Ges. 2: 45–68. Hannover.

SCHWABE, A. (1991a): Perspectives of vegetation complex research and bibliographic review of vegetation complexes in vegetation science and landscape ecology. – Excerpta Bot. Sect. B. 28 (3): 223–243. Stuttgart, New York.

SCHWABE, A. (1991b): Vegetation complexes can be used to differentiate landscape units. – Colloqu. Phytosoc. 17: 261–280. Berlin, Stuttgart.

SCHWABE, A. (1991c): A method for the analysis of temporal changes in vegetation pattern at the landscape level. – Vegetatio 95: 1–19. Dordrecht.

SCHWABE, A. & KÖPPLER, D. (1990): Bericht über das Geländetreffen des „Arbeitskreises Vegetationskomplexe in der Reinhold-Tüxen-Gesellschaft" am 24. und 25. Juli 1990 (mit methodischen Hinweisen zur Aufnahme von Vegetationskomplexen). – Ber. Reinhold Tüxen-Ges. 2: 185–189. Hannover.

SCHWABE, A. & KRATOCHWIL, A. (1984): Vegetationskundliche und blütenökologische Untersuchungen in Salzrasen der Nordseeinsel Borkum. – Tuexenia 4: 125–152. Göttingen.

SCHWABE, A., KRATOCHWIL, A. & BAMMERT, J. (1989): Sukzessionsprozesse im aufgelassenen Weidfeld-Gebiet des „Bannwald Flüh" (Südschwarzwald) 1976–1988. – Mit einer vergleichenden Betrachtung statistischer Auswertungsmethoden. – Tuexenia 9: 351–370. Göttingen.

SCHWABE, A. & MANN, P. (1990): Eine Methode zur Beschreibung und Typisierung von Vogelhabitaten, gezeigt am Beispiel der Zippammer (Emberiza cia). – Ökol. Vögel (Ecol. Birds) 12 (2): 127–157.

SCHWABE, G. H. (1975): Zur Ökogenese auf vulkanischem Substrat. – In: DIERSCHKE, H. (Red.): Vegetation und Substrat. Ber. Int. Symp. IVV Rinteln 1969: 1–14. Cramer. Vaduz.

SCHWABE-BRAUN, A. (1979): Werden und Vergehen von Borstgrasrasen im Schwarzwald. – In: WILMANNS, O. & TÜXEN, R. (Red.): Werden und Vergehen von Pflanzengesellschaften. Ber. Int. Symp. IVV Rinteln 1978: 387–409. Cramer. Vaduz.

SCHWABE-BRAUN, A. (1980): Eine pflanzensoziologische Modelluntersuchung als Grundlage für Naturschutz und Planung. Weidfeld-Vegetation im Schwarzwald: Geschichte der Nutzung – Gesellschaften und ihre Komplexe – Bewertung für den Naturschutz. – Urbs et Regio 18: 1–212. Kassel.

SCHWABE-BRAUN, A. & TÜXEN, R. (1981): Lemnetea minoris. – In: TÜXEN, R. (Ed.): Prodromus der europäischen Pflanzengesellschaften. 4. Cramer. Vaduz. 141 S.

SCHWARTZE, P. (1992): Nordwestdeutsche Feuchtgrünlandgesellschaften unter kontrollierten Nutzungsbedingungen. – Diss. Bot. 183: 1–204. Berlin, Stuttgart.

SCHWICKERATH, M. (1942): Bedeutung und Gliederung des Differentialartenbegriffs in der Pflanzengesellschaftslehre. – Beih. Bot.Centralbl. 61 B (3): 351–383. Dresden.

SCHWICKERATH, M. (1954): Die Landschaft und ihre Wandlung auf geobotanischer und geographischer Grundlage entwickelt und erläutert im Bereich des Meßtischblattes Stollberg. – Georgi. Aachen. 118 S.

SCHWICKERATH, M. (1963): Assoziationsdiagramme und ihre Bedeutung für die Vegetationskartierung. – In: TÜXEN, R. (Hrsg.): Ber. Int. Symp. Vegetationskartierung Stolzenau 1959: 11–38. Cramer. Weinheim.

SCHWICKERATH, M. (1968): Begriff und Bedeutung der geographischen Differentialarten. – In: TÜXEN, R. (Hrsg.): Pflanzensoziologische Systematik. Ber. Int. Symp. IVV Stolzenau 1964: 78–84. Junk. Den Haag.

SEBALD, O. (1961): Die Waldbodenvegetation der Buntsandstein-Standorte des Baar-Schwarzwaldes und ihr ökologischer Zeigerwert. – Mitt. Ver. Forstl. Standortsk. 11: 79–91. Stuttgart.

SEGAL, S. (1968): Ein Einteilungsversuch der Wasserpflanzengesellschaften. – In: TÜXEN, R. (Hrsg.): Pflanzensoziologische Systematik. Ber. Int. Symp. IVV Stolzenau 1964: 191–219. Junk. Den Haag.

SEGAL, S. (1969): Ecological notes on wall vegetation. – Proefschrift Univ. Amsterdam. Junk. Den Haag. 325 S.

SEGAL, S. (1970): Strukturen und Wasserpflanzen. – In: TÜXEN, R. (Hrsg.): Gesellschaftsmorphologie. Ber. Int. Symp. IVV Rinteln 1966: 157–171. Junk. Den Haag.

SEGAL, S. (1979): On general trends during succession in biotic communities, with special reference to plant ecology. – In: TÜXEN, R. & SOMMER, W.-H. (Red.): Gesellschaftsentwicklung (Syndynamik). Ber. Int. Symp. IVV Rinteln 1967: 11–31. Cramer. Vaduz.

SEGER, M. & HARTL, H. (1987): Die Infrarot-Farbothofotokarte als Hilfsmittel der Vegetationskartierung – Möglichkeiten und Grenzen an Beispielen aus den hohen Tauern. –Carinthia II 177/97. Jg.: 417–429. Klagenfurt.

SEIBERT, P. (1958): Die Pflanzengesellschaften im Naturschutzgebiet „Pupplinger Au". – Landschaftspfl. Vegetationsk. 1: 1–79. München.

SEIBERT, P. (1962): Die Auenvegetation an der Isar nördlich von München und ihre Beeinflussung durch den Menschen. –Landschaftspfl. Vegetationsk. 3: 1–123. München.

SEIBERT, P. (1963): Über eine Grundwasserstufenkarte mit Darstellung verschiedener Wassereigenschaften. – Mitt. Florist.-Soziol. Arbeitsgem. N. F. 10: 223–231. Stolzenau/Weser.

SEIBERT, P. (1968a): Gesellschaftsring und Gesellschaftskomplex in der Landschaftsgliederung. – In: TÜXEN, R. (Hrsg.): Pflanzensoziologie und Landschaftsökologie. Ber. Int. Symp. IVV Stolzenau 1963: 48–59. Junk. Den Haag.

SEIBERT, P. (1968 b): Übersichtskarte der natürlichen Vegetationsgebiete von Bayern 1:500000 mit Erläuterungen. – Schriftenr. Vegetationsk. 3: 1–98. Bad Godesberg.

SEIBERT, P. (1968c): Vegetation und Landschaft in Bayern. – Erdkunde 22 (4): 294–313. Bonn.

SEIBERT, P. (1968d): Die Vegetationskarte als Hilfsmittel zur Kennzeichnung rutschgefährdeter Hänge. –In: TÜXEN, R. (Hrsg.): Pflanzensoziologie und Landschaftsökologie. Ber. Int. Symp. IVV Stolzenau 1963: 324–335. Junk. Den Haag.

SEIBERT, P. (1974): Die Rolle des Maßstabs bei der Abgrenzung von Vegetationseinheiten. – In: SOMMER, W. H. & TÜXEN, R. (Red.): Tatsachen und Probleme der Grenzen in der Vegetation. Ber. Int. Symp. IVV Rinteln 1968: 103–118. Cramer. Lehre.

SEIBERT, P. (1974a): Die Ermittlung von Vegetationsgrenzen bei der Konstruktion von Karten kleineren Maßstabes (Bayernkarte). – In: SOMMER, W. H. & TÜXEN, R. (Red.): Tatsachen und Probleme der Grenzen in der Vegetation. Ber. Int. Symp. IVV Rinteln 1968: 295–303. Cramer. Lehre.

SEIBERT, P. (1975): Veränderungen der Auenvegetation nach Anhebung des Grundwasserspiegels in den Donauauen bei Offingen. – Beitr. Naturk. Forsch. Südwestdeutschl. 34: 329–343. Karlsruhe.

SEIBERT, P. (1975a): Versuch einer synoptischen Eignungsbewertung von Ökosystemen und Landschaftseinheiten. – Forstarchiv 46 (5): 89–97. Hannover.

SEIBERT, P. (1980): Ökologische Bewertung von homogenen Landschaftsteilen, Ökosystemen und Pflanzengesellschaften. – Ber. Akad. Natursch. Landschaftspfl. 4: 10–23. Laufen/Salzach.

SEITZ, B.-J. (1988): Zur Koinzidenz von Vegetationskomplexen und Vogelgemeinschaften in Kulturland-Untersuchungen im südwestdeutschen Hügelland. – Phytocoenologia 16 (3): 315–390. Stuttgart, Braunschweig.

SEYBOLD, S., SEBALD, O. & WINTERHOFF, W. (1975): Beiträge zur Floristik von Südwestdeutschland IV. – Jahresh. Ges. Naturk. Württemberg 130: 249–259. Stuttgart.

SEYFERT, F. (1960): Phänologie. – Neue Brehm-Bücherei. Ziemsen. Wittenberg. 103 S.

SHANNON, C. E. (1976): Die mathematische Theorie der Kommunikation. – In: SHANNON, C. E. & WEAVER, W. (Hrsg.): Mathematische Grundlagen der Informationstheorie: 41–143. Oldenbourg. München, Wien ‹Engl. Original 1948›

SHARIFI, M. R. (1978): Ökologisches und physiologisches Verhalten von Alopecurus pratensis, Arrhenatherum elatius und Bromus erectus bei unterschiedlicher Wasser- und Stickstoffversorgung. –Diss. Univ. Göttingen. Fotodruck. Göttingen. 109 S.

SHARIFI, M. R. (1983): Wurzelbiomasse und -verteilung der Wiesengräser Alopecurus pratensis, Arrhenatherum elatius und Bromus erectus bei unterschiedlicher Stickstoff- und Wasserversorgung in Rein- und Mischkultur. – Verh. Ges. Ökol. 11: 397–410. Göttingen.

SHIMWELL, D. W. (1971): The description and classification of vegetation. – Sidgwick & Jackson. London. 322 S.

SINGER, R. & MORELLO, J. H. (1960): Ectotrophic forest tree mykorrhizae and forest communities. – Ecology 41: 549–551. Durham, N. C.

SISSINGH, G. (1952): Ethologische synoecologie van enkele onkruid-associaties in Nederland. – Med. Landbouwhogesch. Wageningen 52 (6): 167–206. Wageningen.

SISSINGH, G. (1973): Über die Abgrenzung des Geo-Alliarion gegen das Aegopodion podagrariae. – Mitt. Florist.-Soziol. Arbeitsgem. N. F. 15/16: 60–65. Todenmann, Göttingen.

SJÖGREN, E. (1973): Recent changes in vascular flora and vegetation of the Azores islands. – Mem. Soc. Broteriana 22: 1–453. Alcobaça.

SLAVÍKOVÁ, J. (1958): Einfluß der Buche (Fagus silvatica L.) als Edifikator auf die Entwicklung der Krautschicht in den Buchenphytozönosen. – Preslia 30: 19–42. Praha.

SLOBODA, S. (1978): Ökologische Zeigerwerte für Moose in Niedermoor-Pflanzengesellschaften. – Arch. Freunde Naturgesch. Mecklenburg 18: 49–63. Rostock.

SMIDT, J. T. DE (1979): Origin and destruction of northwest European heath vegetation. – In: WILMANNS, O. & TÜXEN, R. (Red.): Werden und Vergehen von Pflanzengesellschaften. Ber. Int. Symp. IVV Rinteln 1978: 411–435. Cramer. Vaduz.

SOERENSEN, T. A. (1948): A method of establishing groups of equal amplitude in plant sociology based on similarity of species content, and its application to analyses of the vegetation on Danish commons. – Biol. Skr. Dansk. Vidensk. Selsk. 5 (4): 1–34. Copenhagen.

SOKOLOWSKI, A. (1991): Changes in species composition of a mixed scots pine-norway spruce forest at the Augustinów forest during the period 1964–1987. – Folia Forest. Polon. A 33: 5–24. Warsaw.

SOLIŃSKA–GÓRNICKA, B. (1987): Alder (Alnus glutinosa) carr in Poland. – Tuexenia 7: 329–346. Göttingen.

SOMMER, W. H. & TÜXEN, R. (Red.) (1974): Tatsachen und Probleme der Grenzen in der Vegetation. – Ber. Int. Symp. IVV Rinteln 1968 1–431. Cramer. Lehre.

SOMMERHALDER, R., KUHN, N., BILAND, H.-P., GUNTEN, U. VON & WEIDMANN, D. (1986): Eine vegetationskundliche Datenbank der Schweiz. – Bot. Helv. 96 (1): 77–93. Basel.

SOTCHAVA, V. (1961): Quelques conclusions méthodiques d'après les travaux sur la cartographie de la végétation de l'U.R.S.S. –In: GAUSSEN, H. (ed.): Méthodes de la carthographie de la végétation. Colloqu. Int. CNRS 97: 203–210. Paris.

SPATZ, G. (1972): Eine Möglichkeit zum Einsatz der elektronischen Datenverarbeitung bei der pflanzensoziologischen Tabellenarbeit. – In: VAN DER MAAREL, E. & TÜXEN, R. (Red.): Grundfragen und Methoden in der Pflanzensoziologie. Ber. Int. Symp. IVV Rinteln 1970: 251–261. Junk. Den Haag.

SPATZ, G. (1975): Die direkte Gradienten-Analyse in der Vegetationskunde. – Angew. Bot. 49 (5/6): 209–221. Göttingen.

SPATZ, G. & MUELLER-DOMBOIS, D. (1975): Succession patterns after pig digging in grassland communities on Mauna Loa, Hawaii. – Phytocoenologia 3 (2/3): 346–373. Stuttgart, Lehre.

SPATZ, G., PLETL, L. & MANGSTL, A. (1979): Programm OEKSYN zur ökologischen und synsystematischen Auswertung von Pflanzenbestandsaufnahmen. – In: ELLENBERG, H. (1979): Zeigerwerte der Gefäßpflanzen Mitteleuropas. 2. Aufl. Scripta Geobot. 9: 29–38. Göttingen.

SPATZ, G. & SIEGMUND, J. (1973): Eine Methode zur tabellarischen Ordination, Klassifikation und ökologischen Auswertung von pflanzensoziologischen Bestandesaufnahmen durch den Computer. – Vegetatio 28: 1–17. The Hague.

SPATZ, G. & SPRINGER, S. (1987): Vegetationsdynamik auf Almweiden im Alpenpark Berchtesgaden. – In: HILBIG, R. & SCHUBERT, W. (Hrsg.): Erfassung und Bewertung anthropogener Vegetationsveränderungen. Teil 2. Wiss. Beitr. Martin-Luther-Univ. Halle–Wittenberg 1987/25: 62–74. Halle.

SPATZ, G. & WEIS, G.-B. (1980): Nutzungsänderungen im Gebirge und ihre Konsequenzen für den Naturschutz. – Verh. Ges. Ökol. 8: 103–109. Göttingen.

SPEIDEL, B. (1970/72): Das Wirtschaftsgrünland der Rhön. – Ber. Naturwiss. Ges. Bayreuth 14: 201–240. Bayreuth.

STAMPFLI, A. (1991): Accurate determination of vegetational change in meadows by successive point quadrat analysis. – Vegetatio 96: 185–194. Dordrecht.

STEFFNY, H., KRATOCHWIL, A. & WOLF, A. (1984): Zur Bedeutung verschiedener Rasengesellschaften für Schmetterlinge (Rophalocera, Hesperiidae, Zygaenidae) und Hummeln (Apidae, Bombus) im NSG Taubergießen. – Natur Landschaft 59 (11): 435–443. Köln–Marsdorf.

STEINER, M. & POELT, J. (1987): Drei parasitische Flechten auf Caloplaca polycarpoides. – Pl. Syst. Evol. 155: 133–141. Wien, New York.

STEUBING, L. & FANGMEIER, A. (1991): Gaseous air pollutants and forest floor vegetation – a case study at different levels of integration. – In: ESSER, G. & OVERDIECK, D. (eds.): Modern ecology: Basic and applied aspects: 539–569. Elsevier. Amsterdam etc.

STEUBING, L. & FANGMEIER, A. (1992): Pflanzenökologisches Praktikum. Gelände- und Laborpraktikum der terrestrischen Pflanzenökologie. – Ulmer. Stuttgart. 205 S.

STIX, E. (1976): Jahreszeitliche Veränderungen des Pollengehaltes der Luft. – Flora 165 (5): 398–406. Jena.

STIX, E. (1981): Pollenkalender. Regionale und jahreszeitliche Verbreitung von Pollen. – Wiss. Verlagsges. Stuttgart. 56 S.

STOCKER, O. (1963): Das dreidimensionale Schema der Vegetation der Erde. – Ber. Deutsch. Bot. Ges. 76 (5): 168–178. Stuttgart.

STÖCKER, G. (1965): Ein Beitrag zur Koinzidenz vegetations- und standortskundlicher Differenzierungen. – Arch. Natursch. Landschaftsf. 5 (3): 159–176. Berlin.

STÖCKER, G. (1980): Zu einigen theoretischen und methodischen Aspekten der Bioindikation. – In: SCHUBERT, R. & SCHUH, J. (Hrsg.): Methodische und theorethische Grundlagen der Bioindikation. Wiss. Beitr. Martin-Luther-Univ. Halle–Wittenberg 24 (P8): 10–21. Halle.

STÖHR, M. & BÖCKER, R. (1983): Vegetationstabellen und Computergraphik. Teil I: Traditionelle Methoden und Darstellungen. – Göttinger Flor. Rundbr. 17 (1/2): 24–39. Göttingen.

STÖHR, M. & BÖCKER, R. (1986): Vegetationstabellen und Computergraphik. Teil II: Weitere Methoden und ihre graphische Darstellung. – Göttinger Flor. Rundbr. 20 (1): 24–53. Göttingen.

STORCH, M. (1985): Fortran-Programm zur Bearbeitung von Vegetationstabellen. – Hoppea 44: 379–392. Regensburg.

STORM, C. (1990): Beziehungen zwischen neuartigen Waldschäden und Unterwuchs. – Eine Fallstudie im südöstlichen Schwarzwald. – Angew. Bot. 64: 51–68. Göttingen.

STRAKA, H. (1963): Über die Veränderung der Vegetation im nördlichen Teil der Insel Sylt in den letzten Jahrzehnten. – Schr. Naturwiss. Ver. Schleswig-Holst. 34: 19–43. Kiel.

STRAKA, H. (1966): Fünfzig Jahre Pollenanalyse. – Umschau Wiss. Techn. 66: 426–430. Frankfurt.

STRENG, R. & SCHÖNFELDER, P. (1978): Ein heuristisches Programm zur Ordnung pflanzensoziologischer Tabellen. – Hoppea 37: 409–433. Regensburg.

STRIJBOSCH, H. (1973): Soziologie und Ökologie einiger Moosgesellschaften saurer Erdraine in der Umgebung Nijmegens und in Süd-Limburg (Niederlande). – Vegetatio 27 (1–3): 71–100. The Hague.

STÜSSI, B. (1970): Naturbedingte Entwicklung subalpiner Weiderasen auf Alp La Schera im Schweizer Nationalpark während der Reservatsperiode 1939–1965. – Ergebn. Wiss. Unters. Schweiz. Nationalpark 13 (61): 1–385. Liestal.

STUGREN, B. (1978): Grundlagen der Allgemeinen Ökologie. 3. Aufl. – Fischer. Stuttgart, New York. 312 S.

STYNER, E. & HEGG. O. (1984): Wuchsformen in Rasengesellschaften am Südfuß des Schweizer Juras. – Tuexenia 4: 195–215. Göttingen.

SUCK, R. (1991): Beiträge zur Syntaxonomie und Chorologie des Kalkbuchenwaldes im außeralpinen Deutschland. – Diss. Bot. 175: 1–211. Berlin, Stuttgart.

SUKOPP, H. (1962): Neophyten in natürlichen Pflanzengesellschaften Mitteleuropas. – Ber. Deutsch. Bot. Ges. 75: 193–205. Stuttgart. [Erweitert in: TÜXEN, R. (Ed.) (1966): Anthropogene Vegetation. Ber. Int. Symp. IVV 1961: 275–251. Den Haag].

SUKOPP, H. (1969): Der Einfluß des Menschen auf die Vegetation. – Vegetatio 17: 360–371. Den Haag.

SUKOPP, H. (1972): Wandel von Flora und Vegetation in Mitteleuropa unter dem Einfluß des Menschen. – Ber. über Landwirtschaft 50 (1): 112–139. Hamburg, Berlin.

SUKOPP, H. (1976): Dynamik und Konstanz in der Flora der Bundesrepublik Deutschland. – Schriftenr. Vegetationsk. 10: 9–26. Bonn–Bad Godesberg.

SUKOPP, H. & SCHNEIDER, C. (1981): Mensch und Vegetation in ökologischer und historischer Perspektive. – In: SCHWABE-BRAUN, A. (Red.): Vegetation als anthropo-ökologischer Gegenstand. Ber. Int. Symp. IVV Rinteln 1971: 25–48. Cramer. Vaduz.

SUKOPP, H., TRAUTMANN, W. & KORNEK, D. (1978): Auswertung der Roten Liste gefährdeter Farn- und Blütenpflanzen in der Bundesrepublik Deutschland für den Arten- und Biotopschutz. –Schriftenr. Vegetationk. 122: 1–138. Bonn–Bad Godesberg.

SUKOPP, J. & SUKOPP, H. (1978): Vegetationsveränderungen in Berliner Naturschutzgebieten. – Phytocoenosis 7: 299–315. Warszawa, Bialowieza.

SUTTER, R. (1981): Dr. Josias Braun-Blanquet. Eine Würdigung von Leben und Werk. – Bot. Helv. 91: 17–33.

SYKORA, K. V. (1983): The Lolio-Potentillion anserinae R. Tüxen 1947 in the northern part of the atlantic domain. – Proefschrift Univ. Nijmegen. Nijmegen. 235 S.

SYMONIDES, E. (1985a): Population structure of psammophyte vegetation. – In: WHITE, J. (ed.): The population structure of vegetation. Handb. Veg. Sci. 3: 265–291. Junk. Dordrecht etc.

SYMONIDES, E. (1985b): Changes in phytocoenose structure in early phases of old-field succession in Poland. – Tuexenia 5: 259–271. Göttingen.

SYMONIDES, E. (1986): Seed bank in old-field successional ecosystems. – Ekol. Polska 34 (1): 3–29. Warszawa, Lódz.

SYMONIDES, E. & BOROWIECKA, M. (1985): Plant biomass structure in oldfield successional ecosystems. – Ekol. Polska 33 (1): 81–102. Warszawa, Lódz.

SYMONIDES, E. & WIERZCHOWSKA, U. (1990): Changes in the spatial pattern of vegetation structure and the soil properties in early old-field succession. – In: KRAHULEC, F. et al. (eds.): Spatial processes in plant communities: 201–213. Acad. Publ. The Hague.

SZAFER, W. (1927): On the statistics of flowers in plant associations. – Bull. Acad. Polon. Sci. Lettres, Cl. Sci. Mat. Nat. B: 149–160. Cracovie.

SZAFER, W. & PAWLOWSKY, B. (1927): Die Pflanzenassoziationen des Tatra-Gebirges. A. Bemerkungen über die angewandte Arbeitstechnik. – Bull. Int.

Acad. Polon. Sci. Lettres B 3 Suppl. 2: 1–12. Cracovie.

SZAFER, W., PAWLOWSKI, B. & KULCZYŃSKI, S. (1923): Die Pflanzenassoziationen des Tatragebirges. I. Die Pflanzenassoziationen des Checholowska-Tales. – Bull. Int. Acad. Polon. Sci. Lettres, Cl. Sci. Nat. B 1923 Suppl.: 1–66. Cracovie.

TÄUBER, F. (1981): Familienspektra einiger Pflanzengesellschaften aus den rumänischen Karpaten. Ein Beitrag zu einer floristisch – evolutiven Syntaxonomie. – In: DIERSCHKE, H. (Red.): Syntaxonomie. Ber. Int. Symp. IVV Rinteln 1980: 599–611. Vaduz.

TÄUBER, F. (1985): Endemische Phytoassoziationen aus den Rumänischen Karpaten. – Folia Geobot. Phytotax. 20 (1): 1–16. Praha.

TANSLEY, A. G. (1920): The classification of vegetation and the concept of development. – J. Ecol. 8 (2): 118–149. Cambridge.

TER BRAAK, C. J. F. & GREMMEN, N. J. M. (1987): Ecological amplitudes of plant species and the internal consistence of Ellenberg's indicator values for moisture. – Vegetatio 69: 79–87. The Hague.

TERMORSHUIZEN, A. J. (1991): Succession of mycorrhizal fungi in stands of Pinus sylvestris in the Netherlands. – J. Veg. Sci. 2 (4): 555–564. Uppsala.

THALEN, D. C. P. (1971): Variation in some saltmarsh and dune vegetation in the Netherlands with special reference to gradient situations. – Acta Bot. Neerl. 20 (3): 327–342. Wageningen.

THANNHEISER, D. (1975): Beobachtungen zur Küstenvegetation auf dem westlichen kanadischen Arktis-Archipel. – Polarforschung 45 (1): 1–16. Münster.

THANNHEISER, D. (1986): Synsoziologische Untersuchungen an der Küstenvegetation. – Abh. Westfäl. Mus. Naturk. 48 (2/3): 229–242. Münster.

THANNHEISER, D. (1987): Vergleichende ökologische Studien an der Küstenvegetation am Nordatlantik. – Berliner Geogr. Studien 25: 285–299. Berlin.

THANNHEISER, D. (1988): Eine landschaftsökologische Studie bei Cambridge Bay, Victoria Island, N. W. T., Canada. – Mitt. Geogr. Ges. Hamburg 78: 1–51. Wiesbaden.

THEURILLAT, J.-P. (1991): Toposequence paysagère dans la région d'Aletsch (Valais, Suisse); méthodologie et possibilites d'application practiques. – Colloqu. Phytosoc. 17: 221–231. Berlin, Stuttgart.

THEURILLAT, J.-P. & MORAVEC, J. (1990a): Index of new names of syntaxa published in 1987. – Folia Geobot. Phytotax. 25: 79–99. Praha.

THEURILLAT, J.-P. & MORAVEC, J. (1990b): Index of names of syntaxa typifield in 1987. – Folia Geobot. Phytotax. 25: 101–106. Praha.

THUMM, U. (1989): Konkurrenzbeziehungen zwischen Jung- und Altpflanzen in Dauergrünlandbeständen. – Diss. agr. Univ. Hohenheim. Fotodruck. Hohenheim. 125 S.

TISCHLER, W. (1976): Einführung in die Ökologie. – Fischer. Stuttgart, New York. 307 S.

TOMASELLI, R. (1948): Sur quelques groupements végétaux dépárvues de therophytes dans la region de Montpellier. – Bull. Soc. Bot. France 95: 69–74. Paris.

TOWPASZ, K. & TUMIDAJOWICZ, D. (1989): Fluctuations of the dominant herb layer species in an oak-hornbeam forest (Tilio-Carpinetum typicum) in the Wieliczka foothills (Pogórze Wielickie) near Bochnia (Southern Poland). – Zesz. Nauk. Uniw. Jagiellonsiege, Prace Bot. 18: 113–126. Kraków.

TRASS, H. & MALMER, N. (1973): North European approaches to classification. – In: WHITTAKER, R. H. (ed.): Ordination and classification of vegetation. Handb. Veg. Sci. 5: 529–574. Junk. The Hague.

TRAUTMANN, W. (1963): Methoden und Erfahrungen bei der Vegetationskartierung der Wälder und Forsten. – In: TÜXEN, R. (Hrsg.): Bericht über das Internationale Symposium für Vegetationskartierung in Stolzenau 1959: 119–127. Cramer. Weinheim.

TRAUTMANN, W. (1966): Erläuterungen zur Karte der potentiellen natürlichen Vegetation der Bundesrepublik Deutschland 1:200000. Blatt 85 Minden. – Schriftenr. Vegetationsk. 1: 1–137. Bad Godesberg.

TRAUTMANN, W. (1968): Die Vegetationskarte als Grundlage für die Begrünung und die Beweissicherung im Straßenbau. – Natur Landschaft 43 (3): 64–68. Bad Godesberg.

TRAUTMANN, W. (1972): Vegetation (Potentielle natürliche Vegetation). – In: Deutscher Planungsatlas. Band 1: Nordrhein-Westfalen. Lf. 3. Jänecke. Hannover. 29 S.

TRAUTMANN, W. (1976): Veränderungen der Gehölzflora und Waldvegetation in jüngerer Zeit. – Schriftenr. Vegetationsk. 10: 91–108. Bonn–Bad Godesberg.

TRAUTMANN, W., KRAUSE, A., LOHMEYER, W., MEISEL, K. & WOLF, G. (1973): Vegetationskarte der Bundesrepublik Deutschland 1:200000. Potentielle natürliche Vegetation. Blatt CC 5502 Köln. – Schriftenr. Vegetationsk. 6: 1–175. Bonn–Bad Godesberg.

TRAUTMANN, W., KRAUSE, A. & WOLFF-STRAUB, R. (1970): Veränderungen der Bodenvegetation in Kiefernforsten als Folge industrieller Luftverunreinigungen im Raum Mannheim–Ludwigshafen. – Schriftenr. Vegetationsk. 5: 193–207. Bonn–Bad-Godesberg.

TRAUTMANN, W. & LOHMEYER, W. (1975): Zur Entwicklung von Rasenansaaten an Autobahnen. – Natur Landschaft 50 (2): 45–48. Stuttgart.

TRENTEPOHL, M. W. (1974): Ein mechanisch-elektromagnetisches Gerät zur Schnellbearbeitung pflanzensoziologischer Tabellen. –In: SOMMER, W. H. & TÜXEN, R. (Red.): Tatsachen und Probleme der Grenzen in der Vegetation. Ber. Int. Symp. IVV Rinteln 1968: 119–125. Cramer. Lehre.

TREPL, L. (1984): Über Impatiens parviflora DC. als Agriophyt in Mitteleuropa. – Diss. Bot. 73: 1–400. Vaduz.

TROLL, C. (1948): Der asymmetrische Aufbau der Vegetationszonen und Vegetationsstufen auf der Nord- und Südhalbkugel. – Ber. Geobot. Inst. ETH Stift. Rübel 1947: 46–83. Zürich.

TROLL, C. (1961): Klima und Pflanzenkleid der Erde in dreidimensionaler Sicht. – Naturwiss. 48 (9): 332–348. Berlin etc.

TROLL, C. (1968): Landschaftsökologie. – In: TÜXEN, R. (Hrsg.): Pflanzensoziologie und Landschaftsökologie. Ber. Int. Symp. IVV Stolzenau 1963: 1–21. Junk. Den Haag.

TÜLLMANN, G. & BÖTTCHER, H. (1985): Synanthropic vegetation and structure of urban subsystems. – Colloqu. Phytosoc. 12: 481–532. Berlin, Stuttgart.

TÜXEN, J. (1958): Stufen, Standorte und Entwicklung von Hackfrucht- und Garten-Unkrautgesellschaften und deren Bedeutung für Ur- und Siedlungsgeschichte. – Angew. Pflanzensoz. 16: 1–164. Stolzenau/Weser.

TÜXEN, J. (1968): Zur Vegetationsgeschichte nordwestdeutscher Fliesentypen unter menschlichem Einfluß. – In: TÜXEN, R. (Hrsg.): Pflanzensoziologie und Landschaftsökologie. Ber. Int. Symp. IVV Stolzenau/Weser 1963: 123–133. Junk. Den Haag.

TÜXEN, J. (1973): Über die Systematik der Hochmoor-Bultvegetation (Oxycocco-Sphagnetea Br. Bl. et R. Tx. 1943): – Telma 3: 101–118. Hannover.

TÜXEN, J. (1978): Sigmassoziationen nordwestdeutscher Kleinstmoore. – In: TÜXEN, R. (Hrsg.): Assoziationskomplexe (Sigmeten). Ber. Int. Symp. IVV Rinteln 1977: 67–76. Cramer. Vaduz.

TÜXEN, J. (1979): Werden und Vergehen von Hochmoor-Pflanzengesellschaften. – In: WILMANNS, O. & TÜXEN, R. (Red.): Werden und Vergehen von Pflanzengesellschaften. Ber. Int. Symp. IVV Rinteln 1972: 133–151. Cramer. Vaduz.

TÜXEN, J. (1980): Subfossile Hochmoor-Pflanzengesellschaften Nordwestdeutschlands. – Phytocoenologia 7: 142–165. Stuttgart, Braunschweig.

TÜXEN, R. (1931): Die Pflanzendecke zwischen Hildesheimer Wald und Ith in ihren Beziehungen zu Klima, Boden und Mensch. – Unsere Heimat 1: 55–131. Hildesheim.

TÜXEN, R. (1932): Wald und Bodenentwicklung in Nordwestdeutschland. – Ber. 37. Wanderversammlung nordwestdeutsch. Forstver.: 17–37. Hannover.

TÜXEN, R. (1933): Klimaxprobleme des nordwesteuropäischen Festlandes. – Nederl. Kruidkund. Arch. 43: 293–309. Amsterdam.

TÜXEN, R. (1937): Die Pflanzengesellschaften Nordwestdeutschlands. – Mitt. Florist.-Soziol. Arbeitsgem. Nieders. 3: 1–170. Hannover.

TÜXEN, R. (1942): Ersatzgesellschaften. – Wiss. Rundbr. Zentralstelle Vegetationskart. 12: 125–127. Hannover.

TÜXEN, R. (1950a): Grundriß einer Systematik der nitrophilen Unkrautgesellschaften in der Eurosibirischen Region Europas. – Mitt. Florist.-Soziol. Arbeitsgem. N. F. 2: 94–175. Stolzenau–Weser.

TÜXEN, R. (1950b): Wanderwege der Flora in Stromtälern. – Mitt. Florist.-Soziol. Arbeitsgem. N. F. 2: 52–53. Stolzenau/Weser.

TÜXEN, R. (1952): Hecken und Gebüsche. – Mitt. Geogr. Ges. Hamburg 50: 85–117. Hamburg.

TÜXEN, R. (1954a): Pflanzengesellschaften und Grundwasserganglinien. – Angew. Pflanzensoz. 8: 64–98. Stolzenau/Weser.

TÜXEN, R. (1954b): Die Wasserstufenkarte und ihre Bedeutung für die nachträgliche Feststellung von Änderungen im Wasserhaushalt einer Landschaft. – Angew. Pflanzensoz. 8: 31–36. Stolzenau/Weser.

TÜXEN, R. (1955): Das System der nordwestdeutschen Pflanzengesellschaften. – Mitt. Florist.-Soziol. Arbeitsgem. N. F. 5: 155–176. Stolzenau/Weser.

TÜXEN, R. (1956): Die heutige potentielle natürliche Vegetation als Gegenstand der Vegetationskartierung. – Angew. Pflanzensoz. 13: 5–42. Stolzenau/Weser.

TÜXEN, R. (1956a): Vegetationskarte der ostfriesischen Inseln: Baltrum. – Stolzenau/Weser.

TÜXEN, R. (1957a): Entwurf einer Definition der Pflanzengesellschaft (Lebensgemeinschaft). – Mitt. Florist.-Soziol. Arbeitsgem. N. F. 6/7: 151. Stolzenau/Weser.

TÜXEN, R. (1957b): Die Schichten-Deckungsformel. Zur Darstellung der Schichtung in Pflanzengesellschaften. – Mitt. Florist.-Soziol. Arbeitsgem. N. F. 6/7: 112–113. Stolzenau/Weser.

TÜXEN, R. (1957c): Die Pflanzengesellschaften des Außendeichslandes von Neuwerk. – Mitt. Florist.-Soziol. Arbeitsgem. N. F. 6/7: 205–234. Stolzenau/Weser.

TÜXEN, R. (1957d): Die Schrift des Bodens. – Angew. Pflanzensoz. 14: 1–41. Stolzenau/Weser.

TÜXEN, R. (1958): Die Eichung von Pflanzengesellschaften auf Torfprofiltypen. Ein Beitrag zur Koinzidenzmethode in der Pflanzensoziologie. – Angew. Pflanzensoz. 15: 131–141. Stolzenau/Weser.

TÜXEN, R. (1959/63): Bibliographie der Verbreitungs- und Arealkarten von Pflanzengesellschaften. – Excerpta Bot. Sect. B. 1 (3): 227–261; 5 (2): 137–156. Stuttgart.

TÜXEN, R. (1960): Über Bildung und Vergehen von Pflanzengesellschaften. – Mitt. Florist.-Soziol. Arbeitsgem. N. F. 8: 342–344. Stolzenau/Weser.

TÜXEN, R. (1961a): Bemerkungen zu einer Vegetationskarte Europas. – In: GAUSSEN, H. (ed.): Méthodes de la cartographie de la végétation. Colloqu. Internat. CNRS 97: 61–73. Paris.

TÜXEN, R. (1961b): Pflanzen und Pflanzengesellschaften als lebendiger Bau- und Gestaltungsstoff in der Landschaft. – Angew. Pflanzensoz. 17: 1–177. Stolzenau/Weser.

TÜXEN, R. (1962a): Zur systematischen Stellung von Spezialisten-Gesellschaften. – Mitt. Florist.-Soziol. Arbeitsgem. N. F. 9: 57–59. Stolzenau/Weser.

TÜXEN, R. (1962b): Das phänologische Gesellschaftsdiagramm. – Mitt. Florist.-Soziol. Arbeitsgem. N. F. 9: 51–52. Stolzenau/Weser.

TÜXEN, R. (1962c): Pflanzensoziologisch-systematische Überlegungen zu Jakucs, P.: Die phytosoziologischen Verhältnisse der Flaumeichen-Buschwälder Südostmitteleuropas. – Mitt. Florist.-Soziol. Arbeitsgem. N. F. 9: 296–300. Stolzenau/Weser.

TÜXEN, R. (1963): Bericht über das Internationale Symposium für Vegetationskartierung in Stolzenau/Weser. – Cramer. Weinheim. 500 S.

TÜXEN, R. (1963 ff.): Bibliographia phytosociologica systematica. – Excerpta Bot. Sect. B. 5 (1963): 108–136; 7 (1966): 191–205; 10 (1970): 273–266. Stuttgart.

TÜXEN, R. (1964/65, 1966): Bibliographia phytosociologica cryptogamica. II: Bibliographia mycosociologica. – Excerpta Bot. Sect. B. 6: 135–178; 7: 220–224. Stuttgart.

TÜXEN, R. (1965): Wesenszüge der Biozönose. Gesetze des Zusammenlebens von Pflanzen und Tieren. – In: TÜXEN, R. (Hrsg.): Biosoziologie. Ber. Int. Symp. IVV Stolzenau/Weser 1960: 10–13. Junk. Den Haag.

TÜXEN, R. (Hrsg.) (1965 a): Biosoziologie. – Ber. Int. Symp. IVV Stolzenau/Weser 1960. Junk. Den Haag. 350 S.

TÜXEN, R. (1965 b): Vegetationskartierung. – Method. Handb. Heimatf. Niedersachs.: 153–168. Lax. Hildesheim.

TÜXEN, R. (1965, 1969): Bibliographia phytosociologica cryptogamica: Lichenes (sine Epiphyta). – Excerpta Bot. Sect. B. 6: 208–244; 9: 311–320. Stuttgart.

TÜXEN, R. (1969): Stand und Ziele geobotanischer Forschung in Europa. – Ber. Geobot. Inst. ETH Stift. Rübel 39: 13–26. Zürich.

TÜXEN, R. (1970 a): Einige Bestands- und Typenmerkmale in der Struktur der Pflanzengesellschaften. – In: TÜXEN, R. (Hrsg.): Gesellschaftsmorphologie (Strukturforschung). Ber. Int. Symp. IVV Rinteln 1966: 76–107. Junk. Den Haag.

TÜXEN, R. (1970 b): Bibliographie zum Problem des Minimal-Areals und der Art-Areal-Kurve. – Excerpta Bot. Sect. B. 10: 291–314. Stuttgart.

TÜXEN, R. (1970 c): Entwicklung, Stand und Ziele der pflanzensoziologischen Systematik (Syntaxonomie). – Ber. Deutsch. Bot. Ges. 83 (12): 633–639. Stuttgart.

TÜXEN, R. (1970 d): Pflanzensoziologie als synthetische Wissenschaft. – Miscell. Papers Landbouwhogeschool Wageningen 5: 141–159. Wageningen.

TÜXEN, R. (1971 ff.): Bibliographia Phytosociologica Syntaxomica. (Lieferung 1: Bolboschoenetea maritimi). – Cramer. Lehre.

TÜXEN, R. (1972 a): Kritische Bemerkungen zur Interpretation pflanzensoziologischer Tabellen. – In: VAN DER MAAREL, E. & TÜXEN, R. (Red.): Grundfragen und Methoden in der Pflanzensoziologie. Ber. Int. Symp. IVV Rinteln 1970: 168–182. Junk. Den Haag.

TÜXEN, R. (1972 b): Richtlinien für die Aufstellung eines Prodromus der Europäischen Pflanzengesellschaften. – Vegetatio 24 (1–3): 23–29. The Hague.

TÜXEN, R. (1973): Vorschlag zur Aufnahme von Gesellschaftskomplexen in potentiell natürlichen Vegetationseinheiten. – Acta Bot. Acad. Sci. Hung. 19 (1–4): 379–384. Budapest.

TÜXEN, R. (1974): Die Pflanzengesellschaften Nordwestdeutschlands. 2. neu bearb. Aufl. Lieferung 1. – Lehre. 207 S.

TÜXEN, R. (1974 a): Großreste von Pflanzen, Pollen, Sporen und Bodenprofile in ihrer Bedeutung für Syndynamik und Synchorologie. – In: KNAPP, R. (ed.): Vegetation Dynamics. Handb. Veg. Sci. 8: 25–42. Junk. The Hague.

TÜXEN, R. (1974 b): Synchronologie einzelner Vegetationseinheiten in Europa. – Ebenda: 265–292.

TÜXEN, R. (1975 a): Le Betulo-Quercetum de l'Allemagne du nord-ouest est-il une veritable association ou non?. – Coll. Phytosoc. 3: 311–317. Vaduz.

TÜXEN, R. (1975 b): Dauer-Pioniergesellschaften als Grenzfall der Initialgesellschaften. – In: SCHMIDT, W. (Red.): Sukzessionsforschung. Ber. Int. Symp. IVV Rinteln 1973: 13–30. Cramer. Vaduz.

TÜXEN, R. (1977): Zur Homogenität von Sigmassoziationen, ihrer syntaxonomischen Ordnung und ihrer Verwendung in der Vegetationskartierung. – Docum. Phytosoc. N. S. 1: 321–327. Vaduz.

TÜXEN, R. (1978): Bemerkungen zu historischen, begrifflichen und methodischen Grundlagen der Synsoziologie. – In: TÜXEN, R. (Red.): Assoziationskomplexe (Sigmeten). Ber. Int. Symp. IVV Rinteln 1977: 3–11. Cramer. Vaduz.

TÜXEN, R. (1978 a): Versuch zur Sigma-Syntaxonomie mitteleuropäischer Flußtal-Gesellschaften. – In. TÜXEN, R. (Hrsg.): Assoziationskomplexe (Sigmeten). Ber. Int. Symp. IVV Rinteln 1977: 273–286. Cramer. Vaduz.

TÜXEN, R. (1978 b): Pflanzengesellschaften als Indikatoren für Land- und Wasserwirtschaft. – Docum. Phytosoc. N. S. 2: 453–467. Lille.

TÜXEN, R. (1979): Die Pflanzengesellschaften Nordwestdeutschlands. 2. völlig neu bearb. Aufl., 2. Lieferung. – Cramer. Vaduz. 212 S.

TÜXEN, R. (1979 a): Soziologische Veränderungen in zwei Dauerquadraten in einer Weser-Wiese bei Stolzenau (Krs. Nienburg) von 1945–1978. – In: TÜXEN, R. & SOMMER, W.-H. (Red.): Gesellschaftsentwicklung (Syndynamik). Ber. Int. Symp. IVV Rinteln 1967: 339–359. Cramer. Vaduz.

TÜXEN, R. (1979 b): Sigmeten und Geosigmeten, ihre Ordnung und ihre Bedeutung für Wissenschaft, Naturschutz und Planung. – Biogeographica 16: 79–92. The Hague etc.

TÜXEN, R. (1980): Remarques sur la synsystématique de la classe des Oxycocco-Sphagnetea. Courtes réponses aux interventions de Dierssen sur la synsystématique des Oxycocco-Sphagnetea. – Coll. Phytosoc. 7: 383–398. Vaduz.

TÜXEN, R. et. al. (1961): Vegetationskarten deutscher Flußtäler: Mittlere Weser bei Stolzenau. – Stolzenau/Weser.

TÜXEN, R. & BÖCKELMANN, W. (1957): Scharhörn. Die Vegetation einer jungen ostfriesischen Vogelinsel. – Mitt. Florist.-Soziol. Arbeitsgem. N. F. 6/7: 183–204. Stolzenau/Weser.

TÜXEN, R. & DIEMONT, H. (1937): Klimaxgruppe und Klimaxschwarm. Ein Beitrag zur Klimaxtheorie. –

Jahresber. Naturhist. Ges. Hannover 88/89: 73–87. Hannover.

TÜXEN, R. & ELLENBERG, H. (1937): Der systematische und ökologische Gruppenwert. Ein Beitrag zur Begriffsbildung und Methodik der Pflanzensoziologie. – Mitt. Florist.-Soziol. Arbeitsgem. Nieders. 3: 171–184. Hannover.

TÜXEN, R. & GÉHU, J.-M. (1976): Remarques sur la répartition linéaire des associations littorales et leur vicariance synécosystemique transversale le long des côtes ouest européennes. – Docum. Phytosoc. 15–18: 155–162. Lille.

TÜXEN, R., HÜBSCHMANN, A. VON & PIRK, W. (1957): Kryptogamen- und Phanerogamen-Gesellschaften. – Mitt. Florist.-Soziol. Arbeitsgem. N. F. 6/7: 114–118. Stolzenau/Weser.

TÜXEN, R. & KAWAMURA, Y. (1975): Gesichtspunkte zur syntaxonomischen Fassung und Gliederung von Pflanzengesellschaften entwickelt am Beispiel des nordwestdeutschen Genisto-Callunetum. – Phytocoenologia 2 (1/2): 87–99. Berlin, Stuttgart, Lehre.

TÜXEN, R. & LOHMEYER, W. (1962): Über Untereinheiten und Verflechtungen von Pflanzengesellschaften. – Mitt. Florist.-Soziol. Arbeitsgem. N. F. 9: 53–56. Stolzenau/Weser.

TÜXEN, R., MIYAWAKI, A. & FUJIWARA, K. (1972): Eine erweiterte Gliederung der Oxycocco-Sphagnetea. – In: VAN DER MAAREL, E. & TÜXEN, R. (Red.): Grundfragen und Methoden in der Pflanzensoziologie. Ber. Int. Symp. IVV Rinteln 1970: 500–520. Junk. Den Haag.

TÜXEN, R. & OBERDORFER, E. (1958): Die Pflanzenwelt Spaniens. II. Teil: Eurosibirische Phanerogamen-Gesellschaften Spaniens. – Veröff. Geobot. Inst. Rübel 32: 1–328. Bern.

TÜXEN, R., OHNO, K. & VAHLE, H.-C. (1977): Zum Problem der Homogenität von Assoziations-Tabellen. – Docum. Phytosoc. N. S. 1: 305–320. Lille.

TÜXEN, R. & PREISING, E. (1942): Grundbegriffe und Methoden zum Studium der Wasser- und Sumpfpflanzengesellschaften. – Deutsche Wasserwirtschaft 37 (1/2): 10–17, 57–69. München, Stuttgart.

TÜXEN, R. & PREISING, E. (1951): Erfahrungsgrundlagen für die pflanzensoziologische Kartierung des westdeutschen Grünlandes. – Angew. Pflanzensoz. 4: 1–28. Stolzenau/Weser.

TÜXEN, R. & PRÜGEL, E. (1935): Bibliographia Phytosociologica. 1. Germania. – Hannover.

TÜXEN, R. & STRAUB, R. (1966): Bibliographie der Vegetationskarten: Germania. – Excerpta Bot. Sect. B. 7 (2/3): 116–190. Stuttgart.

TÜXEN, R. & WESTHOFF, V. (1963): Saginetea maritimae, eine Gesellschaftsgruppe im wechselhalinen Grenzbereich der europäischen Meeresküsten. – Mitt. Florist.-Soziol. Arbeitsgem. N. F. 10: 116–129. Stolzenau/Weser.

TÜXEN, R. & WILMANNS, O. (1978): Bibliographie der Wurzelstudien in bestimmten Pflanzengesellschaften. Pars IV. – Excerpta Bot. Sect. B. 17 (1): 33–44. Stuttgart.

TÜXEN, R. & WOJTERSKA, M. (1977): Bibliographia Phytosociologica Syndynamica III. – Excerpta Bot. Sect. B. 16 (3): 235–241. Stuttgart.

TÜXEN, R. & WOJTERSKA, M. (1979): Bibliographia Phytosociologica Palaeosociologica II. – Excerpta Bot. Sect. B. 18 (2/3): 145–196. Stuttgart.

ULLMANN, H. (1971): Hochmoor-Luftbilder mit Hilfe eines Kunststoffballons. – Österr. Bot. Z. 119: 549–556. Wien.

ULLMANN, I., HEINDL, B. & SCHUG, B. (1990): Naturräumliche Gliederung der Vegetation auf Straßenbegleitflächen im westlichen Unterfranken. – Tuexenia 10: 197–222. Göttingen.

ULLMANN, I. & HETZEL, G. (1990): Conyzo-Panicetum capillaris. Eine „moderne" Anthropochoren-Gesellschaft des südlichen Mitteleuropas. – Phytocoenologia 18 (2/3): 371–386. Berlin, Stuttgart.

ULRICH, A., MÜLLER, M., GOLLUB, G. & HENRICHFREISE, A. (1984): Mehrfarbige Vegetationskarten der badischen Rheinaue. Herstellung von Offsetfilmen mittels EDV. – Natur Landschaft 59 (7/8): 290–291. Köln.

ULRICH, B. (1981): Zur Stabilität von Waldökosystemen. – Forstarchiv 52: 165–170. Hannover.

ULRICH, B. (1991): Stabilitätsbedingungen von Waldökosystemen. – Ber. Forschungszentrum Waldökosysteme B 26: 1–119. Göttingen.

UMLAUFF-ZIMMERMANN, R. & KÜHL, U. (1991): Wirkungserhebungen im Rahmen des passiven Monitorings – Beih. Veröff. Naturseh. Landschaftspfl. Bad.-Württ. 64: 11–14. Karlsruhe.

URBANSKA, K. M. & LANDOLT, E. (1990): Biologische Kennwerte von Pflanzenarten. – Ber. Geobot. Inst. ETH Stift. Rübel 56: 61–77. Zürich.

VAHLE, H.-C. & DETTMAR, J. (1988): „Anschauende Urteilskraft" – ein Vorschlag für eine Alternative zur Digitalisierung der Vegetationskunde. – Tuexenia 8: 407–415. Göttingen.

VAN ANDEL, J. & NELISSEN, H. J. M. (1981): An experimental approach to the study of species interference in a patchy vegetation. – Vegetatio 45: 155–163. The Hague.

VAN ANDEL, J. & VAN DEN BERGH, J. P. (1987): Disturbance of grasslands. Outline of the theme. – In: VAN ANDEL, J. et al. (eds.): Disturbance of grasslands. Geobotany 10: 3–13. Dordrecht etc.

VAN DEN BERGH, J. P. (1979): Changes in the composition of mixed populations of grassland species. – In: WERGER, M. J. A. (ed.): The study of vegetation: 57–80. Junk. The Hague.

VAN DEN BERGH, J. P. (1981): Interactions between plants and population dynamics. – Verh. Ges. Ökol. 9: 155–163. Göttingen.

VAN DER LAAN, D. (1978): Fluctuations and successional changes in the vegetation of wet dune slacks on Voorne. –Phytocoenosis 7: 105–117. Warszawa, Bialowieza.

VAN DER MAAREL, E. (1966): Dutch studies on coastal sand dune vegetation, especially in the delta region. – Wentia 15: 47–82. Amsterdam.

VAN DER MAAREL, E. (1970): Vegetationsstruktur und Minimumareal in einem Dünen-Trockenrasen. – In: TÜXEN, R. (Hrsg.): Gesellschaftsmorphologie (Strukturforschung). Ber. Int. Symp. IVV Rinteln 1966: 218–239. Junk. Den Haag.

VAN DER MAAREL, E. (1971): Plant species diversity in relation to management. – In: DUFFEY, E. & WATT, A. S. (eds.): The scientific management of animal and plant communities for conservation. 11th Symp. British Ecol. Soc. Norwich 1970: 45–63. Oxf.

VAN DER MAAREL, E. (1975): The Braun-Blanquet approach in perspective. – Vegetatio 30 (3): 213–219. The Hague.

VAN DER MAAREL, E. (1976): On the establishment of plant community boundaries. – Ber. Deutsch. Bot. Ges. 89 (2/3): 415–443. Stuttgart.

VAN DER MAAREL, E. (1980): Transformation of cover-abundance values in phytosociology and its effects on community similarity. – In: VAN DER MAAREL, E, ORLÓCI, L. & PIGNATTI, S. (eds.): Data-processing in phytosociology: 133–150. Junk. The Hague.

VAN DER MAAREL, E. (1981): Some perspectives of numerical methods in syntaxonomy. – In: DIERSCHKE, H. (Red.): Syntaxonomie. Ber. Int. Symp. IVV Rinteln 1980: 77–93. Cramer. Vaduz.

VAN DER MAAREL, E. (1981a): Fluctuations in a coastal dune grassland due to fluctuations in rainfall: Experimental evidence. – Vegetatio 47: 259–265. The Hague.

VAN DER MAAREL, E. (1984): Vegetation science in the 1980s. – In: COOLEY, J. H. & COLLEY, F. B. (eds.): Trends in ecological research for the 1980s: 89–110. New York, London.

VAN DER MAAREL, E. (1988): Species diversity in plant communities in relation to structure and dynamics. – In: DURING, H. J., WERGER, M. J. A. & WILLEMS, J. H. (eds.): Diversity and pattern in plant communities: 1–14. SPB Academic Publ. The Hague.

VAN DER MAAREL, E. (1988a): Vegetation dynamics: patterns in time and space. – Vegetatio 77: 7–19. Dordrecht.

VAN DER MAAREL, E. (1988b): Floristic diversity and guild structure in the grasslands of Öland's storn alvar. – Acta Phytogeogr. Suec. 76: 53–65. Uppsala.

VAN DER MAAREL, E. (1990a): The Journal of Vegetation Science: a journal for all vegetation scientists. – J. Veg. Sci. 1: 1–4. Uppsala.

VAN DER MAAREL, E. (1990b): Ecotones and ecoclines are different. – J. Veg. Sci. 1 (1): 135–138. Uppsala.

VAN DER MAAREL, E., COCK, N. DE & WILDT, E. DE (1985): Population dynamics of some major woody species in relation to long-term succession on the dunes of Voorne. – Vegetatio 61: 209–219. Dordrecht.

VAN DER MAAREL, E., JANSSEN, J. G. M. & LOUPPEN, J. M. W. (1978): TABORD, a program for structuring phytosociological tables. – Vegetatio 38: 143–156. The Hague.

VAN DER MAAREL, E., ORLÓCI, L. & PIGNATTI, S. (1976): Data-processing in phytosociology, retrospect and anticipation. –Vegetatio 32 (2): 65–72. The Hague.

VAN DER MAAREL, E., ORLÓCI, L. & PIGNATTI, S. (eds.) (1980): Data processing in phytosociology. – Advances Veg. Sci. 1: 1–225. Junk. The Hague etc.

VAN DER MAAREL, E. & WERGER, M. J. A. (1978): On the treatment of succession data. – Phytocoenosis 7: 257–278. Warszawa, Bialowieza.

VAN DER MAAREL, E. & WESTHOFF, V. (1964): The vegetation of the dunes near Oostvoorne (The Netherlands). – Wentia 12: 1–61. Amsterdam.

VAN DER MEULEN, F., MORRIS, J. W. & WESTFALL, R. (1978): A computer aid for the preparation of Braun-Blanquet tables. – Vegetatio 38 (3): 129–134. The Hague.

VAN DER MEULEN, F. & VAN DER MAAREL, E. (1989): Coastal defence alternatives and nature development perspectives. – In: VAN DER MEULEN, F. et al. (eds.): Perspectives in coastal dune management: 183–195. SPB Academic Publ. The Hague.

VAN DER ZEE, D. & HUIZING, H. (1988): Automated cartography and electronic geographic information systems. – In: KÜCHLER, A. W. & ZONNEVELD, J. S. (eds.): Vegetation mapping. Handb. Veg. Sci. 10: 163–189. Dordrecht etc.

VAN LEEUWEN, C. G. (1966): A relation theoretical approach to pattern and process in vegetation. – Wentia 15: 25–46. Amsterdam.

VAN LEEUWEN, C. G. (1970): Raum-zeitliche Beziehungen in der Vegetation. – In: TÜXEN, R. (Hrsg.): Gesellschaftsmorphologie. Ber. Int. Symp. IVV Rinteln 1966: 63–68. Junk. Den Haag.

VAN ROMPAEY, E. & DELVOLSALLE, L. (1972): Atlas de la flore Belge et Luxenbourgeoise. – Jardin Botanique National de Belgique. Bruxelles. 282 S.

VARTIAINEN, T. (1988): Vegetation development on the outer island of the Bothnian Bay. – Vegetatio 77: 149–158. Dordrecht.

VENEMA, H. J., DOING, H. & ZONNEVELD, J. S. (eds.) (1970): Vegetatiekunde als synthetische wetenschap. – Miscellaneous papers Landbouwhogeschool 5: 1–163. Wageningen.

VERWIJST, T. & CRAMER, W. (1986): Age structure of woody species in primary succession on a rising Bothnian sea-shore. –In: FANTA, J. (ed.): Forest dynamics research in western and central Europe: 145–163. Pudoc. Wageningen.

VEVLE, O. (1983): Norwegian vegetation types. A preliminary survey of higher syntaxa. – Tuexenia 3: 169–178. Göttingen.

VICHEREK, J. (1972): Die Sandpflanzengesellschaften des unteren und mittleren Dnjeprstromgebietes (die Ukraine). – Folia Geobot. Phytotax. 7: 9–46. Praha.

VÖGE, M. (1987): Tauchbeobachtungen an der submersen Vegetation in nährstoffreichen norddeutschen Gewässern. – Tuexenia 7: 69–83. Göttingen.

VÖLKSEN, G. (1979): Aspekte zur Landschaftsentwicklung. Entwicklungstendenzen der niedersächsischen Landschaft und ihre ökologischen Auswirkungen. – Veröff. Niedersächs. Inst. Landesk. Landschaftsentwickl. Univ. Göttingen 1: 1–18. Gött.

VOGELLEHNER, D. (1979): Rekonstruktion permokarbonischer Vegetation auf der Nord- und Südhalbkugel. – In: WILMANNS, O. & TÜXEN, R. (Red.): Werden und Vergehen von Pflanzengesellschaften. Ber. Int. Symp. IVV Rinteln 1978: 5–20. Cramer. Vaduz.

VOLIOTIS, D. (1977): Über Klima und Vegetation in Griechenland. – In: DIERSCHKE, H. (Red.): Vegetation und Klima. Ber. Int. Symp. IVV Rinteln 1975: 425–452. Cramer. Vaduz.

VOLIOTIS, D. (1979): Flora und Vegetation des Voras-Gebirges. – Sci. Annals Phys. Math. Univ. Thessaloniki 19: 189–278. Thessaloniki.

VOLK, O. (1931): Beiträge zur Ökologie der Sandvegetation der Oberrheinischen Tiefebene. – Z. Bot. 24: 81–185. Jena.

VRIES, D. M. DE; BARETTA, J. P. & HAMMING, G. (1954): Constellation of frequent herbage plants, based on their correlation in occurence. – Vegetatio 5/6: 105–111. Den Haag.

WAGNER, H. (1971): Natürliche Vegetation: – In: Österreich-Atlas IV/3. Wien.

WAGNER, H. (1981): Zur Farbenwahl in der Vegetationskartierung. – Angew. Pflanzensoz. 26: 277–281. Wien.

WALENTOWSKI, H., RAAB, B. & ZAHLHEIMER, W. A. (1990/91): Vorläufige Rote Liste der in Bayern nachgewiesenen oder zu erwartenden Pflanzengesellschaften. – Ber. Bayer. Bot. Ges., Beih. zu Band 61 und 62: 62 und 85 S. München.

WALTER, H. (1954): Klimax und zonale Vegetation. – Angew. Pflanzensoz. 1: 144–150. Klagenfurt.

WALTER, H. (1960): Grundlagen der Pflanzenverbreitung. I. Standortslehre (analytisch-ökologische Geobotanik). 2. Aufl. – Ulmer. Stuttgart. 566 S.

WALTER, H. (1973): Allgemeine Geobotanik. – UTB 284. Ulmer. Stuttgart. 256 S.

WALTER, H. (1974): Die Vegetation Osteuropas, Nord- und Zentralasiens. – Fischer. Stuttgart. 452 S.

WALTER, H. (1976): Die ökologischen Systeme der Kontinente (Biogesphäre). – Fischer. Stuttgart, New York. 131 S.

WALTER, H. & BRECKLE, S.-W. (1983): Ökologie der Erde, Bd. 1: Ökologische Grundlagen in globaler Sicht. – Fischer. Stuttgart. 238 S.

WALTER, H. & BRECKLE, S.-W. (1984): Ökologie der Erde. Bd. 2: Spezielle Ökologie der Tropischen und Subtropischen Zonen. – Fischer. Stuttgart. 461 S.

WALTER, H. & BRECKLE, S.-W. (1991): Ökologie der Erde. Band 4: Gemäßigte und arktische Zonen außerhalb Euro-Nordasiens. Fischer. Stgt. 586 S.

WALTER, H. & STRAKA, H. (1970): Arealkunde (Floristisch-historische Geobotanik). 2. Aufl. – Ulmer. Stuttgart. 478 S.

WALTER, H. & WALTER, E. (1953): Einige allgemeine Ergebnisse unserer Reise nach Südwestafrika 1952/53: Das Gesetz der relativen Standortskonstanz; das Wesen der Pflanzengemeinschaften. – Ber. Deutsch. Bot. Ges. 66: 228–236. Stuttgart.

WALTER, J. M. (1982): Architectural profiles of floodforests in Alsace. – In: DIERSCHKE, H. (Red.): Struktur und Dynamik von Wäldern. Ber. Int. Symp. IVV Rinteln 1981: 187–234. Cramer. Vaduz.

WALTHER, K. (1957): Vegetationskarten deutscher Flußtäler. Mittlere Elbe oberhalb Damnatz 1 : 5000. – Stolzenau / Weser.

WALTHER, K. (1963): Die Vegetationskartierung in den einführenden pflanzensoziologischen Lehrgängen der Bundesanstalt für Vegetationskartierung, Stolzenau. – In: TÜXEN, R. (Hrsg.): Bericht über das Int. Symp. für Vegetationskartierung in Stolzenau 1959: 155–165. Cramer. Weinheim.

WALTHER, K. (1964): Berasung von Trümmerschutt in Hamburg–Oejendorf. – Angew. Pflanzensoz. 20: 54–60. Stolzenau/Weser.

WARMING, E. (1896): Lehrbuch der ökologischen Pflanzengeographie. – Bornträger. Berlin 412 S.

WATT, A. S. (1981): A comparison of grazed and ungrazed grassland A in East Anglian breckland. – J. Ecol. 69 (2): 499–508. Oxford etc.

WEBER, H. E. (1978): Vegetation des Naturschutzgebiets Balksee und Randmoore (Kreis Cuxhaven). – Natursch. Landschaftspfl. Niedersachs. 9: 3–168. Hannover.

WEBER, H. E. (1981): Kritische Gattungen als Problem für die Syntaxonomie der Rhamno-Prunetea in Mitteleuropa. – In: DIERSCHKE, H. (Red.): Syntaxonomie. Ber. Int. Symp. IVV Rinteln 1980: 477–496. Cramer. Vaduz.

WEBER, H. E. (1985): Rubi Westfalici. – Die Brombeeren Westfalens und des Raumes Osnabrück (Rubus L., Subgenus Rubus). – Abh. Westfäl. Mus. Naturk. 47 (3): 1–452. Münster.

WEBER, H. E. (1988): Zur praktischen Anwendung des Codes der pflanzensoziologischen Nomenklatur und Vorschläge zur Ergänzung der Regeln. – Tuexenia 8: 383–392. Göttingen.

WEBER, H. E. (1990): Übersicht über die Brombeerbüsche der Pteridio-Rubetalia (Franguletea) und Prunetalia (Rhamno-Prunetea) in Westdeutschland mit grundsätzlichen Bemerkungen zur Bedeutung der Vegetationsstruktur. – Ber. Reinhold Tüxen-Ges. 2: 91–119. Hannover.

WEBER, J. & PFADENHAUER, J. (1987): Phänologische Beobachtungen auf Streuwiesen unter Berücksichtigung des Nutzungseinflusses (Rotenheimer Moorgebiet bei Bad Tölz). – Ber. Bayer. Bot. Ges. 58: 153–177. München.

WEBER-OLDECOP, D. W. (1978): Typologisch bedeutsame Wasserpflanzengesellschaften von Fließgewässern als Glieder von Gesellschaftskomplexen. – In: TÜXEN, R. (Hrsg.): Assoziationskomplexe (Sigmenten). Ber. Int. Symp. IVV Rinteln 1977: 83–95. Cramer. Vaduz.

WEGELIN, T. (1984): Schaffung artenreicher Magerwiesen auf Straßenböschungen. – Veröff. Geobot. Inst. ETH Stift. Rübel 82: 1–104. Zürich.

WEINERT, E. (1980): Floristic indication of environmental changes in ecosystems of the GDR. – In: SCHUBERT, R. & SCHUH, J. (Hrsg.): Bioindikation, Teil 3: 10–16. Halle.

WELLER, F. et al. (1980): Ökologische Standorteignungskarten von Teilräumen der Region Bodensee-Oberschwaben. – Ravensburg. 59 S.
WELSS, W. (1985): Waldgesellschaften im nördlichen Steigerwald. – Diss. Bot. 83: 1–174. Vaduz.
WELTEN, M. (1952): Über die spät- und postglaziale Vegetationsgeschichte des Simmentals sowie die frühgeschichtliche und historische Wald- und Weideordnung aufgrund pollenanalytischer Untersuchungen. – Veröff. Geobot. Inst. ETH Stift. Rübel 26: 1–135. Zürich.
WELTEN, M. & SUTTER, R. (1982): Verbreitungsatlas der Farn- und Blütenpflanzen der Schweiz. – Birkhäuser. Basel etc. 716 und 698 S.
WENZEL, A. (1963): Technische Erfahrung in der Vegetationskartographie. – In: TÜXEN, R. (Hrsg.): Bericht über das Int. Symp. für Vegetationskartierung in Stolzenau 1959: 167–172. Cramer. Weinheim.
WERGER, M. J. A. (1972): Species-area relationship and plot size: with some examples from South African vegetation. – Bothalia 10 (4): 583–594. Pretoria.
WERGER, M. J. A. (1973): Phytosociology of the Upper Orange River Valley, South Africa. A syntaxonomical and synecological study. – Proefschrift Univ. Nijmegen. Pretoria. 222 S.
WERGER, M. J. A. (1983a): Grassland structure in a gradient situation. – Verh. Ges. Ökol. 11: 455–461. Göttingen.
WERGER, M. J. A. (1983b): Wurzel/Sproß-Verhältnis als Merkmal der Pflanzenstrategie. – In: BÖHM, W., KUTSCHERA, L. & LICHTENEGGER, E. (Eds.): Wurzelökologie und ihre Nutzanwendung. Int. Symp. Gumpenstein 1982: 323–334. Irdning.
WERGER, M. J. A., SMEETS, P. J. A. M., HELSPER, H. P. G. & WESTHOFF, V. (1978): Ökologie der subalpinen Vegetation des Lausbachtales, Tirol. – Verh. Zool.-Bot. Ges. 116/117: 111–125. Wien.
WERGER, M. J. A. & SPRANGERS, J. T. C. (1982): Comparison of floristic and structural classification of vegetation. – Vegetatio 50: 175–183. The Hague.
WERGER, M. J. A. & VAN GILS, H. (1976): Phytosociological classification in chorological borderline areas. – J. Biogeogr. 3: 49–54.
WERGER, M. J. A., ZUKRIGL, K. & VAN DER KLEIJ, A. (1984): Struktur einiger Laubwälder im niederösterreichischen Weinviertel. – Flora 1975: 31–41. Jena.
WERNER, D. (1968): Naturräumliche Gliederung des Ätna. Landschaftsökologische Untersuchungen an einem tätigen Vulkan. – Göttinger Bodenk. Ber. 3: 1–197. Göttingen.
WERNER, D. (1987): Pflanzliche und mikrobielle Symbiosen. – Thieme. Stuttgart, New York. 241 S.
WERNER, D. J., DRATHS, M., WALLOSSEK, C. & WÜRZ, A. (1989): Dauerquadratuntersuchungen über vier Vegetationsperioden auf einer Kalkbuchenwaldfläche im Strundetal (Bergisch Gladbach). – Verh. Ges. Ökol. 17: 341–346. Göttingen.
WERNER, D. J. & HERWEG, U. (1988): Abhängigkeiten der Krautschicht in einem Vorwald der Vulkaneifel. – In: BARKMAN, J. J. & SYKORA, K. V. (eds.): Dependent plant communities: 59–77. SPB Academic Publ. The Hague.
WERNER, D. J., ROCKENBACH, T. & HÖLSCHER, M.-L. (1991): Herkunft, Ausbreitung, Vergesellschaftung und Ökologie von Senecio inaequidens DC. unter besonderer Berücksichtigung des Köln-Aachener Raumes. – Tuexenia 11: 73–107. Göttingen.
WERNER, W. (1987): Veränderung des Artengefüges und Regeneration des Pflanzenbestandes zweier Grünlandgesellschaften unter Pestizid-Behandlung. – In: SCHUBERT, R. & HILBIG, W. (Hrsg.): Erfassung und Bewertung anthropogener Vegetationsveränderungen. Teil 2. Wiss. Beitr. Martin-Luther-Univ. Halle-Wittenberg 1987/25: 246–274. Halle.
WERNER, W. et al. (1983): Auswirkungen und Verteilung von Umweltchemikalien in einem Land-Ökosystem-Modell. – Verh. Ges. Ökol. 10: 425–436. Göttingen.
WERNER, W., GÖDDE, M. & GRIMBACH, N. (1989): Vegetation der Mauerfugen am Niederrhein und ihre Standortsverhältnisse. – Tuexenia 9: 57–73. Göttingen.
WERNER, W. & STICKAN, W. (1983): Veränderungen der Artenzusammensetzung und Photosyntheseleistung als Anzeiger für chemische Belastung auf Grünlandökosysteme. – Verh. Ges. Ökol. 11: 463–477. Göttingen.
WEST, D. C., SHUGART, H. H. & BOTKIN, D. B. (1981): Forest succession. Concepts and application. – Springer. New York etc. 517 S.
WESTHOFF, V. (1967): Problems and use of structure in the classification of vegetation. – Acta Bot. Neerl. 15: 495–511. Amsterdam.
WESTHOFF, V. (1968a): Die „ausgeräumte" Landschaft. Biologische Verarmung und Bereicherung der Kulturlandschaften. – In: BUCHWALD, K. & ENGELHARDT, W. (Hrsg.): Handb. Landschaftspfl. Natursch. 2: 1–10. BLV. München etc.
WESTHOFF, V. (1968): Einige Bemerkungen zur syntaxonomischen Terminologie und Methodik, insbesondere zu der Struktur als diagnostischem Merkmal. – In: TÜXEN, R. (Hrsg.): Pflanzensoziologische Systematik. Ber. Int. Symp. IVV Stolzenau 1964: 54–70. Junk. Den Haag.
WESTHOFF, V. (1969): Langjährige Beobachtungen an Aussüßungs-Dauerflächen beweideter und unbeweideter Vegetation an der ehemaligen Zuidersee. – In: TÜXEN, R. (Hrsg.): Experimentelle Pflanzensoziologie. Ber. Int. Symp. IVV Rintelen 1965: 246–253. Den Haag.
WESTHOFF, V. (1974): Stufen und Formen von Vegetationsgrenzen und ihre methodische Annäherung. – In: SOMMER, W. H. & TÜXEN, R. (Red.): Tatsachen und Probleme der Grenzen in der Vegetation. Ber. Int. Symp. IVV Rintelen 1968: 45–68. Cramer. Lehre.
WESTHOFF, V. (1979): Bedrohung und Erhaltung seltener Pflanzengesellschaften in den Niederlanden. – In: WILMANNS, O. & TÜXEN, R. (Red.): Werden und Vergehen von Pflanzengesellschaften. Ber. Int. Symp. IVV Rintelen 1978: 285–313. Cramer. Vaduz.

WESTHOFF, V. (1990): Neuentwicklung von Vegetationstypen (Assoziationen in statu nascendi) an naturnahen neuen Standorten, erläutert am Beispiel der westfriesischen Inseln. – Ber. Reinhold Tüxen-Ges. 2: 11–23. Hannover.

WESTHOFF, V. (1991): Die Küstenvegetation der westfriesischen Inseln. – Ber. Reinhold Tüxen-Ges. 3: 269–290. Hannover.

WESTHOFF, V. & DEN HELD, A. J. (1969): Plantengemeenschappen in Nederland. – Thieme. Zutphen. 324 S.

WESTHOFF, V. & SYKORA, K. V. (1979): A study of the influence of desalination on the Juncetum geradii. – Acta Bot. Neerl. 28 (6): 505–512. Wageningen.

WESTHOFF, V. & VAN DER MAAREL, E. (1973): The Braun-Blanquet approach. – In: WHITTAKER, R. H. (ed.): Ordination and classification of communities. Handb. Veg. Sci. 5: 617–737. Junk. The Hague.

WESTHOFF, V. & VAN LEEUWEN, C. G. (1966): Ökologische und systematische Beziehungen zwischen natürlicher und anthropogener Vegetation. – In: TÜXEN, R. (Hrsg.): Anthropogene Vegetation. Ber. Int. Symp. IVV Stolzenau 1961: 156–172. Junk. Den Haag.

WESTHOFF, V. & VAN OOSTEN, M. F. (1991): De plantengroei van de waddeneilanden. – Natuurhist. Bibliothek KNNV 53: 1–419. Den Haag.

WESTHUS, W. (1992): Vegetationsdynamik am Ufer eines polytrophen Staugewässers unter besonderer Berücksichtigung des Schilfröhrichts. – Tuexenia 12: 245–255. Göttingen.

WESTHUS, W. & HAUPT, R. (1990): Zum Florenwandel und Florenschutz in waldbestockten Naturschutzgebieten Thüringens. – Hercynia N. F. 27 (3): 259–272. Leipzig.

WHITE, J. (ed.) (1985): The population structure of vegetation. – Handb. Veg. Sci. 3: 1–666. Junk. Dordrecht.

WHITE, J. & DOYLE, G. (1982): The vegetation of Ireland: a catalogue raisonné. – In: WHITE, J. (ed.): Studies on Irish vegetation: 289–368. Dublin.

WHITTAKER, R. H. (1962): Classification of natural communities. – Ber. Rev. 28 (1): 1–239. New Jersey.

WHITTAKER, R. H. (1967): Gradient analysis of vegetation. – Biol. Reviews 42: 207–264. Cambridge.

WHITTAKER, R. H. (1970): The population structure of vegetation. – In: TÜXEN, R. (Hrsg.): Gesellschaftsmorphologie (Strukturforschung). Ber. Int. Symp. IVV Rinteln 1966: 39–62. Junk. Den Haag.

WHITTAKER, R. H. (1972a): Evolution and measurement of species diversity. – Taxon 21 (2/3): 213–251. Utrecht.

WHITTAKER, R. H. (1972b): Convergences of ordination and classification. – In: VAN DER MAAREL, E. & TÜXEN, R. (Red.): Grundfragen und Methoden in der Pflanzensoziologie. Ber. Int. Symp. IVV Rinteln 1970: 39–57. Junk. Den Haag.

WHITTAKER, R. H. (ed.) (1973): Ordination and classification of communities. – Handb. Veg. Sci. 5: 1–737. Junk. The Hague.

WHITTKAER, R. H. (1974): Climax concepts and recognition. – In: KNAPP, R. (ed.): Vegetation dynamics. Handb. Veg. Sci. 8: 137–154. Junk. The Hague.

WHITTAKER, R. H. (1975): Functional aspects of succession in deciduous forests. – In: SCHMIDT, W. (Red.): Sukzessionsforschung. Ber. Int. Symp. IVV Rinteln 1973: 377–405. Cramer. Vaduz.

WHITTAKER, R. H. (1975a): The design and stability of plant communities. – In: VAN DOBLEN & LOWE-MC. CONNELL (eds.): Unifying concepts in ecology: 169–181.

WHITTAKER, R. H. (1977): Evolution of species diversity in land communities. – Evol. Biol. 10: 1–67. Amsterdam.

WHITTAKER, R. H., LEVIN, S. A. & ROOT, R. B. (1973): Niche, habitat and ecotype. – Amer. Naturalist 107 (955): 321–338. Chicago.

WIEDENROTH, E.-M. & MÖRCHEN, G. (1964): Wurzeluntersuchungen im Aphano-Matricarietum Tx. 37 im Parthegebiet (Bezirk Leipzig): – Wiss. Z. Humboldt-Univ. Berlin, Math.-Naturwiss. Reihe 13 (4): 645–652. Berlin.

WIEGERS, J. (1982): Untersuchungen zum Verhalten von Betula pubescens Ehrh. in Mooren der Niederlande. I. Prozesse der Vegetationsentwicklung in Niedermoor-Bruchwäldern in Nordwest-Overijssel. – In: DIERSCHKE, H. (Red.): Struktur und Dynamik von Wäldern. Ber. Int. Symp. IVV Rinteln 1981: 275–297. Cramer. Vaduz.

WIEGERS, J. (1985): Succession in fen woodland ecosystems in the Dutch haf district. – Diss. Bot. 86: 1–152. Vaduz.

WIEGLEB, G. (1978): Der soziologische Konnex der 47 häufigsten Makrophyten der Gewässer Mitteleuropas. – Vegetation 38 (3): 165–174. The Hague.

WIEGLEB, G. (1981): Probleme der syntaxonomischen Gliederung der Potametea. – In: DIERSCHKE, H. (Red.): Syntaxonomie. Ber. Int. Symp. IVV Rinteln 1980: 207–249. Cramer. Vaduz.

WIEGLEB, G. (1986): Grenzen und Möglichkeiten der Datenanalyse in der Pflanzenökologie. – Tuexenia 6: 365–378. Göttingen.

WIEGLEB, G. (1991): Die Lebens- und Wuchsformen der makrophytischen Wasserpflanzen und deren Beziehungen zur Ökologie, Verbreitung und Vergesellschaftung der Arten. – Tuexenia 11: 135–147. Göttingen.

WILDI, O. (1977): Beschreibung exzentrischer Hochmoore mit Hilfe quantitativer Methoden. – Veröff. Geobot. Inst. ETH Stift. Rübel 60: 1–128. Zürich.

WILDI, O. (1986): Analyse vegetationskundlicher Daten. Theorie und Einsatz statistischer Methoden. – Veröff. Geobot. Inst. ETH Stift. Rübel 90: 1–226. Zürich.

WILDI, O. (1989): A new numerical solution to traditional phytosociological tabular classification. – Vegetatio 81: 95–106. Dordrecht.

WILDI, O. & ORLÓCI, L. (1990): Numerical exploration of community patterns. – SPB Academic Publ. The Hague. 123 S.

WILKOŃ-MICHALSKA, J., NIENARTOWICZ, A. & BARCIKOWSKI, A. (1982): Horizontale Struktur, Phänologie und Produktivität der Wald-Krautschicht im Reservat „Las Piwnicki". – In: DIERSCHKE, H. (Red.): Struktur und Dynamik von Wäldern. Ber. Int. Symp. IVV Rinteln 1981: 541–556. Cramer. Vaduz.

WILLEMS, J. H. (1980): Observation on north-west European limestone grassland communities. An experimental approach to the study of species diversity and above-ground biomass in chalk grassland. – Proc. Konikl. Nederl. Akad. Wet. C 83 (3): 279–306.

WILLEMS, J. H. (1985): Growth form spectra and species diversity in permanent grassland plots with different management. – In: SCHREIBR, K.-F. (Hrsg.): Sukzession auf Grünlandbrachen. Münstersche Geogr. Arb. 20: 35–43. Paderborn.

WILLEMS, J. H. & BOBBINK, R. (1990): Spatial processes in the succession of chalk grassland on old fields in The Netherlands. – In: KRAHULEC, F., AGNEW, A. D. Q., AGNEW, S. & WILLEMS, J. H.(eds.): Spatial processes in plant communities: 237–249. SPB Academic Publ. The Hague.

WILLERDING, U. (1960): Beiträge zur jüngeren Geschichte der Flora und Vegetation der Flußauen. – Flora 149: 435–476. Jena.

WILLERDING, U. (1967): Beiträge zur jüngeren Geschichte der Flora und Vegetation der Flußauen. – In: TÜXEN, R. (Hrsg.): Pflanzensoziologie und Palynologie. Ber. Int. Symp. IVV Stolzenau 1962: 71–77. Junk. Den Haag.

WILLERDING, U. (1977): Über Klima-Entwicklung und Vegetationsverhältnisse im Zeitraum Eisenzeit bis Mittelalter. – In: JANKUHN, H. et al. (Hrsg.): Das Dorf der Eisenzeit und des frühen Mittelalters. Abh. Akad. Wiss., Phil.-Hist. Kl., 3. Folge 101: 357–405. Göttingen.

WILLERDING, U. (1978): Die Paläo-Ethnobotanik und ihre Stellung im System der Wissenschaften. – Ber. Deutsch. Bot. Ges. 91: 3–30. Stuttgart.

WILLERDING, U. (1979): Paläo-ethnobotanische Untersuchungen über die Entwicklung von Pflanzengesellschaften. – In: WILMANNS, O. & TÜXEN, R. (Red.): Werden und Vergehen von Pflanzengesellschaften. Ber. Int. Symp. IVV Rinteln 1978: 61–109. Cramer. Vaduz.

WILLERDING, U. (1987): Die Paläo-Ethnobotanik und ihre Entwicklung im deutschsprachigen Raum. – Ber. Deutsch. Bot. Ges. 100: 81–105. Stuttgart.

WILLIAMS, O. B. (1985): Population dynamics of Australian plant communities, with special reference to the invasion of neophytes. – In: WHITE, J. (ed.): The population structure of vegetation. Handb. Veg. Sci. 3: 623–635. Junk. Dordrecht.

WILMANNS, O. (1959): Ein Gerät zur Mechanisierung von Tabellenarbeit. – Ber. Deutsch. Bot. Ges. 72 (10): 419–420. Stuttgart.

WILMANNS, O. (1962): Rindenbewohnende Epiphytengemeinschaften in Südwestdeutschland. – Beitr. Naturk. Forsch. Südwestdeutschl. 21 (2): 87–164. Karlsruhe.

WILMANNS, O. (1966): Die Flechten- und Moosvegetation des Spitzbergs. – Natur- Landschaftsschutzgeb. Baden-Württemberg. 3: 244–277. Ludwigsburg.

WILMANNS, O. (1970): Kryptogamen-Gesellschaften oder Kryptogamen-Synusien. – In: TÜXEN, R. (Hrsg.): Gesellschaftsmorphologie (Strukturforschung). Ber. Int. Symp. IVV Rinteln 1966: 1–7. Junk. Den Haag.

WILMANNS, O. (1975): Wandlungen des Geranio-Allietum in den Kaiserstühler Weinbergen? – Pflanzensoziologische Tabellen als Dokumente. – Beitr. Naturk. Forsch. Südwestdeutschland. 34: 429–443. Karlsruhe.

WILMANNS, O. (1980): Reinhold Tüxen †. – Phytocoenologia 8 (3/4): V–XX. Stuttgart, Braunschweig.

WILMANNS, O. (1983): Lianen in mitteleuropäischen Pflanzengesellschaften und ihre Einnischung. – Tuexenia 3: 343–358. Göttingen.

WILMANNS, O. (1985): On the significance of demographic processes in phytosociology. – In: WHITE, J. (ed.): The population structure of vegetation. Handb. Veg. Sci. 3: 15–31. Junk. Dordrecht.

WILMANNS, O. (1987): Zur Verbindung von Pflanzensoziologie und Zoologie in der Biozönologie. – Tuexenia 7: 3–12. Göttingen.

WILMANNS, O. (1988): Säume und Saumpflanzen – ein Beitrag zu den Beziehungen zwischen Pflanzensoziologie und Paläoethnobotanik. – Forsch. Ber. Vor- u. Frühgesch. Baden-Württemb. 31: 21–30. Stuttgart.

WILMANNS, O. (1989a): Ökologische Pflanzensoziologie. 4. Aufl. – UTB 269. Quelle & Meyer. Heidelberg. 378 S.

WILMANNS, O. (1989b): Vergesellschaftung und Strategie-Typen von Pflanzen mitteleuropäischer Rebkulturen. – Phytocoenologia 18 (1): 83–128. Berlin, Stuttgart.

WILMANNS, O. (1989c): Die Buchen und ihre Lebensräume. – Ber. Reinhold Tüxen-Ges. 1: 49–72. Göttingen.

WILMANNS, O. (1989d): Zur Entwicklung von Trespenrasen im letzten halben Jahrhundert: Einblick – Ausblick – Rückblick, das Beispiel des Kaiserstuhls. – Düsseld. Geobot. Kolloqu. 6: 3–17. Düsseldorf.

WILMANNS, O. (1990): Weinbergvegetation am Steigerwald und ein Vergleich mit der im Kaiserstuhl. – Tuexenia 10: 123–135. Göttingen.

WILMANNS, O. & BIBINGER, H. (1966): Methoden der Kartierung kleinflächiger Kryptogamengemeinschaften. – Bot. Jahrb. 85 (3): 509–521. Stuttgart.

WILMANNS, O. & BOGENRIEDER, A. (1986): Veränderungen der Buchenwälder des Kaiserstuhls im Laufe von vier Jahrzehnten und ihre Interpretation – pflanzensoziologische Tabellen als Dokumente. – Abh. Naturkundemus. 48 (2/3): 55–79. Münster.

WILMANNS, O. & BOGENRIEDER, A. (1987): Zur Nachweisbarkeit und Interpretation von Vegetationsveränderungen. – Verh. Ges. Ökol. 16: 35–44. Göttingen.

WILMANNS, O. & MÜLLER, K. (1977): Zum Einfluß der Schaf- und Ziegenbeweidung auf die Vegetation im Schwarzwald. – In: TÜXEN, R. (Hrsg.): Vegetation und Fauna. Ber. Int. Symp. IVV Rinteln 1976: 465–479. Cramer. Vaduz.

WILMANNS, O., SCHWABE-BRAUN, A. & EMTER, M. (1979): Struktur und Dynamik der Pflanzengesellschaften im Reutwaldgebiet des mittleren Schwarzwaldes. – Docum. Phytosoc. N. S. 4:983–1024. Lille.

WILMANNS, O. & TÜXEN, R. (1978): Sigmassoziationen des Kaiserstühler Rebgeländes vor und nach Großflurbereinigungen. – In: TÜXEN, R. (Hrsg.): Assoziationskomplexe (Sigmeten). Ber. Int. Symp. IVV Rinteln 1977: 287–302. Cramer. Vaduz.

WINTERHOFF, W. (1975a): Vegetations- und Florenentwicklung auf dem Bergsturz am Schickeberg. – Hess. Florist. Briefe 24 (3): 35–44. Darmstadt.

WINTERHOFF, W. (1975b): Die Pilzvegetation der Dünenrasen bei Sandhausen (nördl. Rheinebene). – Beitr. Naturk. Forsch. Südwestdeutschland. 34: 445–462. Karlsruhe.

WINTERHOFF, W. (1984): Analyse der Pilze in Pflanzengesellschaften, insbesondere der Makromyzeten. – In: KNAPP, R. (ed.): Sampling methods and taxon analysis in vegetation science. Handb. Veg. Sci. 4: 227–248. Junk. The Hague.

WINTERHOFF, W., KEMKEMER, I., NEUMANN, C. & WERLE, A. (1988): Die Steppenrasen der Binnendünen im Rhein-Neckar-Kreis – ein schwindendes Ökosystem. – In: SCHALLIES, M. (Hrsg.): Umweltschutz-Umwelterziehung. Schriftenr. PH Heidelberg 3: 89–103. Weinheim.

WIRTH, V. (1972): Die Silikatflechtengemeinschaften im außeralpinen Zentraleuropa. – Diss. Bot. 17: 1–335. Lehre.

WIRTH, V. (1976): Veränderungen der Flechtenflora und Flechtenvegetation in der Bundesrepublik Deutschland. – Schriftenr. Vegetationsk. 10: 177–202. Bonn–Bad Godesberg.

WIRTH, V. (1980): Flechtenflora. Ökologische Kennzeichnung und Bestimmung der Flechten Südwestdeutschlands und angrenzender Gebiete. – UTB 1062. Ulmer. Stuttgart. 552 S.

WIRTH, V. (1987): Die Flechten Baden-Württembergs. Verbreitungsatlas. – Ulmer. Stuttgart. 528 S.

WIT, C. T. DE (1964): On competition. 2nd ed. – Versl. Landbouw. Onderzook 66.8. Wageningen. 82 S.

WITSCHEL, M. (1980): Xerothermvegetation und dealpine Vegetationskomplexe in Südbaden. – Veröff. Natursch. Landschaftspfl. Bad.-Württ. Beih. 17: 1–212. Karlsruhe.

WITTIG, R. & DURWEN, K.-J. (1981): Das ökologische Zeigerwertspektrum der spontanen Flora von Großstädten im Vergleich zum Spektrum ihres Umlandes. – Natur Landschaft 56 (1): 12–16. Stuttgart.

WITTIG, R. & RÜCKERT, E. (1985): Die Erstellung eines Biotop-Managementplanes auf der Grundlage der aktuellen Vegetation. – Landschaft Stadt 17 (2): 73–81. Stuttgart.

WITTIG, R., WERNER, W. & NEITE, H. (1985): Der Vergleich alter und neuer pflanzensoziologischer Aufnahmen: Eine geeignete Methode zum Erkennen von Bodenversauerung?. – VDI-Ber. 560: 21–33. Düsseldorf.

WOIKE, M. (1988): Die Bedeutung des Grünlandes im Mittelgebirge für den Naturschutz sowie Möglichkeiten seiner Erhaltung. – Seminararb. Naturschutzzentr. NRW 2 (4): 5–13. Recklinghausen.

WOJTERSKI, T. (1978): Sigmassoziationen an der polnischen Ostseeküste. – In: TÜXEN, R. (Hrsg.): Assoziationskomplexe (Sigmeten). Ber. Int. Symp. IVV Rinteln 1977: 43–50. Cramer. Vaduz.

WOJTERSKI, T. (1981): Die Vegetation als Grundlage bei der Bewertung des Geländes für die Erholung am Beispiel des Warta-Tales bei Poznan. – In: SCHWABE-BRAUN, A. (Red.): Vegetation als anthropoökologischer Gegenstand. Ber. Int. Symp. IVV Rinteln 1971: 411–416. Cramer. Vaduz.

WOLF, G. (1979): Veränderungen der Vegetation und Abbau der organischen Substanz in aufgegebenen Wiesen des Westerwaldes. – Schriftenr. Vegetationsk. 13: 1–118. Bonn–Bad Godesberg.

WOLF, G. (1985): Primäre Sukzession auf kiesig-sandigen Rohböden im Rheinischen Braunkohlenrevier. – Schriftenr. Vegetationsk. 16: 1–203. Bonn–Bad Godesberg.

WOLF, G. (1989): Probleme der Vegetationsentwicklung auf forstlichen Rekultivierungsflächen im Rheinischen Braunkohlenrevier. – Natur Landschaft 64 (10): 451–455. Köln.

WOLF, G. (1991): Vegetationskundliche Dauerbeobachtungen auf Probestreifen am Beispiel der Naturwaldzelle „Oberm Jägerkreuz". – Schriftenr. Vegetationsk. 21: 185–208. Bonn-Bad Godesberg.

WOLF, G., WIECHMANN, H. & FORTH, K. (1984): Vegetationsentwicklung in aufgelassenen Feuchtwiesen und Auswirkungen von Pflegemaßnahmen auf Pflanzenbestand und Boden. – Natur Landschaft 59 (7/8): 316–322. Stuttgart.

WOLTER, M. & DIERSCHKE, H. (1975): Laubwaldgesellschaften der nördlichen Wesermünder Geest. – Mitt. Florist.-Soziol. Arbeitsgem. N. F. 18: 203–217. Todenmann, Göttingen.

ZAHLHEIMER, W. A. (1985): Artenschutzgemäße Dokumentation und Bewertung floristischer Sachverhalte. – Ber. Akad. Natursch. Landschaftspfl. Beih. 4: 1–43. Laufen/Salzach.

ZARZYCKI, K. (1968): Experimental investigation of competition between forest herbs. – Acad. Soc. Bot. Pol. 37 (3): 393–411. ‹Poln./Engl.›

ZARZYCKI, K. (1983): The competitive performance of grassland plants on acid soils as influenced by fertilization and with different plant competitors in seminatural meadows in the Pieniny National Park, Poland. – Verh. Ges. Ökol. 11: 505–509. Göttingen.

ZIELONKOWSKI, W. (1975): Vegetationskundliche Untersuchungen im Rotwandgebiet zum Problemkreis Erhaltung der Almen. – Schriftenr. Natursch. Landschaftspl. Bayer. Landesamt Umweltsch. 5: 1–28. München.

ZIMMERMANN, R. (1979): Der Einfluß des kontrollierten Brennens auf Esparsetten-Halbtrockenrasen und Folgegesellschaften im Kaiserstuhl. – Phytocoenologia 5 (4): 447–524. Stuttgart, Braunschweig.

ZÖTTL, H. (1951): Die Vegetationsentwicklung auf Felsschutt in der alpinen und subalpinen Stufe des Wettersteingebirges. – Jahrb. Ver. Schutze Alpenpfl. Tiere 16: 10–74. München.

ZOLDAN, J. (1981): Zur Ökologie, insbesondere zur Stickstoffversorgung von Ackerunkrautgemeinschaften in Südniedersachsen und Nordhessen. – Diss. Univ. Göttingen Fotodruck. 99 S.

ZOLLER, H., BÉGUIN, C. & HEGG, O. (1978): Synsoziogramme und Geosigmeta des submediterranen Trockenwaldes in der Schweiz. – In: TÜXEN, R. (Hrsg.): Assoziationskomplexe (Sigmeten): Ber. Int. Symp. IVV Rinteln 1977: 117–150. Cramer. Vaduz.

ZOLLER, H., BISCHOF, N., ERHARDT, A. & KIENZLE, U. (1984): Biocoenosen von Grenzertragsflächen und Brachland in den Berggebieten der Schweiz. Hinweise zur Sukzession, zum Naturschutzwert und zur Pflege. – Phytocoenologia 12 (2/3): 373–394. Stuttgart, Braunschweig.

ZOLLER, H. & SELLDORF, P. (1989): Untersuchungen zur kurzfristigen Sukzession von Torf- und Braunmoosgesellschaften in einem Übergangsmoor aus den Schweizer Alpen. – Flora 182 (1/2): 127–151. Jena.

ZÓLYOMI, B. (1964): Methode zur ökologischen Charakterisierung der Vegetationseinheiten und zum Vergleich der Standorte. – Acta Bot. Acad. Sci. Hung. 10: 377–416. Budapest.

ZÓLYOMI, B. (1989): Indirekte Methode zur Feststellung des ökologischen Optimums und der ökologischen Amplitude von Pflanzenarten. – Flora 183 (5/6): 349–357. Jena.

ZÓLYOMI, B., BARÁTH, Z., FEKETE, G., JAKUCS, P., KÁRPÁTI, J., KÁRPÁTI, V., KOVÁCS, M. & MÁTÉ, J. (1967): Einreihung von 1400 Arten der ungarischen Flora in ökol. Gruppen nach TWR-Zahlen. Fragm. Bot. Mus. Hist.-Nat. Hung. 4: 101–142. Budapest.

ZONNEVELD, I. S. (1974): On abstract and concrete boundaries, arranging and classification. – In: SOMMER, W. H. & TÜXEN, R. (eds.): Tatsachen und Probleme der Grenzen in der Vegetation. Ber. Int. Symp. IVV Rinteln 1968: 17–43. Cramer. Lehre.

ZONNEVELD, I. S., VAN GILS, H. A. M. J. & THALEN, D. C. P. (1979): Aspects of the J. T. C. approach to vegetation survey. – Docum. phytosoc. N. S. 4: 1029–1063. Vaduz.

ZÜGE, J. (1986): Wachstumsdynamik eines Buchenwaldes auf Kalkgestein – mit besonderer Berücksichtigung der interspezifischen Konkurrenzverhältnisse. – Diss. Univ. Göttingen. Fotodruck. 213 S.

ZUMBÜHL, G. (1986): Vegetationskartierung des MaB 6-Testgebietes Davos. – Veröff. Geobot. Inst. ETH Stift. Rübel 88a: 13–113. Zürich.

Sachregister

Wichtige Stellen halbfett hervorgehoben, Vorkommen in Abbildungen und Tabellen kursiv gekennzeichnet.

Abhängige Gesellschaften 49, **335 f.**
Abundanz *157 f.*
Additionstabelle 193, *194*
Ähnlichkeit **264 f.**
Ähnlichkeitskoeffizient, -wert s. Gemeinschaftskoeffizient
Affinität 281, **284 f.**, *285*, 294
Agriophyt 59, 445
Allelopathie 36, **42 f.**
Altersspektrum, -struktur **103 f.**, *106*, 394 f.
Analytische Merkmale 270
Angewandte Pflanzensoziologie **15**, 21, 30, 56, 72 f., 212, 236 f., 388, 446, 467 f., 524 f., 570 f.
Archaeophyt *58*, 59 f.
Archaeozönose 66
Areal 341, *490*, **478 f.**, *594*
Arealdiagnose **580 f.**
Arealgrenze 550
Arealkarte *344*, 579 f.
Arealkunde s. Chorologie, Synchorologie
Arealtyp 313, 580, **583 f.**, 604
Arealtypenspektrum 268, 313, **589 f.**, *590 f.*
Artendiversität s. Artenzahl, Diversität
Artenprofil **125 f.**, *130*, 206 f., *207 f.*
Artenverteilung **121 f.**, *121 f.*
Artenzahl, -diversität 271, *410*
Artenzahl-Areal-Kurve **139 f.**, *141 f.*
Artmächtigkeit **159 f.**, 169, 518
Aspekt s. Phänologischer Aspekt
Assoziation 18, **255**, 260, 266 f., 293 f., *295*, **300 f.**, *314 f.*, 324, 532, 604, *613*
Assoziationsgruppe 302, 327
Aufnahme **148 f.**, **168 f.**, *170 f.*, 400, 516, 555
Aufnahmefläche **150 f.**, 169, 516
Aufnahmeformular 148, 169, 368, 517
Aufnahmekopf 153, 169
Aufnahmerahmen 121 f., *123*
Aufnahmezeit **149**
Aufsichtsdiagramm *121*
Ausbreitung, -styp **60 f.**, *62 f.*, **83 f.**, 383
Azonale Vegetation 265, 329, **420**, 602

Bacteriorhiza 48
Bändertonchronologie 501
Basalfläche 158

Basalgesellschaft **325**, 454
Baumschicht 101
Bauwert 158, 275, **419**, 467 f., 473 f.
Begleiter, Begleitart 275
Bestandesdichte s. Dichte
Bestandesprofil 77
Beweissicherung s. Biomonitoring
Biogeographie 477
Biogeozön 264
Biogeozönose 264 f.
Bioindikation 56, 203, 225 f., 242, 365, 467 f.
Biom **264 f.**
Biomasse, -bestimmung *113*, *131*, 167, **168**, *249*, 407
Biomonitoring 389, 403, **470 f.**, 576
Biosoziologie s. Biozönologie
Biotop 31, 606
Biozönologie 13, 363, 389, 472, 524
Biozönose 31 f., 335
Blattausdauer 79, 89, 374, *383*, 387
Blattbau 78
Blattflächenindex *114*, 157, 366, 406
Blattgröße 78, 258, 366
Blühaspekt 378, 388, 558, 563
Blütenfarben-Spektrum 80, *386 f.*, *390*
Blütenmenge 366, *390*
Blumentypen **80 f.**, *383*, *387*, 388
Bodenuntersuchung 168
Brachland-Sukzession **449 f.**
Braun-Blanquet-Aufnahme **168 f.**, *170 f.*
Braun-Blanquet-Schule 255, 266
Braun-Blanquet-System **270 f.**, **293 f.**

Catena 264 f., *266*, *522*, *525*
Chamaephyt 86, **90 f.**
Charakterart 252, **275 f.**, 280, 290, 293 f., 300, *310 f.*, 322 f., 330, 338, 340 f., 596
Charaktergesellschaft 519, 530, 537, 544
Charakteristische Artenkombination, – Artenverbindung 31, 141, 176, 252, **280 f.**, 293, 300, 323
Chorologie 478 f.
Chorologische Artengruppe 584, 601
Cluster-Analyse **357 f.**
Coenocline 204, 309
Coeno-Verband 331
Computer **196 f.**, 236, 353 f., 406, 563, 494, 609 f., 616
Computerkarte 568

Datenbank 197
Datenzahl 179

Dauerfläche, -quadrat 27, 366, 368, 392, **402 f.**, *404 f.*, 467, 576
Dauergesellschaft 256, **420**, 433, 444
Dauer-Pioniergesellschaft 57, 482
Deckungsgrad 132, **157 f.**, 169, 271 f., 366, 406
Deduktive Methode 323, **325 f.**
Degeneration, Degradation 67, 268, **447 f.**
Degenerationsphase 418
Demographie s. Populationsbiologie
Dendrochronologie **495 f.**
Dendrogramm 357 f., *358*
Derivatgesellschaft **325**, 340, 454
Diagnostische Art 275, **311**, *598 f.*
Diaspore 83, *84*, 101, **116 f.**, 290, *396*
Dichte 132, 154, 160
Differentialart 179, 252, **273 f.**, *274*, 280, 283, 290, 293 f., 300 f., *310 f.*, 323, 411, 419, 604
Differentialgesellschaft 519
Differenzierte Tabelle *188 f.*, **190 f.**
Diktierstreifen **185**
Dispersion **128 f.**, 154
Diszessive Sukzession 408, 417, 452, **463 f.**, *465 f.*, 482
Diversität 138, **144 f.**, 441, 518, 529 f., 571
Diversitäts-Index **144 f.**
Division 334 f.
Dominanz 157, 254, 256, 267, 340
Dominanzkomplex *507*, 508
Disjunktionskoeffizient 601
Diskontinuum *550*, 551
Durchdringungskomplex 309 f., *507*, **512 f.**
Dynamik s. Vegetationsdynamik

Ecocline s. Ökokline
Elastizität 361, 441 f.
Endemit 276, 312, 331, 532, **579**
Endogene Faktoren **34 f.**, *35*, 73, 433
Endogene Sukzession 417, *424*, 440
Entwicklungsphase **256**, **418**
Entwicklungsstadium **256**, **418**, 430 f.
Epharmonie 85
Ephemerophyt 60
Epiphyten-Gesellschaft 337, 559
Epiphytismus, Epiphyt **49 f.**, 90, 101
Epökophyt 59
Ergasiophyt 60
Ersatzgesellschaft 67, **420**, 514, *531*, 532, 559, 601
Etagierung s. Höhenstufe
Evenness **145 f.**, *145*, 178, 288, *415*, 480
Existenzoptimum 51, *52*
Exogene Faktoren **33 f.**, *35*, 73, 431
Exogene Sukzession 417
Experimentelle Pflanzensoziologie **15**, 33, **38 f.**, 407, *475*
Extensivierung 472
Extrazonale Vegetation **420**, **602**

Faktorenanalyse *356*
Fazies 254, 256, 303 f., 340
Federation 267
Fertilität 154, 277, 341

Finnische Schule 253, 267
Flechtengesellschaft s. Kryptogamengesellschaft
Flora 13, 31
Florenatlas 595, 601
Florenelement 313, **584 f.**, *586 f.*, *591*, 604
Florengebiet 585
Florenreich *536*
Florenveränderung *57 f.*, 67
Florenzone 580 f., *581 f.*
Floristische Karte, – Kartierung 595
Floristische Sättigung **56 f.**, 433
Fluktuation 361, 443, **477 f.**, *478 f.*
Formation **253 f.**, **263 f.**, *264*, 267 f., 327, 331, 338, 549, 554
Formationskarte 550
Formationskomplex 514
Formationskunde **75**
Formationssystem 257, **258 f.**
Forstgesellschaft 326
Fragment, -gesellschaft 323, **325 f.**
Fragmentkomplex 509
Frequenz, -bestimmung 139, **163 f.**, *164 f.*, 272, *398*

Gebietsassoziation 301 f., 324 f., 340 f.
Gelenkte Sukzession 467
Gemeinschaftskoeffizient 252, 266, **284 f.**, *286 f.*, 353, 409, *410*, 415
Genetischer Gesellschaftskomplex 268, **421**, *422*, 444, 475, 514, 532
Geoelement s. Florenelement
Geographische Rasse 254, 268, 301, 304, **312 f.**, *314 f.*, *322*, 340, 596, **603**, *606*
Geographisches Informationssystem 568
Geophänologie 365
Geophyt 87, **93**
Geordnete Tabelle **186 f.**, *187*
Geosigmetum 256, 516, *521 f.*, **522 f.**, 530, 549, 571
Geo-Synsoziologie 515, 521, **522 f.**
Gesättigte Pflanzengesellschaft 56 f., 60
Geselligkeit s. Soziabilität
Gesellschaft s. Pflanzengesellschaft
Gesellschaftsareal **602 f.**, *613 f.*
Gesellschaftsentwicklung s. Sukzession
Gesellschaftsgrenze 550
Gesellschaftskoeffizient s. Gemeinschaftskoeffizient
Gesellschaftskomplex s. Vegetationskomplex
Gesellschaftskreis s. Vegetationskreis
Gesellschaftsmosaik s. Vegetationskomplex, Mosaikkomplex
Gesellschaftsring 268, 514
Gesellschaftssystem **270 f.**
Gesellschaftstreue 255, **275 f.**, *277*
Gitternetzkarte 580
Gleichgewicht 32, 74
Gradient 204, *245*, 304, 477, *509 f.*, 550
Gradientenanalyse 202, **203 f.**, 215, 285, 353 f., *355 f.*, 412, 551
Großrestanalyse **496 f.**, *497 f.*
Gruppenmenge 290
Gruppenspektrum s. Spektrum

Gruppenstetigkeit 290
Gruppenwert **288 f.**, 590
Gürtel, -komplex *124*, 507, **509 f.**, *510 f.*

Halbnatürliche Vegetation 68
Harmonika-Fluktuation 477, 482
Hauptkomponenten-Analyse 355
Hauptrangstufe s. Rangstufe
Hemerobie(grad) 66 f., **68 f.**, *70*, 277, 290, 524, 530
Hemerochore Art 57, **59 f.**
Hemikryptophyt 87, **91 f.**
Heterogenität 139
Heteronomie 144
Höhenform *291*, *304*, *308*, *317*, **319 f.**, *320 f.*, 537, **604**
Höhenstufe *223*, 269, 304, *525*, 532, **535 f.**, *537 f.*, 580 f.
Homogenität **138 f.**, 144, **150 f.**, 169, 281
Homotonität 138, 144, 182, 272, **281 f.**, *282 f.*, 519
Horizontalstruktur **120 f.**, 206

Idiochorophyt 59
Indikator, -gruppe 215 f., 224 f., 267, 362, 563, 571
Initialstadium, -phase 418, *427*
Instabilität 442
Integrationskonzept 32
Interspezifische Konkurrenz 35
Intraspezifische Konkurrenz 35

Kartenlegende 565 f.
Kartensignatur 566 f., *567*
Kartierung s. Vegetationskartierung
Kartierungsschlüssel 555, *556 f.*
Keimung 36
Kennart s. Charakterart
Klasse 294, *295*, **327 f.**, 521, 532 f., 604
Klassengruppe 294, *295*, **331 f.**, 485, 534, 604
Klassifikation 176, 202, 223, **251 f.**, **266 f.**, 352
Klimax, -gesellschaft 256, 267, 269, **420**, **443 f.**, 603
Klimaxgruppe 443
Klimaxschwarm 443
Koevolution 53, 341
Koexistenz 35, 37, **50**
Koinzidenz, – Methode **211 f.**, *213*, 265, 477, 570
Kommensalismus **48 f.**
Konkurrenz **34 f.**
Konkurrenzversuch **38 f.**, *41 f.*, *51*
Konsoziation **255 f.**, 268
Konstanz 179, 267, 272, 442
Kontaktgesellschaft 74, 551, *552*, 571
Kontinentalität 580 f.
Kontinuum 550 f.
Konvergenz 86, 253
Konversität 144
Kooperation 48
Kosmopolit 578
Krautschicht 101
Kronenprojektion 122 f., *124*, 406
Kryptogamengesellschaft, -synusie **135 f.**, *172 f.*, 336, 345

Landesplanung 571, 574

Landschaftsgliederung 515, 522, 524, 571
Landschaftsökologie 506, 524, 530
Landschaftspflege 389, 474 f.
Lebensform **85 f.**, *87*, 133, 251, 253, 258, *264*, 339 f., 344, *432*
Lebensformen-Spektrum **95 f.**, *96 f.*, *395*, 406, *424*, 433, *449 f.*, *460*, 500
Leitgesellschaft 524, 530 f., 549
Leningrader Schule 253, 267
Liane 49, 90
Limes convergens, L. divergens 551
Linientransekt s. Transekt
Luftbild 555, 561, *564*

Makroassoziation, -gesellschaft 134 f., 336
Marginalassoziation 324, *324*
Mikroassoziation, -gesellschaft **132 f.**, 154, 335, 551
Minimumareal 74, **140 f.**, *142 f.*, 173, 404 f. 509
Mittlere Artenzahl 271
Monoklimax 443
Moosgesellschaft s. Kryptogamengesellschaft
Mosaikkomplex 462, *464*, **507 f.**, *507 f.*, 514
Mosaikzyklus 443 f.
Multivariate Datenauswertung, – Verfahren 178, 199, **351 f.**, 415, 594
Mutualismus **46 f.**
Mycorrhiza **46 f.**

Natürlichkeitsgrad **66 f.**, *69*, *71*, 290, 524, 530, 548, 571
Naturschutz 68, 323, 389, 470 f., 527 f., 571 f., 606
Nebenrangstufe s. Rangstufe
Neophyt *58*, 59 f., *61 f.*, 433, 445
Neophyten-Gesellschaft 326
Neozönose 66
Netzdiagramm 353 f., *355*
Neutralismus 50
Nische s. Ökologische Nische
Nomenklatur 18, 256, 293, **297 f.**, 519 f.
Notwendige Aufnahmezahl 150, 282, *283*
Numerische Methoden **351 f.**
Numerische Pflanzensoziologie **15**, 24, 285, 351 f., 358 f.

Ökogramm **246 f.**, *247 f.*, *540 f.*, 545
Ökokline 204, 551
Ökologische Existenz **50 f.**
Ökologische Gruppe s. Synökologische Artengruppe
Ökologische Nische **52 f.**, *53*
Ökologische Potenz **50 f.**
Ökologische Reihe 215, *216*, 219
Ökologische Gruppe s. Synökologische Artengruppe
Ökologischer Gradient s. Gradient
Ökologischer Gruppenwert 221
Ökologischer Zeigerwert (Zeigerart) s. Zeigerwert
Ökologisches Optimum 51, *54*, 275 f., 294
Ökologisches Verhalten **50 f.**
Ökosystem 257, **265 f.**, 441
Ökoton 204, 264, 309, 551
Ökotop 516 f., 521 f., 530, 559
Ökotyp **37**, 278 f., 341, 362, 380, 388 f.
Optimalphase 418, 462 f. *463*

Ordination 202, **205 f.**, *206 f.*, *240*, **248 f.**, *249 f.*, **352 f.**
Ordnung 294, *295*, **327 f.**, 521, 532, 604
Orobiom 265
Ozeanität 319, 580 f., *581 f.*, 602
Ozeanitätsspektrum 591 f., *592*

Paläobotanik 485
Paläo-Ethnobotanik 498 f.
Paläophyt 59
Palynologie 418, 486
Paraklimax 443
Parasitismus, Parasit **46**
Periodizität 133, 251, 258, 361, **362 f.**
Pflanzengeographie 13, 17
Pflanzengesellschaft 13, **31 f.**, **73**, 175, 293, 323
Pflegemaßnahmen 389, 472 f., 529, *573*
Phänologie s. Symphänologie
Phänologischer Aspekt 133
Phänologischer Pflanzentyp **372 f.**
Phänometrie 40, 365, *368*
Phänophase 365, **377 f.**, *378 f.*, 563
Phänospektrum 290, 363, 365, **370 f.**, *373 f.*
Phänostufe **365 f.**, *367*, *380*
Phanerophyt 86, **90**
Phase s. Entwicklungsphase
Physiologisches Optimum 51
Physiologisches Verhalten **50 f.**
Physiotop 516 f., 521 f.
Phytophänologie 365
Phytozönose 31, 335
Pilzaspekt 173, *376*
Pilzgesellschaft, -synusie 172 f.
Pioniergesellschaft 96, **419**, 433
Plexus-Diagramm 353 f., *354*
Pollenanalyse 486 f.
Pollendiagramm 486, *492 f.*
Polycormon 37, 129, 326, 426, 439
Polycormon-Sukzession **434 f.**
Polyklimax 443
Populationsbiologie 120, 362, 388, 408
Populationskurve 205, *205*
Potentiell natürliche Vegetation 74, 268 f., **444 f.**, 475, 514, 542, 548 f., **559 f.**
Potenzoptimum 51, *52*
Präsenz 144
Primärsukzession 417, 421, **422 f.**, *432*
Profildiagramm s. Vegetationsprofil
Progressive Sukzession 417
Punktkarte 548, 595, 604, *605 f.*
Punktrasterkarte 589, *596 f.*, *609 f.*
Punkt-Methode **164 f.**

Quadrattransekt 123, *129*

Radiokarbonmethode 502
Rangstufe **293 f.**, *295 f.*, **326 f.**, 331
Rasse s. Geographische Rasse
Rasterkarte 412 f., *414*, *427*, *458*, 549, *554*, 568, 605 f.
Reale Vegetation 554 f., *562*
Regeneration 439, 447, **458 f.**, 472

Regenerationsminimum 140
Regionalassoziation 312
Regressive Sukzession, Regression 416 f., 434, **447 f.**, *448*
Relative Standortskonstanz **33**, 596
Renaturierung, Restauration 472
Resilienz 441
Resistenz 361, 442
Resistenzminimum 140
Rhizopodenanalyse 501
Rohtabelle **178 f.**, *180 f.*, 199
Rote Liste 473, 601

Säkulare Sukzession 417, 486, *499*
Samenbank, Samenpotential s. Diasporen
Saprophyt, Saprophytismus 47 f.
Schadstufe 155, 290
Schicht, Schichtung **101 f.**, 169, 251, 335, 345
Schichten-Deckungsformel 112
Schichtungsdiagramm 77, *111 f.*, 456
Schlußgesellschaft 74, 256, 267, 269, **420**, 433 f., 514, 516, 532, 542, 601
Sekundärsukzession 417, 421, 440, **447 f.**, *449 f.*, *456*, *473*
Serie s. Sukzessionsserie
Sigmasoziologie s. Synsoziologie
Sigma-Syntaxon 515, 519, 521
Sigma-Syntaxonomie 515, **519 f.**
Sigma-Tabelle *520 f.*
Sigmetum 256, 269, 515, **519**, 521, 524, *525 f.*, 530, 571
Sippenstetigkeit 179, 192, 590
Soziabilität **128 f.**, 154, 169, 518
Soziation **254 f.**, 266 f.
Soziologische Artengruppe 175, 217, 252, 290 f., 338 f., *424*, 500
Soziologische Geobotanik 13
Soziologische Progression **146 f.**, 260, 345, 433
Spektrum, Gruppenspektrum 72, **77 f.**, 84, 99, 200, **288 f.**, *291 f.*, 411, *424*, *439*, *449 f.*, *460*, 589 f., *591 f.*, 601, *616*
Sproßaspekt 378
Sproß/Wurzel-Verhältnis 36, **40**, 113
Stabilität 361, **441 f.**
Stadium s. Entwicklungsstadium
Stammdurchmesserspektrum **103 f.**, *105*
Standort 31
Standortskartierung, -karte 548, 565
Statusspektrum *58*, 290
Stetigkeit 179, **192 f.**, 267, *272*, *273*, 290, *399*
Stetigkeitstabelle 179, 193
Störung 439
Stolzenauer Schule 547
Strategie, -typ 133, 431, **436 f.**, *439*
Strauchschicht 101
Struktur **75 f.**, 167, 258 f., 290, 339, 462 f.
Strukturdiagramm s. Vegetationsprofil
Stufenumkehr 539
Subassoziation **303 f.**, *307 f.*, 309, *312*
Subassoziationsgruppe 309
Subvariante 304 f.

Sukzession 167, 268, 361, **392 f.**, **416 f.**
Sukzessionsforschung 24, 27, **392 f.**
Sukzessionsserie 256, 267 f., 393, **418 f.**, *419*, *440*, 514
Symbiose, Symbiont **46 f.**
Symmorphologie **14**, 30, **75 f.**
Symphänologie **14**, 361, **362 f.**
Symphänologische Gruppe 80, 365, **377 f.**
Symphänologisches Gruppenspektrum 290, **370 f.**, *383*
Symphänologische Tabelle 363, **370**, *371*
Symphylogenie 15
Symphysiologie **14**, 30,
Synchorologie **14**, 30, **477 f.**
Synchorologische Artengruppe 175, 252, 268, 290, 604
Synchorologische Karte 548, **604 f.**
Synchronologie **14**, 361, 418, **484 f.**, *485 f.*, 504 f.
Syndynamik **14**, 30, 361
Syndynamische Artengruppe 175, 252, 290, 411
Syndynamische Karte 400, *402 f.*
Synepiontologie 418, 484
Synevolution 15, 53, 279, 441, 484
Synökologie **14**, 30
Synökologische Artengruppe 175, 204, **214 f.**, *217*, **219 f.**, *220 f.*, 252, 265, 290
Synsoziologie **14**, 269, 506, **515 f.**, 545, 577
Syntaxon 31, 257, 293, 335
Syntaxonomie **14**, 29, 175, 202, 257, **270 f.**, 521
Synthetische Merkmale **270 f.**
Synusie 49, **132 f.**, 154, 256, 265, 267, 335 f., 551
System s. Vegetationssystem
Systematischer Gruppenwert 290

Tabelle s. Vegetationstabelle
Tabellenarbeit **176 f.**, 196 f.
Tabellenkopf 178, 182, 186
Taphozönose 498
Teiltabelle **182 f.**, *183 f.*
Tephrochronologie 502
Terminalstadium, -phase 418, 435, 462 f., *463*
Tesela 516, 521
Textur **75 f.**, *78 f.*, 98, 258, 290, 339
Thanatozönose 498 f.
Theoretische Pflanzensoziologie 15, 351 f.
Therophyt 87, **93 f.**
Tiergesellschaft 525
Toleranz(bereich) 33, 51, *52*
Topographischer Gesellschaftskomplex 514
Transekt 123, *128 f.*, 204, 404, 551, *552 f.*
Trennart s. Differentialart

Überlagerungskomplex 309 f., *507*, **512 f.**
Übersichtstabelle **191 f.**, *195*, *308*, *314*, *318*, *322*, *328*, *332*, *342*
Ungesättigte Pflanzengesellschaft 56 f.
Union **256**, 266
Unterklasse 296
Unterordnung 296, 329
Unterverband 296, 327, 341, *344*, 604
Uppsala-Schule 18, 133, 164, 253 f., 267

Variabilität 144

Variante 304 f., *306*, *308*, 309, *312*
Vegetation 13, 31
Vegetationsaufnahme s. Aufnahme
Vegetationsbezirk 532, *534 f*, 544, 585
Vegetationsdistrikt 532, *534 f.*
Vegetationsdynamik **316 f.**
Vegetationsentwicklungstyp 268
Vegetationsgebiet **530 f.**, *531*, 544, 594
Vegetationsgeographie 263, 506
Vegetationsgeschichte s. Synchronologie
Vegetationsgrenze **550 f.**, 554
Vegetationsgürtel s. Vegetationszone
Vegetationskarte 400, *401*, 415, *526*, **547 f.**, *560*, *564*, *568 f.*, **570 f.**, *572 f.*, *575*
Vegetationskartierung 15, 524, **547 f.**, **554 f.**,
Vegetationskomplex 74, 256, 265, 269, 393 f., *394 f.*, 402, 446, **506 f.**, *507 f.*, *518*, 521, *528*, *531*, 554, 563, 565
Vegetationskreis 327 f., 532, *535*, 539, 585
Vegetationskunde 13
Vegetationsprofil **103 f.**, *107 f.*, 168, 406, 415
Vegetationsprovinz 532, *535*, 585
Vegetationsreich 532, 533 f., *536*
Vegetationsrhythmik s. Periodizität
Vegetationsschwankung s. Fluktuation
Vegetationssystem **252 f.**, 519 f.
Vegetationstabelle **175 f.**, 210, 398, 411, 519 f., *520 f.*, 571, 604
Vegetationstyp **175 f.**, *176*, 271, 557
Vegetationszone, -gürtel *263 f.*, 268, 534, *537*, 540
Verband 255, 294, *324*, **327 f.**, 521, 532, 604, 613
Verbuschung 454, *455*
Verein 133, 256
Versaumung 453
Vertikalstruktur **100 f.**, 169
Vielfalt s. Diversität
Vikariante 268, 304, **312 f.**, 327, 331, **603 f.**, *607 f.*
Vitalität **154 f.**, *156*, 256 f., 341, 394, 430

Waldtyp 267
Wasserstufen, -karte 212 f., *214*, 548, 570
Wisconsin-Schule 205, 253
Wuchsbezirk 531
Wuchsform 37, **85 f.**, 251, 253
Wuchsgebiet 269, **530 f.**
Wuchshöhenspektrum *102 f.*, **103 f.**
Wuchsklimakarte 390, 548
Wuchslandschaft **530 f.**, 549, 554, 571
Wurzelmerkmale **81 f.**, *83*
Wurzelschicht 101, **113 f.**, *115 f.*

Zeigerart, Zeigerwert 15, 54 f., *72*, 200, 212 f., **224 f.**, *229*, 265, 290, 394, *471*, 500, 524, 559, 570 f., 590
Zeigerwert-Karte *241*, 548
Zeigerwert-Spektrum **229 f.**, *231 f.*
Zentralassoziation **324 f.**, *324*
Zentralordnung 324
Zentralverband 324
Zonale Vegetation 329, **420**, 541, **602**
Zonalität 319, 541, 580 f., *592 f.*, 602
Zonalitätsspektrum 591 f., *592 f.*

Zonationskomplex *507*, **509 f.**, *510 f.*
Zonierung 74, 393, 428, *429*
Zürich-Montpellier-Schule 13, **18 f.**, 253, 255
Zwillingsgesellschaft 312, 420, 512

Zwischenrangstufe s. Rangstufe
Zyklische Sukzession 417, 421, **458 f.**, *461 f.*, 478
Zyklizität 442

UTB FÜR WISSENSCHAFT

Fachbereich Biologie

Heß:
Biotechnologie der Pflanzen
UTB-GROSSE REIHE
(Ulmer). 1992.
DM 78.–, öS 609.–, sFr. 78.–

Kinzel: Stoffwechsel der Zelle
UTB-GROSSE REIHE
(Ulmer). 2. Aufl. 1989.
DM 36.–, öS 281.–, sFr. 37.–

Kreeb: Vegetationskunde
UTB-GROSSE REIHE
(Ulmer). 1983.
DM 64.–, öS 499.–, sFr. 64.–

Pott:
Die Pflanzengesellschaften
Deutschlands
UTB-GROSSE REIHE
(Ulmer). 1992.
DM 58.–, öS 453.–, sFr. 58.–

15 Heß:
Pflanzenphysiologie
(Ulmer). 9. Aufl. 1991.
DM 39.80, öS 311.–, sFr. 40.80

31 Schwoerbel:
Einführung in die Limnologie
(Gustav Fischer). 7. Aufl. 1993.
DM 29.80, öS 233.–, sFr. 30.80

62 Weberling/Schwantes:
Pflanzensystematik
(Ulmer). 6. Aufl. 1992.
DM 34.80, öS 272.–, sFr. 35.80

979 Schwoerbel:
Methoden der Hydrobiologie
(Gustav Fischer). 4. Aufl. 1994.
Ca. DM 28.80, öS 225.–, sFr. 29.80

1015 Kaudewitz:
Genetik
(Ulmer). 2. Aufl. 1992.
DM 48.–, öS 375.–, sFr. 49.–

1197 Libbert (Hrsg.):
Allgemeine Biologie
(Gustav Fischer). 7. Aufl. 1991.
DM 39.80, öS 311.–, sFr. 40.80

1410/1460 Kleber/Schlee:
Biochemie I/II (Gustav Fischer).
2. Aufl. 1991 / 2. Aufl. 1992.
Je DM 44.80, öS 350.–, sFr. 45.80

1431 Jacob/Jäger/Ohmann:
Botanik
(Gustav Fischer). 4. Aufl. 1994.
DM 39.80, öS 311.–, sFr. 40.80

1476 Schubert/Wagner:
Botanisches Wörterbuch
(Ulmer). 11. Aufl. 1993.
DM 39.80, öS 311.–, sFr. 40.80

1546 Masuch: Biologie der Flechten
(Quelle & Meyer). 1993.
DM 48.–, öS 375.–, sFr. 49.–

1643 Brand:
Taschenlexikon der Biochemie und
Molekularbiologie
(Quelle & Meyer). 1992.
DM 29.80, öS 233.–, sFr. 30.80

1730 Voland:
Grundriß der Soziobiologie
(Gustav Fischer). 1993.
DM 34.–, öS 265.–, sFr. 35.–

Das UTB-Gesamtverzeichnis erhalten Sie bei Ihrem Buchhändler oder direkt von UTB, Postfach 80 11 24, 70511 Stuttgart.

UTB FÜR WISSENSCHAFT

Fachbereich
Ökologie

Kaule:
Arten- und Biotopschutz
UTB-GROSSE REIHE
(Ulmer). 2. Aufl. 1991.
DM 98.–, öS 765.–, sFr. 98.–

Larcher:
Ökophysiologie der Pflanzen
UTB-GROSSE REIHE
(Ulmer). 1994.
Ca. DM 78.–, öS 609.–, sFr. 78.–

Otto:
Waldökologie
UTB-GROSSE REIHE
(Ulmer). 1994.
Ca. DM 78.–, öS 609.–, sFr. 78.–

Steubing/Fangmeier:
Pflanzenökologisches Praktikum
UTB-GROSSE REIHE
(Ulmer). 1992.
DM 58.–, öS 453.–, sFr. 58.–

Usher/Erz (Hrsg.):
Erfassen und Bewerten im
Naturschutz
UTB-GROSSE REIHE
(Quelle & Meyer). 1994.
DM 89.–, öS 694.–, sFr. 89.–

Walter/Breckle: Ökologie der Erde
Band 1/4
UTB-GROSSE REIHE
(Gustav Fischer).
Band 1: 2. Aufl. 1991.
DM 48.–, öS 375.–, sFr. 49.–
Band 4: 1991.
DM 58.–, öS 453.–, sFr. 58.–

269 Wilmanns:
Ökologische Pflanzensoziologie
(Quelle & Meyer). 5. Aufl. 1993.
DM 44.–, öS 343.–, sFr. 45.–

430 Schaefer:
Wörterbücher der Biologie
Ökologie
(Gustav Fischer). 3. Aufl. 1992.
DM 38.80, öS 303.–, sFr. 39.80

521 Leser:
Landschaftsökologie
(Ulmer). 3. Aufl. 1991.
DM 39.80, öS 311.–, sFr. 40.80

595 Mühlenberg:
Freilandökologie
(Quelle & Meyer). 3. Aufl. 1993.
DM 44.–, öS 343.–, sFr. 45.–

1318 Müller (Hrsg.):
Ökologie
(Gustav Fischer). 2. Aufl. 1991.
DM 34.80, öS 272.–, sFr. 35.80

1479 Klötzli:
Ökosysteme
(Gustav Fischer). 3. Aufl. 1993.
DM 44.80, öS 350.–, sFr. 45.80

1563 Plachter:
Naturschutz
(Gustav Fischer). 1991.
DM 44.80, öS 350.–, sFr. 45.80

1650 Hampicke:
Naturschutz-Ökonomie
(Ulmer). 1991.
DM 36.80, öS 287.–, sFr. 37.80

Das UTB-Gesamtverzeichnis erhalten Sie
bei Ihrem Buchhändler oder direkt von
UTB, Postfach 80 11 24, 70511 Stuttgart.